Karl Esser • *Kryptogamen 1*

Cyanobakterien Algen Pilze Flechten

Springer-Verlag Berlin Heidelberg GmbH

Karl Esser

Kryptogamen 1
Cyanobakterien Algen Pilze Flechten

Praktikum und Lehrbuch

Dritte, wesentlich überarbeitete Auflage

Fotos: Karl Esser, Dieter Graw, Hansjörg Prillinger
Helmut Söngen, Ulf Stahl
Zeichnungen: Hans-Jürgen Rathke

Mit 300 Abbildungen

 Springer

Professor Dr. Dr. h.c. mult. KARL ESSER
Ruhr-Universität Bochum
Fakultät für Biologie
Allgemeine Botanik
44780 Bochum
Telefon: +49 (234) 32-22211
Fax. +49 (234)32-14211
Epost: Karl.Esser@ruhr-uni-bochum.de
http://homepage.ruhr-uni-bochum.de/Karl.Esser/

ISBN 978-3-642-63056-9

Die Deutsche Bibliothek - CIP-Einheitsaufnahme

ISBN 978-3-642-63056-9   ISBN 978-3-642-57139-8 (eBook)
DOI 10.1007/978-3-642-57139-8

Satz: U. Kunkel, Textservice, Reichartshausen
Einbandgestaltung: Design & Production, Heidelberg
Umschlagabbildung: Hans-Jürgen Rathke
SPIN 10681808   31/3136 - 5 4 3 2 1 0 - Gedruckt auf säurefreiem Papier

Vorwort zur dritten Auflage

Beim Lesen des Buches stellt sich die Frage, warum jemand im Zeitalter der molekularen Biologie und Biotechnologie das Wagnis eingeht, eine neue Auflage eines Buches vorzulegen, das sich mit klassischer Botanik befaßt, besonders deshalb, weil an vielen Hochschulen in der Lehre dem Reduktionszwang Rechnung getragen und die Behandlung der Kryptogamen eingeschränkt wurde. Entwicklungen in der modernen Biologie weisen jedoch darauf hin, daß Formenkenntnis in Zukunft aus zwei unterschiedlichen Gründen wieder mehr Interesse bei Studierenden finden wird. Man kann nämlich keine erfolgreiche Gen- und Biotechnologie betreiben, ohne mit Morphologie, Anatomie und Fortpflanzungsverhalten der verwendeten Organismen vertraut zu sein. Dies trifft auch für ein anderes, angewandtes Arbeitsgebiet zu, für die Umweltbiologie. Daher haben nach meiner Meinung die Überlegungen und Gesichtspunkte, welche mich veranlaßt hatten, vor 25 Jahren eine Anleitung für ein Praktikum mit einem kurzen Lehrbuchtext zu verbinden, auch gegenwärtig noch eine Berechtigung (siehe Vorwort zur ersten Auflage).

In den Jahren, die seit dem Erscheinen der ersten Auflage vergangen sind, hat sich die taxonomische Einteilung der Kryptogamen auf Grund neuer wissenschaftlicher Erkenntnisse sehr verändert, so daß die von mir in den ersten Auflagen bewußt verwendete konservative aber übersichtliche Einteilung nicht mehr mit den meisten Lehrbüchern konform geht. Leider gibt es aber, im Gegensatz zu Klassifizierungen in der Chemie, für die Biologie keine allgemein anerkannte taxonomische Einteilung. Da die *Kryptogamen* vorwiegend im deutschen Sprachraum benutzt werden, habe ich mich entschlossen, die Klassifizierung des „Strasburgers" zu verwenden, weil dieses Lehrbuch der Botanik seit Jahrzehnten an deutschsprachigen Hochschulen favorisiert wird. Damit wird es den Studierenden erleichtert, das in Vorlesungen erworbene Wissen durch praktische Übungen zu vertiefen.

Den klassischen Terminus *Kryptogamen*, der gegenwärtig nicht mehr im Strasburger benutzt wird, habe ich als Abgrenzung gegenüber den Phanerogamen beibehalten. Bei der Verwendung des Ausdrucks *Niedere Pflanzen* wäre es nicht mehr möglich, Organismengruppen wie Cyanobakterien und Schleimpilze zu integrieren. Sogar die Einordnung von Pilzen in die Niederen Pflanzen würde bei den Mykologen Kritik auslösen, welche diese neben Pflanzen und Tieren als gleichrangige taxonomische Einheit ansehen.

Im vorliegenden Band werden, wie auch in den beiden früheren Auflagen, Cyanobakterien, Algen, Pilze und Flechten besprochen. Die Moose und Farne wurden 1992 in einem ebenfalls bei Springer erschienenen Ergänzungsband unter dem Titel Kryptogamen II behandelt.

Den Gedanken, der auch von Kollegen geäußert wurde, auf die Behandlung der Cyanobakterien und der Myxomyceten zu verzichten, da diese nicht zu den Pflanzen gezählt werden, habe ich aufgegeben. Die Bedeutung dieser Organismen nimmt stetig zu und zwar nicht nur in der Grundlagenforschung, sondern auch in der angewandten Forschung. Da gegenwärtig auch unter Studenten eine Tendenz zur Spezialisierung besteht, sollte ihnen wenigstens im Studium die Möglichkeit geboten werden, von einem möglichst breiten Spektrum von Organismen zumindest Kenntnis zu nehmen.

In dieser dritten, völlig überarbeiteten Auflage ist der Text dem gegenwärtigen Stand der Taxonomie angepaßt. Er wurde gestrafft und durch Behandlung aktueller Themen und neuer Forschungsergebnisse ergänzt. Dies trifft auch für Abbildungen und Tabellen zu.

Den Freunden und Kollegen und auch den Rezensenten, die durch konstruktive Kritik ihr Interesse an dem Buch zum Ausdruck gebracht haben, danke ich. Ihre Vorschläge habe ich berücksichtigt und würde es begrüßen, auch weiterhin kritische Anregungen zu erhalten.

Mein Dank gilt allen, die am Zustandekommen dieser Auflage mitgewirkt haben. Zunächst möchte ich meinen ehemaligen Mitarbeitern Frank Kempken und Ulrich Kück (Bochum), Heinz-Dieter Osiewacz (Frankfurt), Paul Tudzynski (Münster) danken. Sie haben seit mehreren Jahren die KRYPTOGAMEN im Praktikum verwendet und mir wertvolle Ratschläge für die Überarbeitung gegeben. Vor allem Ulrich Kück und seinen Mitarbeitern verdanke ich eine Fülle von Anregungen.

Andreas Brezynski (Freiburg), dem Mitautor des „Strasburgers", danke ich für viele konstruktive Ratschläge und Anregungen. Für Informationen bzw. Abbildungen zu speziellen Fragestellungen bin ich vielen Kollegen zu Dank verpflichtet: Sigrid Berger (Ladenburg), Burkhard Büdel (Kaiserslautern), Trude Hard (Göttingen), Ursula Kües (Zürich), Wolfgang Nellen (Kassel); Peter Sitte (Freiburg).

Hans-Jürgen Rathke hat in bewährter Weise die Überarbeitung der Abbildungen vorgenommen und Korrektur gelesen, Angelika Schmitz bei der Herstellung des Manuskriptes geholfen sowie das Namenverzeichnis angefertigt und Christa König hat die Literaturliste überarbeitet. Auch ihnen sei herzlich gedankt.

Nicht zuletzt möchte ich Dieter Czeschlick und dem Springer-Verlag für die Möglichkeit einer neuen Auflage der *Kryptogamen* danken.

Bochum, im Januar 2000   Karl Esser

Vorwort zur ersten Auflage

Im Rahmen einer sinnvollen Neugliederung des Biologiestudiums ist man an den meisten Universitäten vom Schema der beiden klassischen ganztägigen Großpraktika (Phanerogamen und Kryptogamen) abgegangen, und zwar in bezug auf Umfang wie auch Inhalt. Es erscheint im Hinblick auf eine funktionsbezogene Betrachtungsweise angebracht, den Erwerb von Grundkenntnissen in den Praktika nicht nur auf ein morphologisch-anatomisches Studium der einzelnen Taxa zu beschränken, sondern dabei die Entwicklung und den funktionellen Zusammenhang der verschiedenen Fortpflanzungs-Systeme zu erarbeiten. Auf diese Weise dürfte die Relevanz der Kryptogamen für physiologische und genetische Probleme deutlich werden, zu deren Bearbeitung sie schon seit einiger Zeit in immer größerem Umfange verwendet werden.

Unter diesen Gesichtspunkten haben wir versucht, unsere bisherige Praktikums-Erfahrung mit Kryptogamen zusammenzustellen. Auf der Basis eines straff gefaßten, lehrbuchartigen Textes werden Übungsanleitungen vorgelegt, die als Einführung in die Kryptogamenkunde gedacht sind. Die Bakterien werden nicht behandelt, da diese nach den neueren Studienplänen in mikrobiologischen Kursen angeboten werden. Der Stoff ist als ein Maximalprogramm anzusehen, das dem Studenten eine Übersicht über den morphologisch-anatomischen Aufbau und über die wichtigsten Aspekte der Fortpflanzung dieser Pflanzengruppe vermitteln, dem Veranstalter des Kurses die Möglichkeit zur Auswahl bestimmter Objekte bieten soll. Ferner soll das Buch erste Anleitungen bei der Einarbeitung in ein neues Forschungsobjekt aus dem Bereich der niederen Pflanzen vermitteln.

In einem theoretischen Teil gehen wir zunächst auf die entwicklungsgeschichtlichen und genetischen Grundlagen der Fortpflanzung ein und setzen einen Rahmen für eine Zusammenfassung der großen Mannigfaltigkeit des Fortpflanzungsverhaltens der Kryptogamen nach einheitlichen Kriterien. Der technisch-methodische Teil bringt eine Zusammenstellung der für diesen Kurs notwendigen Präparations- und Versuchsanleitungen. Im praktischen Teil, der das eigentliche Kursprogramm enthält, werden zwar die Objekte in der Reihenfolge ihrer taxonomischen Einordnung beschrieben, doch liegt der Schwerpunkt auf einer exemplarischen Darstellung, die es dem Studierenden ermöglichen soll, sich einen Gesamtüberblick zu erarbeiten. Der verbindende Text beschränkt sich auf das Grundsätzliche.

Darüber hinaus haben wir uns bemüht, durch Angabe von „Rezepten", Versuchsanleitungen und Material- und Beschaffungsmöglichkeiten dem Lehrenden eine Hilfestellung zu leisten. Im gleichen Sinne ist auch die Angabe von Lehrbüchern, weiterführender Literatur und Unterrichtsfilmen zu verstehen. Spezielle Literatur wird nur dann angegeben, und zwar integriert im Text, wenn sie bestimmte methodische Hinweise enthält.

Es ist fast selbstverständlich, daß bei der Auswahl und Darbietung des Stoffes, entsprechend den Interessen und Erfahrungen des Autors, eine gewisse Akzentuierung einzelner Bereiche unvermeidbar ist.

Für eine konstruktive Kritik an Aufbau, Text und Abbildungen des vorliegenden Buches und für die Übermittlung von Erfahrungen und Wünschen von Kollegen und Studenten sind wir dankbar, denn bei einer Erstauflage werden auch bei größter Sorgfalt Fehler nicht immer zu vermeiden sein.

Bei der Abfassung des Buches haben wir so weit wie möglich alle Entwicklungs-Zyklen überprüft. Desgleichen haben wir uns bemüht, die Zeichnungen nach einheitlichen Gesichtspunkten anzufertigen. Bei dieser Arbeit haben mir viele Freunde und Kollegen durch Überlassung von Versuchsmaterial, Versuchsanleitungen und durch kritische Hinweise geholfen, denen ich herzlich für ihre große Mühewaltung danken möchte.

Dies sind: G. Alleweldt (Geilweilerhof), C.G. Arnold (Erlangen), J.A. von Arx (Baam), S. Bartnicki-Garcia (Riverside/Calif), S. Berger (Wilhelmshaven), R. Bergfeld (Freiburg), S.G. Brough (Vancouver), W. Buff (Isny), L.A. Casselton (London), P.F.M. Coesel (Amsterdam), P.R. Day (New Haven/Conn.), G. Drebes (Hamburg), J.J. Ellis (Peioria/Ill.), G. Franke (Krefeld), N. Fries (Uppsala), A. Gaertner (Bremerhaven), W. Gams (Baarn), G. Gerisch (Tübingen), G. Gross (Webenheim), L.R. Hoffman (Urbana/Ill.), D. Hunsley (Oxford), W. Koch (Göttingen), W.J. Koch (Chapel Hill/North Carolina), P. Kornmann (Helgoland), G.M. Lokhorst (Leiden), K. Lüning (Helgoland), F. Mack (Bonn), P. Mattusch (Hürth-Fischenich), M. Moser (Innsbruck), D.G. Müller (Konstanz), D.J. Niederpruem (Indianapolis/Ind.), A. Pirson (Göttingen), J. Poelt (Graz), P.H. Sahling (Helgoland), H.W. Scheloske (Erlangen), A. Schmidle (Dossenheim), F. Schönbeck (Bonn), F. Schötz (München), H.O. Schwantes (Gießen), D.S. Shaw (Bangor), C.J. Soeder (Dortmund), R.C. Starr (Bloomington/Ind.), H.A. von Stosch (Marburg), D.J. Ulrich (Braunschweig), J. Webster (Exeter), D. Werner (Marburg).

Abgesehen von wenigen Ausnahmen, haben wir auch alle Versuchsanleitungen überprüft. Hierfür bin ich allen Mitarbeitern meines Lehrstuhls mit großem Dank verbunden, denn ohne deren tätige Mithilfe wäre die Fertigstellung dieses Buches nur schwer möglich gewesen. Es handelt sich hierbei besonders um Frau C. Oberhacke und Frau P. Wenkow. Mein Dank gebührt auch Frau A. Gebauer, die die Reinschrift des Manuskriptes besorgte und mit Frau Oberhacke bei der Zusammenstellung der Register half. Herrn Kollegen W. Nultsch und Herrn Oberstudienrat D. Graw möchte ich für die Durchsicht des Algenteiles, Herrn Priv.-Doz. Dr. Blaich und Herrn Dr. Stahl für die Durchsicht des gesamten Manuskriptes danken.

Ferner danke ich dem Centraalbureau voor Schimmelcultures in Baarn und der Deutschen Sammlung von Mikroorganismen für die Überlassung zahlreicher Kulturen.

Nicht zuletzt möchte ich Herrn Dr. Konrad Springer für das Interesse an der Publikation dieses Buches und den Mitarbeitern des Springer Verlages für die gute Kooperation danken.

Bochum, April 1976   Karl Esser

Inhaltsverzeichnis

Praktischer Teil

Prokaryoten 58

Organisationstyp: Bakterien 58

Abteilung: Cyanobacteriota 58

Klasse: Cyanophyceae(Blaualgen) 58

Anhang

Literatur

Theoretischer Teil

VORBEMERKUNGEN

Bedingt durch die Zusammenfassung von mehreren Organisationstypen des Pflanzenreiches unter dem Namen Kryptogamen zeigt diese Gruppe nicht nur eine große Mannigfaltigkeit im Aufbau des Vegetationskörpers, sondern vor allem auch in ihrem vegetativen und sexuellen Fortpflanzungsverhalten. Dagegen ist bei den Phanerogamen, die nur eine systematische Abteilung umfassen, die Mannigfaltigkeit vorwiegend durch Morphologie und Anatomie der Vegetationsorgane bestimmt. Deshalb sollte bei einem Kryptogamen-Praktikum das Studium der verschiedenen Entwicklungs-Zyklen und des Kernphasenwechsels im Vordergrund stehen, während das Lernziel eines Phanerogamen-Kurses mehr auf ein Kennenlernen der Vegetationsorgane ausgerichtet ist.

Es erscheint daher angebracht, zunächst einige **Grundbegriffe aus dem Bereich der Fortpflanzung** zu **definieren** und zu **erläutern**. Mit dieser Einführung in die für die Durchführung des Praktikums notwendige Terminologie, die in Form einer Übersicht erfolgt, wird gleichzeitig der Tatsache Rechnung getragen, daß im Bereich der Kryptogamen in den verschiedenen Lehrbüchern nicht einheitliche, sogar teilweise falsche Definitionen und Begriffe verwendet werden (z.B. Verwechslung der Begriffe Geschlecht und Kreuzungstyp).

Der Leser wird bei einer Durchsicht der folgenden Seiten sicherlich zunächst, überwältigt von der Vielzahl der Begriffe und Definitionen, auf Verständnisschwierigkeiten stoßen. Es ist daher unbedingt erforderlich, während der Übungen anhand der einzelnen Fortpflanzungsmodalitäten mehrfach auf die hier gegebene Information zurückzugreifen. Auf diese Weise wird dann nach intensivem Befassen mit dem Unterrichtsmaterial das Gesamtsystem der Fortpflanzung zunehmend einfacher erscheinen.

I. Fortpflanzungs-Typen

Im allgemeinen definiert man **Fortpflanzung als einen Vorgang, der die Erhaltung der Art** über den Tod des einzelnen Individuums hinaus garantiert. Sie ist gegeben, **wenn ein Individuum mindestens ein Tochterindividuum erzeugt.** Bedingt durch die Tatsache, daß in der Natur viele Organismen zugrunde gehen, ohne sich fortgepflanzt zu haben, ist die Erhaltung der Art nur gewährleistet, wenn die **Fortpflanzung mit einer Vermehrung verknüpft** ist, d.h. mit der Bildung mehrerer Nachkommen. Bei Einzellern und auch bei einigen primitiven Mehrzellern kann im Prinzip jede Zelle die Funktion der Fortpflanzung übernehmen. Mit steigender Entwicklungshöhe geht jedoch diese Fähigkeit verloren, und es kommt zur Ausbildung von besonderen Zellen oder Organen, denen die Fortpflanzung obliegt. Diese in der Erbinformation festgelegte Differenzierung hat zu völlig unterschiedlichen Modi der Befruchtung und Systemen der Fortpflanzung geführt.

1. Vegetative Fortpflanzung

Die vegetative Fortpflanzung, die zu einer **Vermehrung der Individuenzahl führt**, erfolgt stets ohne Wechsel der Kernphase. Die Fortpflanzungseinheiten entstehen nach **mitotischen Kernteilungen** durch: (1) **Zellteilung bei Einzellern** (z.B. bei Algen und Pilzen); (2) **Abschnürung von mehrzelligen Teilstücken** (z.B. bei den Faden- oder Gewebethalli der Algen bzw. Pilze); (3) **Abschnürung von mehrzelligen spezifischen „Brutorganen"** (z.B. bei den Flechten); (4) **Bildung von Sporen**. Letztere sind vorwiegend einzellige Fortpflanzungseinheiten, die sich durch ihren Habitus von den normalen vegetativen Zellen unterscheiden.

Da Sporen auch im Verlauf der sexuellen Fortpflanzungszyklen gebildet werden können (S. 5; **Meiosporen**), nennt man die ausschließlich der vegetativen Fortpflanzung dienenden Sporen entsprechend ihrer Entstehung **Mitosporen**. Je nachdem, ob sie beweglich oder unbeweglich sind, spricht man von **Plano- (= Zoo-)** oder **Aplano-Mitosporen**. Sporen können entweder **endogen** in **Sporangien*** (z.B. in **Mitosporangien**) oder **exogen** durch Abschnürung **an spezifischen Trägern** gebildet werden (z.B. Konidiosporen s. Abb. 134). Sie können **ein- bis vielkernig** und entsprechend dem Genomstatus ihres Bildungsorganismus entweder **haploid** oder **diploid** sein (**Haplo-Mitosporen** bzw. **Diplo-Mitosporen**).

Sporen können als Dauerorgane zur Überbrückung ungünstiger Vegetationsperioden dienen und sind dann von einer derben, gegen Außeneinflüsse widerstandsfähigen Wand umhüllt.

In Analogie zur Nomenklatur chemischer Substanzen ist es auch in der Botanik zweckmäßig, sich mit den am Beispiel der Sporen angeführten Bezeichnungen von vornherein vertraut zu machen, da diese schon vom Namen her eindeutig Ursprung, Beschaffenheit und Ploidiestatus der Spore wiedergeben (z.B. Mito-, Plano-, Haplospore). Wir werden auch im folgenden bei der Bezeichnung der Gameten nach dieser Nomenklatur verfahren, die auch in neueren Lehrbüchern, z.B. im „Strasburger"* verwendet wird.

2. Sexuelle Fortpflanzung

Die sexuelle Fortpflanzung ist durch eine **Aufeinanderfolge von Karyogamie und Meiose** charakterisiert, d.h. sie ist stets mit einem Wechsel der Kernphase verbunden. Ihre Bedeutung liegt vor allem darin, die **Neukombination des genetischen Materials** zu ermöglichen. Diese Rekombination ist neben Mutation und Selektion ein für die Evolution unerläßlicher Parameter.

---

*Im „Strasburger" (Sitte P, Ziegler H, Ehrendorfer F, Bresinsky A (1998) Lehrbuch der Botanik für Hochschulen, 34. Aufl., Fischer, Stuttgart) wird der Ausdruck Sporocyste bei Algen und Pilzen anstelle von Sporangium verwendet, um eine Abgrenzung zu den mit einer Zellhülle angegebenen Sporangien der Moose und Farne zu geben. Wir folgen dieser Anregung nicht, denn sonst müßte man konsequenterweise auch Gametocyste statt Gametangium sagen, was im Strasburger nicht der Fall ist.

Wie aus der hier angegebenen Definition der sexuellen Fortpflanzung hervorgeht, ist es für das Prinzip dieses Vorganges unwesentlich, ob am eigentlichen Sexualvorgang (Karyogamie) morphologisch unterscheidbare Geschlechtsorgane oder Geschlechtszellen beteiligt sind, die man als männlich oder weiblich bezeichnen kann, oder ob lediglich Keimzellen ohne morphologisch erkennbare Differenzierungen fusionieren. Letzteres ist in besonderem Maße bei einer Reihe von Algen und Pilzen gegeben, die keine erkennbare Differenzierung in männlich und weiblich besitzen, sondern nur eine physiologisch faßbare Polarisierung in verschiedene, sogenannte Kreuzungstypen (S. 6) aufweisen.

Man muß daher begrifflich deutlich **zwischen sexueller Fortpflanzung und sexueller Differenzierung unterscheiden.** Letztere liegt nur dann vor, wenn ein Organismus spezifische Strukturen ausbildet, die für das Zustandekommen einer Karyogamie notwendig sind.

a. Fortpflanzungszellen

Gameten sind haploid. Aus ihrem Fusionsprodukt entsteht nach **Karyogamie** die **Zygote.** Bedingt durch die verschiedenen Entwicklungs-Zyklen (S. 8) können sich die Gameten nach mitotischen oder meiotischen Kernteilungen bilden (**Mitogameten** bzw. **Meiogameten**). Entsprechend ihrer Beweglichkeit spricht man von **Plano-** (Zoo-) bzw. **Aplanogameten.**

Meiosporen sind ebenfalls haploid und können als **Plano-** oder **Aplanosporen** auftreten. Sie werden meist nur dann gebildet, wenn ein Generationswechsel (S. 8) vorliegt. Sie können auch wie die Mitosporen als Dauerorgane ausgebildet werden.

b. Befruchtungs-Modi

Die eigentliche Befruchtung ist die Karyogamie. Sie erfolgt nach Fusion (**Plasmogamie**) von Fortpflanzungselementen, deren morphologische Beschaffenheit in den einzelnen Taxa sehr unterschiedlich sein kann. Die große Mannigfaltigkeit der dadurch bedingten Befruchtungs-Modi kann man aus Abb. 1 ersehen.

Gametogamie: Fusion einzelliger Gameten, die in Gametangien gebildet werden. Entsprechend dem Habitus der Gameten unterscheidet man zwischen:

Isogamie: Fusion gleich gestalteter und gleich großer Gameten (Abb. 1 a, b).

Im einfachsten Falle können alle von einem Individuum gebildeten Gameten paarweise miteinander verschmelzen. Bei vielen Organismen existiert jedoch eine **Polarität** innerhalb der Gametenpopulation, d.h. die Gameten, obwohl morphologisch nicht unterscheidbar, lassen sich entsprechend ihrer physiologischen Reaktion (Fusionsfähigkeit) in **zwei Gruppen** einteilen, die man im allgemeinen mit + und − bezeichnet. Eine sexuelle Reaktion findet nur in der Kombination + × − statt, jedoch nicht in den Kombinationen + × + bzw. − × −.

Da den Gameten weibliche oder männliche Geschlechtsmerkmale fehlen, ist eine Zuordnung der beiden polar reagierenden Gruppen zu einem Geschlecht nicht möglich. Man verwendet zur Bezeichnung der Gruppen den Ausdruck

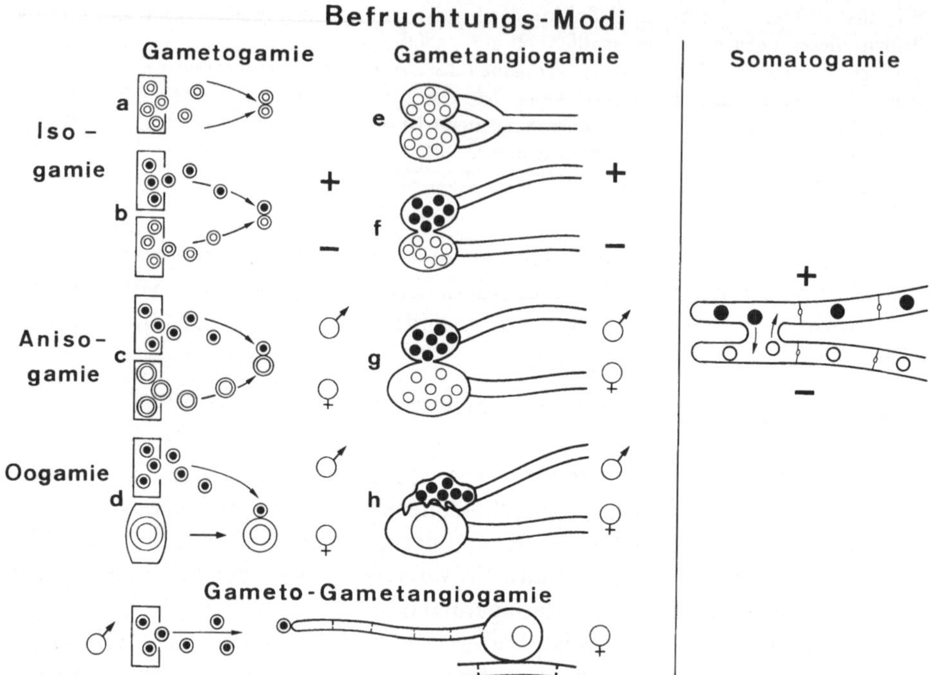

Abbildung 1. Schematische Darstellung der verschiedenen Befruchtungs-Modi. (Erläuterungen s. Text)

Kreuzungstyp* (oder synonym auch Paarungstyp) und spricht vom + Kreuzungstyp und vom − Kreuzungstyp. Das Reaktionsvermögen der beiden Kreuzungstypen ist genetisch fixiert, und zwar durch einen Genort mit den beiden Allelen + und −. Im Verlauf einer der Gametenbildung vorausgehenden Meiose erfolgt eine Aufspaltung der beiden Gene.

Es muß noch einmal in aller Deutlichkeit darauf hingewiesen werden, daß eine **Homologisierung von Kreuzungstypen (+, −) mit Geschlechtstypen (weiblich, männlich) nicht zulässig** ist. Man kann also nicht vom + oder − Geschlecht sprechen. Dies geht vor allem daraus hervor, daß es auch Pflanzen gibt, bei denen nicht nur zwei Kreuzungstypen (Bipolarität) vorhanden sind, sondern vier (Tetrapolarität). In diesem Falle wird die physiologische Polarisierung durch zwei Faktoren bestimmt.

Anisogamie: Fusion von gleich gestalteten, aber verschieden großen Gameten (Abb. 1 c).

Bei diesem Befruchtungs-Modus liegt stets eine genetisch bestimmte Polarität der Gameten vor, die sich auch im Habitus zeigt. Eine Fusion kann nur zwischen Makro- und Mikrogameten stattfinden. Dies ist der einfachste Fall von sexueller Differenzierung, für die es bei Isogamie keine Anhaltspunkte gibt. In Analogie zur Ei- und Samenzelle der höheren Organismen bezeichnet man

---

* Auf Besonderheiten der Kreuzungstypen und unterschiedliche Bezeichnung der dafür verantwortlichen Gene wird an anderer Stelle noch mehrfach eingegangen (S. 390, 479).

den **Makrogameten** als **weiblich** und den **Mikrogameten** als **männlich**. Die Verwendung des Begriffes Kreuzungstyp ist deshalb hier nicht angebracht.

Oogamie: Fusion von verschieden gestalteten und verschieden großen Gameten (Abb. 1 d).

Der mit einer Zellwand umgebene **weibliche Aplanogamet** wird als **Eizelle, Oogonium,** bezeichnet. Die **männlichen Planogameten** heißen **Spermatozoiden,** die **männlichen Aplanogameten** werden **Spermatien** genannt.

Die Tatsache, daß in Abb. 1 die drei Befruchtungs-Modi der Gametogamie am Beispiel von Organismen dargestellt werden, die Aplanogameten besitzen, darf nicht darüber hinweg täuschen, daß bei einigen Arten die Gameten beweglich sind. Auch dort gelten analog dieselben Prinzipien für die Unterteilung in Iso-, Aniso- und Oogamie.

Gametangiogamie: Fusion von Gametangien, keine Ausbildung von Gameten (Abb.1 e–h).

In Analogie zur Gametogamie kann man auch hier anhand der gleichen Kriterien zwischen **Isogametangiogamie, Anisogametangiogamie** und **Oogametangiogamie** unterscheiden. Die Ausdrücke Kreuzungstyp, Makrogametangium, Mikrogametangium werden entsprechend angewandt. Bei der Oogametangiogamie bezeichnet man die weibliche Zelle als **Oogonium** oder Oogon. Falls im Oogon nackte Eizellen in Ein- oder Mehrzahl enthalten sind, werden diese **Oosphären** genannt (h). Das männliche Gametangium wird dann als **Antheridium** bezeichnet.

Gameto-Gametangiogamie: Fusion eines Gameten mit einem Gametangium.

Wie schon aus der Anordnung in Abb. 1 ersichtlich, ist dieser Befruchtungs-Modus eine Kombination von Gametogamie und Gametangiogamie. Er ist relativ selten und kommt vorwiegend bei Pilzen, aber auch bei Algen vor. Die Befruchtung wird meist durch Hilfe eines schlauchartigen Auswuchses des weiblichen Gametangiums vermittelt, der **Trichogyne** genannt wird. Nach der Plasmogamie wandert der Kern des männlichen Gameten durch die Trichogyne in das weibliche Gametangium.

Somatogamie: Fusion von vegetativen Zellen, die keinerlei spezifische Differenzierung aufweisen.

Dieser Befruchtungs-Modus, der bei Pilzen eine bedeutende Rolle spielt (S. 428), kann auch in Analogie zur Isogamie unpolar oder polar determiniert sein. Im ersten Falle können beliebige vegetative Zellen von einem oder verschiedenen Organismen der gleichen Art fusionieren. Im zweiten Fall wird die Plasmogamie erst durch eine physiologische Verschiedenheit der beiden Partner ermöglicht, die sich in der genetisch bedingten Ausbildung verschiedener Kreuzungstypen (bipolar oder tetrapolar) manifestiert.

Es gibt noch zwei weitere Befruchtungs-Modi, die bei einigen Pilzen vorkommen. Da in beiden Fällen die Plasmogamie fehlt, es also keine Fusion von Zellen gibt, passen sie nicht in das Schema der Abbildung 1. Es handelt sich dabei um:

Autogamie (Parthenogenese): Kernverschmelzung im weiblichen Geschlechtsorgan ohne vorherige Fusion von Zellen (**Apandrie**).

Apogamie: Fusion von haploiden Kernen in einer vegetativen Zelle ohne vorherige Befruchtung.

c. Entwicklungs-Zyklen

Entsprechend der Definition der sexuellen Fortpflanzung (S. 4) **beginnt** der **Entwicklungs-Zyklus** einer Art **mit** der nach Karyogamie entstehenden **Zygote** und **endet mit** der **Gametenbildung,** die erst nach einer unmittelbar oder mittelbar vorausgegangenen Meiose erfolgen kann. Diese beiden Marken des Kernphasenwechsels sind nicht unmittelbar miteinander verknüpft, sondern durch eine Reihe mitotischer Kernteilungen voneinander getrennt, die meist zur Ausbildung eines Vegetationskörpers führen. Je nachdem, ob diese Mitosen in der haploiden Phase, in der diploiden Phase oder in beiden Phasen ablaufen, werden die verschiedenen Entwicklungs-Zyklen klassifiziert (Abb. 2).

Haplont: Der Vegetationskörper ist haploid, da unmittelbar auf die Karyogamie die Meiose folgt. Die **diploide Phase ist auf die Zygote beschränkt,** vegetative Vermehrung in einem Nebenzyklus durch Haplo-Mitosporen.

Diplont: Der Vegetationskörper ist diploid, da zwischen Karyogamie und Meiose eine Reihe von mitotischen Teilungen eingeschaltet ist. Die **haploide Phase ist auf die Gameten beschränkt,** vegetative Vermehrung in einem Nebenzyklus durch Diplo-Mitosporen.

Haplo-Diplont: Da sowohl zwischen Meiose und Karyogamie (wie bei Haplonten) als auch zwischen Karyogamie und Meiose (wie bei Diplonten) mitotische Teilungen eingeschoben sind, ist bei diesem Typ der **Kernphasenwechsel mit** einem **Generationswechsel** verknüpft. Aus den Gameten des haploiden Gametophyten entsteht nach Karyogamie ein diploider Sporophyt, dessen Meiosporen wieder Gametophyten bilden. Beide, Gametophyt und Sporophyt, können sich durch Haplo- bzw. Diplo-Mitosporen in einem Nebenzyklus vegetativ vermehren.

Unter **Generationswechsel** versteht man die Aufeinanderfolge verschiedener Generationen, die sich innerhalb eines Entwicklungs-Zyklus auf verschiedene Weise fortpflanzen. Wenn der Generationswechsel mit einem Kernphasenwechsel verbunden ist, der dazu führt, daß regelmäßig aus den Fortpflanzungselementen des Haplonten ein Diplont (und umgekehrt) entsteht, spricht man von einem **heterophasischen (= antithetischen)** Generationswechsel oder **Heterogenese.** Wenn Haplont und Diplont gleich gestaltet sind, liegt eine **isomorphe Heterogenese** vor (Abb. 2, unten).
Wenn der Generationswechsel nicht mit Kernphasenwechsel verbunden ist, was relativ selten der Fall ist, spricht man von **Homogenese,** d.h. zwei haploide bzw. diploide Generationen, die sich auf unterschiedliche Weise fortpflanzen und iso- oder heteromorph sein können, folgen aufeinander (z.B. bei einigen Farnen und in gewissem Ausmaß auch bei Rhodophyceae; S. 145).

In diesem Zusammenhang sind noch **zwei spezielle Entwicklungs-Zyklen** zu erwähnen, die allerdings nur bei Pilzen vorkommen. Wie aus Abb. 3 hervorgeht, sind sie dadurch charakterisiert, daß nach Gametenfusion (Plasmogamie) nicht unmittelbar die Karyogamie erfolgt, d.h. **zwischen die haploide und die diploide Phase ist** eine weitere, sogenannte **dikaryotische Phase eingeschoben,** in der sich die haploiden Kerne durch mitotische Teilungen vermehren. Da diese Kernteilungen meist konjugiert erfolgen, ist sichergestellt, daß am Ende der dikaryotischen Phase bei der Zygotenbildung die Nachkommen der beiden Gametenkerne in etwa gleichen Paritäten vorliegen. Man unterscheidet zwei Zyklen:

Abbildung 2. Schematische Darstellung der wesentlichen Entwicklungs-Zyklen. Die Vegetationskörper der einzelnen Prototypen sind durch Rechtecke, die Gameten durch Quadrate und die Sporen bzw. die Zygoten durch Kreise dargestellt. Unterschiedliche Gestalt der Vegetationskörper in der haploiden und diploiden Phase (Heteromorphie) spiegelt sich in der Größe der Rechtecke wider. Die haploide Phase ist durch eine einfache und die diploide Phase durch eine stärkere Umrandung gekennzeichnet. Die Möglichkeit der vegetativen Vermehrung durch Mitosporen ist bei den einzelnen Zyklen jeweils nach innen angegeben. Diese stark schematische Vereinfachung der verschiedenen Zyklen wurde vorgenommen, um die wesentlichen Gesichtspunkte des Kernphasen- und Generationswechsels darzustellen und

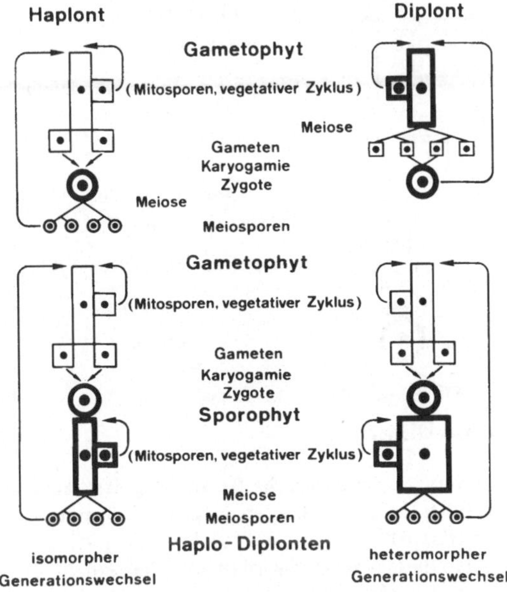

um Standardtypen zu haben, die auf alle Taxa der Kryptogamen anwendbar sind. Deswegen wurde auch eine, bei vielen Organismen vorhandene, sexuelle Differenzierung der Gameten oder Gametophyten nicht berücksichtigt, sondern isogame Monözisten (S. 12) dargestellt. Die Schemata können und sollen für andere Befruchtungstypen und Fortpflanzungs-Systeme von den Studierenden selbst entsprechend ergänzt werden.

Haplo-Dikaryot: Der Vegetationskörper ist haploid. Die Dikaryophase ist auf einige Entwicklungsstadien im Verlauf der Fruchtkörperentwicklung beschränkt. Die Fruchtkörperhüllen sind haploid. Die **diploide Phase umfaßt nur die Zygotenkerne.** Vegetative Vermehrung durch Haplo-Mitosporen ist möglich.

Dikaryot: Der Vegetationskörper (einschließlich Fruchtkörperhüllen) ist dikaryotisch, da sofort nach der Bildung der Haplo-Meiosporen diese selbst oder die aus ihnen entstehenden Zellen fusionieren (**Somatogamie**). Die **diploide Phase ist auf die Zygote und die haploide Phase im allgemeinen auf die Meiosporen beschränkt.** Vegetative Vermehrung durch dikaryotische Mitosporen ist möglich.

Nur in Ausnahmefällen, wenn z.B. bei Vorliegen von Incompatibilität (S. 12), die beiden Kreuzungstypen künstlich getrennt gehalten werden, können auch Haplo-Mitosporen als Einheiten der vegetativen Vermehrung entstehen.

Vorkommen der Entwicklungs-Zyklen innerhalb der Kryptogamen:

Algen:	Vorwiegend Haplonten, aber auch Diplonten und Haplo-Diplonten.
Pilze:	Niedere Pilze: Haplonten, Diplonten, Haplo-Diplonten. Höhere Pilze: Vorwiegend Haplo-Dikaryoten und Dikaryoten.
Moose und Farne:	Haplo-Diplonten.

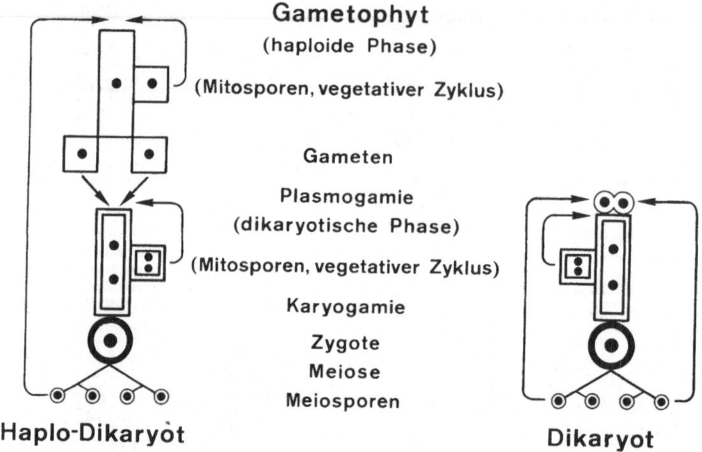

Abbildung 3. Schematische Darstellung des haplo-dikaryotischen und des dikaryotischen Entwicklungs-Zyklus. Es werden die gleichen Symbole wie in Abb. 2 verwendet. Die Dikaryophase ist durch doppelte Umrandung und durch die zwei Zellkerne symbolisierende Punkte charakterisiert. Auch in diesem Schema wird bewußt die sexuelle Differenzierung und das mögliche Vorkommen von verschiedenen Kreuzungstypen aus Gründen der Vereinfachung nicht berücksichtigt. Es empfiehlt sich ebenfalls eine entsprechende Ergänzung beim Durcharbeiten des praktischen Teils

3. Der parasexuelle Zyklus*

Der Vollständigkeit halber ist im Rahmen dieser Betrachtungen noch ein Phänomen zu erwähnen, das sich weder eindeutig in die Entwicklungs-Zyklen noch in die im nächsten Kapitel zu besprechenden Fortpflanzungs-Systeme einordnen läßt. Es handelt sich dabei um den sogenannten **parasexuellen Zyklus**, der bisher nur bei Pilzen nachgewiesen wurde. Wie schon der Name sagt, handelt es sich bei diesem Zyklus um den Ablauf von sexualitätsähnlichen Vorgängen, und zwar im Hinblick auf die Rekombination des genetischen Materials, die schon mehrfach als Zweck der sexuellen Fortpflanzung genannt wurde. Beim parasexuellen Zyklus erfolgt die **Rekombination** allerdings nicht während einer Meiose, sondern im **Verlauf von mitotischen Teilungen**, was in dem Präfix „Para" zum Ausdruck kommt.

Die einzelnen Schritte des parasexuellen Zyklus, der zuerst bei dem Ascomyceten *Aspergillus nidulans* entdeckt wurde, sind:

Heterokaryonbildung: Fusion von haploiden Zellen mit genetisch verschiedenen Kernen (s. auch S. 14).

Entstehung von diploiden Kernen nach Fusion der haploiden Kerne des Heterokaryons.

---

*Im experimentellen Teil werden wir nicht näher auf den parasexuellen Zyklus eingehen, da dieser in der Praxis an Bedeutung verloren hat, seit es möglich geworden ist, auch Pilze durch Gentechnik zu manipulieren.

Mitotisches crossing-over: chromosomale Austauschvorgänge im Verlauf der Mitosen der diploiden Kerne im Heterokaryon.

Haploidisierung: Herabregulation der diploiden Kerne zu haploiden im Verlauf von zahlreichen Mitosen (z. B. durch Chromosomenverlust).

Während der erste Schritt des parasexuellen Zyklus meist regelmäßig eintritt, wenn haploide Zellen miteinander in Kontakt kommen), ist die Häufigkeit der weiteren Schritte sehr gering; Kernfusion 10^{-6}–10^{-7}; crossing-over 5.10^{-2} pro Kernteilung; Haploidisierung 10^{-3} pro Kernteilung.

Daraus wird ersichtlich, daß der parasexuelle Zyklus bei Pilzen, die zu einer sexuellen Vermehrung befähigt sind, praktisch keine Rolle spielt. Sein Sinn und seine Notwendigkeit werden erst bei den **Fungi imperfecti** deutlich, welche die Fähigkeit zur sexuellen Fortpflanzung verloren haben (S. 510). Hier ist der parasexuelle Zyklus die einzige Möglichkeit zum Austausch des genetischen Materials und nimmt damit die Stelle der nicht vorhandenen sexuellen Fortpflanzung wenigstens in etwa ein. So wird bei diesen sonst nur auf vegetative Fortpflanzung angewiesenen Organismen das „Überleben im Sinne einer kontinuierlichen Evolution" sichergestellt (s. auch die Diskussion der Fortpflanzungs-Systeme auf S. 14).

II. Fortpflanzungs-Systeme

Die im vorangehenden Abschnitt beschriebenen Modalitäten der sexuellen Fortpflanzung beruhen im wesentlichen auf Unterschieden in der sexuellen Differenzierung. Wie mehrfach angedeutet, werden diese morphogenetischen Prozesse und damit auch der Verlauf der Entwicklungs-Zyklen genetisch bestimmt. Außer den dafür verantwortlichen „strukturbestimmenden" Genen gibt es eine zweite Kategorie von Erbfaktoren, welche regulierend in den Ablauf der Sexualzyklen eingreifen. Diese **Gene kontrollieren die physiologischen Bedingungen, die zur Realisation der Karyogamie erforderlich sind.** Sie entfalten ihre Wirkung im Rahmen von sogenannten **Fortpflanzungs-Systemen.** Die Karyogamie und damit Meiose und Rekombination sind also nur dann möglich, wenn beide Gen-Typen „grünes Licht" geben, d.h. damit eine Befruchtung stattfinden kann, müssen nicht nur Gameten (bzw. als Gameten dienende Kerne), sondern auch der „passende Partner" vorhanden sein. Daraus folgt: Die Mannigfaltigkeit der verschiedenen Befruchtungs-Modi wird nur dann verständlich und durchschaubar, wenn zugleich auch die kontrollierende und regulierende Funktion der Fortpflanzungs-Systeme berücksichtigt wird. Diese sollen im folgenden anhand der vier wichtigsten Systeme, die in Abb. 4 dargestellt sind, erläutert werden.

Die Grundlagen dieser Systeme sind Monözie und Diözie. Beide Begriffe werden nicht nach morphologischen, sondern nach physiologischen Kriterien definiert. Als Kriterium wird die Fähigkeit eines Organismus betrachtet, beide Kerne oder nur einen Kern zur Karyogamie beizusteuern.

Monözie liegt vor, wenn ein Individuum in der Lage ist, als Kern-Donor (männlich) und auch als Kern-Akzeptor (weiblich) zu fungieren.

Diözie liegt vor, wenn ein Individuum nur die eine oder die andere Potenz besitzt.

Diese Vereinfachung in der Definition von Monözie und Diözie mag den Botaniker befremden, der gewohnt ist, diese Begriffe ausschließlich auf das Vorhandensein von weiblichen und männlichen Geschlechtsorganen auf eine bzw. auf zwei Pflanzen zu beziehen. Da aber das Prinzip der sexuellen Fortpflanzung die Herstellung der Karyogamie ist und diese bei einigen niederen Pflanzen nicht mit sexueller Differenzierung verknüpft ist und wir außerdem ein allgemein verbindliches System für alle Kryptogamen aufstellen wollen, das auch auf höhere Pflanzen und Tiere gleichermaßen anwendbar ist, erscheint diese Neufassung der beiden klassischen Begriffe gerechtfertigt. Hinzu kommt noch, daß jene Begriffe geschaffen wurden, ehe man erkannt hatte, daß die gemeinsame Grundlage aller Erscheinungen der sexuellen Fortpflanzung im Bereich des Lebendigen Karyogamie und Meiose sind, und daß die Art und Weise der „Verpackung" des genetischen Materials von untergeordneter Bedeutung ist.

Innerhalb der Gruppe der **Monözisten** gibt es eine große Anzahl von Arten, bei denen trotz einer eindeutig ausgeprägten Zwittrigkeit die Kern-Donor- und Kern-Akzeptor-Funktion in bestimmten Kombinationen nicht ausgeübt werden kann. Diese Befruchtungssperre bezeichnet man als **sexuelle Unverträglichkeit** oder **Incompatibilität.**

Man muß daher zwischen compatiblen und incompatiblen Monözisten unterscheiden. Wie aus dem Schema der Abb. 4 hervorgeht, können bei Vorliegen von Incompatibilität genetisch gleiche Kerne nicht fusionieren. Daraus resultiert nicht nur eine Selbst-Incompatibilität jedes Individuums, sondern auch eine Kreuzungs-Incompatibilität von genetisch gleichen Individuen. Im einfachsten Fall wird dieses Sexualverhalten durch ein Allelenpaar bestimmt, das

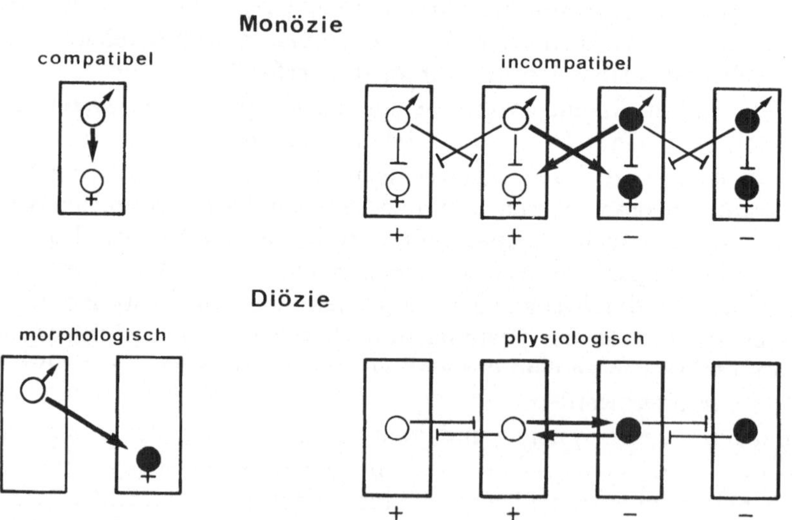

Abbildung 4. Schematische Darstellung der wesentlichen Fortpflanzungs-Systeme. Die Rechtecke symbolisieren Einzelindividuen. Die schwarzen und weißen Kreise stellen Kerne dar, der Farbunterschied zeigt genetische Verschiedenheit der Kerne an. Weibliche oder männliche Determination der Kerne wird durch die entsprechenden Sexualitätssymbole angegeben. Pfeile: Karyogamie möglich; blockierte Pfeile: keine Karyogamie möglich. Durch Symbole + und − sind die genetisch determinierten Kreuzungstypen dargestellt. (Aus Esser 1971)

man meist als + und – bezeichnet.* Für die + und – Individuen hat sich die Bezeichnung Kreuzungstyp (=Paarungstyp) eingebürgert. Wie schon vorhin bei der Besprechung des isogamen Befruchtungs-Modus erwähnt, handelt es sich dabei nicht um eine sexuelle Differenzierung, sondern um eine physiologisch bedingte Befruchtungssperre, die nicht auf Sterilitätsdefekten beruht und nur in der Kombination + × – unwirksam ist.

Im Gegensatz zu diesem relativ einfachen bipolaren +/– Mechanismus gibt es bei den höheren Pilzen noch den komplizierteren tetrapolaren Mechanismus, dessen genetische Grundlagen und Funktion im praktischen Teil besprochen werden (S. 456).

In diesem Zusammenhang ist noch darauf hinzuweisen, daß die Incompatibilität nicht ausschließlich, wie hier beschrieben, auf einer Unverträglichkeit genetisch gleicher Kerne (+ × + oder – × –) beruht, sondern auch durch völlig entgegengesetzte Gen-Mechanismen ausgelöst werden kann, die auf einer Unverträglichkeit von genetisch verschiedenem Material beruhen. Zur Charakterisierung dieser **beiden grundverschiedenen Mechanismen** wird dem Worte Incompatibilität entweder das Adjektiv „homogenisch" oder „heterogenisch" beigefügt. Da jedoch die heterogenische Incompatibilität** nur in Rassenkreuzungen auftritt kann sie im Rahmen eines Studiums des normalen Fortpflanzungsverhaltens der Kryptogamen vernachlässigt werden. Wir werden deshalb in diesem Buch stets nur von Incompatibilität sprechen und meinen damit das homogenische System.

Innerhalb der Gruppe der **Diözisten** gibt es neben Arten, die auf Grund der Ausbildung von Geschlechtsorganen eine klare Polarität in männlich und weiblich aufweisen **(morphologische Diözie)**, auch solche, die mangels morphologischer Sexualmerkmale nur auf Grund ihrer Sexualreaktion unterscheidbar sind **(physiologische Diözie)**. Hier erkennt man eine Verbindung mit den schon oben angesprochenen Befruchtungs-Modi (Abb. 1). Die morphologische Diözie erfordert nämlich per definitionem entweder Anisogamie oder Oogamie, die eine eindeutige Unterscheidung männlicher und weiblicher Individuen ermöglicht (dabei spielt es keine Rolle, ob Gametogamie oder Gametangiogamie vorliegt). Die physiologische Diözie dagegen, die nur eine Klassifizierung in Kreuzungstypen erlaubt, ist durch Isogamie als Befruchtungs-Modus gekennzeichnet.

Genetische Kontrolle von Monözie und Diözie: Außer den Erbfaktoren, welche die normale sexuelle Differenzierung bedingen, und den Incompatibilitäts-Genen gibt es keine speziellen Gene, die für die Monözie verantwortlich sind. Im Gegensatz zu den höheren Pflanzen und Tieren wird die Diözie bei den

---

* Zur Kennzeichnung der Kreuzungstypen werden bei einigen Organismen auch die Gensymbole A/a bzw. a/α und neuerdings auch mat^+/mat^- verwendet.

** Die **heterogenische Incompatibilität ist ein grundlegender Mechanismus für die Artbildung.** Sie verhindert oder schränkt zwischen geographischen Rassen die sexuelle Fortpflanzung ein. Der Austausch von genetischem Material kann daher nur innerhalb einer Rasse erfolgen. Mutative Veränderungen, die in einer Rasse auftreten, können sich nicht innerhalb der Art ausbreiten. Damit ist nicht mehr die Art, sondern die Rasse die kleinste Einheit der Evolution geworden.

Kryptogamen meist nicht durch Geschlechtschromosomen, sondern durch einzelne Erbfaktoren bestimmt.

Abschließend soll noch auf ein spezielles Fortpflanzungs-System, die **Heterokaryose,** eingegangen werden, das nur bei Pilzen vorkommt. Unter einem Heterokaryon versteht man eine Zelle (bzw. Zelläquivalent), welche genetisch verschiedene Kerne enthält. Die Heterokaryose ist vor allem in zwei Fällen für die Fortpflanzung bedeutsam: (1) bei Somatogamie als Befruchtungs-Modus des sexuellen Zyklus; (2) als erste Phase für den Ablauf des parasexuellen Zyklus (S. 10). Da die Heterokaryonbildung durch genetische Faktoren kontrolliert wird, ist sie vor allem bei den imperfekten Pilzen (S. 510), deren einzige Möglichkeit zur Rekombination durch den parasexuellen Zyklus gegeben ist, als Fortpflanzungs-System von wesentlicher Bedeutung.

Die **biologische Bedeutung der Fortpflanzungs-Systeme** liegt vor allem darin, daß sie auf Grund ihrer Fähigkeit, die Karyogamie zu kontrollieren, gleichzeitig die Rekombination des genetischen Materials steuern. Eine kontinuierliche Evolution erfordert eine ebenso kontinuierliche Durchmischung und Rekombination von genetischem Material, und zwar von möglichst verschiedenem genetischem Material. Dieser Vorgang wird durch Selbstbefruchtung behindert und nur durch Fremdbefruchtung gefördert. Somit wird erkennbar: Die Diözie stellt in ihren beiden Erscheinungsformen, der morphologischen und der physiologischen, sicher, daß zur Karyogamie stets zwei genetisch verschiedene Individuen zusammenkommen. Sie kann als Hemmer der Inzucht angesehen werden. Genau der gleiche Effekt wird bei monözischen Organismen, die primär auf Grund ihrer Zwitterpotenz Selbstbefruchter sind, durch die Incompatibilität erreicht. Da innerhalb des Pflanzenreiches Monözisten in weitaus größerer Anzahl vorkommen als im Tierreich, wird somit verständlich, daß sich bei den Pflanzen aus „evolutionären Gründen" die sexuelle Unverträglichkeit gewissermaßen als Ersatz der bei den Tieren vorherrschenden Diözie entwickelt hat.

Zusammenfassend kann man sagen: **Während die vegetative Fortpflanzung vorwiegend der Vermehrung und der Erhaltung der Art dient, ermöglicht die sexuelle Fortpflanzung zusätzlich ihre Fortentwicklung (Evolution).** Um diese in kurzen Worten auf einen Nenner gebrachten Grundlagen der Fortpflanzung zu verstehen, die am Beispiel der Kryptogamen erarbeitet werden sollen, muß man sich beim praktischen Studium bei den einzelnen Objekten stets die folgenden, oben geschilderten Parameter deutlich machen: (1) Befruchtungs-Modus; (2) Entwicklungs-Zyklus; (3) Fortpflanzungs-System. Nur auf diese Weise wird sich die für jeden, der sich neu mit dieser Materie befaßt, auftretende Konfusion beseitigen lassen.

Technisch-methodischer Teil

Dieses Kapitel enthält Hinweise für die Beschaffung von **Kursmaterial,** Anleitungen für **Laborkulturen** und **Präparationstechniken,** die von allgemeiner Bedeutung für die Bearbeitung der Kryptogamen sind. Im praktischen Teil (S. 51 f.) werden, soweit erforderlich, für bestimmte Objekte spezielle methodische Angaben gemacht. Dies erspart eine Wiederholung gängiger Techniken und führt damit zu einer Straffung des Textes.

Für Lehrende und Studierende, die an Universitäten mikrobiologisch arbeiten, mögen diese Angaben an einigen Stellen zu detailliert sein. Da dieses Buch auch an weniger gut ausgestatteten Institutionen (z.B. Schulen) benutzt wird, wie ich aus Zuschriften entnehmen durfte, habe ich auch in dieser Auflage diese Art der Darstellung im wesentlichen beibehalten.

I. Materialbeschaffung

Das früher von den meisten Instituten vorgenommene Sammeln von Frischmaterial läßt sich heute vielfach nicht mehr durchführen. Einerseits fehlen vor allem in Großstädten und deren Umgebung die Standorte, andererseits ist man auch bei günstiger „Umwelt" doch weitgehend von jahreszeitlichen und klimatischen Schwankungen abhängig. Es kommt hinzu, daß Formenkenntnis heute nicht mehr notwendigerweise von allen im Kryptogamenkurs Lehrenden zu erwarten ist und daß bei einer Straffung des Kurses dem Studenten keine Zeit bleibt, aus einer Algenprobe oder einer Mischkultur von Pilzen die richtige und typische Form „herauszufinden". Man wird daher, zumindest zum Teil, Algen und auch Pilze von den im Anhang angegebenen Sammlungen erwerben müssen.* Bei Flechten kann allerdings auf das Sammeln nicht verzichtet werden.

Trotzdem und zur Ermunterung für die „Noch-Botaniker" geben wir im folgenden eine kurze Anleitung für die Beschaffung von Frischmaterial. Ein Ausweichen auf konserviertes Material wird vor allem bei den einzelligen und fädigen Thalli, insbesondere bei deren Fortpflanzungszellen, nicht immer möglich sein.

---

*In diese Liste haben wir auch die Firmen aufgenommen, bei denen man konserviertes Material und Dauerpräparate beziehen kann.

1. Frischmaterial

Bei den **Sammelexkursionen** kommt man mit verhältnismäßig wenigen **Gerätschaften** aus: Planktonnetz mit zusammensteckbarem Stab (S. 19 und Abb. 5), möglichst mit auswechselbaren Netzen verschiedener Maschenweite, Lupe (mindestens 10fache Vergr.) oder besser Taschenmikroskop (Vergr. bis 100-fach); kräftiges Taschenmesser mit Säge oder Campingbeil; verschließbare Weithalsflaschen aus Plastik; Fixierflüssigkeit (S. 22); Plastikbeutel; Etiketten oder Filzschreiber; Plastikschachteln und nicht zu vergessen: Gummistiefel.

Da man durch die saisonbedingte, unterschiedlich starke Entwicklung der Kryptogamen Sammelexkursionen jährlich mehrfach durchführen muß, ist es unbedingt erforderlich, eine Landkarte mitzunehmen (möglichst 1:25 000), um die Standorte als Grundlage für eine Fundortkartei markieren zu können. Die Beschaffung von Material für die drei in diesem Text zu besprechenden Abteilungen des Pflanzenreiches erfordert unterschiedliche Handhabungen.

a. Cyanobakterien

Cyanobakterien sind verhältnismäßig leicht zu beschaffen, man kann von diesen Objekten auch ohne großen Aufwand Rohkulturen anlegen. Diese Ubiquisten findet man als blaugrüne, schleimige Überzüge auf feuchten Steinen, auf Felsen, in Gewächshäusern auf Blumentöpfen oder Wasserbecken und an feuchten Hauswänden. Auch aus Erdproben feuchter Standorte (Gräben, Teiche etc.) lassen sich Cyanobakterien isolieren.

Rohkulturen können auf zweierlei Weise angelegt werden: (1) Von den auf festem Substrat wachsenden schleimigen Überzügen mit Pinzette oder Impfnadel Abstriche machen und auf ein nährstoffarmes Agar-Mineralmedium ausstreichen (z.B. synthetisches Medium Nr. 1, S. 26), das sich in einer Petrischale befindet; Kulturen bei Licht (S. 42) und Zimmertemperatur halten. (2) Reagenzgläser etwa ⅓ mit Schlammproben füllen; bis auf ½ mit Leitungswasser auffüllen; kurz durchschütteln; Gläser mit Wattestopfen verschließen und bei Licht halten; die sich nach einigen Tagen in der Wasserzone bildenden grünen Beläge entweder direkt verarbeiten oder auch auf Agarmedien wie oben beschrieben weiterkultivieren.

Zur Verminderung von bakteriellen Infektionen kann man dem Agarmedium, aber auch dem Leitungswasser Antibiotika zusetzen (S. 42).

b. Algen

Da es nicht immer möglich sein wird, regelmäßig Exkursionen an die algenreiche Nordsee oder den Atlantik zu unternehmen, um dort bei Ebbe in der Litoralzone Algen zu sammeln, beschränken wir uns auf eine Beschreibung der Sammlung von Süßwasseralgen. Bei Meeresalgen kann man auf das konservierte Material zurückgreifen, das von der Biologischen Station Helgoland angeboten wird (S. 547).

Benthonten werden, sofern man sie nicht mit den Händen greifen kann, mit einem „Fächerbesen" mit Metallzinken, wie er zum Rasenrechen verwendet wird, gesammelt.

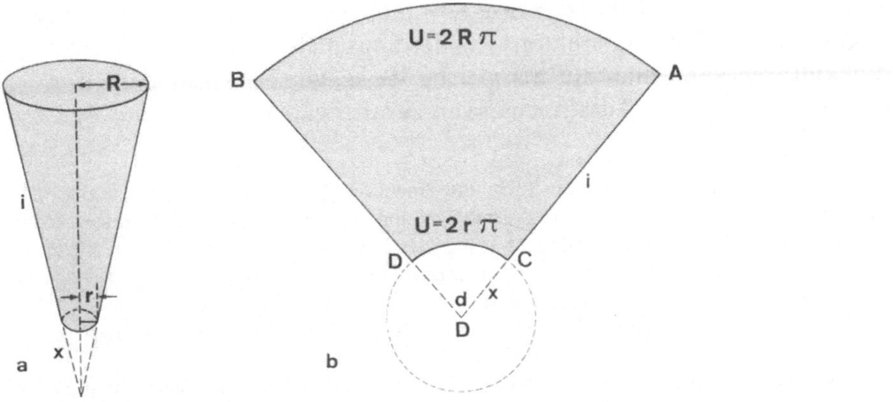

Abbildung 5 a, b. Konstruktion und Schnitt zur Herstellung eines Planktonnetzes. (Nach Steuer aus Schwoerbel)

Bei **Planktonten** benutzt man ein Netz, auf dessen Konstruktion und Handhabung kurz eingegangen werden soll.

Ein **Planktonnetz** besteht im Prinzip aus einem Metall- oder Kunststoffring, von dessen Unterkante ein trichterförmiger Beutel aus Stoff von bekannter Maschenweite hängt. Vom Ring gehen drei dünne Drähte aus, die sich in einer Öse über seinem Mittelpunkt vereinigen, an dem entweder eine Schnur oder ein zusammensteckbarer Stab angebracht wird.

Von diesem Normaltyp gibt es mannigfache Abweichungen in Größe und Form,[*] die vor allem dann verwendet werden, wenn man quantitative Untersuchungen von Phyto- oder Zooplankton machen will. Dies ist für unsere Kurszwecke nicht erforderlich. Wir benötigen Netze von etwa 50 cm Länge, die man entweder käuflich erwirbt[**] oder sich nach der Skizze der Abb. 5 selbst herstellt. Entsprechend der Maschenweite des Stoffes (meist Nylon oder Perlon) kann man selektiv Plankton fischen. Für das Phytoplankton sind die Größen 8, 12, 16, 20 bzw. 25 Denier zu empfehlen, die eine Maschenweite von 180, 112, 87, 75 bzw. 65 µm haben (Perlonstrümpfe haben je nach Art 20 oder 30 Denier).

Nachdem man das Netz je nach Besatz des Gewässers mit Plankton einmal oder mehrfach durch das Wasser geführt hat, wird es nach Ablaufen des Wassers umgestülpt und sein Inhalt in ein mit Wasser gefülltes Sammelglas entleert. Falls die Konzentration der Planktonten für die Anfertigung eines Tropfpräparates (S. 44) nicht ausreicht, erfolgt im Labor eine Konzentration der Suspension durch Zentrifugation. Es genügt eine einfache Handzentrifuge oder

---

[*] Einzelheiten über Bau und Anwendung von Planktonnetzen findet man bei: Schwoerbel J (1994) Methoden der Hydrobiologie, Süßwasserbiologie. Frank'sche Verlagsbuchhandlung, Stuttgart.

[**] Kosmos Service, Postfach 777325, D-30821 Garbsen. T 05137-882004, F 05137-881790 oder Hydro-Bios GmbH, Am Jägersberg 5-7, D-24161 Kiel-Holtenau. T 0431-369600, F 0431-3696021, E hydrobios@-online.de oder internet:http://members.aol.com/hydrobios.

bei Verwendung einer Laborzentrifuge 10 min bei Umdrehungen bis 500 × g. Eine Abtrennung des Zooplanktons ist allerdings nicht möglich.

Rohkulturen kann man auf die gleiche Weise, wie für Cyanobakterien beschrieben (S. 18), durch Ausstreichen von Zentrifugat-Abstrichen auf Agarmedien erhalten.

Beim Planktonfischen beginnt man die Suche mit einem möglichst engmaschigen Planktonnetz, um sich einen Überblick zu verschaffen. Bei unbekannten Fundorten sollte man die ersten Proben an Ort und Stelle mikroskopisch prüfen, ob geeignetes Phytoplankton vorhanden ist. (Beim makroskopisch wahrnehmbaren Benthos dient die mikroskopische Analyse nur einer ersten, groben Klassifizierung.) Dann kann man durch Einsatz von Netzen mit größeren Maschenweiten einzelne Formen selektiv fischen. So wird man z.B. mit einem Netz von 8–12 den. zwar die relativ großen Kolonien der Volvocaceae, aber keine einzelligen Kieselalgen fangen.

Bei Kieselalgen kann man auch auf das Planktonfischen verzichten und diese aus ufernahen Schlammproben auswaschen: Schlamm- oder Detritusproben in kleine Mullsäckchen bringen, diese in flache, mit Wasser gefüllte Schalen legen, die Kieselalgen wandern innerhalb 10–12 h zum großen Teil durch das Netz ins Wasser (sie haben die Tendenz, sich in der Nähe der Substratoberfläche aufzuhalten) und können aus diesem abzentrifugiert werden. Die festsitzenden Diatomeen wird man bei dieser Methode nicht bekommen, sie sind meist mit den Benthos-Algen vergesellschaftet.

c. Pilze

Abgesehen von den makroskopisch erkennbaren Fruchtkörpern der höheren Basidiomyceten, benötigt man zur Suche von Fruchtkörpern der übrigen Taxa eine Lupe, mit der die spezifischen Substrate der Saprophyten oder Parasiten sorgfältig abzusuchen sind.

Rohkulturen werden angelegt, indem man mit einem sterilen Skalpell etwa 0,1 cm³ große Stücke aus dem Inneren der Fruchtkörper entnimmt und auf Agarmedien in Petrischalen aussetzt. Von kleineren Fruchtkörpern macht man Sporenabstriche oder bringt sie als Ganzes auf den Agar (Zusammensetzung der Nährmedien und Kulturmethoden S. 24f.).

Eine weit verbreitete Methode, um Pilzmyzelien zu erhalten, ist das **Ködern**, das in erster Linie bei Wasserpilzen, aber auch bei terrestischen Pilzen benutzt wird. Als Köder verwendet man jeweils die für die betreffenden Taxa optimalen Substrate, z.B. bei den im Wasser lebenden Oomycota eiweißreiche Pflanzensamen oder tierisches Eiweiß und bei den auf dem Lande lebenden Zygomyceten kohlenhydrathaltige Agarnährböden. Da die Auswertung von Köderversuchen eine gewisse Formenkenntnis verlangt, werden die einzelnenKödermethoden im praktischen Teil bei der Behandlung der einzelnen Objekte erwähnt.

Dies trifft auch für die Anlage der sogenannten **Dungschale** zu (S. 312), auf der man sukzessiv coprophile Pilze, angefangen von Zygomyceten über Ascomyceten bis zu Basidiomyceten, finden kann.

Weder durch Ködern noch mit der Dungschale ist es möglich, parasitische Pilze „einzufangen". Für die Beschaffung dieser Objekte, die sich zu einem großen Teil nicht als Laborkulturen halten lassen, ist man auf Frischmaterial angewiesen.

d. Flechten

Da es keine Lichenotheken gibt, muß man Flechten selbst sammeln. Man muß darauf achten, daß man beim Abnehmen Stücke des Substrates mitnimmt und daß Flechten in trockenem Zustand sehr leicht zerbrechen. Da Flechten von allen Pflanzen am empfindlichsten für Luftverunreinigungen sind, wird man in Großstädten und deren Umgebung nur wenige Objekte finden.

Falls man nicht für jeden Kurs erneut Frischmaterial sammeln will, sollte man sich eine Kollektion von getrocknetem Material anlegen. Man kann „frische Flechten" bei Zimmertemperatur oder bei 37–40 °C im Brutschrank trocknen und dann vor Gebrauch über Nacht in eine Feuchtkammer einlegen. Sie nehmen sehr rasch Wasser auf und erreichen ihr natürliches Aussehen. Dies trifft auch für die Gallertflechten zu. Daher kann man auch Herbarmaterial verwenden.

2. Konserviertes Material

Frischmaterial, das nicht unmittelbar verarbeitet wird, muß für spätere Untersuchungen haltbar gemacht werden. Voraussetzung für jegliche Konservierung ist, daß die Strukturen von Geweben und Zellen so wenig als möglich verändert werden, damit bei der mikroskopischen Analyse ein einigermaßen naturgetreues Bild entsteht. Kleinere Veränderungen, vor allem Schrumpfungen und Farbänderungen von Zellorganellen, sind nicht immer zu vermeiden. Um dies auf ein Minimum herabzusetzen, muß die Abtötung der Zellen möglichst rasch erfolgen. Bei Einzellern und trichalen Organismen bereitet dies keine Schwierigkeiten, im Gegensatz zur Konservierung von Geweben, zumal wenn diese Zellen mit stark verdickten Wänden enthalten.

Die beste, allerdings auch aufwendigste Methode, die diesen Ansprüchen optimal Rechnung trägt, ist die **Gefriertrocknung**. Wir benutzen diese für Fruchtkörper der höheren Basidiomyceten, aber auch für Gewebethalli von höheren Algen, wenn bei diesen histologische Detailbeobachtungen erforderlich sind.

Das Material wird so schnell wie möglich nach dem Sammeln in flüssigen Stickstoff (Thermobehälter!) eingelegt und dann in einer der vom Handel angebotenen Apparaturen getrocknet. Die Aufbewahrung kann in Räumen mit geringer Luftfeuchtigkeit oder besser im Exsikkator erfolgen. Vor Gebrauch wird das Material über Nacht in Wasser eingelegt. Bei kleineren Objekten genügt die Aufbewahrung in einer Feuchtkammer.

Die technisch wesentlich einfachere und auch üblichere Methode ist die sogenannte Fixierung in Flüssigkeiten oder Gemischen von Flüssigkeiten. Je nach der Zusammensetzung des Fixativs kann das Material auch in der Fixierflüssigkeit aufbewahrt werden. Das **Prinzip der Fixierung** besteht darin, daß durch die Zugabe von Lösungsmitteln oder bestimmten, in diesen gelösten Chemikalien die Zellinhaltsstoffe wie Proteine, Nukleinsäuren, Kohlenhydrate und Fette so denaturiert werden, daß sie möglichst in ihren natürlichen Strukturen erhalten bleiben.

Trotz der evidenten Nachteile, welche jegliche Fixierung für die Erhaltung der Feinstrukturen mit sich bringt, hat fixiertes Material gegenüber dem Frischmaterial auch einen Vorteil: Infolge der durch Fixierung und anschließende Konservierung bedingten „Verhärtung" lassen sich konservierte Gewebeteile besser zu Handschnitten verarbeiten als frisches Material.

Nach einigen allgemeinen Richtlinien für die Fixierung geben wir die Zusammensetzung und Handhabung der für diesen Kurs notwendigen Fixate an. Detaillierte Angaben sind den auf S. 555 angeführten Monographien (z.B. Gerlach) bzw. den Übungsanleitungen (S. 556, z.B. Schömmer) zu entnehmen.

1) Frischmaterial darf vor der Fixierung nicht welk oder ausgetrocknet sein. Falls dies z.B. bei Pflanzen, die mit parasitären Pilzen befallen sind, nicht zu vermeiden ist, werden die Objekte vor der Fixierung in eine Feuchtkammer eingelegt.

2) Bei der Auswahl des Fixativs ist zu berücksichtigen, daß die Flüssigkeit schnell in die Zellen eindringen muß, wie es bei alkoholhaltigen Fixativen der Fall ist. Deswegen nimmt man von Geweben möglichst kleine Stücke.

3) Das Fixativ wird durch Vermischung mit dem Inhalt der Vakuolen verdünnt und kann in seiner Wirksamkeit eingeschränkt werden, wenn man zu kleine Fixiergefäße nimmt. Optimal ist ein Volumverhältnis von Objekt: Fixativ wie 1: 100.

4) Die Dauer der Fixierung spielt nur eine Rolle bei den Fixativen, die sich wie z.B. Alkohol/Eisessig infolge von Esterbildung nicht zur Aufbewahrung des Materials eignen. Hier richtet sich die Fixierungszeit nach der Größe des Objektes und muß von Fall zu Fall empirisch ermittelt werden.

5) Bei Verwendung von nicht konservierenden Fixativen ist das Material nach der Behandlung sorgfältig auszuwaschen, und zwar in der Regel durch mehrfaches Abspülen und anschließendes Einlegen in aqua dest. für etwa die gleiche Zeit, die zur Fixierung aufgewendet wurde.

Als **Universalfixativ**, das **gleichzeitig** auch als **Konservierungsmittel** dient, eignet sich vor allem für Kryptogamen das sogenannte **Pfeiffersche Gemisch** oder auch kurz „Pfeiffer" genannt. Die Dauer der Fixierung beträgt je nach der Größe der Objekte 1 h (Fadenalgen) bis 1 d (z.B. Gewebethalli oder Plektenchyme). Die meisten Zellorganellen, vor allem auch Zellkerne und Plastiden, bleiben erhalten. Durch Zugabe von einigen Kristallen $CuSO_4$ kann das Ausbleichen des Chlorophylls abgeschwächt werden.

Pfeiffersches Gemisch:	Methanol abs.	100 ml
	Formol (= Formaldehyd mind. 37%ig = Formalin)	100 ml
	Holzessig, roh (75–80%ig)	100 ml

Pfeiffersches Gemisch wird auch gebrauchsfertig vom Fachhandel angeboten.*

---

*Z.B. Schmid GmbH & Co, Küferstr. 2, Postfach 1110, D-73257 Köngen. T 07024-83646, F 07024-82660.

Für die Fixierung von **Meeresalgen** eignet sich allerdings Pfeiffer nicht, da es stets zu Ausfällungen und Trübungen kommt. Diese Algen werden in Formol fixiert, das vorher mit Meerwasser 1:10 verdünnt wurde. Nach Abschluß der Fixierung (1–24 h, je nachdem, ob trichale oder parenchymatische Thalli behandelt wurden) muß das Meerwasser entfernt werden. Die Objekte werden nacheinander durch folgende Meer-Süßwasser-Gemische geführt 3:1, 1:1, 1:3 und schließlich über reines Süßwasser in eine Konservierungsflüssigkeit gebracht. Die Zeitdauer des Auswaschens richtet sich nach der Größe des Objektes, sie beträgt für die einzelnen Stufen 1–4 h.

Alternativ für Pfeiffer kann auch **Formalinalkohol** (nach Chamberlain) eingesetzt werden, der allerdings mehr für anatomische Präparate verwendet wird.

Formalinalkohol:	Ethanol, 70%ig	100 ml
	Formol	6 ml

Aufbewahrung in **Konservierungsflüssigkeit** (nach Strasburger):

	Ethanol, 96%ig, vergällt	100 ml
	Glyzerin	100 ml
	aqua dest.	100 ml

Für **cytologische Studien**, speziell für Kern- und Chromosomenuntersuchungen, werden **Ethanol-Eisessig-Gemische** als Fixative verwendet. Das fixierte Material kann zu kurzfristig haltbaren Quetschpräparaten und auch zu Dauerpräparaten verarbeitet werden (s. S. 45). Die Fixierungsdauer beträgt entsprechend der Größe des Objektes 1 h bis 24 h (z.B. Pilzhyphen bzw. Gewebestücke). Wie schon oben angedeutet, eignen sich die Ethanol-Eisessig-Gemische wegen der bald eintretenden Bildung von Ethylessigester nicht zur Konservierung.

Ethanol-Eisessig-Gemisch:	Ethanol, 96%ig, vergällt	30 ml
	Eisessig	10 ml

Falls mit diesem „Standardgemisch" keine brauchbaren Präparate erzielt werden, kann zum Erfolg führen:

Carnoysches Gemisch:	Ethanol, 96%ig, vergällt	60 ml
	Eisessig	30 ml
	Chloroform	10 ml

II. Laborkulturen

Da es nicht möglich ist, zu allen Jahreszeiten Frischmaterial zu beschaffen oder für spezielle Entwicklungsstadien auf konserviertes Material zurückzugreifen, ist man darauf angewiesen, für bestimmte Versuche Laborkulturen anzulegen. Falls man aus ökonomischen Gründen nicht stets für jeden Kurs aus den Algo- bzw. Mykotheken frische Stämme kaufen will, muß man zusätzlich noch Erhaltungskulturen anlegen.

Die im folgenden dargestellten Kulturmethoden sind speziell auf die im praktischen Teil besprochenen Objekte zugeschnitten. Dies trifft vor allem für die Zusammenstellung der verschiedenen Nährmedien zu. Es ist demnach nicht beabsichtigt, eine allgemeine Laboranleitung für die Handhabung von Mikroorganismen zu geben. Hierfür verweisen wir auf die auf S. 555 f. angegebene Literatur, der auch zu entnehmen ist, daß die speziellen Methoden entsprechend der subjektiven

Erfahrung der einzelnen Autoren in Einzelheiten mehr oder weniger variieren. Eine ausführliche Darstellung der Kulturmethoden der als genetische Objekte verwendeten Pilze findet man in Band 1 des von C. King herausgegebenen „Handbook of Genetics" (Ref. S. 555).

1. Nährmedien

a. Allgemeine Bemerkungen

Alle Nährmedien enthalten im Prinzip die gleichen **Grundkomponenten**: Eine **Stickstoffquelle, Mineralien, Spurenelemente** und bei **heterotrophen Organismen** zusätzlich noch eine **Kohlenstoffquelle** und meist noch **Vitamine**. Eine Unterteilung der Nährmedien kann nach ihrer Zusammensetzung vorgenommen werden:

Natürliche oder undefinierte Nährmedien werden aus den Produkten hergestellt, auf denen der Organismus in der Natur wächst. Dazu werden entweder die Naturprodukte selbst oder aus deren Extrakten hergestellte Medien verwendet. Sie enthalten die verschiedenen Nährstoffquellen meist in optimalen Mengen. Man bezeichnet sie daher auch als **Voll- oder Komplettmedien**. Sie können meist für verschiedene Organismen verwendet werden.

Synthetische oder definierte Nährmedien werden dagegen für einen bestimmten Organismus oder für Organismen mit gleichen Nährstoffansprüchen hergestellt. Sie enthalten qualitativ und quantitativ genau definierte Substanzen. Man bezeichnet diese Medien nur dann als **Minimalmedien**, wenn sie das Minimum an Nährstoffen enthalten, welches den Wuchsansprüchen des betreffenden Organismus entspricht.

Minimalmedien sind unerläßlich für genetische Experimente, bei denen man mit auxotrophen Mutanten arbeitet. In einem Kryptogamenkurs jedoch, dessen vorwiegendes Ziel das Studium von Morphologie und Ontogenese ist, wird man weitgehend mit Komplettmedien arbeiten. Dies hat, wie schon oben angedeutet, den Vorteil, daß die natürlichen Medien „Breitbandmedien" sind und man sich daher auf die Herstellung einiger weniger Standardmedien beschränken kann. Dies führt zu einer erheblichen Zeitersparnis bei der Kursvorbereitung und ist auch mit Kosteneinsparungen verbunden, da die Naturprodukte wesentlich billiger als Chemikalien sind. Daher haben wir bei den Pilzen durch eigene Experimente versucht, die große Anzahl der in der Mykologie üblicherweise verwendeten Medien auf einige wenige natürliche Medien zu reduzieren.

Eine andere Unterteilung der Nährmedien kann nach ihrer Konsistenz vorgenommen werden, und zwar in **flüssige** und **feste Medien**. Beide unterscheiden sich nur dadurch, daß die letzteren ein Gelierungsmittel (meist Agar-Agar) enthalten.

In diesem Zusammenhang muß noch ein Aspekt erwähnt werden, der vielfach übersehen wird. Echte synthetische Medien sind nur flüssige Medien, denn durch den Zusatz des Naturproduktes Agar erhält jedes feste Medium eine nicht genau definierte Komponente. Dies trifft auch für hochgereinigte Agar-Sorten zu (z.B. Bacto-Agar). Alle festen Medien sind daher im strengen Sinne halbsynthetische Medien. Wir werden dem Laborbrauch folgen und von synthetischen Medien sprechen.

Noch einige allgemeine Gesichtspunkte für die Herstellung von Medien:

1) **Stammlösungen:** Vor allem für die Herstellung synthetischer Medien ist es zweckmäßig, von den Mineralien konzentrierte Lösungen (10- bis 50fach) herzustellen und als sogenannte Stammlösungen auf Vorrat zu halten.

Hierbei muß man darauf achten, daß die einzelnen Komponenten sukzessive gelöst werden, um zu verhindern, daß z.B. $CaSO_4$ bei gleichzeitiger Lösung von $MgSO_4$ und $CaCl_2$ ausfällt. Die Stammlösungen können in gut verschlossenen Flaschen auch ohne vorherige Sterilisation bei Zimmertemperatur aufbewahrt werden. Um die bei diesen anorganischen Lösungen zwar geringe Infektionsgefahr durch Mikroorganismen auszuschließen, werden sie mit Chloroform (4 ml/l) versetzt und zur Suspension des Chloroforms gut durchgeschüttelt. Zwar wird sich nach einiger Zeit das Chloroform wieder am Boden absetzen, aber seine keimtötende Wirkung kann durch regelmäßiges Umschütteln (etwa zweimal pro Woche) erhalten bleiben. Chloroform, das etwa später bei Verdünnung in das Nährmedium gelangt, verdampft beim Autoklavieren. Falls jedoch die Medien durch Druckfiltration sterilisiert werden, muß der Chloroformzusatz wegbleiben. In diesem Falle werden die Stammlösungen sterilisiert und bei 40 °C aufbewahrt.

2) Spurenelemente: Im allgemeinen erfordern alle synthetischen Medien einen Zusatz von Spurenelementen. Die Zusammensetzung dieser Lösung schwankt in den verschiedenen Literaturangaben geringfügig. Wir verwenden eine Stammlösung, in der die folgenden Komponenten in 100 ml dest. Wasser sukzessive gelöst werden:

Ethylendiaminotetraacetat (EDTA)	2,00 g
$ZnSO_4 \times 7\ H_2O$	5,00 g
$MnCl_2 \times 4\ H_2O$	0,50 g
$FeSO_4 \times 7\ H_2O$	0,50 g
$CoCl_2 \times 6\ H_2O$	0,15 g
$CuSO_4 \times 5\ H_2O$	0,15 g
$(NH_4)_6MO_7O_{24} \times 4\ H_2O$	0,15 g
H_3BO_3 (Anhydrid)	0,10 g

3) pH-Wert: Die optimalen pH-Bereiche für Algen und Pilze liegen zwischen 5 und 7. Wenn nichts anderes angegeben, sind die Nährmedien so zusammengestellt, daß dieser pH-Bereich gegeben ist. Allerdings sollte man bei den natürlichen Nährmedien von Zeit zu Zeit zu den pH-Wert überprüfen und ihn durch Zugabe von 10%iger KOH bzw. HCl einstellen. Dabei ist zu berücksichtigen, daß durch jede Art von Heißsterilisation der pH-Wert verändert werden kann.

4) Agar-Zusatz: Die im folgenden verzeichneten Medien sind alle als Lösungen angegeben. Will man feste Nährmedien herstellen, so geschieht dies durch einen Zusatz von 2% Agar.*

b. Cyanobakterien und Algen

Entsprechend ihren natürlichen Habitaten werden Algen vorwiegend in flüssigen Medien und Cyanobakterien auf festen Medien kultiviert. Allerdings ist man vielfach dazu übergegangen, auch Algen, zumindest für Erhaltungskulturen, auf Agarmedien zu ziehen, weil diese einfacher zu handhaben sind.

Schon seit mehr als einem halben Jahrhundert hat sich zur Kultur von Algen und auch von Cyanobakterien ein natürliches Medium bewährt, dessen Haupt-

---

*Bezug durch Chemikalienhandel, z.B. Merck KGaA, Frankfurterstr. 250, D-64293 Darmstadt. Zentrale Bestellung T 0180-570 2000; F 0180-570 2222 oder **Otto Nordwald** KG, Heinrichstr. 5, D-22796 Hamburg. Diese Firma liefert auch die Produkte von **DIFCO** und **OXOID**. T 040-4313360; F 040-43133622; E Otto-Nordwald-KG@t-online.de.

komponente ein Erdextrakt ist. Dieses eignet sich sowohl für Flüssigkeitskulturen als auch für Agarkulturen. Da jedoch vor allem für genetische und physiologische Versuche eine Variabilität des Mediums, die bei keinem natürlichen Medium zu vermeiden ist, unerwünscht ist, gibt es eine Reihe von synthetischen Medien, die ähnliche Zusammensetzung haben. Bedingt durch unterschiedliche festgefahrene Techniken in den einzelnen Labors, erscheint die Variabilität der für bestimmte Organismen verwendeten Medien meist größer, als sie wirklich ist. Für unsere Zwecke genügen nachfolgend aufgeführte Medien.

1) Universalmedien:

Erdextrakt-Medium

Erdextrakt-Lösung	100	ml
KNO_3	0,50	g
aqua dest.	900	ml

Erdextrakt: 500 g sandigen Lehm oder Gartenerde, die nur einen mittelmäßigen Gehalt an Humus haben darf, in 1 l aqua dest. suspendieren, in einem mit einem Wattestopfen verschlossenen 2 l Erlenmeyerkolben bei 100 °C im Wasserbad oder Dampftopf 1 h kochen, dekantieren, Überstand filtrieren und auf 1 l mit aqua dest. auffüllen, pH-Wert überprüfen und als Stammlösung, wie oben beschrieben, aufbewahren.

Algen-Vollmedium
als halbsynthetisches Medium ebenfalls universell verwendbar.

Hefeextrakt (Difco)	4,00	g
Natriumacetat	2,00	g
Synthetisches Medium Nr. 3	1000	ml

Synthetisches Medium Nr. 1 (nach Benecke) geeignet für die meisten Cyanobakterien und Algen. Stammlösung 1: 10 mit aqua dest. verdünnen.

$Ca(NO_3)_2 \times 4\,H_2O$	5,00	g
$MgSO_4 \times 7\,H_2O$	1,00	g
KH_2PO_4	2,00	g
$FeCl_3 \times 6\,H_2O$ 10%ige Lösung	1	Tropfen
aqua dest.	1	000 ml

Beim Ansetzen der Stammlösung das $Ca(NO_3)_2$ erst in der vorgegebenen Wassermenge lösen, wenn die beiden anderen Substanzen völlig gelöst sind. Auf diese Weise wird der sich bildende Niederschlag von $CaSO_4$ auf ein Minimum herabgesetzt.

2) Spezialmedien:

Synthetisches Medium Nr. 2 (nach von Stosch und Drebes) speziell für die Kultur von *Stephanopyxis* (S. 113).

Seewasser	950 ml
Mineralien-Stammlösung	50 ml

Medium nach Vermischung der beiden Komponenten kurz aufkochen.

Das **Seewasser** kann von BAH bezogen werden. Es wird nach Erhalt filtriert, um es von Plankton und Debris zu befreien. Dies geschieht entweder mit Hilfe eines Berkefeld-Filters oder durch Abnutschen über Kieselgur. Das Wasser kann dann bei Zimmertemperatur ohne weitere Sterilisation aufbewahrt werden.

Mineralien-Stammlösung: 64 mg Na_2SiO_3; 425 mg $NaNO_3$; 108 mg $Na_2HPO_4 \times 12\ H_2O$; 2,8 mg $FeSO_4 \times 7\ H_2O$; 0,2 mg $MnCl_2 \times 4\ H_2O$; 37,2 mg Na_2 EDTA $\times 2\ H_2O$; 7 µg Vitamin B_{12}.

Synthetisches Medium Nr. 3 (nach Levine und Ebersold) geeignet für *Chlamydomonas* (S. 174).

Mineralien (Stammlösung)	100 ml
Spurenelemente (Stammlösung s. S. 25)	1 ml
Phosphatpuffer pH 7	100 ml
aqua dest.	800 ml

Mineralien-Stammlösung (nach Beijerinck): In 1.000 ml dest. Wasser werden sukzessive gelöst: 0,5g NH_4NO_3; 0,2 g K_2HPO_4; 0,2 g $MgSO_4 \times 7\ H_2O$; 0,1 g $CaCl_2 \times 2\ H_2O$.

Phosphatpuffer: In 1.000 ml dest. Wasser werden sukzessive gelöst: 7,17 g K_2HP_4; 3,63 g KH_2P_4.

Synthetisches Medium Nr. 4 (nach Pirson) speziell geeignet zur Kultur von *Hydrodictyon reticulatum* (S. 189).

KNO_3	0,012	g
$Ca(NO_3)_2 \times 4\ H_2O$	0,05	g
K_2CO_3	0,18	g
$MgSO_4 \times 7\ H_2O$	0,013	g
KH_2PO_4	0,013	g
Eisen-EDTA-Lösung	0,8	ml
Erdextraktlösung (S. 26)	20	ml
aqua dest.	1000	ml

Eisen-EDTA-Lösung: 1,1 g $FeSO_4 \times 7\ H_2O$ und 1,9 g $Na_2EDTA \times 2\ H_2O$ mit aqua dest. auf 100 ml auffüllen und kurz aufkochen.

Um Präzipitationen beim Ansetzen der Mineralien-Stammlösung zu vermeiden, wird wie folgt verfahren: 64 mg Natriumsilikat (rein, trocken) werden in 500 ml Wasser bei 130 °C im Autoklav gelöst. Nach Erkalten werden dieser Lösung die übrigen Chemikalien schrittweise zugesetzt.

c. Pilze

Abgesehen von den obligaten Parasiten, deren Anzucht in vitro nicht möglich ist, und von den wenigen Saprophyten, die nur auf ihren natürlichen Substraten wachsen, kann man bei den Pilzen für unsere Zwecke meist natürliche Medien benutzen. Dabei werden vorwiegend folgende **Naturprodukte** allein oder in verschiedenen Kombinationen verwendet: Maismehlextrakt, Malzextrakt, Hefeextrakt, Pepton,* Saccharose (Handelsware), Glucose und vor allem Fäkalien von Pflanzenfressern, insbesondere „Roßäpfel", für die coprophilen Pilze. Diese ohne großen Zeitaufwand herzustellenden natürlichen Medien enthalten

---

* Bezugsquellen. **Maismehl** : Mühle-Landhandel, Heinrich Niewind, Ahsenerstr. 147, D-45711 Datteln. T 02363-33438; F 02363-33479. **Malzextrakt:** Ulmerspatz-Diamalt, Gartenstr. 36, D-89231 Nelm. T 0731-9844167; F 0731-9844181; E Hotline@meistermarken.de **Hefeextrakt** , **Pepton** im Chemikalienhandel z.B. Merck oder Nordwald, Anschriften S. 25.

auch die notwendigen Mineralien, Spurenelemente und Vitamine. Synthetische Medien werden wir dann verwenden, wenn dies unumgänglich ist.

Flüssige Nährmedien werden nur für einige Wasserpilze benötigt, wenn man bestimmte Formen von deren beweglichen Fortpflanzungszellen erhalten will. Bei allen anderen Pilzen verwendet man die leichter zu handhabenden Kulturen auf Agarmedien.

1) Universalmedien:

Mais-Medium. Standard-Medium für die meisten Pilze, sowohl für Stammkulturen als auch für die Demonstration der vegetativen und sexuellen Fortpflanzungsorgane geeignet.

Maismehlextrakt	1000 ml
Malzextrakt	5 g
KOH, 10%ig	2 ml

Maismehlextrakt: 25 g Maismehl in 1 l Leitungswasser suspendieren, 10 min kochen und bei 60 °C über Nacht inkubieren. Überstand dekantieren und Bodensatz verwerfen. Das Maismehl sollte aus den üblichen Handelssorten des „Gelbmaises" hergestellt und nicht zu fein gemahlen sein, damit Schale und Aleuronschicht nicht verlorengehen.

Mais-Malz-Medium. Modifikation des Maismediums speziell für Holobasidiomyceten, statt 5 g Malzextrakt 30 g verwenden.

Ähnlich zusammengesetzte laborfertige Medien werden von Nordwald oder Merck angeboten (Anschriften S. 25).

Mais-Acetat-Medium. Standardmedium für die Keimung von Ascosporen coprophiler Pilze.

Zusätzlich zum Maismedium:	2,3 ml	10%ige KOH
	4,4 g	Ammoniumacetat (für *Podospora* S. 396)
	5,0 g	Natriumacetat (für *Sordaria* S. 396)

Malz-Medium für Flüssigkeitskulturen von Asco- und Basidiomyceten.

Malzextrakt	15 g
KOH 10% ig	4 ml
Leitungswasser	1000 ml

Pferdedung. Universalmedium für alle coprophilen Pilze; fördert vor allem die Keimung von Sporen infolge seines hohen Acetatgehaltes.

Frischer Pferdemist (nicht von Pferdeharn durchtränkt, Harnsäure!), der von Tieren stammen sollte, die mit Hafer gefüttert wurden, wird nach gutem Durchfeuchten mit Leitungswasser in die gewünschten Kulturgefäße gepreßt und sterilisiert.

Pferdedung-Medium kann anstelle von Pferdedung verwendet werden. Nach Agarzusatz hat es eine glatte Oberfläche und trocknet nicht so schnell aus wie der Pferdedung.

Pferdedung-Extrakt	100 ml
Maltose	5,0 g
$MgSO_4 \times 7\,H_2O$	0,5 g

Ca(NO$_3$)$_2$	0,5 g
K$_2$HPO$_4$	0,25 g
Pepton	0,1 g
aqua dest.	900 ml

Pferdedung-Extrakt: 1 „Roßapfel" pro 150 ml Leitungswasser 1–2 h im Wasserbad in einem mit Wattebausch verschlossenen Erlenmeyerkolben kochen, nach Dekantieren und Filtrieren Überstand verwenden. Diesen Extrakt stets frisch herstellen, da er sich leicht zersetzt und kein mehrmaliges Sterilisieren verträgt.

2) Spezialmedien:

Pepton-Glucose-Medium für die Kultur und Fruchtkörperbildung der Acrasiales (S. 243).

Pepton	1,0 g
Glucose	1,0 g
M/60 Phosphatpuffer pH 6	1000 ml

Phosphatpuffer (nach Sörensen): **Lösung I:** 9,078 g/l KH$_2$PO$_4$; **Lösung II:** 11,876 g/l Na$_2$HPO$_4$ × 2 H$_2$O. Mischungsverhältnis der Lösungen für pH 6: 879 ml Lös. I + 121 ml Lös. II. Dieser Puffer ist M/15, er muß zum Gebrauch 1:4 verdünnt werden.

Linsen-Pepton-Medium (nach Raper) zur Demonstration des Sexualzyklus von *Achlya ambisexualis* (S. 271).

Linsenwasser	900 ml
Pepton	1 g
Mineralien-Stammlösung	100 ml

Linsenwasser: 10 g trockene Linsen zerreiben und in 1000 ml Leitungswasser suspendieren, über Nacht bei 60 °C halten, dekantieren, Bodensatz verwerfen.

Mineralien-Stammlösung: In 1000 ml dest. Wasser werden sukzessive gelöst: 4,5 g KH$_2$PO$_4$; 3 g MgSO$_4$ × 7 H$_2$O; 1 g CACl$_2$; 0,16 g FeCl$_3$ × 6 H$_2$O; 0,3 g ZnSO$_4$.

Medien für die Kultur von *Phytophthora* (nach Shaw)

Medium A: Demonstration der Sporangienbildung (S. 283)

Stammlösung I	250 ml
Stammlösung II	250 ml
aqua dest.	500 ml

Medium B: Demonstration des Sexualzyklus (S. 275)

Stammlösung I	25 ml
Stammlösung II	25 ml
ß-Sitosterol (Serva)	10 mg
aqua dest. 9	950 ml

Pepton-Bierwürze-Medium zur Kultur von Chytridiaceae (S. 290).

Pepton	2,0 g
Bierwürze-Extrakt	3,0 g
Glucose	5,0 g
aqua dest.	1000 ml

Stammlösung I: 40 g Saccharose; 4 g L-Asparagin; 1 g $MgSO_4 \times 7\ H_2O$; 2 g KH_2PO_4; 4 mg Thiaminhydrochlorid; 4 ml Spurenelementlösung (S. 25); 1.000 ml aqua dest.

Stammlösung II: 300 g gefrorene Gartenerbsen (Tiefkühlkost) werden in 1.000 ml Wasser gekocht und danach die Debris abfiltriert.

Präsporulationsmedium für *Saccharomyces cerevisiae* (S. 346).

Hefeextrakt	3,0 g
Malzextrakt	3,0 g
Pepton	5,0 g
aqua dest.	1000 ml

Sporulationsmedium für *Saccharomyces cerevisae* (S. 347).

Glucose	1,0 g
Kaliumacetat	8,2 g
Hefeextrakt	2,5 g
KCl	1,86 g
$MgSO_4 \times 7\ H_2O$	0,35 g
aqua dest.	1000 ml

Synthetisches Medium Nr. 5. Minimalmedium für Ascomycetes.

Mineralien-Stammlösung	100 ml
Glucose	10,0 g
aqua dest.	900 ml

Mineralien-Stammlösung: in 1000 ml aqua dest. werden sukzessiv gelöst: 60 g $NaNO_3$; 5,2 g KCl; 5,2 g $MgSO_4 \times 7\ H_2O$; 15,2 g KH_2PO_4; je 1–2 µg $FeSO_4$ und $ZnSO_4$.

Pepton-Medium zur Keimung der Ascosporen von *Ascobolus immersus* (S. 376).

Pepton	12,5 g
KOH, 10%ig	15 ml
aqua dest., auffüllen auf	1000 ml

Der fertige Nährboden hat einen pH-Wert von 9–10.

Hefe-Casein-Medium für die Kultur von *Ustilago maydis* (S. 440) (nach Day, veränd.).

Hefeextrakt	2 g
Caseinhydrolysat	5 g
Glucose	20 g
Nukleinsäurehydrolysatlösung	10 ml
Vitaminlösung	20 ml
Salzlösung	125 ml
aqua dest., auffüllen auf	1000 ml

Vor Sterilisation pH-Wert mit 10%iger KOH auf pH 7 einstellen.

Für Erhaltungs-Kulturen genügt es, dem Medium die einzelnen Komponenten in halber Konzentration zuzusetzen.

Nukleinsäurehydrolysat[*]: Heferibonukleinsäure (Sigma R7125) 1 g; Desoxyribonukleinsäure aus Fischsperma (Serva 185 80) 1 g; n HCl 15 ml in unverschlossenem Gefäß im Autoklav 10 min bei 1 Atü hydrolysieren. Parallel dazu die gleichen Mengen an Nukleinsäuren in 15 ml n NAOH ebenfalls hydrolysieren. Saures und alkalisches Hydrolysat vermischen, pH auf 6 einstellen, in heißem Zustand filtrieren (Heißwassertrichter bzw. Trockenschrank), Bodensatz verwerfen, Überstand mit aqua dest. auf 40 ml auffüllen, nach Zugabe von einigen Tropfen Chloroform im Dunkeln bei 4 °C aufbewahren.

Vitaminlösung: 0,1 g Thiamin; 0,05 g Riboflavin; 0,05 g Pyridoxin; 0,2 g Calciumpantothenat; 0,05 g p-Aminobenzoesäure; 0,2 g Nicotinsäure; 0,2 g Cholinchlorid; 0,4 g Inosit; 1000 ml aqua dest.

Salzlösung: 1 g $CaCl_2$; 24 g NH_4NO_3; 16 g KH_2PO_4; 4 g Na_2SO_4; 8 g KCl; 2 g $MgSO_4 \times 7\ H_2O$; 8 ml Spurenelementlösung (S. 25), mit aqua dest. auf 1.000 ml auffüllen. $CaCl_2$ muß als erste Substanz gelöst werden! Die Salzlösung nach Zugabe von einigen Tropfen Chloroform bei 4 °C aufbewahren.

Melasse-Medium für die Keimung von Brandsporen der Ustilaginales (S. 440).

Lösung I	Melasse (aus Zuckerrüben)	5 g
	Tween 80	1 Tropfen
	aqua dest.	40 ml
	auf pH 6 einstellen, 15 min autoklavieren	
Lösung II	Penicillin G	12 mg
	Streptomycinsulfat	12 mg
	aqua dest.	60 ml

Lösung durch Sterilfiltration (S. 34) keimfrei machen.
Vor Gebrauch beide Lösungen zusammengeben.

Hefe-Malz-Medium zur Demonstration der Fruchtkörperbildung von *Coprinus cinereus* (S. 488).

Hefeextrakt	4,0 g
Malzextrakt	10,0 g
Glucose	4,0 g
aqua dest.	1000 ml

Hefe-Pepton-Medium zur Demonstration der Fruchtkörperbildung von *Schizophyllum commune* (S. 486).

Hefeextrakt	2,0 g
Pepton	2,0 g
Glucose	20,0 g
$MgSO_4 \times 7\ H_2O$	0,5 g
KH_2PO_4	0,46 g
K_2HPO_4	1,0 g
aqua dest.	1000 ml

---

[*] Bezugsquellen: Sigma, Grünwalder Weg 30, D- 82041 Deisenhofen. T 0130-51155, F 0130-4490, E DEorders@VMS.SIAL.COM. Serva Electrophoresis GmbH, Karl Benzstr. 7, D-69115 Heidelberg. T 0130-7047, F 06221-1384010.

Haferflocken-Medium zur Demonstration der Fruchtkörperbildung von *Sphaerobolus* (S. 504).

Haferflocken	30 g
aqua dest.	1000 ml

Sabouraud-Medium zur Kultur von Dermatophyten (S. 515).

Glucose (oder Maltose)	40 g
Pepton	10 g
aqua dest.	1000 ml

d. Flechten

Nur der Vollständigkeit halber soll kurz auf die Kultur von Flechten eingegangen werden, da wir für diesen Kurs mit Frisch- oder Herbarmaterial auskommen (S. 533). Bedingt durch die Tatsache, daß der Flechtenthallus eine Lebensgemeinschaft zwischen Algen bzw. Cyanobakterien (Phycobiont) und Pilzen (Mycobiont) darstellt, ist es schwierig, für den gesamten Thallus die geeigneten Kulturbedingungen zu finden. Enthält das Medium zu viele Kohlenhydrate, so wird das Wachstum des Mycobionten zu stark gefördert. Zu hoher Mineralgehalt und starke Beleuchtung führen dazu, daß nach einiger Zeit der Phycobiont dominiert. In jedem Fall hat man die Erfahrung gemacht, daß bei Laborkulturen, sei es in oder auf natürlichen oder auch synthetischen Medien, vielfach eine Entmischung der Lebensgemeinschaft eintritt. Dieses Phänomen hat man ausgenutzt, um den Phycobionten oder den Mycobionten zu isolieren und beide getrennt zu analysieren bzw. zu resynthetisieren. Da diese Versuche sehr zeitraubend sind und sich über Monate und Jahre erstrecken, kommen sie für Kurszwecke nicht in Frage. Als beste Methode für eine Erhaltung des Flechtenthallus in seiner natürlichen Zusammensetzung hat sich bisher eine Kultur auf steriler Erde erwiesen, die man entsprechend den natürlichen Habitaten der Flechte auswählt (Einzelheiten sind den Literaturangaben auf S. 562 f. zu entnehmen).

Eine **Zusammenstellung weiterer Nährmedien** kann man entnehmen aus:

Mikrobiologisches Handbuch 1996/97. Merck KgaA, Frankfurterstr. 250, D-64293 Darmstadt. T 06151-720, F 06151-722000

Difco Manual, Dehydrated Culture Media and Reagents for Microbiology. Difco Laboratories Detroit Michigan 48232 USA (ed) 10th edition , reprint 1996. (Diese Buch kann über Firma Nordwald bezogen werden, Anschrift S. 25).

Ferner findet man auch Angaben über Nährmedien in den Katalogen der Sammlungen, die lebendes Material anbieten (S. 547) und in den Übungsanleitungen im Literaturteil (S. 555 f.).

2. Kulturgefäße und Sterilisation

Abgesehen von speziellen Kulturmethoden (S. 37 f.) werden für **Demonstrationskulturen Petrischalen** und für **Erhaltungs(= Stamm)-Kulturen Reagenzgläser** verwendet. Diese und auch die Nährmedien müssen, um ein keimfreies

Arbeiten zu gewährleisten, sterilisiert werden.* Dazu werden im wesentlichen die folgenden Methoden angewandt:

Heißluftsterilisation erfolgt in den im Handel erhältlichen Sterilisationsgeräten. Da die Sterilisationstemperatur 180 °C beträgt, können nur hitzestabile Gegenstände (Kulturgefäße aus Glas oder Metall, Instrumente, Pipetten etc.) auf diese Weise keimfrei gemacht werden. Alle Gegenstände werden vor der Sterilisation verschlossen bzw. in Aluminiumfolie verpackt.

Als Verschluß für Kulturgefäße dienen entweder Wattestopfen oder Aluminumkappen. Wenn man die Mühe des Einrollens von Wattestopfen sparen will, kann man käufliche Stopfen aus Zellstoff verwenden, die darüber hinaus den Vorteil haben, daß sie mehrfach zu benutzen sind.

Die **Sterilisationszeit** beträgt **im allgemeinen 30 min**, größere Gefäße, z.B. Geräte für Sterilfiltration (S. 34), benötigen entsprechend längere Zeit.

Noch **zwei Hinweise:** Da sich die Glas- bzw. Metallgegenstände während des Erhitzens ausdehnen, müssen alle Verschlüsse, Schliffe, Gewinde etc. vor Beginn der Sterilisation gelöst und nachher wieder befestigt werden. Wichtig ist auch, daß man die sterilisierten Gegenstände erst nach völligem Erkalten aus dem Sterilisator nimmt, sonst wird infolge einer Zusammenziehung der in den Hohlräumen der Gefäße befindlichen Heißluft von außen unsterile Kaltluft eingesaugt. Deswegen darf auch der Sterilisator nur nach völligem Erkalten geöffnet werden.

Hochdrucksterilisation wird im Autoklaven durchgeführt. Bedingt durch die kurze Zeitdauer, gibt es nur minimale Umsetzungen im Nährmedium. Infolge der mit dem Überdruck verbundenen höheren Temperatur erfolgt kurzfristig eine Zerstörung von hitzeresistenten Keimen.

Hier gelten folgende **Richtwerte:**

Temperatur (°C)	Atmosphärenüberdruck (atü)	Sterilisationszeit (min)
111	0,5	90
120	1	30
133	2	10

Bei Nährmedien verwendet man meist 120 °C. Allerdings gilt hier auch wie bei der Heißluftsterilisation, daß größere Mengen von Nährmedien (z.B. 10-l-Flaschen) und größere Geräte entsprechend länger autoklaviert werden müssen.

Wir benutzen im wesentlichen zwei Techniken: (1) Sterilisation der Nährmedien in den Kulturgefäßen, z.B. Reagenzgläser für Schrägagarkulturen (S. 35), kleine Erlenmeyerkölbchen mit festen bzw. auch mit flüssigen Nährmedien (S. 37). (2) Sterilisation von Nährmedien, die dann in sterile Kulturgefäße eingefüllt werden. Die Medien werden meist in 2 l Erlenmeyerkolben oder 2 l Steilbrustflaschen (Füllmenge in beiden Fällen 1,5 l), die mit Wattestopfen verschlossen werden, sterilisiert. Nach Abschluß der Sterilisation füllt man in die Kulturgefäße ab, z.B. Petrischalen (S. 37).

---

* Gegenwärtig werden für Routineversuche nicht mehr Petrischalen aus Glas, sondern aus Plastik verwendet, die vom Fachhandel steril angeliefert werden.

Sterilfiltration kann nur bei flüssigen Nährmedien angewendet werden. Sie hat den Vorteil, daß keinerlei Umsetzungen der Nährstoffe stattfinden. Da sie die Anschaffung spezieller Geräte und Filter* erfordert und man im allgemeinen nur 1–2 l in einem Arbeitsgang sterilisieren kann, wird diese Methode nur bei sehr empfindlichen Nährlösungen benutzt. Ihr Prinzip besteht darin, daß das unsterile Nährmedium mit Druckluft durch ein vorher durch Heißluft oder Autoklavieren sterilisiertes Gerät gepreßt wird, das einen auswechselbaren bakteriendichten Filter enthält.

3. Grundlagen des sterilen Arbeitens

Als Voraussetzung für die Anlage von Laborkulturen, die im nächsten Abschnitt besprochen wird, ist es notwendig, sich zunächst mit den Prinzipien des sterilen Arbeitens vertraut zu machen. Fast alle Infektionen in Kulturen werden nämlich durch unsachgemäßes Animpfen bzw. Überimpfen, unsauberen Arbeitsplatz oder vorzeitiges Öffnen der Kulturgefäße und viel seltener durch ungenügende Sterilisation oder verunreinigtes Ausgangsmaterial verursacht.

Arbeitsraum: Wesentlich für steriles Arbeiten ist, daß in dem Raum, in dem Kulturen übertragen werden, ein Minimum an Luftbewegung herrscht, damit im Raum befindliche Keime nicht aufgewirbelt werden. Dies kann man natürlich vollständig erreichen, wenn man in den vom Handel angebotenen Impfkammern (Cleanbench) arbeitet und diese vorher durch eingebaute UV-Lampen keimfrei macht. Die Manipulationen in diesen Kammern ist recht umständlich und erfordert einige Übung. Wir haben die Erfahrung gemacht, daß man **in normalen Laborräumen weitgehend steril arbeiten** kann, wenn man folgende **Vorsichtsmaßnahmen** beachtet:

(1) Raum nicht mit normalem Laborkittel betreten, sondern einen speziellen Kittel anziehen, der nur in diesem Raum benutzt wird.
(2) Reinigung des Raumes mit nur für diesen Raum bestimmten Geräten: Desinfektionsmittel** in das Putzwasser geben.
(3) Raum vor Benutzung etwa 2 h oder am besten über Nacht mit eingebauter UV-Lampe (Wellenlänge um 260 nm) weitgehend keimfrei machen.
(4) Vor Beginn der Impfprozeduren Arbeitsplatz mit Desinfektionsmittel säubern und alle Geräte „handgerecht" aufbauen, damit Luftbewegungen durch unnützes Umherlaufen vermieden werden, deswegen auch Bunsenbrenner so klein wie möglich stellen.
(5) Türen und Fenster während des Impfens geschlossen halten.
(6) „Sprühinfektion" durch Ausatmen durch den Mund in Richtung Impfmaterial vermeiden.

---

* Bezugsquellen: Millipore GmbH, Postfach 5647, D-65731 Eschborn. T 06196-4940; F 06196-482237. Schleicher & Schüll GmbH, Postfach 4, D-37582 Dassel. T 05561-7910; F 05561-791533.
** Vom Fachhandel werden Hand- und Flächendesinfektionsmittel angeboten.

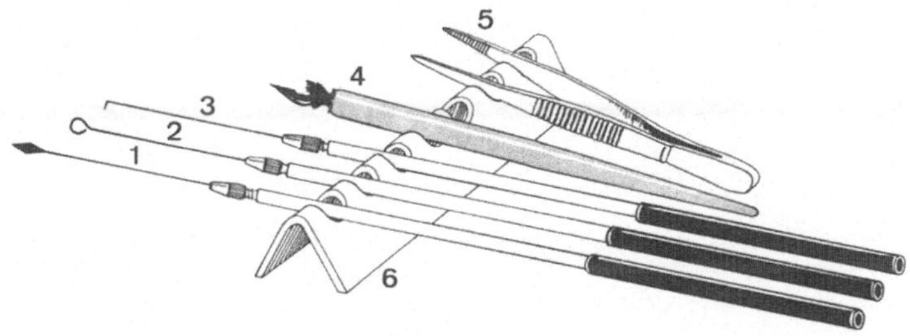

Abbildung 6. Impfinstrumente für steriles Arbeiten mit Laborkulturen. Als Halter für die meisten Instrumente wird ein Kollehalter verwendet, in dessen aufschraubbare Spitze die Geräte eingesteckt werden. Wir verwenden eine Impflanzette (1), eine Impföse (2) und eine hakenförmige Impfnadel (3). Alle diese Gegenstände sollten 5–6 cm lang und aus hitzebeständigem Material sein (Platin-Iridium-Legierung oder korrosionsfester Stahl). Zusätzlich benötigen wir noch eine oder mehrere Präparierfedern (4), d.h. Zeichenfedern* , denen man eine der beiden Spitzen abgebrochen hat und die in einen leicht in der Hand liegenden, möglichst kleinen Holzfederhalter gesteckt werden. Alle diese Instrumente kann man auch in einen etwa 15 cm langen Glasstab einschmelzen. Zur Vervollständigung der Ausrüstung dient eine spitze Uhrmacherpinzette (5). Alle Gegenstände werden auf ein aus Metall oder aus Kunststoff bestehendes Impfgestell (6) gelegt, damit sie nicht mit der Tischplatte in Berührung kommen

Ausstattung des Arbeitsplatzes: Für die üblichen Routinearbeiten muß der Arbeitsplatz mit folgenden Geräten und Instrumenten ausgestattet sein:

Bunsenbrenner, Flasche mit Desinfektionsmittel, Plastikschwamm zum Desinfizieren der Arbeitsplätze, weithalsiges verschließbares Gefäß halb gefüllt mit Desinfektionsmittel zum Abtöten von Kleininfektionen, die aus den befallenen Agarkulturen ausgestochen werden, Impfinstrumente (Abb. 6) und für diffizile Manipulationen ein Präpariermikroskop mit Ober-und Unterlicht.

Sterilisation der Impfinstrumente: Vor Gebrauch wird jedes Instrument sterilisiert. Dies geschieht, indem man die Nadel oder die Feder von der Spitze her in den oberen Teil der leuchtenden Flamme des Bunsenbrenners bringt und langsam bis zur Basis (Beginn des Kollehalters bzw. Federhalters) durchführt, bis das Material kurz aufglüht. Um ein Abtöten des Impfmaterials zu vermeiden, wird das Impfinstrument nach dem Ausglühen kurz in das Agarmedium oder die Nährlösung gebracht, wo es mit hörbarem Zischen abkühlt.

4. Kulturmethoden

Alle Kulturgefäße vor dem Beimpfen beschriften (Klebeetiketten, Filzschreiber bzw. Fettstift). Arbeitsplatte mit Desinfektionsmittel abwaschen!

a. Reagenzglaskulturen

Diese Methode wird vorwiegend für **Stammkulturen** verwendet, die als sogenannte **Schrägagarkulturen** (kurz: Schrägagar) angelegt werden. Sie bieten den Vorteil, daß trotz des geringen Durchmessers des Röhrchens eine relativ große Kulturfläche vorhanden ist.

---

* Bezugsquelle: Firma Brause, Hansestr. 105, D-51149 Köln. T 02203-30430; F 02203- 304330.

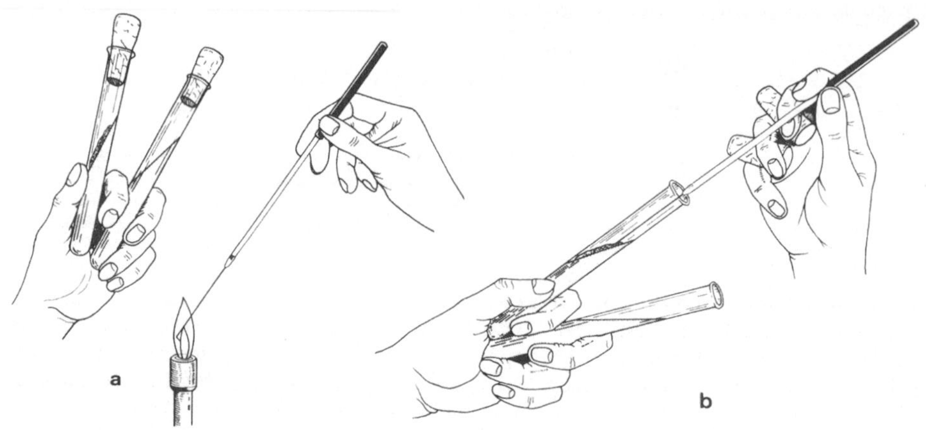

Abbildung 7 a, b. Handhaltung bei der Beimpfung von Schrägagarkultur

Herstellung: Reagenzgläser (Normallänge 16 cm) werden mit etwa 10 ml unsterilem Agarnährrnedium gefüllt. Das Medium wird vorher in einem 2 l Erlenmeyerkolben im Wasserbad bis zum vollständigen Auflösen des Agars erhitzt und danach durch Drehen gemischt. Die Reagenzgläser werden mit einem Zellulosestopfen verschlossen, aufrecht in einen Drahtkorb gegeben (notfalls genügt auch eine Konservenbüchse), der mit Alu-Folie überdeckt und autoklaviert wird. Die Alu-Folie verhindert, daß die Stopfen durch Kondenswasser feucht werden. Feuchte Stopfen sind eine große Infektionsgefahr. Nach Beendigung der Sterilisation legt man die Gläser schräg auf einen etwa 3 cm hohen Holzstab auf, so daß der Agar beim Erkalten die gewünschte Schräge erhält.

Beimpfen: (Abb. 7) Nach Sterilisation des Impfinstrumentes beide Reagenzgläser (die alte und die neu anzulegende Kultur) in die linke Hand nehmen, mit der rechten Hand beide Stopfen entfernen, die zwischen kleinen und Mittelfinger bzw. Mittel- und Ringfinger der rechten Hand geklemmt werden. Reagenzgläser kurz „abflammen", d.h. ihre Öffnungen mit leichter Drehung durch den leuchtenden Teil der Flamme bewegen. Impfinstrument im oberen Teil der alten Kultur abkühlen, Übertragung vornehmen, Stopfen der neuen Kultur kurz durch die Flamme ziehen und Glas verschließen; dann auf die gleiche Weise die alte Kultur behandeln.

Bei Einzellern (z.B. Algen oder Hefen) verwendet man die Impföse, die man mit dem anhaftenden Impfmaterial wellenförmig über den frischen Schrägagar zieht. Zur Übertragung von Pilzmyzelien wird der Impfhaken benutzt. Mit diesem sticht man aus der Stammkultur ein wenige mm^3 großes Agarstück aus, das man nach Ausheben durch seitliches Einstechen der Nadelspitze in das neue Glas manipulieren kann. Möglichst in beiden Fällen vermeiden, mit dem Impfmaterial den Rand der Reagenzgläser zu berühren.

b. Petrischalenkulturen

Mit wenigen Ausnahmen (z.B. Wasserpilze S. 268f., 516f.), werden hierzu ebenfalls Agarmedien benutzt. **Petrischalenkulturen** werden **zu Demonstrationen bzw. Experimenten** verwendet. Sie bieten den Vorteil der großen Oberfläche und der leichten Manipulierbarkeit unter dem Präpariermikroskop.

Herstellung: Sterile Petrischalen werden bis zu einer Höhe von etwa 6–10 mm mit sterilem Agarmedium gefüllt. Nach seitlichem Anheben des Deckels (Vorsicht mit Atemluft!) wird der autoklavierte Agar, der etwa eine Temperatur von 60 °C haben sollte, in die Schalenmitte gegossen. Nach Einfüllen durch leichtes Drehen des Kolbens vermeiden, daß Tropfen auf den Schalenrand fallen, denn dies kann eine Infektionsquelle sein. Um eine beim späteren Beimpfen sehr hinderliche Ansammlung von Kondenswasser im Schalendeckel zu vermeiden, werden die Schalen schon beim Gießen gestapelt (etwa 8 Stück). Bildet sich trotzdem noch Kondenswasser, so werden die Schalen über Nacht bei 35–37 °C in einem Brutschrank „getrocknet".

Beimpfen: Hier richtet sich die Manipulation nach der Herkunft und Beschaffenheit des Impfmaterials. Von Stammkulturen aus Schrägagarröhrchen impft man ab, wie oben beschrieben. Erfolgt eine Übertragung von Kulturen aus Petrischalen, so verwendet man die Impflanzette bei Pilzmyzelien und die Impföse bei Einzellern. In jedem Fall den Deckel der Petrischale nur seitlich anheben, niemals ganz abnehmen oder auf den Tisch legen.

Bei Einzellern ist es oft notwendig, **Einzelkulturen** anzulegen. Dies wird in etwa durch eine kammartige Ausstrichmethode erreicht (Abb. 8). Eine 100%ige Sicherheit ist allerdings nur bei der sehr mühsamen manuellen Vereinzelung von Einzelzellen gegeben. Für Kurszwecke reicht die Kamm-Methode jedoch aus.

c. Kulturen in Erlenmeyer- oder Fernbachkolben

Diese Methode wird sehr selten verwendet, und zwar einerseits für die Anzucht „großer" Versuchsobjekte, wie z.B. Fruchtkörper von einigen höheren Basidiomyceten oder für Massenanzucht von Algen oder Pilzmyzelien. Im ersten Fall benutzt man feste und im zweiten flüssige Nährmedien.

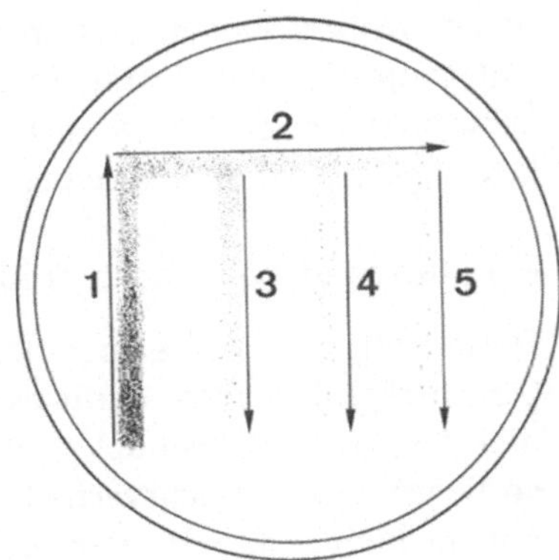

Abbildung 8. „Kamm-Methode" zum Anlegen von Einzelkolonien von Einzellern. (1) Impfmaterial wird mit der Impföse in der Nähe des Schalenrandes ausgestrichen; im rechten Winkel zu Strich 1, von dessen Ende ausgehend, Strich (2) führen; die Striche (3–5) dann wieder im rechten Winkel anbringen. Auf diese Weise werden die Zellen der Impfpopulation stark verdünnt, und wenn die Impfmenge nicht zu groß ist, findet man Kolonien in der Strichserie (3), die auf Einzelzellen zurückgehen. Voraussetzung ist allerdings, daß die Impföse bzw. bei sehr kleinen Stücken die Präparierfeder vor jedem Ausstreichen ausgeglüht und natürlich auch anschließend abgekühlt wird

In analoger Weise wie die Reagenzgläser werden die Kolben mit unsterilem Nährmedium gefüllt, mit Stopfen verschlossen, einzeln oder zu mehreren mit Alu-Folie überdeckt und autoklaviert. Die Größe der Kolben richtet sich nach der Beschaffenheit des Objektes bzw. nach der benötigten Menge. Das Beimpfen erfolgt je nach Objekt mit Impföse, Impfnadel oder Impflanzette.

d. Objektträgerkulturen

Für die Lebendbeobachtung sowohl bei Algen als auch bei Pilzen ist es manchmal notwendig, wachsende **Kulturen zu mikroskopieren**, da ein noch so sorgfältiges Übertragen entweder die Objekte beschädigt oder zum Stillstand einer zu beobachtenden Wuchs- oder Sexualreaktion führt. Für diese Methode kommen nur Agarmedien in Frage.

Herstellung: Auf einen sterilen Objektträger wird mit Hilfe eines etwa 10 cm langen sterilen Glasstabes, dessen Spitze entsprechend der Breite des Objektträgers rechtwinklig abgebogen ist, ein Tropfen Agarmedium gebracht. Der Tropfen wird an einer Seite des Objektträgers aufgetragen und mit einem raschen Strich über dessen Oberfläche gezogen (Abb. 9 a). Wenn der Agar eine Temperatur von etwa 45 °C hat, wird er sofort erstarren und eine glatte, ebene Oberfläche haben. Die Schichtdicke des Agars (etwa 2 mm) kann man mit einiger Übung durch die Größe der aufgebrachten Menge regulieren. Dann wird der Objektträger in eine sterile Feuchtkammer gebracht, dort beimpft und kultiviert.

Als Feuchtkammer (Abb. 9b, c) dient eine Petrischale, deren Boden mit Glasperlen (Durchm. 3 mm) bedeckt ist. Auf der Perlenschicht liegt ein der Größe der Schale entsprechendes Rundfilter. Auf diesem befindet sich als Unterlage für den Objektträger ein spitzwinklig gebogener Glasstab. Um eine Bildung von Kondenswasser zu vermeiden, ist der Deckel der Petrischale ebenfalls mit Filterpapier ausgelegt. Vor dem Autoklavieren füllt man in die Petrischale aqua dest. ein, so daß die Glasperlen nicht ganz bedeckt sind. Bei Bedarf im Verlauf einer längeren Kulturdauer steriles Wasser nachfüllen.

Da die Feuchtkammern sehr infektionsanfällig sind, sollte man sie möglichst während der Kulturdauer nicht öffnen. Die Infektionsgefahr der Kulturen ist geringer, wenn die Agarschicht vollständig mit dem Objekt bewachsen ist. Dann kann man ein mehrfaches Rückbringen der Kultur nach mikroskopischen Beobachtungen riskieren. Allerdings sollte man in solchen Fällen die Unterseite des Objektträgers über einen mit 70%igem Alkohol getränkten Schwamm streichen und vorher den Tisch des Mikroskops bzw. Präpariermikroskops mit Alkohol abreiben.

e. Kulturen im hängenden Tropfen

Diese Methode ist eine Spezifizierung der im vorigen Abschnitt beschriebenen Objektträgerkulturen, denn es ist eine **Deckglaskultur als Mikrofeuchtkammer**. Sie wird angewendet, wenn **kleine Objekte** (z.B. Einzeller wie Hefen u.a.) vorliegen, deren Wuchsverhalten eine **Dauerbeobachtung** erfordert. Die Kulturen im hängenden Tropfen, der übrigens sowohl aus flüssigem als auch aus

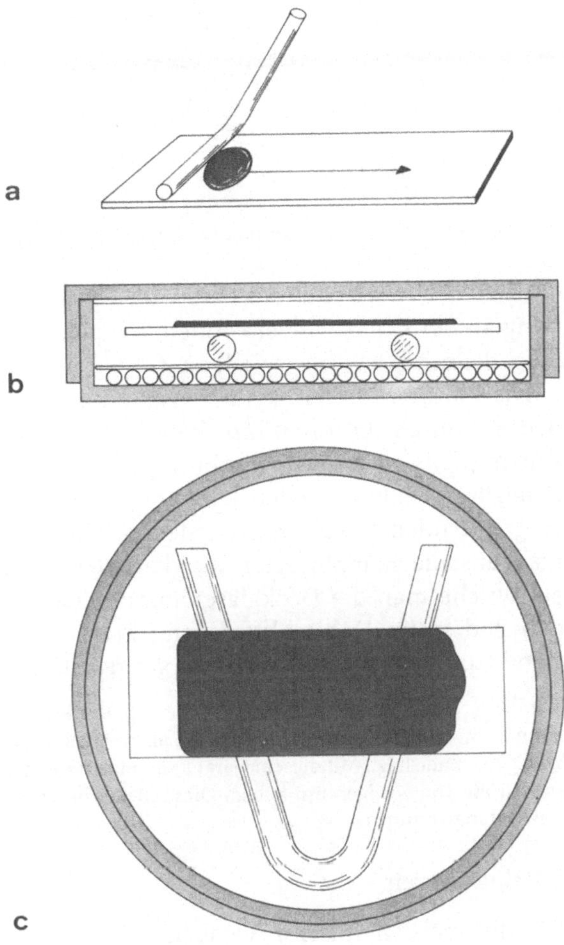

Agar-Medium bestehen kann, sind weniger infektionsanfällig als die relativ großen Objektträgerkulturen.

Herstellung: (Abb. 10) Auf einen Objektträger wird ein etwa 5 mm hoher Glasring aufgeklebt, zwei oder drei dieser so vorbereiteten Objektträger werden in einer Feuchtkammer sterilisiert. Dann bringt man auf den Boden der Ringkammer einen Tropfen steriles aqua dest. und bestreicht den oberen Rand des Ringes mit steriler Vaseline. Auf ein Deckglas, das nach Eintauchen in Alkohol kurz in der Flamme sterilisiert wurde, gibt man einen Tropfen Nährmedium, beimpft diesen mit Öse oder Präparierfeder und setzt das Deckglas vorsichtig auf den Ring. Die Mikrofeuchtkammer ist fertig und kann nun in der eigentlichen Feuchtkammer kultiviert werden. Durch die Versiegelung der Mikrofeuchtkammer mit Vaseline ist natürlich die O_2-Zufuhr begrenzt. Falls dies zum Schaden der Kultur ist, muß man einen Ring mit einer leichten Einker-

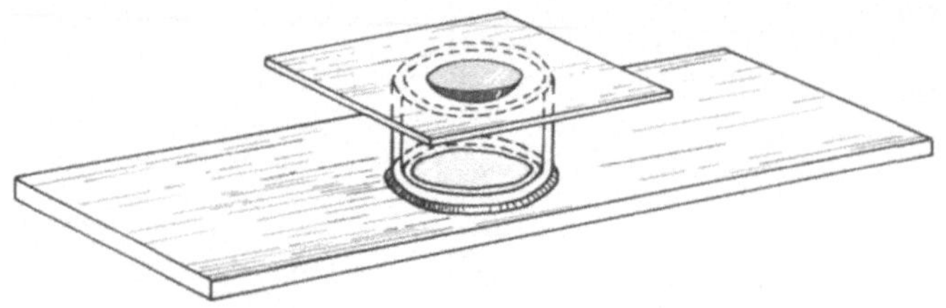

Abbildung 10. Mikrofeuchtkammer für Kulturen im hängenden Tropfen. (Nach v. Arx)

bung an der Oberseite verwenden. Dies hebt allerdings den Effekt der Mikrofeuchtkammer teilweise wieder auf.

Die Kulturen im hängenden Tropfen haben einen entscheidenden Nachteil. Bedingt durch die für mikroskopische Verhältnisse große Höhe des Flüssigkeitstropfens ist eine Beobachtung der Kulturen mit der Ölimmersion nicht möglich. In einigen Fällen können jedoch schon Schwierigkeiten bei kleiner vergrößernden Objektiven entstehen. Um diese Faktoren einzuengen, kann man anstelle komplizierter Ringkammern Hohlschliffobjektträger benutzen, auf welche man die Deckgläser unmittelbar auflegt. Allerdings darf man auf den Boden des Hohlschliffes dann keinen Wassertropfen geben, da der Abstand zum hängenden Tropfen zu gering ist.

Nur der Vollständigkeit halber sei erwähnt, daß das Prinzip der Kulturen im hängenden Tropfen, wenn auch in völlig anderer Anordnung, allen Arbeiten mit einem sogenanntem Mikromanipulator* zugrunde liegt. Mit diesem Gerät kann man unter dem Mikroskop Zellen manipulieren, die eine Größe von wenigen μm haben. Diese Methodik wird in unserem Kurs allerdings nicht zur Anwendung kommen.

f. Reinkulturen

Für die meisten unserer Versuche wird ein **einheitliches Ausgangsmaterial** benötigt. Dies ist mit gewissen Schwierigkeiten verbunden, wenn man die Versuchsobjekte sammelt und Laborkulturen anlegen will. Aber auch Algen- oder Pilzstämme, die man aus Kultursammlungen bezieht und selbst weiter kultiviert, müssen bei Auftreten von Infektionen wieder „gereinigt" werden. Dazu gibt es mehrere Möglichkeiten, über deren einzelne oder kombinierte Anwendung von Fall zu Fall selbst entschieden werden muß.

1) Einspor- bzw. Einzelkulturen: Die manuelle Isolierung unter dem Präpariermikroskop ist die einfachste Methode. Sie erfordert allerdings Zellgrößen von mindestens 10 μm.

Hierzu verwendet man sogenannten **Hartagar**, d.h. einen 5%igen sterilen Wasseragar, den man in Petrischalen so einfüllt, daß die Agaroberkante dicht unter dem Schalenrand liegt (dies erleichtert die Manipulation mit der Präparierfeder, weil man auch in randnahen Gebieten arbeiten kann). Da man unter

---

*Information und Bezugsquelle: Singer Instrument Co. Ltd., Roadwater Watchet, Somerset TA23 ORE, England. T +44 1984 640226; F +44 1984 641166; E yeast@singerinst.co.uk

Umständen auch mit dem Unterlicht des Präpariermikroskopes arbeiten muß, sollte nur hochgereinigter Agar verwendet werden, damit das Gel klar und durchsichtig ist.

Diese Technik ist vor allem für Pilze geeignet, die aktiv Sporen ausschleudern. Die mit Wasseragar gefüllte Petrischale legt man umgekehrt auf eine Pilzkultur, die in einer Petrischale gleicher Größe angezogen wurde und versiegelt die Ränder mit Tesafilm. Nachdem genügend Sporen ausgeschleudert sind, kann man unter dem Präpariermikroskop mit Hilfe der Präparierfeder durch leichtes Schieben der Sporen über den Agar diese vereinzeln und dann nach Ausstechen mit einem kleinen Agarstück auf das entsprechende Nährmedium bringen. Nach Inkubation der Kultur kann man unter dem Präpariermikroskop die Myzelbildung verfolgen und durch erneutes Abimpfen in Schrägagarröhrchen Stammkulturen anlegen.

Diese Methode ist natürlich auch anwendbar, wenn man vegetative Zellen isolieren will, die vorher aus entsprechenden Kulturen auf den Hartagar übertragen werden.

Die **manuelle Isolierung hat den Vorteil,** daß man **auch Mischkulturen verwenden** kann, da bei größeren Objekten unter dem Präpariermikroskop die Sporen oder Zellen verschiedener Kryptogamen unterscheidbar sind.

Die **Plattierungsmethode findet vor allem bei kleineren Objekten Anwendung.** Hier geht man von Zell- oder Sporensuspensionen aus, für die als Lösungsmittel entweder sterile Nähr- oder ¼ starke Ringerlösung* verwendet wird. Nachdem mit Hilfe einer Zählkammer,** wie sie zur Bestimmung der Erythrozytenzahl in der Klinik verwendet wird, der Titer der Suspension ermittelt ist, werden nach entsprechender Verdünnung etwa 2 ml der Suspension auf eine Petrischale mit Nähragar pipettiert und dort durch Hin- und Herneigen der Schale gleichmäßig verteilt. Die Anzahl der aufgebrachten Zellen richtet sich nach der Wuchsrate, z.B. kann man bei einzelligen Algen oder Hefen, die nur Kolonien bilden, bis zu 100 Zellen pro Schale plattieren, dagegen bei Myzel bildenden Pilzen, wie z.B. *Neurospora* eine Wuchsrate von mehreren cm/d haben, nur etwa 10. Auch bei dieser Methode ist es unbedingt notwendig, daß man nach spätestens 24 h unter dem Präpariermikroskop prüft, ob und welche Zellen „angewachsen" sind.

Die **Plattierungsmethode** ist allerdings mit einem gewissen **Sicherheitsrisiko** verbunden. Da nicht auszuschließen ist, daß zwei oder sogar mehrere Zellen miteinander verbunden bleiben, besteht die Möglichkeit, daß **Kolonien oder Myzelien aus mehreren Zellen hervorgegangen sind.**

2) Selektive Kulturmethoden: Bakterielle Infektionen in Algen oder Pilzkulturen können durch **Zusatz von Antibiotika** zum Agarnährmedium relativ leicht

---

* Herstellung: 0,9 g Natriumchlorid; 0,042 g Kaliumchlorid; 0,048 g Calciumchlorid (CaCl, 6 H₂O); 0,02 g Natriumbikarbonat; 400 ml dest. Wasser, autoklaviert bei 120 °C 20 min. Die Salze sind auch in Tablettenform von Merck (Nr. 115525) zu beziehen.

** Z.B. Zählkammer nach Neubauer, Benutzungsanleitung kann entnommen werden aus: Hallmann L (1980) Klinische Chemie und Mikroskopie, 11. Aufl. Thieme, Stuttgart.

vermieden werden. Die notwendige Konzentration des Antibiotikums ist den Handelspackungen zu entnehmen.

Das Antibiotikum darf keinesfalls mit den Nährböden autoklaviert werden. Es wird in sterilem Wasser gelöst bzw. mit Wasser verdünnt auf mit Agarmedien gefüllte Petrischalen gegeben, nachdem die verunreinigten Kulturen angewachsen sind. Schon nach kurzer Zeit ist es dann meist möglich, aus den Randzonen der Kulturen bakterienfreie Zellen bzw. Myzelstücke unter dem Präpariermikroskop mit der Präparierfeder auszustechen.

Bei rasch wachsenden **Hyphenpilzen,** die mit Bakterien infiziert sind, kann man in der Regel sogar auf die Anwendung von Antibiotika verzichten und nach ein oder zwei Kulturpassagen aus den Randzonen bakterienfreie Hyphenspitzen ausstechen.

g. Haltung und Aufbewahrung von Laborkulturen

Wichtig: Alle Kulturräume, Brut- oder Kühlschränke müssen regelmäßig gesäubert und mit Desinfektionsmitteln ausgewaschen werden. In Kulturräumen sollten UV-Lampen sein, die jeweils nach der Reinigung mindestens 24 h brennen müssen. Neben Infektionen durch Bakterien oder Pilze stellen Milben eine große Gefahr dar; sie können vor allem bei Stammkulturen, wenn diese nicht fest verschlossen sind, verheerende Wirkungen auslösen. Zweckmäßig ist es, am Eingang von Kulturräumen mit Desinfektionsmittel getränkte Fußmatten zu haben, die in flachen Plastikbehältern liegen, denn vor allem in der feuchten Jahreszeit werden die meisten Keime mit den Schuhen hereingetragen.

1) Cyanobakterien und Algen. Laborkulturen dieser autotrophen Organismen können selbstverständlich nur bei Licht gehalten werden. Ein Minimum von 1000 Lux ist erforderlich. Falls kein temperierbarer und beleuchtbarer Kulturraum zur Verfügung steht, kann man die Kulturgefäße in Fensternähe bei Zimmertemperatur lagern, man muß allerdings eine direkte Einstrahlung von Sonnenlicht vermeiden.

Demonstrationskulturen auf festen oder in flüssigen Nährmedien benötigen für einen optimalen Wuchs Temperaturen zwischen 12 und 18 °C. **Stammkulturen** in Schrägagarröhrchen bewahrt man zweckmäßigerweise bei niedrigeren Temperaturen auf (5–12 °C). Sie wachsen dann sehr langsam und brauchen nur etwa alle 6–12 Monate umgesetzt zu werden.

2) Pilze. Die Handhabung von Pilzkulturen ist wesentlich einfacher. Abgesehen von den wenigen Ausnahmen, in denen Licht zur Fruchtkörperbildung benötigt wird, kann man alle Pilzstämme im Dunkeln kultivieren.

Demonstrationskulturen werden im allgemeinen bei 25–27 °C gehalten. Ausnahmen sind im experimentellen Teil vermerkt. Falls im praktischen Teil nicht ausdrücklich anders erwähnt, werden **alle Stammkulturen auf Schrägagar** (S. 35) **bei 4 °C aufbewahrt.** Je nach Objekt sollten sie nach 6–12 Monaten auf frisches Medium umgesetzt werden. Einige Pilze (s. experimenteller Teil) vertragen diese niedrigen Temperaturen nicht. Sie müssen bei normaler Labortemperatur kultiviert und dementsprechend öfter umgesetzt werden.

Noch zwei andere Methoden für die Aufbewahrung von Stammkulturen seien kurz erwähnt: Schrägagarröhrchen mit gut entwickelten Myzelien kann man ebenfalls bis zu einem Jahr bei Zimmertemperatur halten, wenn man sie bis kurz über den Rand des Agars mit sterilem **Paraffinöl** füllt. Die bei Bakterien übliche **Lyophilisation** (Gefriertrocknung) wird auch in einigen Pilzlabors angewandt. Beide Techniken sollten nur bei solchen Pilzen benutzt werden, die zahlreiche Sporen an den Myzelien ausgebildet haben.

In jedem Fall ist es ratsam, bei der **Aufbewahrung von Stammkulturen Doubletten anzulegen und an verschiedenen Orten oder nach verschiedenen Methoden aufzubewahren.**

III. Präparationsmethoden

Entsprechend den an deutschsprachigen Universitäten üblichen Studienplänen wird vorausgesetzt, daß die Studierenden, bevor sie am Kryptogamenkurs teilnehmen, ein mikroskopisch-botanisches Anfängerpraktikum absolviert haben. Sie sollten demnach mit der Handhabung des Mikroskopes, den einfachen mikroskopischen Techniken (z.B. Anfertigung von Kurzzeitpräparaten) und dem mikroskopischen Zeichnen vertraut sein. Wir brauchen daher auf diese Methoden nicht genauer einzugehen und werden Einzelheiten nur so weit erwähnen, als sie in unmittelbarem Bezug zu den praktischen Arbeiten stehen.

1. Herstellung mikroskopischer Präparate

In unserem Kurs werden vorwiegend Frischpräparate benutzt, die man von lebendem oder fixiertem Material selbst herstellt. Falls die generellen Methoden nicht bereits aus Anfängerübungen bekannt sind, verweisen wir auf die einschlägigen Übungsanleitungen (Literaturangabe S. 555). Für das Studium bestimmter Objekte und Strukturen kann man jedoch auf Dauerpräparate nicht verzichten.

a. Frischpräparate

1) **Abstrichpräparate** werden von Einzellern (inklusive Zellverbände) und gelegentlich auch von trichal organisierten Objekten hergestellt, die auf festen Nährmedien angezogen werden. Dazu wird mit einer Impfnadel von der Oberfläche der Kultur eine etwa stecknadelkopfgroße Probe abgestrichen und in einen auf einem Objektträger befindlichen Wassertropfen übertragen. Zur Vermeidung von Luftblasenbildung wird das Deckglas wie üblich seitlich am Tropfen angesetzt und langsam auf das Präparat abgesenkt. Es ist darauf zu achten, daß möglichst keine Partikel des Nährbodens übertragen werden, da sonst das Deckglas nicht eben auf dem Objekt liegt.

2) **Tropfpräparate** werden von Einzellern oder nieder organisierten Objekten angefertigt, die entweder aus Flüssigkeitskulturen stammen oder als fixiertes Material vorliegen. Mit einer Tropfpipette oder einem Glasstab bringt man einen Tropfen der Suspension auf einen trockenen Objektträger und legt das Deckglas auf.

Um monadale Formen von lebendem Material zeichnen zu können, muß man diese „festlegen". Dies kann geschehen, indem man mit einem Stück Filterpapier etwas Wasser aus dem Präparat absaugt und damit das Deckglas näher an den Objektträger bringt. Bei kleinen Objekten, vor allem bei beweglichen Fortpflanzungszellen, führt diese Methode allerdings nicht zum Erfolg. Hier benutzen wir eine **1%ige wässerige Lösung von Methylzellulose**, die an Stelle von Wasser bei der Herstellung von Deckglaspräparaten verwendet wird. Die Objekte werden durch diese Substanz nicht abgetötet.

Die Methylzellulose, z.B. Tapetenkleister, wird nach Zugabe des Wassers kurz aufgekocht. Die schleimige Lösung gut umrühren und nach Erkalten verwenden.

3) Zupfpräparate stellt man in erster Linie von trichalen Algen her. Aus den „Watten" frischer oder fixierter Algen zupft man mit einer Pinzette einige „Fasern" heraus und bringt sie auf einen Objektträger. Nach Zugabe eines Wassertropfens werden die Algentrichome dann unter Zuhilfenahme einer zweiten Pinzette oder einer Impfnadel vor dem Auflegen des Deckglases „ausgebreitet". Gegebenenfalls unter dem Präpariermikroskop kontrollieren, denn eine zu dichte Anhäufung von Objekten erschwert die mikroskopische Beobachtung. Zupfpräparate werden auch gelegentlich von Pilzen hergestellt, und zwar entweder von Myzelien aus Flüssigkeitskulturen oder aus den Fruchtkörpern höherer Basidiomyceten.

4) Handschnittpräparate (Abb. 11) fertigt man von echten und unechten Geweben an. Mit einer Rasierklinge entnimmt man dem Objekt kleine Stücke mit einer Kantenlänge von wenigen mm. Als Halterung für diese Stücke verwenden wir entweder Holundermark oder längliche Styroporklötzchen (5 × 2 × 2 cm), in deren glatte Oberseite ein keilartiger Einschnitt gemacht wird. Nachdem die Objektteile in den Einschnitt gebracht worden sind, drückt man mit den Fingern der linken Hand die Halterung leicht zusammen. Dann wird zunächst entlang der Oberfläche der Halterung ein „glättender" Schnitt geführt, der Oberkante von Objekt und Halterung auf die gleiche Ebene bringt. Nun werden die eigentlichen Schnitte angefertigt, indem man die Klinge kurz vor dem Objekt ansetzt und unter Mitabschneiden von Teilen der Halterung möglichst dünne Teile des Objektes abschneidet. Die Schnittstücke werden in einen auf einem Objektträger befindlichen Wassertropfen gebracht. Vor Auflegen des Deckglases sind unbedingt die Reste des Halterungsmaterials zu entfernen.

Umranden von Präparaten: Beim Durchmustern von Frischpräparaten kommt es vielfach, besonders wenn man mit der Ölimmersion arbeitet, zu Verschiebungen des Deckglases. Um dieses zu verhindern und um auch ein allzu frühes Austrocknen zu vermeiden, sollte man alle Frischpräparate „umranden". Die einfachste Methode ist, Nagellack zu benutzen. Man streicht lediglich mit dem in den üblichen Handelspackungen befindlichen Pinsel an den vier Kanten des Deckglases entlang. Hierbei ergibt sich noch die Möglichkeit, durch Verwenden verschiedener Farben eine Kennzeichnung der Präparate vorzunehmen. Umrandete Präparate können keineswegs Dauerpräparate ersetzen, denn ihre Haltbarkeit ist je nach Untersuchungsobjekt zeitlich begrenzt.

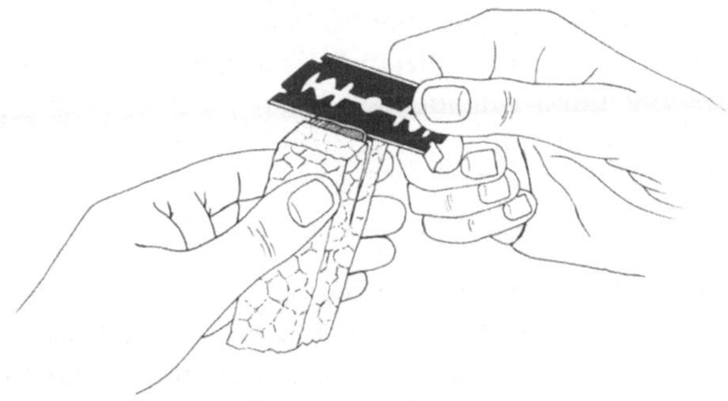

Abbildung 11. Herstellung von Handschnitten. (Erläuterungen s. Text)

b. Dauerpräparate

1) Einzeller, Zellverbände und trichale Formen können nach vorheriger Fixierung (ggf. Färbung) **unmittelbar in ein Einschlußmedium** gebracht werden. Ein oft benutztes **Einschlußmittel ist Glyzerin-Gelatine.**

Eine tropfengroße Menge der gelartigen Masse wird auf den Objektträger gebracht und über der kleinen Flamme so lange erhitzt, bis das Gel zu schmelzen beginnt. Nach Zugeben des Objektes rasch das vorgewärmte Deckglas auflegen und umranden. Mit Hilfe von Glyzerin-Gelatine lassen sich auch Frischpräparate in begrenzt haltbare Dauerpräparate umwandeln. Man bringt neben das Deckglas des nicht umrandeten Präparates einen Tropfen Glyzerin-Gelatine. Indem man mit Filterpapier von der gegenüberliegenden Seite das Wasser absaugt, wird ein Eindringen des Einschlußmittels erreicht.

Glyzerin-Gelatine: in 60 ml aqua dest. 10 g reine Gelatine 6 h aufquellen, in das Gel 70 g Glyzerin einrühren, als Antiseptikum 1 g Phenol zugeben, die Mischung 30 min im Wasserbad bei 45 °C unter ständigem Rühren erwärmen, bis eine gelbliche klare Lösung entsteht, in weithalsige Vorratsflasche füllen und erstarren lassen. Die Mischung darf keinesfalls über 50 °C erhitzt werden, da sie sonst nicht mehr erstarrt! Dies gilt auch für die spätere Verflüssigung auf dem Objektträger. Die fertige Mischung wird auch vom Handel angeboten.

Eine **längere Haltbarkeit** wird erreicht, wenn man **Kunstharze als Einschlußmittel** verwendet, die vom Fachhandel angeboten werden. Mit diesen kann man Dauerpräparate sowohl von Einzellern und Fadenthalli als auch von Meristemen höherer Algen herstellen. Es kommt noch hinzu, daß diese Harze einen weitaus höheren Brechungsindex besitzen als Glyzerin-Gelatine.

2) Von **größeren Objekten** muß man **Mikrotomschnitte** anfertigen. Diese sehr arbeitsaufwendige Methode wird hier nicht beschrieben. Einzelheiten sind dem unten zitierten Buch von Gerlach zu entnehmen (Lit S. 555).

2. Färbemethoden

Da wir in diesem Kurs unsere Beobachtungen so weit wie möglich an lebendem Material vornehmen wollen, kommen Färbungen nur in Frage, wenn dies zur Differenzierung von Organen, Zellen oder Organellen notwendig ist. Wir verweisen auch hier auf die Monographie von Gerlach, in der nicht nur die

Grundlagen der Färbemethoden, sondern auch die Techniken dargestellt sind, die speziell für die einzelnen Abteilungen der Kryptogamen anzuwenden sind. Die folgenden Angaben sind daher auf das für unseren Kurs unbedingt Notwendige beschränkt.

a. Lactophenol-Methode

Lactophenol, dem als Farbstoff Baumwollblau zugesetzt wird, ist ein **universell verwendbares Reagens**, das zur notwendigen Ausstattung jedes Arbeitsplatzes gehört. Es dient nicht nur als Fixier- und Färbemittel, sondern auch zugleich als Einschlußmittel, mit dessen Hilfe man unbegrenzt haltbare Dauerpräparate herstellen kann, wenn diese, wie oben beschrieben, umrandet werden. Selbst empfindliche Objekte wie einzellige Algen können mit Lactophenol behandelt werden. Allerdings wird es vorwiegend in der Mykologie verwendet, z.B. zur Differenzierung von Hyphen pathogener Pilze in Geweben. Die Pilzprotoplasten heben sich nämlich durch ihre blaue Anfärbung von den Wirtszellen ab. Bei der Herstellung von Präparaten gibt man das Reagens anstelle von Wasser direkt auf den Objektträger.

Lactophenol-Lösung: Man mischt 20 g kristallines Phenol; 20 g bzw. 16 ml Milchsäure; 40 g bzw. 31 ml Glyzerin; 20 ml einer 0,05%igen wässerigen Lösung von Baumwollblau. Diese Lösung wird in dunklen Flaschen mit Tropfpipetten aufbewahrt.

b. Spezielle Färbemethoden

Wenn nicht anders angegeben, werden die Färbungen auf dem Objektträger durchgeführt. Bei der Herstellung von Frischpräparaten verwendet man anstelle von Wasser die Farblösungen oder saugt diese bei schon fertigen Präparaten mit Filterpapier unter den Objektträger.

Falls vorher eine Fixierung (S. 21 f.) erforderlich ist, wird Pfeiffersches Gemisch verwendet, in dem die Objekte unbegrenzt aufbewahrt werden können. Als Einschlußmittel kommt Glyzerin-Gelatine (S. 45) in Frage.

Stärke färbt sich nach Zugabe von Lugolscher Lösung sofort dunkel bis schwarz. Dieses Reagens kann auch für den Nachweis von stärkeähnlichen Polysacchariden verwendet werden (Tab. 2).

Lugolsche Lösung: In 100 ml aqua dest. sukzessiv lösen 2 g KJ; 1 g J.

Zellulose wird mit Chlorzinkjod-Lösung nach 10–20 min blau gefärbt.

Chlorzinkjod-Lösung: In 100 ml aqua dest. sukzessiv lösen 65 g KJ; 1,3 g J; 200 g $ZnCl_2$. Der kristalline Niederschlag wird nach Dekantieren verworfen und der Überstand als Reagens benutzt. Die Lösung ist in dunklen Flaschen einige Wochen haltbar.

Für **Chitin** gibt es zur Zeit keinen spezifischen Test, der als einfacher mikroskopischer Versuch durchzuführen ist. Die Chitinwände der Pilze färben sich jedoch mit **Chlorzinkjod-Lösung** bräunlich und heben sich daher von den blau gefärbten Zellulosewänden anderer Pflanzen ab.

Volutin: Fixiertes Material (z.B. Cyanobakterien) 15 min mit Methylenblaulösung behandeln und dann unter dem Mikroskop mit 1%iger H_2SO_4 differenzieren, bis das Cytoplasma und die übrigen Zellorganellen weitgehend entfärbt und die dunkelblau gefärbten Volutinkörper zu erkennen sind.

Methylenblau-Lösung: In 100 ml 92%igem unvergälltem Ethanol 5 g Methylenblau lösen. Diese Stammlösung zum Gebrauch mit aqua dest. 1:10 verdünnen.

Schleimhüllen: Bei Cyanobakterien, aber auch bei Algen, heben sie sich nach einer kombinierten Behandlung mit Mucikarmin und Chromalaun-Alizarinviridin durch ihre rote Farbe von dem grün gefärbten Cytoplasma ab.

Fixiertes Material nach Auswaschen in Wasser 2 h in Chromalaun-Alizarinviridin-Lösung bringen, überschüssige Farblösung in Wasser auswaschen, 2–8 h in Mucikarmin-Lösung einlegen, überschüssige Farblösung auswaschen und Material in Glyzerin-Gelatine einschließen.

Chromalaun-Alizarinviridin-Lösung: In 100 ml kochender 5%iger wässeriger Chromalaun-Lösung unter Umrühren so viel Alizarinviridin lösen, wie lösbar ist (etwa 2 g), nach Erkalten filtrieren und in dunkler Flasche aufbewahren. Die Lösung ist jahrelang haltbar.

Mucikarmin-Lösung: Mischung aus 1 g feingepulvertem Mucikarmin, 0,5 g $AlCl_3$, und 2 ml aqua dest. 2 min über kleiner Flamme erhitzen, bis die Mischung eine dunkle Farbe annimmt, dann mit 100 ml 50%igem unvergälltem Ethanol aufnehmen. Diese Stammlösung ist lange haltbar und wird zum Gebrauch 1:10 mit aqua dest. verdünnt.

Fetteinschlüsse färben sich mit Sudan IV orange bis rot, nachdem frisches oder fixiertes Material 15–30 min mit der Farblösung behandelt wurde.

Sudan IV-Lösung: In 100 ml abs. Isopropanol 0,5 g Sudan IV lösen, diese Stammlösung vor Gebrauch 1:1 mit aqua dest. verdünnen.

Kern- und Chromosomenfärbungen können entweder mit Karminessigsäure oder mit Giemsa-Lösung durchgeführt werden. Die letztgenannte Methode wird vor allem bei Pilzen angewendet, bei denen man mit der technisch einfacher durchzuführenden Karminessigsäure-Methode selten gute Ergebnisse erzielt.

Die **Karminessigsäure-Färbung** erfolgt auf dem Objektträger. Das Material wird in einen Tropfen Karminessigsäure gegeben und dann über der Sparflamme etwa 10 min leicht erwärmt. Dabei darf keinesfalls die Farblösung zum Kochen kommen, deswegen nur in Intervallen erhitzen. Eine vorherige Fixierung ist meist nicht erforderlich.* Nach Auflegen des Deckglases sofort umranden. Kerne und Chromosomen heben sich durch ihre dunkelrote Farbe deutlich vom schwach rot gefärbten Cytoplasma ab.

Karminessigsäure: In 100 ml 45%iger Essigsäure 4–5 g Karmin 30 min mit Rückflußkühler kochen, nach Erkalten Bodensatz abfiltrieren. Vor Gebrauch tropfenweise 1%ige $FeCl_3$-Lösung zugeben, bis sich die hellrote Karminessigsäure-Lösung schwarz-rot färbt. Vorsicht, nicht zuviel $FeCl_3$ zusetzen, da dann das Karmin ausfällt!

---

*Bei Anfärbung von Handschnitten kann man jedoch vorher 2 h in Ethanol-Eisessig fixieren (S. 23).

Bei der **Giemsa-Färbung** wird Material, das 1–2 h in Alkohol-Eisessig fixiert wurde, nach Auswaschen in aqua dest. 5–6 min bei 60^0C in 1 n HCl hydrolysiert. HCl mit aqua dest. auswaschen, mit Giemsalösung 2–4 h färben, auf Objektträger in Wassertropfen bringen, Deckglas auflegen und leicht andrücken und umranden.

Kerne und Chromosomen haben sich dunkelblau gefärbt und heben sich klar von den nur schwach gefärbten übrigen Zellbestandteilen ab. Die Präparate sind nur 1–2 Tage haltbar. Man kann allerdings auch Dauerpräparate herstellen, wenn man das Material wie bei der Herstellung von Mikrotomschnitten behandelt (s. Angaben bei Gerlach) und in Alkoholstufen entwässert.

Giemsa-Lösung: Die käufliche Stammlösung wird 1:9 mit aqua dest. verdünnt. Bei allen Prozeduren der Färbung nur CO_2-freies Wasser verwenden, d.h. aqua dest. vor Gebrauch kurz aufkochen.

Färbung von Flagellen: Falls kein Phasenkontrastmikroskop für Lebendbeobachtungen verfügbar ist, kann bei Algen und Pilzen ohne vorherige Fixierung eine Färbung mit Lugol'scher Lösung vorgenommen werden; die Geißeln nehmen schon nach kurzer Zeit eine dunkelbraune Farbe an.

Färbung von Pilzhyphen mit KOH-Phloxin: Die zu färbenden Hyphen oder Myzelstücke werden auf einen Tropfen einer wässerigen 1%igen Lösung von KOH und Phloxin versetzt. Durchmischen der Reagentien erfolgt durch Auflegen des Deckglases. Cytoplasmareiche Zellen färben sich rot. Diese Färbung eignet sich speziell für Basidien und Hyphen der Basidiomyceten.

Praktischer Teil

VORBEMERKUNGEN

Das **Kursprogramm** basiert im wesentlichen auf der **Anfertigung** und **Auswertung mikroskopischer Präparate**, denn mit dieser klassischen Methode kann man nach meiner Meinung am besten Grundkenntnisse über Kryptogamen erwerben. Die wenigen physiologischen und genetischen Versuche dienen einer Vertiefung des Unterrichtsstoffes und sind als Hinweis auf Möglichkeiten der Anwendung zu werten.

Die **Gliederung** dieses Teils entspricht der **taxonomischen Klassifizierung** der Kryptogamen. Leider gibt es bisher in der Biologie bei den Taxonomen keine einheitliche Auffassung über Wertigkeit, Zuordnung und Unterordnung einzelner Taxa. Da an den deutschsprachigen Hochschulen der „Strasburger"* als Standardlehrbuch gilt, hatten wir schon in der ersten Auflage die in diesem Buch benutzte Klassifizierung adoptiert. Mit der Verwendung dieser Systematik soll diese nicht als die optimale gekennzeichnet werden, denn über eine solche werden sich die Taxonomen wohl nie verständigen können. Der Grund war, es den Studierenden zu ermöglichen, durch eine parallele Benutzung beider Bücher das in der Vorlesung erworbene theoretische Wissen durch Anschauung zu vertiefen.

Auf Grund neuer wissenschaftlicher Erkenntnisse wurde die systematische Einteilung mittlerweile im „Strasburger" geändert. Die **Prokaryoten** und die **Eukaryoten** werden in **Abteilungen** gegliedert. Einzelne Abteilungen vergleichbarer Entwicklungshöhe, die nicht notwendigerweise eine gemeinsame Abstammung haben müssen, werden in einem **Organisationstyp** zusammengefaßt. Dies ist keine taxonomische Gliederung. Damit wird für den nicht mit der Materie vertrauten Leser eine Vereinfachung der Mannigfaltigkeit und eine größere Übersichtlichkeit erzielt. Entsprechend dieser Klassifizierung (Tabelle 1) ist der praktische Teil dieses Buches aufgebaut.

Allerdings werden wir **nicht**, wie im „Strasburger", **nach den autotrophen Cyanobakterien die heterotrophen Pilze besprechen, sondern**, aus didaktischen Gründen, **die ebenfalls autotrophen Algen** , wie es meist in den Vorlesungen üblich ist. Die im „Strasburger" verwendete **Numerierung der Abteilungen wurde daher entsprechend geändert.**

---

* Sitte P, Ziegler H, Ehrendorfer F, Bresinsky A (1998) Lehrbuch der Botanik für Hochschulen, 34. Aufl. Fischer, Stuttgart.

Tabelle 1. Taxonomische Gliederung von Organisationstypen der Pro- und Eukaryoten unter Berücksichtigung ihrer Ernährungsweise. Von den Prokaryoten sind nur die Cyanobacteriota aufgeführt, da die anderen Abteilungen der Bakterien nicht besprochen werden. Die 9 Abteilungen der Algen sind nach den derzeit bekannten verwandtschaftlichen Beziehungen geordnet, bei deren Festlegung unter anderem die Struktur der Plastiden von Bedeutung ist. Darauf wird später im Text genauer eingegangen (S. 75). Bei den eingeklammerten Abteilungen 3 und 4 handelt es sich um artenarme Taxa, die nicht im einzelnen besprochen werden. Die Flechten können zwar als Organisationstyp angesehen werden, aber wegen ihrer symbiontischen Struktur werden sie nicht als eine taxonomische Abteilung geführt. Die Kormophyten wurden in diese Tabelle aufgenommen, weil die Bryophyta und Pteridophyta in Band II dieses Buches** besprochen werden. Entsprechend dieser Gliederung werden im Folgenden die einzelnen Abteilungen behandelt. Der besseren Übersicht wegen ist eine weitere Unterteilung in Klassen und nachfolgende taxonomische Einheiten hier nicht verzeichnet. Diese erfolgt bei der Besprechung der einzelnen Abteilungen (nach Bresinsky 1998, verändert)

Organisationstyp	Ernährung	Abteilung
Prokaryoten		
Bakterien	autotroph	**Cyanobacteriota (Blaualgen)**
Eukaryoten		
Algen (Phycophyten)		1. Abt. **Glaucophyta***
		2. Abt. **Euglenophyta** $\triangle$
		(3. Abt. **Cryptophyta** O)
		(4. Abt. **Chlorarachniophyta** O)
		5. Abt. **Dinophyta** $\triangle$ (O)
		6. Abt. **Haptophyta** $\triangle$
		7. Abt. **Heterokontophyta** $\triangle$
		8. Abt. **Rhodophyta***
		9. Abt. **Chlorophyta***
Schleimpilze	heterotoph	10. Abt. **Acrasiomycota**
		11. Abt. **Mycomycota**
		12. Abt. **Plasmodiophyromycota**
Pilze (Mycophyten)		
Niedere Pilze „Cellulosepilze"		13. Abt. **Oomycota**
Höhere Pilze „Chitinpilze"		14. Abt. **Eumycota**
Flechten	autotroph	Lichenes
Grüne Landpflanzen		15. Abt. **Bryophyta**
(Kormophyten)		16. Abt. **Pteridophyta**
		17. Abt. **Spermatophyta**

*   mit einfachen Plastiden
$\triangle$ mit komplexen Plastiden, ohne Nucleomorph
O   mit komplexen Plastiden, mit Nucleomorph

Da erfahrungsgemäß die Studierenden zu Beginn ihrer Beschäftigung mit Kryptogamen mit einer Vielzahl von Begriffen überhäuft werden, sind zunächst in **Tabelle 2** die wesentlichen organischen **Substanzen** zusammengefaßt, die **am Aufbau der Pflanzenzelle beteiligt** sind und in **Tabelle 3** die **morphologischen** und **anatomischen Besonderheiten der Cyanobakterien und Algen.** Diese Angaben werden später für die **Pilze** und **Flechten** ergänzt (**Tabellen 5, 6,** S. 261 f.)

** Esser K (1991) Kryptogamen II, Moose Farne, Praktikum und Lehrbuch. Springer Verlag, Berlin Heidelberg New York Tokyo

Die Definitionen in den folgenden Tabellen 2 und 3 sind nur als eine repetierende Zusammenfassung gedacht, denn es würde den Rahmen einer Praktikumsanleitung weit übersteigen, hier die Vollständigkeit eines Lehrbuches anstreben zu wollen. Zum genaueren Studium wird daher neben dem „Strasburger" auf die Bücher der Literaturliste auf S. 555 f. hingewiesen.

Tabelle 2. Organische Substanzen, die am Aufbau der Pflanzenzelle beteiligt sind. Einzelheiten sind zu entnehmen aus den Lehrbüchern der organischen Chemie, Biochemie oder Nachschlagewerken, wie z.B.: Falbe J, Regitz M (Hrsg) (1997) Römpp, Chemie-Lexikon, 11. Aufl. Thieme, Stuttgart

---

Zellwand

Zellulose:	Polymer der ß-D-Glucose
Hemizellulosen:	Uneinheitliche Gruppen von komplexen Polysacchariden aus Hexosen (Glucose, Mannose, Galaktose) und Pentosen (Xylose, Arabinose)
Chitin:	Polymer aus N-Acetyl-glucosamin
Murein:	Heteropolymer aus N-Acetyl-glucosamin und N-Acetyl-muraminsäure (= Milchsäureether des N-Acetyl-glucosamin). Verknüpfung der beiden Bausteine mit Peptiden in sich wiederholenden Einheiten
Pektin:	Polymere aus Galakturonsäure, die zu 75% mit Methylalkohol verestert sind
Kapseln, Gallerte und Schleime:	Polysaccharide, Polypeptide oder beide, je nach Gattung oder Art verschieden

Zellinhaltstoffe

Genetisches Material:	Desoxyribonucleinsäure = DNS (DNA)
	Desoxyribose, Phosphorsäure, Purinbasen (Adenin, Guanin) Pyrimidinbasen (Cytosin, Thymin)
	Ribonucleinsäure = **RNS** (RNA) ähnlich wie DNS, nur Ribose statt Desoxyribose; Uracil statt Thymin
Proteine:	Grundbausteine 20 verschiedener Aminosäuren, die durch Peptidbindung zu Ketten verknüpft und durch zusätzliche Bindungen zwischen den einzelnen Ketten eine räumliche Struktur erhalten

Speicher- und Reservestoffe

Polysaccharide:

Stärke:	(**Amylum**) kristallines Polymerisationsprodukt der Glucose, Blaufärbung mit Jod
Glykogen:	(**Leberstärke**) ähnlicher Aufbau wie Pflanzenstärke (dichter vernetzt); Braunviolettfärbung mit Jod
Florideenstärke:	Calzium-Salze, saurer Schwefelsäureester glucosidischer Galaktosen, Braunrotfärbung mit Jod
Cyanophyceenstärke:	in Zusammensetzung und Aufbau der Florideenstärke verwandt
Paramylum:	stärkeähnliches Polymerisationsprodukt der Glucose; da andere Kristallstruktur, keine Blaufärbung mit Jod
Leukosin:	(**Chrysolaminarin, Laminarin**) Polymerisationsprodukt der Glucose

Tabelle 2. Fortsetzung

Mannit:	(**Mannazucker**) VI-wertiger Alkohol, kristallin
Volutin:	Nukleoproteid, enthält: Ribonucleinsäure, Polyphosphate, Lipoproteide
Fette:	Glyzerinester höherer Fettsäuren; Fette enthalten vorwiegend gesättigte Fettsäuren, Öle vorwiegend ungesättigte Fettsäuren
Wachse:	Fettsäureester höherer Alkohole
Lipoide:	(**Lipide**) fettähnliche Substanzen, Lipoproteide, Phospholipoide etc.

Photosynthese-Pigmente und Farbstoffe

Chlorophylle:	grüne Photosynthesepigmente, bestehen aus einem Porphyrinring mit zentralem Magnesiumatom in komplexer Bindung. Dieser ist mit dem Alkohol Phytol verestert, dessen Kette aus 20 C-Atomen besteht. Die verschiedenen Chlorophylle (a–e) unterscheiden sich durch geringfügige Strukturmerkmale am Porphyrinring bzw. durch Fehlen des Phytols (Chl.c)
Phycobiline:	stehen als Tetrapyrrolverbindungen den Chlorophyllen nahe. Die Pyrrole sind jedoch nicht zu einem Porphyrinring verknüpft. Sie sind daher strukturell mit den Gallenfarbstoffen verwandt. Neben dieser chromophoren Gruppe enthalten sie noch einen hochmolekularen Proteinanteil. Man unterscheidet zwischen den blauen Phycocyaninen und den roten Phycoerythrinen
Carotinoide:	werden zusammen mit den Phycobilinen als akzessorische Pigmente bezeichnet, die zusätzlich zu den Chlorophyllen Lichtquanten absorbieren können. Sie sind Polymerisationsprodukte des „aktivierten Isoprens", die an beiden Enden alicyclische Strukturen tragen können. Man unterscheidet:
Carotine:	gelb-rote Farbstoffe; sehr bekannt und weit verbreitet ist ß-Carotin (= Provitamin A); α-Carotin unterscheidet sich von diesem durch eine Doppelbindung im rechten Sechserring; weitere, jedoch seltener in der Natur vorkommende Carotine haben ebenfalls unterschiedliche Struktur der Ringe oder der Isoprenkette
Xanthophylle:	braune Farbstoffe, die bekanntesten sind das Lutein und das Fucoxanthin, daneben kommen in Algen noch Alloxanthin, Diadinoxanthin, Diatoxanthin, Heteroxanthin, Peridinin, Vaucheriaxanthin und Zeaxanthin vor

Bei der **Besprechung** der einzelnen Abteilungen und Taxa von übergeordneter Wertigkeit gehen wir zunächst auf deren wichtigste Merkmale und Klassifizierung in Taxa niedrigerer Wertigkeit ein. Ausgehend von **Leitarten, deren Entwicklungs-Zyklen unter Hinweis auf Fortpflanzungs-Systeme und Befruchtungs-Modi** schematisch dargestellt werden, erfolgt die Besprechung der einzelnen Objekte so weit wie möglich unter Beachtung von **Progressionen in der Entwicklung.**

Tabelle 3. Begriffsdefinitionen zur Organisation der Kryptogamen unter besonderer Berücksichtigung der Cyanobakterien und Algen. (Ergänzende Daten für Pilze und Flechten s. Tabelle 4, 5)

Einzeller	**Monadaler Typ:** (Flagellater Typ) Fortbewegung mit Geißeln (Flagellum); **Zuggeißel** = Geißel nach vorn gerichtet; **Schubgeißel** = Geißel nach hinten gerichtet; **Flimmergeißel** = Geißel mit Flimmerhaaren besetzt (pleuronematisch); **Peitschengeißel** = Geißel ohne Flimmerhaare (akronematisch); wenn mehr als eine Geißel: **isokont** (Geißeln gleich lang), **heterokont** (Geißeln verschieden lang); viele kleinere Geißeln = **Cilien**
Rhizopodialer Typ:	keine feste Zellwand, bewegt sich mit plasmatischen Fortsätzen (Rhizopodien); Protoplast kann von porösen Gehäusen umschlossen sein, die den Durchtritt der Rhizopodien gestatten
Capsaler Typ:	Zellen umgeben mit einer Schleimhülle, zum Teil darunter eine Zellwand, aber ohne Geißeln, und zum Teil mit flagellaten Organellen (z.B. Stigma)
Coccaler Typ:	unbewegliche Formen mit Zellwänden
Zellverbände	Zusammenlagerung von physiologisch unabhängigen Einzelzellen nach ein- oder mehrfachen Zellteilungen (**keine Arbeitsteilung**)
Coenobien:	nach Zellteilungen bleiben die Tochterindividuen durch gemeinsam ausgeschiedene Gallerte oder durch die beiden gemeinsame ursprüngliche Zellwand miteinander verbunden; Gestalt unspezifisch
Aggregationsverbände:	im Verlauf der vegetativen Fortpflanzung lagert sich eine größere Zahl von Einzelzellen, die meist aus einer Mutterzelle entstehen, entweder schon in der Mutterzelle oder kurz nach Freiwerden (= **postgenital**) zu einem Zellverband zusammen, der eine spezifische Gestalt haben kann
Zellkolonien:	Entstehung ähnlich wie Aggregationsverbände; Zusammenlagerung stets in der Mutterzelle, zum Teil **congenital**; Überleitung zu den Mehrzellern, da bei den höheren Formen mit der spezifischen Gestalt auch die funktionelle Einheit verbunden ist (Zellen durch Plasmodesmen verbunden, Beginn einer Arbeitsteilung)
	Abgrenzung zwischen Coenobien, Aggregationsverbänden und Zellkolonien sind je nach Autor unterschiedlich. Manchmal werden auch alle drei Begriffe synonym verwendet. Deswegen wird empfohlen, in Zweifelsfällen den **allgemeinen Ausdruck Zellverband** zu wählen
Mehrzeller	Zellen sind physiologisch nicht mehr unabhängig (**Arbeitsteilung**)
Trichaler Typ:	verzweigte oder unverzweigte Fäden (**Trichome**)
Siphonocladialer Typ:	verzweigte oder unverzweigte Trichome, deren Zellen mehrkernig sind
Siphonaler Typ:	Entstehung durch Aufeinanderfolge zahlreicher Kernteilungen ohne Querwandbildungen. Der gesamte Organismus besteht aus einer Zelle (**Coenocyt**). Querwände werden nur zur Abschnürung von Fortpflanzungszellen oder deren Behältern gebildet. Die siphonalen Thalli nehmen daher eine Zwischenstellung ein und lassen sich weder eindeutig den Einzellern noch den Mehrzellern zuordnen

Tabelle 3. Fortsetzung

Thallöser Typ:	Organismus aus echten oder unechten Geweben aufgebaut
Parenchyme: (echte Gewebe)	entstehen durch Teilung von Fadenzellen in mehreren Ebenen, meristematische (teilungsaktive) Zonen sind apikal (endständig) oder interkalar (mittelständig)
Pseudoparenchyme: (Scheingewebe)	entstehen meist durch postgenitale, selten durch congentiale Verwachsung kurzzelliger Fäden
Plektenchyme: (Flechtgewebe)	entstehen durch Zusammenlagerung einzelner Fäden

Einzeller, Zellverbände und Mehrzeller können im Wasser sich entweder frei bewegen (**Plankton**) oder festsitzend sein (**Benthos**).

Für die Beschriftung der in Kreisform dargestellten Entwicklungs-Zyklen haben wir bewußt nur Zahlen verwendet. Einerseits erhöht dies die Übersichtlichkeit und andererseits ermöglicht ein Abdecken der jeweils auf der gegenüberliegenden Seite linear angeordneten Terminologie ein besseres Memorieren des betreffenden Zyklus.

Vielfach ist es **nicht möglich, bei allen Objekten,** deren Entwicklungs-Zyklen dargestellt werden, **alle Stadien der vegetativen,** aber vor allem auch **der sexuellen Fortpflanzung zu zeigen.** Dies hat folgende Gründe: (1) Der Zyklus ist entweder unter Laborbedingungen nicht darzustellen (z.B. bei einigen Parasiten) oder es sind dazu sehr spezielle Bedingungen erforderlich, welche im Rahmen einer normalen Kursvorbereitung einen zu großen Aufwand erfordern. (2) Fortpflanzungsstadien wurden nur von einem Autor (zum Teil vor Jahrzehnten) beschrieben und dann nicht mehr weiter bearbeitet. Die betreffenden Stadien bzw. deren Zeichnungen sind oft kritiklos von Lehrbuch zu Lehrbuch weitergegeben worden, ohne jemals erneut überprüft worden zu sein.

Dies trifft vor allem auch für den Kernphasenwechsel zu, denn bei den morphologischen Beschreibungen von Entwicklungs-Zyklen fehlen vielfach cytologische Daten. Vielleicht kann man dies dadurch erklären, daß man jahrzehntelang mit der fast dogmatisch zu nennenden Vorstellung lebte, alle Kryptogamen seien Haplonten oder Haplo-Diplonten. Erst nachdem eindeutig nachgewiesen wurde, daß größere Taxa [z.B. Bacillariophyceae (S. 105), Oomycota (S. 266)] Diplonten sind, ist man in dieser Beziehung kritischer geworden. Eine Überprüfung von Entwicklungs-Zyklen bringt zwar leider keine großen Meriten für den betreffenden Forscher, dürfte aber eine notwendige „große" Kleinarbeit zur Vervollständigung unserer Gesamtschau über das Fortpflanzungsverhalten der Kryptogamen darstellen.

Nach einem kurzen Hinweis auf **Materialbeschaffung,**[*] spezielle **Präparations- bzw. Kulturmethoden und Aufgabenstellung** wird die **Beschreibung der mikroskopischen Beobachtungen durch Fotos verdeutlicht.** Eine Ergänzung durch Zeichnungen erfolgt nur in Ausnahmefällen.

---

[*] Falls möglich, wird hinter den einzelnen Versuchsobjekten eine Bezugsquelle angegeben, und zwar durch Verwendung der in der Adressenliste auf S. 547 aufgeführten Abkürzungen.

Mit dieser Illustrationsweise* verfolgen wir in erster Linie den Zweck, den Studierenden zu zeigen, „was sie in ihrem Mikroskop zu erwarten haben", denn nach unserer Erfahrung ist es oft schwierig für den Anfänger, von einer „idealisierten" Zeichnung auf die tatsächlichen Strukturen seines Objektes zu schließen.

Filme, Videos und CD's sind ausgezeichnete Medien, um den Stoff des Unterrichts zu verdeutlichen und zu ergänzen. In vielen Fällen helfen Sie den Studierenden Formen und Strukturen bei den mikroskopischen Übungen besser zu erfassen und zu verstehen. Hierbei sind die ausführlichen bebilderten Begleittexte der Filme von großem Wert. Das Institut für den wissenschaftlichen Film (IWF) in Göttingen bietet eine Vielzahl von Unterrichts- und Forschungsfilmen (zum Teil auch als Video oder CD) zum Verleih oder Kauf an. Aus der Fülle des angebotenen Materials wurden einige Filme ausgewählt und im Text an entsprechenden Stellen erwähnt, und zwar unter Angabe der Listennummer aus dem Katalog des IWF, dem weitere Informationen zu entnehmen sind. Im Anhang (S. 549 f.) sind diese Vorschläge aufgelistet, und zwar zusammen mit der Adresse des IWF und auch des Instituts für Film und Bild (München), das ebenfalls Filme anbietet. In diesem Zusammenhang ist zu erwähnen, daß in den älteren Filmen Bemerkungen und Interpretationen über Phänomene der Fortpflanzung dem damaligen Stand wissenschaftlicher Erkenntnisse entsprechen, der durch neuere Forschungsergebnisse verändert wurde.

---

*Die gleiche Art der Illustration wurde bereits aus denselben Gründen in dem Mikroskopisch Botanischen Praktikum für Anfänger von Nultsch und Grahle (s. Lit. S. 555) verwendet, dessen Kenntnis für diesen Kurs vorausgesetzt wird.

Prokaryoten

Organisationtyp: Bakterien

Bei den Prokaryoten umfaßt der **Organisationstyp Bakterien** mehre Abteilungen (Einzelheiten sind dem „Strasburger" zu entnehmen). Im Rahmen eines botanischen Praktikums wird von diesen nur **die Abteilung der Cyanobacteriota besprochen**. Die übrigen Abteilungen werden in den Unterrichtsveranstaltungen der Mikrobiologie behandelt. Dies hat historische Gründe, da Cyanobacteriota früher, als ihre prokaryotische Organisation noch nicht bekannt war, als Blaualgen zu den eukaryotischen Algen gezählt wurden. Heute weiß man, daß sie stammesgeschichtlich den Bakterien weitaus näher stehen als den Algen, obwohl ihre Zellen 5–10fach größer sind als die der Bakterien. Für eine Behandlung der Cyanobakterien in unserem Kurs spricht auch, daß einige Vertreter dieses Taxons in der letzten Zeit in der Molekularbiologie als Objekte für die Grundlagenforschung verwendet wurden.

Abteilung: Cyanobacteriota

Klasse: Cyanophyceae (Blaualgen)*

A. EINFÜHRUNG

I. MERKMALE

Die Cyanobakterien sind **Prokaryoten mit capsaler und trichaler Organisation**. Sie besitzen wie die übrigen Bakterien nur ein Kernäquivalent, eine Zellwand mit Mureinstützskelett, keine Plastiden und Mitochondrien, auch andere für Eukaryoten charakteristische Zellorganellen fehlen (z.B. endoplasmatisches Retikulum). Die Photosynthese-Pigmente (Chlorophyll a, Carotinoide) sind in spezifischen Membransystemen (Thylakoidstapel) lokalisiert. Die akzessorischen Pigmente (das blaue Phycocyanin und das rote Phycoerythrin) befinden

---

*In einigen Lehrbüchern werden die Cyanobacteriota als prokaryotische Algen den Phycophyten (eukaryotische Algen) gegenübergestellt. Diese Bezeichnung ist eine *contradictio in se* und irreführend, weil Algen per·definitionem Eukaryoten sind.

sich zwischen den Thylakoiden in besonderen Granula. Als spezielles Assimilationsprodukt wird Cyanophyceenstärke gebildet.

Zum besseren Verständnis der Zellorganisationen der Blaualgen, die mit dem Lichtmikroskop auch unter stärkster Vergrößerung und Anwendung von speziellen Färbetechniken nicht erfaßt werden kann, geben wir in Abb. 12 ein auf elektronenoptischen Untersuchungen beruhendes Schema.

Die Entwicklung der Thalli der Cyanobakterien zeigt eine **Progression** vom **Einzeller** über den **Zellverband (Coenobium)** bis zum **Trichom** (Abb. 13). Die Teilung der Zellen in den Coenobien, die eine flächige oder räumliche Struktur haben, kann unkoordiniert oder koordiniert erfolgen. Die unverzweigten oder verzweigten Trichome wachsen meist interkalar. Ihre Zellen sind durch Plas-

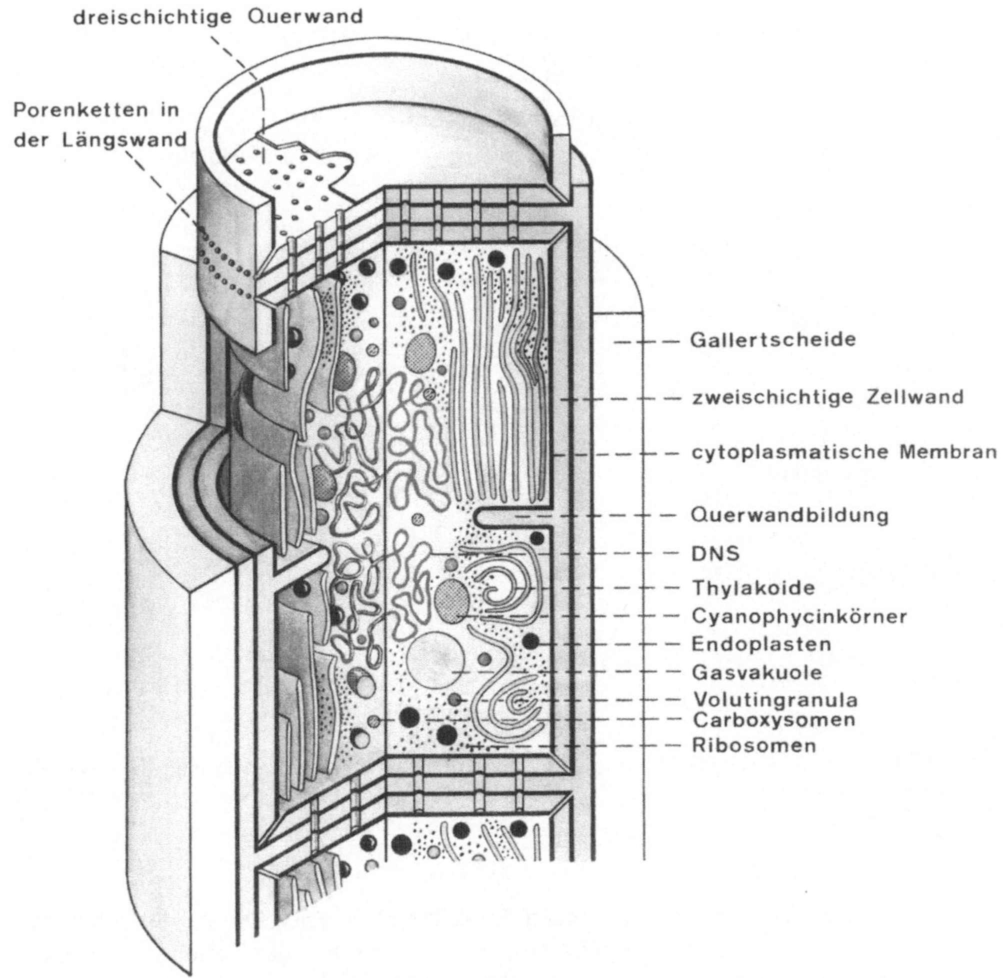

Abbildung 12. Organisationsschema eines Cyanobakteriums

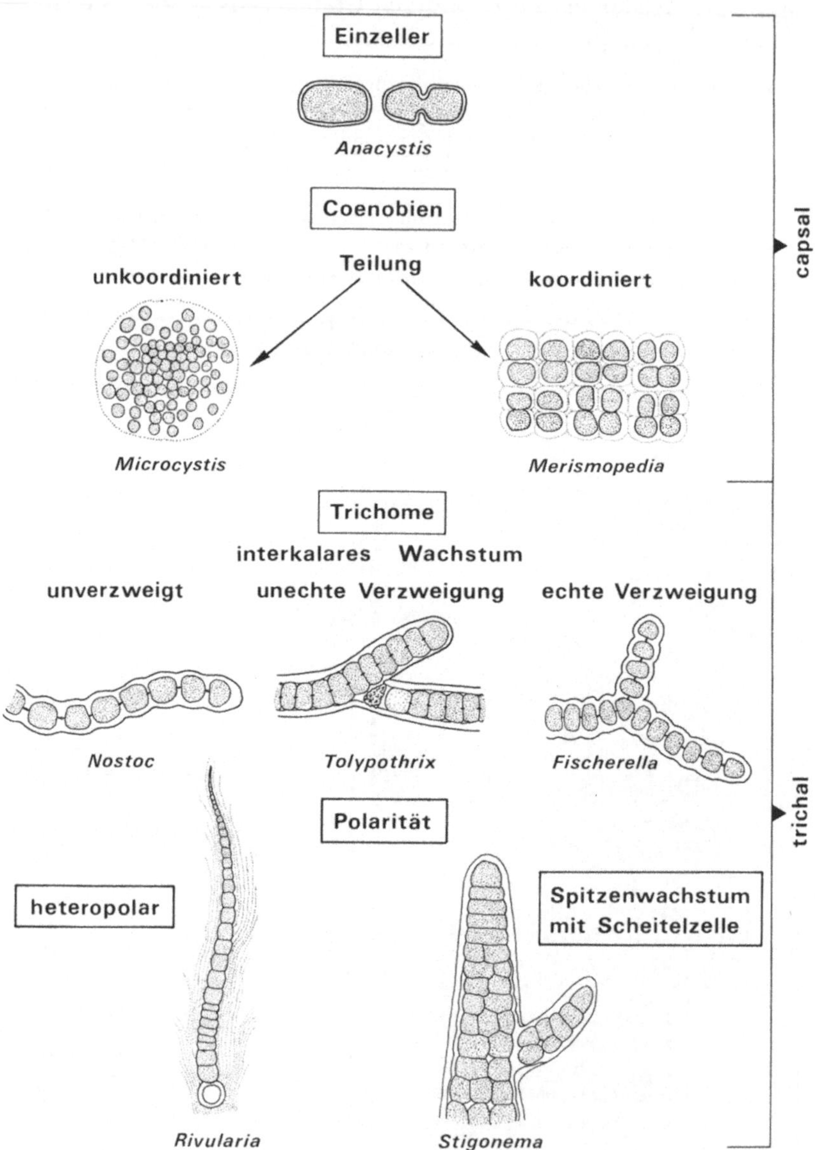

Abbildung 13. Schematische Darstellung der Progression in der Entwicklung der Thalli der Cyanobakterien. Einzelheiten im Text und in den Übungsanleitungen. (Nach U Kück und Kowallik, verändert)

modesmen verbunden. Bei einigen Arten führt die Entwicklung der Trichome, bedingt durch unterschiedliche Größe und Funktion der Zellen, zur Bildung eines heteropolaren Thallus. Eine andere Art von Polarität ist gegeben, wenn der Wuchs des Trichoms von einer Scheitelzelle ausgeht und infolge von Längsteilungen der Tochterzellen auf diese Weise ein mehrreihiges Trichom entsteht. Damit ist die höchste Entwicklung dieser Progression erreicht, denn zwischen den Zellen dieses Trichomtyps wurden tüpfelartige Verbindungen entdeckt, wie man sie bei echten Geweben findet. Manche Autoren bezeichnen daher diese Formen als Gewebethalli.

II. Fortpflanzung

Die **vegetative Fortpflanzung** erfolgt durch Zellteilung unter irisblendenartiger Wandbildung oder durch Aplanosporen und Dauerzellen oder Aggregate vegetativer Zellen (Hormogonien). Begeißelte Fortpflanzungszellen (Planosporen) existieren nicht. **Sexuelle Fortpflanzung ist unbekannt,** daher kann keine Zuordnung der Cyanobakterien zu bestimmten Entwicklungs-Zyklen oder **Fortpflanzungs-Systemen erfolgen.** Neuerdings hat man entdeckt, daß eine Rekombination des genetischen Materials, wie bei den übrigen Bakterien, durch parasexuelle Prozesse erfolgt.

III. Klassifizierung

Die etwa 150 Gattungen und 2000 Arten der Cyanophyceae werden entsprechend ihrer Organisationshöhe in zwei Unterklassen mit jeweils drei Ordnungen geteilt.

1. Unterklasse: Coccogoneae, Einzeller oder von Gallerthüllen umgebene kugelige, flächige oder kurzfädige Coenobien; Vermehrung und Fortpflanzung durch Zweiteilung; Exo-oder Endo-Aplanosporen, selten Hormogonien und Dauersporen.
Ordnungen: Chroococcales, Chamaesiphonales, Pleurocapsales.

2. Unterklasse: Hormogoneae, Fadenförmige, meist von Gallertscheiden umgebene, unverzweigte oder verzweigte Trichome; die Zellen können in den Trichomen einreihig oder mehrreihig angeordnet sein; Fortpflanzung durch Hormogonien, Dauerzelllen oder Hormocysten; teilweise fähig zu Kriechbewegungen.
Ordnungen: Oscilatoriales, Nostocales, Stigonematales.

IV. Praktische Bedeutung

Die Cyanobacterien sind als typische Ubiquisten in allen Klimazonen der Welt verbreitet und wurden bereits in präkambrischen Kalkablagerungen nachgewiesen. Ihre gallertartigen Massen oder fädigen Überzüge findet man im Wasser (auch in heißen Quellen), auf feuchter Erde, auf Baumrinden und Felsen. Als Erstbesiedler bereiten sie die Ansiedlung von Grünalgen, Flechten und Moosen vor, deren Algenkomponente sie zum Teil stellen (S. 528). Bekannt sind die sogenannten Tintenstriche auf Kalkfelsen im Gebirge, an denen Cyanobakterien den Ablauf von Wasserrinnsalen markieren.

   Einige Arten bilden, infolge eines durch die Luftvakuolen bewirkten Auftriebs, an der Wasseroberfläche dichte Bezüge („Wasserblüte"). Auf diese Weise ist wahrscheinlich die in der Bibel erwähnte Rotfärbung des Nils durch *Oscil-*

latoria rubescens hervorgerufen worden. Infolge der Wasserblüte von einigen Arten, die toxische Peptide ausscheiden, kann das Wasser vergiftet werden (Fischsterben, Erkrankungen von Vögeln oder anderen Tieren).

Die durch *Spirulina* verursachte Wasserblüte ist in Nordafrika von großer Bedeutung, da dieser eiweißreiche Organismus dort sowohl als Futter als auch zur menschlichen Ernährung verwendet wird. Bemühungen, *Spirulina* biotechnologisch zur Proteinherstellung zu benutzen, konnten aus ökonomischen Gründen nicht realisiert werden. Die Produktion von antiviralen und antibakteriellen Substanzen durch einige Cyanobakterien ermöglicht dagegen eine biotechnologische Auswertung.

Eine weitere biotechnologische Bedeutung ist dadurch gegeben, daß Vertreter der Gattungen *Nostoc* und *Anabaena,* die in asiatischen Reisfeldern vorkommen, den Luftstickstoff binden können und dadurch eine zusätzliche Düngung ersparen. Durch „Aussaat" des Wasserfarns *Azolla* mit dem *Anabaena* symbiontisch verbunden ist, kann eine Vermehrung der natürlichen Population von Cyanobakterien erreicht werden.

Die Tatsache, daß die Cyanobakterien Homologe der pflanzlichen Chloroplasten sind, hat schon vor Jahren das Interesse der Elektronenmikroskopiker gefunden, und zwar im Rahmen der Aufklärung der Struktur der Thylakoide. Für den Molekularbiologen steigt das Interesse an Cyanobakterien, seit man in Analogie zu den pflanzlichen Chloroplasten in einigen symbiontischen Arten ebenfalls Plasmide entdeckt hat. In der Photosynthese-Forschung werden der Einzeller *Anacystis nidulans* (syn. *Synechococcus* spec. PCC6301) (Abb. 13) und die Coenobien bildende Gattung *Synechocystis* verwendet. Das Genom von *Synechocystis* (PCC6803) wurde sequenziert; an der Sequenzierung des Genoms von *Synchenococcus* wird gearbeitet.

B. Übungsanleitungen

I. Vegetationskörper

1. Wenigzellige Coenobien

Material: *Chroococcus* spec. (GÖT), *Gloeocapsa* spec. (Chroococcaceae, Chroococcales). Beide Gattungen bilden schleimige, dunkelgrüne bis blaugrüne Lager an feuchten Felsen oder Betonmauern, an Wasserbecken oder Blumentöpfen im Gewächshaus. Sie können auch auf fester Unterlage in stehenden Gewässern gefunden werden [*Chroococcus turgidus* (GÖT)].

Präparation und Aufgabe: Abstrichpräparate von Frischmaterial oder von Agar-Kulturen. Durch Einsaugen von Tusche kann vielfach eine bessere Kontrastierung der sehr kleinen Zellen erreicht werden. Zunächst mit schwacher Vergrößerung geeignete Stadien suchen, dann bei starker Vergrößerung (Ölimmersion) Einzelzelle und verschiedene Stadien der Coenobienbildung zeichnen.

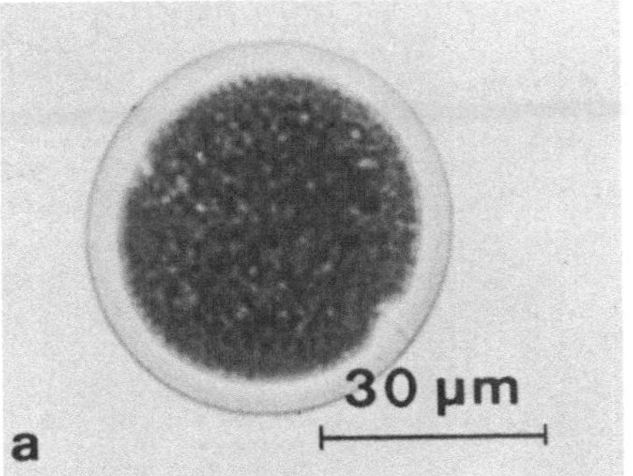
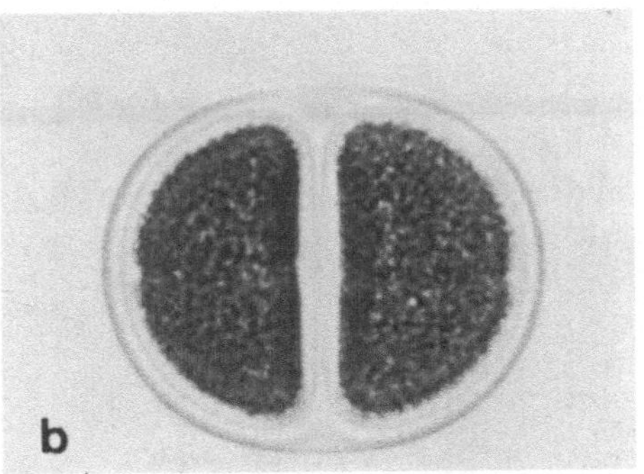
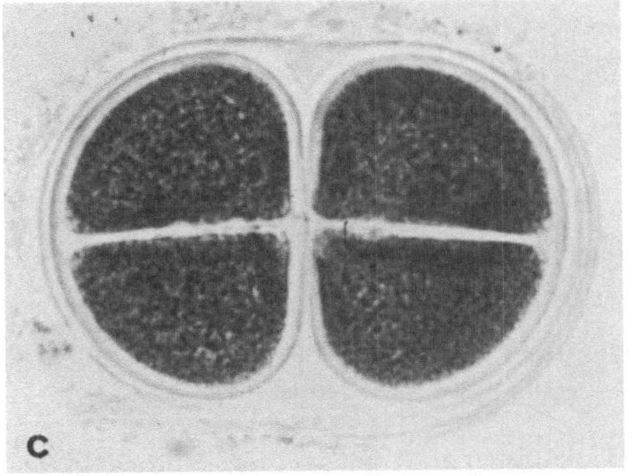

Abbildung 14 a–c. *Chroococcus turgidus*, verschiedene Stadien der Coenobienbildung

Beobachtungen: Jede Einzelzelle ist von einer oft mehrschichtigen Gallerthülle umgeben, die von der Zellwand ausgeschieden wird, indem sich die innerste Schicht der Zellwand vor allem bei Zellteilungen regelmäßig erneuert. Der Beginn der Zellteilung wird erkennbar durch eine irisblendenartige Einschnürung (Abb. 14a). Bei der Zellteilung bleiben die Tochterzellen in den Hüllen der Mutterzelle eingeschlossen (Abb. 14b). Dies führt dazu, daß nach mehrfacher Zellteilung die Coenobien von mehreren Zellwandschichten umgeben sind (Abb. 14c), die Rückschlüsse auf den Ablauf der Teilungsvorgänge ermöglichen. Wenn durch mehrere Teilungen ein vier- oder achtzelliges Coenobium entstanden ist, zerfällt dieses meist in Einzelzellen. Aus diesen bilden sich nach koordinierten Teilungen erneut Coenobien. Bedingt durch die Kleinheit dieser Bakterien (Ø bis zu 60 µm) kann man auch bei Ölimmersion keine Einzelheiten des Protoplasten erkennen, der als eine körnige grüne Masse erscheint. Die Gattungen *Chroococcus* und *Gloeocapsa* unterscheiden sich im wesentlichen dadurch, daß die Vertreter der letzteren bedeutend dickere blasige Gallerthüllen aufweisen, in denen die Zellen freiliegen.

2. Vielzellige Coenobien

Material: *Merismopedia convoluta* (Chroococcaceae, Chroococcales; GÖT). Die insgesamt 13 *Merismopedia*-Süßwasser-Arten sind relativ weit verbreitet in stehenden Gewässern. Den größten Zelldurchmesser (bis zu 9 µm lang) hat

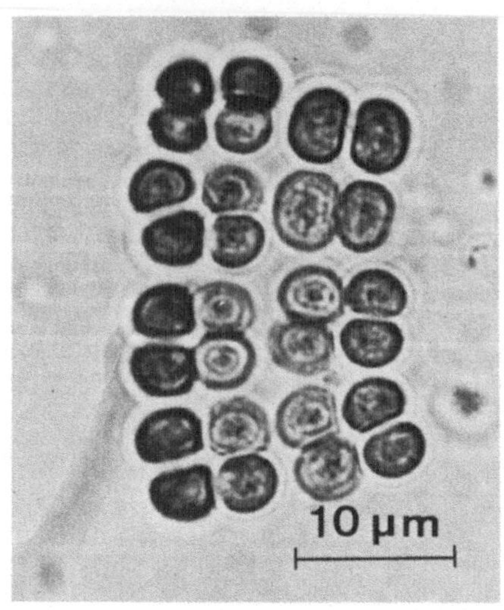

Abbildung 15. Merismopedia convoluta, Coenobium

M. elegans, deren Coenobien 16- bis 4000zellig sind. *M. convoluta* (Ø 3–6 µm) bildet dagegen nur Coenobien, die bis 64 Zellen enthalten.

Präparation und Aufgabe: Tropfpräparate bzw. Abstrichpräparate; bei starker Vergrößerung (Ölimmersion) Anfertigung einer Übersichtsskizze.

Beobachtungen: Die tafelförmigen Coenobien sind quadratisch oder rechteckig und bestehen aus einer einzigen Zellschicht (Abb. 15). Die ellipsoidalen oder kugeligen Zellen (nach Zellteilungen allerdings halbkugelig) sind in senkrecht zueinander stehenden Längs- und Querreihen, meist Vierergruppen bildend, angeordnet. In älteren Zellverbänden kann man öfter rechtwinkelige Aussparungen erkennen, die durch das Herausbrechen von Vierergruppen entstanden sind. Die Zellen entsprechen dem *Chroococcus*-Typ; Schwesterzellen kann man an ihrer gemeinsamen Hülle erkennen. Die Teilungen erfolgen sukzedan in Längs- oder Querrichtung des Coenobiums.

3. Unverzweigte Trichome mit Heterocysten

Material: *Nostoc*-Arten (Nostocaceae, Nostocales) kommen als kugelige oder formlose Gallertlager im Wasser oder an feuchten Stellen vor. *(Nostoc commune;* GÖT). *Anabaena azollae* (Nostocaceae, Nostocales) findet man in Höhlungen der Blätter des Wasserfarns *Azolla.*

Präparation: *Nostoc:* Teil eines Gallertlagers oder bei Verwendung von Agarkulturen Abstrich in Wassertropfen auf Objektträger geben. *Anabaena:* mit Rasierklinge Querschnitte durch Oberblätter von *Azolla* für Deckglaspräparate anfertigen.

Aufgabe: Mit Übersichtsvergrößerung zunächst die Gallertklumpen von *Nostoc* betrachten und dann unter starker Vergrößerung einzelnes Trichom mit He-

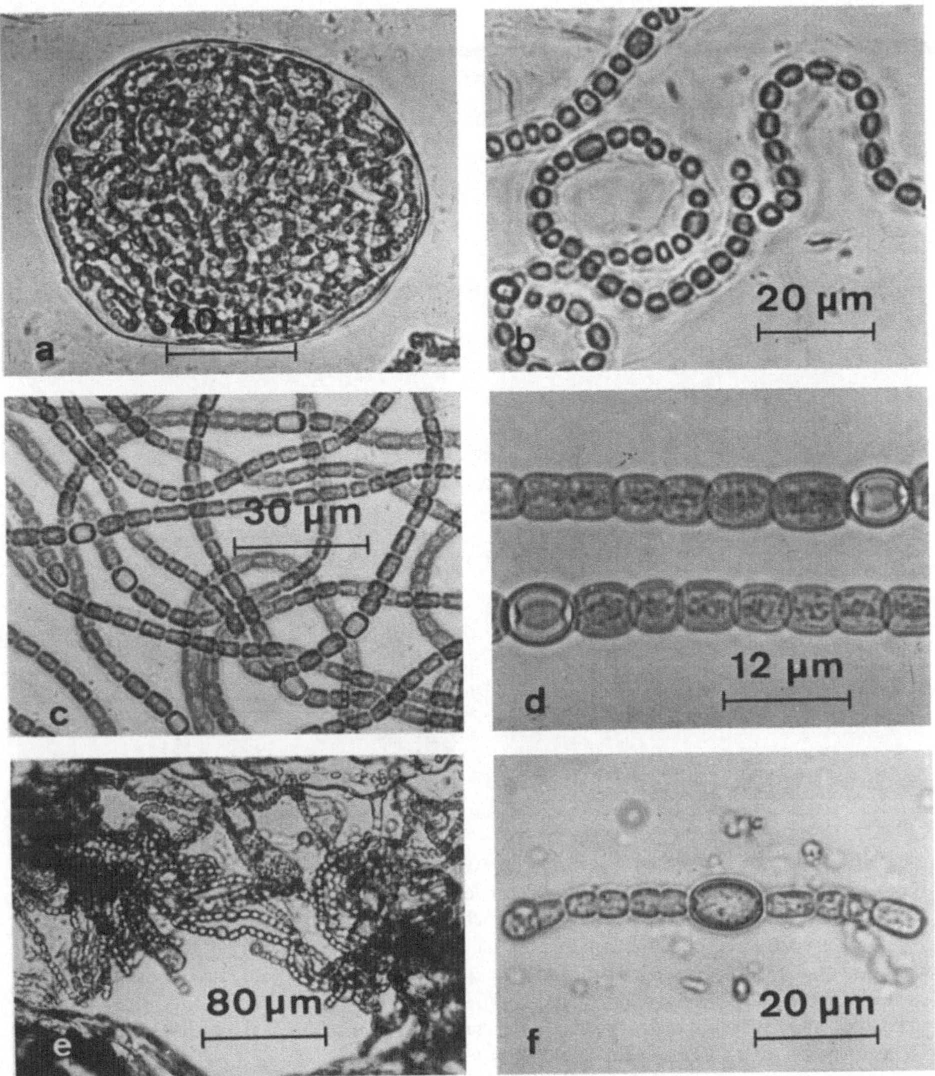

Abbildung 16 a–f. Unverzweigte Trichome mit Heterocysten. a Lager von *Nostoc commune;* b einzelnes Trichom von *Nostoc commune,* Gallertscheide und Heterocysten sind zu erkennen; c Trichome von *Anabaena cylindrica* mit Heterocysten; d in der Ausschnittsvergrößerung sind die Heterocysten als leicht vergrößerte, phycobilinfreie Zellen zu erkennen; e Querschnitt durch Oberblatt von *Azolla* mit Lager von *Anabaena azollae;* f einzelnes Trichom von *A. azollae* mit Heterocyste

terocyste zeichnen (Zellulosereaktion). Mit der Übersichtsvergrößerung die an der Unterseite der Oberlappen von *Azolla*-Blättern befindlichen Gewebehöhlen nach Vorkommen von *Anabaena* absuchen und bei starker Vergrößerung einzelnes Trichom zeichnen.

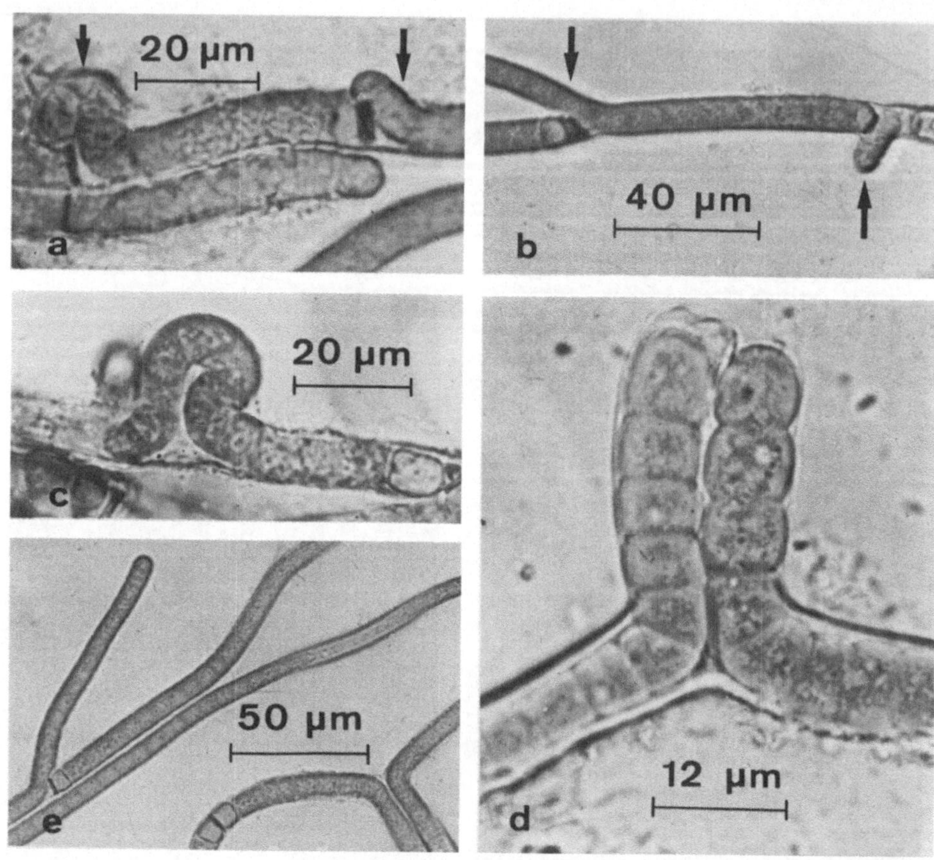

Abbildung. 17 a–e. *Tolypothrix distorta.* **Entstehung der unechten Verzweigungen.** a Bildung einer unechten Verzweigung nach **Aufbrechen des Zellfadens** an einer Heterocyste (rechter Pfeil), Bildung einer unechten Verzweigung durch **Schlingenbildung** (linker Pfeil); b nach erfolgtem Bruch wächst der neue Zellfaden an der Heterocyste vorbei (junges Stadium, rechter Pfeil; älteres Stadium, linker Pfeil); c bei der Schlingenbildung (jüngeres Stadium) wachsen nach einem Bruch die beiden Spitzen nebeneinander weiter d; e Übersicht beider Verzweigungstypen, links Verzweigung durch Fadenbruch, rechts Verzweigung nach Schlingenbildung, Mitte unten zwei benachbarte Heterocysten als Stellen eines neuen Verzweigungsbeginn

Beobachtungen: *Nostoc:* Die Gallertballen enthalten in unregelmäßiger Anordnung die perlschnurartig gegliederten Trichome (Abb. 16a). Nur bei starkem Abblenden des Mikroskops ist zu erkennen, daß diese Gallertmasse durch eine Zusammenlagerung der Gallertscheiden der Einzelfäden entstanden ist (Abb. 16b): In den Trichomen sind in regelmäßigen Abständen **Heterocysten** (= Grenzzellen) zu erkennen. Sie haben durch Zelluloseeinlagerung verdickte Zellwände. Da sie keine Phycobiline enthalten, sind ihre Protoplasten gelblichgrün gefärbt (Abb. 16b). Diese nicht mehr teilungsfähigen Zellen dienen der Assimilation von Stickstoff. Ferner sind sie präformierte Stellen für den Zerfall der Trichome und Regulatoren der Sporenbildung.

Anabaena: Im Gegensatz zu *Nostoc* hat diese Blaualge nur eine relativ dünne Gallertscheide. Die einzelnen Trichome sind nicht zu Ballen verklumpt, da die meisten Arten zum Plankton gehören (Abb. 16 c, e). An isolierten Trichomen finden sich relativ häufig Heterocysten (Abb. 16 d, f).

Sowohl bei *Nostoc* als auch bei *Anabaena* kann man oft kettenartig angeordnete Dauerzellen und auch bewegliche Hormogonien (Aggregate aus wenigen Zellen, die der vegetativen Fortpflanzung dienen) finden (s. Abb. 22). Da diese Fortpflanzungszellen jedoch an anderen Objekten besser studiert werden können, soll hier nicht näher darauf eingegangen werden.

4. Trichome mit unechten Verzweigungen

(Nach „Bruch" innerhalb des Zellfadens wachsen die Teilstücke aneinander vorbei.)

Material: *Tolypothrix distorta* (Scytonemataceae, Nostocales; GÖT). Vorkommen: Gallertlager im Süßwasser.

Präparation und Aufgabe: Deckglaspräparat nach Zerteilung eines Gallertklümpchens oder nach Abstrich von Agarkulturen herstellen. Bei mittelstarker Vergrößerung die Verzweigungsmodi skizzieren.

Beobachtungen: Eine unechte Verzweigung kann auf zweierlei Weise entstehen: Einmal können die mit einer Gallertscheide umgebenen Trichome an den Heterocysten „zerbrechen" und die von der Heterocyste gelöste Zelle wächst nach Aufbrechen der Gallertscheide zu einem neuen Trichom aus. Zum anderen entsteht infolge erhöhter Teilungsaktivität innerhalb eines Trichoms eine schlingenförmige Ausstülpung. Nach Durchbrechen der Vagina und Aufreißen der Schlinge wachsen die Bruchstücke, die sich mit einer neuen Scheide umgeben, zunächst noch parallel zueinander weiter. Beide Arten der Verzweigung können bei *Tolypothrix* beobachtet werden (Abb. 17).

5. Trichome mit echten Verzweigungen und Spitzenwachstum

(Änderung der Teilungsrichtung innerhalb eines Trichoms)

Material: *Fischerella muscicola* (= *Stigonema muscicola*) (Stigonemataceae, Stigonematales; GÖT). Vorkommen: Auf feuchten Felsen, in Sümpfen und Torfmooren.

Präparation und Aufgabe: Deckglaspräparat nach Zerteilung eines Gallertklümpchens oder nach Abstrich von Agarkultur herstellen. Mit mittelstarker Vergrößerung Betrachtung des Habitus, dann einzelne Stadien der Bildung von echten Verzweigungen (ggf. Hormogonienbildung) bei starker Vergrößerung zeichnen. Auf Heterocysten achten!

Beobachtungen: Die mit einer Gallertscheide umgebenen Zellen bilden ein System von verzweigten ein- bis mehrreihigen Trichomen (Abb. 18a). Die Trichome wachsen mit einer „Scheitelzelle", die zunächst durch Querteilung weitere Zellen bildet, so daß die Spitzen einreihig sind. Infolge der dann einset-

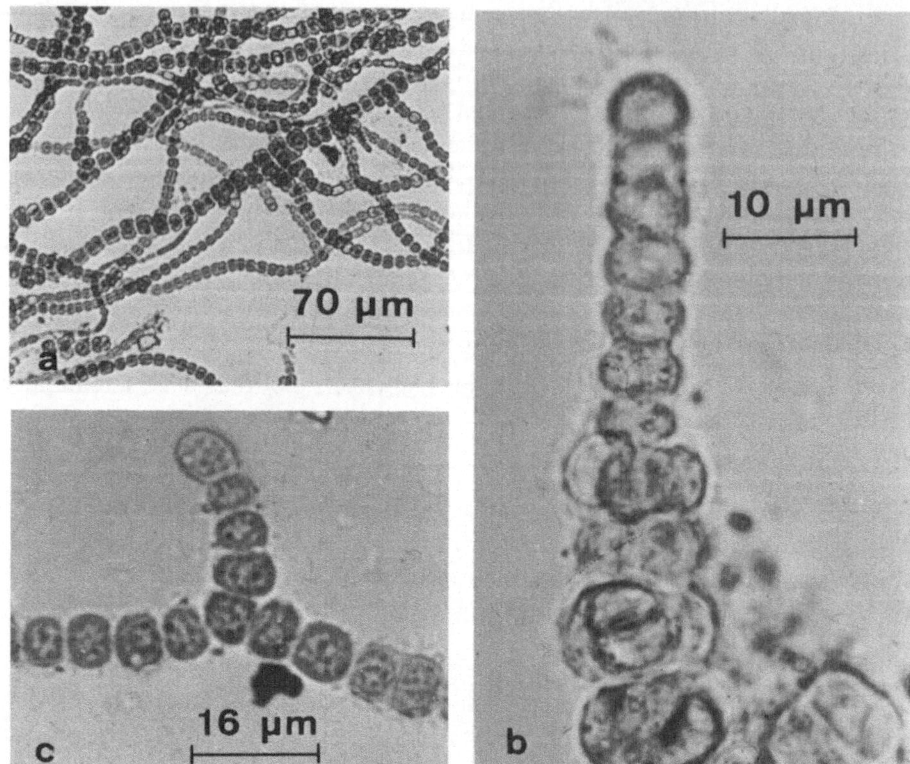

Abbildung 18 a–c. Bildung echter Verzweigungen an den Trichomen von *Fischerella muscicola*.
a Habitusbild mit ein- und mehrreihigen, verzweigten Trichomen; b Trichomspitze mit „Scheitelzelle", Beginn der Mehrreihigkeit wird durch Längsteilungen eingeleitet; c Bildung einer echten
Verzweigung durch eine lateral am Trichom nach Längsteilung entstandenen Scheitelzelle

zenden Längsteilungen entstehen mehrreihige Fäden (Abb. 18b). Die echten Verzweigungen gehen von einer Trichomzelle aus, die durch Längsteilung eine neue
„Scheitelzelle" abschnürt, aus der in gleicher Weise wie der Hauptast ein einrei-
higes und dann mehrreihiges Trichom entsteht (Abb. 18c). Heterocysten sind
unregelmäßig innerhalb des Thallus verteilt. Im Gegensatz zu *Nostoc* und *Anabaena* (Abb. 16b) haben sie die gleiche Größe wie die übrigen Zellen (Abb. 18a).

Gelegentlich kann auch bei *Fischerella* Hormogonienbildung beoachtet werden. Da die Bildung
dieser Fortpflanzungszellen später bei *Oscillatoria* im Detail studiert wird (Abb. 21), wird hier
nur darauf hingewiesen, daß einreihige Seitenzweige entweder teilweise oder ganz aus den Scheiden ausschlüpfen und zu neuen Thalli auswachsen können.

6. Trichome mit heteropolarer Differenzierung

Material: *Rivularia* spec., *Gloeotrichia echinulata*, *Calothrix desertica* (Rivu-
lariaceae, Nostocales); Material der beiden letztgenannten Arten kann von GÖT
bezogen werden. In der Natur bilden diese Cyanobakterien meist festsit-zende
oder auch freischwimmende („Wasserblüte") Gallertlager in Teichen und Seen.

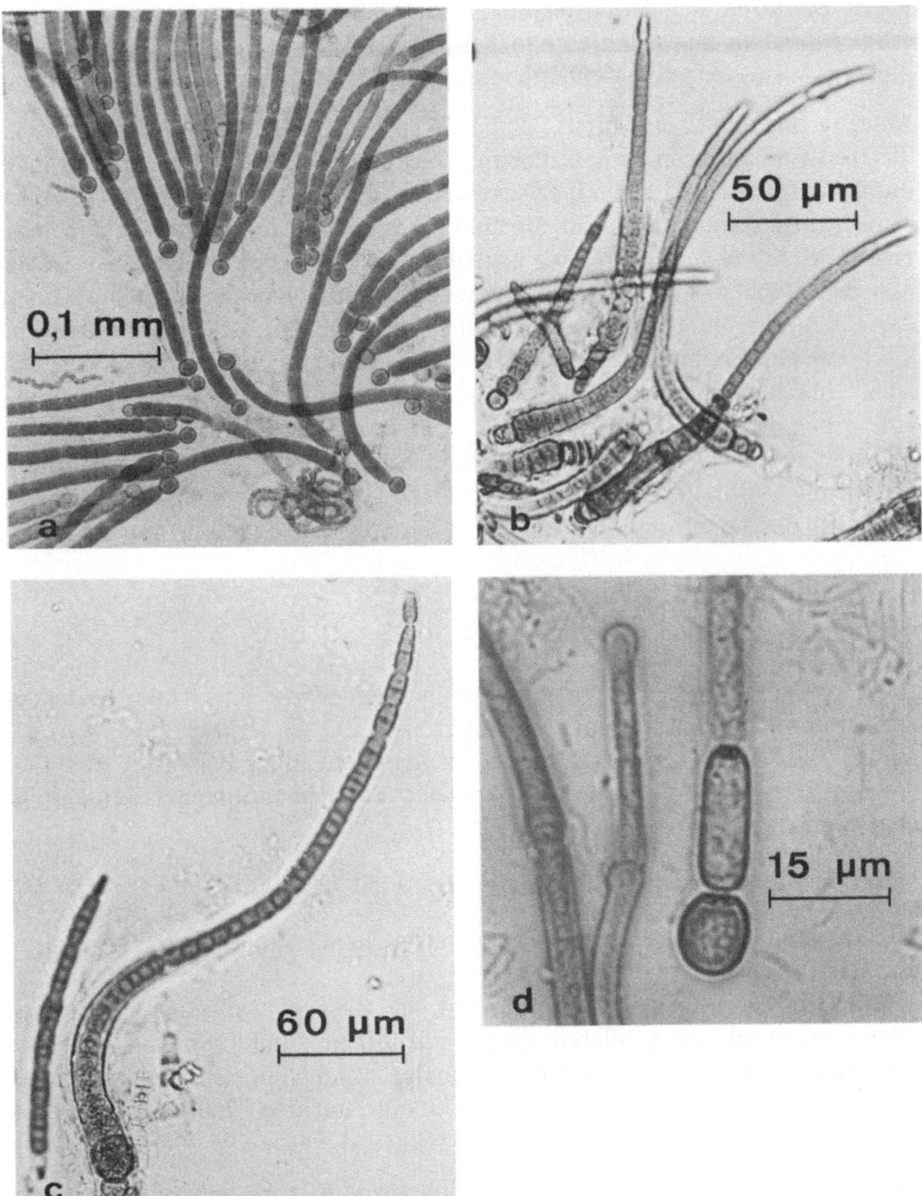

Abbildung 19 a–d. Trichome mit heteropolarer Differenzierung. a *Rivularia spec.,* Trichomlager in der Übersicht; *Calothrix desertica;* b–c Trichome; c Entstehung eines „Tochtertrichoms" nach intertrichaler Bildung einer Heterocyste; d *Gloeotrichia echinulata,* Basalteil des Trichoms mit Heterocyste und Spore

Präparation: Deckglaspräparat herstellen; die in Gallerte eingeschlossenen Trichome lassen sich durch leichten Druck auf das Deckglas trennen. Allerdings wird man nur selten eine fächerförmige Auftrennung der Trichome erhalten, wie sie vielfach in den Zeichnungen der Lehrbücher zu sehen ist.

Aufgabe und Beobachtungen: Bei mittlerer Vergrößerung erkennt man, daß die Trichome radiär in einer Gallertmasse angeordnet sind (Abb. 19a). Diese ist durch Verschmelzung der Gallertscheiden entstanden. Die einzelnen Trichome zeigen interkalares Wachstum. Sie sind polar gebaut und tragen an der Basis eine **Heterocyste** (Abb. 19b). Die zur Spitze des Trichoms hin kleiner werdenden Zellen enden haarartig. Sie enthalten Gasvakuolen, die das Schwimmen der Coenobien auf der Wasseroberfläche ermöglichen. Auch innerhalb der Trichome entstehen regelmäßig Heterocysten, und zwar meist im apikalen Teil. Dies führt dann zu einer Durchtrennung des Coenobiums und zur Entstehung eines Tochtertrichoms (Abb. 19c). Bei *Gloeotrichia* befindet sich regelmäßig über der basalen Heterocyste eine zylindrische Dauerzelle (Cyste, Definition S. 69; Abb. 19d). Diese entsteht durch Fusion von mehreren Zellen, die sich innerhalb der gemeinsamen Scheide mit einer derben Zellwand umgeben.

II. Vegetative Fortpflanzung

1. Einzelzellen

Diese können entweder als **Nanocyten** (auch Baeocyten und früher Endosporen genannt) reihenweise entstehen oder als **Exocyten** (früher Exosporen genannt). Die Letzteren werden (ähnlich der Konidienbildung bei Pilzen, Abb. 175) von festsitzenden Einzelzellen am apikalen Ende in basipetaler Reihenfolge abgeschnürt.

Material: Nanocytenbildung: *Stichosiphon-* oder *Dermocarpa*-Arten (Dermocarpaceae, Chamaesiphonales).

Exocytenbildung: *Chamaesiphon*-Arten (Chamaesiphonaceae, Chamaesiphonales; GÖT).

Alle drei Gattungen sind Benthonten. Sie wachsen entweder auf Steinen oder epiphytisch auf größeren Algen. *Stichosiphon* und *Chamaesiphon* sind sehr häufig im Süßwasser auf der Grünalge *Cladophora* (S. 205) zu finden; *Dermocarpa* ist eine marine Gattung und kann auf den Thalli der Braunalge *Laminaria* (S. 132 f.) vorkommen.

Präparation und Aufgabe: Deckglaspräparate von lebendem oder fixiertem Material. Bei starker Vergrößerung (ggf. Ölimmersion) Habitus und verschiedene Stadien der Sporenbildung zeichnen.

Beobachtungen: Sowohl *Stichosiphon* als auch *Chamaesiphon* sind Einzeller, die aber im Gegensatz zu den Chroococcales eine Polarität aufweisen. Sie sitzen mit der Basis (kurzer Gallertstiel) auf dem Substrat fest, die Sporenbildung erfolgt am apikalen Ende.

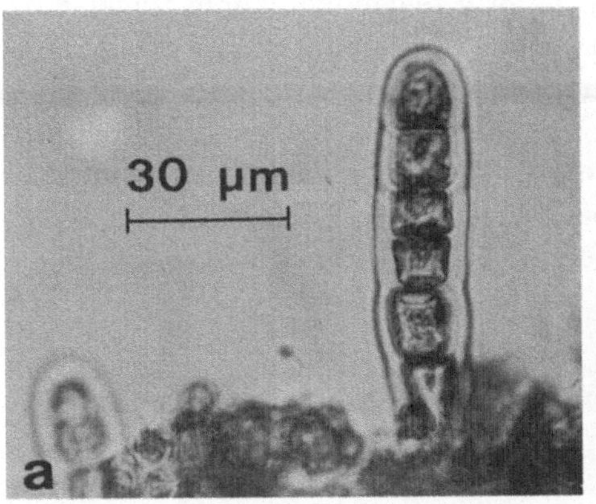

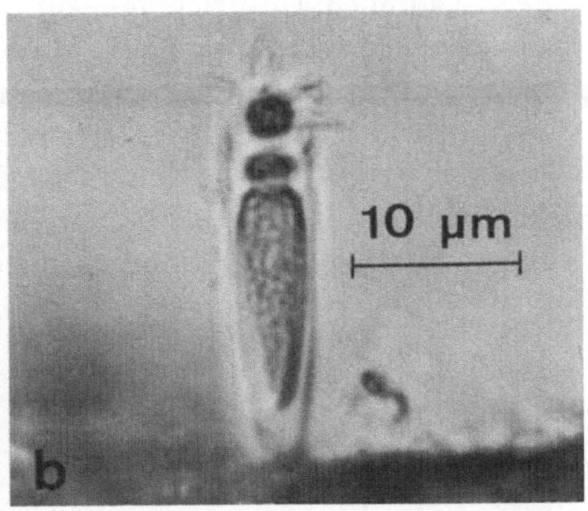

Abbildung 20 a, b. a *Stichosiphon* spec., Nanocyten ; b. *Chamaesiphon* spec., Exocyten

Die **Nanocyten** von *Stichosiphon* entstehen nach mehrfacher Zellteilung und werden nach Aufbrechen der Scheide simultan freigesetzt. Meist bleibt die unterste Zelle in der Schleimhülle, sie kann wieder erneut Nanocyten bilden (Abb. 20a).

Die **Exocyten** von *Chamaesiphon* werden sukzedan am apikalen Ende abgeschnürt und nach Öffnung der Schleimhülle sukzedan freigesetzt (Abb. 20b).

2. Hormogonien

Hormogonien sind wenig- bis vielzellige Stücke von Trichomen, die aus der Scheide ausschlüpfen und sich in Längsrichtung oder zusätzlich durch Rotation um die Längsachse durch gleitende Kriechbewegungen auf feuchtem Substrat fortbewegen. Sie können unter Bildung einer neuen Scheide zu unbeweglichen Trichomen auswachsen. Eine Ausnahme bilden die scheidenlosen Oscillatorien, bei denen das aus Hormogonien entstandene Trichom die Eigenbewegung (etwa 4 µm/s) beibehält. Die *Oscillatoria*-Fäden können als „Dauerhormogonien" aufgefaßt werden, die sich fortlaufend durch Abschnürung in neue Hormogonien unterteilen.

Material: *Oscillatoria amoena* (Oscillatoriaceae, Oscillatoriales; GÖT). Vorkommen: Süßwasser submers; ebenfalls zu verwenden: *Nostoc*-Arten, *Fischerella muscicola* (S. 61, 64).

Präparation und Aufgabe: Abstrichpräparat, da nur sehr zarte Schleimscheiden vorhanden, trennen sich die unverzweigten Trichome sehr leicht nach Auflegen des Deckglases. Mit mittelstarker Vergrößerung Beobachtung der Kriechbewegungen von *Oscillatoria*. Bei starker Vergrößerung (Ölimmersion) Zeichnung von Stadien der Hormogonienbildung, vorher Hemmung der Bewegung durch Absaugen von Wasser mit Filterpapier oder Zufügen von Methylzellulose (S. 43).

Beobachtungen: Die Trichome von *Oscillatoria* zeigen eine durch Schwingungen der Fadenspitze bedingte Eigenbewegung.* Sie bestehen aus scheibenförmigen Einzelzellen, in denen auf Grund der relativ raschen Teilungsfolge die Zellwände der Tochterzellen schon irisblendenartig angelegt sind. Heterocysten sind nicht vorhanden. Den Beginn der Hormogonienbildung kann man deutlich am Auseinanderweichen benachbarter Zellen erkennen (Abb. 21). In älteren *Nostoc*-Kulturen findet man ebenfalls häufig Hormogonien (Abb. 22).

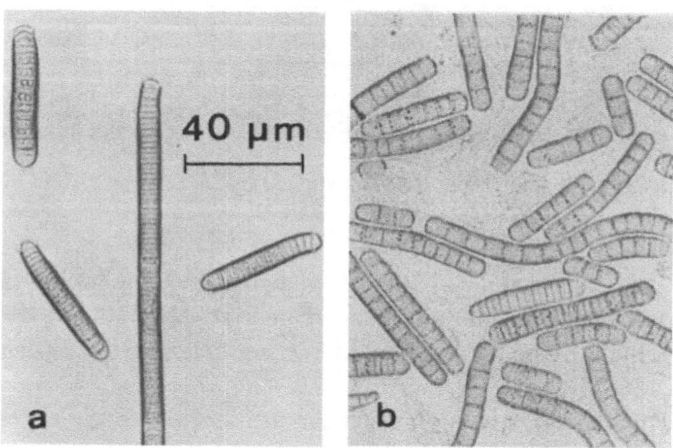

Abbildung 21 a, b. *Oscillatoria amoena,* **Hormogonienbildung. a** Trichom kurz vor Freiwerden der Hormogonien, daneben bereits freigesetzte Hormogonien; **b** Ansammlung von Hormogonien nach Ausschlüpfen aus den Scheiden

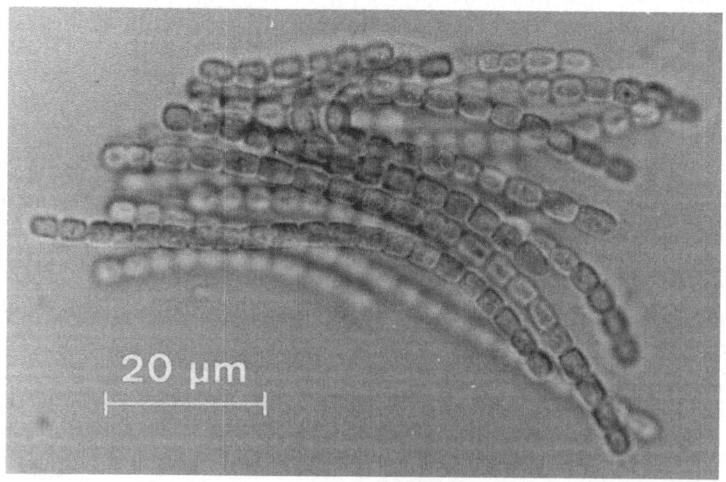

Abbildung 22. *Nostoc commune,* **Hormogonien.** (Foto W. Büdel)

---

*Neuere Untersuchungen haben gezeigt, daß die Zellen durch Poren Heteropolysaccharid-Fibrillen ausscheiden, die sich stetig verlängern und wie „Staken" die Fortbewegung bewirken. Lit. in: H. Engelhardt (1999) Biospektrum 5, 268.

3. Dauerzellen (Cysten)

Sie entstehen aus einer oder mehreren vegetativen Zellen im Verlauf einer Speicherung von Reservestoffen im Protoplasten, nach Verlust der Photosynthesepigmente und Ausbildung einer derben, widerstandsfähigen Membran. Da beim Studium des Vegetationskörpers der Cyanobakterien bereits mehrfach auf das Vorkommen von Dauerzellen hingewiesen wurde, kann hier auf eine erneute Präparation verzichtet werden. Dauerzellen, die aus einer Zelle hervorgegangen sind, findet man bei *Nostoc* und *Anabaena* (S. 61); Dauerzellen die durch Fusion mehrerer Zellen gebildet wurden, sind bei *Gloeotrichia* vorhanden (Abb. 19).

4. Hormocysten

In Analogie zu den Hormogonien, die als „Pakete von Sporen" aufgefaßt werden können, sind die Hormocysten „Sammeldauerzellen", die terminal oder interkalar aus mehrzelligen Trichomabschnitten gebildet werden. Sie sind bisher nur bei einigen tropischen Gattungen (z.B. *Westiella)* beschrieben. Da diese in den Algotheken nicht kultiviert werden, müssen wir auf eine Bearbeitung im Kurs verzichten.

Eukaryoten

Organisationtyp: Algen (Phycophyten)

A. Einführung

I. Merkmale

Die **Algen** und die Vertreter der **folgenden Organisationstypen** sind **Eukaryoten.** Sie besitzen einen von einer Membran umgebenen Zellkern, dessen Chromosomen bei Kernteilungen sichtbar werden. Das Cytoplasma ist durch ein endoplasmatisches Retikulum kompartimentiert und enthält Zellorganellen (Mitochondrien, Plastiden), die gleichfalls von Membranen umgeben sind. Die Geißeln haben (ebenfalls im Gegensatz zu den Prokaryoten) einen charakteristischen Feinbau; sie bestehen aus 11 längsgerichteten Strängen (Mikrotubuli), die in typischer Form angeordnet sind (zwei Innenstränge, umgeben von neun Außensträngen).

Die **morphologische Organisation** der Algen zeichnet sich durch eine große **Mannigfaltigkeit** aus. Man findet alle in Tabelle 4 aufgeführten Varianten der Einzeller, Zellverbände und Mehrzeller selten terrestrisch, aber vorwiegend im Plankton und letztere auch im Benthos. In einigen Taxa kann man eine Progression vom Einzeller zum Vielzeller verfolgen.

Die **Algen leben autotroph**; allerdings ist unter einzelligen Algen die mixo- oder heterotrophe Lebensweise verbreitet. Sie können im Wasser gelöste organische Substanzen aufnehmen und in den Stoffwechsel einschleusen, obwohl sie funktionsfähige Plastiden führen. Neben einer symbiontischen Lebensweise mit anderen Algen oder Hydrozoen gibt es **Parasitismus,** der im wesentlichen auf die Rotalgen (S. 145 f.) beschränkt ist.*

Hier wurde sogar eine Übertragung von Zellkernen und anderen cytoplasmatischen Elementen vom Parasit in die Wirtszelle gefunden.**

---

* Kremer BP (1986) Parasitische Rotalgen. Biologie in unserer Zeit 16:152–158.
** Goff LJ, Coleman AW (1984) Transfer of nuclei from a parasite to ist host. Proc Nat Acad Sci 81:5420–5424.

II. Fortpflanzung

Die Algen sind einzellige bis vielzellige autotrophe Wasserpflanzen, deren **Fortpflanzungszellenbehälter keine Hülle aus sterilen Zellen** besitzen (Abgrenzung von Moosen und Farnen). Da ihr Vegetationskörper wie bei den Pilzen nicht in Sproß und Wurzel gegliedert ist, werden sie mit diesen zusammen als **Thallophyten** bezeichnet. Wenn auch für die Vermehrung der Algen in erster Linie die **vegetative Fortpflanzung** verantwortlich ist, so sind, abgesehen von wenigen Ausnahmen, die Algen auch zur **sexuellen Fortpflanzung** befähigt. Sie zeigen eine **große Mannigfaltigkeit hinsichtlich der Morphologie der Fortpflanzungszellen, der Befruchtungs-Modi und der Fortpflanzungs-Systeme.**

III. Klassifizierung

Über die **systematische Unterteilung der Algen** herrscht (wenn man von den Pilzen absieht) bei den Taxonomen eine große **Uneinigkeit.** Dies kommt sowohl in der Wertigkeit als auch in der Reihenfolge der einzelnen Taxa zum Ausdruck, vor allem in der Unterteilung in Klassen und Familien, bei manchen Autoren aber auch in einer Zusammenfassung einzelner Taxa zu gesonderten Abteilungen des Pflanzenreiches (s. auch die generelle Bemerkung auf S. 51). Unter diesen Aspekten ist die auf S. 557f. zitierte spezielle Literatur zu betrachten, die in diesem Zusammenhang nur als eine Unterstützung für das mikroskopische Studium von Morphologie und Fortpflanzungsverhalten der Algen und für ihre Gattungs- und Artbestimmung anzusehen ist.

Als **Kriterien** für eine **Klassifizierung** der etwa **26 000 Arten werden chemische Merkmale** (Pigmente der Plastiden und Reservestoffe), **Begeißelung, Organisationsstufe des Thallus** und auch das **Fortpflanzungsverhalten** benutzt. Unter Berücksichtigung der drei ersten Kriterien sind in Tabelle 4 die wesentlichen Daten für die wichtigsten Abteilungen der Algen zusammengestellt. Damit besteht die Möglichkeit, bei der Besprechung der einzelnen Taxa der Algen, hier nachschlagen zu können. Daher erübrigt es sich im Rahmen dieses Textes, weitere Einzelheiten dieser Kriterien zu besprechen. Als weiteres Kriterium wird die Struktur der Chloroplasten für die systematische Gliederung der Algen herangezogen (Tabelle 1).

Man unterscheidet zwischen **einfachen Plastiden** mit Doppelmembran und **komplexen Plastiden** mit 3–4 Membranen. Die letzteren können ein **Nucleomorph** (Restkern endosymbiontischer Algen) enthalten. Diese spezielle Struktur wird durch die **Endosymbiontentheorie** wie folgt erklärt: Während die einfachen Plastiden auf eine Endocytobiose von Cyanobakterien zurückgeführt werden, nimmt man an, daß die Existenz der komplexen Chloroplasten auf einer weiteren Endosymbiose mit eukaryotischen Algen beruht. Somit haben die Algen in Beziehung auf die Plastiden einen polyphyletischen Ursprung, je nachdem ob diese durch primäre oder sekundäre Endocytobiose entstanden sind.

Im Rahmen einer sukzessisven Besprechung der einzelnen Abteilungen der Algen wird deren weitere Unterteilung in Klassen und Ordnungen erläutert. Allerdings gehen wir nicht auf die Einzelheiten der verwandtschaftlichen Be-

Tabelle 4. Zusammenstellung der wichtigsten chemischen und morphologischen Merkmale der Algen, die bei der Klassifizierung berücksichtigt werden. Die Cryptophyta und die Chlorarachniophyta sind in dieser Aufstellung nicht berücksichtigt, da diese nur wenige Arten umfassenden Taxa nicht besprochen werden. Die morphologischen Merkmale der 11 Klassen der Chlorophyta sind aus Platzgründen nicht verzeichnet. Sie werden bei der Klassifizierung dieser Abteilung aufgelistet (S. 171). In der Spalte Xanthophylle sind nur die dominierenden Pigmente angegeben. Abkürzungen: F = Flimmergeißel, P = Peitschengeißel, i = isokont, h = heterokont; eingeklammerte Bezeichnungen, z.B. (+), bedeuten, daß nur wenige Vertreter der betreffenden Organisationsform bekannt sind. [Chemische Daten nach Bresinsky (Strasburger), verändert]

Abteilung		Glaucophyta	Euglenophyta	Dinophyta	Haptophyta	Heterokontophyta					Rhodophyta	Chlorophyta
Klasse		Glaucophyceae	Euglenophyceae	Dinophyceae	Haptophyceae	Chloromona-dophyceae	Xanthophy-ceae	Chrysophy-ceae	Bacillariophy-ceae	Phaeophy-ceae	Rhodophy-ceae	11 Klassen
Pigmente	Chlorophyll	a	a b	a c	a c	a c					a	a b
	Phycobiline	+									+	
	Carotine	β	β	α	β	β					a	a b
	Xanthophylle	Zeaxanthin	Diadinoxanthin	Peridinin	Fucoxanthin	Diadinoxanthin	Heteroxanthin Vaucheria-xanthin	Diadinoxanthin Fucoxanthin	Diadinoxanthin Fucoxanthin, Diatoxanthin	Fucoxanthin	Lutein, Zea-xanthin	Lutein, Zeaxanthin
Reservestoffe (Kohlenhydrate)		Stärke	Paramylum	Stärke	Chrysolaminarin	Fett	Chrysolaminarin, Mannit, (Öl)				Florideenstärke	Stärke
Begeißelung		2 P, h	F P, h	2 F, h	2 P, i	FP, h			zum Teil F	F P, h	keine	2 oder 4 P, i
Organisationsstufen / Mehrzeller	parenchymatisch									+		+
	pseudoparenchymatisch/ plektenchymatisch									+	+	
	heterotrich										+	+
	siphonal						+					+
	siphonocladial											
Einzeller bzw. Zellverbände	homotrich			(+)	(+)		+	+		+		+
	coccal			(+)	(+)		+	+	+		+	+
	capsal (tetrasporal)		(+)	(+)	(+)		+	+				+
	rhizopodial		(+)	+			+	+				
	monadal	+	+	+	+	+	+	+				+
Vorkommen	Süßwasser	+	+	+	+	+	+	+	+		+	+
	Meerwasser		+	+	+			+	+	+	+	+
Gattungen (Arten)		3 (3)	40 800)	120 (1000)	45 (250)	6 (10)	40 (400)	200 1000)	200 (10 000)	250 1550–2000)	500 (4000)	450 (7000)

ziehungen ein, da dies nicht in den Kontext dieses Buches gehört. Diese sind der im Anhang aufgelisteten speziellen Literatur zu entnehmen.

IV. PRAKTISCHE BEDEUTUNG

Die Algen sind nicht nur die Sauerstofflieferanten für im Wasser lebende Tiere, sondern sie spielen auch vor allem in der Futterkette Mikroorganismen – Pflanzen – Tiere eine entscheidende Rolle. Ihre Bedeutung für die direkte menschliche Ernährung ist nur in den ostasiatischen Ländern gegeben (S. 148), wenn man von dem sogenannten „Laver Bread", einem durch Milchsäuregärung aus Grünalgen *(Ulva latissima, U. lactuca)* bzw. Rotalgen *(Porphyra laciniata)* in Wales (Großbritannien) gewonnenen, pasteartigen Produkt absieht. Mannigfache Bestrebungen, Süßwasseralgen in offenen Becken zu kultivieren und die auf diese Weise erhaltene Biomasse als proteinreiches Tierfutter oder für die menschliche Ernährung zu verwenden, haben sich als nicht realisierbar für die Praxis erwiesen, und zwar vorwiegend aus ökonomischen Gründen.

Ihren festen Platz haben die Algen in der Wasserökologie, denn sie sind Indikatoren für die einzelnen Stufen des sogenannten **Saprobiensystems***, nach dem Gewässer in verschiedene Güteklassen eingeordnet werden.

Verschiedene Planktonalgen bilden **Toxine**** und lösen dadurch Fischsterben aus. Sie können auch indirekt nach Infektion von Muscheln für den Menschen schädlich sein. Wenn es unter bestimmten Außenbedingungen zur „Algenblüte" kommt, können auch die nichttoxischen Algen erhebliche Schäden verursachen, z.B. Verstopfen von Fischernetzen, Behinderung des Badebetriebes im Litoral.

In der **Grundlagenforschung** spielen vor allem die Grünalgen eine zunehmende Rolle und zwar nicht nur in der Strukturforschung (Chloroplasten), sondern auch in der molekularen Biologie. Ein bevorzugtes Objekt ist dabei der monadale Einzeller *Chlamydomonas reinhardtii* (S. 172).

---

* Schwoerbel J (1980) Einführung in die Limnologie, 4. Aufl. Fischer, Stuttgart New York

** Anderson DM, Cemballa AD, Hallegraeff (eds) (1998) Physiological ecology of harmfull algal blooms. Springer, Berlin Heidelberg New York Tokyo

Kahru M, Brown, CW (eds) (1997) Monitoring of algal blooms. Springer, Berlin Heidelberg New York Tokyo

1. Abteilung: Glaucophyta

A. EINFÜHRUNG

Die Glaucophyta werden erst seit einigen Jahren in einem Taxon zusammengefaßt. Früher wurden sie als eukaryotische Einzeller angesehen, in denen Cyanobakterien permanent als Endosymbionten leben (**Endocyanome**) und die Funktion der Plastiden übernommen haben. Diese wurden wegen ihrer blaugrünen Farbe als **Cyanellen** bezeichnet. Infolge des Verlustes von etwa 90% ihrer DNS können die Cyanellen nicht mehr außerhalb ihrer Wirtszellen leben. Deswegen wurden diese Symbionten als eigenständige Organismen eingestuft. Als erste Abteilung der Algen sind sie das Bindeglied zwischen den prokaryotischen und eukaryotischen Algen. Daher ist es wichtig, sich im Rahmen eines Praktikums von dieser für die Evolution bedeutsamen Gruppe wenigstens einen Vertreter anzuschauen, obwohl nur drei Gattungen mit jeweils einer Art bekannt sind, die in einer einzigen **Klasse (Glaucophyceae)** zusammengefaßt sind. Vegetative Fortpflanzung erfolgt durch Zweiteilung. Sexuelle Fortpflanzung ist nicht bekannt.

B. ÜBUNGSANLEITUNGEN

Material: Vertreter der Gattungen *Glaucocystis*, *Glaucosphaera*, *Cyanophora* findet man im Süßwasser. Dazu bedarf es allerdings einer guten Formenkenntnis. Daher sollte man auf Reinkulturen aus GÖT zurückgreifen.

Präparation und Aufgabe: Deckglaspräparat bei starker Vergrößerung (Ölimmersion) eine Zelle zeichnen und auf die Struktur der Plastiden achten. Falls *Cyanophora* zur Verfügung steht, Zellen durch Zugabe von Methylzellulose festlegen, um bei starkem Abblenden die Geißeln zu sehen.

Beobachtungen: Infolge der Anwesenheit von Phycobilinen in den Plastiden sind die Zellen blaugrün gefärbt. *Cyanophora* besitzt zwei ungleichlange Geißeln und kann sich daher aktiv fortbewegen. Dagegen ist der monadale Charakter bei *Glaucocystis* und *Glaucosphaera* in Verlust geraten, obwohl *Glaucocystis* noch rudimentäre Geißeln besitzt, die allerdings mit dem Lichtmikroskop nicht zu erkennen sind. Jedoch ist die unterschiedliche Struktur der Plastiden deutlich zu sehen (Abb. 23).

Abbildung 23 a–d. a *Glaucocystis nostochinearum* mit wurstförmigen Plastiden; b *Glaucosphaera vacuolata* mit runden Plastiden; c, d *Cyanophora paradoxa* mit Plastiden in Teilung. (Vergr. a, b 900:1; c, d 1700:1; Fotos P Sitte)

2. Abteilung: Euglenophyta

Klasse: Euglenophyceae

A. EINFÜHRUNG

I. MERKMALE

Einzeller mit monadaler (sehr selten rhizopodialer) oder **vereinzelt auch capsaler Organisation**, die vorwiegend im Süßwasser leben. Bei den beweglichen Formen (Abb. 24) ist, ähnlich wie bei den verwandten tierischen Flagellaten, der Protoplast von einem mehr oder minder derben **Periplast** (= Pellicula) umgeben, der teilweise auch als festes stacheliges Gehäuse ausgebildet ist. Bedingt durch die schraubige Struktur des Periplasten, die durch Auflagerung von Rippen und Warzen hervorgerufen wird, erscheinen die länglichen Zellen „verdreht". Die **beiden ungleich langen Geißeln** sind an der Basis des Schlundes in der sogenannten **Ampulle** inseriert. Die längere Flimmergeißel wirkt als Zuggeißel. Die kürzere Peitschengeißel tritt vielfach nicht in Erscheinung. Sie ist schon im Schlund mit der längeren fusioniert. Die capsalen Formen leben entweder als nackte, unbegeißelte Zellen in Gallertmassen oder sind einzeln von Gallerthüllen umgeben und mit Gallerstielen am Substrat angeheftet.

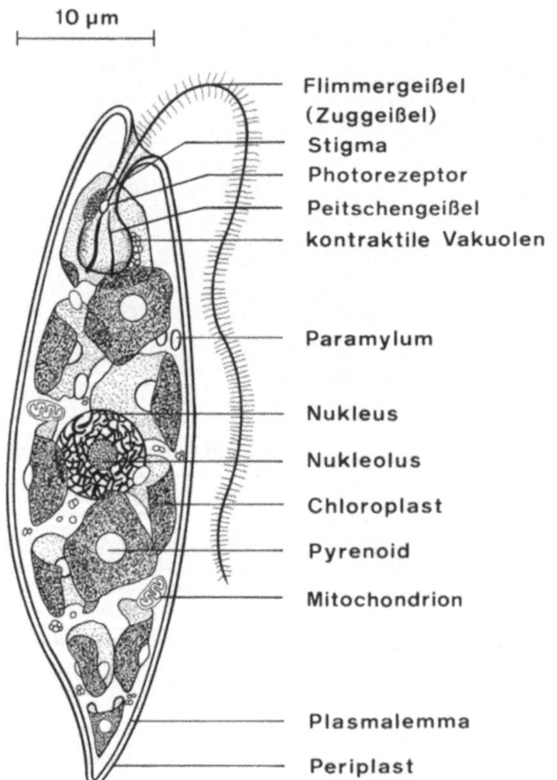

Abbildung 24. Organisation einer typischen Euglenophycee. (Nach Leedale, verändert)

Der **Zellkern** kann einen bis mehrere Nucleoli enthalten, die auch (in der älteren Literatur) als Endosomen bezeichnet werden.

Eine Anzahl von Euglenophyceae bildet keine Photosynthesepigmente aus, entweder weil die Plastiden, bedingt durch den Genotyp oder durch Umwelteinflüsse (Dunkelkultur), permanent oder vorübergehend nicht mehr dazu in der Lage sind, oder weil die Plastiden fehlen. In diesen Fällen erfolgt die Ernährung **heterotroph oder phagotroph.** Die plastidenfreien Formen leiten über zu den tierischen Flagellaten. Die plastidenhaltigen Formen haben meist einen durch Carotine rot gefärbten „Augenfleck". Dieses **Stigma** dient nicht als Lichtsuszeptionsorgan, sondern als „Schattenspender" für den als Schwellung an der Flimmergeißel zu erkennenden Photorezeptor, welcher je nach Lichteinstrahlung die Geißelbewegung steuert (**Phototaxis**). Der Photorezeptor enthält das Sehpigment Rhodopsin*. Die Chloroplasten enthalten bei einigen Arten **Pyrenoide.**** Als Reservestoff wird **Paramylum** gebildet. Weitere Einzelheiten der zellulären Organisation sind Abb. 24 zu entnehmen.

Ruhestadien (Palmella-Formen) der beweglichen Formen entstehen bei Wassermangel. Nach Abwerfen der Geißeln runden sich die Zellen ab und scheiden eine dünne Gallerthülle aus.

Dauerzellen können von manchen Formen bei ungünstigen Ernährungsbedingungen gebildet werden. Unter Beibehaltung ihrer Gestalt umgeben sie sich nach Abwerfen der Geißeln mit einer dicken Gallertmembran.

II. Fortpflanzung

Vegetative Fortpflanzung ist die überwiegende Vermehrungsweise der Euglenophyceae. Sie erfolgt meist nach Abwerfen der Geißeln durch **Längsteilungen** im Palmella-Stadium. Sie kann aber auch im beweglichen Stadium nach vorausgegangener Teilung des Geißelapparates erfolgen.

Sexuelle Fortpflanzung ist bisher nicht mit Sicherheit beobachtet worden. Soweit bekannt, sind die Euglenophyceae Haplonten.

III. Klassifizierung

Die Einteilung der etwa 40 Gattungen mit mehr als 800 Arten*** ist eine **künstliche.** Als Einteilungskriterien dienen unter anderem Vorhandensein oder Nichtvorhandensein von Chlorophyll, Form und Anzahl der Plastiden und Paramylumkörner, Zahl und Anordnung der Geißeln. Nach Fott werden alle Euglenophyceae in einer Ordnung (Euglenales) zusammengefaßt, die er entsprechend den obengenannten Einteilungskriterien in 6 Familien unterteilt.

---

*   Gualtieri P et al. (1992) Biochim Biophys Acta 1117:55–59.

**   Pyrenoide sind Orte abweichender Struktur innerhalb der Chloroplasten. Mit dem Elektronenmikroskop kann man erkennen, daß es sich um Stromastellen handelt, die entweder gar nicht oder nur ganz vereinzelt von Thylakoiden durchzogen sind. Sie enthalten Eiweiß und sind bei manchen Formen (z.B. Grünalgen, S. 173) Aggregationszentren für die Stärkebildung.

*** Die Zahlenangaben über die einzelnen Taxa sind hier und im folgenden entnommen aus: van den Hoek CH, Jahns HM, Mann DG (1993) Algen. Thieme, Stuttgart.

B. Übungsanleitungen

I. Bewegliche Formen (monadale Organisation)

1. Flexibler Periplast

Material: Alle *Euglena-*, *Phacus-* und *Astasia*-Arten, die in stehenden Gewässern vorkommen, die (wie z.B. Jauchepfützen oder Abwässergräben) reich an organischen Stoffen sind (eutroph). Sehr weit verbreitet sind *Euglena gracilis*, und *E. viridis* und auch *E. spirogyra*. Da diese aber relativ klein sind (Zellänge im Bereich von 50 bzw. 80 µm), empfiehlt es sich, im Kurs *Euglena oxyuris* (Euglenaceae, Euglenales; GÖT) zu verwenden, deren Zellen eine Länge bis zu 300 µm erreichen können.

Präparation und Aufgabe: Tropfpräparat; zur Hemmung der Bewegungen Methylzellulose zugeben (S. 44). Bei starker Vergrößerung eine Zelle zeichnen; um die Geißel erkennen zu können, ist es manchmal notwendig, stark abzublenden.

Beobachtungen: Die langgestreckten Zellen von *E. oxyuris* sind etwas abgeplattet und besitzen eine kurze Endspitze. Der Periplast erscheint durch aufgelagerte Reihen von „Warzen" spiralig gestreift. Zahlreiche scheibenförmige Chloroplasten sind vorhanden, aber keine Pyrenoide. Die beiden großen ringförmigen Paramylumkörner sind apikal und basal vom Kern angeordnet. Seitlich des Schlundes, gegenüber der Fusionsstelle der beiden Geißeln, ist das Stigma zu erkennen. Die Flimmergeißel erreicht etwa ½ der Körperlänge (Abb. 25a). Bei *E. gracilis* sind die wenigen Chloroplasten und die zahlreichen Paramylumkörner im Protoplasten verteilt (Abb. 25b, Abb. 24). Teilungsstadien sind vor allem in Hungerkulturen recht häufig zu finden (Abb. 25c).

Die übrigen der oben genannten *Euglena*-Arten (falls man selbst gesuchte Proben analysiert) sind leicht zu unterscheiden: *E. viridis* enthält zahlreiche sternartig angeordnete Chromatophoren, der Zellkern ist von Paramylumkörnern umgeben; *E. spirogyra* ist etwa doppelt so groß wie die beiden vorgenannten Arten, der Periplast ist gelblich braun, relativ dick und vor allem durch die spiralig verlaufenden Warzenreihen, die eine unterschiedliche Stärke haben können, charakterisiert. Die *Phacus*-Arten (Euglenaceae) liegen im allgemeinen im Größenbereich der kleineren *Euglena*-Arten: die Zellen sind deutlich gestreift und im Habitus birnenförmig mit kurzer Endspitze.

Die Astasia-Arten (Euglenaceae) ähneln in Größe und Habitus den *Euglena*-Arten, enthalten jedoch keine Chloroplasten und kein Stigma.

2. Starrer Periplast

Material: *Lepocinclis ovum, Trachelomonas hispida* (Euglenaceae, Euglenales; beide GÖT). Die *Lepocinclis*-Arten findet man im Plankton des Teichwassers meist mit *Euglena* vergesellschaftet. *Trachelomonas*-Arten dagegen kommen nur in stark eisenhaltigen (oder auch manganhaltigen) Gewässern vor.

Präparation und Aufgabe: Tropfpräparate. Nach Beobachtung der lebhaften Bewegungen zum Zeichnen des Zellhabitus (Ölimmersion) in Methylzellulose einschließen.

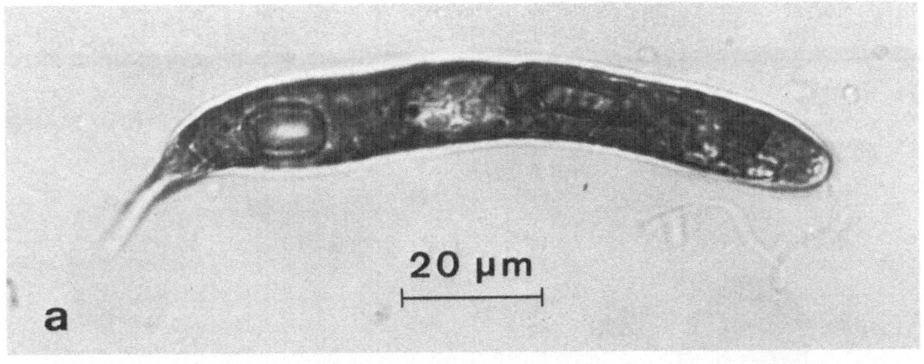

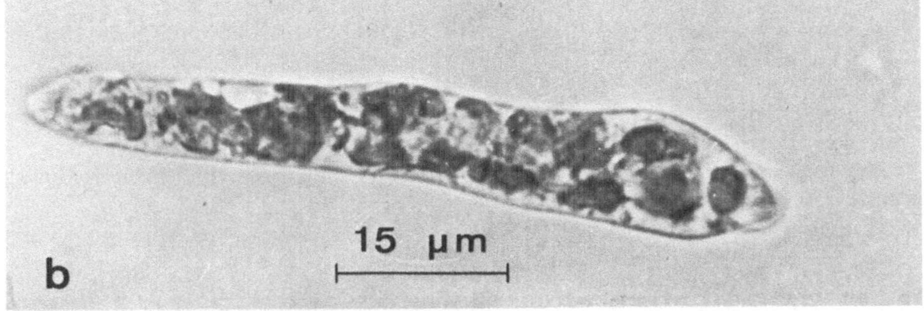

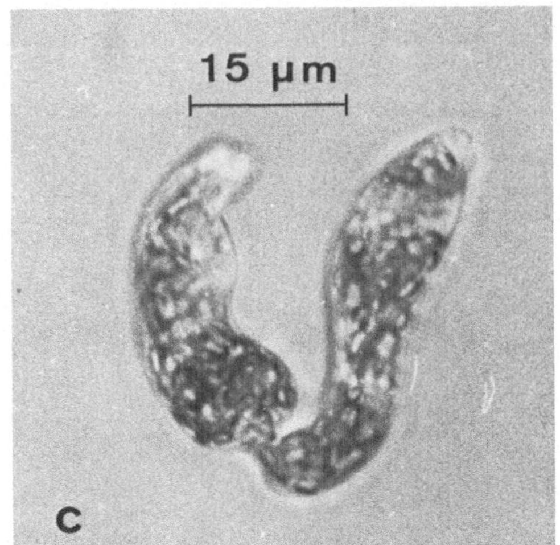

Abbildung 25 a–c. a *Euglena oxyuris*; b, c *Euglena gracilis*; b Habitus; c Teilungsstadium

Beobachtungen: Beide Organismen sind nach dem Organisationsprinzip von *Euglena* aufgebaut (vergl. Abb. 26 mit Abb. 24). Der starre Periplast gibt den Zellen jedoch die Gestalt eines Rotationselipsoides, das seine Form nicht verändert. Die kreisförmige Öffnung des Schlundes, aus der die Flimmergeißel hervorgeht, ist deutlich zu erkennen. Bei *Trachelomonas* ist dem Periplast ein durch Eisenausscheidungen verstärktes Gehäuse aufgelagert, dies wird beson-

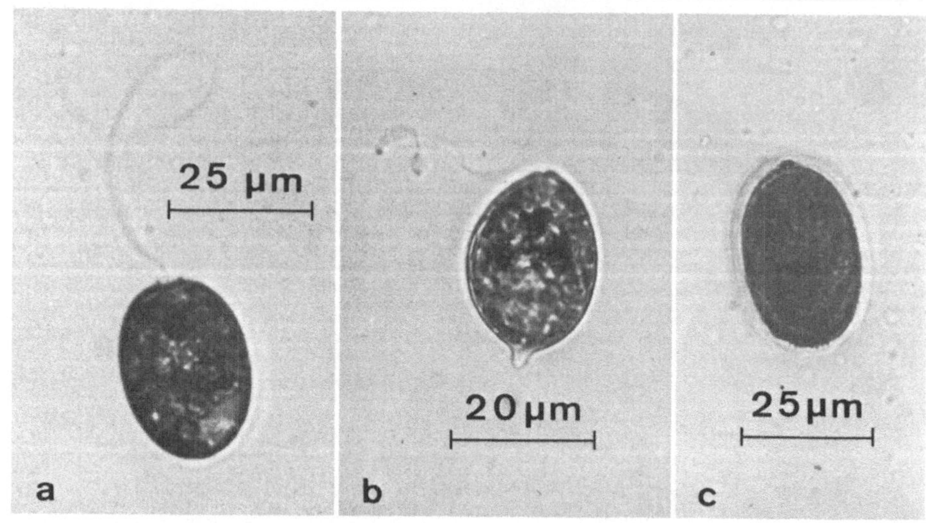

Abbildung 26 a–c. Vertreter der Euglenaceae mit starrem Periplast. a, c *Trachelomonas hispida*; b *Lepocinclis ovum*

ders in abgestorbenen Zellen deutlich (Abb. 26c). Typisch für *Lepocinclis* ist der kurze antapikale Fortsatz (Abb. 26b).

II. Unbewegliche Formen

1. Capsale Organisation

Material: *Colacium cyclopicolum* (Euglenaceae, Euglenales; GÖT) und andere Arten dieser Gattung findet man als Epiphyten auf Phyto- und Zooplankton (z.B. auf Copepoden oder *Volvox*).

Präparation und Aufgabe: Abstrichpräparat herstellen. Bei starker Vergrößerung (Ölimmersion) Zellhabitus zeichnen.

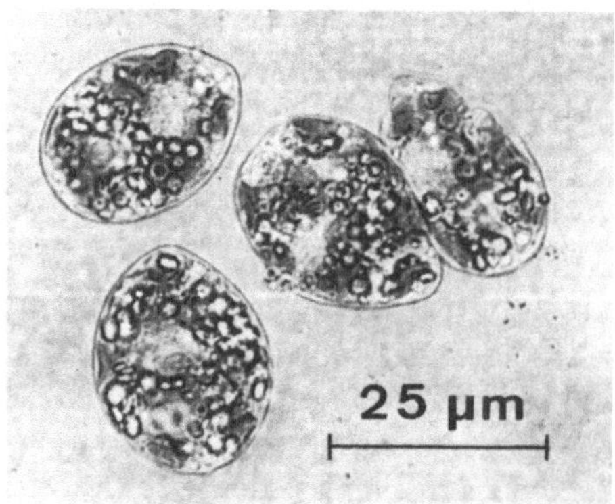

Abbildung 27. *Colacium cyclopicolum*, Zellen mit capsaler Organisation

Beobachtungen: *Colacium*-Zellen gleichen in ihrer Organisation denen von *Euglena*. Im Gegensatz zu diesen ist jedoch das Palmella-Stadium zur Hauptlebensform geworden. Mit Hilfe von kurzen Gallertstielen, die am apikalen Pol der Zelle (Schlundregion der beweglichen Formen) ausgeschieden werden, sind sie einzeln oder in Kolonien am Wirt befestigt. Diese Gallertstiele sind aber nach Abstrich vom Agarmedium nicht mehr zu erkennen (Abb. 27).

In Flüssigkeitskulturen, vor allem nach intensiver Beleuchtung, gehen einige Zellen in den monadalen Zustand über. Nach Ausbildung einer Geißel verlassen sie den Wirt, heften sich jedoch nach kurzer Zeit wieder mit einem Gallertstiel an einen neuen Wirt an. Im monadalen Zustand ist *Colacium* nur unter großen Schwierigkeiten von *Euglena* zu unterscheiden.

2. Palmella-Formen

Material: alle *Euglena*-Arten (S. 82).

Präparation und Aufgabe: Wenn man *Euglena* oder nahe verwandte Gattungen aus Flüssigkeitskulturen auf Agarmedien überträgt, werden schon nach meh-

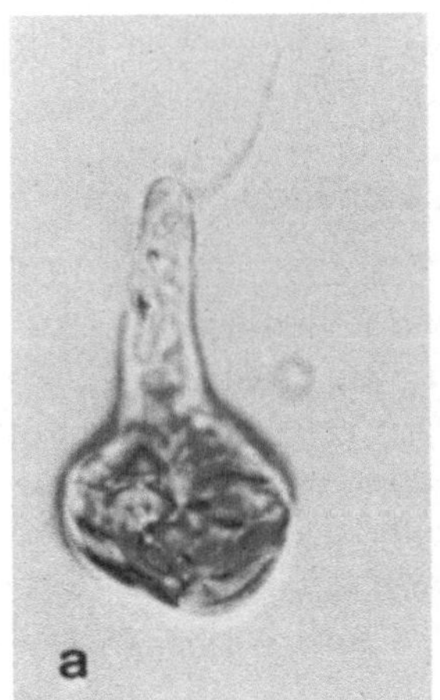
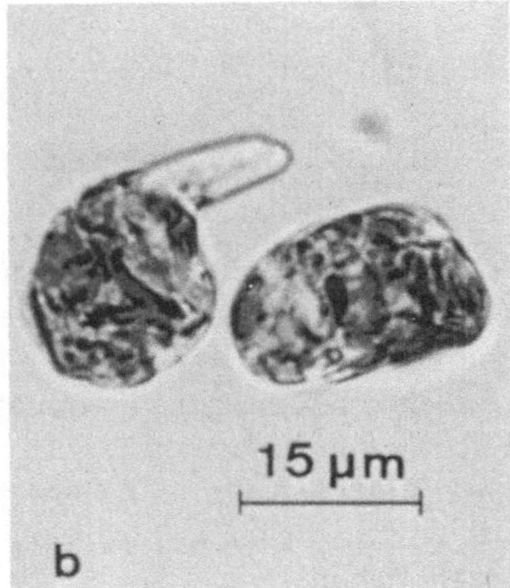

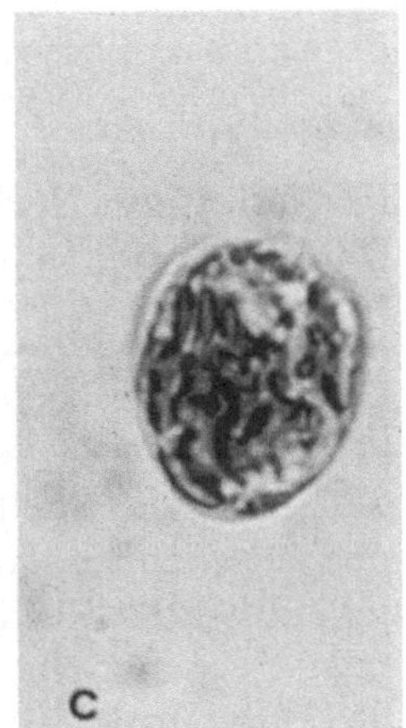
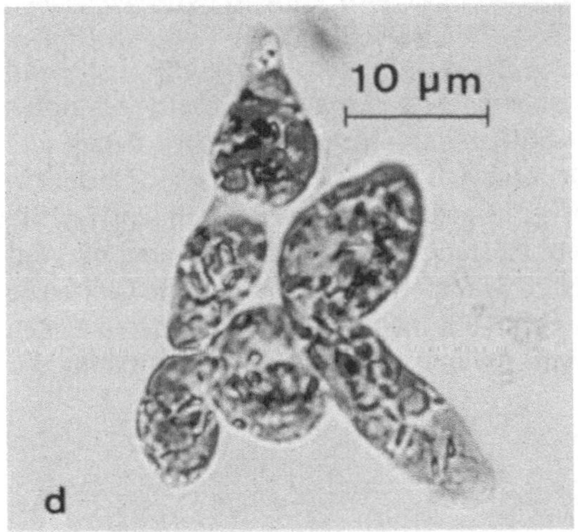

Abbildung 28 a–d. *Euglena oxyuris,* Stadien der Palmella-Bildung (vgl. mit Abb. 25). a Die Zelle hat am basalen Ende mit der Abrundung begonnen, die Geißel ist noch zu sehen (nach 1, 5 h); b nach 5–6 h ist bei einigen Zellen (z.B. rechte Zelle) die Palmella-Bildung fast abgeschlossen; c nach 24 h haben die Palmellen sich abgekugelt; d Palmellen in Teilung

reren Stunden Palmella-Stadien gebildet. Einen Tropfen einer Flüssigkeitskultur auf synthetisches Medium Nr. 1 (S. 26) bringen und dort mit Glasstab verteilen. In Zeitabständen von zunächst 30 min, dann mehreren Stunden Abstrichpräparate anfertigen, den Verlauf der Palmella-Bildung bei starker Vergrößerung verfolgen und zeichnen.

Beobachtungen: Schon nach etwa 90 min kann man sehen, daß die *Euglena*-Zellen ihre Form verändern und sich vom basalen Pol her abrunden (Abb. 28a). Das endgültige Ruhestadium ist nach etwa 6 h erreicht (Abb. 28b). Wenn man die Agarkultur nach 24 h nochmals beobachtet, kann man zwar noch einige bewegliche Zellen, aber auch schon Zellteilungen der Palmellen erkennen (Abb. 28c, d). Es ist schwierig, die Alge in diesem Stadium als *Euglena* zu identifizieren, denn sie kann leicht mit der Grünalge *Chlorella* (S. 188) verwechselt werden, wenn man nicht auf das bei *Chlorella* fehlende Stigma achtet. Der Beginn der Palmella-Bildung kann auch manchmal nach 1–2 h in Deckglaspräparaten normaler Euglenen einsetzen, wenn diese durch laufende Zugabe von wenig Wasser vor dem völligen Austrocknen bewahrt werden.

Die Bezeichnung Ruhestadium für die Palmellen ist irreführend. Sie bezieht sich nicht auf die physiologische Aktivität (Zellteilungen finden statt!), sondern lediglich auf die Beweglichkeit.

III. Verlust und Neubildung von Chlorophyll bei sukzessiven Licht- und Dunkelkulturen

Versuchsansatz und Beobachtungen: Einige 100 *Euglena*-Zellen auf Benecke-Agar (synthetisches Medium Nr. 1, S. 26) ausplattieren oder ausstreichen, die Petrischale bei Licht und Zimmertemperatur halten. Nach etwa 2 d, wenn auf der Schale einzelne Kolonien der zum Palmella-Wuchs übergegangenen Euglenen zu sehen sind, die Schale bei Dunkelheit (z.B. in Alufolie einwickeln) weiter kultivieren. Nach 3–4 d sind die Kulturen farblos geworden. In Tropfpräparaten sieht man deutlich, daß die Zellen kein Chlorophyll mehr enthalten und ihre Vermehrung eingestellt haben.

Eine Regeneration des Chlorophylls erfolgt relativ schnell, wenn den Zellen größere Mengen von CO_2 zugeführt werden. Dazu bringt man die unverhüllte Petrischalenkultur in einen Exsikkator, der einige etwa erbsengroße Stücke von festem CO_2 enthält, und läßt dieses bei leicht geöffnetem Deckel verdampfen (5–10 min). Den verschlossenen Exsikkator dann bei etwa 18–22 °C halten und mit 150 Lux (2 Neonröhren der Deckenbeleuchtung genügen meist) beleuchten. Nach 4 d erscheint die Kultur grün-gelblich. Bei weiterer intensiver Beleuchtung (den Exsikkator in einem Abstand von 60 cm unter eine 60 Watt Glühbirne bringen) und bei etwa 27 °C (Temperatur wird durch die Glühbirne in etwa eingestellt) sind die Zellen nach 18 h intensiv grün gefärbt und zeigen auf dem Mineralmedium eine lebhafte Teilungsaktivität (Größenzunahme der Kolonien).

3. Abteilung: Cryptophyta

4. Abteilung: Chlorarachniophyta

Diese beiden Taxa erhielten erst vor kurzer Zeit den Status einer Abteilung. Sie umfassen jeweils nur eine Klasse mit je einer Ordnung mit wenigen meist monadalen Flagellaten bzw. amöboiden Einzellern. Sie stehen den Euglenophyta nahe und können als Bindeglied zu der folgenden Abteilung aufgefaßt werden. Sie werden hier nur der Vollständigkeit halber erwähnt. Eine Besprechung von Vertretern erfolgt nicht.

5. Abteilung: Dinophyta (Pyrrophyceae, Dinoflagellatae)

Klasse: Dinophyceae (Peridineae)

A. Einführung

I. Merkmale

Einzeller mit vorwiegend monadaler (seltener coccaler oder trichaler) **Organisation,** die meist im Meer leben und mit den Haptophyceae (S. 92) und Bacillariophyceae (S. 105) den Hauptteil des Meeresplanktons bilden.

Die Zellen enthalten einen **relativ großen Zellkern** (früher Dinokaryon genannt), dessen chromosomale Organisation von dem der übrigen Eukaryoten verschieden ist. Die Chromosomen bleiben auch in der Interphase spiralisiert; während der Mitose bleibt die Kernmembran erhalten. Ferner unterscheiden sie sich auch in Gehalt und Zusammensetzung von Nukleinsäuren und Proteinen von anderen Eukaryoten-Chromosomen.[*]

Bewegliche Formen haben zwei **heterokonte Flimmergeißeln,** die auch die Fortpflanzungszellen der unbeweglichen Formen charakterisieren. Die Zellen sind entweder **nackt** oder umhüllt mit einem **Periplast** bzw. von einem typischen **Zellulosepanzer,** der aus einzelnen porösen Platten besteht. Bei manchen Arten fehlen die Chloroplasten. Diese heterotrophen Formen ernähren sich entweder phagotroph oder osmotroph (= Aufnahme der Nahrung durch die Zelloberfläche).

II. Fortpflanzung

Vegetative Fortpflanzung erfolgt meist durch **Längsteilung im beweglichen Zustand.** Bei bepanzerten Formen wird die fehlende Hälfte des meist quer aufreißenden Panzers regeneriert. Es können aber auch mehrere **Planosporen** innerhalb des Panzers entstehen, die nach Freiwerden und Erreichen der normalen Größe wieder neue Zelluloseplatten ausbilden. Bei ungünstigen Ernährungsbedingungen werden **Dauersporen** ausgebildet, die nach Verbesserung der Bedingungen bepanzerte vegetative Zellen entlassen.

---

[*] Sigee DC (1986). In: Callow JA (edit) Advances in Botanical Res 12:206–264.

Sexuelle Fortpflanzung ist bei etwa 20 Arten bekannt,[*] sie erfolgt innerhalb eines **haploiden Entwicklungs-Zyklus** durch **Isogamie** oder **Anisogamie**, verbunden mit morphologischer Diözie. Bei den isogamen Formen wurde als Fortpflanzungs-System auch **physiologische Diözie** beschrieben.

III. KLASSIFIZIERUNG

Bei der systematischen Einteilung der 130 Gattungen (etwa 2000 rezente und 2000 fossile Arten) in bis zu 12 Ordnungen (je nach Autor) wird neben der zellulären Organisation auch die Inserierung der Geißeln und die Strukturierung der Zellwand berücksichtigt. Wir werden uns nur mit Vertretern einer Ordnung beschäftigen.

Ordnung: Peridinales

1. Familie: Peridiniaceae, monadale Organisation (Abb. 29). Der **Zellulosepanzer** besteht aus polygonalen porösen Platten, deren Muster als systematisches Merkmal dient. Die Panzer tragen vielfach drei hornartige Fortsätze (1 Apikalhorn und 2 Antapikalhörner) und weisen eine typische Längs- und Querfurche auf. Im Schnittpunkt der beiden Furchen (Schloßplatte) entspringen die beiden Geißeln, von denen eine als Schubgeißel fungiert, während die andere ständig in der Querfurche liegt.

An der Schloßplatte mündet die **Pusule**, ein typisches Organ der marinen Peridineen, das ähnlich wie der Schlund der Euglenen einen engeren Kontakt des Protoplasten mit dem umgebenden Medium ermöglicht. Die Pusule ist aber kein Exkretionsorgan, ihre genaue Funktion ist unbekannt. Man vermutet, daß sie an der osmotrophen Nahrungsaufnahme beteiligt ist.

2. Familie: Gymnodiniaceae, abgesehen vom Fehlen des Zellulosepanzers gleiche Organisation wie die Peridineen.

IV. PRAKTISCHE BEDEUTUNG

Unter bestimmten klimatischen Bedingungen kommt es vor allem im Frühsommer im Meer zu Massenentwicklungen von Dinophyceen (Wasserblüte). Am bekanntesten ist das auf diese Weise ausgelöste „Meeresleuchten" der heterotrophen monadalen Alge *Noctiluca miliaris*. Andere Arten, die Neurotoxine ausscheiden, können ein Fischsterben bewirken („rote Tiden").

B. ÜBUNGSANLEITUNGEN

Film: C 897, Morphologie von *Noctiluca miliaris*.

Habitus und Fortpflanzung

Material: Die Süßwasserformen findet man in pflanzenreichen Tümpeln, in Altwässern und im Moorwasser. Wenn man die stark wasserspeichernden *Sphagnum*-Arten (Torfmoos) auspreßt, erhält man in den meisten Fällen eine gute Ausbeute an Peridineen. Da die marinen Peridiniaceae jedoch um ein

---

[*] Taylor 1987, Lit. Liste S. 558.

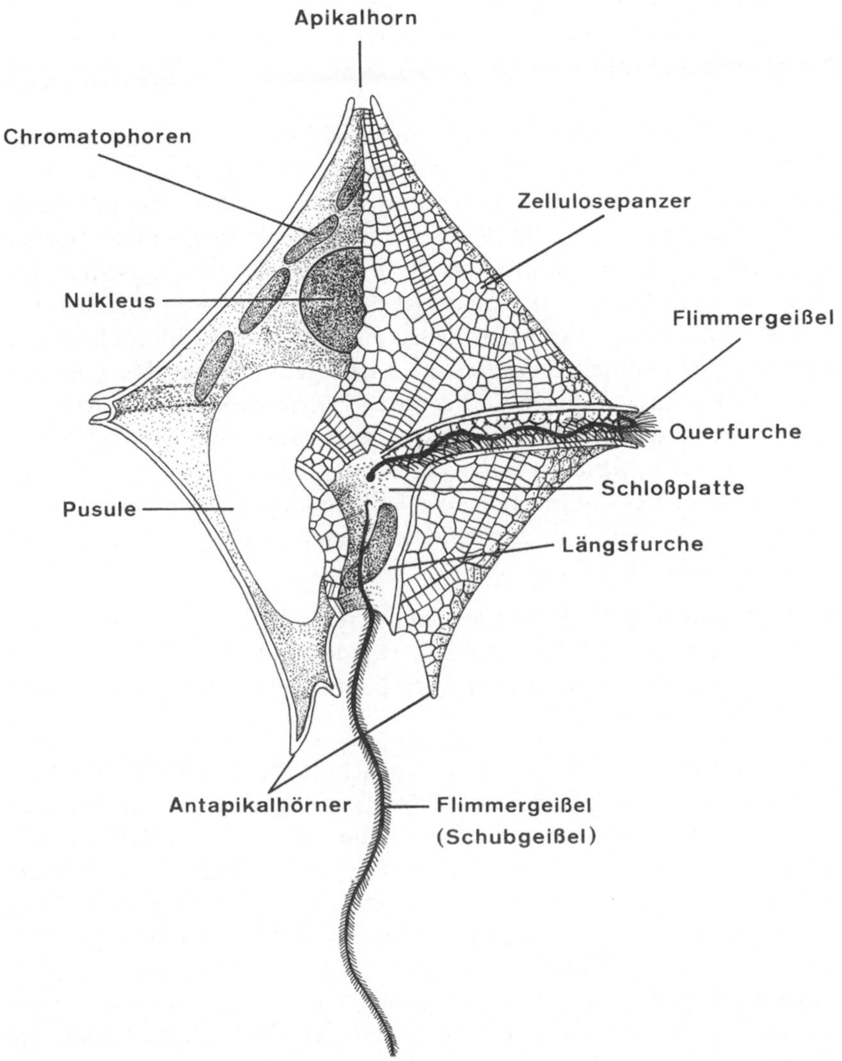

Abbildung 29. Organisationsschema eines gepanzerten Dinoflagellaten

Mehrfaches größer als die Süßwasser-Formen sind, erscheint es für Kurszwek-ke einfacher, sich Meeresplankton zu beschaffen. Dieses wird in fixierter Form von BAH als *Peridinium*- bzw. *Ceratium*-Plankton angeboten. Frischmaterial kann man ganzjährig in der Nordsee „fischen"; allerdings ist im Juni-August eine deutliche Steigerung der Peridineen Produktion zu beobachten.

Präparation und Aufgabe: In Tropfpräparaten aus Planktonproben nach mög-lichst großen Formen von *Peridinium* bzw. *Ceratium* suchen und auf Teilungs-stadien achten. Im *Ceratium*-Plankton findet man, allerdings sehr selten, ketten-artig verbundene Mikrogameten. Habitusbilder entsprechend Abb. 30 anfertigen.

Da bei den Peridiniaceae die Artbestimmung auf Grund der typischen Zellulosepanzer relativ leicht möglich ist, sollte man dies unter Zuhilfenahme entsprechender Bestimmungsbücher (z.B. Huber/Pestalozzi, Drebes) versuchen. Für *Peridinium* werden 200 und für *Ceratium 80* Arten beschrieben.

Beobachtungen: Habitus: Eine der häufigsten *Peridinium*-Arten und zugleich auch mit einer Länge von 116–200 µm die größte der südlichen Nordsee ist *Peridinium depressum* (Abb. 30a). Sie kommt dort ganzjährig vor, allerdings mit einem Maximum im Mai. Ihr Panzer, der deutlich ausgeprägte Hörner trägt, hat eine netzartige Struktur (Abb. 30g). Die Querfurche ist schräg zur Längsachse orientiert. Die im Frischmaterial deutlich sichtbaren rötlichen Öltröpfchen dienen als Reservestoffe. Die Zellen enthalten keine Chloroplasten.

Im Gegensatz dazu enthält *Ceratium* zahlreiche gelb-braune Chloroplasten. Die beiden mit lang ausgezogenen und geraden Hörnern versehenen Arten *C. fusus* (Abb. 30b) und *C. furca* (Abb. 30e) sind sehr häufig und ebenfalls ganzjährig zu finden. Bei *C. fusus* ist das rechte Antapikalkorn zu einem kurzen Stachel reduziert und bei *C. furca* nur etwa halb so lang wie das linke Antapikalhorn. Bei *C. macroceros (Abb.* 30c) sind die beiden ungleich langen Antapikalhömer nach oben umgebogen.

Vegetative Fortpflanzung: Nach der Zweiteilung reißt der Panzer meist entlang der Querfurche auf und die Tochterzellen regenerieren die fehlende Hälfte. Man kann daher schon bei schwacher Vergrößerung Teilungsstadien an den fehlenden Hörnern erkennen (Abb. 30d).

Sexuelle Fortpflanzung ist sehr selten zu beobachten. Sie wurde für *Ceratium* beschrieben (Haplont, morphologische Diözie, Anisogametogamie). Die Makrogameten sind nicht von den vegetativen Zellen zu unterscheiden. Die Mikrogameten, die durch eine Reihe von sukzessiven Zellteilungen entstehen, bei denen die Tochterzellen kleiner werden, bleiben häufig noch eine Zeitlang kettenartig miteinander verbunden (Abb. 30e). Bei der Kopulation legen sich die Gameten mit den Schloßplatten aneinander (Abb. 30f), und der Protoplast des Mikrogameten wandert in den Makrogameten. Paarungsstadien sind allerdings praktisch weder in fixiertem noch in frischem Material zu finden. Sie wurden bisher nur in Laborkulturen beobachtet.

Die Zygote bildet nach der Meiose I zwei Zellen, die sich mit einem Panzer umgeben. In diesen Zellen läuft die Meiose II ab, sie teilen sich nach dem Modus der vegetativen Zellteilung, indem sie nach Durchschnürung des Protoplasten jeweils die fehlende Panzerhälfte ergänzen.

Bei einigen Süßwasserarten von *Ceratium* wandelt sich die Zygote in eine Cyste (Hypnozygote) um, die dann wieder eine Planozygote entläßt, welche zur Meiose befähigt ist.

Abbildung 30 a–g. Habitus und Fortpflanzung der Peridiniaceae. a *Peridinium depressum;* b *Ceratium fusus;* c *Ceratium macroceros,* Schubgeißel deutlich zu erkennen; d *Ceratium horridum,* vegetative Fortpflanzung, Zelle nach der Teilung, Apikalhälfte des Panzers fehlt; e *Ceratium furca,* kettenartig verbundene Mikrogameten; f *Ceratium horridum,* Kopulation von Makro- und Mikrogameten; g *Peridinium* spec., man erkennt die Plattenstruktur des Panzers und auch die Querfurche (Foto f: HA von Stosch)

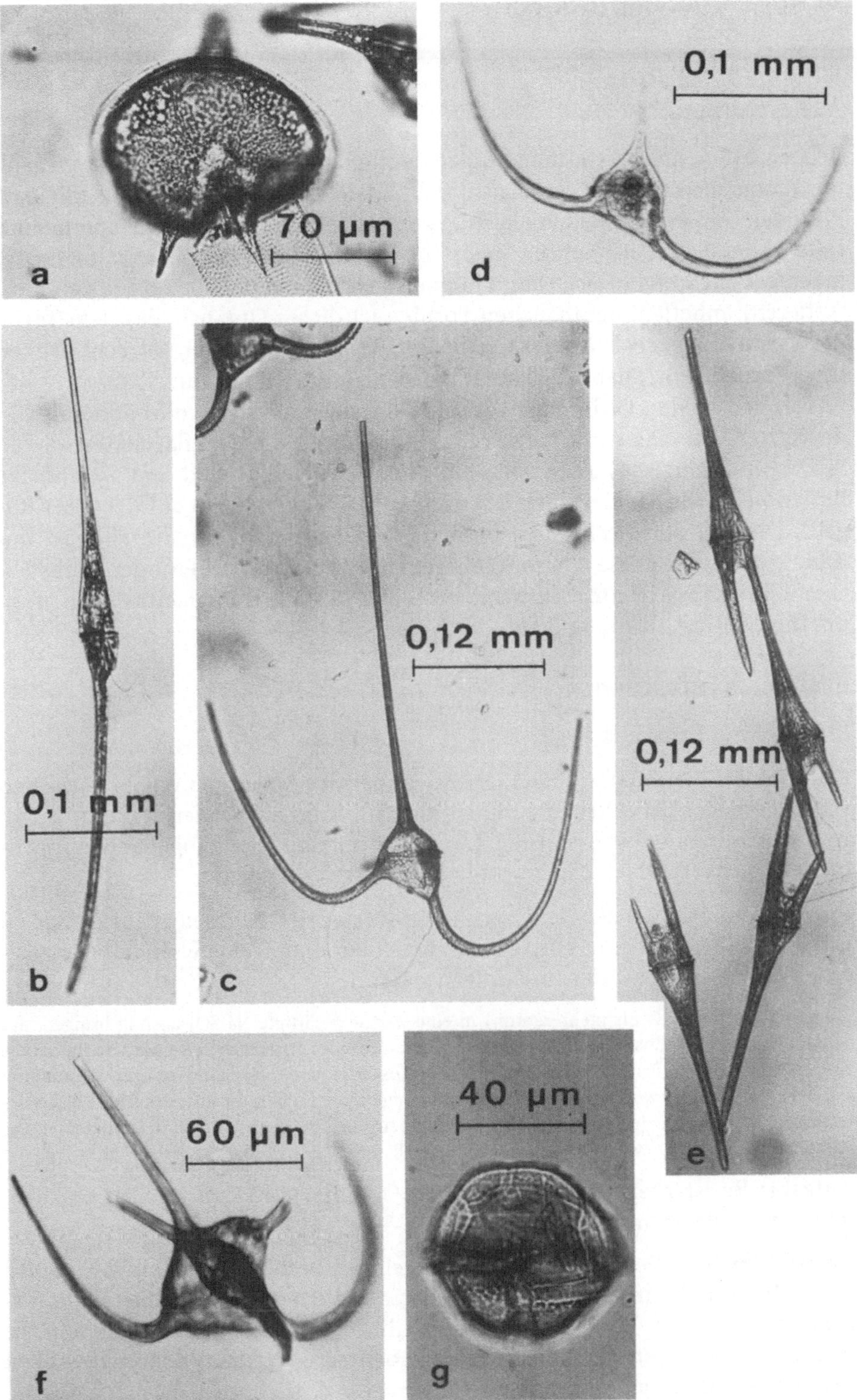

6. Abteilung: Haptophyta

Klasse: Haptophyceae

A. EINFÜHRUNG

Bei den 250 Arten (45 Gattungen) der Haptophyten handelt es sich vorwiegend um monadale (seltener capsale, coccale oder trichale) Meeresalgen mit zwei Plastiden. Außer den beiden gleichlangen Geißeln besitzen sie ein **Haptonema**. Dabei handelt es sich um ein meist in der Nähe der Geißelbasis inseriertes fadenförmiges Anhängsel. Damit können sie sich an ein Substrat (z.B. an Meerestieren) anheften. Bei manchen Formen ist dieses Organell, das dem Taxon den Namen gegeben hat, stark reduziert. Vermehrung erfolgt durch Zweiteilung. Sexuelle Fortpflanzung ist nur bei wenigen Arten bekannt.

Von den beiden Ordnungen, den Prymnesiales und **Coccolithophorales** ist die letztere für uns von Interesse. Zu ihr gehören die **Kalkflagellaten**, die an Sedimentbildungen (Jura, Kreide bzw. Tertiär) beteiligt sind und wesentliche Bestandteile der Kreideablagerungen sind (z.B. Kreidefelsen auf der Insel Rügen). Die aus Polysacchariden bestehende Zellwand dieser Einzeller ist mit Kalk inkrustiert. Diese **Coccolithen** genannten Kalkplättchen oder Kalkstäbchen bilden **Exoskelette** unterschiedlicher Struktur, deren Habitus als Kriterium für die Klassifizierung dient.

B. ÜBUNGSANLEITUNGEN

Einzeller mit Exoskeletten

Material: Da die Kalkflagellaten als Bewohner des Meeresplanktons nur selten von Algotheken zu erhalten sind, ist man im Kurs auf Dauerpräparate angewiesen, die man selbst herstellen kann oder im Handel als sogenannte Typenplatten (mehrere Objekte in einem Präparat) erwerben kann.

Präparation: Die Schalen der Coccolithophorales sind sehr leicht aus Kreide zu isolieren, die entweder aus der Champagne oder den Kreidefelsen der französischen Kanalküste bzw. der Insel Rügen stammt.

Kleine Kreidestücke (Ø bis mehrere mm) in eine warme gesättigte Na_2SO_4-Lösung bringen; das Salz im Kühlschrank auskristallisieren lassen. Diese Prozedur wird mehrmals wiederholt, bis die Kreidestücke in feine Partikel zerfallen sind. Zum Auswaschen des Na_2SO_4 wird nach Sedimentieren der Überstand verworfen und das Sediment einige Male im Wasser ausgewaschen. Nach der letzten Sedimentation den Bodensatz kurz aufwirbeln und die Feinstanteile dekantieren. Diese enthalten die Skelette bzw. Skelettteile der Kalkflagellaten.

Aufgabe: Bei starker Vergrößerung (ggf. Ölimmersion) den Habitus der Skelette einiger Formen zeichnen.

Beobachtungen: Die Schalen der Kalkflagellaten bestehen aus Kalkkörperchen (Coccolithen), die in regelmäßiger Weise in die ebenfalls verkalkte Hülle eingelagert sind (Abb. 31a). Die unterschiedliche Struktur der Coccolithen, die verschiedenen Arten der Inkrustation, haben zu der großen Mannigfaltigkeit der Formen innerhalb dieses Taxons geführt (Abb. 31b).

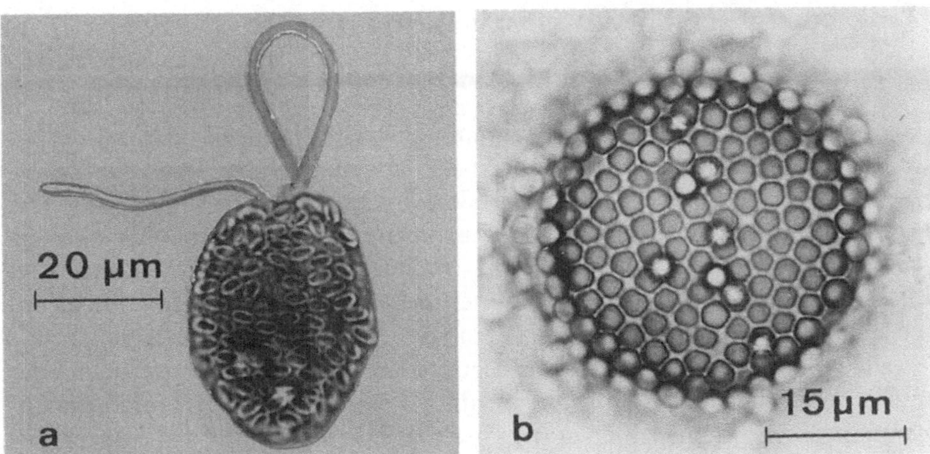

Abbildung 31 a, b. Kalkflagellaten. a *Syracosphaera carterae,* Habitus; b *Coccolithus* spec., Exoskelett. (Foto a: HA von Stosch)

7. Abteilung: Heterokontophyta (Chrysophyta)

A. Einführung

In diesem Taxon gibt es eine große Mannigfaltigkeit hinsichtlich der Morphologie der Thalli. Man findet alle in Tabelle 3 beschriebenen Typen der Zellorganisation vom Einzeller über Zellverbände bis zu Mehrzellern mit echten oder unechten Geweben. Diese Progression ist in einigen Klassen besonders klar zu erkennen, wie durch Beispiele belegt wird. Das gemeinsame Merkmal aller dieser Formen sind bei den beweglichen Zellen die beiden **heterokonten** (ungleichlangen) **Geißeln,** welche dem Taxon den Namen gegeben haben.

Die typische monadale **Zelle der Heterokonten** (Abb. 32) besitzt einen oder mehrere wandständige Chloroplasten, die bei einigen Arten Pyrenoide enthaltten; einen sehr kleinen Zellkern; zahlreiche Ölvakuolen und ein Stigma. Die Zellwände (meist Pektin) können durch Schutzschichten (Kieselsäure) verstärkt werden. Von den beiden Geißeln ist die längere meist eine Flimmergeißel. Die gelbraune bis braune Farbe der Chromatophoren ist durch Zusatzpigmente bedingt. Als Reservestoff werden Chrysolaminarin (zum Teil auch Laminarin) und der Alkohol Mannit an den Pyrenoiden gebildet, die allerdings

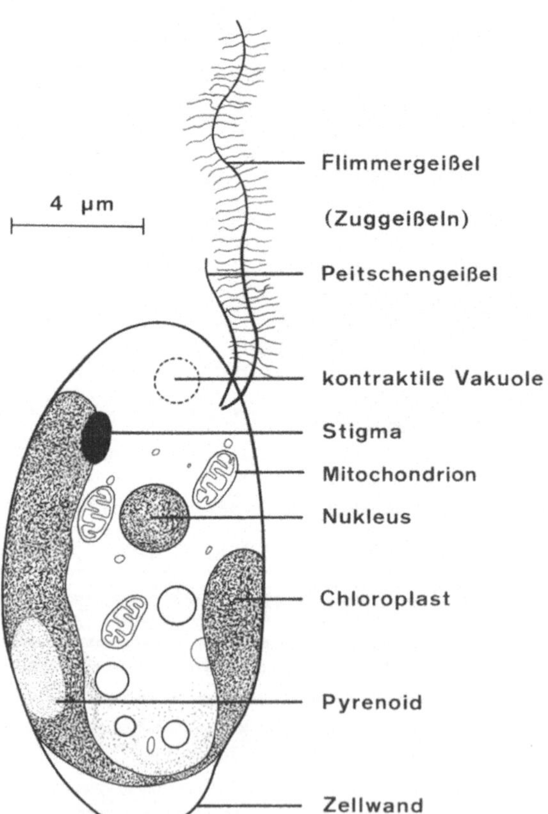

Abbildung 32. Organisation einer monadalen Zelle der Heterokontophyta. (Erläuterungen siehe Text; nach Pascher, verändert)

keine Stärke enthalten. Diese Grundorganisation einer monadalen Alge findet man auch wieder bei den beweglichen Fortpflanzungszellen der höheren Organisationsformen und in abgewandelter Form bei den unbeweglichen Zellen.

Die heterokonten **Chrysophyta** weisen hinsichtlich ihrer Organisation eine starke **Konvergenz** zu den **Chlorophyta** (Grünalgen) auf. Auch hier gibt es, ausgehend von der Grundform einer monadalen Zelle (Abb. 79), eine Progression zu höheren Thalli. Der wesentliche morphologische Unterschied zwischen den beiden Taxa besteht darin, daß die beweglichen Zellen der Grünalgen zwei gleich lange Geißeln besitzen. Daher wurden von einigen Autoren diese **Isokonten** als eine parallele Entwicklungsreihe zu den Heterokonten aufgefaßt.

In der Abteilung der Heterokontophyta sind fünf Klassen mit sehr unterschiedlichem Fortpflanzungs-Verhalten zusammengefaßt. Mit Ausnahme der **ersten Klasse (Chloromonadophyceae),** von der lediglich 6 Gattungen mit 10 Arten bekannt sind, werden im folgenden Vertreter der übrigen 4 Klassen vorgestellt.

1. Klasse: Chloromonadophyceae

2. Klasse: Xanthophyceae

A. Einführung

I. Merkmale

Der Name Xanthophyceae ist irreführend, denn die Chloroplasten sind grün gefärbt, da sie kein Fucoxanthin, sondern die Xanthophylle Heteroxanthin und

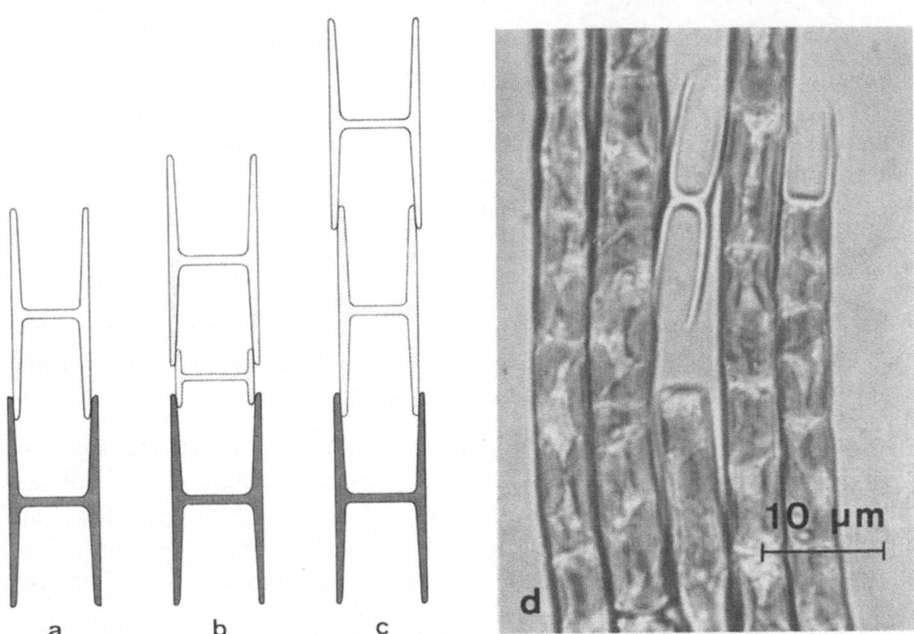

Abbildung 33 a–d. *Tribonema,* **Bau der Zellwand und Wandbildung.** a–c Schema; d *Tribonema aequale,* zwischen den Trichomen ist ein „H-Stück" abgestorbener Zellen zu sehen

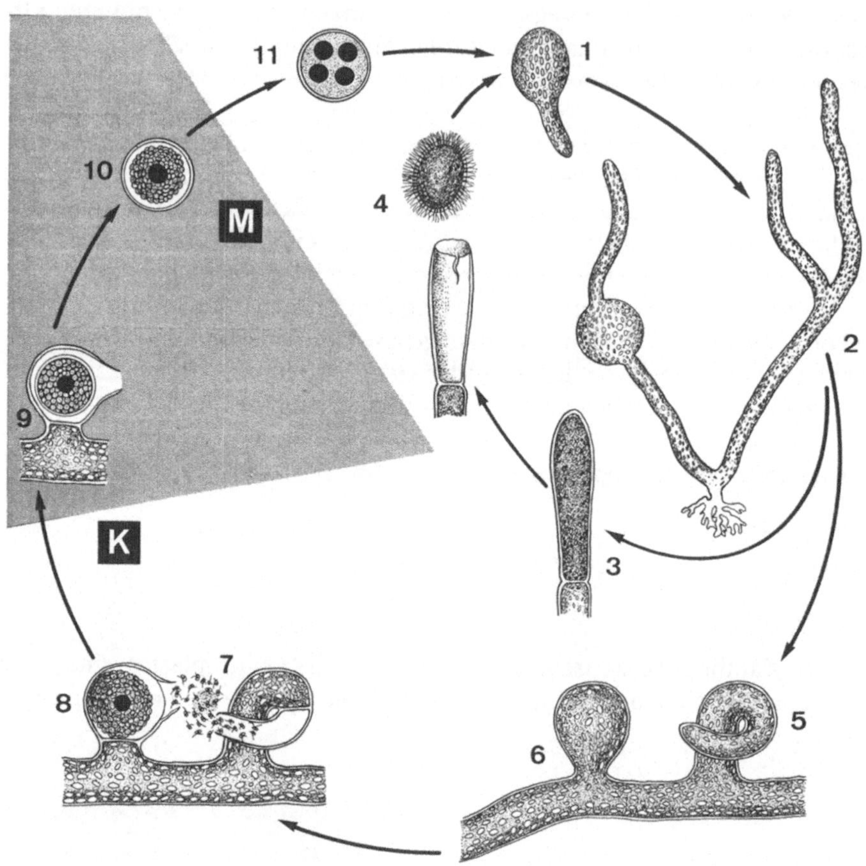

Vaucheriaxanthin enthalten. Innerhalb dieses Taxons gibt es, wie oben erwähnt, eine Progression von monadal nach siphonal. Bei einigen Arten besteht die Zellwand (Cellulose) aus zwei Hälften, die ineinander verschachtelt sind.

II. Fortpflanzung

Vegetative Fortpflanzung durch zweigeißelige Planosporen oder Aplanosporen, die schon in der Mutterzelle zu adulten Zellen auswachsen. Die Vermehrung erfolgt jedoch im wesentlichen durch Zweiteilung.

Sexuelle Fortpflanzung ist nur mit Bestimmtheit bei der Gattung *Vaucheria* nachgewiesen, hier liegt als Befruchtungs-Modus innerhalb eines haploiden Entwicklungs-Zyklus Oogametogamie vor (s. Abb. 34). Da männliche und weibliche Geschlechtsorgane am gleichen Individuum entstehen und Incompatibilität nicht bekannt ist, gehört *Vaucheria* zum monözischen Fortpflanzung-System.

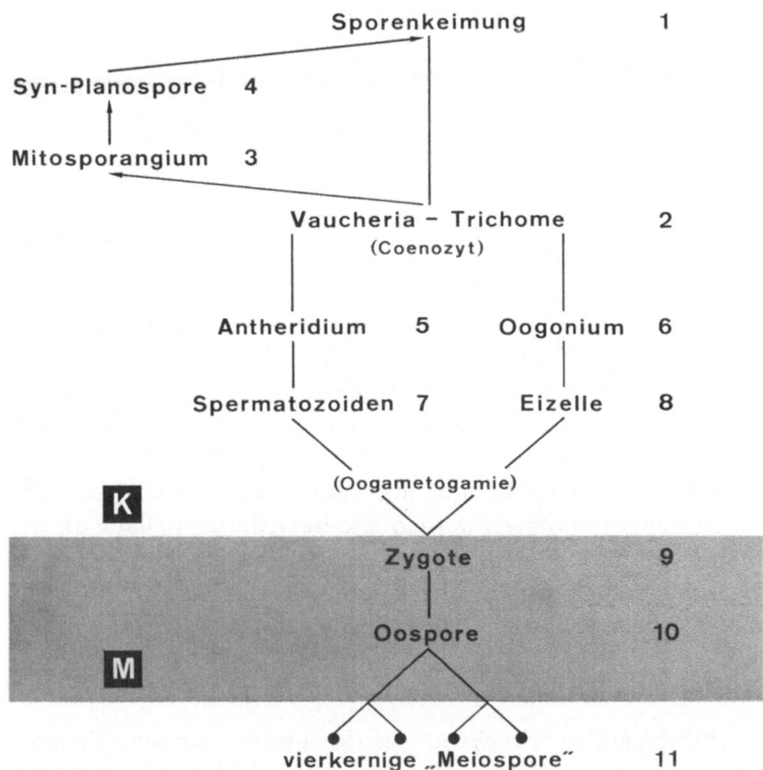

Abbildung 34. Entwicklungs-Zyklus von *Vaucheria,* Haplont mit vegetativer Fortpflanzung durch Synplanosporen; Befruchtungs-Modus: Oogametogamie; Fortpflanzungs-System: Monözie. (Nach Walter, verändert)

III. KLASSIFIZIERUNG

Die taxonomische Unterteilung der etwa 100 Gattungen mit etwa 600 Arten erfolgt entsprechend der Progression in der Zellorganisation.

1. Ordnung: **Heterochloridales** (= Heteromonadales), bewegliche Einzeller ohne Zellwand.

2. Ordnung: **Heterococcales,** bewegliche oder festsitzende Formen mit Zellwand.

3. Ordnung: **Heterotrichales,** unverzweigte oder verzweigte Zellfäden mit typischen aus zwei Teilen bestehenden Zellwänden; Bildung von Cysten möglich.

4. Ordnung: **Heterosiphonales,** sackförmige oder fadenförmige verzweigte vielkernige Thalli (Coenocyten), die nur Querwände zur Abschnürung von Zellen bilden, die der Fortpflanzung dienen.

B. ÜBUNGSANLEITUNGEN

Da die Progression der Zellorganisation ausführlich bei den Chlorophyta bearbeitet wird (S. 172), wollen wir uns bei der Besprechung der Xanthophyceae auf zwei spezifische Objekte beschränken.

I. Bau der Zellwand bei den Heterotrichales

Material: *Tribonema aequale* (Tribonemataceae; GÖT) kommt in stehenden Gewässern vor (Durchm. etwa 7 µm). Sehr verbreitet sind die Arten *T. vulgare* (Durchm. 7 µm) und *T. viride* (Durchm. bis 13 µm), vor allem in kalkhaltigen Gewässern. Da es besonders auf das Studium der Wandbildung ankommt, können auch käufliche Dauerpräparate verwendet werden.

Präparation und Aufgabe: Tropf- oder Zupfpräparate. Bei starker Vergrößerung ein Fadenstück mit Teilungsstadien zeichnen.

Beobachtungen: Die Protoplasten sind im optischen Schnitt von H-förmigen Zellwandhälften umgeben, die wie die beiden Theken der Diatomeen ineinanderpassen(s. Abb. 41). Wie auch dem Schema der Abb. 33 zu entnehmen ist, wird bei Zellteilungen ähnlich den Diatomeen von jeder der beiden Tochterzellen eine Schalenhälfte regeneriert, deren H-Form dadurch zustandekommt, daß beide Hälften schon bei ihrer Bildung miteinander verwachsen sind. Ähnlich wie bei den trichalen Diatomeen werden also bei jeder Zellteilung die beiden Zellwandhälften durch die Tochterzellen durch „Einsatz eines neuen H-Stückes" auseinandergeschoben. Die Überlappung der beiden Wandteile ist nur bei starker Vergrößerung oder in „leeren" Zellen zu erkennen (Abb. 42 d).

II. Siphonale Thallusorganisation und Oogamie bei *Vaucheria*

Material: Die Süßwasseralge *Vaucheria sessilis* (Vaucheriaceae, Heterosiphonales; GÖT) kommt in Kalkgebieten vor. Ihr Entwicklungs-Zyklus ist in Abb. 34 dargestellt. Von den 35 *Vaucheria*-Arten leben die meisten als Kosmopoliten im Süßwasser und können daher relativ leicht selbst besorgt werden. In Frischmaterial findet man sehr selten Sexualorgane und Zygoten. Zur Auslösung der sexuellen Fortpflanzung überträgt man das Material in eine $^1/_3$ mit Erdextrakt-Medium (S. 26) gefüllte Petrischale und hält die Kulturen bei etwa 20 °C im Dauerlicht (Neonröhre). Erfahrungsgemäß setzt die Differenzierung der Geschlechtsorgane unter diesen Bedingungen nach 5–6 d ein.

Präparation und Aufgabe: In Zupfpräparaten bei mittelstarker Vergrößerung Thallusstück mit Rhizoid, Stadien der Planosporenbildung und bei starker Vergrößerung Stadien der Entwicklung der Geschlechtsorgane zeichnen.

Beobachtungen: Der Aufbau des Thallus ist typisch siphonal, die langen, verzweigten Fäden des Coenocyten besitzen eine große zentrale Vakuole. Zahlreiche Plastiden und Öltröpfchen sind in der eng an der Wand anliegenden Cytoplasmaschicht zu erkennen. Die einzelnen Fäden sind am Substrat mittels eines verzweigten plastidenfreien Rhizoids angeheftet (Abb. 35 a). Die Zellkerne können im lebenden Material nur mit Phasenkontrast gesehen werden.

Die **vegetative Fortpflanzung** erfolgt durch Synplanosporen (Abb. 35 c). Sie entsprechen einem Komplex von schon während der Entwicklung zusammenwachsenden Sporen, tragen zahlreiche, paarig angeordnete (gleich lange!) Gei-

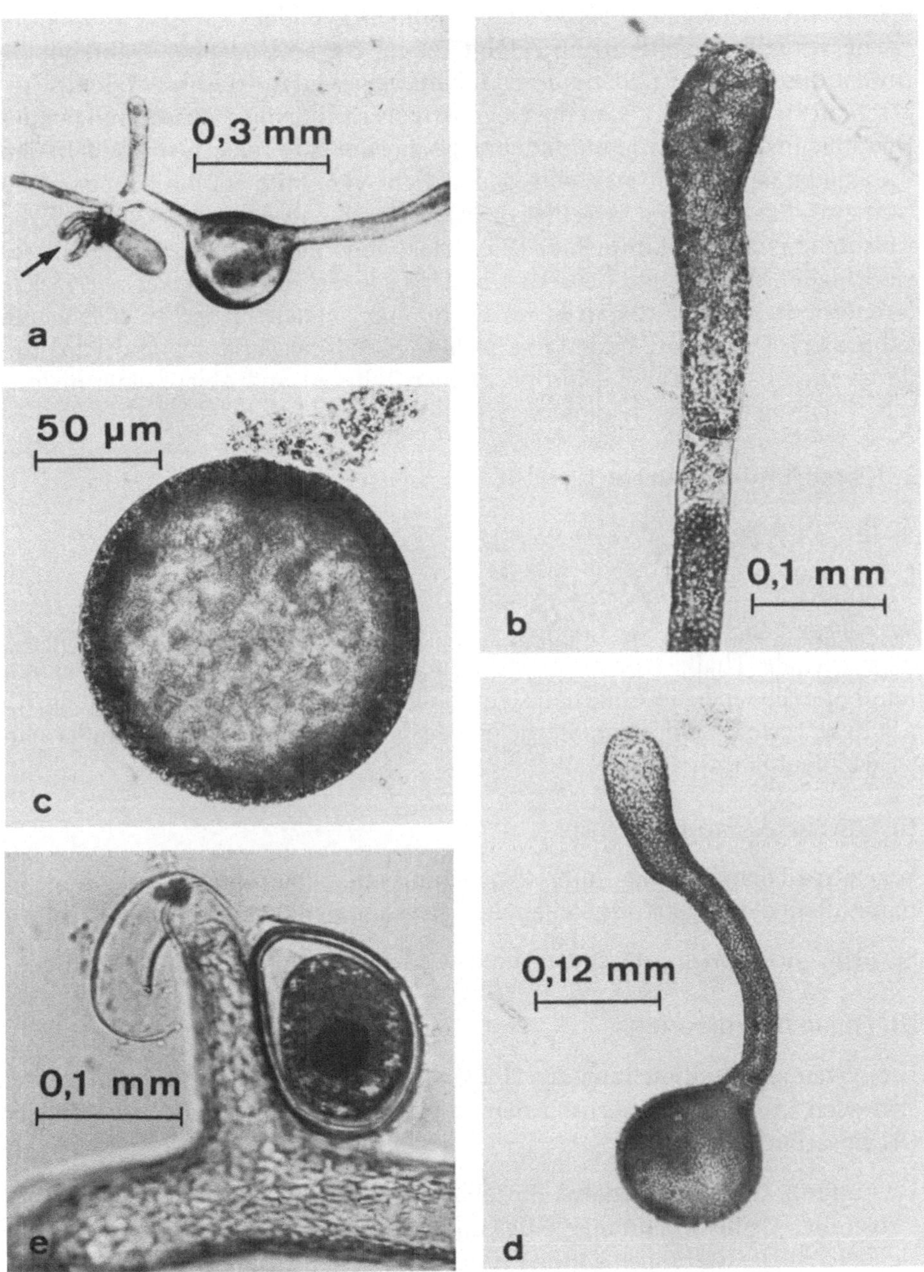

Abbildung 35 a–e. *Vaucheria* spec., verschiedene Entwicklungsstadien. a Junger Thallus mit Rhizoid (Pfeil), rechts davon gekeimte Spore; b Bildung einer Querwand als Voraussetzung für die Entstehung eines Planosporangiums; c Synplanospore; d keimende Synplanospore; e Antheridium und Oogonium nach der Befruchtung

ßeln, sie werden unter gleichzeitiger Querwandbildung (Abb. 35 b) in den an den Fadenenden entstehenden Planosporangien gebildet.

Die **sexuelle Fortpflanzung** erfolgt durch Oogametogamie. Während die Antheridien von den Enden kurzer Seitenzweige durch Querwandbildung abgeschnürt werden, entstehen die Oogonien als sackförmige Ausstülpungen des Hauptfadens, und zwar in unmittelbarer Nähe der ♂ Geschlechtsorgane. In den ♂ Gametangien bilden sich eine große Zahl von Mito-Haplo-Planogameten (mit zwei ungleich langen Geißeln), welche, nachdem das Antheridium durch Krümmung in die unmittelbare Nähe des Oogoniums gelangt ist, in dieses eindringen. Aber nur ein Gamet ist in der Lage, die einzige einkernige Eizelle (= Oosphäre), die mittlerweile im Oogonium entstanden ist, zu befruchten (Abb. 35 e). Die Zygote bildet eine vielschichtige Zellwand aus und wird dadurch zur Oospore. Diese keimt nach einer Ruhezeit und Ablauf einer meiotischen Teilung zu einem haploiden Orgamismus aus.

3. Klasse: Chrysophyceae

A. Einführung

I. Merkmale

Vorwiegend Einzeller, die Coenobien bilden können, seltener capsale, coccale oder trichale Thalli. Durch Überlagerung der Chlorophylle a und c durch Xanthophylle sind die Chloroplasten goldgelb bis braun gefärbt (Goldalgen). Als Reservestoff wird keine Stärke, sondern Chrysolaminarin und außerdem Öl gebildet (Tab. 4).

II. Fortpflanzung

Vegetative Fortpflanzung durch Zweiteilung oder Planosporen, welche in ihrem Aufbau den vegetativen Zellen der Chrysomonadales entsprechen.

Sexuelle Fortpfanzung durch Isogamie wurden bei einigen Arten beobachtet.

III. Klassifizierung

Die systematische Einteilung der 200 Gattungen und etwa 1000 Arten richtet sich auch in dieser Klasse nach der Progression von monadaler zu trichaler Organisation.

1. Ordnung: **Chrysomonadales,** Einzeller oder Coenobien mit vorwiegend heterokonten Geißeln (Flimmergeißel und Peitschengeißel), seltener mit einer Geißel. Manche Gattungen können verkieselte Cysten ausbilden.

2. Ordnung: **Dictyochales,** nackte marine Einzeller mit Endoskelett aus Kieselsäure. Diese Silicoflagellaten findet man als Fossilien seit der mittleren Kreide.

3. Ordnung: **Chrysocapsales,** die geißellosen Zellen leben in Gallertlagern mit ungerichtetem oder gerichtetem Wachstum.

4. Ordnung: Chrysosphaerales, Einzeller mit fester Wand (coccale Organisation). Da die Materialbeschaffung mit Schwierigkeiten verbunden ist, wird auf die Besprechung von Vertretern dieses Taxons verzichtet.

5. Ordnung: **Chrysotrichales,** fadenförmige Organisation der geißellosen, mit einer Wand umgebenen Zellen.

B. ÜBUNGSANLEITUNGEN

Progression der Zellorganisation

I. Monadale Organisation

1. Einzeller mit Cystenbildung

Material: Im Plankton des stehenden Süßwassers gibt es mehr als 40 Arten der Gattung *Ochromonas*. Seltener findet man auch festsitzende Formen, die mit Hilfe eines basalen Pseudopodiums am Substrat angeheftet sind. Der Zelldurchmesser der einzelnen Arten schwankt zwischen 4 und 20 µm. Sehr leicht zu demonstrieren ist die von GÖT angebotene *Ochromonas danica* (Ochromonadaceae, Chrysomonadales).

Präparation und Aufgabe: Aus Deckglaspräparaten bei starker Vergrößerung Einzelzelle zeichnen, notfalls mit Hilfe von Methylzellulose „festlegen". Bei starkem Abblenden bzw. im Dunkelfeld auf Geißelbewegung achten.

Beobachtungen: Die *Ochromonas*-Zelle ist birnenförmig und trägt am basalen Ende einen pseudopodiumartigen Fortsatz. Die längere Flimmergeißel ist meist deutlich zu sehen (Abb. 36 a), aber auch die sehr kurze Peitschengeißel ist bei genauerer Beobachtung zu erkennen (Abb. 36 b).

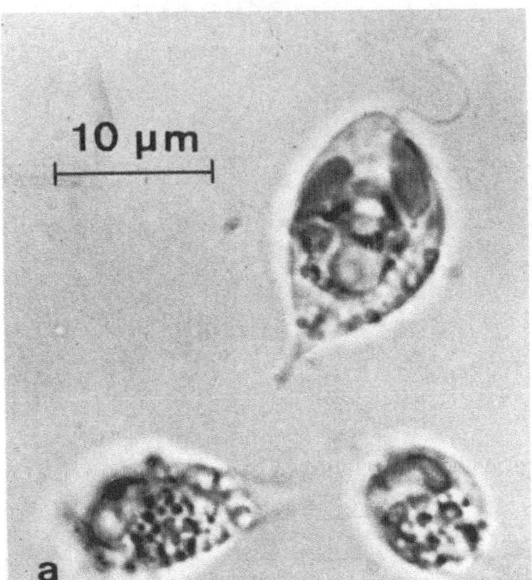

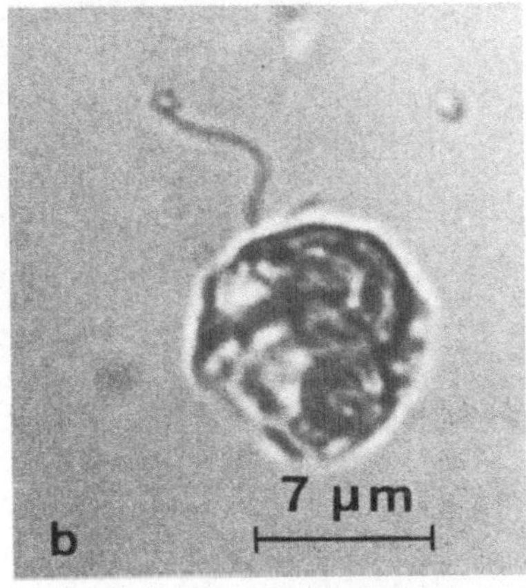

Abbildung 36 a, b. *Ochromonas danica.* a Bewegliche Zellen in flüssigem Nährmedium; b Zelle aus Kultur auf Agarmedium

Trotz vielfacher Bemühungen ist es uns bei *O. danica* nicht gelungen, die Laborkulturen zur Cystenbildung zu bringen. Nach Übertragung auf Hungermedien oder feste Nährböden erfolgte lediglich ein palmellaartiges Abkugeln (Abb. 36 b). Wegen der Kleinheit des Objektes werden Cysten im Süßwasserplankton meist nur vom Spezialisten gefunden.

2. Einzeller mit Coenobienbildung

Material: *Dinobryon*-Arten (Dinobryaceae, Chrysomonadales) und *Synura*-Arten (Synuraceae, Chrysomonadales) kommen im Plankton von Teichen und Seen vor, die wenig mit organischen Stoffen angereichert sind (Trinkwasserreservoire). *Dinobryon* kann auch im Salzwasser gefunden werden (*Synura* spec.; GÖT).

Präparation und Aufgabe: Tropfpräparate. Bei schwacher Vergrößerung Übersichtszeichnung der Coenobien, bei starker Vergrößerung Ausschnitt mit mehreren Zellen zeichnen.

Beobachtungen: *Dinobryon* bildet verzweigte Coenobien, deren Protoplasten an der Basis tütenförmiger Zellulosegehäuse angeheftet sind (Abb. 37 a). Die Bildung dieser typischen beweglichen Zellverbände geschieht auf folgende Weise: Nach Längsteilung des Protoplasten verläßt eine der beiden Tochterzellen die Hülle, setzt sich am Rande des Gehäuses fest und bildet ein neues Gehäuse aus. Eine Verzweigung kommt durch mehrfache Teilung der gleichen Zelle zustande oder dadurch, daß beide Tochterzellen die Hülle verlassen und nach Anheftung am Rande ihrer Gehäuse regenerieren. So ist zu verstehen, daß vor allem in den basalen Gehäusen des Zellverbandes die Protoplasten fehlen.

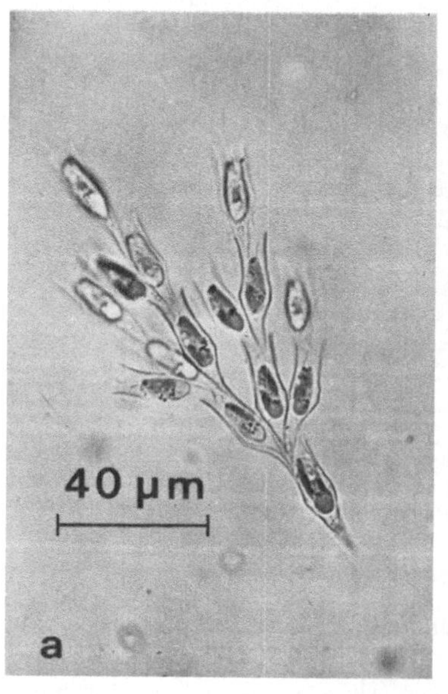

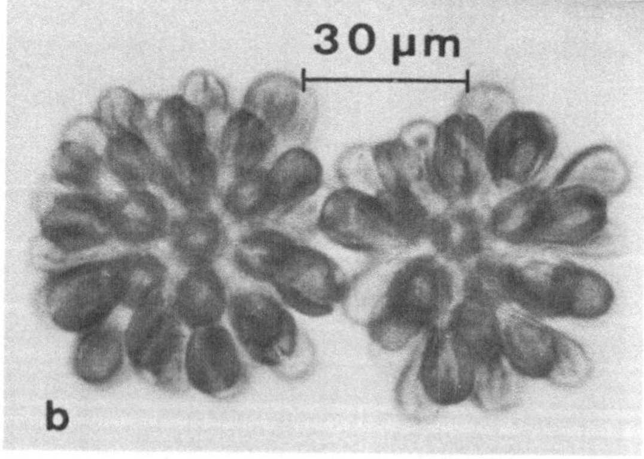

Abbildung 37 a, b. Coenobien. a *Dinobryon divergens*, b *Synura* spec. (Foto a: HA von Stosch)

Synura bildet kugelige, bewegliche Coenobien, deren Zellen an der Basis durch Gallerte verklebt sind. Die Geißeln sind nach außen gerichtet. Die Protoplasten sind von einem aus Pektin und Kieselsäureplättchen bestehenden zarten Panzer umgeben (Abb. 37 b).

Wenn die Zellverbände eine bestimmte Größe erreicht haben, zerfallen sie in Tochtercoenobien. Neue Verbände können auch dadurch entstehen, daß Einzelzellen ausschwärmen und zu neuen Coenobien heranwachsen.

Die **Protoplasten** entsprechen bei beiden Gattungen in ihrer zellulären Organisation den Zellen von *Ochromonas*. Sie tragen am apikalen Ende über der kontraktilen Vakuole zwei ungleich lange Geißeln, einen Augenfleck und besitzen einen mantelartigen Chloroplasten.

3. Einzeller mit Endoskelett

Material: Die zellwandlosen Kiesel- oder Silicoflagellaten (Dictyochaceae, Dictyochales) besitzen viele kleine Chloroplasten und nur eine Geißel. Sie können jedoch durch die Öffnungen ihres Kieselskeletts Pseudopodien aussenden. Da diese marinen Algen nicht in Algotheken gehalten werden, kann man die vom Handel angebotenen Dauerpräparate verwenden, die mehrere Formen zeigen (Typenplatten).

Aufgabe: Bei starker Vergrößerung (ggf. Ölimmersion) den Habitus der Skelette einiger Formen zeichnen.

Beobachtungen: Das Endoskelett der Kieselflagellaten besteht aus einem polygonalen Basalring, der an den Enden verschiedenartig gebaute Ausläufer oder Stacheln trägt. Bei manchen Formen ist diesem noch ein apikales, gewölbtes Gerüst aufgelagert, das in gleicher Weise wie der Basalring durch Ornamente verziert sein kann (Abb. 38).

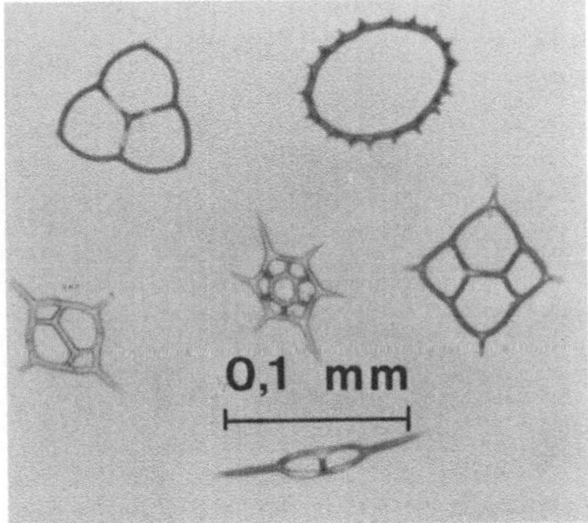

Abbildung 38. Silicoflagellaten. Typenplatte mit Endoskeletten

II. Capsale Organisation

Material: *Hydrurus foetidus* (Hydruraceae, Chrysocapsales) kommt in rasch fließenden, kalten Gebirgsgewässern vor und bildet dort bis zu 20 cm große braune Gallertlager. Da es bisher nicht gelungen ist, *Hydrurus* zu kultivieren, ist man auf frisches oder fixiertes Material angewiesen.

Präparation und Aufgabe: Zupfpräparate. Mit der Übersichtsvergrößerung Skizze des Habitus anfertigen und bei starker Vergrößerung Spitze eines Zweiges zeichnen; nach Planosporen und Cysten suchen.

Beobachtungen: Im Habitusbild (Abb. 39 a) gleichen die Coenobien dem Zweig eines Nadelbaumes. Bei starker Vergrößerung sieht man, daß die Protoplasten in scheinbar regelloser Weise in die Gallertmasse eingebettet sind (Abb. 39 b). Das Verzweigungsmuster wird durch eine Art „Spitzenwachstum" ausgelöst, denn nach Teilung des an der „Zweigspitze" befindlichen Protoplasten wird eine der beiden Tochterzellen abwärts geschoben und teilt sich dort wieder. Dies erklärt die Mehrreihigkeit der basalen Teile. Die Protoplasten enthalten einen dicken, halbkugelförmigen braunen Chromatophor mit einem Pyrenoid, mehrere kontraktile Vakuolen und einen großen Chrysolaminarin-Körper.

Vegetative Fortpflanzung erfolgt durch Planosporen (Frühjahr). Cysten mit einem halbringartigen Fortsatz können gebildet werden, wenn sich das Wasser auf mehr als 16 °C erwärmt (Abb. 39 c). Dabei zerfallen die Coenobien.

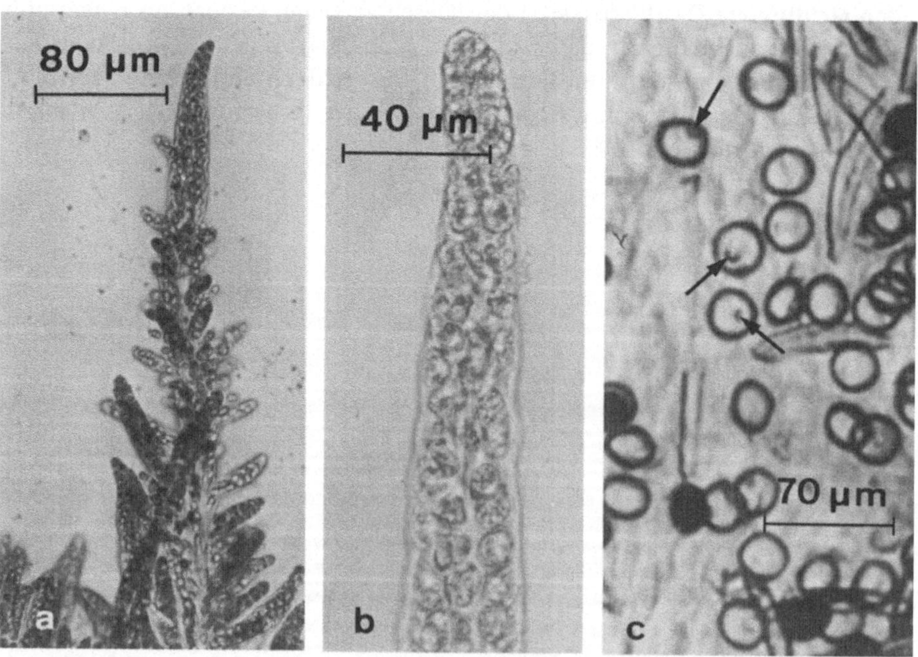

Abbildung 39 a–c. *Hydrurus foetidus.* a Habitus; **b** „Zweigspitze" mit Protoplasten; **c** Cysten, halbringförmige Fortsätze (Pfeile)

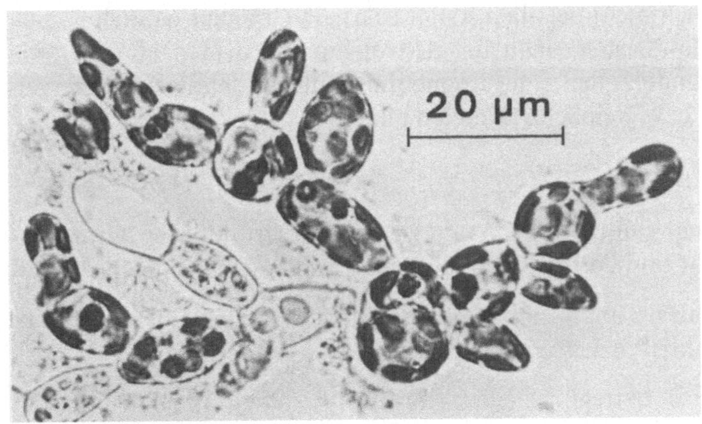

Abbildung 40. *Phaeothamnion* spec., Habitus der verzweigten Trichome

III. Trichale Organisation

Material: *Phaeothamnion* (Phaeothamniaceae, Chrysotrichales; GÖT) kommt mit drei Arten im Benthos des Süßwassers vor.

Präparation: Deckglaspräparate.

Beobachtungen: Der verzweigte Thallus besteht aus zylindrischen bis keuligen Zellen mit mehreren Chloroplasten (Abb. 40), deren Zusammenhalt in Deckglaspräparaten leicht verlorengeht. So wird man auch nur selten die chromatophorenfreie halbkugelige Basalzelle finden, mit der die Trichome am Substrat angeheftet sind. Die seitlichen Verzweigungen beginnen an den distalen Zellenden als zunächst spitze Ausstülpungen (Abb. 40, rechts unten).

4. Klasse: Bacillariophyceae (Diatomeae, Kieselalgen)

A. EINFÜHRUNG

I. MERKMALE

Monadale Einzeller oder Coenobien mit coccaler Organisation, die als Ubiquisten in Süß- und Salzwasser, aber auch auf feuchten Böden und Felsen vorkommen. Die Protoplasten werden von einem aus **Kieselsäure** bestehenden „Panzer" in Form von **zwei Schalen** (Abb. 41) umschlossen. Pigmente und Inhaltsstoffe wie bei den Chrysophyceae: Chlorophyll a und c, Fucoxanthin bzw. Chrysolaminarin, Mannit und Öl (Tab. 4).

II. FORTPFLANZUNG

Vegetative Fortpflanzung durch Zweiteilung, Planosporen wurden bisher nicht mit Sicherheit beschrieben.

Sexuelle Fortpflanzung. Die Kieselalgen sind **Diplonten.** Die Meiogameten sind entweder isogam, anisogam oder oogam. Hinsichtlich des Fortpflanzungs-

Systems herrscht noch nicht bei allen Arten Klarheit. Offenbar handelt es sich vorwiegend und Monözisten, denn bei den oogamen Formen können zwei nebeneinander liegende Zellen eines Coenobiums, die eindeutig Schwesterzellen sind, männliche bzw. weibliche Gameten bilden.

III. Klassifizierung

Die etwa 250 Gattungen mit 100.000 Arten werden auf Grund ihrer Beweglichkeit, der Feinstruktur und Form der Kieselschalen auf zwei Ordnungen verteilt.

1. Ordnung: **Centrales,** runde, unbewegliche Einzeller oder Coenobien mit radialen oder konzentrischen Wandskulpturen.

2. Ordnung: **Pennales,** bewegliche oder festsitzende, langgestreckte Einzeller oder Coenobien mit einem linienförmigen Zentralspalt (= Raphe), von dem die Skulpturen der Schale federförmig ausstrahlen.

IV. Praktische Bedeutung

Im Tertiär und in den Zwischeneiszeiten haben sich die Kieselalgen sehr stark vermehrt und sandige (Kieselgur) oder versteinerte Ablagerungen (Polierschiefer) gebildet. Diese findet man in Deutschland unter anderem in der Lüneburger Heide, wo der Abbau von Kieselgur eine große wirtschaftliche Bedeutung hatte: Adsorbens für Nitroglyzerin bei der Herstellung von Dynamit; Filtermasse bei der Zucker-, Bier- und Weinherstellung; Füllmaterial in Paketen; im Labor als Trägermaterial in der Säulenchromatographie. Da gegenwärtig der Kieselgur in diesen Funktionen weitgehend durch andere Substanzen ersetzt wurde, ist seine ökonomische Bedeutung nur noch marginal.

B. Übungsanleitungen

Organisation und Fortpflanzung der Bacillariophyceae

Filme: C 982, Ungeschlechtliche Fortpflanzung bei *Stephanopyxis*
          C 983, Geschlechtliche Fortpflanzung bei *Stephanopyxis*
          E 1568, *Bacillaria paradoxa*, Bewegung
          Vom IWF werden noch weitere Filme über Kieselagen angeboten.

Unabhängig von der Mannigfaltigkeit ihrer Ausgestaltung sind die Kieselschalen der Diatomeen nach einem einheitlichen Organisationsschema aufgebaut (Abb. 41).

I. Bewegliche Einzeller (Beispiel für den Schalenbau der Pennales)

Material: Planktonformen der Pennales sind weit verbreitet in Süß-, Brack- und Salzwasser. Da die Algotheken (z.B. GÖT, BAH) nur wenige Formen in Reinkultur anbieten, wird man meist darauf angewiesen sein, nach Vertretern der ubiquitären Gattungen *Pinnularia* (etwa 200 Arten), *Navicula* (mehr als 1000 Arten) (beide Naviculaceae) und *Nitzschia* (600 Arten) (Nitzschiaceae) zu suchen. Da innerhalb jeder Gattung die Zellgrößen der einzelnen Arten sehr

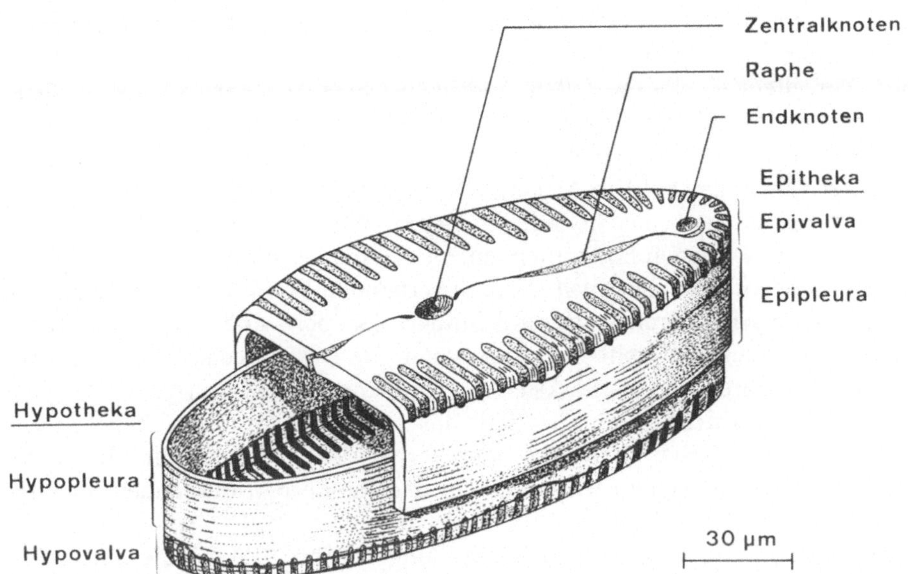

Abbildung 41. Schema des Aufbaus der Kieselsäureschale der Diatomeen. Die beiden Hälften der Kieselschalen sind ungleich groß. Die Oberschale (Epitheka) greift wie der Deckel einer Schachtel mit ihren Rändern über die Unterschale (Hypotheka). Jede der beiden Theken besteht aus zwei Teilen, der eigentlichen Schale (Deckel = Epivalva; Boden = Hypovalva) und den Seitenbändern (Epipleura bzw. Hypopleura). Zwischen Valva und Pleura können (vor allem bei den Centrales) noch Zwischenbänder (Coplulae) eingefügt werden, welche der Zelle die Form einer Geldrolle geben können. Bei manchen Pennales sind die Endknoten mit dem Zentralknoten durch Raphen verbunden

verschieden sind, sollte man es nicht bei einer Planktonprobe belassen, sondern möglichst eine Form finden, deren Zellen wie *Pinnularia major* (am schlammigen Grund seichter Gewässer), *Nitzschia frustulum* (GÖT) bis zu 180 bzw. 70 µm lang sind.

Präparation und Aufgabe: Zur Beobachtung der Zellorganellen und der Zellteilungsstadien Tropfpräparate herstellen. In diesen kann auch nach Zugabe von Tusche, die mit Filterpapier unter das Deckglas gesaugt wird, der Bewegungsvorgang studiert werden. Zum Zeichnen muß das Frischmaterial allerdings „festgelegt" werden (S. 44).

Die Strukturen der Schalen sind deutlicher an fixiertem Material oder noch besser an Material zu erkennen, das nur die leeren Schalen (Frustulae) enthält. Letzteres kann man herstellen, indem man aus einer Diatomeensuspension die Algen durch Zentrifugation abtrennt. Die Protoplasten kann man durch Ausglühen mit dem Bunsenbrenner in einem Porzellantiegel veraschen. Durch Kochen in 10%iger Salzsäure kann man ebenfalls die Protoplasten zerstören. Der Feinbau kommt besser zur Geltung, wenn man die Präparate in Kunstharz einschließt (S. 45).

Beobachtungen: Bei starker Vergrößerung kann man die braunen Chromatophoren mit ihren Pyrenoiden und das daran gebildete Öl in Vakuolen erkennen. Vor allem in älteren Zellen sind auch Chrysolaminarinkörner an ihrer unterschiedlichen Lichtbrechung zu sehen. Der meist zentral in einer Plasmabrücke gelegene Zellkern ist ebenfalls zu erkennen (Abb. 42 c).

In der **Valvaransicht** (Abb. 42 a, b) fallen bei *Pinnularia* und *Navicula* deutlich der in der Mitte der Schale befindliche Zentralknoten und die an der Ober- und Unterseite vorhandenen Endknoten auf, die mit dem Zentralknoten durch einen die Wand durchsetzenden Spalt (Raphe) verbunden sind. Die vom Schalenrand ausgehenden sekundären Wandverdichtungen (Rippen) sind in einem regelmäßigen Muster auf die Raphe hin ausgerichtet. Die Durchbrechungen der Kieselschale durch Poren sind bei stärkster Vergrößerung ebenfalls zu sehen.

Die **Pleuralansicht** (Abb. 42 c) läßt das überlappen von den Rändern der Epitheka über die Hypotheka erkennen, ferner sieht man, daß die Pleurae im allgemeinen keine Rippen tragen, die an den Rändern vorhandenen Strukturen gehören zu den Valvae.

Die verschiedenen **Stadien der Zellteilungen** (Abb. 42 d, e), die durch eine Teilung des Zellkerns und der Chromatophoren eingeleitet werden, können am Auseinanderweichen der beiden Schalenhälften erkannt werden. Zu jeder Schalenhälfte wird eine neue Hypotheka regeneriert, so daß die Hypotheka der Mutterzelle zur Epitheka wird. Als Folge dieses Teilungsmodus erfährt eine der beiden Tochterzellen stets eine Verkleinerung, die der Schalendicke entspricht. So ist zu erklären, daß man vor allem in Material, welches zur Hauptvegetationsperiode gesammelt wird, eine Variabilität in der Zellgröße findet.

Die ruckweisen Bewegungen der geißellosen Pennales (coccale Organisation!) in Richtung auf eine Lichtquelle (Phototaxis) erfolgt durch Plasmaströmungen im Bereich der Raphe. Dies kann man nach Zugabe von Tusche an den Bewegungen der Tuschepartikel erkennen (Abb. 42 f). Auf diese Weise kann sich die Zelle wie ein Raupenfahrzeug fortbewegen.

Der Mechanismus dieser Bewegung ist noch nicht in allen Einzelheiten aufgeklärt. Da beobachtet wurde, daß die Zellen während der Bewegung Schleim ausscheiden und eine Kriechspur hinterlassen, nimmt man an, daß sie sich wie Raupenkettenfahrzeuge bewegen, die ihre Ketten nicht als endloses Band um die Zelle bewegen, sondern dieses stets neu produzieren und hinter sich ablegen.

II. Unbewegliche Einzeller (Beispiel für den Schalenbau der Centrales)

Film: E 1840, *Coscinodiscus granii*, vegetative Vermehrung

Material: Vertreter der marinen Gattungen *Coscinodiscus* (Coscinodiscaceae), *Biddulphia* (Biddulphiaceae*), Arachnoidiscus* (Arachnoidiscaceae), besitzen relativ große Zellen bis zu 200 μm Durchm. Die letztgenannte Art ist jedoch sehr selten in der Nordsee zu finden. Die im Süßwasser vorkommenden Gattungen, wie *Cyclotella* (Coscinodiscaceae) sind meist kleiner. Da es bei diesem Versuch darauf ankommt, sich mit dem Schalenbau der Centrales vertraut zu machen, kann auch ausschließlich fixiertes Material der marinen Formen, das von BAH zu beziehen ist, verwendet werden. Es ist ferner möglich, auf im Fachhandel erhältliche Dauerpräparate zurückzugreifen.

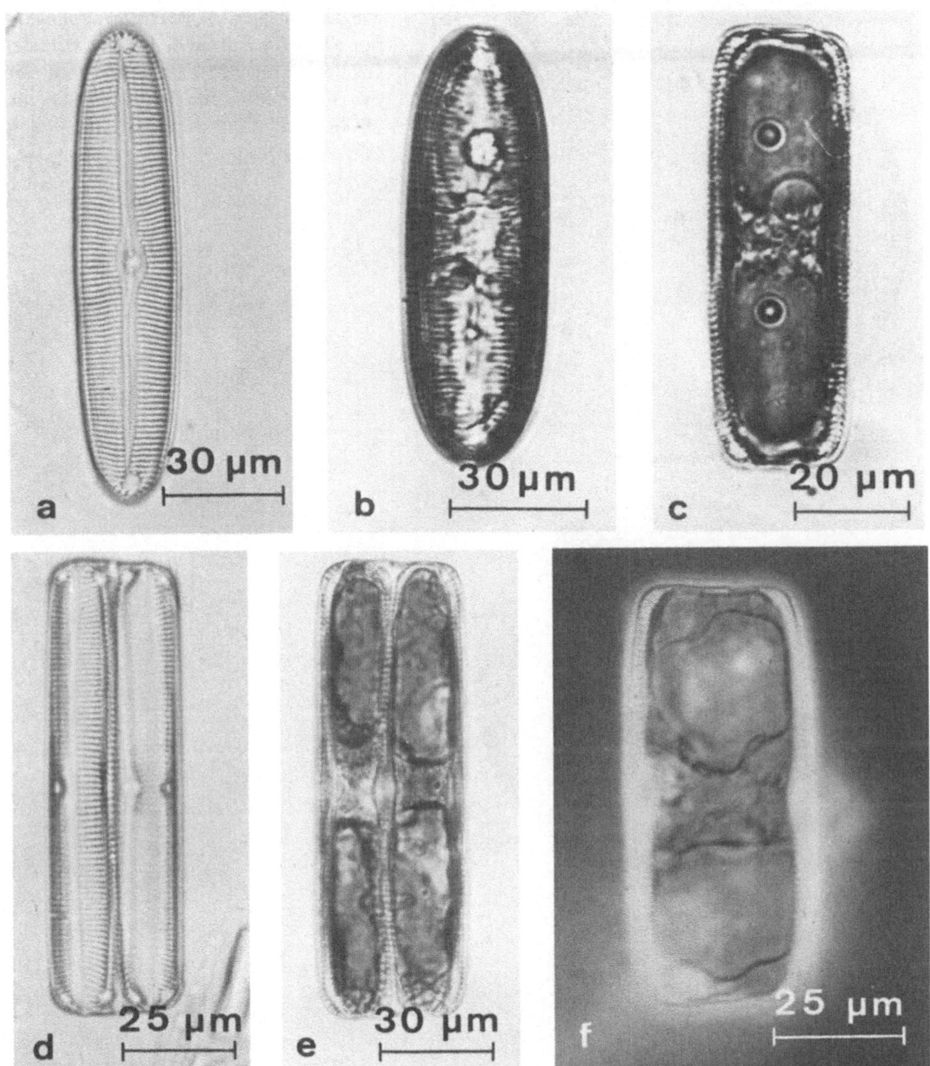

Abbildung 42 a–f. *Pinnularia* spec. a, b Valvaransicht; c Pleuralansicht; d, e Pleuralansicht mit Teilungsstadien; f Pleuralansicht nach Zugabe von Tusche zur Demonstration der Kriechbewegungen. Bei a und d handelt es sich um „leere Schalen"

Präparation: Tropf- oder Dauerpräparate. Da es bei diesen Objekten aber in erster Linie um eine Erfassung der Schalenstrukturen geht, kann man auch Frustulae verwenden (S. 107).

Aufgabe: Von einem Vertreter mit flachem, zylindrischem Schalenbau (z.B. *Coscinodiscus asteromphalus*) bei starker Vergrößerung Valvarseite zeichnen. Die Pleuralseiten können nicht gesehen werden, da die scheibenförmigen Zellen auf Grund ihres großen Durchmessers meist „umfallen". Im Gegensatz

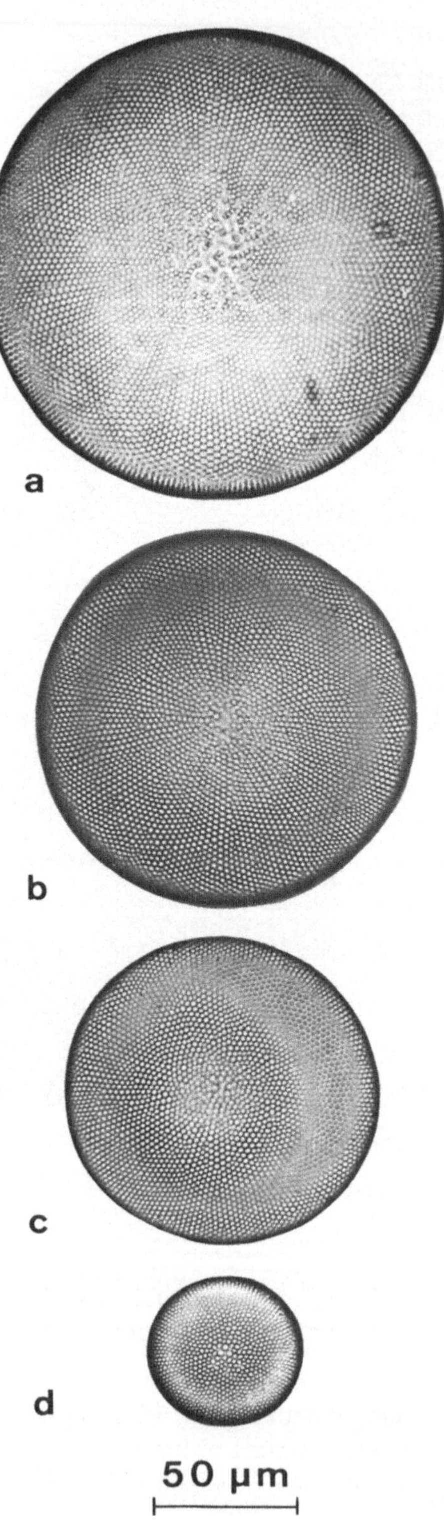

Abbildung 43 a–d. *Coscinodiscus asteromphalus,* Struktur der Kieselschale in der Valvaransicht. a Zelle mit optimaler Größe; b, c Zwischenstadien; d Zelle, die das Größenminimum erreicht hat. (Fotos: D Werner)

dazu sieht man von den büchsenförmigen Gattungen, wie z.B. *Biddulphia,* vorwiegend die Pleuralseiten, während die elliptischen oder polygonalen Valvarseiten seltener wahrzunehmen sind. In diesem Fall bei starker Vergrößerung beide Ansichten zeichnen. Ferner in den Präparaten nach Zellen suchen, deren Schalen infolge zahlreicher vegetativer Teilungen wesentlich kleiner geworden sind.

Beobachtungen: Die Zellen von *C. asteromphalus* haben einen Durchmesser von 200 bis etwa 50 µm (Abb. 43 a–d), je nachdem ob sie am Anfang ihres vegetativen Vermehrungszyklus stehen oder den Endzustand erreicht haben, der zur Auslösung der sexuellen Fortpflanzung führt (S. 118, *Stephanopyxis*). Ausgehend von einer zentralen knotenartigen Anhäufung, die bei Zellen mit großem Valvendurchmesser oft aufgelöst ist, bilden die hexagonalen Kammerungen strahlenartige Linien. Bei einem Vergleich von Abb. 43 a und b kann man deutlich erkennen, daß im Verlauf der Verkleinerung der Zelloberfläche in erster Linie die Anzahl der hexagonalen Felder, darüber hinaus aber auch ihre Größe abnimmt.

III. Coenobien

Sowohl innerhalb der Centrales als auch innerhalb der Pennales gibt es Gattungen, bei denen wenige oder zahlreiche Zellen durch Gallertausscheidungen zu mehr oder minder charakteristischen Coenobien verbunden bleiben. In seltenen Fällen kann diese Verbindung auch durch congenitale Verwachsung der Valvae erreicht werden.

1. Kettenartige und sternartige Coenobien (kommen durch Gallertbrücken zustande)

Material:. *Diatoma* (Fragilariaceae, Pennales), verbreitet mit 7 Arten im Süßwasser; *Asterionella* (Fragilariaceae, Pennales) ist mit 10 Arten im Süß- und Salzwasser zu finden.

Präparation und Aufgabe: Tropfpräparate oder käufliche Dauerpräparate. Mit mittelstarker Vergrößerung Zellverband und bei starker Vergrößerung jeweils bei einer Zelle die Schalenskulpturen zeichnen.

Beobachtungen: Die von der Valvarseite lanzettlich bis linear aussehenden Zellen von *Diatoma* sind an den Ecken mittels Gallertpolstern zu Ketten verbunden und auf diese Weise auch am Substrat angeheftet. Da im Präparat die Ketten meist so orientiert sind, daß sie von der Pleuralseite gesehen werden, kann man auch sehr häufig Zellteilungsstadien beobachten. Die beiden Schwesterzellen bleiben nach der Teilung noch eine Zeit an ihren Valven miteinander verbunden (Abb. 44 a).

Die stabförmigen Zellen von *Asterionella* besitzen, von der Valvarseite gesehen, kopfartig angeschwollene Enden von ungleicher Größe. Sie sind an den dickeren Enden durch Gallertbrücken zu sternförmigen, freischwebenden Coenobien verbunden (Abb. 44 b). Beide Gattungen besitzen keine Raphe, sondern nur eine als Pseudoraphe bezeichnete Unterbrechung der Rippenskulpturen an den Valvarseiten.

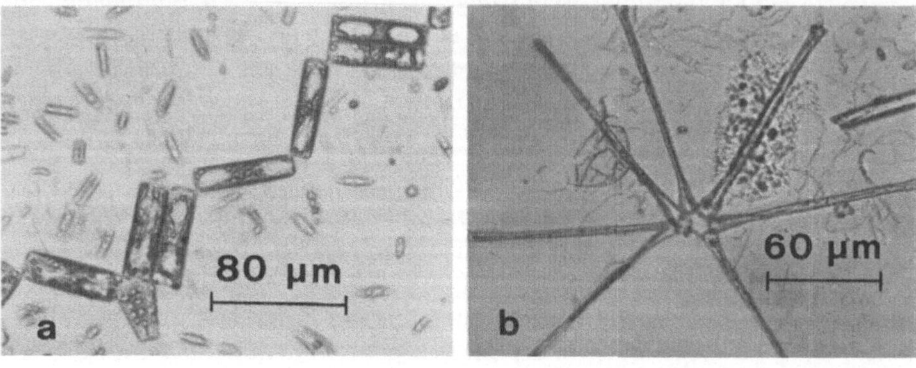

Abbildung 44 a, b. a *Diatoma* spec, kettenartige Coenobien; b *Asterionella* spec., sternartige Coenobien

2. Gestielte Coenobien

Material: *Licmophora* (Fragilariaceae, Pennales) kommt mit etwa 27 Arten im Meer vor, und zwar vielfach auf thallösen Algen. Material kann von BAH bezogen werden. *Gomphonema* (Naviculaceae, Pennales) mit etwa 100 Arten, kann vor allem im fließenden Süßwasser als brauner, schleimiger Überzug auf Steinen gefunden werden.

Präparation und Aufgabe: Da die Gallertstiele und vor allem der durch mannigfache Verzweigungen charakterisierte Aufbau der Coenobien bei frischem Material sehr empfindlich ist, entnimmt man unter dem Präpariermikroskop mit Feder und Nadel ein kleines, etwa stecknadelkopfgroßes Stück des Gallertlagers und überträgt es in einen Wassertropfen auf einen Objektträger. Beim Auflegen des Deckglases starken Druck vermeiden, da sonst der Zellverband zerstört wird. Fixiertes Material bietet hier Vorteile, weil durch die Fixierung die Gallerte „gehärtet" wird und daher der Zusammenhalt der Zellen erhalten bleibt.

Beobachtungen: Von der Valvarseite aus gesehen sind die Zellen von *Licmophora* keilförmig (Abb. 45 a). Jede Zelle hat den typischen Aufbau einer pennalen Diatomee, wie er oben anhand von *Pinnularia* bereits studiert wurde. Nach den vegetativen Zellteilungen bleiben die *Licmophora-Zellen* aneinander haften und bilden gestielte, verzweigte, fächerförmige Coenobien. An den basalen Teilen der Coenobien erkennt man kleine Zellen, die noch nicht verwachsen sind. Hierbei handelt es sich um in Teilung befindliche Zellen, die noch zu einem „Fächer" zusammenwachsen werden. Mit Hilfe der Ölimmersion kann man sehen, daß *Licmophora* auf den Valvarseiten keine echten Raphen besitzt, sondern nur als Pseudoraphen bezeichnete linienartige Unterbrechungen der Rippenskulpturen.

Die ebenfalls keilförmigen Zellen von *Gomphonema* sitzen entweder einzeln oder paarweise auf verzweigten oder unverzweigten Gallertstielen (Abb. 45 b).

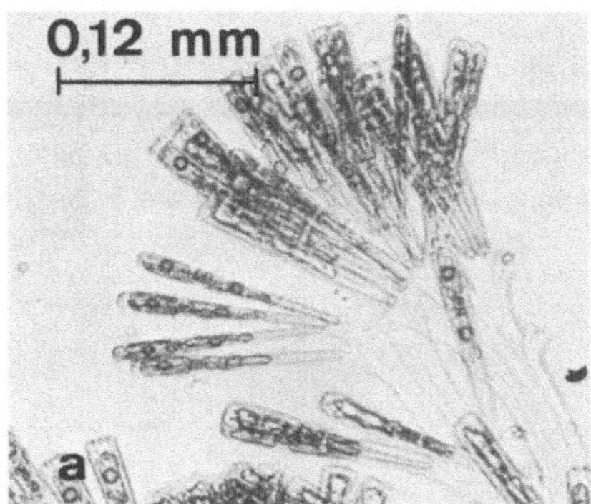

Abbildung 45 a, b. Gestielte Coenobien . a *Licmophora* spec.; b *Gomphonema* spec.

3. Trichale Coenobien

Material: *Melosira nummoloides* (Coscinodiscaceae, Centrales), Material der marinen Arten kann von BAH bezogen werden. Von den insgesamt 95 *Melosira*-Arten sind einige auch weit verbreitet im Süßwasser-Diatomeenplankton (z.B. *Melosira granulata*). Dauerpräparate von *Melosira* werden vom Handel angeboten. *Stephanopyxis turris* oder auch die nahe verwandte Art *S. palmeriana* (Coscinodiscaceae) lassen sich in Laborkulturen anziehen und können daher als Lebendmaterial demonstriert werden.

Einzelheiten über Kulturmethoden sind bei: Stosch HA von, Drebes G (1964): Helgol. Wiss. Meersunters. 11:209–257 bzw. den Beschreibungen zu den aus S. 549 genannten Filmen zu entnehmen. Der Text unter „Beobachtungen" ist zum Teil wörtlich aus diesen Arbeiten übernommen. Dies gilt auch für die Darstellung der sexuellen Fortpflanzung (S. 116).

Präparation und Aufgabe: Die *Stephanopyxis*-Kulturen werden zur **vegetativen Fortpflanzung** in Meerwasser plus Mineralzusatz (synthetisches Medium Nr. 2, S. 26) in Petrischalen (Durchm. 6 cm) im Licht-Dunkel-Rhythmus von 14:8 h bei 100 Lux und 15 °C gehalten. Unter diesen Bedingungen ist es erforderlich, die Kulturen alle 6–8 Wochen in frisches Medium zu bringen. Zwischenzeitlich muß man den Verdunstungsverlust des Meerwassers durch Zugabe von aqua dest. ausgleichen.

Dauersporen werden in Hungerkulturen gebildet. Man überträgt einige Coenobien in Meerwasser, dem nur 10% des sonst üblichen Zusatzes von $NaNO_3$ und $Na_2HPO_4 \times 12\ H_2O$ zugegeben werden, kultiviert bei 21 °C und erhöht die Beleuchtung auf etwa 3000 Lux.

Beobachtungen: Die **Zellen** von *Stephanopyxis* (Abb. 46 a) sind zylindrisch mit mehr oder weniger stark gewölbten Endflächen. Die bienenwabenartig gekammerten Kieselschalen tragen je einen Kranz hohler Stacheln. Diese stoßen mit denen der Nachbarzellen zusammen und stellen durch Ausscheidung einer Kittsubstanz eine Verbindung zu Zellverbänden her.

Die fädigen **Coenobien** bestehen in der Regel aus 8, 16 oder 32 Zellen. Die **Zellen** werden ferner **paarweise durch die langen, ineinandersteckenden Gür-**

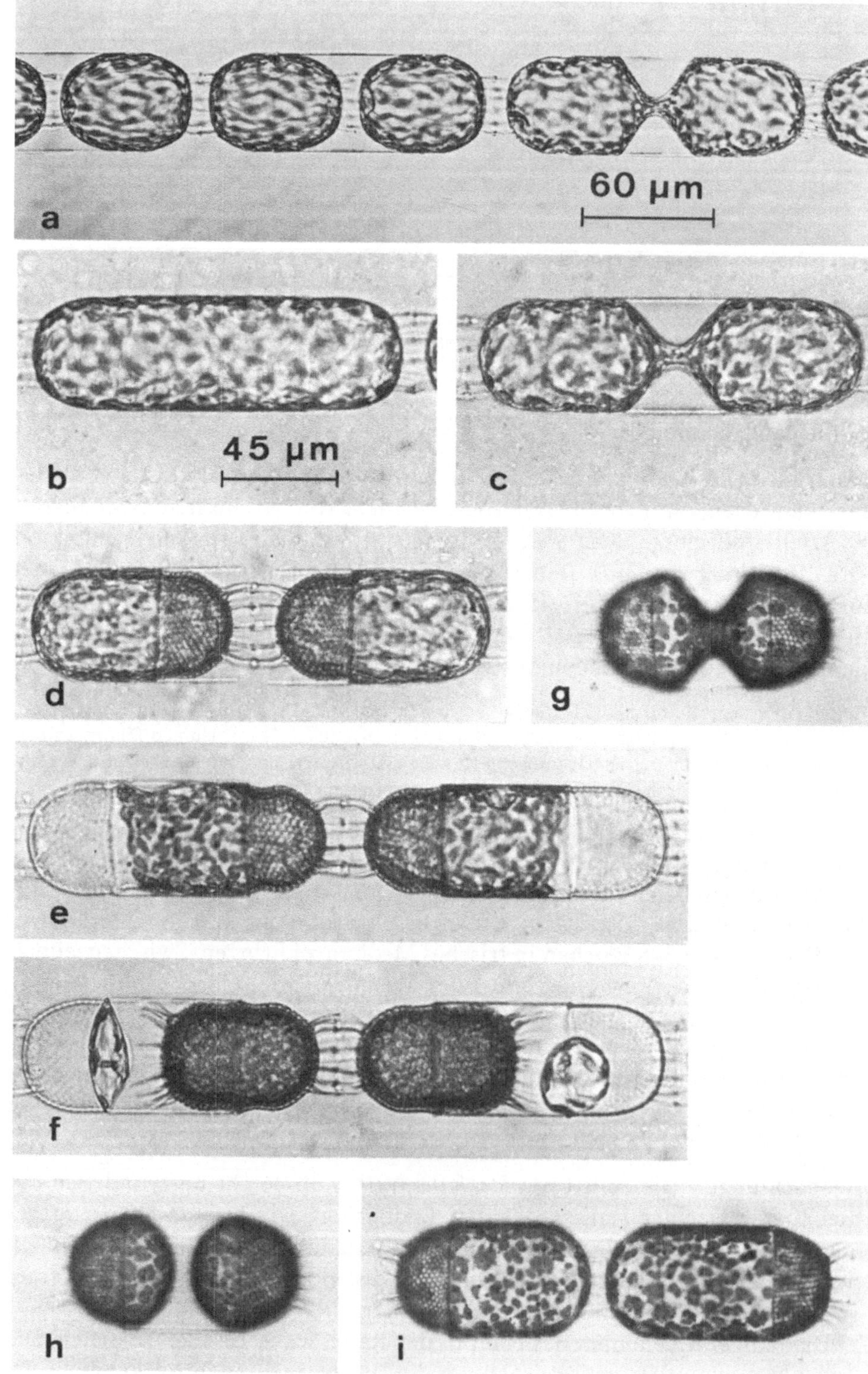

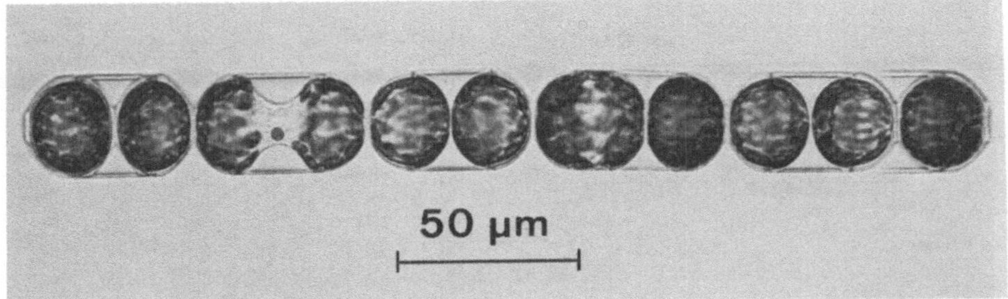

Abbildung 47. *Melosira* spec., Coenobium mit Teilungsstadium

tel der Oberschalen zusammengehalten (Abb. 48). Die Gürtel erscheinen lichtoptisch strukturlos, sie bestehen jedoch aus zahlreichen Bändern, die ihrerseits wieder aus mehreren Einzelstücken zusammengesetzt sind. Der Durchmesser (= Breite) der Zellen schwankt zwischen 10–15 µm. Das Innere der Zelle wird von einer großen Zentralvakuole ausgefüllt, welche von einem dünnen plasmatischen Wandbelag umgeben ist. Zahlreiche plättchenförmige, gelappte Plastiden liegen im Plasma. Reservestoffe sind das im Zellsaft gelöste Kohlenhydrat Chrysolaminarin sowie Öl in Form feiner Tröpfchen im Plasma. Der Zellkern liegt während der Interphase am Boden der Unterschale, er kann auch ohne Anfärbung im Phasenkontrastmikroskop erkannt werden.

Die **vegetative Fortpflanzung** erfolgt durch Zweiteilung und Dauersporen (Mito-Diplo-Aplanosporen) (Abb. 48). Bei der **Zweiteilung** (Abb. 46 a) schiebt der nach einer Mitose sich vergrößernde Protoplast die beiden Schalen an den Rändern der Copulae auseinander. Nach einer Durchschnürung des Protoplasten wird von jeder Tochterzelle eine neue Hypotheka ergänzt, deren Copulae bilden sich jedoch erst vollständig im Verlauf der mit der nächsten Zellteilung verbundenen Streckung des Protoplasten aus.

Die **Bildung von Dauersporen** wird durch eine normale Zellteilung eingeleitet (Abb. 46 b, c, d), an die sich unmittelbar eine weitere anschließt, bei der allerdings der Protoplast sich inäqual teilt (Abb. 46 e). Während der Zellkern des kleineren Tochterprotoplasten degeneriert, bildet sich um den größeren innerhalb der Mutterzelle eine neue Schale (Abb. 46 f). Die Schalen der Dauersporen gleichen im Bau denen gewöhnlicher vegetativer Zellen. Sie sind jedoch gedrungener und dickwandiger. Nach Zerfall der Mutterzelle können sie nach einer Ruheperiode (in Kulturen von 4 d bis zu mehreren Monaten) durch erneute Zweiteilung keimen und damit das erste Zellpaar für die Entstehung eines neuen Coenobiums liefern (Abb. 46 g, h, i).

Die gleichen Beobachtungen kann man auch bei *Melosira* machen. Diese Alge unterscheidet sich von *Stephanopyxis* lediglich durch das Fehlen der Stacheln der gewölbten Valven (Abb. 47). Ihre Zellen sind an den Valvarseiten durch Gallertpfropfen verbunden.

Abbildung 46 a–i. *Stephanopyxis turris*, **vegetative Fortpflanzung.** a Coenobium, die rechte Zelle hat sich gestreckt und ist in Teilung begriffen; b–i Bildung und Keimung von Dauersporen. (Erläuterungen s. Text; Fotos b–f: HA von Stosch; a, g–i: G Drebes)

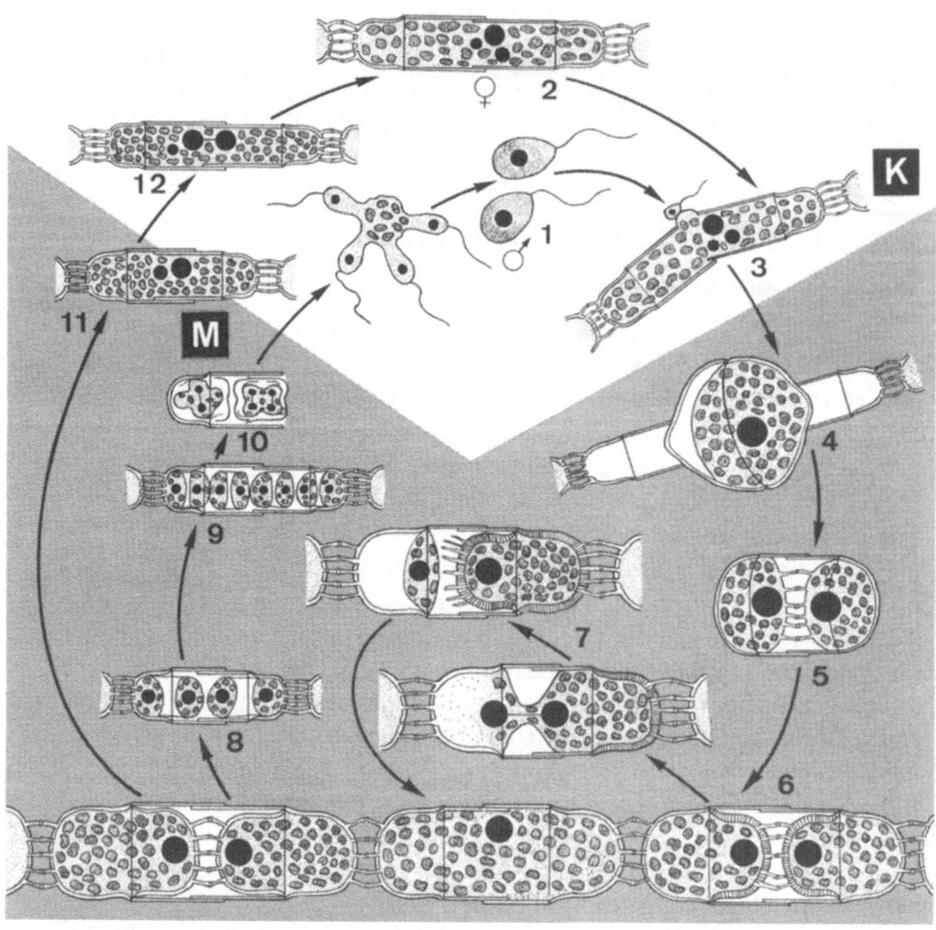

IV. Sexuelle Fortpflanzung

Sowohl bei den Pennales als auch bei den Centrales setzt die sexuelle Fortpflanzung ein, **wenn die Einzelzellen als Folge zahlreicher vegetativer Zellteilungen eine Minimalgröße** erreicht haben. Wie oben erwähnt, wird bei jeder
Zellteilung eine Tochterzelle um den Betrag kleiner, den ihre Zellwanddicke
ausmacht, da die bisherige Hypotheka zur Epitheka wird und sich eine neue,
dementsprechend kleinere Hypotheka bildet. Da die Diatomeen Diplonten
sind, erfordert die Bildung von Gameten zunächst eine meiotische Teilung. Die
beiden besprochenen Unterordnungen sind nicht nur in ihrem Schalenbau
verschieden, sondern sie unterscheiden sich auch durch den Befruchtungs-
Modus.

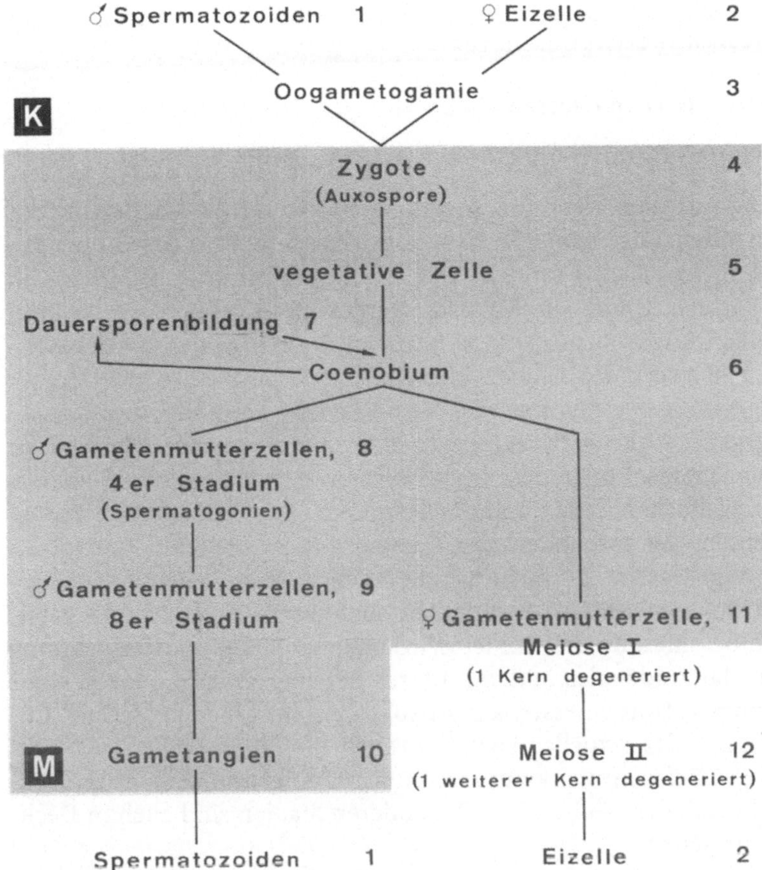

Abbildung 48. Entwicklungs-Zyklus der centrischen Diatomee *Stephanopyxis turris*. Diplont mit vegetativer Fortpflanzung durch Mito-Aplanosporen (Dauersporen); Befruchtungs-Modus: Oogametogamie; Fortpflanzungs-System: Monözie

1. Isogamie bei den Pennales

Da die Sexualvorgänge der Pennales nur selten in Frischmaterial zu beobachten sind und ihre Demonstration in Laborkulturen große technische Schwierigkeiten mit sich bringt, werden diese der Vollständigkeit halber hier zwar erwähnt, jedoch wird auf eine experimentelle Bearbeitung verzichtet.

Zellen, die das Größenminimum erreicht haben, legen sich meist mit ihren Pleuralseiten aneinander und bleiben durch Gallertausscheidungen haften. In beiden Zellen teilt sich nach der Meiose I der Protoplast. In den Tochterprotoplasten findet die Meiose II statt. Jedoch degeneriert einer der beiden Tochterkerne, so daß in jeder Zelle nur zwei einkernige isogame Aplanogameten entstehen. Nachdem sich die Schalen der beiden Sexualpartner seitlich geöffnet haben, wandert jeweils einer der beiden Gameten in die andere Zelle und fusioniert dort mit dem „Ruhegameten". Die beiden Zygoten bilden unter gleichzeitiger starker Volumenzunahme zunächst eine leicht verkieselte Zellwand aus (Perizonium). Innerhalb des Perizoniums entstehen dann die sogenannten Erstlingszellen, die nach vollendeter Ausbildung der beiden Theken aus dem Perizonium ausschlüpfen.

Von diesem Standardtyp gibt es zahlreiche Abweichungen, z.B. Bildung von nur jeweils einem Gameten, der als Wander- oder Ruhegamet fungieren kann (Anisogamie?) oder nach Ausbleiben einer Zellpaarung Fusion der beiden Gameten innerhalb der Mutterzelle (Autogamie).

2. Oogametogamie bei den Centrales (Abb. 48)

Material: Stephanopyxis turris oder S. palmeriana (Coscinodiscaceae).

Präparation und Aufgabe: Wenn die Coenobien in den für die Darstellung der vegetativen Fortpflanzung verwendeten Laborkulturen (S. 113) das Größenminimum (Durchm. 15–30 µm) erreicht haben, bringt man etwa 200 Zellen in frisches Meerwassermedium. Die Kulturen werden für 3 d bei 15 °C im üblichen Licht-Dunkel-Rhythmus (100 Lux) belichtet. Innerhalb der auf diese Periode folgenden 48 h setzt der Sexualzyklus ein.

Zweckmäßigerweise beginnt man mit der Belichtung um 8 Uhr, die Meiosen finden dann gegen 18 Uhr statt und am späten Abend ist gegen 22 Uhr (vor Beginn der Dunkelphase) noch das Ausschwärmen der männlichen Gameten, das Öffnen der weiblichen Zellen und die Befruchtung zu beobachten. Zygoten sind am folgenden Tag vorhanden. Ihr Auswachsen zu breiteren Coenobien kann dann verfolgt werden. Da nicht bei allen Zellen zur gleichen Zeit die sexuelle Fortpflanzung einsetzt, ist es möglich (auch wenn schon Zygoten gebildet sind), noch bei anderen Zellen Meiose, Gametenbildung und Befruchtung zu beobachten. Man findet also in den Kulturen nebeneinander Coenobien aus Zellen mit geringem Durchmesser, aus Auxosporen entstandene „breite" Coenobien und Stadien der sexuellen Fortpflanzung.

Den Ablauf der Befruchtung kann man nur mit einer Immersionsoptik direkt in den Kulturschalen beobachten. Die anderen Stadien sind auch in Deckglaspräparaten zu sehen.

Beobachtungen: Da *Stephanopyxis* monözisch ist, kann man in den Kulturen sowohl Zellen finden, die männliche Gameten bilden, als auch solche, in denen Eizellen entstehen.

Die **Bildung der männlichen Planogameten (Spermatozoiden)** wird durch zwei oder auch drei mitotische Teilungen eingeleitet. In einer Zelle entstehen nämlich vier oder auch acht **Gametenmutterzellen (Spermatogonien,** Abb. 49 a, b). Diese bilden zwar noch Schalen aus, aber ein Streckungswachstum durch Einlagerung von Copulae erfolgt nicht. In diesen Zellen findet die Meiose statt. Erst nach Ausschlüpfen der Spermatogonien (aber innerhalb der Mutterzelle)

Abbildung 49 a–g. *Stephanopyxis palmeriana,* **sexuelle Fortpflanzung. a, b** In einer Zelle sind vier bzw. acht Gametenmutterzellen (Spermatogonien) nach zwei bzw. drei prämeiotischen Mitosen entstanden; **c** die männlichen Planogameten (Spermatozoiden) verlassen die Gametenmutterzellen; die „Restkörper" sind deutlich zu erkennen; **d** reife Eizelle; **e** die Eizelle hat sich vor der Befruchtung gestreckt und ist an den Schalenrändern eingeknickt; in der Knickstelle ein eindringendes Spermatozoid; **f** junge Zygote; **g** Zygote (Auxospore) mit seitlichen anhaftenden Theken der Eizelle (oben); Zellpaare nach mitotischen Teilungen einer Zygote (unten); vergl. die Größenunterschiede im Durchmesser der Schalen der Eizelle mit denen des jungen Coenobiums (Foto e: G Drebes)

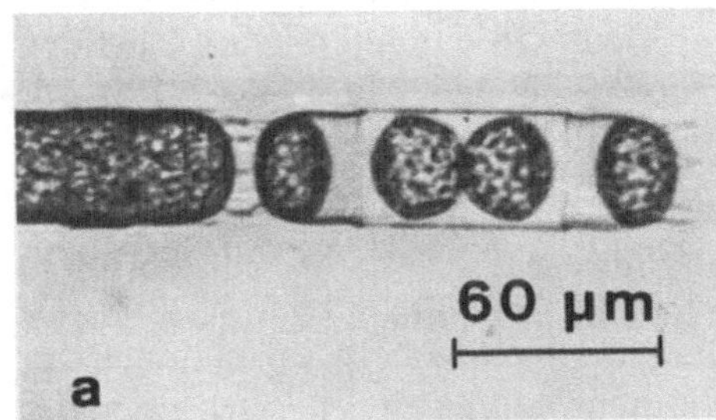
60 µm
a

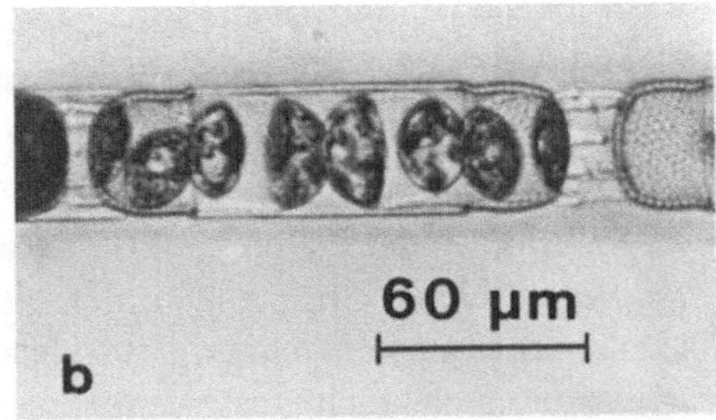
60 µm
b

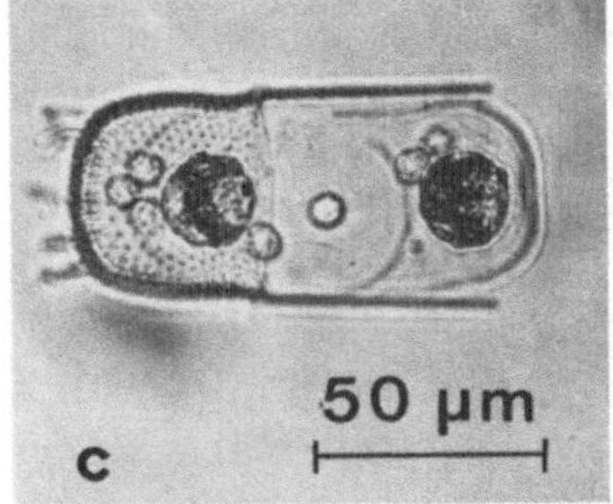
50 µm
c

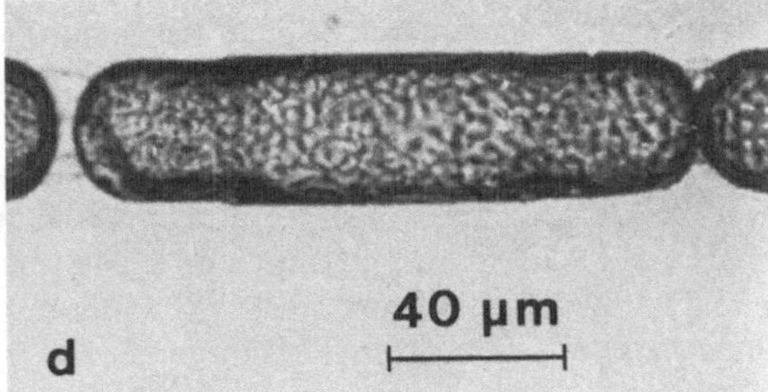
40 µm
d

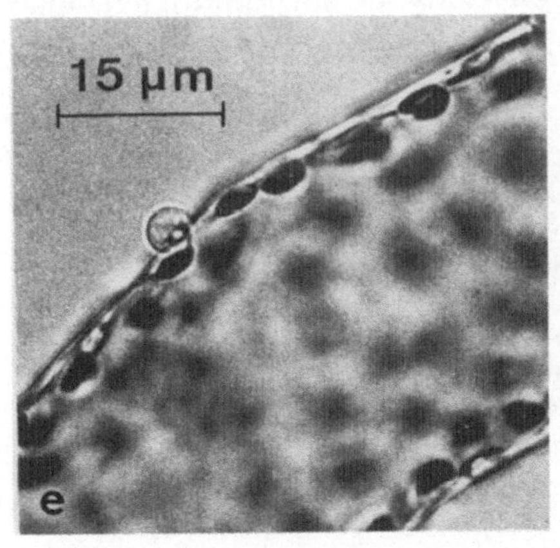
15 µm
e

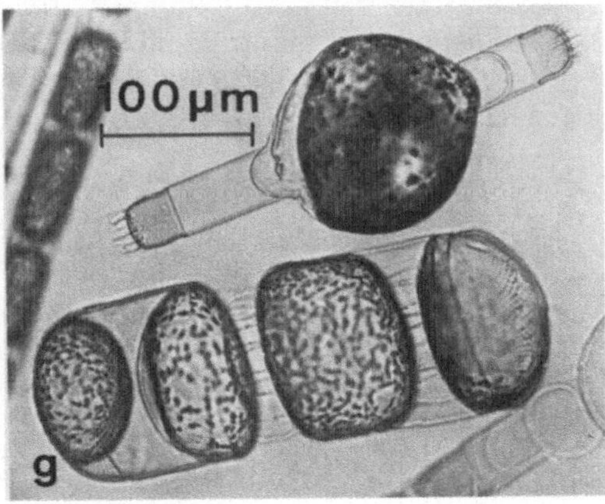
100µm
g

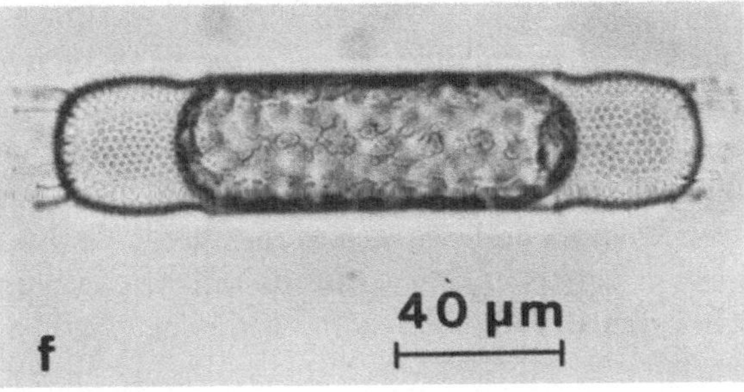
40 µm
f

erfolgt eine Differenzierung der vierkernigen plasmodienartigen Protoplasten zu Gameten (Abb. 49 c). Die **eingeißeligen Gameten** enthalten keine Plastiden und nur wenig Zytoplasma. Die Hauptmenge des Plasmas bleibt als „Restkörper" zurück und degeneriert. Nach Auseinanderweichen der beiden Schalen der Mutterzelle werden die Spermatozoiden entlassen.

Die **Bildung der weiblichen Gameten** erfolgt ohne vorherige Mitosen. In einer vegetativen Zelle findet unter gleichzeitiger Volumenzunahme des Zellkerns und einer Vermehrung der Plastiden eine Meiose statt. Sowohl nach der ersten als auch nach der zweiten meiotischen Teilung degeneriert einer der beiden Tochterkerne. In der reifen **Eizelle** (Abb. 49 d) kann man bei Betätigen der Mikrometerschraube den haploiden Eikern und die beiden degenerierenden Kerne erkennen. Nach Ablauf der Meiose streckt sich die Eizelle, die Pleurae der beiden Schalen gleiten bis zu ihren Rändern auseinander, dabei knickt die Zelle leicht ein, und an dieser Stelle kann der männliche Gamet eindringen (Abb. 49 e). Unmittelbar auf die Plasmogamie folgt die Karyogamie.

Der Protoplast der **Zygote** kontrahiert sich zunächst in die Mitte der Eizelle (Abb. 49 f). Nach Ausbildung einer leicht verkieselten, aber dehnbaren Zellwand schwillt die Zygote stark zur sogenannten **Auxospore** an, die seitlich noch lose mit den leeren Theken der Eizelle verbunden bleibt. Innerhalb der ausdifferenzierten Auxospore werden dann sukzessiv die beiden Theken gebildet. Nach Aufreißen der Auxosporenwand wird eine neue Diatomeenzelle mit vergrößertem Schalendurchmesser freigesetzt, die als Ausgangspunkt einer Coenobienbildung dienen kann (Abb. 49 g).

V. Bestimmungsübungen

Da die Bacillariophyceae anhand ihres typischen Schalenbaus verhältnismäßig leicht zu klassifizieren sind, wird empfohlen, nach dem Studium ihrer Organisation und Fortpflanzung ihre taxonomische Einordnung, zumindest in die einzelnen Gattungen, zu versuchen. Dazu kann entweder selbst zu beschaffendes Süßwassermaterial oder käufliches Meeresplankton (BAH) verwendet werden. Bei den Bestimmungsübungen (Lit. S. 556, 558) spielt es keine Rolle, ob man lebendes oder fixiertes Material hat, denn als Einteilungskriterium dient ausschließlich der Schalenbau. Daher kann man auch käuflichen Kieselgur verwenden.

5. Klasse: Phaeophyceae (Braunalgen)

A. Einführung

I. Merkmale

Die Braunalgen sind eine **morphologisch hochentwickelte Gruppe**. Die **niedersten Vertreter** stehen auf der **trichalen Organisationsstufe** (Tab. 4). Die **höheren Formen** haben **Thalli mit echten Geweben**. Diese unter dem Trivialnamen Tange zusammengefaßten Algen können bis zu mehreren Metern groß werden. Sie bilden blatt-, stengel- und wurzelähnliche Organe aus, die **Phylloide, Kauloide bzw. Rhizoide** genannt werden. **Einzeller, Zellverbände und trichale unverzweigte Mehrzeller gibt es bei den Braunalgen nicht.** Lediglich die Fortpflanzungszellen sind einzellig.

Ebenso wie bei den Grünalgen (S. 169)kann man für die **Fortpflanzungszellen** einen Standardtyp angeben, der vor allem durch die **beiden seitlich inserierten, ungleich langen Geißeln** charakterisiert ist, von denen die längere, eine Flimmergeißel, nach vorne und die kürzere Peitschengeißel nach hinten gerichtet ist (Abb. 50). Daneben besitzen die in ihrer Größe und ihrem Habitus an die Grünalge *Chlamydomonas* (s. Abb. 79) erinnernden Planogameten bzw. Planosporen in der Region der Geißelbasis ein rotbraunes Stigma. Im basalen Teil der birnförmigen Zellen liegt ein Chromatophor (bei manchen Formen auch mehrere), der auch wegen seiner braunen Farbe Phaeoplast genannt wird. Die Überlagerung des Chlorophylls durch die Xanthophylle (insbesondere durch das braune Fucoxanthin) weisen auf die Verwandtschaft zu den Chrysophyceae hin (S. 100 f.)

Die Phaeophyceae stellen mit ihren 250 Gattungen und 1500–2000 Arten den Hauptanteil des Benthos in den Meeren der gemäßigten und kalten Zonen. Abgesehen von 3 Gattungen wachsen die Braunalgen nicht im Süßwasser.

II. FORTPFLANZUNG

Vegetative Fortpflanzung kann durch Zerfall des Thallus erfolgen, dessen Fäden bzw. Gewebekomplexe zu einer neuen Pflanze regenerieren. Sporen werden nur im Verlauf der sexuellen Fortpflanzung ausgebildet. Es gibt (mit Ausnahme von *Ectocarpus*, Abb. 52) also keine vegetativen Zyklen wie bei primitiven Grünalgen (z.B. Volvocales, Chlorococcales) oder Nebenzyklen wie bei anderen Algen.

Die **sexuelle Fortpflanzung** zeigt hinsichtlich des Befruchtungs-Modus eine Progression von der Isogamie über Anisogamie zur Oogamie. Von einigen Arten sind Befruchtungsstoffe (**Pheromone**)* identifiziert, welche die Anlokkung der Gameten auslösen (Abb.51). Der hohe Entwicklungsstand der Braunalgen zeigt sich nicht nur, wie oben erwähnt, in der Ausbildung eines den höheren Pflanzen ähnelnden Vegetationskörpers, sondern auch in den Entwicklungs-Zyklen: Es gibt nämlich **keine Haplonten**, sondern **nur Haplo-Diplonten oder Diplonten**. Bei einer vergleichenden Betrachtung der Entwicklungs-Zyklen (Abb. 54, 56, 59, 62) erkennt man deutlich die **Tendenz zu einer Größenzunahme des diploiden Sporophyten** und einer **Reduktion des haploiden Gametophyten**. Als Fortpflanzungs-Systeme sind Monözie, morphologische und physiologische Diözie vertreten. Incompatibilität ist bisher nicht eindeutig festgestellt worden.

---

* Die Befruchtungsstoffe können in die große Gruppe der Pheromone eingeordnet werden. Mit diesem Begriff, der aus dem zoologischen Bereich stammt, werden solche Wirkstoffe bezeichnet, die von einem Lebewesen abgegeben und von einem anderen derselben Species empfangen werden. Sie lösen beim Empfänger bestimmte Reaktionen aus und dienen demnach der chemischen Kommunikation zwischen Individuen der gleichen Art. Dazu im Gegensatz sind Hormone Substanzen, die nur innerhalb eines Individuums wirken. Deswegen ist der englische Begriff „Sexualhormone" nicht richtig.
Literaturübersicht: Maier I, Müller DG (1986) Biol Bull 170:145–175; Boland W (1987) Biologie in unserer Zeit 17:176–185.

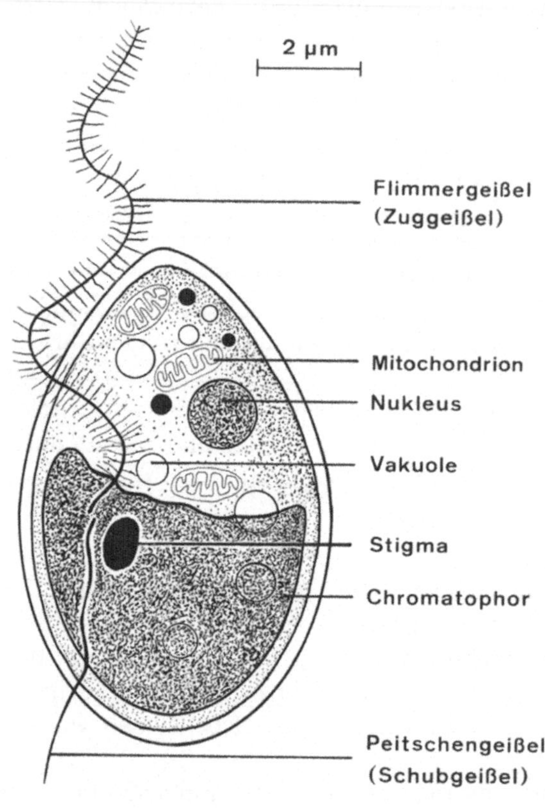

Abbildung 50. Organisationstyp der beweglichen Fortpflanzungszellen der Braunalgen

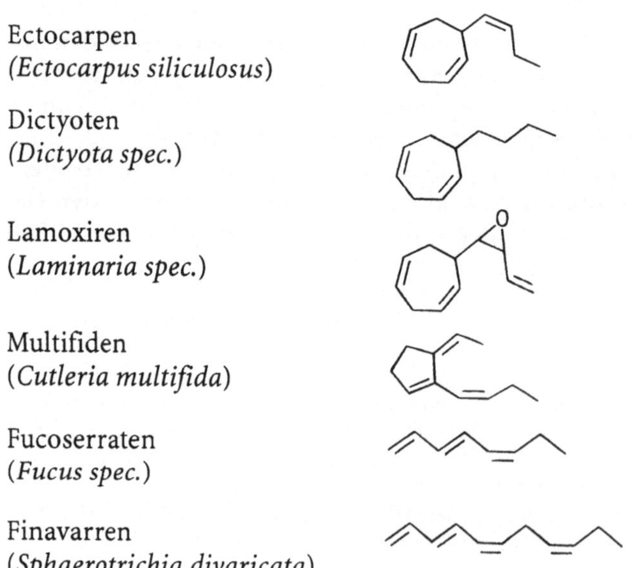

Abbildung 51. Beispiele für Pheromone bei Braunalgen. (Nach Maier und Müller 1986)

In Kreuzungsexperimenten zwischen geographischen Rassen wurde heterogenische Incompatibilität beobachtet, die mehrfach bei Pilzen gefunden wurde.

Die **Fortpflanzungszellenbehälter** können **unilokulär** oder **plurilokulär** sein. Als unilokulär werden die meist blasenförmigen Behälter bezeichnet, welche aus einer Zelle bestehen und zahlreiche begeißelte Fortpflanzungszellen entlassen. Im Gegensatz dazu sind die plurilokulären Behälter langgestreckte, vielzellige Organe. In jeder Zelle bildet sich nur eine Fortpflanzungszelle. Vor dem Ausschlüpfen der Fortpflanzungszellen werden die Zwischenwände aufgelöst.

Im allgemeinen bilden die **Gametophyten plurilokuläre Gametangien und die Sporophyten unilokuläre Sporangien.**

III. Klassifizierung

Von den 11–14 (je nach Autor) Ordnungen dieser Klasse (526 Gattungen und 1500–2000 Arten) sollen, wie übrigens auch im „Strasburger", nur die wichtigsten besprochen werden. Mit Hilfe der Entwicklungs-Zyklen der Ordnungen 3–6 läßt sich die progressive Entwicklung vom Haplo-Diplonten zum Diplonten verdeutlichen.

IV. Praktische Bedeutung

Die Braunalgen sind, bezogen auf ein einziges Individuum, die Gruppe von Algen, welche die meiste Biomasse produzieren. Vor allem die an der Pazifikküste von Nordamerika in der Gezeitenzone als „unterseeische Wälder" lebenden meterlangen Thalli (z.B. *Macrocystis*) haben das Interesse nach einer praktischen Verwendung ausgelöst. Experimente, aus diesen Algen Energie in Form von „Faulgas" zu gewinnen, haben sich aus ökonomischen Gründen nicht realisiert. Auch die Gewinnung von Jod nach Veraschung von Laminariaceen hat an Bedeutung verloren. Dagegen steigt die Nachfrage nach **Alginaten**, die als Kolloide eine vielfache Verwendung in der Industrie finden: Lebensmittel, Kosmetika, Foto.

B. Übungsanleitungen

1. Ordnung: Ectocarpales

Filme: C1308, Entwicklung von *Ectocarpus siliculosus*
C 1424, Pheromwirkung bei der Befruchtung von Braunalgen

Merkmale: Die **trichalen verzweigten einreihigen Thalli** ähneln nicht nur im Habitus der Grünalge *Cladophora* (s. Abb. 103), sondern haben auch wie diese einen **isomorphen Generationswechsel.** Am Gametophyten entstehen plurilokuläre Gametangien und am Sporophyten unilokuläre Sporangien (Abb. 52).

An manchen Standorten findet man Formen von *Ectocarpus*, bei denen sich sowohl **Gametophyt** als auch **Sporophyt** durch einen Nebenzyklus **vegetativ fortpflanzen.** Im ersten Fall entstehen aus den + oder – Gameten, wenn kein verträglicher Kreuzungspartner vorhanden ist, Gametophyten (Abb. 52, Nr. 5).

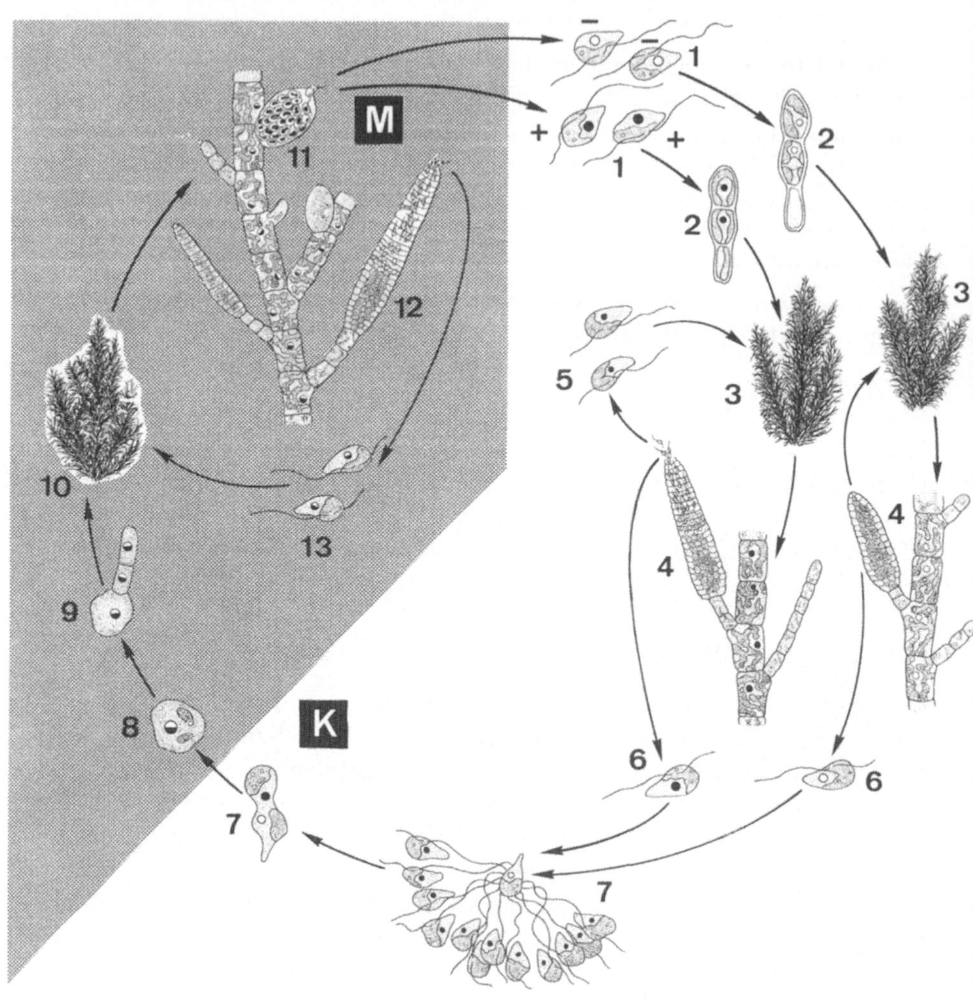

Im zweiten Fall bilden sich am Sporophyt plurilokuläre Sporangien, die diploide Mitoplanosporen entlassen, die zu Sporophyten auskeimen (Abb. 52, Nr. 12, 13).

Die **Gametogamie** wird ausgelöst durch das Pheromon **Ectocarpen.** Dieser Lockstoff wird von den – Gameten ausgeschieden, nachdem sie ihre Geißeln abgeworfen haben. Dadurch werden die + Gameten angelockt, welche dann den – Ruhegamet umschwärmen (Abb. 52, Nr. 7). Allerdings gelingt es nur einem + Gameten, sich mit der Geißel an dem Kreuzungspartner festzusetzen und mit diesem zu verschmelzen.

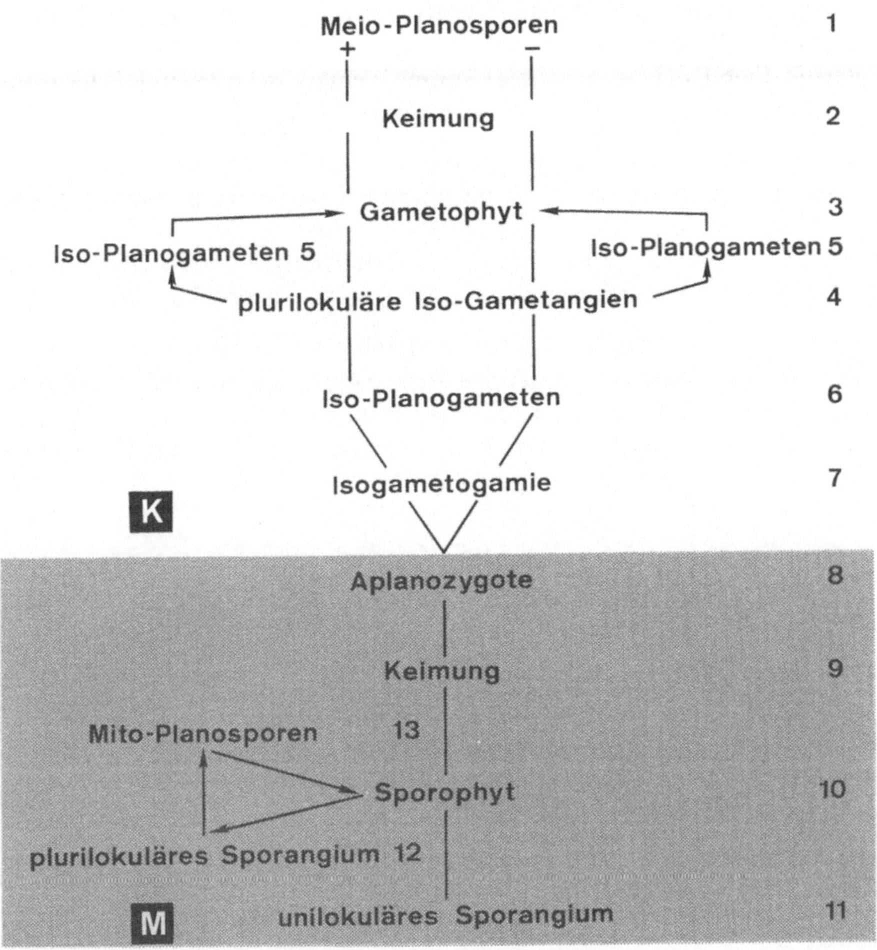

Abbildung 52. Entwicklungs-Zyklus von *Ectocarpus,* Haplo-Diplont mit isomorphem Generationswechsel. Bei manchen Formen können sich Gametophyt und Sporophyt durch einen Nebenzyklus vegetativ fortpflanzen; Befruchtungs-Modus: Isogametogamie; Fortpflanzungs-System: physiologische Diözie. Nebenzyklus nur für den Kreuzungstyp + eingezeichnet. (Nach U Kück und HJ Rathke, verändert)

Material*: *Ectocarpus siliculosus* (Ectocarpaceae) ist ein Kosmopolit unserer Meere. Sie wächst in braunen Rasen dicht unter der Wasseroberfläche auf Steinen oder Felsen, kann aber auch epiphytisch auf größeren Algen leben. Bei der Sammlung von Frischmaterial wird man meist eine Mischung der isomorphen Gametophyten und Sporophyten finden, die im allgemeinen jedoch am Bau der Fortpflanzungszellenbehälter zu unterscheiden sind. Allerdings sind an manchen Standorten auch Sporophyten zu finden, die wie das von BAH ange-

---

* Man muß berücksichtigen, daß die Entwicklung der verschiedenen Stadien der Sexualorgane der Braunalgen von Außenbedingungen (Temperatur, Licht etc.) abhängig ist.

botene konservierte Material beide Typen von Fortpflanzungszellenbehältern tragen (Abb. 52, Nr. 11).

Pylaiella litoralis (Ectocarpaceae) kommt vergesellschaftet mit *Ectocarpus* vor und kann ebenfalls von BAH bezogen werden.

Präparation und Aufgabe: Zupfpräparate. Zweigenden von Gametophyt und Sporophyt mit Fortpflanzungszellenbehältern bei starker Vergrößerung zeichnen.

Wenn Frischmaterial vorliegt, kann das Ausschwärmen von Planogameten und Planosporen und die Fusion der Isoplanogameten beobachtet werden.

Beobachtungen: Der Thallus ist heterotrich, d.h. von den rhizoidartigen, kriechenden Haftfäden wachsen einreihige verzweigte Thalli aus. Sie enthalten in jeder Zelle nur einen Kern und zahlreiche Chromatophoren (Abb. 53 a, b). Die Fäden zeigen im Gegensatz zu der ähnlich aussehenden Grünalge *Cladophora*

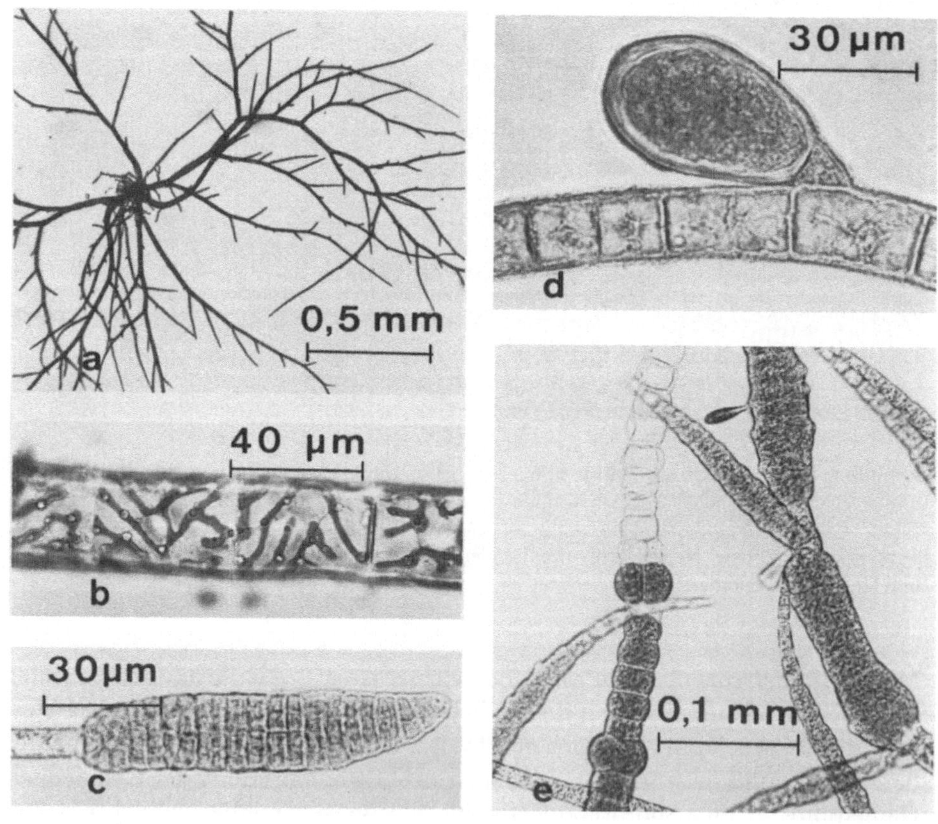

Abbildung 53 a–e. a–d *Ectocarpus siliculosus*. a Einreihiger verzweigter Thallus mit rhizoidartigen Haftfäden; **b** Ausschnitt aus einem Thallusfaden mit bandförmigen Chromatophoren; **c** plurilokulärer Fortpflanzungszellenbehälter; **d** unilokulärer Fortpflanzungszellenbehälter; **e** *Pylaiella* **spec.** Faden mit interkalaren Fortpflanzungszellenbehältern, die zum Teil entleert sind. (Fotos a, b: DG Müller; e: PH Sahling)

(s. Abb. 103) kein Spitzenwachstum, sondern wachsen durch interkalare Zellteilungen. Die Ausbildung der Verzweigungen erfolgt ebenfalls interkalar und beginnt mit einer Ausstülpung.

Die Fortpflanzungszellenbehälter entstehen bei *Ectocarpus* aus den Spitzenzellen von Seitenzweigen (Abb. 53 c, d). Bei *Pylaiella* dagegen werden die Fortpflanzungszellenbehälter interkalar angelegt; außerdem kann man diese Alge nach Zahl und Form der Plastiden von *Ectocarpus* unterscheiden (Abb. 53 e).

Wir haben bisher bewußt nur allgemein von Fortpflanzungszellenbehältern und Fortpflanzungszellen gesprochen, denn es gibt an manchen Standorten Ausnahmen von dem isomorphen Generationswechsel, demzufolge der haploide Gametophyt nur plurilokuläre Gametangien und der Sporophyt ausschließlich unilokuläre Sporangien bildet. Man findet nämlich gelegentlich bei Sporophyten einen Nebenzyklus (Abb. 52). Zusätzlich entstehen dann auch plurilokuläre Sporangien mit diploiden Mito-Planosporen, aus denen diploide Sporophyten hervorgehen.

2. Ordnung: Sphacelariales

Merkmale: Die büschelartigen verzweigten **Thalli wachsen mit Scheitelzelle.** Durch Längsteilungen, die unterhalb der Scheitelzelle einsetzen, entsteht ein **mehrreihiger Gewebethallus.** Der **Generationswechsel** wird als **isomorph** beschrieben und soll dem Normalfall von *Ectocarpus* entsprechen (plurilokuläre Gametangien, unilokuläre Sporangien).

Material: *Sphacelaria* oder *Halopteris filicina* (Sphacelariaceae) ist an den gleichen Standorten wie *Ectocarpus* zu finden. Konserviertes Material von *Sphacelaria* kann von BAH bezogen werden.

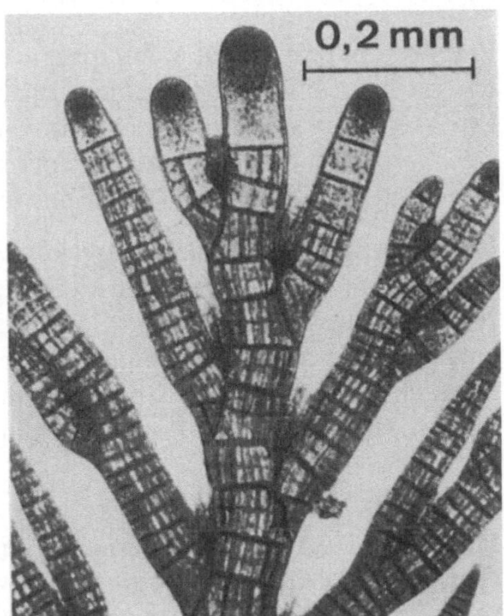

Abbildung 54. *Halopteris filicina.* Thallusspitze mit Scheitelzelle und Verzweigungen

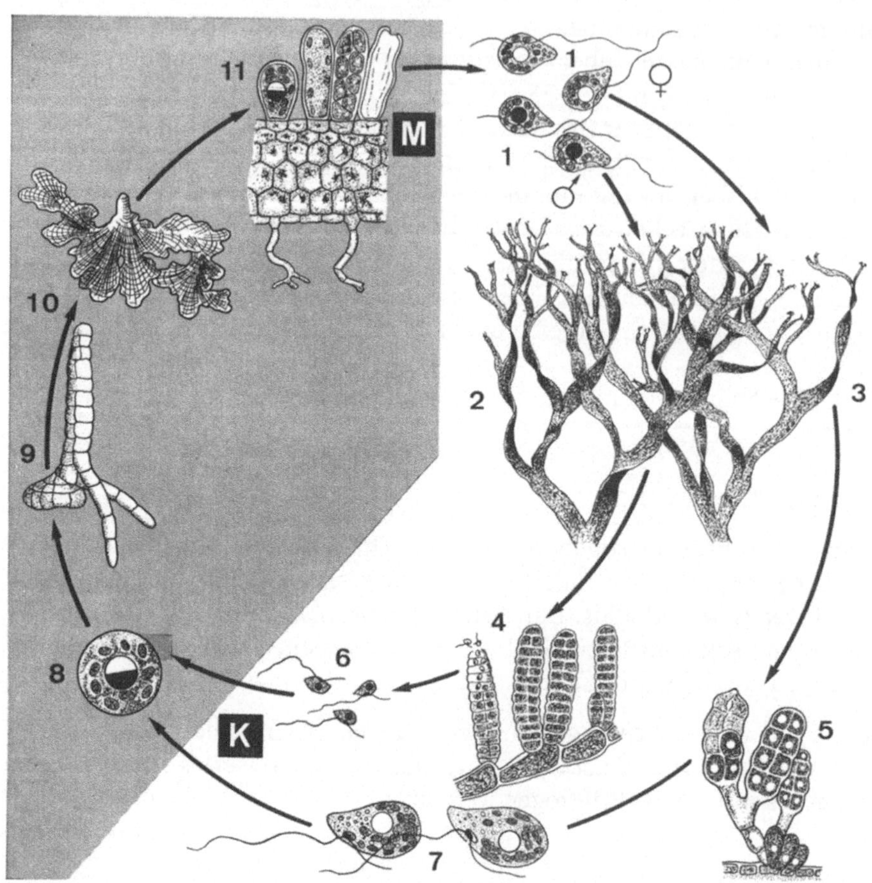

Präparation und Aufgabe: Zupfpräparate. Dieses Objekt eignet sich vorzüglich, um die von einer Scheitelzelle ausgehende Bildung eines Gewebethallus zu studieren. Bei starker Vergrößerung eine Thallusspitze mit Verzweigungen zeichnen. Falls in den Präparaten Fortpflanzungszellenbehälter sind, kann man diese statt derjenigen von *Ectocarpus* zeichnen.

Beobachtungen: Die langgestreckte Scheitelzelle ist einschneidig, d.h. sie schnürt nur Zellen nach einer Richtung ab. Schon wenige Zellen dahinter setzen die Längsteilungen ein, die zur Mehrreihigkeit führen. Verzweigungen entstehen aus den mehrreihigen Regionen, wobei eine distale Zelle wieder zur Scheitelzelle wird. Die Zellen enthalten einen Kern und zahlreiche Chromatophoren. Die Fortpflanzungszellenbehälter bilden sich nur an Seitenzweigen.

3. Ordnung: Cutleriales

Merkmale: Die Gattung *Cutleria*, die zur einzigen Familie dieser Ordnung, den Cutleriaceae, gehört, ist mit drei Arten vorwiegend im Mittelmeer verbreitet. Es soll hier nur *Cutleria multifida* erwähnt werden, da diese morphologisch diözi-

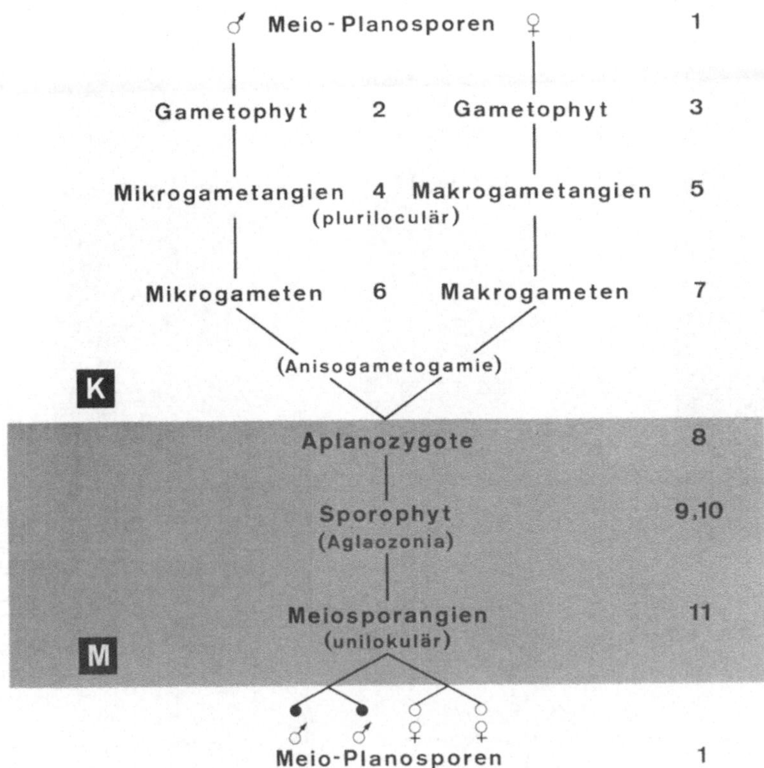

Abbildung 55. Entwicklungs-Zyklus von *Cutleria multifida,* Haplo-Diplont mit heteromorphem Generationswechsel; Befruchtungs-Modus: Anisogametogamie (Befruchtungsstoff: Multifiden, s. Abb. 51); Fortpflanzungs-System: morphologische Diözie. (Nach Walter, verändert)

sche Alge (s. Abb. 55) mit ihrem etwa handgroßen Gametophyten und dem stark **reduzierten Sporophyten** (früher *Aglaozonia* genannt) die **erste Stufe** einer bei den Braunalgen gut zu demonstrierenden **Progression** für eine fortschreitende **Reduktion des Gametophyten** und für eine **Größenzunahme des Sporophyten** ist, wie ein Vergleich der folgenden Entwicklungs-Zyklen ergibt (s. Hinweis S. 121). Da vor allem das Sporophyten-Material schwer zu beschaffen ist, soll auf eine mikroskopische Bearbeitung verzichtet werden.

4. Ordnung: Dictyotales

Merkmale: Die Vertreter der nur 21 Gattungen umfassenden einzigen Familie der Dictyotaceae bilden **band- oder fächerförmige Gewebethalli** aus, die mit einer Haftscheibe am Substrat befestigt sind und dichotom verzweigt sein können. Sie sind in warmen und kalten Meeren weit verbreitet und durch einen **isomorphen Generationswechsel** charakterisiert.

Material: *Dictyota dichotoma* (Gabeltang) ist vor allem in der Nordsee heimisch und kann als konserviertes Kulturmaterial von BAH bezogen werden.

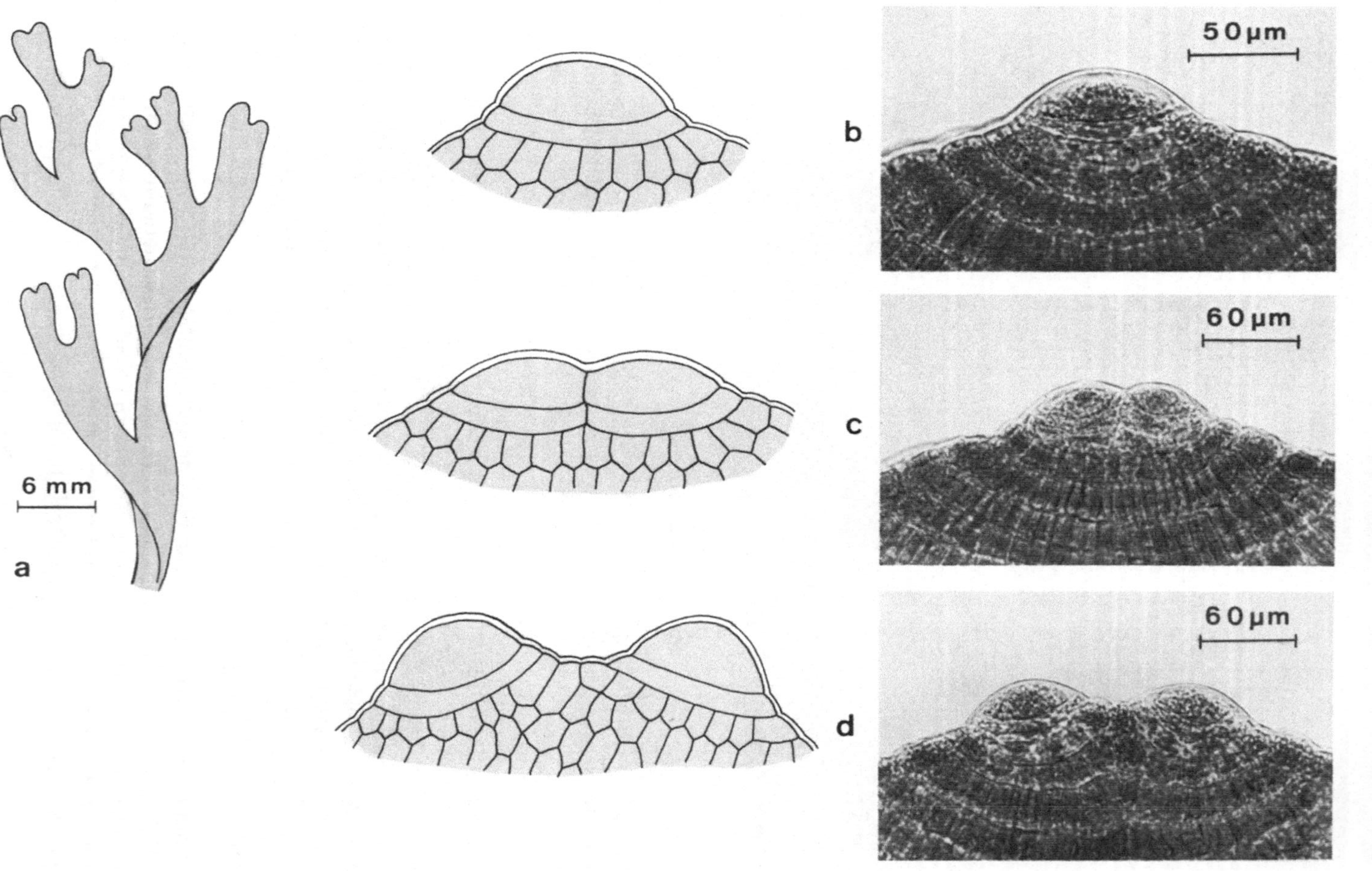

Abbildung 56 a–d. *Dictyota dichotoma.* a Habitus des Thallus; b Keimling mit Scheitelzelle; c–d Teilung der Scheitelzelle, Beginn der dichotomen Verzweigung

Da *D. dichotoma* morphologisch diözisch ist, gibt es drei Typen von Pflanzen (männliche und weibliche Gametophyten, Sporophyten), die bei gleichem Habitus sich nur durch ihre Fortpflanzungszellenbehälter unterscheiden.

Präparation: Zum Studium der Scheitelzellen Thallusspitzen verschiedenen Alters etwa 1–2 mm hinter dem Vegetationspunkt mit der Klinge abschneiden und Deckglaspräparat anfertigen. Besser eignen sich dazu allerdings Keimlinge (zu beziehen von BAH), die komplett in einem Deckglaspräparat mikroskopiert werden können. Handschnitte durch ältere Thallusteile anfertigen, und zwar aus der Region, in der die Fortpflanzungszellenbehälter vorhanden sind (Abb. 58). Dazu vorher unter dem Präpariermkroskop oder mit Lupenvergrößerung nach geeigneten Zonen suchen.

Aufgabe: Bei starker Vergrößerung Scheitelzelle und deren Teilung und damit den Beginn einer dichotomen Verzweigung zeichnen. Thallusquerschnitte durch männlichen und weiblichen Gametophyten mit Geschlechtsorganen und durch Sporophyt mit Sporangien zeichnen (mittelstarke Vergrößerung).

Beobachtungen: Morphologie und Anatomie des Thallus: Die handgroßen Thalli (Abb. 56 a) können als Musterbeispiel einer dichotomen Verzweigung angesehen werden. Sie wachsen mit einer einschneidigen Scheitelzelle, die uhrglasförmig gewölbte Segmente abschnürt und vor allem bei den Keimlingen gut zu erkennen ist (Abb. 56 b). Die spätere Dreischichtigkeit des Thallus kommt durch parallel zur Oberfläche erfolgende Längsteilungen zustande. Die Verzweigung wird durch eine Längsteilung der Scheitelzelle eingeleitet (Abb. 56 c, d). In den ausdifferenzierten Thalli wird die zentrale, aus großen Zellen bestehende Speicherschicht (kenntlich an den Öltröpfchen) durch die obere und untere Rindenschicht umhüllt. Die kleinen, einkernigen Zellen des Rindengewebes enthalten zahlreiche Plastiden und dienen der Photosynthese (Abb. 58).

Fortpflanzung: (Abb. 57) Alle Behälter der Fortpflanzungszellen entstehen aus Zellen der Rindenschicht, und zwar grenzt sich nach einer Ausstülpung der Behälter gegen eine in der Rindenschicht verbleibende Basalzelle ab. Die Geschlechtsorgane stehen in Gruppen (Sori) zusammen. Die Sori der männlichen Pflanzen enthalten eine Vielzahl von plurilokulären Antheridien, die von sterilen Zellen umhüllt sind (Abb. 58 a, b). Den Sori der weiblichen Pflanzen fehlt diese Hülle (Abb. 58 c, d). Die Oogonien sind unilokulär und entlassen eine unbewegliche Eizelle. Diese scheiden das Pheromon Dictyoten aus (s. Abb. 51), welches die Spermatozoiden anlockt. Nach Befruchtung durch einen mit einem reduzierten Plastiden und nur einer Flimmergeißel ausgestatteten männlichen Gameten keimt die Zygote unmittelbar zu einem Sporophyten aus. Die Sporangien sind ebenfalls in Gruppen angeordnet, wobei allerdings die Abstände der einzelnen Behälter größer sind, da nicht wie bei den Geschlechtsorganen ein ganzer Komplex von Rindenzellen, sondern nur einzelne diese Behälter ausbilden. In jedem der Tetrasporangien entstehen nach einer meiotischen Teilung vier Meioaplanosporen. Diese Tetrasporen zeigen eine 1:1-Aufspaltung für

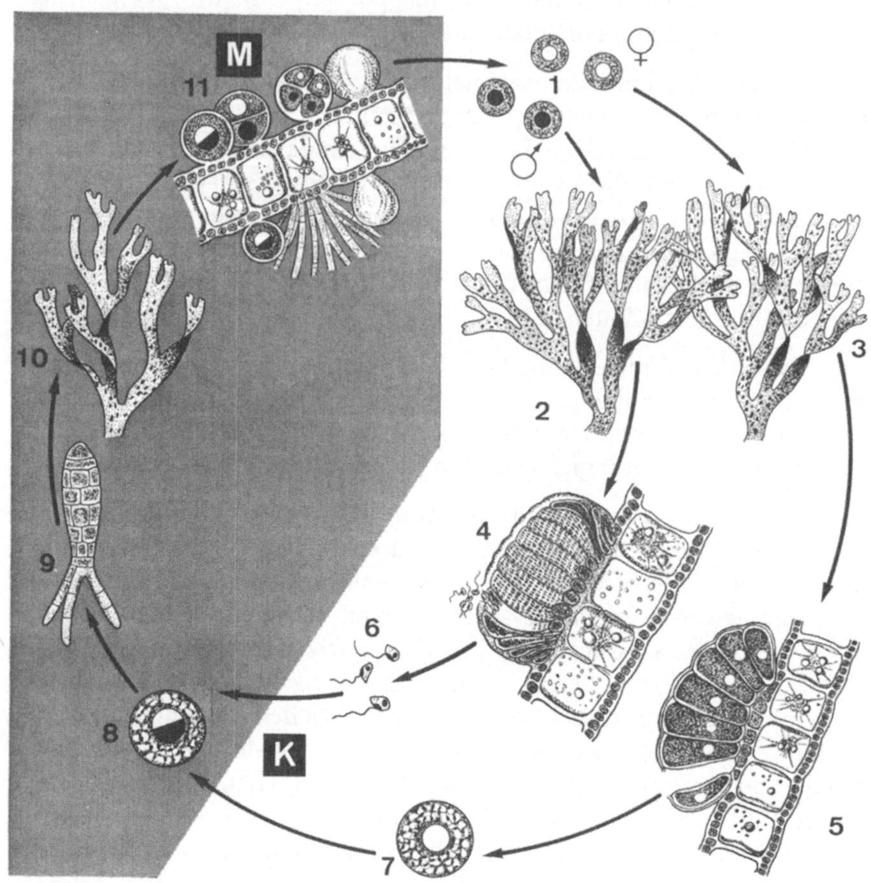

männlich und weiblich und können zur Tetradenanalyse (S. 403f.) benutzt werden (Abb. 58 e, f).

5. Ordnung: Laminariales

Film: C1145, Entwicklung von *Laminaria*

Merkmale: Die 31 Gattungen dieses Taxons haben einen **heteromorphen Generationswechsel**. Im Gegensatz zu *Cutleria* sind hier die meist diözischen Gametophyten sehr klein. Der morphologischen Differenzierung der Sporophyten (Rhizoide, Kauloide, Phylloide) entspricht auch eine histologische. Die Vertreter dieser Ordnung leben vorwiegend in kälteren Meeren. Ihre Thalli können bis 60 m lang werden (z.B. *Macrocystis pyrifera*).

Material: *Laminaria* (Laminariaceae) ist mit den Arten *saccharina*, *digitata* und *hyperborea* in der Nordsee vertreten. Artunterschiede sind in erster Linie durch die Form des Phylloids bedingt (Habitus, Abb. 60). Konserviertes Material wird von BAH angeboten, und zwar Kauloid-Stücke, Phylloid-Stücke mit

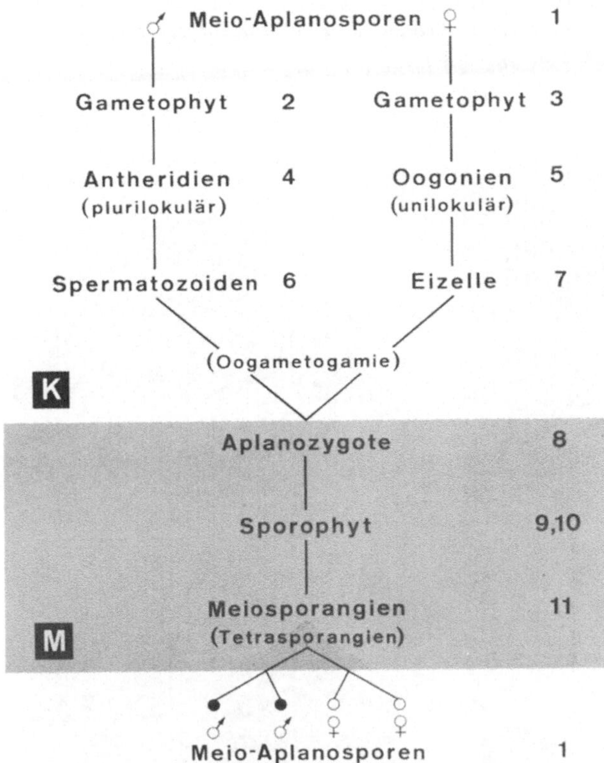

Abbildung 57. Entwicklungs-Zyklus von *Dictyota dichotoma*, Haplo-Diplont mit isomorphem Generationswechsel: Befruchtungs-Modus: Oogametogamie; Fortpflanzungs-System: morphologische Diözie. (Nach Walter, verändert)

Sporangien-Sori und Dauerpräparate mit Gametophyten und jungen Sporophyten.

Präparation: Handschnitte durch Kauloid (längs und quer) und durch Sori (Phylloid quer) anfertigen. Zum Studium der Gametophyten (mit anhaftenden jungen Sporophyten) Dauerpräparate verwenden.

Aufgabe: Bei mittelstarker Vergrößerung Kauloid-, Quer- und -Längsschnitt in der Übersicht und jeweils einen Sektor zellulär zeichnen. Ausschnitte aus einem Sporangiensorus und männliche und weibliche Gametophyten bei starker Vergrößerung zeichnen.

Beobachtungen:

a. Morphologie und Anatomie des Sporophyten

Um eine Vorstellung über den Habitus der Sporophyten zu erhalten, wird auf die Abbildung in den einschlägigen Lehrbüchern (s. auch Abb. 60) verwiesen, denn die bis zu mehreren Metern groß werdenden Thalli, die mit krallenartigen Rhizoiden, einem langgestreckten Kauloid und einem einfachen oder zerteilten Phylloid ausgestattet sind, können nur bei Exkursionen demonstriert werden. Die Thalli sind mehrjährig, das Phylloid wird im Frühjahr durch ein an seiner Basis befindliches, interkalares Meristem regeneriert.

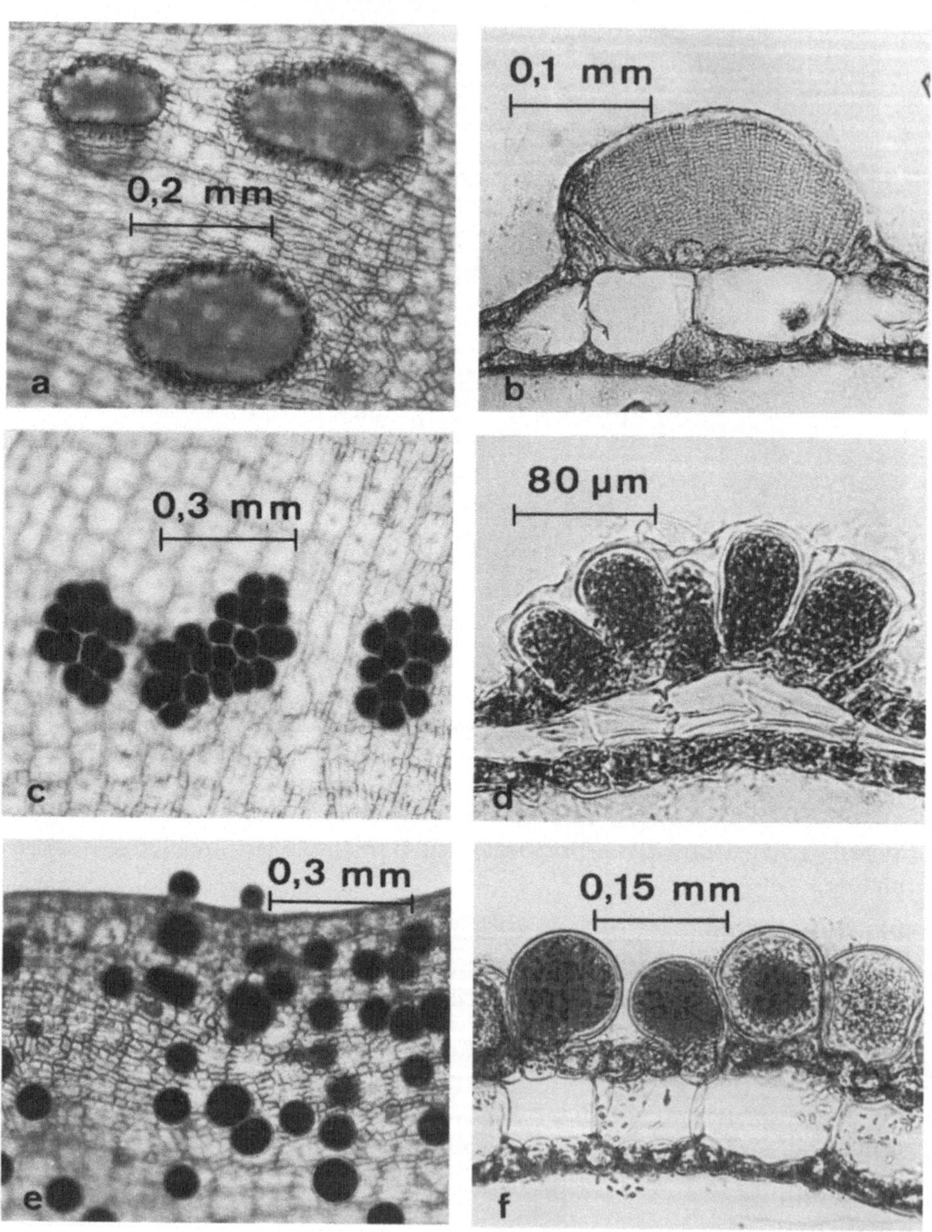

Abbildung 58 a–f. *Dictyota dichotoma.* Aufsicht (a, c, e) und Querschnitte (b, d, f) von Thalli mit Fortpflanzungszellenbehältern. a, b Männlicher Gametophyt mit Sori von Antheridien; c, d weiblicher Gametophyt mit Sori von Oogonien; e, f Sporophyt mit Tetrasporangien

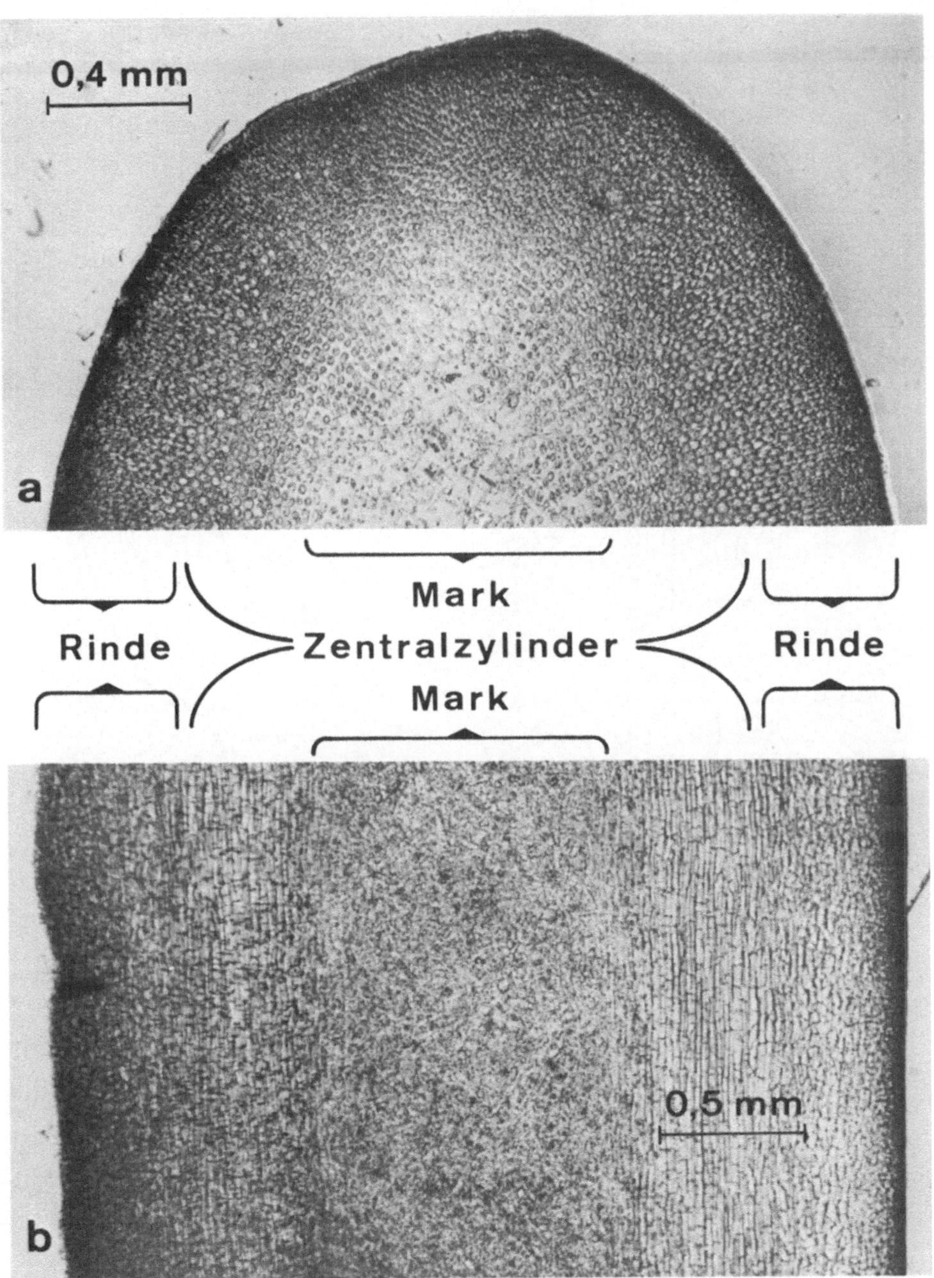

Abbildung 59 a, b. *Laminaria* spec., Gewebethallus des Kauloids. a Querschnitt; b Längsschnitt

Wie die Schnitte durch das **Kauloid** zeigen (Abb. 59), handelt es sich um einen echten **Gewebethallus,** dessen Zellen sich im Gegensatz zum Fadenthallus in mehreren Richtungen zu teilen vermögen. Wie bei höheren Pflanzen kann

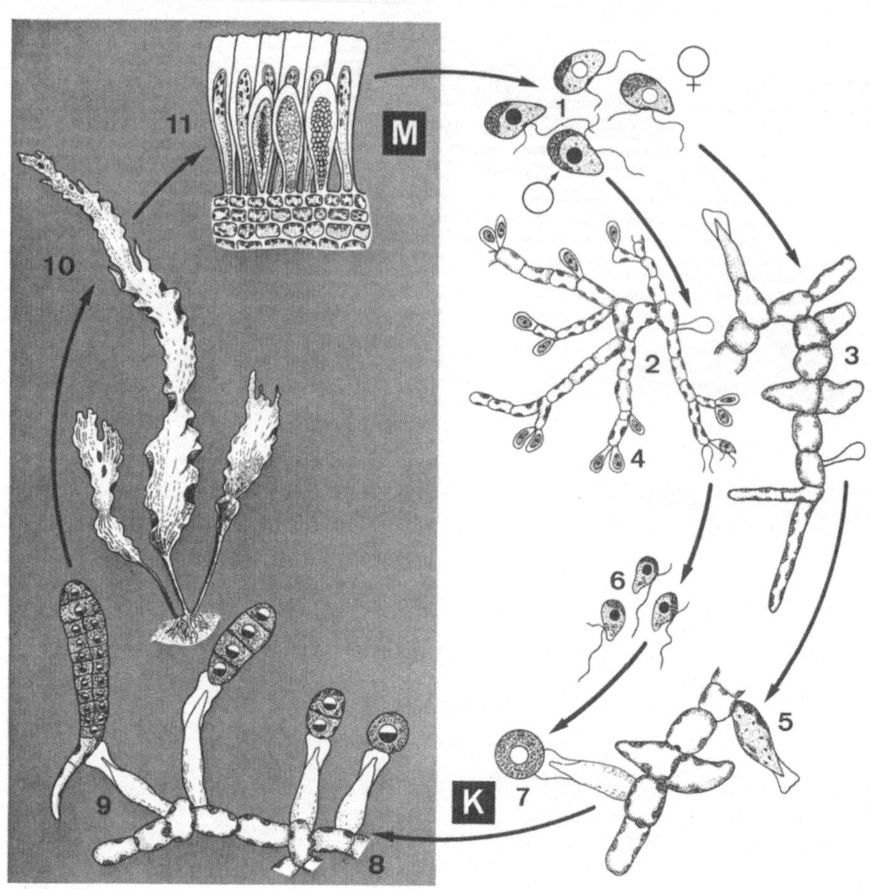

man deutlich zwischen einer photosynthetisch aktiven **Rinde** und einem **Zentralzylinder** mit Speicherfunktion unterscheiden.

Die äußeren kleinzelligen Schichten der Rinde enthalten zahlreiche Chromatophoren. Diese Zellen haben sich im Verlauf der Kauloiddifferenzierung mehrfach geteilt. Die inneren Schichten dagegen haben sich gestreckt und bilden den nicht sehr deutlich wahrnehmbaren Übergang zum Zentralzylinder. In dieser Region findet man vor allem in älteren Kauloiden zahlreiche weitlumige Schleimgänge.

In den dickwandigen äußeren Zellen des Zentralzylinders kann man in radialer Richtung Tüpfel beobachten. Im Inneren des Zentralzylinders hat sich eine Markschicht differenziert, die in der Übersichtsvergrößerung zunächst als ein wirres Zellknäuel erscheint. In dünnen Schnitten erkennt man bei geeigneter Vergrößerung, daß das Mark aus hyphenartig verzweigten Zellreihen besteht (Definition der Hyphe s. S. 261). Diese sind auf folgende Weise entstanden: Während der Differenzierung und den damit verbundenen Zellstreckungen haben sich die Mittellamellen infolge von Verschleimung aufgelöst und die

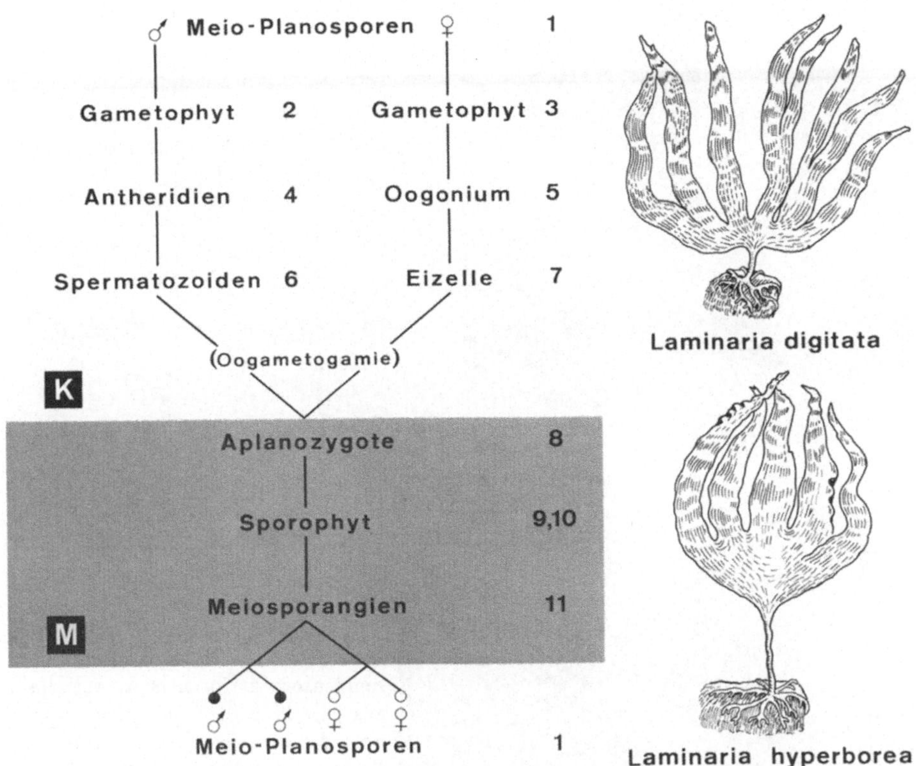

Abbildung 60. Entwicklungs-Zyklus von *Laminaria saccharina,* Haplo-Diplont mit heteromorphem Generationswechsel. Befruchtungs-Modus: Oogametogamie; Fortpflanzungs-System: morphologische Diözie. (Nach Walter verändert). Rechts: Habitusskizzen von *L. hyperborea* und *L. digitata.*

einzelnen Zellreihen wurden voneinander getrennt. Die entstandenen Zwischenräume wurden mit Schleim gefüllt. Zur gleichen Zeit sind aber von den angrenzenden Schichten (der Übergang ist gleitend) hyphenartige Zellreihen in das Mark eingewachsen.

In den Kauloiden von mehrere Jahre alten Pflanzen kann man in der Rindenschicht „Jahresringe" erkennen, da mit der jährlichen Phylloiderneuerung auch der Durchmesser der Kauloide zunimmt.

Im Vergleich zum Kauloid hat das Phylloid einen etwas vereinfachten Aufbau. Man erkennt hier nur Rinde und Mark, die äußeren dickwandigen Schichten des Zentralzylinders fehlen meist (s. Abb. 61).

b. Fortpflanzung

Vegetative Fortpflanzung durch Nebenzyklen ist nicht bekannt. Die sexuelle Fortpflanzung ist durch einen heteromorphen, mit Diözie verbundenen Generationswechsel charakterisiert (Abb. 60).

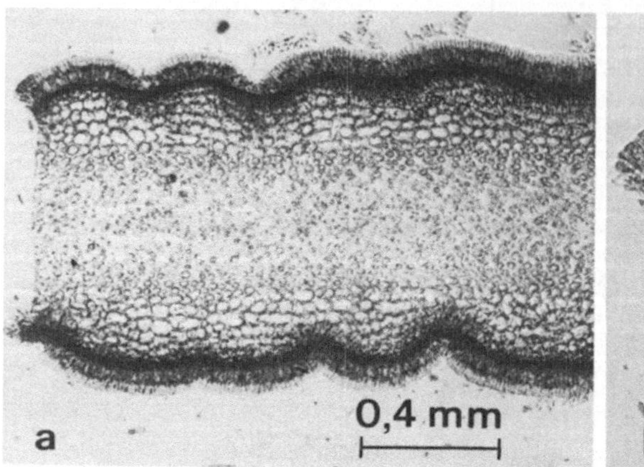 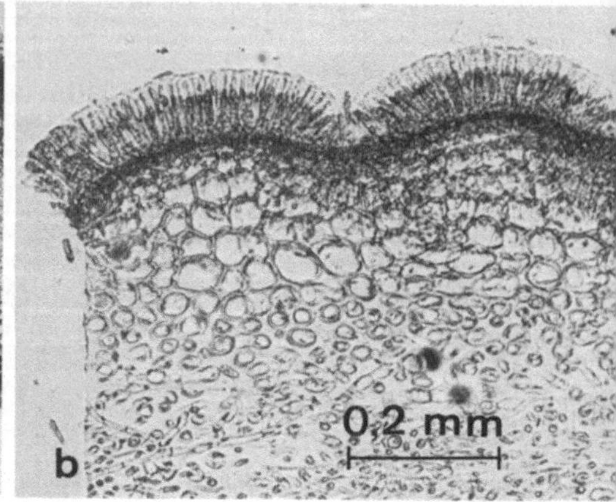

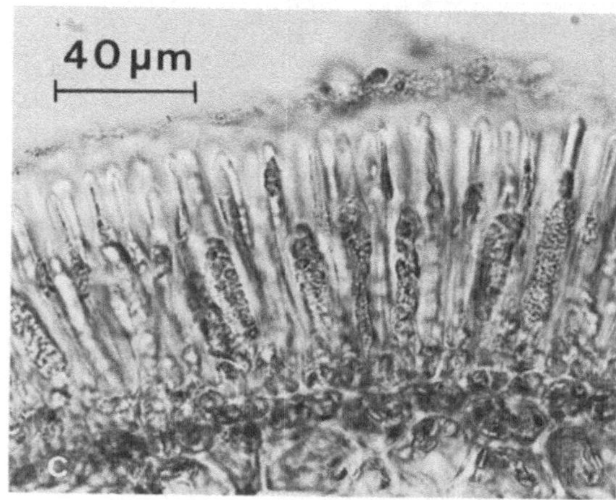

Abbildung 61 a–c. *Laminaria* **spec., Querschnitt durch Phylloid mit Sporangiensori.** a Übersicht; b Ausschnitt aus (a). In beiden Schnitten erkennt man deutlich die in Abb. 59 für das Kauloid beschriebene Differenzierung in Rinde und Zentralzylinder. Besonders in (b) ist auch die hyphenartige Struktur der Markzellen zu sehen; c Ausschnitt aus Sorus mit Paraphysen und den kleineren Sporangien

Abbildung 62 a–g. a *Laminaria hyperborea,* weibliche (♀) und männliche (♂) Gametophyten. An den weiblichen Gametophyten sind die Oogonien mit Eizellen zu sehen (Pfeil). Nach der Befruchtung sind die schlauchartigen Sporophyten (⊕) an den weiblichen Gametophyten entstanden. **b–g** *Laminaria saccharina.* **b** Entleerung eines Sporangiums, die 32 Planosporen sind noch von einer Hülle umgeben; **c** Sporenkeimung; der Protoplast ist jeweils in die erste Zelle des Gametophyten übergetreten; **d** Oogonien, das rechte Oogon hat sich geöffnet zum Entlassen der Eizelle; **e** dasselbe Stadium, 40 s später; die Eizelle haftet an der Spitze des leeren Oogoniums; **f** männlicher Gametophyt mit Antheridien (Pfeil); **g** die Eizelle ist von Spermatozoiden umgeben. (Fotos: a PH Sahling; b–f H Heunert)

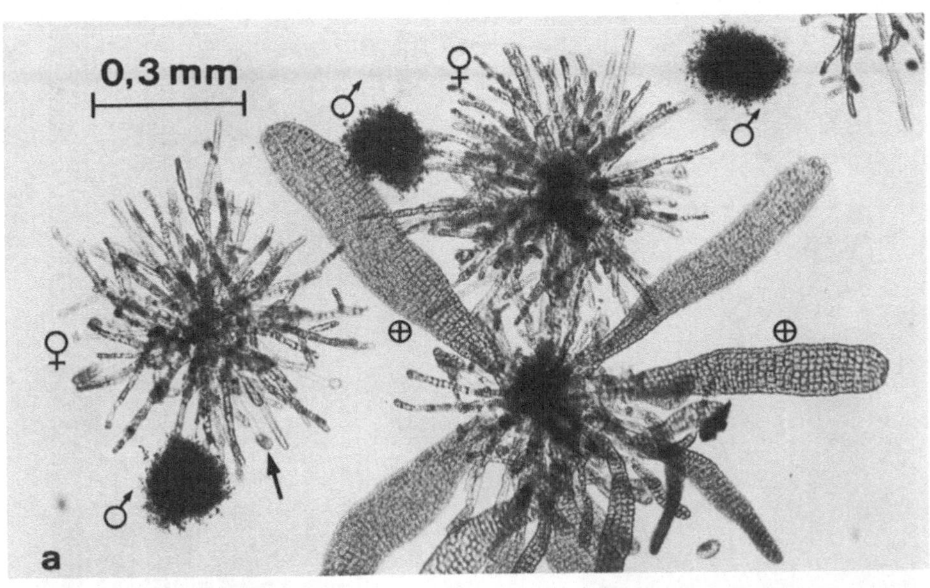
0,3 mm

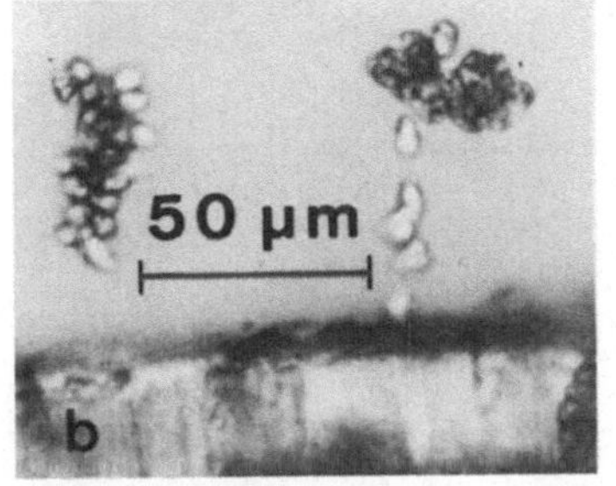
50 µm

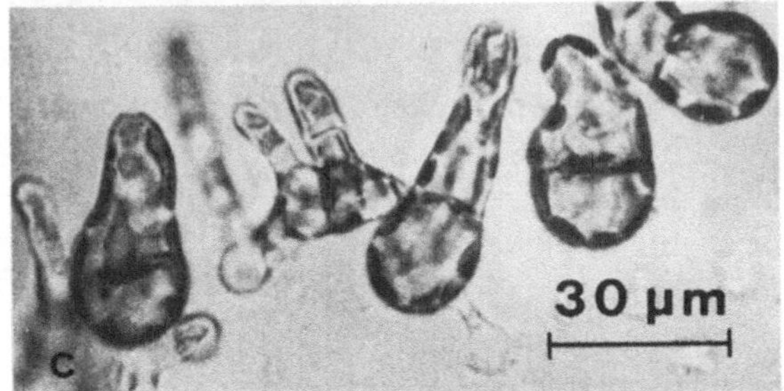
30 µm

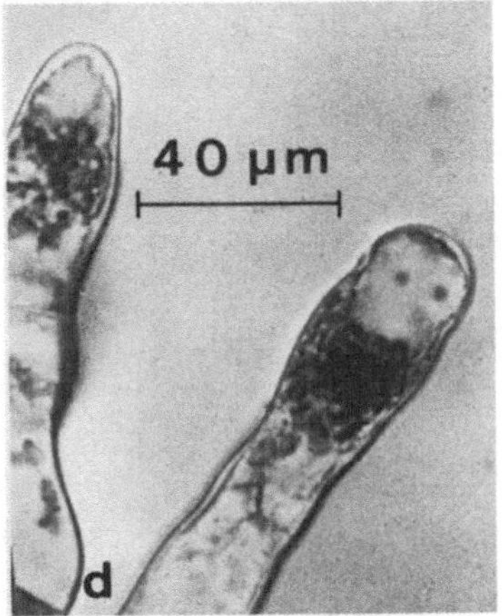
40 µm

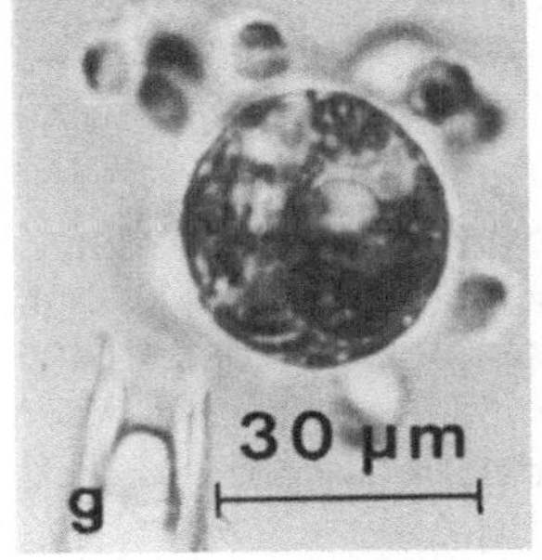
30 µm

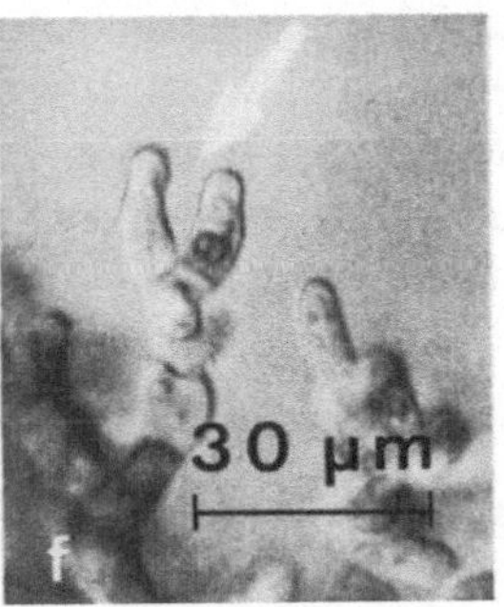
30 µm

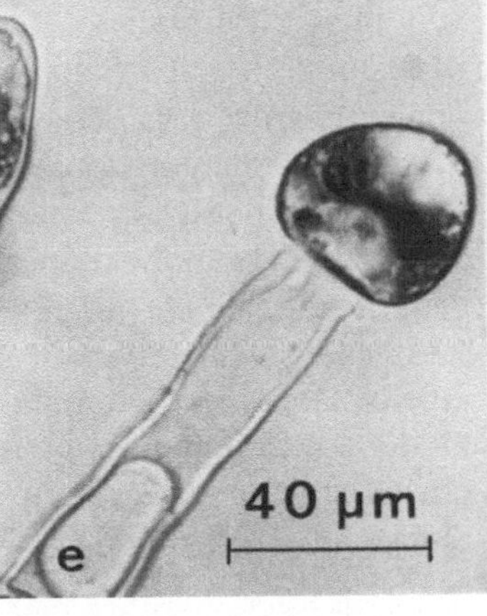
40 µm

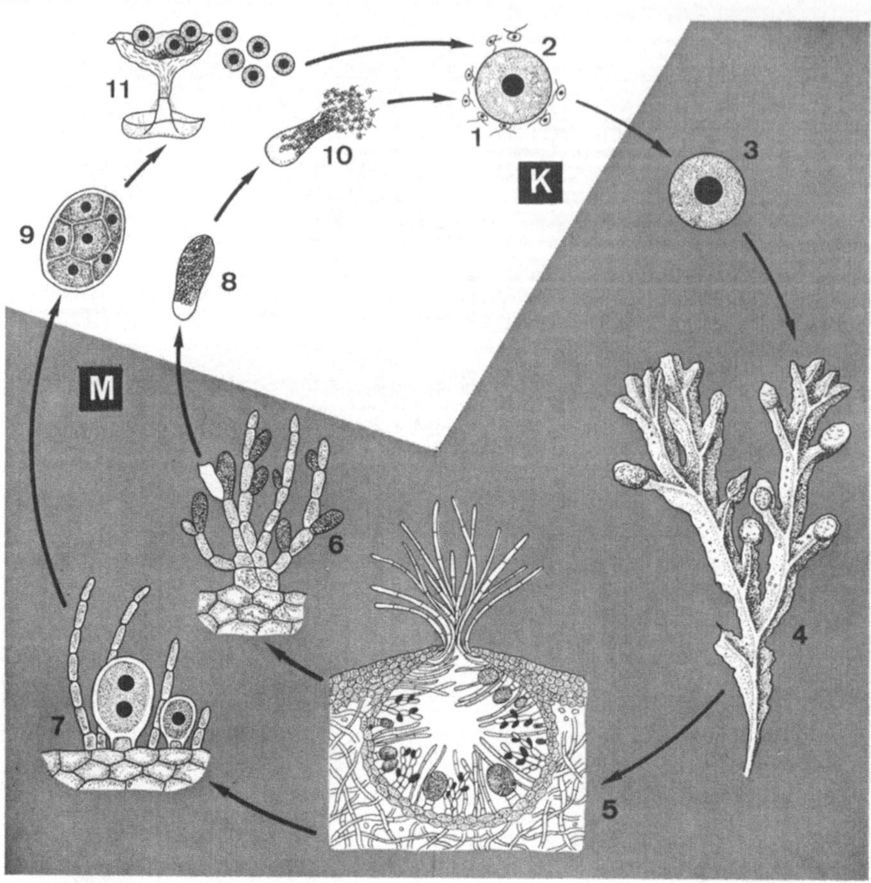

In der Mitte des Phylloids (Sporophyt) kann man an beiden Seiten zahlreiche unilokuläre, langgestreckte keulige Sporangien finden, die zusammen mit den sie überragenden sterilen Zellen (= Paraphysen) in Sori vereinigt sind (Abb. 61).

Die Zellwände der apikalen Teile der zahlreiche Plastiden enthaltenden Paraphysen sind durch Gallerteinlagerung stark verquollen und überdecken die Sporangien während der Reife.

Die mit zwei Geißeln und Plastiden (Standardtyp der Braunalgen-Fortpflanzungszellen s. Abb. 50) ausgerüsteten Meiosporen keimen unmittelbar nach Freiwerden entsprechend ihrer genetischen Information zu männlichen oder weiblichen Gametophyten aus (Abb. 62). Die aus vielen kleineren Zellen aufgebauten männlichen Gametophyten bilden endständig zahlreiche einzellige Gametangien, die jeweils nur ein zweigeißeliges Spermatozoid entlassen. Die weiblichen Gametophyten haben wenige, aber größere Zellen und erzeugen eineige Oogonien. Die reife Eizelle verläßt ihren Behälter, bleibt jedoch meist an der Spitze haften und wird dort befruchtet. Daher kann man an den weiblichen Gametophyten die unmittelbar nach der Zygotenbildung auskeimenden Sporophyten erkennen. Der Befruchtungsstoff ist Lamoxiren (s. Abb. 51).

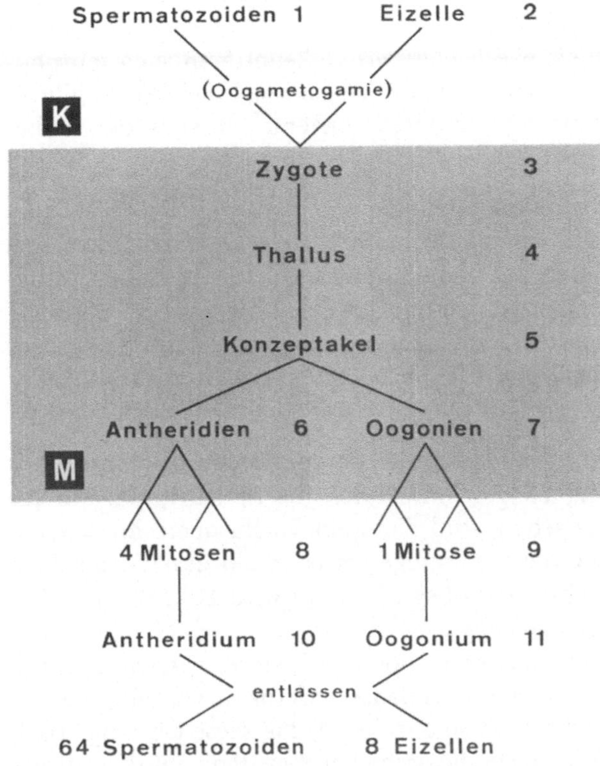

Abbildung 63. Entwicklungs-Zyklus von *Fucus platycarpus*, Diplont. Befruchtungs-Modus: Oogametogamie; Fortpflanzungs-System: Monözie. (Nach Walter, verändert)

6. Ordnung: Fucales

Film: C 1747, Befruchtungsbiologie bei Fucus, Diözie und Monözie

Merkmale: Die 36 Gattungen mit mehr als 300 Arten, die in 8 Familien zusammengefaßt sind, bilden mit den Laminariales die Hauptvegetation an den Küsten der kälteren Meere, bestimmen aber auch die Vegetation der Sargasso-See. Die Thalli haben als Haftorgane entweder Rhizoide oder Haftscheiben. Das Kauloid ist nur an der Basis stielartig und verbreitert sich dann blattartig zu sogenannten Flachsprossen, die vielfach dichotom verzweigt sind und bei einigen Arten „Schwimmblasen" tragen. Das Wachstum geht wie bei *Dictyota* (s. Abb. 56) von einer Scheitelzelle aus. Diese pyramidenförmige Zelle ist in eine apikale Grube eingebettet und schnürt sowohl lateral als auch basal Tochterzellen ab. Phylloide sind nicht vorhanden.

Wie aus dem in Abb. 63 dargestellten Entwicklungs-Zyklus der als Leitart gewählten *Fucus platycarpus* hervorgeht, erfolgt die **sexuelle Fortpflanzung** durch Oogametogamie. In krugartigen Einsenkungen, Konzeptakel genannt, entstehen die Antheridien und Oogonien. Da die haploide Phase nur auf die Spermatozoiden und Eizellen beschränkt ist, sind die **Fucales Diplonten.** Die

Spermatozoiden werden durch das Pheromon Fucoserraten (s. Abb. 51) angelockt.

Neben monözischen Formen, wie *F. platycarpus,* kennt man auch morphologische Diözisten (z.B. *Fucus serratus und F. vesiculosus).* Bei diesen gibt es männliche und weibliche Individuen, in deren Konzeptakeln entweder Antheridien oder Oogonien entstehen.

Material: Von den Blasentangen findet man *Fucus platycarpus* (Fucaceae) vorwiegend in der Nordsee und *F. vesiculosus* in der Ostsee. Der Sägetang *F. serratus,* der keine Schwimmblasen hat und an den sägeblattartig eingeschnittenen Thallusrändern zu erkennen ist, kommt in beiden Meeren vor. Die nahe verwandte Art *Halidrys siliquosa* (Cystoseiraceae) ist ebenfalls in der Nordsee heimisch. Konserviertes Material der drei *Fucus*-Arten wird von BAH angeboten.

Präparation und Aufgabe: Von Handschnitten werden Deckglaspräparate angefertigt. Zunächst erfolgt ein Längsschnitt durch die Apikalregion. Um die Gewebestruktur der Thalli zu sehen, wird dann ein Thallusquerschnitt durch eine basale Region hergestellt, die nur wenige cm oberhalb des Stiels, jedoch schon in der Region des Flachsprosses liegt. Hiervon wird bei mittlerer Vergrößerung ein Übersichtsbild angefertigt.

Dann schneidet man in der apikalen Region durch ein Konzeptakel, das in den apikalen Thallusteilen an seiner stecknadelkopfgroßen Öffnung makroskopisch erkennbar ist. Der Schnitt ist so anzulegen, daß diese Öffnung erfaßt wird. Am besten verwendet man dazu diözische Formen, denn auf diese Weise kann man die Antheridien und Oogonien klarer voneinander unterscheiden. Bei mittlerer Vergrößerung wird ein männliches und ein weibliches Konzeptakel in der Übersicht und bei starker Vergrößerung jeweils ein Ausschnitt mit Antheridien bzw. Oogonien gezeichnet.

Beobachtungen: Habitus: Die Flachsprosse der *Fucus*-Arten lassen eine Art Mittelrippe erkennen. Bei den Blasentangen liegen die Schwimmblasen beidseitig der Mittelrippe (*F. vesiculosus*).

Anatomie der Gewebethalli: Im Längsschnitt des jungen Thallus ist die Apikalzelle zu erkennen (Abb. 64 a, b). Die kleineren photosynthetisch aktiven Rindenzellen umschließen ein locker aufgebautes Speichergewebe. In den Mittelrippen befinden sich siebröhrenartige Leitelemente. Diese kann man besonders gut bei *Halidrys siliquosa* demonstrieren (Abb. 64 c).

Konzeptakel und Geschlechtsorgane: In den Querschnitten durch die apikale Region der Flachsprosse (Abb. 65, 66) kann man deutlich erkennen, daß die Konzeptakel als Einsenkungen durch eine partiell erhöhte Teilungsaktivität der Rindenschicht entstanden sind, denn diese kleidet auch innen die Hohlräume aus und hebt sich deutlich gegen das lockere Speichergewebe ab.

In den **männlichen Konzeptakeln** (Abb. 65) werden die eiförmigen männlichen Gametangien an reich verzweigten dünnen Zellfäden gebildet. In den einzelligen einkernigen Behältern folgen auf die Meiose noch vier mitotische

Teilungen, so daß 64 männliche Gameten gebildet werden. Diese verlassen, zunächst noch von einer dünnen Wandschicht des Antheridiums umgeben, im Verband das männliche Gametangium, bis sie kurz vor oder nach Austritt aus dem Konzeptakel „selbständig" werden.

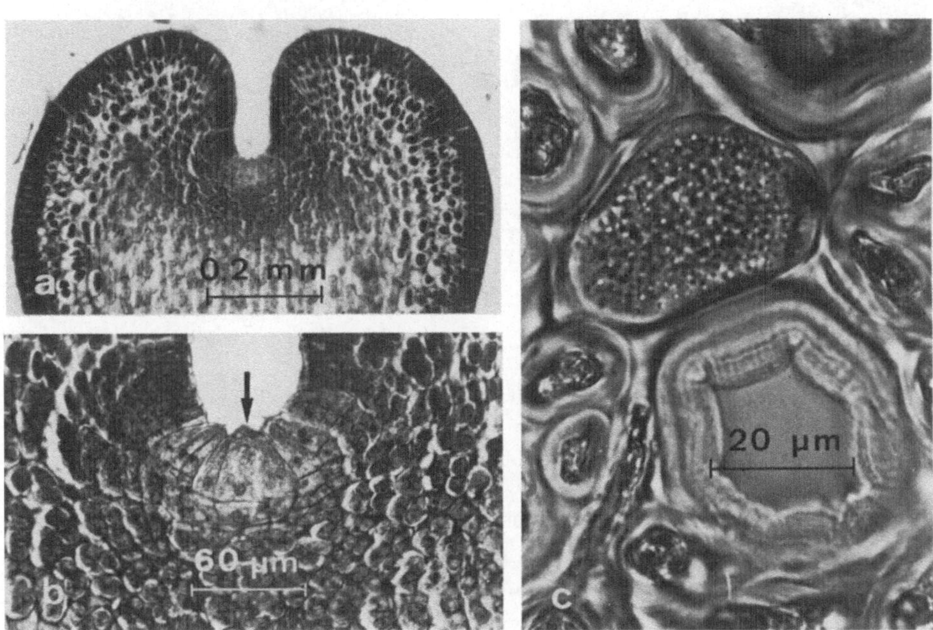

Abbildung 64 a–c. a. b *Fucus* **spec. a** Längsschnitt durch die Spitze des jungen Thallus mit eingesenkter Apikalzelle; **b** Ausschnitt aus (a), Apikalzelle (Pfeil). **c** *Halidrys siliquosa*, Querschnitt durch einen Gewebethallus in der basalen Zone des Sprosses. „Siebröhren" erkennbar an den stark verdickten Zellwänden (unten) bzw. Siebplatte (oben)

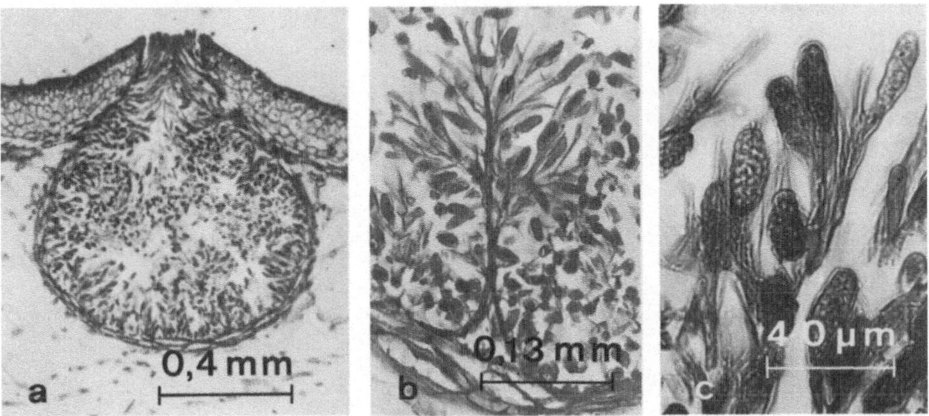

Abbildung 65 a–c. *Fucus serratus.* **a** Schnitt durch männliche Konzeptakel; **b, c** Stand mit männlichen Gametangien

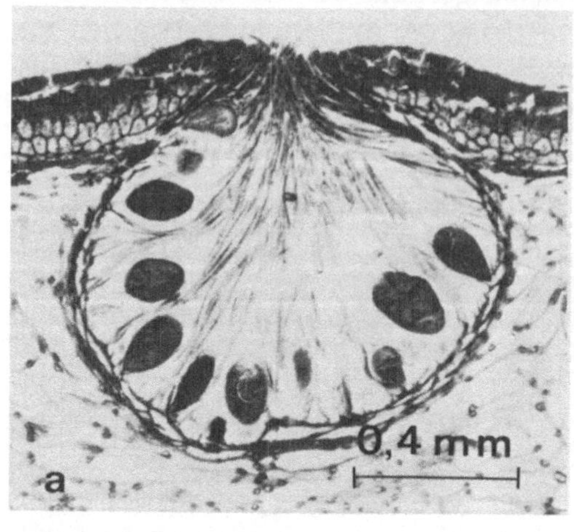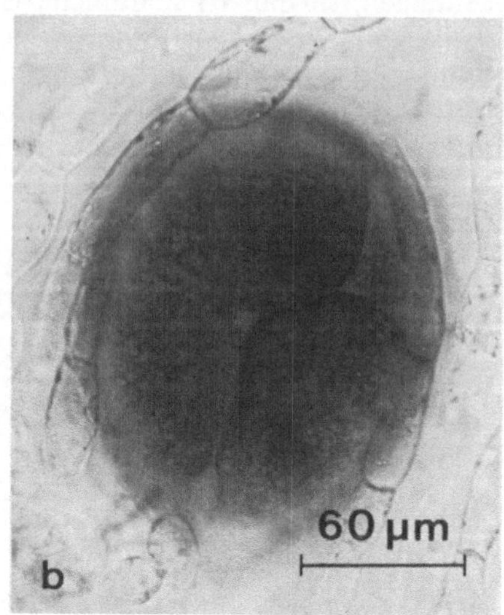

Abbildung 66 a, b. *Fucus serratus.* a Schnitt durch ein weibliches Konzeptakel; b weibliches Gametangium. (Foto b: P Tudzynski)

Die weiblichen Gametangien (Abb. 66) sind wesentlich größer als die männlichen. Sie entstehen in Einzahl als rundliche Behälter unter Abschnürung einer Stielzelle aus der Rindenschicht. Nach der Meiose und einer anschließenden Mitose verlassen die 8 unbeweglichen Eizellen, ebenfalls noch von einer Hülle umgeben, ihren Behälter. Die Hülle platzt jedoch nach Verlassen der Konzeptakel. Die nach Befruchtung der passiv im Wasser treibenden Eizellen durch die männlichen Planogameten gebildete Zygote keimt entweder sofort oder nach einer Ruhephase zu einem neuen Diplonten aus. In beiden Typen von Konzeptakeln sind die Räume zwischen den Geschlechtsorganen mit Paraphysen ausgefüllt, die zum Teil aus dem Porus herausragen.

8. Abteilung: Rhodophyta (Rotalgen)

Klasse: Rhodophyceae

A. EINFÜHRUNG

I. MERKMALE

Die Rotalgen sind eine **phylogenetisch isolierte Gruppe,** da keine verwandtschaftlichen Beziehungen zu den übrigen Abteilungen der Algen bestehen. Lediglich die Bildung von Phycobilinen (Phycoerythrin, Phycocyanin) deutet auf eine Verbindung zu den Glaucophyta (Tabelle 4) und Cyanobacteriota hin.

In Homologie zu den Cyanophycinkörnern der Cyanobakterien (s. Abb. 12) befinden sich bei den Rotalgen diese akkzessorischen Pigmente in Phycobilisomen, die in den Chloroplasten auf den Thyllakoiden liegen.

Typisch für die Rotalgen ist, daß es praktisch **keinerlei bewegliche Zellen** gibt. Die **wenigen Einzeller** haben eine **coccale Organisation** und die Fortpflanzungszellen der trichal verzweigten bandförmigen und blattartigen Thalli sind ebenfalls unbeweglich.

Die **Thalli** sind **heterotrich oder in Rhizoid** (bzw. Haftscheibe), **Kauloid** und **Phylloid** gegliedert, aber im Gegensatz zu den Braunalgen gibt es bei den Rotalgen **keine echten Gewebe (Parenchyme),** sondern **nur Pseudoparenchyme** (Tabelle 3), die nach zwei noch zu besprechenden Typen entstehen (S. 204 f.) und sich auf ein System verzweigter Zellfäden zurückführen lassen.

Die Plastiden der einkernigen Zellen sind oval oder gelappt, aber niemals becherförmig wie bei den Grün- oder Braunalgen. Pyrenoide, jedoch ohne Stärkehülle, können vorkommen. Als **Assimilationsprodukt** wird keine Stärke, sondern **Florideenstärke** gebildet (Tabelle 4). Die Zellwände sind durch Pektinauflagerung stark verschleimt.

Abgesehen von wenigen Ausnahmen leben die Rotalgen (etwa 500–600 Gattungen, mit etwa 5000 Arten) nicht nur in der Litoralzone der Meere, sondern auch in tieferen Regionen (bis zu 200 m), denn bedingt durch ihre roten Pigmente, können sie das zu diesem komplementäre kurzwellige Licht ausnutzen.

II. FORTPFLANZUNG

Vegetative Fortpflanzung durch **Nebenzyklen** (Mitoaplanosporen = Monosporen) ist bei einigen Rotalgen sowohl für Gametophyten als auch für Sporophyten vorhanden. Die bei den Braunalgen mögliche Fortpflanzung durch Zerfall von Thalli kommt selten vor.

Die **sexuelle Fortpflanzung** ist im allgemeinen mit einem **Generationswechsel** und meist mit **morphologischer Diözie** verbunden. Die Existenz reiner Haplonten ist selten bzw. in manchen Fällen umstritten, da der Ort der meiotischen Teilung nicht mit Sicherheit bekannt ist.

Der **Entwicklungs-Zyklus** der Rotalgen verläuft nach einem **Grundprinzip,** das zunächst am Beispiel der *Polysiphonia* (Abb. 67), verbunden mit einer Erläuterung der bei den Rotalgen üblichen Terminologie, dargestellt werden soll.

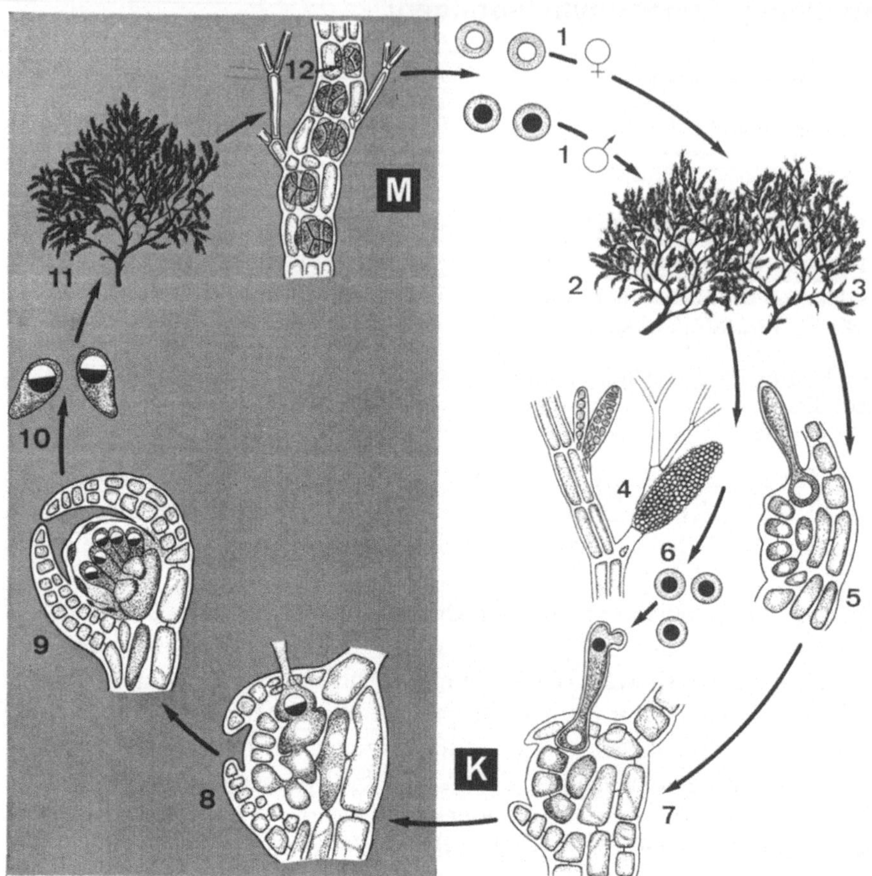

Das weibliche Gametangium **(Karpogon)** trägt an der Spitze ein langgestrecktes Empfängnisorgan **(Trichogyne)**. Zusammen mit einigen basalen Zellen bildet es das **Prokarp** (5). Noch vor der Befruchtung setzt die Ausbildung einer einschichtigen Hülle ein, die als **Perikarp** das Prokarp umgibt [**Prokarp + Perikarp = Cystokarp** (7)]. Die männlichen Aplanogameten **(Spermatien)** (6) werden passiv durch Wasserströmungen an die Trichogyne gebracht und bleiben dort haften. Nach lokaler Wandauflösung wandert ihr Kern via Trichogyne zur Eizelle.

Die **Zygote** verläßt nicht das Karpogon. Während sich das Prokarp zur „Hüllfrucht", **Cystokarp** (8), entwickelt, bildet die Zygote diploide sporogene Zellfäden aus, die als eine **diploide Zwischengeneration** anzusehen sind und als **Karposporophyt** (Gonimoblast) bezeichnet werden (9). In den verdeckten Endzellen des Karposporophyten, den **Karposporangien**, entstehen jeweils in Einzahl diploide Mitoaplanosporen **(Karposporen)** (10), die nach Zerfall des Cystokarps frei werden. Aus den Karposporen entsteht der eigentliche Sporophyt (Tetrasporophyt) (11), in dessen unilokulären Sporangien (12) nach einer meiotischen Teilung sich vier Haplo-Aplanosporen **(Tetrasporen)** (1) bilden, die zu Gametophyten auskeimen (2).

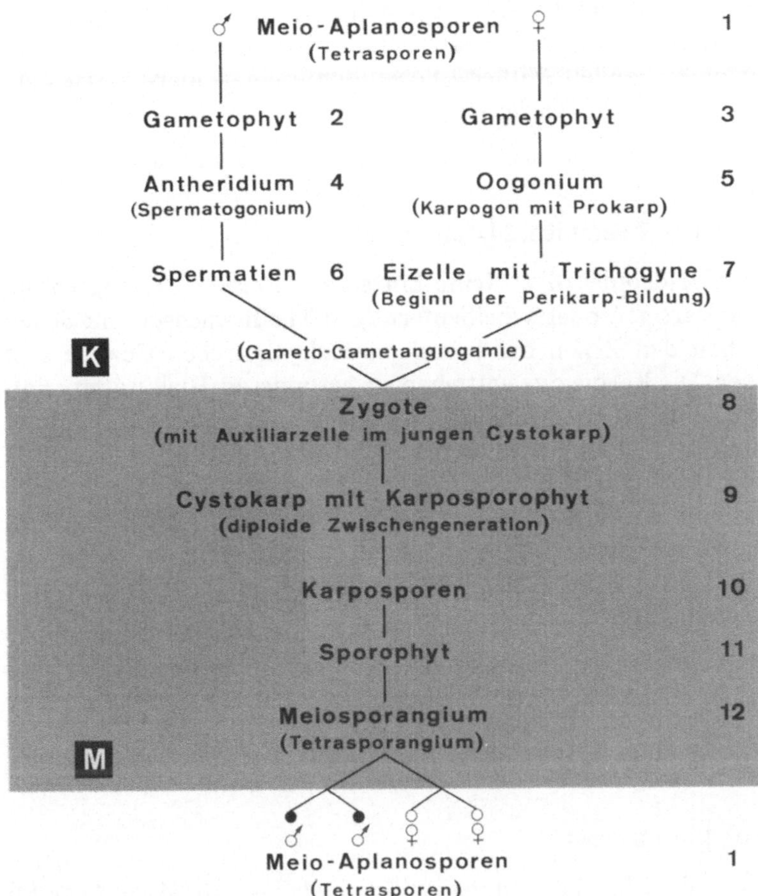

Abbildung 67. Entwicklungs-Zyklus von *Polysiphonia,* isomorpher Haplo-Diplont mit heteromorpher diploider Zwischengeneration. Befruchtungs-Modus: Gameto-Gametangiogamie; Fortpflanzungs-System: morphologische Diözie. (Nach Walter, verändert)

Die **Besonderheit des Entwicklungs-Zyklus der Rotalgen** besteht demnach darin, daß **zwischen haploidem Gametophyt und diploidem Sporophyt,** die meist isomorph sind, eine **diploide,** auf dem Gametophyten parasitierende **heteromorphe Zwischengeneration, der Karposporophyt,** eingeschoben ist.

III. KLASSIFIZIERUNG

I. Unterklasse: **Bangiophycidae:** Selten Einzeller, **fadenförmige, ein- bis mehrreihige Thalli mit interkalarem Wachstum.** Durch postgenitale Zusammenlagerung der Zellfäden können sich **blattartige Thalli** bilden. Die Ausbildung von Tüpfeln konnte nur vereinzelt beobachtet werden. Karpogone entstehen aus vegetativen Zellen.

Früher nahm man an, daß bei den Bangiophycidae die diploide Phase auf die Zygote beschränkt ist und daß es sich demnach bei den Vertretern dieses Taxons um Haplonten handelt. Mittlerweile wurde für einige marine Arten ein diploides Zwischenstadium (*Conchocelis*) beschrieben.

1. **Ordnung: Porphyridiales,** Einzeller und Coenobien, zum Teil in der Erde lebend. Vertreter werden nicht besprochen.

2. Ordnung: Bangiales, 7 Familien, 24 Gattungen.

II. Unterklasse: Florideophycidae: Keine Einzeller. Die reichverzweigten, fadenförmigen, blattartigen oder scheibenförmigen Thalli wachsen mit Scheitelzellen. Zwischen den Zellen der pseudoparenchymatischen Gewebe sind Tüpfel vorhanden. Die Karpogone entstehen an besonderen Thallusästen. Entwicklungs-Zyklus entsprechend Abb. 67. Eine Ausnahme bilden nur Vertreter der ersten Ordnung (Nemalionales), deren Entwicklung nach dem *Batrachospermum*-Typ (s. Abb. 75) erfolgt.

Die taxonomische Klassifizierung der 540 Gattungen in 5 Ordnungen ist mehr oder weniger künstlich und beruht auf der Anlage der Karpogone, der Existenz und Herkunft von Auxiliarzellen, der Bildung von Cystokarpien und anderen morphologischen Merkmalen.

Da, verglichen mit den übrigen Abteilungen der Algen, die Rotalgen eine wesentlich geringere Mannigfaltigkeit in der Thallus-Organisation und in ihrem Fortpflanzungsverhalten aufweisen – wenn man von der scharfen Abgrenzung der beiden Unterklassen absieht –, wollen wir in den praktischen Studien die einzelnen Objekte nicht in numerischer Reihenfolge der Ordnungen behandeln, sondern nach morphologisch-anatomischen und entwicklungsgeschichtlichen Kriterien.

IV. PRAKTISCHE BEDEUTUNG

Die bekannteste praktische Verwendung ist die Herstellung von **Agar-Agar** aus den Zellwänden pazifischer Rotalgen. Dieses Polysaccharid wird nicht nur in der Mikrobiologie und Medizin zur Herstellung von Nährböden benutzt, sondern auch in der Industrie (Lebensmittel, Pharma). Aus den Zellwänden von Rotalgen (*Chondrus crispus*) der kälteren Meere wird das Polysaccharid **Carragen** gewonnen, das ebenfalls als Gelierungsmittel in der Industrie verwendet wird. Unter dem Namen „Isländisch Moos" ist dieses Produkt in getrockneter Form bekannt.

In den Küstenregionen des Atlantik wird der „**Porphyrtang**" seit dem Mittelalter als Nahrungsmittel verwendet. In Skandinavien wird *Porphyra laciniata* gekocht oder als Salat gegessen. In England und Irland wird *P. umbilicalis* nach Milchsäuregärung als eiweißreiche Paste zusammen mit Hafermehl in Fett gebacken (**Laver Bread,** S. 77).

Rotalgen sind, ein fester Bestandteil der asiatischen Küche, wo sie vielfach das Gemüse ersetzen. Hier ist in erster Linie *Porphyra tenera* zu nennen, das in Japan in der Litoralzone kultiviert wird und in papierdünnen Platten als **Asakusa-Nori** vom Handel angeboten wird. Der Herstellungsprozeß ist in einem japanischen Film ausführlich geschildert(s. S. 550)

B. Übungsanleitungen

I. Organisation des Thallus

1. Trichaler Thallus der Bangiophycidae und Florideophycidae

Material: *Rhodochorton* (Achrochaetiaceae, Nemalionales, Florideophycidae) ist mit 20 Arten in den kälteren Meeren der nördlichen Erdhälfte vertreten und daher auch in der Nordsee heimisch. *Rhodochorton* wird von BAH angeboten.

Bangia (Bangiaceae, Bangiales, Bangiophycidae) ist mit 8 Arten im Salz- und Süßwasser verbreitet. *Bangia atropurpurea* (GÖT) wächst in Form von rötlichen schleimigen Watten in langsam fließendem Süßwasser und in der Brandungszone des Meeres.*

Präparation und Aufgabe: Zupfpräparate von frischem oder fixiertem Material, das Thalli von unterschiedlichem Alter enthält, und Querschnitt durch Fadenmitte eines ausdifferenzierten Thallus von *Bangia* herstellen.

Beobachtungen: Die reich verzweigten einreihigen Fadenthalli von *Rhodochorton* (Abb. 68 a) ähneln im Habitus *Cladophora* (vergl. Abb. 103). Allerdings bilden sie selten die makroskopisch erkennbaren Watten wie diese Grünalge. Ihre mit Haftscheiben am Substrat (meist Braunalgen) festsitzenden Thalli werden bis zu 1 cm hoch. Die Zellen enthalten zahlreiche Plastiden (Abb. 68 b).

Die Thalli von *Bangia* sind stets unverzweigt, aber nur bei jungen Pflanzen einreihig (Abb. 68 c). Sie zeigen interkalares Wachstum und werden im Verlauf der weiteren Entwicklung durch zahlreiche Längsteilungen mehrreihig (Abb. 68 d). Sie sind aus keilförmigen Zellen zusammengesetzt, in deren Mitte ein den Faden in Längsrichtung durchziehender Interzellulargang bleibt (Abb. 68 e). Die Ausbildung der vielfach noch einreihigen Basis ist durch beutelförmige Anhänge der basalen Zellen charakterisiert (Abb. 68 c). Die Zellen sind einkernig und enthalten einen Chloroplast.

In diesem Zusammenhang wird empfohlen, sich einen Vertreter der Gattung *Porphyra* anzusehen, die ebenfalls zu den Bangiaceae gehören. (Entwicklungs-Zyklus s. Abb. 77). *Porphyra* hat einen im allgemeinen bis zu 50 cm großen, blattartigen, einschichtigen Thallus, der im Habitus an die allerdings zweischichtigen Thalli der Grünalge *Ulva* erinnert (S. 203 f.), von diesem jedoch schon makroskopisch durch seine rötliche Färbung zu unterscheiden ist. Im Gegensatz zu *Bangia* erfolgen im Verlauf der Ontogenese die Längsteilungen nur in einer Richtung des Raumes, so daß statt des stielrunden *Bangia-Thallus* ein blattartiger Vegetationskörper entsteht.

2. Pseudoparenchymatische Thalli der Florideophycidae

Unter den Florideen findet man neben verzweigten Fadenthalli auch sproß- oder blattartige Vegetationskörper, die im Gegensatz zu den Braunalgen jedoch

---

* Es wurde nachgewiesen, daß die im Meer vorkommende und als separate Art beschriebene *Bangia fuscopurpurea* mit der Süßwasserart *B. atropurpurea* identisch ist. Es gelang nämlich, in Laborkulturen die Süßwasserform durch schrittweise Anpassung im Meerwasser zu kultivieren und umgekehrt die Meerwasserform im Süßwasser zu halten. Durch entsprechende Beleuchtung konnten bei beiden Formen die gleichen Entwicklungs-Stadien ausgelöst werden. (Geesink, RJ (1973) J exp mar Biol Ecol 11:239–247.

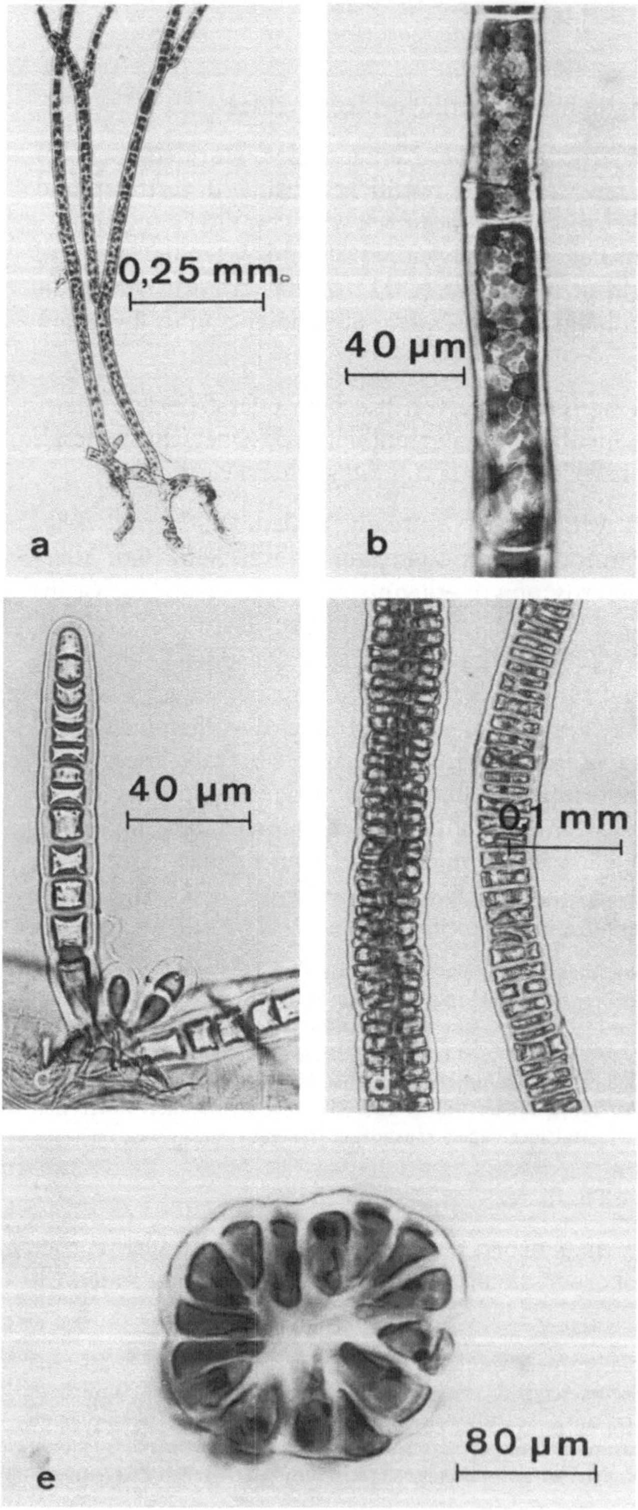

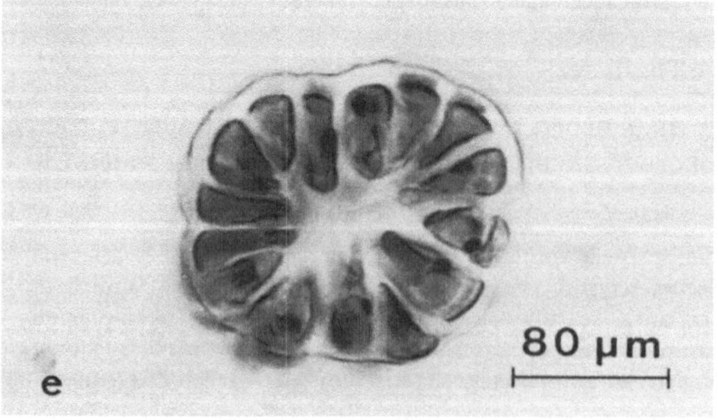

Abbildung 68 a–e. a. b *Rhodochorton floridulum.* a Verzweigter einreihiger Fadenthallus; b Ausschnitt aus (a); c, d *Bangia atropurpurea*, junger noch einreihiger Fadenthallus, an der Basis beutelförmige Anhänge; d Aufsicht auf den mehrreihigen adulten Thallus; e Querschnitt (Fotos a, b: PH Sahling)

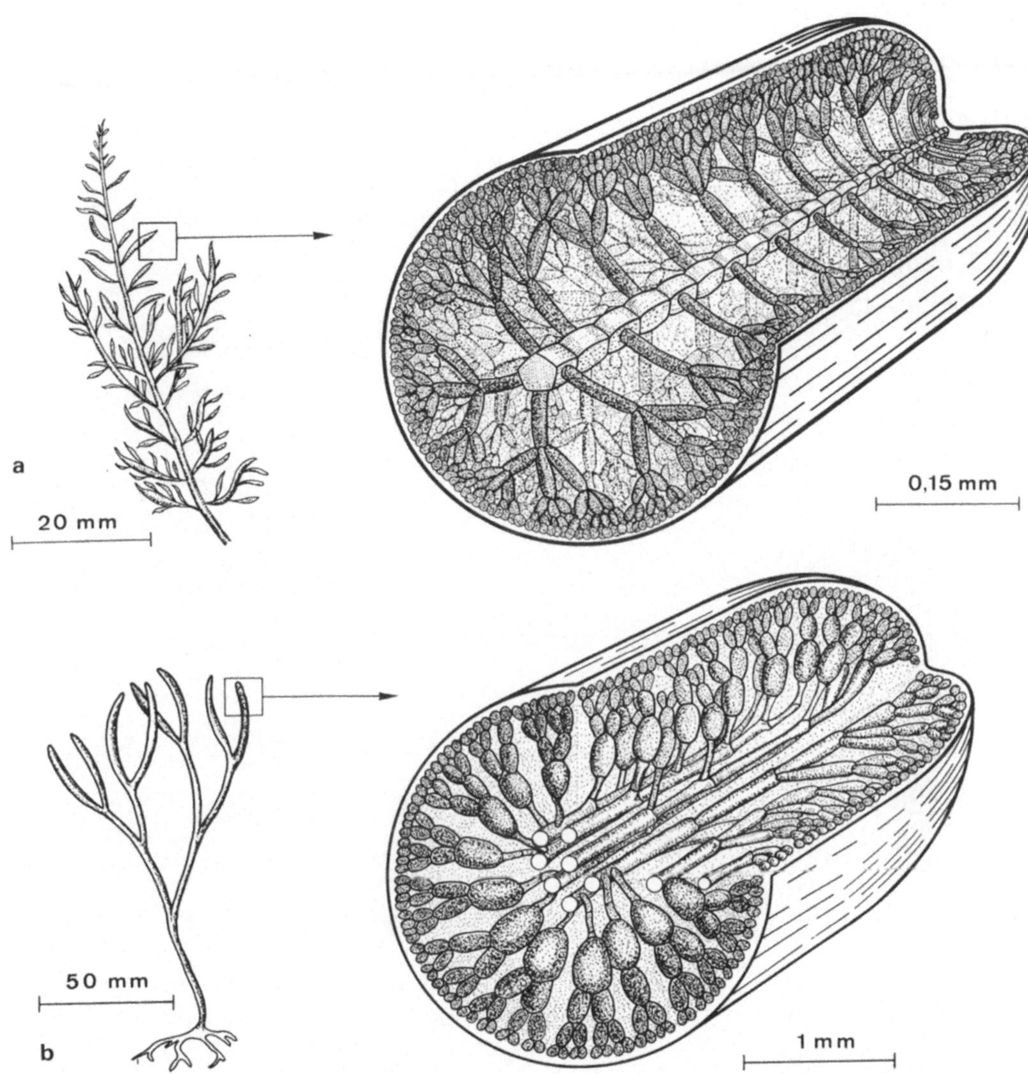

Abbildung 69 a, b. Organisationstypen der Rotalgen, die zum Aufbau pseudoparenchymatischer Thalli führen können. Räumliche Darstellung des Organisationsprinzips mit dreidimensionaler Verzweigung und postgenitaler Verwachsung. a Zentralfadentypus; b Springbrunnentypus. (Nach Nultsch, verändert)

keine echten Gewebe (Parenchyme), sondern nur Scheingewebe (Pseudoparenchyme) besitzen. Während sich Parenchyme aus Thallusfäden ableiten lassen, die sich in mehreren Richtungen teilen, **entstehen die Pseudoparenchyme durch Zusammenlagerung von Zellfäden,** die sich nur in einer Richtung geteilt haben. Die makroskopisch nicht erkennbare Abgrenzung der unechten Gewebe gegenüber den echten wird deutlich, wenn man die beiden bei den

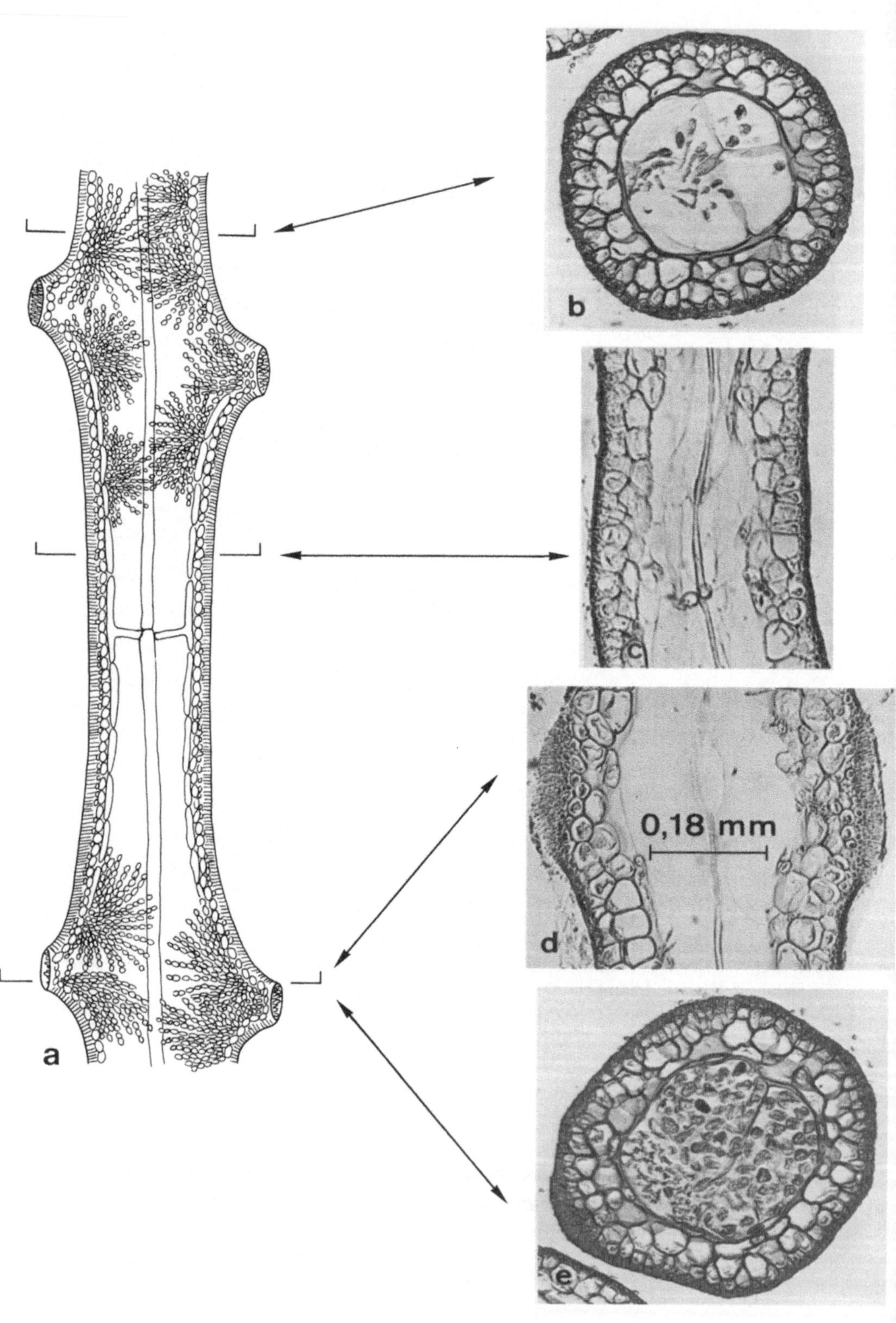
0,18 mm
a
b
c
d
e

Rotalgen verwirklichten Organisationstypen betrachtet, die in Abb. 69 schematisch dargestellt sind.

Pseudoparenchyme sind deutlich von einem anderen Typ unechter Gewebe, den bei den Pilzen vorkommenden Flechtgeweben (= Plektenchyme), zu unterscheiden (Definitionen in Tabelle 3 und 5).

Beim **Zentralfadentypus (uniaxialer Thallus)** ist, wie schon der Name sagt, ein zentraler Zellfaden vorhanden, der in regelmäßigen Abständen unterhalb der Scheitelzehlle (subapikal) quirlartig zahlreiche Verzweigungen ausbildet (Abb. 69 a).

Beim **Springbrunnentypus (multiaxialer Thallus)** wird der Thallus von mehreren parallel verlaufenden Längsfäden durchzogen. Bedingt durch die dichotome Verzweigung dieser Fäden entsteht im Längsschnitt der Eindruck eines Springbrunnens (Abb. 69 b).

Bei beiden Organisationstypen erfolgt die **Bildung der Pseudoparenchyme meist** durch eine **postgenitale** oder **seltener** durch eine **congenitale** Verwachsung der Zellen. Im ersten Fall lagern sich die peripheren Zellen, bedingt durch eine Verquellung ihrer gallerthaltigen Zellwände, zusammen und bilden eine ein- bis mehrschichtige Rinde aus, während die zentralen Zellen des Thallus nicht verwachsen. Im zweiten Fall erfolgt die Verwachsung schon während der Entwicklung bei Haupt- und Seitenästen. Je nachdem, ob die Verzweigung zweidimensional oder dreidimensional ist, entstehen abgeplattete, teils blattähnliche oder stielrunde Thalli.

Eine Verwachsung der Zellen ist allerdings nicht bei allen Arten vorhanden, die eine Zentralfadenorganisation haben. So liegt z.B. bei *Batrachospermum* (S. 162 f.), der im Schema der Abb. 69 dargestellte Thallusaufbau vor, ohne daß pseudoparenchymatische Gewebe gebildet werden.

Diese unterschiedlichen Verwachsungs- und Verzweigungsmodi beim Aufbau der Gewebethalli führen zu der großen morphologischen und anatomischen Mannigfaltigkeit der Thalli der Rotalgen. Vier Beispiele sollen genauer besprochen werden.

a. Zentralfaden-Organisation mit dreidimensionaler Verzweigung und postgenitaler Verwachsung

Material: *Lemanea* (Lemaneaceae, Nemalionales) ist mit 15 Arten vorwiegend in oligosaprobem Süßwasser fließender, klarer Bäche zu finden. Der Thallus besteht aus bis zu 15 cm langen, spitz zulaufenden „Borsten", die perlschnurartig von knotigen Anschwellungen überzogen sind.

Präparation: Längsschnitt durch die basale Region des Thallus und Querschnitte durch Knoten und „Internodium". Zur Herstellung von Handschnitten gehört in diesen Fällen einige Übung; sonst Dauerpräparate nehmen.

Abbildung 70 a–e. *Lemanea* spec. a Schema des Thallusbaus (nach Oltmanns); b Querschnitt und c Längsschnitt durch die „internodiale Region" mit wirteliger Verzweigung des Zentralfadens; d Längsschnitt und e Querschnitt durch die „Knotenregion" mit Karposporen

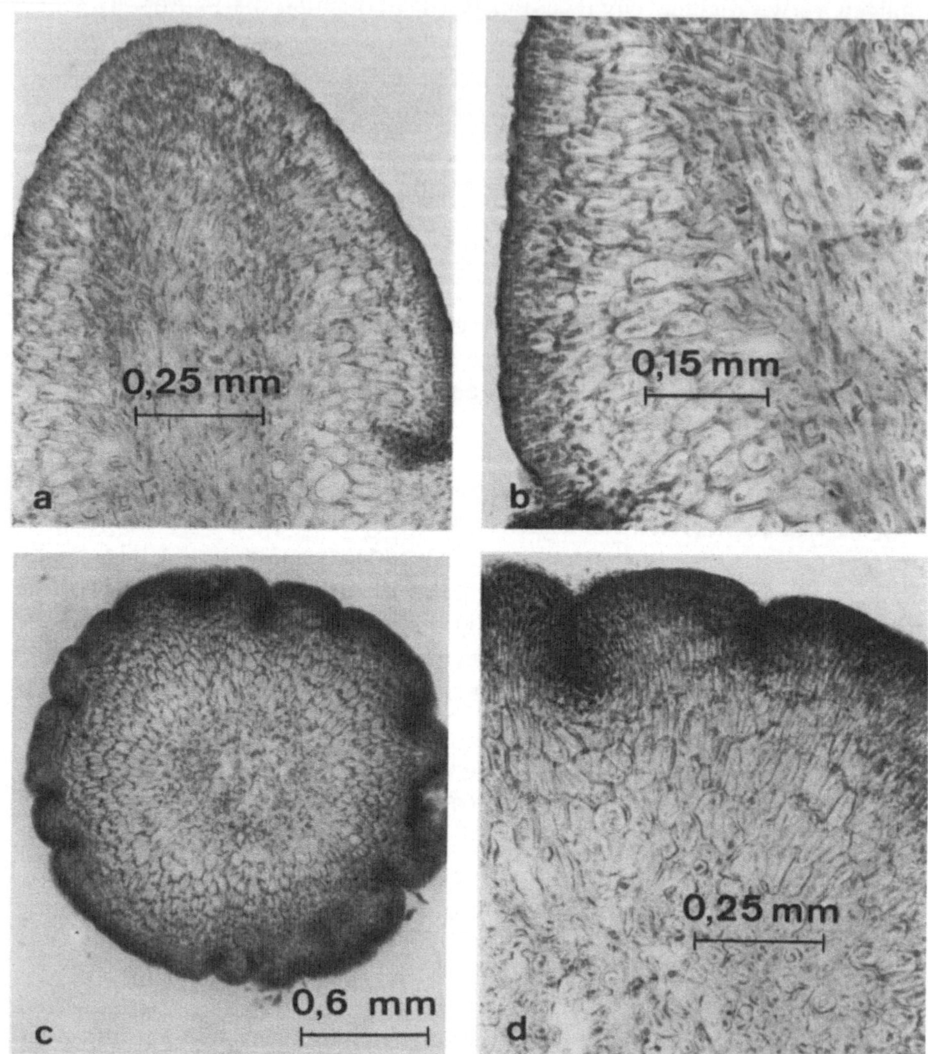

Abbildung 71 a–d. *Polyides rotundus.* a Längsschnitt durch die Thallusspitze; b Ausschnitt aus der Randzone von (a); c Querschnitt durch die subapikale Thallusregion; d Ausschnitt aus (c)

Beobachtungen: Um den Thallusbau zu verstehen, nehmen wir die Abb. 70 a zur Hilfe. Der Zentralfaden besteht aus langgestreckten, relativ dünnen Zellen, die an den Zellgrenzen wirtelig verzweigt sind. Sowohl Zentralfaden als auch die Verzweigungsstellen sind in Handschnitten nur selten zu finden. Man kann sie in Serienschnitten der Dauerpräparate sehen (Abb. 70 b, c). Die Wirtel verzweigen sich an ihren distalen Enden. Sie wachsen in basipetale und akropetale Richtung. Auf diese Weise entsteht (ähnlich wie für die Rindenbildung der Grünalge *Chara* beschrieben (S. 232), eine dreischichtige, röhrenförmige Rindenschicht. An den Stellen, wo die jeweils von einem Wirtel nach oben und unten produzierten Rinden aufeinandertreffen, entstehen die knotenartigen Verdickungen (Abb. 70 d). In den Knotenregionen bilden sich die Geschlechtsorgane und nach der Befruchtung der Karposporophyt, kenntlich an den zahlreichen Karposporen, die vor allem im Querschnitt durch die Knotenregion zu sehen sind (Abb. 70 e).

b. Springbrunnen-Organisation mit dreidimensionaler Verzweigung und postgenitaler Verwachsung

Material: *Polyides rotundus* oder *Corallina officinalis* (Polyideaceae, Cryptonemiales) ist in den nördlichen Teilen des Atlantik heimisch; fixiertes Material von BAH.

Präparation und Aufgabe: Von einem Längsschnitt der Thallusspitze und einem subapikalen Thallusquerschnitt bei mittlerer Vergrößerung Zeichnungen anfertigen. Es ist empfehlenswert, entweder Dauerpräparate oder bei Handschnitten fixiertes Material zu verwenden, da bei diesem auch in dünnen Schnitten der Zusammenhalt der zentralen, nicht verwachsenen Zellen besser erhalten bleibt.

Beobachtungen: Der aufrechte, 10–20 cm hohe, stielrunde, knorpelige Thallus ist mehrfach gabelig verzweigt. Während die zentralen Zellen, vor allem die axialen Zellfäden, nur in lockerer Verbindung miteinander stehen (die Zwischenräume sind mit Gallerte ausgefüllt), kann man zur Peripherie hin sowohl eine Zunahme der dichotomen Verzweigungen als auch eine intensivere Verwachsung beobachten, die zur Ausbildung einer Rindenschicht führt (Abb. 71 a, b). Im Querschnitt ist deutlich das Vorhandensein vieler Längsfäden zu erkennen (Abb. 71 c, d).

c. Zentralfaden-Organisation mit zweidimensionaler Verzweigung und congenitaler Verwachsung

Material: *Delesseria sanguinea* (Delesseriaceae, Ceramiales) ist in verschiedenen Meeren, vor allem auch in der Nordsee, weit verbreitet; fixiertes Material von BAH.

Präparation und Aufgabe: Von jungen „Blättern" wenige mm große Stücke der apikalen Zone (mit „Mittelrippe") abschneiden und Deckglaspräparate herstellen. Bei mittlerer bis starker Vergrößerung Thallusausschnitt von der „Mittelrippe" bis zur Randzone zeichnen.

Beobachtungen: Die fingerartig verzweigten Thalli tragen etwa 10 cm große, rot gefärbte, blattartige Strukturen. Der deutlich ausgebildete Zentralfaden und die von ihm ausgehenden Verzweigungen erster Art täuschen eine den Dikotylenblättern ähnliche Ausbildung von Blattrippen vor (Abb. 72 d).

Wie aus dem Schema (Abb. 72 a, b) zu ersehen, entstehen die blattartigen Thalli dadurch, daß an den beidseitig des Zentralfadens gebildeten Verzweigungen erster Ordnung nur einseitig, und zwar an der Unterseite, Verzweigungen zweiter Ordnung entstehen, welche congenital verwachsen.

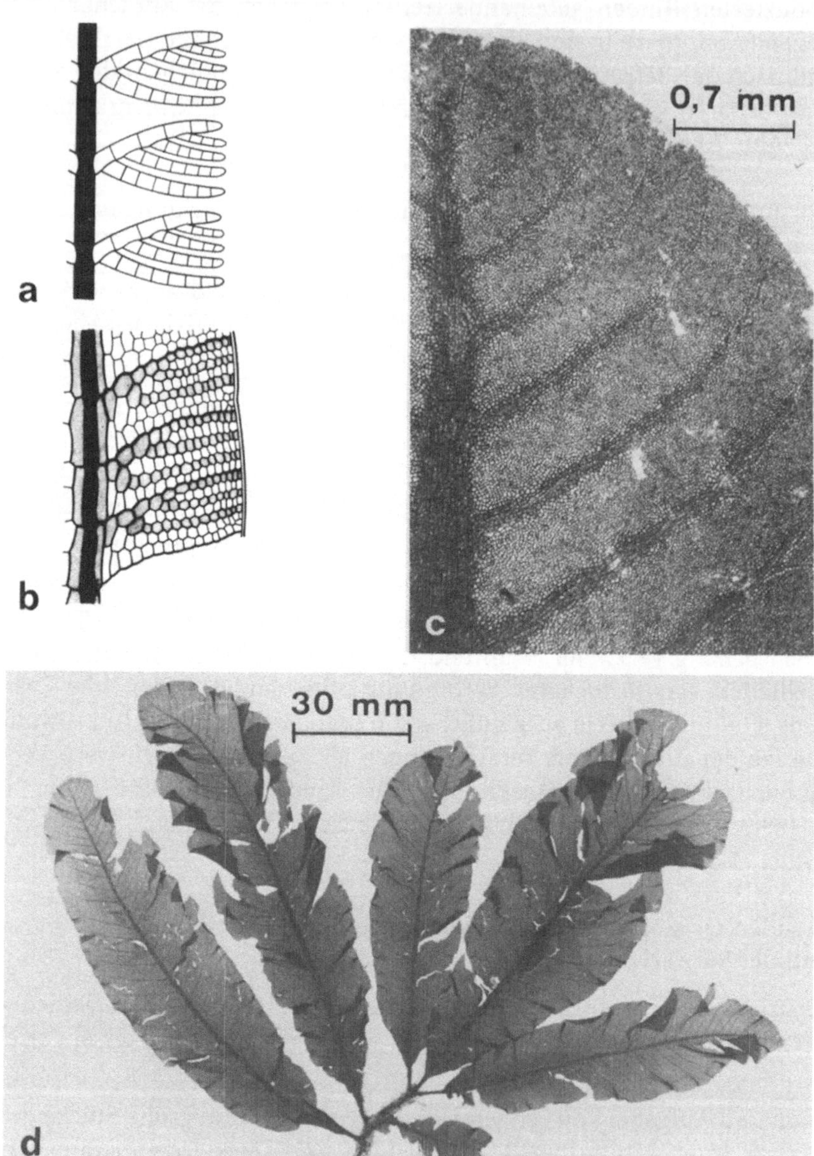

Abbildung 72 a–d. *Delesseria sanguinea.* a, b Schematische Darstellung der Bildung der blattartigen Thalli am Beispiel *Caloglossa leprieurii,* in b sind die primären und sekundären Zellfäden
dunkler gezeichnet (nach Troll, verändert); c Ausschnitt aus der apikalen Region eines jungen
„Blattes"; d Habitus

Bei genauer Beobachtung kann man an jungen „Blättern" in den apikalen
Teilen, vor allem anhand der primären Tüpfel, die nur zwischen Zellen des
gleichen Fadens vorhanden sind, die Entstehung dieser speziellen Thalli verfolgen (Abb. 72 c).

In der Natur degenerieren meist während des Winters die durch die Verzweigungen gebildeten „Blattflächen". Der überwinternde Zentralfaden („Mittelrippe") bildet im Frühjahr erneut Verzweigungen und regeneriert eine neue „Blattspreite".

d. Zentralfaden-Organisation mit dreidimensionaler Verzweigung, Ausbildung von Perizentralzellen und congenitaler Verwachsung

Material: *Polysiphonia* (Rhodomelaceae, Ceramiales) ist mit etwa 150 Arten in allen Weltmeeren verbreitet. Da der Entwicklungs-Zyklus dieser 3–20 cm hohen, verzweigten Algen als ein Standardtypus der Rotalgen verwendet wird (s. Abb. 67), soll die Anatomie dieser Alge, die einen Spezialtyp der Zentralfaden-Organisation darstellt, besprochen werden. Fixiertes Material von *P. violaceae* und *P. nigrescens* kann von BAH bezogen werden.

Präparation und Aufgabe: Von einem Querschnitt durch einen ausdifferenzierten Thallus (Dauerpräparat ist empfehlenswert) eine Übersichtszeichnung bei mittlerer Vergrößerung herstellen.

Beobachtungen: Der junge Thallus ist durch eine Reduktion der Seitenwirtel bis auf die Initialzellen gekennzeichnet. Diese gestauchten Seitenwirtelzellen erster Ordnung besitzen die gleiche Länge wie die Zellen des Zentralfadens und verlaufen auch zu diesen parallel und werden Perizentralzellen genannt (Abb. 73 a). Die von ihnen ausgehenden Verzweigungen zweiter und höherer Ordnung, ebenfalls nur durch ihre Initialzellen repräsentiert, sind englumiger und können sich vor allem in der Rindenschicht noch querteilen. Die einzelnen Zellen stehen mit ihrer Ursprungszelle durch Tüpfel in Verbindung. Da die Verzweigungsinitialen gleicher Ordnung im ausdifferenzierten Thallus genau übereinstimmen, wird eine multiaxiale Organisation vorgetäuscht (Abb. 73 b–d).

II. Entwicklungs-Zyklus

1. Normaltypus

Polysiphonia-Typ, isomorpher Haplo-Diplont mit heteromorpher diploider Zwischengeneration (Abb. 67).

Material: *Polysiphonia violacea, P. nigrescens* (Rhodomelaceae, Ceramiales), *Delesseria sanguinea* (Delesseriaceae, Ceramiales). Von diesen Objekten können männliche und weibliche Gametophyten und auch Sporophyten von BAH bezogen werden. Steht dieses Material nicht zur Verfügung, kann auch *Ceramium* (Ceramiaceae, Ceramiales) verwendet werden, deren stielrunde, gabelig reich verzweigte, 5–15 cm hohe Thalli vor allem mit der Leitart *C. rubrum* in den meisten Meeren zu finden sind.

Präparation und Aufgabe: Zupfpräparate von männlichen und weiblichen Gametophyten und von Sporophyten. Bei starker Vergrößerung verschiedene Entwicklungsstadien der Geschlechtsorgane, der Cystokarp- und Tetrasporangienbildung zeichnen.

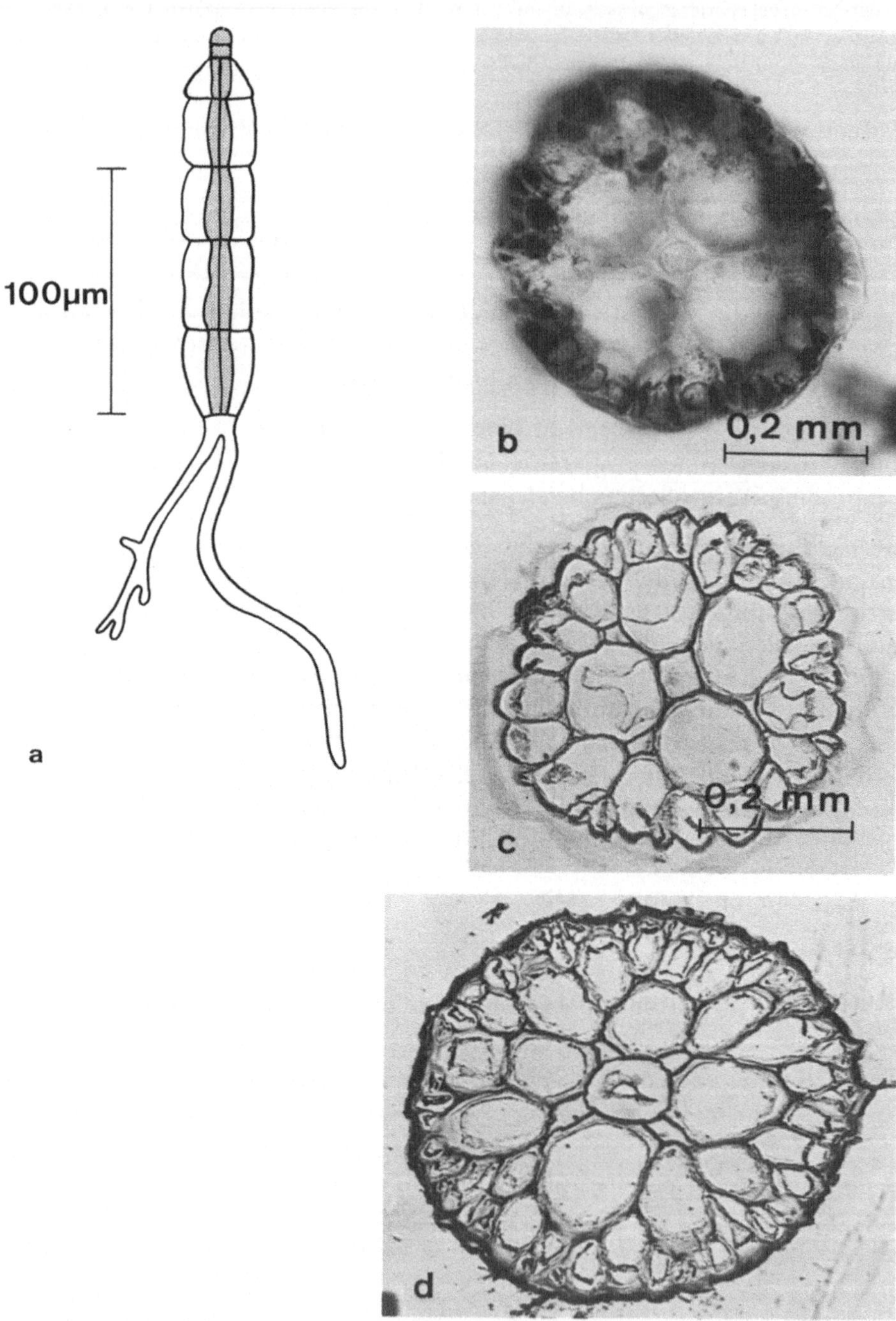

Abbildung 73 a–d. *Polysiphonia,* **Organisation des Thallus. a** Junger Keimling, bei dem sich um den Zentralfaden (dunkel gezeichnet) von apikal nach basal die Perizentralzellen gebildet haben (nach Boney); **b** Querschnitt durch jungen Thallus von *P. elongata,* Frischmaterial; **c** Querschnitt durch jungen Thallus, Dauerpräparat; **d** Querschnitt durch ausdifferenzierten Thallus, Dauerpräparat. (Fotos: PH Sahling)

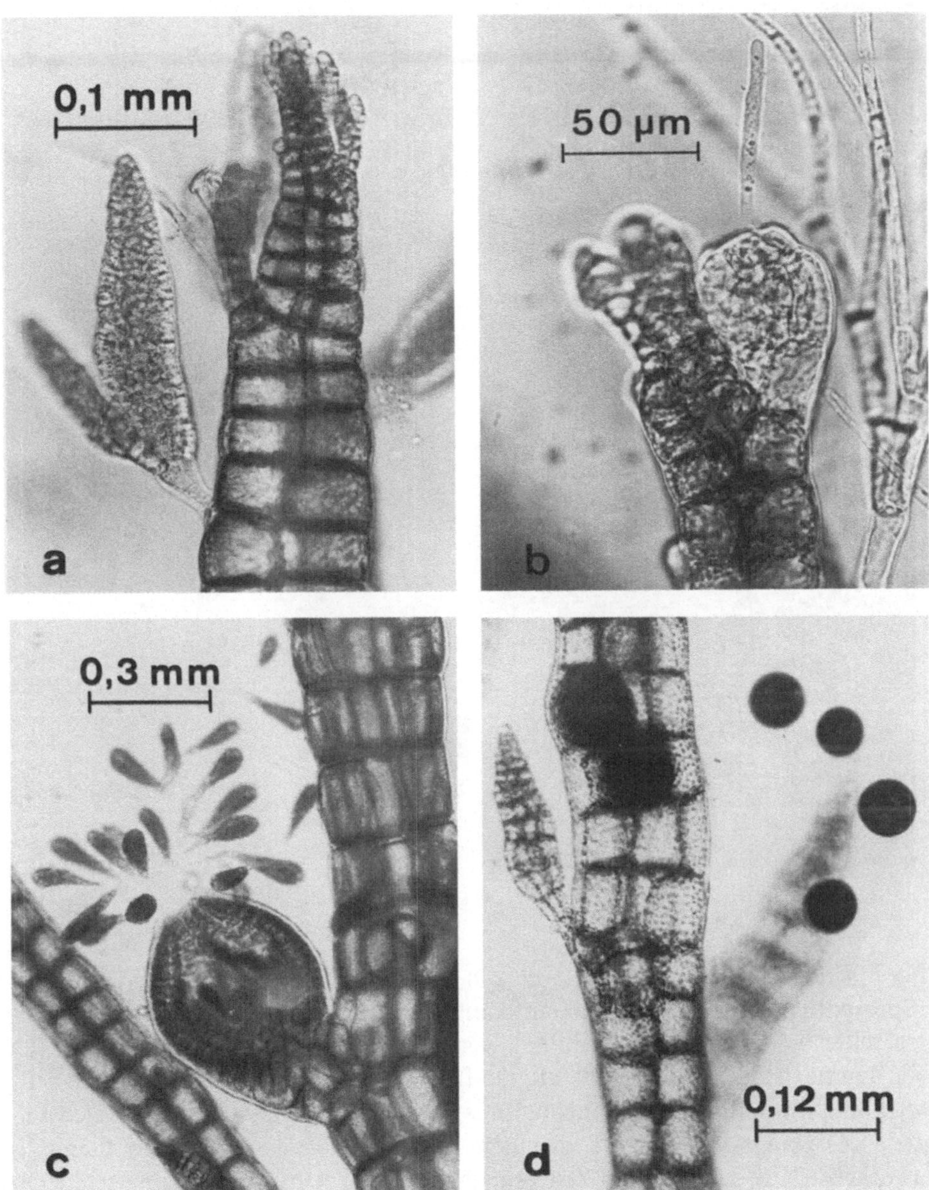

Abbildung 74 a–d. *Polysiphonia.* a männlicher Gametophyt mit Gametangien; b weiblicher Gametophyt mit unbefruchtetem weiblichem Gametangium (Oogonium mit Trichogyne); c weiblicher Gametophyt mit reifem Cystokarp; d Sporophyt mit Tetrasporangien, rechts ausgeschlüpfte Tetrasporen. (Fotos: HP Sahling)

Beobachtungen: Die beiden Geschlechter des diözischen Gametophyten und der Sporophyt sind voneinander nur durch ihre Fortpflanzungszellenbehälter zu unterscheiden. Bei den *Polysiphonia*-Arten, deren Entwicklungs-Zyklus

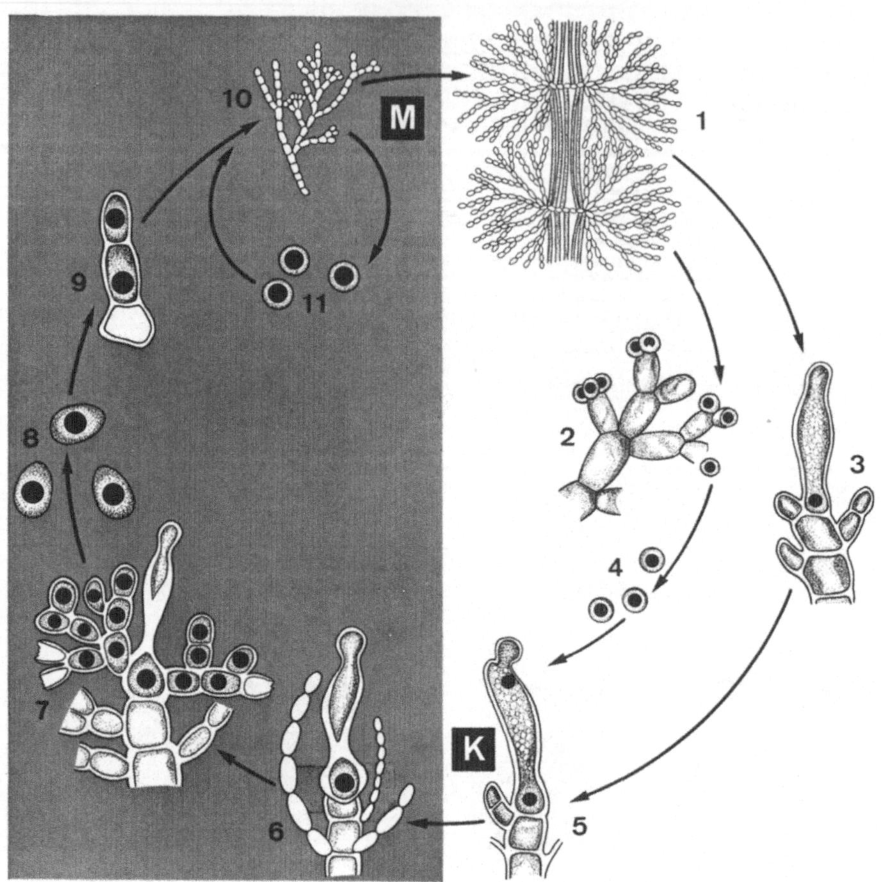

bereits dargestellt wurde (s. Abb. 67), entstehen die **männlichen Gameten (Spermatien)** in unilokulären Gametangien, die in Mehrzahl aus den Perizentralzellen von Seitenästen gebildet werden. Die einkernigen Aplanogameten werden nach Zerfall der Gametangien frei (Abb. 67, 6 und Abb. 74 a). Die Entwicklung des **weiblichen Gametangiums (Karpogon)** geht von einer Perizentralzelle des Hauptastes aus, die zu einem vielzeiligen Faden (Karpogonfilament) auswächst. Aus der obersten Zelle entsteht das Karpogon, das in eine schlauchförmige Trichogyne ausläuft. Die Basalzellen des Filaments gliedern noch einige Zellen ab, von denen die dem Karpogon benachbarte zur Auxiliarzelle wird. Parallel zur Ausbildung dieses **Prokarps** (Karpogon + Auxiliarzelle + Filament- und Basalzellen) beginnt die Ausbildung des **Perikarps,** dessen Zellen aus Zentralzellen entstehen und schon vor der Befruchtung das Prokarp fast vollständig mit einer einschichtigen Hülle umgeben (Abb. 67, 7 und Abb. 74 b).

Da die nach der Befruchtung des Karpogons einsetzenden ersten Stadien der Bildung des Karposporophyten nur in Schnittserien von Dauerpräparaten zu beobachten sind, sollen diese hier nur der Vollständigkeit halber kurz beschrieben werden: Nach einer Fusion von Karpogon und Auxi-

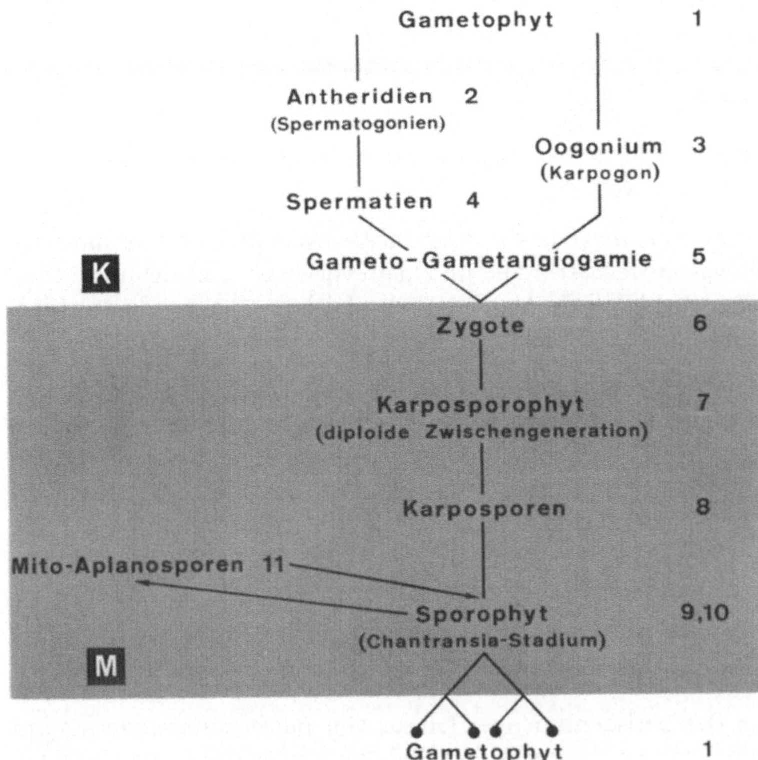

Abbildung 75. Entwicklungs-Zyklus von *Batrachospermum,* heteromopher Haplo-Diplont mit heteromorpher diploider Zwischengeneration. Befruchtungs-Modus: Gameto-Gametangiogamie; Fortpflanzungs-System: Monözie; es sind auch Arten mit morphologischer Diözie bekannt. (Nach Walter, verändert und ergänzt)

liarzelle (Abb. 67, 8) wandert der 2n-Zygotenkern in die Auxiliarzelle, deren haploider Kern wiederum durch einen Tüpfelkanal in die Tragzelle der Auxiliarzelle wandert. Nach einer Teilung der nun diploiden Auxiliarzelle in basale Fußzelle und apikale Zentralzelle entstehen aus der letzteren die sporogenen Fäden.

Im reifen Cystokarp differenzieren sich die terminalen Zellen der sporogenen Fäden zu **Karposporangien,** in denen je eine Karpospore entsteht. Während der Reifung verschmelzen oder degenerieren die übrigen Zellen des Prokarps, so daß man, besonders in Schnitten, die sporogenen Fäden bzw. die reihenweise angeordneten Karposporangien büschelförmig von einer großen Zelle ausgehend sieht (Abb. 67, 9 und Abb. 74 c).

Im Gegensatz zu den Geschlechtsorganen, die, wie beschrieben, als modifizierte Seitenzweige angelegt werden, entstehen die **Tetrasporangien** in den Perizentralzellen des Hauptastes. In den Zweigspitzen des Sporophyten teilt sich in jedem Quirl jeweils eine Perizentralzelle in eine kleinere Stielzelle und in eine größere Sporangienzelle, in der sich nach Ablauf der Meiose vier Sporen (**Tetrasporen**) bilden. Da niemals übereinanderliegende Perizentralzellen sich zu Sporangien umbilden, umziehen die exzentrisch angelegten Tetrasporangien schraubenartig die Thallusspitzen (Abb. 67, 12 und Abb. 74 d).

2. Reduktionen des Normaltypus

a. *Batrachospermum*-Typ, heteromorpher Haplo-Diplont mit diploider Zwischengeneration (Abb. 75)

Material: *Batrachospermum* (Batrachospermaceae, Nemalionales) ist mit etwa 50 Arten im Süßwasser weit verbreitet und kann vorwiegend in Gebirgsbächen als braun-violette, laichähnliche Masse („Froschlaichalge") gefunden werden. Geschlechtsorgane und Fortpflanzungszellen werden nur im Herbst gebildet.

Präparation: Zupfpräparate von Thallusspitzen herstellen. Falls bei oberflächlichem Durchmustern von Thallusstücken Geschlechtsorgane oder sporogene Fäden in den kugeligen Büscheln der Seitenzweige zu erkennen sind, werden diese unter dem Präpariermikroskop aufgeschnitten, um dann bei starker Vergrößerung die betreffenden Organe beobachten zu können. Bedingt durch die starke Gallertausscheidung, lassen sich die Fäden von *Batrachospermum* nämlich nicht unter dem Deckglas auseinanderdrücken.

Aufgabe: Thallusspitze mit Scheitelzelle, männliche und weibliche Geschlechtsorgane und sporogene Fäden zeichnen.

Beobachtungen: Der perlschnurartige Habitus von *Batrachospermum* kommt dadurch zustande, daß an dem apikalen Ende von jeder der langgestreckten Zellen des Zellfadens wirtelartig ein Büschel von teils verzweigten Kurztrieben auswächst (Abb. 76 a). Bei einigen Arten erfolgt (ähnlich wie bei *Chara*, S. 231) eine Berindung des axialen Fadens. Die Rindenzellen wachsen von den Initialzellen der Kurztriebe in basaler Richtung bis zum nächsten Knoten. Im Gegensatz zu anderen nach dem Zentralfadentyp aufgebauten Rotalgen ist bei *Batrachospermum* die Entstehung von Seitentrieben nicht mit der Bildung von Pseudoparenchymen verbunden.

Die Geschlechtsorgane entwickeln sich in den Endzellen der Kurztriebe. Je nachdem, ob die Art monözisch oder diözisch ist, entstehen die zahlreichen kugeligen männlichen Gametangien, die nur jeweils ein Spermatium entlassen (Abb. 76 d), und die flaschenförmigen Karpogone mit keuliger Trichogyne (Abb. 76 e) auf der gleichen oder auf verschiedenen Pflanzen. Nachdem ein Spermatium passiv an eine Trichogynenspitze gelangt ist, mit dieser fusioniert und seinen Protoplast in das Karpogon entlassen hat (Abb. 76 f), grenzt sich die Zygote durch Ausbildung eines Gallertpfropfens gegen die Trichogyne ab. Bei genügend vorsichtiger Präparation kann man befruchtete Karpogone mit anhaftender Spermatienhülle sehen. Die sporogenen Fäden des Karposporophyten entwickeln sich unmittelbar aus dem Karpogon und können als dunkel erscheinende Büschel verzweigter Zellen erkannt werden, in deren Endzellen in Einzahl die Karposporen entstehen (Abb. 76 g).

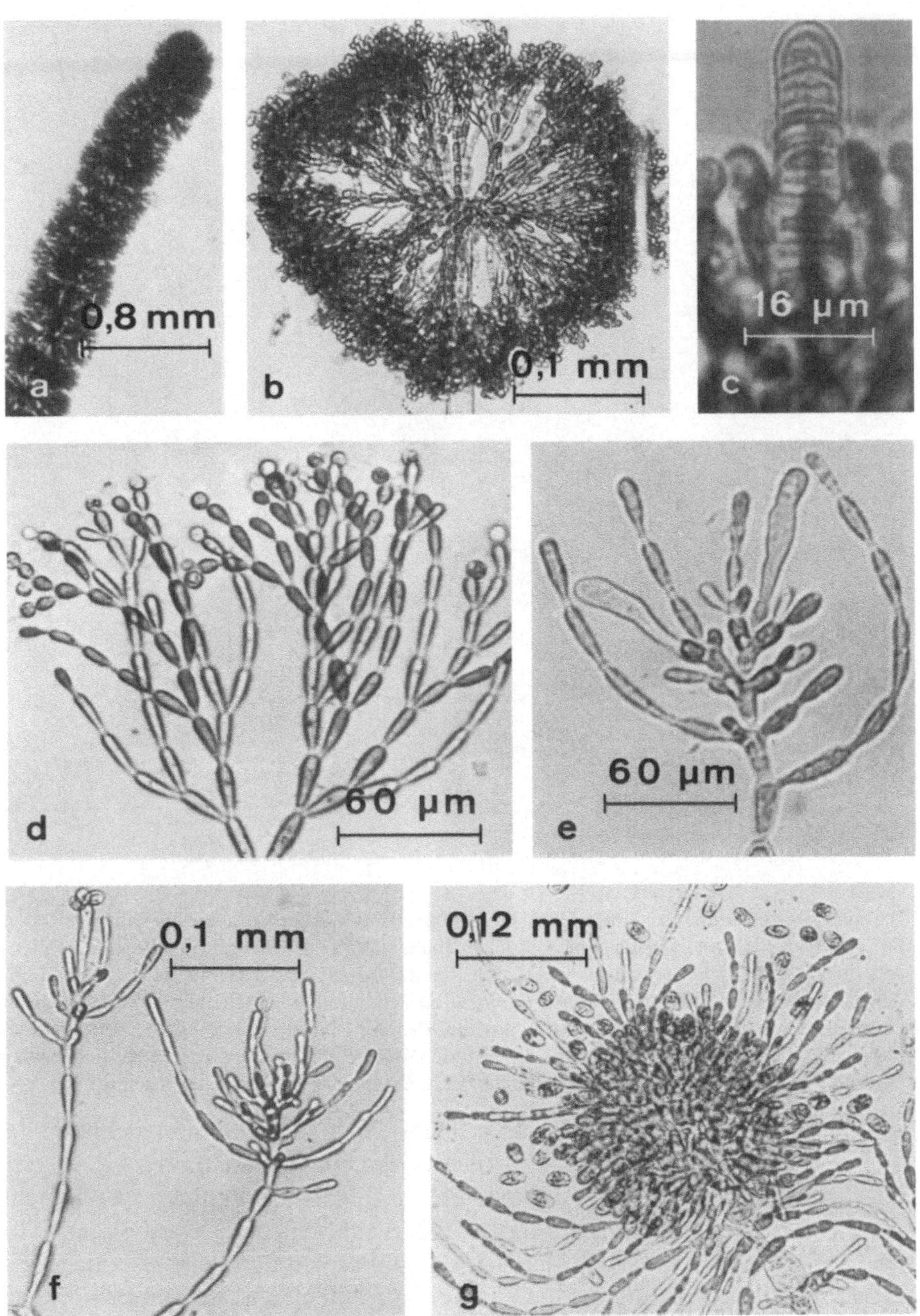

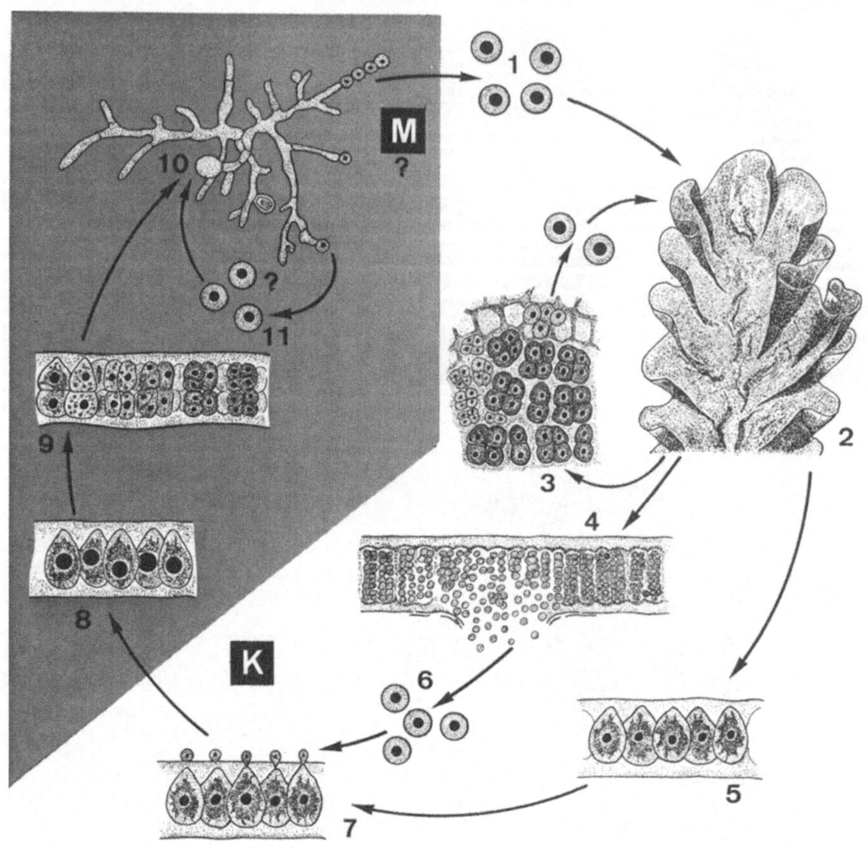

Die Karposporen keimen zu einem Vorkeim (**Chantransia-Stadium**) aus, der im Habitus sich von *Batrachospermum* unterscheidet (heterotricher Thallus aus kriechenden und aufrechten Fäden). Aus diesem diploiden Vorkeim entsteht nach Reduktionsteilung der Gametophyt. Nach Ablauf der Meiose wachsen die nun haploiden *Chantransia*-Zellen mit einer Scheitelzelle unmittelbar zu einem *Batrachospermum*-Gametophyten aus. Bei den von *Chantransia* gebildeten sogenannten Monosporen handelt es sich um Diplo-Mitosporen. Diese keimen wieder zu *Chantransia*-Pflanzen aus und tragen auf diese Weise zur vegetativen Vermehrung der kurzlebigen Vorkeime bei.

Wie aus dem Text und den in Abb. 75 und 76 dargestellten Entwicklungsstadien von **Batrachospermum** hervorgeht, ist die **Ontogenese** dieser Alge gegenüber dem „Standardtyp" *Polysiphonia* in folgenden Punkten **vereinfacht**: (1) Die Zentralfadenorganisation des Thallus führt nicht zu einer Bildung von Pseudoparenchym. (2) Es werden keine Cystokarpien und keine Auxiliarzellen gebildet. (3) Der Sporophyt besteht nur aus einem unscheinbaren Vorkeim. (4) Die drei Generationen, der diploide *Chantransia*-Vorkeim, der haploide Gametophyt und der diploide Karposporophyt bilden einen einzigen Vegetationskörper.

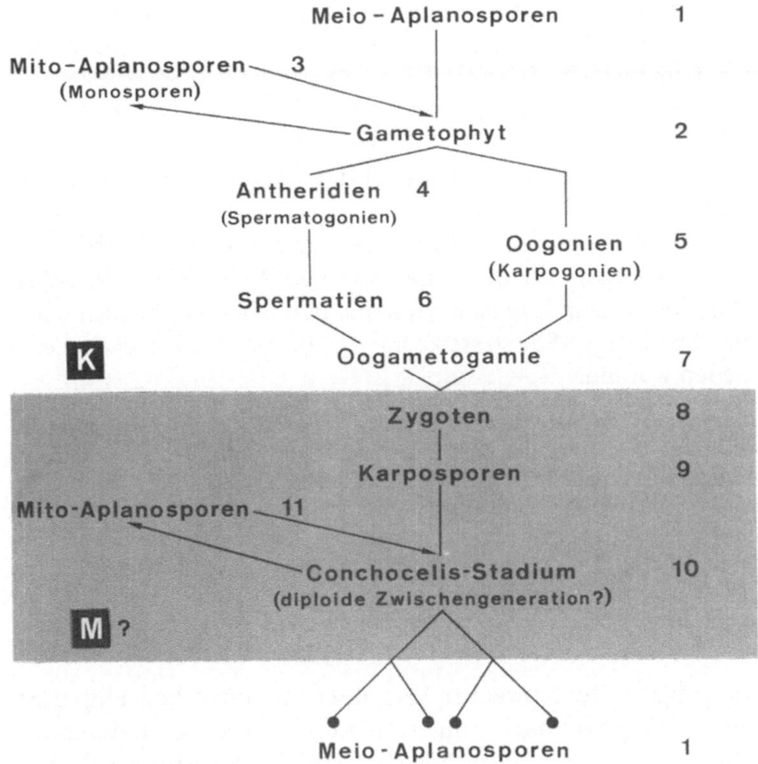

Abbildung 77. Entwicklungs-Zyklus von *Porphyra tenera*, heteromropher Haplo-Diplont, mit vegetativer Fortpflanzung durch Aplanosporen bei Gametophyt und Sporophyt. Befruchtungs-Modus: Oogametogamie; Fortpflanzungs-System: Monözie

b. *Porphyra-Bangia*-Typ, heteromorpher Haplo-Diplont (Abb. 77)

Film: Asacusa Nori (seaweed), Entwicklungszyklus von *Porphyra*, (S. 550)

Die Entwicklungs-Zyklen der Bangiophycidae sind **noch nicht vollständig aufgeklärt.** Dies liegt unter anderem daran, daß sich in der Natur die Sporophyten (**Conchocelis**) im Spätherbst unter Kurztag-Bedingungen und die Gametophyten im Frühjahr unter Langtag-Bedingungen entwickeln. Bei der pazifischen *Porphyra tenera,* die wegen ihrer wirtschaftlichen Nutzung auch unter Laboratoriumsbedingungen untersucht wurde, ist der **Entwicklungs-Zyklus** dagegen **aufgeklärt,** (Abb. 77) wie dem oben zitierten Film zu entnehmen ist.

In seinen Grundzügen gilt dieser Zyklus auch für die europäischen *Porphyra*-Arten und für die nahe verwandte *Bangia atropurpurea* (S. 149). Allerdings herrscht noch Unsicherheit über die Bildung von Planosporen für den Nebenzyklus des Diplonten.

Material: *Porphyra umbilicalis* (diözisch) und *Porphyra leucosticta* (monözisch) (Bangiaceae, Bangiales) findet man in der Nordsee und im Nordatlantik in der Uferzone auf Steinen, Holzstücken oder größeren Braunalgen. *P. umbili-*

calis bildet meist mehrere, von einer Haftscheibe ausgehende dunkelrote, bis zu 20 cm große Thalluslappen. Dagegen stehen die hellroten, bis zu 40 cm großen Thalli von *P. leucosticta* vielfach einzeln.

Bangia atropurpurea (syn. *B. fuscopurpurea, s.* S. 149) (Bangiaceae, Bangiales) kommt an den gleichen Standorten wie *Porphyra* vor. Fixiertes Material beider Gattungen von BAH und Frischmaterial der *Bangia*-Süßwasserformen ist von GÖT zu beziehen.

Die Conchocelis-Stadien der beiden Gattungen sind nur sehr selten in der Natur zu finden. Sie wachsen auf der Innenseite von Austern und Muschelschalen und haften dort, indem ihre Fadensysteme in die oberen Kalkschichten eindringen. Von der *Bangia*-Süßwasserform ist bisher kein Conchocelis-Stadium beschrieben worden.

Hinsichtlich der Beschaffung von Material müssen einige Einschränkungen gemacht werden. *Porphyra*-Thalli mit Antheridien, die in der Apikalregion schon makroskopisch als wenige mm große helle Flecken zu erkennen sind, findet man nur im Frühjahr (Abb. 78 a). Die Karpogonien sind auch zu diesem Zeitpunkt vorhanden, aber nur sehr schwer von den vegetativen Zellen zu unterscheiden, da ihre Trichogyne auf eine Papille reduziert ist. Relativ einfach sind Thalli mit Karposporen an ihren dunklen „Flecken" zu erkennen. Von *Bangia* findet man sowohl beim Helgoländer Material als auch bei Süßwasserformen und beim Göttinger Material keine Thalli mit männlichen oder weiblichen Fortpflanzungszellen, sondern nur gelegentlich Pflanzen mit Aplanosporen.

Präparation und Aufgabe: Bei schwacher Vergrößerung unter dem Präpariermikroskop Thalli von *Porphyra* nach Antheridien und Karposporen durchmustern, die betreffenden Regionen ausschneiden und Deckglaspräparate herstellen. Bei starker mikroskopischer Vergrößerung Ausschnittzeichnungen anfertigen. Für Querschnitte benutzt man zweckmäßigerweise ein Mikrotom.

Bei *Bangia* in älteren, mehrreihigen Fadenthalli nach Fortpflanzungszellen suchen. Unter Umständen kann hier das gleiche Material verwendet werden, das zum Studium der Thallusorganisation benutzt wurde (S. 149).

Beobachtungen: In den ausdifferenzierten, einschichtigen Thalli von *Porphyra* ist jede Zelle in der Lage, sich zu einem Fortpflanzungszellenbehälter umzubilden. In den Antheridien entstehen bis zu 64 Spermatien (Abb. 78, b–d). Die weiblichen Gametangien (Karpogone) sind, wie oben schon angedeutet, kaum von den vegetativen Zellen zu unterscheiden. Erst nach der Befruchtung sind die unmittelbar nach der Karyogamie durch 3 sukzessive Mitosen entstandenen 8 Karposporen zu sehen (Abb. 78 e).

Aplanosporen, auch Monosporen genannt, sind ebenfalls bei den heimischen Formen nur selten zu finden (Abb. 78 f). Sie entstehen in den Randzonen der Thalli, indem sich einzelne Zellen aus dem Pseudoparenchym lösen. Sie

---

Abbildung 78 a–f a–d *Porphyra leucosticta.* **a** Apikale Region eines Thalluslappens; in den farblosen Regionen findet man Antheridien; **b, c** Thallusschicht mit jungen bzw. reifen Antheridien; **d** Thallusquerschnitt mit reifen Antheridien; **e** *Porphyra umbilicalis,* Thallusaufsicht mit Karposporen; **f** *Bangia atropurpurea* (Süßwasserform): Thallusausschnitt mit Aplanosporen. (Fotos a–d: PH Sahling, f: W Koch)

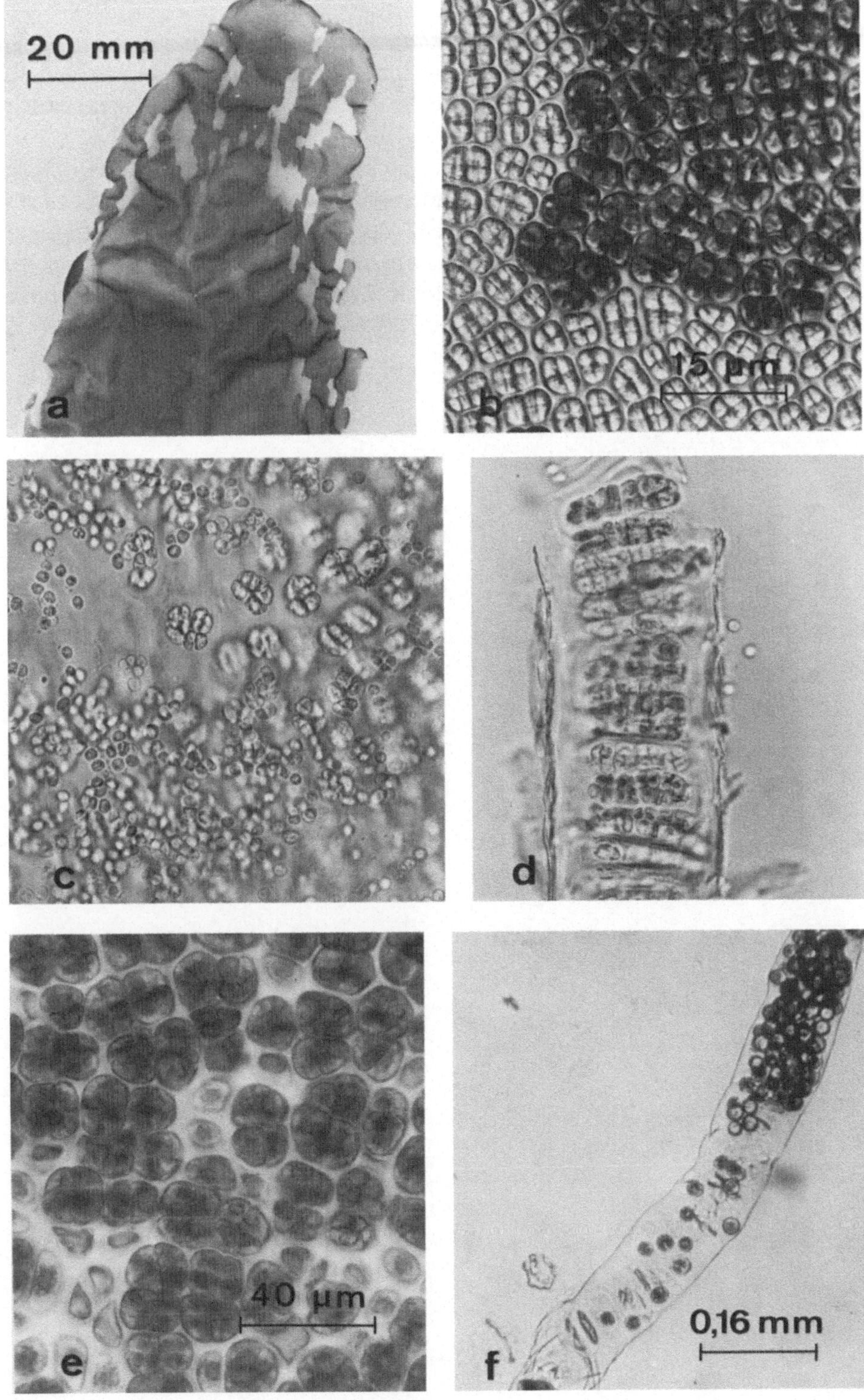

sind bei der in Japan heimischen *Porphyra tenera* wesentlich für die Vermehrung und Verbreitung verantwortlich.

Vor allem in Thallusquerschnitten kann man deutlich zwischen Spermatien und Karposporen einerseits und Aplanosporen andererseits unterscheiden. Da die ersteren in Vielzahl in einer Zelle entstehen, täuschen sie eine Mehrschichtigkeit des Thallus in der betreffenden Region vor (Abb. 78 d).

Im Vergleich zu *Polysiphonia* (vergl. Abb. 67 mit Abb. 77) ist beim **Porphyra-Bangia-Typ** eine noch **stärkere Vereinfachung** vorhanden als beim *Batrachospermum*-Typ: (1) Jede vegetative Zelle des wenig differenzierten Gametophyten kann sich zu einem Geschlechtsorgan umbilden. (2) Es handelt sich um einen Haplo-Diplonten, dem die diploide Zwischengeneration (Karposporophyt) fehlt. (3) Die Zygote benötigt zur Entwicklung keine Hilfszellen. (4) Es werden keine Cystokarpien ausgebildet.

9. Abteilung: Chlorophyta (Grünalgen)

A. Einführung

I. Merkmale

Die **Grünalgen** umfassen **alle Organisationstypen,** beginnend mit monadalen Einzellern über Zellverbände bis zu thallösen Mehrzellern. Innerhalb der einzelnen Klassen der **isokonten Chlorophyceen** gibt es eine zu den **heterokonten Chrysophyceen** konvergente Progression der Zellorganisation (s. S. 100). Als **Grundtyp** kann ein **monadaler Einzeller** angesehen werden, der in seiner Organisation dem bekannten Versuchsobjekt *Chlamydomonas* entspricht und dessen Merkmale (Abb. 79) sich auch bei den beweglichen Fortpflanzungszellen der nicht-monadalen Formen zeigen.

Die phototaktische Bewegung der beiden akronematischen Geißeln wird durch Photorezeptoren gesteuert, die in der Plasmamembran über dem Stigma lokalisiert sind. Es gibt einen Rhodopsin-Photorezeptor, wie bei *Euglena* (S. 81), und einen DNA-Photolyase/Blaulicht Photorezeptor. Beide sprechen daher auf verschiedene Wellenlängen an.

Die Chlorophyta sind mit etwa 500 Gattungen und etwa 8000 Arten nach den Diatomeae die artenreichste Abteilung der Algen. Ihre Verbreitung ist vorwiegend (circa 90%) auf das Plankton und Benthos des Süßwassers beschränkt. Marine Benthosarten, aber auch terrestrisch und symbiontisch lebende Formen sind bekannt.

Innerhalb der Algen nehmen die **Chlorophyta** eine **Sonderstellung** ein, denn sie besitzen einige **übereinstimmende Merkmale mit den Moosen, Farnen und höheren Pflanzen:** Die Feinstruktur der Chromatophoren (Lamellenstapel aus Thylakoiden); die Photosynthesepigmente (Chlorophyll a und b); **Stärke** als Reservestoff (s. Tab. 4); Aufbau der Zellwand (Zellulose und Pektin). Daher werden sie in der Stammesgeschichte als die **Vorstufe der grünen Landpflanzen** angesehen.

II. Fortpflanzung

Vegetative Fortpflanzung erfolgt durch Fragmentation des Thallus (einzelne Zellen oder Thallusstücke können sich zu neuen Pflanzen regenerieren) oder durch Bildung von Planosporen und seltener von Aplanosporen.

Die **sexuelle Fortpflanzung** zeigt eine große Mannigfaltigkeit. Alle Befruchtungs-Modi der Gametogamie und sogar Gametangio- und Somatogamie sind vertreten und können zur Bildung von encystierten Zygoten als Dauerorgane führen.

Ähnliches trifft für die Entwicklungs-Zyklen zu. Man findet Vertreter aller vier Grundtypen (s. Abb. 2), nämlich Haplonten (Abb. 80), Diplonten (Abb. 105) und Haplo-Diplonten mit isomorphem (Abb. 102) und heteromorphem Generationswechsel (Abb. 105). Bei den Fortpflanzungs-Systemen ist Monözie vorherrschend, Incompatibilität ist nicht bekannt, dagegen kommen morphologische Diözie und physiologische Diözie häufig vor.

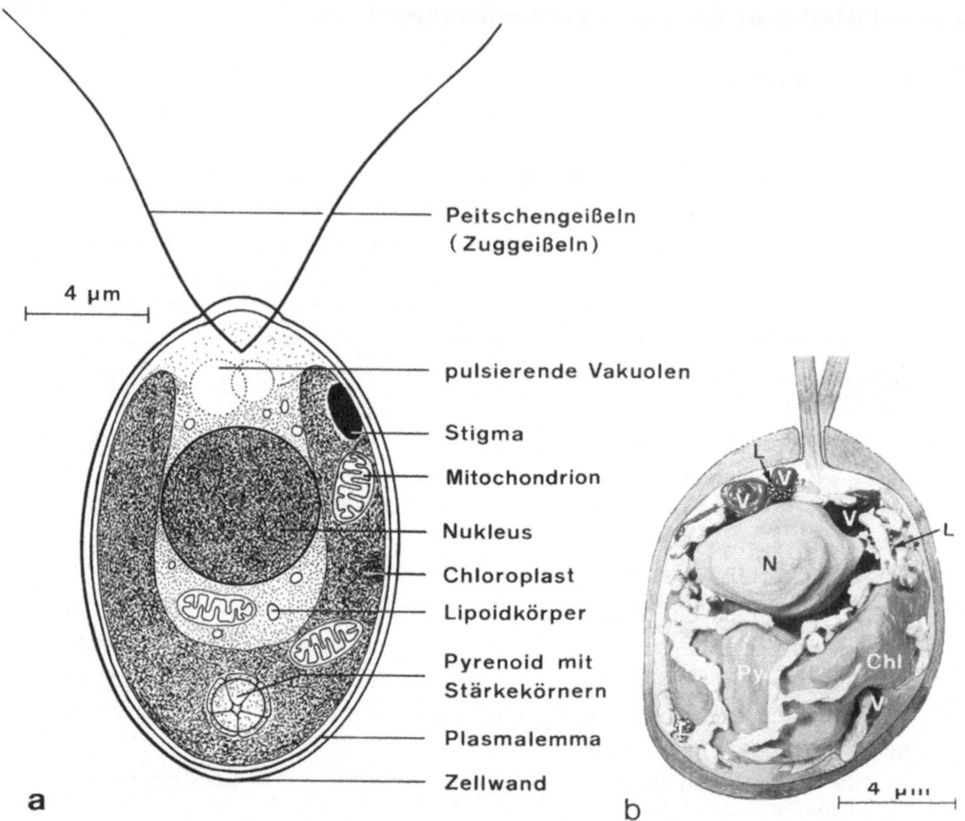

Abb. 79a, b. Organisation einer Chlorophyceenzelle, dargestellt am Beispiel von *Chlamydomonas*.
a Schematische Darstellung des lichtmikroskopischen Bildes (nach Fott, verändert); b Schema
einer Rekonstruktion der Zellanatomie nach elektronenmikroskopischen Serienschnitten. Aus
diesem Schema erkennt man, daß der Nukleus (N) in Wirklichkeit wesentlich größer ist, als er in
den meisten Schemata gezeichnet wird. Das Pyrenoid (Py) liegt auf dem Chloroplast (Chl). Die
pulsierenden Vakuolen (V) sind nicht nur an der Geiselbasis, sondern auch gelegentlich in anderen Regionen der Zelle zu finden; ebenfalls verteilt in der Zelle sind die Lipoidkörper (L). Die
wesentliche Erkenntnis aus diesen Untersuchungen ist der Befund, daß das lichtmikroskopisch
kaum zu erkennende Mitochondrion (hier weiß gezeichnet) kein globulärer Körper ist, sondern
als langgestreckte gewundene und verzweigte Organelle den gesamten Zellkörper durchzieht.
(Foto: F Schötz und CG Arnold)

III. KLASSIFIZIERUNG

Der taxonomischen Unterteilung der Grünalgen in Klassen liegt die Progression der Organisationsstufen des Thallus und der sexuellen Fortpflanzung, aber
auch die Ultrastruktur und Insertion des Geißelapparates zugrunde.* Ferner
spielen die phylogenetischen Zusammenhänge eine Rolle, die zu den Kormophyten überleiten.

---

*Da diese Merkmale mit den üblichen Lichtmikroskopen nicht erkennbar sind, werden sie im
  folgenden nicht berücksichtigt.

I. Klasse: **Prasinophyceae**, monadale, capsale oder coccale Planktonten des Meeres. Vertreter dieser Klasse werden nicht besprochen.

II. Klasse: Chlorophyceae

1. Ordnung: Volvocales, monadale, (vereinzelt capsale) Einzeller oder Zellverbände

2. Ordnung: Chlorococcales, coccale Einzeller oder Zellverbände

3. Ordnung: Chaetophorales, heterotriche Thalli

4. Ordnung: Oedogoniales, unverzweigte oder verzweigte Trichome

III. Klasse: Ulvophyceae

1. Ordnung: Codiolales (Ulotrichales), coccale Einzeller (selten), trichale (unverzweigte), siphonocladiale oder thallöse Organisation

2. Ordnung: Ulvales, thallöse Organisation

IV. Klasse: Cladophorophyceae

Ordnung: Cladophorales, verzweigte Trichome, siphonocladial

V. Klasse: Bryopsidophyceae (Siphoneae)

1. Ordnung: Bryopsidales, siphonal

2. Ordnung: Halimedales, siphonal, vereinzelt Flechtthalli

VI. Klasse: Dasycladophyceae

Ordnung: Dasycladales, siphonal

Vertreter der beiden folgenden Klassen werden nicht besprochen.

VII. Klasse: Trentepohliophyceae

Ordnung: Trentepohliales, verzweigte Trichome, zum Teil heterotrich

VIII. Klasse: Pleurastrophyceae, coccale Einzeller, verzweigte Trichome

IX. Klasse: Klebsormidiophyceae

1. Ordnung: Klebsormidiales, coccale Einzeller, unverzweigte Trichome (werden nicht besprochen)

2. Ordnung: Coleochaetales, verzweigte, Trichome, heterotrich

X. Klasse: Zygnematophyceae

1. Ordnung: Desmidiales, coccale Einzeller

2. Ordnung: Zygnematales, Einzeller oder Trichome

XI. Klasse: Charophyceae

Ordnung: Charales, verzweigte, hochorganisierte Thalli

B. Übungsanleitungen

Der Auswahl der Objekte wurde einerseits die Progression der Organisationsstufen und andererseits die Progression der Befruchtungs-Modi und Entwicklungs-Zyklen zugrundegelegt. Der besseren Übersicht wegen werden die Objekte in der Reihenfolge der zu besprechenden Klassen und Ordnungen erwähnt und auf die jeweils zu beachtenden Besonderheiten hingewiesen.

I. Klasse: Prasinophyceae, werden nicht besprochen.

II. Klasse: Chlorophyceae

1. Ordnung: Volvocales

Die Volvocales sind Ubiquisten im Plankton des Süßwassers; sie fehlen im Meerwasser. Bei ihnen kann man die **Progression vom monadalen Einzeller über Zellverbände vom Kolonietyp bis zum Mehrzeller** verfolgen. Da die Zellen aller Volvocales den gleichen Organisationstyp aufweisen, soll dieser zunächst exemplarisch am Beispiel von *Chlamydomonas* besprochen werden.

Diese Alge war schon in den dreißiger Jahren ein **bekanntes Forschungsobjekt,** bei dem als erstem Befruchtungsstoffe (Gamone), heute Pheromone genannt, entdeckt wurden. Wie schon auf S. 77 erwähnt, wird *Chlamydomonas* gegenwärtig in zunehmendem Maße von Molekularbiologen verwendet, da das breite Spektrum molekularer Technik bei dieser Alge angewandt werden kann. Ein Forschungsschwerpunkt ist die Biogenese der Chloroplasten. Die hier gewonnenen Erkenntnisse konnten auf höhere Pflanzen übertragen werden. Ein anderer Schwerpunkt ist die Biogenese der Geißeln. Wegen deren Ähnlichkeit mit den Flagellen der Tiere konnten auch diese Daten übertragen werden.

Während in den dreißiger Jahren die Untersuchungen vorwiegend mit *C. eugametos* durchgeführt wurden, genießt gegenwärtig *C. reinhardtii* den Vorzug, da bei dieser Alge Mutanten mit einem Defekt in der Photosynthese lebensfähig sind, weil sie auf einem acetathaltigen Nähmedium wachsen können. Somit war eine molekulare Analyse dieser Mutanten möglich, die zu einer Charakterisierung einzelner Gene und ihrer Produkte geführt hat.

Auf Grund der vielen Möglichkeiten, *Chlamydomonas* in der Grundlagenfoschung einzusetzen, hat man diese Alge als „grüne Hefe" bezeichnet, um darauf hinzuweisen, daß sie ein der Bäckerhefe (*Saccharomyces cerevisiae*) vergleichbares „Universalobjekt" ist.

I. Organisation und Entwicklungs-Zyklus einer monadalen Form (*Chlamydomonas*) (Abb. 80)

Material: Die Gattung *Chlamydomonas* (Chlamydomonadaceae) ist mit zahlreichen Arten im Süßwasser und in feuchter Erde (seltener im Meer) weit verbreitet. Innerhalb dieser Gattung gibt es Arten mit isogamer (*C. eugametos, C. reinhardtii*), und anisogamer (*C. suboogama*) Befruchtung und mit Gameto-Gametangiogamie (*C. cocccifera*). Oogamie gibt es bei der nahe verwandten *Chlorogonium oogamum* (s. Abb. 1).

Bei den isogamen Arten kann Monözie oder physiologische Diözie vorliegen (S. 10). Im ersten Fall können unter geeigneten Umweltbedingungen alle Individuen einer Art sich wahllos miteinander paaren und Zygoten bilden. Im zweiten Fall dagegen ist eine Sexualreaktion nur zwischen ungleichen Kreuzungstypen möglich, die als + und – bezeichnet werden.

Da sich *Chlamydomonas* leicht unter Laboratoriumsbedingungen kultivieren läßt, einen sehr kurzen Entwicklungs-Zyklus besitzt (24 h) und eine getrennte Aufzucht der nach Meiosis entstehenden Tochterindividuen erlaubt, sind einige Arten dieser Gattung seit langem beliebte Forschungsobjekte, nicht nur für physiologische, sondern auch für genetische Untersuchungen. Hierbei handelt es sich vor allem um die beiden Arten *C. eugametos* (GÖT) und *C. reinhardtii* (GÖT), die beide den gleichen Entwicklungs-Zyklus haben. Die speziellen Nährmedien, ein Minimalmedium und ein Komplettmedium, die für beide Arten verwendet werden können, sind auf S. 27 angegeben.

Die meisten *Chlamydomonas*-Arten bilden schon nach wenigen Stunden, ähnlich wie *Euglena* (S. 80), Palmellastadien, wenn man sie von flüssigem Kulturmedium auf festes überträgt oder wenn Lichtmangel eintritt. (Auch in mikroskopischen Frischpräparaten kann man schon etwa nach 1 h beobachten, daß viele Zellen ihre Geißeln abwerfen.) Da man aber Palmellen durch Rückübertragung in flüssiges Medium und gute Belichtung wieder „flottmachen" kann, braucht ein Auftreten von Palmellen bei der Kursvorbereitung nicht zu beunruhigen.

1. Zellorganisation

Präparation und Aufgabe: Tropfpräparate von einem + oder – Stamm, der in flüssigem Vollmedium kultiviert wurde. Nach einer kurzen Beobachtung des Bewegungsvorganges eine Zelle (nach vorheriger Zugabe von Methylzellulose zur Hemmung der Bewegung, S. 44) bei starker Vergrößerung (möglichst Ölimmersion) zeichnen. Demonstration der am Pyrenoid liegenden Stärke durch Zugabe von Jod-Jodkaliumlösung.

Beobachtungen: Mit Hilfe der beiden akronematischen Peitschengeißeln können sich die Zellen rasch bewegen. Die im optischen Längsschnitt elliptisch aussehenden Zellen besitzen eine Größe von 13 × 7,5 µm. Der Protoplast ist von einer Wand umgeben, die aus Zellulose und Pektin besteht. Die beiden vom Blepharoplasten ausgehenden Geißeln sind apikal inseriert. Der topfförmige Chloroplast trägt ein Pyrenoid, um das sich bei gut belichteten Zellen Stärkekörner lagern. Der Zellkern liegt meist oberhalb des Pyrenoids und kann nur mit dem Phasenkontrast-Mikroskop erkannt werden. Am Vorderende der Zelle befinden sich meist zwei pulsierende Vakuolen und der rote Augenfleck (Stigma) (vergl. Abb. 81 mit Abb. 79).

Die Zellen von *C. reinhardtii* besitzen im Prinzip gleiche Organisation und Größe. Sie sind jedoch etwas rundlicher und haben keine deutlich ausgeprägte Apikalpapille, was wohl damit zusammenhängt, daß die Gametogamie nicht apikal sondern lateral erfolgt.

2. Vegetative Fortpflanzung

Film: E 1318, *Chlamydomonas reinhardtii*, asexuelle Fortpflanzung

Präparation und Aufgabe: In den *Chlamydomonas*-Kulturen erhält man nur eine reichliche Bildung von Planosporen, wenn die Zellen des + oder – Stammes durch einen Licht-Dunkel-Rhythmus zu synchron verlaufenden Kernteilungen angeregt werden. Dazu bringt man die Zellen in flüssiges synthetisches

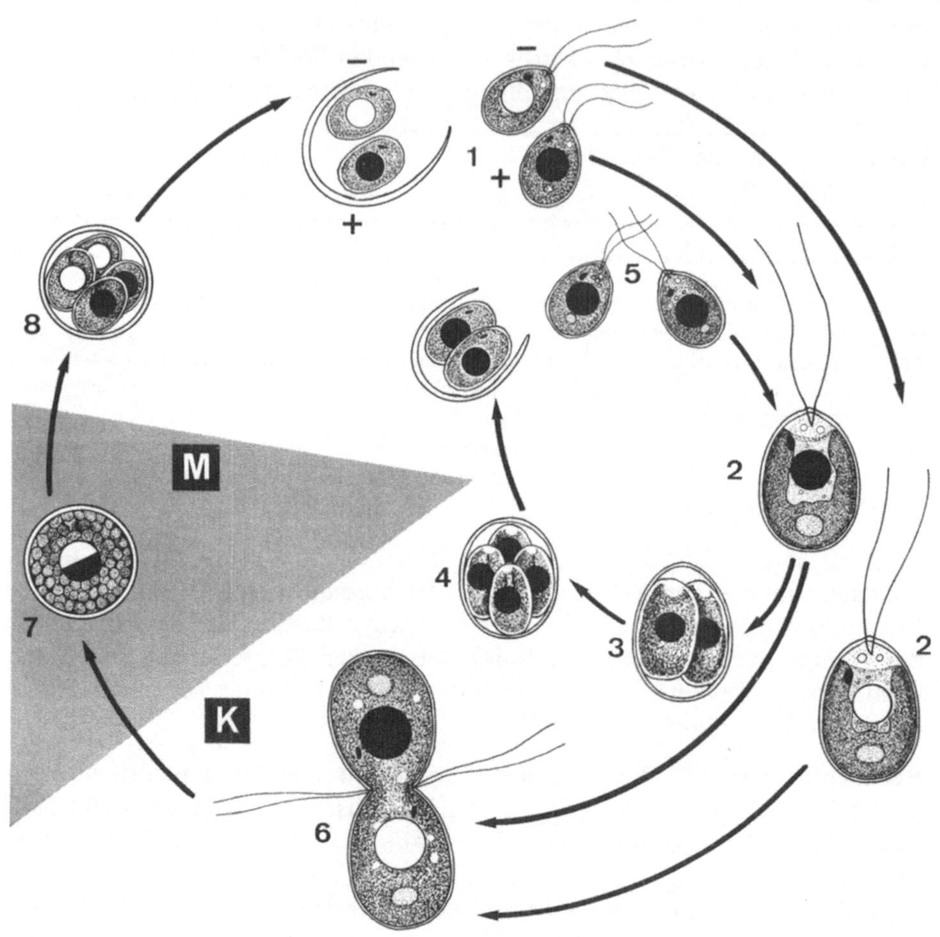

Medium (Nr. 3, S. 27) und hält sie bei 25 °C 12 h im Licht (5000–9000 Lux) und 12 h im Dunkeln. Die Sporulation tritt jeweils etwa 2 h nach Einsetzen der Dunkelphase ein und dehnt sich über einen Zeitraum von 2–3 h aus.

Bei einigen *Chlamydomonas*-Stämmen kann man die vegetative Fortpflanzung auch in Schüttelkulturen durch Dauerlicht auslösen: 40 Watt Glühbirne unmittelbar über der Kultur anbringen, Temperatur 25 °C, nach 24 h zahlreiche Teilungsstadien.

In Tropfpräparaten sind mit der starken Vergrößerung die verschiedenen Stadien der Planosporenbildung zu sehen.

Beobachtungen (Abb. 80, 82): In den synchronisierten Kulturen teilen sich in den meisten Zellen unter gleichzeitigem Abwerfen der Geißeln die Protoplasten zwei-oder auch dreimal in der Längsrichtung. Da in einigen Zellen vor Einsetzen der Kernteilungen eine Drehung des Protoplasten erfolgt, kann der Eindruck von Querteilungen entstehen. Die vier bzw. acht Tochterzellen bilden

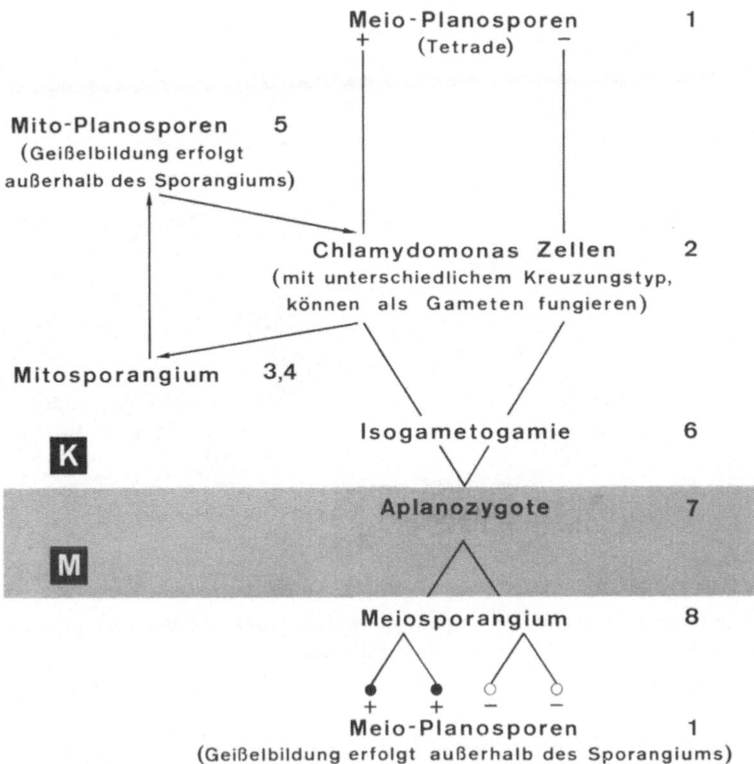

Abbildung. 80. Entwicklungs-Zyklus von *Chlamydomonas eugametos,* Haplont mit vegetativer Fortpflanzung durch Mito-Planosporen. Befruchtungs-Modus: Isogametogamie; Fortpflanzungs-System: physiologische Diözie. Nebenzyklus nur für den + Kreuzungstyp eingezeichnet

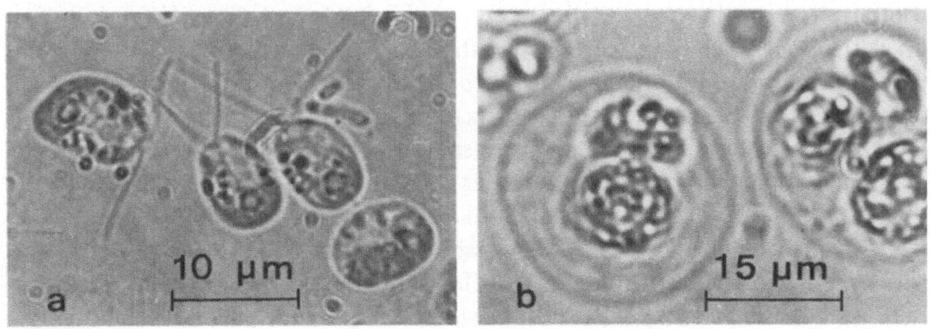

Abbildung 81 a, b. *Chlamydomonas eugametos,* **vegetative Zellen.** a begeißelt; b Palmellastadien. (Foto: W Buff)

eine Zellwand aus und verlassen die mittlerweile vergrößerte Mutterzelle (= Aplanosporangium), deren Zellwand zerreißt. Die zunächst noch unbeweglichen Tochterzellen erreichen erst nach Verlassen der Mutterzelle ihre end-

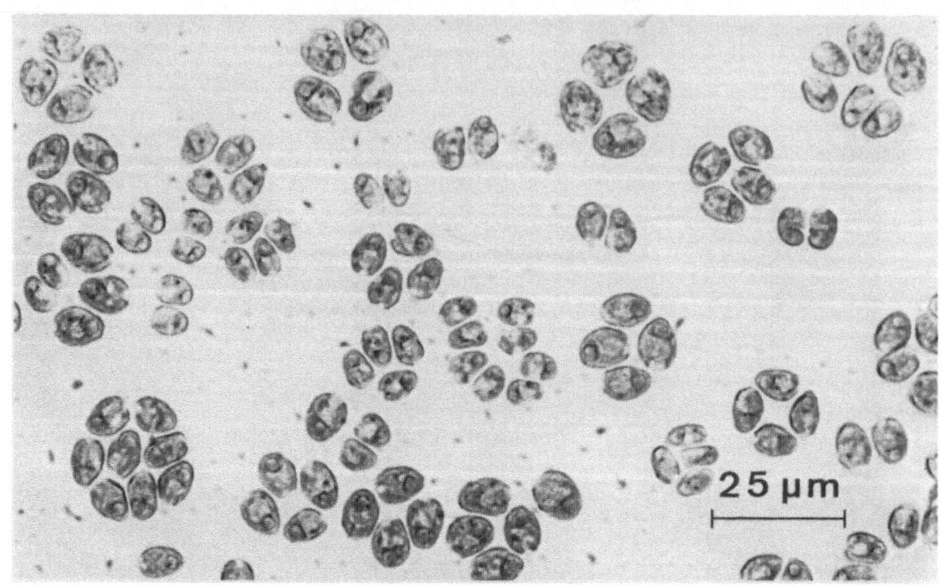

Abbildung 82. *Chlamydomonas eugametos,* **vegetative Fortpflanzung.** Aplanosporangien aus einer synchronisierten Kultur, die vier bzw. acht Sporen enthalten

gültige Größe und bilden während dieser Zeit ihre Geißeln aus. Die Planosporen sind dann nicht mehr von den vegetativen Zellen zu unterscheiden. Von der ersten Teilung des Protoplasten bis zur Ausdifferenzierung der Planosporen vergehen 2–3 h.

3. Sexuelle Fortpflanzung

Präparation und Aufgabe: Zellen von + und – Stämmen, die auf Agarkulturen in Petrischalen gehalten wurden (synthetisches Medium Nr. 3, S. 27), werden nach 3 d mit jeweils 9 ml sterilem Leitungswasser abgespült. Diese Suspension wird für 24 h im Dauerlicht (5000 Lux) bei 25 °C gehalten. Durch diese Hungerkultur werden die Zellen „paarungsbereit". Nach Ablauf dieses Zeitraumes je einen Tropfen der Suspensionen der beiden Kreuzungstypen, in denen die Zellen möglichst etwa in gleicher Zahl vorhanden sein sollten, auf einen Objektträger bringen und vermischen. Nach vorsichtigem Auflegen des Deckglases – jeglichen Druck vermeiden! – sofort bei starker Vergrößerung beobachten. Nach Absaugen von Wasser die einzelnen Kopulationsstadien zeichnen.

Falls man von Stammkulturen (Schrägagar) ausgeht, müssen die Zellen vor der Hungerkultur mindestens für 8 h in belichteten Schüttelkulturen in synthetischem Medium Nr. 3 gehalten werden.

Beobachtungen: Die Zellen haben im Vergleich zu denen aus + oder – Kulturen eine erhöhte Beweglichkeit und schon nach wenigen Sekunden tritt eine Gruppenbildung ein (Abb. 83 a). Diese Aggregation wird von spezifischen Befruchtungsstoffen* (früher Gamone genannt) ausgelöst, die nach Geißelkontakt freigegeben werden. Dies sind komplementäre Glykoproteine, die in +/– Kombination zur Verklebung der Geißeln führen und daher Agglutinine genannt wurden. Nach wenigen Minuten legen sich bei *C. eugametos* die Zellen paarweise mit den apikalen Papillen aneinander. Die Geißeln sind jeweils zu zweien rechtwinkelig nach außen abgebogen (Abb. 83 b). Die Partnerzellen fusionieren nach etwa 15–60 min und bilden eine viergeißelige Zygote (Karyogamie) (Abb. 83 c), die sich nach einiger Zeit unter Abwerfen der Geißeln mit einer derben Hülle umgibt (Abb. 83 d, e). Bei *C. reinhardtii* erfolgt die Kopulation lateral.

Die durch die allelen Erbfaktoren + und – bestimmten vegetativen Zellen sind also jederzeit in der Lage, wenn der entsprechende Partner vorhanden ist, als Gameten (Mito-Haplo-Planogameten) zu fungieren. Im Gegensatz zu den höher organisierten Grünalgen liegt also bei *C. eugametos* (gleiches gilt für *C. reinhardtii*) keine morphologisch erkennbare Gametogenese vor.

Den weiteren Ablauf des Entwicklungs-Zyklus kann man nicht in den Tropfpräparaten beobachten, dazu muß man mit Agarkulturen arbeiten. Die hierzu notwendige Technik wird im nächsten Abschnitt beschrieben.

4. Tetradenanalyse

Die Möglichkeit, die vier Produkte der Meiose zu erfassen, ist für den Genetiker von besonderer Wichtigkeit, da er nur durch Analyse solcher Tetraden eindeutige Rückschlüsse auf den Ablauf von meiotischen Rekombinationsvorgängen erhält. Da die Prinzipien der Tetradenanalysen in ausführlicherer Form bei der Besprechung der Ascomycetes beschrieben werden (S. 403 f.), weil diese Organismen sich in Praktikumsversuchen besser handhaben lassen, soll hier nur kurz die Methodik für *Chlamydomonas* dargestellt werden. Diese chloroplastenhaltigen Organismen lassen sich nämlich für die Bearbeitung bestimmter genetischer Probleme verwenden (z.B. genetisch-biochemische Analyse der Photosynthese; Korrelation zwischen genetischer Information von Zellkern und Plastiden), zu denen die plastidenlosen Pilze ungeeignet sind.

Durchführung des Versuches: Aus den oben erwähnten Hungerkulturen werden gleiche Volumina von + und – Zellsuspensionen vermischt (jeweils 6–8 ml) und im Licht (5000 Lux) bei 25 °C bebrütet. Hier erfolgt, wie bereits oben für die Tropfpräparate beschrieben, die Paarung der zu Gameten umgestimmten Zellen. Dieser Vorgang ist nach etwa 90 min abgeschlossen. Danach wird die Suspension in sterilen Zentrifugengläsern in einer niedrigtourigen Zentrifuge bei etwa 620 × g für 5 min zentrifugiert. Nach Dekantieren der Nährlösung wird das Sediment (ca. 0,2 ml) auf einer Petrischale auf synthetischem Agarmedium Nr. 3 ausgestrichen. Diese Agarkultur wird bei 25 °C zunächst 24 h im Licht (5000 Lux) und dann 5 d im Dunkeln gehalten. In dieser Zeit sind die Zygoten herangereift, d.h. es hat in ihnen eine Meiose stattgefunden, und es

---

* Über das Vorkommen von Befruchtungsstoffen (= Pheromone) wurde bereits bei der Besprechung der Braunalgen (S. 121 f.) ausführlich berichtet.

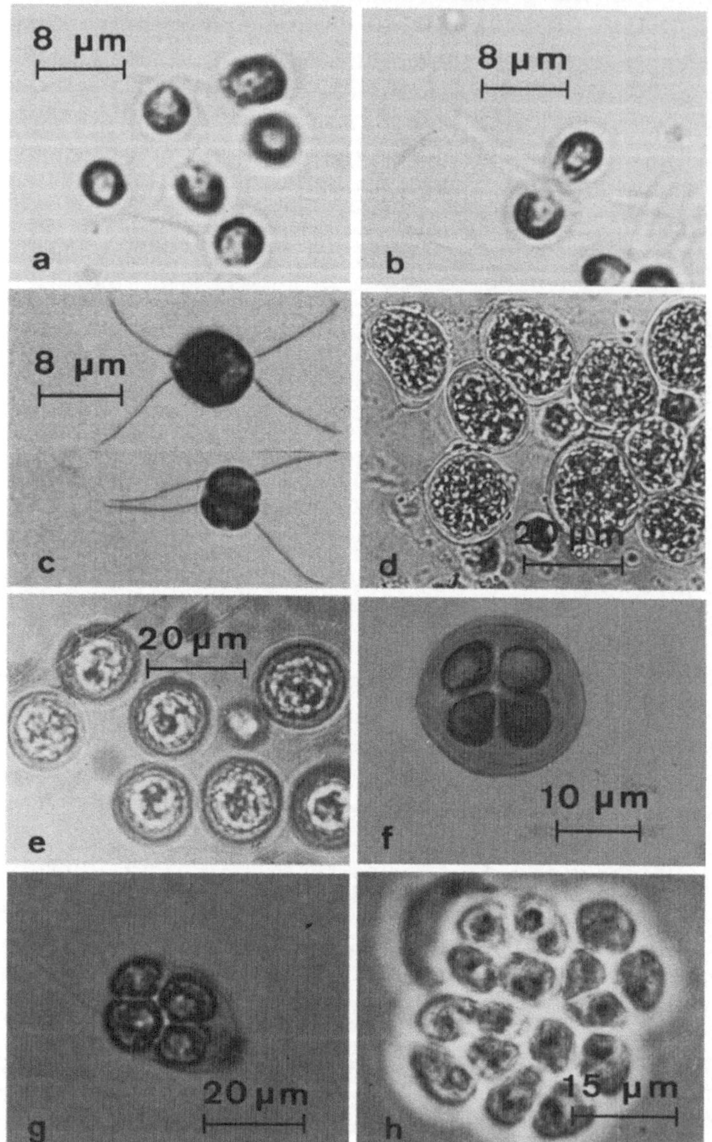

Abbildung 83 a–h. *Chlamydomonas eugametos*, Stadien der sexuellen Fortpflanzung. a Aggregation von + und – Gameten; b Paarung der beiden Kreuzungstypen = Beginn der Zygotenbildung; c Planozygote nach erfolgter Karyogamie; d Aplanozygoten nach Abwerfen der Geißeln; e nach 24 h mit verdickter Zellwand; f Zygote nach der Meiose, die 4 Sporen sind deutlich zu erkennen; g auskeimende Zygote mit Sporentetrade; h jede der Sporen hat sich zweimal mitotisch geteilt. (Fotos d und e: W Buff)

Abbildung 84. *Chlamydomonas reinhardtii*, Ausschnitt aus einer Petrischalenkultur nach Durchführung einer Isolation von Einzelsporen. Aus der Anordnung der Kolonien kann auf die im Text beschriebene Manipulation rückgeschlossen werden. Der von links nach rechts verlaufende Strich markiert den Pipettenausstrich, die Reihen von kleinen Kolonien beidseitig dieses Striches sind das Ergebnis der Sporenvereinzelung. Die Lücken in diesen Reihen sind dadurch bedingt, daß einzelne Sporen bei der Isolation beschädigt wurden und sich demnach nicht weiter geteilt haben. Drei 8sporige Zygoten wurden ebenfalls verarbeitet. (Foto: W Buff)

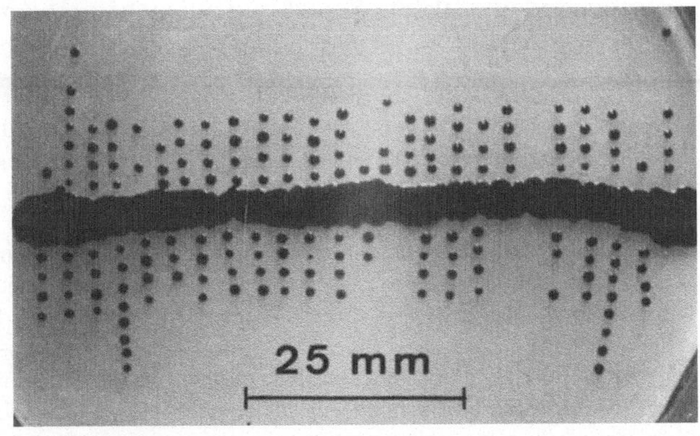

haben sich Meio-Planosporen gebildet (Abb. 83 f). Zur Abtötung der ungepaarten Gameten werden die Kulturschalen umgekehrt für 35 s auf ein Petrischalenunterteil gelegt, das Chloroform enthält (Schichtdicke 1,5 cm). Zur Induktion der Keimung werden die Zygoten nach dieser Behandlung auf Vollmedium (oder auch synthetisches Medium Nr. 3) übertragen.

Dies geschieht wie folgt: Die Agarschalen mit 0,5–1 ml aqua dest. überfluten, die Zygoten mit einem Spatel durch leichtes Schaben auf der Agaroberfläche zusammenkratzen. 0,1 ml der Suspension mit einer Pipette aufsaugen und strichartig quer über eine Petrischale mit frischem Nährmedium verteilen.

Da es der **Zweck der Tetradenanalyse ist, die vier Produkte einer meiotischen Teilung zu erfassen**, müssen die Zygoten vereinzelt werden. Nachdem der Pipettenausstrich angetrocknet ist (etwa 30–60 min), schiebt man unter dem Präpariermikroskop mit Hilfe der Präparierfeder beidseitig des Striches einzelne Zygoten etwa 1 cm von der Strichzone weg und markiert deren Lage durch Einstiche in den Agar. Die Kulturen werden nun beleuchtet. Nach 15 bis 24 h „keimen" die Zygoten und entlassen die Meiosporen (Abb. 83 g), die nun wieder unter dem Präpariermikroskop isoliert werden. Dazu schiebt man die Sporen mit der Präparierfeder auseinander, so daß sie in Abständen von 0,5 cm in einer Linie angeordnet sind. Die Lagestelle durch Agareinstiche markieren!

Um Pilz- oder Bakterieninfektionen zu vermeiden, sind bei allen Manipulationen der Zygoten bzw. Sporenisolation die auf S. 34 gegebenen Hinweise für steriles Arbeiten zu beachten.

Nach dieser Prozedur werden die Schalen etwa 8–10 d bei Licht gehalten. Im Verlauf dieser Zeit wachsen aus den Einzelsporen makroskopisch erkennbare Kolonien heran (Abb. 83 h, 84), denn die *Chlamydomonas*-Zellen können sich auf dem Agar natürlich nicht bewegen. Von diesen Klonen kann man durch Abstrich neue Kulturen anlegen, die dann der oben beschriebenen Prozedur entsprechend auf ihren Kreuzungstyp geprüft werden. Dazu testet man in einem Tropfpräparat alle Klone einer Zygote gegen beide Elternstämme.

Man darf nicht überrascht sein, wenn die Zygoten sich hinsichtlich der Sporenzahl nicht lehrbuchmäßig verhalten, denn neben solchen, die vier Sporen entlassen, findet man auch häufig Zygoten, in denen sich 8 oder sogar 16 gebildet haben. In den beiden letzten Fällen haben nach der Meiose noch vor der Sporenbildung eine bzw. zwei Mitosen stattgefunden.

Für Kurszwecke ist es natürlich mit weniger Arbeitsaufwand verbunden, wenn man nur die Nachkommenschaft einer viersporigen Zygote analysiert. Man wird dann regelmäßig finden, daß zwei der Klone durch das + Gen und zwei durch das − Gen markiert sind, denn nur zwei zeigen im Tropfpräparat eine Zygotenbildung mit dem + Elter, während die beiden anderen mit dem − Elter sexuell reagieren. Man kann also schon durch die Analyse einer Zygote nachweisen, daß das Genpaar +/− im Verhältnis 2:2 aufspaltet. Zu analogen Ergebnissen wird man auch bei den 8- und 16sporigen Zygoten kommen, die eine 4:4 oder 8:8 Aufspaltung erbringen.

II. Zellkolonien

Filme: C 883   Morphologie und Fortpflanzung der Phytomonadinen
     E 656   *Gonium pectorale* (Phytomonadina), ungeschlechtliche Fortpflanzung
     E 657   *Pleodorina californica* (Phytomonadina), ungeschlechtliche Fortpflanzung

Während bei den Cyanobakterien und den bisher besprochenen Klassen der Algen die Zellverbände (s. Tab. 3) als Coenobien organisiert sind, findet man in der Ordnung der Volvocales Zellverbände vom Kolonietyp, d.h. die Planosporen bilden schon in der Mutterzelle congenital Zellverbände, die als Kolonien entlassen werden. Innerhalb dieser koloniebildenden Formen, deren Einzelzellen die Organisation von *Chlamydomonas* aufweisen (Abb. 79), läßt sich eine Progression hinsichtlich der Arbeitsteilung der Zellen verfolgen. Die Zellen der „einfachen" Kolonien weisen noch keine Arbeitsteilung auf. Mit zunehmender Organisationshöhe tritt eine Zelldifferenzierung ein, die sich nicht nur morphologisch, sondern vor allem auch hinsichtlich des Fortpflanzungsverhaltens ausprägt. Diese findet ihren Höhepunkt in der im nächsten Abschnitt zu besprechenden *Volvox*, die ein echter Mehrzeller ist.

Material:. Die im Plankton von Mooren oder oligotrophen Seen und Teichen zu findenden Volvocaceen-Gattungen: *Gonium, Pandorina, Eudorina, Pleodorina,* z.B.: *G. sociale, G.pectorale;P.morum; E. elegans;P. californica* (alle GÖT).

Präparation: Tropfpräparate; Vorsicht beim Auflegen des Deckglases, damit die relativ großen Kolonien nicht zerdrückt werden. Es wird empfohlen, Hohlschliffobjektträger zu verwenden. Falls Stämme aus Algotheken benutzt werden, die vielfach auf Agarkulturen geliefert werden, sollte man einige Tage vor Kursbeginn Abstriche in flüssige Medien (synthetisches Medium Nr. 3 oder Algen-Vollmedium) übertragen und diese bei Tages- oder Neonlicht halten.

Aufgabe: Organisation der Kolonien und ihre vegetative Vermehrung studieren. Bei mittelstarker Vergrößerung je einen Vertreter der genannten Gattungen und bei mindestens einer Gattung die Stadien der Koloniebildung zeichnen.

Man kann auch hinsichtlich des Befruchtungs-Modus eine Progression von Isogamie über Anisogamie zur Oogamie verfolgen, aber die einzelnen Stadien sind in normalen Kulturen meist nicht zu beobachten, da die Gametenbildung erst durch relativ komplizierte Außenbedingungen ausgelöst werden muß.

Beobachtungen: *Gonium* bildet tafelförmige Kolonien ohne Arbeitsteilung. Die Zellen sind durch Gallertausscheidungen der Zellwand miteinander verbunden. Die plattenförmigen, perforierten Kolonien enthalten bei *Gonium sociale* vier Zellen, deren Geißeln nach außen gerichtet sind (Abb. 85 a). Bei der vegetativen Fortpflanzung, zu der alle Zellen einer Kolonie in gleicher Weise befähigt sind, entstehen in jeder Zelle vier Tochterzellen, die schon vor Verlassen der Mutterzelle zu einer Kolonie verbunden sind.

Die in der Natur häufig vorkommende *Gonium pectorale* bildet meist 16zellige Kolonien (vier Innenzellen und 12 Randzellen). In Ausnahmefällen können bei dieser Art auch 8zellige Kolonien auftreten.

Der Entwicklungs-Zyklus von *Gonium* entspricht dem von *Chlamydomonas* (Abb. 80). Jede einzelne Zelle der Kolonie kann mehrere Gameten bilden. Die vier Meiosisprodukte der Zygote bleiben zu einer Kolonie vereinigt, deren Zellen wie bei der vegetativen Fortpflanzung wieder 4- bzw. 16zellige Kolonien hervorbringen können.[*]

Pandorina morum (Abb. 85 b) bildet 8- bis 16zellige Kolonien, deren Zellen eine geringfügige Differenzierung zeigen können. Die Stigmen der radiär in Gallerte eingelagerten Zellen können nämlich zuweilen an einem Pol der kugeligen Kolonien größer sein als am anderen. Zur vegetativen und sexuellen Fortpflanzung sind jedoch alle Zellen in gleicher Weise befähigt. Im ersten Fall entstehen in jeder Zelle 8- bis 16zellige Tochterkolonien und im zweiten Fall Anisogameten. *P. morum* wird in der Literatur als morphologisch diözisch beschrieben.

Eudorina elegans (Abb. 86 a) bildet ellipsodale Kolonien, die meist aus 32 in Gallerte eingebetteten Zellen bestehen. Diese sind kreisartig in fünf Ebenen angeordnet, und zwar zwei polare Kreise mit je vier und drei mediane mit je 8 Zellen. Obwohl die Zellen im Gegensatz zu *Gonium* auch innerhalb der Kreise

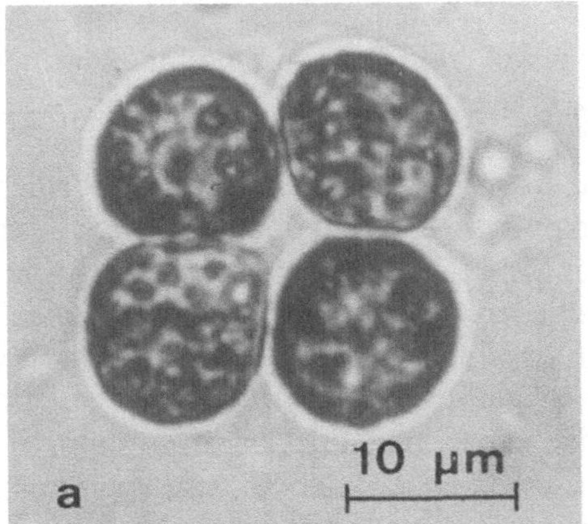
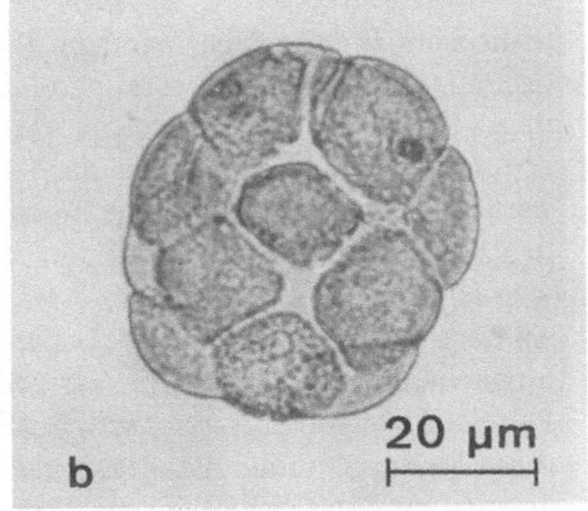

Abbildung 85 a, b. Koloniebildung bei den Volvocaceae. a *Gonium sociale*; b *Pandorina morum*

---

[*] Methodik zur Auslösung der sexuellen Fortpflanzung in Laborkulturen bei: Stein JR and McCauley MJ, Canad, J Bot 54, 1126–1130 (1976)

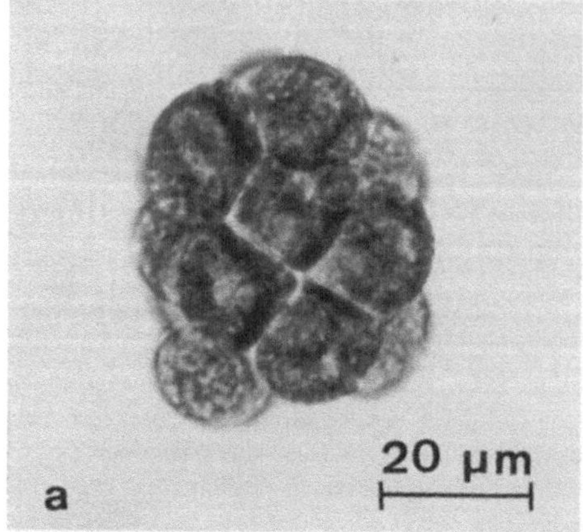

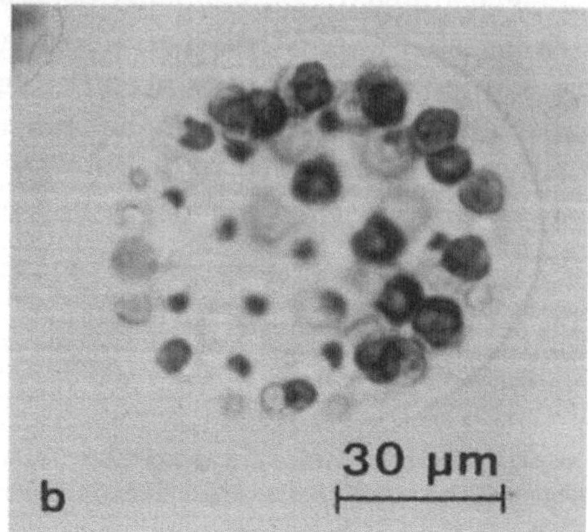

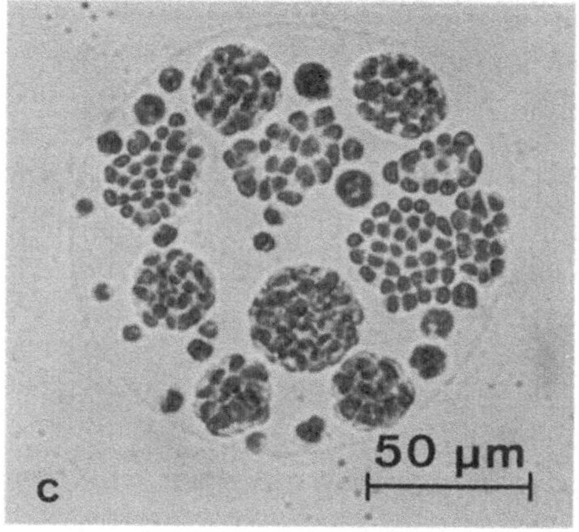

Abbildung 86 a–c. Koloniebildung bei den Volvocaceae. a *Eudorina elegans;* b *Pleodorina californica;* c Kolonie von *P. californica* mit Tochterkolonien

nicht aneinander gelagert sind, besteht eine Verbindung durch dünne Plasmodesmen, die mit Kursmikroskopen nicht erkennbar sind. Nicht nur die Existenz dieser Zellverbindungen, welche nach Meinung mancher Autoren für die Koordination der Bewegung der nach außen gerichteten Geißeln verantwortlich sein sollen, sondern auch eine morphologische Polarität charakterisieren den nächsten Schritt einer Progression zum Mehrzeller. Letztere besteht nicht nur wie bei *Pandorina* in einer unterschiedlichen Größe der Stigmen und Zellen, sondern auch in der Fähigkeit, Gameten zu bilden. Es muß ausdrücklich darauf hingewiesen werden, daß die Variabilität innerhalb der einzelnen Rassen und Populationen von *E. elegans* sehr groß ist, so daß man nicht erwarten kann, alle diese Merkmale einer Polarität, welche erlauben, bei der Kolonie von einem apikalen und basalen Pol zu sprechen, bei jeder Rasse zu finden.

Die vegetative Fortpflanzung erfolgt, wie bereits für die übrigen Volvocaceae beschrieben, durch Bildung von Tochterkolonien innerhalb einzelner Zellen. Die sexuelle Fortpflanzung ist durch Oogamie charakterisiert. *E. elegans* ist diözisch, andere Arten sind monözisch.

Bei *Pleodorina californica* (Abb. 86 b,c) ist die Polarität am stärksten ausgeprägt. Während die Zellen des apikalen Pols der meist 128zelligen Kolonie nur einen Durchmesser von 13–15 μm haben, und nur zur vegetativen Fortpflanzung befähigt sind, erreichen die Zellen des basalen Pols teilweise die doppelte Größe und dienen der sexuellen Fortpflanzung (monözisch, Oogamie). Die Unterschiede in der Zellgröße sind allerdings in jungen Kolonien noch nicht zu beobachten. *P. californica* kann als die letzte Stufe dieser zu *Volvox* führenden Progression angesehen werden, nicht nur wegen der evidenten Polarität, sondern auch bezüglich der Kolonie-Organisation, denn die Zellen sind wie bei *Volvox* in der peripheren Schicht einer homogenen Gallertkugel angeordnet.

III. Organisation und Fortpflanzung eines Mehrzellers (*Volvox*)

Film: W 1225, Entwicklung, Fortpflanzung und Differenzierung bei *Volvox carteri*

Mit *Volvox* haben die Volvocales ihre **höchste Entwicklungsstufe** erreicht. Die Zusammenlagerung von Zellen kann nicht mehr als Kolonie bezeichnet werden, sondern ist als **vielzelliges Individuum** anzusehen. Die im vorigen Abschnitt beschriebene Progession ist bei *Volvox* zu ihrem Höhepunkt gelangt und die **Zellen** weisen eine strenge **Arbeitsteilung** auf. Diese zeigt sich nicht nur in der noch im einzelnen zu besprechenden Polarität ihrer Organisation, sondern auch vor allem darin, daß nur bestimmte Zellen zur vegetativen und generativen Fortpflanzung in der Lage sind, und daß die nach vegetativer Fortpflanzung entstehenden Tochter-Individuen sowie die Zygoten erst nach Absterben des mütterlichen Organismus frei werden. Von der Entwicklungshöhe her gesehen bildet *Volvox* „**die erste Leiche**" im Pflanzenreich aus.

Material: Von den 17 *Volvox*-Arten sind vor allem *V. globator* und *V. aureus* (beide GÖT) im Plankton von oligotrophem Süßwasser weit verbreitet. Die stecknadelkopfgroßen, sich lebhaft bewegenden Individuen können mit dem bloßen Auge erkannt werden.

Die Bearbeitung von *Volvox* ist mit einigen Schwierigkeiten verbunden. Zwar findet man sowohl in selbst gesammeltem Frischmaterial als auch in den von Algotheken erhältlichen Reinkulturen stets alle Stadien der vegetativen Fortpflanzung, dagegen nur selten die Stadien der sexuellen Fortpflanzung. In den Proben aus der Natur erfolgt die Gametenbildung gegen Ende der Vegetationsperiode. In Reinkulturen kann man sie durch geeignete Ernährungsbedingungen induzieren. Dies ist allerdings mit einem großen Aufwand verbunden.* Es empfiehlt sich daher, zur Demonstration der sexuellen Fortpflanzung Dauerpräparate zu verwenden.

Präparation und Aufgabe: Tropfpräparate unter Verwendung von Objektträgern mit Hohlschliff oder das Deckglas mit kleinen Deckglasbruchstücken an den Rändern unterlagern. Je nach dem zur Verfügung stehenden Material Zeichnungen entsprechend den Abb. 87–89 anfertigen. Zur Demonstration der Plasmodesmen Individuum mit Tochterkugeln durch Pressen auf Deckglas zerdrücken und Tochterkugeln mit Ölimmersion betrachten.

---

* Die entsprechenden Angaben findet man bei Darden WH jr (1966) J Protozool 13:239–255; Starr RG (1969) Arch Protistenk 111:204–222; Miller CE, Starr RC (1981) Ber Dt Bot Ges 94:357–372; Kirk DL, Kirk MM (1986) Science 231:51.

Beobachtungen: Organisation (Abb. 87): Die zahlreichen Zellen befinden sich an der Peripherie einer mit Gallerte gefüllten Hohlkugel. Ihre Geißeln sind nach außen gerichtet. Jede Zelle, deren Organisation dem *Chlamydomonas*-Typ entspricht, ist von einer Gallerthülle umgeben, die in der Aufsicht hexagonal erscheint. Die Grenzen dieser Hüllen bedingen die netzartige Musterung der Kugeloberfläche. Die Protoplasten sind durch Plasmodesmen miteinander verbunden. Die Plasmodesmen sind meist nur deutlich in den Tochterindividuen zu sehen, bevor diese die Mutterindividuen verlassen und noch nicht ihr endgültiges Volumen erreicht haben.

In gleicher Weise wie bei *Pandorina und Pleodorina* sind die Zellen des apikalen Pols, der bei der Fortbewegung vorne ist, durch größere Stigmen charakterisiert als die des basalen Pols. Diese Polarität findet aber vor allem ihren Ausdruck in einer deutlich erkennbaren Differenzierung in größere generative Zellen und kleinere somatische Zellen. Die Ersteren (16–32 je nach Art) werden nur in der antapikalen Hälfte gebildet.

V. globator und *V. aureus* unterscheiden sich vor allem in der Zellgröße und der sexuellen Differenzierung. Bei gleicher Individuengröße enthält die monözische *V.globator* 1500–2000 Zellen (3–5 µm), die morphologisch diözische *V. aureus* enthält dagegen nur 500–1000 Zellen, die allerdings doppelt so groß sind.

Die **vegetative Fortpflanzung** erfolgt durch Bildung von Tochterindividuen. Wie aus dem Schema der Abb. 87 ersichtlich, teilt sich der Protoplast einer generativen Zelle mehrfach in Längsrichtung. Während dieser Teilungsvorgänge senken sich die Tochterzellen nach innen in den Hohlraum der Kugel. Im Verlauf von weiteren Zellteilungen bilden die Tochterorganismen eine blasenförmige Einstülpung mit nach innen gerichteten Geißeln. Nach Abschluß der

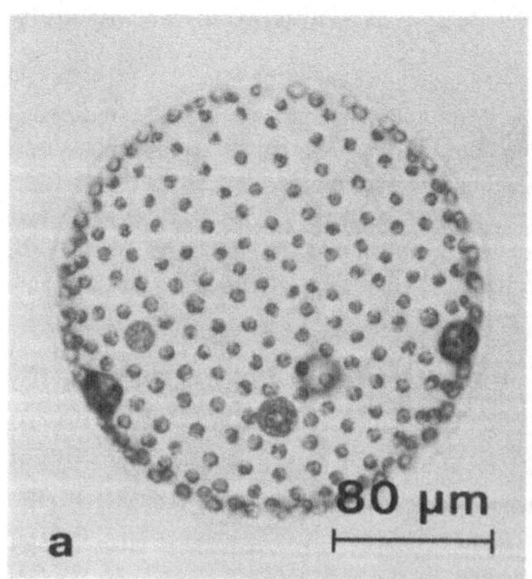

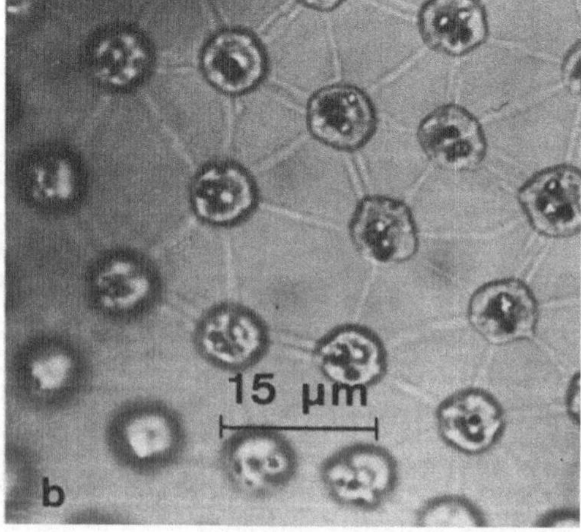

Abbildung 87 a, b. *Volvox aureus.* **a** Individuum in Aufsicht, am antapikalen Pol sind die generativen Zellen zu erkennen; **b** Ausschnitt aus (a) zeigt die Plasmodesmen zwischen den einzelnen Zellen. (Foto b: RC Starr)

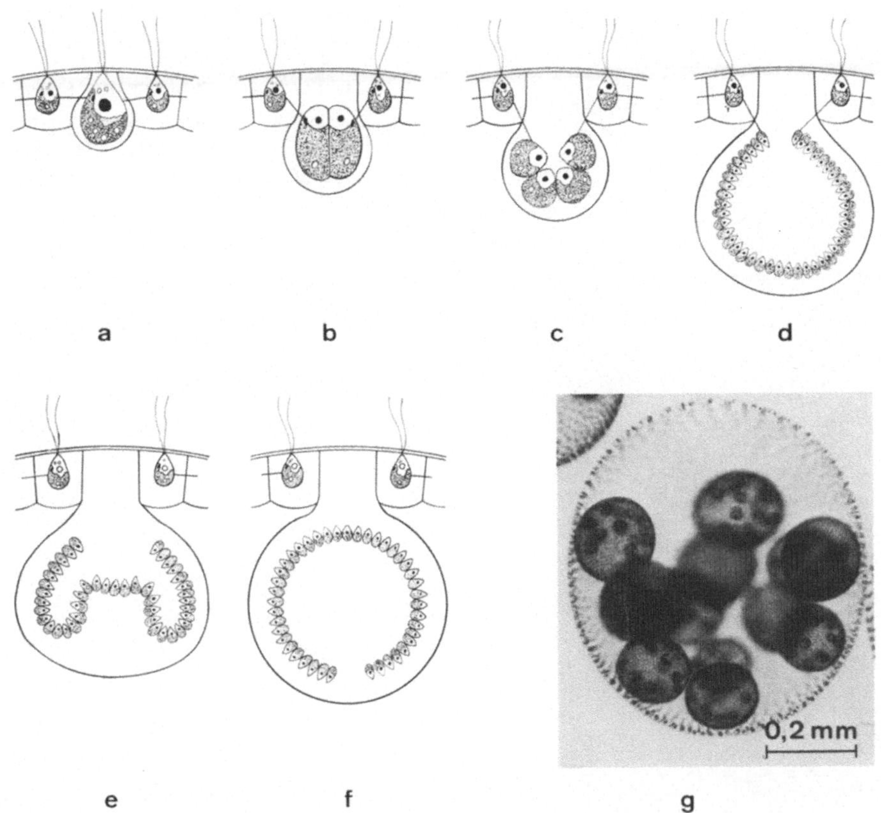

Abbildung 88 a–g. *Volvox,* **vegetative Fortpflanzung.** a–f Schematische Darstellung der Bildung von Tochterindividuen (nach Smith, verändert; Einzelheiten s. Text); g *V. carteri* mit Tochterindividuen, in denen man die Differenzierung in vegetative und generative Zellen erkennt. (Foto: RC Starr)

Zellteilungen lösen sie sich von der peripheren Zellschicht der Mutter und bilden unter handschuhfingerartiger Umstülpung neue Hohlkugeln, deren Zellen zunächst noch kleiner sind und enger zusammenliegen als die der Mutter. In einem Individuum können sich auf diese Weise mehrere Tochterorganismen bilden, die erst nach Absterben der Mutter frei werden.

Die Differenzierung in generative und somatische Zellen erfolgt schon während der Zellteilungen und ist vor der Invagination abgeschlossen. Der Größenunterschied der beiden Zelltypen ist in der Mutterzelle noch vor dem Freiwerden der Tochterindividuen zu sehen.

Die **sexuelle Fortpflanzung** erfolgt durch Oogonien und Spermatozoiden. Beide entstehen nur aus generativen Zellen. Wie aus dem Schema der Abb. 89 zu erkennen ist, beginnt die Keimzellenbildung in der gleichen Art wie die Bildung von Tochterindividuen. Da die präsumptive Eizelle sich beim Ausscheiden aus der peripheren Schicht nur geringfügig vergrößert und sich nicht

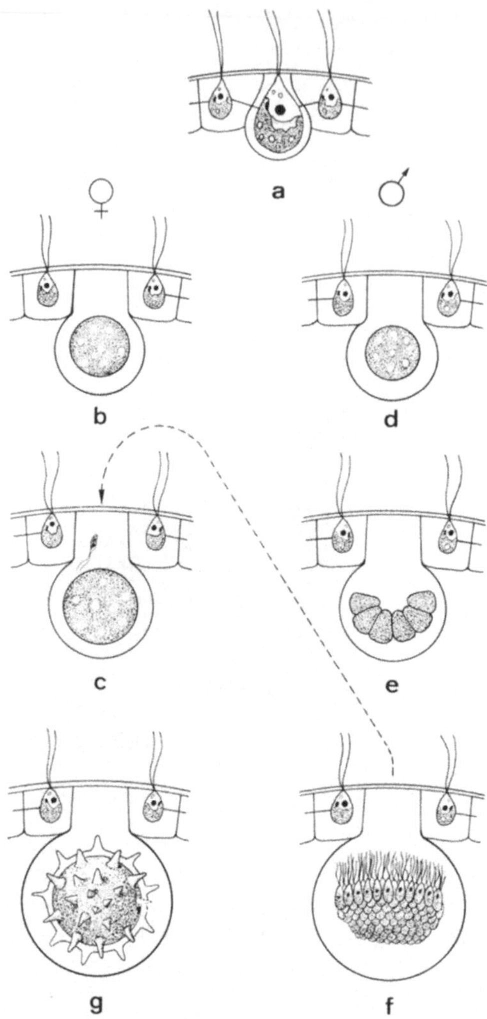

Abbildung 89 a–i. *Volvox,* **sexuelle Fortpflanzung.** a–g Schematische Darstellung (nach Smith, verändert); h, i *V. carteri,* h weibliches Individuum mit Eizellen; i männliches Individuum mit Spermatozoiden. (Fotos: RC Starr)

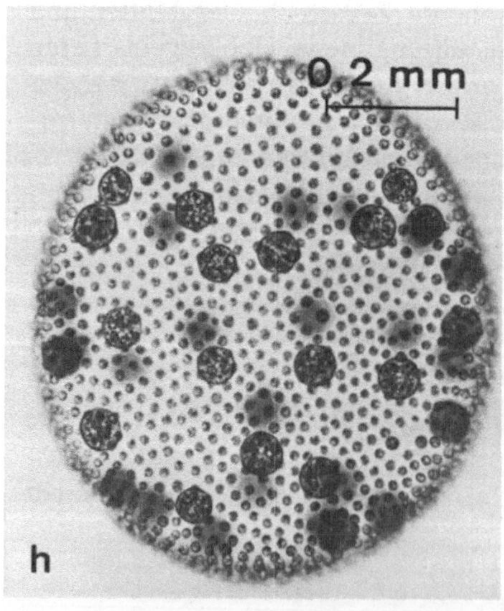

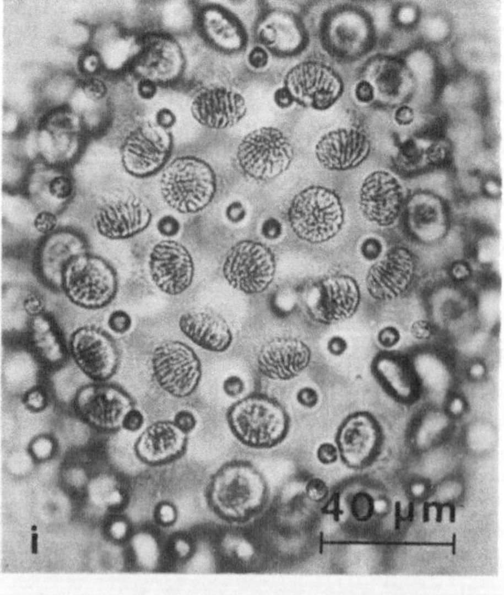

weiter teilt, ist sie nicht deutlich von einer normalen generativen Zelle zu unterscheiden (vergl. Abb. 89 h mit Abb. 87 a).

Dagegen laufen in den generativen Zellen, die sich zu männlichen Gametangien (Antheridien) differenzieren, zahlreiche Zellteilungen ab. Dies führt zur Bildung einer Vielzahl von Spermatozoiden (bis zu 100). Sie entsprechen in ihrer Organisation dem *Chlamydomonas*-Typ und sind nach ihrem Freiwerden noch zu plattenförmigen Bündeln verbunden. Erst nachdem sie an die Eizelle gelangt sind, löst sich dieser Verband auf.

Befruchtungsstoffe wie bei *Chlamydomonas*, welche der Anlockung der Gameten dienen, sind bei *Volvox* bisher noch nicht nachgewiesen worden. Nach der Befruchtung bilden die Zygoten eine zweischichtige, stachelige, rotbraune Zellwand. Sie dienen gleichzeitig als Dauerorgane und keimen nach Ablauf einer Meiose zu neuen Individuen aus.

Man muß annehmen, daß zumindest bei der diözischen *V. aureus* nach der Meiose drei Zellkerne degenerieren, da man stets nur männliche oder weibliche Individuen erhält.

Von Darden und von Starr (Lit. s. Fußnote auf S. 183) wurde nachgewiesen, daß bei *V. aureus* bzw. bei *V. carteri*, letztere ist ebenfalls morphologisch diözisch, die männlichen Individuen Substanzen bilden, welche die Differenzierung der Fortpflanzungszellen auslösen. Durch Zugabe eines Kulturfiltrates einer männlichen Kultur konnte sowohl bei weiblichen als auch bei männlichen Stämmen die sexuelle Differenzierung eingeleitet werden. Es handelt sich dabei um ein Glycoprotein (MW 25–30 MD). An diesen Untersuchungen ist ferner interessant, daß die sexuelle Differenzierung nicht mehr bei adulten Individuen erfolgt (deren generative Zellen können nur Tochterindividuen bilden), sondern nur während der Bildung der Tochterkugeln. Erst in diesen entwickeln sich dann nach dem Freiwerden Eizellen bzw. Spermatozoiden.

2. Ordnung: Chlorococcales

Innerhalb dieser Ordnung kann man eine **Progression vom coccalen Einzeller bis zu Zellverbänden** verfolgen. Im Gegensatz zu den Volvocales handelt es sich bei den Zellverbänden nicht um Kolonien, sondern um **Aggregationsverbände**, denn die Zellen lagern sich nicht congenital, sondern postgenital zusammen, d.h., in der Mutterzelle bilden sich zunächst Sporen, die entweder vor oder erst nach deren Verlassen aggregieren. Bei den Volvocales dagegen wird schon während der Zellteilungen die Lage der Zellen in der Tochterkolonie festgelegt, da die Zellen mit ihren Wänden oder durch Plasmodesmen verbunden bleiben (s. z.B. Abb. 86 a). Ähnlich wie bei den Volvocales sind auch bei den Chlorococcales die Zellen nach einem Grundtypus aufgebaut, der an den Anfang der Beobachtungen gesetzt wird.

1. Organisation und vegetative Fortpflanzung coccaler Formen

Film: C 1149, ungeschlechtliche und geschlechtliche Fortpflanzung der coccalen Grünalge *Eremosphaera viridis*

Material: Vertreter der Gattung *Chlorococcum* (20 Arten) und *Chlorella* (10 Arten) sind Kosmopoliten. Während *Chlorococcum* (Chlorococcaceae) zu den häufigsten Bodenalgen (Baumrinden, Mauern) gehört, findet man die Chlorellen (Chlorellaceae) vorwiegend in Süßwasser, aber auch als Symbionten in Tieren und als Algenkomponente der Flechten. Wegen ihrer hohen Vermehrungsrate können sie leicht in eutrophen Gewässern gefunden werden (bis zu 10^6/ml Wasser). *Chlorococcum echinozygotum; Chlorella vulgaris* (beide GÖT).

Zur Auslösung der Bildung von Planosporen werden die *Chlorococcum*-Zellen in synthetisches Medium Nr. 1 (S. 26) gebracht und bei Licht und 25 °C als Schüttelkulturen gehalten. Schon nach wenigen Tagen kann man vereinzelt Sporenbildung beobachten, die nach 10–14 d in sehr reichlichem Maße einsetzt. Die Chlorella-Zellen kann man leichter zur Sporenbildung induzieren: Flüssigkeitskulturen (z.B. in synthetischem Medium Nr. 1) bei Tageslicht und Zimmertemperatur halten, um Zellen mit Teilungsstadien zu finden.

Präparation und Aufgabe: Tropfpräparate. Bei starker Vergrößerung (Ölimmersion) Einzelzellen und Stadien der vegetativen Fortpflanzung zeichnen.

Beobachtungen: Diese sehr kleinen runden Zellen von *Chlorococcum* (Abb. 90 a) enthalten einen hohlkugelartigen Chloroplasten, in dessen Basis ein Pyrenoid ist. Der Zellkern liegt in der Höhlung des Plastiden. Vegetative Vermehrung erfolgt durch Planosporen vom *Chlamydomonas*-Typ (zwei gleich lange Geißeln, Augenfleck), die sich in Mehrzahl innerhalb einer Zelle bilden und nach Zerfall der Mutterzelle frei werden (Abb. 90 b). In den Sporangien kann man

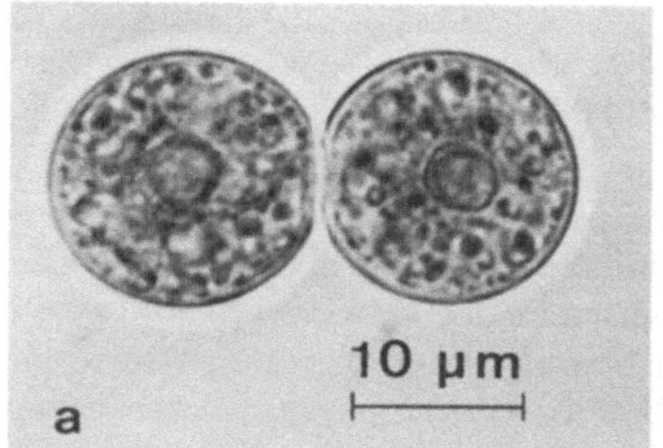
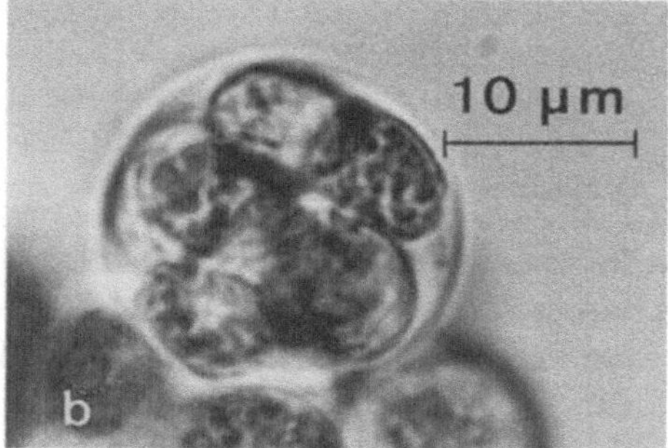

Abbildung 90 a, b. *Chlorococcum echinozygotum.* a Zellhabitus; b Bildung von Planosporen

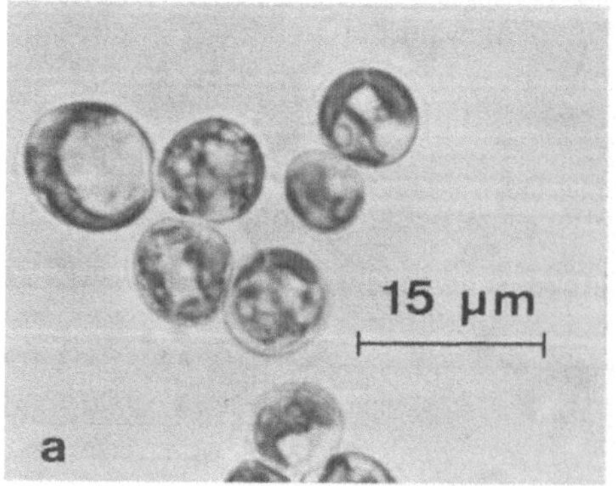
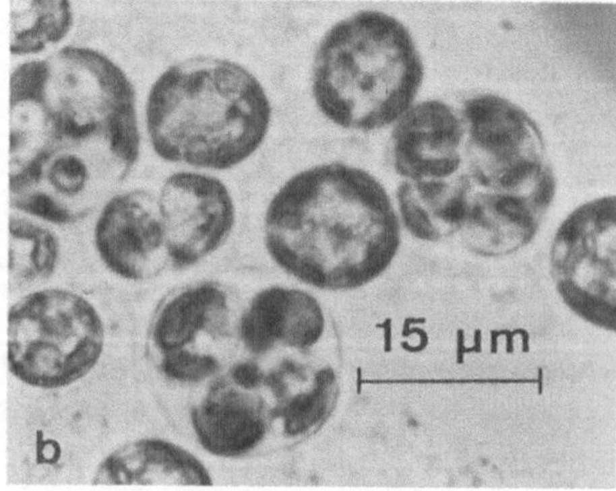

Abbildung 91 a, b. *Chlorella pyrenoidosa;* a Zellhabitus; b Bildung von Aplanosporen

nach Abblenden den Geißelschlag der kurz vor dem Ausschlüpfen stehenden Sporen deutlich erkennen. Das Ausschlüpfen der Planosporen kann nur gesehen werden, wenn ein Objektträger mit Hohlschliff verwendet wird.

Die 2–12 µm großen Zellen von *Chlorella* (Abb. 91 a) sind ähnlich organisiert, sie besitzen einen napf- bis mantelförmigen Chloroplasten mit Pyrenoid. Bei der vegetativen Fortpflanzung bilden sie allerdings Aplanosporen, die ebenfalls nicht durch Zweiteilung, sondern nach vorausgegangener Kernteilung simultan in der Mutterzelle gebildet und nach deren Zerfall frei werden (Abb. 91 b).

Chlorella wurde früher vielfach in der Photosyntheseforschung verwendet, da man bei dieser Alge durch Kulturbedingungen eine synchrone vegetative Vermehrung auslösen kann. Man bekommt dadurch eine Population von gleichaltrigen Zellen, was für physiologische Versuche wichtig ist. Da bei Chlorella eine sexuelle Fortpflanzung nicht bekannt ist, kann man bei dieser Alge keine Kreuzungsexperimente und damit keine genetischen Analysen durchführen. Daher ist verständlich, daß man gegenwärtig für das Studium der Photosynthese *Chlamydomonas* bevorzugt, die neben einer hohen Vermehrungsrate auch genetische Analysen ermöglicht (S. 177).

2. Aggregationsverbände

Filme: E 2792, *Pediastrum duplex* (Hydrodictyaceae), Coenobienbildung bei der ungeschlechtlichen Fortpflanzung
C 1042 und 1043, Ungeschlechtliche bzw. geschlechtliche Fortpflanzung der Grünalge *Hydrodictyon reticulatum*

Material: *Scenedesmus, Pediastrum, Coelastrum, Hydrodictyon* und andere sind mit zahlreichen Arten im Plankton des Süßwassers vertreten. Sie können auch auf benthontischen Pflanzen gefunden werden. *Scenedesmus tropicus; Coelastrum proboscideum* (beide Scenedesmaceae); *Pediastrum boryanum; Hydrodictyon reticulatum* (beide Hydrodictyaceae). Alle Stämme GÖT.

Bei *Scenedesmus* kann die vegetative Fortpflanzung ausgelöst werden, wenn man die Kulturen in flüssigen Medien (synthetisches Medium Nr. 1 oder 3) für 2 d einem Licht-Dunkel-Rhythmus von 16:8 h aussetzt, bei 30 °C, Beleuchtung Neonröhre 50 cm Abstand.

Bei *Hydrodictyon reticulatum* kann man im Labor durch Veränderungen der Außenbedingungen sowohl die vegetative als auch die sexuelle Fortpflanzung auslösen. Als Nährmedium wird das speziell für dieses Objekt entwickelte Medium Nr. 4 (S. 27) benutzt. Die Alge wird in Flüssigkeitskultur in Petrischalen bei 18 °C gehalten, und zwar bei täglichem Licht-Dunkel-Wechsel (8 h Licht, 1000–2000 Lux, 16 h Dunkel). Nach etwa 6 Wochen, wenn die Zellverbände eine Länge von etwa 1 cm erreicht haben (Einzelzellen 5–10 mm), setzt spontan die vegetative Fortpflanzung (Bildung von Tochternetzen) ein. Allerdings muß die Nährlösung während der Kultivierung mehrfach erneuert werden. Bei Erschöpfung der Nährlösung kann schon vor Eintritt der vegetativen Fortpflanzung die sexuelle Fortpflanzung einsetzen.

Die Begleitveröffentlichungen zu den beiden *Hydrodictyon*-Filmen von Pirson (Nr. 1042/1043) enthalten nicht nur die genauen Kulturanleitungen, sondern auch Photos und Zeichnungen der verschiedenen Stadien. Die Filme selbst geben die beiden Entwicklungsabläufe in sehr anschaulicher Form wieder und können daher notfalls fehlendes lebendes Material ersetzen.

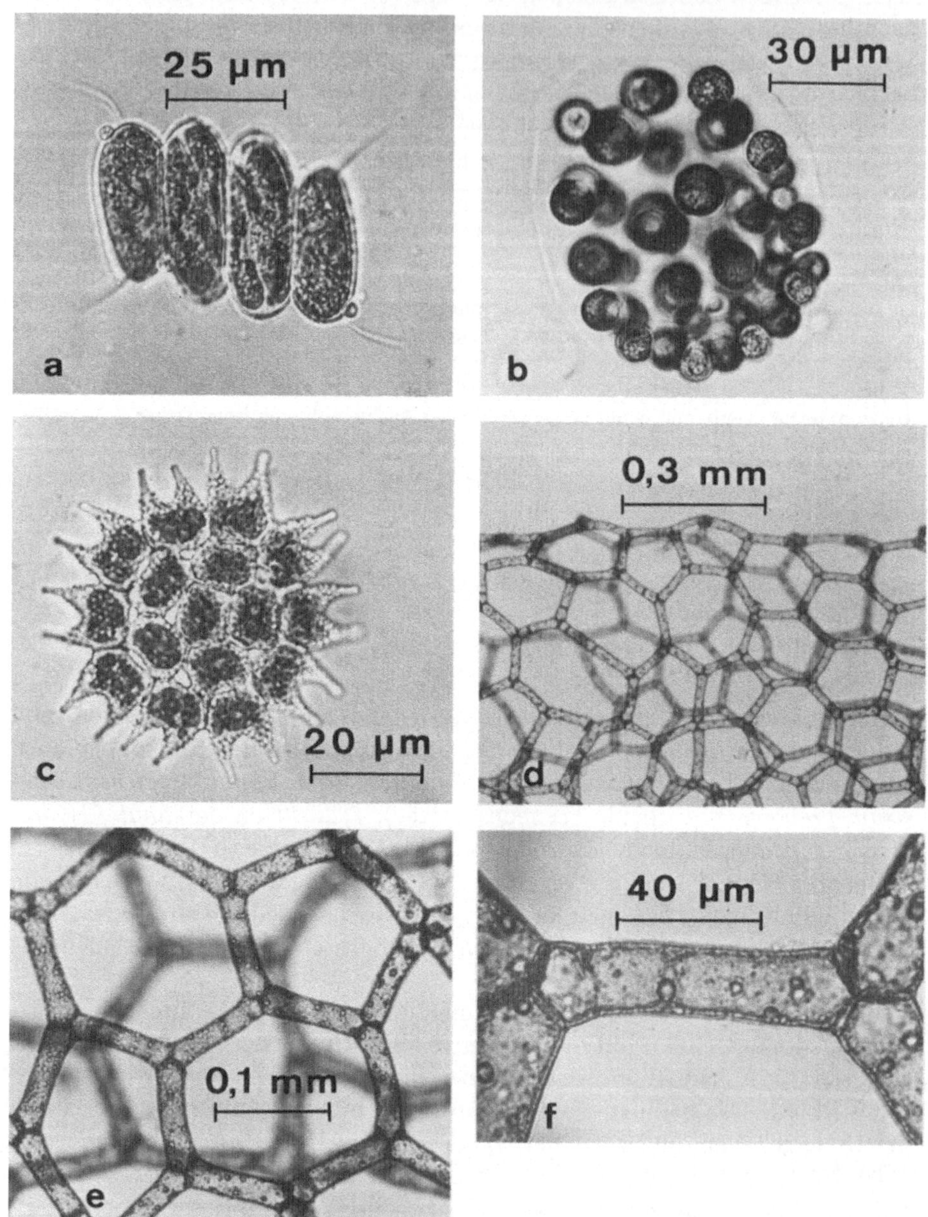

Abbildung 92 a–f. Aggregationsverbände der Chlorococcales. a *Scenedesmus tropicus,* die beiden mittleren Zellen haben schon mit der Bildung von Aplanosporen begonnen; b *Coelastrum probiscideum;* c *Pediastrum boryanum;* d–f *Hydrodictyon reticulatum,* Ausschnitte aus dem schlauchförmigen Netz bei verschiedenen Vergrößerungen

Präparation und Aufgabe: Von allen zur Verfügung stehenden Objekten aus Tropfpräparaten, Habitus der Aggregationsverbände und Einzelzellen zeichnen. Bei *Hydrodictyon* ist es bei älteren Zellverbänden notwendig, Stücke mit der Präparierfeder abzutrennen und unter dem Präpariermikroskop auf dem Objektträger auszubreiten. Auch in Planktonmaterial findet man manchmal Stadien der vegetativen oder sexuellen Fortpflanzung.

Beobachtungen: Habitus der Aggregationsverbände: Bei *Scenedesmus tropicus* (Abb. 92 a) sind vier oder auch acht Zellen linear angeordnet. Die endständigen Zellen tragen lange Borsten.

Coelastrum proboscideum (Abb. 92 b) bildet dreidimensionale, hohlkugelartige Verbände.

Pediastrum boryanum (Abb. 92 c) bildet zweidimensionale, sternförmige Verbände, deren Randzellen ausgebuchtet sind.

Die Zellen dieser drei Arten enthalten einen randständigen Chloroplasten mit Pyrenoid.

Die gestreckten Zellen von *Hydrodictyon reticulatum* (Abb. 92 d, e, f), die 5–10 mm lang werden können, haben einen parietal sitzenden, netzartig durchbrochenen Chloroplasten, der zahlreiche Pyrenoide trägt. Die Einzelzellen, die mehrere Zellkerne enthalten können, sind mit ihren keilförmig zugespitzten Enden zu dritt verbunden. Sie bilden auf diese Weise einen schlauchförmigen Aggregationsverband, dessen netzartiger Aufbau zu dem Trivialnamen „Wassernetz" geführt hat. Die Größe eines Wassernetzes kann je nach den Außenbedingungen zwischen mehreren Millimetern und einigen Dezimetern schwanken.

Vegetative Fortpflanzung erfolgt bei *Scenedesmus* (Abb. 93 a) und *Coelastrum* durch Aplanosporen, die sich noch in der Mutterzelle bzw. kurz nach Verlassen derselben aggregieren.

Bei *Pediastrum* und *Hydrodictyon* (Abb. 93 b–d) entstehen in den Mutterzellen zweigeißelige Planosporen, die sich nach Abwerfen der Geißeln entweder kurz nach Verlassen der Zelle (*Pediastrum*) oder noch in der Zelle (*Hydrodictyon*) zusammenlagern.

Jede Zelle dieser Verbände ist zur Sporenbildung befähigt; es entstehen so viele Sporen, wie der Zellverband Zellen besitzt, d.h. vier bei *Scenedesmus quadricauda* und bis 2000 bei *Hydrodictyon*.

Sexuelle Fortpflanzung ist nur bei wenigen Arten bekannt. Sie wurde vorwiegend bei den Formen mit Planosporen beobachtet, von denen *Pediastrum* und *Hydrodictyon* als Beispiele besprochen wurden.

In frischem, selbst gesuchtem Material oder in den von Algotheken übersandten Proben sind die einzelnen Stadien der sexuellen Fortpflanzung nur sehr selten zu finden, denn diese setzt wie bei den meisten Mikroorganismen erst unter ungünstigen Ernährungsbedingungen ein. Wie bereits oben erwähnt (S. 189), ist es möglich, entsprechend den Angaben von Pirson die sexuelle Fortpflanzung von *Hydrodictyon* in Laboratoriumskulturen zu beobachten. Der damit verbundene Aufwand überschreitet den Rahmen eines normalen Kurses.

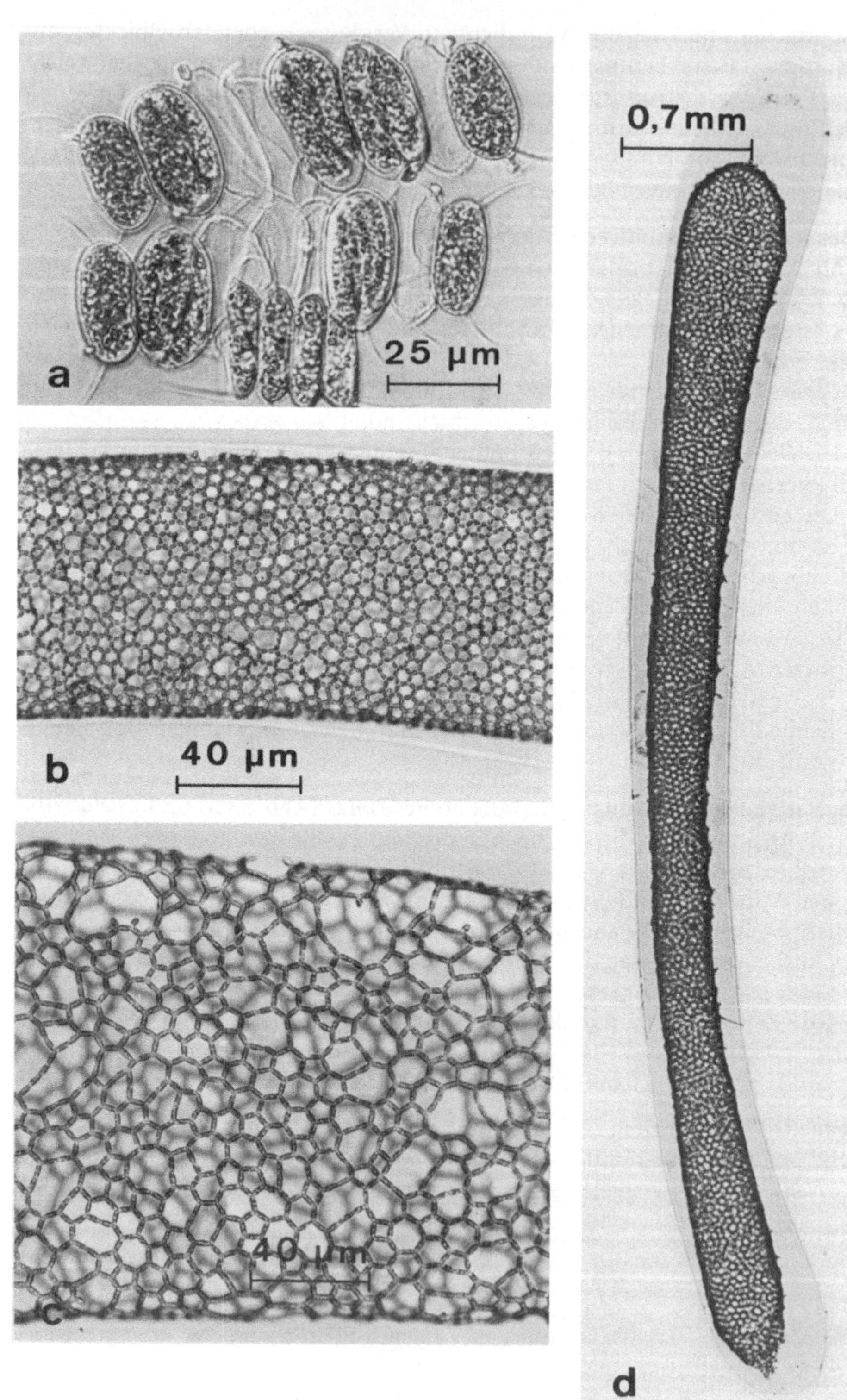
25 µm
40 µm
40 µm
0,7 mm
a
b
c
d

Daher beschränken wir uns hier auf die Darstellung des Entwicklungs-Zyklus von *Pediastrum* (Abb. 94), der mit dem von *Hydrodictyon* überein-stimmt. Im Gegensatz zu *Chlamydomonas* (s. Abb. 80) kopulieren die zweigei-ßeligen Gameten, die in Vielzahl in jeder vegetativen Zelle entstehen können und kleiner als die Planosporen sind, mit den Längsseiten und nicht am Pol. Die geißellosen Zygoten keimen nach einer Ruhephase unter Reduktionstei-lung mit vier Planosporen aus, von denen jede nach einer weiteren Ruhephase (Polyederstadium), wie oben bei der vegetativen Fortpflanzung beschrieben, einen neuen Aggregationsverband bildet.

3. Ordnung: Chaetophorales

Die Chaetophorales (Süßwasser, teils terrestrisch) werden hier nur der Voll-ständigkeit halber erwähnt. Sie haben fädige verzweigte oder unverzweigte Thalli, die zum Teil heterotrich sind, d.h. sie bestehen meist aus kriechenden und aufrechten Fadensystemen. Die Behälter der Fortpflanzungszellen befin-den sich an den aufrechten Fäden. Der heterotriche Thallusbau wird ausführ-lich bei *Coleochaete* (Coleochaetales, S. 218) besprochen.

4. Ordnung: Oedogoniales

Die Oedogoniales mit ihren drei Gattungen, die in einer Familie (Oedogo-niaceae) zusammengefaßt sind, nehmen innerhalb der Grünalgen eine Sonder-stellung ein, die auf drei Kriterien basiert: (1) Modus der Zellteilung; (2) Ha-bitus der Planosporen; (3) sexuelle Fortpflanzung durch spezielle Modi der Oogamie.

Material: Die Gattung *Oedogonium* ist mit 380 monözischen oder morpholo-gisch diözischen Arten weit verbreitet im Benthos des Süß- und Brackwassers. *Oedogonium cardiacum* (GÖT) ist morphologisch diözisch und makandrisch (Def. s. unten). Die Auslösung der sexuellen Phase kann durch „Hungerkultur" (Synthetisches Medium Nr. 1 (S. 26) 1: 3 verdünnen) eingeleitet werden. Nach etwa 2 Wochen bilden sich in den Fäden die Geschlechtsorgane.

Präparation und Aufgabe: In Zupfpräparaten von frischem oder fixiertem Material bzw. Agarabstrichen von Laborkulturen nach den verschiedenen Sta-dien der Kappenbildung suchen. Vor allem in Frischmaterial findet man An-theridien, Oogonien und Zygoten. Planosporen sind jedoch selten zu sehen, vor allem nicht in auf Agar kultiviertem Material.

Abbildung 93 a–d. Bildung von Aggregationsverbänden durch Zusammenlagerung von Sporen. a *Scenedesmus tropicus,* Aggregationsverband im Stadium der vegetativen Fortpflanzung, die leeren Zellen haben bereits ihre Aplanosporen entlassen; b–d *Hydrodictyon reticulatum;* b Zell-ausschnitt mit sich aggregierenden, 2 h alten Planosporen; c entsprechender Zellausschnitt 2 d später, infolge eines Streckungswachstums der Einzelzellen ist die Netzform deutlich erkennbar; d eine aus dem Aggregationsverband ausgeschiedene, stark gestreckte Zelle, die ein kurz vor dem Ausschlüpfen befindliches „fertiges Netz" enthält. (Fotos b–d: Pirson und Kaiser)

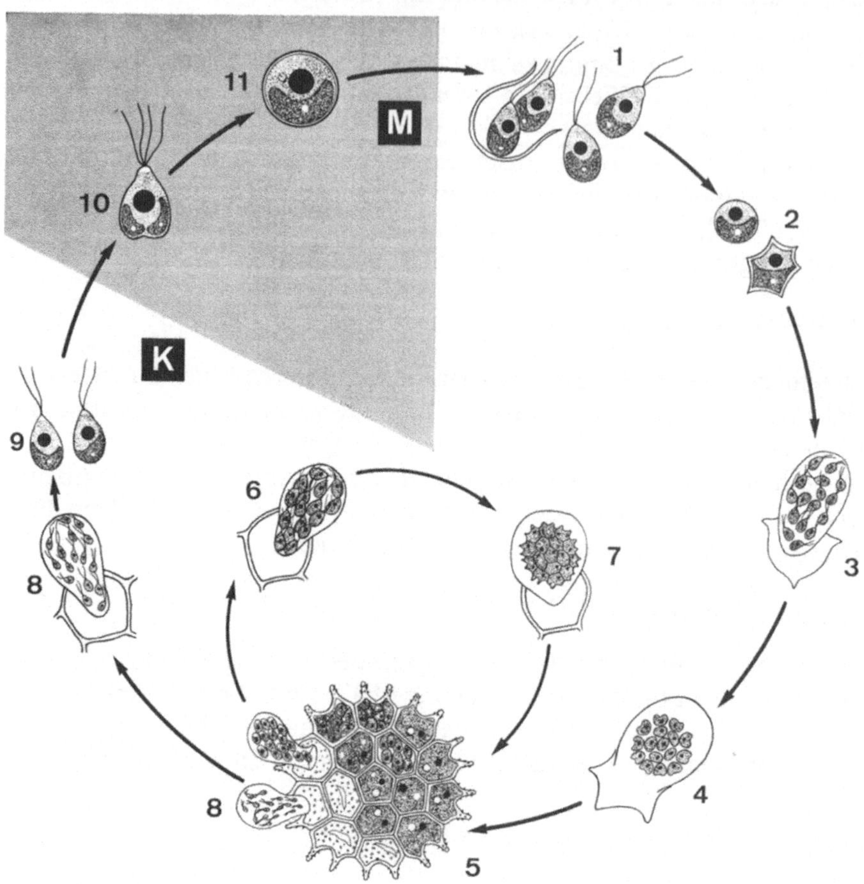

Beobachtungen: Organisation des Thallus: Die trichalen unverzweigten Thalli, die mit einer Rhizoidzelle am Substrat haften, bestehen aus einkernigen Zellen mit einem parietalen, gitterförmig durchbrochenen Chloroplasten, der zahlreiche Pyrenoide trägt. In der Zellmitte ist eine große Vakuole zu erkennen (Abb. 96 a). An den Querwänden kann man eine bis mehrere ringartige „Kappen" sehen (Abb. 96 b, c), die auf den besonderen interkalaren Modus der Zellteilung zurückzuführen sind, der in Abb. 95 schematisch dargestellt ist.

a) Die Zellteilung wird eingeleitet durch die Bildung eines subapikal gelegenen Zelluloseringes der Zellwand, erst danach erfolgt die Kernteilung und die Ausbildung einer sehr dünnen Querwand, die nur bei starker Vergrößerung oder mit Phasenkontrast erkannt werden kann.
b) Sobald die Entwicklung des Ringwulstes abgeschlossen ist, zerreißt die Wand der Mutterzelle ringförmig außerhalb des Zelluloseringes.

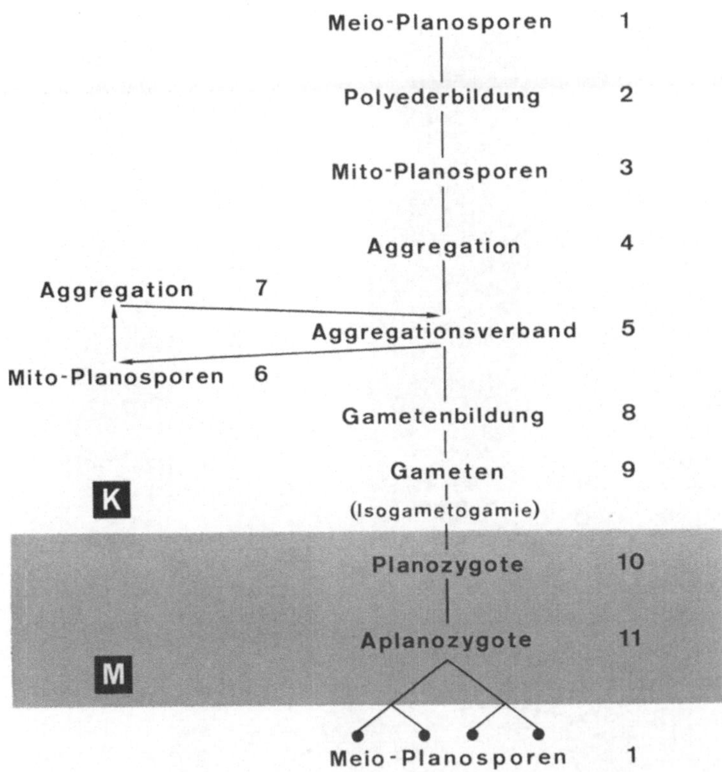

Abbildung 94. Entwicklungs-Zyklus von *Pediastrum*, Haplont, vegetative Fortpflanzung durch Mito-Planosporen. Befruchtungs-Modus: Isogamotogamie; Fortpflanzungs-System: Monözie, (Incompatibilität nicht bekannt). (Nach Walter, verändert)

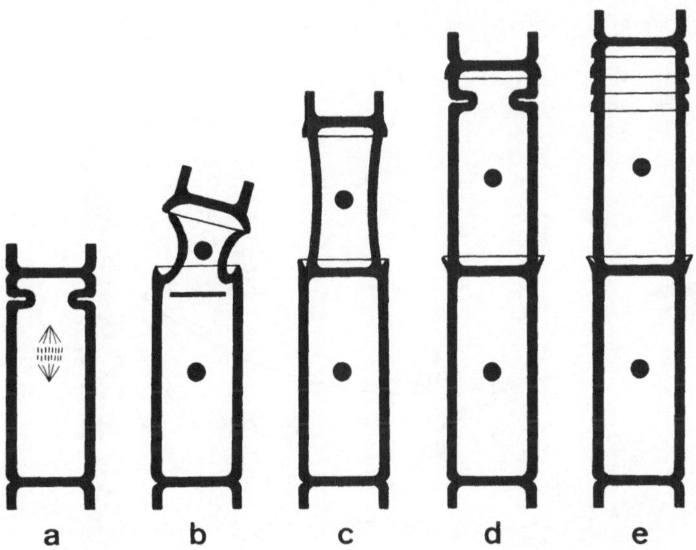

Abbildung. 95 a–e. *Oedogonium*, Schema der Zellteilung und Kappenbildung. (Nach Fott und van den Hoek, verändert)

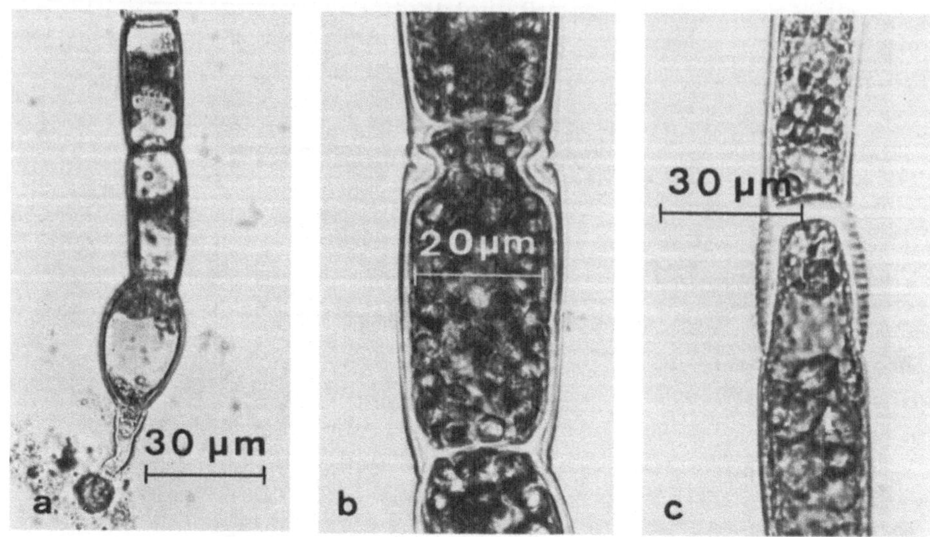

Abbildung 96 a–c. *Oedogonium cardiacum.* a Basales Ende des Zellfadens mit Rhizoid; **b** Beginn der Kappenbildung entsprechend Abb. 95; **c** mehrfache Kappenbildung an einer Zelle (optischer Schnitt)

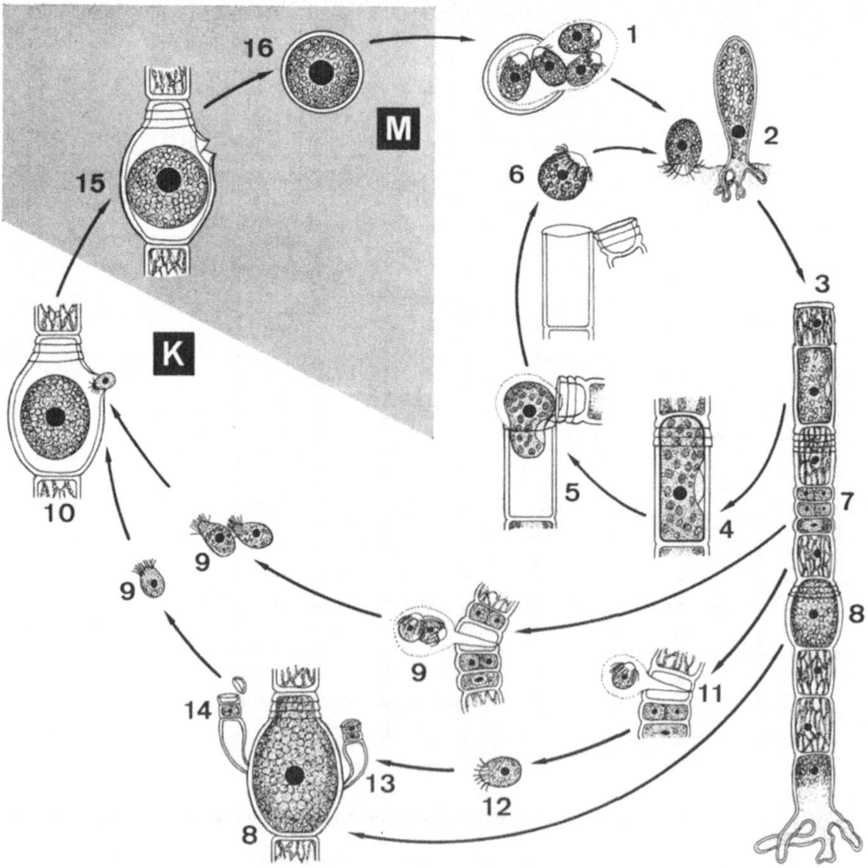

c) Der Ringwulst streckt sich zu einem neuen zylindrischen Zellwandstück. Gleichzeitig wird die junge Querwand, die bisher nicht mit der Längswand verwachsen war, bis an den unteren Rand des Querrisses angehoben, wo sie mit der Längswand verwächst.

d) Eine weitere Zellteilung wird wiederum eingeleitet durch die Bildung eines Zelluloseringes.

e) Nach dieser Prozedur besitzt die untere Tochterzelle die Längswand der Mutterzelle und die obere hat eine neue erhalten, die aus dem Ringwulst entstanden ist. Den apikalen Rest der Längswand der Mutterzelle nennt man **Kappe** und den unteren Rest **Scheide.** Nach mehrfachen Zellteilungen liegen die Kappen verschachtelt hintereinander. Im Präparat kann man sehen, daß

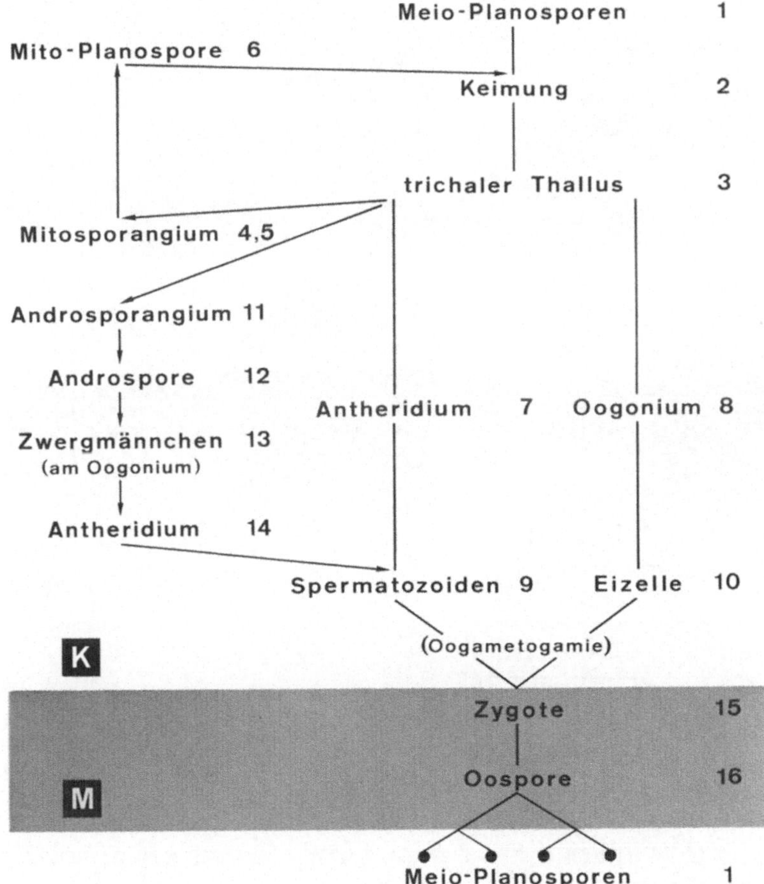

Abbildung 97. Entwicklungs-Zyklus von *Oedogonium*, Haplont mit vegetativer Fortpflanzung durch Mito-Planosporen. Befruchtungs-Modus: Oogametogamie; Fortpflanzungs-System: Monözie oder morphologische Diözie, Vorkommen von Incompatibilität unbekannt. Je nach Art ist die Bildung der männlichen Gameten durch Makandrie oder Nannandrie bestimmt (Definitionen s. Text). (Nach Walter, verändert)

die Anzahl der Kappen an einer Zellgrenze der Anzahl der zum basalen Pol hin vorhandenen Zellen meist entspricht, ehe man die nächste Kappe feststellen kann (Abb. 96).

Vegetative Fortpflanzung. Die eiförmigen Planosporen besitzen am chloroplastfreien Vorderende einen Kranz von Geißeln (stephanokonte Beigeißelung) und können in Einzahl in jeder vegetativen Zelle entstehen. Nach Aufreißen der Zellwand, womit ein Zerfall des Zellfadens verbunden ist, befinden sich die Sporen zunächst in einer Gallertblase (Abb. 97, 98 a), die sie jedoch bald verlassen (Abb. 98 b).

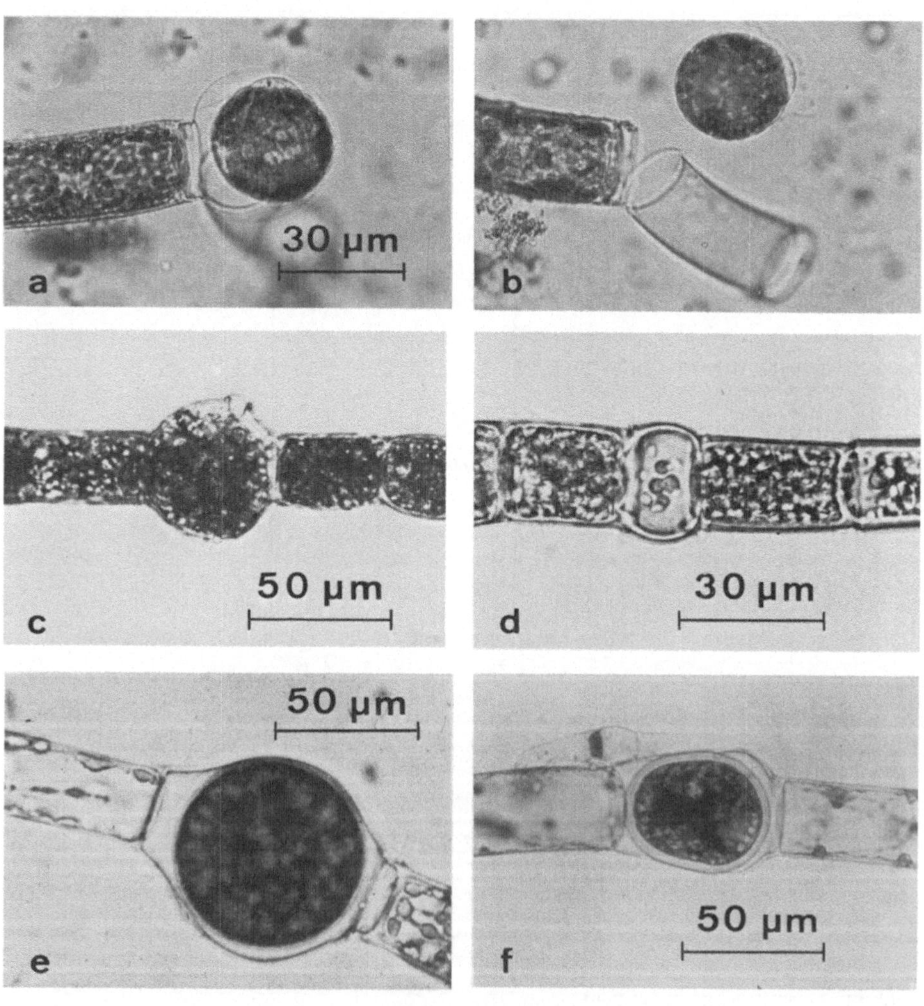

Abbildung 98 a–f. *Oedogonium* **spec.** a Planospore nach Aufbruch des Zellfadens in der Gallertblase.; b Planospore nach Verlassen der Gallertblase; c Zellfaden mit Oogonium; d Antheridium; e Zygote im Stadium der Umwandlung zur Oospore; f Oospore mit entleertem Nannandrium. (Foto e: W Koch)

Sexuelle Fortpflanzung. Bei den monözischen Arten und in den weiblichen Fäden der diözischen Arten kann im Verlauf einer Zellteilung die Kappenzelle stark anschwellen und zu einem eiförmigen Oogonium werden (Abb. 98 c). Die Scheidenzelle wird zur „Stützzelle", von der weitere Oogonien durch den gleichen Vorgang abgegliedert werden können. Bei der Reife entsteht in der Zellwand des Oogoniums ein Porus, durch den das Spermatozoid eindringt und den Kern der einzigen Eizelle befruchtet, der in einem mit der Ölimersion als farblosen Bezirk erkennbaren Bereich liegt. Die Zygote (Abb. 98 e) wird nach Ausbildung einer mehrschichtigen skulpturierten Zellwand zur Oospore, die als Dauerorgan nach einer Ruhezeit bis zu einem Jahr und nach einer meiotischen Teilung mit vier Planosporen auskeimt. Diese befinden sich zunächst in einer Gallertblase und wachsen nach Freiwerden zu neuen Pflanzen heran.

Die Bildung der männlichen Gameten (Spermatozoiden) kann auf zweierlei Weise erfolgen (Abb. 97):

a) **Makandrie:** Die Antheridien entstehen unter Ringbildung durch mehrfache Teilungen aus den vegetativen Zellen und sind deutlich an ihrer geringen Zellänge zu erkennen (Abb. 98 d). Sie entlassen 1–2 Spermatozoiden, die in ihrem Habitus den Planosporen entsprechen, aber wesentlich kleiner sind.

b) **Nannandrie:** In Zellen, die den Antheridien ähnlich sind, werden statt der Spermatozoiden die etwas größeren Androsporen gebildet. Diese sind nicht in der Lage, die Eizelle zu befruchten, sondern setzen sich mit ihrem Geißelpol auf den Zellfäden in der Nähe der Oogonien oder unmittelbar auf diesen fest. Sie keimen dort zu wenigzelligen Gebilden (**Zwergmännchen = Nannandrium**) aus, die nur aus einer Fußzelle und einer Reihe von Antheridien bestehen. Diese bilden auf die gleiche Weise wie bei den makandrischen Arten befruchtungsfähige Spermatozoiden aus (Abb. 98 f).

III. Klasse: Ulvophyceae

A. EINFÜHRUNG

Bei diesen vorwiegend im Meer oder Brackwasser heimischen Algen gibt es eine Progression: coccale Einzeller (selten), Aggregationsverbände, unverzweigte und verzweigte Trichome, deren Zellen vielkernig sein können (siphonocladial), flächige, röhrenförmige oder zweischichtige Gewebethalli. Die Thalli haften mit einer Rhizoidzelle am Substrat. Die Zellen enthalten einen bandförmigen parietalen Chloroplast mit zahlreichen Pyrenoiden. Die Vermehrung erfolgt durch begeißelte Fortpflanzungszellen vom *Chlamydomonas*-Typ. Es gibt Haplonten und Haplo-Diplonten.

Von jeder der beiden Ordnungen, den Codiolales und den Ulvales, wird eine Leitart bearbeitet.

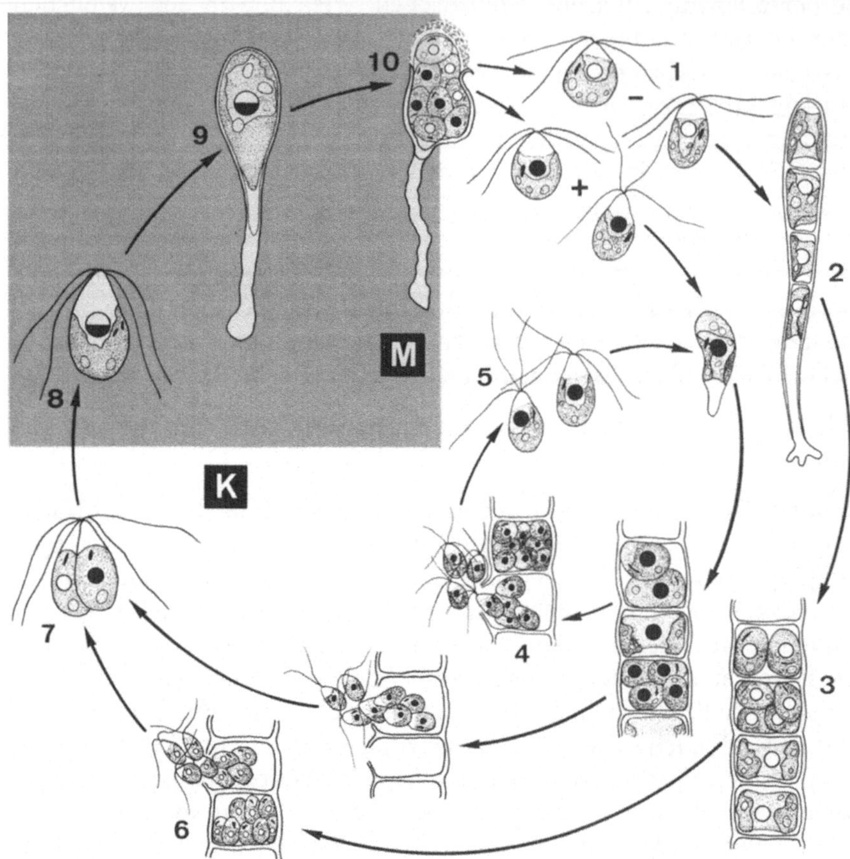

B. Übungsanleitungen

1. Ordnung: Codiolales (Ulotrichales)

Ulothrix, trichaler Thallus

Material: Die zahlreichen Arten der Gattung *Ulothrix* (*Kraushaaralge*) (Ulothrichaceae) findet man häufig in fließendem eutrophem Süßwasser und im Meerwasser, und zwar in den ufernahen Zonen. Einige Arten können bei GÖT bezogen werden.

In vielen Lehrbüchern (so z.B. im „Strasburger") wird *Ulothrix* als der Standardtyp für eine haploide Grünalge dargestellt. Die entsprechenden Entwicklungs-Zyklen gehen meist auf Beobachtungen von Klebs zurück, die zu Beginn des 20. Jahrhunderts gemacht wurden. Diese Auffassung ist nicht mehr haltbar. Durch zahlreiche Untersuchungen sowohl an Süßwasserarten* als auch an Meeresarten** ist erwiesen, daß *Ulothrix* **ein Haplo-Diplont** mit einem allerdings **stark reduzierten Sporophyten ist (heteromorpher Generationswechsel)** (Abb. 99).

---

* Lokhorst GM, Vroman M (1972, 1974) Acta Bot Neerl 21:449–480; 23, 369–398 und 561–602
** Kornmann P (1964) Helgol Wiss Meeresunters 11:27–38

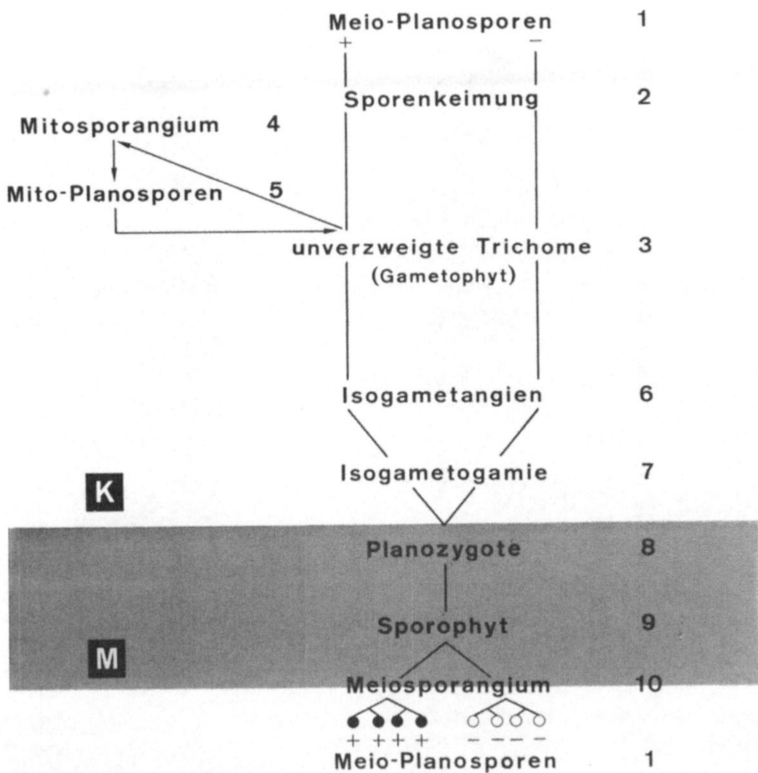

Abbildung 99. Entwicklungs-Zyklus von *Ulothrix zonata*, heteromorpher Haplo-Diplont mit vegetativer Fortpflanzung durch Mitoplanosporen. Befruchtungs-Modus: Isogametogamie; Fortpflanzungs-System: physiologische Diözie. Nebenzyklus nur für den + Kreuzungstyp eingezeichnet

Präparation und Aufgabe: Man findet in Frischmaterial (Tropfpräparate) nicht immer alle Entwicklungsstadien. Die Bildung der Fortpflanzungszellen ist nämlich abhängig vom Licht und der Wassertemperatur. Planosporen werden im Frühjahr bei 10–20 °C gebildet. Gameten entstehen nur unter Langtagbedingungen (16 h Licht). Die Zygoten keimen im Kurztag (8 h Licht) bei 8 °C. Wenn eine vollständige Darstellung des Entwicklungs-Zyklus geplant ist, sollte man fixiertes Material oder Dauerpräparate zur Verfügung haben.

Beobachtungen: Habitus des Gametophyten: Die unverzweigten Zellfäden (Abb. 100 a–c) enthalten einen zunächst gürtelfömigen Chloroplasten, der sich in älteren Zellen ringförmig schließt (z. B. bei *U. zonata*). In jungen Zellen kann man an der Innenseite des Chloroplasten mit Phasenkontrast den relativ großen Zellkern sehen. Je nach Alter enthalten die Zellen 8–11 Pyrenoide. Die Trichome sind mit einer langgestreckten Rhizoidzelle am Substrat befestigt.

Vegetative Fortpflanzung des Gametophyten: Meist am apikalen Ende des Trichoms beginnend finden in den Zellen mehrere Mitosen statt, und es entstehen in jeder Zelle 2–16 **viergeißelige Mitoplanosporen vom *Chlamydomonas-***

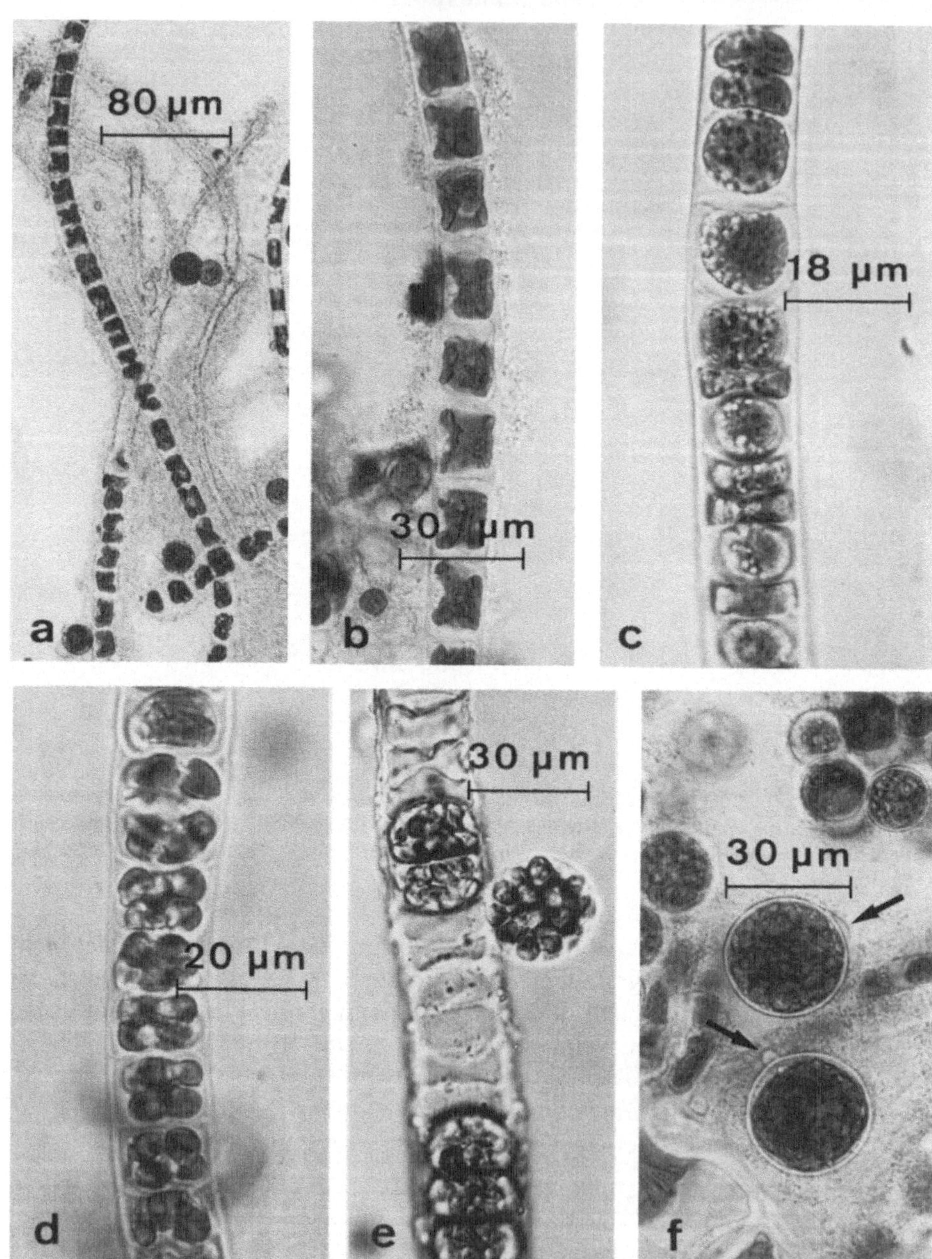

Abbildung 100 a–f. a, b *Ulothrix zonata.* **a** Basaler Teil eines Trichoms mit Rhizoidzelle (Mitte); **b** Teil eines jungen Trichoms mit gürtelförmigen Plastiden. **c–f** *Ulothrix tenuissima.* **c** Trichom bei Beginn der Bildung von Fortpflanzungszellenbehältern (runde Zellen); **d** Trichom mit Planosporangien; **e** Trichom mit Gametangien, die mittleren Gametangien sind bereits entleert; **f** junge Zygoten, Beginn der Rhizoidbildung (Pfeile)

Typ. (Abb. 100 c, d), die sich zunächst noch in einer Schleimhülle befinden und durch eine seitliche Öffnung des Sporangiums entlassen werden. Die Planosporen setzen sich nach einiger Zeit am Substrat fest und keimen nach Verlust der Geißel ohne Ruhepause zu einem neuen Gametophyten aus.

Neben diesem Normaltyp wurden bei einigen Formen noch zwei andere Typen von Fortpflanzungszellen gefunden: Mikroplanosporen, die in ihrer Größe zwischen den normalen Planosporen und den kleineren Gameten liegen; Aplanosporen, die erst nach Zerfall des Zellfadens frei werden.

Sexuelle Fortpflanzung: Die zweigeißeligen Isogameten entstehen auf die gleiche Weise wie die größeren Planosporen. Jedes Gametangium (Abb. 100 e) kann zwischen 8 und 32 Planogameten ausbilden! Die Gameten verlassen, ähnlich wie die Sporen, in einer Schleimhülle eingebettet, durch eine seitliche Öffnung das Gametangium. Unter lebhaften Bewegungen befreien sie sich aus der Hülle.

Bedingt durch die physiologische Diözie, können nur Gameten verschiedener Kreuzungstypen (+ × –) fusionieren. Die Kopulation erfolgt seitlich wie bei den Chlorococcales (Abb. 92). Die viergeißelige Planozygote setzt sich nach Einziehen der Geißeln mit Hilfe eines langgestreckten rhizoidartigen Fortsatzes am Substrat fest und ist damit zu einem *Codiolum*- ähnlichen **Sporophyten** geworden (Abb. 100 f). Dieser **bleibt einzellig,** nimmt bei geeigneten Außenbedingungen (s. oben) an Größe zu. Nun findet eine meiotische Teilung statt, auf die unmittelbar eine Mitose folgt. In dem dadurch zum Sporangium gewordenen Sporophyten bilden sich 8 viergeißelige Planosporen, die im Habitus den vom Gametophyten gebildeten Planosporen gleichen. Diese werden ebenfalls, umgeben von einer Schleimhülle, durch eine seitliche Öffnung entlassen und wachsen nach Freiwerden und Festsetzen zu + bzw. – Gametophyten heran.

Auch hier gibt es Ausnahmen: Bedingt durch weitere Mitosen, können in den Meiosporangien auch 16 Sporen entstehen. Offenbar abhängig von Außenbedingungen wurde auch die Ausbildung von Meio-Aplanosporen beobachtet.

2. Ordnung: Ulvales

Ulva, blattartiger Thallus

Material: *Ulva* (Ulvaceae) ist mit etwa 30 Arten ein Kosmopolit des Meeres. Die Leitart *Ulva lactuca* (Meersalat) hat einen **isomorphen Generationswechsel** (s. Abb. 2), verbunden mit Isogamie und physiologischer Diözie, auf dessen Darstellung wir verzichten, da der Entwicklungs-Zyklus von *Cladophora* (Abb. 102) auch für *U. lactuca* herangezogen werden kann. Die grünen, bis 20 cm hohen blattartigen Thalli von *Ulva* sind ohne große Mühe an den Meeresstränden zu finden. Konserviertes Material kann von BHV bezogen werden.

Den gleichen haplo-diploiden Entwicklungs-Zyklus hat die ebenfalls zu den Ulvaceae gehörende *Enteromorpha* (etwa 40 Arten), deren bandförmige Thalli nicht nur an unseren Küsten, sondern auch im Brackwasser wachsen. *E. intestinalis,* wegen des röhrenförmigen Thallus Darmtang genannt, kann als Frischmaterial bezogen werden (GÖT).

Der Vollständigkeit halber ist noch zu erwähnen, daß für Arten der Gattung *Monostroma* ein heteromorpher Generationswechsel bekannt ist.

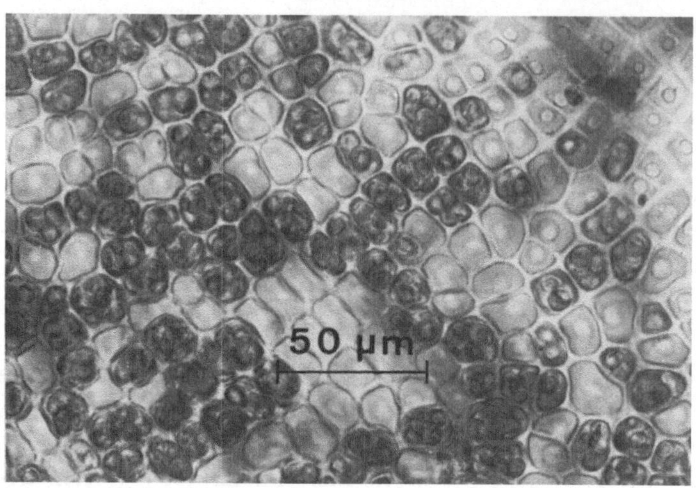

Abbildung 101. *Ulva lactuca,* **Thallusausschnitt des Sporophyten.** Die Sporangien enthalten teils noch Planosporen, die entleerten Sporangien sind an ihren Austrittsöffnungen zu erkennen. (Foto: PH Sahling)

Präparation: Aus den Randzonen der *Ulva*-Thalli mit der Schere oder Klinge etwa 2–5 mm große Stücke herausschneiden und Deckglaspräparate herstellen. Falls *E.intestinalis* zur Verfügung steht, dürfte es mit einiger Geschicklichkeit gelingen, einen Handquerschnitt anzufertigen.

Aufgabe: Bei starker Vergrößerung mehrzelligen Ausschnitt aus der Randzone eines *Ulva*-Thallus zeichnen, der entweder Gametangien oder Sporangien enthält. Bei *Enteromorpha* kann entsprechend verfahren und noch zusätzlich der Thallus-Querschnitt skizziert werden.

Beobachtungen: Der blattartige, teils gelappte Thallus von *Ulva* (Abb. 101) zeigt die höchste Stufe der Progression in der Differenzierung. Er besteht aus einem zweischichtigen parenchymatischen Gewebe. Beim Auskeimen der Zygote oder der Planosporen werden nämlich die Querteilungen durch Längsteilungen ergänzt, deren Ebenen senkrecht aufeinander stehen.

Der röhrenförmige Habitus von *E. intestinalis* ist dadurch zustandegekommen, daß sich die Zellen der beiden Schichten postgenital voneinander gelöst haben.

Die Randzone des *Ulva*-Thallus erscheint bei älteren Pflanzen makroskopisch heller; das liegt daran, daß in dieser Region vorwiegend die Fortpflanzungszellen entstehen und die Gametangien bzw. die Sporangien nach Entlassen der zweigeißeligen kleineren Isogameten bzw. der viergeißeligen größeren Planosporen leer sind. Wenn man von den mit Kursmikroskopen nur unter großen Schwierigkeiten festzustellenden Größenunterschieden der Zellkerne beim Haplonten und Diplonten absieht, kann man lediglich anhand der Fortpflanzungszellen zwischen Gametophyt und Sporophyt differenzieren.

IV. Klasse: Cladophorophyceae

Ordnung: Cladophorales

A. Einführung

Die Cladophorales haben eine **siphonocladiale Organisation**. Die **Zellen** der **trichalen unverzweigten** oder **verzweigten Thalli,** die mit einer Rhizoidzelle am Substrat haften, sind **vielkernig**. Die **Chloroplasten** der vegetativen Zellen sind **netzförmig** und tragen zahlreiche Pyrenoide. Die Fortpflanzungszellen dagegen haben den typischen becherförmigen Chloroplast vom *Chlamydomonas*-Typ. *Cladophora* hat einen **isomorphen Generationswechsel** (Abb. 102).

B. Übungsanleitungen

Material: Die Gattung *Cladophora* (Cladophoraceae) ist mit etwa 150 Arten ein Kosmopolit des Meer- und Süßwassers. Die verzweigten Thalli bilden fußhohe Büschel in der Gezeitenzone bzw. in nicht zu schnell strömendem Süßwasser. Ihre Bestimmung ist nicht allzu schwierig, denn die *Cladophora* „Watten" fühlen sich „rauh" an im Gegensatz zu den „schleimigen Watten" der Zygnemaceae (S. 225). *Cladophora* wird in den meisten Lehrbüchern stets als der Prototyp für einen Haplo-Diplonten mit isomorphem Generationswechsel bei den Grünalgen dargestellt (Abb. 102). Dabei darf nicht übersehen werden, daß *C. glomerata,* eine im Süßwasser weit verbreitete Art, sich nur vegetativ durch zweigeißelige Planosporen vermehrt.

Analog zu den Ulvaceae (S. 203) gibt es unter den marinen Formen der Cladophoraceae auch Arten mit heteromorphem Generationswechsel, z.B. sind *Urospora wormskioldii* und *Codiolum* als Gametophyt und Sporophyt Vertreter eines haplo-diploiden Entwicklungs-Zyklus.

Da die Bildung der Fortpflanzungszellen von Außenbedingungen (schlechte Ernährung etc.) abhängig ist, kann man nicht erwarten, zu allen Jahreszeiten in Frischmaterial sowohl Gametangien als auch Sporangien zu finden. Es erscheint daher zweckmäßig, zum Studium der Fortpflanzungsorgane und -zellen geeignetes Material zu konservieren, das man in HEL bekommen kann.

Präparation und Aufgabe: Zupfpräparate von frischem oder konserviertem Material herstellen. Bei mittelstarker Vergrößerung Thallusspitzen mit Verzweigungen und Thallusbasis mit Rhizoidzelle, bei starker Vergrößerung Fortpflanzungszellenbehälter zeichnen.

Beobachtungen: Die Zellen des verzweigten trichalen Thallus enthalten einen wandständigen durchbrochenen Chloroplasten mit vielen Pyrenoiden (Abb. 103 a, b). Die zahlreichen Zellkerne sind nur eindeutig nach Anfärbung oder mit dem Phasenkontrastmikroskop zu erkennen. Die Zellfäden zeigen Spitzenwachstum, Verzweigungen entstehen zunächst als Ausstülpungen an distalen Zellen und setzen nach Querwandbildung die Fadenbildung mit Spitzenwachstum fort (Abb. 103 c). Grundsätzlich ist jede Zelle in der Lage, zum Gametangium bzw. Sporangium zu werden, jedoch sind die Fortpflanzungszellenbehälter (ähnlich wie bei *Ulva,* S. 204) meist in den terminalen Regionen

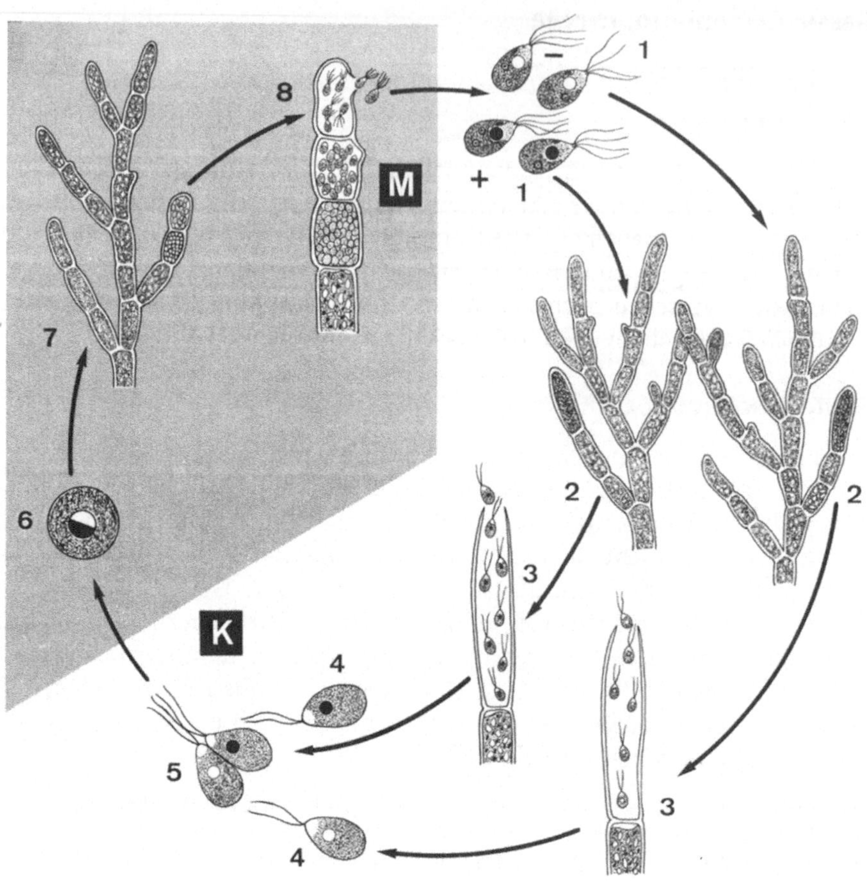

der Büschel zu finden (Abb. 103 d). Die Fortpflanzungszellen entsprechen dem *Chlamydomonas*-Typ, jedoch fusionieren die kleineren zweigeißeligen Mito-Isogameten seitlich, allerdings nur in der +/–-Kombination (physiologische Diözie). Die Zygote keimt ohne Ruhepause zum diploiden Sporophyt aus. Die Meio-Planosporen tragen vier Geißeln (Süßwasserarten manchmal nur zwei Geißeln) und weisen eine Aufspaltung für die beiden Kreuzungstypen auf.

V. Klasse: Bryopsidophyceae (Siphoneae)

A. Einführung

Wie schon erwähnt (S. 97), können innerhalb der isokonten Chlorophyta die **Siphoneae** als ein **konvergent** zu den **siphonalen Xanthophyceae** der Hetero-kontophyta entstandenes Taxon aufgefaßt werden. Die coenocytischen sipho-

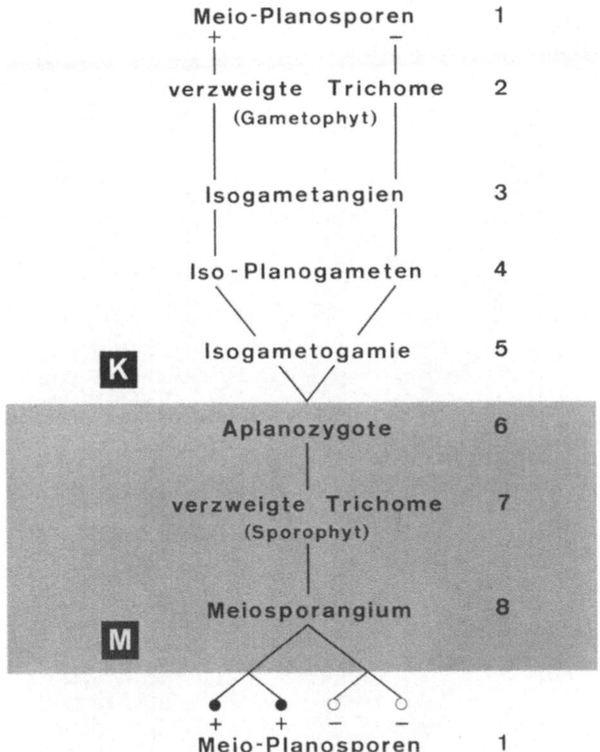

Abbildung 102. Entwicklungs-Zyklus von *Cladophora*, Haplo-Diplont mit isomorphem Generationswechsel. Befruchtungs-Modus: Isogametogamie; Fortpflanzungs-System: physiologische Diözie

nalen vielkernigen (polyenergiden) Thalli* bilden nur Querwände, wenn Fortpflanzungszellenbehälter abgeschnürt werden. Bei einigen Arten können die „Schläuche" einen Flechtthallus bilden. Die 25 Gattungen mit etwa 150 Arten der Bryopsidophyceae, die ihre Hauptverbreitung in warmen Meeren haben, werden zwei Klassen zugeordnet, den Bryopsidales und Halimedales. Als Leitarten werden zwei Vertreter der ersten Klasse besprochen, und zwar *Bryopsis* und *Derbesia-Halycystis*.

B. Übungsanleitungen

I. Organisation eines siphonalen Thallus *(Bryopsis)*

Material: Von *Bryopsis* (Bryopsidaceae) gibt es 30 Arten in den europäischen Meeren. Die fingerlangen verzweigten Thalli wachsen rasenartig in der Litoralzone (Federtang). *B. hypnoides* kann als konserviertes Material von BHU bezogen werden und eignet sich nur zum Studium der Thallusorganisation.

---

* Die Ausbildung coenocytischer siphonaler Thalli ist nicht nur auf die Algen beschränkt, sie kommt auch bei den Pilzen vor, und zwar bei den Oomycota (S. 266 f.), die man früher zusammen mit anderen Taxa in der Klasse der Algenpilze (Phycomycetes) zusammenfaßte.

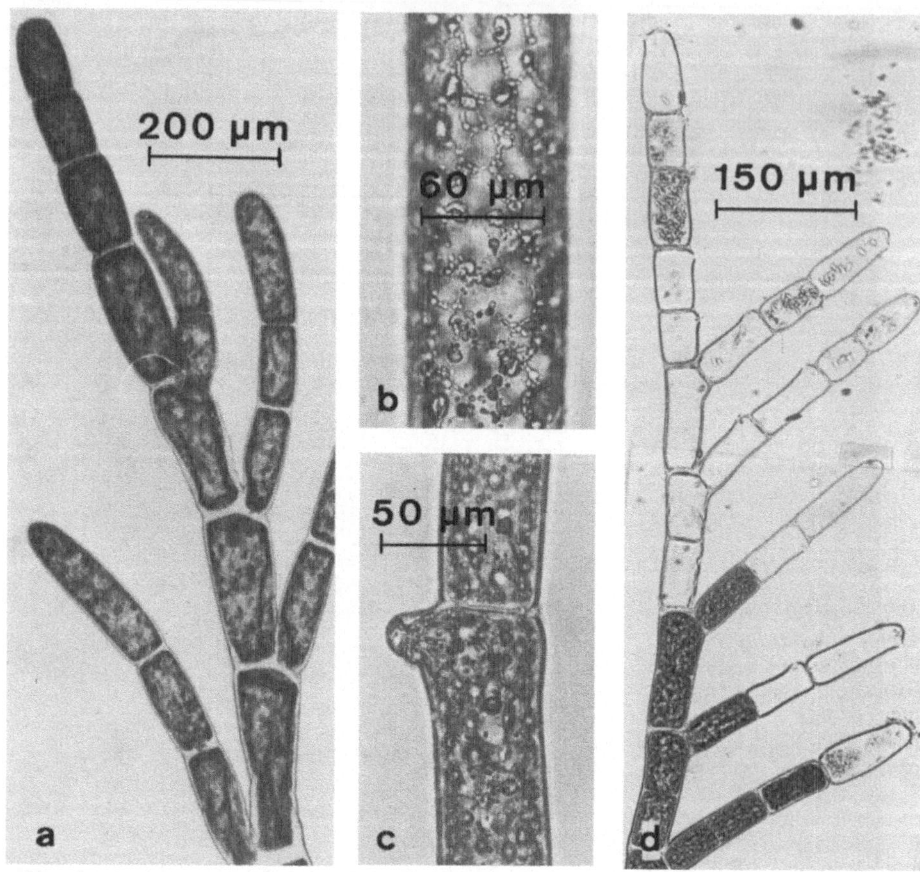

Abbildung 103 a–d. a–c *Cladophora* **spec. a** Habitus des verzweigten trichalen Thallus; **b** Ausschnitt aus einer Zelle, die Aufsicht läßt den netzförmigen Cloroplasten erkennen; **c** Beginn einer Verzweigung am apikalen Ende einer Zelle. **d** *Cladophora albida,* Thallusspitze mit Fortpflanzungszellenbehältern, die zum Teil entleert sind. (Foto d: HP Sahling)

Präparation: Unter der Lupe oder dem Präpariermikroskop bei etwa 20- bis 40facher Vergrößerung apikale und basale Teile des Thallus beobachten (bei Frischmaterial Plasmaströmung!). Von den fiederartig verzweigten oberen Regionen des Thallus, die mit Klinge oder Skalpell abgetrennt werden, Deckglaspräparate herstellen.

Aufgabe: Bei mittelstarker Vergrößerung die Thallusspitze zeichnen. Es ist darauf zu achten, ob in dem Material Gametangien sind.

Beobachtungen: Der siphonale Thallus besteht aus dem Substrat anhaftenden kriechenden Fäden mit aufrecht wachsenden verzweigten Auswüchsen, die in der Apikalregion fiederartige Seitenzweige bilden. An den Verzweigungsstellen ist die Zellwand ringförmig eingeschnürt, aber nicht durch eine Querwand abgetrennt. Die zahlreichen wandständigen Chloroplasten (mit Pyrenoid und

Stärkekörnern) und Zellkerne umgeben die zentrale, sich durch den gesamten Thallus erstreckende Vakuole (Abb. 104 a).

Die Seitenäste des Thallus können sich nach Ausbildung einer Wand zu Gametangien umbilden (Abb. 104 b), in denen entweder zweigeißelige Mikro- oder Makrogameten entstehen (Anisogamie). Es gibt demnach männliche und weibliche Thalli, die man nur auf Grund der Größe ihrer Gameten identifizie-

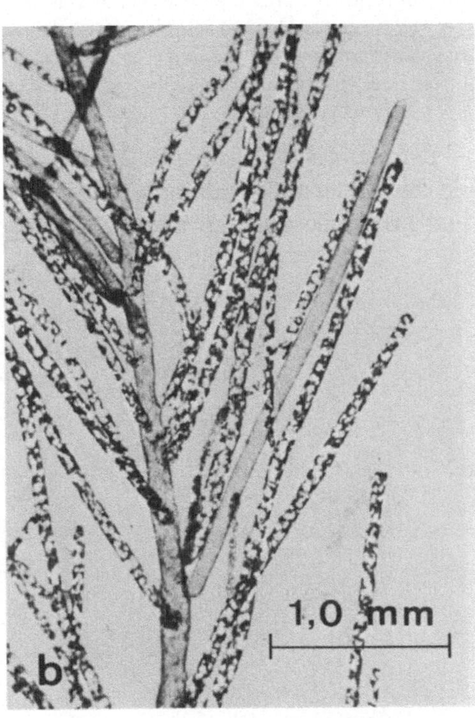

Abb. 104 a, b. *Bryopsis hypnoides.* a Thallusspitze mit fiederartigen Verzweigungen; b Thallusausschnitt, die Seitenzweige sind zum Teil im Begriff, sich zu Gametangien umzuwandeln. (Fotos: PH Sahling)

ren kann. Die nach der Gametenfusion gebildete Zygote setzt sich am Substrat fest und bildet im Verlauf von einigen Monaten die oben erwähnten verzweigten Fäden. Sie besitzt nur einen auffallend großen Kern. Nach Meiose und zahlreichen Mitosen entstehen die aufrecht wachsenden männlichen oder weiblichen Gametophyten. *Bryopsis* wäre demnach ein Haplont. Diese Klassifizierung ist jedoch umstritten. Es gibt auch Befunde, die dieser Alge einen heteromorphen haplo-diploiden Entwicklungs-Zyklus zuschreiben.

Von einigen Autoren werden nämlich die Kriechfäden als Sporophyt angesehen. Diese Auffassung wird unterstützt durch die Tatsache, daß in Laborkulturen beobachtet wurde, daß die vier nach der Meiose entstandenen haploiden Kerne sich weiter mitotisch teilen. Es entstehen dann zahlreiche stephanokonte Planosporen (Geißelkranz) (s. auch Abb. 97, *Oedogonium*), die sich zu männlichen oder weiblichen Gametophyten entwickeln. Demnach würde der Sporophyt nur aus einem Sporangium bestehen.

Bei Material von *Bryopsis plumosa* aus dem Mittelmeer wurden beide Möglichkeiten der Entwicklung gefunden. Bei der an den Nordseeküsten (z.B. Helgoland) vorkommenden *B. hypnoides* wurden bisher keine Planosporen entdeckt.*

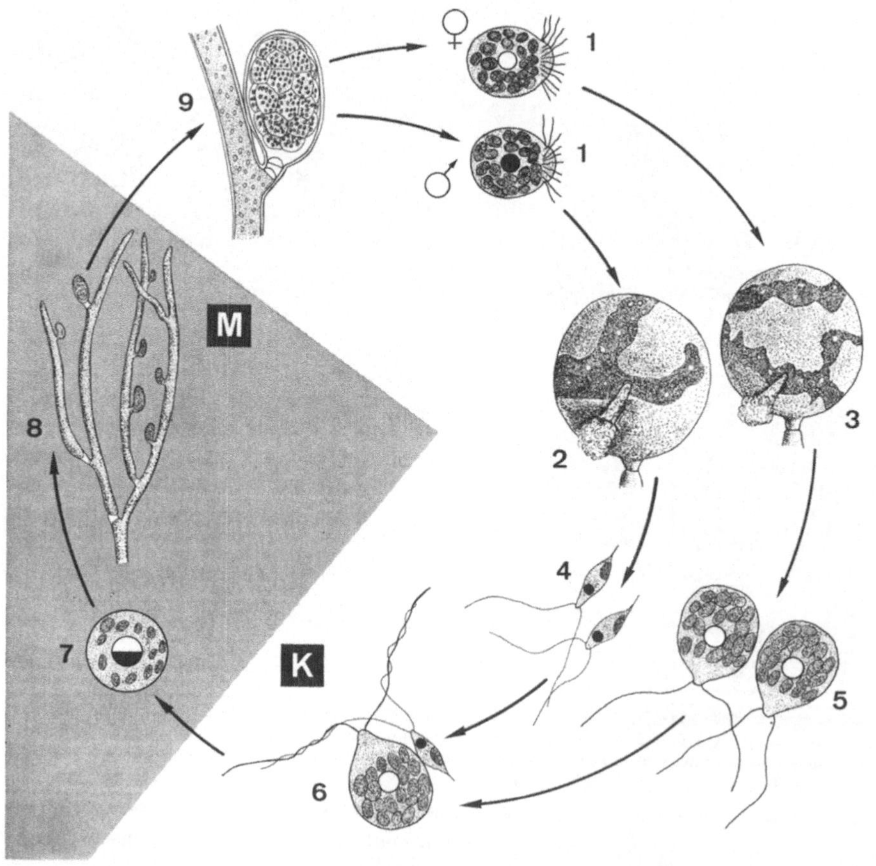

---

* Kormann P, Sahling PH (1977) Helgoländer wiss. Meeresunters. 29:1–289.

II. Organisation und Fortpflanzung von *Halicystis-Derbesia*

Material: *Halicystis-Derbesia* (Derbesiaceae) haben einen heteromorphen Generationswechsel (Abb. 105). Da die Zusammengehörigkeit von Gametophyt *(Halicystis)* und Sporophyt *(Derbesia)* erst 1938 erkannt wurde, sind beide Formen mit verschiedenen Gattungsnamen belegt worden, die sich bis heute noch in der Literatur gehalten haben, da nicht in jedem Fall den 10 Arten der Gattung *Derbesia* eindeutig *Halicystis*-Gametophyten zugeordnet werden können.* Diese Algen sind von den wärmeren bis zu den polaren Meeren verbreitet. *Halicystis ovalis* (lebt epiphytisch auf Rotalgen) und *Derbesia marina* können als konserviertes Material von BHU bezogen werden.

Präparation: Die bis zu 3 cm großen *Halicystis*-Gametophyten auf Objektträger in einen Wassertropfen geben und mit Deckglas leicht andrücken. Deckglaspräparat von der Thallusspitze von *Derbesia*-Sporophyt anfertigen.

Aufgabe: Mit Lupe den Gametophyt betrachten, bei älteren Gametophyten diese anstechen und nach Gameten suchen. Habitus von Zweigspitzen des Sporophyten bei Übersichtsvergrößerung und einzelnes Planosporangium bei mittlerer Vergrößerung zeichnen.

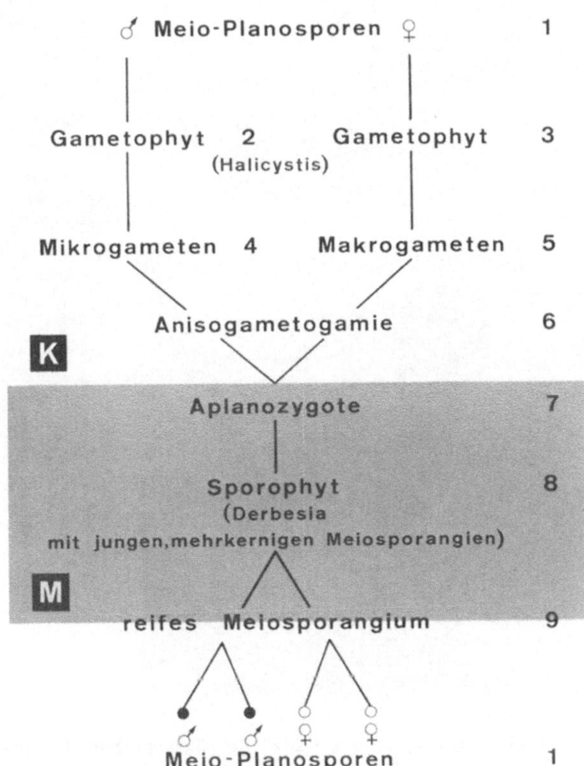

Abbildung 105. Entwicklungs-Zyklus von *Halicystis-Derbesia*, Haplo-Diplont mit heteromorphem Generationswechsel. Befruchtungs-Modus: Anisogametangiogamie; Fortpflanzungs-System: morphologische Diözie

---

* Literaturübersicht: Neumann K (1974) Botanica marina 17:176–185.

Beobachtungen: Da *Halicystis-Derbesia*, wie aus dem Schema der Abb. 105 hervorgeht, morphologisch diözisch ist, entstehen in den Gametophyten entweder Makro- oder Mikrogameten; beide sind zweigeißelig. Bei der Bildung dieser Fortpflanzungszellen werden von *Halicystis*-Zellen, die ebenso wie die anderen bisher beschriebenen Siphoneae einen randständigen Plasmabelag und eine große zentrale Vakuole enthalten, keine besonderen Behälter abgeschnürt. Ein Teil des Cytoplasmas sondert sich ab und ist schon bei geringer Vergrößerung bei den weiblichen Pflanzen als eine dunkle und bei den männlichen als eine helle Zone zu erkennen. Die zweigeißeligen Anisogameten werden bei der Reife durch eine seitliche Öffnung schubweise ausgestoßen (am natürlichen Standort meist bei Sonnenaufgang!) (Abb. 106 a).

Die Zygote keimt ohne Ruhepause zum Sporophyten aus. Aus den Kriechfäden mit Rhizoiden entstehen durch Spitzenwachstum Fäden, deren Verzwei-

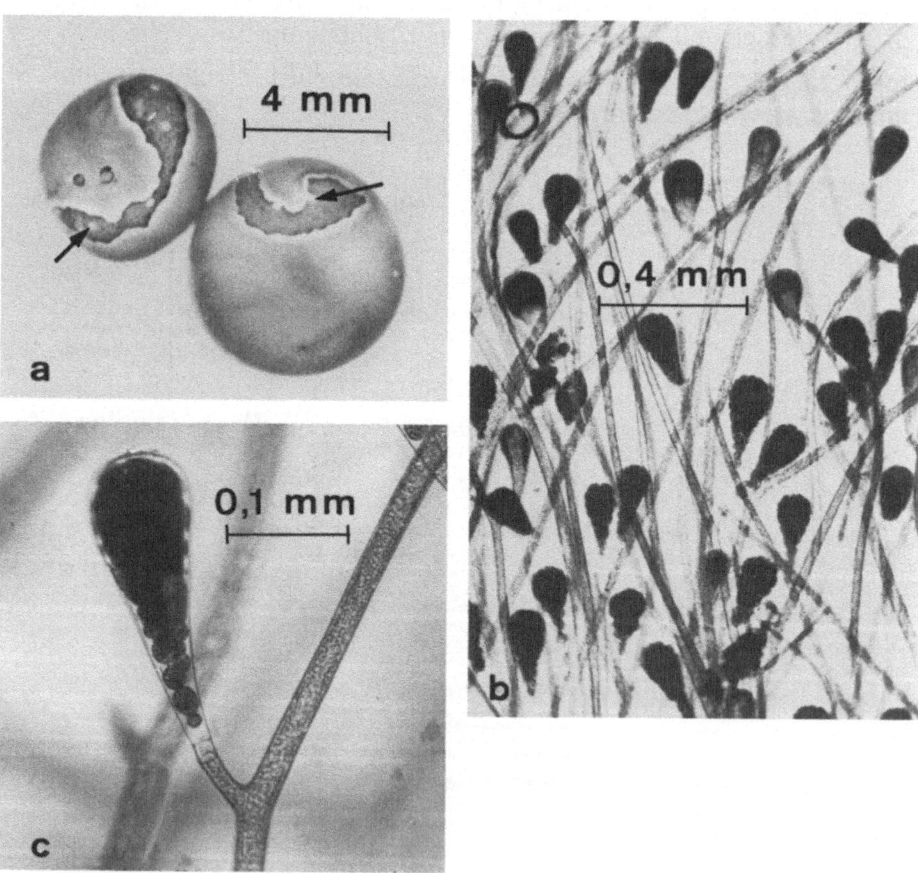

Abbildung 106 a–c. a *Halicystis ovalis* **(Gametophyt).** Die präformierte Austrittsöffnung für die Gameten ist deutlich zu sehen (Pfeile); **b–c** *Derbesia marina* **(Sporophyt). b** Thallusausschnitt mit Meiosporangien; **c** Meiosporangium mit Meiosporen, an der Basis des Sporangiums erkennt man dessen Abschnürung durch Querwandbildung. (Fotos: PH Sahling)

gungen sich durch einen wie zwei Querwände erscheinenden Ringwulst vom Hauptast abgliedern. Die birnenförmigen Meiosporangien entstehen aus Seitenzweigen. Sie entlassen nach meiotischen Teilungen der Zellkerne mehrere runde stephanokonte Meio-Planosporangien. Diese keimen unmittelbar zu einem männlichen bzw. weiblichen *Halicystis*-Gametophyten aus (Abb. 106 b, c).

VI. Klasse: Dasycladophyceae

Ordnung: Dasycladales

A. EINFÜHRUNG

Diese Klasse von Meeresalgen enthält nur die **Ordnung** der **Dasycladales**. Von den zahlreichen Familien, die in geologischen Zeiträumen vorhanden waren, gibt es noch **zwei rezente Familien, die Dasycladaceae** und die **Acetabulariaceae** (mit 11 Gattungen und 38 Arten). Ihre Vertreter haben einen **siphonalen Thallus mit radiärer Symmetrie** und wirtelig angeordneten Seitenzweigen, die zum Teil im Verlauf der Differenzierung abgeworfen werden. Wegen dieser letzten beiden Merkmale wurde dieses Taxon als eigene Klasse von den Bryopsidophyceae abgetrennt. Die bekannteste Gattung ist *Acetabularia*. Da diese schon vor Jahrzehnten als Objekt der Grundlagenforschung diente, soll ihre Entwicklung als Leitart der Dasycladophyceae besprochen werden.

B. ÜBUNGSANLEITUNGEN

Organisation und Fortpflanzung von *Acetabularia*

Film: C 1298, Entwicklung von *Acetabularia* (Dasycladales)

Material: *Acetabularia* (Acetabulariaceae) ist mit 17 Arten in tropischen und subtropischen Meeren zu finden. Ihre nördlichste Verbreitung ist das Mittelmeer. Die etwa 5 cm langen, wie „Hutpilze" aussehenden Thalli wachsen auf Steinen der Literalzone und sind infolge starker Kalkinkrustierung weißlich gefärbt (Kalkalgen!). *Acetabularia acetabulum* (= *mediterranea*) und *A. crenulata* sind seit Jahren begehrte Objekte für zellbiologische Versuche. Der Lebenszyklus von *Acetabularia** (Abb.107) dauert in Laboratoriumskulturen unter optimalen Bedingungen 4–5 Monate. Das Material aus Laborkulturen eignet sich besser für Kurszwecke, da diese Pflanzen in einem Medium angezogen werden, in dem sie kaum Kalk inkrustieren können. Außerdem kann man an diesem Material auch den sehr großen, spezifisch gebauten Zellkern (s. auch *Bryopsis* S. 206) sehr leicht freipräparieren.

Lebendes Material kann von Frau Dr. S. Berger, Max-Planck-Institut für Zellbiologie (Rosenhof), D-68526 Ladenburg, bezogen werden. Während man *A. acetabulum* meist für die Beobachtung der einzelnen Entwicklungsstadien verwendet, eignen sich auch die weniger bekannten Arten *A. crenulata*, *A.major* und *A. cliftonii* gut für die Kernpräparation (pers. Mitteilung Dr. Berger).

---

* Für *A. acetabulum* ist bekannt, daß bisweilen der Entwicklungs-Zyklus mehr als eine Vegetationsperiode dauert.

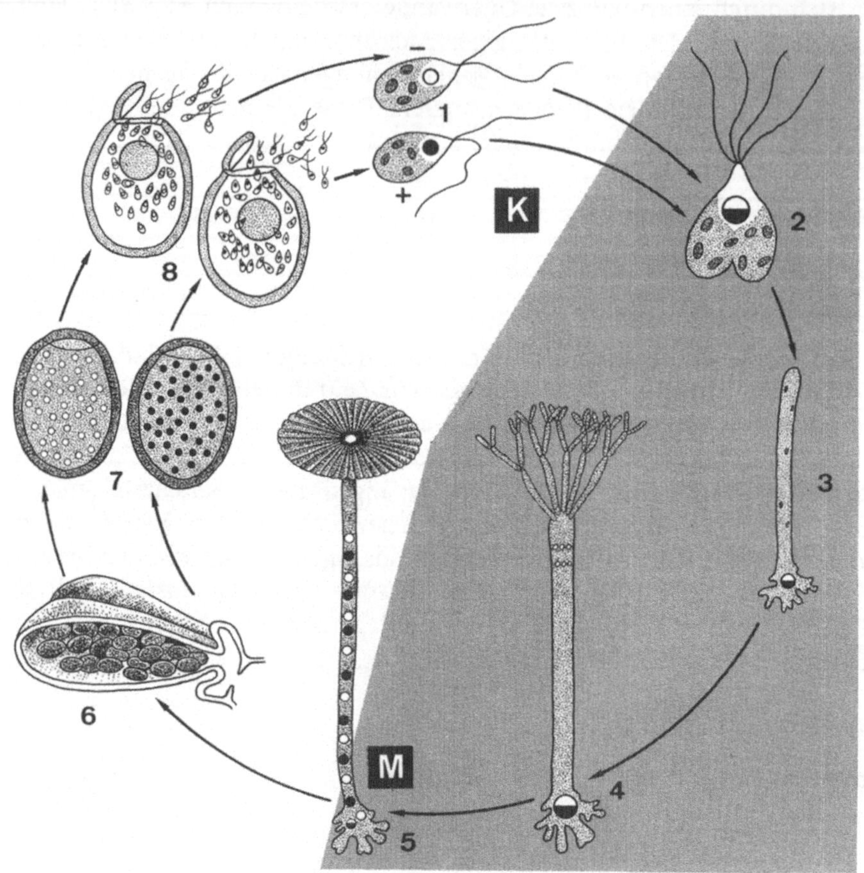

Präparation und Aufgabe: Bedingt durch die Größe des *Acetabularia*-Thallus, werden keine Deckglaspräparate angefertigt. Die zu untersuchenden Pflanzen der verschiedenen Entwicklungsstadien und ihre Teile (Rhizoidregion, Hutregion) bringt man auf einen Objektträger in einen Tropfen Kulturmedium (natürliches oder künstliches Seewasser) und beobachtet mit der Lupenvergrößerung oder unter dem Präpariermikroskop. Lediglich von den in dem „Hut" der adulten Pflanze befindlichen Gametangien werden Deckglaspräparate hergestellt, indem man die stark dunkelgrün-schwärzlich gefärbten „Hutkammern" leicht anschneidet und vorsichtig ausdrückt.

Der diploide Primärkern, der sich vor der Hutbildung im Rhizoid befindet, kann am besten an lebendem Material demonstriert werden, und zwar auf folgende Weise:

Die Vertiefung eines Hohlschliffobjektträgers wird mit Pufferlösung[*] gefüllt. Mit einer kleinen Schere das Rhizoid (s. Abb. 108 h) einer Pflanze, die noch keinen oder nur einen kleinen Hut

---

[*] 0,066 M Phosphatpuffer nach Sörensen, pH 7; darin gelöst: 0,3 M Saccharose, 0,005 M Magnesiumacetat, 0,1% Serumalbumin.

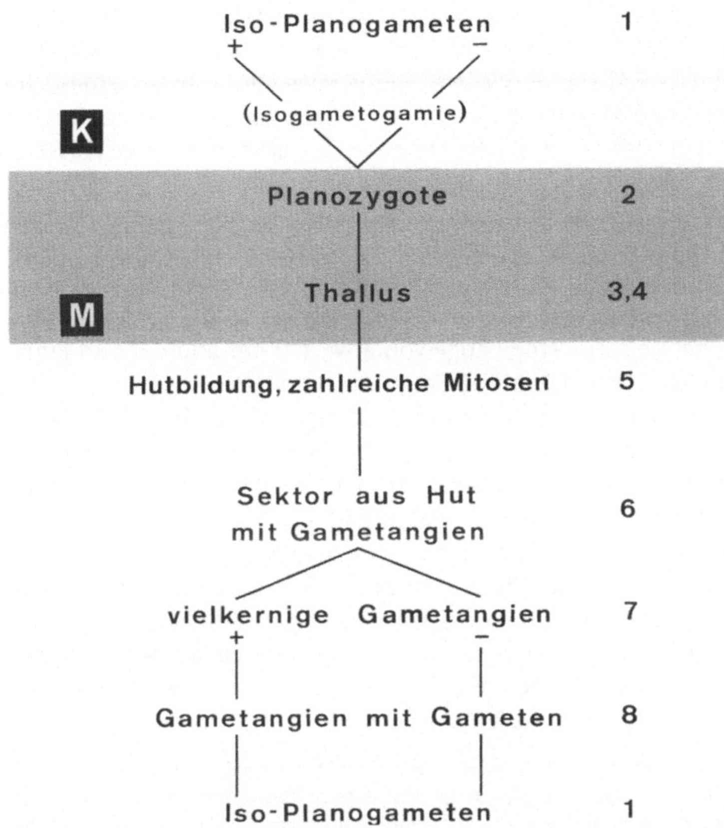

Abbildung 107. Entwicklungs-Zyklus von *Acetabularia acetabulum*, Haplont. Allerdings gibt es auch Autoren, die *Acetabularia* als Diplonten einstufen, und zwar mit der Begründung, daß die Alge sich unter dem Einfluß des diploiden Zygotenkerns differenziert. Befruchtungs-Modus: Isogametogamie; Fortpflanzungs-System: Monözie mit physiologisch-diözischen Gameten. (Nach Wartenberg, verändert)

gebildet hat, so abschneiden, daß höchstens ein etwa 1 mm langer Stielansatz am Rhizoid verbleibt. Unter dem Präpariermikroskop im Hohlschliff bei etwa 50facher Vergrößerung das Rhizoid am basalen Pol festhalten und mit einer zweiten Nadel den Inhalt nach oben zum Stielansatz herausdrücken. Man muß darauf achten, daß nach erfolgtem Ausdrücken der Protoplast nicht wieder vom elastischen Rhizoid aufgesaugt wird. Die Reste der Rhizoidwand entfernen und den Protoplasten unter Verwendung von Durchlicht mit einer feinen Präpariernadel auseinanderziehen. Der durchsichtige, glasig aussehende Kern ist infolge einer gegenüber dem Cytoplasma veränderten Lichtbrechung vor allem an seinen großen Nukleoli gut zu erkennen (s. auch Abb. 108 d). Vielfach ist er noch von zahlreichen, bei dieser geringen Vergrößerung winzig erscheinenden Chloroplasten umgeben. Die weitere Beobachtung und ggf. Zeichnung des Zellkerns sollte bei der stärksten Vergrößerung des Präpariermikroskops vorgenommen werden, da er im normalen Lichtmikroskop ohne Phasenkontrast nicht gut zu erkennen ist (pers. Mitteilung, Dr. S. Berger).

Beobachtungen: Wie aus dem in Abb. 107 dargestellten Zyklus von *Acetabularia acetabulum* hervorgeht, hat der aus der Zygote entstehende schlauchartige Faden (Stiel) eine zentrale Vakuole, die von einem parietalen Plasmabelag umhüllt ist, in dem zahlreiche kleine Chloroplasten ohne *Pyrenoide* zu sehen sind (etwa 10^7/Zelle) (Abb. 108 a). Der Zellkern liegt im Rhizoid. Der Stiel bildet am Gipfel in kurzen Abständen Wirtel von verzweigten sterilen Fäden, die später degenerieren und abfallen (Abb. 108 b). Wenn die Zelle ihre definitive Größe erreicht hat, entstehen an der Spitze des Stiels als blasenartige Ausstülpungen Kammern, die den typischen Schirm bilden (Abb. 108 c). Bei *A. acetabulum* sind diese Kammern miteinander verwachsen. Bei den anderen Spezies von *Acetabularia* werden die Kammern nur durch Kalkeinlagerungen aneinander gekittet. In Laborkulturen, die unverkalkte Algen liefern, erfolgt keine Aneinanderhaftung, was zu einer sternartigen Ausbildung des Schirms führt. Bei *A.acetabulum* hat der Stiel eine Länge von etwa 4–5 cm und der Hut einen Durchmesser von etwa 1,2 cm (Abb. 108 e).

Während der Stielbildung zeigt der im Rhizoid befindliche diploide Zellkern eine Volumenvergrößerung um etwa das 20 000fache und hat dann einen Durchmesser von 80 bis 100 µm. Dieser sogenannte Primärkern ist jedoch nicht polyploid, sondern bleibt diploid und enthält 40 Chromosomen, die aber mit den üblichen cytologischen Färbungen nicht zu sehen sind, denn die Masse des Kernmaterials besteht aus Protein und den Nucleoli (Abb. 108 d). Nach Erreichen des maximalen Hutdurchmessers beginnt der Zellkern sich zu verkleinern. Während dieses Vorganges fusionieren die zahlreichen Nukleoli und lösen sich in der Regel bis auf einen auf, der erst nach der vollzogenen meiotischen Kernteilung* degeneriert.

Vor Beginn dieser Teilung kondensieren sich die im Primärkern „lampenbürstenähnlich" organisierten Chromosomen. Im Verlauf der Meiose ist eine intranukleäre Spindel vorhanden. Die beiden Tochterkerne wandern an die Spindelpole des nun hantelförmigen Telophasenkerns, denn die Kernmembran löst sich nicht auf.

Nach der Meiose entsteht infolge zahlreicher Mitosen eine große Anzahl von haploiden Sekundär-Kernen (bei *A. acetabulum* bis zu 15 000), die mit der Plasmaströmung in die Kammern des Schirms gelangen. Dort bildet sich um jeden Zellkern eine derbwandige Cyste, in der die mitotischen Teilungen fortgesetzt werden (Abb. 108f.). Durch Zerfall des Thallus werden die Cysten frei. Nach einer Ruhephase (bei *A. acetabulum* Überwinterung bzw. längere Dunkelkultur im Laboratorium) öffnen sich die Cysten mittels eines Deckels (Abb. 108 g) und entlassen zahlreiche zweigeißelige Isogameten, die jeweils dem gleichen Kreuzungstyp angehören.

Abbildung. 108 a–h. *Acetabularia acetabulum.* a–c Entwicklungsstadien des Thallus; **d** Primärkern mit Nucleoli; **e** „Hut" einer erwachsenen Pflanze in Aufsicht und **f** im Ausschnitt mit reifen Cysten; **g** reife Cyste, die sich mit Deckel geöffnet hat; **h** Rhizoid wie es für die Präparation des Primärkerns verwendet werden kann. (Foto d: S Berger)

---

*DN De, Berger S (1990) Protoplasma 155:19–28.

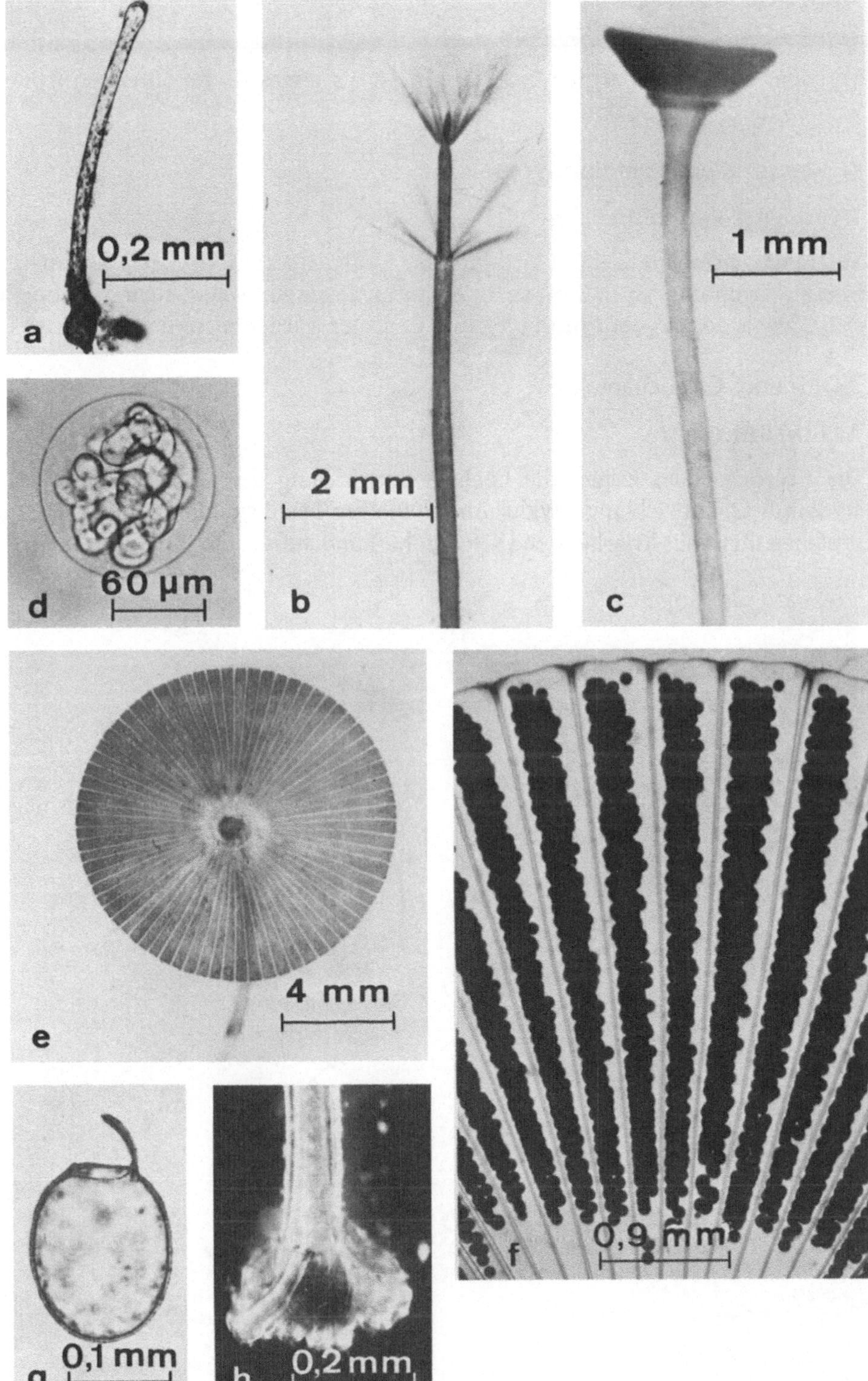

VII. Klasse: Trentepohliophyceae

VIII. Klasse: Pleurastrophyceae

Vertreter dieser artenarmen Taxa, die meist als terrestrische Luftalgen leben, werden nicht besprochen.

IX. Klasse: Klebsormidiophyceae

1. Ordnung: Klebsormidiales

Vertreter dieser artenarmen Ordnung leben als coccale Einzeller oder unverzweigte Trichome im Süßwasser oder an luftfeuchten Standorten. Sie ähneln den Chlorococcales der Chlorophyceae. Vertreter werden nicht besprochen.

2. Ordnung: Coleochaetales

A. EINFÜHRUNG

Die Coleochaetales zeigen die **höchste Entwicklung der trichalen Organisationsstufe** (s. Entwicklungs-Zyklus Abb. 109). Ihre **Thalli sind heterotrich,** d.h. sie bestehen meist aus kriechenden (Kriechsohle) und aufrechten Fadensystemen.

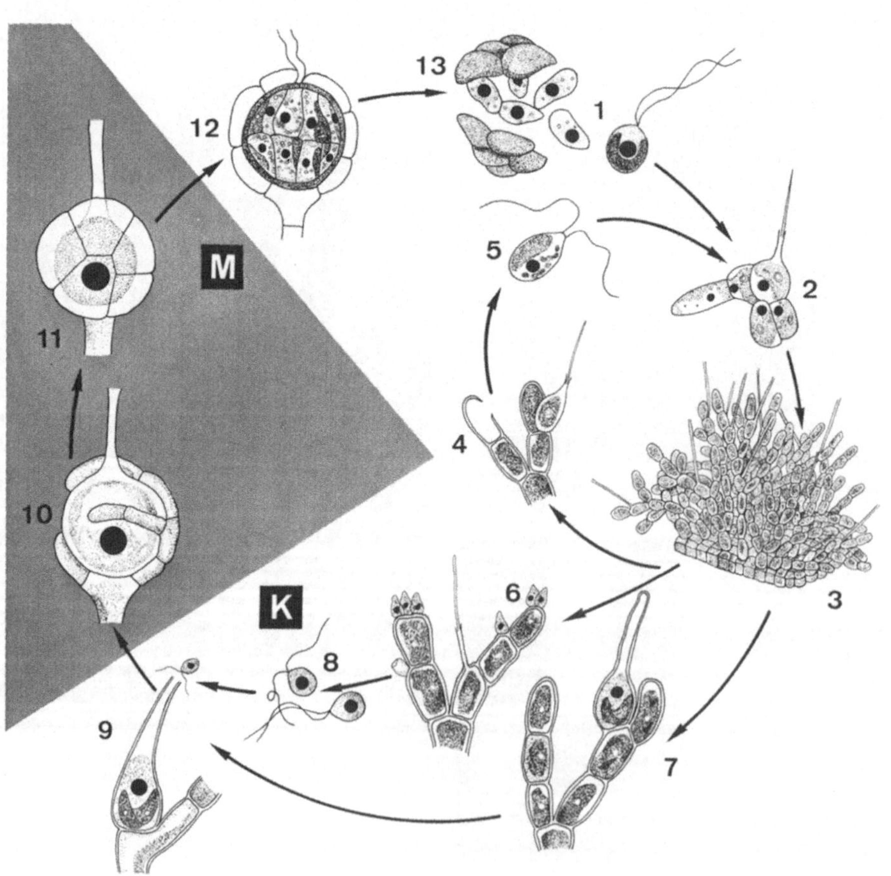

Auch hinsichtlich der **sexuellen Fortpflanzung** wird die für Grünalgen **letzte Stufe der Progression** erreicht: Die Oogonien von *Coleochaete* werden von plastidenfreien Spermatozoiden befruchtet und die Zygoten reifen, während sie von sterilen Zellen umwachsen werden (in etwa vergleichbar den Archegonien der Moose und Farne), zur **Zygotenfrucht (= Sporokarp)**. Diese Besonderheit hat zu Spekulationen über die Ableitung der Moose und damit der Farne und höheren Pflanzen von diesem Taxon Anlaß gegeben.

B. Übungsanleitungen

Material: *Coleochaetaceae* (Coleochaetaceae) findet man in den Uferzonen des Süßwassers oder an Stellen, die nur gelegentlich mit Wasser in Berührung kommen (z.B. Baumrinden, feuchte Erde, Sumpfpflanzen). In den meisten Fällen jedoch handelt es sich dabei um vegetative Thalli. Diese sind oft schwer zu identifizieren, da sie vielfach nur aus der „Kriechsohle" bestehen. Infolge des

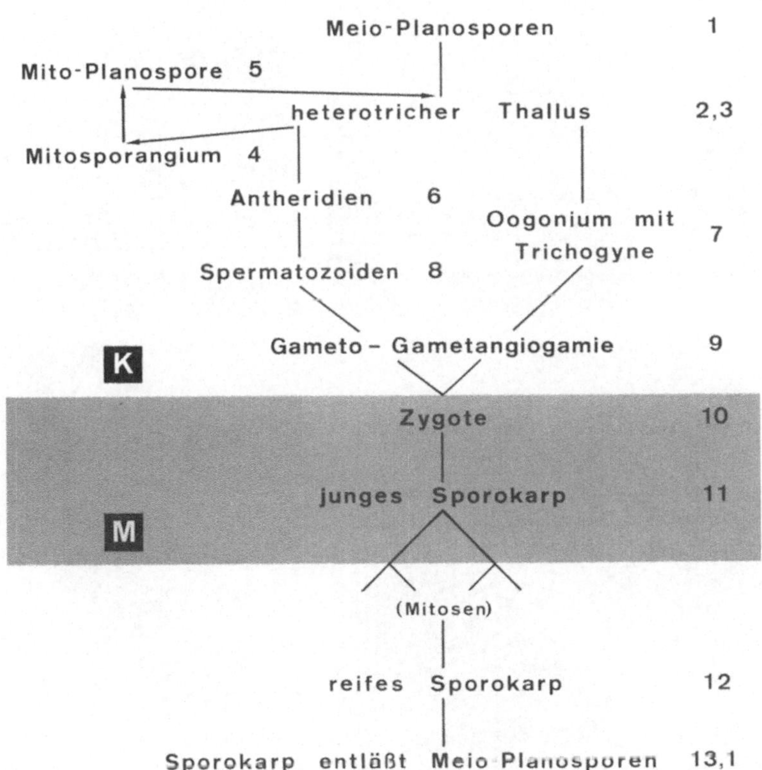

Abbildung 109. Entwicklungs-Zyklus von *Coleochaete*, Haplont mit vegetiver Fortpflanzung durch Mito-Planosporen. Befruchtungs-Modus: Gameto-Gametangiogamie; Fortpflanzungs-System: Monözie. (Nach Pringsheim, Chodet und Jost, verändert)

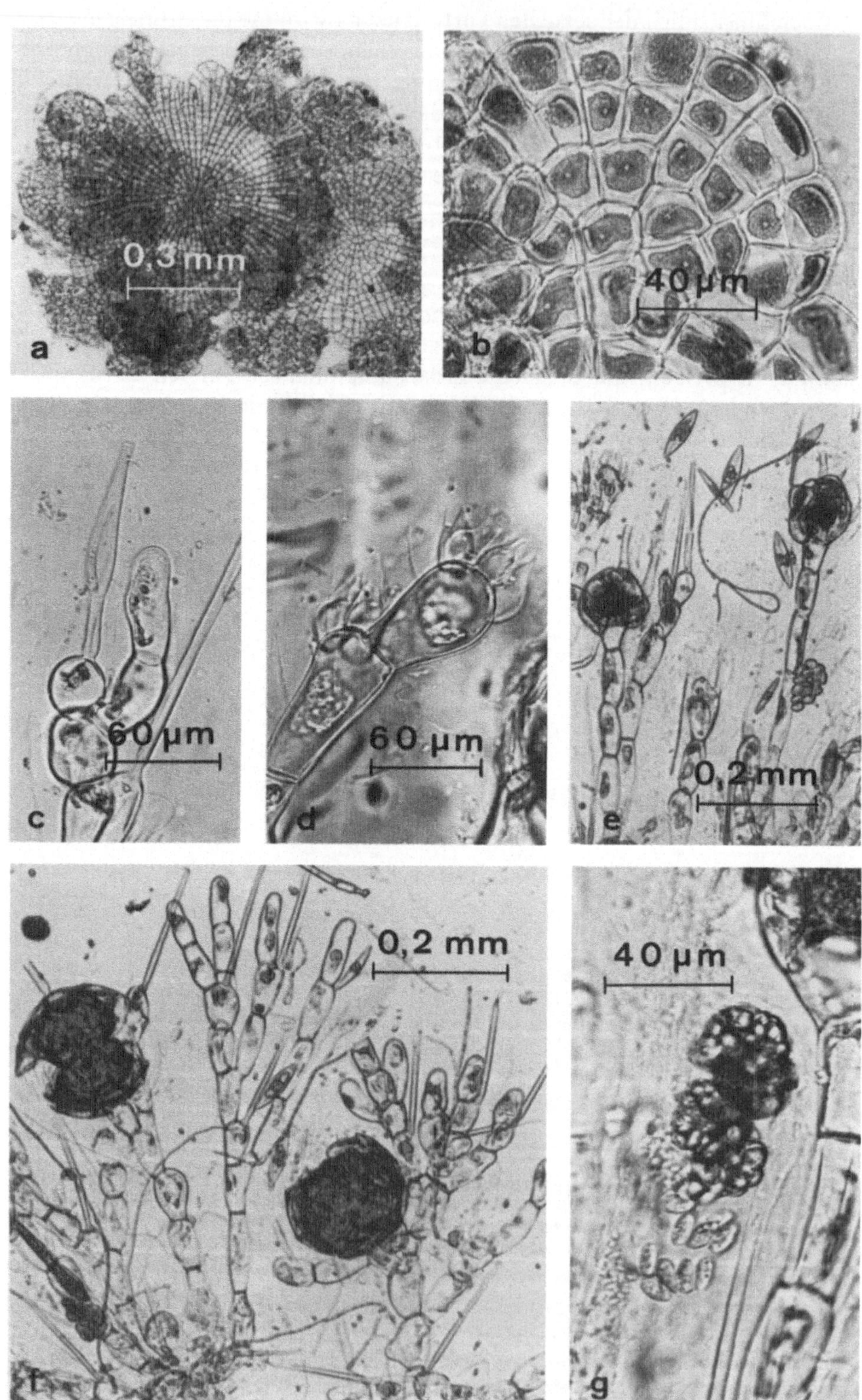

Abbildung 110 a–g. *Coleochaete scutata.* a Kriechsohle des Thallus in Aufsicht; b Ausschnitt aus der Mitte von (a) *Coleochaete pulvinata*; c Oogonium mit Trichogyne; d Antheridienstand, die Spermatozoiden haben bereits die Antheridien verlassen; e junge Sporokarpe, rechts neben dem linken Sporokarp ein Oogonium; f reife Sporokarpe; g Reste der Sporokarpwand mit Meioplanosporen

Fehlens der Fadensysteme ist die Heterotrichie nicht erkennbar. Dies ist auch der Fall bei der in der Göttinger Algensammlung kultivierten *Coleochaete scutata* (Dr. Koch, pers. Mitteilung).

Präparation und Aufgabe: Wenn nur Material des Vegetationskörpers zur Verfügung steht, in Deckglaspräparaten den Thallusaufbau studieren, sonst die einzelnen Stadien des Entwicklungs-Zyklus zeichnen.

Beobachtungen: Wie aus Abb. 110 hervorgeht, besteht die Kriechsohle von *C. scutata* aus einem radiären System von Fäden, die postgenital verwachsen sind. Die Einzelzellen enthalten einen Plastiden vom *Chlamydomonas*-Typ.

Die Geschlechtsorgane werden endständig an den verzweigten aufrechten Trichomen gebildet (Abb. 110 c, d). Während die Oogonien als Teil einer dichotomartigen Endverzweigung entstehen, bilden sich die Antheridien in Mehrzahl an den Endzellen der Trichome. Die deutlich erkennbaren Trichogynen* sind nicht mit den langen einzelligen, borstenartigen Fortsätzen zu verwechseln, die seitlich an den Verzweigungsstellen der Trichome herauswachsen. An den jungen Sporokarpen erkennt man noch die Trichogyne (Abb. 110 e). Die Rindenzellen der reifen Sporokarpe sind infolge von Pigmenteinlagerungen dunkel gefärbt (Abb. 110 f). Nach leichtem Druck auf das Deckglas reißen die Wände des Sporokarps auf und die Meioplanosporen werden sichtbar (Abb. 110 g).

X. Klasse: Zygnematophyceae (Conjugatae=Jochalgen)

A. Einführung

Die Jochalgen besitzen **keinerlei begeißelte Fortpflanzungszellen.**** Ihre Zellen sind einkernig und bilden **typisch geformte Chloroplasten** mit einem oder mehreren **Pyrenoiden.** Sie sind mit 50 Gattungen und 4000–6000 Arten Kosmopoliten im Plankton und auch im Benthos des Süßwassers (selten Brackwasser, Meerwasser nie). Hinsichtlich der Organisation des Thallus (**Einzeller** oder **Trichome***) gibt es **keine Progressionsreihe** wie bei anderen Algentaxa. **Vegetative Fortpflanzung durch Zweiteilung** (Mito-Aplanosporen nur in Ausnahmefällen). **Sexuelle Fortpflanzung durch Gametangiogamie.** Dieser unter einer Art **Jochbildung** verlaufende Befruchtungs-Modus (Abb. 111, 114) wird

---

*   Als Trichogyne wird ein Empfängnisorgan des Oogoniums bezeichet (S. 7) , daß man bei Rotalagen (S. 146 a) vor allem aber bei den Ascomycten (S. 396)findet.

**   Daher wurden sie früher neben die **Heterokontae** (Heterokontophyta S. 99) und die **Isokontae** (Chlorophyta S. 169) als **Akontae** gestellt.

auch als **Konjugation*** bezeichnet. Die mit einer derben Membran umgebene Zygote dient als Dauer- und Überwinterungsorgan und keimt nach einer meiotischen Teilung aus. Daher sind die Zynematophyceae ausschließlich **Haplonten.**

Von den vier Ordnungen werden nur Vertreter der Desmidiales (einzige Familie: Desmidiaceae; meist coccale Einzeller) und Zygnematales (einzige Familie: Zygnemaceae; trichale Coenobien) besprochen.

Auf die beiden nur wenige Gattungen und Arten enthaltenden Ordnungen der Mesotaeniaceae und Gonatozygaceae soll nicht eingegangen werden.

B. Übungsanleitungen

I. Organisation und Fortpflanzung der Desmidiaceae

Filme: C 924,   Differenzierung und Wachstum von *Micrasterias denticulata*
E 1913, Die Fortbewegung von Desmidiaceen durch Schleimausscheidung
C 1064, Gechlechtliche Fortpflanzung von *Micrasterias papillifera*

Material: Die 30 Gattungen dieser auch als **Zieralgen** bezeichneten Familie leben mit ihren etwa 5.000 Arten und Varietäten im Plankton der Torfmoore und in Tümpeln. Man kann sie leicht gewinnen, wenn man Büschel des wasserspeichernden Torfmooses Sphagnum oder submerse Moose und Phanerogamen aus Feuchtbiotopen mit höheren pH-Werten ausdrückt *Closterium* spec.; *Cosmarium botrytis; Cosmarium impressulum; Micrasterias denticulata* (alle zu erhalten von GÖT).

Präparation und Aufgabe: Tropfpräparate oder Abstriche von Agarkulturen. Zur Sichtbarmachung der Gallerthüllen Tusche zugeben. Bei mittelstarker Vergrößerung Habitus der obengenannten Formen und Stadien der vegetativen und sexuellen Fortpflanzung zeichnen. Wenn Wasserproben aus Torfmooren vorliegen, wird empfohlen, unter Verwendung der im Literaturteil (S. 556, 558) genannten Bestimmungsbücher eine Klassifikation vorzunehmen, da gerade die Zieralgen auf Grund ihrer Zellmorphologie sich dazu gut eignen. Hierbei sollte allerdings von Frontal- und Seitenansichten ausgegangen werden.

Beobachtungen: Zellorganisation. Die Zellen bestehen aus zwei symmetrischen Hälften, von denen jede einen Chloroplasten (gut erkennbar bei *Closterium*, Abb. 111 a) mit Pyrenoiden enthält, die in Zweizahl in jeder Zellhälfte von *Cosmarium* und in Vielzahl bei *Closterium* zu sehen sind (Abb. 111 c). Der

---

Abbildung 111 a–h. Zellorganisation und Fortpflanzung der Desmidiaceae. a *Closterium* spec.; b *Micrasterias denticulata.* c, d *Cosmarium botrytis;* c spätes Stadium der Zellteilung, die Tochterzellen sind noch durch Gallertbrücken verbunden; d Regeneration der Tochterhälften fast abgeschlossen; e *Cosmarium pachydermum,* Zygospore mit den noch anhaftenden Zellhälften der Kreuzungspartner; f *Cosmarium impressulum,* Anomalie der Zellteilung; g *Closterium moniliferum,* Konjugationsstadium, das zur Bildung von Zwillingszygoten führt; h Zwillingszygoten mit den Zellhälften der Kreuzungspartner. (Fotos e, g, h : PFM Coesel)

---

* Dies kommt zum Ausdruck in dem früheren Namen **Conjugatae** für dieses Taxon.

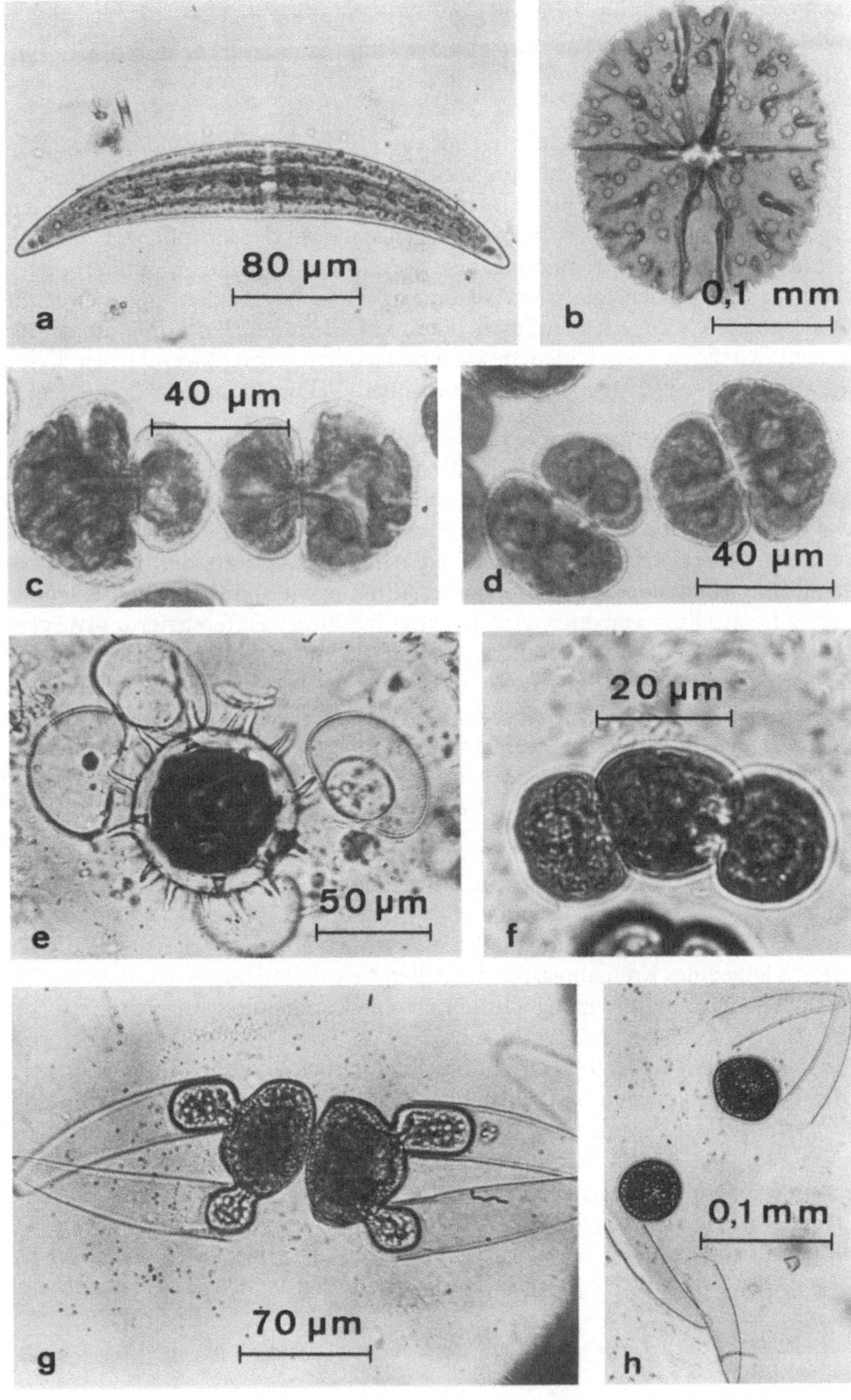
80 µm
a
0,1 mm
b
40 µm
c
40 µm
d
50 µm
e
20 µm
f
70 µm
g
0,1 mm
h

symmetrische Aufbau der Zellen kommt bei *Cosmarium* und *Micrasterias* deutlich zum Ausdruck (Abb. 111 b). Deren Hälften sind nämlich nur durch einen sogenannten Isthmus miteinander verbunden, welcher durch eine Einschnürung hervorgerufen wird. In dem Isthmus ist der Zellkern lokalisiert (s. auch *Closterium*).

Die Zellwand ist mehrschichtig; auf die innere Zellulosewand ist eine Pektin- und eine Gallertschicht aufgelagert. Die Gallerte wird durch besondere Porenapparate (nur mit dem Elektronenmikroskop zu sehen) ausgeschieden. Sie dient nicht nur der Anheftung an Wasser- und Moorpflanzen und als Grundsubstanz für die Bildung von formlosen Coenobien, sondern auch (ähnlich wie bei den pennaten Diatomeen) einer begrenzten Eigenbewegung (s. Film). Durch Zugabe von Tusche kann vor allem bei *Closterium* die an den beiden Zellenden ausgeschiedene Gallerte sichtbar gemacht werden. An diesen Stellen befinden sich auch deutlich erkennbare Vakuolen mit Gipskristallen.

Vegetative Fortpflanzung: Nach einer mitotischen Teilung verteilen sich die beiden Tochterkerne auf die Zellhälften und es erfolgt eine Durchschnürung am Isthmus. Jede Halbzelle bildet an der Isthmus-Region eine Vorwölbung, mit der die beiden Tochterzellen verbunden bleiben (Abb. 111 c). Diese Ausstülpungen vergrößern sich und nehmen nach Einwandern der nach Durchschnürung entstandenen Chloroplastenhälfte Gestalt und Größe der fehlenden Zellhälfte an. Kurz vor oder nach Beendigung dieses Differenzierungsvorganges trennen sich die Tochterzellen (Abb. 111 d). Auf Grund dieses Teilungsmodus ist zu verstehen, daß man sehr oft Desmidiaceae mit ungleich großen Zellhälften sieht, da bei der Präparation bzw. Materialsammlung der lose, nur durch eine Gallertbrücke verursachte Zusammenhang der in Entwicklung befindlichen Tochterzellen getrennt wird. Wie bei den Diatomeen haben also die Wände der beiden Zellhälften der Desmidiaceen ein unterschiedliches Alter.

Sexuelle Fortpflanzung ist in Frischmaterial nur relativ selten zu beobachten, da ihre Auslösung weitgehend von Umweltbedingungen (Licht, Jahreszeit, Ernährung etc.) abhängt. Es kommt noch hinzu, daß die meisten Desmidiaceae physiologische Diözisten sind und die aus der Natur isolierten Populationen meist Klone eines Kreuzungstyps darstellen.*

Die sexuelle Fortpflanzung wird durch eine Konjugation eingeleitet, d.h., die Zellen legen sich an den Verbindungsstellen ihrer Hälften aneinander und verkleben durch Gallerte. Nach Aufbrechen der beiden Zellhälften fusionieren die beiden Protoplasten und bilden eine Zygote (Abb. 111 e). Dieser Sexualvorgang, der bei der Besprechung der Zygnemaceae ausführlicher dargestellt wird (Abb. 113, 114), ist eine **Isogametangiogamie.** Jede der beiden Zellen wurde zu einem Gametangium, das allerdings keine spezifischen Gameten ausbildet.

Eine mehrfach beobachtete Abweichung von diesem Normaltyp ist die Bildung von sogenannten Zwillingszygoten (Abb. 111 g, h). Diese entstehen auf folgende Weise: Vor der Konjugation findet in den beiden Gametangien eine

---

*Coesel PFM (1974) Acta Bot Neerl 23:361–368; Coesel PFM, Teixera RMV (1974) Acta Bot Neerl 23:603-611.

Mitose statt. Nach der Plasmogamie erfolgt ein Kernaustausch und aus jedem der beiden Gametangien entsteht nach der Karyogamie eine Zygote.

In diesem Zusammenhang scheint es notwendig zu erwähnen, daß man oft bei *Cosmarium* und auch anderen Desmidiaceae eine ganze bestimmte Zellteilungsanomalie beobachtet, die eine Zygotenbildung vortäuschen kann. Wie aus Abb. 111 f hervorgeht, ist bei der vegetativen Fortpflanzung keine Durchschnürung der mittleren Zelle erfolgt (vergl. mit Abb. 111 c, d).

II. Organisation und Fortpflanzung der Zygnemaceae

Filme: C 1770, Wachstum und Fragmentation von *Zygnema circumcarinatum*
     K 102,   Chloroplastenbewegung, *Mougeotia* spec.

Material: Von den 13 Gattungen (etwa 600 Arten) der Zygnemaceae sollen nur *Spirogyra, Zygnema* und *Mougeotia* besprochen werden. Die Arten dieser Gattungen stellen den Hauptanteil des sich schleimig anfühlenden (im Gegensatz zu *Cladophora*, S. 205) Algenbenthos im wenig verschmutzten Süßwasser. Die Stadien der sexuellen Fortpflanzung sind vorwiegend gegen Ende der Vegetationsperiode (aber auch manchmal im Frühjahr nach Kälteeinbrüchen) zu finden. Falls man nicht selbst die Algen kultivieren will (Medien S. 26), sollte man auf konserviertes Material zurückgreifen: *Spirogyra* spec., *Zygnema* spec., *Mougeotia* spec. (alle GÖT) .

Präparation und Aufgabe: Zupfpräparate. Nach Durchmustern der unverzweigten Trichome bei starker Vergrößerung von jeder Art ein bis zwei Zellen mit typischen Chloroplasten (möglichst mit Teilungsstadien) zeichnen. Bei *Mougeotia* ist die Drehung der Chloroplasten nach Lichteinstrahlung zu beobachten. Die verschiedenen Stadien der sexuellen Fortpflanzung, vor allem der Konjugationsmodus (s. Abb. 114), sollten bei mindestens einem Vertreter gezeichnet werden.

Beobachtungen: Zellorganisation. Nach Zugabe von Tusche kann man feststellen, daß die zylindrischen Zellen von einer Gallertschicht umgeben sind. Sie sind in Trichomen angeordnet, die relativ leicht in Einzelzellen oder Zellgruppen zerfallen.

Die Zelle, mit der die Verbände am Substrat angeheftet sind, hat einen rhizoidartigen Fortsatz, der allerdings nur selten zu sehen ist, da er bei der Materialentnahme am Substrat haften bleibt. Bedingt durch die Instabilität der Trichome können sehr oft Zellfäden frei im Wasser schwebend gefunden werden.

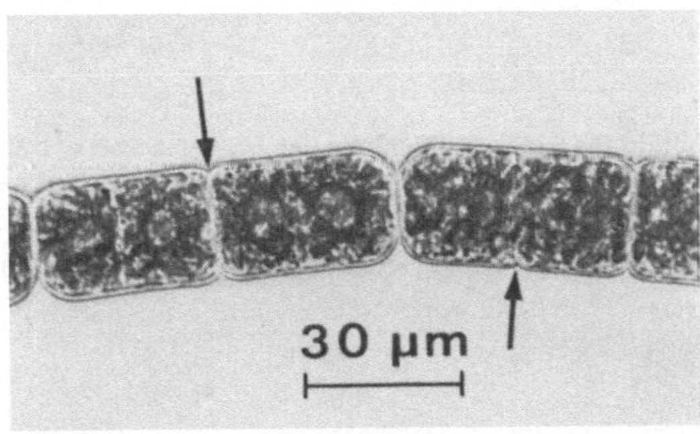

Abbildung 112. *Zygnema circumcarinatum.* Trichom mit Teilungsstadien (Pfeile)

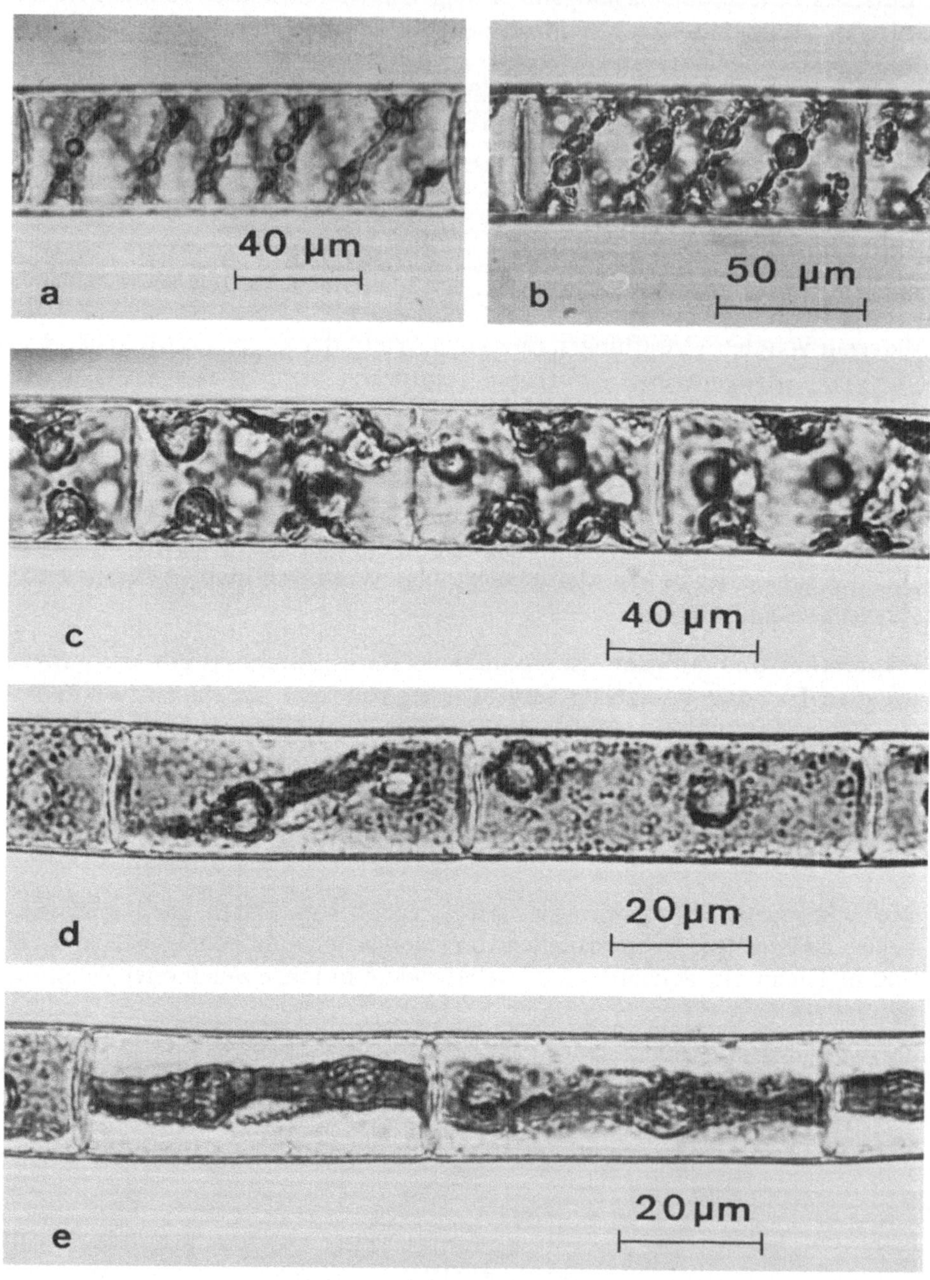

Abbildung 113 a–c. Trichome der Zygnemaceae. a–c *Spirogyra* spec. a Zellen mit einem Chloroplasten; b Zellen mit zwei Chloroplasten; c mittlere Zelle de Coenobiums in Teilung begriffen. d, e *Mougeotia* spec., Coenobien deren plattenförmige Chloroplasten sich nach dem aus unterschiedlichen Richtungen kommenden Licht orientiert haben

Die augenfälligsten Zellorganellen sind die Chloroplasten. Für *Spirogyra* sind die schraubenartig gewundenen, bandförmigen, wandständigen Chloroplasten typisch, die zahlreiche Pyrenoide enthalten. Nach guter Beleuchtung sind diese mit einem Ring von Stärkekörnern umgeben, der nach Anfärbung mit JKJ sichtbar wird. Die Zellen besitzen je nach Art einen oder mehrere Chloroplasten (Abb. 113 a, b). Der plattenförmige Chloroplast von *Mougeotia* trägt ebenfalls mehrere Pyrenoide. Er ist axial orientiert und in seiner Lage abhängig von der gebotenen Lichtmenge (Film). Bei schwacher Beleuchtung liegen die Chloroplasten senkrecht zum einfallenden Licht (bessere Ausnutzung der Strahlung) und bei starkem Licht nehmen sie Profilstellung ein. Diese lichtabhängige Plastidendrehung kann man sehr gut im Mikroskop beobachten, wenn man die Lebendpräparate länger dem durchfallenden Licht der Mikroskopierlampe aussetzt (Abb. 113 d, e). *Zygnema* dagegen enthält zwei sternförmige Chloroplasten mit je einem Pyrenoid (Abb. 112).

Der Zellkern ist bei den drei Arten in der Mitte der stark vakuolisierten Zellen an Plasmafäden „aufgehängt". In der peripheren Plasmaschicht sind kleine stark lichtbrechende Gerbstoffvakuolen enthalten (Anfärbung mit Methylenblau oder Methylenrot möglich).

Vegetative Fortpflanzung: Jede Zelle der Trichome kann sich durch Querteilung fortpflanzen. Nach vorausgegangener mitotischer Kernteilung und einer Teilung der Chloroplasten erfolgt irisblendenartig eine Querwandbildung (Abb. 113 c).

Bei *Spirogyra* kann gelegentlich die Bildung von Mito-Aplanosporen beobachtet werden, die im Habitus den Zygoten gleichen (Abb. 116 f.).

Sexuelle Fortpflanzung (Abb. 114–116): Die Gametangiogamie, welche den Sexualzyklus einleitet, kann durch **mehrere Konjugationsmodi** erreicht werden. Wie aus dem Schema der Abb. 114 hervorgeht, gibt es von morphologischen Aspekten her zwei Grundtypen: (1) **Scalare Konjugation** (Leiter- oder Treppenkonjugation), bei der die Gametangiogamie zwischen zwei verschiede-

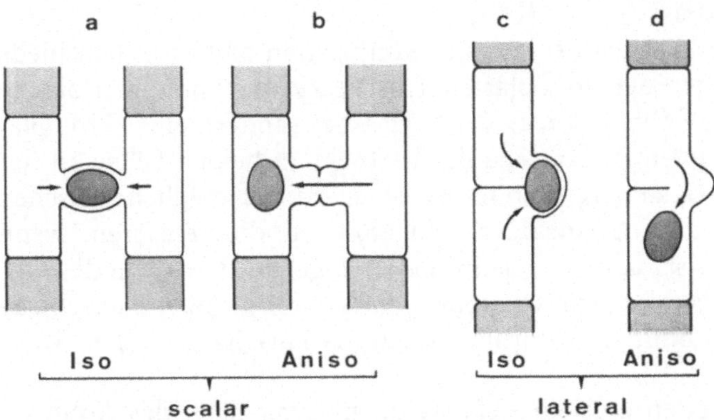

Abbildung 114 a–d. Modi der Gametangiogamie bei Zygnemaceae. Scalare Konjugation mit a Iso- bzw. b Anisogamtangiogamie; laterale Konjugation mit c Iso- bzw. d Anisogametangiogamie

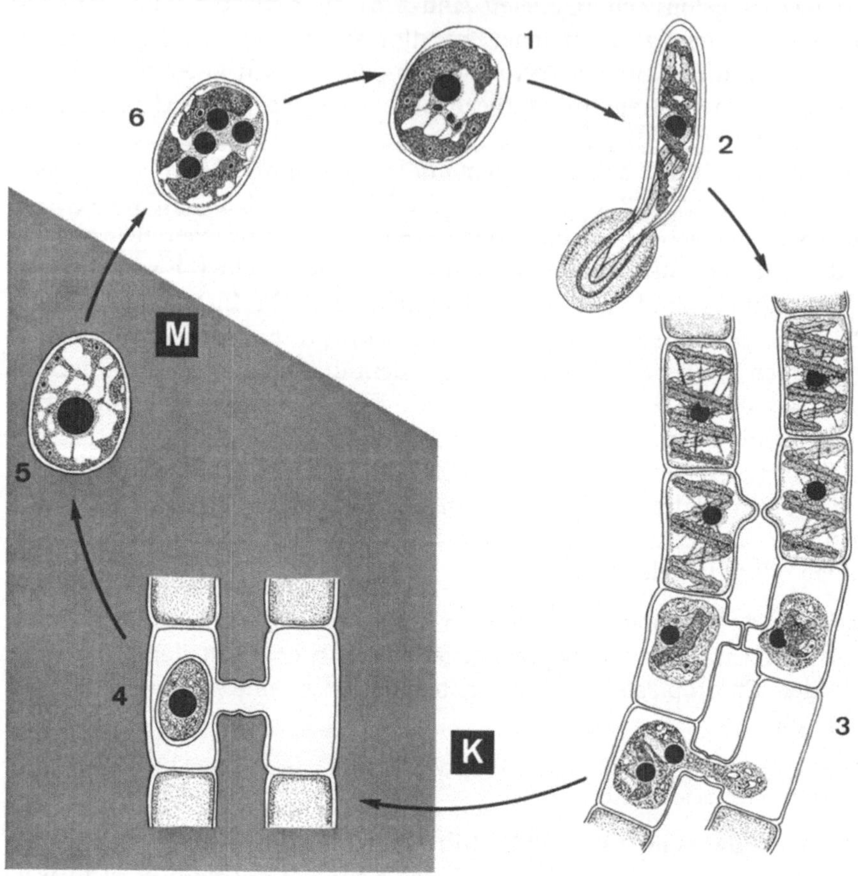

nen Trichomen erfolgt, deren Zellen nach Ausbildung von Kopulationsbrücken die Plasmogamie ermöglichen. (2) **Laterale Konjugation** (Seitenkonjugation) erfolgt nach Ausbildung von Kopulationskanälen zwischen benachbarten Zellen des gleichen Trichoms.

Sowohl bei scalarer als auch bei lateraler Konjugation gibt es Unterschiede im Wanderungsverhalten der Protoplasten: (1) Die Zygotenbildung erfolgt in der Kopulationsbrücke (Abb. 114 a, c). (2) Nach Überwandern eines Protoplasten entstehen die Zygoten in der Zelle des Partners. In beiden Fällen ist der Befruchtungs-Modus **Gametangiogamie.** Es ist allerdings möglich zwischen **Isogametangiogamie** und **Anisogametangiogamie** zu differenzieren, wenn man sich darüber klar ist, daß diese Definitionen ungenau sind, denn die Aniso-Gametangiogamie ist hier nicht wie sonst üblich durch Größenunterschiede der Gametangien bestimmt, sondern nur durch die Polarität zwischen Wander- und Ruhegamet.

Weitere Schwierigkeiten ergeben sich, wenn man versucht, das Konjugationsverhalten bei den Zygnemaceae als Grundlage für eine Einordnung in ein bestimmtes Fortpflanzungs-System zu verwenden, denn bei Isolaten von einer

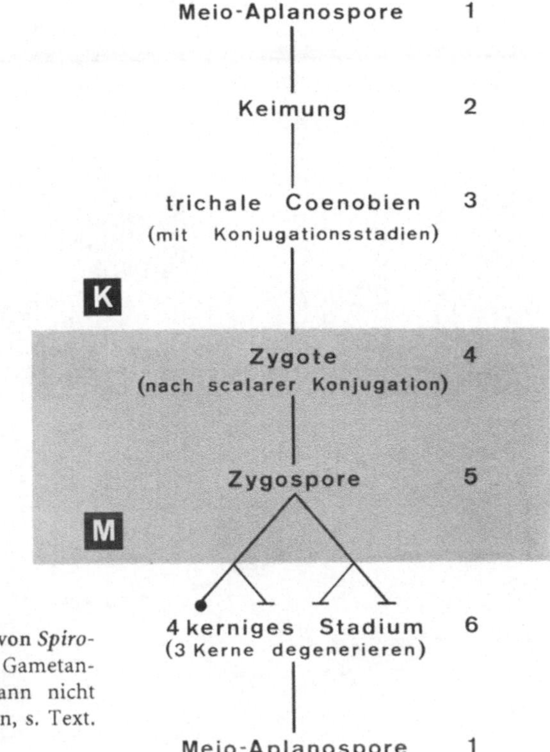

Abbildung 115. Entwicklungs-Zyklus von *Spirogyra*, Haplont. Befruchtungs-Modus: Gametangiogamie; Fortpflanzungs-System: kann nicht allgemeinverbindlich festgelegt werden, s. Text. (Nach Walter, verändert und ergänzt)

Art findet man oft mehrere Modi der Konjugation. Da genetische Untersuchungen über die sexuelle Differenzierung der Zygnemaceae nicht vorliegen, kann daher über das bei diesem Taxon existierende **Fortpflanzungs-System keine generelle Entscheidung** gefällt werden, sondern nur unter Berücksichtigung dieser Überlegungen eine „Von-Fall-zu-Fall-Entscheidung".

Zusammenfassend kann man sagen: **Scalare und laterale Konjugation** werden **bei allen drei Gattungen** gefunden. Bei *Spirogyra* gibt es vorwiegend **Anisogametangiogamie** und bei *Mougeotia* Isogametangiogamie; bei *Zygnema* treten **beide Befruchtungs-Modi** auf.

Von den vier Kernen, die aus der kurz vor dem Auskeimen der Zygote stattfindenden Meiose hervorgehen, sterben drei ab. Das neu entstehende Trichom ist daher mit genetisch identischen Kernen ausgestattet (Abb. 115, 6,1).

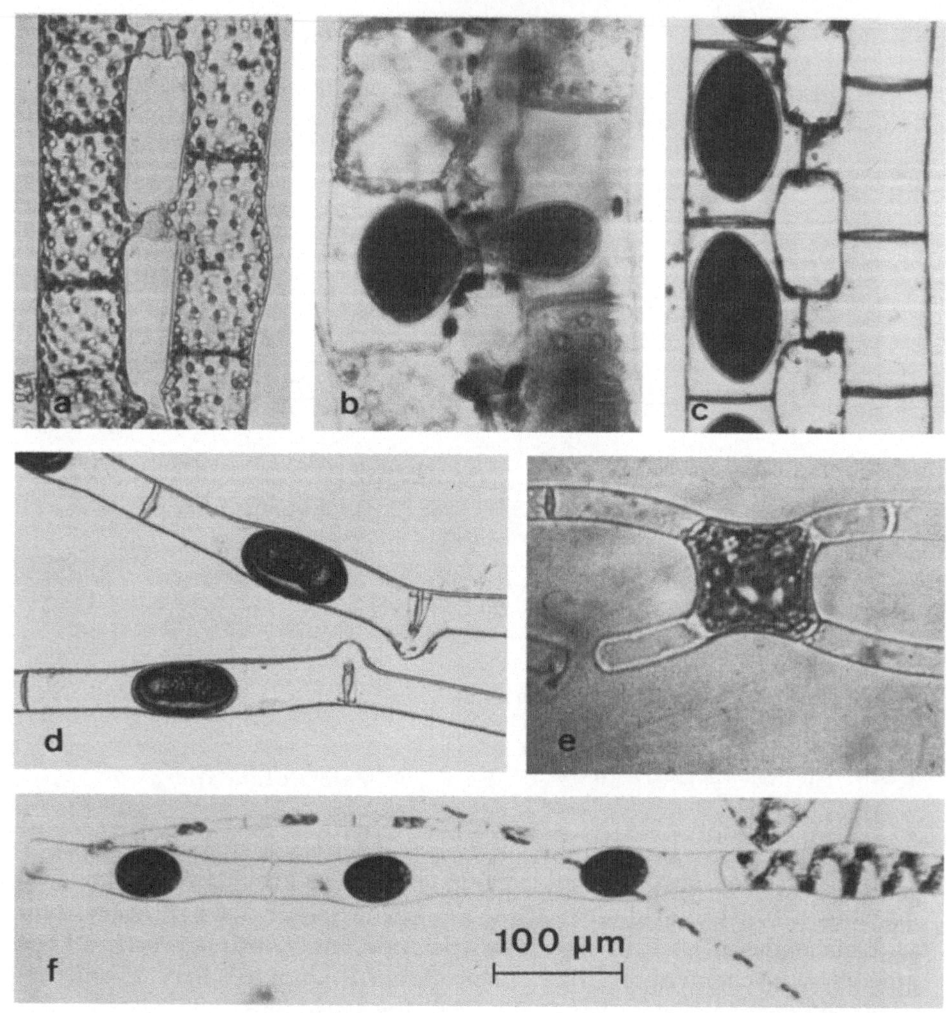

Abbildung 116 a–f. Anisogametangiogamie bei *Spirogyra*. a–c Scalare Konjugation: a Beginn der Bildung der Konjugationsbrücken; **b** Überwandern des männlichen Protoplasten; **c** Zygoten nach unilateraler Wanderung der Protoplasten. **d Laterale Konjugation; Zygoten. e, f Isogametangiogamie bei *Mougeotia* spec.; e** Stadium kurz vor der Zygotenbildung; **f** Mito-Aplanosporcn bei *Spirogyra* spec. (Foto e: W Koch, f: K Handke)

XI. Klasse: Charophyceae (Armleuchteralgen)

Ordnung: Charales

Film: E 2798, *Chara* spec., Freilassung und Bewegung von Spermatozoiden

A. EINFÜHRUNG

Die Charales mit der **einzigen** noch rezenten **Familie der Characeae** (6 Gattungen, 315 Arten) unterscheiden sich durch die Morphologie des Thallus, ihren Befruchtungs-Modus und die Entwicklung der Zygote (s. Entwicklungs-Zyklus

Abb. 117) von den übrigen Taxa der Chlorophyta. Ihre Keimzellenbehälter sind durch eine Hülle von sterilen Zellen geschützt. Die männlichen Gameten sind plastidenfreie Spermatozoide. Die Zygote ist von einer derben Wand umschlossen („Fruchtbildung"!). Sie haben damit den **höchsten Entwicklungsstand der Grünalgen** erreicht und nehmen daher innerhalb der Chlorophyta eine **isolierte Stellung** ein. Sie werden dort eingeordnet auf Grund ihrer Assimilationspigmente (Tab. 4, S. 76) und weil sie als Reservestoff Stärke bilden. **Entwicklungsgeschichtliche Parallelen oder konvergente Entwicklungen zu den übrigen Taxa der Grünalgen sind nicht vorhanden.**

Material: Die Hauptvertreter dieser Familie sind die Gattungen *Chara* (117 Arten) und *Nitella* (153 Arten). Sie bilden dichte „Watten" in stehendem oder langsam fließendem Süß- oder Brackwasser mit lehmigem oder sandigem Untergrund. Ihre Zellwände inkrustieren Calciumcarbonat. Die bis zu 30 cm hohen Thalli kann man makroskopisch an ihrem an Schachtelhalme erinnernden Habitus erkennen (Abb. 119 a). Die Materialbeschaffung ist daher einfacher als bei den mikroskopischen Algen. Von den Algotheken werden keine Characeae angeboten. Beide Gattungen, *Chara* und *Nitella,* können leicht im Labor gehalten werden, und zwar unter den gleichen Bedingungen wie Wasserpflanzen in einem Zierfischaquarium.

Will man jedoch die Algen in „Reinkulturen" halten, so verfährt man wie folgt: Auf den Boden eines Aquariums gibt man etwa 5 cm Gartenerde, die mit 2 cm feinem Sand überschichtet wird. Beide Bodensorten vorher im Autoklav sterilisieren! Um beim Zugeben von Wasser (Leitungswasser genügt) den Sand nicht aufzuwirbeln, wird vorher die Bodenfläche mit Filterpapier abgedeckt. Nach dem Auffüllen mit Wasser wird das Papier entfernt und die Pflanzen werden so eingepflanzt, daß ihre Rhizoide die Erdschicht erreichen. Die Kultur kann bei Zimmertemperatur und natürlichem Licht jahrelang gehalten werden, wenn man bei gelegentlichem Nachfüllen des Wassers die Wände vom „Algenbelag" säubert.

Da bei diesem Taxon auch die Morphologie und Anatomie der Geschlechtsorgane und der „Früchte" studiert werden soll, wird empfohlen, konserviertes Material mit verschiedenen Entwicklungsstadien von *Chara*-Arten bereitzuhalten, denn diese Gattung soll wegen ihres komplizierten Aufbaus zunächst genauer untersucht werden. Falls *Nitella* zur Verfügung steht, kann diese entsprechend den Hinweisen im Text parallel dazu bearbeitet werden.

B. Übungsanleitungen

I. Morphologie und Anatomie des Thallus

Präparation: Längsschnitte durch Thallusspitze von *Chara* anfertigen. Da Handschnitte nicht einfach sind, sollte man auf ein Dauerpräparat zurückgreifen. Zur Beobachtung der Plasmaströmung Deckglaspräparat von frischem *Nitella*-Material mit unbeschädigten Internodialzellen verwenden.

Aufgabe: Bei Lupenvergrößerung Habitus-Skizze von *Chara* anfertigen. Um den komplizierten Bau des Thallus von *Chara* zu erfassen, wird der Längsschnitt durch die Thallusspitze bei mittlerer Vergrößerung gezeichnet. Die Organisation der differenzierten Zelle und die Plasmaströmung kann am besten bei einer Internodialzelle von *Nitella* beobachtet werden. Wenn diese nicht zur Verfügung steht, Rindenzellen oder andere der Kurztriebe von *Chara* verwenden.

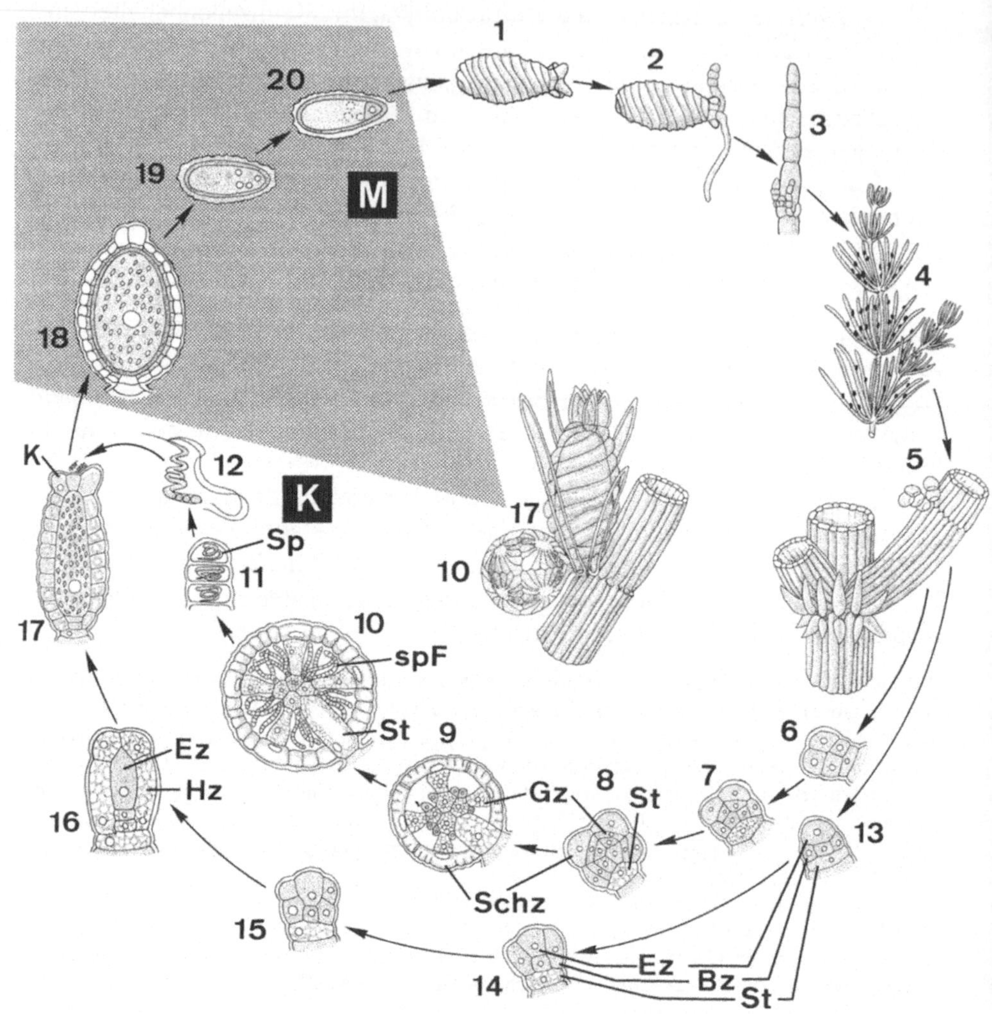

Beobachtungen: Wie aus Abb. 118 a, b hervorgeht, entstehen aus den von der einschneidigen Scheitelzelle abgeschnürten Zellen abwechselnd kurze plasmareiche konkave Nodienzellen und konvexe Internodienzellen. Die Internodienzelle teilt sich nicht mehr, sondern streckt sich unter starker Vakuolisierung bis zu einer Länge von mehreren Zentimetern. Aus der Nodienzelle entsteht nach mehrfacher Zellteilung der aus zwei zentralen und 6 peripheren Zellen bestehende Knoten (Nodium). Die peripheren Zellen des Nodiums zeigen weitere Teilungsaktivität. Sie bilden drei verschiedene Zelltypen aus: (1) Kurztriebe, die ebenfalls in Nodien und Internodien gegliedert sind. (2) Rindenzellen (Abb. 118c), die nach oben und unten die Internodienzellen schraubig umwachsen. Man beobachte in der Mitte der Internodien die Wände zwischen den vom oberen bzw. vom unteren Nodium kommenden Rindenzellen. (3) Kurze, pfriemförmige Stipularzellen. In jedem Quirl (Abb. 117, 4,5) entspringt

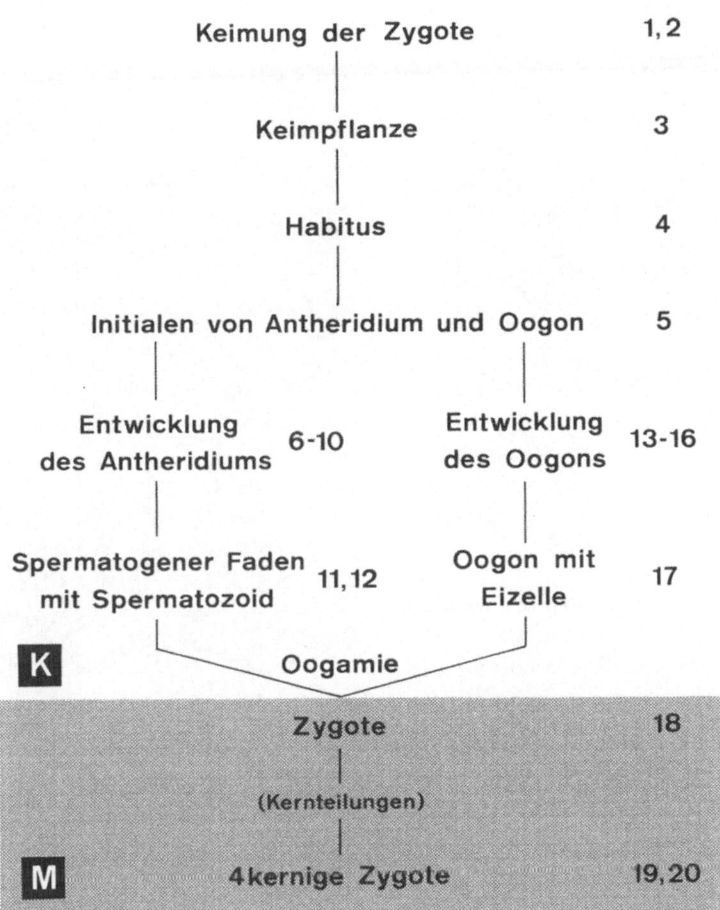

Abbildung 117. Entwicklungs-Zyklus von *Chara*, Haplont. Befruchtungsmodus: Oogamie; Fortpflanzungs-System: Monözie. Es bedeutet: Bz = Basiszelle, Ez = Eizelle, Gz = Griffzelle (Manubrium), Hz = Hüllzelle, K = Krönchen, Schz = Schildzelle, spF = spermatogene Fäden, Sp = Spermatozoid, St = Stielzelle, Z = Zygote. (Nach U Kück und HJ Rathke, verändert)

aus der Achse eines Kurztriebes ein der Hauptachse ähnlicher Langtrieb. Die fädigen Rhizoide, mit denen der Thallus am Substrat befestigt ist, entstehen ebenfalls aus den Nodien.

Während die Zellen des Vegetationspunktes noch einkernig sind, können die ausdifferenzierten Zellen (z.B. Internodien- oder Rindenzellen) mehrere Zellkerne enthalten, die durch Amitosen entstanden sein sollen. Die Zellkerne und die in Reihen angeordneten zahlreichen runden Plastiden (ohne Pyrenoide) liegen im peripheren Cytoplasma, das die große Vakuole umschließt.

Das Cytoplasma befindet sich in einer ständigen rotierenden Bewegung. Es können zwei entgegengesetzte Strömungen beobachtet werden, die in der Längsachse der Zelle verlaufen. Zwischen beiden Strömungen ist eine Indiffe-

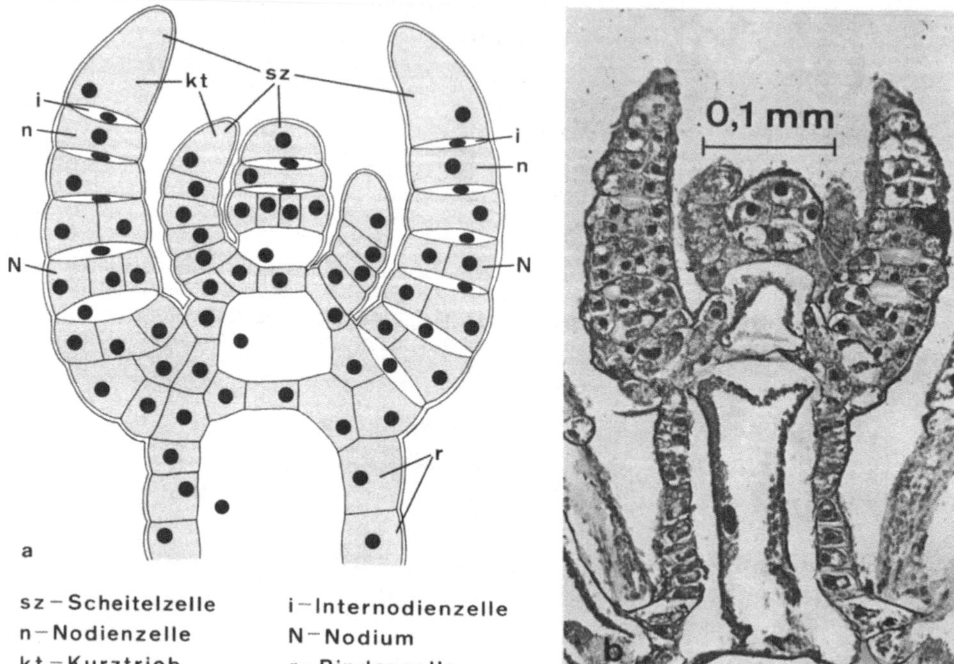

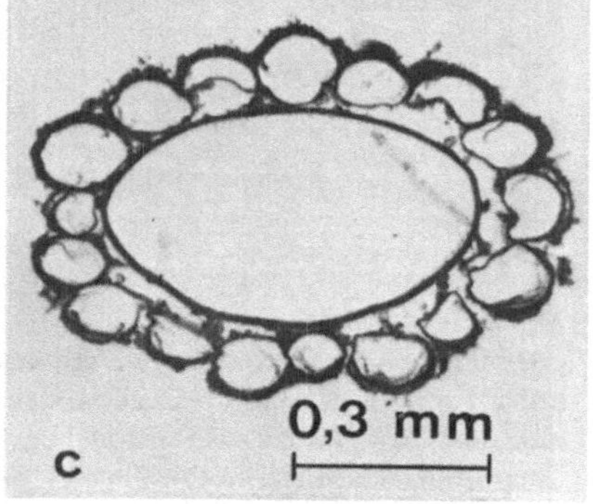

Abbildung 118 a–c. *Chara.* Längsschnitt durch die Thallusspitze. a Schema, nach Oltmanns verändert; b Dauerpräparat; c Querschnitt durch den Thallus in der Internodialregion

renzstreifen genannte Zone zu erkennen, die keine Plasmabewegung zeigt. Zur Beobachtung der Plasmaströmung ist *Nitella* besser geeignet, denn bei dieser Alge sind die Internodienzellen nicht „berindet" und deswegen einer direkten Beobachtung zugänglich.

Da die Plasmaströmungen der Zelle bereits ausführlich bei Nultsch (Lit. S. 556) dargestellt sind (z.B. Indifferenzstreifen bei *Vallisneria),* wollen wir uns nur auf den Objekt-Hinweis beschränken.

II. Entwicklung der Geschlechtsorgane und „Fruchtbildung" (Abb. 117)

Präparation und Aufgabe: Längsschnitte durch die Nodienregion anfertigen. Da sich Frischmaterial nicht mit der Hand schneiden läßt, sollte man konserviertes Material verwenden. Man beginnt zunächst mit älteren Teilen des Thallus, an denen makroskopisch die kugeligen gelbroten Antheridienstände und die etwa doppelt so großen grünen ellipsoiden Oogonien zu erkennen sind (Abb. 119). Danach schneidet man sukzessiv die apikalen Nodien, um die verschiedenen Entwicklungsstadien der Gametangienbildung zu erfassen, die bei optimaler Vergrößerung zu zeichnen sind. Nicht nur, um Zeit zu sparen, sondern auch der besseren Präparate wegen (die ersten Stadien sind mit Hilfe von Handschnitten kaum zu erfassen), wird die Verwendung von Dauerpräparaten empfohlen.

Falls man nur die spermatogenen Fäden mit den Antheridien sehen will, genügt es, einzelne Antheridienstände heraus zu präparieren und zu zerdrücken.

Beobachtungen: Die männlichen und die weiblichen Geschlechtsorgane sind beide veränderte Kurztriebe. Sie entstehen bei *Chara* aus einer peripheren Knotenzelle und bei *Nitella* an der Spitze von Kurztrieben (Abb. 119 b).

Bei der **Bildung eines Antheridienstandes** (Abb. 117) entsteht aus der Mutterzelle zunächst ein achtzelliges köpfchenartiges Gebilde (6), das einer Stiel-

Abbildung 119 a, b. *Chara.* a Habitus des Thallus; b Ausschnitt mit weiblichen Geschlechtsorgan und Antheridienstand

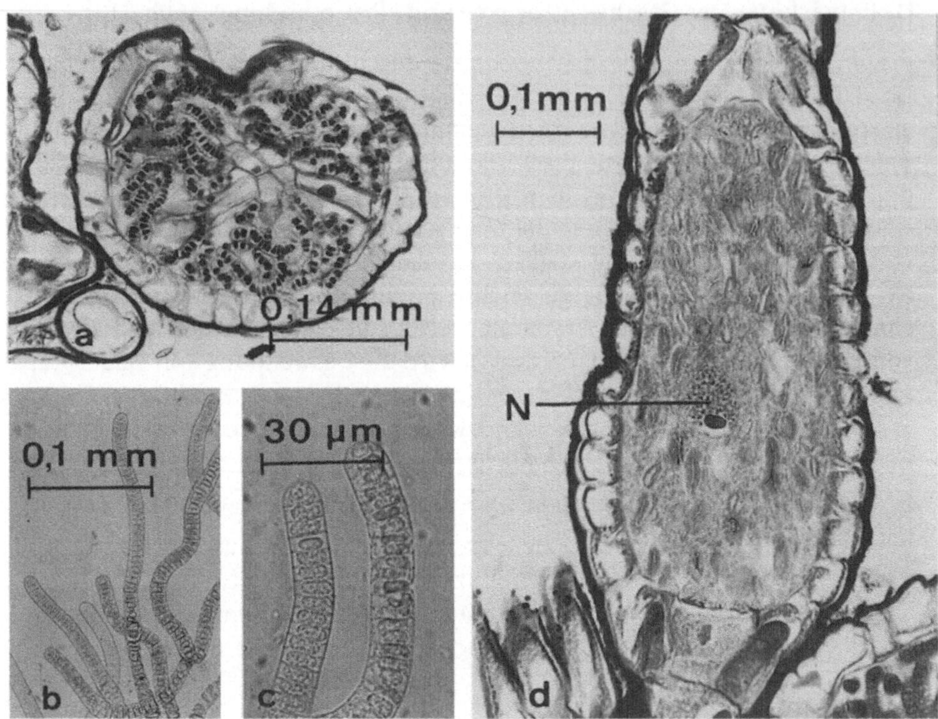

Abbildung 120 a–d. *Chara.* **a** Antheridienstand im Querschnitt; **b** Ausschnitt aus (a), spermatogene Fäden; **c** Ausschnitt aus (b), in den Zellen der spermatogenen Fäden (=Antheridien) sind die Spermatozoiden zu erkennen; **d** Längschnitt durch Oogonium, in dem gefärbten Dauerpräparat sieht man den Zellkern (N)

zelle aufsitzt. Aus jedem Oktanten entstehen nach Bildung von zwei tangentialen Wänden drei Zellen (7,8). Die äußeren Zellen werden zu Wandzellen, die an ihren ins Lumen der Zelle hineinragenden Wandbildungen leicht zu erkennen sind. Aus den mittleren Zellen, die sich im Verlauf der Entwicklung strecken, werden die Griffzellen (Manubrien) (9). Bedingt durch das starke Flächenwachstum der äußeren Zellen (auch Schildzellen genannt), entsteht im Innern des Antheridienstandes ein Hohlraum. In diesem liegen die von den inneren Zellen ausgewachsenen spermatogenen Fäden (10), in deren Zellen (= Antheridien) sich je ein zweigeißeliges plastidenfreies, aber mit Stigma versehenes Spermatozoid entwickelt (11, 12 und Abb. 120 a–c).

Bei der **Bildung der weiblichen Geschlechtsorgane** (Abb. 117) entsteht aus der Mutterzelle zunächst eine Stielzelle und eine Initialzelle, von der sich basal drei kleine sterile Zellen abschnüren (13, 14). Die obere, dicht mit Öltröpfchen und Stärkekörnern gefüllte Zelle wird dadurch zur Eizelle. Stielzelle, Eizelle und die sterilen Basiszellen werden nun von fünf an der Basis entspringenden Hüllzellen schraubig umwachsen (15, 16). An der Spitze der Hüllzellen bildet sich durch Wandbildung das sogenannte Krönchen (17), das bei *Chara* aus einem und bei *Nitella* aus zwei Zellringen besteht.

Nach Eindringen der Spermatozoiden (17) durch eine zentrale Aussparung der Krönchenzellen entsteht nach der Befruchtung eine dunkelgefärbte „Zygotenfrucht" (18), deren verdeckte Hülle aus der Wand der Eizelle und aus der inneren Zellwand der Hüllzellen besteht (Abb. 120 d); die äußeren Wände der Hüllzellen werden aufgelöst. Bei der Keimung der Zygote (meist mit Beginn der neuen Vegetationsperiode) erfolgt die Meiose, jedoch degenerieren drei von den vier Kernen, so daß die Keimpflanze ihre Entwicklung mit einem haploiden Kern beginnt (19, 20, 1, 2).

Bei der Bezeichnung der Geschlechtsorgane der Characeae tauchen Definitionsschwierigkeiten auf. Diese beziehen sich vor allem auf die weiblichen Organe, denn ohne große Ungenauigkeit können die Zellen, aus denen die Spermatozoiden entstehen, als reduzierte Antheridien bezeichnet werden. Da die Oogonzelle nicht primär, sondern erst sekundär von einer Hülle umgeben wird, kann man nicht den bei Moosen und Farnen üblichen Ausdruck Archegonium verwenden. Aber auch der Ausdruck Gametangium stößt auf Schwierigkeiten, denn darunter versteht man im allgemeinen sowohl bei Algen als auch bei Pilzen einen Fortpflanzungsbehälter, der keine Hülle aus sterilen Zellen besitzt. Wenn man nicht „Archegonium" in Anführungszeichen verwenden will, bleibt nur der umständliche Ausdruck: weibliches Geschlechtsorgan.

Organisationstyp: Schleimpilze

A. Einführung

I. Merkmale[*]

Die **Schleimpilze** bilden die **Basis der evolutiven Entwicklung der heterotrophen Eukaryoten.** Die rund **600 Arten** leben entweder als Saprophyten auf faulenden Pflanzenteilen und auch Fäkalien, wo sie gelbe, rötliche, lila bis braune, schleimige Überzüge bilden, oder als Pflanzenparasiten. Sie nehmen eine **Zwischenstellung zwischen Tier und Pflanze** ein und werden deswegen auch von einigen Autoren als **Mycetozoa** dem Tierreich zugeordnet. Ihr Vegetationskörper (**Plasmodium**) bildet nämlich keine Zellwand aus, reagiert auf Außenreize mit amöboider Beweglichkeit und hat die Fähigkeit, sich phagotroph durch Verdauung von Bakterien und anderen Mikroorganismen zu ernähren. Bei den parasitischen Schleimpilzen entstehen die Plasmodien in den Wirtszellen. Lediglich die Ausbildung einer Zellwand bei den Sporen, die aus Zellulose und Chitin besteht, deutet auf verwandtschaftliche Beziehungen zu den Pflanzen hin und erlaubt eine Abgrenzung von den tierischen Amöben.

II. Fortpflanzung

Vegetative Fortpflanzung erfolgt nur in begrenztem Maße durch Zweiteilung haploider Amöben bzw. Flagellaten, die zum Teil in der Lage sind, sich zu Mikrocysten umzubilden. Bei einigen Formen gibt es Dauersporen. Nebenzyklen sind nur in Ausnahmefällen vorhanden.

Sexuelle Fortpflanzung. Sporen entstehen im Verlauf eines sexuellen Zyklus, und zwar, mit Ausnahme der parasitischen Schleimpilze, in typischen Fruchtkörpern. Geschlechtsorgane werden nicht ausgebildet. Die Karyogamie erfolgt nach Fusion von einkernigen Amöben bzw. einkernigen Schwärmern (Myxoflagellaten), die aus Sporen entstehen können (vgl. Abb. 121, 125). Ob es sich bei diesen Zellen um Gameten handelt, ist nicht immer mit Sicherheit zu sagen. Daher kann der Befruchtungs-Modus der Schleimpilze nur mit Vorbehalt als Gametogamie bezeichnet werden. Soweit die Entwicklungs-Zyklen bekannt sind, handelt es sich bei den Saprophyten vorwiegend um Diplonten mit durch Monözie oder durch physiologische Diözie bestimmten Fortpflanzungs-Systemen und bei den Parasiten wahrscheinlich um Haplo-Diplonten.

---

[*] Definitionen von Begriffen zur Organisation der Schleimpilze und Pilze sind in Tabelle 5 zusammengefaßt.

III. Klassifizierung*

- **10. Abteilung: Acrasiomycota (zelluläre Schleimpilze)**
  Klasse: Acrasiomycetes (Ordnung: Acrasiales)

Die einkernigen Myxamöben vereinigen sich zu einem Plasmodium ohne jedoch miteinander zu fusionieren. In diesem **Aggregations- oder Pseudoplasmodium** behalten sie ihre Individualität. Die Fortpflanzungszellen sind unbegeißelt. Die weitere Klassifizierung der beiden Familien Dictyosteliales und Acrasiales erfolgt nach Größe und Form der Myxamöben und nach dem Habitus der Sporangien, hier **Sorokarpien** genannt. Zu der einzigen Ordnung (Acrasiales) gehören 3 Familien, 4 Gattungen und 12 Arten.

- **11. Abteilung: Myxomycota (echte Schleimpilze)**

Bei diesen Coenocyten verschmelzen die an der Plasmodiumbildung beteiligten Zellen (**Fusionsplasmodium**). Ihre Fortpflanzungszellen können begeißelt sein. Die Klassifizierung der etwa 74 Gattungen mit insgesamt etwa 700 Arten in die beiden **Klassen: Myxomycetes** (6 Ordnungen) und **Protosteliomycetes** (1 Ordnung) erfolgt vorwiegend nach künstlichen Kriterien wie Sporenfarbe, Struktur der Fruchtkörper.

- **12. Abteilung: Plasmodiophoromycota (parasitische Schleimpilze)**
  Klasse: Plasmodiophoromycetes (Ordnung: Plasmodiophorales)

Als **obligate Endoparasiten von Landpflanzen** induzieren sie vor allem an den unterirdischen Teilen Zellvergrößerungen (Hypertrophien), die zur Bildung von Tumoren führen. Die einzige **Familie** der **Plasmodiophoraceae** umfaßt 13 Gattungen mit 42 Arten, die meist nach der Spezialisierung auf bestimmte Wirtspflanzen bezeichnet werden.

Diese drei **Abteilungen sind sehr isolierte Taxa,** deren Verwandtschaft fraglich ist. Auf Grund der Sporenbeschaffenheit leiten manche Autoren die Acrasiales von den Protozoa und die Myxomycetales von den Flagellatae ab. Ihre Einordnung in die Organisationsstufe der Schleimpilze beruht im wesentlichen auf der makroskopischen Ähnlichkeit ihrer Plasmodien (dies gilt vor allem für die Plasmodiophoromycota) und ihren physiologischen und ökologischen Gemeinsamkeiten. Die **Schleimpilze** müssen **von den Pilzen** im engeren Sinne **abgegrenzt** werden, denn sie haben sich schon früh in der Evolution als eigener Seitenast der Eukaryoten entwickelt.

---

* Die Zahlenwerte der einzelnen Taxa sind entnommen aus:. Ainsworth und Bisby's Dictionary of the Fungi.

IV. PRAKTISCHE BEDEUTUNG

Schon vor längerer Zeit hat man Vertreter der echten Schleimpilze (z.B. *Didymium)* als Objekte für physiologische und genetische Experimente verwendet. Dies trifft ebenfalls für einige zelluläre Schleimpilze zu. Seit man bei *Dictyostelium discoideum* (Acrasiales) Genaueres über den Entwicklungs-Zyklus weiß, wird dieser Pilz als Objekt für viele Bereiche der Grundlagenforschung herangezogen. Die descriptive Analyse der Morphogenese führte sehr bald zu einem Verständnis der molekularen Mechanismen. Dabei konnten die Wege der Signaltransduktion entdeckt werden, ein immenser Fortschritt in der molekularen Zellbiologie. Daher wird dieses Objekt ausführlich besprochen).

B. Übungsanleitungen

10. Abteilung: Acrasiomycota (zelluläre Schleimpilze)

Durch die Bearbeitung des Entwicklungs-Zyklus einer Leitart sollen die typischen Merkmale von jeder der drei Abteilungen zunächst erkannt und dann durch spezielle Beobachtungen ergänzt werden.

I. Entwicklungs-Zyklus von *Dictyostelium*

Filme: C 876, Entwicklung von *Dictyostelium* (vier weitere Filme vom gleichen Autor: E 629–E 631, E 673 bei IWF)
Behavior and differentiation of a cellular slime mold (Einzelheiten Index S. 551)

Die Gattung *Dictyostelium* (Dictyosteliaceae, Dictyosteliales) ist mit ihren etwa 10 Arten einer der am häufigsten vorkommenden zellulären Schleimpilze. Als Objekt für experimentelle Untersuchungen dient vorwiegend *D. discoideum*, dessen Entwicklungs-Zyklus in Abb. 121 dargestellt ist und kurz erläutert wird, obwohl bei dieser Art der Sexualzyklus noch nicht in Einzelheiten aufgeklärt ist. Dies ist bisher nur bei der zur gleichen Familie gehörenden *Polysphondilium* (Abb. 123, rechts unten) der Fall.

Vermehrungs-Phase: Die mit Zellullosewänden ausgestatteten Sporen entlassen bei der Keimung je eine haploide, zellwandlose **Amöbe**. Diese ernähren sich, indem sie Bakterien phagozytieren. Sie vermehren sich bei günstigen Ernährungsbedingungen sehr rasch durch Zweiteilung, indem sich nach einer Mitose der Protoplast durchschnürt. Unter ungünstigen Ernährungsbedingungen encystieren sie sich.

Aggregation: Nachdem die Futterbakterien verbraucht sind, bilden sich Zellgruppen, die als **Aggregationszentren** wirken. Die übrigen Amöben wandern zu diesen Zentren und bilden dort ein **Pseudoplasmodium,** d.h. einen Verband, dessen Zellen im Gegensatz zu einem echten Plasmodium (S. 246) nicht fusioniert haben. Die Aggregation wird durch einen chemotaktisch wirkenden Faktor („**Acrasin**") ausgelöst, bei dem es sich um cyclisches Adenosinmonophosphat (c-AMP) handelt.

Migration: Das Pseudoplasmodium kann sich einige Zeit auf dem Substrat bewegen und dabei auf Licht und andere Reize reagieren, ehe es in die **Kulminations-Phase** eintritt und sich zu einem Fruchtkörper (**Sorokarp***)* umbildet. Im Verlauf der Sorokarpbildung nimmt das Pseudoplasmodium zunächst eine kugelige und dann abgeflachte Gestalt an, wobei von seiner Spitze aus Zellen in einem axialen Strang zum Substrat hin wandern und sich in Stielzellen umbilden. Der Stiel verlängert sich von der Spitze her durch Einwärtswandern weiterer Zellen, wobei die übrigen Zellen emporgehoben werden. Die Zellen des hinteren Abschnittes des Pseudoplasmodiums wandeln sich, noch bevor sie die Stielspitze erreicht haben, in Sporen um.

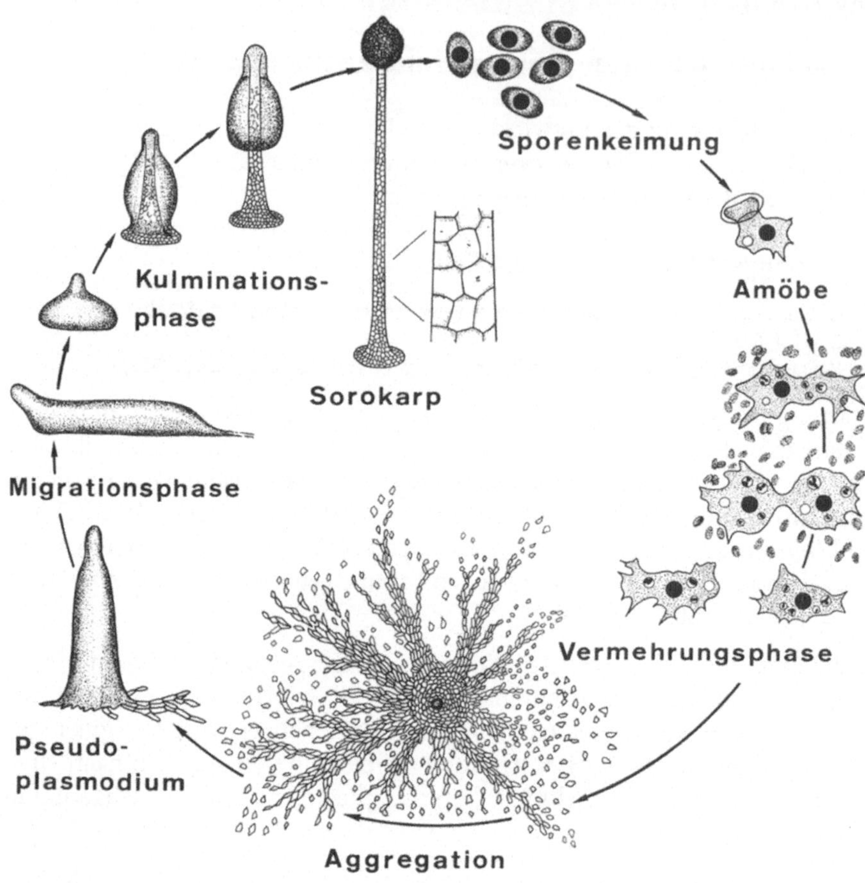

Abbildung 121. Entwicklungs-Zyklus von _Dictyostelium discoideum_. Der sexuelle Zyklus ist noch nicht vollständig verstanden (siehe dazu Text). Man nimmt an, daß die in der Abbildung gezeigten Entwicklungs-Stadien haploid sind. Befruchtungs-Modus und Fortpflanzungs-System sind ebenfalls noch nicht abgeklärt. (Nach Gerisch, verändert)

Bei anderen _Dictyostelium_-Arten und -Rassen (z.B. _D. mucoroides)_ wurde die Bildung von **Makrocysten** beschrieben. Diese derbwandigen Dauerzellen entstehen aus lockeren Zellaggregaten, die sich encystieren und nach einer Ruhephase mit zahlreichen Amöben keimen. Bei einigen Arten (_D. discoideum, purpureum_, und _minutum_) bilden sich Makrocysten nur, wenn Zellen verschiedener Stämme vermischt werden. Diese Restriktion der Makrocystenbildung läßt die Annahme zu, daß hier, durch ein Incompatibilitäts-System bedingt, verschiedene Kreuzungstypen vorliegen.* Die Makrocysten können bei bestimmten Ernährungsbedingungen auch anstelle eines Sorokarps aus den Pseudoplasmodien entstehen.**

---

*   Robson EG and Williams KL (1980) Current Genet. 1: 229–232.
** Nickerson AW, Raper KB (1973). Am. J. Bot. 60:247.

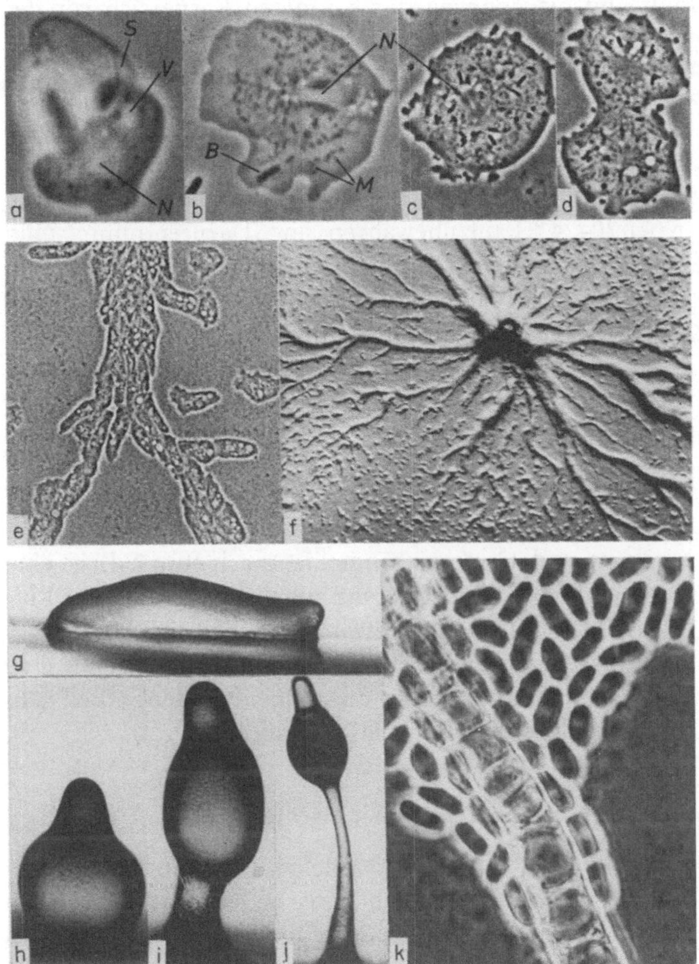

Abbildung 122 a–k. Entwicklungsstadien von *Dictyostelium discoideum*. a keimende Spore (S Sporenhülle, N Zellkern, V kontraktile Vakuole der Amöbe); b Amöbe in der Vermehrungsphase (B phagozytierte *E.-coli*-Zelle, M Mitochondrien); c, d Zellteilung; e Ausschnitt aus einem Aggregationsstrang; man erkennt, daß die Membranen aggregierender Zellen aneinander haften, ohne daß die Zellgrenzen verschwinden; f Übersicht über ein Aggregationsfeld, das in Zentrum und radial angeordnete Stränge gegliedert ist (an der Peripherie noch nicht aggregierte Zellen); g migrierendes „Pseudoplasmodium", ein vielzelliger, auf dem Substrat kriechender Körper, der aus mehreren tausend Einzelzellen aufgebaut ist; h–j Stadien der Sporenträgerbildung. Ein Teil der Zellen wird in den Stiel eingebaut, die Mehrzahl aber wird in Sporen umgewandelt, die schließlich als abgerundete Masse zur Spitze des Stieles verlagert werden (j); k Sporen und vakuolisierte Stielzellen bei stärkerer Vergrößerung. (Vergr. abgerundete Werte: a 1200, b 1500, c, d, e 1300, g 300, f, j 100, h, i 150, k 500) (Fotos und Legende: G Gerisch)

Es gibt Anhaltspunkte, daß sich in den Makrocysten eine oder mehrere Zygoten bilden (Karyogamie!) und vor dem Auskeimen der Cysten zu Amöben zumindest eine Meiose stattfindet. Dabei ist noch unklar, ob vor der Meiose sich der oder die diploiden Kerne mitotisch teilen oder gleich auf die Karyogamie die Meiose folgt und die dann wieder haploiden Kerne sich vor der Amöbenbildung mitotisch teilen.*

Material und Präparation: Die meisten *Dictyostelium-Arten* können vom CBS bezogen werden. Der Pilz kann unter Zufügung von Bakterien in Schrägagar-kulturen entweder auf Maisagar oder auf Pepton-Glucose-Agar (S. 29) gezogen werden. Für Kurszwecke legt man am besten Objektträger-Kulturen an, die in einer Feuchtkammer bei 20–24 °C aufzubewahren sind. Dazu entnimmt man aus den Sorokarpien einer Petrischalenkultur mit einer Impfnadel unter dem Präpariermikroskop Sporen und streicht diese auf dem mit Agar beschichteten Objektträger aus. Zusätzlich gibt man auf die Kultur mit einer Impföse noch „einen Strich" von *E. coli* als „Futter". Dabei ist darauf zu achten, daß nicht zu viele Bakterien auf den Objektträger gebracht werden, da diese die *Dictyostelium*-Zellen sonst überwuchern.

Aufgabe und Beobachtungen: Deckglaspräparate von reifen und unreifen So-rokarpien anfertigen. Die Kulturen werden täglich mit dem Mikroskop beob-achtet. Sobald eine Amöbenpopulation zu erkennen ist (nach etwa 2 d), ist eine täglich mehrmalige Beobachtung erforderlich, um die ersten Stadien der Kul-minationsphase zu erfassen (Abb. 122). Nach etwa 24 h haben sich auf der ge-samten Kultur reife Sorokarpien gebildet. Mikroskopisch erkennt man eine Differenzierung in Stielzellen und Sporen. Der Zusammenhalt der Sporen geht allerdings leicht durch das Auflegen des Deckglases verloren.**

II. Morphologie der Sorokarpien anderer Acrasiomycota

Da der Habitus der Sorokarpien eines der wesentlichen taxonomischen Krite-rien der Acrasiomycota ist, sollte man sich noch einige andere Formen ansehen und damit den Versuch verbinden, zelluläre Schleimpilze aus der Natur zu isolieren.

Material und Präparation: Aus Waldboden, der mit faulenden Blättern bedeckt ist, werden Proben entnommen und in sterilem Wasser suspendiert. Auf Petri-schalen, die Mais- oder Pepton-Glucose-Agar enthalten, werden etwa 3 bis 4 Ausstriche dieser Suspension gemacht, die einen Abstand von etwa 3 cm haben sollten. Dazu senkrecht wird eine gleiche Anzahl von *E. coli*-Ausstrichen ge-macht, so daß ein Schachbrett-Muster entsteht. Die Schalen werden bei Raum-temperatur oder bei 25 °C bebrütet.

Selbstverständlich werden die Kulturen durch Pilze und durch Bakterien in-fiziert sein. Um eine Reinkultur zu erhalten, nimmt man vorsichtig die Soro-karpien ab und bringt sie zusammen mit einem neuen Bakterienausstrich auf ein frisches Nährmedium. Im Bedarfsfall ist diese Prozedur zu wiederholen. Falls man in der Natur Plasmodien findet, diese mit Substratteilen in einer

---

*   MacInnes MA and Francis D (1974) Nature 251:321.
** Diese äußerst interessante Entwicklung sollte man sich unbedingt in einem der Filme anschauen.

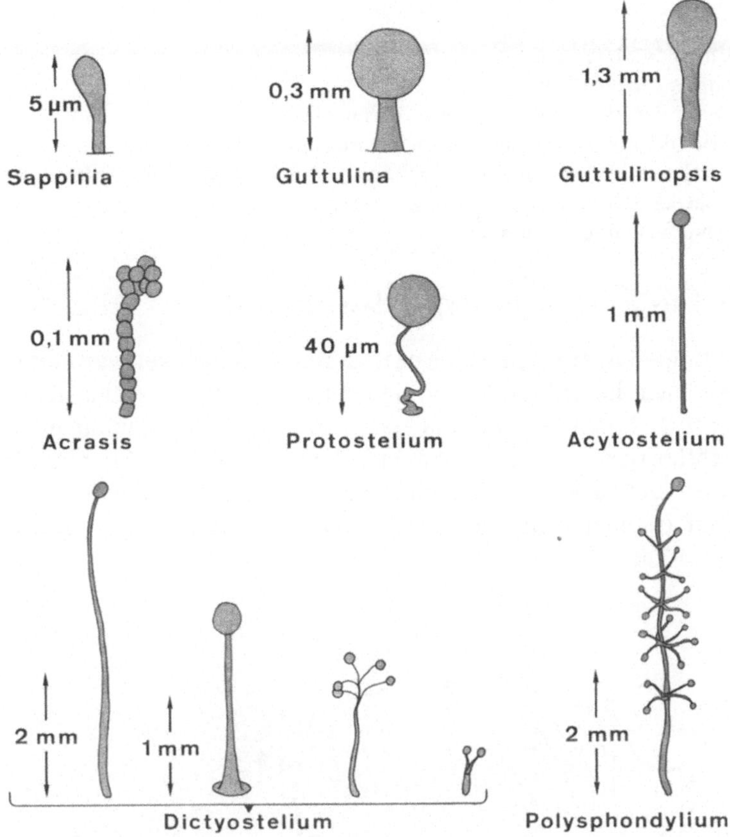

Abbildung 123. Sorokarpien einiger Arten der Acrasiomycota. (Nach Alexopoulos, verändert)

Petrischale im Brutschrank bei 25 °C einige Tage weiter kultivieren, dann davon abimpfen und Kulturen anlegen. Allerdings findet man gut wachsende Plasmodien nur in feuchten Perioden der warmen Jahreszeit.

Aufgabe und Beobachtungen: Die Petrischalen werden täglich beobachtet. Nach einigen Tagen sollten vor allem an den Überschneidungspunkten der Ausstriche Ansammlungen von Amöben, Pseudoplasmodien oder Sorokarpien zu sehen sein. Die verschiedenartig aufgebauten Sorokarpien ohne Auflegen eines Deckglases bei mittlerer bis starker Vergrößerung betrachten und ihre Struktur skizzieren. Als Hilfsmittel für ihre Identifizierung kann Abb. 123 dienen.

11. Abteilung: Myxomycota (echte Schleimpilze)

Filme: W 637, Slime moulds I. Life Cycle
W 1154, *Physarum polycephalum*
E 2000, *Stemonitis flavogenita* (Myxomycetes), plasmodial phase
C 1220, Vergleich der Plasmodientypen und der Sporulation bei Myxomyceten
B 1337, Genetic determination of plasmodium formation in *Physarum polycephalum*
C 1378, Zellbiologische Studien an *Physarum polycephalum*
D 1677, Schleimpilze in ihren Lebensraum

I. Entwicklungs-Zyklus des *Physarum*-Typs (Klasse: Myxomycetes)

Material: Die Gattung *Physarum* (Physaraceae) ist mit 68 Arten weit verbreitet. Man findet sie, wie auch die gelben Plasmodien der zur gleichen Familie gehörenden *Fuligo septica* (Lohblüte), auf faulenden Pflanzenteilen, Dunghaufen oder auf den Fruchtkörpern von Basidiomycetes. Von den gleichen Standorten kann man auch die nahe verwandte *Didymium* (Didymiaceae) isolieren. Letztere findet man auf trockenen Stengeln von *Vicia faba,* die in einer Feuchtkammer gehalten werden.

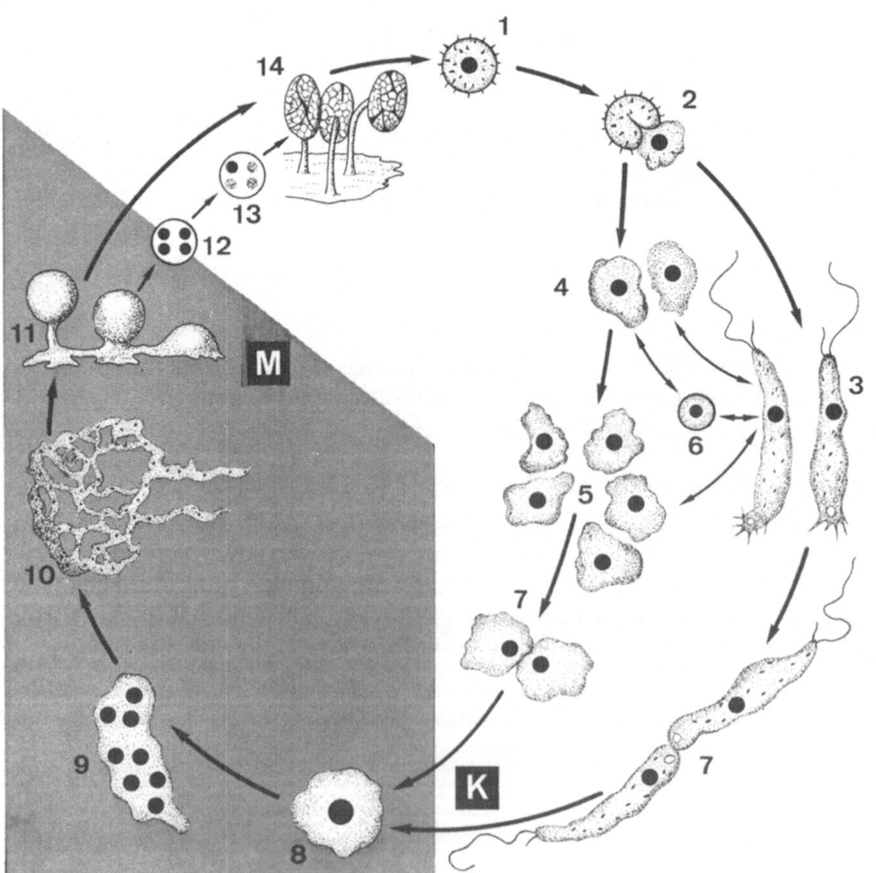

Es wird vorgeschlagen, für Kurszwecke entweder *Physarum didermoides oder P. polycephalum* zu verwenden, die vom CBS bezogen werden können. Beide Arten wie auch *Didymium iridis* und *D. nigripes* (syn. *eunigripes*) sind vielfach als Objekte für physiologische und genetische Experimente verwendet worden.

Diese Arten wachsen auf Maisagar (S. 28), wenn man sie in geeigneter Weise „füttert". Dazu eignen sich am besten Bakterien (*Escherichia coli*), die vor Beimpfen der Agarplatten mit einer Impfnadel schachbrettartig ausgestrichen werden. Man kann auch Haferflocken verwenden, die man entweder dem Agar direkt zusetzt oder auf die sich entwickelnden Plasmodien gibt. Im letzten Fall können jedoch leicht Infektionen auftreten. Die mit „Futter" versorgten Petrischalen werden mit Plasmodiumabstrichen aus Stammkulturen beimpft. Man muß jedoch darauf achten, daß am Anfang nicht Bakterien im Überschuß zugegeben werden, denn diese können die Impfstücke überwuchern, so daß es nicht zur Ausbildung brauchbarer Plasmodien kommt. Kulturen bei 25 °C (notfalls genügt Zimmertemperatur) halten. Bei Dauerlicht (Neonlampe) setzt nach etwa 3–4 Wochen die Fruchtkörperbildung ein.

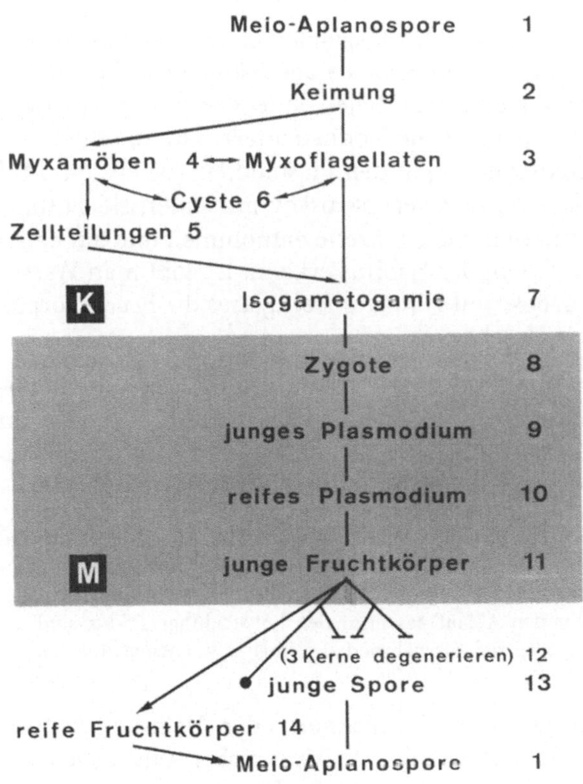

Abb. 118. Entwicklungs-Zyklus von *Physarum*, Diplont. Befruchtungs-Modus: Isogametogamie (s. Text); Fortpflanzungs-System: Monözie. (Nach Koevenig, verändert)

Abbildung 124. Entwicklungs-Zyklus von *Physarum*, Diplont. Befruchtungs-Modus: Isogametogamie (s. Text); Fortpflanzungs-System: Monözie. (Nach Koevening, verändert)

Stammkulturen der Plasmodien können nur wenige Wochen im Kühlschrank aufbewahrt werden. Wenn man dagegen Sporangien unter den gleichen Bedingungen lagert, ist es meist nach einem Jahr noch möglich, die Sporen zur Keimung zu bringen.

Präparation und Aufgabe: Myxamöben erhält man, wenn man Sporen (Sporangien mit Pinzette unter dem Präpariermikroskop zerdrücken) auf Maisagar ausstreicht und danach die Agaroberfläche etwa 1 mm mit sterilem aqua dest. oder ¼ starker Ringerlösung überschichtet. Die Platten werden bei 25 °C gehalten, täglich kontrolliert (ggf. Flüssigkeit nachgeben). Nach 3–5 d täglich von Abstrichen Deckglaspräparate herstellen und auf die Anwesenheit von Myxamöben prüfen.

Myxoflagellaten erhält man, wenn man die Sporen in einem Tropfen aqua dest. bzw. ¼ starker Ringerlösung in einem Hohlschliffobjektträger zur Keimung bringt. Die Objektträger werden bei 25 °C in einer Feuchtkammer gehalten. Tägliche mikroskopische Kontrolle ist erforderlich (ggf. Flüssigkeit nachfüllen). Nach 8–14 d findet man Myxoflagellaten.

Statt der Sporen kann man auch encystierte Amöben verwenden, die aus den Agarkulturen entnommen werden. Sie keimen unter den gleichen Bedingungen zu Myxoflagellaten aus.

Sowohl die Myxamöben als auch die Myxoflagellaten kann man zur Ausbildung von **Plasmodien** veranlassen, wenn man sie auf Maisagar entsprechend füttert (s. oben). Eine Aggregation einzelner Zellen ist jedoch in den Abstrichpräparaten bzw. Hohlschliffobjektträgern auch ohne Futterzusatz zu sehen.

Zur Beobachtung der Plasmaströmung in den Plasmodien, die etwa 4–14 d alt sein sollten, verwendet man ein Präpariermikroskop mit Unterbeleuchtung. Fruchtkörper werden den Kulturen mit der Pinzette entnommen und auf einen Objektträger gebracht. Erst nachdem der Habitus erkannt ist, gibt man Wasser oder Lactophenol zu und zerdrückt mit Hilfe des Deckglases die Fruchtkörper, um die Struktur der Capillitien zu sehen.

Beobachtungen: Die etwa im Durchmesser 10–12 µm großen, haploiden Sporen von *Physarum didermoides* (Entwicklungs-Zyklus, Abb. 124) tragen an ihrer Zellwand stachelige Fortsätze. Sie keimen entweder zu unbegeißelten Myxamöben oder zu heterokont begeißelten Myxoflagellaten aus (Abb. 125 a, b).

Die physiologischen Bedingungen für das Zustandekommen der einen oder anderen Form sind noch nicht völlig abgeklärt, denn einerseits können die Amöben, wenn genügend Wasser vorhanden ist, kurz nach dem Ausschlüpfen noch Geißeln bilden, andererseits können die Flagellaten diese rasch abwerfen. Notwendig für den Ablauf des normalen Entwicklungs-Zyklus sind die Geißeln nicht, denn wenn man die Sporen auf Agarnährböden keimen läßt, entstehen normalerweise keine Myxoflagellaten (s. oben).

Bei ungünstigen Bedingungen (z.B. Trockenheit oder Nährstoffmangel) werfen die Flagellaten die Geißeln ab, werden zu Myxamöben und gehen wie die übrigen Myxamöben unter Encystierung in ein Dauerstadium über. Bei geeigneten Umweltbedingungen keimen die Cysten erneut zu Myxoflagellaten bzw. Myxamöben aus. Bei reichlicher Ernährung vermehren sich die Myxamöben durch Zweiteilung. Für die Myxoflagellaten ist dies nicht bekannt. Aber

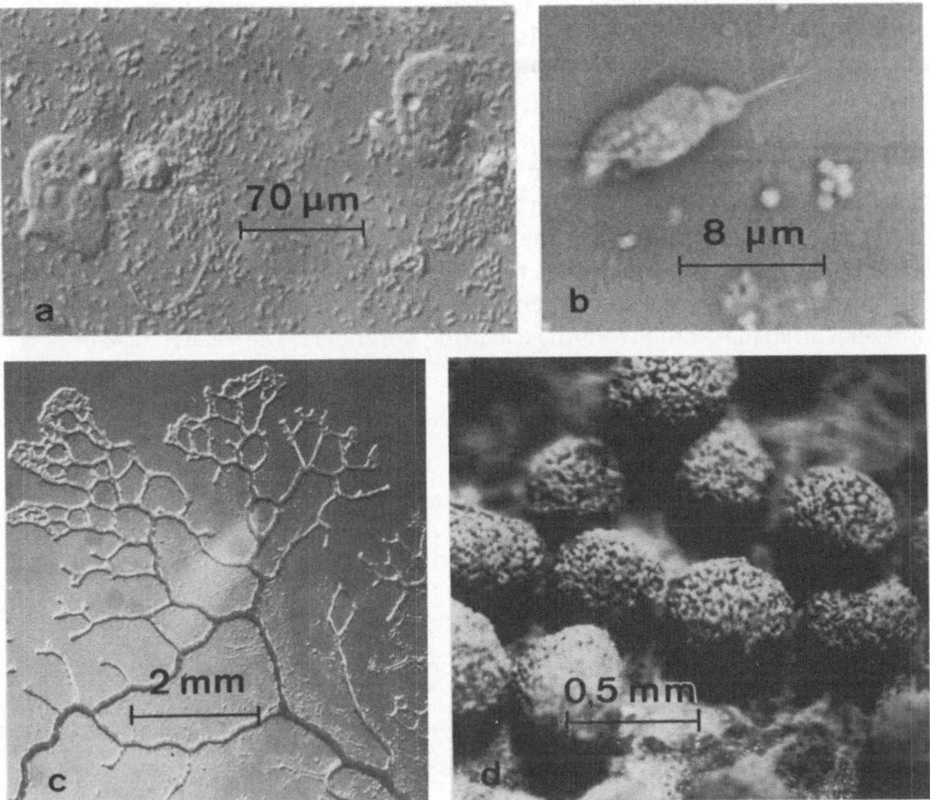

Abb. 125 a–d. *Physarum didermoides*. a Keimende Sporen, Myxamöben; b Myxoflagellat; c Plasmodium; d Sporangien

schon nach kurzer Zeit beginnen beide Typen, sich wie Gameten zu verhalten: sie fusionieren paarweise, wobei sich die Myxoflagellaten mit den Hinterenden aneinanderlagern. Es ist noch nicht völlig abgeklärt, ob Myxamöben sich auch mit Myxoflagellaten paaren oder ob die Gametogamie nur innerhalb der gleichen Gameten-Kategorie möglich ist.

Diese Gametogamie ist bei vielen Arten (z.B. *Physarum polycephalum, Didymium iridis, Stemonitis fusca**) durch physiologische Diözie bestimmt, d.h. es existieren zwei Kreuzungstypen, die nur in der Kombination + × – fusionieren können. Bei anderen Arten (z.B. *Fuligo cinera*) liegt Monözie vor.

Unmittelbar auf die Plasmogamie erfolgt die Karyogamie. Nach Verschwinden der Geißeln entsteht aus der Zygote, deren Kern sich mehrfach mitotisch teilt, ein vielkerniges Plasmodium, das bei *Physarum* gelb-braun gefärbt ist. Schon im Verlauf von 3–4 Tagen wächst es bei Zimmertemperatur zu einem makroskopisch deutlich sichtbaren Netzwerk heran, das sich mit einer „Wuchs-

---

* Clark J (1997) Mycologia 89:241–243.

front" auf dem Agarnährboden fortbewegt. Die auf seinem Wege liegenden Nahrungspartikel (Bakterien, Pflanzenteile oder, wie oben erwähnt, Haferflocken) werden durch Umfließen aufgenommen und in Nahrungsvakuolen resorbiert. Die unverdaulichen Reste werden ausgeschieden und bleiben auf den deutlich erkennbaren „Kriechspuren" liegen (Abb. 125 c).

Die Bewegung der Plasmodien ist durch eine negative Phototaxis gekennzeichnet. Diese kann demonstriert werden, wenn man nach vorheriger Beobachtung und Feststellung der Fließrichtung die Mikroskopierlampe für etwa 1 min abschaltet. Während vorher nach längerer Beleuchtung ein deutliches Wegströmen aus dem beleuchteten Feld zu erkennen war, hat sich schon nach kurzer Dunkelheit die Strömungsrichtung verändert. Die relativ rasche Fort-

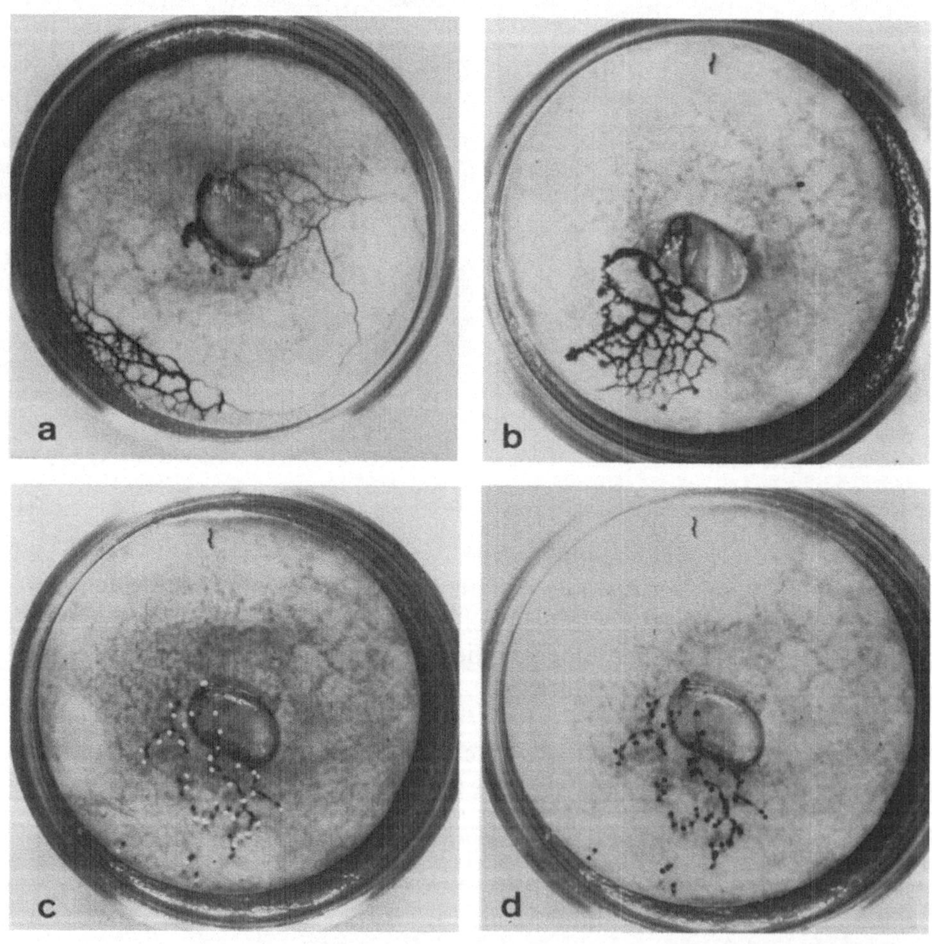

Abb. 126/127 a–d. *Didymium eunigripes,* **verschiedene Stadien der Sporulation eines Plasmodiums nach Belichtung. a** Plasmodium in der vegetativen Phase bei Einsetzen der Belichtung; **b** 10 h nach Beginn der Kontraktion; **c** nach 20 h sind die jungen, noch weißlichen Sporangien zu erkennen; **d** nach 26 h sind die Sporangien ausdifferenziert. (Fotos: H Lieth)

bewegung der Plasmodien ist gut festzustellen, wenn man die Kulturen an der Unterseite mit einem Filzschreiber markiert und dann nach 1–2 h wieder beobachtet. Plasmodien der gleichen Art können fusionieren. Zwischen verschiedenen Rassen besteht manchmal eine genetisch kontrollierte Fusionssperre (heterogenische Incompatibilität, S. 13). In den einzelnen Strängen des Plasmodiums ist deutlich eine Plasmaströmung zu erkennen, die eine Höchstgeschwindigkeit von etwa 1,4 mm/s erreichen kann. Bei längerer Beobachtung (einige Minuten) ist auch eine mehr oder minder spontane Umkehrung der Strömungsrichtung zu sehen.

Durch Nährstofferschöpfung (in unseren Kulturen etwa nach 3 Wochen) oder wenn man die Kulturen auf 2%igen Wasseragar bringt und über Nacht im Dunkeln hält, wird die Bildung von Sporangien induziert. Das Plasmodium zeigt positive Phototaxis und zieht sich auf einen eng umgrenzten Bezirk in Richtung des einfallenden Lichts zusammen. Das Cytoplasma bildet kugelige, köpfchenartige Erhebungen, die sich zu Sporangien ausdifferenzieren. Die auf einem aus erstarrtem Cytoplasma (Wasserverlust) bestehenden Fuß und Stiel aufsitzenden Sporangien sind von einer Plasmagrenzschicht (Peridie) umgeben (Abb. 126/127 a–d). Nach einer mitotischen Teilung der zahlreichen Zellkerne entstehen die nur wenig Cytoplasma enthaltenden einkernigen Sporen. Das restliche Plasmodium verfestigt sich vor der Sporenbildung zu einem faserigen Netzwerk (Capillitium), das bei *Physarum* durch weißliche Kalkeinlagerungen charakterisiert ist (Abb. 125 d). In den jungen Sporen erfolgt die Meiose, jedoch degenerieren von den vier Kernen drei, so daß die reife haploide Spore nur einen Kern enthält. Nach Aufreißen der Peridie werden die Sporen infolge hygroskopischer Bewegungen des Capillitiums durch den Wind verbreitet und können ohne Ruhephase auskeimen.

II. Morphologische Besonderheiten anderer Myxomycetales

Die Tatsache, daß wir wie in den meisten Monographien auch hier die Gattung *Physarum* bisher in den Mittelpunkt unserer Beobachtungen gestellt haben, hat einen rein formalen Grund, denn diese Gattung ist, wie schon erwähnt, eine der bestuntersuchten. *Physarum* kann also keineswegs als Prototyp für alle Myxomycetales gelten. Daher sind auch die im folgenden zu besprechenden morphologischen Merkmale anderer Gattungen nicht als Abweichungen von einem Standardtyp, sondern als Ausdruck einer breiten Mannigfaltigkeit innerhalb der echten Schleimpilze zu sehen.

Plasmodium: Im Gegensatz zu den makroskopisch gut erkennbaren, stark pigmentierten Plasmodien des *Physarum*-Typs, die deswegen auch **Phaneroplasmodien** genannt werden, bildet eine große Anzahl von Schleimpilzen nur kleine, unscheinbare, farblose Plasmodien, die entweder nur mikroskopisch (**Protoplasmodium**) oder mit der Lupe (**Aphanoplasmodium**) zu sehen sind. Protoplasmodien kommen bei *Echinostelium* und Aphanoplasmodien bei *Stemonitis* vor.

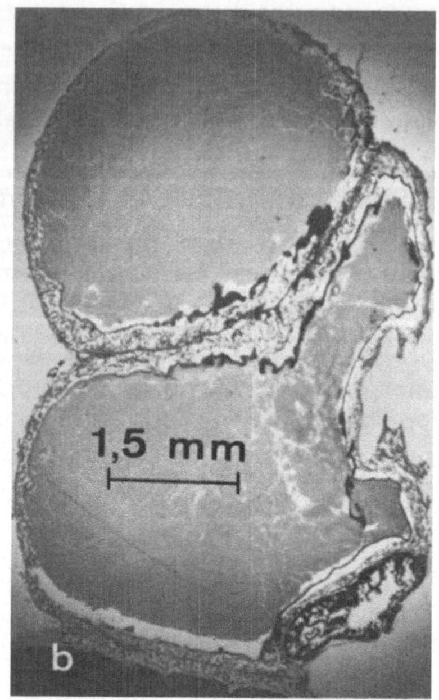

Abbildung 128 a, b. *Lycogala* **spec.** **(Reticulariaceae), Aethalien.** a Habitus; b Querschnitt

Fruchtkörper: Je nachdem, ob die Sporen in den zumindest bei Beginn ihrer Entwicklung mit einer Peridie umgebenen Fruchtkörpern gebildet werden oder einzeln an säulenartigen, peridienlosen Strukturen, unterscheidet man zwischen **endosporalen** und **exosporalen Schleimpilzen.** Exospore Fruchtkörper kommen nur bei den drei Arten der Gattung *Ceratiomyxa* vor, die zwar weit verbreitet, aber wegen der Kleinheit ihrer Fruchtkörper in der Natur nicht leicht erkannt werden.

Die Mehrzahl der Schleimpilze ist endospor. Außer den mehr oder minder gestielten, bei *Physarum* bereits besprochenen Sporangien gibt es noch zwei andere Fruchtkörpertypen:

Aethalium: Polsterförmiger, stielloser Fruchtkörper, der als Zusammenlagerung mehrerer Sporangien aufzufassen ist. Das gesamte Material des Plasmodiums wird zur Bildung eines Aethaliums verbraucht (Abb. 128).

Plasmodiokarp: Nach Konzentration des Plasmodiums auf einige Hauptadern bilden diese sich in ihrer Gesamtheit unter Ausscheiden einer Peridie zu mehr oder minder verzweigten stiellosen Fruchtkörpern um (Abb. 129).

Da diese Einteilung mehr oder weniger willkürlich ist, muß man natürlich mit Übergangsformen rechnen. Davon sind vor allem die beiden letzten Typen, die Aethalien und die Plasmodiokarpe, betroffen.

Capillitium: Es kann wie bei *Physarum* als ein unregelmäßiges **Netzwerk** (s. auch Abb. 130 b) den Fruchtkörper durchziehen oder wie in den langgestreckten Sporangien von *Stemonitis* (Abb. 131 a) ein von einer **zentralen Columella** ausgehendes Netzwerk bilden oder aus einzelnen, **Elateren** genannten, Fasern bestehen.

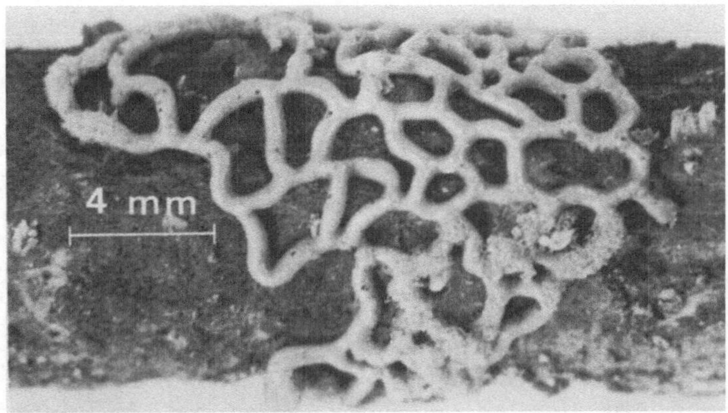

Abbildung 129. *Hemitrichia serpula* (Trichiaceae), Plasmodiokarp

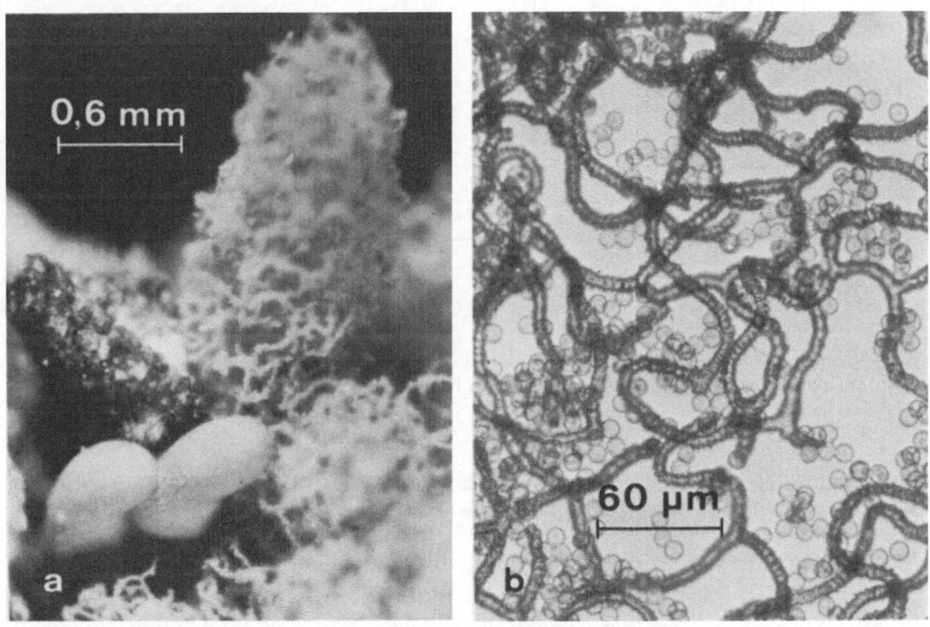

Abbildung 130 a, b. *Acyria* spec. **a** Fruchtkörper, die jungen Fruchtkörper sind noch von einer Peridie umgeben, während man bei den reifen nur die Netzcapillitien erkennt; **b** Netzcapillitium mit Sporen

Sporen: Neben der bei *Physarum* beobachteten stacheligen Oberflächenstruktur der Sporenwand kann diese auch glatt oder mit Warzen bzw. Wandleisten versehen sein.

Da außer den im vorigen Abschnitt genannten Arten in den Mykotheken nur wenige Schleimpilze vorhanden sind, ist man darauf angewiesen, sich selbst geeignetes Material zu beschaffen, wenn man wenigstens einige der oben angeführten morphologischen Besonderheiten studieren will. Dies ist für die

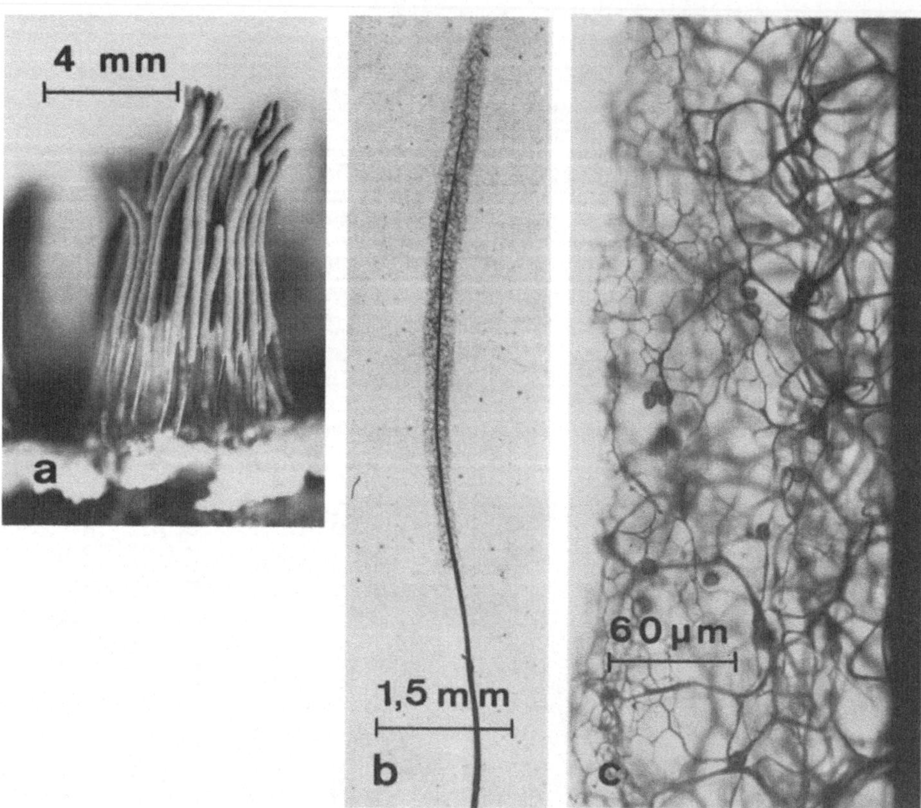

Abb. 131 a–c. *Stemonitis* spec. a Habitus der Sporangien auf Holz; b Sporangium mit zentraler Columella und Netzcapillitium; c Ausschnitt aus Fruchtkörper mit Sporen

Gattungen *Trichia* (Trichiaceae), *Acyria* (Acyriaceae) und *Stemonitis* (Stemonitaceae) relativ leicht möglich. Alle kommen auf den Borken lebender Bäume vor.

Material und Präparation: Von *Trichia* und *Acyria* findet man vom Frühjahr bis zum Herbst auf faulendem Holz die goldgelb bis rötlich gefärbten Fruchtkörper. Man kann den Pilz ködern, wenn man Borkenstücke (etwa 3 × 4 cm) nach Durchtränkung mit dest. Wasser in eine Feuchtkammer bringt (Petrischale mit Filterpapier ausgelegt).

Stemonitis bildet auch auf faulendem Holz vieler Waldbäume makroskopisch gut erkennbare, etwa 1–2 cm große, in Büscheln zusammenstehende, federartige, im reifen Zustand dunkelbraun bis schwarz gefärbte Sporangien, die mit einer Pinzette vorsichtig abgenommen werden.

Aufgabe und Beobachtungen: *Trichia* oder *Acyria:* Die Borkenstücke werden mit dem Präpariermikroskop täglich durch den geschlossenen Deckel beobachtet. Nach etwa einer Woche bilden sich kurzgestielte Fruchtkörper, deren Peridie schon vor der Reife verschwindet (Abb. 130 a). An den ausdifferenzierten Sporangien ist bei schwacher Vergrößerung das Netzcapillitium deutlich zu erkennen. Die durch regelmäßige Wandverdickungen charakterisierten Sporen keimen im Hohlschliffobjektträger nach einigen Stunden aus (Technik S. 248).

Stemonitis: Von einem Sporangium wird ein Deckglaspräparat (Wasser oder Lactophenol) hergestellt. Man sieht schon bei schwacher Vergrößerung, daß dieses in Stiel und zentrale Columella gegliedert ist, von der netzartig die Fasern des Capillitiums ausgehen. Bei starker Vergrößerung sind die dunkel gefärbten Sporen deutlich zu erkennen (Abb. 131 b, c).

Die Keimung der Sporen kann in einem Wassertropfen auf einem Hohlschliffobjektträger beobachtet werden. Die Auslösung der Fruchtkörperbildung in Kulturen gelingt jedoch nur sehr selten. Man muß dazu die Plasmodien mit Wasser überschichten und etwa einen Monat weiterkultivieren.

12. Abteilung: Plasmodiophoromycota (parasitische Schleimpilze)

Entwicklungs-Zyklus von *Plasmodiophora*

Film: E1001, *Polymyxa betae* (Plasmodiophoraceae) vegetative Vermehrung im Wurzelhaar der
    Zuckerrübe

Die bekanntesten Vertreter der parasitischen Schleimpilze sind *Plasmodiophora brassicae* (Erreger der Kohlhernie) und *Spongospora subterranea* (Erreger der Kartoffelräude). Der Entwicklungs-Zyklus ist nur für einige Arten vollständig bekannt. Er soll am Beispiel von *P. brassicae* erläutert werden (Abb. 132).

Die nach Zerfall der Wirtszellen freiwerdenden Dauersporen (haploide Aplanosporen mit Chitinwand) überwintern im Erdboden und keimen im Frühjahr nur dann zu Planosporen aus, wenn Wurzeln von Kohlpflanzen in ihre Nähe gelangen (1–3). Diese heterokonten, zellwandlosen Planosporen dringen nach Abwurf der Geißeln in die Wurzelhaare ein. Schon die Infektion durch eine einzige Spore genügt, um dort nach zahlreichen mitotischen Teilungen ein Plasmodium (Gametophyt?) entstehen zu lassen (4–5). Das Plasmodium bildet sich schon nach kurzer Zeit holokarp zu Gametangien um (6). Diese entlassen jeweils vier haploide heterokonte Iso-Planogameten, die nach Zerfall des Wurzelhaares ins Erdreich gelangen (7). Nach einer Gametogamie (8) erfolgt eine erneute Infektion der Wirtspflanze, die sich nicht nur auf die Wurzelhaare, sondern auf die gesamte Wurzel erstreckt, da auch die Epidermiszellen befallen werden. Es ist unklar, ob gleich nach der Plasmogamie die Karyogamie eintritt oder ob die nach Fusion gebildeten Amöben haploid sind (9). Jedenfalls erfolgt in diesem Stadium zunächst eine vegetative Vermehrung und Ausbreitung der amöbenartigen Fusionsprodukte innerhalb des Wurzelgewebes. In den infizierten Zellen, welche durch ihre Hypertrophie die Bildung der Tumoren (Wurzelkropf) auslösen, entstehen wiederum Plasmodien (Sporophyten?, 10), die sich gegen Ende der Vegetationsperiode holokarp wahrscheinlich nach meiotischen Teilungen in zahlreiche Dauersporen umwandeln (11–12), die bis zu 10 Jahren virulent bleiben können!

Wie schon oben hinsichtlich des Ortes der Karyogamie erwähnt, sind auch noch andere Stadien des Zyklus umstritten, und zwar ist vor allem noch unklar, ob die als Gameten bezeichneten Zellen echte Gameten sind oder als „Sommersporen" eines Nebenzyklus erneut Wurzelhaare infizieren können. Ferner ist nicht abgeklärt, ob die Gameten nur paarweise fusionieren oder ob sich mehrere dieser Zellen zu einem amöboiden Stadium zusammenlagern. Diese Unklarheiten sind in der Hauptsache dadurch begründet, daß man *P. brassicae* noch nicht in axenischen Kulturen halten kann, sondern auf die Untersuchung lebender Pflanzen oder Gewebekulturen angewiesen ist.

Es ist gelungen, unter Verwendung von *Brassica*-Gewebekulturen den Entwicklungs-Zyklus von *P. brassicae* „in vitro" ablaufen zu lassen (Tommerup IC, Ingram, DS (1971): New Phytol. 70: 327–332). Diese Experimente haben den in Abb. 132 verzeichneten Zyklus im Hinblick auf die Morphogenese bestätigt, allerdings nicht zu einer Eliminierung der dort angebrachten „Fragezeichen" geführt.

Material: *Plasmodiophora brassicae* (Plasmodiophoraceae). Obwohl die Kohlhernie eine weit verbreitete Erkrankung von Kohlpflanzen und anderen

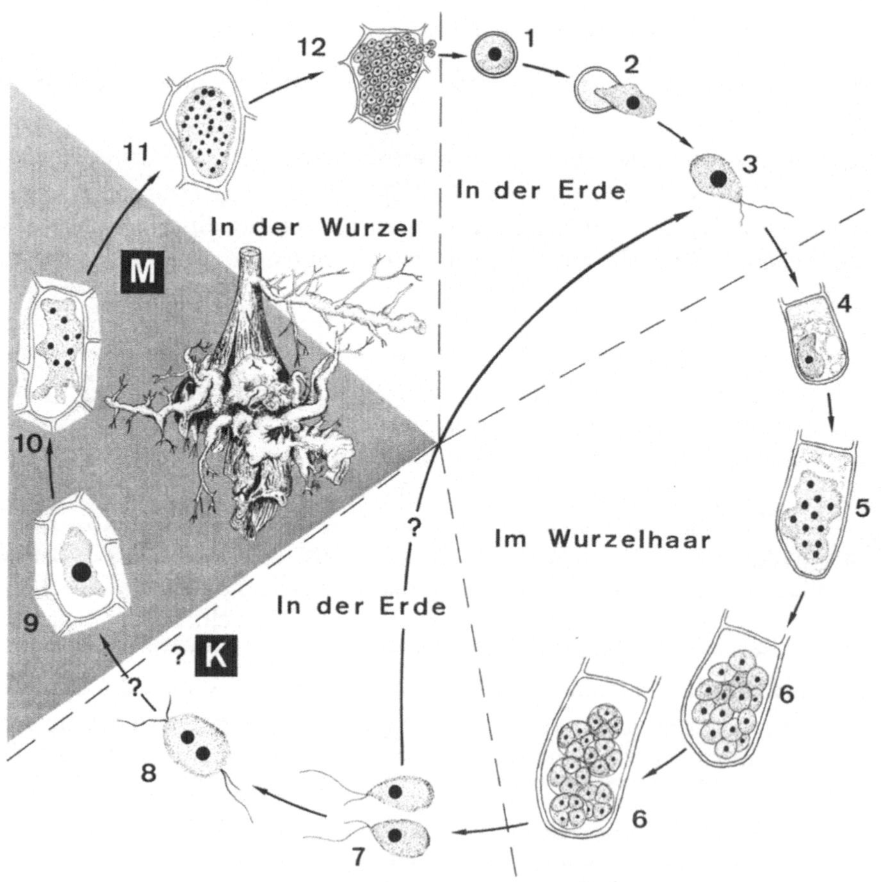

Cruciferen ist, sind infizierte Pflanzen erst dann zu erkennen, wenn bereits die Tumorbildung eingesetzt hat. Ihre Blätter beginnen bei warmem Wetter zu welken, erholen sich jedoch meist über Nacht. Später bleiben die befallenen Pflanzen im Wuchs zurück und ihre Blätter färben sich gelblich. In diesem Stadium sind die Haupt- und Seitenwurzeln stark hypertrophiert und knollenartig angeschwollen (s. Abb. 132 Mitte). Leichter ist der Befall von jungen Pflan-

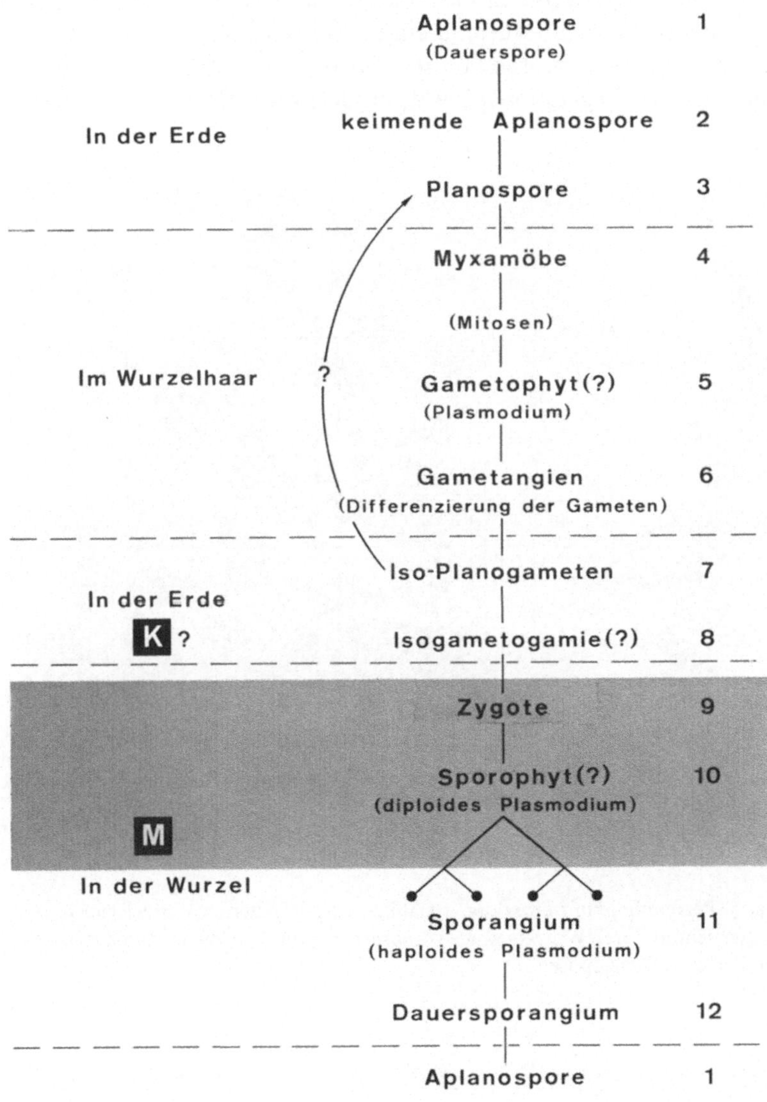

Abb. 132. Entwicklungs-Zyklus von *Plasmodiophora brassicae*, Haplo-Diplont? Befruchtungs-Modus: Isogametogamie; Fortpflanzungs-System: Monözie. Die noch nicht mit Sicherheit bekannten Stadien des Entwicklungs-Zyklus sind mit Fragezeichen versehen

zen zu diagnostizieren, denn diese sterben schon wenige Tage nach Einsetzen der Welke ab. Man muß daher damit rechnen, daß man nur Material findet, an dem die letzten Stadien des *Plasmodiophora*-Zyklus demonstriert werden können. Die im Erdboden befindlichen Fortpflanzungszellen können nur vom Spezialisten von den übrigen Bodenbewohnern unterschieden werden.

Präparation: Von Handschnitten durch hypertrophierte Wurzeln infizierter Kohlpflanzen Deckglaspräparate anfertigen.

Aufgabe und Beobachtungen: In den Präparaten nach hypertrophierten Zellen suchen und bei starker Vergrößerung je eine Zelle mit Plasmodium bzw. mit Dauersporen zeichnen. Dauersporen können nur in älteren, fast abgestorbenen Pflanzen gegen Ende der Vegetationsperiode entdeckt werden (Abb. 133).

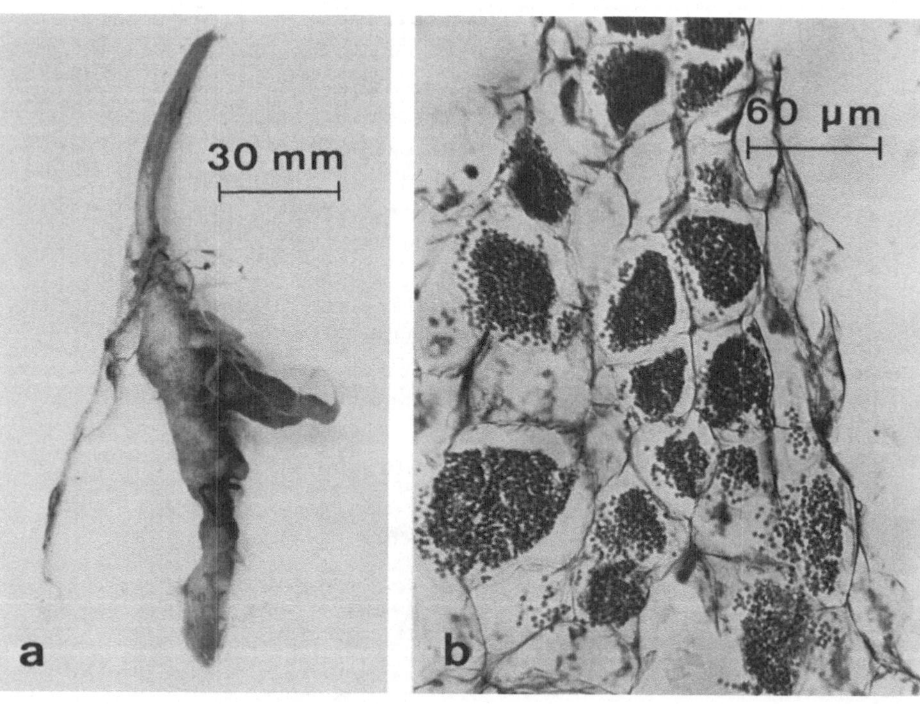

Abbildung 133 a, b. *Plasmodiophora brassicae.* **a** Habitus einer infizierten Wurzel von *Brassica napus* (Raps); **b** Querschnitt durch Wurzelgewebe von *Brassica napus;* die hypertrophierten Zellen enthalten Plasmodien bzw. Dauersporen

Organisationstyp: Pilze (Mycophyten)

A. Einführung

I. Merkmale

Filme: C 1755, Niedere Pilze
        C 1870, Höhere Pilze

Die Pilze sind **Eukaryoten,** die von den **farblosen Vertretern der einzelligen Algen abgeleitet** werden können. Da sie keine Plastiden ausbilden, sind sie **heterotroph.** Die etwa 68 000 Arten* (ohne synonyme Bezeichnungen) leben als **Saprophyten oder Parasiten** im Süßwasser (selten im Salzwasser), aber vorwiegend auf dem Lande. Die Saprophyten, aber auch viele Parasiten, lassen sich im Laboratorium kultivieren.** Innerhalb der Pilze findet man alle **Übergänge von Einzellern bis zu vielzelligen, aber meist coenocytischen Thalli** von komplizierter Struktur. Echte Gewebe werden nicht ausgebildet, sondern nur **Plektenchyme.** Abgesehen von wenigen **zellwandlosen Formen** enthalten ihre **Zellwände Zellulose** oder **Chitin.** Als **Reservestoffe** werden **Glykogen, Fette** und auch **Mannit,** aber niemals Stärke gebildet. An **Farbstoffen** können **Karotine** und vor allem in den Fruchtkörpern und Sporen **Melanine** und andere zyklische Pigmente gebildet werden.

Hinsichtlich des **Fortpflanzungsverhalten** gibt es in den einzelnen Taxa **Progressionen** sowohl für den vegetativen als auch den sexuellen Zyklus. Wie auch bei den Algen sind für eine Reihe von Arten verschiedener Taxa **Pheromone** (s. S. 121 und Abb. 51) bekannt, welche sowohl für die Anlockung der Fortpflanzungszellen als auch in einigen Fällen für deren Differenzierung verantwortlich sind (Tab. 6). Weitere Einzelheiten werden im Text an den entsprechenden Stellen besprochen.

In größerem Maße als bei den übrigen Kryptogamen haben sich bei den Pilzen spezielle Namen zur Bezeichnung der Vegetationskörper, der Fortpflanzungsorgane und der Fruchtkörper eingebürgert. Diese sind in Tabelle 5 zusammengestellt und definiert. Im Gegensatz zu den Algen liegt die morphologische Mannigfaltigkeit nicht bei den Vegetationskörpern, sondern bei den Fortpflanzungsorganen.

II. Klassifizierung

In gleicher Weise wie bei den Algen (S. 75) ist die taxonomische Unterteilung der Pilze auch weitgehend von der subjektiven Auffassung der Systematiker geprägt, wie aus der Durchsicht der im Anhang (S. 559 ff.) angeführten Mono-

---

* Wenn man hierzu die für die Deuteromycetes (S. 510) angenomme Zahl von 15 000 addiert und die zahlreichen Synonyme berücksichtigt, kommt dies der Zahl von insgesamt 100 000 Pilzarten nahe (s. Strasburger). Die im weiteren Text angegeben Zahlen für die einzelnen Taxa sind dem „Standardwerk": **Ainsworth and Bisby´s Dictionary of the Fungi** entnommen.

** Die allgemeinen Kulturmethoden sind im technisch methodischen Teil (S. 15) und die speziellen bei der Besprechung der Objekte angegeben.

Tabelle 5. Begriffsdefinitionen zur Organisation der Pilze. Die bereits in den Vorbemerkungen (S. 51 f.) und in Tabelle 3 definierten, für alle Kryptogamen gültigen Begriffe werden hier nicht mehr behandelt. Die Definitionen dieser Tabelle werden nicht von allen Autoren im gleichen Sinne verwendet, z.B. bei den Termini Oidien, Chlamydosporen und Gemmen herrscht eine große begriffliche Unsicherheit

---

Zelle:	typische Eukaryoten-Organisation (Ausnahme: Plastiden fehlen). Zellen enthalten vielfach mehrere Kerne, sie sind **polyenergid.**

Vegetationskörper

Plasmodium:	zellwandloser, amöboider Thallus der Schleimpilze.
Hyphen:	fädige, verzweigte Vegetationsorgane, die entweder unseptiert oder durch Querwände septiert sind . Die Septen sind meist perforiert.
	einfaches Septum: kreisförmige Perforation erlaubt das Durchwandern von Zellkernen und anderen Zellorganellen;
	dolipores Septum: kreisförmige Perforation durch tonnenförmige Struktur so weit verengt, daß zwar eine cytoplasmatische Kontinuität zwischen benachbarten Zellen besteht, die auch einen Übertritt von kleineren Zellorganellen erlaubt; Durchwandern von Zellkernen aber nur nach Auflösung des Doliporus möglich (kommt nur bei Holobasidiomyceten vor).
Myzel:	Gesamtheit der Hyphen. Auch wenn die Hyphen eines Myzels septiert sind, kann dieses als ein **Coenocytium** angesehen werden, da zwischen den einzelnen Zellen ein Austausch von Cytoplasma und Zellorganellen möglich ist.

Wenn wir im folgenden bei Pilzen die einzelnen Kompartimente eines Myzels Zellen nennen, geschieht dies nur aus Gründen der Vereinfachung und Analogie gegenüber den übrigen Eukaryoten mit nicht perforierten Zellwänden.

Heterokaryon:	Myzel, das genetisch verschiedene Kerne enthält.
Homokaryon:	Myzel, das genetisch gleiche Kerne enthält.
Dikaryon:	spezielle Form des Heterokaryons, das pro Zelle nur zwei genetisch verschiedene Kerne enthält, die sich konjugiert teilen. Es gibt Ausnahmen: Bei einigen Pilzen ist allerdings eine Heterogenität der Kerne, die eine kurze dikaryotische Phase im Verlauf des Entwicklungs-Zyklus eingehen, nicht bekannt.
Monokaryon:	spezielle Form des Homokaryons, Zellen enthalten nur einen Kern.
Sproßzellen:	kugelige oder ellipsoide Zellen, die bei der vegetativen Vermehrung blasenartig aus der Mutterzelle „sprossen". Sproßzellen bilden als **Sproßmyzelien** lockere Zellverbände.
Plektenchym:	Filz- oder Flechtgewebe sind keine echten Gewebe; der gewebeartige Zusammenhalt wird durch Verquellung der Zellwände zu wasserunlöslichen Gallerten hergestellt, die das gesamte Hyphensystem einhüllen.
Prosoplektenchym:	die einzelnen Hyphen sind noch erkennbar.
Paraplektenchym:	von echten Geweben kaum zu unterscheiden, da starke Verdickung der Zellwände und auch tüpfelartige Strukturen auftreten können.
Rhizomorphen:	Hyphenbündel von makroskopisch erkennbarem Durchmesser, meist außen Prosoplektenchym und innen Paraplektenchym, Spitzenwachstum analog wie mit Vegetationspunkt.
Sklerotien:	mehrzellige plektenchymatische Dauerorgane, Ähnlichkeit im Aufbau mit Rhizomorphen.

Tabelle 5. Fortsetzung

Stromata:	sklerotienartige Zellkomplexe, die Fruchtkörper beherbergen, bei Parasiten teilweise mit den Resten des Wirtsgewebes vermischt.
Appressorien:	Haftorgane, die als kurze Seitenhyphen vor allem bei Parasiten die Befestigung am Wirt (z.B. an der Kutikula) ermöglichen.
Haustorien:	Saugorgane, die bei epi- oder endophytischer Lebensweise in die Zellen des Wirtes eindringen.
Paraphysen:	sterile, aufwärts wachsende Hyphen, welche von den Hyphen eines Hymeniums ausgehen und verzweigt oder unverzweigt zwischen Asci oder Basidien zu finden sind.
Periphysen:	paraphysenartige Hyphen, die nicht Bestandteil des Hymeniums sind.
Pseudoparaphysen:	paraphysenartige Hyphen, die in den Höhlungen der Loculomycetidae (S. 345) vom oberen Ende aus nach unten wachsen.

Fortpflanzung

Teleomorphe (perfekte) Formen:	sexuelle Fortpflanzung vorhanden, vegetative Fortpflanzung durch Sporen möglich.
Anamorphe (imperfekte) Formen:	keine sexuelle Fortpflanzung (**Deuteromycetes, Fungi imperfecti**), vegetative Fortpflanzung durch Sporen. **Mycelia sterilia:** weder sexuelle noch vegetative Fortpflanzung möglich.

Fortpflanzungszellen und Fortpflanzungsorgane (s Abb. 121):

Holokarpie:	Der gesamte Vegetationskörper wandelt sich in einen Fortpflanzungszellenbehälter um.
Eukarpie:	Nur ein Teil des Thallus bildet einen Fortpflanzungszellenbehälter während der übrige Teil seine vegetative Tätigkeit fortsetzt.
Nebenfruchtformen	dienen der vegetativen Fortpflanzung, kein Kernphasenwechsel.

Planosporen = Zoosporen: 1–2 Geißeln, entstehen in Planosporangien (Zoosporangien). Vorkommen bei Wasserpilzen und einigen Parasiten.

Aplanosporen: bei Landformen; Bildung:

endogen in Vielzahl in Sporangien;

exogen in Konidiosporen (Konidien), werden meist an typischen Konidienträgern aus spezifischen Zellen gebildet, und zwar selten direkt ohne Vergrößerung (thallische Entwicklung), sondern meist blastisch, d.h. die Konidieninitiale vergrößert sich vor der Abschnürung (s. Abb. 107, II).

Koremien: (auch **Synemata** oder synematische Konidienträger genannt) mehrere Konidienträger in Büscheln vereinigt.

Pyknidien: Konidienträger zu mehreren in Stromata eingelagert.

Acervuli: Unter der Epidermis befindliche Lager von Konidienträgern der Pflanzenparasiten.

Oidiosporen: (Oidien) entstehen als kugelige oder gestreckte Zellen nach Zerfall einer septierten Hyphe.

Chlamydosporen (auch **Gemmen** genannt) sind derbwandige Dauersporen, sie entstehen terminal oder intercalar in Hyphen aus ein oder mehreren Septen nach lokaler Plasmakontraktion, zwischen einzelnen Chlamydosporen können in der Hyphe plasmafreie Zwischenräume vorhanden sein.

Peridie: Plasmagrenzschicht oder Wand, die ein Sporangium oder einen Fruchtkörper umgibt.

Tabelle 5. Fortsetzung

Hauptfruchtformen	dienen der sexuellen Fortpflanzung, Kernphasenwechsel.
	Wesentliche **Befruchtungs-Modi** sind: Gametogamie, Gametangiogamie, aber vor allem auch Somatogamie (Definition S. 7). Da meist auf die Karyogamie unmittelbar eine Meiosis folgt (nur wenige Pilze sind Diplonten oder Haplo-Diplonten), entstehen als Folge der Sexualreaktion **Meiosporen** (Plano- oder Aplanosporen).
	Ascus: Meist schlauchförmiges Sporangium, in dem durch freie Zellbildung die Meiosporen (meist 8) entstehen. Charakteristikum der Klasse Ascomycetes.
	Basidie: keulenförmiges Sporangium, an dem exogen Meiosporen (meist 4) abgeschnürt werden. Charakteristikum der Klasse Basidiomycetes. Wenn die Basidie sich nach der Meiose vor Abschnürung der Sporen septiert, spricht man von **Heterobasidie (= Phragmobasidie)**. Ist dies nicht der Fall, handelt es sich um eine **Holobasidie (= Homobasidie)**.
	Hymenium: sporangientragende Schicht, die von sterilen Hyphen (Paraphysen) durchsetzt sein kann.
	Die Sporangien können ungeordnet oder in Hymenien in plektenchymatischen Fruchtkörpern (**Ascokarpien** bzw. **Basidiokarpien**) gebildet werden.

graphien hervorgeht*. Die benutzte Unterteilung orientiert sich an der im „Strasburger" verwendeten Klassifizierung (s. auch die generellen Bemerkungen zur Klassifizierung, S. 51). Wie aus Tabelle 1 ersichtlich, entsprechen die beiden **Abteilungen (13 und 14) der Pilze den beiden Organisationstypen: Niedere und Höhere Pilze.**

Im Unterschied zu allen anderen Organisationstypen des Pflanzenreiches gibt es innerhalb der Pilze eine große Anzahl von Organismen, welche die Fähigkeit zur sexuellen Fortpflanzung verloren haben. Da die Pilz-Taxonomie vorwiegend auf der Beschaffenheit der Fortpflanzungsorgane basiert, können diese Pilze nicht in die bestehenden Taxa mit einem „perfekten" Entwicklungs-Zyklus (**Telomorphe**) eingeordnet werden. Man hat diese **Anamorphen** als **Fungi imperfecti** oder **Deuteromycetes** in einem speziellen Taxon zusammengefaßt, das man als **Klasse** den Abteilungen der perfekten Pilze anschließt.

III. Praktische Bedeutung

Der immensen praktischen Bedeutung der Pilze im positiven wie im negativen Sinne kann hier nur kurz Rechnung getragen werden. Auf Einzelheiten wird bei der Besprechung einzelner Organismen eingegangen.

Die wesentliche **Bedeutung der saprophytischen Pilze** liegt in der **Abfallverwertung.** Sie besitzen nämlich die Fähigkeit, nicht nur Zellulose, sondern auch den Holzstoff Lignin und vor allem tierische fibrilläre Proteine (z.B. Ke-

---

* Weber (1993) gibt in einer Liste eine Übersicht über 25 ! verschiedene Systeme für Pilze, die von 1961–1988 publiziert wurde.

Tabelle 6. **Pheromone bei Hyphenpilzen, Struktur, Bildung und Funktion.** Einzelheiten s.Text. (Nach Gooday und Adams 1992, verändert)

Organismus	Pheromon	Molekulare Struktur	Bildung	Funktion
Allomyces arbuscula (Blastocladiales) S. 300	Sirenin	Sesquiterpene ($C_{15}H_{24}O_2$)	weibliche Gameten, konstitutiv	Anlockung der männlichen Gameten
Achlya ambisexualis (Saprolegniales) S. 269	Antheridiol	Sterol ($C_{29}H_{42}O_5$)	weibliche Myzelien konstitutiv	Induktion der Antheridien
Achlya ambisexualis (Saprolegniales) S. 269	Oogoniol	Sterolester ($C_{33}H_{54}O_6$)	Antheridien, induziert	Induktion der Oogonien
Verschiedene Arten der Mucorales S. 308	Trisporsäure	Apocarotenoid ($C_{18}H_{26}O_4$)	+/– Myzelien, bei Kontakt	Anlockung der Zygophoren

ratin), Chitin und andere komplexe Naturstoffe zu zersetzen. So ist nicht weiter verwunderlich, daß sie sowohl am Abbau von Pflanzen- und Tierresten im Wasser als auch bei der Kompostierung von Debris pflanzlichen und tierischen Ursprungs beteiligt sind. Es kommt noch hinzu, daß eine Reihe von ihnen ansehnliche Fruchtkörper bilden, die als **Speisepilze** genutzt werden.

Die heterotrophen Pilze sind in der Lage, **symbiontische Assoziationen** mit autotrophen Pflanzen einzugehen. Bei den **Flechten** führt die Lebensgemeinschaft (Konsortium) von Hyhenpilzen mit Cyanobakterien oder Grünalgen zu Thalli, deren ökologische Bedeutung vor allem in ihrer Fähigkeit besteht, an extremen Standorten leben zu können. Die **Mykorrhizabildung** zwischen Pilzen und höheren Pflanzen führt bei den Wirtsorganismen zu einer Steigerung ihrer Lebensfähigkeit und besseren Anpassung an Außenbedingungen.

Die **biotechnologische Bedeutung** der Pilze ist immens. Abgesehen von der Auslösung von Gärungsvorgängen, z.B. durch Hefen, haben insbesondere in den letzten Jahrzehnten die Sekundärmetaboliten der Pilze eine große praktische Bedeutung gewonnen (Antibiotika, Alkaloide etc.). Die Grundlagenforschung und vor allem die Genetik hat entscheidende Stimulierungen durch Verwendung von Pilzen als Studienobjekte erfahren, z.B. chromosomale und extrachromosomale Vererbung, genetische Kontrolle der Enzymbildung. Dies liegt besonders daran, daß sehr viele Pilze im Gegensatz zu Algen relativ leicht im Labor manipuliert werden können.

Die vorerwähnten negativen Effekte der **pathogenen Pilze** für Pflanze, Tier und Mensch sind natürlich ebenso gewichtig wie ihr Nutzeffekt. Die Bekämpfung pilzlicher Infektionen hat auch ihren Niederschlag in einer umfangreichen Grundlagenforschung zur Bekämpfung der Pilzkrankheiten gefunden.

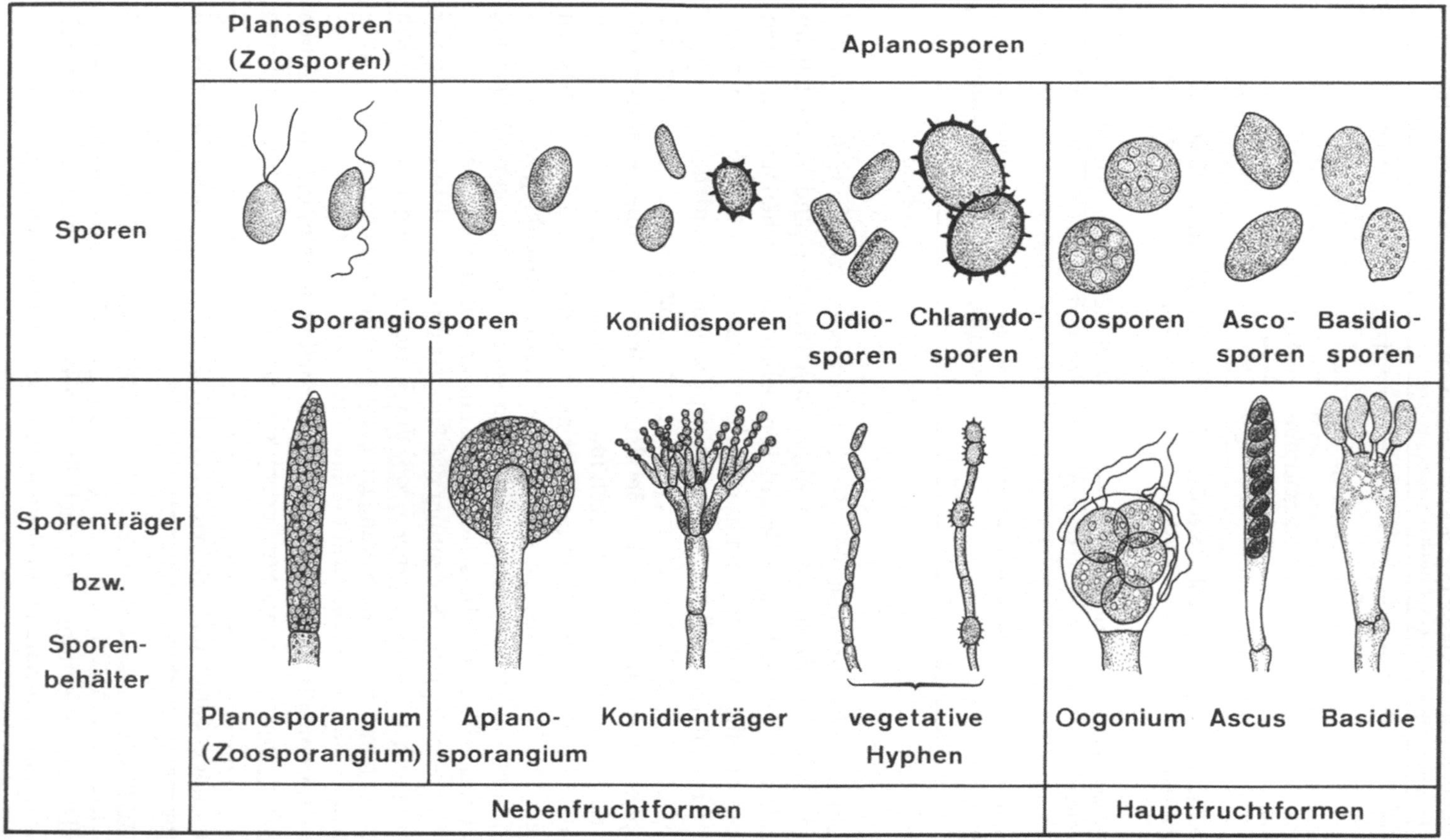

Planosporen (Zoosporen)

Aplanosporen

Sporen

Oosporen   Asco-sporen   Basidio-sporen

Sporangiosporen   Konidiosporen   Oidio-sporen   Chlamydo-sporen

Sporenträger bzw. Sporen-behälter

Planosporangium (Zoosporangium)   Aplano-sporangium   Konidienträger   vegetative Hyphen

Oogonium   Ascus   Basidie

Hauptfruchtformen

Nebenfruchtformen

Abbildung 134. Schematische Darstellung der Neben- und Hauptfruchtformen bei Pilzen. Von manchen Autoren werden die Sporangien als Sporocysten bezeichnet, um sie von den mit einer Hülle von sterilen Zellen umgebenen Sporangien der Landpflanzen abzugrenzen. (Nach Raper und Esser, verändert)

Die wichtigste **Voraussetzung für ein experimentelles Arbeiten mit Pilzen,** sei es in der Grundlagenforschung, der Biotechnologie oder Pathologie, ist natürlich eine **umfassende Kenntnis der Organismen selbst und ihrer Lebensbedingungen,** dies ist der Tenor der nun folgenden Ausführungen.

13. Abteilung: Oomycota (Niedere Pilze, „Zellulosepilze")

A. EINFÜHRUNG

I. MERKMALE

Die Oomycota lassen sich durch eine Reihe von Kriterien von den übrigen Pilzen abgrenzen:

1) Die **Zellwände** enthalten **kein Chitin.** Sie bestehen aus Mikrofibrillen, deren Hauptbestandteile, neben **Zellulose, Glucane** mit β-(1-3)- und β-(1-6)-glykosidischer Bindung sind.*
2) Der **Vegetationskörper** besteht aus **makroskopisch erkennbaren Myzelien.** Die **Hyphen** sind **nicht septiert,** tragen aber manchmal ringartige Einschnürungen, die der Festigung dienen. Diese coenocytischen siphonalen Myzelien bilden nur **Querwände** aus, wenn **Fortpflanzungszellenbehälter** entstehen.
3) Die **beweglichen Fortpflanzungszellen** sind **biflagellat begeißelt** und tragen eine vorwärtsgerichtete pleuronematische Geißel (Flimmergeißel) und eine nach rückwärts gerichtete akronematische Geißel (Peitschengeißel) (s. Abb. 135).
4) Die **Sexuelle Fortpflanzung** erfolgt durch **Oogametangiogamie,** das weibliche Gametangium (Oogonium) enthält eine bis mehrere Eizellen (Oosphären), die Kerne des männlichen Gametangiums (Antheridium) gelangen durch Befruchtungsschläuche in das Oogonium.*
5) Die Oomycota sind Diplonten, d.h. die Myzelien sind diploid und die Meiose findet in den Gametangien unmittelbar vor der Befruchtung statt. Als Fortpflanzungs-System kommt neben Monözie auch morphologische Diözie vor. Die Monözie kann durch Incompatibilität überlagert sein.**

II. KLASSIFIZIERUNG

Die 95 Gattungen und rund 700 Arten sind in einer einzigen Klasse, den Oomycetes, zusammengefaßt. Die weitere Unterteilung in derzeit 9 Ordnungen richtet sich nach dem Vorkommen im Wasser beziehungsweise auf dem Land, denn quer durch diese Klasse zieht sich eine **Grenze des Überganges der Pilze vom Wasser zum Landleben.** Dementsprechend gibt es innerhalb der Oomycetales eine **Progressionsreihe,** vor allem **für die Organe** und den Modus **der vegetativen Fortpflanzung.** Wir werden im Rahmen unseres Praktikums nur auf die beiden wichtigsten Ordnungen eingehen:

Ordnung: Saprolegniales. Die etwa 20 Gattungen sind **saprophytische, seltener parasitische Wasserpilze,** die aber in feuchter Erde leben können.

---

* Auf Grund der Zellulosewände und des Befruchtungs-Modus werden die Oomycetales als Abkömmlinge der heterokonten Botrydiales (z.B. *Vaucheria* S. 98) aufgefaßt, eine der wenigen möglichen Verbindungen von Pilzen und Algen.

** Galindo JA, Gallegly ME (1960) Phytophathol 50:123–128 ; Brasier CM (1972) Trans Br mycol Soc 58:237

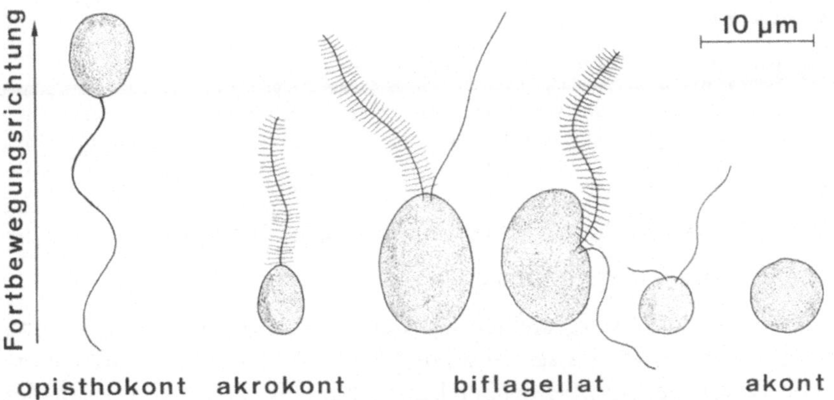

Abbildung 135. Schematische Darstellung von Typen der Planosporen bei Pilzen. Die Art der Begeißelung ist ein systematisches Kriterium, man unterscheidet:
1. Opisthokonte Form, Peitschengeißel (akronematisch), als Schubgeißel am hinteren Ende der Zelle inseriert.
2. Akrokonte Form, apikal inserierte Flimmergeißel (pleuronematisch) als Zuggeißel wirkend.
3. Biflagellate Form, zwei apikal oder lateral inserierte Zuggeißeln, von denen eine akronematisch und die andere pleuronematisch ist oder beide akronematisch sind.
4. Akonte Form, keine Geißeln vorhanden, Aplanosporen. (Nach Webster und Wartenberg, verändert).

Ordnung: Peronosporales. Neben wenigen, Wasser und feuchte Erde bewohnenden Pilzen sind die 8 Gattungen* in diesem Taxon vorwiegend **Pflanzenparasiten.** Sie haben die höchste Entwicklungsstufe der Oomycetales erreicht. Dies kommt vor allem darin zum Ausdruck, daß einige Arten keine Planosporen mehr ausbilden, sondern sich durch Konidien vegetativ fortpflanzen und im Oogonium nur mehr eine einzige Oosphäre als Eizelle angelegt wird.

Manche Autoren rechnen zu den Oomycetes auch die **Thraustochytriaceae** (Thraustochytriales). Hierbei handelt es sich um marine epi- oder endobiotische Pilze, die in Habitus und Zyklus an die **Rhizidiaceae** (S. 293) erinnern und die daher als Bindeglied der Oomycetales zu den Chytridiales angesehen werden können. Über diese Familie sind zwei **Filme** vorhanden, aus denen, wenn erforderlich, weitere Information erhalten werden können (Nr. C 1078, E 1664).

III. PRAKTISCHE BEDEUTUNG

Die zu den Saprolegniales gehörenden Wasserpilze spielen eine bedeutende Rolle bei der Abwasserreinigung, da sie vor allem den eiweißreichen Detritus abbauen.

Zu den Peronosporales gehören eine Reihe von wichtigen Pflanzenschädlingen, z.B.: *Phytophthora infestans* (Krautfäule der Kartoffeln und anderer Solanaceae), *Peronospora tabacina* (Blauschimmel des Tabaks), *Pythium debaryanum* (Wurzelbrand bei Keimlingen höherer Pflanzen), die sogenannten falschen Mehltaupilze, u.a. *Plasmospora viticola* (sogenannte *Peronospora*-Krankheit der Weinrebe), *Peronospora parasitica* (falscher Mehltau auf *Capsella bursa pastoris* und anderen Cruciferen).

---

* Familien: Albuginaceae, Peronosporaceae.

B. Übungsanleitungen

I. Entwicklungs-Zyklen von zwei Leitarten der Oomycota

Als Einführung in die Oomycota und vor allem als Grundlage für das Studium der in dieser Ordnung klar erkennbaren Progression vom Planosporangium zur Konidie erscheint es zweckmäßig, sich zunächst mit der Ontogenese von zwei typischen Vertretern, einem Wasserpilz und einem Landpilz, vertraut zu machen.

Filme: C 1080 und C 1079, Asexuelle und sexuelle Fortpflanzung von *Saprolegnia*

1. *Achlya ambisexualis* (Saprolegniales)

Wie aus dem in Abb. 136 dargestellten Entwicklungs-Zyklus von *Achlya ambisexualis* hervorgeht, wird die sexuelle Fortpflanzung dieser Art durch morphologische Diözie bestimmt. Darüber hinaus handelt es sich um einen der wenigen Pilze, bei denen die physiologischen Grundlagen des Befruchtungsvorganges weitgehend abgeklärt sind.*

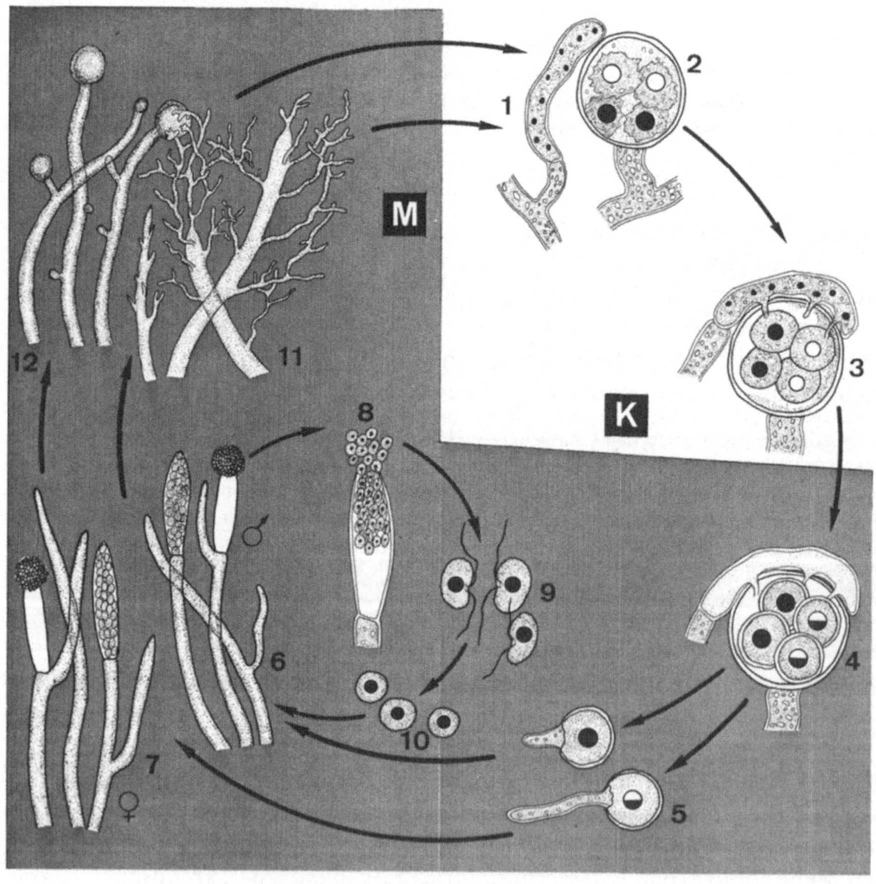

Männliche und weibliche Myzelien von *A. ambisexualis* können sich vegetativ im **Nebenzyklus** durch Planosporen fortpflanzen (Abb. 136, 8–10; s. auch Abb. 141). Allerdings bleiben diese unmittelbar nach dem Ausschlüpfen aus den langgestreckten Sporangien an diesen haften und encystieren sich. Schon nach kurzer Zeit schwärmt aus jeder der primären Cysten eine mit zwei lateral inserierten Geißeln versehene Planospore aus (sekundäre Spore), die nach kurzem Umherschwimmen sich erneut encystiert (sekundäre Cyste), auskeimt und zu einem Myzel heranwächst.

Im **Hauptzyklus** entstehen bei *A. ambisexualis* die Geschlechtsorgane nur, wenn männliche und weibliche Myzelien aufeinander zuwachsen und sich bis auf eine kurze Distanz von wenigen Millimetern genähert haben (11, 12), ein Hyphenkontakt ist nicht erforderlich. Einzelkulturen beider Geschlechter zeigen keinerlei sexuelle Differenzierungen und lassen sich daher nicht voneinander unterscheiden. Für die Differenzierung der Geschlechtsorgane sind Befruchtungsstoffe verantwortlich, die, ausgehend vom männlichen Myzel, von beiden Partnern wechselseitig gebildet werden (s. auch S. 121 und Tab. 6, S. 263).

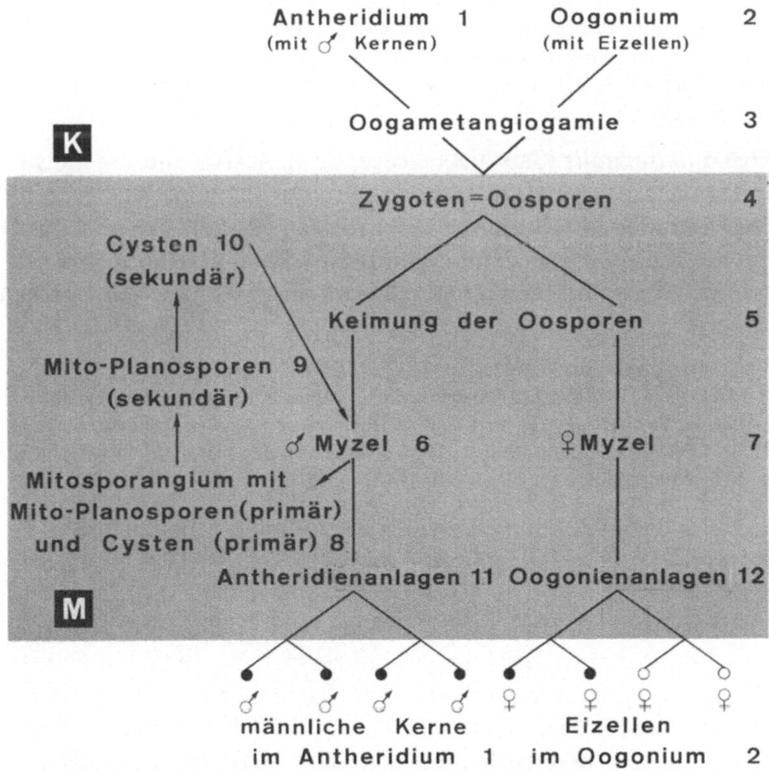

Abbildung 136. Entwicklungs-Zyklus von *Achlya ambisexualis,* Diplont mit vegetativer Fortpflanzung durch Planosporen. Befruchtungs-Modus: Oogametangiogamie; Fortpflanzungs-System: morphologische Diözie. Der Nebenzyklus ist nur für den männlichen Stamm eingezeichnet

Im Verlauf der Sexualreaktion entstehen zunächst die wesentlich dünneren antheridialen Hyphen (11). Diese lagern sich an die kugeligen Oogonien an (12). Parallel zur Abschnürung von Antheridien bilden sich in den Oogonien 8 oder mehr Eizellen (Oosphären) (3), die von den Kernen der Antheridien befruchtet werden, nachdem diese durch vom Antheridium gebildete Schläuche in das Oogonium eingedrungen sind. Die Meiose findet in den Antheridien und in den Oogonien statt, so daß einkernige haploide Oosphären von einem haploiden Antheridienkern befruchtet werden. Die Zygoten encystieren sich (4) und können als Oosporen, die nach Zerfall der Oogonien frei werden, nach einer Ruhephase zu neuen diploiden Myzelien keimen (5–7).

Nach der Darstellung dieses Entwicklungs-Zyklus erhebt sich die Frage: Auf welche Weise differenzieren sich die diploiden Oosporen, die einen Chromosomensatz der männlichen Pflanze und einen der weiblichen Pflanze tragen, zu verschiedengeschlechtlichen Myzelien? Mit anderen Worten: Welches sind bei diesem Objekt die genetischen Grundlagen der morphologischen Diözie? Geschlechtschromosomen wie bei einigen Moosen und bei den tierischen Organismen sind bisher nicht nachgewiesen worden. Man nimmt an, daß es sich um einzelne Gene handelt, da unter den Nachkommenschaften von *A. ambisexualis*-Kreuzungen auch monözische Formen (Zwitter) zu finden sind. Zahl und Wirkungsweise dieser „Geschlechts-Gene" sind noch unbekannt. Jedenfalls erfordert ein solcher Mechanismus, daß eines der beiden Geschlechter heterozygot ist, in unserem Schema (Abb. 136) wurde dies für das weibliche angenommen.

Bei den vielen monözischen Arten der Saprolegniaceae stellt sich natürlich nicht die Frage nach der genetischen Kontrolle der sexuellen Differenzierung in männliche und weibliche Thalli. Aber auch bei diesen Organismen sind mehrfach Befruchtungsstoffe nachgewiesen worden, so daß ihr Entwicklungs-Zyklus sich nicht prinzipiell von der hier in den Vordergrund geschobenen *A. ambisexualis* unterscheidet.

Material: *Achlya ambisexualis* (Saprolegniaceae, CBS). *Achlya* und die meisten anderen Saprolegniaceae können als Stammkulturen nicht im Kühlschrank, sondern nur bei Raumtemperatur aufbewahrt werden (Schrägagar oder Petrischalen). Wenn die Kulturen genügend gegen Eintrocknen geschützt sind (z.B. durch Abkleben mit Tesafilm), genügt es, sie etwa alle 6 Monate auf frischen Agar zu übertragen.

Als Medium für die Stammkulturen kann man Maisagar verwenden. Im speziellen Fall von *A. ambisexualis* haben wir damit jedoch schlechte Erfahrungen gemacht, denn die Kulturen verloren nach längerer vegetativer Vermehrung regelmäßig die Fähigkeit zur sexuellen Fortpflanzung. Daher sollte man *Achlya* sowohl als Stammkultur als auch für die unten erwähnten Versuche auf dem von Raper entwickelten Medium (S. 29) anziehen.

Achlya und fast alle Arten der Saprolegniaceae können sehr leicht aus der Natur isoliert werden, da sie als Ubiquisten sowohl im Süß- als auch im Salzwasser weit verbreitet sind.

Man gibt in Petrischalen eine dünne Schicht von leicht verschmutztem Teichwasser; als Köder dienen Insektenleichen, zerspaltene gekochte Hanfsamen (*Cannabis sativa*) oder andere proteinreiche Samenkörner der Leguminosen bzw. Gramineen (z.B. Erbsen, Bohnen, Weizen, Mais). Schon nach wenigen Tagen findet man auf den Ködern üppig wuchernde Myzelien (Abb. 137), die man möglichst bald nach kurzem Abspülen in sterilem Wasser in neue, mit sterilem Wasser gefüllte Petrischalen übertragen sollte. Auf diese Weise erhält man zwar keine vollständig sterilen Kulturen, man verhindert aber zumindest ein Überhandnehmen der übrigen im Teichwasser enthaltenen Mikroben, die leicht Fäulnisprozesse auslösen können.

Will man Reinkulturen anlegen, so muß man aus den „Steril-Wasser"-Kulturen Hyphenspitzen entnehmen, auf Maisagar bringen und, wie im Kapitel Technik beschrieben (S. 40), durch mehrfaches Übertragen von Hyphenspitzen von den anhaftenden Verunreinigungen befreien. Dabei ist zu beachten, daß die Saprolegniaceen-Hyphen, bedingt durch ihre micellären Zellulosewände, nur mit einem Skalpell oder einer Rasierklinge durchzutrennen sind. Für die üblichen Beobachtungen reichen die partiell gereinigten Isolate aus.

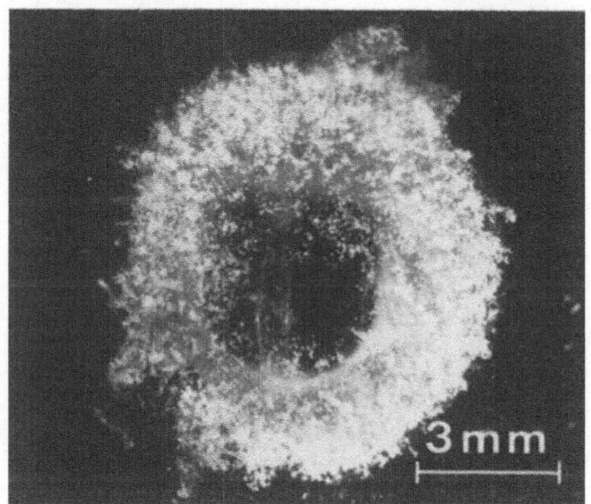

Abbildung 137. Myzelien von Saprolegniaceae, die mit Hilfe einer Leiche von *Coccinella* aus Teichwasser geködert wurden

Wasserpilze können aber auch auf andere Weise geködert werden, und zwar mit Hilfe von Dialysierschläuchen, die mit sterilem Nährmedium (z.B. Pepton-Bierwürze-Medium, S. 29) gefüllt werden. Die etwa 30 cm langen Schläuche (Ø etwa 2,5 cm) werden zum Schutz gegen äußere Verletzungen in dünnmaschige Drahtzylinder gebracht und 1–2 Wochen in verschmutztem Teichwasser ausgelegt. Nach dieser Zeit findet man im Agar zahlreiche Pilzhyphen, denn der Dialysierschlauch ist infolge von zellulolytischer Aktivität von Mikroben vielfach durchbrochen worden. Wenn man die Schläuche entfernt, den Agar in Scheiben zerschneidet, diese auf frisches Nährmedium in Petrischalen bringt und diese Prozeduren unter sterilen Bedingungen durchführt, kann man zahlreiche Myzelien von Wasserpilzen erhalten.

Präparation: Planosporangien entstehen nur selten auf Agarkulturen. Man überträgt daher kleine Myzelstücke aus den Stammkulturen in eine sterile Petrischale, deren Boden 2–3 mm mit sterilem Wasser bedeckt ist und einige zerspaltene gekochte Hanfsamen (oder auch andere als Köder verwendete Produkte s. oben) enthält. Die Myzelstücke muß man in möglichst engen Kontakt mit dem Nährsubstrat bringen. Die Schalen werden entweder bei Zimmertemperatur oder bei 25 °C im Brutschrank gehalten. Unter dem Präpariermikroskop verfolgt man zunächst täglich und, sobald die Sporangienbildung einsetzt, in kürzeren Abständen die Entwicklung der Myzelien. Mit der Rasierklinge oder einer geschärften Präparierfeder werden geeignete Myzelstücke entnommen und Deckglaspräparate angelegt.

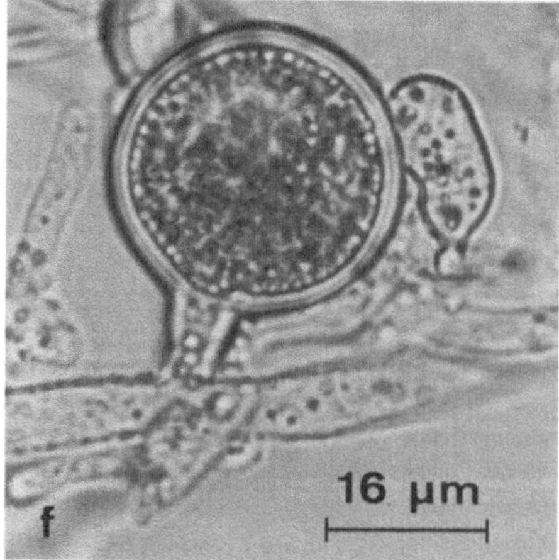

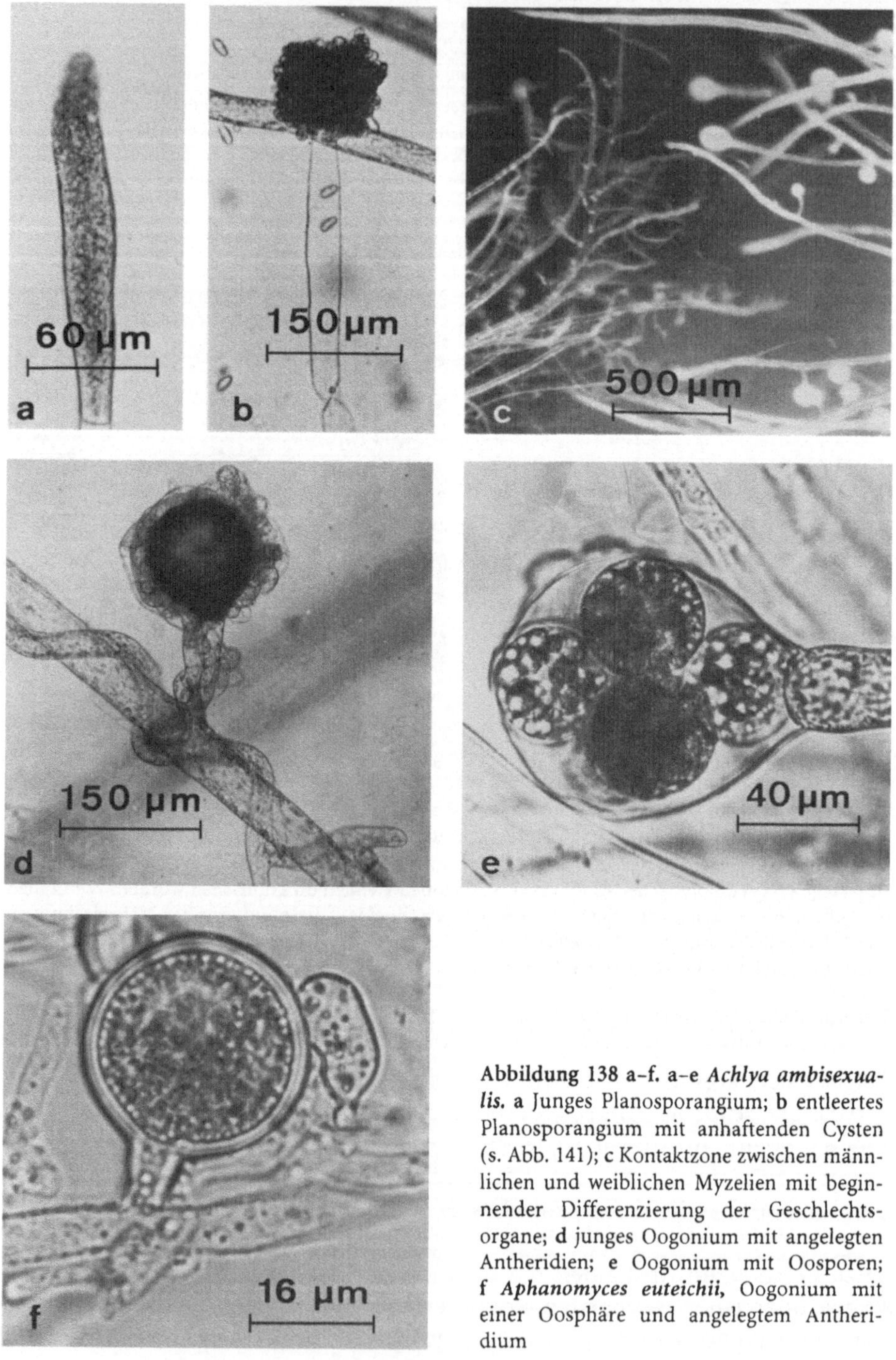

Abbildung 138 a–f. a–e *Achlya ambisexualis.* **a** Junges Planosporangium; **b** entleertes Planosporangium mit anhaftenden Cysten (s. Abb. 141); **c** Kontaktzone zwischen männlichen und weiblichen Myzelien mit beginnender Differenzierung der Geschlechtsorgane; **d** junges Oogonium mit angelegten Antheridien; **e** Oogonium mit Oosporen; **f** *Aphanomyces euteichii,* Oogonium mit einer Oosphäre und angelegtem Antheridium

Um die **Differenzierung der Geschlechtsorgane** und den **Befruchtungsvorgang** zu sehen, verwendet man am besten Agarkulturen. Die mit einer dünnen Agar-Schicht (etwa 0,5 cm) gefüllten Petrischalen werden mit einer Schicht von sterilem Zellophan bedeckt. Nach vorsichtigem Andrücken des Zellophans bringt man je ein Myzelstück des männlichen und weiblichen Thallus in einem Abstand von etwa 2–5 cm in die Mitte der Schale. Man beobachtet die Kulturen täglich unter dem Präpariermikroskop. Sobald die Oogonienbildung (etwa nach 5–7 d) an der Berührungsstelle der Myzelien einsetzt, kann man mit der Rasierklinge kleine Zellophanplättchen herausschneiden und davon Deckglaspräparate herstellen. Da die beiden Sexualpartner radiale Myzelien bilden, findet man auch nach längerer Zeit, wenn die Hyphen in der Mitte der Kultur schon reife Oogonien tragen, in den Randzonen noch jüngere Stadien.

Diese relativ komplizierte Kulturtechnik ist deswegen notwendig, weil die Saprolegniaceae ein sehr dichtes Myzel bilden, das sich, wie schon oben erwähnt, schlecht sezieren läßt. Falls man nur den Sexualvorgang bei mittlerer Vergrößerung im Durchlicht unter dem Präpariermikroskop beobachten will, genügen Wasserkulturen (Hanfsamen) oder Agarkulturen ohne Zellophan.

Aufgabe und Beobachtungen: Bei starker Vergrößerung aus Deckglaspräparaten einzelne Stadien der Bildung der Planosporangien zeichnen. Das gleiche trifft auch für die einzelnen Entwicklungsstadien des sexuellen Zyklus zu, von dem man mindestens die in Abb. 138 dargestellten Stadien sehen und zeichnen sollte.

Falls Saprolegniaceae aus der Natur isoliert werden, ist der Versuch einer taxonomischen Klassifizierung vorzunehmen. Vor allem muß man in diesen Kulturen auf die unterschiedliche Struktur der Planosporangien achten (Abb. 141), die später noch im einzelnen besprochen wird (S. 278 f.).

2. *Phytophthora infestans* (Peronosporales)

Film: C 1465, *Phytophthora infestans* als Erreger der Kraut- und Knollenfäule

Wir haben *Phytophthora* anstelle der in vielen Büchern beschriebenen *Plasmopara viticola* als Leitart gewählt, weil bei einer Reihe von *Phytophthora*-Arten der Entwicklungs-Zyklus bekannt ist und sich darüber hinaus die einzelnen Stadien dieses Zyklus auf Agarkulturen demonstrieren lassen. Letzteres ist, wie schon mehrfach erwähnt, bei vielen parasitischen Pilzen nicht möglich.

Das Myzel von *Phytophthora infestans,* dem Erreger der Kraut- und Knollenfäule der Kartoffel, wächst interzellulär in der Kartoffelpflanze. Die Hyphen senden Haustorien in die Wirtszellen. Die Myzelien überwintern in der Kartoffelknolle und wachsen im Frühjahr zusammen mit den sich entwickelnden Sproßteilen bis in die Blätter. Als „Sommersporen" fungieren meist zweigeißelige Planosporen. Diese werden in Sporangien gebildet, deren Träger aus den Spaltöffnungen wachsen. Allerdings können die Sporangien unter bestimmten Bedingungen wie Konidiosporen auch Keimschläuche bilden (S. 281).

P. infestans ist, wie aus dem in Abb. 139 dargestellten Entwicklungs-Zyklus hervorgeht, ein Diplont, dessen Monözie durch Incompatibilität überlagert wird. Allerdings prägt sich, im Gegensatz zu anderen Pilzen, die dem gleichen Fortpflanzungs-System zuzuordnen sind (z.B. *Neurospora*, S. 392), der hermaphrodite Charakter von Einspormyzelien nur aus, wenn die beiden Kreuzungstypen + und – (hier auch vielfach A1 und A2 genannt) miteinander in Kontakt kommen und sich dann reziprok befruchten. Hier scheint eine gewisse Analogie zu der oben besprochenen *Achlya ambisexualis* vorzuliegen, bei der auch die Differenzierung der Geschlechtsorgane eng mit dem Paarungsvorgang verbunden ist. Daher kann der Pilz sich nur sexuell fortpflanzen, wenn eine Pflanze mit beiden Kreuzungstypen infiziert wird. Dies scheint in der Natur nicht immer der Fall zu sein, denn die meisten Isolate bilden nur Mitosporangien. Offenbar reicht die überaus starke vegetative Fortpflanzung durch Knolleninfektion und Sporangiosporen zur Erhaltung und Verbreitung der Art aus.

Da *P. infestans* und auch andere *Phytophthora*-Arten Diplonten sind, stellt sich hier die gleiche Problematik, die oben bei *Achlya ambisexualis* angesprochen wurde, nämlich die Frage nach der genetischen Kontrolle der Incompatibilität. Auch für diese Arten ist nichts Definitives bekannt, außer dem Befund, daß in Kreuzungsanalysen die verschiedenen Kreuzungstypen meist im Verhältnis 1:1 aufspalten. Wir haben daher in ähnlicher Weise wie bei *Achlya* für einen Kreuzungstyp eine Heterozygotie angenommen, ohne dafür endgültige Beweise zu haben.

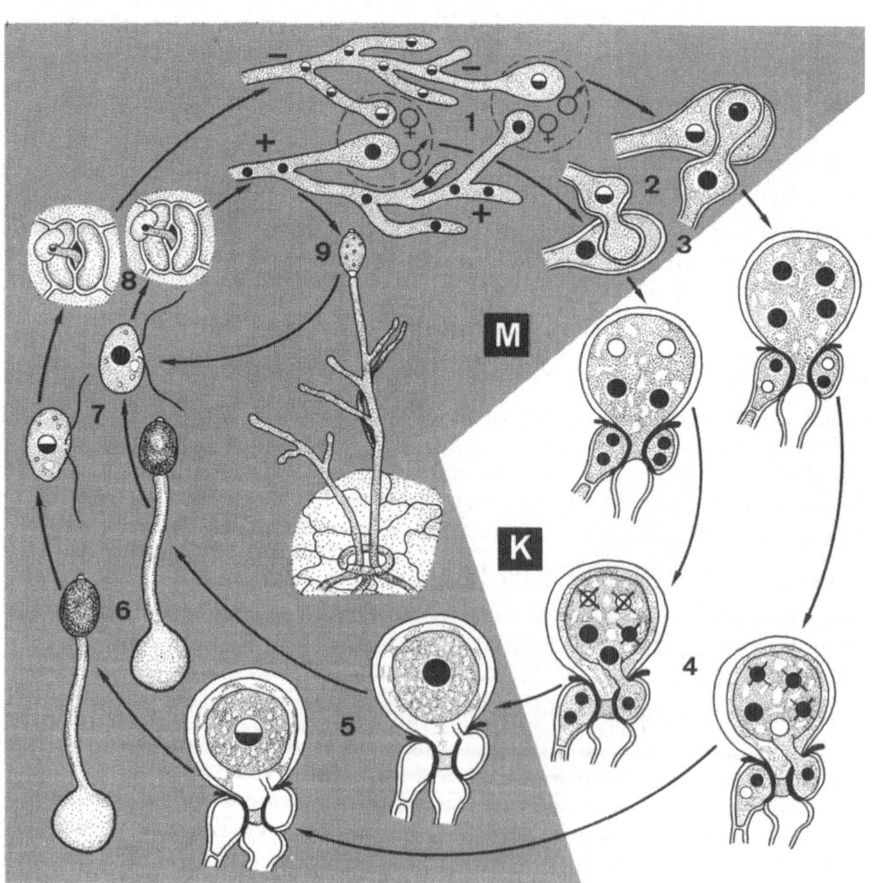

Material: *Phytophthora infestans* und zahlreiche andere *Phytophthora*-Arten werden von den Mykotheken angeboten (z.B. CBS und DSM). Wir haben gute Erfahrungen mit *P. drechsleri* gemacht, die auf *Beta*-Arten parasitiert. Von diesem morphologisch diözischen Pilz lassen sich alle Stadien des Entwicklungs-Zyklus auf einem Spezialagar (Medium B, S. 29) demonstrieren. Maisagar kann ebenfalls verwendet werden, allerdings ist die Bildung der Geschlechtsorgane auf diesem Medium spärlicher.

Präparation und Aufgabe: Eine mit Agar gefüllte Petrischale wird in der Mitte mit beiden Kreuzungstypen beimpft (Abstand etwa 3 cm) und bei 24 °C im Dunkeln kultiviert. Nach 3 d bilden sich die ersten Oogonien und Antheridien. Auf Maisagar entstehen diese erst nach 3 Wochen. Um die einzelnen Stadien der Befruchtung und Oosporenbildung zu sehen, werden Proben an verschiedenen Stellen entnommen, ähnlich wie bereits für *Achlya* beschrieben wurde (S. 273).

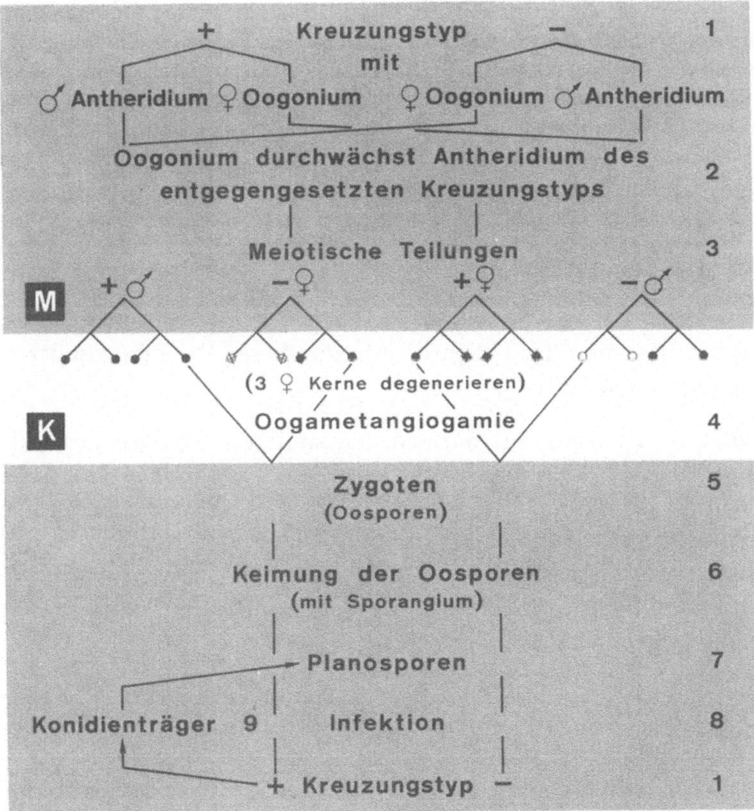

Abbildung 139. Entwicklungs-Zyklus von *Phytophtora infestans,* Diplont mit vegetativer Fortpflanzung durch Planosporen bzw. Konidien (S. 281); Befruchtungs-Modus: Oogametangiogamie; Fortpflanzungs-System: Monözie, überlagert durch Incompatibilität. In der Abbildung sind die beiden genetischen Möglichkeiten der Zygotenbildung eingezeichnet, die zur Bildung der beiden Kreuzungstypen führen. Nebenzyklus nur für die + Pflanze eingezeichnet. (Nach Hemmes und Bartnicki-Garcia und nach Webster, verändert)

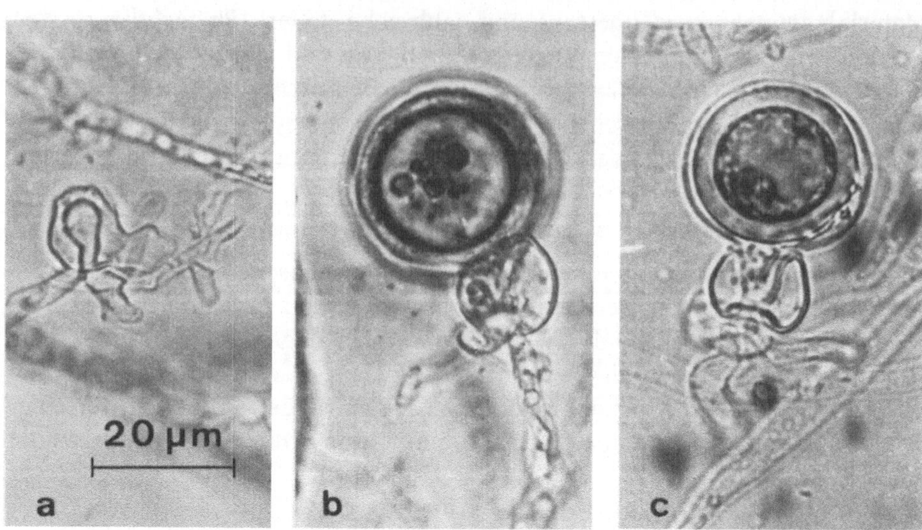

Abbildung 140 a–c. *Phytophthora drechsleri*. Stadien der Oogametangiogamie. a Das junge Oogonium ist in das Antheridium eingedrungen; **b** das Oogonium hat das Antheridium durchwachsen, das seine Basis kragenartig umgibt; **c** an der Basis der reifen Oospore erkennt man das vom Oogonium durchwachsene Antheridium

Von dem Antheridium wächst ein Keimschlauch in das Oogonium, durch den nur ein Kern wandern soll, der einen Kern des Oogoniums befruchtet. Nach Befruchtung bildet sich im Oogonium demnach nur eine Oospore (Abb. 140 c).

Auf die Entwicklung der für die vegetative Fortpflanzung verantwortlichen Sporangien wird im Rahmen der Progressionsreihe dieser Fortpflanzungszellenbehälter eingegangen (S. 280 f.).

Beobachtungen: Im Gegensatz zu den meisten anderen Oomycetales (z.B. *Achlya, Aphanomyces*, Abb. 138) legen sich bei vielen *Phytophthora*-Arten die Antheridien nicht seitlich an die Oogonien, sondern die in den ersten Stadien der Entwicklung zunächst wesentlichen größeren Antheridien werden von den kleineren Oogonien durchwachsen (Abb. 140 a). Erst dann schwellen die Oogonien zu ihrer endgültigen Größe an und werden an ihrer Basis kragenartig vom Antheridium umgeben (Abb. 140 b).

In diesem Stadium soll die Meiose stattfinden. Da die Gametangien vielkernig sind, wird angenommen, daß alle Kerne sich meiotisch teilen. Im Oogonium degenerieren jedenfalls alle haploiden Kerne bis auf einen.

Dieser Befruchtungs-Modus, der **amphigyne Gametangiogamie** genannt wird, ist auch bei *P. infestans* verwirklicht (vergl. Abb. 139). Andere *Phytophthora*-Arten, wie z.B. *P. cactorum*, haben den „üblichen" **paragynen Modus,** bei dem sich das Antheridium seitlich an das Oogonium anlegt.

II. Progression von endogen gebildeten Planosporangiosporen zu exogenen Konidiosporen

Diese Progression, welche nur den vegetativen Zyklus betrifft, beginnt bei den wasserbewohnenden Saprolegniales (Abb. 141) und leitet über zu den landbewohnenden Peronosporales(Abb. 144). Die zu besprechenden Objekte sind als Beispiele für einzelne Stufen dieser Entwicklung anzusehen, die typisch für eine Anpassung an das Landleben ist.

Wie wir noch sehen werden, verläuft allerdings die Progression nicht völlig kontinuierlich, denn die bei den Wasserpilzen erreichte höchste Entwicklungsstufe (s. *Aplanes*, Abb. 141) wird von den einfachsten Formen der Landpilze noch nicht erreicht.

Generelle Bemerkungen zur Materialbeschaffung, Kultur, Präparation und Aufgabe: Die im folgenden zu verwendenden Objekte können mit wenigen Ausnahmen von CBS bezogen werden. Die Wasserpilze kann man mit der für *Achlya* beschriebenen Methode mit Hanfsamen aus Teichwasser ködern (S. 270), d.h. man muß in den Wasserkulturen die Pilze durchmustern, um Sporangien mit den für jeden Prototyp spezifischen Merkmalen zu finden. Die Landpilze kann man von infizierten Pflanzen selbst entnehmen. Im Gegensatz zu den Wasserpilzen, die man während des ganzen Jahres „ködern" kann, ist das Auftreten der terrestrischen Pflanzenparasiten saisongebunden. Es ist da-

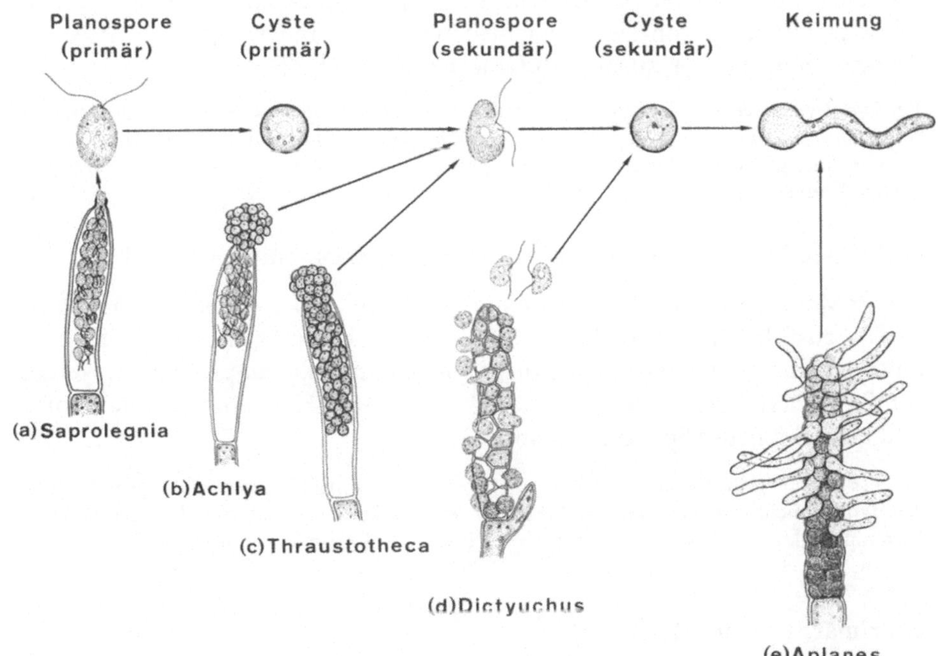

Abbildung 141. Schrittweise Reduktion der Diplanie bei den Saprolegniales als Beispiel für eine Progression von endogen gebildeten Planosporen zu Sporangien mit Keimschläuchen. (Erläuterungen s. Text)

her ratsam, sich von diesen Objekten Dauerpräparate anzufertigen oder
Stammkulturen zu halten. Wenn nichts anderes angegeben ist, sind die auf den
einzelnen Abbildungen dargestellten Entwicklungsstadien zu zeichnen.

Die für die Demonstration der Sporangien und Sporenkeimung notwendigen Techniken wurden
bereits ausführlich im vorigen Abschnitt am Beispiel von *Achlya* und *Phytophthora* beschrieben.
Wir werden daher nur auf Abweichungen von dieser Methodik oder auf Besonderheiten eingehen.

1. Saprolegniales

a. Primäre Planosporen (Abb. 142)

Film: C 1080, Vegetative Fortpflanzung von *Saprolegnia*

Material: *Saprolegnia* spec. Vom CBS werden etwa 18 verschiedene Arten angeboten.

Beobachtungen: In Wasserkulturen kann man sehen, daß die langgestreckten
endständigen Sporangien sich bei der Reife an der Spitze inoperculat öffnen
und eiförmige Sporen entlassen, deren beide Geißeln in einer flachen Ein-
buchtung apikal inseriert sind (Ölimmersion). Nach Encystierung dieser primären Sporen schlüpfen aus den geißellosen Cysten nach einer Ruhepause die
nierenförmigen sekundären Planosporen, deren Geißeln seitlich inseriert sind.
Diese Sporen können sich wieder encystieren und erneut mit dem gleichen
Typ auskeimen. Allerdings wachsen die sekundären Cysten, wenn ein geeignetes Substrat vorhanden ist, meist mit einem Keimschlauch zu einem Myzel aus.
Für das Auftreten von zwei verschiedenen aufeinanderfolgenden Arten von
Planosporen ist der Ausdruck **Diplanie** gebräuchlich.

Bei *Saprolegnia* werden die entleerten Sporangien von der subsporangialen Hyphe durchwachsen
und können auf diese Weise erneut ein Sporangium bilden. Auf Grund dieser Proliferation kann
man, in einer geköderten Mischkultur von Saprolegniales, die Vertreter der Gattung *Saprolegnia*
leicht erkennen.

b. Primäre Planosporen, die sich am Sporangium encystieren (Abb. 138)

Dieser Modus der Sporenbildung kommt bei den *Achlya*-Arten vor und wurde
bereits ausführlich besprochen (S. 269). Ein Erkennungsmerkmal in Mischkulturen ist, daß die Sporangien nicht wie bei *Saprolegnia* proliferiert werden,
sondern nach ihrer Entleerung wächst der basale Hyphenteil seitlich vorbei
und kann ein neues Sporangium abschnüren.

In diese Gruppe gehört auch *Aphanomyces* (z.B. *A. euteichii*, CBS), deren Sporangien die Breite
der Hyphen nicht überschreiten. Die Aplanosporen sind in einer Reihe (serial) angeordnet. Das
Oogonium bildet bei dieser Art nur eine Oosphäre aus. Auf Agar-Kulturen erfolgt die Fruktifikation zwischen 5 und 13 d (Abb. 138 f).

c. Primäre Cysten (Abb. 143 a)

Material: Thraustotheca spec. (z.B. T. clavata, CBS).

Beobachtungen: Die keulenförmigen Sporangien entlassen nach Zerfall ihrer
Zellwand primäre Cysten, das Stadium der primären Sporenbildung ist nicht

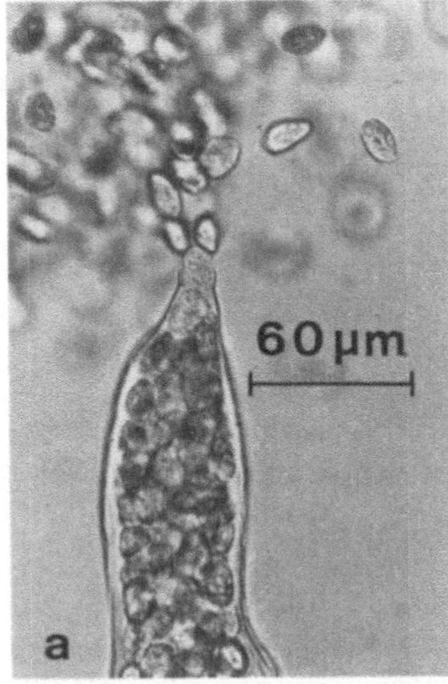
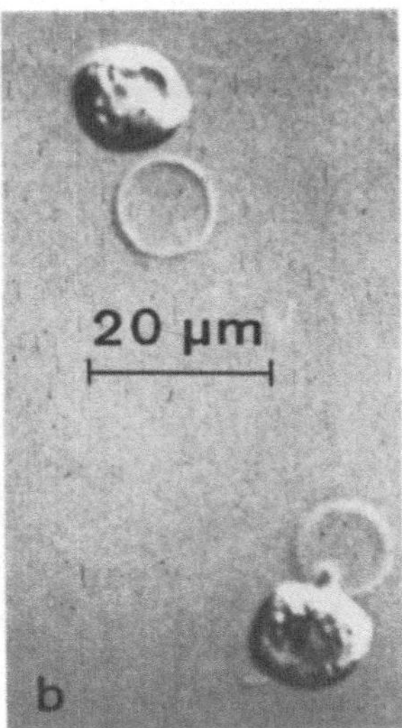
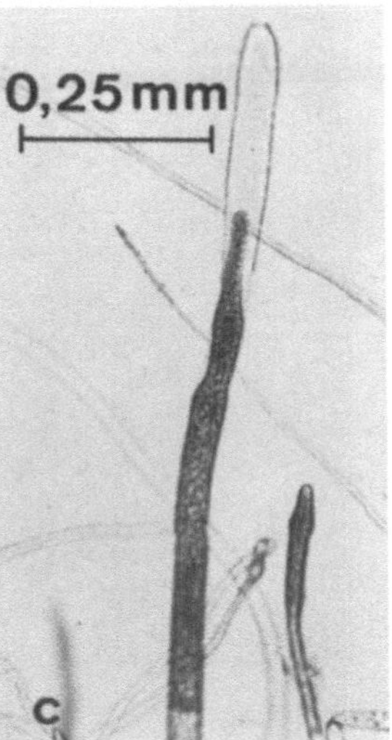
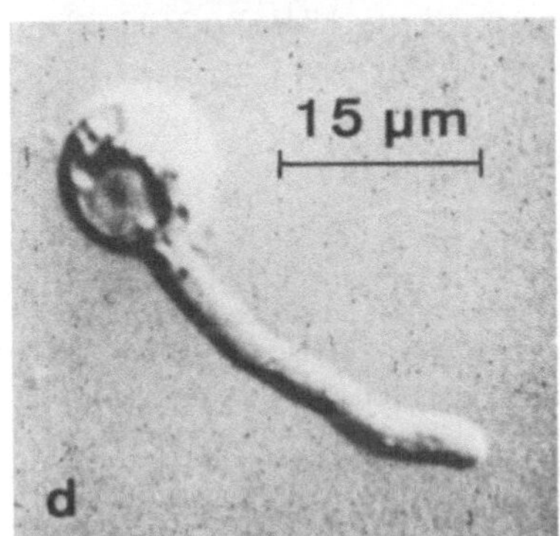

Abbildung 142 a–d. *Saprolegnia spec.* a Sporangium mit ausschlüpfenden primären Planosporen; b primäre Cysten entlassen Planosporen; c proliferiertes Sporangium; d auskeimende sekundäre Cyste. (Fotos b, d: A Gaertner)

mehr vorhanden. Die Traghyphe wächst in gleicher Weise wie bei *Achlya* am entleerten Sporangium seitlich vorbei. Die Oogonien enthalten mehrere Oosphären.

d. Sekundäre Planosporen (Abb. 143 b)

Material: *Dictyuchus* spec. (z.B. *D. monosporus*, CBS).

Beobachtungen: Die Sporen encystieren sich bereits wie bei *Thraustotheca* im Sporangium. Die Cysten werden jedoch nicht entlassen, sondern bleiben als abgeplattete Zellen im Sporangium und täuschen dort eine zelluläre Unterteilung vor. Die sekundären Sporen verlassen die Cysten nach lokaler Öffnung der Zellwand dieser sogenannten **Netzsporangien**, die nicht als eindeutiges Erkennungsmerkmal dienen können, da sie auch bei anderen Arten (sogar bei *Achlya*) beschrieben wurden. Bei *Dictyuchus* werden ebenfalls die Sporangien seitlich von der Traghyphe umwachsen. Oogonien bilden nur eine Eizelle aus.

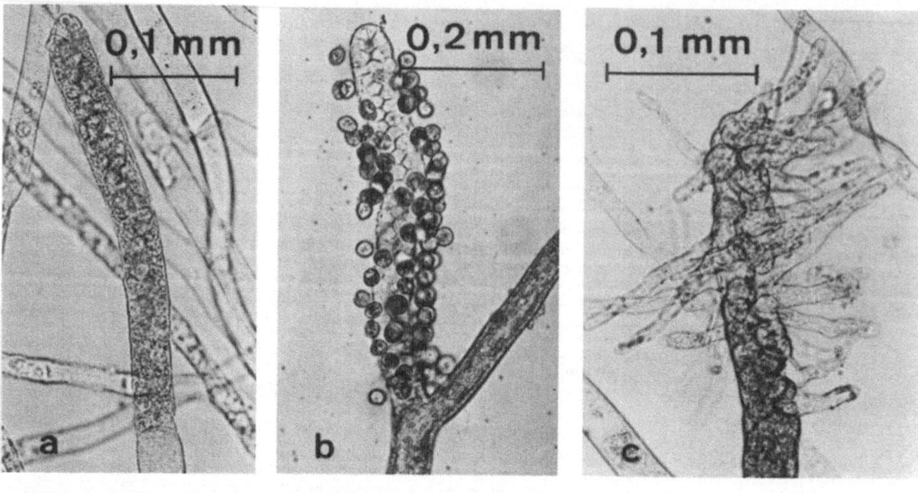

Abbildung 143 a–c. Progressionsstadien von Sporangien der Saprolegniales. a *Thraustotheca clavata,* Sporangium mit primären Cyten; **b** *Dictyuchus monosporus,* Netzsporangium mit ausschlüpfenden sekundären Planosporen; **c** *Aplanes treleaseanus,* Planocysten bilden Keimschläuche

e. Vielsporige Sporangien bilden Keimschläuche (Abb. 143 c)

Material: *Aplanes* spec. (z.B. *A. treleaseanus,* CBS)

Vorsicht! In älteren Kulturen bilden sich die gesamten Myzelien zu Gemmen um. Diese konnten bisher nicht zur Keimung gebracht werden. Wenn man stets Material zur Verfügung haben möchte, muß der Stamm umgesetzt werden, sobald die Hyphen den Rand des Kulturgefäßes erreicht haben.

Beobachtungen: Mit diesem Objekt haben die Wasserpilze ihre höchste Entwicklungsstufe erreicht, denn die beiden Sporen-Generationen und auch die zweite Cysten-Generation sind ausgefallen. Die Cysten keimen nämlich mit einem Keimschlauch, der die Zellwand durchbricht. In den Oogonien entstehen mehrere Oosporen.

Allerdings bilden unter bestimmten Kulturbedingungen (z.B. bei starkem Bakterienbefall und in älteren Agarkulturen) auch die übrigen in dieser Reihe genannten Arten gelegentlich Netzsporangien bzw. encystierte Sporen wachsen mit Keimschläuchen aus.

2. Peronosporales

Bei dieser Ordnung werden die bei den Saprolegniales teilweise noch vorhandenen primären Planosporen und Cysten nicht mehr gebildet. Selbst bei den Formen der unteren Entwicklungsstufe entstehen nur noch die seitlich begeißelten sekundären Planosporen, die sich encystieren können (Abb. 144).

a. Planosporen (Abb. 145)

Material: *Pythium* spec. (z.B. *P. aphanidermatum, P. middletonii,* CBS) und *Plasmopara viticola. Pythium* ist ein fakultativer Parasit, der sowohl in den Wurzeln von Keimpflanzen zu finden ist als auch saprophytisch auf abgestor-

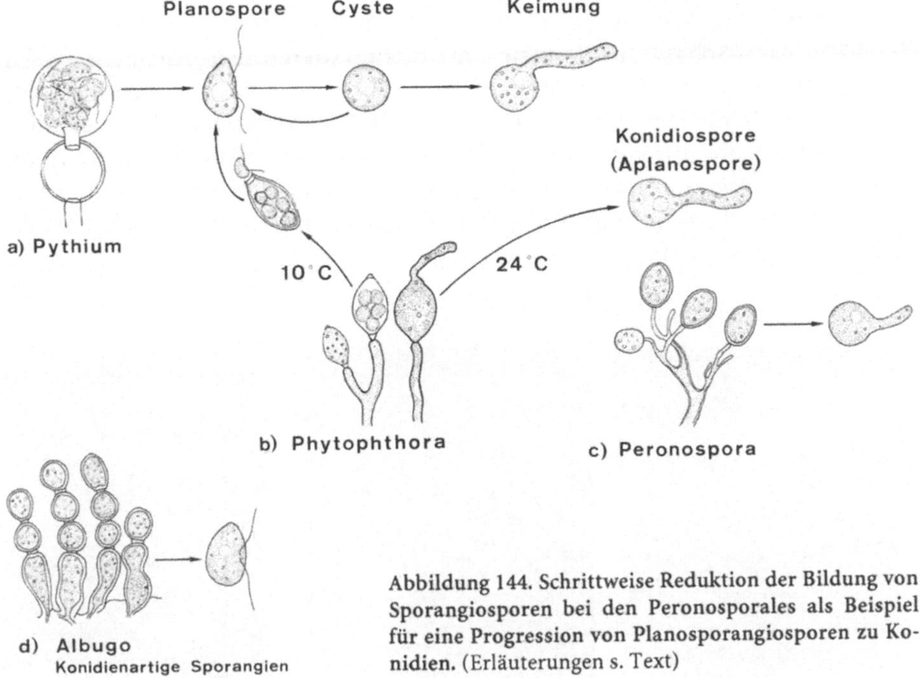

Abbildung 144. Schrittweise Reduktion der Bildung von Sporangiosporen bei den Peronosporales als Beispiel für eine Progression von Planosporangiosporen zu Konidien. (Erläuterungen s. Text)

benen Pflanzenteilen lebt und daher aus Bodenproben isoliert und auf Maisagar kultiviert werden kann.

Präparation: Auf Agarkulturen entstehen zwar an den Hyphen terminal oder interkalar blasige Sporangien, aber zur Entlassung der Planosporen kommt es meist nicht. Um dies zu erreichen, bringt man von einer 2 d alten Kultur ein Agarstück in eine Petrischale, deren Boden mit sterilem Wasser bedeckt ist. Nach 6–24 h erfolgt Bildung und Entlassung der Planosporen. Man muß während dieses Zeitraumes die Kulturen mehrfach beobachten und das Wasser öfter erneuern.*

Falls man die Agarkulturen eine Woche und länger hält (tägliche Beobachtung!), kann man sie auch zur Demonstration der einzelnen Stadien der sexuellen Fortpflanzung verwenden. Die Oogonien enthalten nur eine Oosphäre.

Beobachtungen: Die gelappten Planosporangien erscheinen im reifen Zustand bei durchfallendem Licht bräunlich. Die Entlassung der Planosporen erfolgt nicht direkt, sondern der gesamte Sporangieninhalt, der Protoplast, verläßt das Sporangium durch einen dünnwandigen Keimschlauch und bleibt an dessen

---

* Bei manchen Stämmen kommt es bei Anwendung dieser Methode nicht zum Ausschlüpfen von Planosporen. Hier kann man wie folgt verfahren: Man setzt dem aqua dest. vor dem Autoklavieren 1/3 wenig verunreinigtes Teichwasser zu und bringt vor der Zugabe des Agarstückes noch einige, durch 10 min Kochen sterilisierte, zerschnittene Grashalme in die Petrischale. Bei 26–30 °C beginnt nach 2–3 h das Ausschwärmen der Sporen (W. Gams, Baarn, pers. Mitt.).

Ende als zellwandlose „Schwärmblase" haften. Hier erfolgt die Differenzierung der Planosporen. Nach Ausschlüpfen der Sporen zerfallen Keimschlauch und Schwärmblase. Sobald Trockenheit eintritt, encystieren diese sich. Die Cysten keimen im Wasser wieder mit dem gleichen Sporentyp aus. Der Vorgang kann sich mehrfach wiederholen, je nachdem ob Wasser vorhanden ist oder nicht. Es ist auch beobachtet worden, daß bei Wassermangel Sporangien ohne Bildung einer Schwärmblase direkt mit einem Keimschlauch auswachsen (z.B. in älteren Agarkulturen). In allen Fällen bleiben die Sporangien jedoch stets mit dem Myzel verbunden.

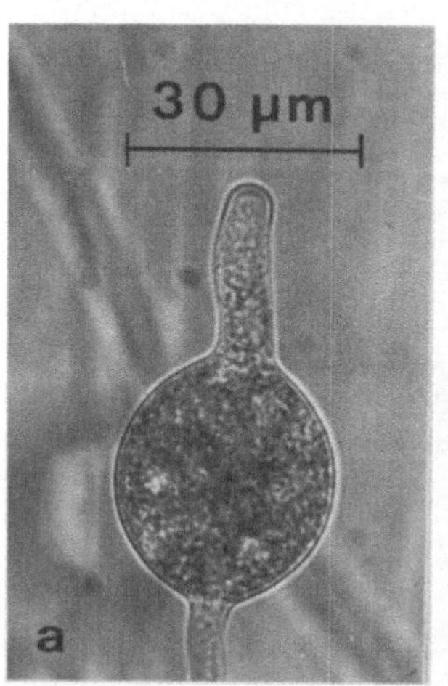
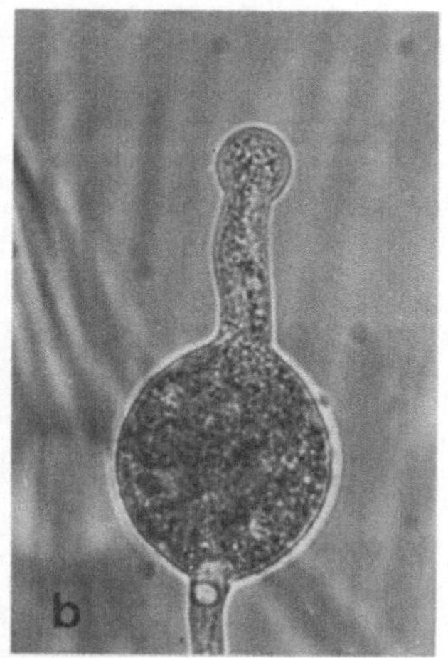
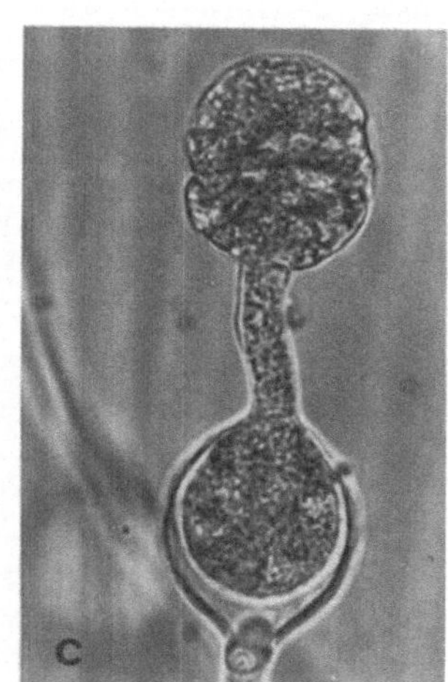
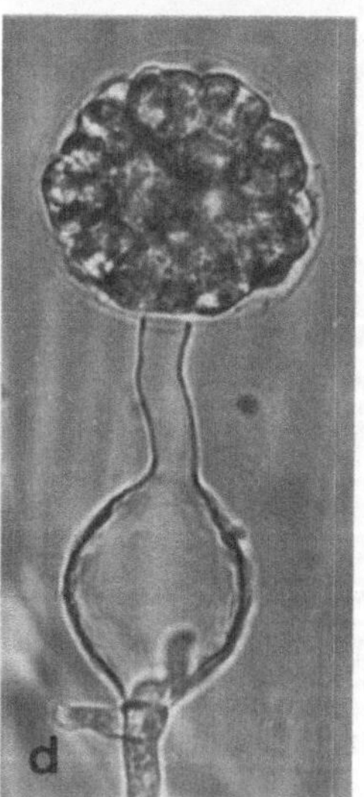
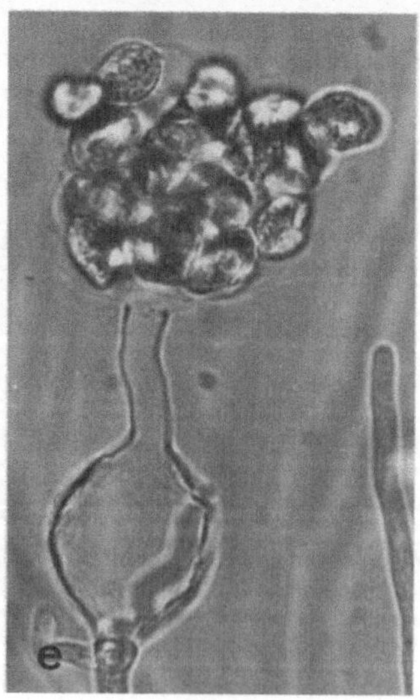

Abbildung 145 a–e. *Pythium middletonii.* **a, b** Junge Sporangien mit sich bildenden Keimschläuchen; **c** Sporangium mit Schwärmblase, die noch undifferenziertes Plasma enthält; **d** Sporangium mit Schwärmblase, in der sich die Planosporen differenziert haben; **e** Schwärmblase entläßt Planosporen. (Fotos: J Webster)

b. Übergangsformen: Planosporen oder Sporangien (Konidiosporen) bilden einen Keimschlauch (Abb. 146)

Material: *Phytophthora*-Arten (S. 273). Dieser Pilz wurde bereits als Leitart für den Sexualzyklus der Peronosporales vorgestellt.

Präparation und Aufgabe: Eine mit Agarmedium A (S. 29) gefüllte Petrischale wird mit dem männlichen oder weiblichen Stamm beimpft und bei 24 °C im Licht kultiviert; schon nach wenigen Tagen entstehen zahlreiche Sporangienträger. Bei Verwendung von Maisagar bilden sich diese erst nach einigen Wochen.

Falls Frischmaterial zur Verfügung steht, Oberflächenschnitte anfertigen und zunächst Sporangien ohne Deckglas beobachten. Die Keimung der Sporangien kann man wie folgt demonstrieren: Von einer Stelle der Agarplatte, an der man nach Mikroskopieren Sporangienbildung festgestellt hat, werden Zupfpräparate hergestellt. Diese werden in getrennte Feuchtkammern gebracht und bei 10 °C bzw. 24 °C bebrütet. Nach 3 h in regelmäßigen Intervallen den Keimungsmodus beobachten.

Beobachtungen: Unmittelbar nachdem die Sporangienträger aus den Spaltöffnungen herausgewachsen sind, verzweigen sie sich und schnüren an ihren Spitzen eiförmige Sporangien ab. Dies ist auch in den Agarkulturen zu sehen (Abb. 146a). Da aber die Sporangien ähnlich wie bei *Achlya* (S. 272) und anderen Saprolegniales von der Traghyphe umwachsen werden und an den Spitzen dieser Hyphen wiederum Sporangien entstehen, haben die einzelnen Zweige der Sporangienträger einen sympodialen Aufbau. Nach ihrer Reife werden die Sporangien von ihren Traghyphen infolge hygroskopischer Drehung des Trägers abgeworfen. Ihre Verbreitung erfolgt durch den Wind.

Für die Keimung der Sporangien ist Wasser notwendig, jedoch ist der Keimungsmodus temperaturabhängig. Nur bei niedrigen Temperaturen (10 °C) werden aus der apikalen Keimpapille zahlreiche Planosporen entlassen, die sich vielfach sofort encystieren oder nach Festsetzen einen Keimschlauch bilden (Abb. 146 b–d). Nur bei höheren Temperaturen (24 °C) wachsen die Sporangien direkt mit einem Keimschlauch aus (Abb. 146 e). Die Sporangien sind demnach zu Konidien geworden. Damit ist in dieser Progressionsreihe zum ersten Male eine Konidienbildung erreicht, die allerdings noch fakultativ ist.

c. Sporangien (Konidiosporen) bilden einen Keimschlauch (Abb. 147)

Material: *Peronospora parasitica* wird weder von CBS noch von DSM angeboten. Man ist daher auf Frischmaterial oder Dauerpräparate angewiesen. Ersteres läßt sich im Frühjahr relativ leicht beschaffen, denn der Pilz parasitiert vergesellschaftet mit *Albugo candida* (S. 286) auf Cruciferen, z.B. auf *Capsella bursa pastoris*, die an Wegrändern sehr häufig vorkommt. Infizierte Pflanzen sind an dem weißlichen Überzug an Sproß und Infloreszenzen zu erkennen (Abb. 147 a), der aus den Sporangienträgern besteht, die aus den Spaltöffnungen

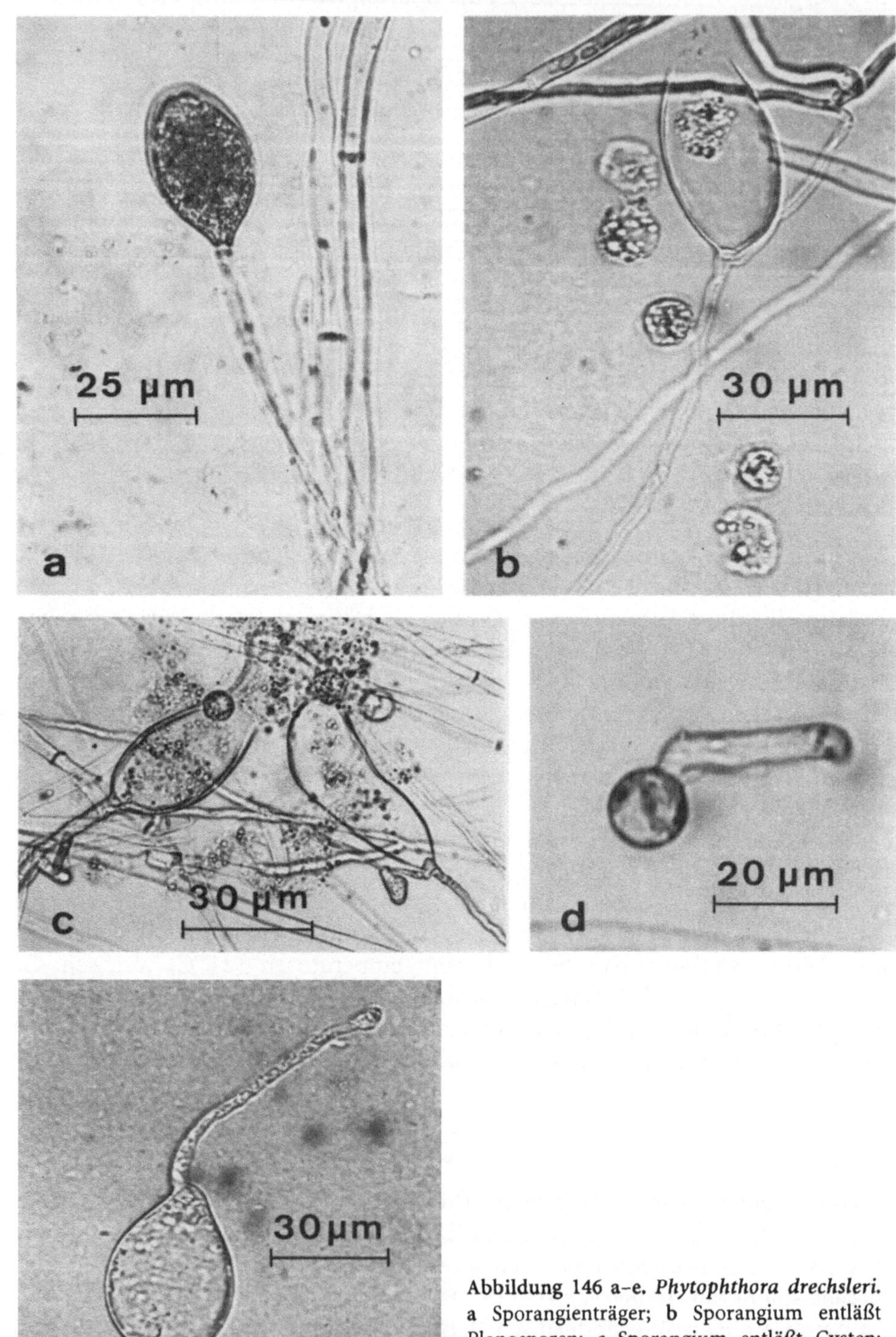

Abbildung 146 a–e. *Phytophthora drechsleri.* a Sporangienträger; b Sporangium entläßt Planosporen; c Sporangium entläßt Cysten; d keimende Cyste; e Sporangium verhält sich wie eine Konidie und bildet einen Keimschlauch

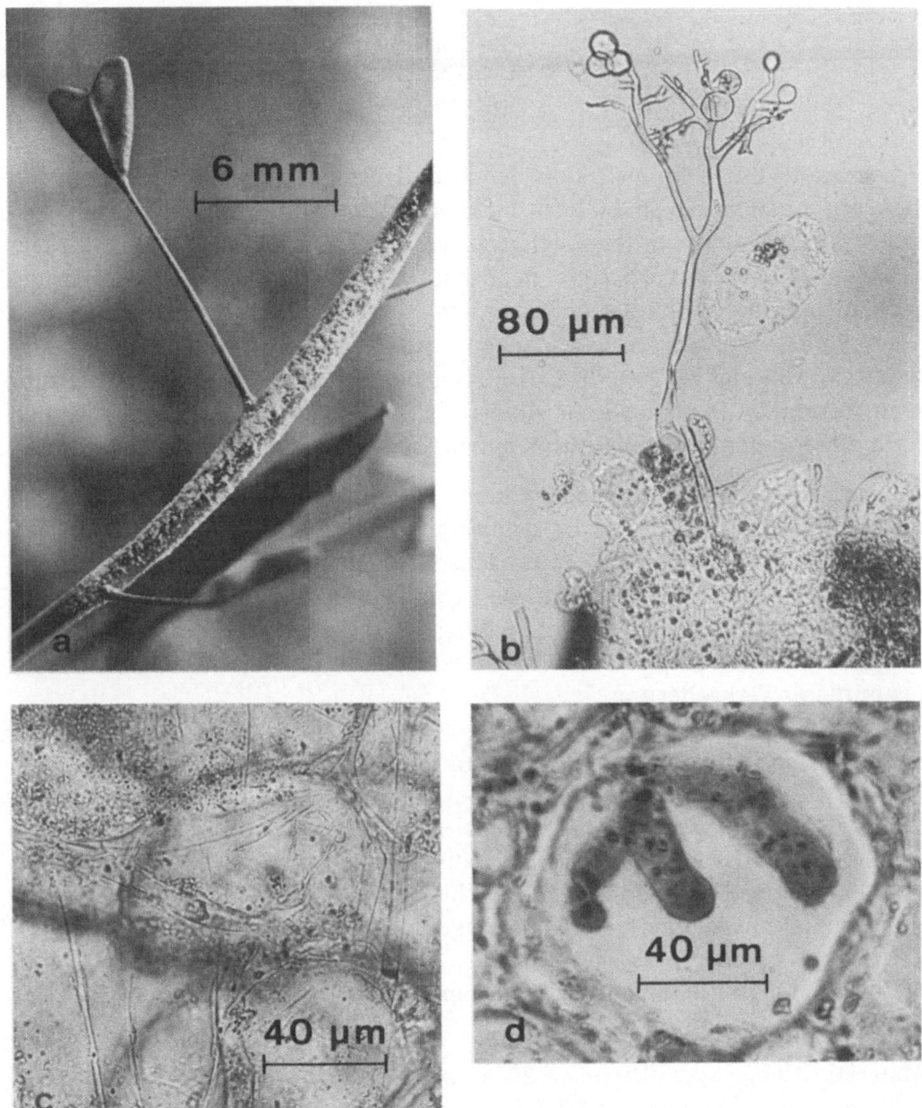

Abbildung 147 a–d. *Peronospora parasitica.* a Habitus einer infizierten Infloreszenz von *Capsella*; b Konidienträger; c interzelluläre Hyphen; d Blattparenchymzelle mit Haustorien. (Foto a: J Webster)

wachsen. *P. parasitica* hat in Bezug auf Sporangienbildung die höchste Stufe der Progression erreicht, denn die Sporangien sind zu Konidien geworden, die als Ganzes abgeworfen werden und einen Keimschlauch bilden. Die Infektion erfolgt durch die Stomata, das Myzel wächst in Sproß und Blättern interzellulär und sendet in die Zellen typische Haustorien.

Oogonien, Antheridien und Oosporen finden sich nur in absterbenden Pflanzengeweben. Die nur mit einer Oosphäre ausgestatteten Oogonien bilden sich interzellulär. Die encystierten Oosporen überwintern nach Zerfall der Wirtspflanze im Erdboden und können dort mehrere Jahre ihre Keimfähigkeit behalten. Die Infektion erfolgt ebenso wie bei den Konidien mittels eines Keimschlauches durch die Stomata. Neben monözischen Stämmen sind auch für *P. parasitica* morphologisch diözische beschrieben worden.

Präparation: Zur Demonstration der Konidienträger verwendet man am besten Frischmaterial. Von Blättern oder von grünen Sproßteilen werden vorsichtig Oberflächenschnitte angefertigt und auf einen trockenen Objektträger gebracht. Erst nach vorheriger Beobachtung mit der kleinen Vergrößerung schließt man die Präparate in Lactophenol ein. Um Hyphen und Haustorien sehen zu können, werden Oberflächen- und Querschnitte von frischem oder fixiertem Material hergestellt. Es ist auch möglich, ohne Schnitte auszukommen, wenn man Blattstücke für einige min in 10%iger KOH kocht, sie werden nach dieser Behandlung bis zu einem gewissen Grad transparent.

Aufgabe und Beobachtungen: Da beim Einschließen der Kondienträger die meisten Konidien durch das Einschlußmittel abgespült werden, wird, um den Habitus der Träger zu erkennen, zunächst bei kleiner Vergrößerung eine Übersichtskizze angefertigt. In einem Deckglaspräparat ist bei starker Vergrößerung deutlich die sympodiale Verzweigung der Träger zu erkennen (Abb. 147 b). Die interzellulären Hyphen und die intrazellulären Haustorien sieht man schon bei mittlerer Vergrößerung.

Wenn Frischmaterial zur Verfügung steht, kann man auch das Auskeimen der Konidien demonstrieren: Mit einem feinen Pinsel Konidien auf ein noch nicht befallenes Blatt von der gleichen Wirtsart bringen und in einer als Feuchtkammer ausgerüsteten Petrischale bei 25 °C oder bei Raumtemperatur inkubieren. Nach 3–4 h kann bei periodischer Beobachtung (kleine Vergrößerung) gesehen werden, daß die Keimschläuche der Konidien auf die Spaltöffnungen zuwachsen und in diese eindringen.

d. Sporangien mit Planosporen entstehen kettenartig an Trägern in endobiontischen Lagern (Abb. 148)

Material: *Albugo* spec. Die etwa 20 *Albugo*-Arten sind obligate Parasiten auf Blütenpflanzen (Erreger des Weißrosts) und können bisher nicht in Laboratoriumskulturen gezogen werden. *A. candida* erzeugt weiße Pusteln auf Cruciferen (Kohlarten, Radieschen etc.). Vor allem aber auf *Capsella bursa pastoris* kann diese Art gefunden werden, deren Symptome nicht mit der dort ebenso häufig parasitierenden *Peronsospora parasitica* (Abb.147 a) verwechselt werden dürfen, denn die Letztere bildet einen weißlichen Flaum von Konidienträgern.

Beobachtungen: In Handquerschnitten oder Deckglaspräparaten durch die Pusteln des Weißrostes erkennt man, daß die interzellularen Hyphen unter der Epidermis kegelartige Sporangienträger bilden, die in basipetaler Folge sukzessiv Sporangien abschnüren. Unter dem Druck der Sporangienlager platzt die

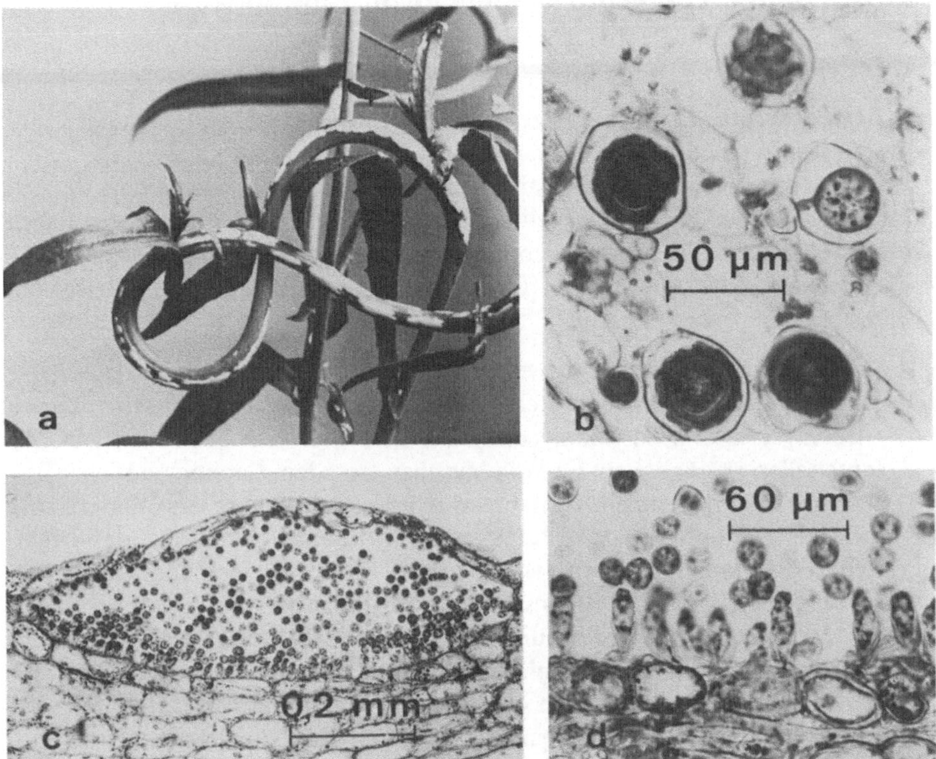

Abbildung 148 a–d. *Albugo candida.* **a** Habitus eines infizierten Sproßstückes von *Capsella bursa pastoris*; **b** Oogonium und Oosporen; **c** Querschnitt durch ein Sporangienlager; **d** Ausschnitt aus (c) mit kegelartigen Sporangienträgern. (Foto a: J Webster)

Epidermis und die Sporangien werden vom Wind verbreitet. Sobald sie mit dem Wirt erneut in Kontakt kommen und genügend Feuchtigkeit vorhanden ist, entlassen die Sporangien bis zu acht Planosporen. Die Wand der in Einzahl gebildeten Oosporen (in absterbenden Pflanzenteilen zu finden) hat netzartige stachlige Verdickungen.

Diese Entwicklungsstufe der Sporangien kann nicht als Endstufe der Progression Planospore – Konidie angesehen werden, da im Gegensatz zu *P. parasitica* noch Planosporen entstehen. Betrachtet man jedoch den Habitus der Sporangienträger, so ist deutlich eine Höherentwicklung von den sympodialen Hyphen von *Phytophthora* über die endständigen *Plasmopara*-Konidien zu den in Lagern entstehenden serial angeordneten Sporangien von *Albugo* zu sehen.

14. Abteilung: Eumycota (Höhere Pilze, „Chitinpilze")

A. EINFÜHRUNG

Zu den Eumycota, auch echte Pilze genannt, gehören etwa **5000 Gattungen** und etwa **57 000 Arten**, die sich auf **vier Klassen** verteilen. In ihrem Vegetationskörper, im Modus ihrer Fortpflanzung und ihrer Lebensweise zeichnen sie sich durch eine große Mannigfaltigkeit aus (s. auch Tabelle 5). Sie lassen sich durch folgende wesentliche Merkmale charakterisieren. Einzelheiten und ihre praktische Bedeutung werden in den Übungsanleitungen an speziellen Beispielen erläutert.

1) Ihre **Zellwände** enthalten vorwiegend **Chitin** und zum Teil auch Glucane.
2) Ihre **Vegetationskörper** besteht aus **Hyphen**, die **septiert sein können** (Ascomycetes und Basidiomycetes). Da die Septen den Durchtritt von Zellorganellen ermöglichen, sind die Myzelien trotzdem **Coenocyten.**
3) Abgesehen von wenigen Ausnahmen leben sie **außerhalb des Wassers**, und zwar als **Saprophyten** oder **Parasiten**. Damit hängt zusammen, daß **begeißelte Fortpflanzungszellen selten** vorkommen, und zwar nur bei den ursprünglichen Taxa. Ihre Begeißelung ist **opisthokont** (Abb. 135).
4) Bei der **sexuellen Fortpflanzung** gibt es als **Befruchtungs-Modi: Isogamie, Anisogamie, Gametangiogamie, Somatogamie** und nur vereinzelt Oogamie. Bei den **Entwicklungs-Zyklen** gibt es eine **Progression von Haplonten über Haplo-Dikaryoten zu Dikaryoten.** Diplonten sind nur vereinzelt vorhanden. Bei den **Fortpflanzungs-Systemen dominiert Monözie**, die **vielfach von Incompatibilität überlagert** wird. Seltener findet man Diözie.

B. ÜBUNGSANLEITUNGEN

I. Klasse: Chytridiomycetes

Innerhalb dieser Klasse kann man mehre **Progressionen** beobachten: (1.) Holokarpie → Eukarpie; (2.) Isogamie → Oogamie; (3.) Haplont → Haplo-Diplont. Die Unterteilung der 112 Gattungen und 793 Arten der Chytridiomycetes in 5 Ordnungen basiert auf der Struktur des Thallus, dem Modus der sexuellen Fortpflanzung und der Feinstruktur der Planosporen. Wir werden uns mit den beiden wichtigsten Ordnungen genauer beschäftigen.

1. Ordnung: Chytridiales (Archimycetes, Urpilze)

Merkmale: Die Vertreter dieser Gruppe (etwa 30 Gattungen mit ca. 350 Arten) leben meist als **Parasiten** auf Land- und Wasserpflanzen, aber auch als **Saprophyten** auf im Wasser befindlichen Pflanzenteilen (z.B. Pollenkörner). Es sind mikroskopisch kleine Organismen, deren **Thalli**, soweit sie **endobiotisch** vorkommen, noch ein **kurzes zellwandloses Stadium** durchlaufen. Die **epibiotischen Formen** haben **Zellwände aus Chitin** und bilden hyphenartige Rhizoide aus. Während die primitiven Formen holokarp sind, dominiert bei den höheren Formen die Eukarpie. Soweit die Entwicklungs-Zyklen bekannt sind, handelt es sich um monözische oder physiologisch diözische Haplonten, die sich vegetativ durch Nebenfruchtformen („Sommersporen") vermehren können. Die systematische Einteilung in fünf Familien (von denen vier bearbeitet werden) erfolgt nach der Ausbildung der Sporangien in inoperculate Arten (Sporangium öffnet sich mit einem Porus bzw. Schlauch) oder operculate Arten (Sporangium öffnet sich mit einem Deckel).

Bei den **Chytridiales** kann man **zwei Progressionen** verfolgen: (1) vom amöboiden, zellwandlosen, holokarpen Protoplasten bis zu Formen mit primitiven Myzelien mit Arbeitsteilung (Eukarpie); (2) von Isogametogamie zu Gametangiogamie.

Familie: Olpidiaceae

Leitart: *Olpidium brassicae*, Erreger der Schwarzbeinigkeit von Kohlpflanzen, parasitiert im Wurzelgewebe und bewirkt, daß die jungen Kohlpflanzen nach einem Umknicken in der Wurzelregion frühzeitig absterben. Der Pilz ist auch pathologisch für junge Salatpflanzen.

Merkmale: Der endobiotische, bläschenförmige Thallus ist ein Plasmodium, das sich holokarp in ein Sporangium umwandelt. Der noch nicht vollständig abgeklärte Entwicklungs-Zyklus ist in Abb. 149 dargestellt.

In den Dauersporangien, die nach Zerfall des pflanzlichen Gewebes überwintern (10), erfolgt wahrscheinlich erst kurz vor dem „Auskeimen" die Karyogamie und darauf sofort die Meiosis. Nach zahlreichen mitotischen Teilungen entstehen Planosporen (11, 1), welche durch die Wurzelhaare die Epidermiszellen des Wirtes infizieren und dort zu einem plasmodienartigen Thallus heranwachsen (2, 3). Schon nach kurzer Zeit wandelt sich unter Wandbildung der Vegetationskörper holokarp in einen Fortpflanzungszellenbehälter um (4), der inoperculat durch eine schlauchartige Ausstülpung begeißelte Fortpflanzungszellen entläßt, die im Sommer als Planosporen (Sommersporen) (5) sofort Neuinfektionen auslösen können und gegen Ende der Vegetationsperiode als Gameten paarweise fusionieren (6). Da beobachtet wurde, daß nur Gameten von verschiedenen Isolaten kopulieren, hat man auf die Existenz von zwei verschiedenen Kreuzungstypen geschlossen (physiologische Diözie?). Das noch dikaryotisch haploide, zweigeißelige Fusionsprodukt infiziert erneut den gleichen Wirt und entwickelt dort in einer Epidermiszelle zweikernige Dauersporangien (8, 9).

Material: Infizierte Kohl- oder Salatpflanzen, die umgeknickt sind und schwärzliche Verfärbungen am Wurzelhals zeigen.

Olpidium brassicae läßt sich, wie viele pflanzenparasitäre Pilze, nicht in vitro kultivieren. Man kann diesen Pilz jedoch mit ständigen Wirtspassagen relativ leicht halten, wenn man wie folgt verfährt: In Blumentöpfe, die mit grobem Sand gefüllt und danach autoklaviert wurden, Salatsamen aussäen. Mit Leitungswasser gießen. Nach 4–5 d, wenn die ersten Keimpflanzen zu sehen sind, wird mit einer Suspension von *Olpidium*-Sporen infiziert. Die Suspension stellt man her, indem man die Wurzeln bereits infizierter Pflanzen durch Waschen in Leitungswasser von den anhaftenden Erdpartikeln befreit und dann in eine 0,75 M Glykokoll-Lösung bringt. Die Sporen schlüpfen schon nach wenigen Minuten aus (mikroskopische Kontrolle). Die jungen Salatkulturen werden täglich mit steriler Nährlösung gegossen (z.B. synthetisches Medium Nr. 1, S. 26, dem man pro Liter 1 ml Stammlösung von Spurenelementen, S. 25, zugesetzt hat). Zusätzlich kann man den Salatpflanzen noch ein- bis zweimal pro Woche kleinere Mengen von „Blumendünger" verabreichen. Nach etwa 4 Wochen muß eine erneute Wirtspassage erfolgen (pers. Mitt. Labor Nienhaus, Bonn).

Präparation: Von den Wurzeln der infizierten Pflanzen die anhaftenden Erdpartikel mit Wasser abspülen. Die jüngeren Teile der Wurzeln können nach leichtem Zerquetschen direkt zu Deckglaspräparaten verarbeitet werden. Von den älteren Teilen mit der Hand Längsschnitte herstellen, die allerdings nicht zu dünn sein dürfen.

Aufgabe und Beobachtungen: Vor allem in den Epidermiszellen sind die verschiedenen Entwicklungsstadien der Planosporangien zu sehen (Abb. 150 a). Man erkennt die Fortpflanzungszellenbehälter an ihren schlauchartigen Ausstülpungen, die sich schon vor der Sporenreife bilden (Abb. 150 b). Bei Verwendung von „reifem" Frischmaterial (4–5 d nach der Infektion) kann man schon im Verlauf weniger Minuten das Ausschwärmen der sehr kleinen Planosporen beobachten (Abb. 150 c).

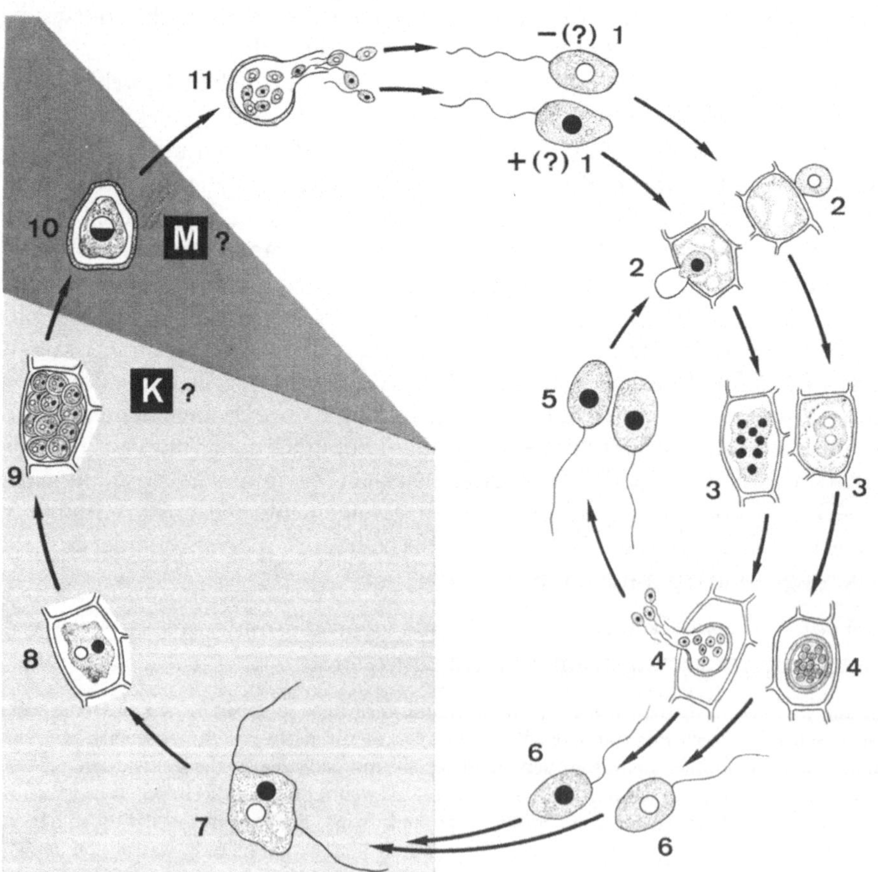

Der Infektionsvorgang läßt sich auch demonstrieren, wenn man die Wurzeln junger Pflanzen in eine frisch hergestellte Planosporensuspension bringt. Schon nach etwa 30 min setzen sich diese Sporen an den Wurzelhaaren fest, werfen die Geißeln ab und dringen im Verlauf von etwa einer Stunde in die Wurzelhaare ein (Abb. 150 d). 2 d nach der Infektion sieht man in den Wurzelhaaren und auch in Handschnitten in den Epidermiszellen kleine amöboide Thalli, welche während der nächsten 4–5 d an Größe zunehmen, sich schließlich zu Sporangien umbilden und wieder „Sommersporen" entlassen.

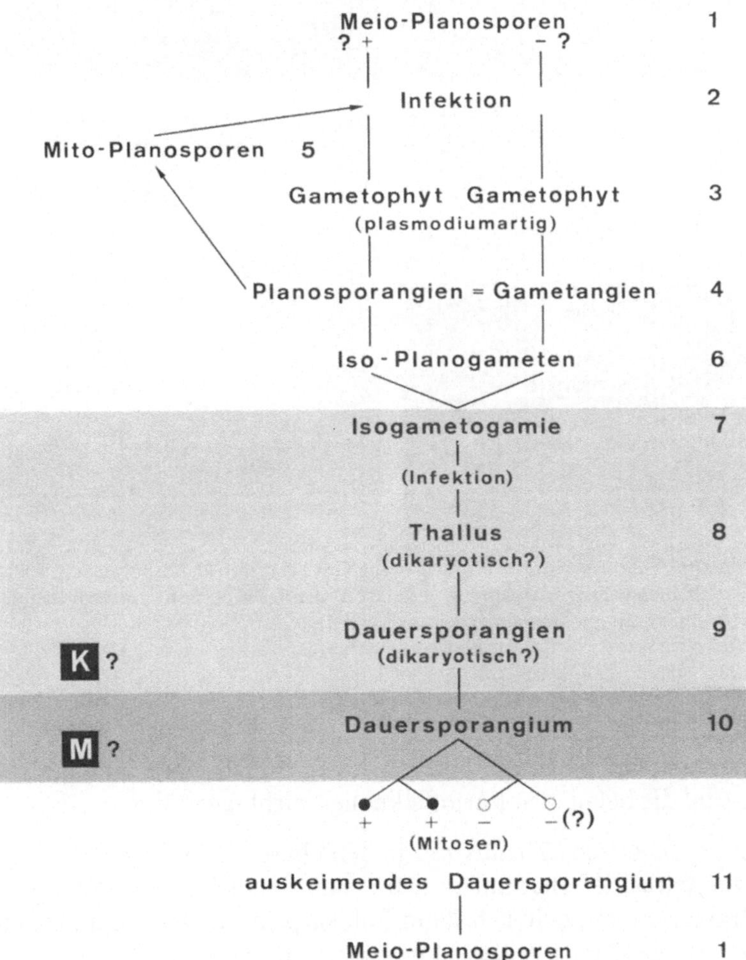

Abbildung 149. Entwicklungs-Zyklus von *Olpidium brassicae*, Haplont mit vegetativer Fortpflanzung durch Planosporen. Befruchtungs-Modus: Isogametogamie; Fortpflanzungs-System: wahrscheinlich physiologische Diözie. Die noch nicht mit Sicherheit bekannten Stadien des Entwicklungs-Zyklus sind mit Fragezeichen versehen. Nebenzyklus nur für den + Kreuzungstyp eingezeichnet

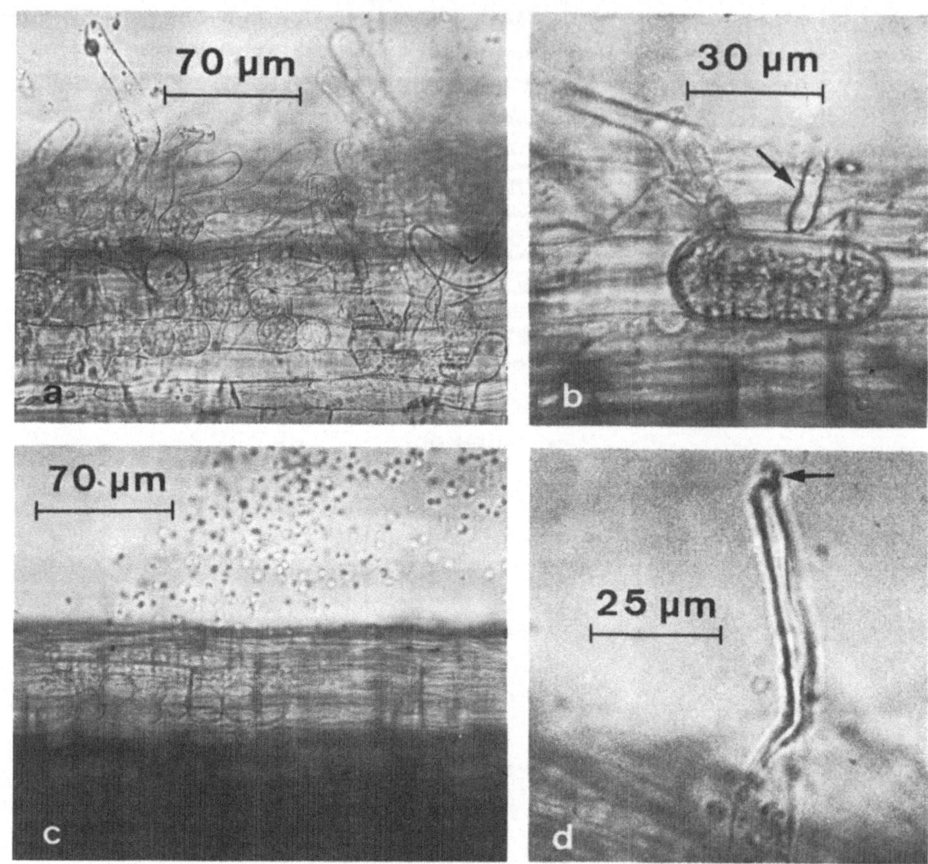

Abbildung 150 a–d. *Olpidium brassicae.* a Wurzelgewebe von Salat mit Planosporangien; b Planosporangium mit schlauchartiger Ausstülpung (Pfeil); c Wurzelgewebe mit ausschwärmenden Planosporen; d Wurzelhaar mit anhaftender Planospore (Pfeil)

Familie: Synchytriaceae

Leitart: *Synchytrium endobioticum,* Erreger des Kartoffelkrebses. Infolge von Tumorbildung sind die befallenen Kartoffelknollen nicht lagerfähig.

Merkmale: Der endobiotische Thallus, der in den oberen Zellschichten der befallenen Pflanzen parasitiert, hat nur in den ersten Entwicklungsstadien plasmodialen Charakter. Er wandelt sich dann holokarp in mehrere inoperculate Sporangien. Der Entwicklungs-Zyklus ist in Abb. 151 dargestellt.

Die Ontogenese von *S. endobioticum* ähnelt in den meisten Stadien dem Zyklus der oben besprochenen *Olpidium brassicae* (Abb. 149). Nach Infektion von Epidermiszellen der Keime von Kartoffelknollen bildet der noch einkernige amöboide Vegetationskörper (2) schon nach kurzer Zeit eine Zellwand aus und wird zum Prosorus (3). Der Pilz kann auch die Epidermen der oberirdischen Teile der Kartoffelpflanze, insbesondere die Blätter, befallen und dort Gallenbildung auslösen. Diese auch Sommerspore genannte Zelle entläßt ihren amöboiden Inhalt in ein Vesikel in der mittlerweile stark hypertrophierten Wirtszelle. Nach zahlreichen Mitosen (4) erfolgt eine Unterteilung des nun Sorus genannten Thallus in mehrere Fortpflanzungszellenbehälter (5, 6). Die in diesen gebildeten Fortpflanzungszellen können je nach den äußeren Bedingungen entweder als Planosporen (7) nach Zerfall der Wirtszelle einen neuen Nebenzyklus einleiten oder als Gameten (8) in gleicher Weise wie bei *O. brassicae* den Hauptzyklus fortführen. Nach paarweiser Fusion und erneuter Infektion (9, 10) entsteht wieder ein amöboider Vegetationskörper (11), der sich in ein Dauerorgan, die sogenannte Winterspore (12) umwandelt. Nach Verfaulen der Tumoren keimt diese im Frühjahr blasenartig mit einem Sporangium aus (13). Das Fortpflanzungs-System, der Zeitpunkt von Karyogamie und Meiose sind bei diesem Organismus noch nicht völlig abgeklärt.

Material: Infizierte Kartoffelknollen, die ausgehend von den „Augen", blumenkohlartige Wucherungen aufweisen. Bedingt durch die Züchtung resistenter Kartoffelsorten ist *S. endobioticum* nur noch selten zu finden. Die Wintersporen können mehrere Jahre im Boden überdauern und daher aus Erdproben ausgewaschen werden.

Wegen der sehr großen Infektionsgefahr ist es nach der gültigen Kartoffelschutzverordnung erforderlich, für Arbeiten mit *Synchytrium endobioticum* eine Genehmigung des örtlichen Pflanzenschutzamtes einzuholen. Diese wird nicht benötigt für die Verwendung von fixiertem Material. Beides kann man erhalten von:

Biologische Bundesanstalt für Land- und Forstwirtschaft, Institut für Pflanzenschutz in Ackerbau und Grünland. Messeweg 11/12; D- 38104 Braunschweig; T: 0531-2994515; F: 0531-993008.

Bayerische Landesanstalt für Bodenkultur und Pflanzenbau, Sachgebiet Pflanzenkrankheiten, Vöttingerstr. 38, D-85354 Freising. T: 08161-713640; F: 08161-4102; Epost: Johanna. Hagl@lbp. bayern.de

Präparation: Von Handschnitten durch infizierte Regionen der Kartoffelknolle, vor allem Epidermiszellen, Deckglaspräparate anfertigen.

Aufgabe und Beobachtungen: Bei Verwendung von Frischmaterial ist es möglich, das Ausschlüpfen der Planosporen zu beobachten, wenn man wenige Millimeter große Stücke des tumorartigen hypertrophierten Kartoffelgewebes in Wasser bringt (bei 5–10 °C). In den Gewebeschnitten kann man bei starker Vergrößerung die einzelnen Stadien der Sorus- und Sporangiumentwicklung und Dauersporen bei starker Vergrößerung beobachten und zeichnen. Dabei fällt auf, daß nicht nur die befallenen Zellen, sondern auch die benachbarten Zellen hypertrophiert sind (Abb. 152).

Familie: Rhizidiaceae

Merkmale: Die in dieser Familie zusammengefaßten 18 Gattungen mit über 100 Arten parasitieren entweder auf im Wasser lebenden Algen, Pilzen bzw. Kleintieren oder leben als Saprophyten auf im Wasser befindlichen tierischen und pflanzlichen Substraten (z.B. Pollenkörnern).

Der Thallus besteht aus reich verzweigten Rhizoiden, an denen (meist in Einzahl) inoperculate Sporangien gebildet werden. Sie haben als holokarpe Epibionten eine höhere Stufe der oben zitierten Progressionen (S. 289) erreicht. Dies kommt auch vor allem in ihrem Befruchtungs-Modus zum Ausdruck. Bei der auf *Spirogyra* parasitierenden *Rhizophydium couchii*, deren Ontogenese in den wesentlichen Zügen bekannt ist, ist Aniso-Gametangiogamie beobachtet worden.

Diese Progression in der Ausbildung der Geschlechtsorgane erreicht ihre höchste Stufe bei *Polyphagus euglenae*. Der auf *Euglena* (S. 82) parasitierende Pilz weist schon im Vegetationskörper eine deutlich ausgeprägte morphologische Diözie auf. Da er im Kurs nicht einfach zu handhaben ist, sei hier nur der Vollständigkeit halber auf dieses Objekt verwiesen, das in den meisten Lehrbüchern ausführlich besprochen wird.

Bei den meisten Arten der Rhizidiaceae ist eine vegetative Fortpflanzung durch Nebenzyklen bekannt, die sich leicht im Kurs demonstrieren läßt.

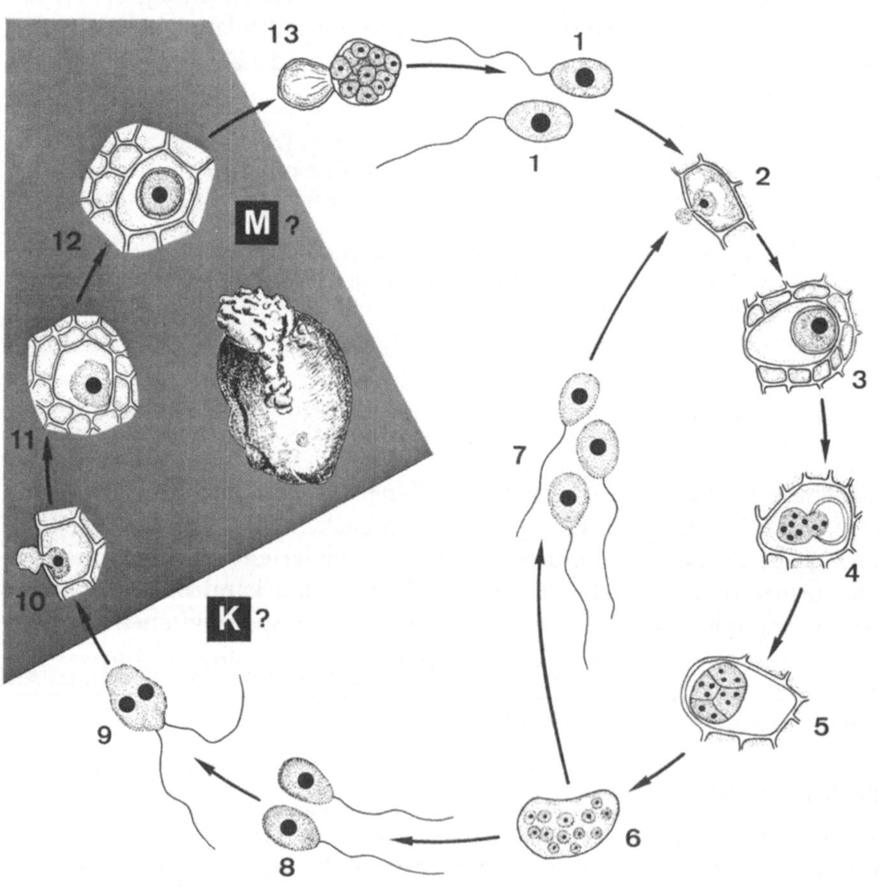

Material und Präparation: Stammkulturen von *Phlyctochytrium africanum* (CBS) können auf Maisagar bis zu 6 Monaten bei 4 °C im Kühlschrank aufbewahrt werden. Die Auslösung der Sporangienbildung kann auf zweifache Weise erreicht werden:

1. Mit Maisagar gefüllte Petrischalen werden mit kleinen, etwa 3 mm^3 großen, den Stammkulturen zu entnehmenden Stückchen beimpft und bei 25 °C gehalten. Nach etwa 7 Tagen ist eine tägliche Beobachtung erforderlich. Sobald

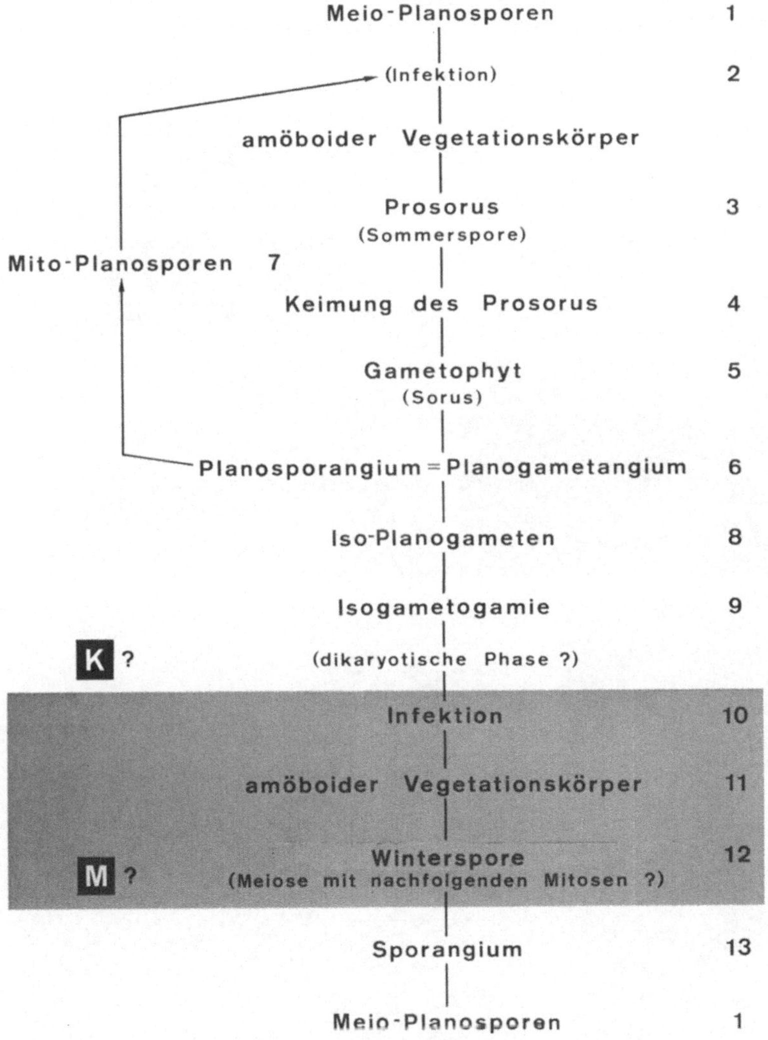

Abbildung 151. Entwicklungs-Zyklus von *Synchytrium endobioticum,* Haplont mit vegetativer Fortpflanzung durch Planosporen. Befruchtungs-Modus: Isogametogamie; Fortpflanzungs-System: noch nicht abgeklärt ob Monözie oder physiologische Diözie. Die noch nicht mit Sicherheit bekannten Stadien sind mit ? versehen

die Sporangien zu erkennen sind, werden aus den sich von der Agaroberfläche abhebenden Kulturen mit der Präparierfeder kleine Thallusstücke entnommen und Deckglaspräparate angelegt.

Wenn man für Kurszwecke von einer Kultur rasch größere Materialmengen erhalten will, wird diese unmittelbar nach dem Beimpfen mit sterilem Wasser überschichtet. Aus den in den Impf-stücken vorhandenen Sporangien schwärmen nach kurzer Zeit Planosporen aus, setzen sich nach Eintrocknen des Wassers fest und wachsen zu neuen Kolonien aus.

2. Den Stammkulturen entnommene Thallustücke werden in eine Petri-schale gebracht, deren Boden in dünner Schicht mit sterilem aqua dest. be-deckt ist. Danach werden *Pinus*-Pollen zugegeben, so daß sich auf der Oberflä-che ein feiner makroskopisch erkennbarer Pollenfilm bildet.

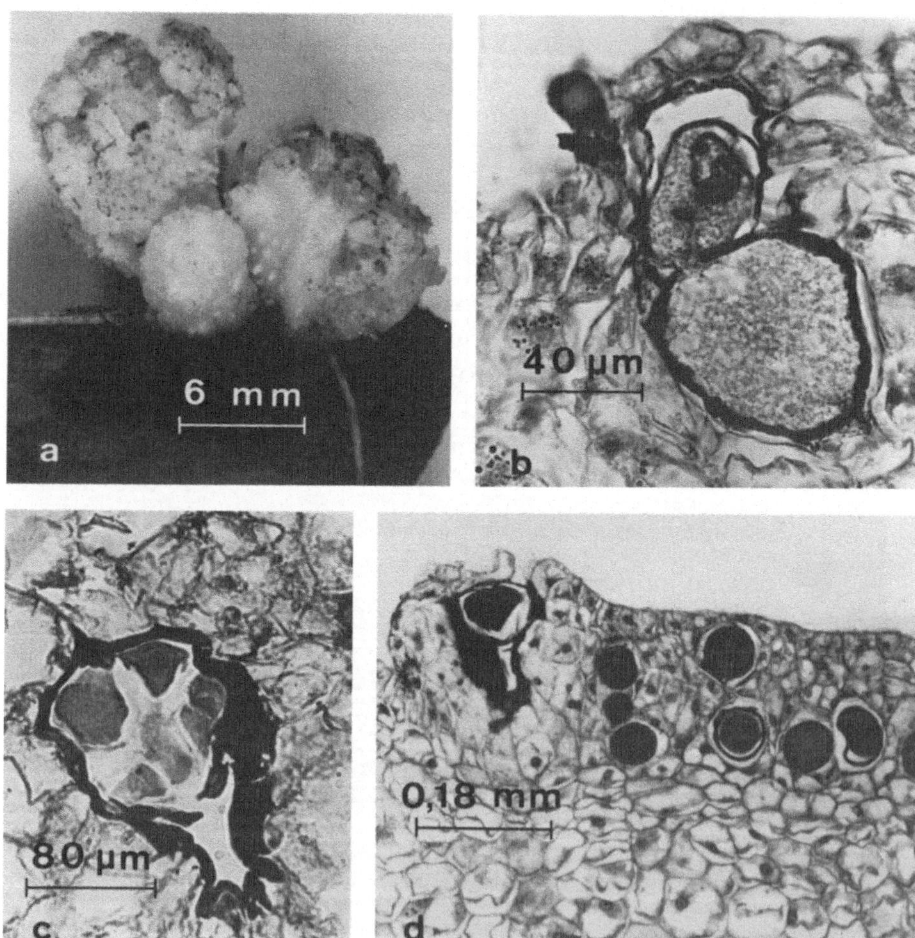

Abbildung 152 a–d. *Synchytrium endobioticum.* a Kartoffelstück mit Tumorbildung; b–d Schnitte durch Tumoren, b keimender Prosorus; c Sorus kurz vor der Keimung, an der Basis des Sorus sind die Reste des Prosorus zu sehen; d links oben: Sorus; die Wintersporen (Bildmitte) befinden sich einige Zellagen unter der Epidermis, bedingt durch Wucherungen des Tumors. (Fotos b–d: J Ullrich)

Es ist nicht notwendig, dazu unbedingt *Pinus*-Pollen zu nehmen, aber die Verwendung dieser Pollenart hat folgende Vorteile: (1) *Pinus*-Pollen kann man im Frühjahr leicht in großen Mengen „ernten"; sie können nach kurzer Trocknung im Exsikkator jahrelang in verschlossenen Gefäßen aufbewahrt werden. (2) Da sie mit zwei lateralen „Luftsäcken" ausgestattet sind, schwimmen sie auf der Wasseroberfläche. Dies erleichtert nicht nur die Sauerstoffversorgung der saprophytierenden Pilze, sondern auch deren mikroskopische Beobachtung.

Schon nach kurzer Zeit entstehen aus den Thallusstücken Sporangien, deren Planosporen die Pollen infizieren. Auf diesen setzt nach etwa 8 Tagen bei Tageslicht und Raumtemperatur die Bildung von Sporangien ein, die im Verlauf von weiteren 2 d sporulieren. Zur mikroskopischen Beobachtung Tropfpräparate herstellen.

Falls *P. africanum* nicht zur Verfügung steht, kann man versuchen, mit *Pinus*Pollen die nahe verwandte Art *Rhizophydium pollinis* zu ködern. Dazu werden Petrischalen in dünner Schicht mit Proben aus leicht verschmutztem Teichwasser gefüllt. Nach „Bestreuen" mit *Pinus*-Pollen werden die Schalen entweder bei Zimmertemperatur oder bei 25 °C im Brutschrank gehalten und nach etwa 3–4 d täglich unter dem Präpariermikroskop beobachtet. Bei Auftreten geeigneter Entwicklungsstadien Tropfpräparate herstellen.

Aufgabe und Beobachtungen: Beide Arten bilden hyphenartige Rhizoide aus, die man in den Agarkulturen von *P. africanum* leicht beobachten kann (Abb. 153 a). In den reifen Sporangien sind die Planosporen schon vor dem Ausschwärmen an ihrer lebhaften Bewegung zu erkennen (Abb. 153 b). Nach etwa 30 min verlassen die Sporen ihren Behälter durch mehrere, im unreifen Sporangium präformierte Poren. Neuinfektionen von *Pinus*-Pollen können dann beobachtet werden.

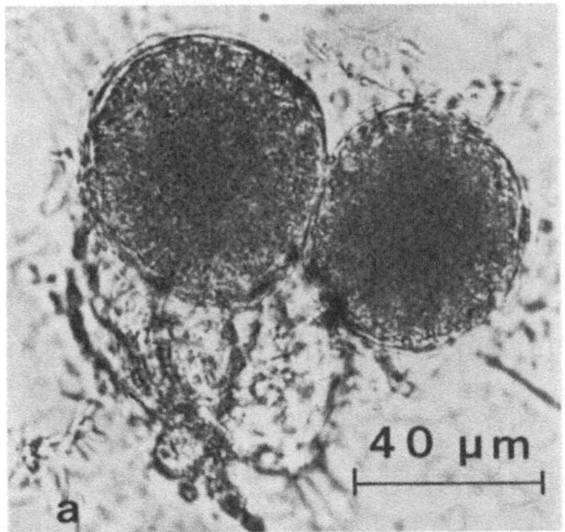

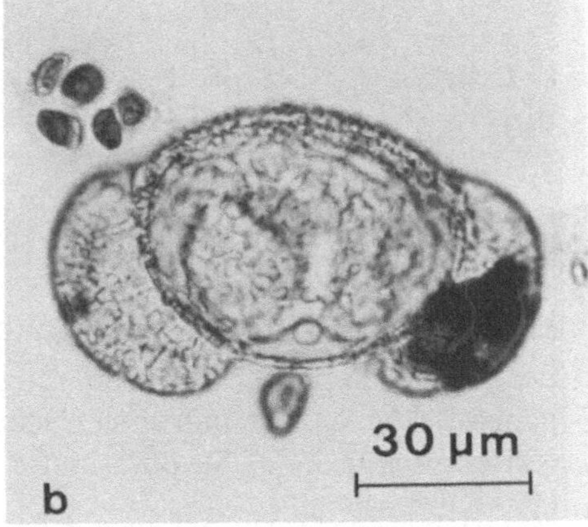

Abbildung 153 a, b. a *Phlyctochytrium africanum,* junge Sporangien mit hyphenartigen Rhizoiden aus einer Agarkultur; b *Rhizophydium pollinis,* Pinus-Pollenkorn mit jungem (unten) und reifem Sporangium (oben)

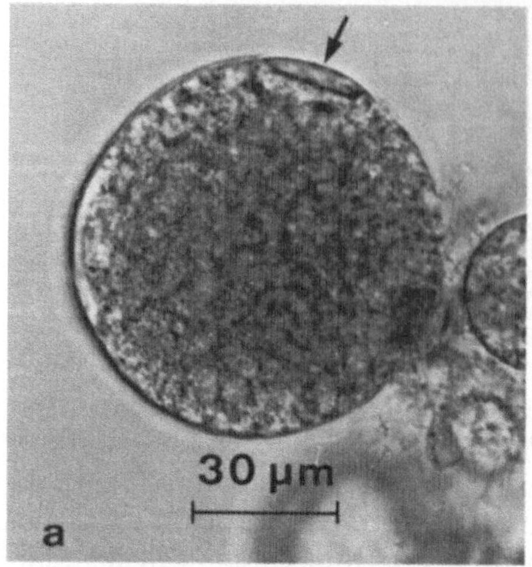

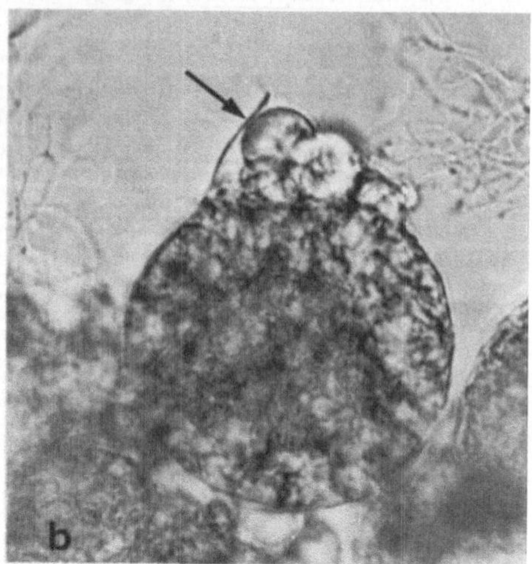

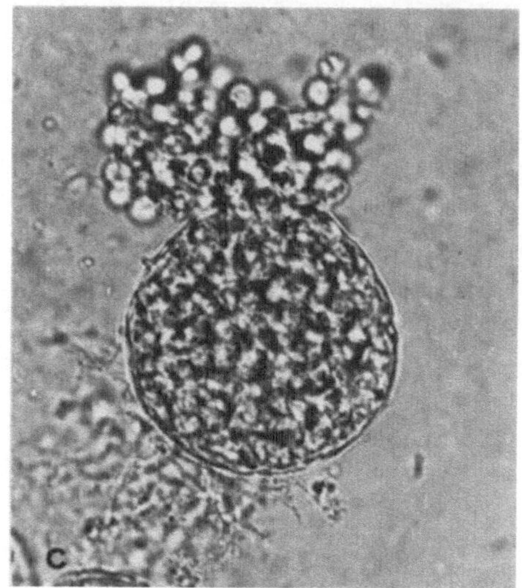

Abbildung 154 a–c. *Chytridium olla.* a Junges Sporangium mit Rhizodien, Deckel (Operculum), s. Pfeil); b reifes Sporangium, der Deckel (Pfeil) hat sich geöffnet; c reifes Sporangium, der Deckel wurde abgeworfen, die Sporen schwärmen aus

Familie: Chytridiaceae

Merkmale: Die Vertreter dieser Familie haben die höchste Entwicklungsstufe der Chytridiales erreicht: Die Sporangien sind operculat und soweit Sexualvorgänge bekannt, liegt morphologische Diözie mit oogamer Befruchtung vor (*Chytridium sexuale*). Sie parasitieren auf Algen, Wasserpilzen oder Protozoen.

Material: Da ein Sexualzyklus nur für wenige Arten beschrieben ist, wollen wir uns darauf beschränken, mit *Chytridium olla* ein Objekt zu behandeln, bei dem die für diese Familie typische operculate Sporangienstruktur in Laboratoriumskulturen demonstriert werden kann. *C. olla* parasitiert auf der Grünalge *Oedogonium* (S. 193) und kann vom CBS bezogen werden.

Präparation: Zur Demonstration der Sporangienbildung werden mit Pepton-Bierwürze-Agar (S. 29) gefüllte Petrischalen mit kleinen Myzelstücken aus der Stammkultur beimpft und für 8–10 d bei 25 °C bebrütet. Unter dem Präpariermikroskop entnimmt man mit der Präparierfeder kleine Thallusstücke mit verschiedenen Stadien der Sporangienbildung und fertigt unter Zugabe von sterilem Wasser Deckglaspräparate an.

Aufgabe und Beobachtungen: An dem üppigen rhizoidalen System, das zahlreiche Verzweigungen aufweist, entstehen die in jungen Stadien leicht rosa gefärbten kugeligen Sporangien (Abb. 154 a). Wenn man reife Sporangien in einen Wassertropfen bringt, sieht man im Verlauf einiger Stunden nach Abheben des runden Deckels (Operculum) das Ausschwärmen der Planosporen (Abb.154 b, c). Eine Sporensuspension kann hergestellt werden, indem man eine Petrischalenkultur, die genügend reife Sporangien hat, für etwa 2–3 h mit sterilem Wasser überschichtet. In sukzessiv von dieser Aufschwemmung hergestellten Tropfpräparaten sind die Bewegung der Planosporen, das Abwerfen der Geißeln und der Beginn der Rhizoidbildung zu sehen.

2. Ordnung: Blastocladiales

Filme: C1959, Fortpflanzung und Entwicklung von *Blastocladiella emersonii*
C 2002, Generationswechsel, *Allomyces macrogynus*

Merkmale: Die meisten der etwa 126 Arten (13 Gattungen) dieses Taxons leben als *Saprophyten* im Wasser oder im Erdboden. Die einfachsten Vertreter (*Blastocladiella*) sind holokarp und ähneln in ihrem Habitus den Chytridiales. Die höheren Formen haben ein mit Chitinwänden ausgestattetes coenocytisches Myzel, das sich aus den als Haftorgan dienenden Rhizoiden entwickelt. **Charakteristisch** ist eine aus RNS und Proteinen (u.a. Ribosomen) bestehende **Kernkappe,** welche die Kerne der Fortpflanzungszellen hutartig überdeckt. Die Funktion dieser Kappe scheint in einer Einleitung der Proteinsynthese im Verlauf der Sporenkeimung zu bestehen. Die meisten Arten können sich **vegetativ** durch in einem Nebenzyklus gebildete **Planosporen** fortpflanzen. Hinsichtlich der **sexuellen Fortpflanzung** weisen die Blastocladiales eine große Mannigfaltigkeit auf. Von dem durch anisogame Gametogamie, Monözie und **isomorphen Generationswechsel** charakterisierten Fortpflanzungsverhalten der als Leitart zu besprechenden *Allomyces arbuscula* (Blastocladiaceae) (Abb. 155) gibt es nicht nur bei den Vertretern der beiden anderen Gattungen, sondern auch bei den übrigen Arten von *Allomyces* zahlreiche Abweichungen. Diese beruhen auf partieller oder vollständiger Reduktion der einen oder anderen Generation.

Die vom Sporophyten gebildeten Dauersporangien (Meio-Planosporangien) enthalten am Ende ihrer 2–8 Wochen dauernden Ruheperiode etwa 12 diploide Kerne, die sich kurz vor dem Auskeimen meiotisch teilen. Nach Aufplatzen der äußeren dunkelbraun gefärbten Sporangienwand stülpt sich die innere farblose Wand aus und entläßt durch eine oder mehrere Poren die 48 Meio-Planosporen (1). Nach Festsetzen am Substrat und Abwurf der Geißel entsteht aus jeder Spore zunächst ein hyphenartiges Rhizoidsystem (2), das zu einem dichotom verzweigten, coenocytischen Gametophyten-Myzel auswächst. Querwände werden nur zur Abschnürung der Gametangien gebildet, die an dem monözischen Myzel meist paarweise entstehen, und zwar wird das größere weibliche Gametangium terminal (4) und das kleinere männliche subterminal (3) angelegt. Die männlichen Geschlechtsorgane sind infolge der Anwesenheit von γ-Karotin orange gefärbt, die weiblichen sind farblos. Die ringartigen Einschnürungen, welche vielfach an den Verzweigungsstellen der älteren Myzelteile entstehen, sind keine Septen, sie dienen der Festigung.

Die einkernigen Anisogameten (farblose größere weibliche, orangerote kleinere männliche) werden aus den Gametangien durch präformierte Papillen entlassen (5, 6). Die Gametenfusion wird durch ein Pheromon, das Sirenin, induziert, welches von den weiblichen Gameten ausgeschieden wird. Es handelt sich dabei um ein bicyclisches Sesquiterpen, das noch in Konzentrationen von 10^{-10} M eine Anlockung der männlichen Gameten auslöst (Tabelle 6, S. 263). Nach der Plasmogamie (7) ist die zweigeißelige Zygote noch kurze Zeit beweglich, ehe sie sich am Substrat festsetzt (8), die Geißeln abwirft und zu einem

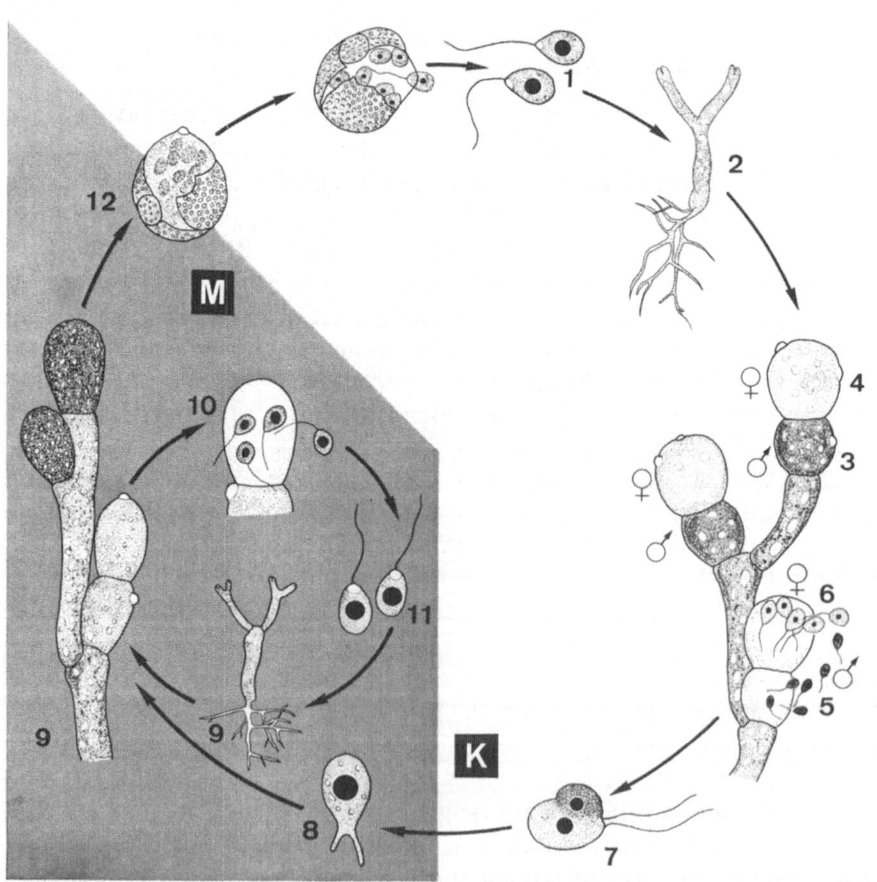

Sporophyten auswächst, der den gleichen Habitus wie der Gametophyt hat (9). An dem Sporophyt entstehen zwei verschiedene Typen von Sporangien: die den Gametangien ähnlichen farblosen Mito-Planosporangien (10) entlassen diploide Planosporen (11), die wieder zu Sporophyten auskeimen (Nebenzyklus, vegetative Fortpflanzung); die doppelwandigen Meio-Planosporangien (12) sind durch ihre derbe Außenwand dunkelbraun gefärbt und werden als Ganzes abgeworfen (Hauptzyklus, sexuelle Fortpflanzung). Die beiden Sporangienarten entstehen nicht wie die Gametangien paarweise, sondern in willkürlicher Anordnung.

Material: *Allomyces arbuscula* (auch manchmal *arbusculus* genannt CBS). Stammkulturen **nicht** im Kühlschrank aufbewahren, sondern bei Zimmertemperatur, denn schon bei 10 °C sterben die Myzelien nach wenigen Wochen ab.

Wenn man *A. arbuscula* in Kultur halten will, ist zu beachten, daß der Gametophyt sehr leicht zum Sporophyten „umschlägt", denn die ausschwärmenden Gameten fusionieren, keimen und bilden Sporophyten. Diese Gefahr ist beim Sporophyten nicht in dem Maße vorhanden, denn aus den Mitosporen entsteht wiederum Sporophytenmyzel. Aber in älteren Kulturen können auch hier durch Auskeimen der Meiosporen Gametophyten entstehen, welche die Kultur „verunreinigen". Um diesen Phänomenen Rechnung zu tragen, sollte man beide Typen, Gametophyt und

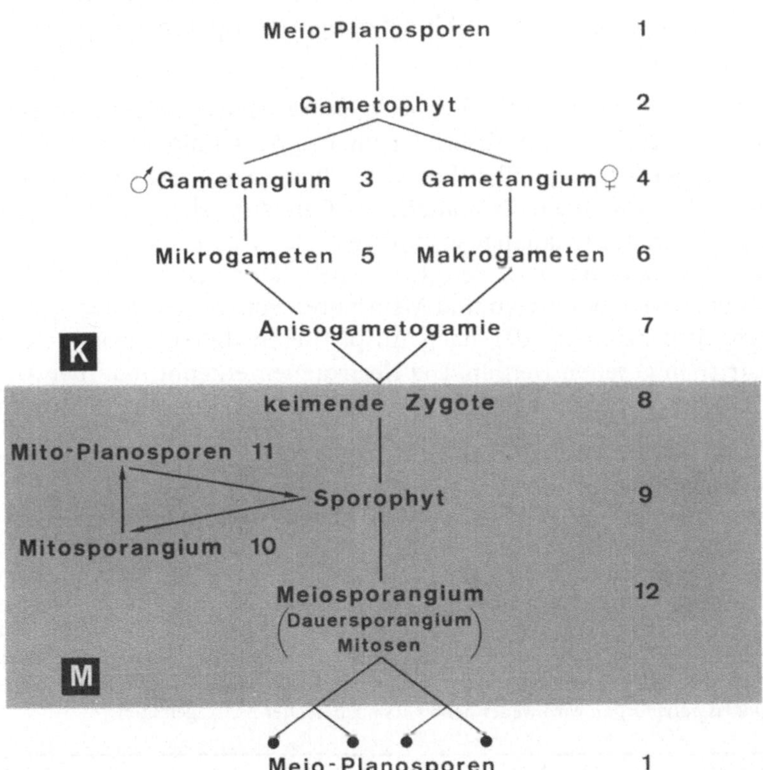

Abbildung 155. Entwicklungs-Zyklus von *Allomyces arbuscula*, isomorpher Haplo-Diplont mit vegetativer Fortpflanzung des Diplonten durch Planosporen. Befruchtungs-Modus: Anisogametogamie; Fortpflanzungs-System: Monözie. (Nach Emerson, verändert)

Sporophyt, nicht auf Schrägagar, sondern auf Maisagarplatten kultivieren, die am Rande mit einem Myzelstück beimpft werden. Kurz bevor die Myzelien nach etwa 4 Wochen den anderen Rand der Schale erreicht haben, werden nach vorheriger mikroskopischer Beobachtung Myzelstücke aus der Randzone auf eine frische Platte umgesetzt. Neben einer makroskopischen Beobachtung (Gametophytenmyzel erscheint durch die männlichen Gametangien leicht orange gefärbt, Sporophytenmyzel durch die Meiosporangien leicht bräunlich) sollte man mindestens einmal wöchentlich die Kulturen unter dem Präpariermikroskop prüfen.

Für Kurszwecke zieht man beide Thallustypen in Maisagar-Petrischalen an, die in der Mitte beimpft und bei 35 °C kultiviert werden. Nach etwa 10 Tagen haben die Myzelien den größten Teil der Schale bedeckt und enthalten alle erforderlichen Entwicklungsstadien.

Präparation: Unter dem Präpariermikroskop mit der Präparierfeder kleine Myzelstücke möglichst aus den Randzonen entnehmen und nach Zugabe von Wasser Deckglaspräparate beider Thallustypen herstellen. Zur Demonstration der Zygotenbildung und von Keimungsstadien der Mitosporen werden Schalen mit Gametophyten und Sporophyten etwa 2–3 mm mit sterilem dest. Wasser überschichtet und nach 1 h in periodischen Abständen Tropfpräparate hergestellt. Um die Keimung der Meiosporangien zu sehen, suspendiert man etwa 4 Wochen alte Sporangien in Wasser und stellt in Abständen von 0,5 h Tropfpräparate her. Die Keimung und das Ausschlüpfen der Meiosporen erfolgt in einem Zeitraum von 2–4 h.

Aufgabe und Beobachtungen: Wenn die Deckglaspräparate genügend Wasser enthalten, kann man bei mittlerer Vergrößerung das Ausschlüpfen der Gameten beobachten. Dabei fällt auf, daß sich, bedingt durch die Ausscheidung von Sirenin der weiblichen Gameten, die männlichen Gameten sehr oft um die benachbarten weiblichen Gametangien gruppieren. Das Ausschlüpfen der Mitosporen kann auf die gleiche Weise verfolgt werden. Keimungsstadien der Zygoten, Mitosporen, Dauersporangien und Meiosporen können entweder in den entsprechenden Suspensionen oder nach Ausplattieren dieser Suspensionen auf Plattenabstrichen gesehen werden. Die Kernkappen erkennt man bei Anwendung der Ölimmersion vor allem in den Planosporen. Von den einzelnen Stadien sind Zeichnungen entsprechend der Abb. 156 anzufertigen.

3. Ordnung: Monoblepharidales

Diese Ordnung umfaßt nur drei Gattungen, die in der Familie der Monoblepharidaceae zusammengefaßt sind und als Saprophyten im Wasser leben. Ihre Myzelien haben Chitinwände und sind mit den Blastocladiales verwandt (Habitus und Keimung der Planosporen, Kernkappen), haben aber durch ihren **oogamen Befruchtungs-Modus** die höchste Progressionsstufe erreicht (eine unbewegliche Eizelle wird durch kleine Spermatozoiden befruchtet). Die vegetative Vermehrung erfolgt bei diesen Haplonten durch Mito-Planosporen. Von einer experimentellen Behandlung dieser Gruppe soll abgesehen werden, da die Materialbeschaffung mit Schwierigkeiten verbunden ist. Die Leitart *Monoblepharis polymorpha* wird weder beim CBS noch bei der ATCC gehalten.

Abbildung 156 a–h. *Allomyces arbuscula.* **a** Gametophyt, Habitus; **b** Gametangien mit ausschlüpfenden Gameten; **c** Anlockung der männlichen durch das von den weiblichen Gameten ausgeschiedene Sirenin; **d** Sporophyt, Habitus; **e** Mitosporangien (teilweise mit ausschlüpfenden Mitosporen); **f** keimendes Meiosporangium; **g** keimende Mitosporen und junge Sporophyten; **h** Planosporen, über dem Zellkern erkennt man die hutartige Kernkappe

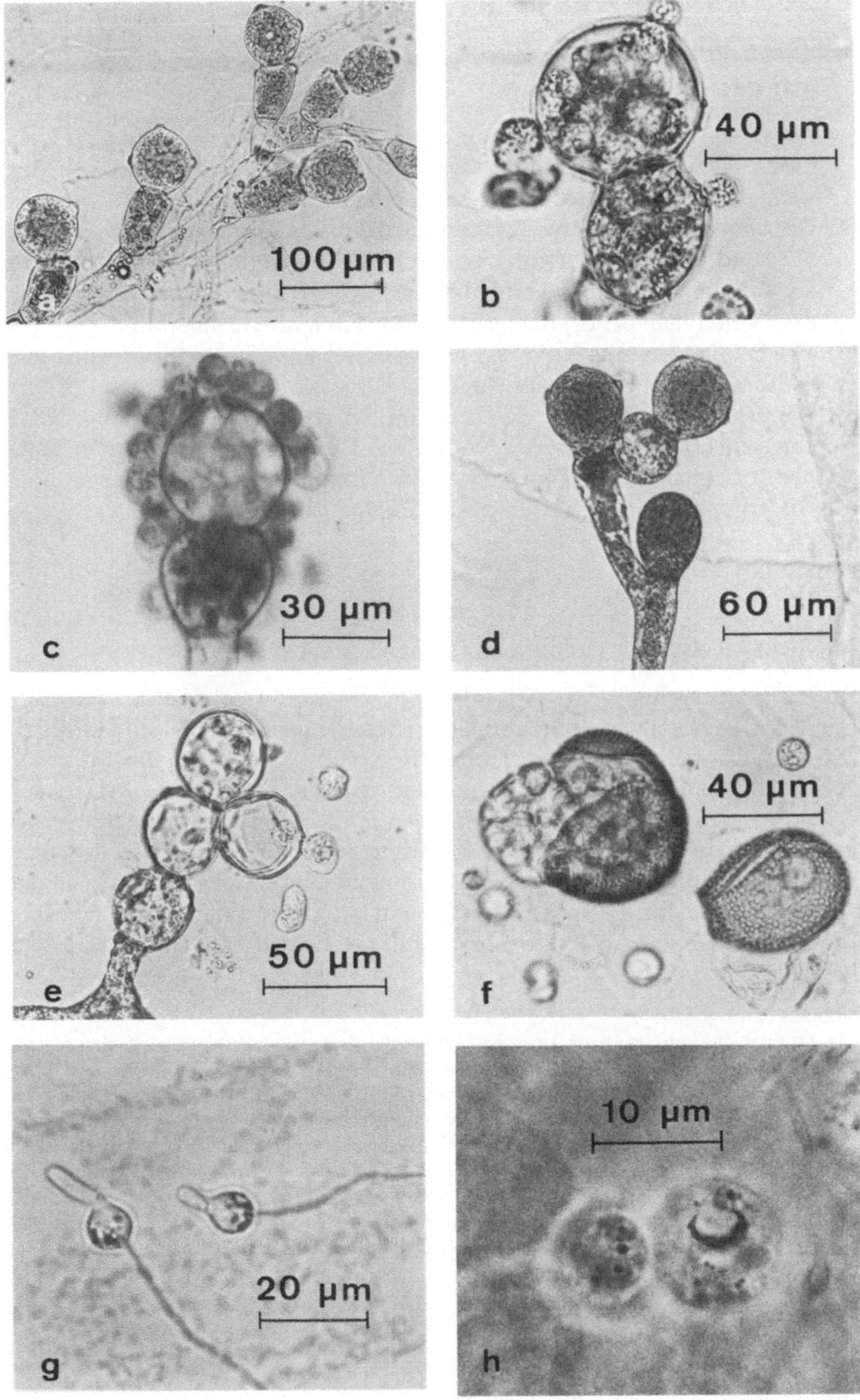

II. Klasse: Zygomycetes (Jochpilze)

A. EINFÜHRUNG

I. MERKMALE

(1) Abgesehen von wenigen Ausnahmen sind die Zygomycetes **Coenocyten**, sie haben verzweigte unseptierte Myzelien. Querwände werden nur gebildet, wenn Fortpflanzungszellen abgeschnürt werden.

(2) Die **Sporen** der Zygomycetes sind ausnahmslos **akont** (unbegeißelt, Abb. 315) und entstehen entweder endogen als Sporangiosporen oder exogen als Konidiosporen. Ihre Verbreitung erfolgt meist passiv, und zwar durch den Wind (anemochor) oder selten aktiv durch Abschleudern.

(3) Wie bei den Oomycota gibt es auch in dieser Klasse eine **Progression von vielsporigen Sporangien zur Konidie.**

(4) Die Zygotenbildung wird durch Fusion der Gametangien („Jochbildung") eingeleitet. Als Befruchtungs-Modus liegt **Isogametangiogamie** oder seltener Anisogametangiogamie und nur in Ausnahmefällen Oogamie vor.

(5) Die Zygomycetes sind ausschließlich **Haplonten.**

II. KLASSIFIZIERUNG

Die vorwiegend **saprophytisch** lebenden etwa 867 Arten (125 Gattungen, 30 Familien) gehören zu 9 Ordnungen, von den 2 genauer besprochen werden.

Ordnung: Mucorales

Die 299 Arten (56 Gattungen) verteilen sich auf 13 Familien. Es sind terrestrische Schimmelpilze, die meist saprophytisch auf pflanzlichen oder tierischen Substraten leben, seltener parasitisch auf Pflanzen und Tieren. Bei einigen Gattungen (z.B. *Rhizopus)* sind die Hyphen mit Rhizoiden am Substrat verankert. Unter ungünstigen Ernährungsbedingungen können Chlamydosporen gebildet werden. Die Hauptverbreitung erfolgt durch in Nebenzyklen gebildete Aplano-Sporen. Ihr Fortpflanzungs-System ist meist durch physiologische Diözie, seltener durch Monözie bestimmt, da die Isogametangiogamie vorherrscht.

Ordnung: Endogonales

Die 21 Arten (3 Gattungen) der einzigen Familie, der Endogonaceae leben saprophytisch auf Pflanzenresten oder im Erdboden, und zwar als endotrophe Mykorrhizapilze mit krautigen Pflanzen (z.B. *Arum maculatum*) und einigen Bäumen. Diese Ordnung ist als ein wichtiges Bindeglied für den Übergang von den Zygomycetes zu den Ascomycetes anzusehen, und zwar aus folgenden Gründen: (1) Der Entwicklungs-Zyklus ist durch Anisogamantangiogamie charakterisiert, was als erster Schritt einer Progression zur Oogamie anzusehen ist. (2) Anstelle der Zygospore der Mucorales bilden sich hypogäische (unterirdische) Sporokarpien. (3) Ältere Myzelien sind septiert. Da Vertreter der Endogonales im Labor nur unter großen Schwierigkeiten wachsen, werden sie nicht in Mykotheken gehalten. Wir verzichten daher im Rahmen einer Kursanleitung auf eine weitere Besprechung.

Ordnung: Entomophthorales

Die 185 Arten (23 Gattungen) gehören zu 6 Familien und leben meist als Parasiten im Wasser (Algen), in feuchter Umgebung (Farnprothalien) oder auf Insekten, seltener saprophytisch oder halbparasitisch in Tieren. Die durchweg vorhandene Anisogametangiogamie (monözisch oder morphologisch-diözisch) kann bis zur Oogamie fortschreiten (z.B. *Basidiobolus*, Abb. 159).

Ebenso wie die Endogonaceae können auch die **Entomophthorales** als **Bindeglied** zwischen den niederen Pilzen und den **Ascomycetes** angesehen werden, und zwar auf Grund folgender morphologischer Merkmale, die bei *Basidiobolus ranarum* besonders deutlich ausgeprägt sind: (1) Bei einigen Arten **Septierung** der **Hyphen**. (2) Der Befruchtungs-Modus ist durch eine **Oogametangiogamie** charakterisiert und hat damit die höchste Stufe der Progression erreicht.

III. PRAKTISCHE BEDEUTUNG

Viele Arten der **Mucorales** haben eine praktische Bedeutung als:

(1) **Nutzpilze:** Hier sind vor allem die Arten der Gattung *Rhizopus* zu nennen, die auf Grund ihres schnellen Myzelwachstums biotechnologisch zur Herstellung von Fumarsäure, Vorstufen des Cortisons, Alkohol, Milchsäure, Zitronensäure und anderen organischen Verbindungen verwendet werden. *Phycomyces blakesleeanus*, der „Ölpilz" wird zur Beseitigung von Mineralölresten benutzt.

(2) **Schadpilze:** Arten vieler Gattungen z.B. *Rhizopus, Absidia , Mucor,* können als Parasiten auf Nutzpflanzen und auch auf Pilzen beträchtlichen Schaden anrichten. Mehrere *Mucor*-und *Rhizopus*-Arten sind für den Menschen pathogen (Zentralnervensystem, Hörorgane).

Die praktische Bedeutung der **Endogonales** liegt in ihrer Eigenschaft als **Mykorrhizapilze,** vor allem Wuchs und Ertrag von dikotylen Pflanzen zu fördern. Im Rahmen biotechnologischer Programme hat man daher begonnen, sich mit diesem Taxon näher experimentell zu befassen.

Die praktische Bedeutung der **Entomophthorales** läßt sich von ihrem Namen „Insektenzerstörer" ableiten und bedarf keiner genaueren Erläuterung. *Basidiobolus ranarum* ist pathogen für poikilotherme Tiere und kann **Mykosen** auslösen. Für den Menschen ist er nicht pathogen, da er bei 37 °C nicht wächst. Jedoch können die nahe verwandten Arten *B. haptosporus* und *B. meristosporus*, die sich im wesentlichen von *B. ranarum* durch die glatte Oberfläche der Zygosporen und durch Thermoinotoleranz unterscheiden, auch beim **Menschen subcutane Mykosen** hervorrufen.

B. ÜBUNGSANLEITUNGEN

Zunächst wollen wir uns mit zwei typischen Entwicklungs-Zyklen der Zygomycetales vertraut machen. Danach soll exemplarisch die bei den Mucorales deutlich erkennbare Progression vielsporiges Sporangium → einsporiges

Sporangium (= Konidie) besprochen werden. Der Einfluß von äußeren Faktoren auf die Morphologie des Thallus und Beispiele für die aktive Abschleuderung von Sporen werden abschließend dargestellt.

I. Entwicklungs-Zyklen von zwei Leitarten der Zygomycetes

1. *Phycomyces blakesleeanus* (Mucoraceae, Mucorales) (Abb.157)

Filme: E 2159, E 2334, Vegetativer bzw. Sexueller Zyklus von *Phycomyces blakesleeanus*

Aus einer + oder – Meiospore entsteht ein Myzelium, an dem sich senkrecht schon nach 2 d aufrechte Sporangien bilden. Sie erreichen eine Länge von mehreren Zentimetern und enthalten bis zu 10^4 teils mehrkernige Sporen, welche ohne Ruhepause zu neuen Myzelien auskeimen können (vegetativer Zyklus) (3, 4). Ebenso wie bei *Achlya* (Abb. 136) sind auch bei *P. blakesleeanus* die diözischen Myzelien nicht in der Lage, in Einzelkultur Geschlechtsorgane auszubilden. Die sexuelle Differenzierung setzt erst ein, sobald die + und – Myzelien sich treffen. Sie beginnt damit, daß sich keulige Hyphenspitzen (Zygophoren) der beiden Kreuzungspartner unter gegenseitiger Umschlingung vom

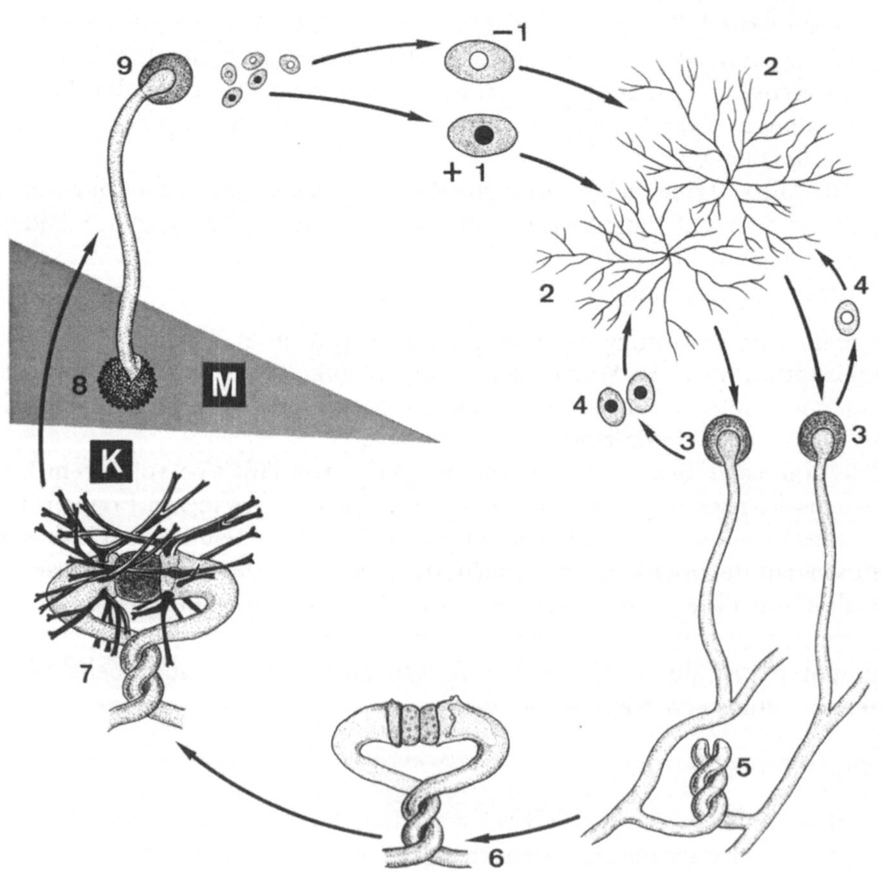

Substrat abheben (5). An den Spitzen der Zygophoren schnüren sich die Gametangien ab, die basalen Teile heißen dann Suspensoren (6). Da diese sich schon während ihrer Entwicklung mit ihren apikalen Enden berühren, werden die Suspensoren im Verlauf der weiteren Entwicklung auseinandergedrückt, und es entsteht die für *Phycomyces* typische „Schlaufe". Nach einer Größenzunahme, die durch zahlreiche mitotische Kernteilungen bedingt ist, fusionieren die zahlreiche Kerne enthaltenden Gametangien und entwickeln sich zu vielkernigen, schwarzen, derbwandigen Zygosporen. Diese werden schon während ihrer Differenzierung von dichotom verzweigten, hirschgeweihähnlichen Hyphen umwachsen, die von den Suspensoren ausgehen (7). Diese Hüllhyphen fehlen bei anderen Gattungen (z.B. *Mucor, Rhizopus).* Nach einer 4- bis 6monatigen Ruheperiode bildet die Zygospore einen Keimschlauch (8), an dessen Spitze sich ein Zygosporangium bildet, das den vegetativ gebildeten Sporangien der Einzelmyzelien gleicht (9).

Über die Einzelheiten von Karyogamie und Meiose, die in der Zygospore vor dem Auskeimen stattfinden, lassen genetische und cytologische Untersuchungen die Annahme zu, daß nur wenige (manchmal nur ein + und ein – Kern) fusionieren und die übrigen Kerne degenerieren. Der di-

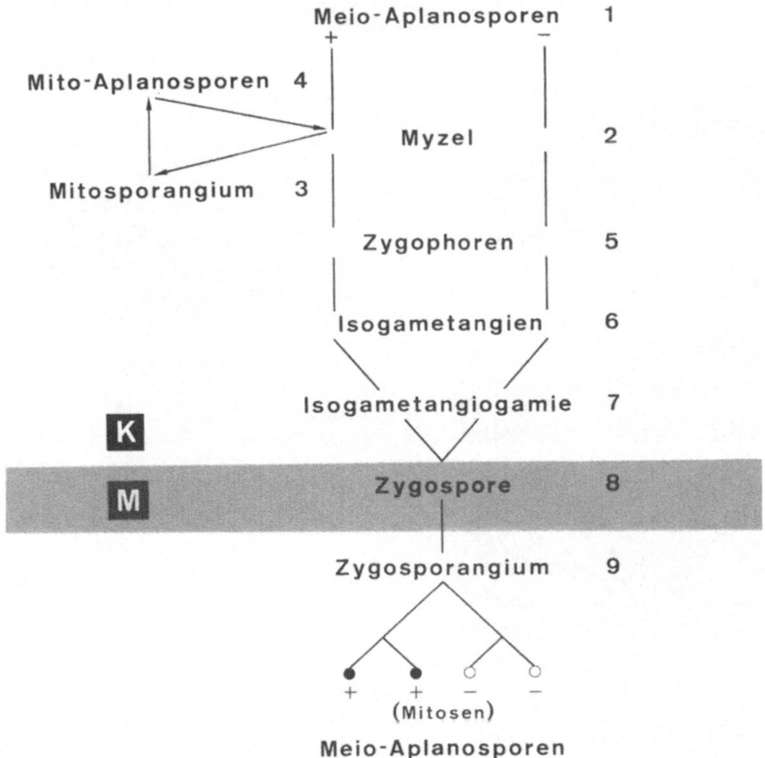

Abbildung 157. Entwicklungs-Zyklus von *Phycomyces blakesleeanus,* Haplont mit vegetativer Fortpflanzung durch Aplanosporen. Befruchtungs-Modus: Isogametangiogamie; Fortpflanzungs-System: physiologische Diözie. Im Schema ist der Nebenzyklus nur für den + Stamm eingezeichnet

ploide Zygotenkern teilt sich meiotisch. Die zahlreichen Sporen des Zygosporangiums würden demnach von den 4 Meiosisprodukten abstammen und eine 1:1-Aufspaltung für die beiden Kreuzungstypgene zeigen.

Die sexuelle Differenzierung von *P. blakesleeanus* und den übrigen physiologisch-diözischen Mucorales wird, ähnlich wie bei *Achlya*, durch **Pheromone** (S. 263) ausgelöst, deren Bildung durch eine Wechselwirkung der + und − Stämme induziert wird. Die bekanntesten dieser Substanzen sind die Trisporsäuren (A, B, C). Bei diesen von der nahe verwandten *Blakeslea trispora*

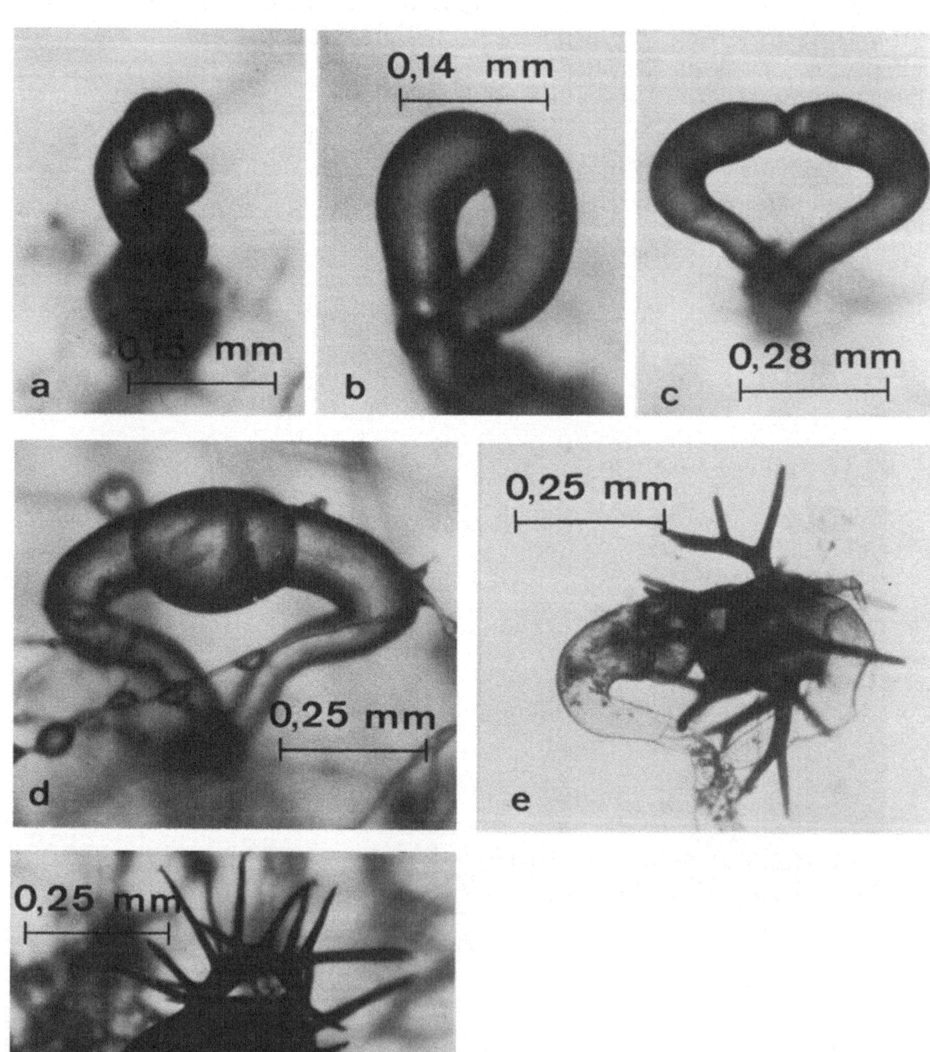

Abbildung 158 a–f. *Phycomyces blakesleeanus,* **Gametangienbildung und Isogametangiogamie.** a Umwinden der Zygophoren; b Beginn der „Schlaufenbildung"; c Abschnürung der Gametangien; d Fusion der Gametangien; e Beginn der Bildung der Hüllhyphen; f Zygospore von Hüllhyphen umgeben

isolierten Substanzen handelt es sich um Terpenoide mit bekannter Strukturformel (Tabelle 6, S. 286). Trisporsäuren induzieren die Bildung von Zygophoren bei *Mucor mucedo*, unabhängig vom Kreuzungstyp.

Material: *Phycomyces blakesleeanus* (Mucoraceae) ist ein Saprophyt, der Fettsäuren und fetthaltige Substrate (z.B. alte Ölfässer) bevorzugt. Er kann auch auf Herbivorendung (s. Dungschale, S. 312) und auf Brot gefunden werden. Im Vergleich zu vielen anderen Mucoraceae ist er nicht weit verbreitet. Es ist daher zweckmäßig, sich + und – Stämme (z.B. CBS oder DSM) als Stammkulturen auf Maisagar zu halten. Beim Umsetzen der Kulturen Sporenabstriche der zahlreichen Sporangien und keine Agarstückchen nehmen, da die sehr dicken Hyphen sich mit der Impfnadel schlecht trennen lassen.

Trotz dieser „Nachteile" eignet sich *P. blakesleeanus* oder auch *P. nitens* besser für Kurszwecke als die übrigen Mucoraceae, da die Entwicklung der Geschlechtsorgane oberhalb des Nährbodens erfolgt und daher leicht, schon bei geringer Vergrößerung, beobachtet werden kann.

Präparation: Eine mit Maisagar gefüllte Petrischale wird mit Sporenabstrichen aus + und – Kulturen in einem Abstand von etwa 6–8 cm beimpft. Punktartige Impfstellen haben den Vorteil, daß kreisförmige Myzelien entstehen und auf diese Weise in der Kontaktzone von der Mitte nach beiden Seiten ausgehend, entsprechend dem Zeitpunkt der Kontaktaufnahme, alle Stadien des Sexualvorganges in einer Schale gesehen werden können. Schon nach 2–3 d beginnt bei Zimmertemperatur an beiden Kreuzungstypen die Bildung der Sporangienträger. Nach etwa 10 d setzt in der Kontaktzone der Myzelien die Bildung der Gametangien ein (Übersichtsvergrößerung), deren weitere Entwicklung man entweder unter dem Präpariermikroskop oder anhand von Deckglaspräparaten (Myzelstücke ausstechen) verfolgt. Vorsicht! *Phycomyces* zeigt, wie die meisten Mucoraceae, bei Temperaturen oberhalb von 26 °C Wuchsanomalien, die zu einer Blockierung der Sexualvorgänge führen können.

Aufgabe und Beobachtungen: Da die Entwicklung der Sporangien im Zusammenhang mit der Progressionsreihe „Sporangium – Konidie" (S. 312) besprochen wurde, werden hier nur die grundlegenden Stadien der sexuellen Differenzierung und Sexualreaktion beobachtet (Abb. 158). Man verwendet dazu am besten ein Präpariermikroskop mit der Möglichkeit von Durchlicht und Auflicht, so daß man die verschiedenen Entwicklungsstadien in einer Petrischale beobachten kann.

2. *Basidiobolus ranarum* (Entomophthoraceae, Entomophthorales)

Film: E 24 46, *Basidiobolus ranarum* (Entomophthoraceae), Bildung der Zygoten

Entwicklungs-Zyklus: *B. ranarum* lebt saprophytisch in Form von einkernigen sphärischen Zellen (Ø bis zu 20 µm) im Verdauungstrakt von Fröschen und wird mit den Fäkalien ausgeschieden. Erst dann keimen die Zellen zu unscheinbaren septierten Myzelien aus. Die Septen haben (für Pilze ungewöhnlich!) keine Perforation, daher sind die **Myzelien** nicht coenocytisch. Sie **bestehen aus echten Zellen.** Da auf jede Kernteilung eine Wandbildung folgt, sind die Zellen einkernig.

Die **vegetative Fortpflanzung** erfolgt durch Konidien, die sich auf speziellen Trägern in Einzahl bilden und aktiv abgeschleudert werden. Aus ihnen entstehen entweder unmittelbar Konidien des gleichen Typs oder septierte Myzelien. Bei trockenen Bedingungen unterbleibt die Weiterentwicklung der Konidien. Sie werden von kotfressenden Käfern „mitgefressen", jedoch von diesen nicht verdaut. Erst wenn diese Käfer wiederum von Fröschen verzehrt werden, entlassen die Konidien im Froschdarm zahlreiche der oben erwähnten sphärischen Zellen.

Die im nächsten Abschnitt dargestellte große morphologische Variabilität in der Ausbildung der vegetativen Fortpflanzungszellen in Abhängigkeit von äußeren Bedingungen ist auch bei *B. ranarum* gegeben. Es wurde nämlich beobachtet, daß unter noch nicht näher analysierten Bedingungen, die Konidien auch Keimschläuche bilden können, an deren Enden ein- oder mehrkernige Konidien entstehen, die nicht aktiv abgeschleudert werden, sondern durch Schleimausscheidungen an den Borsten von Milben haften, dort Myzelien bilden und nach Verzehr der Milben wieder in den Froschdarm gelangen.

Bei der **sexuellen Fortpflanzung** der meist monözischen Rassen entstehen zu beiden Seiten eines Septums schnabelartige Ausstülpungen, in welche die Zellkerne einwandern. Nach einer Mitose verbleibt jeweils ein Tochterkern in den „Schnabelspitzen", wird dort durch eine Querwand abgeschnürt und degeneriert. Die beiden anderen Tochterkerne wandern in den basalen Teil der Zelle zurück, die unterschiedlich stark anschwellen und zu Gametangien werden. Nach Perforation des die Zellen trennenden Septums wandert der Kern aus dem Mikrogametangium (männlich) in das Makrogametangium (weiblich). Die Karyogamie soll erst nach einer weiteren Mitose zwischen zwei Tochterkernen der „Sexualkerne" erfolgen, während die beiden übrigen Tochterkerne degenerieren. Parallel zu diesen cytologischen Vorgängen entwickelt sich das weibliche Gametangium zu einer derbwandigen Zygospore, in der die Meiose erst kurz vor dem Auskeimen abläuft. Der aus der Zygospore auswachsende Keimschlauch enthält nur einen Kern, die übrigen drei Meiosisprodukte degenerieren.

Material: *B. ranarum* kann entweder von CBS bezogen oder von Froschfäkalien isoliert werden. Dazu gibt man einen Frosch in ein kleines Glas (etwa 10 cm Durchm.), dessen Boden mit Wasser bedeckt ist. Nachdem der Frosch fäkalisiert hat, den Dung enthaltenden Bodensatz des Gefäßes auf eine Nutsche mit Rundfilter bringen und das Wasser absaugen. Den feuchten Filter (mit der Kotseite nach unten) in den Deckel einer Petrischale geben, die mit 1%igem Peptonagar gefüllt ist. Nach einigen Tagen haben sich auf dem Filterpapier Myzelien gebildet, die ihre Konidien auf den Peptonagar abschleudern und dort Myzelien mit Konidien bilden. Falls die Kultur durch andere Mikroorganismen verunreinigt ist, Prozedur nochmals wiederholen, indem man diesmal die Peptonschale auf eine frische Agarplatte aufsetzt.

Präparation: Um die einzelnen Entwicklungsstadien, vor allem aber die des sexuellen Zyklus zu beobachten, legt man am besten Objektträger-Kulturen an (Objektträger zentral mit einem kleinen Myzelstück beimpfen), die für 7–14 d bei 25 °C gehalten werden (S. 38).

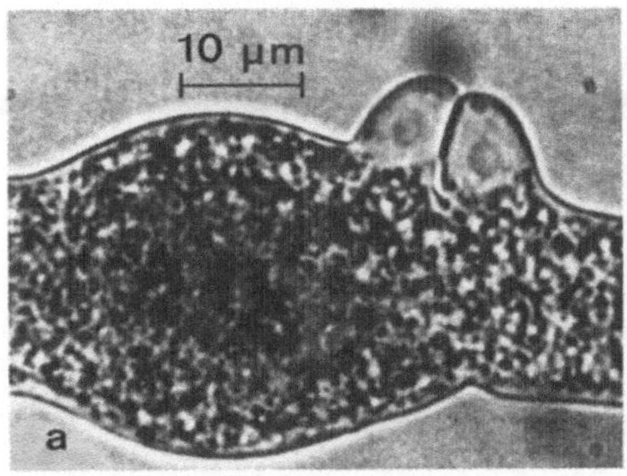
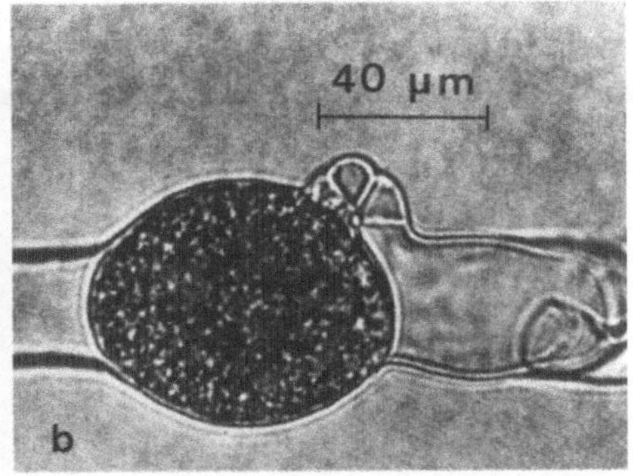

Abbildung 159 a, b. *Basidiobolus ranarum,* **Stadien der Zygosporenbildung.** a Gametangien, Zellkern erkennbar; b reife Zygote. (Fotos: IWF Göttingen)

Aufgabe und Beobachtungen: Die Objektträgerkulturen werden täglich unter dem Präpariermikroskop oder bei schwacher bis mittlerer Vergrößerung unter dem Mikroskop beobachtet. Da die Konidienbildung im Zusammenhang mit anderen Zygomycetes, welche aktiv ihre Fortpflanzungszellen abschleudern, besprochen wird (S. 325), Zyklus verfolgen. Um diese Stadien bei starker Vergrößerung beobachten zu können, werden die Kulturen vorsichtig mit einem Deckglas bedeckt. Da die Zellkerne ungewöhnlich groß sind, kann man diese ohne Anfärbungen schon bei 200- bis 400facher Vergrößerung erkennen (Abb. 159).

II. Progression von endogen gebildeten Aplanosporangiosporen zu exogenen Konidiosporen bei den Mucorales

Die Reduktion der vielsporigen Sporangien über wenigsporige Sporangien (= Sporangiolen) zu einsporigen Sporangien (= Konidien) (Abb. 160) ist bei den Mucorales auf mannigfache Weise verwirklicht. Sie ist vor allem deswegen interessant, weil noch in stärkerem Maße als bei den Oomycota (S. 277 f.) Übergangsformen existieren, d.h. es gibt Organismen, an denen, teils abhängig von den Kulturbedingungen, verschiedene Sporangientypen entstehen.

Generelle Bemerkungen zur Materialbeschaffung, Kultur, Präparation und Aufgabe: Die im folgenden erwähnten Objekte können bei CBS oder DSM bezogen werden. Stammkulturen können im Kühlschrank auf Mais-Schrägagar bei 4 °C bis zu einem Jahr aufbewahrt werden. Eine Ausnahme bilden die *Blakeslea-* und *Choanephora*-Arten, deren untere Temperaturtoleranz bei 18 °C liegt. Um die Bildung der Sporangien zu sehen, werden, wenn nicht anders angegeben, 3–4 d vor Kursbeginn Myzelstücke bzw. Sporenabstriche auf Petrischalen (Maisagar) übertragen und bei 25 °C gehalten. Wenn man die Schalen in der Mitte beimpft, kann man zum Rande der Kultur hin die einzelnen Entwicklungsstadien der Fortpflanzungsorgane verfolgen.

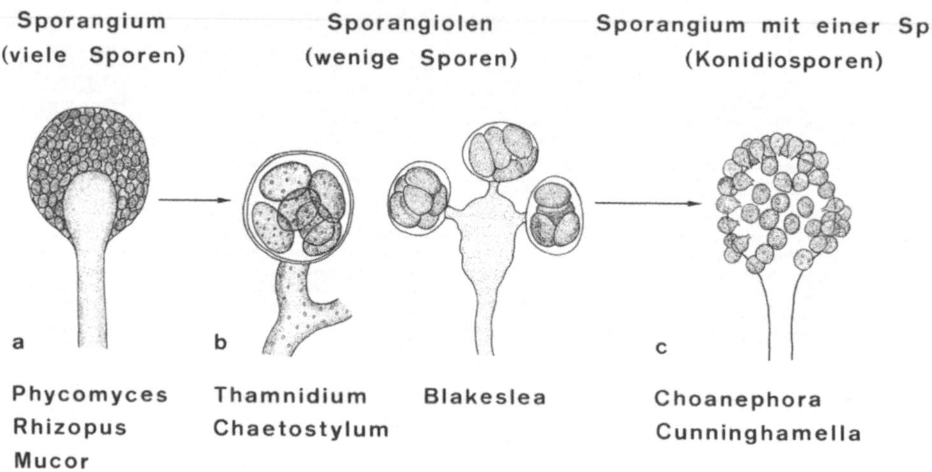

Abbildung 160. Progression vom vielsporigen Aplanosporangium über wenigsporige Aplanosporangien (Sporangiolen) zu einsporigen Aplanosporangien (= Konidiosporen)

Da die Myzelien der Mucoraccae schon nach wenigen Tagen von zahlreichen Sporangien oder Konidien bedeckt sind, bilden sie eine große Infektionsgefahr. Schon der geringste Luftzug genügt, um die Sporen im Brutschrank oder auch im Labor zu verbreiten. Da diese keine Keimruhe haben, werden die aus ihnen entstehenden, sehr rasch wachsenden Myzelien die anderen Pilzkulturen, die später im Kurs gebraucht werden, überwuchern. Weil die Sporangien oder Konidienträger auch vielfach aus geschlossenen Petrischalen zwischen Deckel und Unterschale herauswachsen, ist es notwendig, alle mit Mucoraceen beimpften Schalen mit einem Tesafilm zu verschließen. Dies stört in keiner Weise den Wuchs der Myzelien, aber bewahrt vor unliebsamen Überraschungen.

Ein Hinweis für die Anzucht von *Phycomyces:* Die mehrere cm langen Sporangien reagieren phototrop, man erhält daher meist in Kulturen, die am Tageslicht gewachsen sind, einen Wirrwarr von Sporangien. Da deren Traghyphen sehr dick sind, kann man sie nur unter großen Schwierigkeiten, die meist zur Zerstörung der Sporangienwand führen, präparieren. Wir empfehlen, den Pilz in etwa 4–5 cm großen Reagenzgläsern anzuziehen und diese rundherum mit schwarzer Folie abzukleben. Da nur Licht von oben einfällt, wachsen die Sporangien vertikal und können mit einer Schere oder Pinzette abgenommen werden.

Da die meisten Objekte ubiquitäre Saprophyten sind, kann man sie mit Hilfe einer „**Dungschale**" leicht isolieren. Dazu verfährt man wie folgt: Fäkalien von Herbivoren (z.B. „Roßäpfel"), die nicht von Harn durchtränkt sein sollten, werden befeuchtet, leicht zerrieben, in einer Schicht von 4 cm auf dem Boden einer größeren Schale (z.B. Plastik-Photoschale, Din A4), mit einer Glasplatte abgedeckt und bei Zimmertemperatur gehalten. Sobald nach etwa 2 d die ersten Myzelien zu erkennen sind, täglich unter dem Präpariermikroskop nach den für die Mucorales typischen Sporangienträgern suchen, diese auf einen Objektträger bringen und zunächst ohne Deckglas mit der Übersichtsvergrößerung betrachten. Sind geeignete Entwicklungsstadien gefunden, Deckglas aufgelegt, um Einzelheiten bei stärkerer Vergrößerung zu sehen. Wasser erst nach Auflegen des Deckglases vorsichtig von der Seite zugeben, um ein Ausschwemmen der Sporen bzw. Ablösen der Konidien zu verhindern.

Vorsicht! Der Pflanzenfresserdung beherbergt neben den Pilzsporen auch stets zahlreiche „zoologische Gäste", vor allem Nematoden, die oft makroskopisch nicht zu erkennen sind. Deswegen bei allen Arbeiten mit der Dungschale Desinfektionsmittel [z.B. 70%iger Alkohol oder Rapidosept (Bayer)], vor allem beim Reinigen der Gefäße, Objektträger etc. verwenden. Zur Herrichtung der Dungschale Gummihandschuhe anziehen!

Die Dungschale kann nicht nur zum „Einfangen" von Mucorales, sondern auch von coprophilen Asco- und Basidiomycetes verwendet werden. Da deren Fruchtkörpcr eine etwas längere Entwicklung als die Mucorales-Sporangien benötigen (etwa 7–14 d), kann man diese erst erkennen, wenn die Mucor-Myzelien in die autolytische Phase ihrer Entwicklung übergegangen und die üppigen Myzelrasen zusammengefallen sind. Falls auf der Dungschale *Pilobolus*-Sporangien (S. 332) auftreten, ist mit den ersten Ascomyceten-Fruchtkörpern zu rechnen, wenn diese sich entleert haben.

1. Vielsporige Sporangien

Material: *Mucor* spec.; *Phycomyces* spec.; *Rhizopus* spec.

Beobachtungen: Vor allem in den Randzonen von Agarkulturen kann man deutlich erkennen, daß sich die Sporangienträger vom Substrat aufrichten. In ihrer apikalen kugeligen Anschwellung akkumulieren sich Cytoplasma und zahlreiche Kerne, die sich mitotisch teilen (Abb. 161 a). Im Verlauf der weiteren Entwicklung schnürt sich der Träger vom jungen Sporangium durch eine kuppelartige Wandbildung ab (Abb. 161 b). Die Sporenbildung erfolgt, indem, ausgehend vom endoplasmatischen Retikulum, sich das Cytoplasma des Sporangiums zerklüftet und ein- oder mehrkernige Plasmaportionen abgeteilt werden, die sich unter Wandbildung zu Sporen differenzieren. Das reife Sporangium, dessen Wand durch Melaninpigmente dunkel gefärbt ist, umschließt wie eine Mützc den nun als Columella bezeichneten Sporangiophor (Abb. 161 c). Die Wand des reifen Sporangiums zerreißt, sobald man sie mit einer Nadel berührt oder nach Kontakt mit einem Wassertropfen. Man kann dann die Columella erkennen (Abb. 161 d), die allerdings bei der Zerstörung der Sporangienwand kollabieren kann.

In den Kulturen bilden sich an den Myzelien zahlreiche Tropfen von Kondenswasser, wenn ausreichend Feuchtigkeit vorhanden ist. Diese werden vom Anfänger leicht mit Sporangien, Konidien oder anderen Strukturen verwechselt. Falls man sich, und das betrifft vor allem die Dungschale, im Unklaren ist, ob es sich um einen Wassertropfen handelt, kann man das Gebilde unter dem Präpariermikroskop mit einer Nadel berühren. Durch die Entspannung seiner Oberfläche zerläuft ein Wassertropfen sofort. Oft sind in diesen Tropfen auch Nematoden zu sehen.

Während die Sporangien von *Mucor und Phycomyces* einzeln entstehen, werden sie bei *Rhizopus* in Büscheln gebildet, die von rhizoidartigen Haftorganen ausgehen (Abb. 162). Darüber hinaus bildet *Rhizopus* noch stolonenartige Lufthyphen, die meist aus cincm Sporangienbüschel auswachsen, sich dann aufs Substrat absenken und wieder Rhizoide und Sporangien ausbilden. Für diese spezielle Art des Myzelwachstums ist der Ausdruck „Saltation" gebräuchlich.

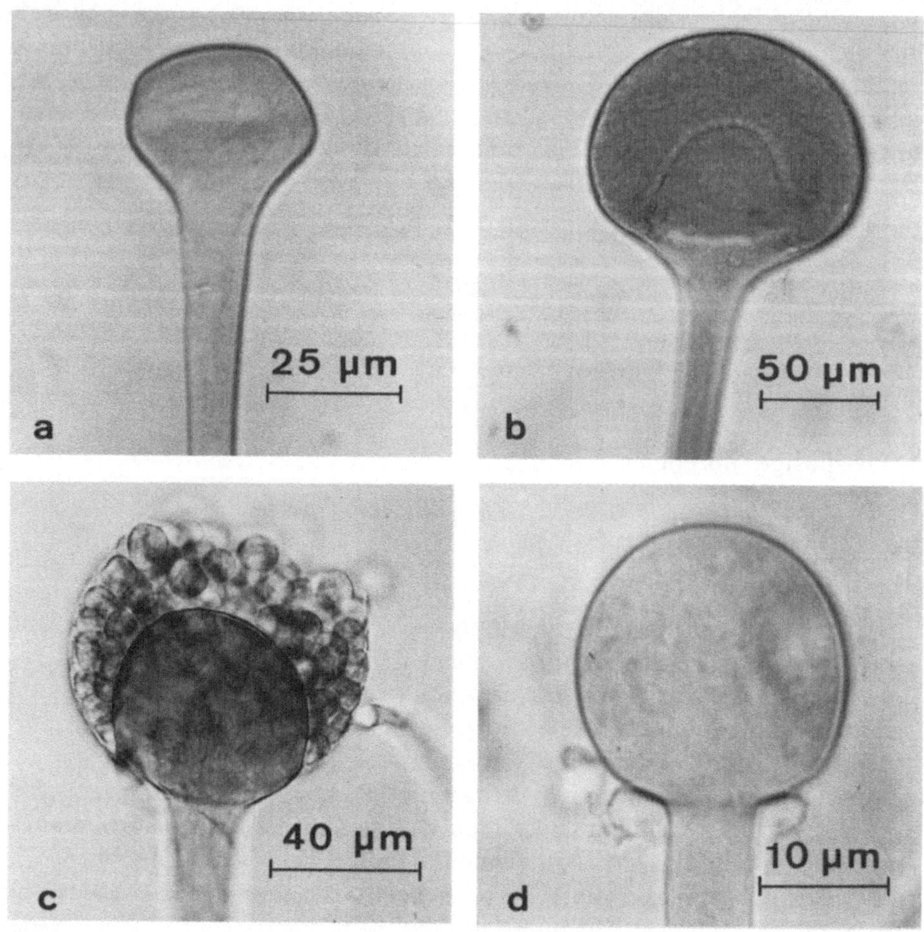

Abbildung 161 a–d. *Rhizopus nigricans*, **Sporangienentwicklung. a** Junger Sporangienträger;
b junges Sporangium, Abschnürung der Columella; c reifes Sporangium; **d** reifes Sporangium
nach Auflösung der Sporangienwand, an der Columella sind deren Reste zu sehen

Diese Saltation kann man in den sehr dicht bewachsenen Petrischalenkulturen nicht genau erkennen. Man nimmt daher einen Objektträger und verteilt auf dessen Oberfläche feine Brotkrümel,
die man seitlich mit einigen Sporen beimpft. Nach 1–2 d (Objektträger in Feuchtkammer aufbewahren) ist die typische Wuchsform von *Rhizopus* unter dem Präpariermikroskop deutlich zu
sehen.

2. Übergangsformen: Sporangien und Sporangiolen

Material: *Thamnidium elegans; Chaetostylum fresenii* (syn. *Helicostylum pulch-
rum*); *Blakeslea trispora* (syn. *Choanephora trispora*), alle CBS. Während man
Thamnidium auf der Dungschale findet, kommt *Chaetostylum* auf Fleischwa-
ren und *Blakeslea* auf faulenden Pflanzenteilen vor.

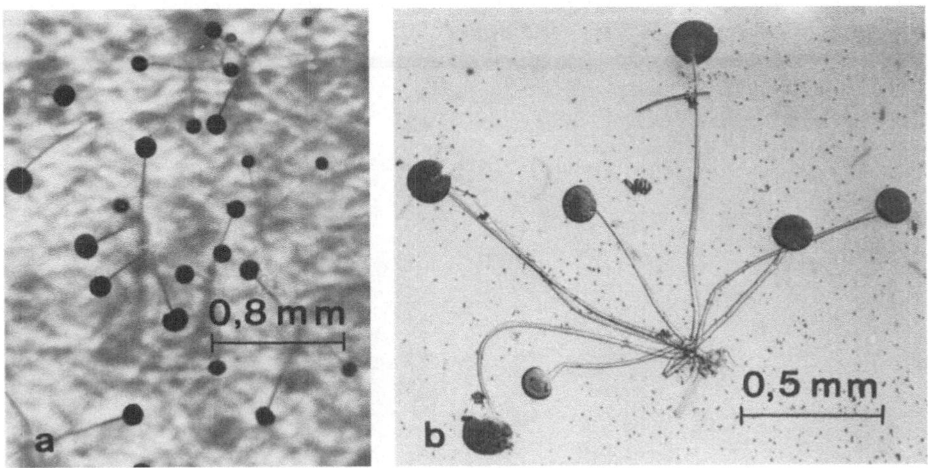

Abbildung 162 a, b. *Rhizopus nigricans,* **Sporangienbüschel mit Rhizoiden und stolonenartigen Lufthyphen.** a Aufsicht; b einzelnes „Büschel"

Beobachtungen:

(1) *Thamnidium elegans* (Abb. 163) bildet bis zu 1 cm große Sporangiophoren, die endständig ein Sporangium mit Columella vom Mucortyp ausbilden. Einige mm unterhalb dieses Sporangiums entstehen an dichotom verzweigten Seitenhyphen des Trägers zahlreiche wenigsporige Sporangiolen. Da deren Abschnürung von der Traghyphe durch eine Querwand an der Basis der kugeligen Sporenbehälter erfolgt, ist keine Columella vorhanden.

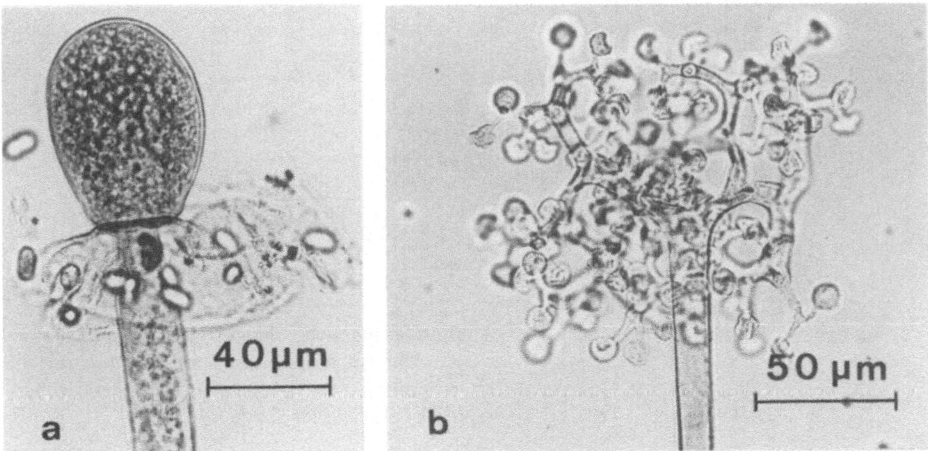

Abbildung 163 a, b. *Thamnidium elegans.* a Sporangiophor mit apikalem entleertem Sporangium, dessen Wand mit anhaftenden Sporen an der Basis der Columella zu erkennen ist; b lateraler Sporangiolenstand

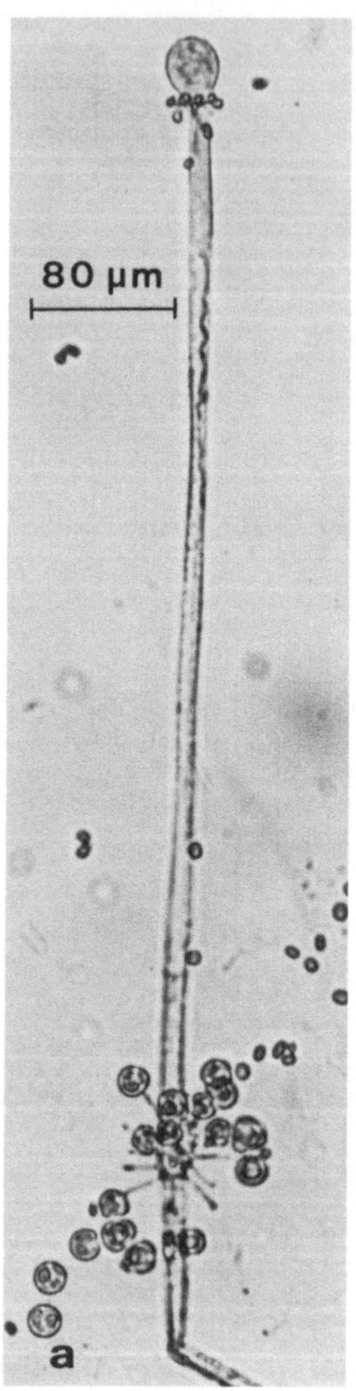

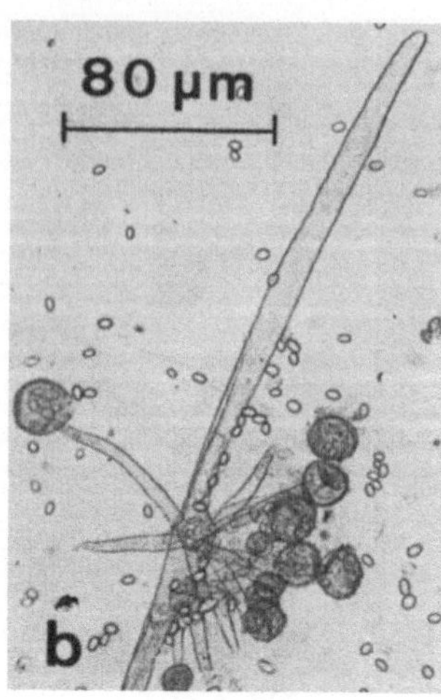

Abbildung 164 a, b. *Chaetostylum fresenii.* a Sporangiophor mit terminalem Sporangium und lateralen Sporangiolen; b Sporophor mit lateralen Sporangiolen und steriler Spitze

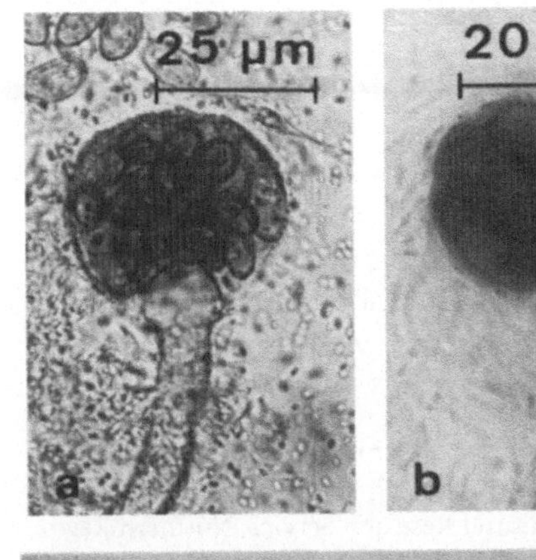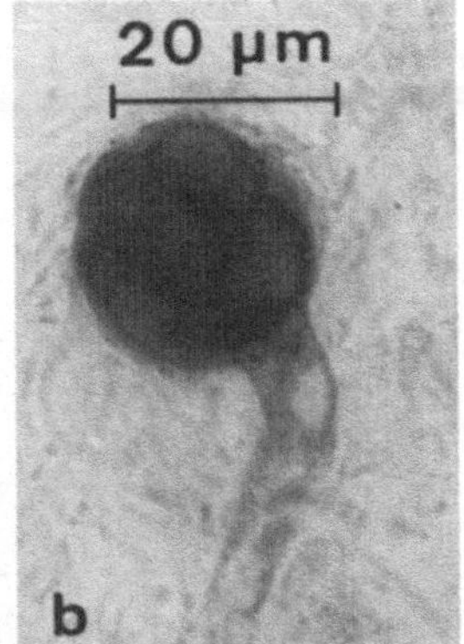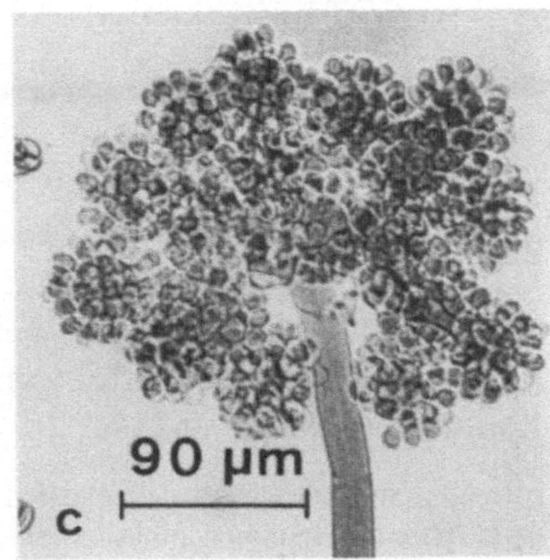

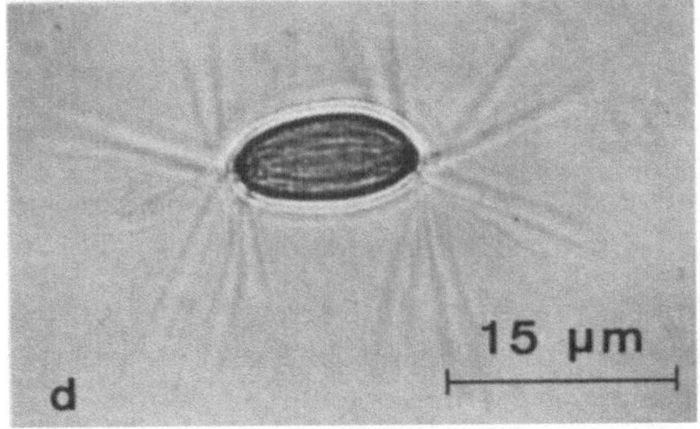

Abbildung 165 a–d. *Blakeslea trispora.* a Sporangium mit Columella; b kleineres Sporangium ohne Columella; c Sporangiophor mit Sporangiolen; d Spore mit wirnpernartigen Fortsätzen

Die Ausbildung der beiden Typen von Sporenbehältern kann durch Außenbedingungen quantitativ beeinflußt werden: Niedrige Temperaturen (17 °C) und Licht fördern die Bildung der Sporangien, während höhere Temperaturen (31 °C) und Dunkelheit eine verstärkte Sporangiolenbildung auslösen.

(2) *Chaetostylum fresenii* (Abb. 164) bildet ähnlich wie *T. elegans* Sporangien und Sporangiolen in Abhängigkeit von der Temperatur. Nach etwa 8 d erkennt man auf Maisagarkulturen, die bei 2 °C gehalten wurden, zahlreiche Träger mit terminalen Sporangien. Wird der Pilz dagegen bei 17 °C kultiviert, entstehen laterale Sporangiolen. Die Enden des Sporangiophors sind bei dieser Temperatur vielfach steril.

(3) *Blakeslea trispora* (Abb. 165) bildet einerseits vielsporige Sporangien (mit und ohne Columella), die nach unten überhängen, und andererseits columellalose Sporangiolen mit meist 3 Sporen, die in Mehrzahl auf der Oberfläche von blasenförmigen aufrechten Trägern entstehen. Die ellipsoiden gerieften Sporen tragen an ihren Enden wimpernartige Schleimfortsätze. Auch bei diesem Objekt ist die Bildung von Sporangien und Sporangiolen von Außenbedingungen abhängig: Bei ungünstigen Ernährungsbedingungen (2%iger Wasseragar) entstehen vorwiegend Sporangien mit Columella, mit zunehmendem Nährstoffzusatz nimmt die Größe der Sporangien ab und bei reichlicher Nährstoffzufuhr entstehen schließlich vorwiegend Sporangiolen.

3. Übergangsformen: Sporangien und Konidiosporen

Material: *Choanephora cucurbitarum* (CBS), Erreger der Fruchtfäule bei Cucurbitaceae.

Beobachtungen: *C. cucurbitarum* ähnelt im Habitus der zur gleichen Gattung gehörenden *Blakeslea* (= *Choanephora*) *trispora* mit einer Ausnahme: die Sporangiolen enthalten nur eine Spore und sind damit zu Konidien geworden (Abb. 166). Die Bildung der beiden Typen von Sporenbehältern wird durch Außenbedingungen kontrolliert: Sporangien entstehen vorwiegend bei 31 °C, Konidien dagegen bei 25 °C.

Allerdings mußten wir feststellen, daß diese Abhängigkeit der Sporenbildung von der Temperatur nicht bei allen Stämmen funktioniert. Mit Sicherheit kann dieses Phänomen an einem Stamm demonstriert werden, den wir bezogen haben von: Agricultural Research Service, Northern Regional Research Lab., Peoria/I 1 1. 61604 (USA).

4. Einsporige Sporangien (Konidiosporen)

Material: *Cunninghamella elegans* wächst als Bodenpilz in wärmeren Regionen und ist auch dort auf Dung zu finden; *Chaetocladium brefeldii* parasitiert auf Mucoraceae und kommt daher auf der Dungschale vor; beide Objekte: CBS.

Beobachtungen: *Cunninghammella elegans* (Abb. 167 a) bildet an einzelstehenden oder verzweigten keulenförmigen Trägern zahlreiche Konidien aus (14 d bei Zimmertemperatur). Nach Abfallen der Sporen erkennt man an den Trägern noch die „Narben" der Anhaftungsstellen. Bei *Chaetocladium brefeldii*

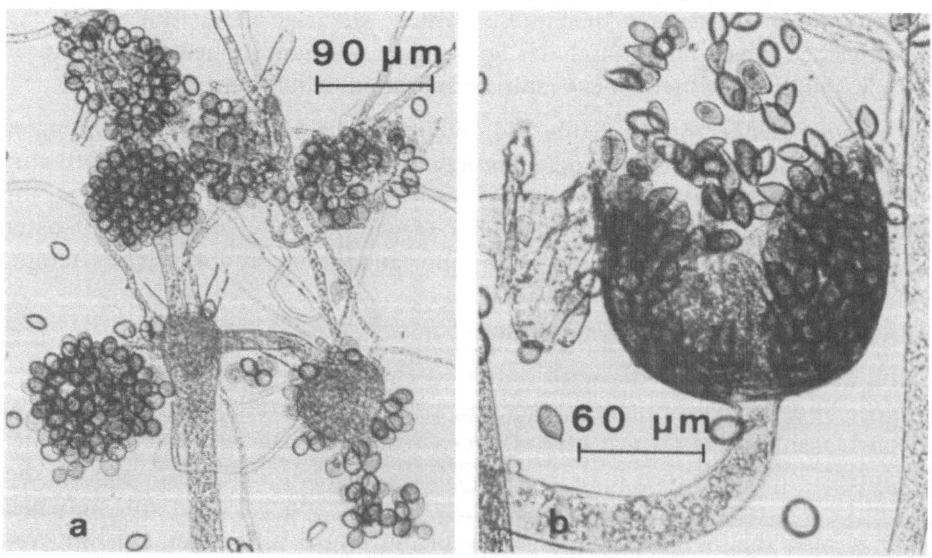

Abbildung 166 a, b. *Choanephora cucurbitarum.* a Sporangiophor mit einsporigen Sporangiolen (=Konidien); b aufgeplatztes Sporangium

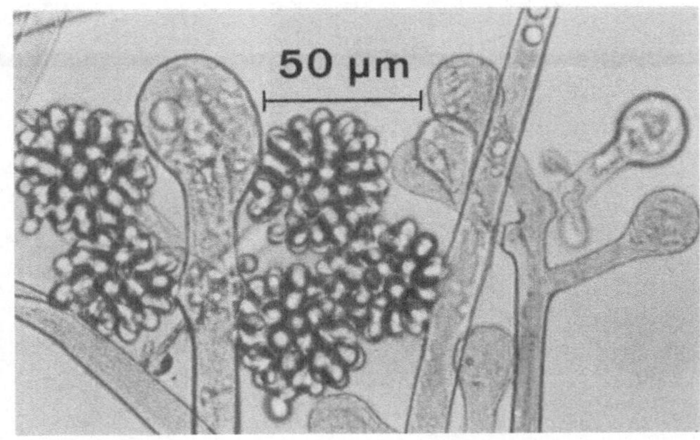

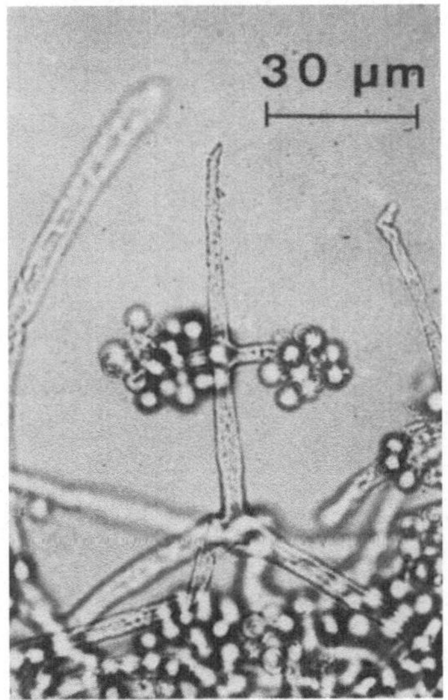

Abbildung 167 a, b. a *Cunninghamella elegans.*
Sporangiophor mit einsporigen Sporangiolen
(=Konidien;b *Chaetocladium brefeldii.* Sporan-
giophor mit lateralen einsporigen Sporangiolen
(= Konidien)

a

b

(Abb. 167 b) entstehen die einsporigen Sporangiolen nicht endständig, sondern lateral. Dieser Pilz ist daher als eine Reduktion von Thamnidium aufzufassen.

III. Abhängigkeit des Myzelhabitus von Außenbedingungen

Film: C 1943, Dimorphism in *Mucor rouxii* (Zygomycetes)

Im vorigen Abschnitt wurde deutlich, daß morphogenetische Prozesse, z.B. alternative Bildung von Sporangien, Sporangiolen bzw. Konidien, von Außenbedingungen wie Temperatur und Licht abhängig sind. Diese **modifikatorische Beeinflussung von Differenzierungsprozessen** beschränkt sich nicht nur auf die Fortpflanzungszellenbehälter, sondern auch auf alle übrigen Differenzierungen der Pilze, vor allem auf die Bildung von Fruchtkörpern, wie dies beson-

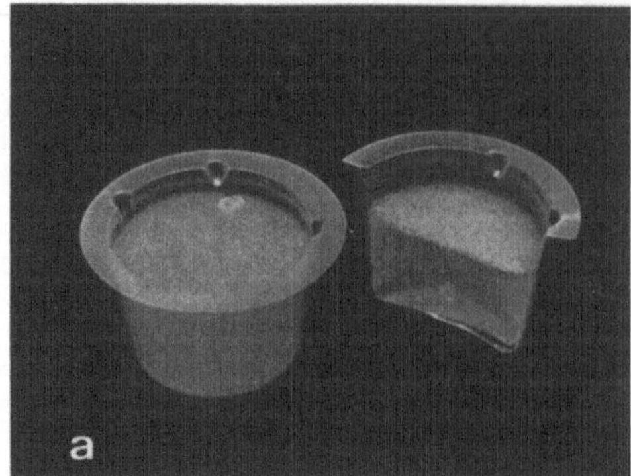

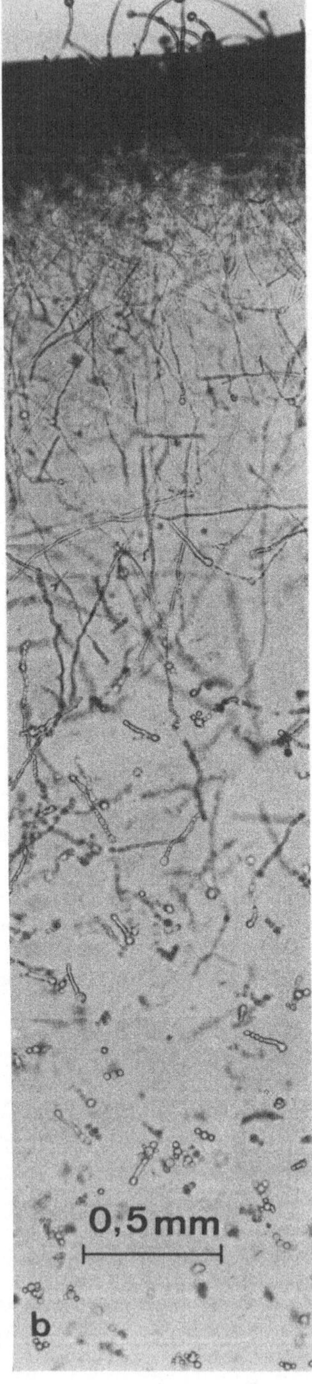

Abb. 168 a,b. *Mucor rouxii,* Myzeldimorphismus. a Anzucht des Pilzes in 5-ml-Plastikbecher. Nach Durchschneiden des Bechers (rechts) können Agarscheiben für eine mikroskopische Beobachtung abgeschnitten werden; b Schnitt durch die Kultur aus (a), die deutlich erkennen läßt, daß Sporangien nur auf der Myzeloberfläche entstehen und mit zunehmender „Agartiefe" die Myzelien zu einem hefeartigen Wuchs übergehen. (Fotos: S Bartnicki-Garcia)

ders bei der Besprechung der höheren Pilze evident wird, und nicht zuletzt **auch auf den Myzelhabitus.** Ein derartiger **Myzeldimorphismus** ist oft früher beschrieben worden und gab Anlaß zu manchen Fehldeutungen. Mit dem folgenden einfachen Experiment sind die Ursachen dieses Phänomens zu erklären.

Material: *Mucor rouxii* (syn. *M. rouxianus*) (CBS) wächst auf Maisagar und bildet auf diesem Medium wie alle Mucoraceae nach wenigen Tagen reichlich Sporangiosporen.

Durchführung des Versuchs. Von *M. rouxii* wird eine Sporensuspension hergestellt, indem man auf eine bewachsene Petrischale 5 ml steriles Wasser gibt (Oberfläche der Kultur soll gerade bedeckt sein), das die Sporangien enthaltende Luftmyzel mit einer sterilen Pipette durch leichtes Schaben mit dem Wasser in Kontakt bringt und die auf diese Weise entstehende Sporensuspension in ein steriles Gefäß abpipettiert. Der Titer der Suspension wird mit Hilfe eines Hämatocytometers bestimmt. Steriles Maisagarmedium wird im Wasserbad auf 40–45 °C abgekühlt und mit der Sporensuspension versetzt, so daß die Endkonzentration etwa 10^5 Sporen/ml beträgt. Als Kulturgefäß dient ein dünnwandiger Plastik-Behälter (Vol etwa 5 ml, s.Abb. 168 a), den man nicht zu sterilisieren braucht Dieser wird mit dem die Sporen enthaltenden Medium gefüllt und nach Abkühlen für 1–2 Tage bei Zimmertemperatur gehalten. Danach Becher mit einer scharfen Rasierklinge durchschneiden (Abb. 168 a), durch einen Vertikalschnitt eine etwa 1 mm dünne Agarscheibe abtrennen, auf einen Objektträger geben und nach Zugabe von einem Wassertropfen Deckglas auflegen.

Beobachtungen und Auswertung: Wie Abb. 168 a zeigt, kann man schon mit dem bloßen Auge in der „aufgeschnittenen Kultur" Unterschiede im Myzelwuchs erkennen. Obwohl die Sporen gleichmäßig im Agarmedium suspendiert waren, ist ein dichter Myzelwuchs nur an der Oberfläche und in den der Oberfläche nahen Zonen zu sehen. Diese Beobachtung wird besonders deutlich im mikroskopischen Präparat (Abb. 164 b); Sporangien werden nur auf der Oberfläche gebildet, mit zunehmender „Tiefe" des Nährbodens verändern auch die Hyphen ihren Habitus. Die langgestreckten, regelmäßig verzweigten *Mucor*-Hyphen befinden sich nur als dichtverzweigtes Netzwerk in der Oberflächen-Region. In den tieferen Zonen wird der Bewuchs zunehmend spärlicher, die Hyphen werden kürzer, nehmen an Durchmesser um ein Mehrfaches zu und zeigen ein an die Sproßmyzelien der Hefe (S. 338 f.) erinnerndes Wachstum.

Die Erklärung dieses **Myzeldimorphismus** ist sehr einfach. *M. rouxii* ist wie viele Pilze in der Lage, sowohl als Aerobier als auch als Anaerobier zu leben. Ersteres ist an der Oberfläche der Fall. Mit zunehmender Sauerstoffverarmung erfolgt in den tieferen Regionen der Kultur ein allmählicher Übergang zu anaerobem Kohlenhydratabbau und damit eine Anreicherung von CO_2.

In der Kultur bilden sich von der Oberfläche zum Boden zwei entgegengesetzte Gradienten: Abnahme des O_2 und Zunahme des CO_2. Durch ein Zusammenwirken dieser beiden Parameter wird die Myzelmorphologie bestimmt:

Reichliches Sauerstoffangebot führt zu hoher Energieausbeute durch aeroben Kohlenhydratabbau und bedingt üppigen Myzelwuchs; Sauerstoffverarmung bzw. Sauerstoffmangel führt zu geringer Energieausbeute durch anaeroben Kohlenhydratabbau und damit zu spärlichem hefeartigen Wuchs.*

IV. Beispiele für aktive Sporenverbreitung

Film: C 2026, Der koprophile Pilz *Pilobolus*

Im Gegensatz zu den Asco- und Basidiomycetes gibt es innerhalb der übrigen Pilze nur wenige Gattungen, deren **Sporen aktiv verbreitet** werden. Zu diesen gehören *Pilobolus* und die nahe verwandte Gattung *Pilaira* (beide Mucorales) sowie einige Gattungen der Entomophthorales (z.B. *Basidiobolus* und *Enteromophthora*). In beiden Fällen werden **mit Hilfe spezifischer Schleudermechanismen** die vielsporigen Sporangien bzw. die zu Konidien gewordenen Sporangien „abgeschossen". Bei den höheren Pilzen dagegen werden, wie noch zu besprechen sein wird, die Sporen unter Zurücklassung der Sporangienhülle aus den Sporangien geschleudert.

Material: *Pilobolus* spec. (Pilobolus = Hutschleuderer) (Mucoraceae) (CBS, DSM) kann auf Maisagar bei Temperaturen bis 25 °C kultiviert werden. Die verschiedenen *Pilobolus*-Arten können auch von der Dungschale (S. 312) isoliert werden. Die bulbillenartigen Sporangienträger erscheinen dort relativ früh (nach 4–7 d) in der oben beschriebenen Pilzfolge, und zwar unmittelbar nach den ersten Sporangien der übrigen Mucoraceae.

Bei den Kursvorbereitungen muß man berücksichtigen, daß die *Pilobolus*-Sporangien sehr „kurzlebig" sind. Ihre Entwicklung ist in etwa mit dem Tag-Nacht-Rhythmus korreliert: Die Sporangiophoren entwickeln sich am späten Nachmittag, bilden über Nacht die Sporangien aus und schleudern diese am Vormittag ab. Dieser Zyklus wiederholt sich in der Dungschale nur wenige Tage. Danach sind die *Pilobolus*-Myzelien von anderen Pilzen überwachsen.

Präparation und Aufgabe: Entwicklung der Sporangienträger mit dem Präpariermikroskop beobachten, Sporangien verschiedenen Alters vorsichtig mit der Pinzette aus der Dungschale entnehmen und Deckglaspräparate herstellen, Zeichnungen entsprechend Abb. 169 anfertigen.

Zur Feststellung der Schleuderrichtung die Dungschale oder eine Petrischalenkultur von außen mit schwarzem Papier abdecken und an einer seitlichen Stelle eine mehrere cm² große Aussparung in der Umhüllung lassen. Zur Feststellung der Schleuderhöhe kann man entweder nacheinander oder, wenn mehrere Kulturen zur Verfügung stehen, gleichzeitig in verschiedener Höhe (bis zu 2 m) weißes Papier oder Zeichenkarton aufspannen.

Beobachtungen: (Abb. 169) An den spärlich wachsenden Myzelien von *Pilobolus* entstehen nach etwa 4 d keulige Anschwellungen (= Trophocysten), die sich von den Hyphen durch Wandeinschnürungen abgrenzen. Auf diesen wachsen schon nach wenigen Stunden entsprechend dem oben zitierten Rhythmus die Sporangiophoren, an deren Spitze ein hutartig die Columella überdeckendes

---

* Nach: Bartnicki-Garcia S (1972): ASM News 38:486–488

Sporangium entsteht. Parallel zur Sporangienbildung schwillt die subsporangiale Partie des Sporangiophors oberhalb eines deutlich erkennbaren gelblichen ringförmigen Wulstes stark an und wird zur sogenannten subsporangialen

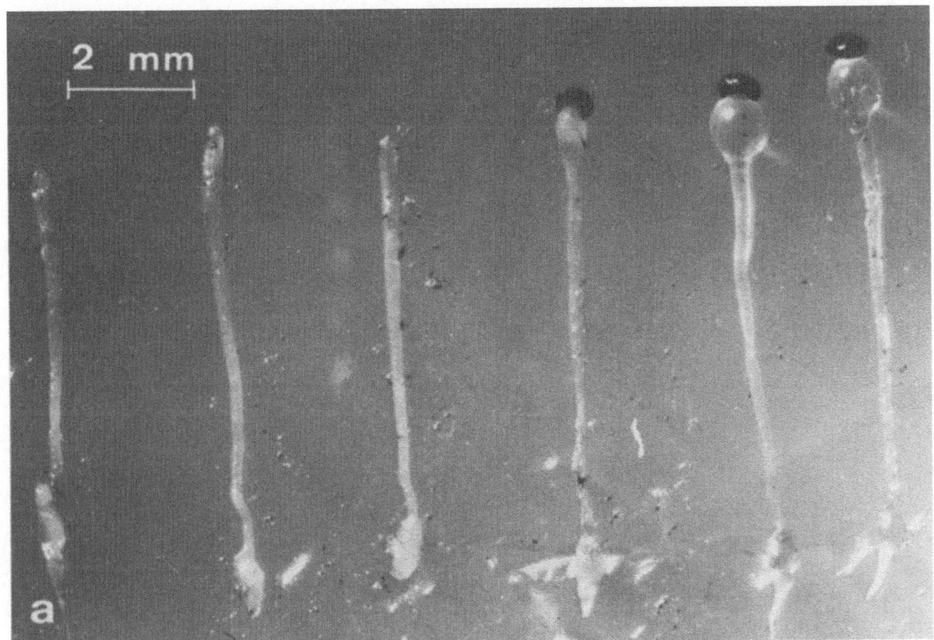

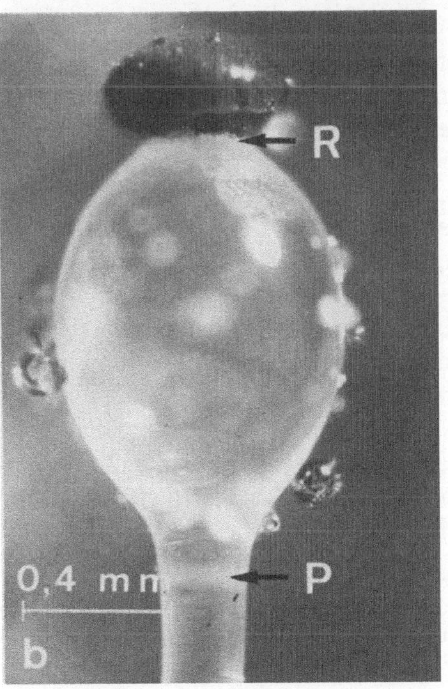

Abbildung 169 a,b. *Pilobolus* **spec. a** verschiedene Stadien der Entwicklung der Sporangien; **b** reifes Sporangium, R= Abrißstelle des Sporangiums, P= Pigmentwulst

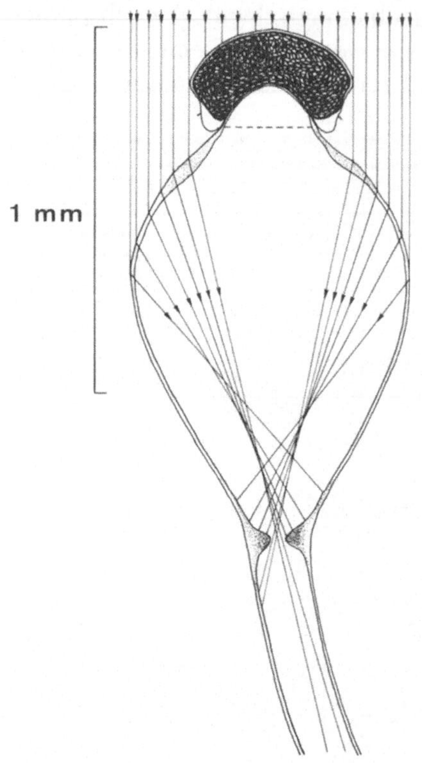

Abbildung 170. Schematische Darstellung der Lichtwirkung auf den Sporangienträger von *Pilobolus*. Die einfallenden Lichtstrahlen werden durch die Linsenwirkung der subsporangialen Blase auf den an ihrer Basis befindlichen Pigmentwulst konzentriert. Da die zentral auftreffenden Strahlen durch das schwarz gefärbte Sporangium ausgeblendet werden, wird der Pigmentwulst ringförmig beleuchtet. Weil die dort lokalisierten Karotinpigmente als Photorezeptoren dienen, reagiert der Sporangienträger bei jeder Richtungsänderung des Lichtes so lange mit einer Bewegungsänderung, bis der Karotinring wieder voll ausgeleuchtet ist. (Nach Buller, verändert)

Blase. Am reifen Sporangium, das vielfach durch zahlreiche Tröpfchen von Kondenswasser „verunstaltet" ist, sieht man unterhalb des durch Einlagerung von Melaninpigmenten schwarz gefärbten Sporangiums deutlich eine ringförmige Linie, an der bei Zunahme des Turgordrucks das Sporangium aufreißt.

Die ausdifferenzierten Sporangiophoren reagieren phototrop und bringen die Sporangien in Richtung des einfallenden Lichtes. Der Bewegungsmechanismus ist in Abb. 170 dargestellt. Bedingt durch diesen Mechanismus werden die Sporangien stets in Richtung des einfallenden Lichtes geschleudert, d.h. nach partiellem Abdecken der Kulturschalen nur auf die Stellen des Lichteinfalls. Da die Rißstelle unterhalb der Columella liegt, bleibt diese am Sporangium haften. Nach Auftreffen auf das erste „Hindernis" dient der schleimige Inhalt des Sporangiums als Klebemittel. Innerhalb der subsporangialen Blase kann ein Turgor bis zu 5,5 Atm herrschen. So wird verständlich, daß die *Pilobolus*-Sporangien unter einem vernehmbaren „Knall" in vertikaler Richtung bis etwa 1,80 m und in horizontaler Richtung mehr als 2 m weit geschleudert werden können.

Dieser Verbreitungsmodus kann daher durchaus mit der Anemochorie der übrigen Mucoraceae konkurrieren, da die Sporangien, die in der Natur nur auf Dung entstehen, an Pflanzen haften bleiben und infolge ihrer melaninhaltigen Zellwand den Verdauungstrakt der Pflanzenfresser ohne Schaden passieren.

Material und Präparation: *Basidiobolus ranarum,* Petrischalen- oder Objektträgerkulturen (S. 38).

Film: E 2448, *Basidiobolus ranarum* – Propagation durch Konidien,

Aufgabe und Beobachtungen: In den Kulturen von *B. ranarum* erkennt man mikroskopisch die Konidiosporen, die im Habitus den Sporangienträgern von *Pilobolus* ähneln. An ihrer Spitze entwickelt sich ein einsporiges birnenförmiges Sporangium (= Konidiospore). Nach vorsichtigem Auflegen eines Deckglases kann man bei starker Vergrößerung eine kleine konische Columella erkennen, die von dem stark anschwellenden subsporangialen Teil des Trägers in die Konidie hineinragt (Abb. 171 a, b).

Der Schleudermechanismus von *B. ranarum* ist jedoch anders als der von *Pilobolus.* Wenn ein ausreichender Turgor erreicht ist, reißt die subsporangiale Blase an der Basis entlang einer schon vorher deutlich erkennbaren präformierten Stelle auf. Sporangium und Blase (Abb. 171 c) werden bis zu 2 cm weit geschleudert. Während des Fluges kann sich die subsporangiale Blase, ähnlich wie eine Trägerrakete vom Weltraumschiff, vom Sporangium ablösen, wobei die Columella aus dem Sporangium herausgezogen wird. Ebenso wie *Pilobolus* reagieren die Sporangienträger von *Basidiobolus* positiv phototrop.

Material: *Entomophthora* spec. Die etwa 100 Arten dieses, wie der Name sagt, „Insektenzerstörers" sind vorwiegend Insektenparasiten. Die bekannteste Art ist *E. muscae* (syn. *Empusa muscae*), deren Wirt meist Hausfliegen sind. Bei feuchtem Wetter tritt dieser Pilz oft epidemisch auf. Die Leichen von Fliegen, die daran zugrundegegangen sind, findet man an Fensterscheiben. Sie sind von einem im Durchmesser etwa 2 cm großen Hof weißer Konidien umgeben (Abb. 172 a). Da *E. muscae* sich nur unter großen Schwierigkeiten auf Agar-

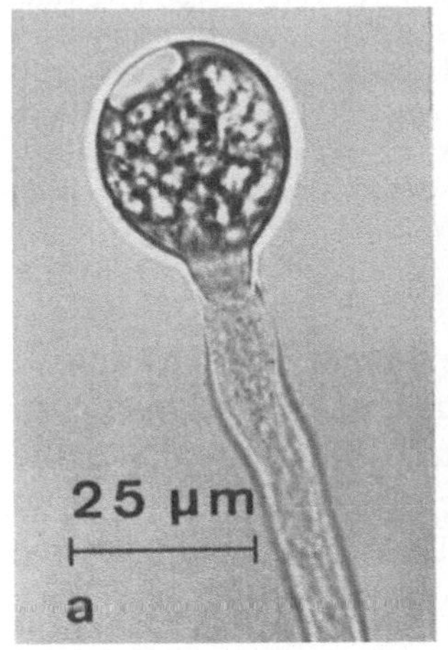
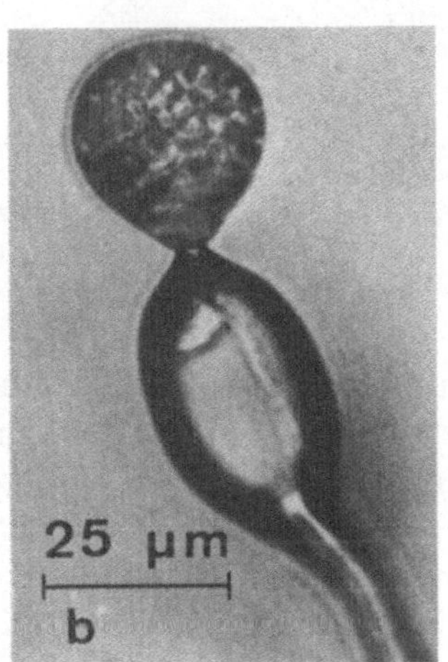
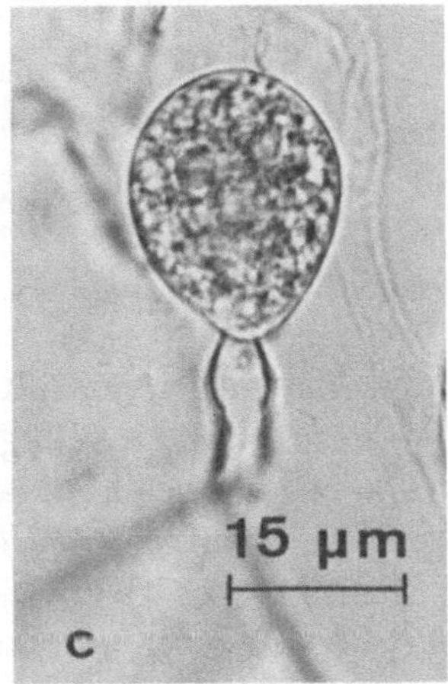

Abbildung 171 a–c. *Basidiobolus ranarum.* **a** Junger Konidiophor mit beginnender Differenzierung in Konidie und subkonidiale Blase; **b** reife Konidiospore mit Träger kurz vor dem Abschleudern; **c** abgeschleuderte Konidiospore mit noch anhängender Blase. (Foto b: IWF, Göttingen)

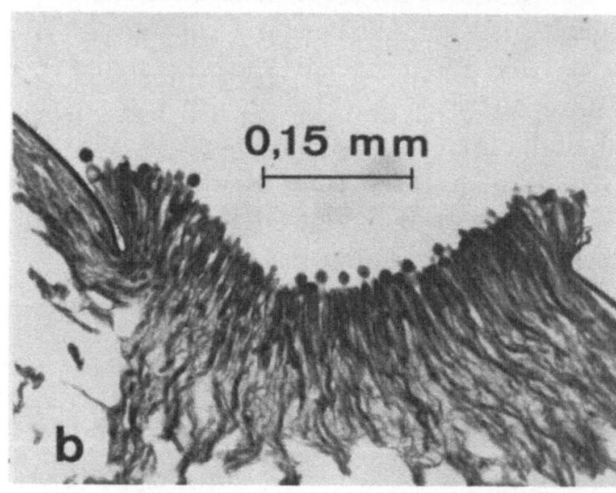

Abbildung 172 a, b. *Entomophthora muscae.* a Tote Fliege auf einer Fensterscheibe, umgeben von abgeschleuderten Konidien; b Schnitt durch das Abdomen einer Fliege, zwischen den Segmenten sind Konidienträger herausgewachsen. (Foto a: J Webster)

medien kultivieren läßt und man nicht mit Sicherheit damit rechnen kann, für Kurszwecke stets genügend infizierte Fliegen zu finden, ist es zweckmäßig, zur Darstellung der Konidienbildung die Art *E. coronata* (CBS: mehrere Stämme) (Synonyma: *Delacroixia coronata, Conidiobolus villosus*) zu verwenden, die auf Maisagar kultiviert werden kann. Als fakultativer Parasit wächst *E. coronata* sowohl in Termiten und Blattläusen als auch auf Pflanzenresten.

Präparation: Falls mit *E. muscae* befallene Fliegen zur Verfügung stehen, werden Längsschnitte (wenn möglich mit dem Mikrotom) durch das Abdomen hergestellt. Von *E. coronata* werden Platten- oder Objektträgerkulturen, wie für *Basidiobolus* beschrieben, angelegt (S. 38 f.).

Man kann auch eine abgetötete Blattlaus (*Aphis* spec.) auf einen Objektträger bringen und diese mit Myzel von einer 2–4 d alten *E.-coronata*-Kultur infizieren (zweckmäßig am Abdomen). Bringt man den Objektträger in eine feuchte Kammer, so wachsen in kurzer Zeit zahlreiche neue Hyphen mit Konidienträgern, an denen sich nach etwa 4 d Konidien entwickelt haben. Diese liegen, z.T. vom Träger abgeschleudert, auf der Oberfläche des Objektträgers.

Aufgabe und Beobachtungen: In den Dauerpräparaten erkennt man, daß zwischen den Segmenten des Exoskeletts der Fliegen in großer Anzahl unverzweigte vielkernige Konidienträger herausgewachsen sind, die jeweils an der Spitze eine vielkernige Konidiospore abschnüren (Abb. 172 b).

Die Entwicklung der Konidien kann man besser in den Kulturen von *E. coronata* verfolgen. 3–4 Tage nach Beimpfen des Agarmediums entstehen an den septierten Myzelien zahlreiche phototrop reagierende Konidienträger. Die Konidien sitzen ähnlich wie bei *Basidiobolus* auf einer kleinen Columella, die jedoch doppelwandig ist. Nach Erreichen des maximalen Turgors im Konidienträger lösen sich die beiden Zellwände und die Spore wird bis zu 4 cm weit abgeschleudert, indem sich die durch die Columella bedingte Delle in der Spore nach außen stülpt (Abb. 173 b). Neben diesen glattwandigen Konidien werden auch in den Kulturen solche mit zahlreichen haarartigen Fortsätzen gebildet (Abb. 173 a).

Bei *E. muscae* werden die Konidien durch einen Cytoplasmastrom des Konidiophors herausgeschleudert, der gleichzeitig als Klebemittel auf dem Substrat und als Schutz gegen Austrocknen dient. Die Konidien der *Entomophthora*-Arten haben keine Ruhephase, sie keimen unmittelbar unter genügend feuchten Bedingungen und können so zu einer raschen Verbreitung des Pilzes beitragen.

In Analogie zu *Basidiobolus* können die Konidien von *E. muscae* zu Konidienträgern auskeimen, deren sogenannte sekundäre Konidien mit Hilfe des für *E. coronata* beschriebenen „Doppelwand-Mechanismus" abgeschleudert werden. Andere Arten, wie z. B. *E. americana*, bilden verzweigte Konidienträger.

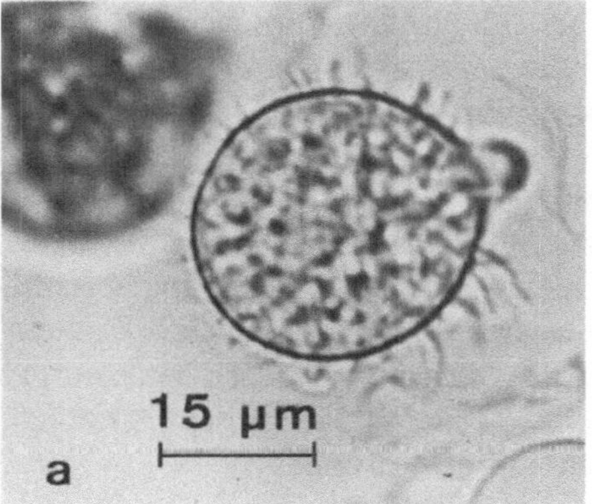

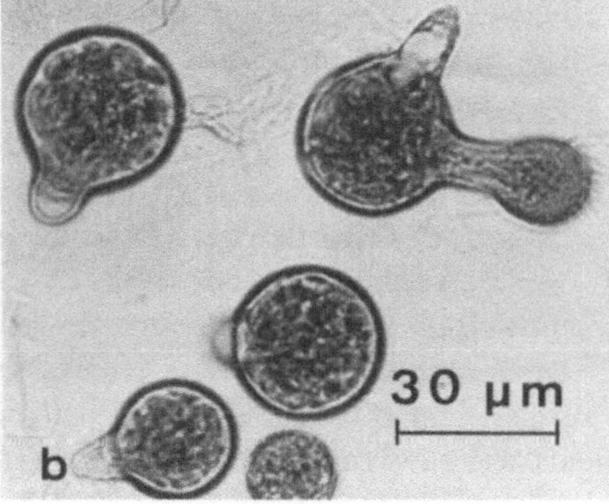

Abbildung 173 a, b. *Entomophthora coronata*. a Behaarte und b glattwandige Konidiosporen

III. Klasse: Ascomycetes (Schlauchpilze)

A. Einführung

I. Merkmale

Mit Ausnahme von wenigen Einzellern bilden die **Ascomycetes** reich **verzweigte septierte Myzelien** aus, deren **Zellwände aus Chitin** bestehen. Die **Querwände besitzen einen zentralen Porus,** der nicht nur eine cytoplasmatische Kontinuität zwischen benachbarten Segmenten sicherstellt, sondern auch ein Durchwandern von Zellorganellen (Mitochondrien, Zellkernen) erlaubt (Abb. 174). Man spricht hier von einfachen Septen im Gegensatz zu den doliporen Septen der Basidiomycetes (s. Abb. 237). Echte, **nicht perforierte Querwände** werden nur bei der **Bildung von Fortpflanzungszellenbehältern** oder von Fortpflanzungszellen angelegt. Daher sind die Ascomycetes als **Coenocyten** anzusehen.

Mit mehr als 32 000 Arten und 3000 Synonymen (46 Ordnungen, 264 Familien, 3266 Gattungen) umfassen die Ascomycetes etwa 37% aller Pilze. Sie leben als **Saprophyten** oder **Parasiten** vorwiegend terrestrisch. Es sind aber auch im Wasser lebende Arten bekannt. Viele Saprophyten sind coprophil, d.h. sie wachsen auf tierischen Fäkalien. Unter den Parasiten findet man zahlreiche Erreger von Pflanzenkrankheiten. Die Pilzkomponente (Mycobiont) vieler Flechten sind Ascomyceten.

II. Fortpflanzung

Die **vegetative Fortpflanzung** durch Nebenfruchtformen erfolgt entweder durch Konidiosporen, die auf unterschiedliche Weise entstehen (Abb. 175), oder durch Oidiosporen. Die Ascomycetes bilden keine begeißelten Fortpflanzungszellen aus.

Sexuelle Fortpflanzung: Bei den Ascomycetes und auch bei den noch zu besprechenden Basidiomycetes (S. 425f.) gibt es im Ablauf des Sexualvorganges eine weitaus größere Einheitlichkeit als bei den bisher besprochenen Taxa der Pilze. Eine Zentralstellung im Entwicklungs-Zyklus nimmt das den Namen dieser Pilzklasse bestimmende **Meiosporangium (Ascus)** ein. In ihm verläuft, abgesehen von wenigen Ausnahmen, die **Karyogamie und unmittelbar daran anschließend die Meiosis** ab. Bei den höheren Ascomycetes entstehen die Asci in typischen **Fruchtkörpern (Ascokarpien)** (S. 331).

Als **Befruchtungs-Modi** (Abb. 1), welche die mit der Ascusbildung abschließende Entwicklung einleiten, herrschen **Gametangiogamie** und **Gameto-Gametangiogamie** vor. Eine **Trichogyne,** die vom weiblichen Geschlechtsorgan ausgeht und aktiv auf die als Kerndonor fungierende Struktur des Kreuzungspartners zuwächst, kann dabei als Befruchtungshilfe dienen.

Bei einigen Arten gibt es Somatogamie und sogar Parthenogenese, d.h. an den weiblichen Geschlechtsorganen entstehen die Asci apandrisch, ohne Mitwirkung eines männlich determinierten Zellkerns.

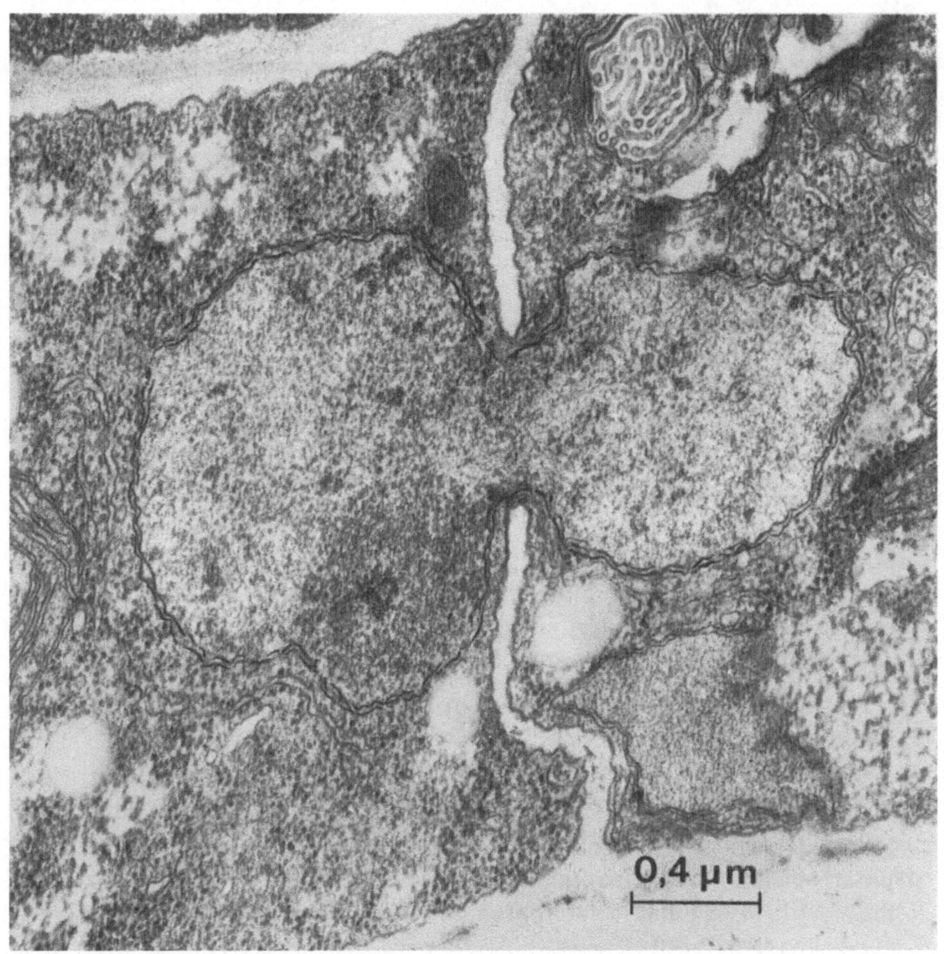

Abbildung 174. *Neurospora crassa.* Längsschnitt durch eine Hyphe. In der elektronenmikroskopischen Aufnahme sieht man, daß der Zellkern bei starker Einschnürung in der Lage ist, durch den Porus des transversalen Septums zu wandern. (Foto D Hunsly, DW Gooday)

Entwicklungs-Zyklus: Da sich mit Ausnahme weniger haploider oder diploider Hefen zwischen Plasmogamie und Karyogamie eine dikaryotische Phase eingeschoben hat, sind die Ascomycetes vorwiegend **Haplo-Dikaryoten** (Abb. 3).

Als **Fortpflanzungs-System** (Abb. 4) dominiert die **Monözie.** Sie wird allerdings vielfach von **homogenischer Incompatibilität** überlagert. Morphologische oder physiologische Diözie sind selten zu finden.

III. KLASSIFIZIERUNG

Die systematische Gliederung basiert auf: (1) Entstehung, Struktur und Öffnungsmodus der Asci (Abb. 176) ; (2) Entwicklung und Struktur der Fruchtkörper (Tab. 7). Die Bewertung dieser Kriterien durch die Taxonomen ist un-

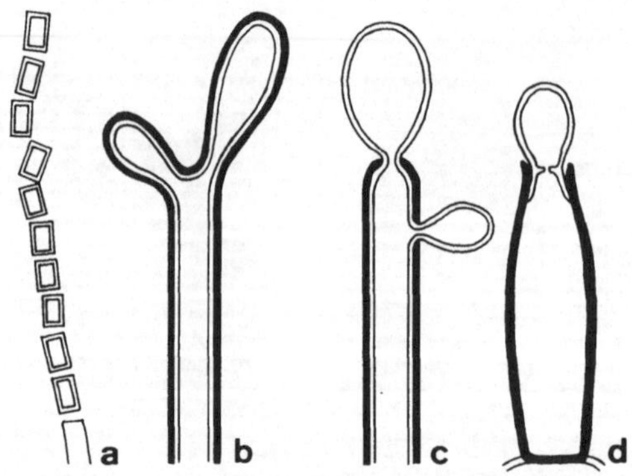

Abbildung. 175 a–d. Schema der verschiedenen Möglichkeiten der Konidienentwicklung. **a Thallische Entwicklung**: keine Vergrößerung der Konidieninitiale (S. 338); **b holoblastische Entwicklung**: alle Zellwandschichten der konidiogenen Zelle blähen sich nach außen und bilden eine Konidie, die erkennbar größer ist als die konidiogene Zelle (S. 425, S. 385, Abb. 211c); **c enteroblastische, tretische Entwicklung**: nur die inneren Zellwandschichten der konidiogenen Zelle sind an der Konidienbildung beteiligt. Die innere Zellwandschicht stülpt sich durch einen schmalen Kanal in der äußeren Zellwandschicht nach außen; **d enteroblastische, phialidische Entwicklung**: die konidiogene Zelle ist eine Phialide. Die Zellwand der Phialide ist nicht mit der Wand verbunden, die die Konidie umgibt. Die Wand der Konidie entsteht de novo aus neu synthetisiertem Material am oberen Ende der Phialide (S. 359 ff.) (Schema nach Ellis)

terschiedlich,* so daß es auch bei den Ascomycetes keine allgemein akzeptierte systematische Unterteilung gibt. Wir schließen uns der zur Zeit im „Strasburger" verwendeten Gliederung in vier Unterklassen an, die im Abschnitt Übungsanleitungen genauer besprochen werden.

1) Taphrinomycetidae, Pflanzenparasiten, keine Fruchtkörper
2) Endomycetidae, Hefen, meist Einzeller, keine Fruchtkörper
3) Laboulbeniomycetidae, Insektenparasiten, Fruchtkörper
4) Ascomycetidae, Saprophyten und Parasiten, Fruchtkörper

Neben den oben besprochenen Merkmalen: Ascuswand und Fruchtkörperstruktur, spielen bei der **taxonomischen Wertung** noch andere Kriterien eine Rolle, wie z.B. **Morphologie der Sporen** und ihre **Anordnung im Ascus.**

Der noch nicht mit Spezialkenntnissen ausgestattete Student wird vielfach nach Anhören der Vorlesung „Allgemeine Botanik" oder nach dem Studium eines Lehrbuches den Eindruck haben, daß es sich bei einem Ascus um ein Sporangium handelt, in dem acht mehr oder minder kugelige Sporen linear angeordnet sind. Dies ist durchaus nicht immer der Fall, denn in den wenigsten Asci sind die Sporen linear orientiert.

Ferner gibt es auch, was **Form, Größe** und **Zahl** anbetrifft, zahlreiche Abweichungen vom „Lehrbuchtyp", deren Mannigfaltigkeit aus den Abb. 177 und 178 entnommen werden kann. Vor allem für denjenigen, der beabsichtigt, genetisch mit Ascomycetes zu arbeiten, ist es bei der Auswahl des Objektes wichtig, die Größe der Sporen zu kennen, denn diese müssen meist einzeln isoliert werden (vergl. *Ascobolus immersus* mit *Saccharomyces cerevisiae*, Abb. 178 a, k). Daher haben wir auch in Abb. 178 zum Vergleich einige Sporangien von Basidiomycetes hinzugefügt, die als Objekte genetischer Untersuchungen bekannt geworden sind.

---

* In dem als Standardwerk geltenden „Dictionary of the Fungi" von Ainsworth und Bisby (s. Lit.) sind 6 verschiedene Unterteilungen der Ascomycetes zu finden, die in den letzten Jahren publiziert wurden.

Abbildung 176. Wandstruktur und Öffnungsmechanismen verschiedener Ascustypen.
Prototunicat: Ascuswand nicht differenziert; verschleimt bei der Sporenreife; Sporen werden nicht ausgeschleudert. – **Eutunicat:** Asci mit differenzierter Wand; Sporen werden aktiv ausgeschleudert. – **Unitunicat:** Ascuswand einschichtig mit apikal präformierter Öffnung. – **Operculat:** Asci öffnen sich mit Deckel. – **Inoperculat:** Asci öffnen sich mit einem Porus. – **Bitunicat:** Ascuswand zweischichtig; die äußere, nicht elastische Schicht wird vom reifenden Ascus durchbrochen; die innere Schicht dehnt sich stark und reißt beim Ausschleudern der Sporen am Scheitel auf

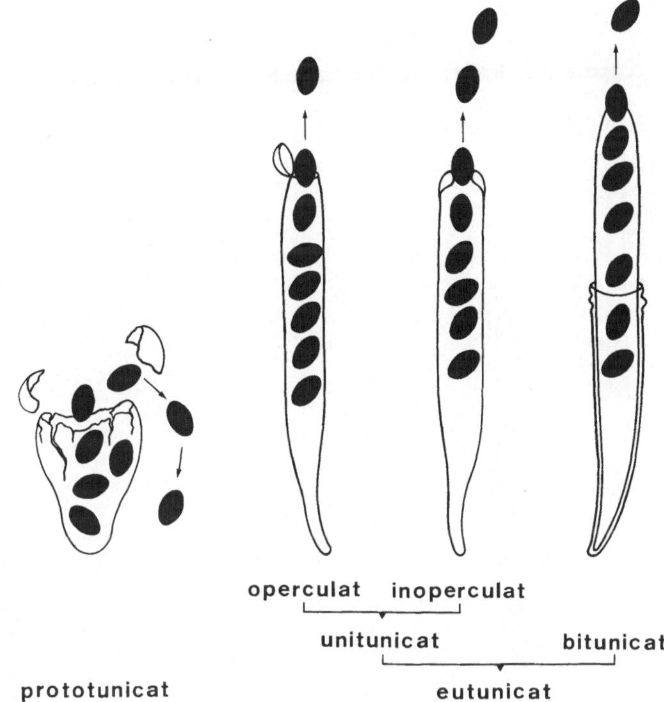

Tabelle 7. Struktur der Fruchtkörper = Ascokarpien.

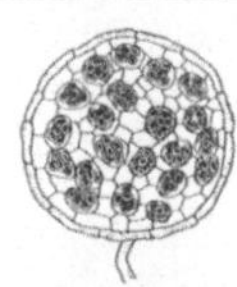

Kleistothezium (Abb. 199): Geschlossener, kugeliger Fruchtkörper; die Sporen der prototunicaten Asci werden erst nach Zerfall oder Aufreißen der Fruchtkörperwand (Peridie) frei.

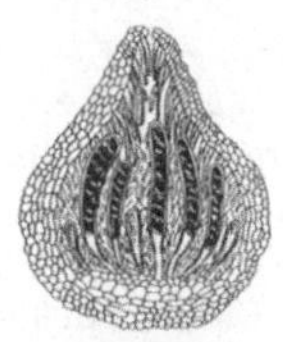

Pseudothezium (Abb. 236): Erst nach der Bildung der kugeligen Fruchtkörperanlage entstehen in Höhlungen (Loculi) die Gametangien; die Sporen der bitunicaten Asci werden durch Öffnungen ausgeschleudert, die lokal durch Verschleimung der Peridie entstehen.

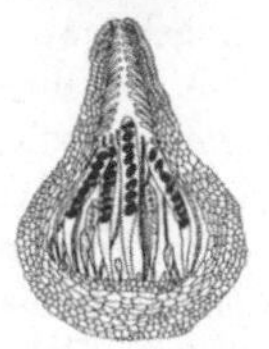

Perithezium (Abb. 217): Geschlossener, flaschenförmiger Fruchtkörper; unitunicate, inoperculate Asci entstehen als geschlossene Schicht (Hymenium) vielfach zusammen mit sterilen Hyphen (Paraphysen); das Ausschleudern der Sporen erfolgt meist sukzedan durch eine präformierte Öffnung (Ostiolum) des „Flaschenhalses", der mit sterilen Hyphen (Periphysen) ausgekleidet ist. Perithezien können zu mehreren bis vielen in plektenchymatische Stroma spezieller Struktur eingelagert sein. Ihre Bildung erfolgt simultan mit der Entstehung der Stroma.

Apothezium (Abb. 204, 212): Scheiben- bis becherförmiger Fruchtkörper, der im reifen Zustand an der Oberfläche ein Hymenium trägt; Asci unitunicat, teils inoperculat, teils operculat.

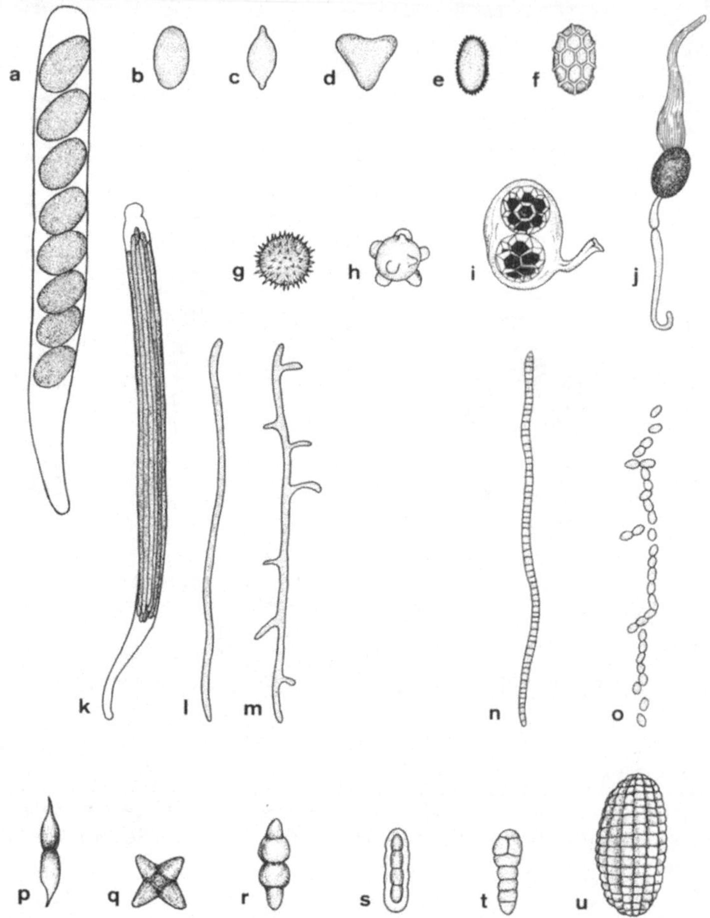

Abbildung 177 a–u. Verschiedene Typen von Ascosporen. a–m einzellige Sporen, **a** *Sordaria macrospora:* typischer Ascus mit 8 reihenförmig angeordneten, glatten Sporen (Vergr. 216×); **b** *Peziza cupularis:* ellipsoidisch Spore, Oberfläche glatt (Vergr. 421×); **c** *Gyromitra gigas:* glatte, zweispitze Spore (Vergr. 293×); **d** *Bommerella trigonospora:* flache, glatte Spore mit drei abgerundeten Ecken (Vergr. 710×); **e** *Lachnea hemisphaerica:* ellipsoidische, warzige Spore (Vergr. 331×); **f** *Peziza aurantica:* ellipsoidische Spore mit polygonalem Leistennetz (Vergr. 580×); **g** *Pachyphloeus melanoxanthus:* kugelige, stachelige Spore (Vergr. 370×); **h** *Terfezia leonis:* kugelige Spore mit unregelmäßiger Oberfläche (Vergr. 330×); **i** *Tuber magnatum:* Ascus mit zwei kugeligen Sporen mit tief polygonal gefächerter Oberfläche (Vergr. 192×); **j** *Podospora anserina:* ellipsoidische Spore mit zwei gallertigen Anhängseln (Vergr. 129×); **k** *Claviceps purpurea:* Ascus mit acht gebündelt liegenden, fadenförmigen Sporen (Vergr. 324×); **l** Spore vor dem Keimen; **m** keimend (Vergr. 320×); **n–u** bereits im Ascus mehrzellig geteilte Sporen: **n** *Cordyceps ophioglossoides:* vielzellige, fadenförmige Spore (Vergr. 88×); **o** eine solche bei der Keimung in oidienartige Zellen zerfallend (Vergr. 136×); **p** *Hypomyces ochraceus:* zweiteilige, zweispitzige Spore (Vergr. 424×); **q** *Tripospora tripos:* Spore vierzellig, glatt, „morgensternförmig" (Vergr. 369×); **r** *Ohleria obducens:* vierzellige, glatte Spore, die stets schon im Ascus in zweizellige Stücke zerfällt (Vergr. 736×); **s** *Sporormia intermedia:* vierzellige, von einer Schleimhülle umgebene Spore (Vergr. 189×); **t** *Dothiora sphaeroides;* keulenförmige glatte Spore, mehrzellig (Vergr. 450×); **u** *Juletta buxi:* vielzellige, „mauerförmige", geteilte Spore, nur 1–2 solcher Sporen im Ascus (Vergr. 267×). (Nach Knoll, verändert)

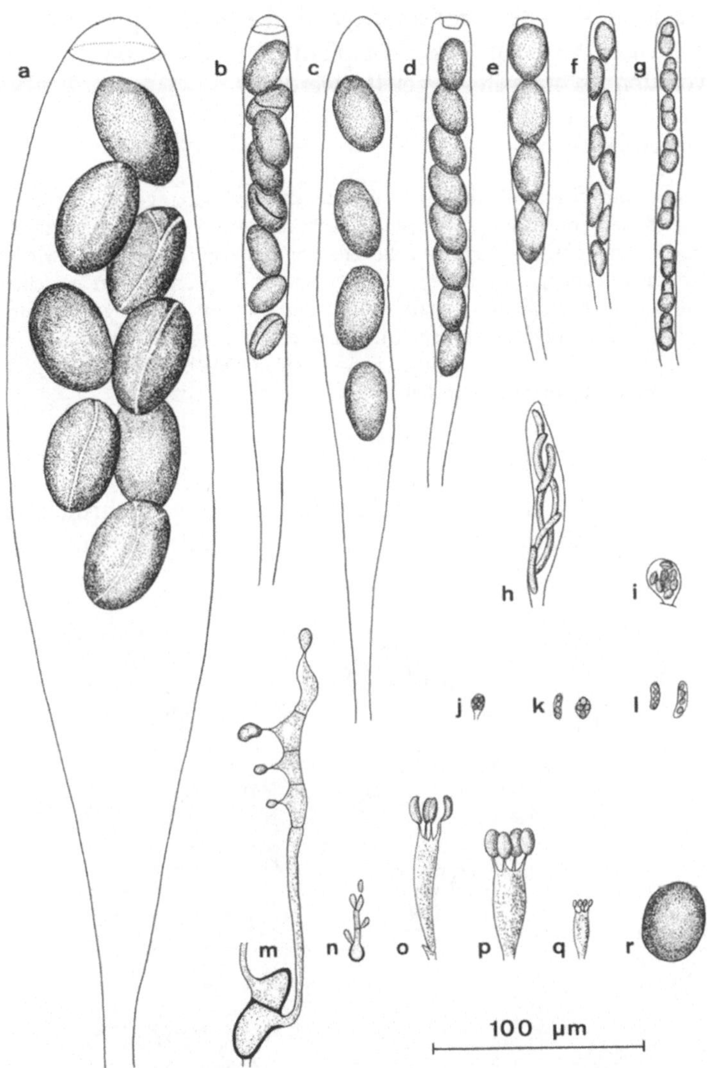

Abbildung 178 a–r. Relative Größe von Sporangien und Meiosporen verschiedener Asco- und Basidiomycetes, die zu genetischen Untersuchungen verwendet werden. a *Ascobolus immersus;* b *Ascobolus magnificus;* c *Podospora anserina;* d *Neurospora crassa;* e *Neurospora tetrasperma;* f *Bombardia lunata;* g *Venturia inaequalis,* h *Glomerella cingulata;* i *Aspergillus nidulans;* j *Ceratocystis multiannulatum;* k *Saccharomyces cerevisiae;* l *Schizosaccharomyces pombe;* m *Puccinia graminis;* n *Ustilago maydis;* o *Cytidia salicina;* p *Coprinus fimetarius,* q *Schizophyllum commune;* r *Cyathus stercoreus.* (Nach Emerson, verändert)

IV. Praktische Bedeutung

Die Ascomycetes haben eine immense Bedeutung als Nutz- und Schadpilze. Außerdem werden viele Ascomyceten als Objekte der Grundlagenforschung verwendet. Darauf werden wir bei der Besprechung der einzelen Taxa genauer eingehen. Darüber hinaus stellen sie vorwiegend die Pilzkomponente der Flechten. Auf Grund der Struktur ihrer Fortpflanzungszellen können viele imperfekte Pilze von den Ascomycetes abgeleitet werden.

B. ÜBUNGSANLEITUNGEN

Wie schon aus den die Ascomycetes einleitenden Bemerkungen hervorging, gibt es innerhalb dieser Pilzklasse bezüglich der Entwicklungs-Zyklen, Befruchtungs-Modi und Fortpflanzungs-Systeme nicht die große Mannigfaltigkeit und nicht die Vielzahl von Progressionen, die wir bei den bisher behandelten Taxa kennengelernt haben. Wir werden der Besprechung der einzelnen Unterklassen den Entwicklungs-Zyklus einer Leitart voranstellen und anhand einiger Beispiele auf die Abweichung vom „Standardtyp" eingehen. Die Auswahl der Arten wurde nach deren Bedeutung als Objekte für genetische oder physiologische Untersuchungen bzw. nach ihrer praktischen Bedeutung als Schad- oder Nutzpilze getroffen.

I. Unterklasse: Taphrinomycetidae

Merkmale: Die etwa 95 Arten der einzigen Gattung *Taphrina* (Taphrinaceae) der einzigen Ordnung der Taphrinales sind Parasiten, die auf höheren Pflan-

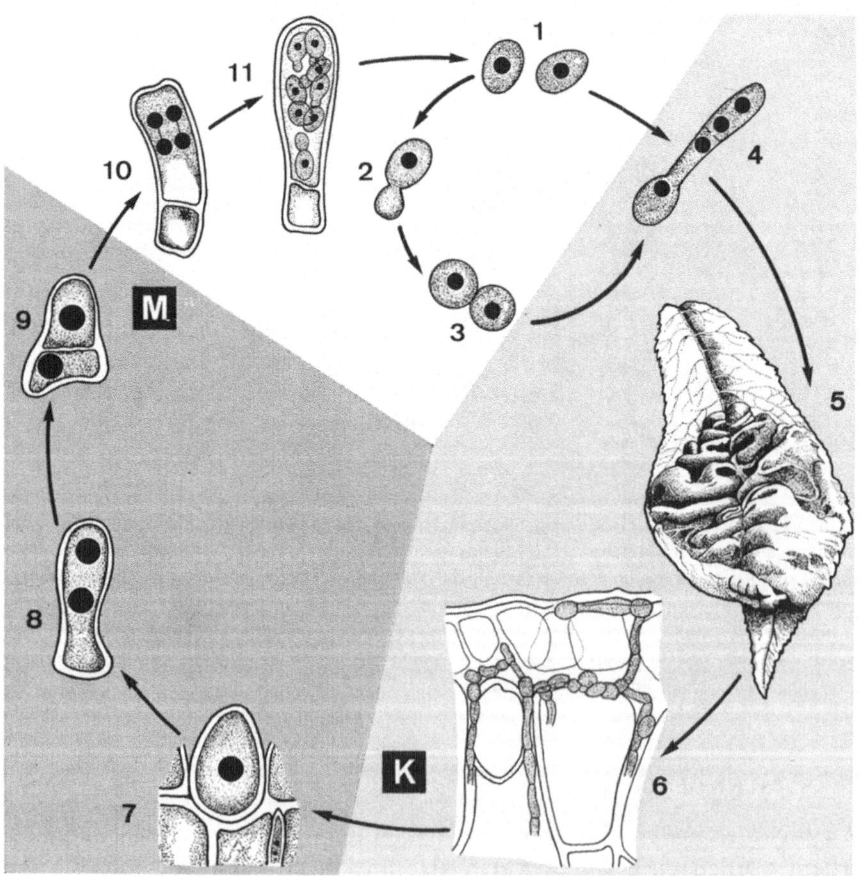

zen, vorwiegend Hamamelididae und Rosaceae, Mißbildungen hervorrufen. Die Asci entstehen nicht in Fruchtkörpern.

Vegetative Fortpflanzung erfolgt durch „**Konidien**". Diese entstehen durch hefeartige Sprossung aus den Ascosporen (Abb. 179).

Wie aus dem Entwicklungs-Zyklus (Abb. 179) hervorgeht, sind die Taphrinales **Haplo-Dikaryoten**. Bei monözischen Arten erfolgt die Dikaryotisierung apogam in den auskeimenden Ascosporen bzw. „Konidien", denn nur das **dikaryotische Myzel ist infektionsfähig**, bei physiologisch diözischen Formen durch Somatogamie zwischen Sporen bzw. „Konidien". Die Asci sind eutunicat.

Material: Vom CBS werden zahlreiche *Taphrina*-Arten angeboten. Da man bei diesen Stämmen jedoch nur die vegetative Phase beobachten kann, sollte man frisches oder konserviertes Material von befallenen Pflanzenteilen verwenden oder, wenn das nicht möglich ist, auf Dauerpräparate zurückgreifen.

Taphrina deformans (Erreger der Kräuselkrankheit bei Pfirsichen) ist relativ weit verbreitet und leicht zu beschaffen.

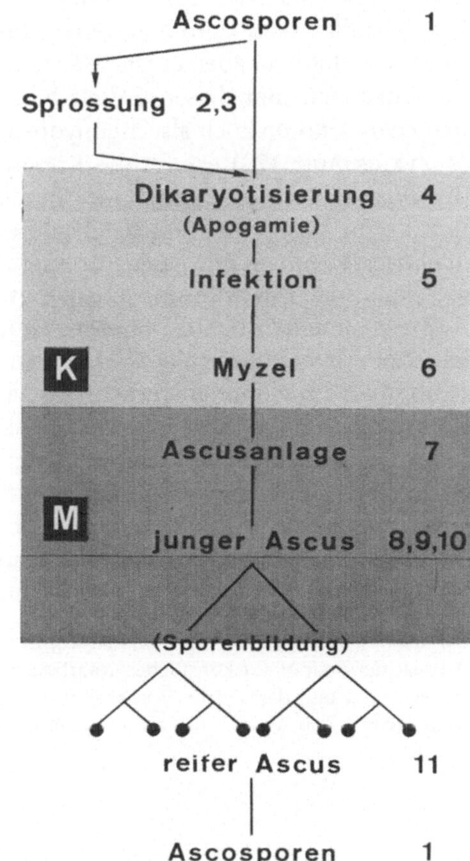

Abbildung 179. Entwicklungs-Zyklus von *Taphrina deformans*, Haplo-Dikaryot. Befruchtungs-Modus: Apogamie; Fortpflanzungs-System: Monözie. Habitus eines infizierten Pfirsichblattes (5)

Besonders nach einem kalten, regenreichen Frühjahr findet man im Mai/Juni an Pfirsichblättern rötliche Blasen. Schon nach kurzer Zeit kommt es infolge einer starken Wuchshypertrophie des Palisadenparenchyms (Pilz bildet Indolylessigsäure!) zur typischen Einkräuselung der Blätter (Abb. 179).

T. pruni infiziert Pflaumenblüten und ruft in den Fruchtknoten durch eine starke Hypertrophie die Bildung von ungenießbaren Früchten hervor.

Diese auch Narrentaschen (Abb. 180 a) genannten Gebilde kann man im Mai/Juni deutlich durch ihre Übergröße von den noch nicht ausdifferenzierten Pflaumen unterscheiden. Infolge des Rückganges der Anwendung von Pflanzenschutzmitteln sind die Narrentaschen heute wieder häufiger zu finden.

Auch die ebenfalls wieder häufiger zu beobachtenden „Hexenbesen", z.B. an Birken und Kirschen, werden u.a. durch *Taphrina*-Arten hervorgerufen. Es handelt sich dabei um reisigbesenähnliche starke Verzweigungen jüngerer Äste.

Präparation und Aufgabe: Wenn keine Dauerpräparate zur Verfügung stehen, Deckglaspräparate von Querschnitten durch die von *Taphrina* befallenen Pflanzenteile (z.B. Pfirsichblätter) herstellen.

Beobachtungen: In den Blattquerschnitten erkennt man, daß die septierten Hyphen vor allem interzellulär im Mesophyll, aber auch zwischen Epidermis und Cuticula wachsen. Nach Anfärben mit Karminessigsäure oder im Phasenkontrastmikroskop kann man sehen, daß die Zellen zweikernig sind. In älteren Infektionsstadien haben einzelne Zellen des subcuticulären Myzels die Cuticula durchdrungen. Bei diesen Zellen handelt es sich um die Ascusanlage (von manchen Autoren auch als Chlamydosporen bezeichnet). In diesen Primordien (s. Zyklus Abb. 179) erfolgt die Karyogamie. Nach einer mitotischen Teilung des Zygotenkerns und einer Querwandbildung wird die untere diploide Tochterzelle zur sogenannten Stielzelle, deren Kern degeneriert. Die obere diploide Tochterzelle entwickelt sich zum Ascus, in dem unter gleichzeitiger Längsstreckung nach Meiose und postmeiotischer Mitose 8 Ascosporen entstehen. Die Asci, in denen sich die Sporen schon durch Sprossung vermehren können, bedecken hymeniumartig wie ein Palisadenparenchym die Blattoberfläche (Abb. 180 b). Die Sporen werden aktiv ausgeschleudert und können nach Wiederherstellung der Dikaryophase, die bei der monözischen *T. deformans* schon beim Auskeimen erfolgt, erneut Blätter infizieren. Ascosporen, aber auch die diploiden Ascusprimordien überwintern nach Ausbildung einer derben Zellwand und können im Frühjahr erneut die jungen Blätter infizieren.
Ähnliche Beobachtungen kann man auch an Querschnitten durch „Narrentaschen" (Abb. 180 b) und durch „Hexenbesenzweige" machen.

Die oben erwähnte hefeartige Vermehrung der Ascosporen durch Sprossung kann man nach Aussaat der Sporen auf künstlichen Nährböden beobachten. Da dies aber grundsätzlich nichts Neues bringt und der gleiche Vorgang im Prinzip bei *Saccharomyces* behandelt wird (S. 346), steht der mit dem Anlegen der Kulturen verbundene Aufwand in keinem Verhältnis zum Nutzeffekt.

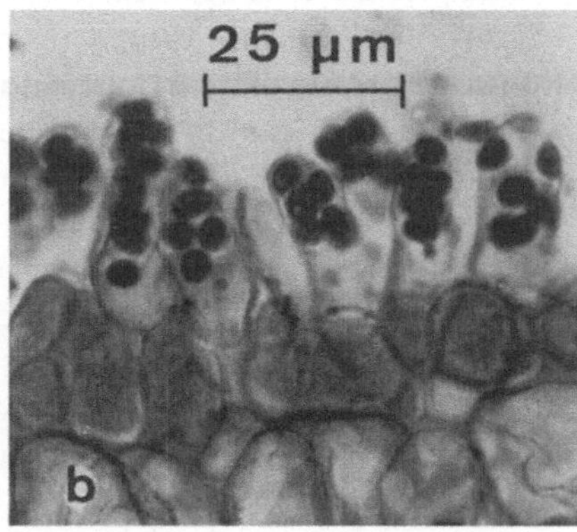

Abbildung 180 a, b. *Taphrina pruni.* a Infizierte Pflaumen (Narrentaschen); b Querschnitt durch die Epidermis einer Narrentasche aus der achtsporige Asci herausgewachsen sind

II. Unterklasse: Endomycetidae

Ordnung: Endomycetales (Saccharomycetales)

Merkmale: Vorwiegend **Saprophyten,** von denen die **Hefen** wegen ihrer wirtschaftlichen Bedeutung die bekanntesten sind. Neben **Einzellern,** die **Coenobien (Sproßmyzelien)** ausbilden können, gibt es auch Gattungen, deren Vegetationskörper **Myzelien** sind. **Vegetative Fortpflanzung** erfolgt (wenn vorhanden) durch **Konidien.**

Sexuelle Fortpflanzung: Im Gegensatz zu allen anderen Ascomycetes gibt es **keine dikaryotische Phase.** Sowohl bei den holokarpen Einzellern als auch bei den eukarpen Myzelbildnern kommt es unmittelbar nach der Plasmogamie zur Karyogamie. Soweit die Entwicklungs-Zyklen bekannt sind, handelt es sich fast ausschließlich um **monözische** bzw. **physiologisch diözische Haplonten** bzw. **Diplonten.** Die Asci sind prototunicat (Abb. 176).

Praktische Bedeutung: Die Hefen sind, abgesehen von ihrem Einsatz in den klassischen Biotechnologien (Brot, Alkoholika), in den letzten Jahrzehnten zu bedeutenden Objekten für die Grundlagenforschung geworden, und zwar sowohl in der Formal- als auch in der Molekulargenetik. Hier ist es vor allem *Saccharomyces cerevisiae* (Bäckerhefe), die in der molekularen Genetik der Eukaryoten eine vergleichbare Position einnimmt wie *Escherichia coli* bei den

Prokaryoten. Mit einigen Stichworten wird auf Probleme und Fragestellungen hingewiesen, die mit Hilfe von *S. cerevisiae* bearbeitet wurden: Molekulare Kontrolle der Sexualreaktion, Mitochondriengenetik, „molekulare Werkzeuge" zur Charakterisierung von Proteinen und Proteinwechselwirkungen, Signaltransduktionswege. *S. cerevisiae* ist der erste Eukaryot bei dem die DNA-Basen vollständig sequenziert wurden.

Auf Grund der Ergebnisse der Grundlagenforschung wurde die Voraussetzung für einen breiteren Einsatz der Hefen in der Biotechnologie geschaffen. Neben *E. coli* und anderen Bakterien werden Hefen nach entsprechender genetischer Veränderung als Produzenten für ein breites Spektrum von Produkten eingesetzt. Nicht zuletzt muß auf die zahlreichen human-und tierpathogenen Hefen hingewiesen werden.

Klassifizierung: Da vor allem bei den Hefen viele imperfekte Formen vorkommen, ist es schwierig, die Anzahl der Gattungen und Arten zahlenmäßig festzulegen. In „Ainsworth & Bisby's Dictionary of the Fungi" werden 8 Familien mit 75 Gattungen und 273 Arten angegeben.

Von der Evolution her gesehen lassen sich die Endomycetales mit ihren myzelbildenden Formen, die auch Gametangiogamie aufweisen, an die Zygomycetales anschließen. Im Gegensatz zu den sonst üblichen Verhältnissen müssen die Einzeller, bei denen keine Geschlechtsorgane entstehen, als höher entwickelte Formen angesehen werden. Ihre Entwicklung hat in eine „Sackgasse" geführt: sie stehen nämlich in keinerlei verwandtschaftlichen Beziehungen zu den anderen Unterklassen der Ascomycetes.

Die Bearbeitung der Endomycetales erfolgt unter den Gesichtspunkten einer **Progression in der Organisation des Vegetationskörpers und der Entwicklungs-Zyklen bzw. Befruchtungs-Modi.**

I. Organisation des Vegetationskörpers

Da die zum Verständnis dieses Themas notwendigen Beobachtungen nicht nur an den gleichen Objekten, sondern auch an den gleichen Präparaten gemacht werden können, die zur Demonstration der Entwicklungs-Zyklen benötigt werden, soll hier nur in einer schematischen Übersicht auf die im vegetativen Bereich vorhandene Progression hingewiesen werden.

1. Myzelbildende Formen

Dipodascus albidus, mehrkernige septierte Hyphen (Abb. 182, 183).
Eremascus fertilis, einkernige septierte Hyphen (Abb. 184, 185).

2. Einzeller mit Coenobienbildung

a. Spalthefen: *Schizosaccharomyces pombe* (Abb. 186).

b. Sproßhefen: *Saccharomyces cerevisiae* (Abb. 187, 188).

II. Thallische Entwicklung von Konidiosporen

Film: C 1302, Konidienentwicklung bei den Fungi imperfecti

Material: *Endomyces geotrichum* oder *E. fibuliger* (Endomycetaceae) (ATCC, bzw. DSM) (imperfekte Form: *Geotrichum candidum*) ist ubiquitär. Man findet ihn sowohl im Erdboden als auch in Milchprodukten, Abwässern und sogar als Saprophyt oder Parasit in Darm bzw. Lunge des Menschen; aber auch als Pflanzenpathogen auf Früchten wie Zitronen, Tomaten und Melonen.

Präparation und Aufgabe: Aus Petrischalenkulturen (Maisagar oder Hefepräsporulationsmedium), die etwa für 3 d bei 25–27 °C gehalten wurden, wird mit der Präparierfeder ein flaches, 1–2 mm^2 großes Agarstück herausgeschnitten und ein Deckglaspräparat angefertigt, etwas andrücken, aber kein Wasser zugeben! Kernfärbungen mit Karminessigsäure oder Giemsa (s. S. 47).

Beobachtungen: Die Vertreter der Gattung *Endomyces* bilden, ebenso wie die *Schizosaccharomyces*-Arten, ein verzweigtes Myzel. Infolge der überaus reichlichen Konidienbildung haben ältere Kulturen ein schleimiges Aussehen. Die Konidiophoren sind auf den ersten Blick nicht von Hyphen zu unterscheiden, da sie, was typisch für thallische Konidienbildung ist, nicht anschwellen (Abb. 181). Bei intensiverer Beobachtung erkennt man jedoch, daß die Konidienbildung nur an solchen Hyphenspitzen erfolgt, die kurz zuvor ihren Wuchs eingestellt haben. Es werden dann zweischichtige Septen gebildet (s. Schema der Abb. 176 a), als Vorbereitung für die Abschnürung der zylindrischen Konidiosporen. Die Konidiosporen sind je nach Stamm ein- bis mehrkernig.

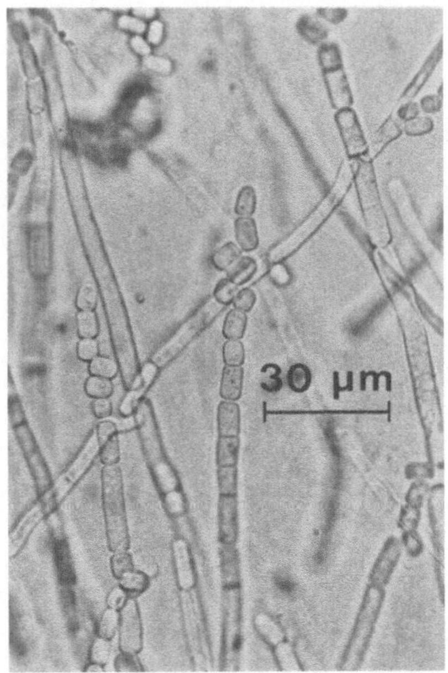

Abbildung 181. *Endomyces geotrichum.* Ausschnitt aus einer Myzelkultur mit verschiedenen Stadien der Bildung von Konidiosporen

III. Entwicklungs-Zyklen und Befruchtungs-Modi

1. Haplonten

a. Anisogametangiogamie, vielsporige Asci

Material: *Dipodascus albidus* (Dipodascaceae) (CBS) wächst im Schleimfluß von Bäumen und kann bei 20–25 °C auf Maisagar kultiviert werden.

Präparation und Aufgabe: Von einer Petrischalenkultur, die etwa 10 d alt ist, wird mit der Präparierfeder unter dem Präpariermikroskop ein möglichst flaches, 1–2 mm großes Agarstück herausgeschnitten und davon ein Deckglaspräparat angefertigt. Um die Zellkerne sichtbar zu machen, vor dem Auflegen des Deckglases entweder mit Karminessigsäure oder Giemsa färben (S. 48).

Bei einigen Stämmen bilden die Hyphen von *D. albidus* auf Agarmedien etwa gleichzeitig mit der Ascusbildung konidienartige Dauersporen, die in der Natur nicht beobachtet wurden. Daher muß man, um alle Entwicklungsstadien zu bekommen, aus den Petrischalenkulturen mehrere Agarstücke in radialer Richtung vom Impfstück entnehmen, die den verschiedenen Altersstufen des Myzels entsprechen.

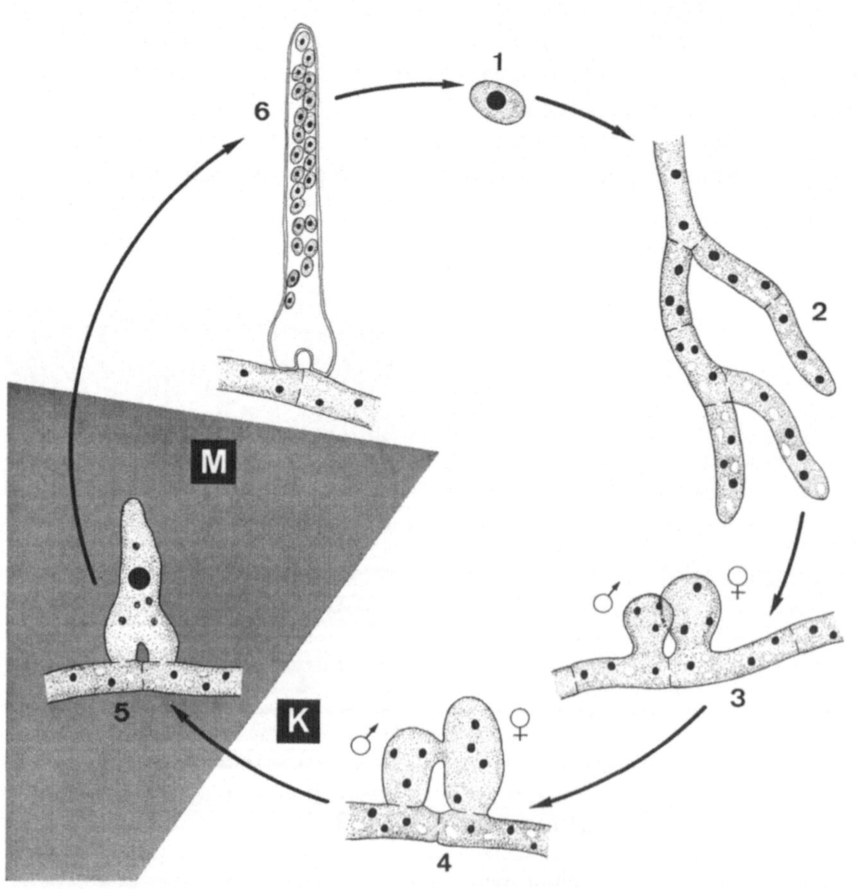

Beobachtungen: Wie aus dem in Abb. 182 dargestellten Entwicklungs-Zyklus hervorgeht, bildet der Pilz einkernige Ascosporen (1), die zu einem septierten, verzweigten Myzel auskeimen (2). Die Querwände sind deutlich bei mittlerer Vergrößerung zu erkennen. Mit Hilfe der Kernfärbungen sieht man, daß die Zellen mehrkernig sind. *D. albidus* ist monözisch. Unter geeigneten Ernährungsbedingungen bilden sich an benachbarten Zellen Ausstülpungen, die sich in vielkernige anisomorphe Gametangien umwandeln (3). Nach Kontakt der Gametangien erfolgt die Plasmogamie (4). Die Kerne des kleineren Gametangiums wandern in das größere Geschlechtsorgan. Man kann daher von männlichen und weiblichen Gametangien sprechen. Nach der Karyogamie, die nur zwischen je einem „männlichen" und „weiblichen" Kern erfolgt (5), folgt unmittelbar die Meiose und zahlreiche postmeiotische Mitosen (Abb. 183 a). Das weibliche Gametangium wächst zu einem länglichen Ascus aus, in dem sich zahlreiche einkernige Sporen bilden (6). Der Ascus reißt an der Spitze auf und entläßt die Ascosporen passiv (Abb. 183 b).

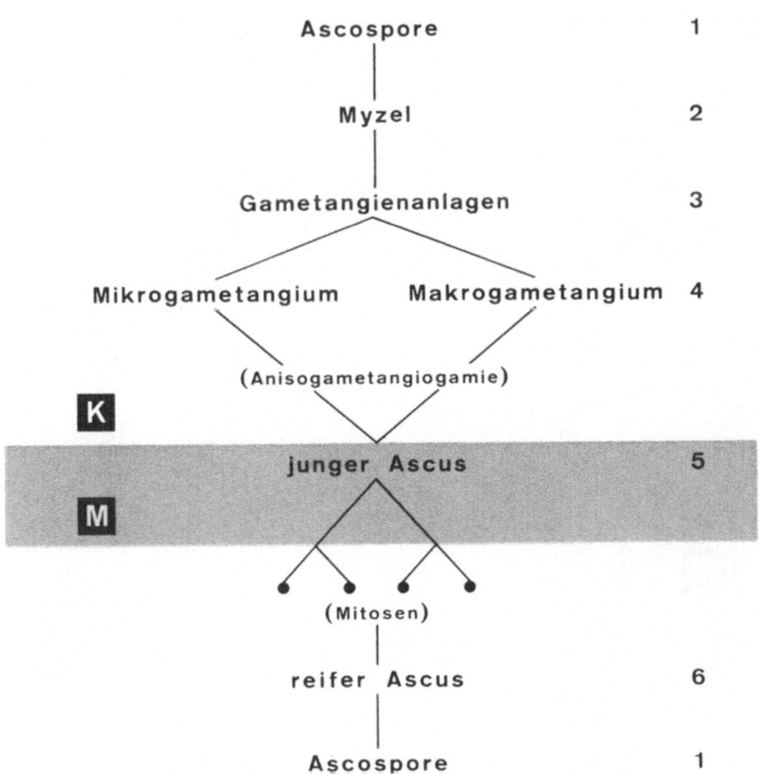

Abbildung 182. Entwicklungs-Zyklus von *Dipodascus albidus*, Haplont. Befruchtungs-Modus: Anisogametangiogamie; Fortpflanzungs-System: Monözie

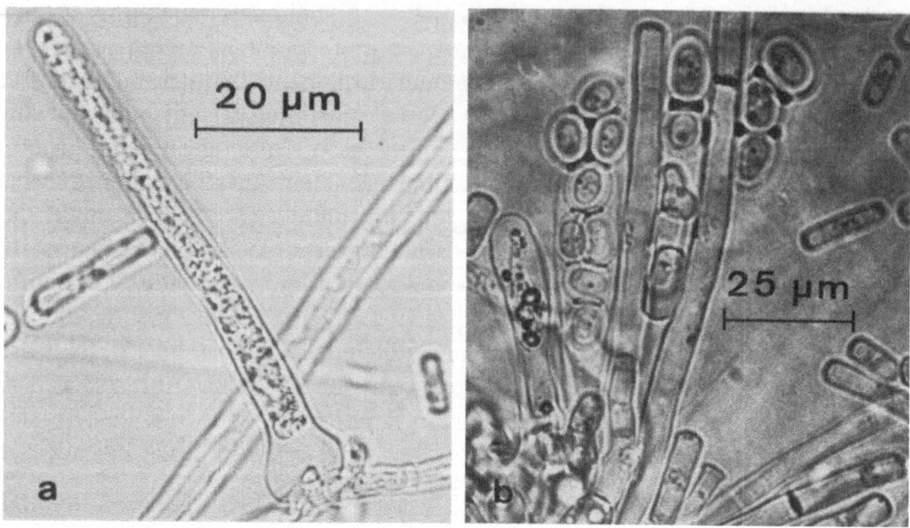

Abbildung 183 a, b. *Dipodascus albidus.* a junger Ascus, an dessen Basis man noch die Anisogametangien (rechts männlich, links weiblich) erkennt; **b** vielsporiger Ascus nach Entleerung der Sporen

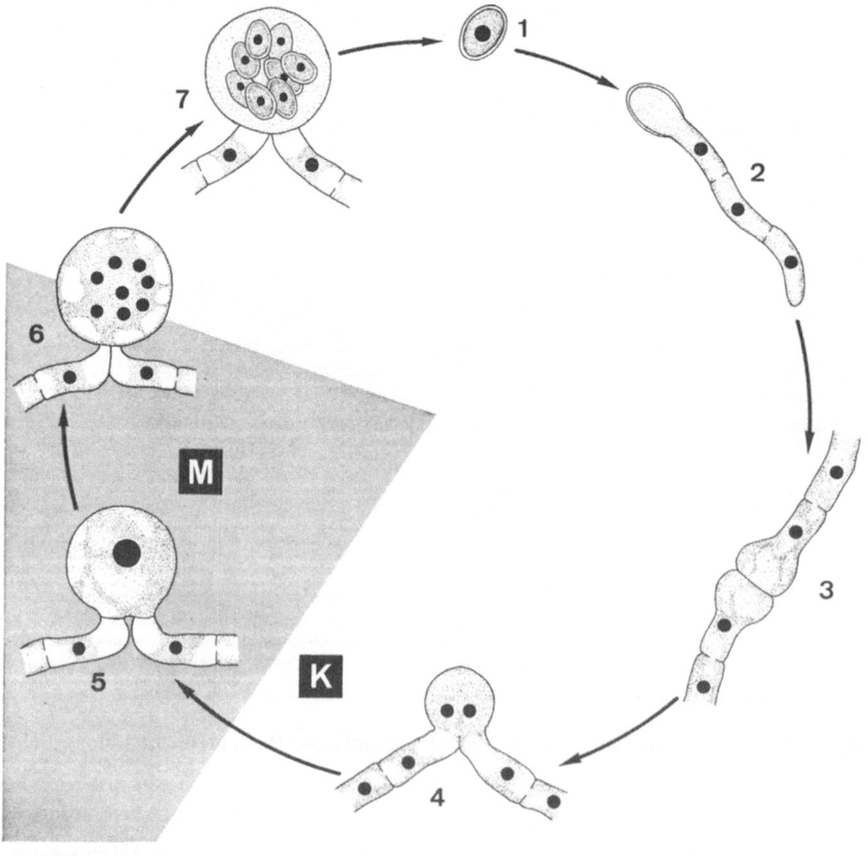

b. Isogametangiogamie, achtsporige Asci

Material: *Eremascus fertilis* (Eremascaceae) (CBS) findet man in der Natur auf zuckerhaltigen Substraten wie Marmelade oder Fruchtsäften.

Präparation: *E. fertilis* kann unter den gleichen Bedingungen kultiviert werden wie *Dipodascus.* Auch bei der Anfertigung von Präparaten verfahre man, wie oben für diesen Pilz beschrieben. Allerdings wird ein optimaler Wuchs von *Eremascus* erst erreicht, wenn das Medium bis zu 40% Zucker enthält. Dem Maisagar kann man daher noch etwa 300 g/l Saccharose zusetzen.

Aufgabe und Beobachtungen: Wie aus dem Entwicklungs-Zyklus von *E. fertilis* (Abb. 184) hervorgeht, unterscheidet sich dieser Pilz in folgenden Merkmalen von *Dipodascus albidus*: Aus den vielkernigen Keimschläuchen der Ascosporen differenzieren sich Myzelien mit einkernigen Zellen; die einkernigen Gametangien sind isomorph; nach einer ähnlichen Schraubenbewegung wie bei *Phycomyces* (s. Abb. 158) fusionieren sie zur Ascusinitiale; die kugeligen Asci enthalten nur 8 Sporen. Die einzelnen Stadien des Sexualvorganges können bei starker Vergrößerung beobachtet und gezeichnet werden (Abb. 185).

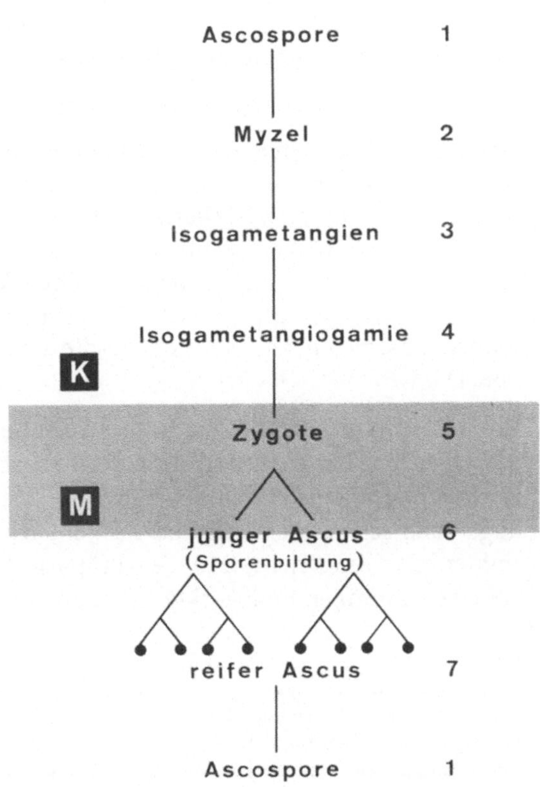

Abbildung 184. Entwicklungszyklus von *Eremascus fertilis*, Haplont. Befruchtungs-Modus: Isogametangiogamie, Fortpflanzungs-System: Monözie

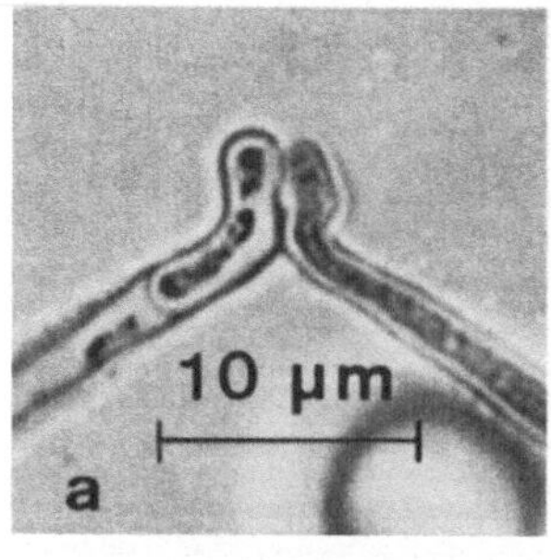
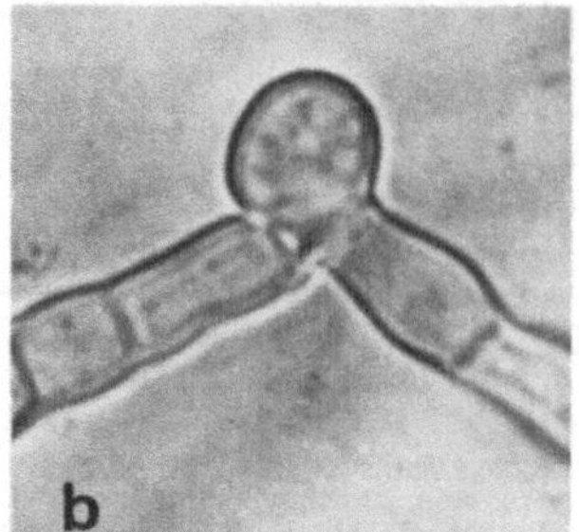
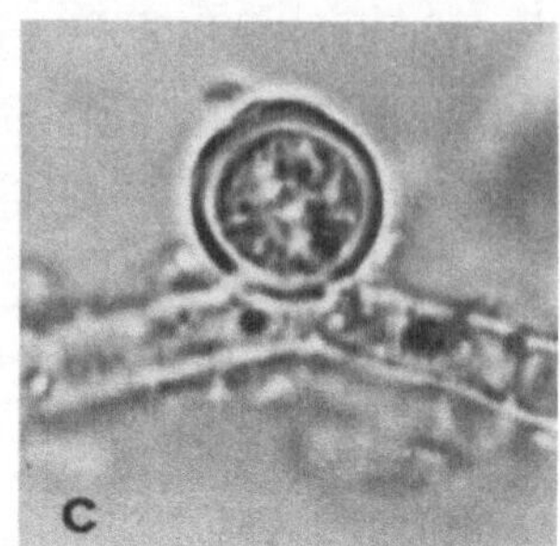
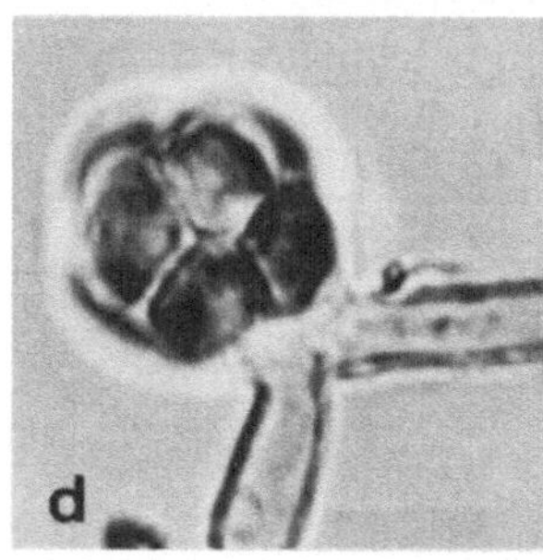

Abbildung 185 a–d. *Eremascus fertilis.* a Fusion der Isogametangien; b fusionierte Isogametangien; c junger Ascus; d Ascus mit 8 Sporen

c. `Somatogamie,* vier-bis achtsporige Asci

Film: E 2941, *Schizosaccharomyces octosporus,* haplobiontischer Generationswechsel

Material: *Schizosaccharomyces* (Schizosaccharomycetaceae); von dieser Gattung sind vor allem die Arten *S. octosporus* und *S. pombe* bekannt, die von Honig und Korinthen bzw. Zuckermelasse oder Fruchtsäften isoliert werden können. *S. pombe* wird zur Fermentation des afrikanischen Hirsebieres (Pombe-Bier) und zur Herstellung des ostasiatischen Araks verwendet. Sie ist ferner ein bevorzugtes Objekt für genetische Experimente. Von beiden Arten dieser sogenannten Spalthefen gibt es monözische und physiologisch diözische Rassen (CBS, DSM).

Präparation und Aufgabe: Beide Arten können auf Maisagar bei 20–25 °C kultiviert werden. Zur Demonstration der Ascusbildung benutzt man zweckmäßigerweise physiologisch diözische Stämme. Man streicht dann die beiden Kreuzungstypen schachbrettartig aus. Asci entstehen nach etwa 6 d in den Schnittpunkten der Ausstriche. Mit der Präparierfeder werden von diesen Stellen Proben entnommen und Deckglaspräparate hergestellt.

---

* In der Überschrift zu diesem Abschnitt wird der Befruchtungs-Modus von *Schizosaccharomyces* mit Somatogamie bezeichnet. Man könnte dagegen einwenden, daß man ebenso gut von Isometogamie sprechen kann, da es sich um Fusion von Einzelzellen handelt, die je nach den äußeren Bedingungen Gametencharakter annehmen können (s. z.B. *Chlamydomonas*). In Analogie zu den echten Hefen (z.B. die im nächsten Abschnitt zu besprechende *Saccharomyces cerevisiae*), bei denen haploide Zellen von verschiedenem Kreuzungstyp jedoch sofort fusionieren, wenn sie miteinander in Kontakt geraten, soll der Ausdruck „Somatogamie" beibehalten werden.

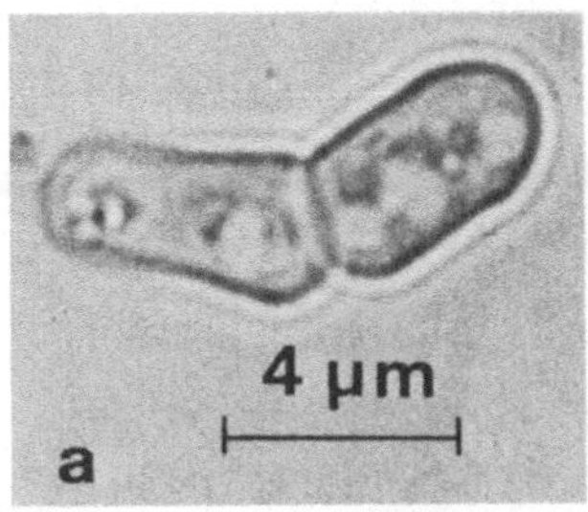
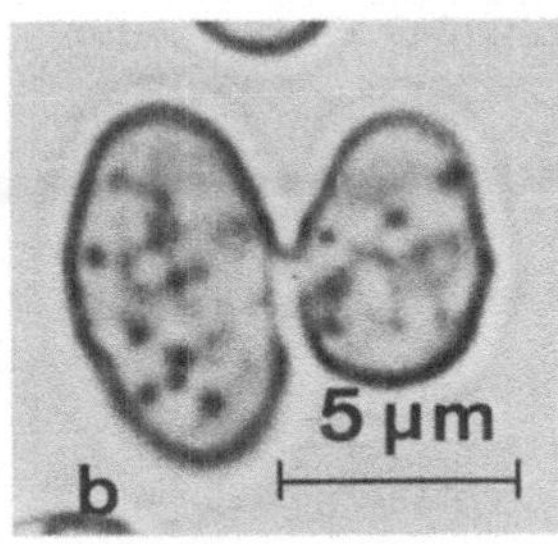
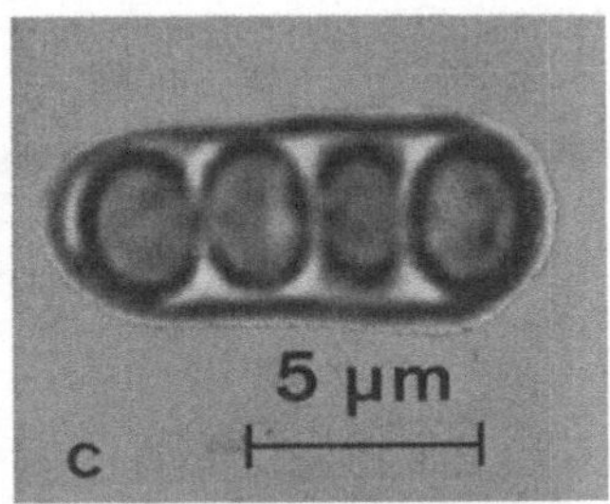

Abbildung 186 a–c. *Schizosaccharomyces pombe.* a Teilungsstadium einer haploiden vegetativen Zelle; b Fusion von vegetativen Zellen als Vorstufe der Ascusbildung; c Ascus mit vier linear angeordneten Sporen

Beobachtungen: Der Entwicklungs-Zyklus dieses Pilzes ist relativ einfach und unterscheidet sich von dem in Abb. 187 dargestellten Zyklus der echten Hefe im wesentlichen durch zwei Punkte: Einmal vermehren sich die Einzelzellen durch Zweiteilung (Spaltung) und zum anderen erfolgt unmittelbar auf die Karyogamie die Meiose. **Die Spalthefen sind Haplonten.**

In frisch hergestellten Präparaten kann man zahlreiche Teilungsstadien beobachten (Abb. 186 a). Ferner sieht man, daß die Tochterzellen nach der Teilung in unregelmäßig geformten Zellverbänden zusammenbleiben, die entsprechend unserer Definition als Coenobien bezeichnet werden (s. Tabelle 2).

Verwendet man monözische Stämme, so können beliebige Zellen sich nach Fusion (Abb. 186 b) unmittelbar in einen Ascus umwandeln, der bei *S. octosporus* entweder acht, aber auch vier mehr oder minder linear angeordnete Sporen enthält. Die Asci von *S. pombe* bilden stets vier Sporen in linearer Anordnung aus (Abb. 186 c). Bei diözischen Stämmen entstehen Asci nur nach der Fusion von Zellen verschiedener Kreuzungstypen,* die vielfach anstelle von + und – mit a und α bezeichnet werden. a und α sind alles Formen des für die physiologische Diözie verantwortlichen Kreuzungstyp-Gens. Nach Zerfall der Zellwand können die Ascosporen ohne Ruhepause wieder zu neuen Spalthefen auskeimen.

2. Diplonten

Film: E 2940, *Saccharomyces cerevisiae*, diplobiontischer Generationswechsel

Viele der wirtschaftlich bedeutenden Hefestämme sind diploid. Wie aus dem in Abb. 187 dargestellten Entwicklungs-Zyklus der Brauerei- und Bäckerhefe *Saccharomyces cerevisiae* hervorgeht, liegt dies daran, daß die haploiden Ascosporen unmittelbar nach Verlassen des Ascus paarweise fusionieren und die diploiden Zygoten sich unter geeigneten Umweltbedingungen vegetativ nahezu unbegrenzt vermehren. Im Extremfall (*Saccharomycodes ludwigii*) erfolgt die Plasmogamie schon zwischen den Sporen im Ascus, so daß nach Aufreißen der Ascuswand zwei diploide Hefezellen entlassen werden. Bei *S. cerevisiae* kann

---

* s. Fußnote S. 6.

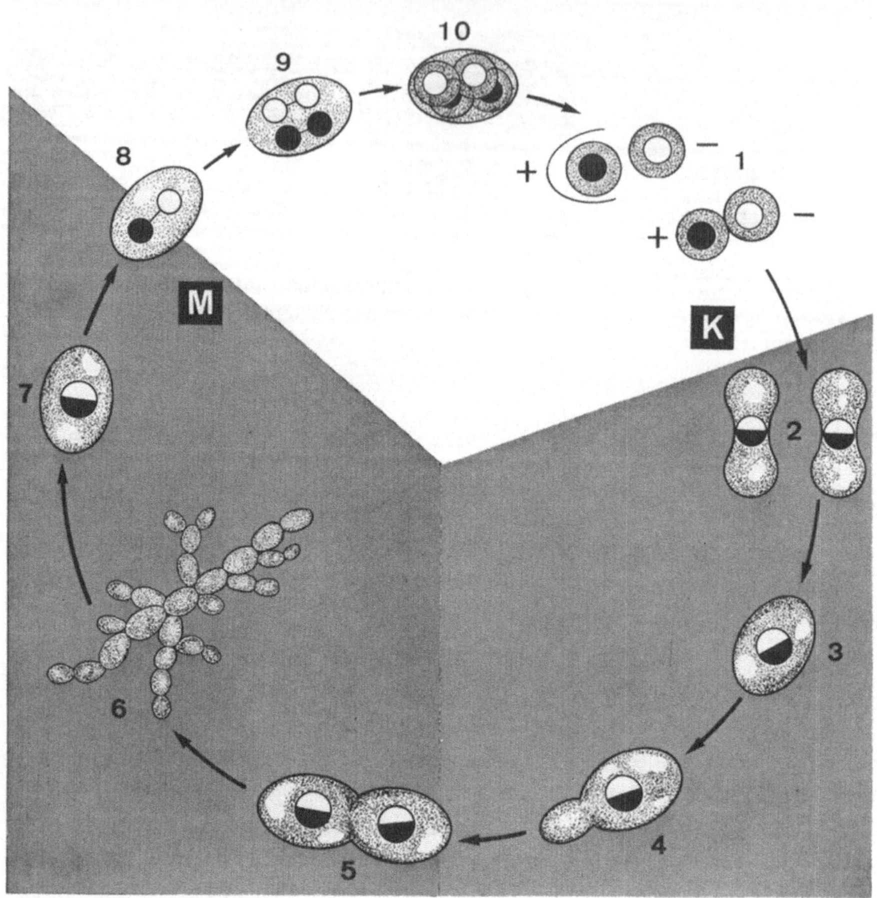

man allerdings haploide Klone herstellen, wenn man die Sporen aus den Asci isoliert und getrennt keimen läßt.

Auf Grund dieser Tatsache, daß sich die haploiden Hefesporen vegetativ vermehren, bezeichnen einige Autoren *S.cerevisiae* als einen Haplo-Diplonten. Dies ist zwar faktisch richtig, aber da haploide Stämme praktisch in der Natur wegen der unmittelbar nach Verlassen des Ascus erfolgenden Fusion der Sporen nicht vorkommen, handelt es sich auch bei dieser Hefe faktisch um einen Diplonten.

Material: *Saccharomyces cerevisiae* (Saccharomycetaceae). Zahlreiche Wildstämme bei CBS und DSM. Man muß allerdings darauf achten, daß man keine Stämme bekommt, die imperfekt geworden sind, was bei manchen Kulturrassen der Fall ist.

Präparation: Zur Untersuchung von Teilungsstadien (Hefesprossung) und Bildung von Coenobien (Sproßmyzelien) wird *S. cerevisiae* in flüssigem Präsporulationsmedium (S. 30) herangezogen. Da die Sproßmyzelien beim Abpipettieren aus größeren Kulturgefäßen meist auseinanderfallen, werden die

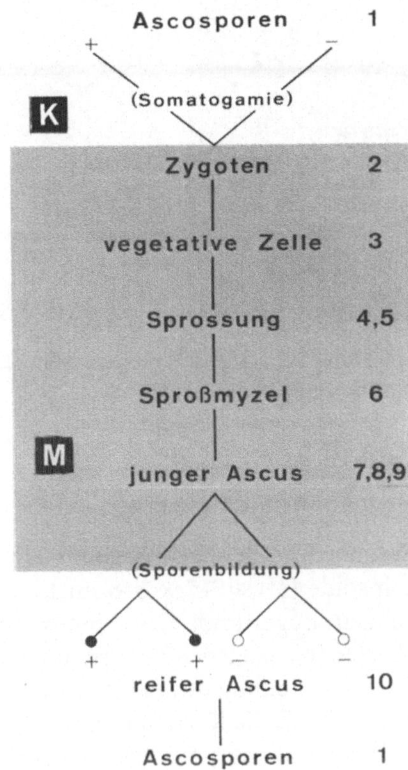

Abbildung 187. Entwicklungs-Zyklus von *Saccharomyces cerevisiae*, Diplont. Befruchtungs-Modus: Somatogamie; Fortpflanzungs-System physiologische Diözie

Hefezellen auf dem Objektträger kultiviert (S. 38 f.). Mit einer sterilen Pipette auf den Objektträger einen Tropfen einer Hefe-Suspension geben und in einer Petrischale für 20–24 h bei 30 °C halten. Sobald man sich bei kleiner Vergrößerung überzeugt hat, daß sich genügend Sproßmyzelien gebildet haben, vorsichtig ein Deckglas auflegen und mit Nagellack umranden, da die spätere Beobachtung mit der Ölimmersion erfolgen sollte. Falls haploide Stämme zur Verfügung stehen, können diese auf die gleiche Weise angezogen werden.

Die **Ascusbildung** kann induziert werden, wenn man diploide Hefezellen für einige Zeit auf ein nährstoffreiches Medium (Präsporulationsmedium) bringt und danach auf ein nährstoffarmes Medium (Sporulationsmedium) überträgt. Dadurch werden die „ruhenden Zellen" der Stammkulturen zunächst zu einer reichlichen vegetativen Vermehrung angeregt, die bei Nährstoffverarmung in eine Ascusbildung übergeht.

Im einzelnen verfährt man wie folgt: Aus einer Stammkultur diploider Zellen in ein mit Präsporulationsmedium (S. 30) gefülltes Schrägagarröhrchen impfen, 12 bis 16 h bei 30 °C bebrüten; mit 5 ml Kaliumdihydrogenphosphat-Lösung (0,05 M) abspülen, bei etwa 3000 U/min abzentrifugieren; Präzipitat erneut in gleicher Menge Kaliumphosphatlösung aufnehmen und unter gleichen Bedingungen zentrifugieren; Präzipitat in 10 ml Sporulationsmedium (S. 30) aufnehmen, in 50 ml Erlemeyerkolben übertragen und 4–5 d bei 30 °C schütteln.

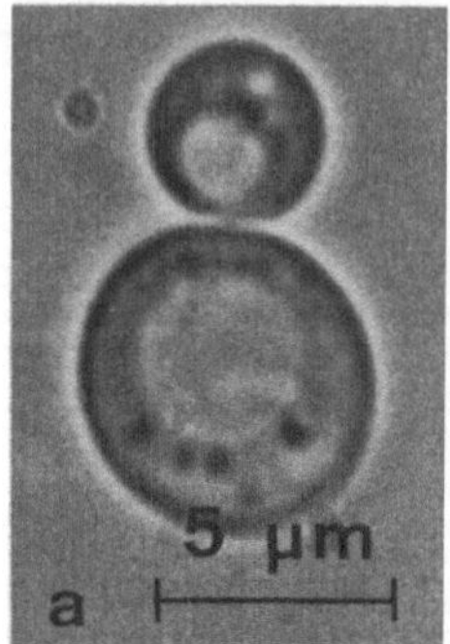
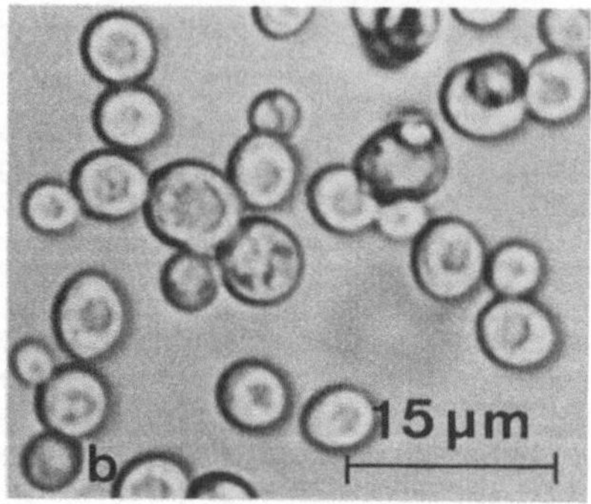
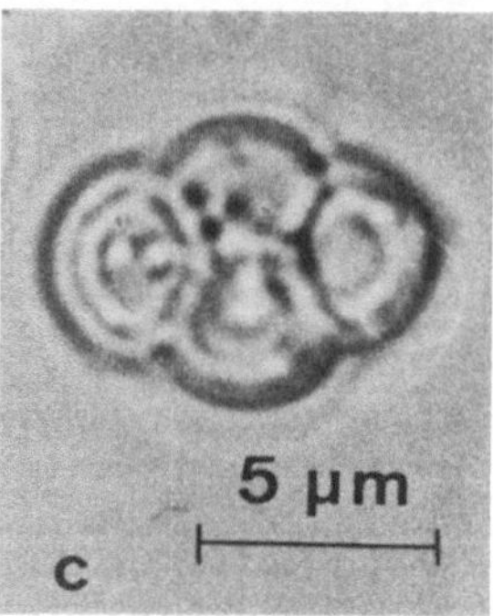

Abbildung 188 a–c. *Saccharomyces cerevisiae.* a Diploide Zelle in Sprossung begriffen; b Sproß-myzelien; c Ascus mit vier Sporen

Alle Manipulationen unter sterilen Bedingungen durchführen. In Tropfpräparaten können schon nach 2–4 d die ersten Asci erkannt werden.

Aufgabe und Beobachtungen: Die vegetativen diploiden Zellen sind Rotationsellipsoide (etwa 5–7 × 6–8 µm). Im Gegensatz dazu sind die haploiden Zellen nahezu kugelrund. Die Sprossung verläuft bei Haplonten und Diplonten gleichartig. Gleichzeitig mit einer blasenartigen Ausstülpung der Zellwand setzt eine Teilung des Zellkerns ein (Abb. 188 a). Dabei handelt es sich um eine Endomitose, die Kernmembran wird nämlich nicht aufgelöst.

Die Zellkerne sind nur nach Anfärbung mit Karminessigsäure oder Giemsa zu erkennen. Einer der beiden Tochterkerne wandert zugleich mit einem Teil der übrigen Zellorganellen in die Tochterzelle, die sich dann vollständig von der Mutterzelle abschnürt. Die beiden Zellwände bleiben jedoch locker miteinander verbunden und bilden die typischen Sproßmyzelien (Abb. 188 b). Der Zusammenhalt der Sproßmyzelien ist sehr locker und kann leicht zerstört werden, dazu genügt schon, wie oben erwähnt, das Aufsaugen mit einer Pipette.

Eine Hefezelle kann sich nicht, wie andere Einzeller, unbegrenzt teilen, denn nach Ablösen der Tochterzellen bleibt an der Zellwand der Mutterzelle eine „Narbe" zurück (Elektronenmikroskop). Wenn die Oberfläche der Zellwand mit Narben bedeckt ist (etwa 100), ist eine Zellsprossung nicht mehr möglich, die Zelle stirbt.

Die Hefeasci enthalten meist vier runde Sporen (Abb. 188 c). Sie können infolge ihrer geringen Größe (3 x 3 µm) (s. auch Abb. 178) nur mit Hilfe eines Mikromanipulators isoliert werden, wenn man vorher die Ascuswand mit Chitinase verdaut hat. Die Möglichkeit, eine Tetrade von vier aus einer Meiose stammenden Sporen zu isolieren, ist sehr wichtig für die genetischen Analysen, zu denen insbesondere *S. cerevisiae* sehr häufig verwendet wird.

III. Unterklasse: Laboulbeniomycetidae

Merkmale: Die etwa 1.500 Arten (116 Gattungen) der einzigen Ordnung, der Laboulbeniales, leben vorwiegend auf Insekten. Sie können allerdings auch auf Milben und vereinzelt auf Tausendfüßlern (Diplopoda) beobachtet werden.

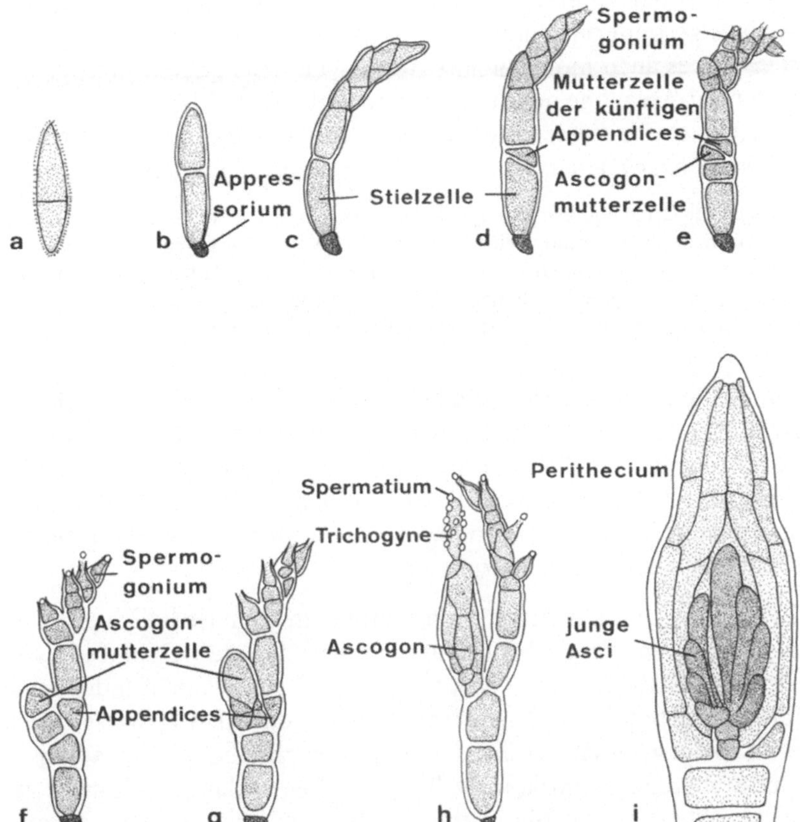

Abbildung 189 a–i. *Stigmatomyces baerli,* **Entwicklungs-Stadien. a, b** Eine keimende Ascospore hat sich in zwei Tochterzellen geteilt, deren untere den künftigen Fuß (Appressorium) abgrenzt; **c, d** die obere Tochterzelle hat eine Reihe von Zellen gebildet, die sich zu Spermogonien entwickeln; die untere Zelle hat die Mutterzelle der künftigen Appendices abgeschnürt; **e–g** während die Spermogonien schon die Produktion von Spermatien aufgenommen haben, grenzt die Stielzelle sich von der Ascogonmutterzelle ab; **h** das Ascogon ist von wenigen Hüllzellen umgeben und hat eine Trichogyne ausgebildet. An dieser haften einige Spermatien, von denen nur eines befruchten kann; **i** in dem jungen Perithezium mit deutlich erkennbarem Ostiolum befindet sich ein Büschel junger Asci. (Nach Thaxter, verändert)

Hinsichtlich ihres Habitus nehmen die Laboulbeniales eine Sonderstellung innerhalb der höheren Pilze ein, denn sie **bilden keine Myzelien** aus. Ihre 0,035 bis 2 mm großen borstenartigen **Thalli bestehen aus einer für jede Art konstanten und typischen Zahl von wenigen vegetativen Zellen,** an denen sich die Geschlechtsorgane bzw. Perithezien (s. Tabelle 7) bilden.

Fortpflanzung: Eine **vegetative Fortpflanzung** durch Sporen ist nicht bekannt. Die **sexuelle Fortpflanzung** wird eingeleitet durch Gameto-Gametangiogamie, d.h. die Ascogone werden mit Hilfe einer Trichogyne durch Spermatien befruchtet. Die Ausbildung der Fruchtkörper und der Asci erfolgt nach dem üblichen Haplo-Dikaryoten-Schema (z.B. Abb. 197). Wir können daher auf die Darstellung eines gesonderten Entwicklungs-Zyklus verzichten. Neben monözischen Arten gibt es auch morphologisch-diözische Arten, deren Einspormyzelien entweder nur Ascogone oder nur Spermogonien ausbilden.

Zur Veranschaulichung dieser Entwicklungsvorgänge sind in Abb. 189 Stadien von *Stigmatomyces baerii*, einer der am besten untersuchten Arten, dargestellt.

Die Frage, ob es sich bei den Laboulbeniales um obligate Parasiten handelt, war lange umstritten, da man bei oberflächlicher Beobachtung keine Verbindung zwischen den typischen Appressorien und dem Insektenorganismus erkennen konnte und zum anderen die befallenen Insekten keine Krankheitserscheinungen zeigen und auch nicht vorzeitig absterben. Erst vor kurzem ist es gelungen, eindeutig bei den meisten Arten eine Verbindung zwischen Parasit und Wirt durch Haustorien nachzuweisen.

Klassifizierung: Die frühere systematische Einordnung der Laboulbeniales in die Ascomycetidae, die auf Grund des Befruchtungs-Modus und der Ausbildung von Perithezien (s. Tabelle 7) erfolgt, wurde aufgegeben, da die Asci prototunicat sind (Abb. 176). Die Einteilung in Familien erfolgt nach der Ausbildung der Spermatien (exogen oder endogen). Die weitere Unterteilung richtet sich weitgehend nach der Thallusmorphologie.

Material: Da man die Laboulbeniales nicht kultivieren kann (lediglich ein Auskeimen der Ascosporen konnte beobachtet werden), ist die Beschaffung von Kursmaterial mit Schwierigkeiten verbunden, zumal auch vom Handel keine Dauerpräparate angeboten werden. Man ist daher darauf angewiesen, sich selbst Material zu verschaffen. Da die in Abb. 189 beschriebene *Stigmatomyces baerii*, die auf Stubenfliegen vorkommt, bisher in Deutschland noch nicht gefunden wurde, sollte man auf die in unseren Breiten relativ häufig vorkommenden Laboulbeniales-Arten ausweichen, die auf Laufkäfern oder Ameisen zu finden sind.

Hierbei kommt es vor allem darauf an, daß die Käfer in nicht zu trockenen Biotopen in einer für die Entwicklung des Pilzes günstigen Jahreszeit eingefangen werden.

Die folgenden Angaben mögen als Richtlinien für eine Materialbeschaffung dienen.*

Laboulbenia coneglanensis auf *Harpalus rufipes* (= *Pseudophonus pubescens*), April bis Anfang Mai bzw. ab August.

L. filifera auf *Harpalus affinis* (= *H. aeneus*), April bis Juni.

Beide Wirte sind sehr häufig auf Feldern, an Feldwegen, Wiesenrändern und auf Ödland zu finden, und zwar tagsüber unter Steinen.

L. flagellata auf mehreren Laufkäferarten der Gattung *Agonum*, die vor allem in feuchteren Biotopen (z.B. in Erlenbruchwäldern, an Weiherrändern, an Flußufern) häufig vorkommen und dort auch stärker befallen sind. Beste Sammelzeit ist das Frühjahr von April bis Juni.

L. pseudomasei auf *Pterostichus anthracinus, P. minor, P. nigrita*. Die Wirte sind häufig und auch stark befallen im Frühjahr (April bis Juni) in feuchten Wäldern (z.B. Erlenbruchwäldern) und Wiesen.

---

* Dr. Scheloske, Erlangen, pers. Mitteilung.

Allgemein läßt sich sagen, daß man auch auf verschiedenen anderen Laufkäfern nach *Laboulbenia* suchen kann. Am meisten erfolgversprechend ist es, in feuchteren Biotopen, im Frühjahr (April bis Juni) und auf nicht zu großen Käfern (unter 1,5 cm; die großen *Carabus*-Arten z.B. haben keine Pilze). Später im Jahr findet man in der Regel entweder die Käfer seltener oder man fängt die frisch geschlüpften Jungkäfer, die natürlich noch nicht befallen sind. Eine Ausnahme ist hier u.a. die zuerst genannte Art *(H. rufipes)*.

Auf den Käfern können die Pilze an allen Körperteilen sitzen, vor allem aber auf der Körperoberseite, bei den Männchen auch auf der Unterseite (dies hängt mit der Übertragung der Pilze während der Kopula der Wirte zusammen).

L. formicarum auf Ameisen, und zwar sind sehr günstig die beflügelten Männchen oder Weibchen, da sich hier die vom Pilz befallenen Flügel sehr leicht abpräparieren lassen.

Präparation und Aufgabe: Die Käfer bzw. Ameisen werden zunächst mit Äther abgetötet und dann unter dem Präpariermikroskop auf Pilzbefall untersucht. Mit einiger Übung ist es sehr leicht möglich, die Pilze auf Grund ihrer schwarz gefärbten Fußzellen von den Insektenborsten zu unterscheiden (Abb. 190). Danach trennt man mit Präparierfedern die befallenen Teile des Integumentes

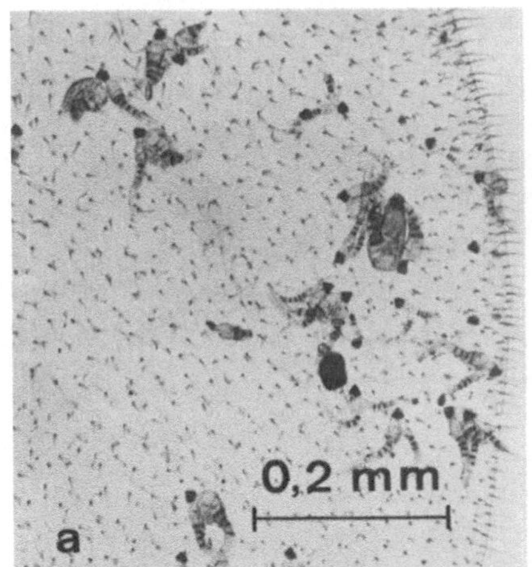

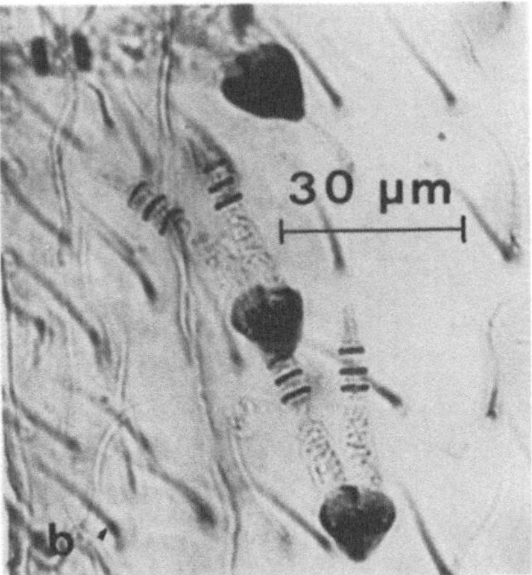

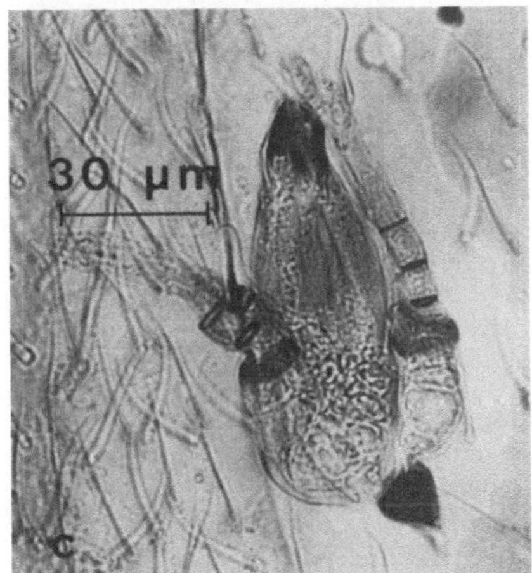

Abbildung 190 a–c. *Laboulbenia formicarum.* a Flügelausschnitt einer vom Pilz befallenen Ameise in der Übersicht; b Ausschnittsvergrößerungen aus (a) mit noch nicht ausdifferenzierten Thalli und adulten männlichen und weiblichen Individuen (c)

bzw. die Flügel ab und sucht unter dem Präpariermikroskop nach geeigneten Entwicklungsstadien. Am besten stellt man durch unmittelbares Einbetten in eines der üblichen Einschlußmittel sofort Dauerpräparate her. Von den relativ dünnen Flügeln der Ameisen können ohne weitere Präparation sofort Präparate angefertigt werden.

Beobachtungen: Die in Abb. 189 dargestellten ersten vier Entwicklungsstadien wird man nur in seltenen Fällen sehen können. Wie jedoch aus Abb. 190 hervorgeht, ist es möglich, die übrigen Stadien fast vollständig auf einem Ameisenflügel zu sehen. Die in dieser Abbildung dargestellte Art *L. formicarum* ist diözisch, und zwar bleiben die zweizelligen Sporen der viersporigen Asci nach Verlassen des Fruchtkörpers paarweise verbunden. Im Verlauf der Entwicklung entsteht aus der einen Spore ein weibliches und aus der anderen ein männliches Individuum. Im ersten Fall bildet sich an dem Thallus ein Ascogonium, das sich nach Befruchtung zum Perithezium entwickelt, im anderen Fall eine Vielzahl von kleineren männlichen Gametangien, die Spermatien entlassen

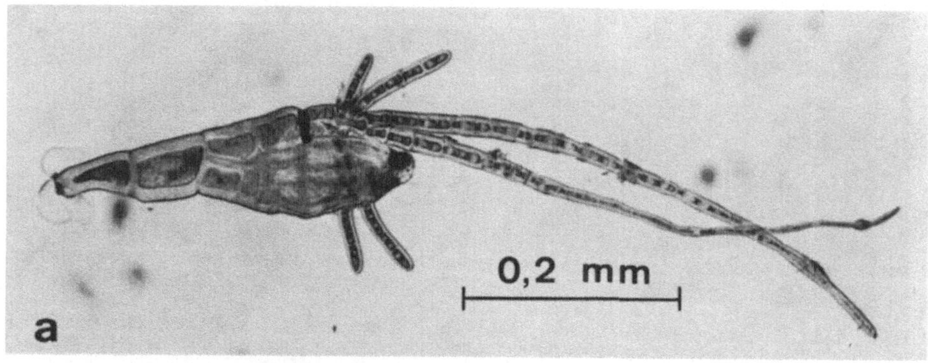

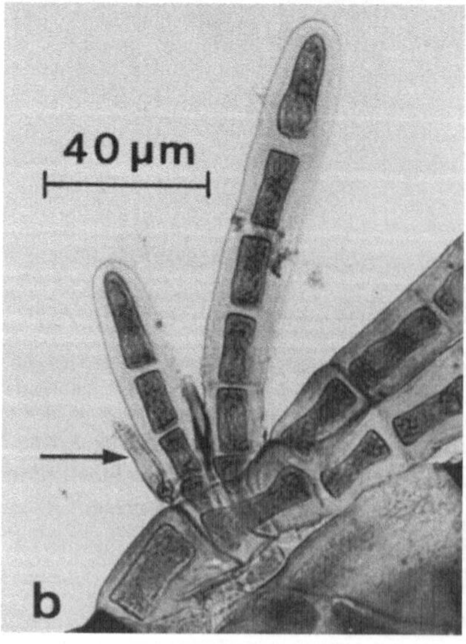

Abbildung 191 a,b. *Laboulbenia flagellata* (syn. *L. elongata*). a Übersichtsbild eines Individuums mit einem reifenden Perithezium; b Ausschnittsvergrößerung aus (a) zur Darstellung der Spermogonien (Pfeil), die sich an der Basis der Appendices befinden

(Abb. 190 b, c). Jedoch sind die meisten Laboulbeniales-Arten monözisch, wie aus Abb. 191 hervorgeht. Bei der relativ häufig zu findenden *L. flagellata,* die durch die typischen einreihigen, mehrzelligen Appendices charakterisiert ist, sind die heranwachsenden oder reifen Perithezien sehr leicht zu erkennen. Die kleinen, an der Basis der Appendices inserierten Spermogonien kann man nur bei starker Vergrößerung sehen (vergl. Abb. 191 a mit b).

IV. Unterklasse: Ascomycetidae

Filme: K 146, Haken- und Ascusbildung (Zeichentrick)
C 1586, Ascus- und Fruchtköperentwicklung bei Ascomyceten

Merkmale: Die Vertreter der in dieser Unterklasse zusammengefaßten Taxa unterscheiden sich von den Pilzen der bisher besprochenen drei Unterklassen durch folgende Kriterien:

1) Sie sind **Haplo-Dikaryoten.**
2) Die Ascusbildung wird meist durch einen speziellen Mechanismus eingeleitet. Dieser als **Hakenbildung** bezeichnete Vorgang bewirkt, daß durch eine Reihe von spezifischen Kernteilungen und Wandbildungen aus dem dikaryotischen Myzel in den jungen Ascus jeweils ein „mütterlicher" und ein „väterlicher" Kern gelangt (Abb. 192).

Ein ähnliches Prinzip der Kernverteilung ist bei den Basidiomycetes durch den analogen Mechanismus der Schnallenbildung verwirklicht. Schnallen werden allerdings nicht nur vor der Entstehung von Meiosporangien (Basidien) gebildet, sondern auch während der dikaryotischen vegetativen Phase (s. Abb. 239).

3) Die Asci befinden sich, abgesehen von wenigen Ausnahmen, in **Fruchtkörpern** (s. Tabelle 7).

Klassifizierung: Im Gegensatz zu der früher verwendeten Unterteilung nach der Struktur der Fruchtkörper (Tabelle 7), die sehr einfach war und die man auch Studenten leicht verständlich machen konnte, entspricht die derzeit im „Strasburger" verwendete Gliederung, die sich im wesentlichen nach der Struktur der Asci richtet, zwar dem gegenwärtigen wissenschaftlichen Erkenntnissen, ist jedoch sehr kompliziert und unübersichtlich. Von den etwa 30 von den Mykologen zur Zeit akzeptierten Ordnungen werden 12 besprochen. Sie werden zum Teil in Gruppen [(Über)ordnungen*] zusammengefaßt, wie aus der folgenden Übersicht hervorgeht.

Wir werden auf der Grundlage dieser Einteilung Vertreter der für Grundlagenforschung, Praxis und Biotechnologie wichtigen Ordnungen besprechen.

1.(Über)ordnung: Eurotianae

Merkmale: Die dünnen Wände der prototunicaten Asci (Abb. 176) sind undifferenziert. Sie verschleimen oft schon vor der Reife der Sporen, die passiv freigesetzt werden.

---

* Zur besseren Kennzeichnung wird das Präfix in Klammern gesetzt.

Tabelle 8. Gliederung der Ascomycetidae nach der Struktur der Asci. Ergänzend sind die Typen der Fruchtköper angegeben.

Ordnungen	Ascusstruktur (Abb. 176)	Fruchtkörper (Tabelle 7, S. 331)
1. Überordnung: Eurotianae	prototunicat	
Eurotiales		meist Kleistothezien
Microascales		Perithezien
2. Ordnung: Erysiphales	eutunicat unitunicat, inoperculat	Kleistothezien
3. Ordnung: Pezizales	eutunicat unitunicat, operculat	meist Apothezien
4. Überordnung: Leotianae	eutunicat unitunicat, inoperculat	
Leotidales		Apothezien
Phacidales		ascoloculare Stromata
Sphaeriales		Perithezien
Diaporthales		Perithezien
Xylariales		Perithezien in Stromata
Clavicipitales		Perithezien in Stromata
5. Ordnung: Dothideales	eutunicat, bitunicat	Pseudothezien

Ordnung: Eurotiales

Merkmale: Die in diesem Taxon zusammengefaßten Pilze sind **vorwiegend Saprophyten,** aber auch Parasiten auf Pflanze, Tier und Mensch. Da sehr **viele** der beschriebenen **Arten imperfekt** sind und sich nur auf Grund ihrer Organe der vegetativen Fortpflanzung in die Eurotiales einordnen lassen, kann die Zahl der Arten der 52 Gattungen nur mit der ungenauen Bezeichnung „einige hundert" angegeben werden.

Der **Vegetationskörper** besteht aus dem typischen Ascomyceten-Myzel mit einfachen Septen. Zusammenlagerung von Hyphen zu stromatischen Gebilden ist unbekannt. Die **vegetative Fortpflanzung** erfolgt durch **Konidien,** die meist an Konidienträgern bzw. Koremien entstehen. In den im Verlauf der **sexuellen Fortpflanzung entstehenden Kleistothezien** (Tabelle 7) werden von den ascogenen Hyphen **keine Hymenien** ausgebildet, so daß die kugeligen prototunicaten Asci im Fruchtkörper unregelmäßig verteilt sind.

Soweit die **Entwicklungs-Zyklen** bekannt sind, handelt es sich ausschließlich um **Haplo-Dikaryoten.** Das **Fortpflanzungs-System** ist durch **Monözie** bestimmt, die allerdings in einigen wenigen Fällen durch Incompatibilität überlagert werden kann. **Sehr variabel ist der Befruchtungs-Modus,** denn die typische Aniso-Gametangiogamie ist bei sehr vielen Arten weitgehend reduziert.

Dies trifft vor allem für die Aspergillaceae zu. Hier sind Arten bekannt, bei denen die männlichen Gametangien entweder funktionslos geworden sind oder ganz fehlen. In beiden Fällen erfolgt die Entwicklung der weiblichen Gametangien zu Fruchtkörpern apandrisch, d.h. ohne vorherige Plasmogamie mit einem männlichen Gametangium. Dieser als Autogamie zu bezeichnende

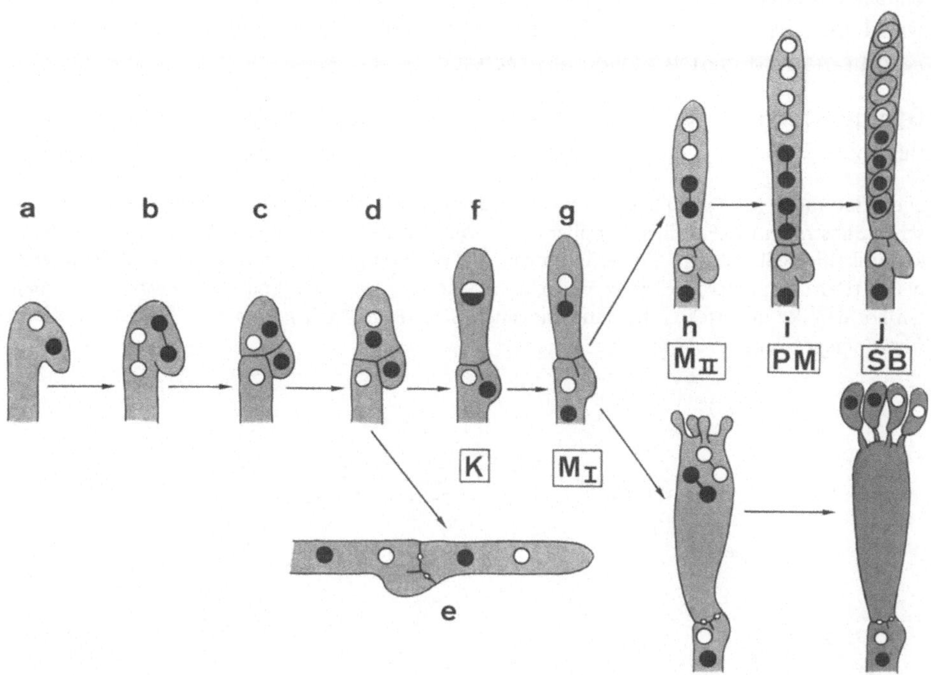

Abbildung 192 a–j. Schematische Darstellung des Mechanismus der Kernverteilung in den dikaryotischen Hyphen höherer Pilze, als Voraussetzung für die Entstehung von Meiosporangien.
a–g Gleichartig verlaufende cytologische Vorgänge bei Haken- und Schnallenbildung. a An einem Hyphenende bildet sich seitlich eine Ausstülpung, in die einer der beiden Kerne hineinwandert. Um die Verschiedenheit bzw. verschiedene Herkunft der Kerne zu verdeutlichen, sind diese durch unterschiedliche Farben gekennzeichnet. b Es erfolgt eine konjugierte Mitose beider Kerne, die Striche zwischen den Tochterkernen deuten die „zusammengeklappten" Spindeln an. c Durch zwei Querwandbildungen wird eine Spitzenzelle von der Ausstülpung und von der Hyphenbasis und damit auch jeweils ein Kern der beiden Paare abgetrennt. d Zwischen Ausstülpung und Basiszelle entsteht infolge einer Wandauflösung ein cytoplasmatischer Kontakt. e Der in der Ausstülpung befindliche Kern wandert in die Basishyphe; diese und die Spitzenzelle haben nun jeweils zwei „verschiedene" Kerne. Damit ist die bei der vegetativen Fortpflanzung der dikaryotischen Hyphen der Basidiomyceten vorkommende Schnallenbildung abgeschlossen. f Bei der Entstehung von Meiosporangien findet meist gleichzeitig mit dem Wandern des Kerns von der Ausstülpung in die Basiszelle die Karyogamie in der Spitzenzelle statt (K). g Unmittelbar auf die Karyogamie folgt die Meiose. Bis zur ersten meiotischen Teilung (M I) verläuft die Entwicklung von Ascus und Basidie völlig gleichartig. h Erst parallel zur Meiose II setzt bei den Basidien die Bildung von Sterigmen ein, während der junge Ascus sich streckt. i Eine postmeiotische Mitose (PM) findet meist nur im Ascus, sehr selten in der Basidie statt. j Im Ascus entstehen nach dem Prinzip der freien Zellbildung acht Ascosporen, in den Basidien schnüren sich an den Sterigmen nach Einwandern der Kerne vier Basidiosporen ab. Während der Sporenreife finden in den zunächst einkernigen Asco- und Basidiosporen weitere Mitosen statt, so daß die reifen Sporen mehrkernig sind

Befruchtungs-Modus liegt auch bei der als Leitart gewählten *Aspergillus repens* vor (Abb. 193).

Der Grund, daß wir diese hinsichtlich des Befruchtungs-Modus atypische Art ausgewählt haben, ist pragmatisch, denn *A. repens* läßt sich sehr leicht kultivieren und zur Fruchtkörperbildung bringen (S. 364).

Klassifizierung und praktische Bedeutung: Die Ausbildung der Fruchtkörperwand gilt als wesentliches Kriterium für die Unterteilung der Eurotiales in Familien, von denen wir zwei besprechen:

Gymnoascaceae:* Peridie fehlt oder besteht aus einem lockeren Hyphengeflecht.

Die 9 Gattungen (21 Arten) der Gymnoascacae findet man im Boden, auf Früchten und aminalischen Substraten wie Fäkalien, vor allem aber auch auf Federn, Wolle, Haut, Leder und anderen keratinhaltigen Substraten. Einige Gattungen sind bekannt geworden als Erreger von Hautkrankheiten (Dermatophyten), seit man entdeckt hat, daß z.B. *Nannizzia* und *Arthroderma* die perfekten Formen der imperfekten humanpathogenen Gattungen *Microsporum* bzw. *Trichophyton* und *Keratinomyces* sind (S. 514 f.).

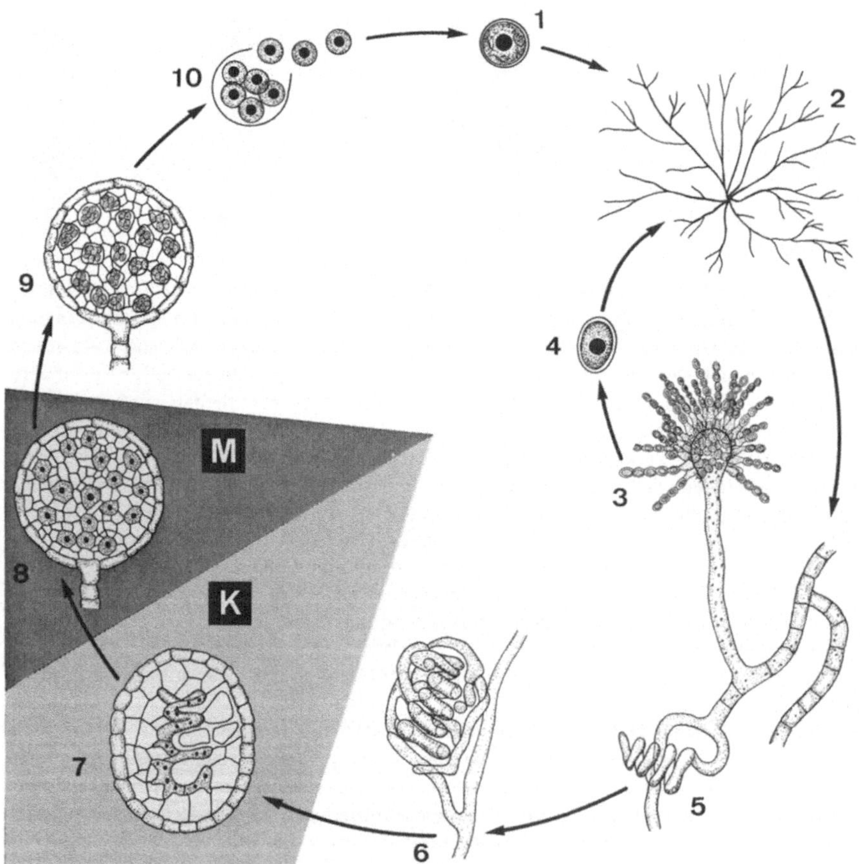

---

* Von einigen Autoren werden die Gymnoascaceae den Onygenales, einer weiteren Ordnung der Eurotianae, zugeordnet.

Aspergillaceae (Trichocomaceae): derbe Peridie vorhanden.

Die beiden Gattungen *Aspergillus* und *Penicillium*, welche als „Schimmelpilze" saprophytisch auf fast allen organischen Substraten wachsen, sind – abgesehen von einigen pathogenen Formen (*A. fumigatus* bewirkt Lungenerkrankungen bei Mensch und Tier; *A. flavus* bildet Aflatoxin, das sich im Tierversuch als giftig und carcinogen erwies) – von großem wirtschaftlichem Nutzen: *A. niger* (Zitronensäureproduzent), *A. oryzae* (Amylaseproduktion), *P. notatum* und *P. chrysogenum* (Penicillin), *Acremonium* spec. (Cephalosporin), *P. camembertii* und *P. roquefortii* (Käseproduktion). Eine Reihe von Aspergillaceae wurden erfolgreich in der Grundlagenforschung verwendet. So wurde in den fünfziger Jahren bei *Aspergillus nidulans* der parasexuelle Zyklus (s. S. 10) entdeckt.

Da die Geschlechtsorgane und deren Fusion (wenn man nicht auf Dauerpräparate zurückgreifen will) an lebendem oder auch fixiertem Material unter normalen Kursbedingungen mit großen Schwierigkeiten zu erkennen sind, soll die Untersuchung der Eurotiales vorwiegend auf ein Studium der Organe der vegetativen Fortpflanzung und der Fruchtkörper beschränkt werden. Diese

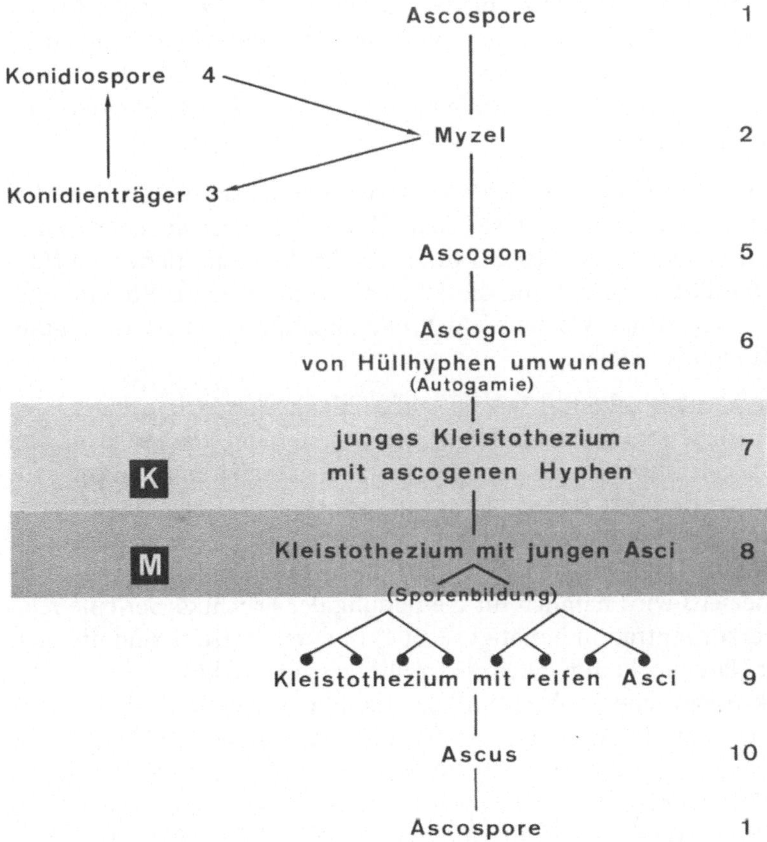

Abbildung 193. Entwicklungs-Zyklus von *Aspergillus repens*, Haplo-Dikaryot, mit vegetativer Fortpflanzung durch Mito-Aplano-Konidiosporen. Befruchtungs-Modus: Autogamie; Fortpflanzungs-System: Monözie. (Nach Walter und Webster, verändert)

Strukturen werden nämlich in erster Linie für eine Diagnostizierung der einzelnen Gattungen herangezogen. Entsprechend der praktischen Bedeutung der Eurotiales als Schad- und Nutzpilze sollte der Student in der Lage sein, eine Gattungsbestimmung vorzunehmen. Die Bildung der Geschlechtsorgane und die Plasmogamie, die innerhalb der Eurotiales und der auf sie folgenden Ordnungen prinzipiell nicht verschieden ist, wird an anderer Stelle an geeigneteren Beispielen (Sordariaceae) exemplarisch behandelt (S. 396 f.).

Generelle Bemerkungen zur Materialbeschaffung, Kultur, Präparation und Aufgabe: Wenn im folgenden nichts anderes erwähnt, gelten hier die auf S. 311 f. für die Mucoraceae gegebenen Hinweise. Zusätzlich zu einer Beschaffung von Reinkulturen aus einer Mykothek (CBS, DSM) kann man jedoch die meisten Eurotiales wegen ihrer ubiquitären Verbreitung von natürlichen Substraten selbst isolieren. Hierzu eignet sich vor allem die Dungschale, auf der unter dem Präpariermikroskop die Vertreter der Gymnoascaceae an ihren wattebauschartigen Fruchtkörpern und die Aspergillaceae an ihren Konidienträgern zu erkennen sind. Die Arten beider Familien sind entweder gleichzeitig oder kurz nach dem Aufkommen der typischen Mucoraceae-Sporangien zu finden.

Durch Verwendung anderer Substrate kann man unter Umständen eine gewisse Selektion erreichen.

Gymnoascaceae: Erdproben, die reich an organischen Substraten sind, werden in Petrischalen gebracht und mit sterilem Wasser gut durchfeuchtet. Dann werden sterilisierte (Autoklav) Büschel von menschlichen oder tierischen Haaren über die Oberfläche verteilt und die Schalen verschlossen bei Raumtemperatur gehalten. Nach etwa 6 Wochen findet man an den Haaren die Kleistothezien von keratinophilen Pilzen.

Aspergillaceae können geködert werden auf kohlenhydratreichen Substraten wie Brot, Marmelade etc., die nach Befeuchten mit sterilem Wasser in offenen Petrischalen ausgelegt werden. Es genügt schon, Petrischalen mit Maisagar für einige Stunden an der Luft stehen zu lassen, um Aspergillaceen einzufangen. Nach Bebrütung bei 25 °C entwickeln sich in wenigen Tagen die Kulturen. Allerdings sieht man in den meisten Fällen nur die Organe der vegetativen Fortpflanzung. Einerseits wird nämlich für die Bildung der Fruchtkörper eine relativ hohe Zuckerkonzentration benötigt (S. 364) und andererseits sind die meisten der in der Natur vorkommenden Aspergillaceae imperfekt.

Für die mikroskopische Beobachtung der Konidienträger sind die gleichen Vorsichtsmaßnahmen anzuwenden wie für die Mucoraceae (S. 312), da die locker anhaftenden Sporen, die normalerweise durch den Wind verbreitet werden, nach Zugabe eines Wassertropfens leicht abgeschwemmt werden.
Soweit Material zur Verfügung steht, sind die in den nachfolgenden Abbildungen dargestellten Entwicklungsstadien zu beobachten und zu zeichnen.

I. Organe der vegetativen Fortpflanzung

Die Konidiosporen der Eurotiales werden im allgemeinen an Phialiden gebildet. Die folgende Entwicklungsreihe kann daher als typisches Beispiel für die in Abb. 175 d schematisch dargestellte enteroblastische, phialidische Konidienentwicklung gelten.

1. Einreihige Konidienträger (Abb. 194)

Material: *Byssochlamys* (Gymnoascaceae). Während *B. nivea* vorwiegend aus Erdproben isoliert werden kann, ist *B. fulva* in Fruchtkonserven zu finden, denn ihre Sporen sind sehr hitzeresistent (Abtötung erst nach 30 min bei 84–87 °C). Außerdem sind sie relativ unempfindlich gegenüber SO_2 und Alkohol. Die Myzelien können bei sehr niedrigem Sauerstoffgehalt wachsen. Die Gattung *Byssochlamys* ist nicht keratinophil (Stämme beim CBS).

Beobachtungen: Wenn man 3–4 d alte Agarkulturen verwendet, die bei 30 °C gehalten wurden, ist es möglich, die verschiedenen Stadien der Konidienentwicklung zu sehen. Ausgehend von einer dem Substrat flach aufliegenden Hyphe, entsteht durch Verzweigung eine Lufthyphe, die an ihrem apikalen Ende die keulige Konidiosporenmutterzelle (Phialide) bildet. Die Phialide schnürt nach mitotischen Teilungen kettenartig die Konidiosporen ab.

Manchmal kann man auch in *Byssochlamys*-Kulturen an ähnlichen Trägern runde, derbwandige Dauersporen (Aleuriosporen) beobachten.

2. Vielreihige Konidienträger (Abb. 195, 196)

Film: E 475, Asexuelle Vermehrung bei *Aspergillus fumigatus.*

Material: *Aspergillus niger, Penicillium notatum* (Aspergillaceae) oder andere Arten beider Gattungen, deren perfekte Formen auch *Eurotium* bzw. *Talaromyces* genannt werden (Stämme CBS und DSM).

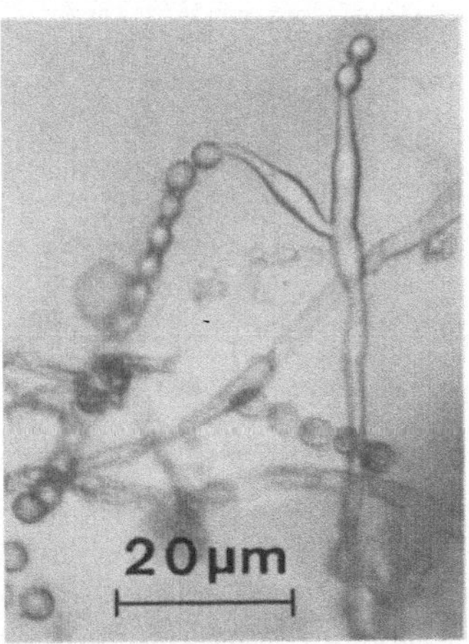

Abbildung 194. *Byssochlamys nivea.* **Konidienträger mit Sporen**

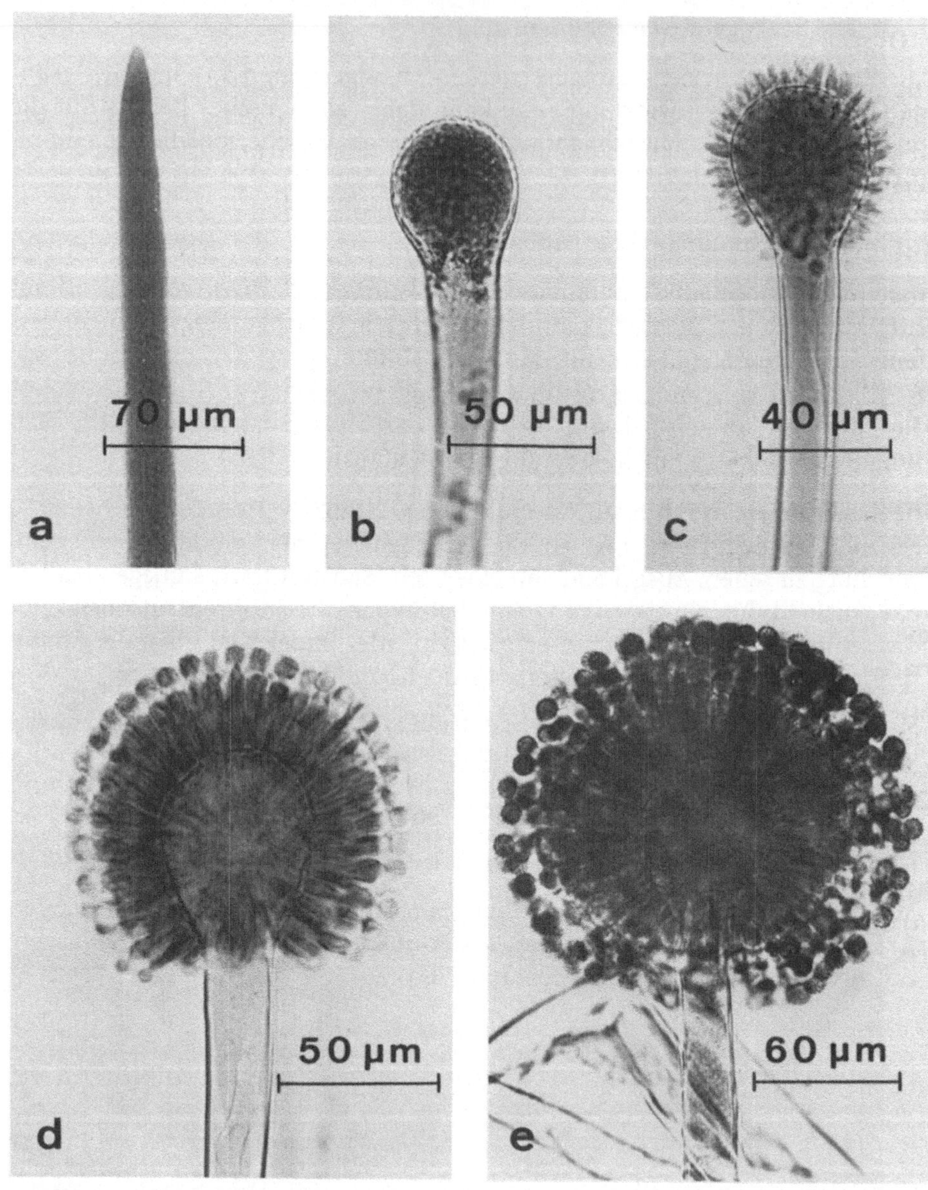

Abbildung 195 a–e. *Aspergillus niger,* verschiedene Stadien der Bildung von Konidien. a junger Konidiophor; b Beginn der Bildung der Metulae; c Beginn der Sporenbildung; d Kondienträger mit Sporen im optischen Schnitt; e Konidienträger mit reifen Sporen

Beobachtungen: Im Gegensatz zu *Byssochlamys* entsteht der keulige Konidienträger von *Aspergillus* (Abb. 195 a) ohne Querwandbildung aus einem Myzelseptum, das anschwillt und vielfach als „Fußzelle" bezeichnet wird. An der Oberfläche des ähnlich wie bei *Rhizopus* (s. Abb. 161) kugelrunden Köpfchens des Konidienträgers bilden sich zahlreiche Ausstülpungen (Abb. 195 b). Diese werden nach Abschnüren als Zwischenzellen (Metulae) bezeichnet, denn an ihnen entstehen dann erst in Einzahl die Phialiden, welche wie oben für *Byssochlamys* beschrieben, kettenartig Sporen abschnüren (Abb. 195 c). Im reifen Zustand sind bei *A. niger* die Sporen schwarz gefärbt. Im stark durchfallenden Licht kann man deutlich auch in Trockenpräparaten die Struktur der Konidienträger erkennen.

Von diesem Standardtyp gibt es innerhalb der Gattung *Aspergillus* morphologische und farbliche Abweichungen: Bei *A. repens* fehlen die Metulae (s. Abb. 193), bei *A. nidulans* entstehen an einer Metula mehrere Phialiden. Hinsichtlich der Konidienfarbe gibt es Stämme mit vorwiegend grüner oder brauner Pigmentierung.

Die besenartigen Konidienträger, welche charakteristisch für die Gattung *Penicillium* sind und mit dem Attribut penicillat belegt werden, entstehen auf die gleiche Weise wie die Träger von *Aspergillus*. Die Traghyphe kann sich mehrfach verzweigen. An den einzelnen Zweigen (Rami) bilden sich mehrere Metulae, an denen dann ebenfalls mehrere Phialiden entstehen (Abb. 196 a).

Die systematische Einteilung der etwa 100 Arten der Gattung *Penicillium* wird vorwiegend durch den Bau der Konidienträger bestimmt, und zwar durch die Art der Verzweigung bzw. durch das Fehlen von Rami oder auch von Metulae (Abb. 196 b, c).

Allerdings ist der Differenzierungsmodus der Konidienträger auch vielfach von der Zusammensetzung des Nährmediums abhängig, z.B. wenn man *P. expansum* auf 2%igem Wasseragar kultiviert, fehlen den meisten Trägern die Rami und auch die Metulae.

3. Koremien (Abb. 197)

Material: *Penicillium claviforme* (Aspergillaceae) (CBS) findet man häufig assoziiert mit holzzerstörenden Basidiomycetes auf faulendem Holz.

Beobachtungen: Schon in wenige Tage alten Kulturen, die einen Durchmesser von etwa 4 cm erreicht haben, bilden sich meist ringförmig die makroskopisch gut erkennbaren Koremien. Jedes Koremium besteht aus einer Vielzahl von Konidienträgern, die congenital zusammengelagert sind, d.h. der Koremienstiel enthält eine Vielzahl von Traghyphen und der Koremienkopf besteht aus der entsprechenden Zahl von besenartig verzweigten Trägern.

Da diese Struktur in Deckglaspräparaten nur sehr schwer zu erkennen ist und Handschnitte an dem weichen Material nicht möglich sind, genügt in diesem Fall eine Demonstration. Es sei denn, es stünden Dauerpräparate zur Verfügung.

II. Struktur der Fruchtkörper

1. „Fruchtkörper" ohne Peridie (Abb. 198 a)

Film: C 1423, Haken- und Ascusbildung bei *Byssochlamys nivea* (Plectascales).

Material: *Byssochlamys nivea* (Gymnoascaceae), Maisagarkulturen, die bei 30 °C gehalten werden, beginnen nach 10–14 d mit der Fruktifikation.

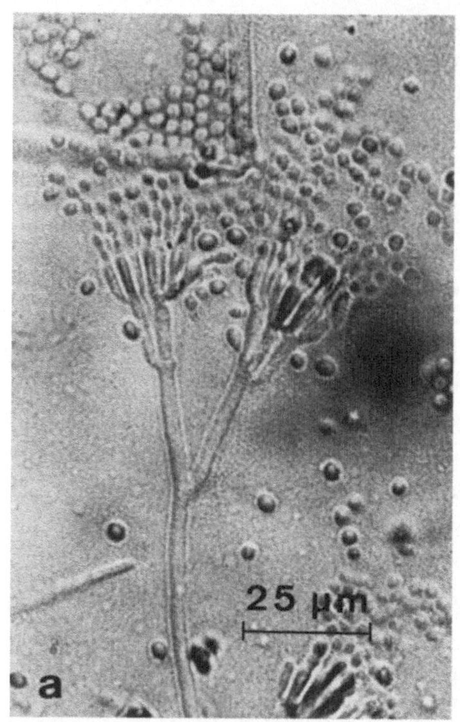

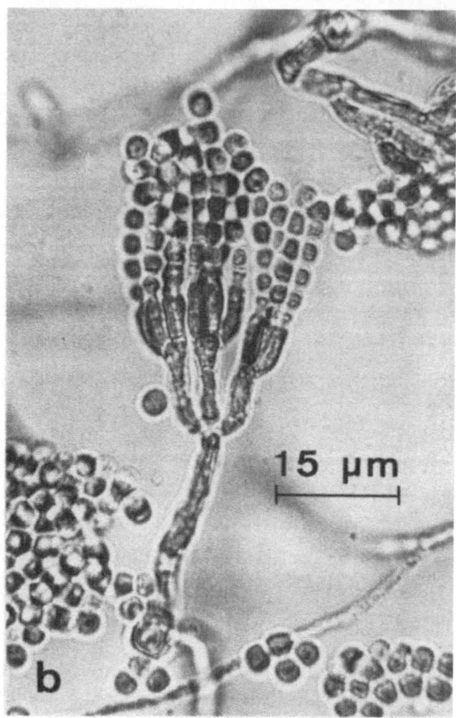

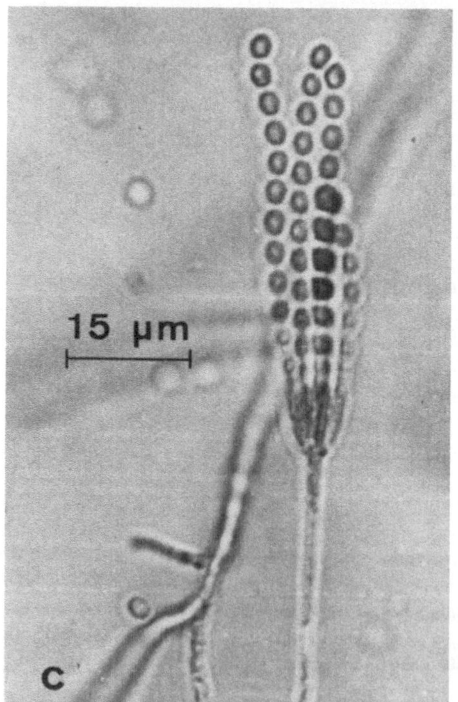

Abbildung 196 a–c. *Penicillium*, Konidienträger. a *P. expansum* (Rami, Metulae, Phialiden); b *P. notatum* (Metulae, Phialiden); c *P. thomii* (Phialiden)

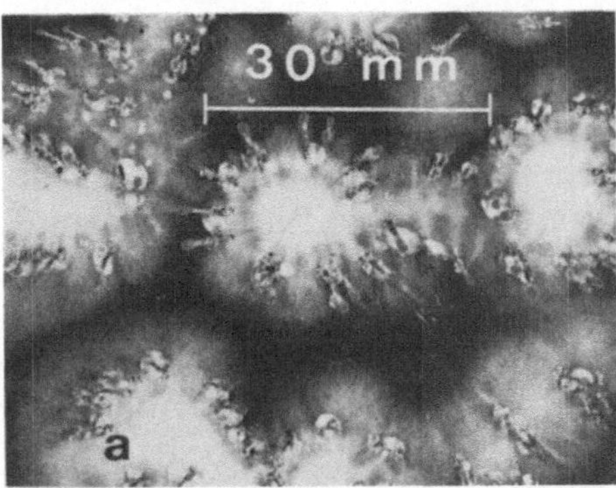
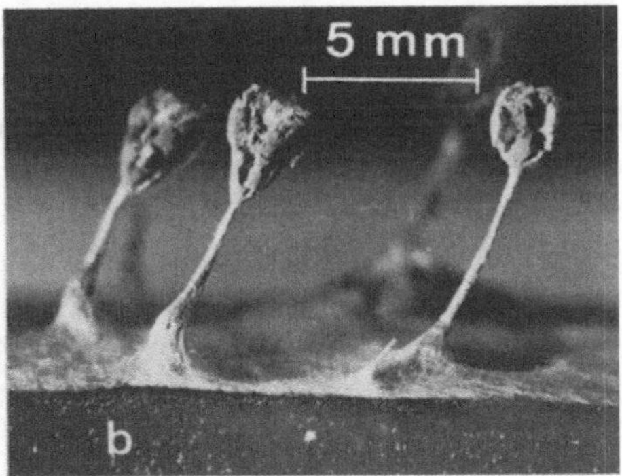

Abbildung 197 a, b. *Penicillium claviforme.* a Koremien in einer 4 d alten Kultur; b einzelne Koremien

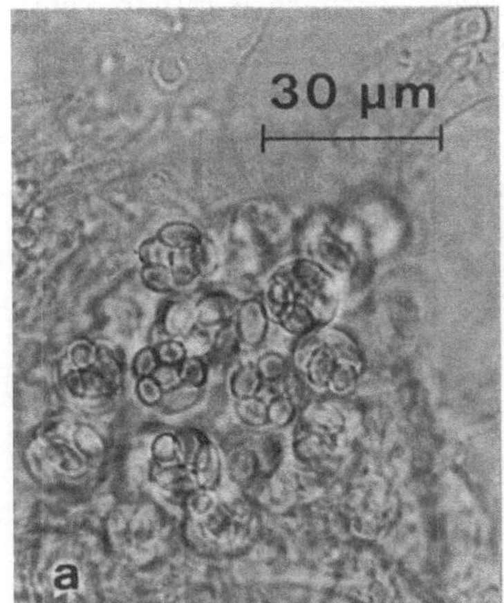
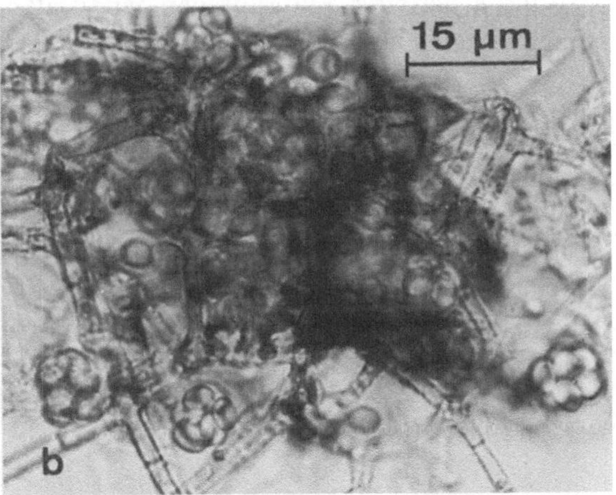

Abbildung 198 a, b. a *Byssochlamys nivea,* Asci; b *Gymnoascus reesii,* Fruchtkörper mit Asci

Beobachtungen: Die Umwindung des kugeligen Antheridiums durch das Ascogonium wird man nur nach langem Suchen in Deckglaspräparaten beobachten können. Aber die lockere Anhäufung (Durchm. bis 100 μm) von runden achtsporigen Asci, die aus den vom Ascogonium auswachsenden ascogenen Hyphen entstehen, sind bei nur starker Vergrößerung zu erkennen, da bei diesem Objekt eine Peridie fehlt.

2. Fruchtkörper mit Hüllhyphen (Abb. 198 b)

Material: *Gymnoascus reesii* (Gymnoascaceae) (CBS) wächst auf tierischen Substraten (Dung etc.), aber auch auf Sackleinen; Fruktifikation erfolgt auf Maisagar bei 24 °C nach 25–30 d.

Beobachtungen: Auch bei diesem Pilz ist ebenso wie bei *Byssochlamys* das männliche Gametangium stärker ausgebildet als das weibliche. Das Ascogonium umwindet das keulenartige Antheridium, die beide an der gleichen oder an verschiedenen Hyphen des gleichen Myzels entstehen können (Monözie). Schon gleichzeitig mit der Plasmogamie setzt, ausgehend von den Traghyphen der Geschlechtsorgane, die Bildung der stark verzweigten Hüllhyphen ein, die später als eine lockere, gelb-rotbraun gefärbte watteartige „Peridie" schon unter dem Präpariermikroskop zu erkennen sind (Ø bis 200 µm).

In Deckglaspräparaten der Fruchtkörper kann man bei starker Vergrößerung die achtsporigen Asci erkennen (Ø etwa 10 µm). Die Sporen werden nach Zerfall der Ascuswand frei. Ihre Verbreitung erfolgt durch den Wind, wobei das lockere Maschenwerk der Hülle als Streubüchse wirkt. Konidien oder andere Zellen der vegetativen Fortpflanzung werden von *G. reesii* nicht gebildet.

3. Fruchtkörper mit Peridie (Abb. 199)

Material: *Aspergillus repens* (CBS) oder jeder andere perfekte Vertreter der Gattung *Aspergillus*. Auf Maisagar, der zusätzlich 40% Saccharose enthält, setzt in Petrischalen bei 24 °C die Fruktifikation nach 6 d ein.

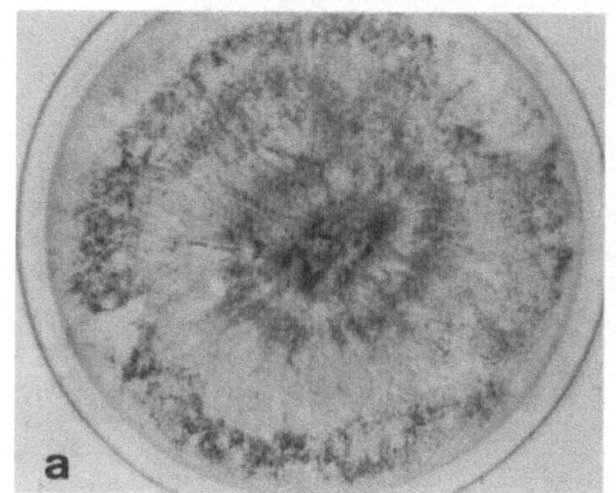

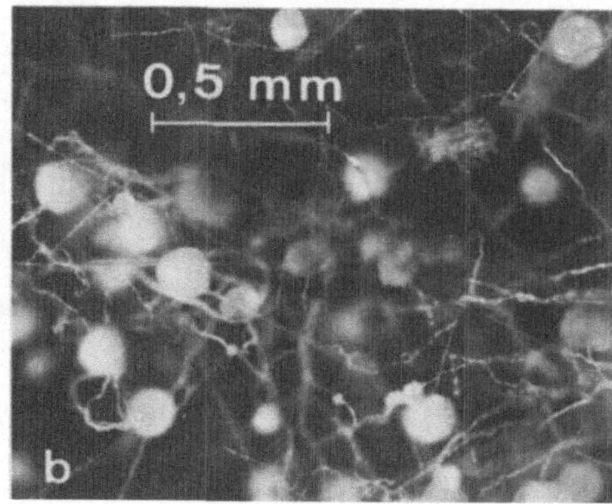

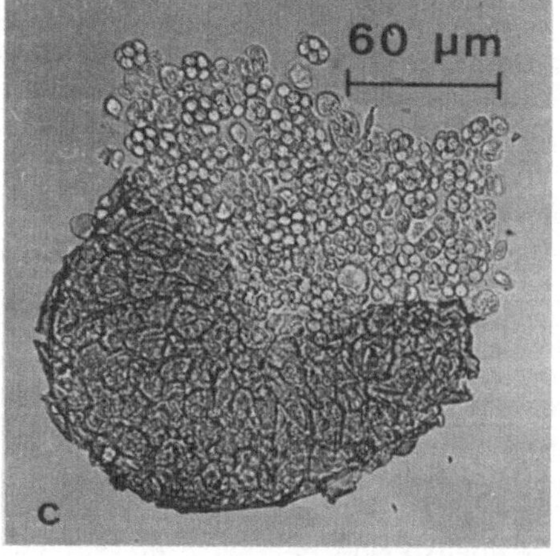

Abbildung 199 a–c. *Aspergillus repens.* a Kultur mit ringförmig angeordneten Kleistothezien in der Mitte; b Kleistothezien; c zerdrücktes Kleistothezium mit Asci

Beobachtungen: In den Kulturen erkennt man die etwa 0,1 mm großen Kleistothezien an ihrer gelb gefärbten Peridie. In Deckglaspräparaten sieht man nach Zerdrücken der Fruchtkörperhülle die kugeligen achtsporigen Asci (Durchm. etwa 10 μm) nur bei starker Vergrößerung. Die Sporen werden nach Zerfall der Peridie passiv frei.

Ordnung: Microascales

Merkmale: Als Fruchtköper werden einzeln stehende **Perithezien** (Tabelle 7) gebildet. Diese haben einen **röhrenförmigen Hals,** dessen Länge den Peritheziendurchmesser um ein Mehrfaches übertrifft. Die Asci entstehen nicht in einem Hymenium (Paraphysen fehlen), sondern ähnlich wie bei den Eurotiales ungeordnet aus sich im reifenden Perithezium ausbreitenden Hyphen. Da die sehr dünnen Membranen der Asci (echte Zellwände fehlen!) gleichzeitig mit der Sporenreife zerfallen, werden die **Sporen** nicht aktiv ausgeschleudert, sondern **durch den engen Hals des Fruchtkörpers herausgedrückt.**

Die **vegetative Fortpflanzung** erfolgt durch Endo- und/oder Exosporen, die je nach Art morphologische Unterschiede aufweisen können. Die Konidienträger können sich zu Koremien zusammenlagern.

Die **sexuelle Fortpflanzung** entspricht im Prinzip der von *Neurospora* (Abb. 216). Allerdings sind manche der monözischen Arten selbstfertil, und es ist noch nicht klar, ob die Trichogyne ausschließlich mit Konidien oder auch vegetativen Zellen fusionieren kann oder ob apandrische Entwicklung vorliegt. Ferner sind bei den meisten Arten die cytologischen Vorgänge der Ascusentwicklung noch nicht endgültig abgeklärt (keine typischen ascogenen Hyphen und Hakenzellen).

Klassifizierung: Die systematische Einordnung der Microascales ist sehr umstritten. Von einigen Myokologen werden sie wegen der Bildung von Perithezien zu den Sphaeriales (S. 390) gestellt. Wenn man jedoch die den Eurotiales ähnliche Ascusentwicklung als Kriterium nimmt, gehören sie zu den Microascales.

Von den 15 Gattungen (etwa 80 Arten), die zu zwei Familien gehören, soll nur die **Gattung** *Ceratocystis* (Syn. *Ophiostoma*) (Ophiostomataceae) besprochen werden.

Von den etwa 40 Arten haben einige als Erreger von Pflanzenkrankheiten eine wirtschaftliche Bedeutung: *Ceratocystis ulmi* (Ulmensterben), *C. fagacearum* (Blattwelke). Diese in trockenen Sommern auftretenden Welke-Krankheiten sind dadurch bedingt, daß die Hyphen von *Ceratocystis* in den Elementen der Wasserleitung wachsen und diese verstopfen. Außerdem wurde die Bildung eines die Blätter abtötenden Gifts (Ceratoulmin) nachgewiesen. *C. pilifera* bzw. *C. minor* verursachen die Blaufäule des Holzes.

Material: Die heimischen *Ceratocystis*-Arten leben in Borke oder im Holz und sind oft mit Borkenkäfern oder anderen holzzerstörenden Insekten vergesellschaftet. Die meisten Arten können von CBS bezogen werden. Für Labor-Kulturen eignet sich z.B. *C. multiannulatum* (CBS mehrere Stämme). Diese incompatible Art, von der + und − Kreuzungstypen existieren, wurde mehrfach zu genetischen Studien verwendet. Sie eignet sich sehr gut zu Mutationsversuchen, da in Abweichung vom *Neurospora*-Schema nur einkernige Mikrokonidien gebildet werden. Sowohl die Konidien als auch die Ascosporen keimen ohne Ruhepause fast 100%ig.

Präparation und Aufgabe: Eine Maisagarplatte wird in der Mitte in einem Abstand von 2–3 cm mit Myzelstücken von einem + und einem – Stamm beimpft und bei 23–25 °C kultiviert. Schon nach etwa drei Tagen setzt die Bildung von Konidiosporen und Perithezien ein. Mit der Präparierfeder werden aus der peripheren Randzone bzw. aus der Kontaktzone kleine Myzelstücke entnommen und Deckglaspräparate hergestellt, in denen die einzelnen Stadien der Konidienbildung bzw. Perithezienbildung zu sehen sind. Um die Kerne in den Hyphen sichtbar zu machen, werden die Präparate mit Karminessigsäure oder Giemsa angefärbt. Reife Perithezien findet man nach 5 Tagen.

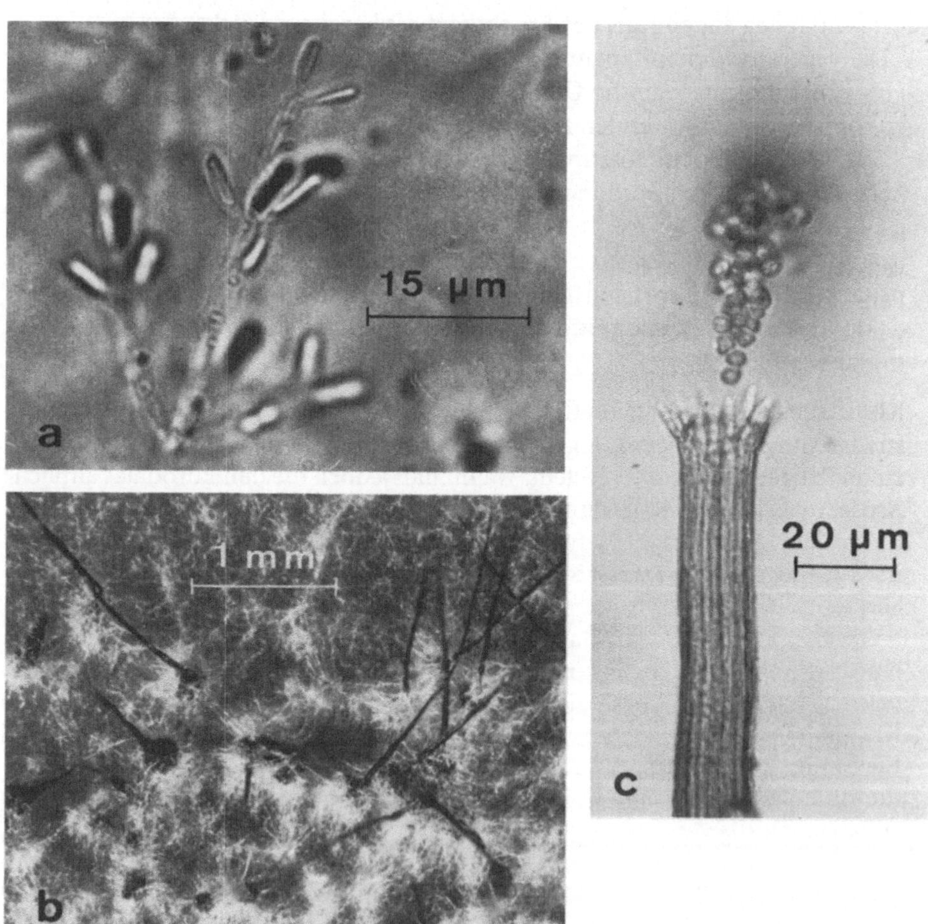

Abbildung 200 a–c. *Ceratocystis multiannulatum.* **a** Konidiophor mit Konidien; **b** junge und ausdifferenzierte Perithezien; **c** Perithezienhals mit herausgedrückten Ascosporen

C. multiannulatum eignet sich sehr gut, um Wuchsdimorphismus zu demonstrieren (s. auch S. 319 f. und Abb. 168). Während der Pilz auf einem Agarnährboden mit typischen Hyphen wächst, ist dies in Flüssigkeitskulturen nicht der Fall. Nach Zusatz von Inosit (10 mg/ml) entstehen in Schüttelkulturen bei 30 °C an den Hypheninoculaten fast nur Konidiosporen, die sich hefeartig durch Sprossung vermehren. Eine Myzelbildung unterbleibt unter diesen Bedingungen.

Beobachtungen: Im Gegensatz zu *Neurospora* enthalten die Zellen der Hyphen nur einen Zellkern. Die ebenfalls einkernigen Konidien werden an verzweigten Trägern abgeschnürt (Abb. 200 a).

Die jungen Perithezien gleichen den Fruchtkörpern der Sordariaceae (Abb. 217), denn die Differenzierung der überlangen „Hälse" erfolgt erst in den letzten Entwicklungsstadien (Abb. 200 b). Bei starker Vergrößerung erkennt man, daß die Ascosporen tropfenartig an dem fransenähnlichen Haarbesatz des Ostiolums der Perithezien haften bleiben (Abb. 200 c). In diesem Zusammenhang wird noch einmal auf Abb. 178 j verwiesen, aus der hervorgeht, daß die Ascosporen noch kleiner sind als die Hefesporen.

In den Myzelpräparaten wird man vergeblich nach Befruchtungsstadien suchen. Soweit bekannt ist, bildet *C. multiannulatum* keine Ascogone mit Trichogynen. Die Befruchtung wird durch Somatogamie eingeleitet, d.h. in der Kontaktzone zwischen + und – Stamm bilden sich zahlreiche Anastomosen, aus denen nach Kernaustausch unmittelbar ascogene Hyphen entstehen, die von Hüllhyphen umwachsen werden und sich zu Perithezien differenzieren.

2. Ordnung: Erysiphales (echte Mehltaupilze)

Film: C 1642, Infektion und Wirtsreaktion beim Gerstenmehltau

Merkmale: Die echten Mehltaupilze sind **obligate Parasiten** der höheren Pflanzen und können nicht auf Nährböden kultiviert werden. Sie unterscheiden sich von den „falschen" Mehltaupilzen (s. Peronosporaceae, S. 267) vor allem dadurch, daß ihre Myzelien nicht interzellular, sondern auf der Oberfläche der befallenen Pflanzenteile wachsen und Haustorien in die Epidermiszellen senden.

Die **vegetative Fortpflanzung** erfolgt durch weißliche Konidien, die einreihig an Tragzellen gebildet werden und die meist die gesamte Oberfläche der infizierten Pflanze bedecken (daher der Name „Mehltau").

Die **sexuelle Fortpflanzung** ist durch einen haplo-dikaryotischen Entwicklungs-Zyklus und durch Monözie (zum Teil mit Incompatibilität* verbunden) charakterisiert. Als Befruchtungs-Modus scheint eine Gametangiogamie vorzuliegen, obwohl bei den meisten Formen die cytologischen Details nicht abgeklärt sind.

So wird z.B. bei einigen Arten die Bildung einer Trichogyne als Empfängnisorgan des Ascogoniums beschrieben. Auch über die Bildung von ascogenen Hyphen und die **Ascusbildung** (*wahrscheinlich* keine Hakenbildung!?) herrscht noch keine eindeutige Klarheit.

Die **Kleistothezien** sind mit einer mehrschichtigen, meist schwarz pigmentierten Peridie umgeben, die bei einigen Arten zahlreiche typische Appendices

---

* Zum Beispiel bei einer Rasse von *Sphaerotheca pannosa*: Bender CL, Coyier D (1985) Trans Brit Mycol Soc 84: 647-652

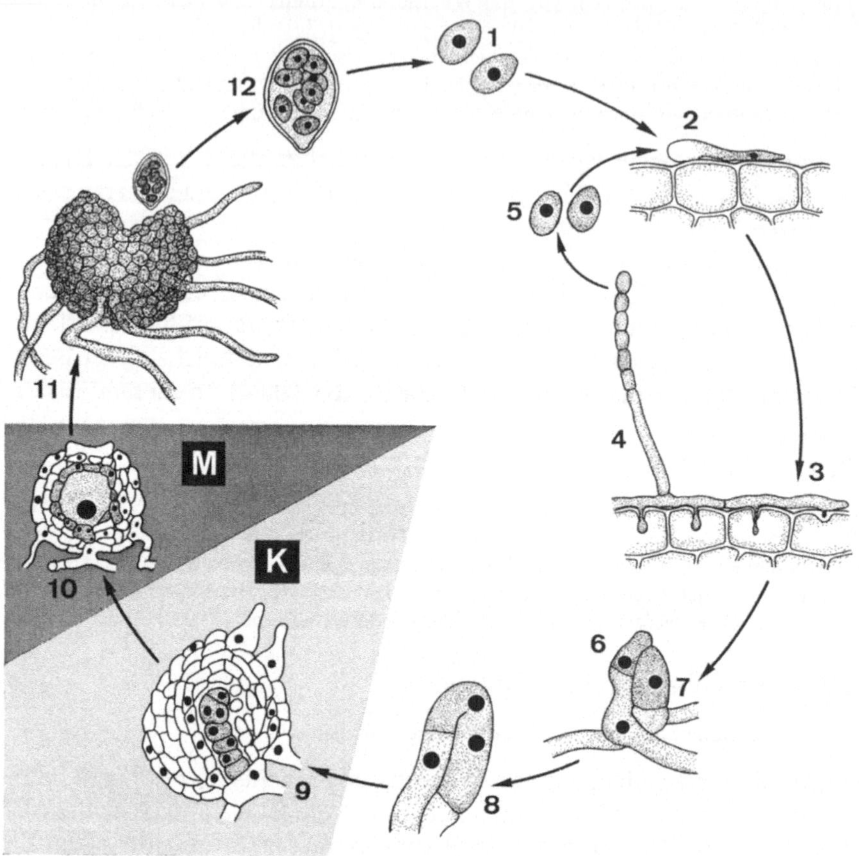

trägt (*Podosphaera, Uncinula*). Nach Aufreißen der Peridie werden die **unituni-caten, inoperculaten Asci** (Abb. 176) frei und **schleudern aktiv ihre Sporen aus**. Es sind auch Gattungen bekannt (z.B. *Sphaerotheca, Podosphaera*), in deren Kleistothezien nur ein einziger Ascus entsteht. Der Entwicklungs-Zyklus der in Abb. 201 dargestellten Leitart kann daher nur in bezug auf Einzelheiten des Befruchtungs-Modus und der Entwicklung der Fruchtkörper mit Vorbehalt verallgemeinert werden.

Klassifizierung und praktische Bedeutung: Die etwa 470 bekannten Mehltau-arten (21 Gattungen) werden von den meisten Autoren in einer einzigen Fami-lie (Erysiphaceae) zusammengefaßt. Taxonomische Merkmale sind Zahl der Asci und Ausbildung von Appendices an den Kleistothezien. Da einzelne For-men ein sehr enges Wirtsspektrum haben (physiologische Anpassung) und die Artnamen sich vielfach nach dem Wirt richten, ist die Unterscheidung zwi-schen einzelnen Arten und Rassen und damit ihre Klassifizierung nicht frei von subjektiver Beurteilung.

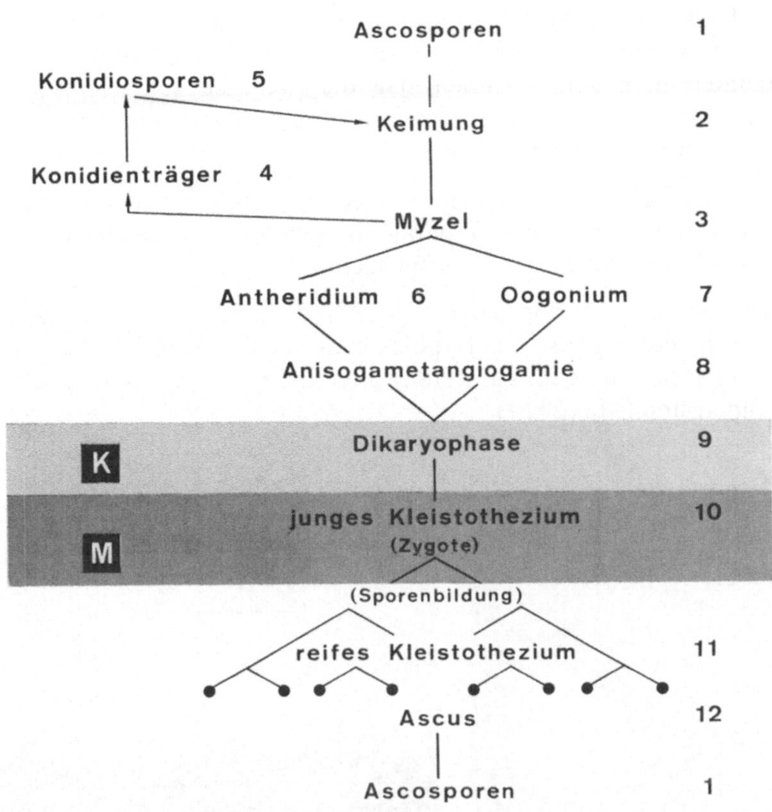

Abbildung 201. Entwicklungs-Zyklus von *Sphaerotheca pannosa*, Haplo-Dikaryot mit vegetativer Fortpflanzung durch Konidiosporen. Befruchtungs-Modus: Anisogametangiogamie; Fortpflanzungs-System: Monözie. (Nach Walter und Alexopoulos, verändert)

Die **wichtigsten Krankheitserreger** sind: *Erysiphe graminis* (Getreide und Gräser, viele physiologische Rassen); *Uncinula necator* (Weinrebe); *Podosphaera leucotricha* (Apfelbäume); *Microsphaera alphitoides* (Eiche); *Sphaerotheca mors-uvae* (Stachelbeere); *Sphaerotheca pannosa* (Rose); *Erysiphe polygoni* (wenig spezialisiert, wächst auf vielen Wirten).

Material: Da die Erysiphales auch in Laborkulturen nur auf dem Material ihrer Wirte wachsen, können Mykotheken nicht zur Materialbeschaffung herangezogen werden. Man ist entweder auf Dauerpräparate oder Frischmaterial angewiesen. Mehltaupilze findet man häufig in Gärten oder an Straßen und Wiesenrändern, und zwar die beiden *Sphaerotheca*-Arten, die auf Stachelbeeren bzw. Rosen wachsen, und die verschiedenen Spezialformen von *Erysiphe graminis*. An der Form der Konidienträger kann man erkennen, ob es sich um echten oder falschen Mehltau handelt (vgl. Abb. 147, 148 mit Abb. 202). Die Kleistothezien (mit der Lupe gut zu sehen) bilden sich im Spätsommer ebenfalls an der Oberfläche der Pflanzengewebe. Die zunächst weiße Farbe der

Peridie geht infolge von Melanineinlagerung von gelb, rötlich und braun schließlich in schwarz über. Bei der Fixierung von mit Mehltau befallenen Pflanzenteilen muß man damit rechnen, daß die Konidien abgeschwemmt werden. Fixiertes Material sollte daher in erster Linie zum Studium der Haustorien und Fruchtkörper benutzt werden.

Präparation und Aufgabe: Deckglaspräparate von Handschnitten infizierter Pflanzenteile herstellen oder Dauerpräparate verwenden. Zeichnungen von charakteristischen Entwicklungsstadien anfertigen.

Beobachtungen: Die Blatt- oder Sproßoberfläche ist dicht mit langgestreckten, sich reich verzweigenden septierten Hyphen bedeckt, die durch zahlreiche Haustorien, welche sich in den Epidermiszellen befinden, fest mit ihrem Substrat verbunden sind (Abb. 202 a).

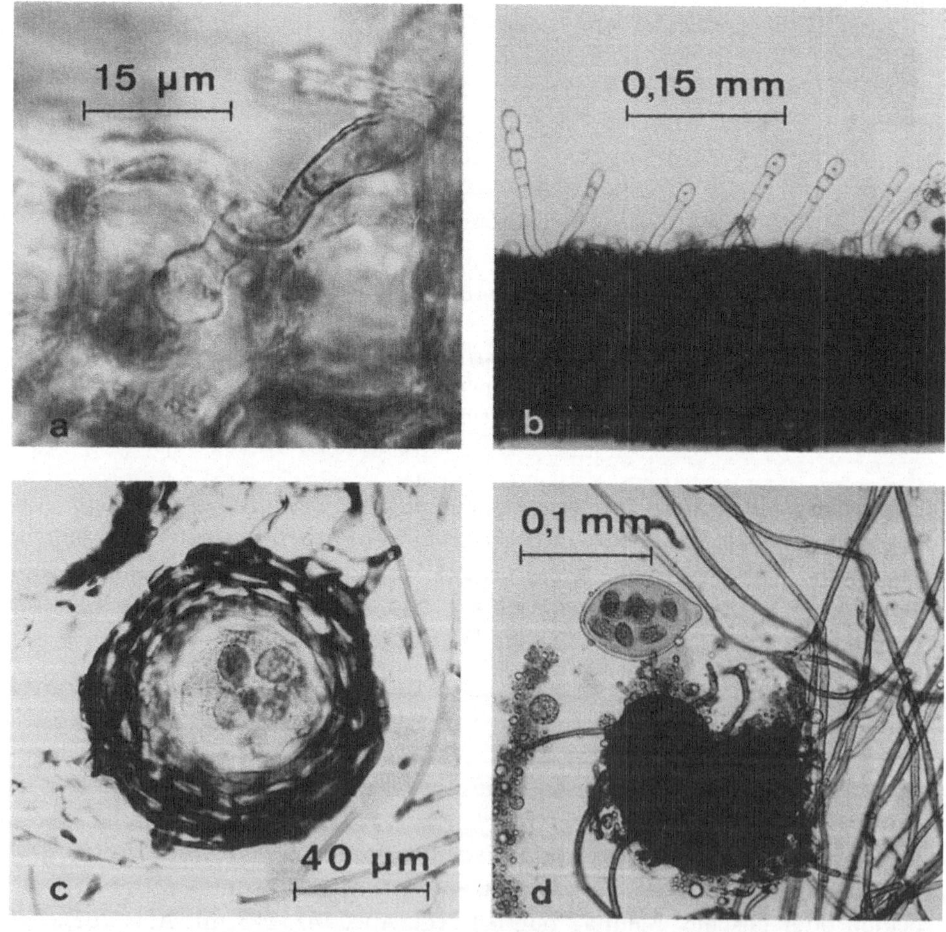

Abbildung 202 a–c. *Sphaerotheca pannosa.* a Blattquerschnitt mit Hyphen und Haustorien; b Konidienträger mit Sporen; c Kleistothezium mit Ascus; d *Sphaerotheca mors-uvae,* Kleistothezium. Im gefärbten Präparat (Karminessigsäure) sind die Appendices und der achtsporige Ascus zu erkennen

Die Bildung der Haustorien, die man in der Randzone der Infektion verfolgen kann, wird mit der Ausbildung eines dünnen „Infektionsschlauches" eingeleitet. Dieser durchdringt Cuticula und Zellwand der Epidermis. Sobald seine Spitze in das Zellumen gelangt ist, schwillt diese zu einem sackartigen Haustorium an. Um die Eintrittsstelle des Infektionsschlauches entsteht eine Verdikkung der Zellwand der Epidermis, die sich kragenartig bis zum Haustorium fortsetzt.

Elektronenmikroskopische Untersuchungen haben gezeigt, daß, ausgehend von der Zellverdikkung der Infektionsstelle, eine Membran gebildet wird, welche das Haustorium umgibt. Der Stoffaustausch erfolgt durch tubuläre Invagination dieser Membran, die unmittelbar mit dem durch das Haustorium eingedellten Tonoplast der Zelle in Kontakt kommt.

Die sich von der Myzelfläche senkrecht abhebenden flaschenförmigen Konidienmutterzellen mit anhaftenden Ketten länglicher Konidiosporen sind dagegen deutlich zu sehen (Abb. 202 b).

Die Konidiosporen haben die Funktion von Sommersporen und dienen vorwiegend der Verbreitung. Auf einen neuen Wirt gebracht, keimen sie nach 1–2 d. Der kurze Keimschlauch bildet zunächst eine verdickte Hafthyphe (Apressorium), mit deren Hilfe sie sich an der Cuticula festsetzen. Aus der Basis des Appressoriums entsteht dann der Infektionsschlauch.

Um die gegen Ende der Vegetationsperiode sich bildenden, etwa nur 10 μm großen Gametangien zu erkennen, bedarf es einiger Übung. Man wird sich daher meist im Kurs damit zufriedengeben müssen, die Kleistothezien zu sehen und in Dauerpräparaten die Asci (z.B. *S. pannosa*, nur ein einziger achtsporiger Ascus!) (Abb. 202 c).

Während bei *Erysiphe* und *Sphaerotheca* (Abb.202 d) die Appendices der Kleistothezien nur aus einzelnen septierten Hyphen bestehen, handelt es sich bei *Podosphaera* und *Uncinula* um eingerollte Anhängsel.

3. Ordnung: Pezizales

Film: C 1593, Fruchtkörpertypen und Sporenverbreitung bei Discomyceten[*]

Merkmale: Die Pezizales sind meist **Saprophyten** und leben in einer **Mykorrhiza** mit höheren Pflanzen, meist Bäumen. Die **Asci** sind **unitunicat und operculat,** sie öffnen sich mit einem Deckel (Abb. 176). Ihre **Fruchtkörper** sind zur Zeit der Sporenreife an der Oberfläche mit einem aus Asci und Paraphysen bestehenden Hymenium bedeckt. Diese sogenannten **Apothezien,** die als „aufgeklappte Perithezien" aufgefaßt werden können (Tabelle 7), sind im Normalfall scheiben- oder becherförmig und makroskopisch erkennbar und erreichen zum Teil eine Größe von mehreren Zentimetern (Abb. 203, 204).

Die Fruchtkörper zeigen eine **große Variabilität** von kleinen, wenige mm großen, teils gelb oder rot gefärbten **Apothezien** bis zu den **gestielten Fruchtkörpern** der zu den eßbaren Pilzen gehörenden **Lorcheln und Morcheln** und den hypogäischen Trüffeln.

---

[*] In der Unterklasse der Discomycetidae wurden früher alle Ascomyceten zusammengefaßt, die als Fruchtkörper Apothezien bilden. In der nun im Straßburger verwendeten Systematik, die sich im wesentlichen nach der Struktur der Asci richtet, sind diese Pilze auf mehrere Ordnungen verteilt.

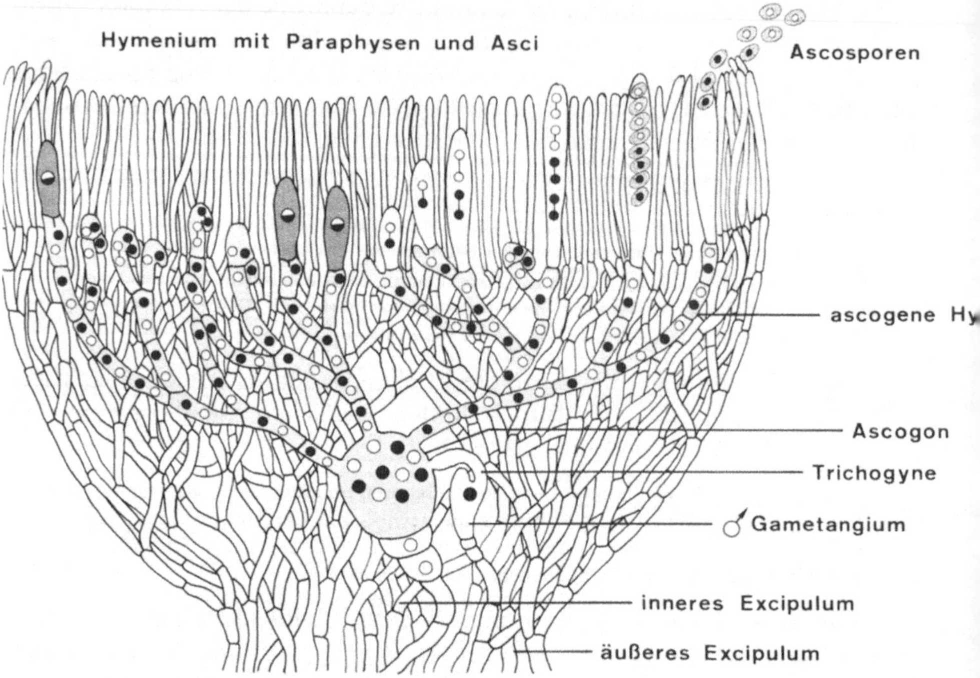

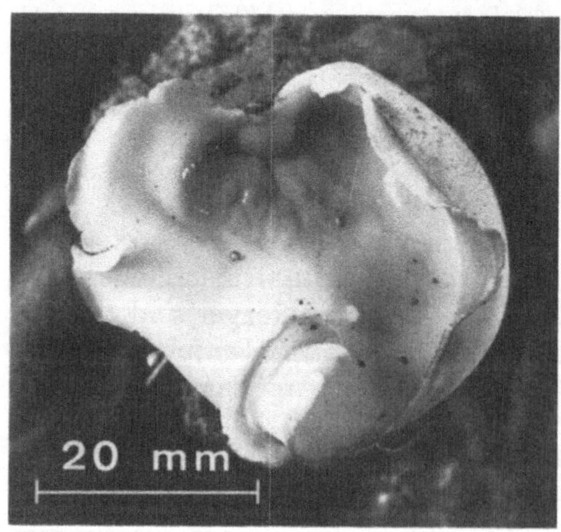

Abbildung 203. Schematische Darstellung eines Apothotheziums. (Nach Alexopoulos, verändert)

Abbildung 204. *Peziza* (syn. *Aleuria*) *aurantia*. **Apothezium**

Abbildung 205 a–f. Ableitung des gestielten Fruchtkörpers der Speisemorchel und des geschlossenen Fruchtkörpers der Trüffel vom typischen Apothezium. (Nach Michael, Hening und Gäumann, verändert)

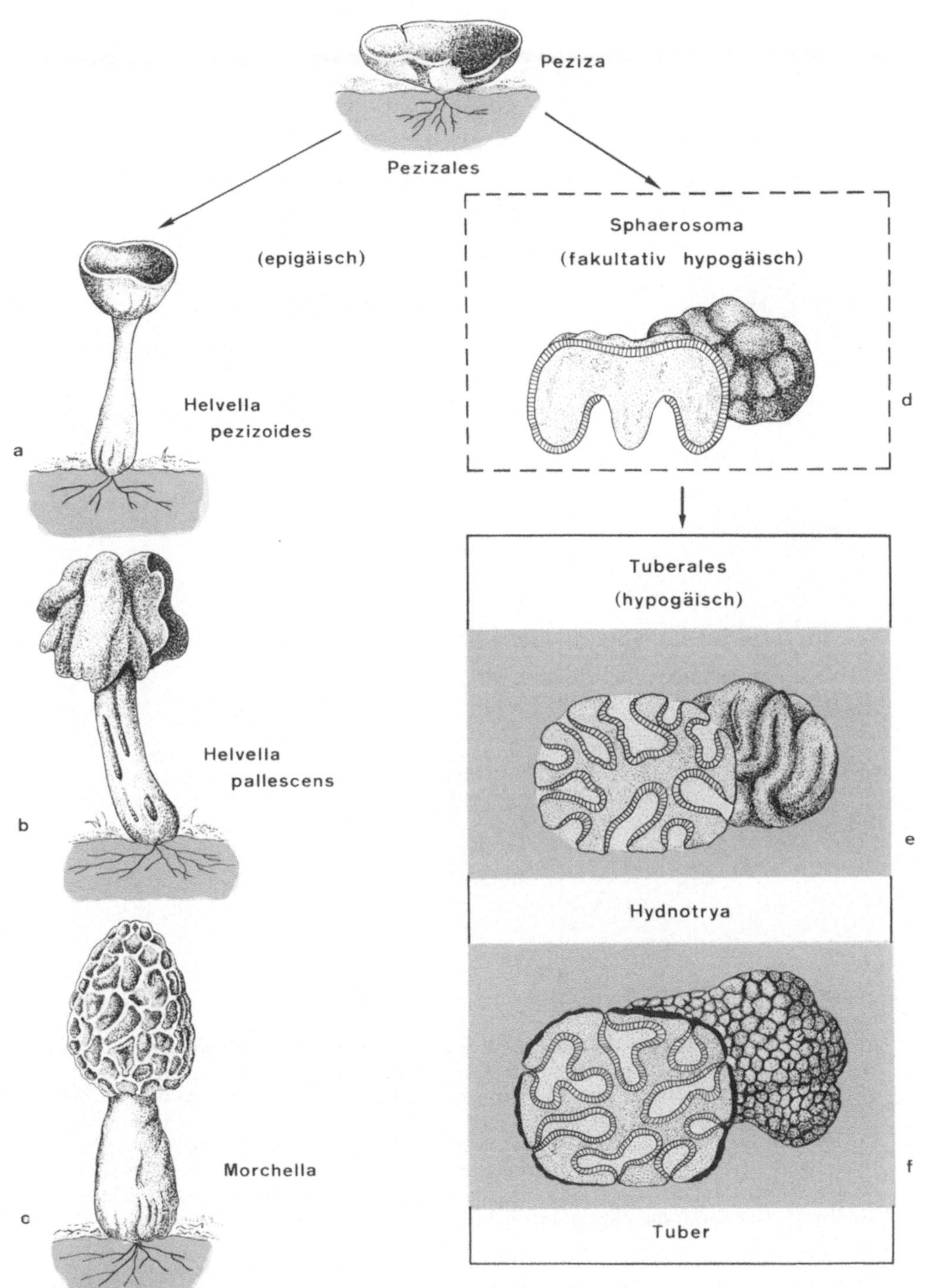
Peziza
Pezizales
(epigäisch)
Helvella
pezizoides
a
Helvella
pallescens
b
Morchella
c
Sphaerosoma
(fakultativ hypogäisch)
d
Tuberales
(hypogäisch)
Hydnotrya
e
Tuber
f

gymnokarp   hemiangiokarp

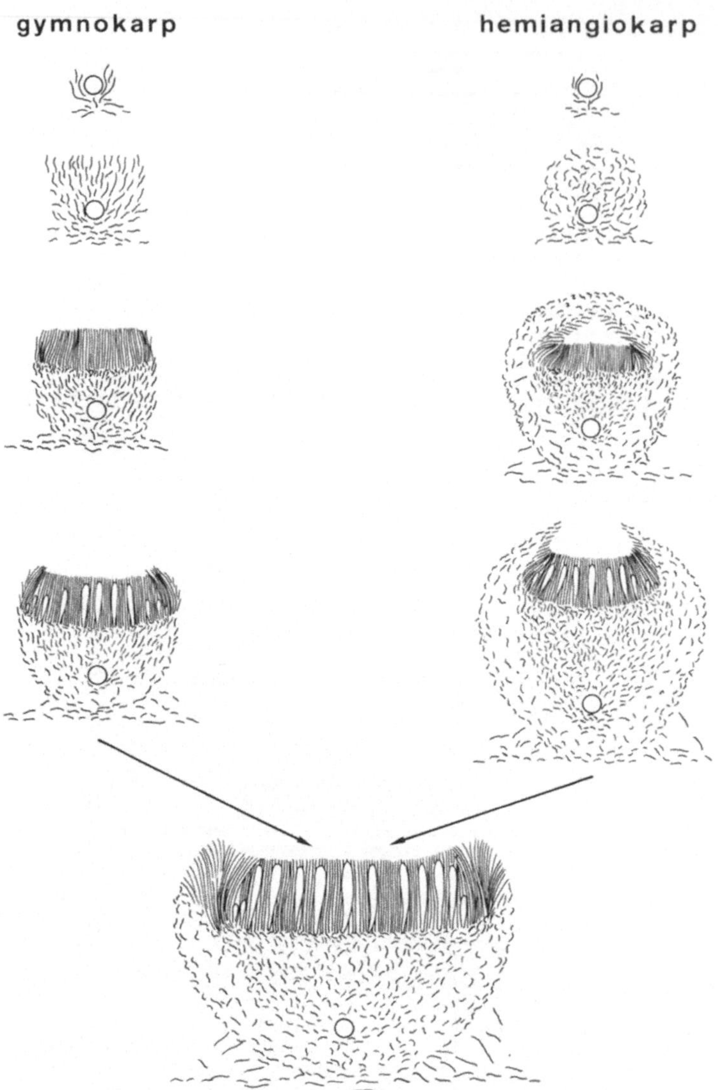

**Abbildung 206. Schema der Entwicklung eines gymnokarpen bzw. hemiangiokarpen Apothe-
ziums.** Das durch einen Kreis dargestellte Ascogonium wird beim gymnokarpen Apothezium
nicht von Hüllhyphen umsponnen. Gleichzeitig mit der Bildung des Plektenchyms des Fruchtkörpers entsteht das unbedeckte Hymenium an der Oberfläche des Fruchtkörpers. Beim hemiangiokarpen Apothezium bildet sich um das befruchtete Ascogonium eine Peridie. Die Entwicklung des
Hymeniums erfolgt im Innern des Fruchtkörpers. Erst bei der Reife des Apotheziums wird das
Hymenium nach Auflösen der Peridie frei. Am ausdifferenzierten Fruchtkörper ist nicht zu erkennen, ob seine Entwicklung gymnokarp oder hemiangiokarp erfolgte. (Nach Corner, verändert)

Wie aus Abb. 205 ersichtlich, leiten sich sowohl die gestielten epigäischen
Fruchtkörper der Lorcheln (*Helvella*) und der Morcheln (*Morchella*) als auch
die hypogäischen Fruchtkörper der Trüffel (*Tuber*) von dem Apothezium von

Peziza ab: Im ersten Fall durch Bildung eines Stiels und zusätzlich durch Ausstülpung und Einfaltung des Hymeniums. Im zweiten Fall geht diese Auffaltung des Hymeniums in die „Tiefe", gleichzeitig wölbt sich die Hyphenschicht unter dem Hymenium (Hypothezium) und durchbricht an mehreren Stellen das Hymenium.

Die **Bildung der Hymenien** erfolgt entweder **gymnokarp** oder **hemiangiokarp**, je nachdem, ob die sporentragende Schicht schon bei ihrer Entwicklung offen an der Oberfläche ausgebildet wird oder ob sie zunächst noch vom Excipulum umgeben ist, das bei der Sporenreife aufreißt (Abb. 206). **Angiokarpe** Fruchtkörper gibt es nur bei den Tuberales (s. auch Abb. 205).

Der **Entwicklungs-Zyklus** der Pezizales entspricht im Wesentlichen dem Zyklus von *Neurospora crassa* (Abb. 216), wenn auch bei den meisten Formen wesentliche Vereinfachungen, z.B. durch Wegfall der Konidienbildung, gegeben sind, daher gibt es keine vegetative Fortpflanzung in einem Nebenzyklus.

Als **Befruchtungs-Modus** kommt meist Anisogametangiogamie vor, d.h. mehrkernige Antheridien entleeren durch eine Trichogyne ihre Kerne in die größeren Ascogonzellen. Das **Fortpflanzungs-System** ist durch **Monözie** bestimmt, die vielfach durch **Incompatibilität** (bipolarer Mechanismus mit zwei Kreuzungstypen s. *Neurospora*) überlagert wird.

Klassifizierunng: Die etwa 1000 Arten gehören zu 177 Gattungen, die sich auf 17 Familien verteilen, von denen vier erwähnt werden. Wir werden Vertreter der beiden ersten Familien besprechen:*

	Arten	Gattungen	Entstehung der Fruchtkörper	Anlage des Hymeniums	Öffnungsmechanismus der Asci
Pezizaceae:	145	19	epigäisch	gymno- oder hemiangiokarp	operculat
Tuberaceae:	61	2	hypogäisch	angiokarp	inoperculat?
Helvellaceae:	68	11	epigäisch	angiokarp	operculat
Morchellaceae:	38		epigäisch	angiokarp	operculat

Familie: Pezizaceae

Merkmale: Die Pezizaceae sind **Saprophyten** und leben auf abgestorbenen Pflanzenteilen (Holz, Humus etc.) oder auf Herbivorendung. Die Biologie der meisten Arten (Entwicklungs-Zyklus, Befruchtungs-Modus etc.) ist wenig untersucht worden, da es bisher nur vereinzelt gelungen ist, unter Laboratoriumsbedingungen die Bildung von Fruchtköpern auszulösen. Eine Ausnahme bilden

---

* Die Lorcheln (Helvellaceae) und die Morcheln (Morchellaceae) sind beliebte Speisepilze, die sich jedoch bisher nicht kultivieren lassen. Sie werden in diesem Zusammenhang erwähnt, da sie wichtige Bindeglieder in der Entwicklung vom epigäischen Apothezium von *Peziza* zum hypogäischen Fruchtkörper der Trüffel sind (Abb. 205).

z.B. *Pyronema omphalodes* (syn. *P. confluens*) und die *Ascobolus*-Arten, die auch in axenischen Kulturen fruktifizieren.

P. omphalodes, deren Entwicklungsgeschichte schon am Anfang dieses Jahrhunderts genau untersucht wurde, ist lange Jahre in den Lehrbüchern als der Standardtyp der Ascomycetes behandelt worden. Dies ist heute nicht mehr zu rechtfertigen, seitdem man die Zyklen der für genetische Forschungen so bedeutsamen Gattungen, wie *Neurospora, Podospora, Sordaria* und auch *Ascobolus,* kennt.

Material: *Ascobolus immersus* (Pezizaceae) kann von der Dungschale isoliert werden. Die bis zu 3 mm großen, gelben, schleimigen Apothezien sind sehr leicht daran zu erkennen, daß die reifen Asci sich weit wie einzelne Finger über das Hymenium hinausstrecken (Abb. 207 a). Man sieht deutlich in der Spitze der Asci die dunkelvioletten Sporen, die in Lichtrichtung bis zu 30 cm weit ausgeschleudert werden. Um Reinkulturen zu bekommen, kann man die Sporen in einer mit Agar gefüllten Petrischale auffangen. Die Isolation der Sporen (s. Methodik, S. 354, bei *Podospora*) ist sehr einfach, denn ihre Länge beträgt etwa 60 µm. Zur Sporenkeimung wird Peptonagar (S. 30) verwendet. Die Sporen werden nach Aussaat auf dem Agar über Nacht bei 39–40 °C inkubiert. Die Fruchtkörperbildung erfolgt auf sterilem Pferdedung bzw. auf Pferdedung-Agar (S. 28) bei 23 °C nach 14–20 d.

Da *A. immersus* selbstincompatibel ist, benötigt man zur Apothezienbildung die beiden Kreuzungstypen + und –. Diese können jedoch sehr leicht erhalten werden, da jeder Ascus vier + und vier – Sporen ausbildet und infolge eines schleimigen Perispors die 8 Ascosporen auch nach dem Ausschleudern zusammenbleiben. Für Kurszwecke reicht es daher aus, die 8 Sporen eines Ascus zusammenzulassen und das auf diese Weise nach Keimung der Sporen entstehende Heterokaryon auf sterilen Pferdemist zum Fruktifizieren zu übertragen.

Von der Dungschale kann man auch andere *Ascobolus*-Arten auf die gleiche Weise isolieren, allerdings sind deren Sporen wesentlich kleiner als die von *A. immersus* (s. Abb. 176). *Ascobolus*-Arten findet man auch, wenn man ein etwa bohnengroßes Stück Kuhdung auf sterilen Pferdemist überträgt. *Ascobolus* wächst im Kuhdung, fruktifiziert aber auf diesem Medium nur in geringem Maße. Die beiden Kreuzungstypen von *A. immersus* werden vom CBS angeboten.

Pyronema omphalodes und die nahe verwandte Art *P. domesticum* findet man sehr häufig im Wald auf Brandstellen oder auf gedünsteter oder „sterilisierter" Erde. Beide Arten sind an den rosa, etwa 2 mm großen pustelartigen Apothezien zu erkennen. Da bei diesen monözischen Arten keine Incompatibilität vorliegt, fruktifizieren Einsporkulturen, und zwar bei 25–27 °C, auf Maisagar nach etwa einer Woche. Reinkulturen vom CBS.

Präparation und Aufgabe: Aus Agarkulturen von *A. immersus* oder einer anderen *Ascobolus*-Art mit der Präparierfeder junge Apothezien abnehmen. Karminessigsäure-Quetschpräparat herstellen und bei starker Vergrößerung verschiedene Stadien der Ascusentwicklung zeichnen.

Über eine mit reifen Apothezien bedeckte Petrischale, die über Nacht im Dunkeln gehalten wurde, eine etwa 5 mm dicke mit 5%igem Wasseragar gefüllte Petrischale bringen. Nach einem mehrfachen kurzen Aufschlagen beider Schalenteile haben zahlreiche Asci ihre Sporen auf die obere Schale ausgeschleudert, die unter dem Präpariermikroskop durchgemustert wird.

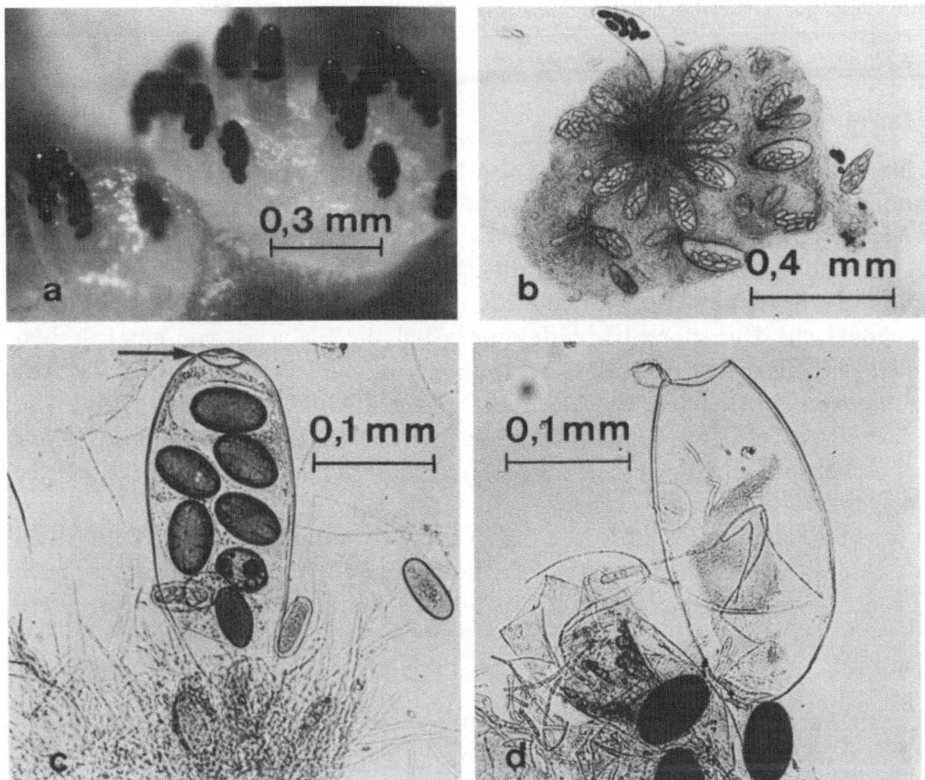

Abbildung 207 a–d. *Ascobolus immersus.* **a** Reifes Apothezium mit Asci; **b** Quetschpräparat von einem jungen Apothezium mit Asci und Paraphysen; **c** reifer Ascus mit präformiertem Operculum (Pfeil), Sporen mit schleimigem Perispor; **d** entleerter Ascus mit Operculum

Beobachtungen: In gleicher Weise wie bei *Sordaria* (Abb. 221) entstehen bei *Ascobolus* die Haken und die sich aus ihnen entwickelnden Asci von einer Ascogonzelle, die man allerdings in den Quetschpräparaten nur sehr selten sehen wird. Die Paraphysen stammen aus der subhymenialen Schicht (Abb. 207 b). In den reifen Asci sind die violetten Sporen von einem Perispor umgeben. Bei genügend starkem Abblenden erkennt man auch den präformierten Deckel der operculaten Asci (Abb. 207c, d).

Ascobolus immersus wird häufig als Objekt der **Grundlagenforschung** verwendet, da dieser Pilz sich relativ einfach kultivieren läßt und vor allem infolge der Größe seiner Ascosporen einer genetischen Analyse (Tetradenanalyse S. 403) zugängig ist, wie folgender leicht im Praktikum durchführbarer Versuch zeigt:

Nach Ejakulation der Ascosporen bleiben auf der Agarschale in den meisten Fällen, wie schon oben erwähnt, die 8 Sporen eines Ascus zusammen. Bei aufmerksamem Durchmustern von mehreren 1000 Asci wird man auch mit ziemlicher Regelmäßigkeit Sporenfarbmutanten finden, und zwar handelt es sich vorwiegend um weiß gefärbte Sporen. Wenn man diese isoliert und zur Feststellung ihres Kreuzungstyps mit jeweils + und – Elternstamm kreuzt, wird man in den Kreuzungsfruchtkörpern Farbsporaufspaltungen beobachten können, ähnlich wie später ausführlicher für *Sordaria* beschrieben wird (s. Abb. 223, 224).

Familie: Tuberaceae

Merkmale: Die Tuberaceae sind Saprophyten, deren Myzelien im Erdboden und als Mykorrhizapilze leben, z.B. sind die Speisetrüffeln meist mit *Quercus*-Arten vergesellschaftet.

Die knolligen, fleischigen **Fruchtkörper**, die einen Durchmesser bis 10 cm und mehr erreichen können (Abb. 208 a), bilden sich unter der Erdoberfläche (**hypogäisch**). Der sporenbildende innere Teil, die **Gleba,** ist von einer derben mehrschichtigen Peridie, der **Cortex**, umgeben. Die Gleba ist von zahlreichen Höhlungen durchzogen, die oft noch mit Hymenien ausgekleidet sind. Die **Sporen** werden nicht ejakuliert, sondern erst **nach Zerfall** oder Zerstörung der **Fruchtkörper frei.** Sie werden durch Tiere verbreitet, welche die Fruchtkörper ausgraben und fressen.

Der **Befruchtungs-Modus** ist nicht genau bekannt, es wurde die Fusion von zwei einkernigen Zellen beschrieben, die man sowohl als Isogametangiogamie als auch als Somatogamie bezeichnen könnte. Über das **Fortpflanzungs-System** liegen auch keine genaueren Angaben vor, Monözie ist anzunehmen. Eine vegetative Fortpflanzung durch Konidien oder andere Sporen ist nicht bekannt.

Klassifizierung: Die Unterteilung der Tuberaceae in Gattungen erfolgt entweder auf Grund der Fruchtkörperanatomie (Anlage der Gänge und „Adern" in der Gleba, s. auch Abb. 205) oder der Form der Asci und des Aufbaus des Hymeniums.

Von wirtschaftlicher Bedeutung als Speisepilze sind *Tuber melanosporum* (Périgord-Trüffel), *T. magnatum* (weiße Piemont-Trüffel), *T. brumale* (Winter-Trüffel) und *T. aestivum* (Sommer-Trüffel). Alle diese Arten der Tuberaccae sind heimisch in Südfrankreich und im Mittelmeerraum.

Material: Die Materialbeschaffung von *Tuber* ist äußerst schwierig, und zwar aus folgenden Gründen:

1) Man findet die Speisetrüffeln in unseren Regionen nur sehr selten (gelegentlich *T. aestivum*). Dies trifft auch für die sehr kleinen Fruchtkörper (1–3 cm) der weniger bekannten *Tuber*-Arten (z.B. *T. excavatum, T. rufum* etc.) zu.

Bei einer Suche nach Trüffeln macht man von der Tatsache Gebrauch, daß die Fruchtkörper auf Grund ihres spezifischen Geruches Tiere (z.B. Schweine und Hunde) anlocken, welche sie aus dem Boden wühlen. Als eine sehr vage Indikation für Trüffel dient die sogenannte Trüffelfliege, die sich an Stellen, wo sich reife Fruchtkörper in Verwesung befinden, in kleinen Schwärmen aufhält.

2) Die Trüffel lassen sich faktisch nicht auf Nährböden kultivieren, sie werden daher auch nicht von den Mykotheken angeboten.

Die Myzelien dieses obligaten Mykorrhizapilzes wachsen auf Agarkulturen bei optimalen Bedingungen nur wenige mm/Monat. Eine Fruchtkörperbildung ist in Laborkulturen noch nicht beobachtet worden. Allerdings ist es gelungen, die Ascosporen auf Nährböden zur Keimung zu bringen.

In Südfrankreich und im Mittelmeerraum werden Trüffel „angebaut". In einer *Truffière* hat man die Wurzeln von jungen Eichen mit Myzel „beimpft", die dann eine Mykorhiza bilden. Die ersten Fruchtkörper bilden sich dann nach etwa 7 Jahren.

Aufgabe: Aus einem Dauerpräparat bei schwacher Vergrößerung einen Fruchtkörperausschnitt und bei starker Vergrößerung (ggf. Ölimmersion) einen Hymeniumausschnitt zeichnen.

Beobachtungen: Der Fruchtkörper hat in der Mitte der Basis eine kleine Eindellung, von der zahlreiche Hyphen ausgehen, welche die Verbindung zum Myzel herstellen. Darüber liegt eine zentrale Höhle, von der die Gänge, Höhlungen und Verästelungen ausgehen (Abb. 208 a).

Die mehrschichtige Cortex besteht aus einem festen, meist durch Melanineinlagerung schwarz gefärbten kurzzelligen Plektenchym. Dagegen sind die Zellen des lockeren Glebaplektenchyms langgestreckt. Da die meisten Hohlräume, wenn man von der großen basalen Höhlung absieht, sehr eng und vielfach gewunden sind, macht die Gleba bei oberflächlicher Betrachtung den Eindruck, als ob die relativ großen Asci wahllos in ihr verstreut seien (Abb. 208 b). Erst bei stärkerer Vergrößerung kann man die Hymenien an einer Verflechtung der subhymenialen Schicht identifizieren. Um den in den Zeichnungen

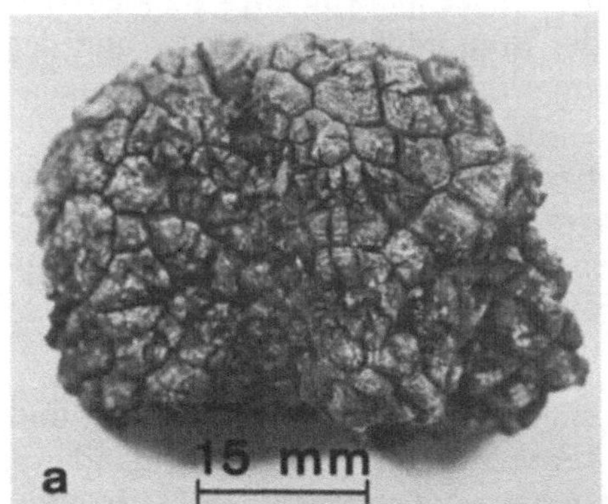

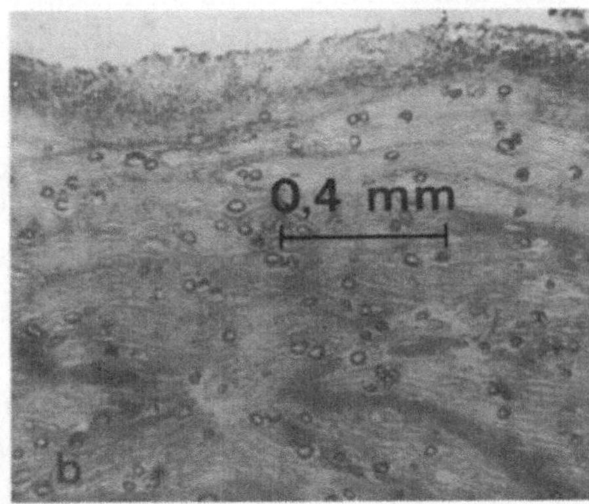

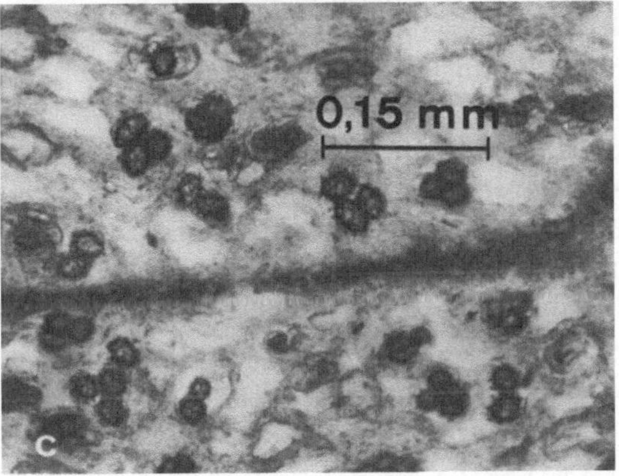

Abbildung 208 a–c. *Tuber aestivum.*
a Habitus eines Fruchtkörpers;
b Schnitt durch den Fruchtkörper, Cortex und Gleba sind zu erkennen;
c Gleba mit Asci

der Lehrbücher so klar dargestellten inneren Aufbau der Fruchtkörper zu verstehen, muß man daher versuchen, den aus zweidimensionalen Schnitten gewonnenen Eindruck durch Betrachtung einer Schnittserie ins Dreidimensionale umzusetzen. Die meisten Asci enthalten übrigens statt der üblichen vier nur ein oder zwei Sporen, denn ähnlich wie bei *Podospora anserina* (S. 407 f.) werden nach der Meiose mehrere Kerne von einer Sporenwand umgeben. Die zarten Ascuswände kann man nur mit der Ölimmersion sehen. Allerdings sind die Sporen selbst auf Grund ihrer stacheligen bzw. netzartigen Wandverdikkung deutlich zu erkennen (Abb. 208 c).

4. (Über)ordnung: Leotianae

Die unitunicaten, inoperculaten Asci sind am Ostiolum von einem quellbaren Scheitelwulst umschlossen. Die Sporen werden meist aktiv ausgeschleudert. Die Fruchtkörper sind entweder Apothezien oder Perithezien, die einzeln gebildet werden oder in Stromata eingebettet sind. Fünf Ordnungen dieses Taxons werden besprochen.

Ordnung: Leotiales*

Zu den Leotiales gehören neben Saprophyten, die auf Dung oder abgestorbenen Pflanzenteilen leben, auch zahlreiche Pflanzenparasiten. Es handelt sich hierbei unter anderem um die Erreger der **Braunfäule**** des Obstes und des **Grauschimmels,** die in der Gattung *Sclerotinia* (Sclerotiniaceae) zusammengefaßt sind.
Wegen der wirtschaftlichen Bedeutung dieser Pilze, die vorwiegend auf Nutzpflanzen schmarotzen, soll als Leitart *Sclerotinia* **ausführlich besprochen** werden, von der zahlreiche Arten und Rassen beschrieben wurden. Auf eine Darstellung von anderen Pilzen aus dieser Familie oder den, je nach Autor, bis zu 13 Familien wird verzichtet.

Merkmale: Die becher- oder schüsselförmigen **Fruchtkörper sind gestielt** und entsprechen damit dem in den meisten Lehrbüchern abgebildeten „Standardtyp" eines Apotheziums (Abb. 203). Ein weiteres wichtiges Charakteristikum der Gattung ist durch ihren Namen festgelegt, und zwar die **regelmäßige Bildung von Sklerotien** in den befallenen Pflanzenteilen. Diese sind Überwinterungsorgane, aus denen im Frühjahr (ähnlich wie bei *Claviceps*, S. 383) die Fruchtkörper wachsen.

Der Befruchtungs-Modus der meisten Formen ist noch nicht endgültig abgeklärt, denn sowohl Anisogametangiogamie als auch Gameto-Gametangiogamie (d.h. Spermatienbefruchtung, wie bei *Podospora anserina*, s. Abb. 218) wurde beschrieben. Als Fortpflanzungs-System dominiert die Monözie (bei einigen Formen von Incompatibilität überdeckt). Die vegetative Fortpflanzung erfolgt durch Konidiosporen.

---

*   13 Familien, 392 Gattungen, 2.036 Arten.
**   Nicht zu verwechseln mit der Braunfäule des Holzes, S. 444.

Klassifizierung: Die Klassifizierung der vielen Formen, Rassen und Arten von *Sclerotinia* beruht nicht nur, wie bei Pflanzenparasiten üblich, auf der Wirtsspezifität, sondern auch auf dem typischen Bau der Konidienträger. Aus diesem Grund konnten auch einige Form-Gattungen der Fungi imperfecti, wie *Monilia* (syn. *Moniliella)* und *Botrytis* der Gattung *Sclerotinia* sensu lato zugeordnet werden.

Praktische Bedeutung: Die bei Kern- und Steinobst auftretende Braunfäule (auch *Monilia*-Fäule genannt) wird in erster Linie durch *Sclerotinia* (syn. *Monilinia*) *fructigena* und *S. fructicola* hervorgerufen. Die zunächst durch braune Flecken gekennzeichneten Infektionsstellen entwickeln sich zu gelblichen Pusteln, und zwar infolge reichlicher Konidienbildung. Diese Pusteln sind oft in konzentrischen Zonen angeordnet, denn die Sporulation wird durch Licht stimuliert und die Ringe entsprechen den täglichen Lichtperioden (Abb. 209).

Der Grauschimmel auf Salat, Zwiebeln, Tomaten, Beerenobst und anderen Pflanzen wird von *Sclerotinia fuckeliana* (syn. für die imperfekte Form: *Botrytis cinerea*) und anderen imperfekten *Botrytis*-Rassen ausgelöst. Hierhin gehört auch die sogenannte Edelfäule der Weintrauben, die bei schwachem Befall einen positiven Effekt haben kann. Infolge einer Zerstörung der Epidermis durch die Pilzmyzelien steigt nämlich die Wasserabgabe der reifenden Trauben und damit der relative Zuckergehalt. Bei stärkerem Befall kann die gesamte Rebenernte vernichtet werden. Weitere Pflanzenschädlinge von wirtschaftlicher Bedeutung sind die unter dem Synonym *Stromatinia* bekannten Parasiten auf Liliifloren, *Sclerotinia narcissicola und S. gladioli* und die Erreger des Krebses bei Klee und Raps (*S. trifoliorum* bzw. *S. sclerotiorum*).

I. Entwicklungs-Zyklus von *Sclerotinia fructicola* als Leitart der Leotiales (Abb. 210)

Die im Frühjahr ausgeschleuderten und vom Wind verbreiteten Ascosporen (1) keimen auf den Blättern oder grünen Zweigen des Wirtes (z.B. einer Pfirsichpflanze) (2) und durchwuchern das Wirtsgewebe, das sehr rasch welkt. Die Verbreitung erfolgt dann durch die von langen Trägern sich kettenartig abschnürenden, ovalen, gelblichen Konidien (3, 4) (Nebenzyklus). Die sexuelle Fortpflanzung im Hauptzyklus setzt erst ein, wenn gegen Ende der Vegetationsperiode die reifenden Pfirsiche von Konidien infiziert werden (merkwürdigerweise werden Blüten und junge Früchte nicht befallen). Nach Eindringen der

Abbildung 209. *Sclerotinia fructigena.* Apfel mit Braunfäule und gelblichen Pusteln von Konidien trägern

Keimschläuche durch Haaransätze, Insektenstiche oder andere Verletzungen entstehen die typischen braunen Flecken, die der Krankheit den Namen gegeben haben (5). Das Myzel breitet sich rasch im Fruchtfleisch aus. Dies führt zu einer starken Schrumpfung und schließlich zur „Mumifizierung" der Frucht (6). Falls diese am Baum hängen bleibt, bilden sich an ihr im nächsten Frühjahr wieder Konidien, denn die Apothezien entstehen nur an solchen Mumien, die vom Baum abfallen und am Boden überwintern. In ihrem Innern bilden sich die Sklerotien (9), aus denen im Frühjahr die gestielten Apothezien wachsen (10). Der Befruchtungs-Modus ist noch unklar, denn es ist noch nicht nachgewiesen, ob die ebenfalls an den Mumien auftretenden Mikrokonidien (7, 8) als Spermatien für die weiblichen Geschlechtsorgane dienen. Die in den Hymenien zusammen mit Paraphysen vorhandenen inoperculaten Asci schleudern ihre Sporen aktiv aus (11).

II. Habitus der Konidienträger

Material: Frischmaterial von den die Braunfäule verursachenden Arten (*S. fructigena* und *S. fructicola*) findet man vom Sommer bis zum Frühjahr, wenn man in Obstgärten oder auch in Obstlagerräumen nach befallenen Früchten

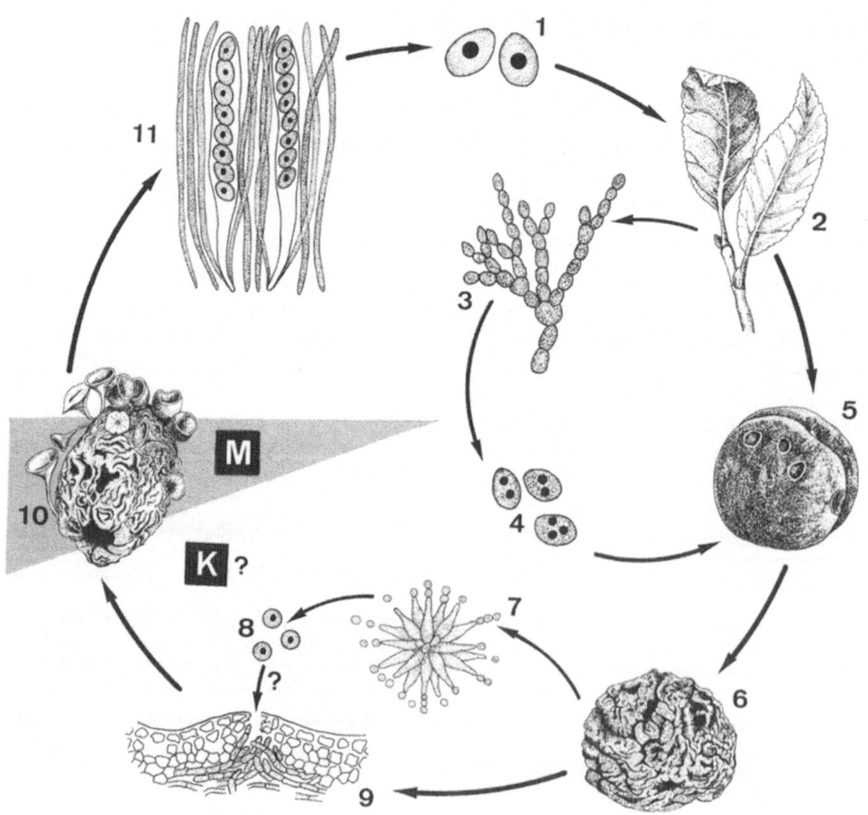

mit den typischen Konidienpusteln sucht. Reinkulturen werden unter dem Namen *Sclerotinia, Monilinia, Moniliella* und auch *Monilia* vom CBS angeboten.

Der Grauschimmel wird durch zahlreiche Rassen und Formen hervorgerufen und ist deshalb infolge der geringen Wirtsspezifität makroskopisch nicht leicht zu diagnostizieren. Man sollte deswegen Reinkulturen von *Sclerotinia fuckeliana* verwenden, die bei CBS und DSM auch unter dem Synonym der imperfekten Form als *Botrytis cinerea* geführt werden.

Präparation und Aufgabe: Von den Konidienpusteln befallener Früchte mit der Pinzette kleine Stücke entnehmen und auf Objektträger bringen und zunächst ohne Zugabe von Wasser bei mittlerer Vergrößerung den Habitus der Konidienträger zeichnen. Nach Zugabe von Wasser und Auflegen des Deckglases können bei starker Vergrößerung Einzelheiten erfaßt werden.

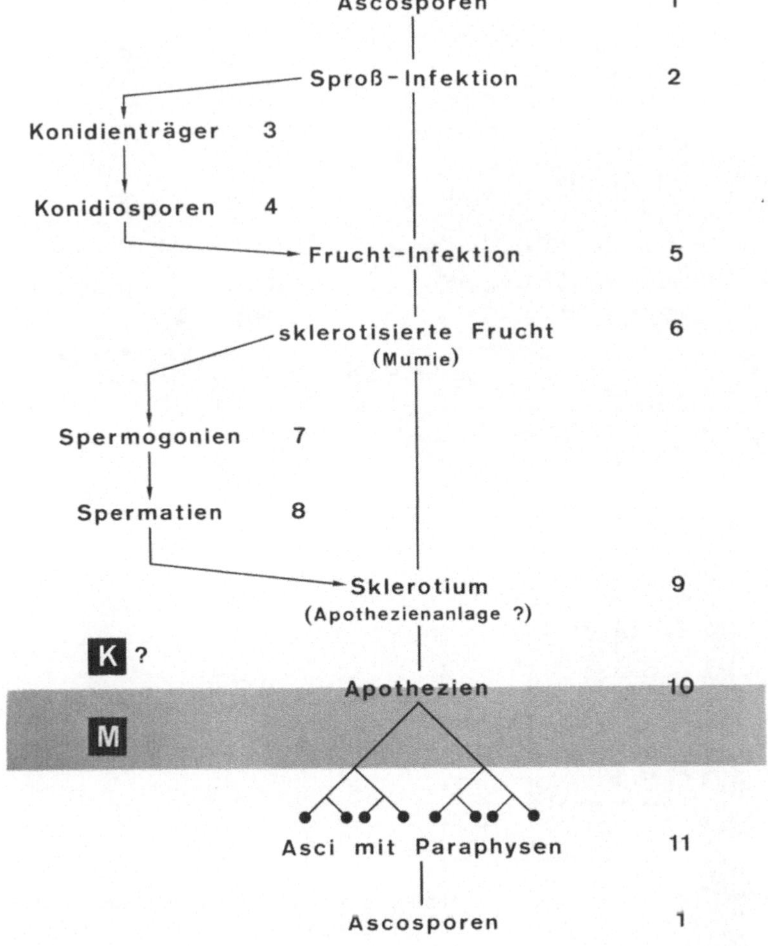

Abbildung 210. Entwicklungs-Zyklus von *Sclerotinia* (syn. *Monilia*) *fructicola,* Haplo-Dikaryot mit vegetativer Fortpflanzung durch Haplo-Mito-Aplanosporen. Befruchtungs-Modus: wahrscheinlich Gametangiogamie; Fortpflanzungs-Systeme Monözie. (Nach Alexopoulos, verändert)

In Reinkulturen der verschiedenen *Sclerotinia*-Arten entstehen bei 25–27 °C nach 8–14 d zahlreiche Konidien. Um die Entwicklung der Träger zu verfolgen, entnimmt man vom Rande der Kultur her nach innen gehend mit der Präparierfeder kleine Stücke, beobachtet und zeichnet, wie oben für das Frischmaterial beschrieben wurde.

Beobachtungen: Die Braunfäule und der Grauschimmel können vor allem an ihren Konidiophoren unterschieden werden, die mehrkernige Makrokonidien abschnüren.

Beim *Monilia*-**Typ** werden die Konidiosporen in Ketten durch hefeartige Sprossung von meist unverzweigten Trägern abgeschnürt (Abb. 211 a). Bildet eine Spore zwei Knospen, so verzweigt sich die Kette (Abb. 211 b).

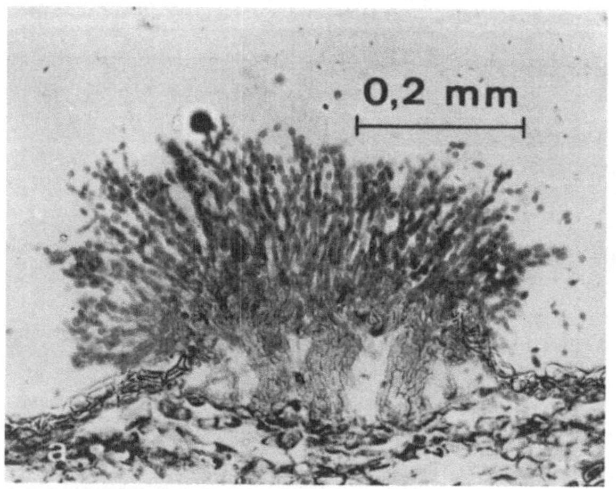
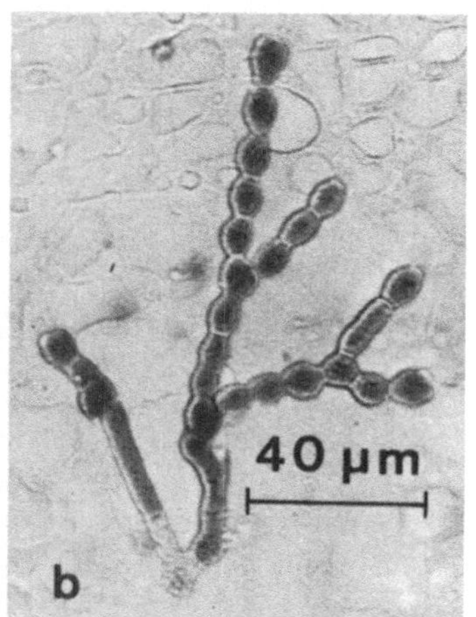
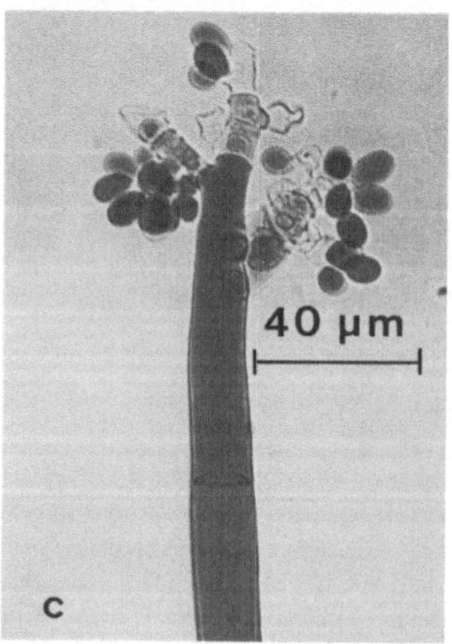

Abbildung 211 a–c. *Sclerotinia*, **Konidienbildung.** Makrokonidien des *Monilia*-Typs bei *S. fructicola.* a Habitus der Konidiophoren; b Kette von Sporen, die sich durch Sprossung vermehren. Makrokonidien des *Botrytis*-Typs bei *Botrytis cinerea;* c verzweigter Konidienträger

Beim *Botrytis*-Typ entstehen die Konidophoren vielfach aus dunkel pigmentierten Sklerotien. Die an der Spitze der Träger sich sehr zahlreich bildenden kurzästigen Verzweigungen schnüren durch Sprossung die Konidien holoblastisch ab (s. auch Abb. 175 b). Sporenketten sind nicht vorhanden. Die Konidiophoren erinnern im Habitus an die einsporigen Sporangiolen-Stände der Mucoraceae (vergl. Abb. 211 c mit Abb. 167 a).

Mikrokonidien können an überwinterten Pfirsichmumien gefunden werden. An den rosettenartig angeordneten Spermatophoren werden die einkernigen „Spermatien" kettenartig abgeschnürt.

III. Struktur der Apothezien

Material: Frischmaterial ist nicht sehr leicht zu beschaffen, denn mit Apothezien „auskeimende" Pfirsichmumien sind nur im Frühjahr zu finden. Ähnlich verhält es sich auch mit den Apothezien von *S. curreyana* und *S. tuberosa*, die im Mai aus ihren Sklerotien herauswachsen. Diese befinden sich an der Sproßbasis von *Juncus effusus* bzw. in den Erdsprossen von *Anemona nemorosa*. Da es außerdem nicht einfach ist, dünne Handschnitte der Apothezien herzustellen, sollte man gefärbte Dauerpräparate verwenden, die vom Handel angeboten werden.

Mit einer sehr aufwendigen Methode ist es möglich, die Fruchtkörperbildung zwischen + und – Stämmen von *Botrytis* (= *Sclerotinia*) *squamosa* in Laboratoriumskulturen auf einem Weizenkörner-Mazerat auszulösen [Bergquist RR, Lorbeer JW (1972) Mycologia 64: 1270]. Da diese Prozedur infolge der Ruhepause der Sklerotien etwa zwei Monate in Anspruch nimmt, ist sie für Kurszwecke nur bedingt geeignet.

Präparation und Aufgabe: Von einem Längsschnitt durch die Mitte eines Apotheziums eine Übersichtsskizze anfertigen und bei starker Vergrößerung oder Ölimmersion einen Ausschnitt aus dem Hymenium zeichnen.

Beobachtungen: (s. auch Abb. 203) Das lockere Plektenchym des Apothezienstiels, das aus langgestreckten Hyphen besteht, ist von einer ein- bis mehr-

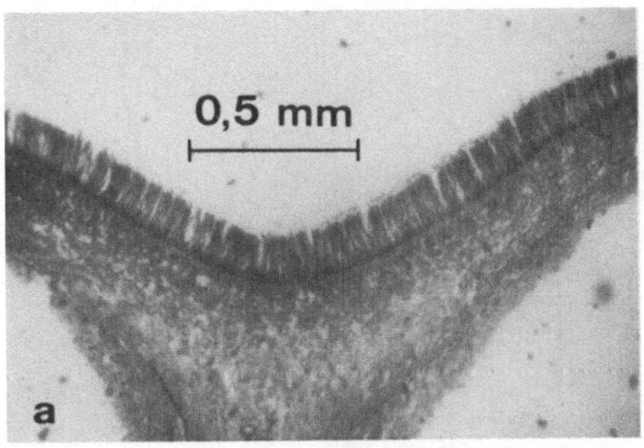

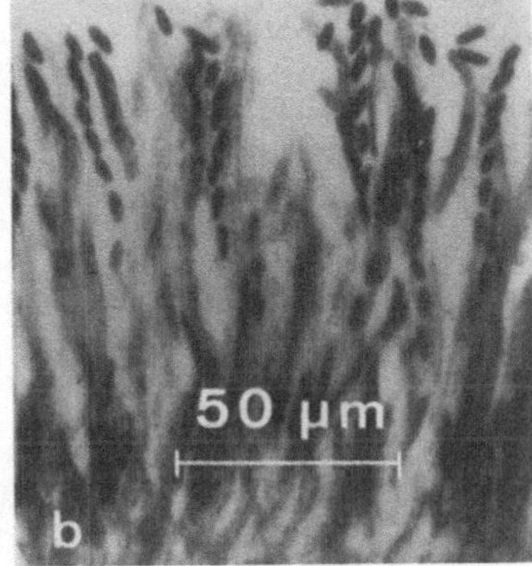

Abbildung 212 a, b. *Sclerotinia trifoliorum*, **Längsschnitt durch ein Apothezium. a** Übersicht; **b** Ausschnitt aus Hymenium, vergl. mit Abb. 203

schichtigen Rinde (= Excipulum) kurzzelliger Hyphen umgeben. Das Excipulum umfaßt auch Basis und Rand des schüsselförmigen Apotheziums. Das Hymenium (Paraphysen und Asci) hebt sich deutlich von der dicht verflochtenen subhymenialen Schicht ab (Abb. 212 a). Die Asci enthalten acht linear angeordnete Sporen, die Paraphysen sind einzellig. In sehr guten Präparaten lassen sich die ascogenen Hyphen wenigstens stellenweise bis in die „Schüsselbasis" verfolgen. In jedem Falle sollte man darauf achten, daß dagegen die Paraphysen aus der subhymenialen Schicht entspringen (Abb. 212 b).

Ordnung: Phacidiales

Merkmale: Die Phacidiales nehmen innerhalb der Leotianae eine Sonderstellung ein. Die **Apothezien entstehen nämlich ascolucular, d.h. in einem Stroma, das schon vor der Anlage der Sexualorgane gebildet wird.** Damit ergibt sich eine gewisse Parallelität zu den Dothideales (S. 421), daher nennen manche Mykologen die Fruchtkörper der Phacidiales, in Anlehnung an Pseudothezien, **Pseudoapothezien.** Als Nebenfruchtformen entstehen in den gleichen Stromata **Mikrokonidien**, und zwar noch vor der Apothezienbildung.

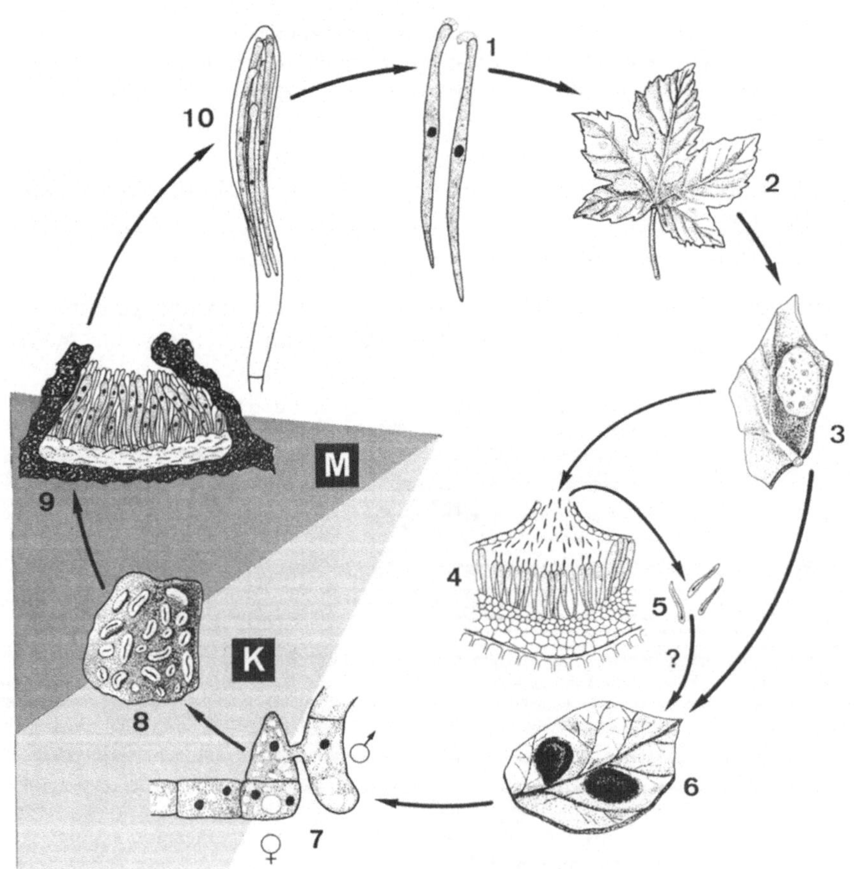

Der Befruchtungs-Modus ist nicht genau bekannt. Man nimmt an, daß die Mikrokonidien als Spermatien dienen, denn bei manchen Arten (s. unten, *Rhytisma*) keimen sie nicht. Hinsichtlich des Fortpflanzungs-Systems ist nicht bekannt, ob die Monözie durch Incompatibilität überlagert werden kann.

Klassifizierung: Zu dieser Ordnung gehören je nach Autor bis zu drei Familien, von denen die Phacidiaceae (4 Gattungen, 9 Arten) mit Blattparasiten (Runzelschorf des Ahorns, *Rhytisma acerinum* und Erreger der Kiefernschütte, *Lophodermium pinastri*) die bekanntesten sind. Die taxonomische Einordnung der Phacidiales ist umstritten, von manchen Autoren werden sie als Familie zu den Leotiales gestellt.

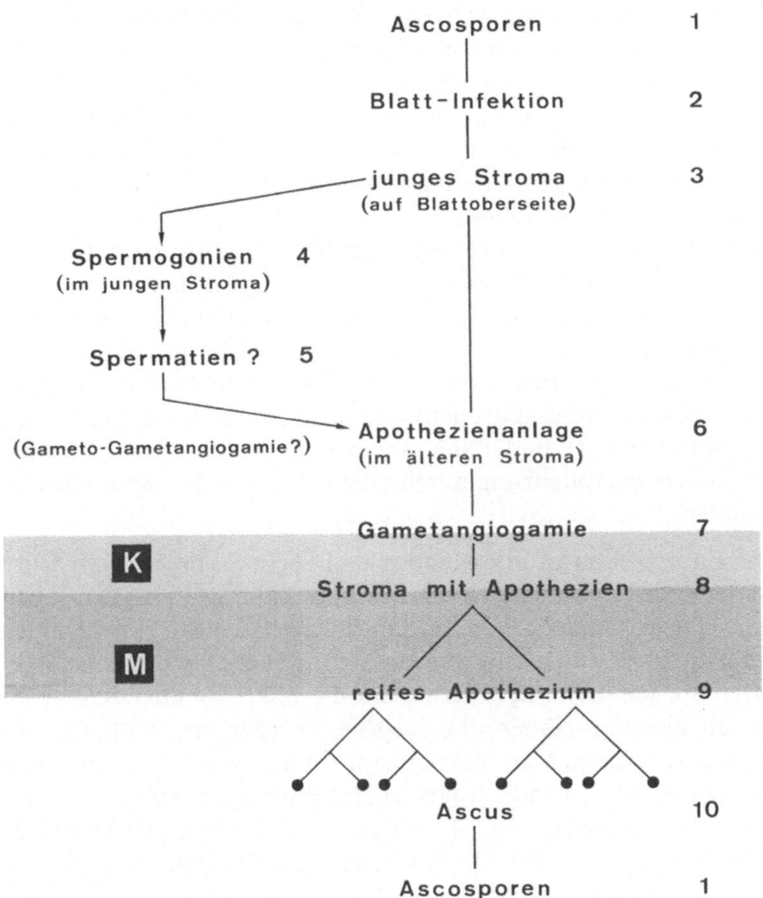

Abbildung 213. **Entwicklungs-Zyklus von *Rhytisma acerinum*,** Haplo-Dikaryot. Befruchtungs-Modus wahrscheinlich Gameto-Gametangiogamie; Fortpflanzungs-System: Monözie. (Nach Alexopoulos, verändert)

Entwicklungs-Zyklus von *Rhytisma acerinum* als Leitart der Phacidiales
(Abb. 213)

Im Frühjahr werden die jungen Blätter von *Acer pseudoplatanus* (Bergahorn) über die Spaltöffnung durch die stabförmigen Ascosporen infiziert (1). Das Myzel durchwächst das Mesophyll und breitet sich vorwiegend in der oberen Epidermis aus. Dort entsteht ein Stroma, das nach oben durch eine schwarze, vom Pilz ausgeschiedene gummiartige Substanz abgedeckt wird (2). Diese wie Teerflecken (englischer Name der Krankheit: „tar spot") aussehende Schicht besteht aus verkitteten Hyphen und Resten der Wirtszellen (Abb. 214a). Im Stroma entstehen im Verlauf des Sommers in großer Zahl stabförmige Mikrokonidien, die von Trägern abgeschnürt und durch Löcher, die in blasenartigen Aufwölbungen entstehen, entlassen werden (3, 4). Da die Mikrokonidien nicht keimen, nimmt man an, daß sie die Funktion von Spermatien haben, obwohl bisher der Befruchtungsvorgang noch nicht beobachtet wurde (5). Nach Abschluß der Spermatienbildung bilden sich im gleichen Stroma (6), das sich mittlerweile vergrößert hat, die Fruchtkörperanlagen, mehrkernige Ascogone mit gedrungenen mehrkernigen Trichogynen (7). Ob die Trichogyne mit Spermatien in Kontakt gerät, ist unbekannt.

Jedenfalls entstehen aus den weiblichen Geschlechtsorganen nach Einwandern der Trichogynenkerne Apothezien (8), in deren Hymenien die Asci zusammen mit Paraphysen zu finden sind (9). Diese Entwicklung verläuft allerdings sehr langsam und findet erst im nächsten Frühjahr ihren Abschluß, wenn die neuen Ahornblätter sich entfalten. Die Oberfläche des Stromas reißt strahlenartig auf (Abb. 214 b) und die acht stabförmigen Sporen der einzelnen Asci werden ausgeschleudert und dann durch den Wind weiter verbreitet (10, 1). Eine vegetative Fortpflanzung durch einen Nebenzyklus ist bei *Rhytisma* nicht vorhanden.

Material: *Rhytisma acerinum* ist ein Ubiquist und leicht zu beschaffen. Allerdings muß man, um die einzelnen Stadien des Entwicklungs-Zyklus zu erhalten, zweimal im Jahr auf Suche gehen. Im Juni/Juli, wenn die ersten Läsionen auf den Ahornblättern als zunächst gelbe, dann sehr rasch als schwarze Flekken sichtbar werden, sammelt man Blätter, um die Mikrokonidienbildung zu studieren. Die abfallenden Blätter des Herbstes werden benötigt, um die Ascusbildung zu untersuchen. Man läßt sie zu mehreren geschichtet in einem Blumentopf (ohne Erde) draußen überwintern. Im Frühjahr, zur Zeit des Blattaustriebs, platzen die Stromata; sie sind „reif", wenn sich auf ihrer Oberfläche Risse zeigen. Da *Rhytisma*, wie viele Parasiten, auf Agarkulturen nicht fruktifiziert, ist man auf Frischmaterial angewiesen.

Präparation und Aufgabe: Von Blattquerschnitten, die durch die Mitte junger Stromata gelegt werden, die sich eben schwarz gefärbt haben, Deckglaspräparate herstellen und die Stadien der Konidienbildung in Übersicht und bei starker Vergrößerung zeichnen.

Zur Information über den Stand der Ascusbildung Blattquerschnitte durch die Stromata der im Herbst gesuchten Blätter herstellen. Bei den überwinterten

Blättern kann man verhältnismäßig leicht eine vorzeitige Sporulation auslösen, wenn man diese nach vorherigem Einlagern in die Tiefkühltruhe für 2–4 d bei Zimmertemperatur zwischen mehreren Lagen von feuchtem Filterpapier hält. Von Querschnitten durch die Stromata enthaltenden Apothezien ein Übersichtsbild und eine Ausschnittzeichnung des Hymeniums anfertigen.

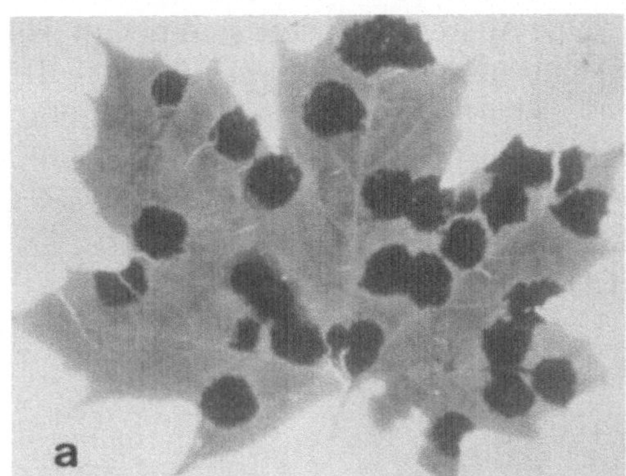
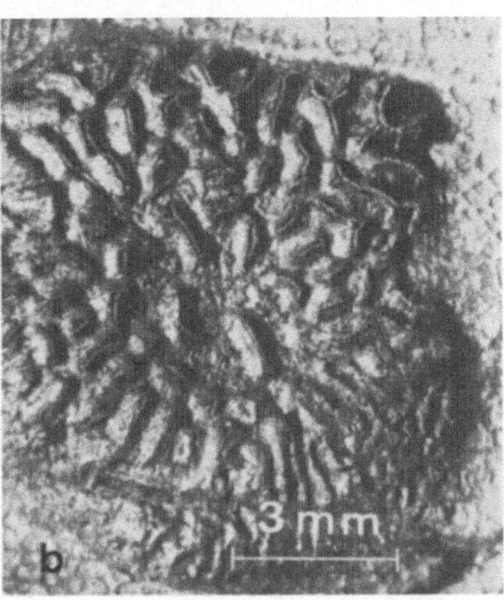

Abbildung 214 a, b. ***Rhytisma acerinum*** **auf den Blättern von** *Acer pseudoplatanus.* **a** Teerflecken-ähnliche Stromata der Sommerblätter; **b** einzelnes Stroma; nach Überwintern ist die Oberfläche aufgerissen, damit die Ascosporen ausgeschleudert werden können

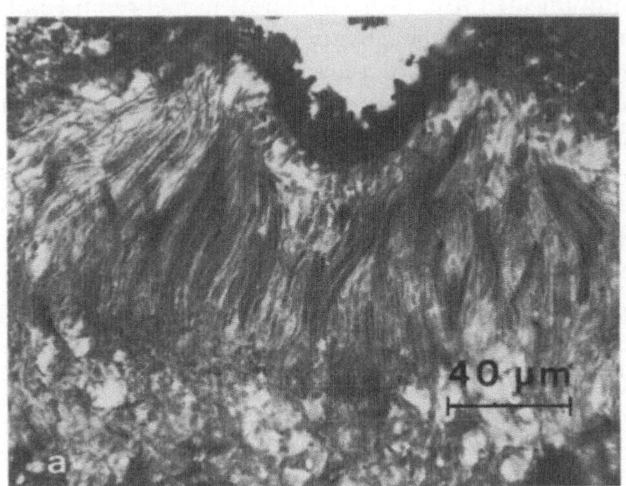
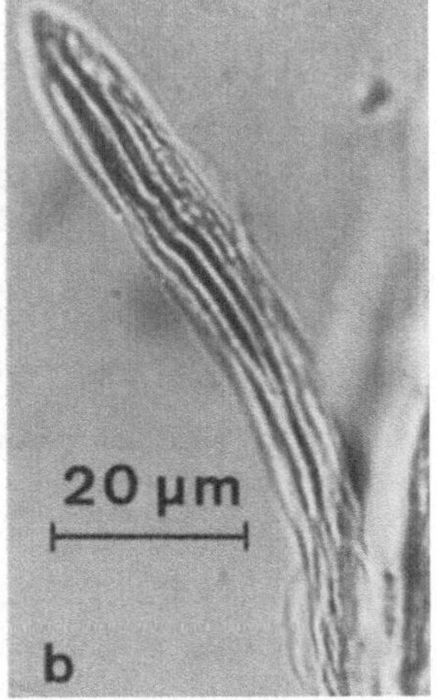

Abbildung 215 a, b. ***Rhytisma acerinum,*** **Querschnitt durch ein Stroma nach Überwintern. a** Apothezium; **b** Ascus mit stabförmigen Sporen

Beobachtungen: In den jungen Stromata erkennt man, daß die sichelförmigen Mikrokonidien (6 × 1 μm) in Lagern von einzelligen Phialiden abgeschnürt werden. Zwischen den Konidienträgern sind keine Paraphysen. Für derartige unter der Epidermis befindliche Konidienlager der Pflanzenparasiten wird auch der Ausdruck **Acervuli** verwendet. In manchen Schnitten kann man die blasigen, mit einer Öffnung versehenen Ausstülpungen der Oberschicht des Stroma erkennen. In den Querschnitten der „Herbstblätter" findet man zwar kaum noch Acervuli, aber auch noch keine Apothezien. Diese sind erst in den „Frühjahrsblättern" als napfförmige Gebilde nach oder kurz vor Aufreißen der Stromaoberfläche vorhanden (Abb. 215 a). Das Ausschleudern der „Ascosporen-Wolken" kann man beobachten, wenn man von den zur Beschleunigung der Sporulation zwischen Filterpapier gebrachten Blättern das Papier vorsichtig abhebt. Die stabförmigen Ascosporen tragen an ihrem apikalen Ende einen schleimigen Fortsatz (Haftorgan?) (Abb. 215 b).

Ordnung: Lecanorales

Die Vertreter dieser Ordnung (7188 Arten; 347 Gattungen, 407 Synonyme; 40 Familien) bilden Apothezien und stellen den Hauptanteil der Flechtenpilze s. S. 531).

Ordnung: Sphaeriales (Sordariales)*

Filme: C 1954, Lebenszyklus der roten Brotschimmels *Neurospora crassa*
E 2359, *Sordaria macrospora* , Entwicklungs-Zyklus

Diese Ordnung umfaßt Saprophyten (Holz, Herbivorendung etc.) und Pflanzenparasiten (vorwiegend auf Holz). Ihre Vertreter werden auf Grund von Ontogenese, Anordnung und Farbe der Perithezien und auf Grund des Öffnungsmechanismus der unitunicaten Asci (Apikalapparat) in mehreren Familien zusammengefaßt, von denen drei erwähnt werden sollen.

Als **Leitart** wird ***Neurospora crassa*** (Sordariaceae) besprochen, und zwar nicht nur, weil diese Art ein für die Grundlagenforschung bedeutsamer Pilz ist (Nobelpreis 1958 für Beadle und Tatum), sondern auch wegen ihres komplizierten Befruchtungs-Modus. Nach der Kenntnis des Fortpflanzungsverhaltens von *N. crassa* ist es nämlich leichter, die durch Ausfall einzelner Modalitäten der vegetativen und sexuellen Fortpflanzung gekennzeichneten Zyklen der übrigen Sphaeriales zu verstehen.

Die Gattung *Neurospora* wurde 1927 von Shear und Dodge aufgestellt. Sie umfaßt die rötlich gefärbten Brotschimmelpilze, die in Bäckereien und vor allem in tropischen Ländern (nach Abbrennen der Vegetation) auf verkohltem Holz zu finden sind.

Wie aus Abb. 216 hervorgeht, ist *N. crassa* monözisch, da aber Incompatibilität vorliegt, zeigen die acht Sporen eines Ascus eine 1:1-Aufspaltung für die beiden Kreuzungstypen, welche durch + und – oder in der *Neurospora*-Literatur durch A und a gekennzeichnet werden.

---

* 8 Familien, 121 Gattungen, 676 Arten.

Bei den Kreuzungstypen handelt es sich um sogenannte **Idiomorphe,** bei denen gleiche Genomabschnitte in den beiden Stämmen durch unterschiedliche Gene besetzt sind. Somit unterscheiden sich Stämme mit verschiedenem Kreuzungstyp nicht durch monogene Differenzen, da die Kreuzungstyp-Gene keine Allele sind. Auf Grund einer DNA-Sequenzierung ist bekannt, daß die Kreuzungstyp-Loci unterschiedliche Gene enthalten. Die Größe der Loci beträgt: A 5301 und a 3225 Basenpaare. Neben anderen Vorgängen kontrollieren die A/a Idiomorphe die sexuelle Differenzierung *

Die Bezeichnung A/a ist irreführend, da dies entsprechend der in der Genetik üblichen Bezeichnungen eine Dominanz vortäuscht, die nicht vorhanden ist. Im folgenden werden wir daher bei der klassischen Bezeichnung +/– für die Kreuzungstypen bleiben.

Aus einer haploiden + oder – Ascospore (1) entsteht ein sich reich verzweigendes, rasch wachsendes Myzel (Wuchsrate etwa 9 cm/d bei 27 °C) mit zahlreichen Lufthyphen (2). Schon nach wenigen Tagen schnüren sich an der Spitze vieler Lufthyphen (ohne daß es zur Ausbildung spezieller Träger kommt) kettenartig die Makrokonidien ab (Ø 10–12 µm), die meist mehr als einen Kern enthalten (3). Neben diesen exogen gebildeten Konidien entstehen endogen in gedrungenen, teils flaschenförmigen Zellen einkernige Mikrokonidien (Ø nur 1–2 µm) (4). Sie bleiben nach Verlassen der Mutterzelle als traubige Anhäufungen an dieser haften. Beide Konidienarten, die vorwiegend der vegetativen Vermehrung dienen, können sofort ohne Ruhepause zu neuen Myzelien auskeimen.

Die weiblichen Gametangien (Ascogone) entstehen als sich einrollende Ausstülpungen an 3–4 d alten Hyphen (5). Sie werden schon nach wenigen Stunden von Hüllhyphen umwachsen, die von der Traghyphe ausgehen. Bevor sich diese Hüllhyphen zu einer mehrschichtigen Peridie verdichten, wächst aus der Ascogonzelle eine Trichogyne aus. Gleichzeitig bilden die Außenhyphen der Peridie des nun Protoperithezium genannten weiblichen Geschechtsorgans zahlreiche fädige Appendices aus.

Männliche Gametangien oder männliche Gameten existieren bei *N. crassa* nicht. Als männliche Gameten können Makro- und Mikrokonidien fungieren (6). Aber auch vegetative Hyphen des entgegengesetzten Kreuzungstyps können als „Kernspender" dienen.

Nur die Trichogynenspitze ist in der Lage, mit diesen Strukturen zu fusionieren. Nach dieser Plasmogamie wandern die „männlichen Kerne" durch die Trichogyne in die Ascogonzelle und leiten dort durch zahlreiche konjugierte Kernteilungen mit dem „weiblichen" Ascogonkern die dikaryotische Phase ein, die über Hakenbildung (7) zur Sporulation führt.

In den jungen Asci kommt es nach Karyogamie (8), Meiose (9, 10) und einer postmeiotischen Mitose (11) zur Bildung von 8 linear angeordneten Sporen. Für die Durchführung mancher Experimente ist es nützlich zu wissen, daß gleichzeitig mit der Sporenreife der Initialkern sich mehrfach mitotisch teilt, so daß reife Ascosporen vor der Keimung eine „Population" von 8 oder mehr genetisch gleichen Kernen enthalten (s. auch Abb. 221).

---

* Übersicht bei: Coppin E, Debuchy R, Arnaise S, Picard M (1997) Microbiol Molec Biol Rev 61: 411–428

Bei *N. crassa* ist also, trotz der Ausbildung weiblicher Geschlechtsorgane und „männlicher" Kerne an Einspormyzelien, eine Selbstbefruchtung nicht möglich. Die Protoperithezien eines + Stammes können nur von den Kernen eines –Stammes befruchtet werden und umgekehrt. Die Fruchtkörper, welche nach Kreuzung von zwei Stämmen entstehen, resultieren demnach von zwei reziproken Kreuzungen (+ ♀ × – ♂ bzw. – ♀ × + ♂). Dies ist ein ideales **Beispiel für die Überlagerung von Monözie durch Incompatibilität.** Da nach unserer Erfahrung es für den Studenten meist mit Schwierigkeiten verbunden ist, die komplizierten Fortpflanzungsverhältnisse der Kryptogamen zu verstehen und z.B. klar zwischen Monözie mit Incompatibilität und physiologischer Diözie zu unterscheiden, sollte man sich an dieser Stelle noch einmal auf dem Hintergrund des bisherigen Studiums verschiedener Fortpflanzungs-Systeme bei Algen und Pilzen allgemein mit dem einleitenden Kapitel befassen.

Die wesentlichsten Labormethoden für *Neurospora* wurden vor Jahren von FJ Ryan zusammengestellt (Methods in Medical Research 3:51–75, 1950). Diese Vorschriften können auch heute noch für Kurszwecke verwendet werden. Neuere Methoden sind dem „Fungal Genetics Newsletter" zu entnehmen (S. 560).

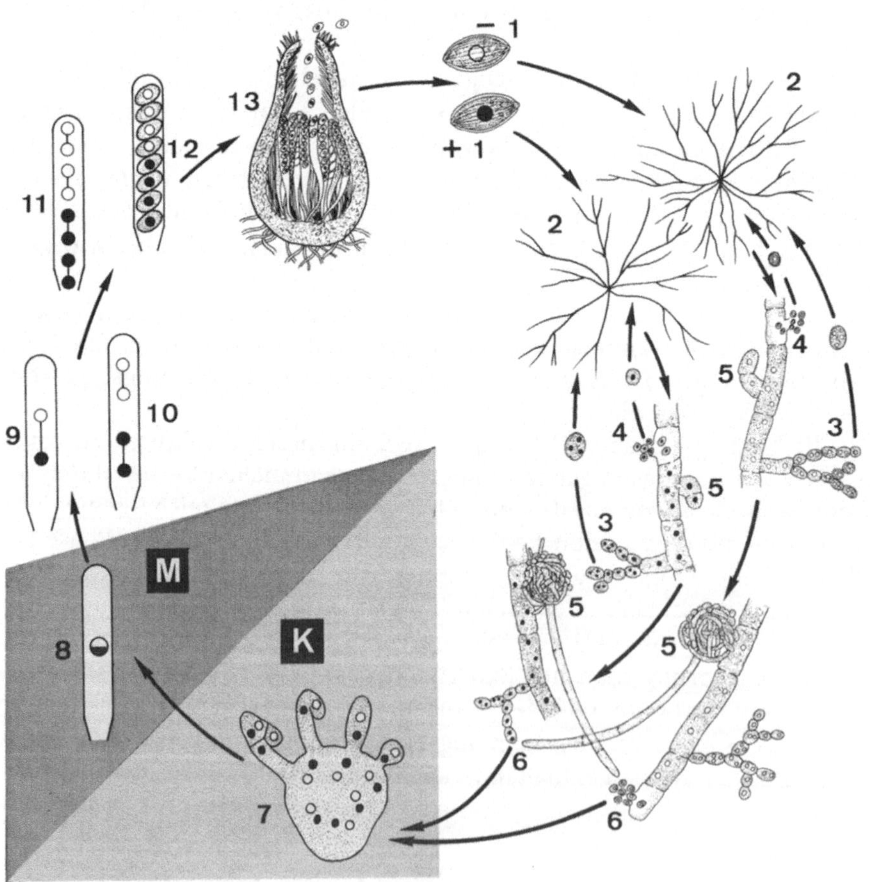

Familie: Sordariaceae

Merkmale: Das Ostiolum der **einzeln stehenden, schwarzen Perithezien** ist mit Periphysen ausgekleidet. Paraphysen werden meist nicht gebildet (bzw. lösen sich vor der Reife der Fruchtkörper auf), so daß das von den ascogenen Hyphen ausgehende **Hymenium** ausschließlich aus Asci besteht (s. Abb. 223). Die schwarzen, einzelligen Ascosporen, die ausgescheudert werden, haben bei einigen Gattungen Appendices aus Schleim (s. Abb. 226).

Von den 52 Arten (12 Gattungen) dienen außer *Neurospora* noch *Podospora anserina* und *Sordaria macrospora* häufig als Objekte der Grundlagenforschung in der klassichen und molekularen Genetik.

Podospora anserina zeigt die folgenden Abweichungen von der als Leitart beschriebenen *Neurospora*: (1) Es gibt keine vegetative Vermehrung durch Konidien, denn die Makrokonidien fehlen und die Mikrokonidien keimen nur

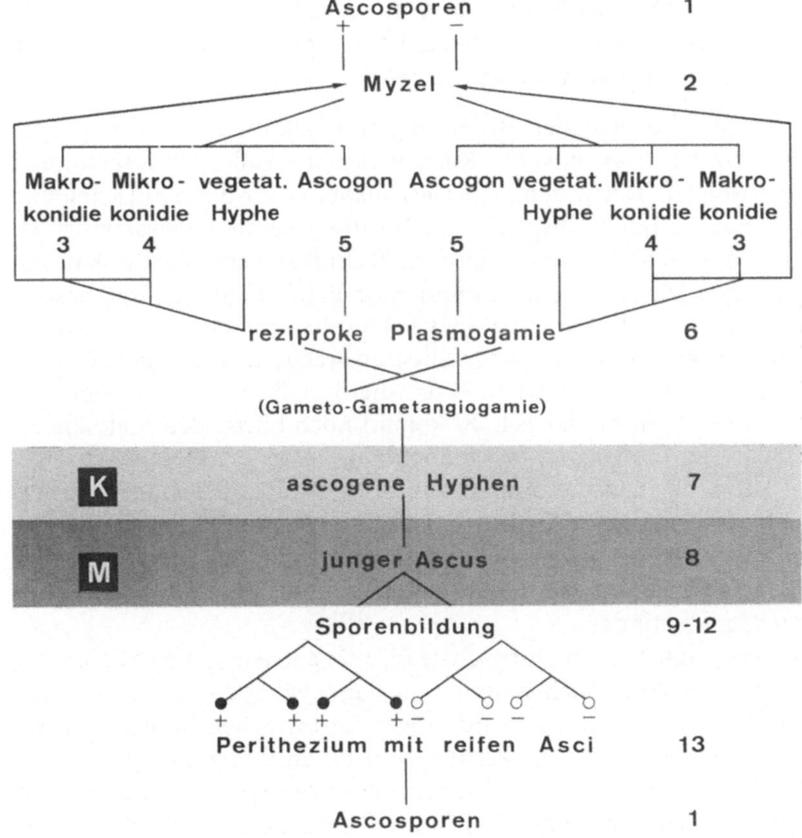

Abbildung 216. Entwicklungs-Zyklus von *Neurospora crassa,* Haplo-Dikaryot mit vegetativer Fortpflanzung durch Mikro- und Makrokonidien. Befruchtungs-Modus: Gameto-Gametangiogamie (bzw. Gametangio-Somatogamie); Fortpflanzungs-System: Monözie, überlagert durch Incompatibilität

unter speziellen Bedingungen. (2) Die Variabilität des männlichen Kernspenders ist nicht gegeben, denn die Trichogyne kann nur mit den Mikrokonidien fusionieren, die deswegen auch als Spermatien bezeichnet werden. (3) Die Asci enthalten vier Sporen, die infolge eines bestimmten Verteilungsmechanismus der Kerne im Verlauf von Meiose und postmeiotischer Mitose entstehen (S. 408 und Abb. 226). (4) Die Sporen haben keine Keimruhe, so daß der Entwicklungs-Zyklus in zwei Wochen *(Neurospora* vier Wochen!) abgeschlossen ist. (5) Die Myzelien bilden weniger Lufthyphen aus, ihre Wuchsrate beträgt etwa 1 cm/d.

Sordaria macrospora weicht in folgenden Merkmalen vom *Neurospora*-Zyklus ab: (1) Der Nebenzyklus fehlt, da weder Makro- noch Mikrokonidien entstehen. (2) Die Ascogone bilden keine Trichogyne aus. Die Entwicklung der Fruchtkörper erfolgt apandrisch und die Befruchtung autogam, d.h. die im Ascogon befindlichen Kerne teilen sich konjugiert und leiten damit die dikaryotische Phase ein. (3) Die Monözie wird nicht durch Incompatibilität überlagert, d.h. an jedem aus einer Ascospore entstandenen Myzel entstehen Fruchtkörper. (4) Der Entwicklungs-Zyklus ist in einer Woche abgeschlossen. (5) Die Wuchsrate der Myzelien beträgt 1,6 cm/d.

Material: Trotz der überragenden Bedeutung von *Neurospora crassa* als Forschungsobjekt erscheint es uns für Kurszwecke sinnvoller, *Podospora* und *Sordaria* zu verwenden. Der wesentliche Gesichtspunkt für diese Entscheidung liegt in der immensen Infektionsgefahr, die für das gesamte Laboratorium gegeben ist, wenn der nicht mit mykologischen Techniken vertraute Student mit *Neurospora* arbeitet. Die zahlreichen Konidien (in Petrischalenkulturen besteht das gesamte Luftmyzel faktisch aus Konidien) können in Schubladen, Fußbodenritzen, auf Brotkrümeln etc. zu Myzelien auswachsen und durch laufend erneute Konidienbildung ein steter Infektionsherd bleiben. Dies ist weder bei *Podospora* noch bei *Sordaria* der Fall. Es kommt noch hinzu, daß man alle essentiellen Strukturen (außer den Makrokonidien) besser an diesen Arten demonstrieren kann, da in den Kulturen von *Podospora* und *Sordaria* die bei *Neurospora* oft bis 1 cm dicke Schicht von Luftmyzel stark reduziert ist. Außerdem können die Vertreter beider Gattungen sehr leicht von der Dungschale isoliert werden; Wildstämme von *Neurospora* sind unter unseren klimatischen Bedingungen kaum zu finden.

Podospora anserina. Auf der Dungschale (S. 312) entstehen die etwa 0,5 mm großen Perithezien nach 2 Wochen, und zwar dann, wenn die Mucoaceae ihre Sporangien entleert haben und ihre mächtigen Luftmyzelien infolge von Autolyse zusammengefallen sind. Die Perithezien sind an ihrem gänsehalsförmigen Ostiolum (daher anserina!) zu erkennen, an dessen Spitze ein Büschel von schwarzen Haaren sitzt. Ein weiteres Hilfsmittel zur Diagnose sind die vier im Ascus linear angeordneten relativ großen Sporen (19 x 37 μm, Abb. 217 a, b, und Abb. 226).

In der Dungschale sind sehr häufig auch vielsporige *Podospora*-Arten zu entdecken, deren Asci 16, 32, 64, 128, 256, 512 oder wie *P. millespora* 1024 Sporen enthalten (s. auch Abb. 225).

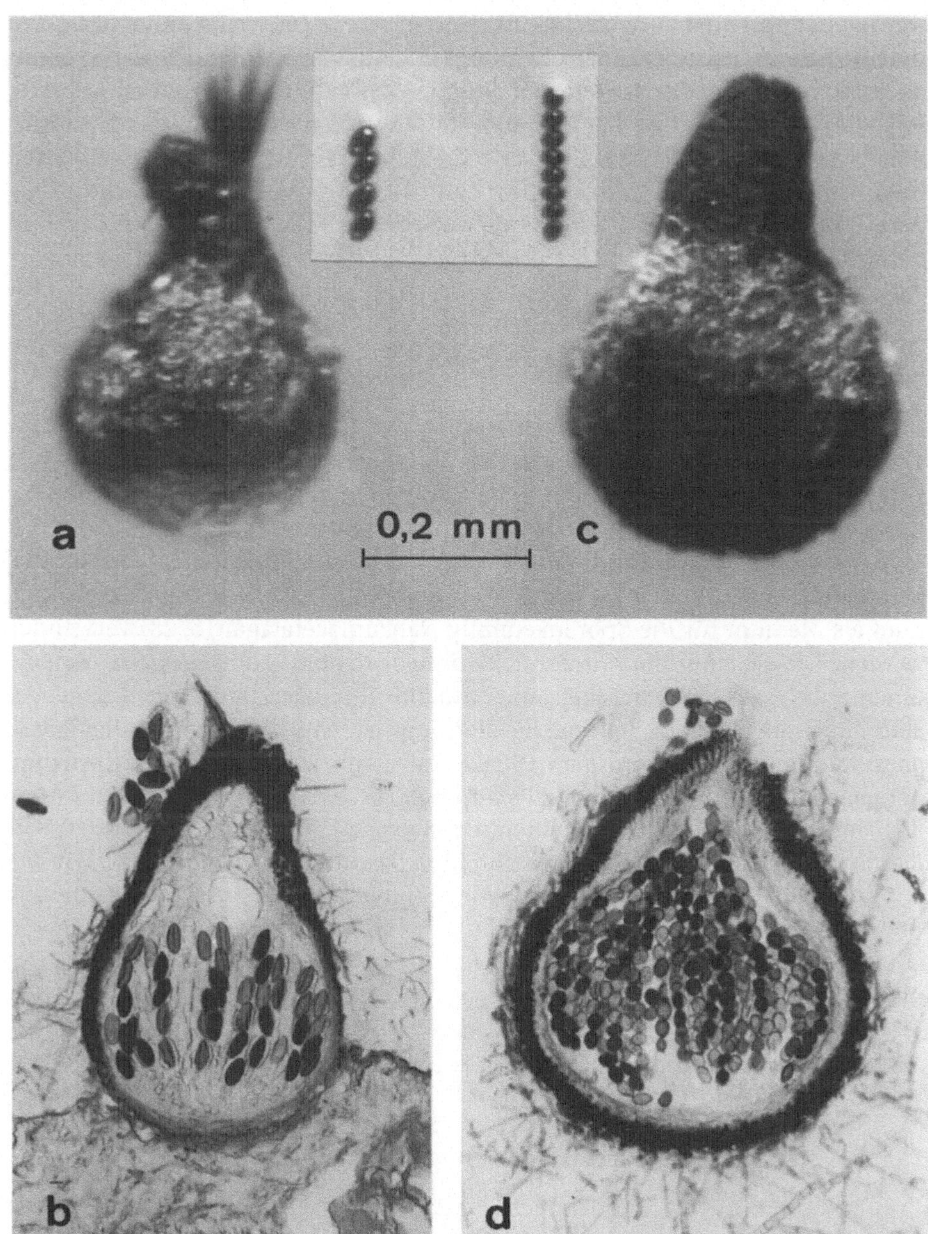

Abbildung 217 a–d. a,b *Podospora anserina.* **a** Habitus eines PerithZeiums, links oben einzelner Ascus; **b** Querschnitt durch ein Perithezium, die reifen Sporen zeigen eine Aufspaltung für Gene der Sporenfarbe. **c, d** *Sordaria macrospora.* **c** Habitus eines Perithezeiums, rechts oben einzelner Ascus; **d** Querschnitt durch ein Perithezium mit Aufspaltung von Farbsporen

Da die Sporen von *P. anserina* etwa einige Zentimeter weit ausgeschleudert werden, ist es leicht möglich, Reinkulturen anzulegen, wenn man nach Erscheinen der Perithezien über die Dungschale das mit einem für die Sporenkeimung optimalen Mais-Acetat-Medium (S. 28) gefüllte Unterteil einer Petrischale bis zu 1 h legt und die Sporen auffängt. Vorher wird die Dungschale über Nacht im Dunkeln gehalten und die Schale am Morgen im Tages- oder Neonlicht ausgelegt, denn die Ejakulation der Sporen wird durch Licht gefördert. Die Sporen keimen schon im Verlauf von wenigen Stunden. Mit der Präparierfeder kann man unter dem Präpariermikroskop Einspormyzelien ausstechen und auf Maisagar kultivieren. An den sich grün-schwarz färbenden Myzelien entstehen schon nach wenigen Tagen bei 25–27 °C die Geschlechtsorgane; reife Perithezien können bei mäßiger Beleuchtung bereits nach 10–14 d erhalten werden.

Die monogene Mutante *incoloris* (weiße Myzelfarbe, wenige Ascogone) eignet sich vorzüglich zum Studium der männlichen Gametangien, denn ihre gesamte Oberfläche ist von diesen Spermogonien bedeckt, welche den Behältern der Mikrokonidien von *N. crassa* homolog sind.

Sordaria macrospora und andere *Sordaria*-Arten können ebenfalls von der Dungschale auf die gleiche Weise wie *Podospora* isoliert werden. Allerdings muß als Medium für die Sporenkeimung Natriumacetatagar (S. 28) verwendet werden. Die Perithezien von *Sordaria* ähneln denen von *Podospora*, es fehlt ihnen jedoch das Haarbüschel am Ostiolum. Ihre Asci enthalten 8 kugelige, aber linear angeordnete Sporen, die allerdings wesentlich kleiner als die *Podospora*-Sporen sind (*S. macrospora* 18 x 28 µm) (Abb. 217 c, d). Die Kulturbedingungen sind die gleichen wie für *Podospora*. Die sehr rasch wachsenden Myzelien sind weißlich gefärbt und bilden schon nach 7 Tagen reife Perithezien. Von *Sordaria* sind zahlreiche Farbspormutanten bekannt, die sich gut zur Demonstration von Aufspaltungen eignen, wie z.B. die Mutante *lutea* (gelbe Sporen) und *cana* (graue Sporen) (Abb. 223, 224).

Bezugsquellen: *Podospora anserina*: Prof. Dr. HD Osiewacz, Botanisches Institut, Biozentrum Niederursel, JW Goethe-Universität, Marie-Curiestr. 9, D-60439 Frankfurt. T: xx49 (069) 79829263; F: xx49 (069) 79826363; Epost: osiewacz@em.uni-frankfurt.de

Sordaria macrospora: Prof. Dr. U Kück, Allgemeine Botanik, Ruhr Universität, D-44780 Bochum. T: xx49 (0234) 3226212; F: xx49 (0234) 3214184; Epost: Ulrich.Kueck@ruhr-uni-bochum .de

I. Entwicklung der Geschlechtsorgane und Befruchtung (*Podospora*)

Präparation: Eine mit Maisagar gefüllte Petrischale wird im Abstand von etwa 5 cm mit wenige mm^3 großen Myzelstücken vom entgegengesetzten Kreuzungstyp aus Stammkulturen vom Wildstamm und der Mutante *incoloris* beimpft.

Aufgabe und Beobachtungen: Sobald die Myzelien der beiden Kreuzungspartner in der Schalenmitte in Kontakt geraten (nach etwa 4 d), wird die Kultur mehrmals täglich beobachtet. Man findet dann auf der Seite des *incoloris*-Stammes zahlreiche Spermogonien (Abb. 218 a). Bei diesen „Mikrokonidienmutterzellen" handelt es sich entweder um flaschenförmige, speziell für diesen

Zweck ausgebildete Zellen oder um stark angeschwollene Hyphen. Beide Formen zeigen die typische kragenförmige Öffnung, durch welche die Spermatien (Mikrokonidien) entlassen werden (Abb. 218 b). Die traubige Anhäufung von Spermatien kann sehr leicht durch Auflegen eines Deckglases abgeschwemmt werden. Etwa 12 Stunden später beginnt der Wildstamm mit der Bildung der Ascogone, diese sind jedoch nur mit Hilfe der Ölimmersion zu erkennen (Abb. 218 c). Sobald sie sich zu Protoperithezien entwickelt haben, genügt die starke Vergrößerung (Abb. 218 d). Die aus dem Protoperithezium ausgewachsene Trichogyne kann man von den Nachbarhyphen mit einiger Übung durch ihren leicht geschlängelten Wuchs unterscheiden. Man sieht ferner, daß die Trichogyne an den zwar weniger zahlreichen, aber auch beim Wildstamm vorhandenen Spermogonien vorbeiwächst und auf die Spermogonien der Mutante, die den entgegengesetzten und damit passenden Kreuzungstyp besitzt, gerichtet zuwächst. Dort fusioniert sie an der Spitze mit einem der birnenförmigen Spermatien, welches seinen Kern in die Trichogyne entläßt (Abb. 218 e).

II. Demonstration der bipolaren Incompatibilität bei *Podospora*

Versuchsansatz: Je zwei mit Maisagar gefüllte Petrischalen werden in der Schalenmitte mit einem Myzelstück beimpft, das entweder einer + oder – Kultur des Wildstammes entnommen wird. Zusätzlich werden je zwei + und – Schrägagarkulturen auf Maismedium angesetzt.

Sobald die Petrischalen völlig mit Myzel bewachsen sind (bei Zimmertemperatur nach 5–7 d), gibt man in die Agarröhrchen etwa 4 ml steriles Leitungswasser und setzt dieses durch leichtes Schütteln in eine rotierende Bewegung. Auf diese Weise werden die Spermatien abgelöst. Die Spermatien-Suspension wird auf eine Petrischale gegossen, deren Myzel als weiblicher Partner dient. Zwei reziproke Spermatisierungen werden durchgeführt: + ♀ × – ♂; – ♀ × + ♂ und als Kontrollen Spermatisierungen mit dem gleichen Kreuzungstyp. Die Kulturen werden bei Zimmertemperatur und Tageslicht aufbewahrt.

Mit diesem einfachen Versuch kann man klar das Prinzip der sexuellen Unverträglichkeit demonstrieren: einer Befruchtungssperre zwischen genetisch gleichen monözischen Organismen (s. auch Abb. 4). Da nur zwei Kreuzungstypen vorhanden sind, handelt es sich um den bipolaren Mechanismus (tetrapolarer Mechanismus S. 479 f.).

Auswertung: Schon nach 3–4 Tagen sieht man, daß nur in den + × – Kombinationen Fruchtkörper entstehen, und zwar ausschließlich an den Stellen, die mit der Spermatien-Suspension bedeckt wurden (Abb. 219). Man sieht aus diesem Experiment, daß zwischen einem + und – Kreuzungstyp zwei reziproke Kreuzungen möglich sind. Daraus können wir folgern, daß die bei normalem Kontakt von + und – Myzel auf einer Petrischale entstehende Linie von Fruchtkörpern ein Gemisch dieser beiden Kreuzungen darstellt. Dagegen erfolgt keine Fruchtkörperbildung nach einer Spermatisierung mit dem gleichen Kreuzungstyp.

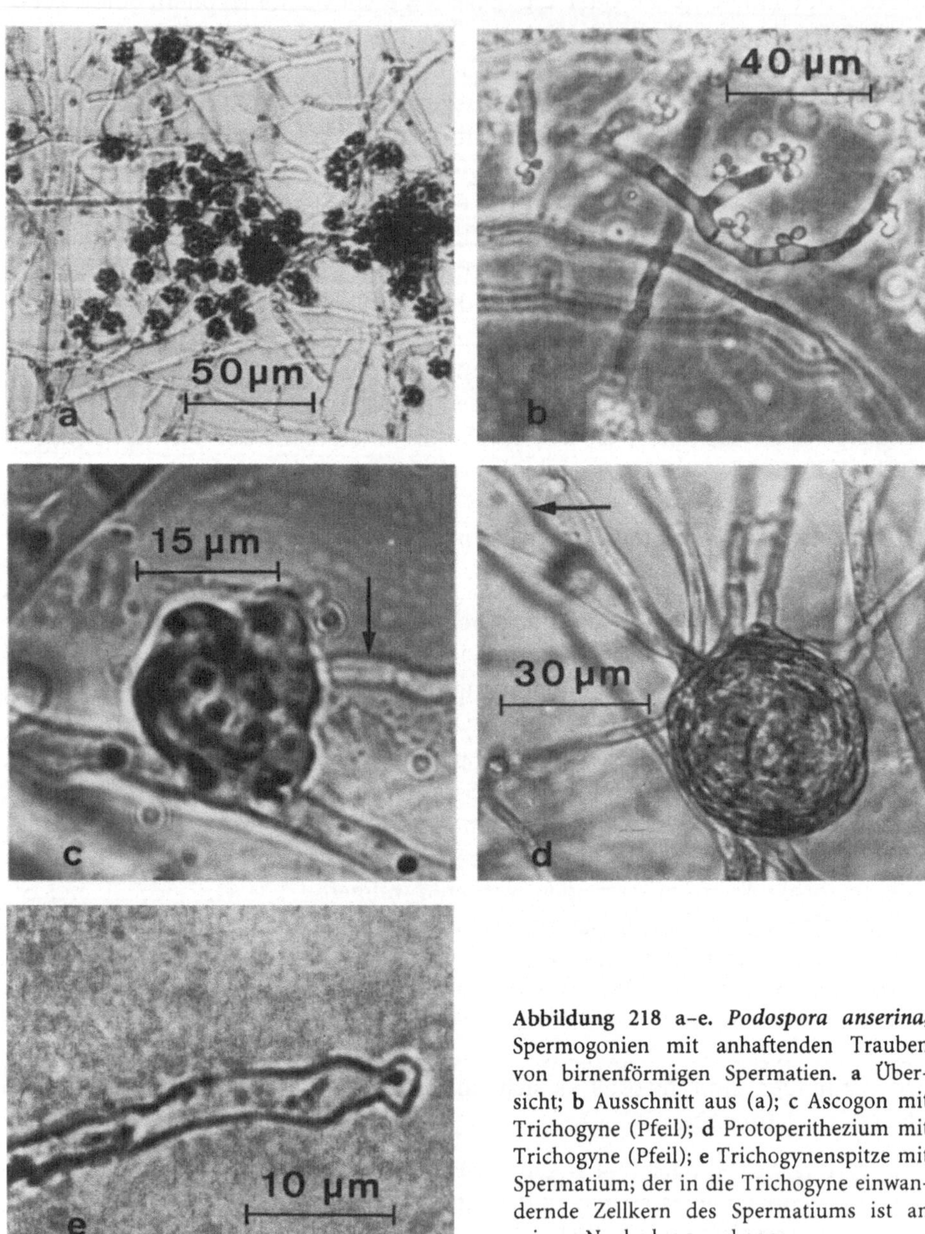

Abbildung 218 a–e. *Podospora anserina,* Spermogonien mit anhaftenden Trauben von birnenförmigen Spermatien. **a** Übersicht; **b** Ausschnitt aus (a); **c** Ascogon mit Trichogyne (Pfeil); **d** Protoperithezium mit Trichogyne (Pfeil); **e** Trichogynenspitze mit Spermatium; der in die Trichogyne einwandernde Zellkern des Spermatiums ist an seinem Nucleolus zu erkennen

Wenn wir dieses Experiment mit den Kreuzungsversuchen vergleichen, die z.B. mit *Phycomyces* durchgeführt wurden (S. 309), bei dem es ebenfalls + und – Stämme gibt, erkennt man (unter Hinzuziehung von Abb. 4) deutlich den unterschiedlichen Mechanismus. + und – Stämme von *Podospora* sind monözisch und können in zwei reziproken Kombinationen miteinander gekreuzt

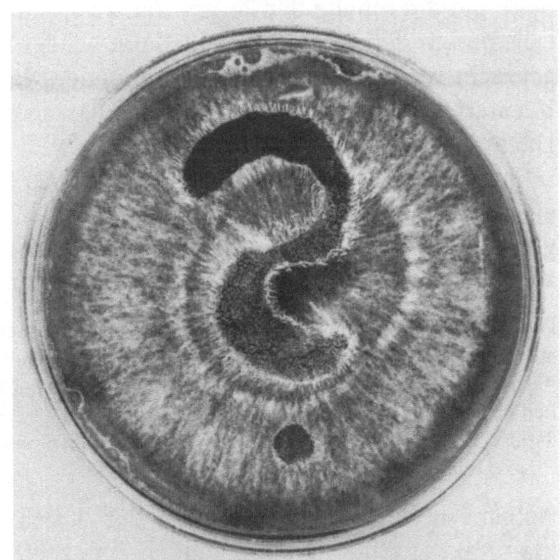

Abbildung 219. *Podospora anserina,* bipolare Incompatibilität. Selbstincompatibles Myzel, das mit Spermatien vom entgegengesetzten Kreuzungstyp belegt wurde. Perithezien (schwarze „Punkte") entstehen nur in den spermatisierten Arealen

werden; *Phycomyces*-Stämme sind physiologisch diözisch und können nur in einer Kombination sexuell miteinander reagieren. In diesem Zusammenhang muß noch einmal mit Nachdruck darauf hingewiesen werden, daß die **Existenz von zwei Kreuzungstypen keinen Schluß auf ein bestimmtes Fortpflanzungs-System** zuläßt. Dieses kann, wie oben demonstriert wurde, **nur durch ein genaues Studium der Entwicklungsgeschichte** erfolgen.

III. Ascusbildung und Entwicklung der Sporen (*Sordaria macrospora*)

Präparation: Eine mit Maisagar gefüllte Petrischale wird in der Mitte mit einem Myzelstück des Wildstammes beimpft und bei 25 °C gehalten. Nach etwa 3–4 d entstehen, von der Mitte ausgehend, die ersten Perithezien, die schon bei schwacher Vergrößerung als „dunkle Punkte" zu erkennen sind. Mit einer spitzen Pinzette werden unter dem Präpariermikroskop einige Perithezien von der Agarplatte abgehoben und für etwa 4 h in Alkohol/Eisessig (S. 23) fixiert. Dann Fruchtkörper kurz mit aqua dest. abspülen und auf Objektträger bringen. Zur Anfärbung verwenden wir eisenhaltige Karminessigsäure. Die auf S. 47 angegebene Methode wird für diesen speziellen Fall wie folgt modifiziert: Schon vor Aufbringen der Perithezien befindet sich auf dem Objektträger ein größerer Tropfen Karminessigsäure. Um bei der Färbeprozedur beim Erhitzen auf der Flamme ein Aufkochen der Karminessigsäure zu vermeiden, werden die Objektträger bei 50 °C für 5 min auf einer Wärmebank gehalten. Gegebenenfalls erneut Karminessigsäure zugeben, um ein Austrocknen der Objekte zu verhindern. Danach wird die überschüssige Karminessigsäure abgesaugt und durch leichten Druck mit der Pinzette der Perithezieninhalt herausgepreßt. Nach Entfernen der Perithezienhüllen und Auflegen eines Deckglases Quetschpräparate herstellen. Vorsicht! Schon ein ganz leichtes Andrücken genügt, um die Inhalte der Perithezien zu spreiten. Nach Umrandung mit Nagellack sind in den Präparaten, die dann wieder für 1–2 min auf die Wärmebank gebracht werden, die Zellkerne, besonders in den Haken, gut angefärbt. Die Kernfärbung wird bei längerem Liegenlassen (z.B. über Nacht) noch intensiver. Die Präparate sind einige Tage haltbar.

Zum Studium der apikalen Ascusstruktur verwendet man Perithezien, die ein höheres Reifungsstadium erreicht haben. Die Präparation erfolgt auf die gleiche Weise, nur gibt man die Asci in Lugolsche-Lösung (S. 46)und legt, ohne zu erhitzen, ein Deckglas auf, drückt an und umrandet.

Diese Quetschpräparate kann man sehr rasch ohne großen Arbeitsaufwand anfertigen. Sie haben aber den Nachteil, daß man zwar in den Präparaten nach einigem Suchen alle Phasen der Ascusentwicklung findet, aber der Zusammenhang der sukzedan sich bildenden Asci mit ascogenen Hyphen ist nicht mehr vorhanden. Um diesen zu erkennen, muß man mit dem Mikrotom Serienschnitte herstellen (s. die einschlägigen Mikrotomtechniken bei Gerlach) und diese nach Giemsa oder Feulgen anfärben (S. 47).

Aufgabe und Beobachtungen: In den Karminessigsäure-Präparaten erkennt man mit der Ölimmersion deutlich eine zentrale Region mit zahlreichen Zellkernen. Es handelt sich dabei um die Ascogonzelle und die ascogenen Hyphen, deren Unterscheidung in Quetschpräparaten leider nicht möglich ist. Dagegen kann man die verschiedenen Stadien der Hakenbildung gut erkennen (Abb. 220, s. auch Schema der Abb. 192). In den jungen Asci sind zumindest die einzelnen Stadien von Meiose und postmeiotischer Mitose zu sehen (Abb. 221 a–d). Metaphasenplatten und damit die Möglichkeit, die 7 Chromosomen zu identifizieren, findet man allerdings seltener, da dieses Teilungsstadium sehr kurz ist.

Die spätere lineare Anordnung der Sporen kommt dadurch zustande, daß die Spindeln in Meiosis I und II in Ascuslängsachse orientiert sind. In der Anaphase rücken die Kerne weit auseinander, die Spindeln „klappen zusammen" (im Schema durch Strich angedeutet, im Präparat ebenfalls erkennbar). Die Spindeln der postmeiotischen Mitose liegen fast ausschließlich schräg zur Längsachse, ohne sich gegenseitig zu überlappen. Durch diesen Verteilungsmechanismus wird sichergestellt, daß jeder Kern einen bestimmten Platz im Ascus einnimmt, der auch für die Lage der sich später entwickelnden Spore maßgeblich ist. Man kann daher bei diesen sogenannten **geordneten Tetraden** aus der Sporenlage eindeutige Rückschlüsse auf die einzelnen Meioseprodukte machen, z.B. weiß man, daß jeweils ein Sporenpaar von einem Meiosisprodukt abstammt und daß die vier Kerne einer Ascushälfte jeweils von den beiden haploiden Genomen abstammen, die durch Meiose I entstanden sind. Diese und andere hier nicht zu erwähnende Vorteile machen Organismen mit geordneten Tetraden zu einem idealen Objekt für genetische Untersuchungen. Daher wollen wir auch im nächsten Abschnitt anhand von zwei exemplarischen Kreuzungen diese Möglichkeit demonstrieren.

Die von einer Schleimhülle umgebenen Sporenwände sind zunächst weiß und durchsichtig und werden dann durch zunehmende Pigmenteinlagerung gelb, grün-grau und schließlich schwarz (Abb. 221 e). Die parallel zur Pigmentbildung ablaufenden mitotischen Teilungen des Zellkerns kann man nicht erkennen, es sei denn, daß durch das Quetschen eine Sporenwand zerstört und der Protoplast herausgedrückt wird (Abb. 221 f).

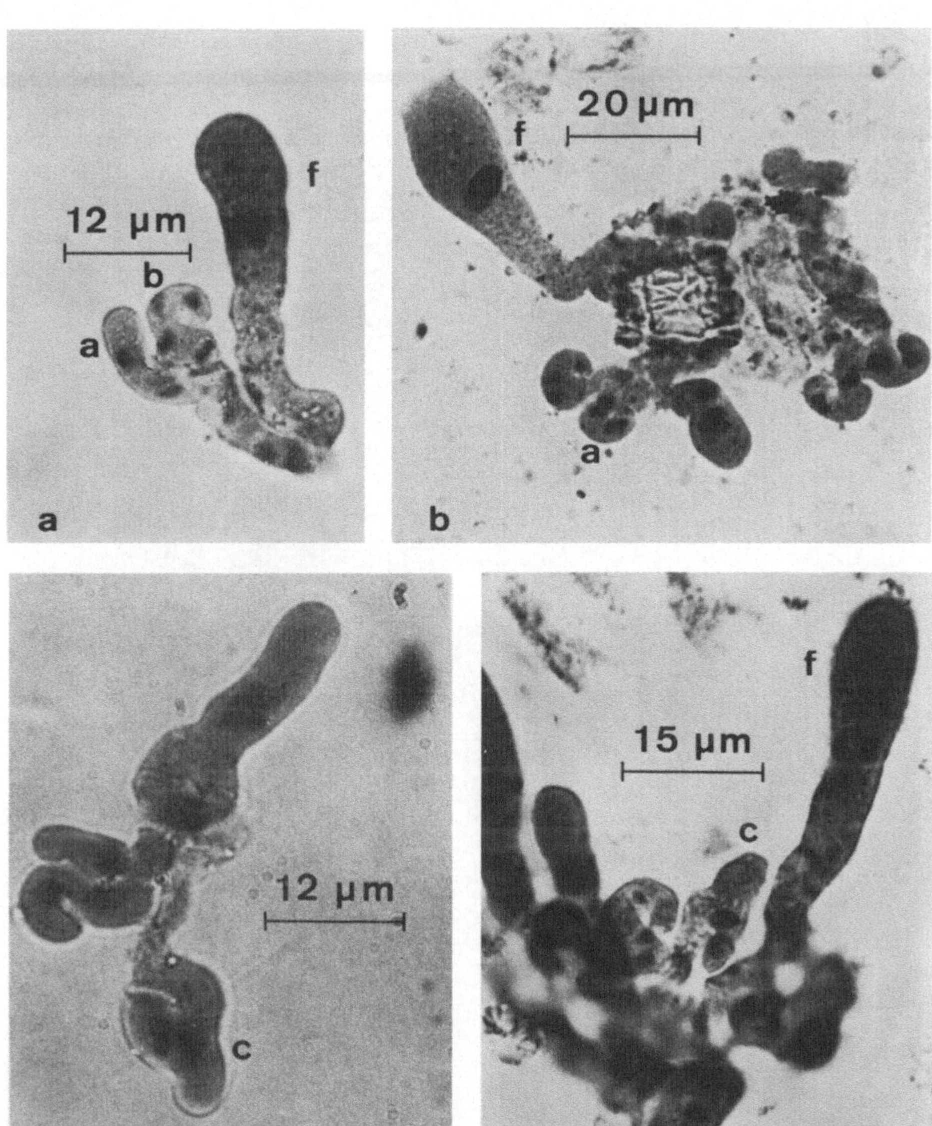

Abbildung 220. *Sordaria macrospora*, **Stadien der Hakenbildung.** Unter Zuhilfenahme des Schemas der Abb. 192 können die einzelnen Entwicklungsschritte der Hakenbildung bis zur Differenzierung der jungen Asci verfolgt werden. Als Identifizierungshilfe dienen die entsprechenden Buchstaben dieser Abbildung

Die Sporenentwicklung kann auch in den mit Jod angefärbten Präparaten studiert werden, in denen vor allem der Apikalapparat mit der inoperculaten Öffnung zu sehen ist. Der nur etwa 6–7 µm große, etwas eingesenkte Porus wird von einem durch die Scheitelpartie der Ascuswand gebildeten Wulst umschlossen (Abb. 222).

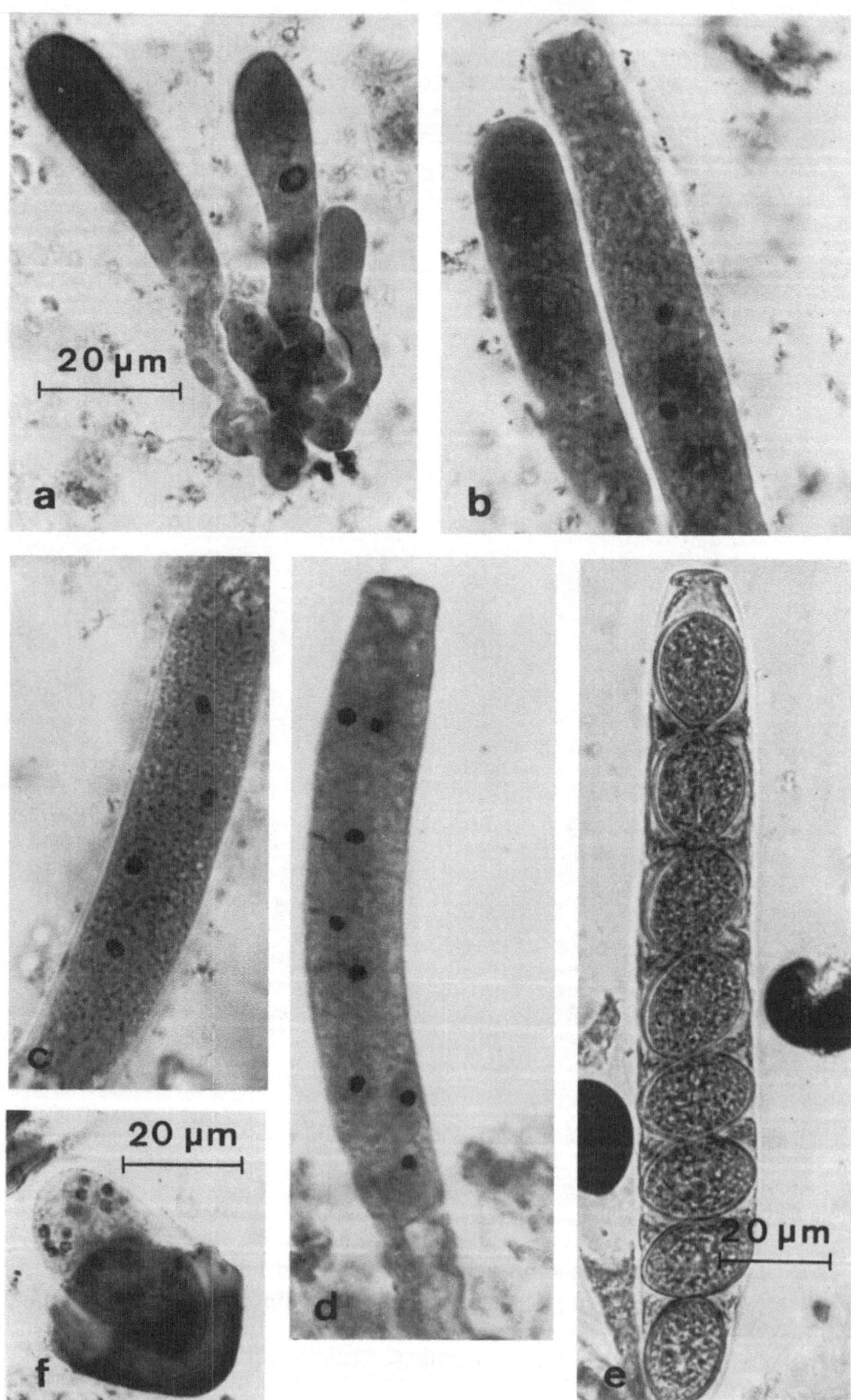

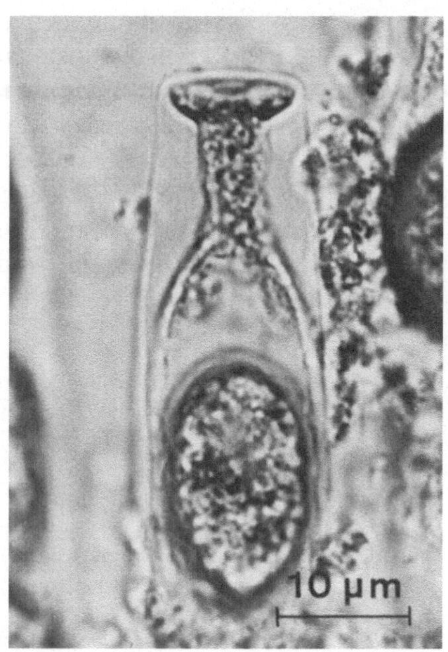

Abbildung 222. *Sordaria macrospora*. Apikalapparat eines jungen Ascus

Es bedarf schon eines erheblichen Turgors, um die wesentlich größeren Ascosporen durch die sehr enge Öffnung herauszupressen. Da die Asci sukzedan entstehen, wie deutlich in den Präparaten zu sehen ist, werden auch die Sporen nacheinander ausgeschleudert. Jeweils ein Ascus streckt sich in das Ostiolum des Peritheziums und schleudert seine Sporen bis zu 9 cm weit aus, fällt dann in sich zusammen. Diese leeren Ascuswände können in den Quetschpräparaten nicht mehr identifiziert werden.

IV. Tetradenanalyse bei *Sordaria macrospora*

Vorbemerkung. Wie schon bei der Besprechung der Grünalge *Chlamydomonas* erwähnt (S. 177), erhält man bei genetischen Analysen der Kreuzungsnachkommenschaft ein wesentlich höheres Maß an Information, wenn man die vier Produkte der Meiose erfassen kann. Dies ist natürlich nur bei Haplonten bzw. Haplo-Dikaryoten oder Haplo-Diplonten möglich, bei denen sich aus einer Tetrade von Meiosporen selbständige Organismen entwickeln. Hierzu gehören vor allem Asco- und Basidiomycetes.

Für die technische Durchführung der Tetradenanalyse eignen sich allerdings nur solche Arten, die sich leicht unter Laborbedingungen zur Fruchtkörperbildung bringen und deren Sporen sich manuell voneinander trennen lassen. (Auf die großen Unterschiede der Sporengröße haben wir schon in Abb. 178

Abbildung 221 a–f. a–e *Sordaria macrospora*, Stadien der Ascusentwicklung und Sporenbildung. a Asci mit diploidem Kern; b rechter Ascus nach der Meiose I, zwei Kerne sichtbar; c Ascus nach der Meiose II, vier Kerne sichtbar; d Ascus nach der postmeiotischen Mitose, acht Kerne sichtbar; e Ascus vor der Schwärzung der Sporenwände (Lugolfärbung, daher Kerne nicht sichtbar; f *Podospora anserina*, Protoplast einer zerdrückten Ascospore mit vielen Kernen. (Foto f: G Franke)

hingewiesen.) Diese Bedingungen erfüllt *S. macrospora* in geradezu idealer Weise: Der Entwicklungs-Zyklus dauert nur 7 d und die Ascosporen (Länge 28 µm) kann man per Hand unter dem Präpariermikroskop isolieren. Es kommt aber noch ein ganz wesentliches Moment hinzu. Bei *S. macrospora* kennt man nämlich eine Anzahl von Genen, die eine unterschiedliche Sporenfarbe bedingen. Dies hat zur Folge, daß man die Aufspaltung dieser Erbfaktoren an den reifen Sporen sehen kann. Man braucht also für Kurszwecke, wo es nicht auf eine Anzucht und weitere Analyse der F_1 ankommt, die Sporen gar nicht zu isolieren, sondern kann das Ergebnis der Aufspaltungen in Deckglaspräparaten ablesen.

Im allgemeinen ist die Durchführung von Kreuzungen bei monözischen Arten mit Schwierigkeiten verbunden, denn es ist nicht ohne weiteres möglich, die Kreuzungsperithezien von den Fruchtkörpern zu unterscheiden, die nach Selbstbefruchtung der beiden Partner gebildet werden. Diese Komplikation läßt sich auf zweierlei Weise überwinden: (1) Kreuzung von mehr oder minder sterilen Mutanten. Die nur in der Kontaktzone entstehenden Fruchtkörper sind dann das Ergebnis einer Kreuzung. (2) Markierung der beiden Kreuzungspartner durch Gene, welche die Sporenfarbe bestimmen. In den Fruchtkörpern kann man infolge der Aufspaltung der Farbsporgene die durch Kreuzung entstandenen Asci von den einheitlich gefärbten Sporen der Selbstungsasci unterscheiden.

Im folgenden werden wir von diesen beiden Möglichkeiten Gebrauch machen, denn wenn man nur Farbmarken benutzt, kann man zwar eindeutig die durch Kreuzung entstandenen Perithezien identifizieren, allerdings nur, wenn alle entstandenen Fruchtkörper geöffnet werden, und das ist eine zeitraubende Arbeit, denn die meisten sind durch Selbstung entstanden. Markiert man zusätzlich die Kreuzungspartner noch mit Sterilitätsgenen, so entfällt die Bildung von Selbstungsperithezien.

Im speziellen Fall von *Sordaria* könnte nun noch ein weiterer Einwand gegen die Durchführung von Kreuzungen erhoben werden. Wie wir bei der Besprechung der Ontogenese gesehen haben, entwickeln sich die Fruchtkörper apandrisch (S. 394), d.h. eine Befruchtung von weiblichen Geschlechtsorganen durch männlich determinierte Kerne eines Partners kommt nicht vor. Wie sollen also Kreuzungsbefruchtungen stattfinden? Dieser Einwand kann aber leicht entkräftet werden, wenn man weiß, daß dies indirekt durch vorherige Heterokaryonbildung möglich ist.

Wie bei vielen anderen höheren Pilzen entstehen nämlich in der Berührungszone von zwei Myzelien sehr häufig Anastomosen. Durch diese Zellverbindungen wandern Kerne von einem Myzel in das andere und teilen sich dort. Da diese bilaterale Kernwanderung jedoch meist vor der Ascogonbildung erfolgt, gelangen in der Kontaktzone von zwei Myzelien sehr häufig Kerne der beiden Partner in die Ascogonmutterzelle. Sie teilen sich konjugiert und kommen auf diese Weise in die ascogenen Hyphen, was dann zur Bildung hybrider Asci führt.

1. Einfaktorkreuzung

Stämme: Mutante *sterilis,* das für diese Mutation verantwortliche Gen s, blokkiert den normalen Entwicklungs-Zyklus vor der Sporenbildung, die Perithezien enthalten daher keine Asci, was nach „Aufknacken" mit einer Pinzette leicht festgestellt werden kann.

Mutante *cana,* das für diese Mutation verantwortliche Gen c hat einen pleiotropen Effekt, d.h. es blockiert den Entwicklungs-Zyklus vor der Ascogonbildung (sterile Myzelien!) und bewirkt zugleich in Kreuzungen die Ausbildung grauer Sporen.

Beide besitzen die entsprechenden Wildgene der anderen Mutanten, so daß die vollständige genetische Formel lautet: *sterilis:* $s\,c^+$ und *cana:* $s^+\,c$.

Während es sich also bei der Mutante *sterilis* um einen Stamm mit der Potenz zur Bildung schwarzer Sporen handelt, der durch die Mutation s, mit einem Sterilitätsgen „markiert" wurde, ist die Mutante *cana* eine Farbspormutante, die gleichzeitig steril ist.

Versuchsansatz: Eine Maisagarschale wird mit Myzelstücken von *s* und *c* beimpft, die einen Abstand von etwa 4–6 cm haben sollten. Kulturen bei Zimmertemperatur oder im Brutschrank bei 25 °C halten, Licht ist nicht erforderlich.

Auswertung: Nach 5–6 Tagen entstehen die ersten Fruchtkörper. In gleicher Weise, wie in Versuch III (S. 399) beschrieben, knackt man die Perithezien und kann dabei feststellen, daß alle auf dem s-Myzel vorhandenen Fruchtkörper „leer" sind und nur eine gelatinöse Masse enthalten. In der Kontaktzone dagegen findet man Perithezien, deren Asci eine Aufspaltung für graue und schwarze Sporen zeigen. Auf dem c-Myzel findet man keine Fruchtkörper. Man bringt nun ebenfalls, wie oben beschrieben, den Inhalt von 4 oder 5 fertilen Perithezien mit der Präparierfeder in einen auf einem Objektträger befindlichen Wassertropfen. Nach Auflegen des Deckglases vorsichtig andrücken, überquellendes Wasser absaugen und mit Nagellack umranden. In idealen Präparaten sieht man, daß die Asci, ausgehend von einem gelatinösen Zentrum (Ascogonzelle mit ascogenen Hyphen), strahlenartig ausgebreitet sind und daß Paraphysen fehlen (Abb. 223). Die Auswertung der Aufspaltung der Farbsporen kann schon bei schwacher bzw. mittlerer Vergrößerung erfolgen.

Bevor wir die Aufspaltung der Farbsporen interpretieren, müssen wir uns vor Augen halten, daß wir nur die Aufspaltung des Allelenpaares c^+/c betrachten. Die Aufspaltung des nur zu Markie-

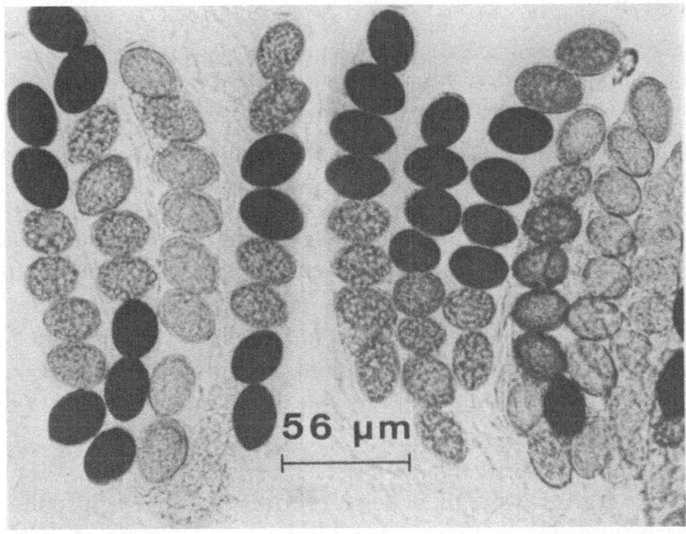

Abbildung 223. *Sordaria macrospora,* **Inhalt eines Peritheziums** (Ausschnitt). Die unterschiedliche Farbe der Ascosporen ist durch die Aufspaltung der Gene c^+ (schwarze Sporen) und c (graue Sporen) bedingt

rungszwecken benutzten Allelenpaares s^+/s, wird vernachlässigt, denn dazu müßte eine Aussaat der Sporen erfolgen.

Wir sehen, daß es im Prinzip zwei Ascustypen gibt: (1) Die Farbsporen sind gleichmäßig auf die beiden Ascushälften verteilt (4:4-Aufspaltung); (2) In jeder Ascushälfte gibt es zwei schwarze und zwei graue Sporen (2:2:2:2-Aufspaltung). Der Typ II ist dadurch bedingt, daß im Verlauf der Prophase der Meiose I zwischen dem Centromer und dem für die Farbgebung verantwortlichen Genort mindestens ein crossing over stattgefunden hat, so daß das Merkmal c^+/c postreduziert wurde. Im Typ I dagegen liegt Präreduktion vor. Da die Tetraden geordnet sind, kann man aus der Häufigkeit von Typ-II-Asci auf den Abstand Gen – Centromer schließen: Je größer die Anzahl von postreduzierten Asci ist, desto häufiger hat crossing over stattgefunden und desto größer ist demnach die Distanz Centromer – Gen.

Wir beschränken uns bewußt auf eine derart simple Interpretation dieser Kreuzung, denn die theoretischen Grundlagen für eine exakte genetische Auswertung würde den Rahmen dieses Kurses bei weitem überschreiten. Dies gilt auch für die im folgenden durchzuführende Zweifaktorkreuzung.

Arbeitsunterlagen für eine weitergehende Analyse dieser und der folgenden Kreuzungen findet man bei Esser K, Kuenen R (1967) Genetik der Pilze. Springer, Berlin Heidelberg New York

2. Zweifaktorkreuzung

Stämme: Mutante *cana* (Merkmale s. oben unter Einfaktorkreuzung); Mutante *lutea,* das für diese Mutation verantwortliche Gen *lu* blockiert die Ausbildung des schwarzen Pigmentes in den Sporen, die gelb bleiben.

Die vollständige genetische Formel der beiden Mutanten lautet demnach: *cana: c lu$^+$* und *lutea: c$^+$ lu.*

Da *lu* selbstfertil ist, kann man die Bildung von Selbstungs-Perithezien mit ausschließlich gelben Sporen durch Markierung mit *sterilis* (*s*) oder mit einem anderen Sterilitätsfaktor verhindern. Hierzu eignet sich vor allem auch das Gen *spadix* (*spd*). Diese Mutante ist völlig steril.

Versuchsansatz: Wie bei der Einfaktorkreuzung, Petrischale mit Myzelstücken von *cana* und *lutea* beimpfen.

Auswertung: Während auf der Seite von *cana* keine Fruchtkörper entstehen, enthalten die in der Kontaktzone gebildeten Perithezien Farbaufspaltungen. In den Deckglaspräparaten, die wie oben beschrieben hergestellt werden, erkennt man drei Haupttypen von Asci: (1) **Parentaltypen,** enthalten nur graue (*c lu$^+$*) und gelbe (*c$^+$ lu*) Sporen. (2) **Rekombinationstypen,** enthalten nur schwarze und weiße Sporen. Durch eine Neukombination der Gene sind Wildsporen (*c$^+$ lu$^+$*) und weiße Sporen (*c lu*), die beide Pigmentdefekte aufweisen, entstanden. (3) **Tetratypen** enthalten alle vier Sporenfarben (Abb. 224).

Auch bei dieser Kreuzung ist es möglich, genauere Auswertungen durchzuführen, wie z.B. Berechnung der beiden Genabstände vom Centromer, Feststellung, ob beide Gene gekoppelt sind. Wir wollen uns mit dem Hinweis begnügen, daß es mit dieser relativ einfachen Kreuzung möglich ist, an einem

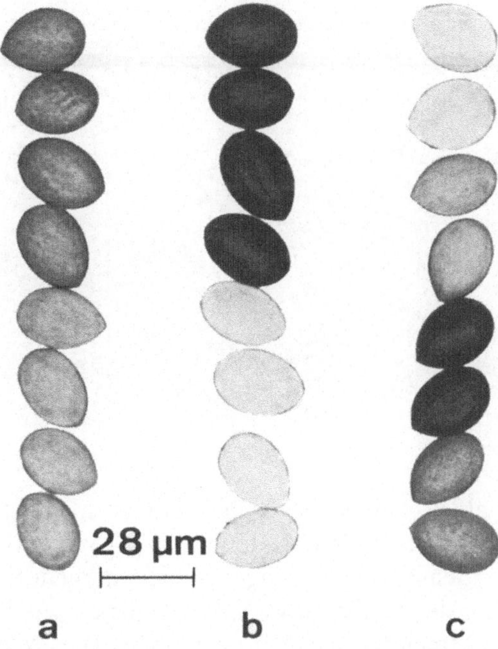

Abbildung 224 a–c. *Sordaria macrospora,* Ascustypen aus einer Zweifaktorkreuzung von Mutanten der Sporenfarbe. a Parentaltyp, gelbe und graue Sporen; b Rekombinationstyp, schwarze und weiße Sporen; c Tetratyp, alle vier Sporenfarben. (Erläuterungen s. Text aus Esser und Kuenen, verändert)

Perithezium die **Grundprinzipien der Mendelschen Gesetze von der Aufspaltung und freien Rekombinierbarkeit von Erbfaktoren zu demonstrieren.**

V. Sporenentwicklung bei viersporigen und vielsporigen Sordariaceae

Präparation und Aufgabe: Junge Perithezien von *Podospora anserina,* die aus den für Versuch I oder II gemachten Anzuchten stammen, werden entsprechend den Angaben bei Versuch III geknackt und von ihrem Inhalt Karminessigsäure-Quetschpräparate hergestellt. Die verschiedenen Stadien der Entwicklung der viersporigen Asci, insbesondere die Sporenbildung, können mit Hilfe der Ölimmersion beobachtet und gezeichnet werden.

Als Beispiel für eine der zahlreichen vielsporigen *Podospora*-Arten (S. 394) dient *P. curvicolla,* die häufig auf der Dungschale zu finden ist. Dieser monözische Pilz kann entweder von dort isoliert oder vom CBS bezogen werden. Die Sporen keimen ohne Ruhephase, und auf Maisagar entstehen die Perithezien nach 2–3 Wochen bei Zimmertemperatur und Tageslicht. Deckglaspräparate von reifen Perithezien, wie für *Sordaria* beschrieben, herstellen.

Beobachtungen: Die Bildung vielsporiger Asci, die als Abweichungen vom achtsporigen „Standardtyp" angesehen werden können, ist leicht zu verstehen, wenn man weiß, daß die Kernteilungen im Ascus mit der postmeiotischen Mitose nicht abgeschlossen sind (S. 391). Während bei *Neurospora crassa* und *Sordaria macrospora* die Sporenbildung unmittelbar nach der postmeiotischen Mitose einsetzt, wird diese bei den vielsporigen Arten hinausgeschoben. Die

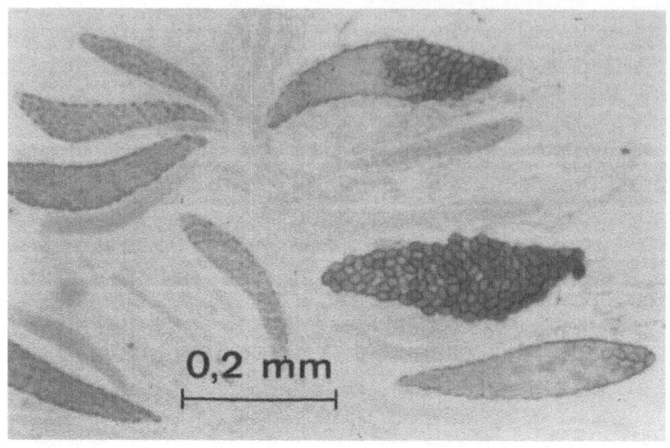

Abbildung 225. *Podospora curvicolla*, Asci mit verschiedenen Stadien der Sporenreife. Jeder Ascus enthält 128 Sporen

zahlreichen Mitosen, die bei den achtsporigen Arten parallel zur Sporenreifung ablaufen, finden bei den vielsporigen vor der Sporenbildung statt (Abb. 225).

Schwieriger ist dagegen die Ontogenese der viersporigen Asci zu verstehen, bei denen die Sporenbildung genau wie bei den achtsporigen Asci nach der postmeiotischen Mitose eintritt. Die Wandbildung erfolgt nicht jeweils um einen, sondern um zwei benachbarte Kerne. Die Cytologie dieses Vorganges wird verständlich, wenn zusammen mit den Präparaten die schematische Darstellung von Abb. 216 betrachtet wird.

Die Spindellage bei den drei Kernteilungen ist entsprechend wie bei den achtsporigen Arten. Jedoch liegen nach der postmeiotischen Mitose die sich teilenden Kerne näher beisammen (Abb. 226 a). Dies führt dazu, daß um jeweils zwei Nicht-Schwesterkerne der postmeiotischen Mitose sich eine Sporenwand bildet. Die zunächst kegelförmigen Sporen (Abb. 226 b) runden sich bei der Reife unter Abschnürung eines basalen gelatinösen Appendix zu einem Rotations-Ellipsoid ab (Abb. 226 c). Beide, der Appendix (daher Podospora!) und die apikale Sporenseite, tragen Schleimfortsätze, die für den Zusammenhalt der Sporen auch im reifen Ascus verantwortlich sind. Wenn zufällig die Spindeln der dritten Kernteilung nicht genau parallel liegen und dadurch die Kerne voneinander weiter entfernt sind als üblich, können auch einkernige Sporen entstehen, die meist paarweise auftreten (Abb. 226 d).

Abschließend bleibt noch eine Besonderheit von *Podospora* zu erwähnen, die für die Handhabung dieses Objektes im Kurs wichtig ist. Obwohl *Podospora* wie *Neurospora* monözisch und incompatibel ist, entstehen an den meisten Myzelien, die aus den normalen zweikernigen Sporen stammen, Fruchtkörper. Dies liegt daran, daß diese Sporen, für die den Kreuzungstyp bestimmenden Gene, heterokaryotisch sind. Das Allelenpaar +/– wird nämlich in der Meiose I, da es am Ende eines Chromosomenarms lokalisiert ist, fast ausschließlich postreduziert. Da die beiden Kerne einer Spore, wie oben dargelegt, Nicht-Schwesternkerne sind, gelangen demnach ein + und – Kern in eine Spore, die dadurch heterokaryotisch wird. Einspormyzelien sind also in Wirklichkeit Heterokaryen, die „pseudocompatibel" sind.

⁻ Diesen für Anfänger komplizierten Modus der Sporenbildung kann man sich anhand der Abb. 223 verdeutlichen, wenn man annimmt, daß bei einem postreduzierten Ascus (Typ II) nicht etwa die beiden „schwarzen" oder die beiden „grauen" Kerne zusammen eine Spore bilden, sondern

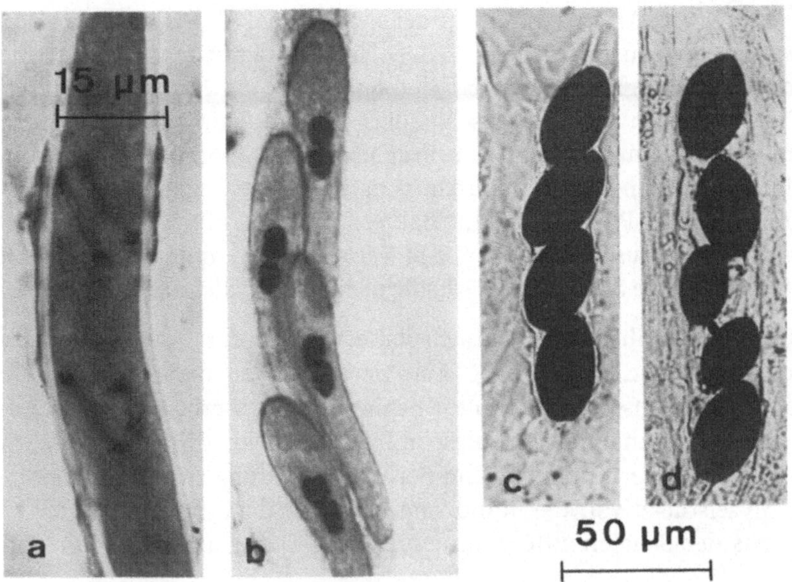

Abbildung 226 a–d. *Podospora anserina*, verschiedene Stadien der Ascusentwicklung und Sporenbildung. **a** Kernteilungen und Spindellage vor der Sporenbildung; **b** zweikernige Sporen, unreif; **c** normaler Ascus mit vier zweikernigen Sporen; **d** „anormaler" Ascus mit drei zwei- und zwei einkernigen Sporen

stets ein „schwarzer" mit einem „grauen" Kern zusammengeht. Etwa 1–2% aller Asci bilden jedoch auch einkernige Sporen, die durch ihre geringere Größe leicht von den zweikernigen zu unterscheiden sind (Abb. 226 d). Diese Sporen tragen entweder nur den Kreuzungstyp + oder – und keimen zu incompatiblen Myzelien aus. Wenn wir also bei der Materialbeschreibung von *Podospora* von + und – Stämmen gesprochen haben, so handelt es sich dabei um Stämme aus einkernigen Sporen.

Familie: Melanosporaceae

Merkmale: Das wesentliche Charakteristikum der **einzeln stehenden Perithezien** ist der **dichte Besatz** mit verzweigten oder unverzeigten, teils eingerollten **Haaren** (Abb. 227 c). Die kugeligen oder mit einem schnabelförmigen Hals (ähnlich wie bei *Ceratocystis,* Abb. 200) ausgestatteten Fruchtkörper besitzen ein Ostiolum. Da die Ascuswände sich frühzeitig auflösen, werden die **Sporen** nicht ausgeschleudert, sondern säulenartig **durch das Ostiolum herausgepreßt.**

Die meisten der Arten sind selbstfertil, nur wenige incompatibel. Da nicht alle Formen Konidien bilden, ist der Entwicklungs-Zyklus im Vergleich zu *Neurospora* vereinfacht.

Die wirtschaftliche Bedeutung der Melanosporaceae beruht auf ihrer Fähigkeit, Zellulose abzubauen (extrem hohe Produktion von Zellulase). Sie wachsen als Saprophyten auf zellulosereichen Produkten, wie Holz, Papier, Stoffen, aber auch Herbivorendung (Stroh!), und verursachen vor allem in heißen Regionen mit großer Luftfeuchtigkeit beträchtliche Schäden. Von den drei Gattungen ist *Chaetomium* mit über 80 Arten als Erreger der „Moderfäule" des Holzes, zusammen mit den zu den Basidiomycetes gehörenden Weiß- und Braunfäulepilzen (S. 444f.) für den Abbau von Holz in der Natur verantwortlich.

Material: *Chaetomium*-Arten können auf der Dungschale (S. 312) leicht an den kugelrunden Perithezien mit den typischen Haaren identifiziert werden. Sie entstehen dort etwa zu gleicher Zeit mit den *Sordaria*- und *Podospora*-Fruchtkörpern. Da die Sporen nicht ausgeschleudert werden, kann man nur Reinkulturen anlegen, wenn man mit der Präparierfeder Sporenabstriche vom Ostiolum der Perithezien macht. Dadurch ist natürlich die Gefahr einer Verunreinigung mit anderen Pilzen oder mit Bakterien sehr groß. Man verwendet daher besser Stämme aus Mykotheken, z.B. werden neben anderen Arten von CBS und DSM zahlreiche Stämme der selbstfertilen Art *C. globosum* angeboten.

Präparation und Aufgabe: Eine Maisagarplatte wird in der Mitte mit einem Myzelstück beimpft und bei 23–25 °C kultiviert; Licht ist nicht erforderlich. Schon etwa 1 d nach Ansetzen der Kultur beginnt man bei mittlerer Vergrößerung mit der Beobachtung und setzt diese in Intervallen von etwa 12 h fort. Um die einzelnen Stadien der Konidien- und Perithezienbildung zu verfolgen, werden kleine Myzelstücke von der Randzone bzw., sobald Protoperithezien zu sehen sind, aus der Schalenmitte entnommen und Deckglaspräparate hergestellt.

Beobachtungen: An den sehr rasch wachsenden Myzelien (0,3–0,4 cm/d) findet man schon nach 2 d zahlreiche Konidiophoren, an deren einzelligen Phialiden die Konidien kettenartig abgeschnürt werden. Der Zusammenhalt der Konidiosporen ist allerdings sehr gering, so daß man auch in Trockenpräparaten nur wenige Sporen an einem Träger erkennen kann (Abb. 227 a). Die Beobachtung der Fruchtkörperbildung beschränkt sich hauptsächlich auf Protoperithezien (ohne typischen Haarbesatz) (Abb. 227 b) und auf die reifen Perithezien mit den säulenartig anhaftenden schwarzen Ascosporen (Abb. 227 c, d). Bei starker Vergrößerung sieht man, daß die Haare von *C. globosum* unverzweigt sind.

Familie: Hypocreaceae

Merkmale: Die meist rötlich gefärbten **Perithezien** sind **vielfach in rosa- oder orangefarbene Stromata eingelassen,** die mit dem speziellen Namen **Sporodochium** bezeichnet werden. In den Hymenien bilden sich selten Paraphysen, aber regelmäßig Periphysen. Die inoperculaten Asci enthalten acht längliche oder zweizellige Ascosporen, die ausgeschleudert werden. Der BefruchtungsModus ist bei den meisten Formen nicht genau bekannt, desgleichen kennt man nur wenige Arten, bei denen die Monözie durch Incompatibilität überlagert wird (z.B. bei *Gibberella*). Die vegetative Fortpflanzung erfolgt durch Konidiosporen, die meist vor der Perithezienbildung an den Stromata entstehen. Manche Formen bilden einzellige Mikrokonidien, aber auch mehrzellige sichelförmige Makrokonidien.

Neben **Saprophyten** gibt es bei den 614 Arten (21 Gattungen) der Hypocreaceae auch einige **Pflanzenparasiten,** von denen die Gattung *Nectria* die bedeutsamste ist. Einige *Nectria*-Arten sind die Erreger von Pflanzenkrebs. Die Infektion durch auskeimende Sporen erfolgt meist erst nach Verletzungen in der Rinde junger Pflanzenteile. Das Myzel breitet sich im Grünholz aus, bringt die Rinde durch Austrocknung zum Absterben und führt zur Bildung von krebsartig wuchernden Gallen (Abb. 228). Weit verbreitet sind *N. cinnabarina* (vorwiegend auf *Acer* und anderen Waldbäumen) und *N. galligena* (vorwiegend auf Obstbäumen).

Vertreter der Gattung *Gibberella* parasitieren auf den Fruchtständen von Gramineen. *G. fujikuroi* (syn. der imperfekten Form: *Fusarium moniliforme*) hat als Produzent des bekannten Wuchsstoffes Gibberellinsäure eine praktische Bedeutung für die Grundlagenforschung. Auf Grund ihrer typischen Konidien können weitere Form-Gattungen der imperfekten Pilze hier eingeordnet werden: *Cephalosporium* (syn. *Acremonium*, Produzent des Antibiotikums Cephalosporin), *Cylindrocarpon, Verticillium*.

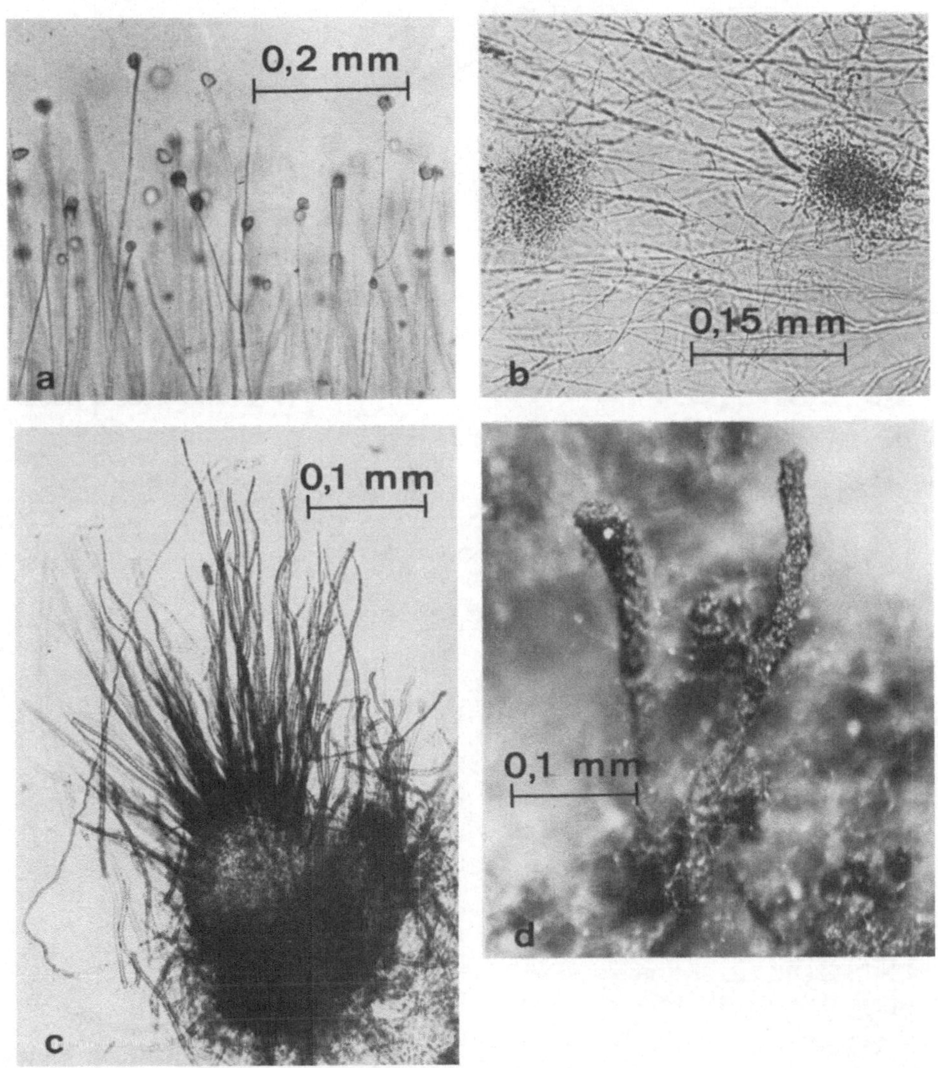

Abbildung 227 a–d. *Chaetonium globosum.* a Konidienträger mit Konidiosporen; b Protoperithezium; c Perithezium mit „Haarbesatz"; d reife Perithezien mit Ascosporen, die säulenartig herausgepreßt werden

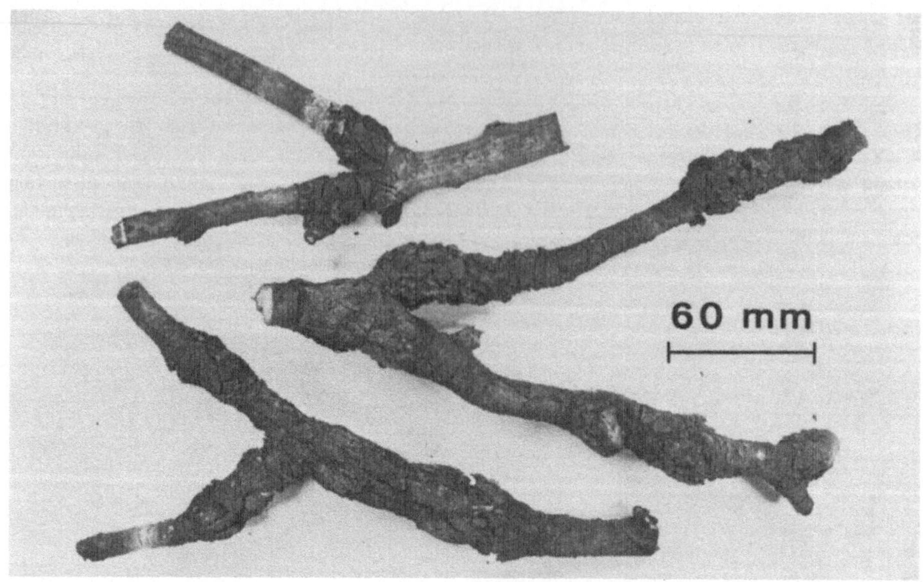

Abbildung 228. *Nectria galligena*, Krebsbildung auf Obstbaumzweigen

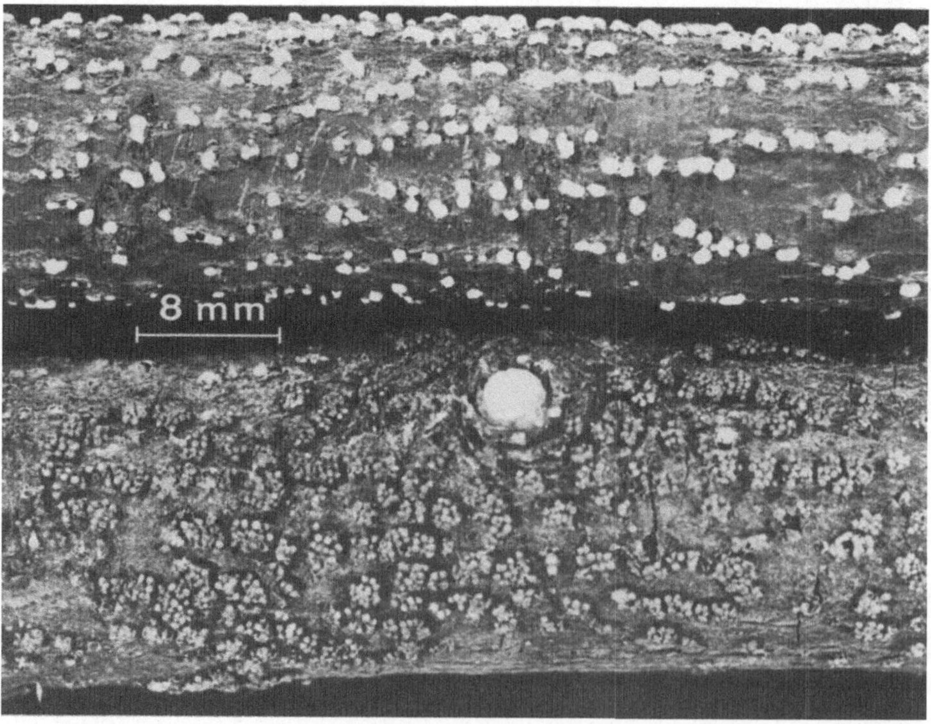

Abbildung 229. *Nectria cinnabarina.* Stroma mit Konidien (oben) und Perithezien (unten) auf der Borke von *Acer*

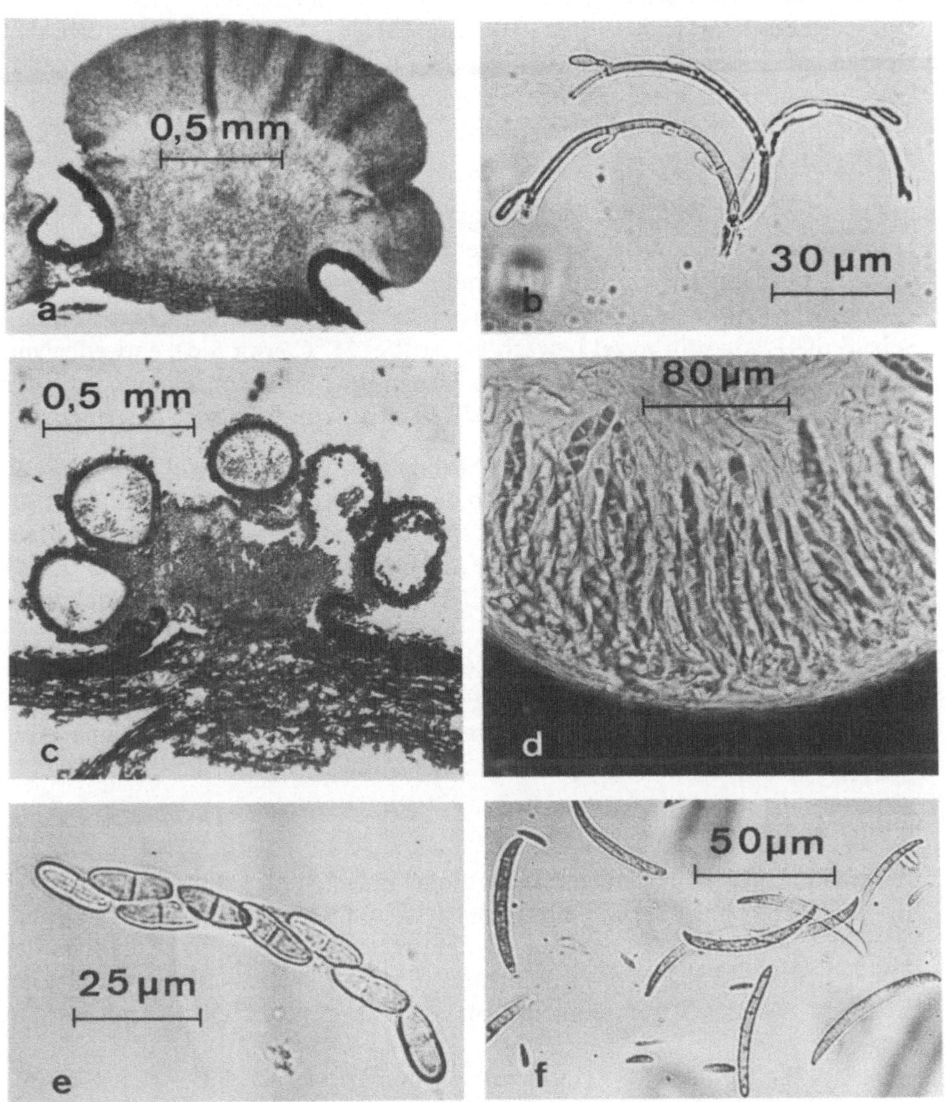

Abbildung 230 a–f. a–e *Nectria cinnabarina,* **Längsschnitte durch Stromata. a** Übersicht mit Konidienlager; **b** Ausschnitt mit Konidiosporen; **c** Übersicht mit Perithezien; **d** Ausschnitt, Perithezium mit Asci; **e** Ascus mit zweizelligen Sporen. **f** *Fusarium solani, Mikro-* und Makrokonidie

Material: Die Stromata der *Nectria*-Arten entstehen im Frühjahr als kleine, weiße bis rosa, wenige Millimeter große Pusteln, nachdem das Myzel die Rinde der befallenen jungen Äste durchbrochen hat. Erst im Spätsommer und Herbst werden sie von der Basis her von den rötlichen Perithezien umwachsen (Abb. 229).

Holzstücke mit Stromata können entweder fixiert oder im Exsikkator aufbewahrt werden. Die meisten Arten kann man auch vom CBS oder DSM beziehen. Sie können auf stärkehaltigen Medien bei Temperaturen von 10–18 °C bei tagesperiodischem Licht-Dunkel-Wechsel zur Fruchtkörperbildung gebracht werden. Da es uns aber hauptsächlich darauf ankommt, diese Pflanzenschädlinge zu diagnostizieren, erscheint es wenig zweckmäßig, hier mit Laboratoriumskulturen zu arbeiten. Myzelien von *Gibberella* (syn. *Fusarium*) bei CBS oder DSM.

Präparation und Aufgabe: Von Längsschnitten durch Stromata jeweils das Stadium der Konidien- bzw. Perithezienbildung in der Übersicht und bei starker Vergrößerung Ausschnitte mit Konidiophoren bzw. Asci zeichnen.

Von *Gibberella* bzw. *Fusarium* Petrischalenkulturen auf Maisagar anlegen. Sobald die Platte mit Myzel bewachsen ist (bei 25 °C etwa 5 d), entweder von Myzelabschwemmungen (= Konidien-Suspension) oder von kleinen, mit der Präparierfeder ausgestochenen Myzelstücken Deckglaspräparate anfertigen.

Beobachtungen: Die weißen jungen Stromata sind gestielt und ihre gesamte Oberfläche ist hymeniumartig von Konidiophoren bedeckt (Abb. 230 a). Dies sind Hyphen, die seitlich an kurzen Phialiden sukzedan längliche Konidien abschnüren (Abb. 230 b). Bei anderen Arten (z.B. *Fusarium solani*, Abb. 230 f) gibt es neben diesen Mikrokonidien auch mehrzellige sichelförmige Makrokonidien.

In den reifen Stromata fehlen die Konidien. Ihre Oberfläche ist bedeckt von den eingesenkten Perithezien, deren Peridien sich deutlich gegen das Stroma abheben (Abb. 230 c, d). Die Asci der meisten *Nectria*-Arten haben keinen Apikalapparat, die zweizelligen Sporen sind meist linear angeordnet (Abb. 230 e).

Ordnung: Xylariales

Merkmale: Die **Perithezien** sind **in Stromata eingebettet.** Diese kugeligen oder hirschgeweihförmig verzweigten, meist schwarzen „Sammelfruchtkörper" erreichen eine Größe von mehreren Zentimetern (Abb. 231). Der Porus der inoperculaten Asci ist von ringförmigen, polysaccharidhaltigen Strukturen umgeben. Die einzelligen, bohnenförmigen (inaequilateralen) Sporen werden ausgeschleudert.

Die in der Familie der Xylariaceae zusammengefaßten 595 Arten (46 Gattungen) der Xyalariales sind vorwiegend Saprophyten auf Borke oder Holz. Die einzelnen Gattungen und Arten, deren systematische Klassifizierung sich nach dem Habitus der Stromata, der Struktur des Apikalapparates der Asci und der Form der Sporen richtet, besitzen vielfach eine Spezifität für bestimmte Holzarten.

Befruchtungs-Modus und Fortpflanzungs-Systeme sind bei dieser Familie nur selten untersucht worden. Man nimmt an, daß die Befruchtung dieser Monözisten durch Anisogametangiogamie eingeleitet wird. Incompatibilität wurde bisher nicht beschrieben, so daß auch hier eine Vereinfachung des Zyklus der Leitart *Neurospora* (Abb. 216) gegeben ist. Die vegetative Fortpflanzung erfolgt durch Konidiosporen, die entweder an jungen Stromata vor der

Reifung der Perithezien oder bei den verzweigten Stromata an den apikalen Teilen gleichzeitig mit der Ausbildung der Ascosporen entstehen.

Material: Die einzelnen Arten der Gattungen *Xylaria, Hypoxylon* und *Daldinia* (alle CBS) findet man sehr häufig auf Baumstümpfen, totem Holz (abgefallenen Zweigen, Holzstapeln etc.). Die Konidienbildung setzt an den zunächst noch hellen jungen Fruchtkörpern schon im Frühjahr ein. Bei trockenem Wetter sind die gesamte Oberfläche oder auch nur die apikalen Teile staubartig mit Konidien bedeckt. Perithezien entstehen im Sommer und Herbst jedoch nur in den dunklen Teilen der Stromata und können makroskopisch als kleine nadelförmige Punkte an ihren über die Stromaoberfläche herausragenden Hälsen erkannt werden.

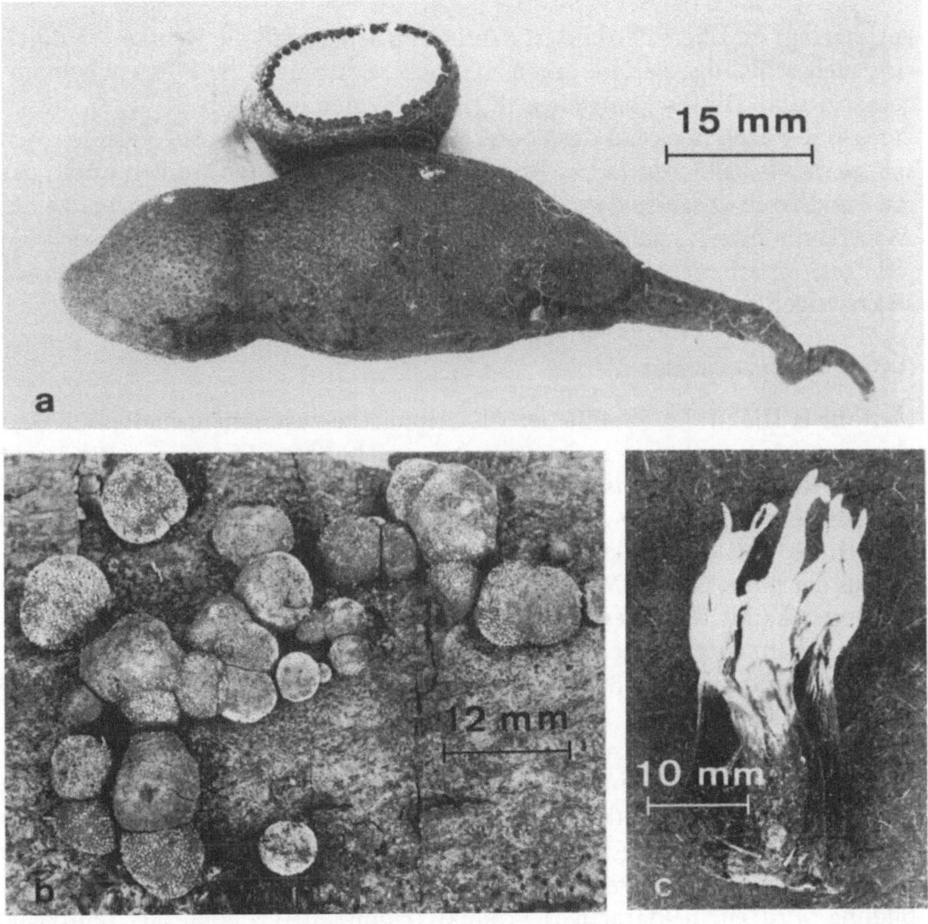

Abbildung 231 a–c. Stromata von Xylariaceae. a *Xylaria polymorpha,* oben Stroma aufgeschnitten, mit Perithezien in der Peridie; **b** *Hypoxylon* **spec.,** Stroma mit Perithezien; **c** *Xylaria hypoxylon,* Stroma mit Konidien (weiße Spitzen)

Die Stromata können in Alkohol-Formol jahrelang aufbewahrt werden, allerdings gehen auf diese Weise die Konidien meist verloren. Will man diese erhalten, so ist es zweckmäßig, Fruchtkörper bei trockenem Wetter zu sammeln und im Exsikkator aufzubewahren.

Präparation und Aufgabe: Handschnitte durch die konidienbildende Region zunächst als Trockenpräparate beobachten und dann vorsichtig Wasser zugeben. Bei Handschnitten durch die perithezientragende Zone der Stromata ist darauf zu achten, daß der Schnitt genau durch die Ostiolum-Region gelegt wird. Zur Anfärbung des Apikalapparates bei den Deckglaspräparaten als Einschlußmittel Lugolsche-Lösung nehmen.

Beobachtungen:

Konidienbildung: Die Konidiophoren der kugeligen oder auch länglichen Konidiosporen entstehen einzeln oder zu mehreren an unverzweigten oder verzweigten Traghyphen (Abb. 232 a, b).

Perithezien: Im Übersichtsbild ist deutlich zu sehen, daß die Perithezien durch eine mehrschichtige Peridie gegen das lockere stromatische Plektenchym abgegrenzt sind. Die Asci entstehen in einem Hymenium (Abb. 229 c, e), dessen Paraphysen auch noch bei der Sporenreife erhalten bleiben. Sie entleeren sich sukzedan wie bei *Sordaria* beschrieben (S. 403), die Sporen werden durch das mit Periphysen ausgekleidete Ostiolum herausgeschleudert. An der Spitze der Asci erkennt man je nach Art ein bis mehrere Polysaccharid-Ringe, die sich mit Jod blau anfärben (Abb. 232 d). Die inaequilateralen Sporen haben einen strichartigen Keimporus.

Ordnung: Clavicipitales

Merkmale: Die in der Familie der Clavicipitaceae zusammengefaßten 27 Gattungen (237 Arten) sind **meist Parasiten** auf höheren Pflanzen, seltener auf Pilzfruchtkörpern oder Insekten. Ihre **Perithezien sind in Stromata** eingesenkt. Die Asci entstehen ohne Paraphysen in Hymenien. Die **fädigen Ascosporen** können bei der Reife in keimfähige Einzelzellen zerfallen. Der Befruchtungs-Modus der monözischen Myzelien ist Anisogametangiogamie; Incompatibilität ist nicht bekannt. Die vegetative Fortpflanzung erfolgt durch Konidiosporen.

Der bekannteste Vertreter ist *Claviceps purpurea*, der Erreger des Mutterkorns bei Gramineen (z.B. Roggen), dessen Entwicklungs-Zyklus in Abb. 233 dargestellt ist.

Die fädigen Ascosporen (1) werden im Frühjahr vom Wind verbreitet. Gelangen sie in die Blüte einer Graminee, so keimen sie aus und infizieren mit ihren Hyphen den Fruchtknoten (2, 3). Nach Zerstörung des Fruchtknotengewebes bildet sich auf dessen Oberfläche ein weißes lockeres Myzel, an dem zahlreiche Konidien entstehen (4, 5 und Abb. 234 e). Im Verlauf der Konidienbildung wird ein nektarartiges Produkt (Honigtau) gebildet, das zahlreiche Insekten anlockt, welche dann die Konidien auf nicht infizierte Blüten übertragen.

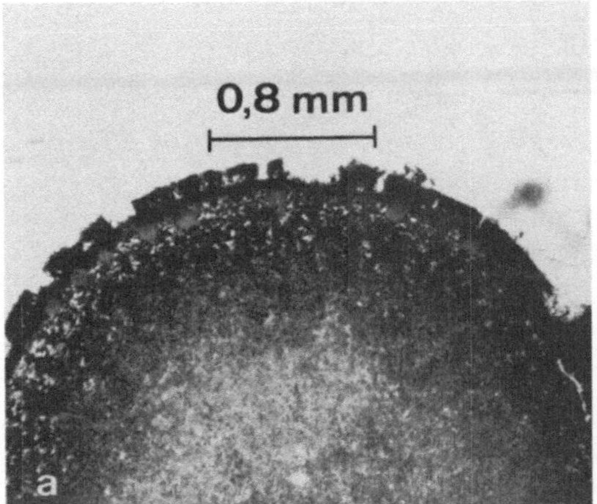

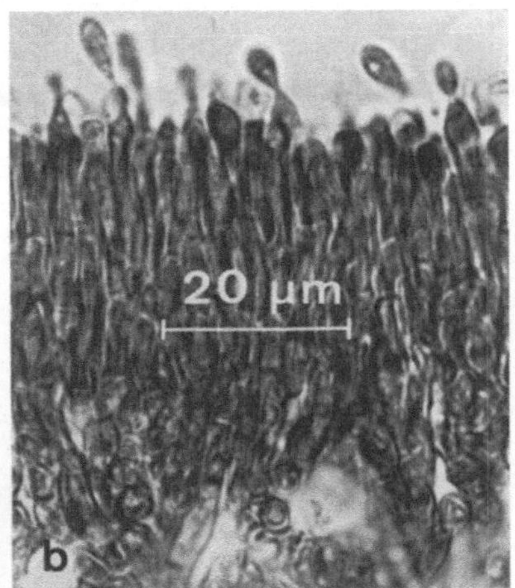

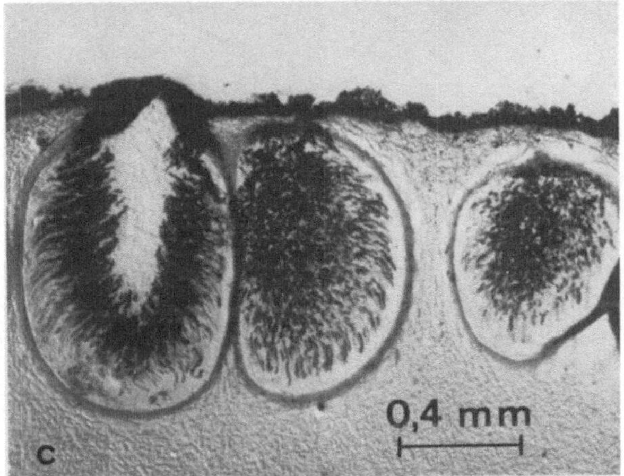

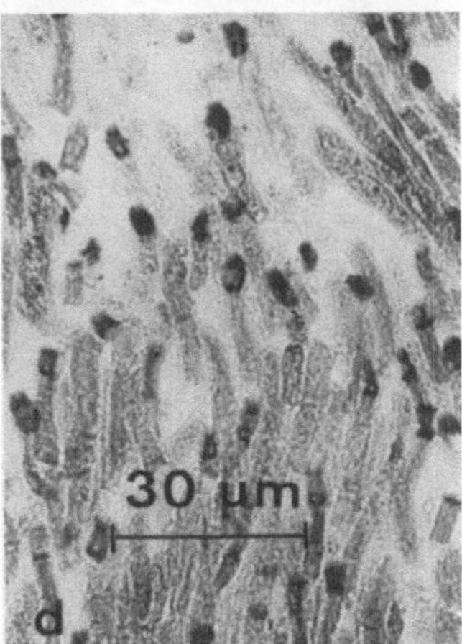

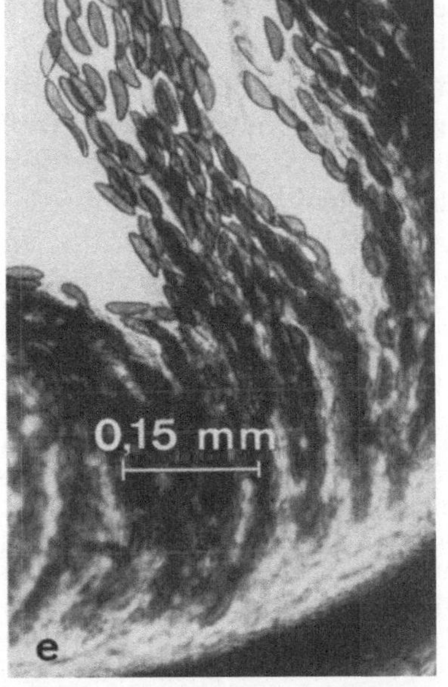

Abbildung 232. *Hypoxylon* **spec. a** Querschnitt durch junges Stroma mit Lagern von Konidiosporen; **b** Ausschnitt aus (a), Konidiosporen; **c** Ausschnitt aus einem Querschnitt durch ein älteres Stroma mit Perithezien; **d** und **e** Ausschnitte aus (c); **d** junge Asci nach Anfärbung mit Lugolscher Lösung; die Amyloidringe erscheinen im Bild schwarz; **e** reife Asci

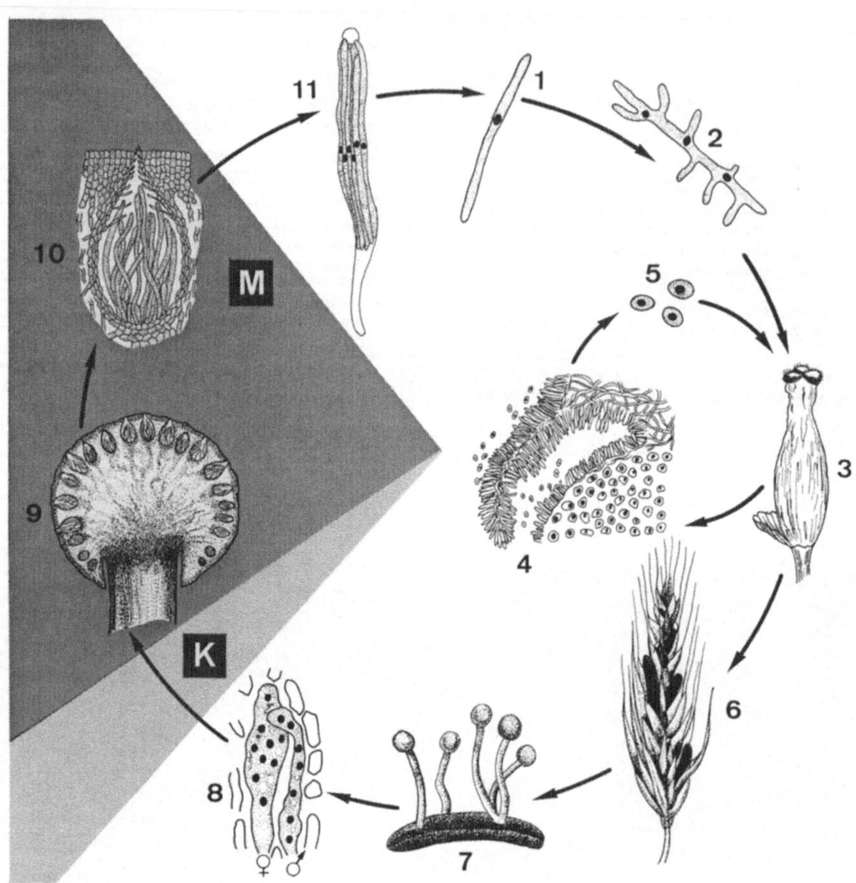

Parallel zur Fruchtbildung der nicht infizierten Blüten verfestigt sich das Myzel zu einem zunächst rötlichen, später schwarzen Sklerotium (= Mutterkorn), das die Stelle des Roggenkorns einnimmt, dieses aber an Größe um ein Mehrfaches übertrifft (6). Die Sklerotien überwintern im Boden und „keimen" im nächsten Frühjahr mit mehreren 1–2 cm langen, gestielten, köpfchenartigen Stromata aus (7). Dicht unter der Oberfläche der Köpfchen bilden sich die Geschlechtsorgane, aus denen nach der Befruchtung die eingesenkten Perithezien entstehen (8, 9, 10). Die Asci werden nach der Reife aktiv durch das Ostiolum ausgeschleudert (11).

Die wirtschaftliche Bedeutung von *Claviceps* liegt nicht nur in seiner Eigenschaft als Getreideschädling, sondern vor allem darin, daß in den Sklerotien Alkaloide gebildet werden.

Die Mutterkorn-Alkaloide beschleunigen die peristaltische Bewegung des Darmes. Da sie auch im Uterus krampfartige Zustände auslösen, wurden sie früher zur Beschleunigung der Geburt, aber auch als Abtreibungsmittel verwendet. Wenn sie vermischt mit dem Roggen ins Brot geraten, können sie ernste, oft zum Tode führende Vergiftungserscheinungen auslösen. Diese als Ergotismus, Kribbelkrankheit, Kornstaupe oder St. Antoniusfeuer benannten Erkrankungen waren in früheren Jahrhunderten, ehe die Bedeutung des Mutterkorns erkannt wurde, weit verbreitet. Da

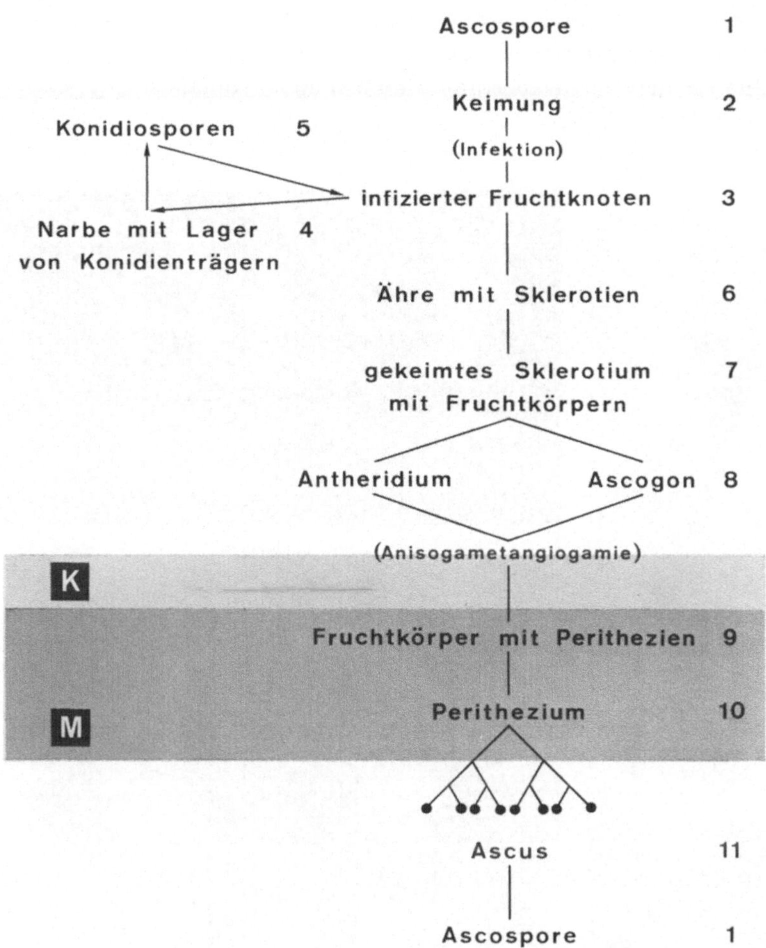

Abbildung 233. Entwicklungs-Zyklus von *Claviceps purpurea,* Haplo-Dikaryot mit vegetativer Fortpflanzung durch Aplanosporen. Befruchtungs-Modus: Anisogametangiogamie; Fortpflanzungs-System: Monözie. (Nach Walter und Alexopoulos, verändert)

die Mutterkornalkaloide und ihre Abkömmlinge in der Medizin verwendet werden, gibt es neben einem kommerziellen Anbau des Mutterkorns auf Getreidefeldern auch eine industrielle Produktion von Alkaloiden des Mutterkorns in Fermentern.

Die Vertreter der Gattung *Epichloe* schmarotzen ebenfalls auf Gräsern. Sie bilden auf den Grashalmen mehrere cm lange Überzüge, auf denen zunächst Konidien entstehen und die sich danach zu Sklerotien verfestigen. Die *Cordiceps*-Arten parasitieren entweder auf Insekten oder auf den Fruchtkörpern von höheren Pilzen (z.B. *Elaphomyces*).

Material: Da auf Grund der regelmäßigen Anwendung von Pflanzenschutzmitteln die Mutterkornbildung beim Roggen seltener geworden ist (Abb. 234 a), findet man die Sklerotien der *Claviceps*-Arten heute vorwiegend auf Gräsern am Straßenrand. Falls diese nicht zur Verfügung stehen, können auch *Epichloe*-Arten verwendet werden. Man kann zwar die Myzelien von *Claviceps* vom CBS beziehen, da aber bisher in Laboratoriumskulturen keine Auslösung der Sklerotienbildung gelang, ist man auf das Suchen von Mutterkorn angewiesen. Man sollte daher für den Kurs Dauerpräparate von den Stromata anfertigen.

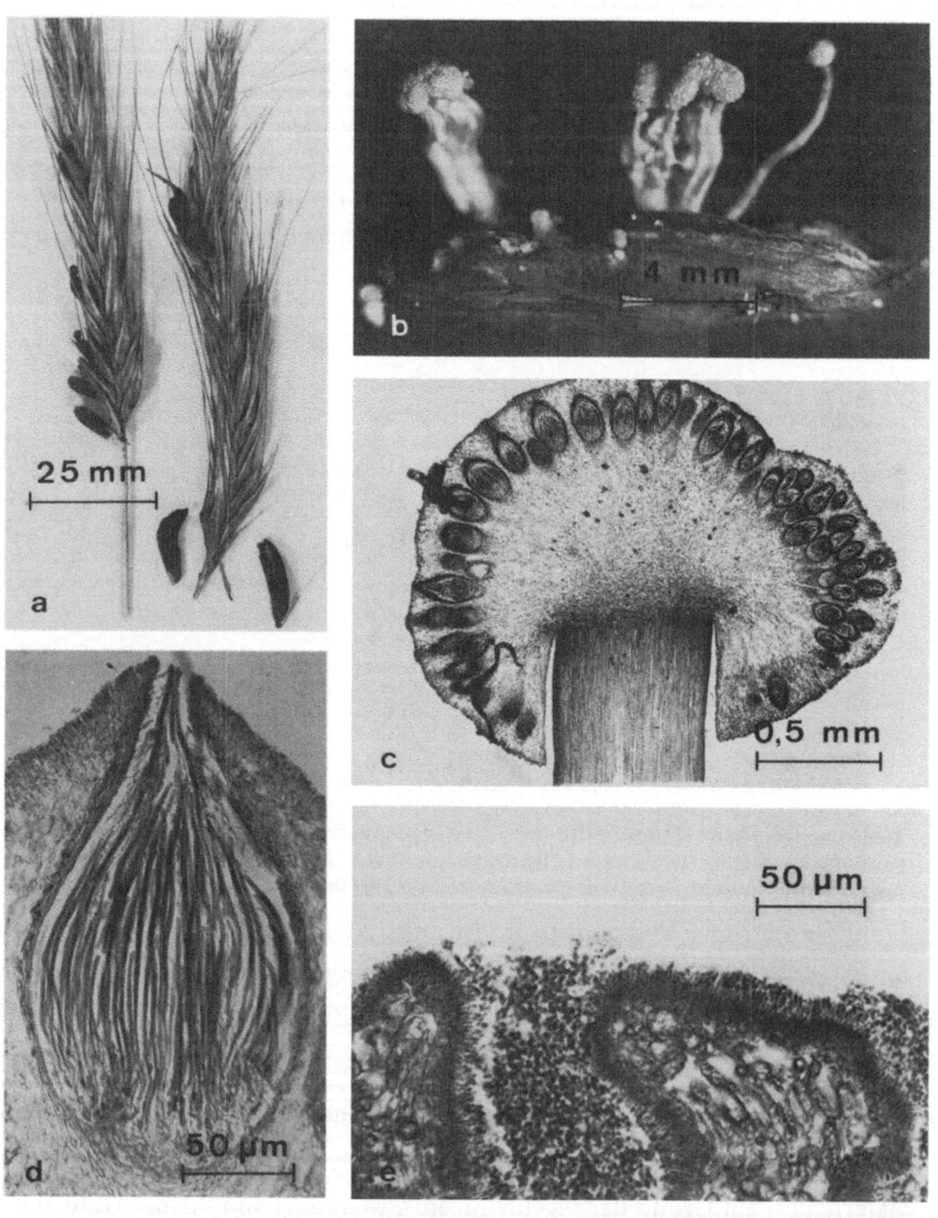

Abbildung 234 a–e. *Claviceps purpurea.* a Ähren mit Sklerotien; **b** auskeimendes Sklerotium; **c** Längsschnitt durch Köpfchen des Stromas; **d** Perithezium mit reifen Asci; **e** Schnitt durch Fruchtknotengewebe mit Lagern von Konidien

Präparation: Da die Sklerotien vor dem Auskeimen einen Kälteschock brauchen, ist es unmöglich, frisch geerntetes Mutterkorn in einer feuchten Kammer zum Auskeimen zu bringen. Dies gelingt nur, wenn man die Sklerotien im Winter draußen läßt, z.B. in einem Blumentopf, mit Erde vermischt, und die Keimung unter natürlichen Bedingungen abwartet (Abb. 234 b).

Aufgabe und Beobachtungen: Aus Längsschnitten durch die Köpfchen der Sklerotien bei schwacher Vergrößerung ein Übersichtsbild und bei starker Vergrößerung einen Perithezienausschnitt zeichnen. Die Oberfläche des Stromaköpfchens ist von eingesenkten Perithezien überdeckt (Abb. 234 c). Die inoperculaten Asci (Abb. 234 d) tragen an ihrer Spitze eine typische Kappe, die von dem Öffnungsporus durchbrochen wird.

5. Ordnung: Dothideales

Merkmale: Die Pflanzenparasiten und Saprophyten dieser systematischen Einheit haben zwei gemeinsame Merkmale: **Bitunicater Ascus** (Abb. 176) und **Entstehung der Geschlechtsorgane und demnach auch der Asci in sekundären Höhlungen (Loculi)** von meist kugeligen stromatischen Gebilden, die sich zu **Pseudothezien** (Tabelle 7) entwickeln.

Die vegetative Fortpflanzung erfolgt durch ein- oder mehrzellige Konidien, die meist einzeln an Tragzellen entstehen. Manche Arten bilden keine Konidien. Der Befruchtungs-Modus der sexuellen Fortpflanzung ist verschiedenartig, neben Gametangiogamie und Somatogamie (s. Abb. 2) gibt es auch apandrische Formen, deren Asci sich apogam entwickeln, und viele imperfekte Stämme.

Klassifizierung: Die Unterteilung dieser sehr formenreichen Ordnung zu der je nach Autor bis zu 58 Familien mit 711 Gattungen und 4.774 Arten gerechnet werden, erfolgt nach der Anzahl der Loculi (einer oder mehrere), der Zahl der Asci pro Loculus (einer oder viele) bzw. nach Anwesenheit oder Fehlen von Pseudoparaphysen. Von manchen Arten sind die imperfekten, nur Konidien bildenden Formen unter anderen Namen bekannt geworden (s. unten).

Von praktischer Bedeutung sind: *Elsinoe* spec. (Elsinoeaccae), *E. fawcetti* (Citrus-Schorf), *E. ampelina* (Reben-Brennfleckenkrankheit = Anthraknose), *E. veneta* (Himbeer-Brennfleckenkrankheit), *Mycospharella* spec. (Mycosphaerellaceae), Erreger von Blattfleckenkrankheiten; *Cochliobolus* spec., *Leptosphaeria* spec., *Ophiobolus* spec. und *Pleospora* spec. (imperfekt: *Alternaria, Stemphylium* etc.) (Pleosporaceae) parasitieren auf Gramineen bzw. krautartigen Pflanzen; *Venturia inaequalis* (imperfekt: *Fusicladium)* (Venturiaceae), Erreger von Schorf auf Äpfeln, Weißdorn und anderen Rosaceae.

Einer der genau untersuchten Pilze dieser Ordnung ist *Venturia inaequalis,* der aus Gründen der relativ einfachen Materialbeschaffung als Leitart besprochen werden soll. Als Beispiel für mehrzellige Konidien kann man eine der vielen imperfekten *Alternaria*-Formen nehmen.

I. *Venturia inaequalis,* Leitart der Dothideales

Wie aus dem in Abb. 235 dargestellten Entwicklungs-Zyklus zu entnehmen ist, erfolgt die Infektion durch die zweizelligen Ascosporen (1). Die beiden Zellen der gelblichen Sporen haben eine unterschiedliche Größe (daher „inaequalis"!). Sie entstehen in den Geweben von abgefallenen Blättern des Vorjahres, denn die Pseudothezien reifen erst im Frühjahr, werden nach Ausschleudern durch den Wind verbreitet und keimen auf den jungen Blättern. Die Keimschläuche der Sporen durchdringen die Cuticula und bilden ein subcuticuläres Myzel aus (2), das sich aus den Epidermiszellen ernährt. Schon nach wenigen Tagen durchbrechen die meist in Lagern sich bildenden Konidienträger die Cuticula (3). Die braunen Konidien werden einzeln, aber fortlaufend von den Tragzellen abgeschnürt. Sie sind meist einzellig, können aber auch zweizellig sein und werden durch den Regen als „Sommersporen" auf weitere Blätter oder auf junge Früchte übertragen, wo sie neue Infektionen hervorrufen (4). Als Abwehrreaktion gegen die Konidienlager bildet die Wirtspflanze Korkzellen aus, die zusammen mit den zerstörten Epidermiszellen die makroskopisch erkennbaren braunen Flecken bilden (5).

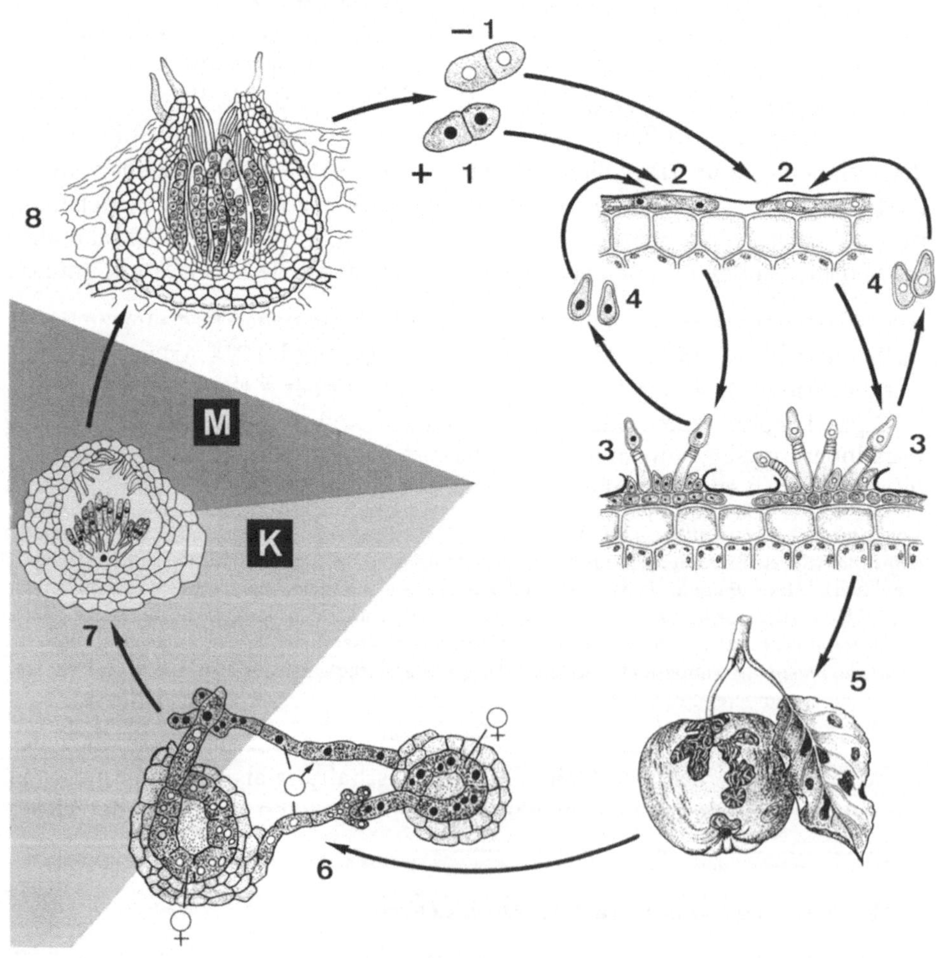

Gegen Ende der Vegetationsperiode dringen die Hyphen in die tieferen Blattregionen und beginnen mit der Stromabildung. Das im Stroma entstehende mehrzellige Ascogonium bildet eine Trichogyne, die aktiv auf ein benachbartes männliches vielkerniges Gametangium zuwächst (6). Nach dem Kernübertritt und Einwandern der männlichen Kerne in die Ascogonzellen erfolgt dort ein paarweises Einwandern der Kerne in die nun ascogenen Hyphen (Beginn der Dikaryophase), an denen nach weiteren konjugierten Kernteilungen parallel mit der Bildung von zahlreichen Pseudoparaphysen durch Hakenbildung die Asci entstehen (7). Diese Entwicklungsschritte verlaufen jedoch sehr langsam und kommen erst im Frühjahr zum Abschluß. Dann werden die Ascosporen, nachdem das Pseudothezium sich apikal geöffnet und die Blattoberfläche durchbrochen hat, ausgeschleudert (8).

Venturia inaequalis ist zwar monözisch, was bedeutet, daß an jedem Einspormyzel sich neben den Fruchtkörperanlagen auch männliche Gametangien bilden. Sein Fortpflanzungsverhalten wird jedoch durch Incompatibilität bestimmt, d.h., eine Befruchtung des Ascogons kann nur erfolgen, wenn ein Blatt gleichzeitig von einem Myzelium des anderen Kreuzungstyps infiziert wurde.

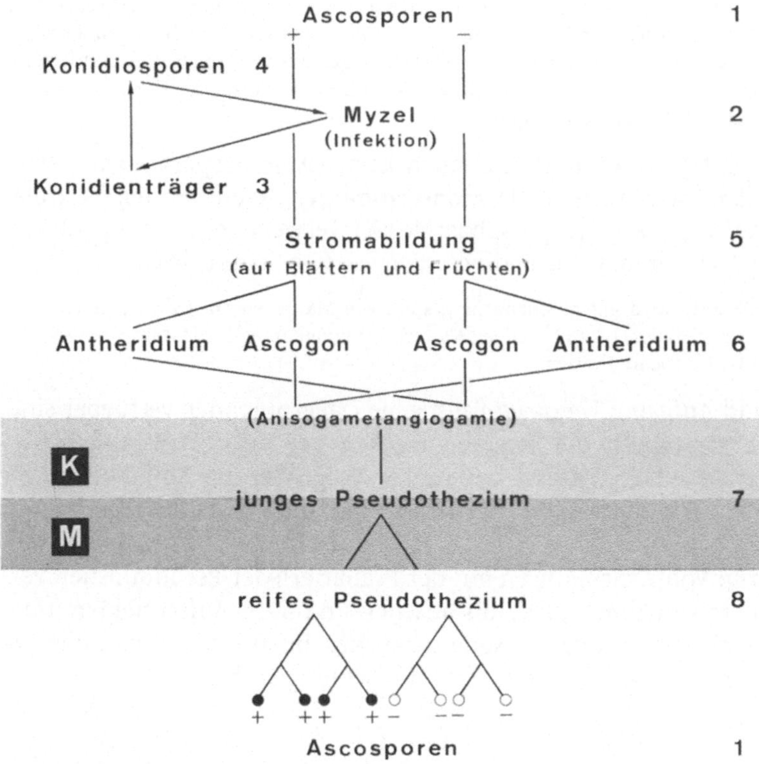

Abbildung 235. Entwicklungs-Zyklus von *Venturia inaequalis*, Haplo-Dikaryot mit vegetativer Fortpflanzung durch Aplanosporen. Befruchtungs-Modus: Anisogametangiogamie; Fortpflanzungs-System: Monözie, überlagert durch Incompatibilität. (Nach Walter, verändert)

Material: *Venturia inaequalis* (imperfekt: *Fusicladium dendriticum*) (Venturiaceae), Erreger des Apfelschorfs. Konidienlager findet man in den braunen „Flecken", die im Verlauf des Sommers auf Blättern oder Früchten entstehen. Um Fruchtkörper zeigen zu können, muß man im Frühjahr, sobald die Baumblüte beginnt, nach auf dem Boden liegenden Apfelblättern des Vorjahres suchen, die vom Apfelschorf befallen sind. Falls solche Blätter mit reifen, noch lebenden Fruchtkörpern zur Verfügung stehen, kann man auch selbst den Pilz isolieren und Reinkulturen anlegen.

Man verfährt dabei wie folgt: In den Deckel einer mit sterilem Maisagar gefüllten Petrischale legt man ein Rundfilter, das etwas größer als der Schalendurchmesser ist, und preßt ihn mit dem Deckel über das Unterteil. Das Filterpapier wird auf diese Weise gestrafft und kann nicht auf den Agar fallen. Dann nimmt man den Deckel wieder ab und klebt ein Apfelblatt so auf das Filterpapier, daß die Öffnungen der Pseudothezien nach unten zeigen. Da die Ascosporen aktiv ausgeschleudert werden, dürfte man nach Auflegen des Deckels bei täglicher Beobachtung mit dem Präpariermikroskop sehr bald auf dem Agar Sporen finden, die ohne Ruhephase zu Myzelien auskeimen. Diese können dann mit Hilfe der Präparierfeder isoliert und auf frisches Nährmedium bzw. in Agarschrägröhrchen übertragen werden.

Die Erfahrung hat gezeigt, daß die *Venturia*-Stämme (wie übrigens viele andere pflanzenpathogene Pilze) nach mehrmonatiger Laborkultur sowohl ihre Virulenz als auch ihre Fähigkeit zur sexuellen Fortpflanzung verlieren. Dies ist so zu erklären, daß unter den optimalen Ernährungsbedingungen auf Agarkulturen sich spontan auftretende Defektmutationen „durchsetzen" (s. auch den auf S. 512 f. beschriebenen Versuch mit *P. anserina*). Leider sind auch die von den Mykotheken angebotenen Arten meist infolge der längeren vegetativen Fortpflanzung mittlerweile imperfekt. Es kommt noch hinzu, daß vielfach von Mykotheken „Einsporkulturen" angeboten werden, die natürlich selbstincompatibel sind.

Falls keine perfekten Stämme und auch keine Dauerpräparate zur Verfügung stehen, kann man auch zur Demonstration der Pseudothezien Vertreter der Gattung *Leptosphaeria* (Leptosphaeriaceae) verwenden. Hier eignet sich vor allem *L. typhae*, deren Kulturbedingungen genau bekannt sind.

Nährmedium: Haferagar wird entsprechend hergestellt wie Mais-Medium (S. 28), indem man anstelle von Maisschrot Haferschrot verwendet; Kulturbedingungen: 18 °C, Licht im Tages-Nacht-Rhythmus, nach 13–21 d Pseudothezien.

Präparation und Aufgabe: *Venturia:* Falls keine Dauerpräparate verfügbar sind, von Handschnitten durch die braunen Flecken der infizierten Apfelblätter Deckglaspräparate anfertigen und bei starker Vergrößerung Konidienanlager (junges Blatt) bzw. Pseudothezien (Herbstblatt und altes Blatt, das überwintert hat) zeichnen.

Leptosphaeria: Von Agarkulturen mit der Präparierfeder Pseudothezien verschiedenen Alters entnehmen, Habitus ansehen und nach Aufschneiden unter dem Präpariermikroskop oder Ausquetschen des Inhalts der Pseudothezien nach Stadien der Gametangien bzw. Ascusentwicklung suchen.

Beobachtungen:

Venturia: Unter der Cuticula erkennt man ein flaches Myzelium, durch das vor allem in den Konidienlagern die Cuticula abgehoben wird. Die darunter liegenden Epidermiszellen sind weitgehend deformiert. Man findet Konidienträger von unterschiedlicher Größe (Abb. 236 a). Das rührt daher, daß die Träger sich nach der Abschnürung von jeweils einer Konidie vor der Bildung einer neuen Spore um ein kurzes Stück verlängern. In feuchten Jahren kann man beobachten, daß die Myzelien auch auf der Oberfläche der Blätter wachsen (Abb. 236 b). In den Pseudothezien (Abb. 236 c) (vor allem in Dauerpräparaten) sieht man, daß die zahlreichen, zwischen den Asci wachsenden Pseudoparaphysen von dem oberen Rand der Höhlung ausgehen (vergl. Definition von Pseudoparaphysen, S. 262). Die Wandbildung innerhalb der Sporen erfolgt zugleich mit der Reife (Ausbildung der gelben Farbe). Vor dem Ausschleudern verlängert sich der bitunicate Ascus, die innere Ascusschicht durchbricht die äußere Schicht, die als „Manschette" ihre Basis umhüllt. Erst dann werden die Sporen nach Aufreißen der Scheitelregion der inneren Hülle ausgescheudert. Dies ist allerdings selten so klar zu sehen, wie es auf dem Schema der Abb. 176 dargestellt ist.

Nur mit einiger Erfahrung wird man die einzelnen Stadien der Gametangienentwicklung und Befruchtung, insbesondere die Trichogyne, erkennen können.

Leptosphaeria: Auf den Agarkulturen streckt sich (unter dem Einfluß des Lichtes?!) der Hals der Pseudothezien stärker als in der Natur üblich (Abb. 236 d). Die Asci enthalten acht vierzellige Sporen (Abb. 236 e).

II. Mehrzellige Konidiosporen bei *Alternaria*

Material: *Alternaria*-Arten parasitieren auf krautigen Pflanzen und Gräsern.* Zahlreiche Arten, z.B die sehr häufig in der Natur vorkommende *A. tenuis* (syn. *A. alternata)* werden vom CBS und DSM angeboten. Sie lassen sich auch auf Maisagar ködern.

Präparation und Aufgabe: In 10 d alten Maisagarkulturen, die bei 25 °C gehalten wurden, findet man zahlreiche Konidiosporen, deren Habitus bei Ölimmersion zu zeichnen ist.

Beobachtungen: Die Bildung der Konidiosporen kann als Beispiel für eine holoblastische Entwicklung betrachtet werden (Abb. 175 b). Die keulenförmigen, gelbbraunen Konidiosporen sind durch mehrere Querwände und auch durch Längswände unterteilt (Abb. 236 f). Manchmal können sie verzweigte Ketten bilden.

IV. Klasse: Basidiomycetes (Ständerpilze)

A. EINFÜHRUNG

I. MERKMALE

In gleicher Weise wie die Ascomycetes bilden auch die **Basidiomycetes** reich verzweigte **septierte Myzelien,** deren **Zellwände Chitin** enthalten. Ein wesentlicher Unterschied zwischen den Myzelien der Asco- und Basidiomycetes besteht

---

* Der Formgattung *Alternaria* werden imperfekte Formen von *Pleospora, Leptosphaeria* und anderen Gattungen der Pleosporaceae zugeordnet.

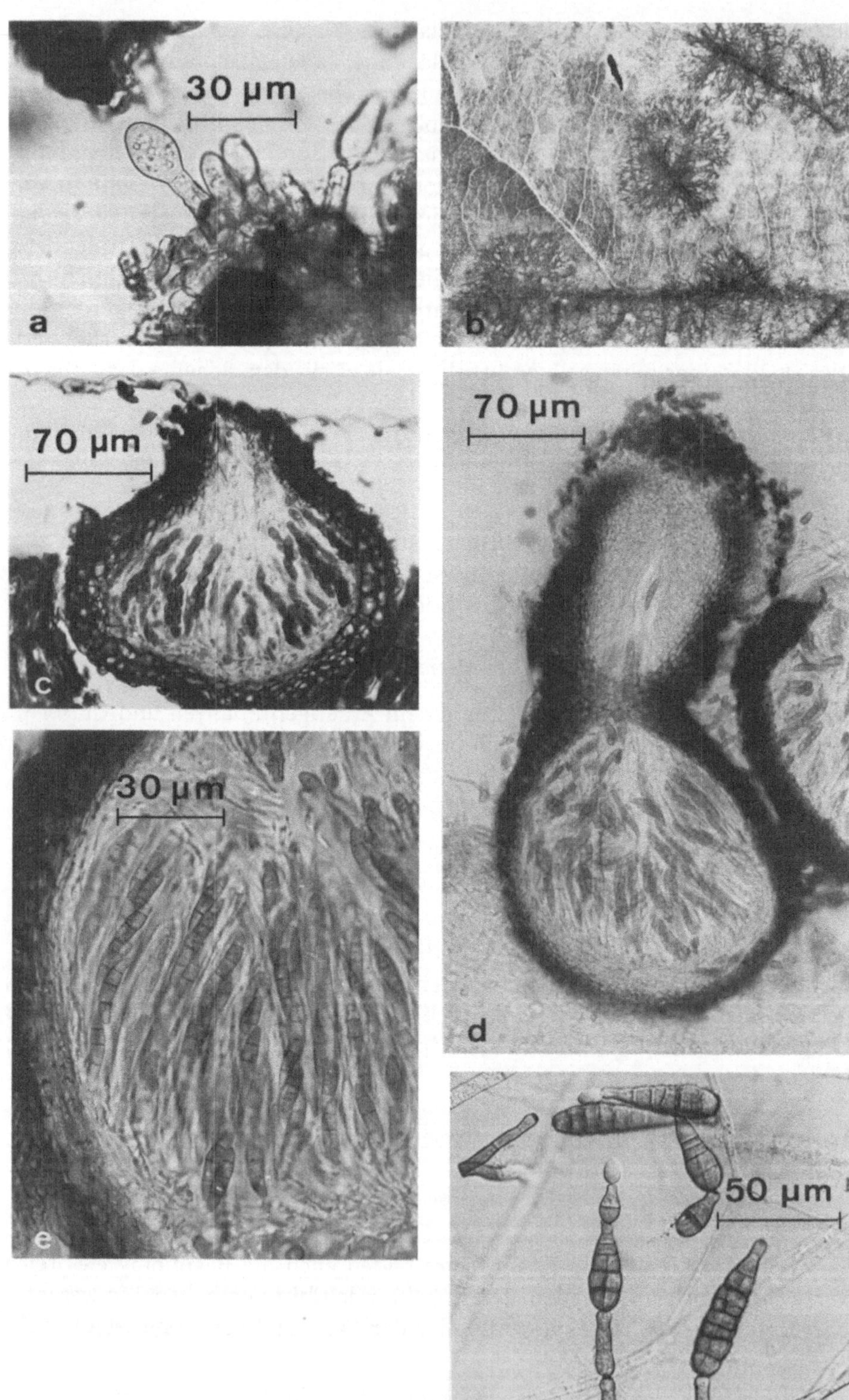

jedoch in der **Feinstruktur der septierten Querwände.** Während bei Ersteren die Septen kreisförmige Öffnungen aufweisen (= einfaches Septum, s. Abb. 154), besitzen die 0,1–0,2 μm großen Poren der Basidiomycetes an beiden Seiten eine krugförmige Ausstülpung. Beide Öffnungen dieses **Doliporus** sind mit einer perforierten Kappe (**Parenthesom**) bedeckt, die eine Ausstülpung des endoplasmatischen Reticulums ist (Abb. 237). In den meisten Taxa der Basidiomycetes wurden dolipore Septen gefunden, ganz unabhängig davon, ob es sich um monokaryotische oder dikaryotische Myzelien handelt.

Trotz seines komplizierten Feinbaus ermöglicht das dolipore Septum (genau wie das einfache Septum der Ascomycetes) eine cytoplasmatische Kontinuität. Nicht nur das Cytoplasma benachbarter „Zellen" kann durch den Doliporus strömen, sondern auch Zellorganellen (z.B. Mitochondrien) wandern durch die Septen. Vor einer Kernwanderung, die bei den Basidiomycetes regelmäßig im Verlauf des Sexualzyklus erfolgt, werden die Dolipori allerdings aufgelöst (S. 483). Daher sind die Basidiomycetes als Coenocyten anzusehen.

Mit ihren etwa 20 000 Arten und 3000 Synonymen, die sich auf 32 Ordnungen, 140 Familien, 473 Gattungen verteilen, umfassen die Basidiomycetes etwa 25% aller Pilze. Sie leben als Saprophyten und Parasiten fast ausschließlich terrestrisch. Unter den Saprophyten sind die „eßbaren Pilze" die bekanntesten und von den Parasiten die Brand- und Rostpilze (Ustilaginales, Uredinales) die Erreger von Pflanzenkrankheiten. Eine praktische Bedeutung für den Abbau von Lignin und Zellulose haben auch die sogenannten holzzerstörenden Pilze (meist Saprophyten), deren Fruchtkörper zum Teil als Speisepilze verwendet werden können. Viele Basidiomycetes leben als Symbionten in Wurzeln (Mykorrhiza).

II. Fortpflanzung

Ebenso wie die Ascomycetes bilden die Basidiomycetes keine beweglichen Fortpflanzungszellen. Die **vegetative Fortpflanzung** erfolgt durch Konidio-, Oidio- oder Clamydosporen (s. Abb. 134, 175). Allerdings werden spezifische Konidiophoren, wie sie bei den Ascomycetes vorkommen, selten gebildet. Die **sexuelle Fortpflanzung** erfolgt durch **Basidiosporen**, die als Meiosporen an typischen keulen- oder schlauchförmigen Trägern, den **Basidien,** entstehen. Die Entwicklung der Basidien ist mit der Ascusbildung vergleichbar, allerdings entstehen die Sporen nicht endogen, sondern exogen. Ascus und Basidie sind also homologe Organe (s. Abb. 192, S. 355).

In gleicher Weise wie die Asci weisen die Basidien in ihrem Habitus eine große Mannigfaltigkeit auf (s. auch Abb. 178). Dies betrifft vor allem das Vorhandensein oder Fehlen von Querwänden (wichtiges taxonomisches Merkmal, s. unten, S. 432 und Abb. 241) und zum Teil auch in der Sporenzahl, die allerdings meist vier beträgt.

Abbildung 236 a–f. *Venturia inaequalis.* a Lager mit Konidiosporen auf der Oberfläche eines Apfelblattes; **b** Myzel auf der Blattoberfläche; **c** Querschnitt durch reifes Pseudothezium von einem abgefallenen Apfelblatt im Frühjahr; **d, e** *Leptosphaeria typhae,* Querschnitte durch Pseudothezien; **d** man erkennt den langgestreckten Hals; **e** Ascosporen; **f** *Alternaria* alternata, mehrzellige Konidiosporen. (Fotos a, b: A Schmiedle; f J Webster)

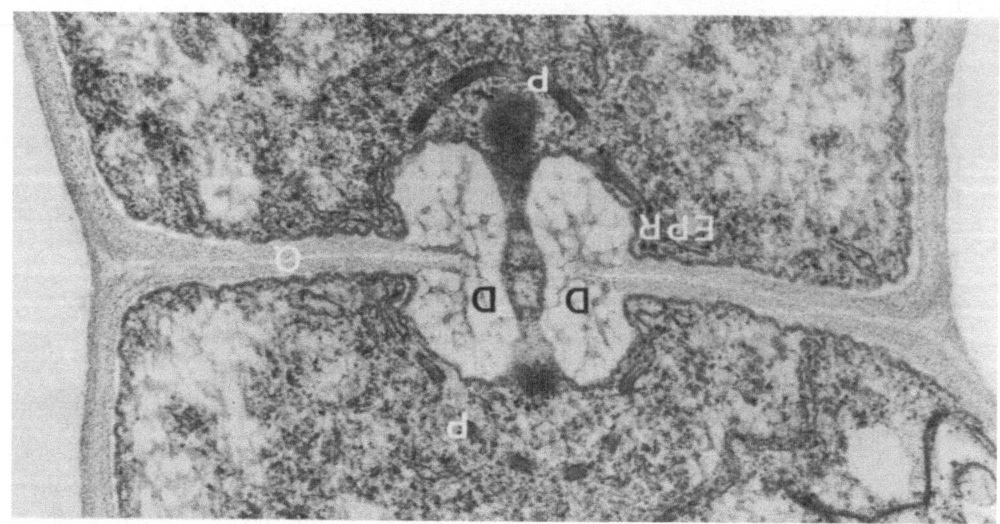

Abbildung 237. *Coprinus cinereus,* **Dolipores Septum.** D = Doliporus; P = Parenthesom; EPR = endoplasmatisches Reticulum; Q = Querwand. (Foto: LA Casselton und JB Kirkham)

Die Basidien entstehen meist zusammen mit sterilen Hyphen (Paraphysen, Cystidien) in typischen Lagern **(Hymenien)** (s. Abb. 277). Diese befinden sich in bestimmten Regionen der mehrere Millimeter bis zu vielen Zentimetern großen Fruchtkörper **(Basidiokarpien).** Einige Ordnungen bilden allerdings keine Fruchtköper (Tabelle 9).

Der **Befruchtungs-Modus** (s. Abb. 1) ist gegenüber den Ascomycetes sehr stark vereinheitlicht. Da mit Ausnahme der Uredinales Geschlechtsorgane nicht vorhanden sind, wird der Sexualvorgang durch **Somatogamie** eingeleitet. Damit verbunden ist eine **fortschreitende Reduktion der Haplophase** und eine **Ausweitung der dikaryotischen Phase,** die bei den Ascomycetes relativ kurz und nur auf die ascogenen Hyphen beschränkt ist.

Diese Progression in Richtung Dikaryophase spiegelt sich auch in der taxonomischen Unterteilung der Basidiomycetes wider. Während in der Unterklasse der Phragmobasidiomycetidae noch die Uredinales Haplo-Dikaryoten sind, haben die übrigen Ordnungen eine stark reduzierte Haplophase, die auf eine oder mehrere Zellteilungen beschränkt sein kann. Dies ist bei der zweiten Unterklasse, den Holobasidiomycetidae, nicht mehr der Fall. Hier kann die Plasmogamie schon zwischen den Keimhyphen der Basidiosporen oder sogar zwischen den Sporen erfolgen. Da die Karyogamie in allen Fällen erst in der Basidie eintritt, und unmittelbar darauf eine Meiose folgt, beginnt der Lebenszyklus der Holobasidiomycetidae faktisch mit der Plasmogamie und endet mit Karyogamie und Meiose. In seiner gesamten vegetativen Phase ist er dikaryotisch. Dies ist faktisch bei den Phragmobasidiomycetidae (wenn man von den Uredinales absieht) auch der Fall, denn den wenigen Zellteilungen der Basidiosporen kommt keine praktische Bedeutung zu. Die Basidiomycetes sind demnach hinsichtlich ihres **Entwicklungs-Zyklus vorwiegend Dikaryoten** (s. Abb. 3).

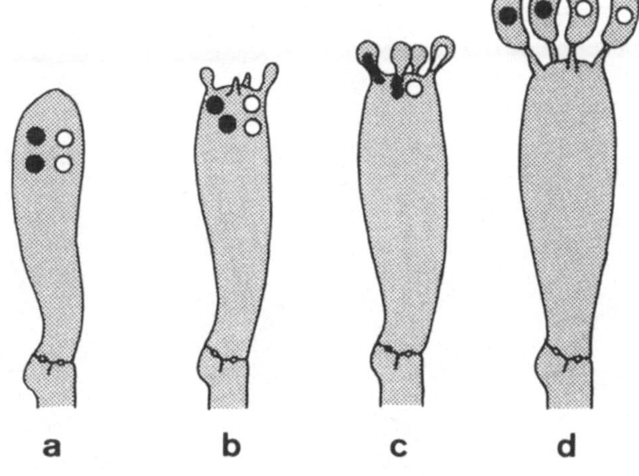

Abbildung 238 a–d. Schematische Darstellung der Basidienentwicklung. a Junge Basidie mit den vier nach einer Meiose entstandenen Zellkernen; b Beginn der Sterigmenbildung; c Einwandern der Zellkerne in die Sterigmen und beginnende Abschnürung der Sporen; d Basidie mit reifen Sporen

Dies ist eine klare Abgrenzung gegenüber den Ascomycetes, bei denen für die Bildung jedes einzelnen Fruchtkörpers eine Plasmogamie zwischen zwei monokaryotischen Myzelien erforderlich ist, während dies bei den Basidiomycetes nur einmal erfolgt und ein so entstandenes dikaryotisches Myzelium über Jahre hinaus fruktifizieren kann (Abb. 239).

Als **Fortpflanzungs-System** (s. Abb. 4) liegt Monözie vor. Diese wird jedoch bei etwa 90% aller Arten durch homogenische Incompatibilität überlagert.

Auch bezüglich dieses Parameters gibt es eine Abgrenzung gegenüber den Ascomycetes, denn die sexuelle Unverträglichkeit wird nicht nur durch ein Faktorenpaar (bipolarer Mechanismus, S. 397 f.) kontrolliert, sondern sie kann auch durch zwei Faktorenpaare (tetrapolarer Mechanismus) gesteuert werden. Von beiden Mechanismen, auf die im experimentellen Teil noch genauer eingegangen wird (S. 479 f.), sind zahlreiche, durch multiple Allelie bestimmte Kreuzungstypen bekannt.

In bezug auf das bei den meisten Basidiomycetes in der vegetativen Phase dominierende **dikaryotische Myzel** bedarf es einiger grundsätzlicher Bemerkungen, die sowohl die Terminologie und in engem Zusammenhang damit seine Ontogenese betreffen (s. auch Tabelle 5, S. 261).

Gehen wir davon aus, daß Pilze Coenocyten sind, d.h. innerhalb der „physiologischen Einheit Myzel" können sich alle Organellen (meist auch die Zellkerne) relativ „frei" bewegen. Enthält nun ein Myzel genetisch identische Kerne, so spricht man von einem **Homokaryon**, dabei ist es ganz gleich, ob das Myzel septiert ist oder nicht und ob in den Zellen sich einer oder viele Zellkerne befinden. Unter einem **Heterokaryon** versteht man ein Myzel, das genetisch verschiedene Kerne enthält. Dabei spielt es ebenfalls keine Rolle, ob zwei oder mehr verschiedene „Kernarten" vorhanden und ob diese regelmäßig oder unregelmäßig in den Hyphen verteilt sind. **Heterokaryen sind haploid** und unterscheiden sich damit **eindeutig von den Heterozygoten diploider Organismen,** bei denen genetisch verschiedene Genome in einem Zellkern vereinigt sind.

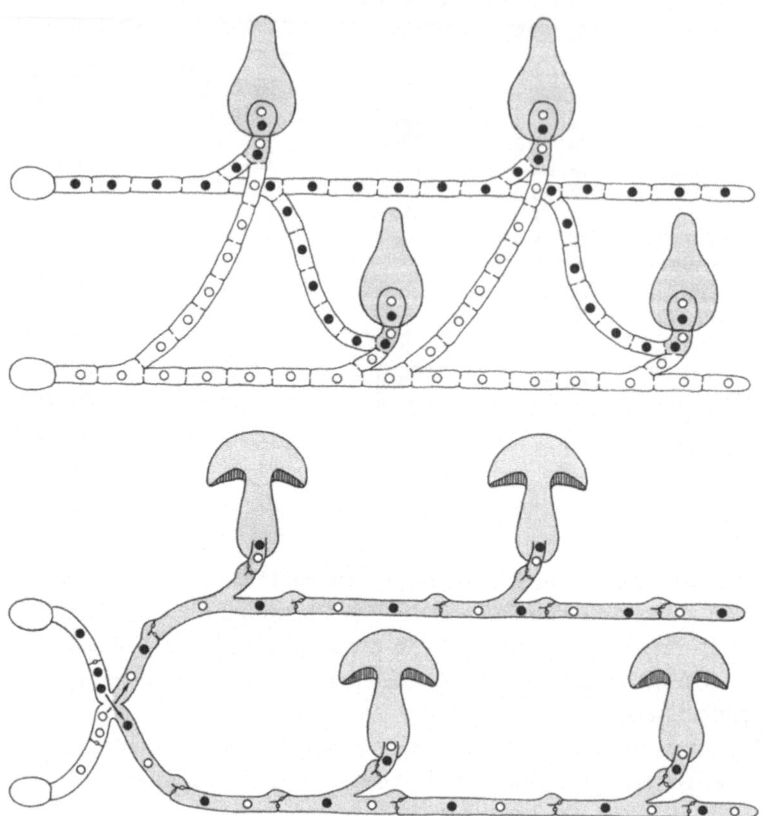

Abbildung 239. Schematischer Vergleich zwischen den Entwicklungs-Zyklen eines haplo-dikaryotischen Ascomyceten und eines dikaryotischen Basidiomyceten. (Nach Gäumann, verändert)

Beide Organisationsformen, sowohl die Heterokaryen als auch die Heterozygoten, sind physiologische Einheiten, in denen sich genetische Defekte komplementieren können. Diese in der klassischen Genetik als Dominanz bezeichnete Erscheinung ist in Heterozygoten stets in allen Teilen eines Organismus in gleicher Weise verwirklicht, da jede Zelle beide Genome im diploiden Kern enthält. In den Heterokaryen ist dies durch die freie Beweglichkeit der haploiden Zellkerne nur bedingt der Fall, d.h. es können Sektoren entstehen, in denen sich die eine oder die andere Kernart akkumuliert.

Eine Musterbildung innerhalb eines Myzels wird in den **Dikaryen der Basidiomycetes** durch einen speziellen Mechanismus der Zellteilung verhindert. Durch diesen in Abb. 240 schematisch dargestellten und erläuterten Vorgang der **Schnallenbildung** wird erreicht, daß jedes Hyphenkompartiment jeweils einen der beiden Zellkerne enthält, die aus den monokaryotischen Elternmyzelien stammen. Das **Dikaryon ist also ein Spezialtyp des Heterokaryons, in dem durch Schnallenbildung eine 1:1-Rate genetisch verschiedener Zellkerne in allen Hyphenkompartimenten sichergestellt ist.** Das Dikaryon, obwohl haploid, kann daher in physiologischer Hinsicht (Dominanz) als eine Phänokopie einer diploiden Heterozygote aufgefaßt werden.

Abbildung 240 a–e. Schematische Darstellung der Schnallenbildung zur Sicherstellung einer gleichmäßigen Kernverteilung in den Kompartimenten der Hyphen eines Dikaryons. Ein Vergleich mit Abb. 192 zeigt, daß der Schnallenbildung im Prinzip die gleichen Entwicklungsvorgänge zugrunde liegen wie der Hakenbildung der Ascomycetes. Der einzige Unterschied besteht darin, daß die Hakenbildung nur vor der Entstehung eines Ascus erfolgt, die Schnallenbildung jedoch ein charakteristischer Entwicklungsschritt beim Hyphenwuchs in der vegetativen Phase ist. a Dikaryotische Hyphenspitze; b die beiden durch unterschiedliche Farbe markierten Zellkerne haben sich synchron geteilt und einer der Tochterkerne ist in eine nach rückwärts gerichtete laterale Verzweigung eingewandert, während ein Tochterkern der anderen Kernart zur Basis der Hyphenspitze wandert; **c** Abschnürung der beiden Wanderkerne durch Bildung von Querwänden; **d** durch Fusion der lateralen Verzweigung mit der Hyphenbasis ist diese ebenfalls wieder dikaryotisch geworden; **e** Endstadium der Schnallenbildung, der Zwischenraum zwischen Schnalle und basaler Hyphe ist nicht mehr zu erkennen und gleichzeitig nach weiterem Spitzenwachstum der Hyphe Beginn einer neuen Schnallenbildung im apikalen Bereich

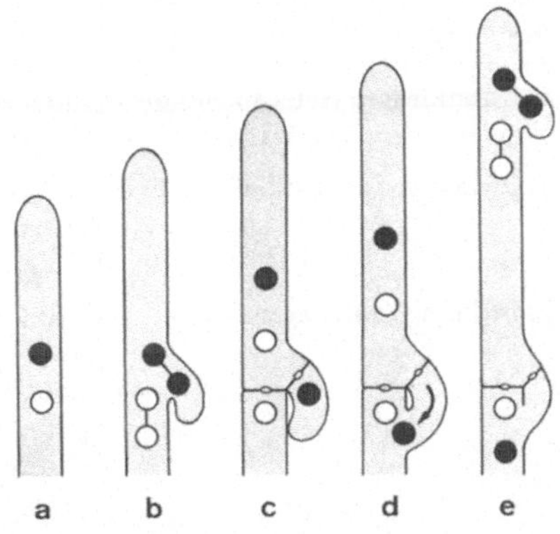

Um Verwechslungen vorzubeugen, erscheint es notwendig, hier noch einmal darauf hinzuweisen, daß in Analogie zum zweikernigen Dikaryon als einer speziellen Form des Heterokaryons für die einkernigen Myzelien der Ausdruck Monokaryon (spezielle Form des Homokaryons) verwendet wird (s. Tabelle 5 S. 261).

III. KLASSIFIZIERUNG

Als **erstes Kriterium** für die **systematische Unterteilung der Basidiomycetes** dient die **Entstehung und der Aufbau der Basidie** (Abb. 241). Je nachdem, ob die Basidie durch Querwände septiert oder nicht unterteilt ist, unterscheidet man die beiden Unterklassen der **Heterobasidiomycetidae** und **Homobasidiomycetidae**. Ein **zweites Kriterium** ist die **Keimung der Basidiosporen**. Die

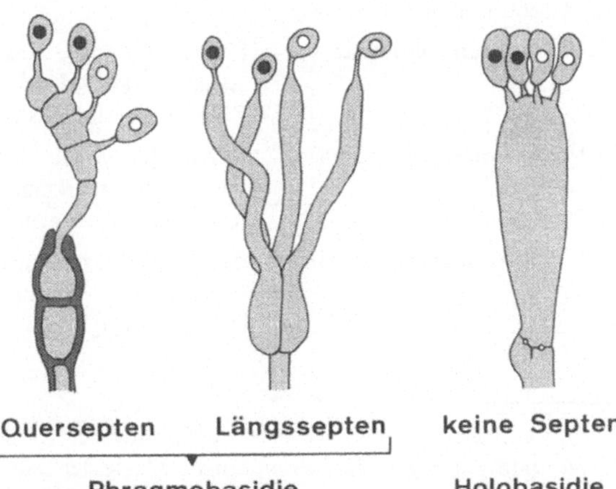

Abbildung 241. Schematische Darstellung der wichtigsten Basidientypen

Tabelle 9. Gliederung der Basidiomycetidae. Kriteria: Struktur der Basidien und Keimung der Basidiosporen (in Anlehnung an „Strasburger").

I. Unterklasse: Heterobasidiomycetidae (Phragmobasidiomycetidae). Basidie ist meist durch Quer- oder Längswände unterteilt. Basidiosporen keimen mit Konidien oder Sekundärsporen

1. Ordnung: Exobasidiales	Endoparasiten; Basidie ungeteilt, Hymenium auf der Oberseite der befallenen Pflanzenteile; keine Fruchtkörper; Basidiosporen keimen mit Konidien
2. Ordnung: Tilletiales	(Brandpilze); Basidie ungeteilt, 8 (oder mehr) fadenförmige Basidiosporen werden endständig gebildet, Somatogamie findet schon zwischen den noch an der Basidie haftenden Sporen statt, die unmittelbar nach der Plasmogamie dikaryotische Konidien bilden können; keine Hymenien, keine Fruchtkörper
3. Ordnung: Ustilaginales*	(Brandpilze); quergeteilte Basidie, die sukzedan an ihren vier Kompartimenten seitlich zahlreiche Sporen bildet, geht aus einer Dauerzelle (Probasidie) hervor, keine Hymenien; keine Fruchtkörper
4. Überordnung: Tremellanae	Meist Parasiten; Basidie meist quergeteilt
Ordnung: Uredinales	(Rostpilze); quergeteilte Basidie, die vier Sporen trägt, geht aus einer Dauerzelle (Probasidie) hervor; Basidien in Lagern; keine Fruchtkörper
Ordnung: Auriculariales	(Ohrlappenpilze); quergeteilte Basidie mit vier Sporen; Probasidie meist vorhanden; gallertartige, ohrenförmige Fruchtkörper mit Hymenien auf der konkaven Oberseite
Ordnung: Tremellales	(Zitterpilze); längsgeteilte Basidie mit meist vier Sporen; keine Probasidie; Hymenien entweder in lockeren Hyphengeflechten oder auf einer oder beiden Seiten gallertartiger Fruchtkörper

II. Unterklasse: Homobasidiomycetidae (Holobasidiomycetidae). Die Basidie ist nicht unterteilt; Probasidien fehlen; Basidiosporen keimen zu Myzelien

In den beiden folgenden Überordnungen basiert die Unterteilung in Ordnungen auf der Struktur der Fruchtkörper, Anordnung der Hymenien und Beschaffenheit der Sporen. Diese ist allerdings je nach Autor unterschiedlich, da es zahlreiche Übergangsformen zwischen den einzelnen Ordnungen gibt. Im „Strasburger" werden 6 bzw. 3 Ordnungen erwähnt, auf deren Beschreibung wir verzichten, da wir uns im Praktikum in erster Linie mit dem Fortpflanzungsverhalten und der Struktur der Fruchtkörper befassen. Bei der Besprechung der einzelnen Objekte wird der Name der Ordnung angegeben.

1. Überordnung: Porianae	(Aphyllphoranae, Porlinge); gymnokarpe Fruchtkörper krustenartig, konsolenförmig, seltener hutartig; Hymenien in Röhren oder auf Leisten, meist keine Lamellen
2. Überordnung: Agaricanae	(Phyllophoranae, Blätterpilze, Lamellenpilze); Hymenium vorwiegend auf Lamellen, seltener in Röhren; Fruchtkörper meist hemiangiocarp mit zentral gestieltem Hut
3. Überordnung: Lycoperdanae	(Gastromycetes, Bauchpilze); Hymenium in gekammerten Innenräumen der angiocarpen, gestielten oder ungestielten knollenartigen Fruchtkörper

---

* Von einigen Taxonomen werden neuerdings die Ustilaginales nicht mehr zu der Klasse der Basidiomycetes gerechnet, sondern als Klasse der Ustomycetes zwischen Ascomycetes und Basidiomycetes eingeordnet.

Tabelle 9. Fortsetzung

Lycoperdales	(Stäublinge); die Sporen der hypogäisch entstehenden dann epigäischen Fruchtkörper werden nach Zerfall der Peridie frei
Geastrales	(Erdsterne); Peridie der epigäischen Fruchtköper reißt bei der Reife sternförmig auf; Sporen werden frei
Nidulariales	(Teuerlinge, Vogelnestpilze); Sporen der epigäischen Fruchtkörper werden zu Peridiolen verbunden ausgeschleudert
4. Ordnung: Phallales	Fruchtkörper sind in den ersten Entwicklungsstadien von einer gallertartigen Hülle umgeben, die bei der Reife durchwachsen wird

weitere Unterteilung in 32 Überordnungen und Ordnungen basiert neben anderen Merkmalen der Basidien noch auf Lage und Struktur der Hymenien und auf dem Habitus der Fruchtkörper. In Tabelle 9 sind nur die Ordnungen aufgelistet, die im praktischen Teil besprochen werden.

B. Übungsanleitungen

In Analogie zu den Ascomycetes werden wir auch bei den Basidiomycetes das Augenmerk auf eine genaue Besprechung von typischen Vertretern legen und nicht auf eine an der Taxonomie orientierte vollständige Übersicht. Die Auswahl der Arten richtet sich einerseits nach ihrer theoretischen Bedeutung für die Grundlagenforschung in Genetik und Physiologie und andererseits nach ihrer praktischen Bedeutung als Schad- oder Nutzpilze. Wie bisher, werden wir dabei von Leitarten ausgehen, Progressionen und phylogenetische Zusammenhänge, wie wir sie vor allem bei den niederen Pilzen finden, lassen sich, wie schon oben erwähnt, bei den Basidiomycetes noch weniger als bei den Ascomycetes innerhalb der Unterklassen oder Ordnungen aufzeigen.

I. Unterklasse: Heterobasidiomycetidae

1. Ordnung: Exobasidiales

Merkmale: Die Exobasidiales sind im Erscheinungsbild und in ihrer Lebensweise den Taphrinales ähnlich (S. 334f.). Sie leben als Endoparasiten in höheren Pflanzen. Ihre Hyphen wachsen interzellulär und ernähren sich durch Haustorien. Sie verursachen eine Hypertrophie der befallenen Gewebeteile, die sich meist rötlich verfärben. Es kann zu Gallenbildungen oder Deformationen kommen, die an die „Hexenbesen" der Ascomycetes erinnern (S. 336). Da sie sich unter Laborbedingungen zwar auf Agarmedien kultivieren, aber nicht zur Sporulation bringen lassen, ist über ihren Entwicklungs-Zyklus wenig bekannt. Man weiß, daß die infektionsfähigen Hyphen dikaryotisch sind und Schnallen ausbilden. Die zwei-, vier- oder auch bis achtsporigen Basidien entstehen nach Durchbrechen von Hyphenspitzen zwischen den Epidermiszellen in dichten Lagern, Paraphysen sind meist nicht vorhanden. Desgleichen fehlen Fruchtkörper.

Klassifizierung: Die bekannteste Familie (Exobasidiaceae) umfaßt 6 Gattungen und etwa 60 Arten. Die einheimischen Arten sind meist auf Ericaceae zu finden: *Exobasidium vaccinii* kommt auf *Vaccinium uliginosum* (Moorheidel-beere), *V. myrtillus* (Blaubeere) *und V. vitis-idaea* (Preiselbeere) vor. *Exobasidium rhododendri* findet man auf *Rhododendron*-Arten. Sie ruft bei der in alpinen Regionen heimischen Alpenrose (*Rh. hirsutum, Rh. ferrugineum*) die Bildung der als Alpenrosenäpfel bekannten Gallen hervor (Abb. 242 a). Erheblichen Schaden kann die in Teepflanzen (*Camellia sinensis*, Theaceae) parasitierende *E. vexans* durch den von ihr hervorgerufenen „Blasenmehltau" anrichten.

Material, Präparation und Aufgabe: *Exobasidium rhododendri* (Exobasidiaceae). Falls kein Frischmaterial zur Verfügung steht, können auch getrocknete „Alpenrosenäpfel" (im Exsikkator aufbewahrt) benutzt werden. 1–2 d vor Gebrauch werden sie in eine Feuchtkammer gebracht, damit sie sich leichter schneiden lassen. Nicht in Wasser einlegen, da sonst die an der Oberfläche befindlichen Basidiosporen abgeschwemmt werden. Von Handschnitten Deckglaspräparate herstellen.

Beobachtungen: Bei genügend starker Vergrößerung erkennt man die relativ dünnen interzellulären Hyphen. Die wesentlich breiteren langgestreckten Basidien, die sich zwischen den proliferierten Epidermiszellen „durchzwängen", tragen an kurzen Sterigmen 2–4 Sporen. Paraphysen sind nicht vorhanden (Abb. 242 b).

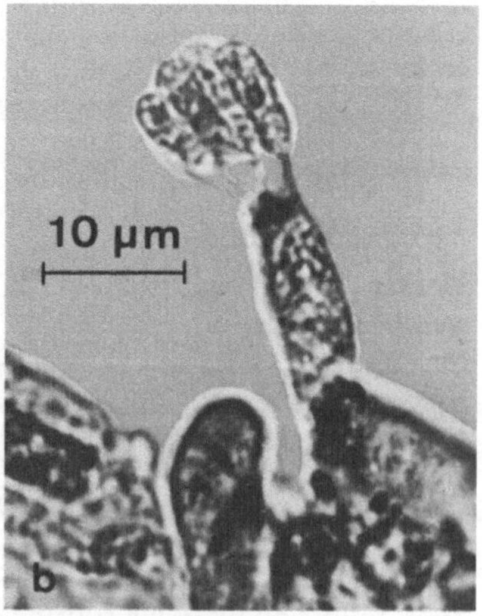

Abbildung 242 a, b. *Exobasidium rhododendri.* a Gallenbildung („Alpenrosenapfel") auf der Alpenrose; b Schnitt durch eine Galle mit Basidie zwischen den Epidermiszellen

2. und 3. Ordnung: Tilletiales und Ustilaginales (Brandpilze)*

Da die Vertreter beider Ordnungen zu der Gruppe der Brandpilze gehören und sich im wesentlichen nur durch das Fehlen der Querwände in den Basidien bei den Tilletiales unterscheiden (Tabelle 9), werden sie bei der Beschreibung der praktischen Übungen nicht getrennt.

Merkmale: Die Brandpilze sind **Endoparasiten der Angiospermen.** Ihre Hyphen wachsen intra- oder auch interzellulär und ernähren sich im letzteren Falle durch Haustorien. Bevorzugte Wirte sind Vertreter der Poales (Gräser, Getreide), Cyperales, Liliaceae, Asterales und Caryophyllaceae. Ihren Trivialnamen haben sie erhalten, weil sie vorwiegend in den Blüten bzw. Blüten- und

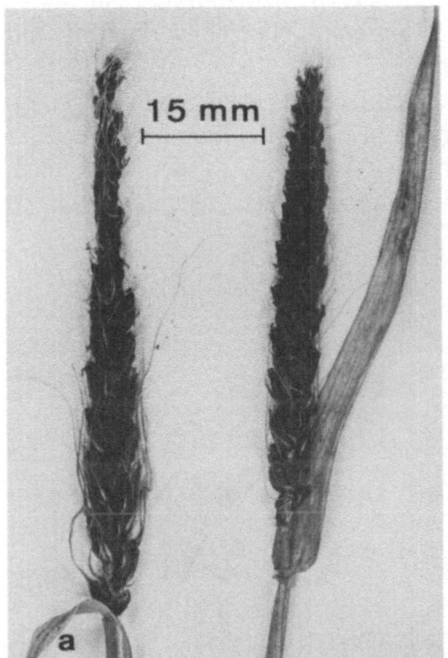

Abbildung 243 a–c. a *Ustilago nuda,* infizierte Blütenstände von *Hordeum vulgare* (Gerste): **b, c** *Ustilago maydis,* infizierter Fruchtstand von Mais (Beulenbrand); **b** Übersicht; **c** Ausschnitt

---

* Auch in der 8. Auflage von 1995 werden in „Ainsworth & Bisby's Dictionary of the Fungi" die Brandpilze wie meist üblich in einer Ordnung (Ustilaginales) zusammengefaßt, die sich in die beiden Familien der Tilletiaceae und Ustilaginaceae gliedert

Fruchtständen der infizierten Pflanzen große Mengen von schwarzen Sporen (Brandsporen) bilden, welche die befallenen Pflanzenteile wie verbrannt erscheinen lassen (Abb. 243). Eine Reihe von Brandpilzen wachsen auf Agarmedien.

Die **vegetative Fortpflanzung** erfolgt durch hefeartige Sprossung der Basidiosporen, seltener durch an dikaryotischen Myzelien entstehenden **Konidien.** Die **sexuelle Fortpflanzung** ist bestimmt durch einen haplo-dikaryotischen Entwicklungs-Zyklus und durch **Monözie**, die meist von Incompatibilität überlagert ist. Als Befruchtungs-Modus liegt **Somatogamie** vor.

Als **Leitart** für die Darstellung des Fortpflanzungsverhaltens der Brandpilze haben wir *Ustilago,* den Erreger des Flugbrandes, gewählt (Abb. 244), der nicht nur auf Getreide [z.B. *U. avenae* auf Hafer oder Glatthafer (*Arrhenatherum elatius*), *U. tritici* = *U. nuda* auf Weizen, *U. maydis,* Beulenbrand, auf Mais], sondern auch mit zahlreichen Arten auf anderen Pflanzen vorkommt und daher relativ leicht beschafft werden kann.

Die **Basidiosporen**, die aus der quergeteilten Basidie hervorgehen, zeigen eine 1:1 Aufspaltung in + und – Kreuzungstyp (1). Da jedes Kompartiment der Basidie sukzessiv mehrere Sporen abschnüren kann (8), werden diese auch **Sporidien** genannt und für die Basidie wird manchmal der Ausdruck Promyzel

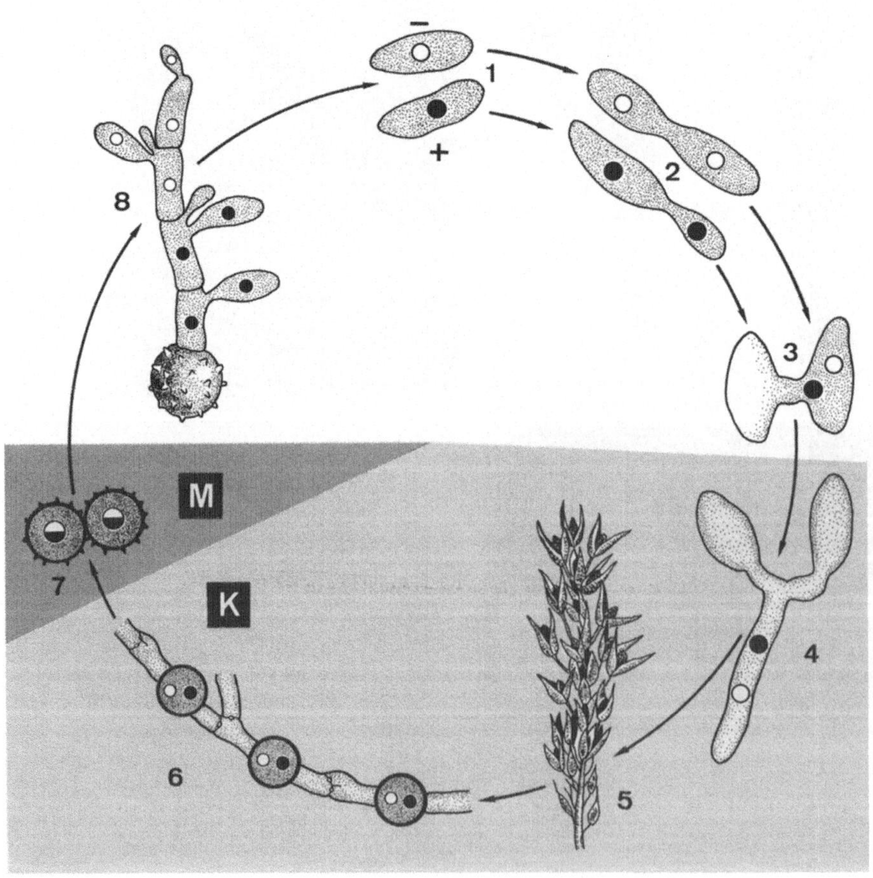

verwendet. Die haploiden Basidiosporen können sich noch ein- oder zweimal hefeartig teilen (2) und sind in der Lage, sich kurze Zeit saprophytisch zu ernähren. Die Haplophase ist also sehr kurz.

Allerdings kann man die Haplophase bei getrennter Kultur von + und – Sporidien auf Agarmedien unbegrenzt erhalten; sie bilden dort hefeartige Kolonien (s. Abb. 245). Bei einer anderen Art (*U. maydis*, Erreger des Maisbrandes) sind sogar die haploiden Myzelien infektionsfähig. Dies ist aber eine Ausnahme. *U. maydis* ist auch in anderer Hinsicht eine Ausnahme, denn ihr Fortpflanzungsverhalten wird durch ein dem tetrapolaren Incompatibilitäts-Mechanismus der Holobasidiomycetidae (S. 479 f.) vergleichbares Fortpflanzungs-System gesteuert.

Eine Infektion des Wirtes kann bei *U. avenae* erst erfolgen, nachdem durch Somatogamie (3) zwischen + und – Sporidien oder deren Abkömmlingen die dikaryotische Phase hergestellt ist (4).

Als Einleitung des Sexualvorganges bildet sich eine Kopulationsbrücke. Jede Sporidie kann sowohl als Kerndonor als auch als Kernakzeptor fungieren. Deswegen sind entsprechend unserer Definition von Monözie und Diözie (S. 11) die Brandpilze als Monözisten anzusehen, da im Gegensatz zu den physiologisch diözischen Hefen (s. Abb. 187) die Plasmogamie nicht in einer einfachen Zellfusion ohne Kernwanderung besteht.

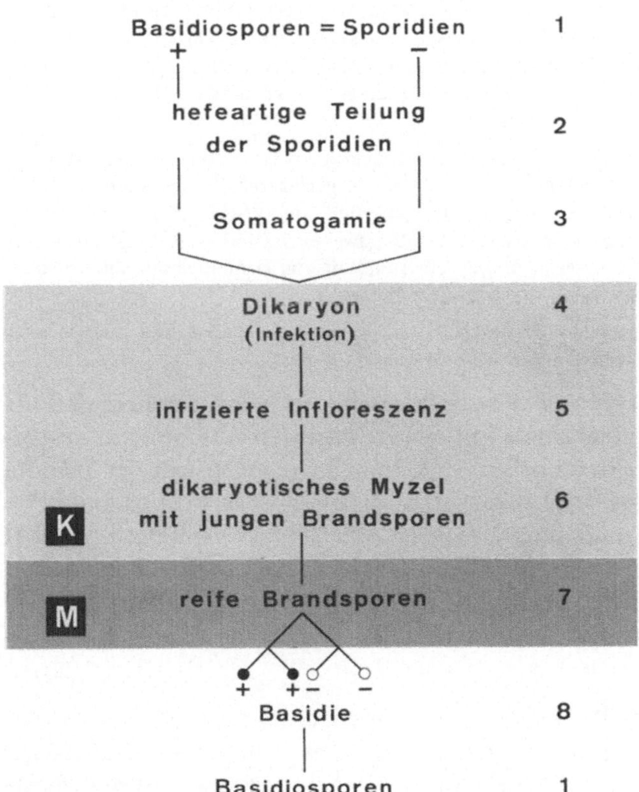

Abbildung 244. Entwicklungs-Zyklus von *Ustilago avenae*, Haplo-Dikaryot. Befruchtungsmodus: Somatogamie; Fortpflanzungs-System: Monözie, überlagert durch bipolare Incompatibilität. (Nach Walter, verändert)

Beim Flugbrand werden die Samen infiziert. Die dikaryotischen Myzelien überstehen die Ruhephase in den Getreidekörnern und wachsen, zum Teil mit Schnallen ausgestattet, nach Aussaat der Körner im nächsten Jahr in der Apikalregion des sich entwickelnden Getreidehalms bis in die junge Ähre hinein, ohne dabei makroskopisch erkennbare Symptome hervorzurufen. Mit Beginn der Blütenbildung gehen sie dazu über, die den Teleutosporen der Rostpilze entsprechenden, schwarzen, derbwandigen Brandsporen (= Probasidien) zu produzieren (5). Diese entstehen wie Chlamydosporen in Lagern und erzeugen die brandartige Deformation der Ähren. In den Brandsporen findet die Karyogamie statt (7), an die sich unmittelbar die Meiose und die Bildung einer quergeteilten sporulierenden Basidie anschließt (8).

Modalitäten der Infektion: Außer der für *U. avenae* beschriebenen Infektion der Samen gibt es noch andere Möglichkeiten:

(1) **Blüten-Infektion:** Bei einem anderen Erreger des Flugbrandes (*U. nuda*, syn. *U. tritici*, auf Weizen und Gerste) liegt während der Blütezeit die Masse der Brandsporen frei und kann auf andere Blütenstände übertragen werden. Die Brandsporen von *U. nuda* bilden dann keine Sporidien, sondern dringen mit einem Keimschlauch in das junge, in Entwicklung befindliche Gewebe an der Basis des Ovariums ein. Es entsteht ein Myzelium, das in den Embryo einwächst, so daß das Getreidekorn bei der Reife schon infiziert ist. Nach der Keimung im nächsten Jahr wächst das Myzel mit der sich entwickelnden Pflanze. In den Fruchtständen bilden sich Lager von Brandsporen anstelle der Getreidekörner. Das Erscheinungsbild dieser Krankheit ist das gleiche wie nach direkter Blüteninfektion (s. oben: *U. avenae*).

(2) **Keimpflanzeninfektion** wird von der bekanntesten *Tilletia*-Art (*T. caries*) ausgelöst. Die mit diesem Pilz infizierten Pflanzen lassen außer einem wenig geringeren Wuchs äußerlich keine besonderen Merkmale erkennen. Die „reifen Getreidekörner" sind etwas größer und bläulich gefärbt, enthalten aber weder einen Embryo noch Nährgewebe; sie sind vollständig mit einem Lager von Brandsporen gefüllt. Sie riechen infolge einer Bildung von Trimethylamin intensiv nach faulendem Fisch, daher auch der Name Stinkbrand für *T. caries*.

(3) **Triebinfektion** ist beim Beulenbrand des Mais (*U. maydis*) vorhanden, hier können auch junge Halme, männliche und weibliche Blütenstände befallen werden.

Wenn wir den Zyklus von *U. avenae* überschauen, wird deutlich, daß die Brandpilze zwar manche Merkmale mit den im nächsten Abschnitt zu besprechenden Rostpilzen gemeinsam haben (z. B. Brandspore entspricht der Teleutospore; Haplo-Dikaryophase; nur dikaryotisches Myzel ist infektionsfähig; Monözie verbunden mit Incompatibilität) (vergl. Abb. 246). Die Unterschiede aber überwiegen (z.B. fehlen Geschlechtsorgane, Haplo-Phase ist unbedeutend, kein Wirtswechsel). Deswegen kann man die **Ustilaginales** als eine **Zwischenstufe** in der **Progression von den Ascomycetes über die Uredinales zu den Holobasidiomycetidae** auffassen.

Klassifizierung: Zu den Tilletiales (Familie: Tilletiaceae) rechnet man 28 Gattungen mit etwa 430 Arten und zu den Ustilaginales (Familie: Ustilaginaceae) 33 Gattungen und 629 Arten. Da viele dieser Pflanzenparasiten auf bestimmte Wirte spezialisiert sind, wird zur Bezeichnung der Art oft der Name des Wirtes gewählt. Dies trifft auch für die in der nächsten Ordnung (Uredinales) zusammengefaßten Rostpilze zu (S. 442).

Da man vor einiger Zeit gefunden hat, daß bisher als imperfekt eingestufte Hefen, wie *Rhodotorula*- und *Candida*-Arten an ihren Sproßmyzelien „Probasidien" bilden, von denen sich „Sporidien" abschnüren, werden von einigen Autoren die Brandpilze in die Nähe der Ascomyceten gestellt. Ihre systematische Einordnung könnte sich daher in Zukunft ändern.

Bekämpfung der Brandpilze:

Sie erfolgt meist durch Beizen des Saatgutes. Bei der Naßbeize, die nur wirksam ist, wenn die Sporen den Samen außen anhaften (Arten mit Keimpflanzeninfektion), verwendet man quecksilberhaltige Präparate. Bei Samen, die von Arten befallen sind, die durch Samen- oder Blüteninfektion übertragen werden, hilft nur Trocken- oder Warmwasserbeize bei Temperaturen zwischen 50 und 55 ° C, die allerdings nicht immer effektiv ist, denn es gilt, das im Samen befindliche dikaryotische Myzel selektiv abzutöten, ohne den Embryo zu schädigen. Schon seit längerer Zeit werden auch systemische Fungizide angewendet.

Weitere Methoden sind: (1) Durchsicht der noch auf dem Halm stehenden Getreide und Elimination der gesamten Ernte, wenn ein bestimmter Prozentsatz von Brandpilzbefall festgestellt wird. (2) Feststellung der Infektionsrate durch Embryoanalyse. (3) Verwendung von kleistogam blühendem Getreide, in dessen Blütenstände die Brandsporen nicht eindringen können.

Alle diese Methoden haben nur eine geringe Effizienz und sind ökonomisch nicht mehr vertretbar. Die wirksamste Methode, die auch in Zukunft die Bedrohung der Ernte durch den Befall mit Brandpilzen verhindern wird, ist die Verwendung von **Saatgut,** das durch **gentechnische Manipulation** gegen den Pilzbefall **resistent** ist. Damit dürfte der immense Schaden, den Brandpilze in der Landwirtschaft verursachen, minimiert werden.

Material: Frischmaterial, d.h. mit Brandpilzen infizierte Pflanzenteile sind auch trotz der Anwendung von Pflanzenschutzmitteln noch relativ leicht zu finden. Da die Infektionsstellen gegen Ende der Vegetationsperiode faktisch nur aus Massen von Brandsporen bestehen, können wir diese nach Abschütteln trocken aufbewahren. Die Brandsporen verlieren ihre Keimfähigkeit erst nach 2–3 Jahren.

Zahlreiche Arten von *Ustilago* und auch einige von *Tilletia* werden vom CBS angeboten. Sie können als Schrägagarkulturen auf Hefe-Casein-Medium (S. 30) bei 4 °C allerdings nur begrenzt aufbewahrt werden, denn sie müssen monatlich auf frisches Nährmediuin umgesetzt werden und zeigen außerdem eine hohe Mutabilität.

Präparation und Aufgabe: Zunächst sollte man sich mit dem Habitus der von Brandpilzen befallenen Getreidepflanzen (Herbarmaterial) vertraut machen (Abb. 243), um in der Lage zu sein, selbst Material zu sammeln. Wenn möglich, demonstriert man die einzelnen Stadien des relativ einfachen Entwicklungs-Zyklus der Brandpilze an lebendem Material, und zwar geht man von selbst „geernteten" Brandsporen aus.

Diese werden vor den einzelnen Versuchsansätzen durch eine 4–5stündige Suspension in einer 1,5 %igen $CuSO_4$ –Lösung desinfiziert, und zwar in sterilen Zentrifugengläsern. Nach kurzem Abzentrifugieren die sedimentierten Brandsporen in 5 ml sterilem aqua dest. resuspendieren, erneut zentrifugieren und wieder in aqua dest. aufnehmen.

Um sich die zeitraubende Prozedur des Waschens und Zentrifugierens zu ersparen, kann man auch die Brandsporen unmittelbar aus der CuSO₄-Lösung in die Keimungsmedien bringen, allerdings ist dann die Keimrate wesentlich geringer als bei gewaschenem Material.

Demonstration der Basidienbildung: Brandsporen zur Keimung in 3–5 ml flüssiges Melassemedium (steriles Reagenzglas) bringen, bei 30 °C inkubieren, nach 24 h Beobachtung beginnen (Tropfpräparate, Medium S. 31).

Demonstration von monokaryotischen und dikaryotischen Myzelien: Auf festes Hefe-Casein-Medium (S. 30) Brandsporen plattieren (etwa 200/ Petrischale), bei 25 °C inkubieren. Nach 3 d sind unter dem Präpariermikroskop „Kolonien" zu sehen. Diese bestehen jeweils aus den zahlreichen, von einer

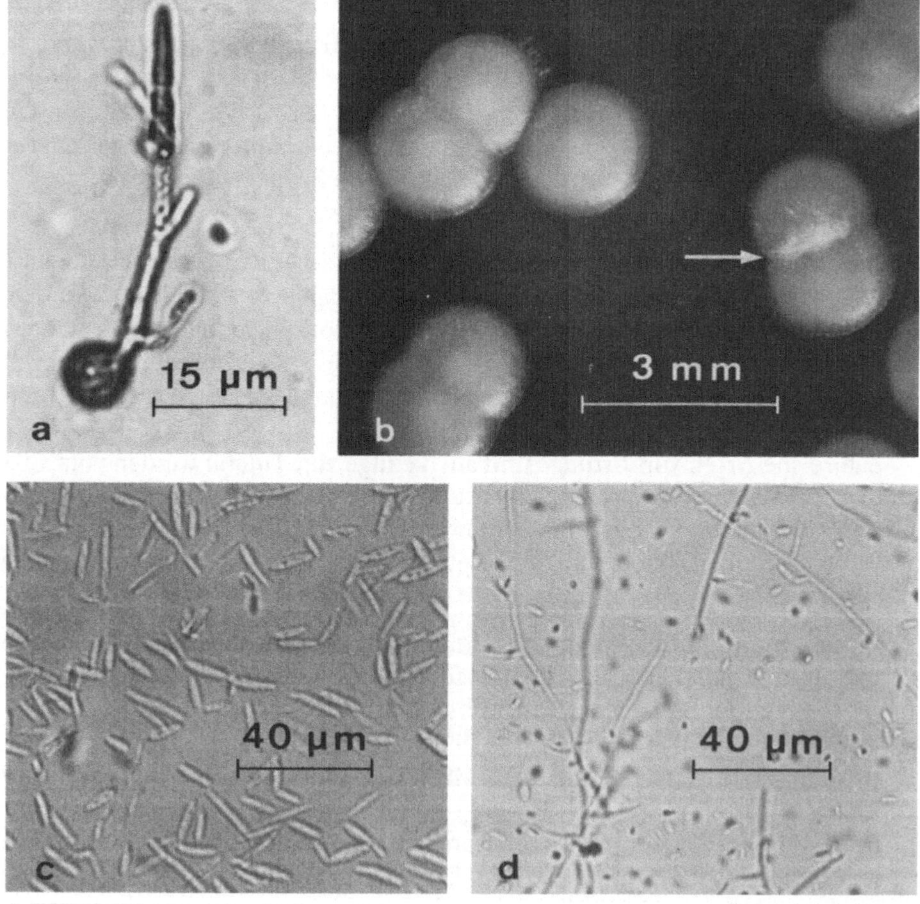

Abbildung 245 a–d. *Ustilago maydis.* **a** Gekeimte Brandspore (Probasidie) mit Heterobasidie und Basidiosporen (Sporidien); **b** monokaryotische Kolonien, die aus den Basidiosporen-Kreuzungstypen einer Basidie hervorgegangen sind; compatible Monokaryen dikaryotisieren sich in der Kontaktzone (Pfeile); **c** hefeartig sprößende Monokaryen; **d** dikaryotische Myzelien

Basidie gebildeten Basidiosporen (Sporidien). Um die Sporen zu trennen und auch die verschiedenen Kreuzungstypen zu erkennen, mit der Impföse einen Abstrich von einer Kolonie machen, diesen in ¼ starker Ringerlösung (1 ml) suspendieren, erneut auf Hefe-Casein-Agar plattieren und bei 25 °C inkubieren. Nach 2–3 d werden die nun makroskopisch erkennbaren Kolonien zunächst unter dem Präpariermikroskop beobachtet und von Abstrichen unter Verwendung von Lactophenol Tropfpräparate hergestellt.

Beobachtungen: An den in flüssigem Nährmedium zur Keimung gebrachten Brandsporen kann man nach etwa 12 h die Bildung von Keimschläuchen beobachten, die sich im Verlauf der nächsten 24 h septieren und damit quergeteilte Heterobasidien werden. Die von diesen sukzessiv abgeschnürten Basidiosporen sind ebenfalls in verschiedenen Stadien ihrer Differenzierung deutlich zu sehen (Abb. 245 a).

Nach Keimung der Brandsporen (Probasidien) auf Agarmedium bildet sich zunächst um jede Spore ein „Hof" von Basidiosporen. Diese beginnen nach einiger Zeit zum Teil hefeartig zu sprossen. Da das Fortpflanzungsverhalten des von uns verwendeten Objektes (*Ustilago maydis*) durch einen tetrapolaren Incompatibilitäts-Mechanismus bestimmt wird, wie er vorwiegend nur bei Homobasidiomycetidae vorkommt (S. 479), stellen die von einer Basidie abgeschnürten Sporen ein Gemisch der vier möglichen Kreuzungstypen dar. Die nach erneutem Ausplattieren sich bildenden Kolonien stammen meist nur von einer Basidiospore ab, d.h. sie enthalten nur Zellen oder Sproßmyzelien eines Kreuzungstyps. In den Kulturen wird man immer Kolonien finden, die sich in den Randzonen berühren. An diesen kann man zunächst unter dem Präpariermikroskop und dann nach etwa 3–4 d Kulturdauer makroskopisch die Bildung von dikaryotischen Myzelien zwischen compatiblen Kreuzungstypen erkennen, und zwar als intensiv weiß gefärbte, stärker wachsende Zonen (Abb. 245 b).

Wie auch in Abstrichpräparaten zu sehen ist, bilden die Dikaryen Myzelien, die sich deutlich von den hefeartig sprossenden Monokaryen unterscheiden (Abb. 245 c, d).

Eine positive Reaktion (Dikaryonbildung) ist nur, wie auf S. 495 ausführlich dargestellt wird, zwischen Kreuzungstypen möglich, die für beide Incompatibilitäts-Faktoren heterogen sind ($A_1B_1 \times A_2B_2$ bzw. $A_1B_2 \times A_2B_1$). Mit Hilfe dieses Testes kann man auf einfache Weise die einzelnen Kreuzungstypen identifizieren und auch als Ausgangsmaterial für eventuelle genetische Versuche isolieren. Bei diesem Objekt haben wir bewußt auf eine intensivere genetische Bearbeitung verzichtet, weil diese sich bei den höheren Basidiomycetes einfacher durchführen läßt.

Die Bildung von Brandsporen kann man in Laborkulturen nicht zeigen, denn diese entstehen nur auf dem Wirt. Wenn man *U. maydis* weiterzüchten will, muß mit Hilfe des dikaryotischen Myzels eine Wirtspassage eingeschaltet werden.

4. Überordnung: Tremellanae

Ordnung: Uredinales (Rostpilze)

Filme: FT 764, Weizenrost
C 1900, Lebenszyklus des Rostpilzes *Puccinia graminis*

Merkmale: Die **Rostpilze,** so genannt wegen der makroskopisch erkennbaren rötlichbraunen Farbe bestimmter Sporenlager, sind **obligate Endoparasiten der Gefäßpflanzen.** Nach Eindringen von Keimhyphen der Sporen in den Wirt wachsen die Myzelien interzellulär und senden Haustorien in die Zellen der befallenen Pflanzenteile. Eine Infektion durch Rostpilze hat sehr selten ein Absterben der Pflanzen zur Folge, da meist nur lokal begrenzte Infektionsherde entstehen.

Das **Fortpflanzungsverhalten** der Rostpilze ist durch einen **Generationswechsel, der meist mit einem Wirtswechsel verbunden ist,** charakterisiert. Zur Verdeutlichung dieses Entwicklungs-Zyklus, der wegen der Vielzahl von Sporentypen oft beim Anfänger auf Verständnisschwierigkeiten stößt, wird als **Leitart** die Entwicklung von *Puccinia graminis* (Schwarzrost des Getreides) besprochen.

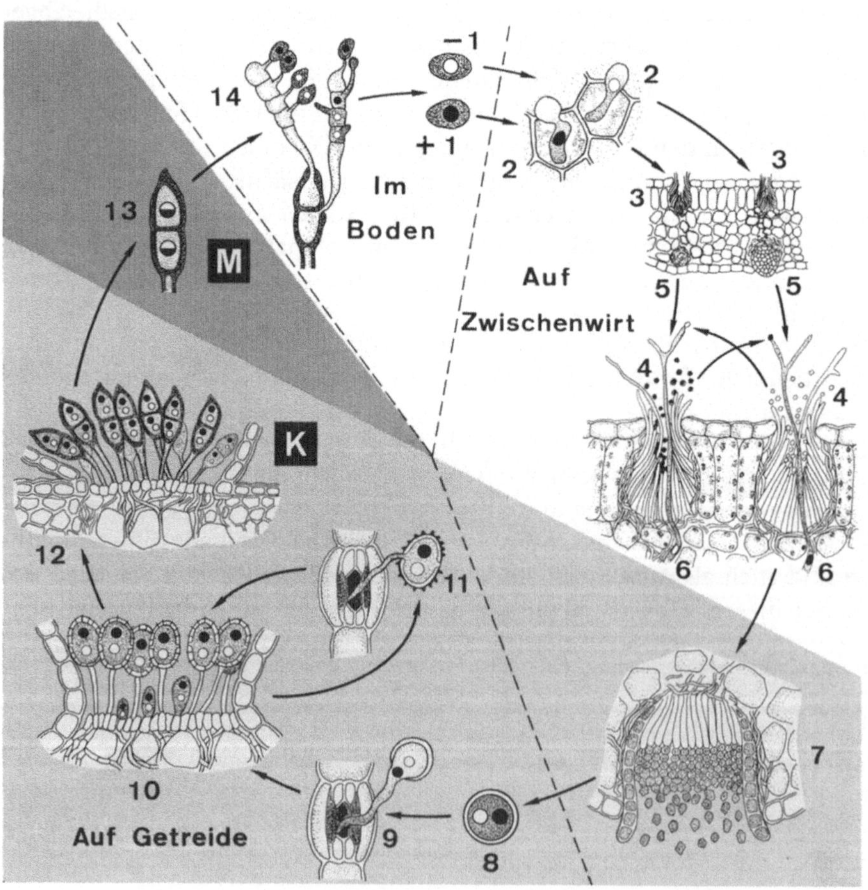

Wie aus Abb. 246 hervorgeht, zeigen die an den quergeteilten Basidien entstehenden Sporen eine 1:1 Aufspaltung für die beiden Kreuzungstypen + und – (14, 1). Die Basidiosporen werden nach Abschleudern durch den Wind verbreitet und bilden sobald sie in einen Wassertropfen gelangen, Keimhyphen, die absterben, wenn die Sporen nicht auf den obligaten Zwischenwirt, die Berberitze (*Berberis vulgaris*), gelangen. Die Keimhyphen dringen durch die Epidermiszellen in die Berberitzenblätter ein (2) und wachsen zu einem interzel-

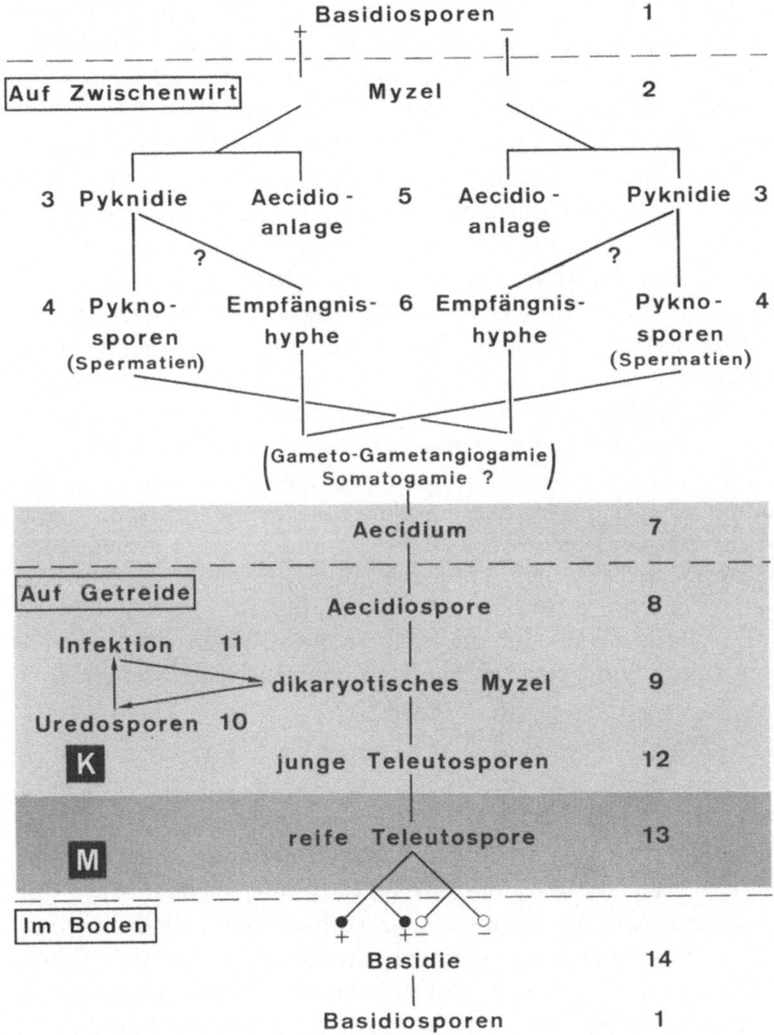

Abbildung 246. **Entwicklungs-Zyklus von *Puccinia graminis*,** Haplo-Dikaryot mit vegetativer Fortpflanzung in der Dikaryophase durch Uredosporen und Wirtswechsel. Befruchtungs-Modus: Gameto-Gametangiogamie; Fortpflanzungs-System: Monözie, überlagert durch bipolare Incompatibilität. (Nach Walter, verändert)

lulär wuchernden Myzel aus. Schon wenige Tage nach der Infektion entstehen unterhalb der Blattoberseite krugförmige Lager von Spermogonien (**Pyknidien, 3**). In diesen männlichen Gametangien bilden sich Spermatien (**Pyknosporen, 4**), welche sukzessiv von den Spermogonien abgeschnürt werden. Die Pyknidien, zunächst subepidermal angelegt, durchbrechen die Epidermis und öffnen sich nach außen mit einem Ostiolum, das mit zahlreichen Periphysen ausgekleidet ist.

Gleichzeitig mit der Bildung der Pyknidien entstehen in der subepidermalen Schicht der Blattunterseite die **Aecidienanlagen** (5), die als Äquivalente der weiblichen Geschlechtsorgane gelten. Die Befruchtung erfolgt mit Hilfe von **Empfängnishyphen** (6), die sich am haploiden Myzel bilden und zusammen mit den Periphysen aus dem Ostiolum des Pyknidiums herauswachsen (4). Die Empfängnishyphen haben eine der Trichogyne der Ascomycetes vergleichbare Funktion, sie sind nämlich in der Lage, an ihrer Spitze mit einem **Spermatium** (**Pyknospore**) zu fusionieren. Nach dieser Plasmogamie wandert der Kern des Spermatiums durch die Empfängnishyphe in die Aecidienanlage, die auf diese Weise dikaryotisch wird. Aus ihr entwickelt sich dann ebenfalls ein becherförmiges Sporenlager, das **Aecidium** (7). In diesem entstehen Konidiosporen (**Aecidiosporen, 8**), die nach Aufreißen der Peridie abgeschleudert werden.

Die Dikaryotisierung von *Puccinia* erfolgt demnach durch eine den Ascomycetes (z.B. *Neurospora*, vergl. Abb. 216) vergleichbare **Gameto-Gametangiogamie.** Sie wird auch in gleicher Weise wie bei *Neurospora* durch einen **bipolaren Incompatibilitäts-Mechanismus** gesteuert. Dies hat zur Folge, daß Empfängnishyphen nur mit Pyknosporen des entgegengesetzten Kreuzungstyps fusionieren können. Das erfordert, daß ein Blatt gleichzeitig von einer + und von einer – Basidiospore infiziert wurde. Ist dies nicht der Fall, so besteht auch eine Übertragungsmöglichkeit der Pyknosporen durch Insekten, denn die Pyknidien scheiden durch ihr Ostiolum Nektar aus, der die Insekten anlockt. Gleichzeitig mit dem Nektar nehmen die Insekten auch Pyknosporen mit, die nun auf die Empfängnishyphe eines anderen Ostiolums gebracht werden können.

Die Gameto-Gametangiogamie ist allerdings nicht der einzige Befruchtungs-Modus. Es wurde bei anderen Rostpilzen beobachtet, daß die Dikaryotisierung auch durch einfache Fusion zwischen + und – Hyphen eingeleitet werden kann (Somatogamie).

Die **Aecidiosporen** (8) werden durch den Wind verbreitet und können zwar in gleicher Weise wie die Basidiosporen in Wassertropfen keimen, aber nur weiterwachsen, wenn sie auf den Hauptwirt, im vorliegenden Fall eine Graminee, gelangen. Nach Eindringen der Keimhyphe (meist durch die Spaltöffnungen) (9), entwickelt sich im Hauptwirt interzellulär ein dikaryotisches Myzel, das allerdings keine Schnallen bildet. An Blattober- und -unterseite des Grases oder der Getreidepflanze bilden sich schon nach wenigen Tagen neue Sporenlager. In diesen **Uredien** (10) werden an Sterigmen die dikaryotischen **Uredosporen** gebildet, die mit einer derben stacheligen Zellwand umgeben und vielfach rötlich-braun gefärbt sind, so daß die reifen Uredien wie Rostpusteln aussehen. Die Uredosporen dienen als Sommersporen und können erneut Gramineenpflanzen infizieren (11).

In milden Wintern können sie auch auf abgestorbenen Pflanzenteilen überdauern und im Frühjahr ohne Vermittlung eines Zwischenwirts erneut eine Rostinfektion auslösen. Dies ist einer der Gründe, warum vor allem in unseren Zonen das Ausrotten von Berberitzen nicht zu dem erwarteten Erfolg bei der Bekämpfung des Getreiderostes geführt hat.

Erst gegen Ende der Vegetationsperiode entstehen die **Telien** (12). Dies sind ähnliche Sporenlager wie die Uredien. In ihnen bilden sich ebenfalls an Stielen die zweizelligen, mit einer derben Wand umgebenen schwarzen **Teleutosporen** (13) (daher Schwarzrost!). In den Teleutosporen, die als Dauersporen stets überwintern, erfolgt die Karyogamie. Beide Zellen einer Teleutospore, die jeweils als **Probasidie** aufgefaßt werden, keimen im Frühjahr unter Reduktionsteilung mit einer quergeteilten Basidie (14).

Wie schon oben angedeutet, gibt es viele Rostpilze, bei denen die eine oder andere Sporenart und demzufolge auch ein Wirtswechsel, wahrscheinlich infolge von mutativen Veränderungen im Verlauf einer langen Evolution, ausgefallen ist. Im Gegensatz zu der **makrozyklischen** *Puccinia graminis* bezeichnet man diese Formen als **mikrozyklisch.**

Klassifizierung: In „Ainsworth and Bisby's Dictionary" sind für die Uredinales 14 Familien, 164 Gattungen (zusätzlich 139 Synonyma) und etwa 7.000 Arten verzeichnet. Taxonomische Merkmale für die Aufteilung in Familien sind Habitus der Teleutosporen und Basidien.

Diese nomenklatorische Vielfalt wird durch zwei Fakten noch unübersichtlicher. Einmal gibt es infolge der bei Pflanzenparasiten vielfach üblichen engen Wirtspezialisierung (s. z.B. Mehltaupilze, S. 367 f.) eine große Zahl von Rassen (formae speciales; Singular: forma specialis), die man durch Hinzufügen des Wirtsnamens zum Gattungs- und Artnamen kennzeichnen kann, z.B. *Puccinia graminis* f.sp. *tritici* (auf Weizen), *Puccinia graminis* f.sp. *hordei* (auf Gerste) etc. Von manchen Autoren wird diesen Formen ein spezifischer taxonomischer Rang eingeräumt. Andererseits werden bei den vielen imperfekten Formen, die auf Grund der einen oder anderen noch vorhandenen typischen Sporenart ziemlich eindeutig zu den Rostpilzen gezählt werden können, Wirtsbezeichnungen ebenfalls oft mit Gattungsnamen gekoppelt.

Praktische Bedeutung: Die wichtigsten Pflanzenschädlinge sind: *Puccinia graminis* (in zahlreichen Varietäten auf Getreide und anderen Gräsern); *Puccinia asparagi* (Spargelrost); *Puccinia malvacearum* (auf Malvenarten, insbesondere auf Stockrosen); zahlreiche *Uromyces*-Arten auf Leguminosen und anderen Dikotylen; *Gymnosporangium*-Arten vor allem auf Apfelbäumen und anderen baumförmigen Rosaceen (z.B. der Birnengitterrost *G. sabinae)*; *Phragmidium*-Arten kommen ebenfalls auf Rosen, Himbeeren und anderen verwandten Sträuchern vor. Neben diesen zu den Pucciniaceae gehörenden Formen ist von den Melampsoraceae vor allem *Cronartium ribicola*, der Erreger des Blasenrostes der Weymouthkiefer (*Pinus strobus*) mit Stachel- und Johannisbeere als Zwischenwirt zu nennen. Andere Gattungen dieser Familie findet man ebenfalls auf Gymnospermen und Farnen. Von den Coleosporiaceae ist die Gattung *Coleosporium* von wirtschaftlicher Bedeutung, deren Teleutosporen sich auf zahlreichen Blütenpflanzen bilden, während die Aecidienlager als weiße Pusteln auf den Nadeln von Kiefern vorkommen.

Die **Bekämpfung der Rostpilze** durch chemische Mittel ist bisher nicht gelungen, da die Wirksamkeit solcher Agentien relativ gering ist. Man ist daher bei den Nutzpflanzen einen anderen Weg, nämlich den der Resistenzzüchtung gegangen, der vor allem bei den Getreidearten den Rostbefall erheblich vermindert hat. Diese erfolgreiche züchterische Arbeit, die gegenwärtig durch gentechnische Methoden erweitert wird, wird dadurch erschwert, daß laufend neue Rassen und Varietäten auftreten, die auch die bisher als resistent aufgefaßten Nutzpflanzen befallen. Dies kann einerseits durch Mutation der betreffenden Pilzrassen oder andererseits durch Neukombination innerhalb der Genome bedingt sein. Zum letzteren ist es nicht einmal notwendig, daß diese durch eine Meiose erfolgt. Bedingt durch den dikaryotischen Status der infektionsfähigen Myzelien, kann auch auf dem Wege einer Komplementation eine Resistenzüberwindung ausgelöst werden. Wie aus den auf S. 430 gemachten Ausführungen über die physiologischen Merkmale eines Dikaryons abzuleiten ist, ist dies möglich, wenn genetisch verschiedene Rassen zusammenkommen und sich dikaryotisieren.

Material: In einigen Fällen ist es zwar gelungen, Myzelien von Rostpilzen auf Agarnährböden ohne Zusatz von pflanzlichen Gewebestücken oder Pflanzenextrakten zu kultivieren.* Eine Sporulation scheint jedoch bisher nicht möglich zu sein. Daher ist man auf die Beschaffung von Frischmaterial oder auf Dauerpräparate angewiesen. Es ist kein Problem, im Verlauf der wärmeren Jahreszeit Rostpilze zu finden, da man die typisch gefärbten, pustelartigen Sporenlager makroskopisch leicht erkennen kann. Schwierigkeiten bereitet allerdings die taxonomische Einordnung. Hier sei zumindest für die Pucciniaceae folgende Faustregel gegeben: Einzellige Teleutospore (*Uromyces*-Arten); zweizellige Teleutospore (*Puccinia*-Arten) beide Pucciniaceae; vielzellige Teleutosporen *(Phragmidium-Arten Phragmidiaceae)*. Das weitaus gravierendere Problem bei der Materialbeschaffung ist dadurch gegeben, daß es manchmal nicht möglich ist, alle Sporenstadien, die wir bei der Leitart *P. graminis* besprochen haben, zu beschaffen. Daher empfehlen wir, sich rechtzeitig fixiertes Material anzulegen oder auf Dauerpräparate zurückzugreifen, die gerade von *P. graminis* vom Handel in großer Auswahl angeboten werden.

Präparation und Aufgabe: Deckglaspräparate von Handschnitten durch infizierte Pflanzenteile herstellen oder entsprechende Dauerpräparate verwenden. Bei einem Durchmustern von Blattquerschnitten findet man mit der Übersichtsvergrößerung verschiedene Entwicklungsstadien der beiden Sporenlager. Für die Anfertigung einer Übersichtszeichnung wählt man solche Stadien aus,

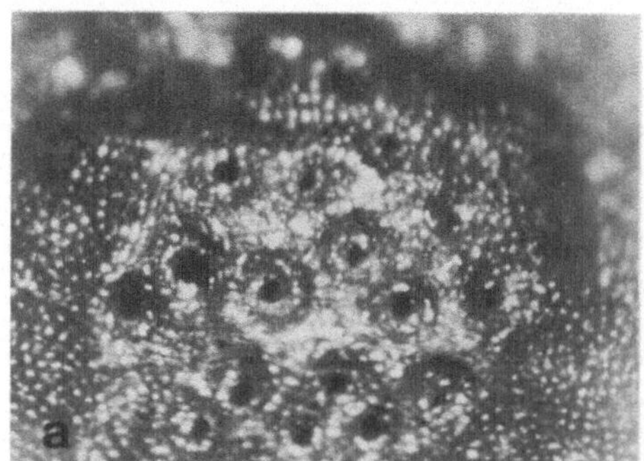
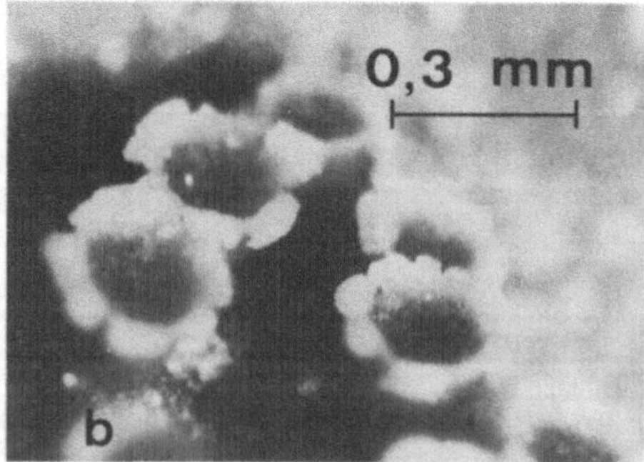

Abbildung 247 a, b. *Puccinia graminis.* a Pyknidienpusteln auf der Blattoberseite von *Berberis vulgaris;* b Aecidien auf der Unterseite des Berberisblattes

---

* Zusammenfassung der Methoden: Fink W, Deising H, Mendgen K (1989) Forum Mikrobiologie
  12:437–443

bei denen die Schnittlinie durch den Mittelpunkt des Lagers geht, damit bei der Pyknidie (Abb. 241 a) das Ostiolum erkennbar ist.

Beobachtungen: Die folgenden Angaben beziehen sich ausschließlich auf *Puccinia*. Auf der Oberfläche der befallenen Berberitzenblätter erkennt man die gelblichen Pyknidien (Abb. 247 a) und kann schon mit einer nur geringfügig vergrößernden Lupe die Nektartröpfchen sehen.

Die sich an der Blattunterseite befindenden Aecidien fallen durch die weiße Farbe der Peridie und die von diesen umschlossenen orangefarbenen Aecidiosporen auf (Abb. 247 b). Im Ausschnittsbild der Pyknidie (Abb. 248 a) sieht man, daß die krugartige Höhlung mit zahlreichen, spitz zulaufenden Zellen ausgekleidet ist, welche die Spermatien (Pyknosporen) abschnüren. Innerhalb der zahlreichen, glatt gestreckten, sterilen Periphysen, die aus dem Ostiolum herausragen, kann man mit einiger Übung die leicht gewellten Empfängnishyphen erkennen. Dort anhaftende Spermatien (Ölimmersion!) müssen nicht

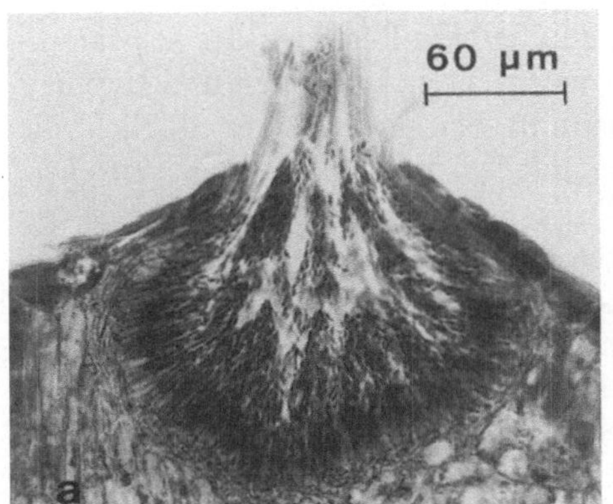

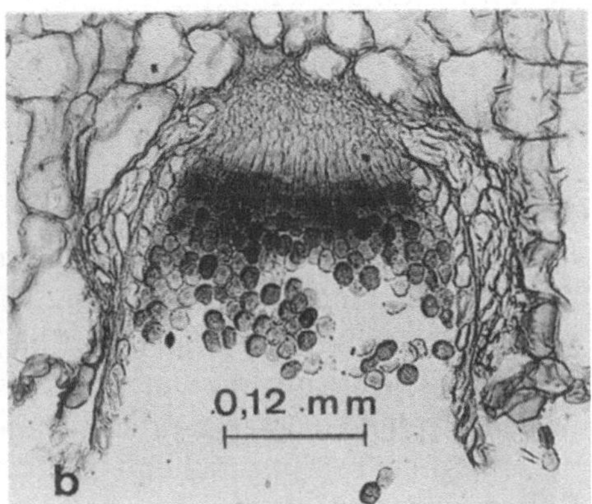

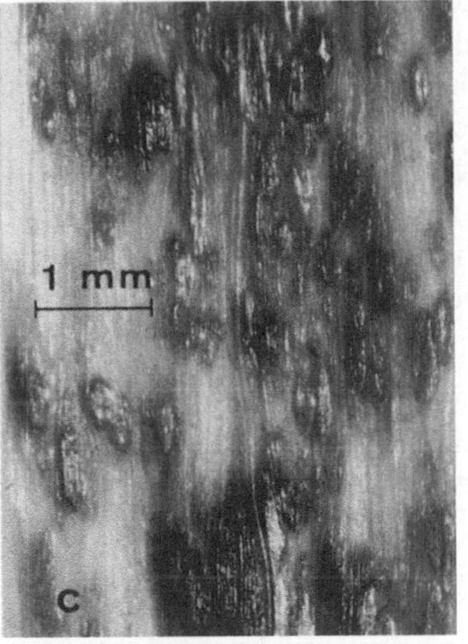

Abbildung 248 a–c. a, b; *Puccinia graminis*. Querschnitte durch ein Blatt von *Berberis vulgaris*; a Pyknidium auf der Oberseite; b Aecidium auf der Unterseite; c *Puccinia coronifera* (Haferkronenrost), Uredien (hell) und Telien (dunkel) auf Haferblatt

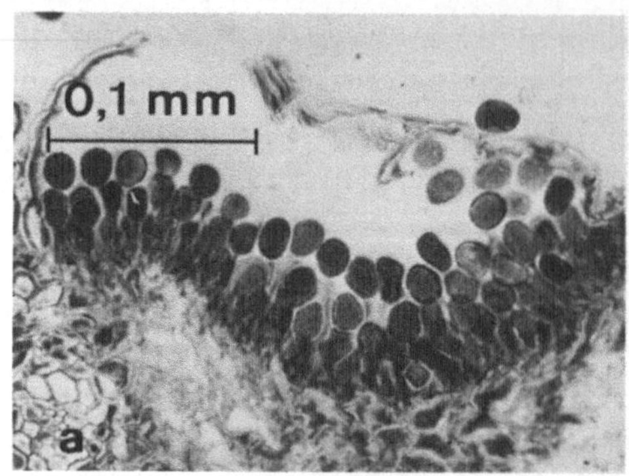
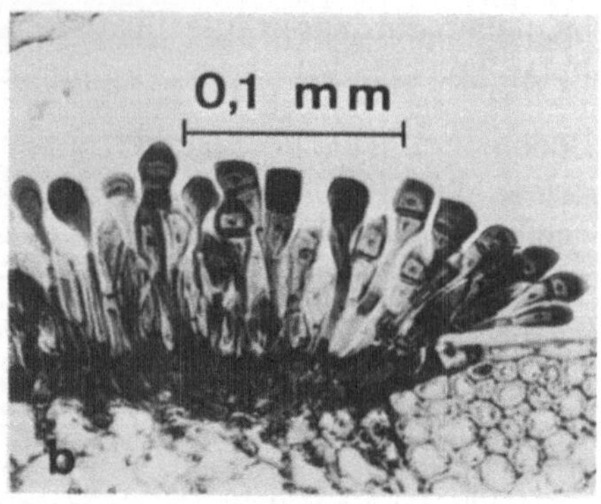

Abbildung 249 a, b. *Puccinia graminis.* a Querschnitt durch ein Uredium (Uredosporen) ; b Querschnitt durch ein Telium (Teleutosporen = Probasidien)

unbedingt befruchtet haben, denn die Fusion mit dem compatiblen Spermatium findet nur an der Spitze der Empfängnishyphe statt.

Die Aecidienanlagen erkennt man in den unteren Regionen des Schwammparenchyms als einen Komplex von anomalen Parenchymzellen und Hyphenknäueln. Vor allem wenn man Serienschnitte betrachtet, ist es möglich, die Hyphenverbindungen zwischen Aecidienanlagen und Pyknidie zu verfolgen, die ja in Empfängnishyphen auslaufen. Das reife Aecidium (Abb. 248 b) ist von einer deutlich erkennbaren einschichtigen Peridie umhüllt. Seine Basis ist von parallel zueinander verlaufenden Zellketten ausgekleidet. In diesen Ketten werden abwechselnd größere und kleinere dikaryotische Zellen abgeschnürt. Während die kleineren collabieren, entstehen aus den größeren Zellen unter weiterer Volumenzunahme die Aecidiosporen, die apikal laufend abgeschleudert werden. In entsprechend gefärbten Dauerpräparaten ist mit Hilfe der Ölimmersion die Zweikernigkeit der Aecidiosporen zu sehen.

Auf von *Puccinia* befallenen Gramineenblättern kann man makroskopisch an ihrer braunen bzw. schwarzen Farbe die Uredien von den Telien unterscheiden (Abb. 248 c). Manchmal sind beide Sporenlager vermischt, denn vor allem gegen Ende der Vegetationsperiode gehen manchmal die Uredien zur Bildung von Teleutosporen über. Im Querschnitt durch ein Uredium (Abb. 249 a) sieht man, daß die ovalen Uredosporen sich am stielartig verlaufenden Hyphenende entwickeln. Ihre derbe stachelige Zellwand hat in der „Gürtellinie" vier kreisrunde stachelfreie Regionen, die Keimporen. Die Uredien sind nicht von einer Peridie umhüllt. In guten Präparaten kann man noch als eine Art Hülle Reste der aufgeklappten Epidermis wahrnehmen.

Wenn frisches Material zur Verfügung steht, kann man auf der Blattunterseite der Gramineen keimende Uredosporen sehen, deren Keimhyphen in die Spaltöffnungen einwachsen (s. auch Abb. 246, 9). Allerdings sollte man dazu Flächenschnitte anfertigen oder Blattstücke ohne Auflegen eines Deckglases bei starker Vergrößerung durchmustern.

Im Querschnitt durch ein Telium (Abb. 249 b) erkennt man, daß dieses keine Peridie ausbildet und daß die Teleutosporen analog zu den Uredosporen von stielartigen Hyphenspitzen abgeschnürt werden. Die zweizelligen Teleutosporen sind von einer glatten, dicken, schwarzen Wand mit erkennbaren Keimporen umgeben.

Zumindest in einem der *Puccinia*-Präparate sollte man einmal systematisch nach Haustorien suchen, die als blasenartige Intrusionen vor allem in den Blattparenchymzellen zu sehen sind.

Um die **Keimung der Aecidio- bzw. Uredosporen** zu demonstrieren, gibt man auf einen Objektträger einen Tropfen steriles Leitungswasser, entfernt mit Hilfe einer Pinzette Aecidien bzw. Uredien von den befallenen Pflanzenteilen und bringt durch Abtupfen oder mit einem feinen Pinsel Sporen in den Wassertropfen. Die Objektträger werden in eine Feuchtkammer gebracht und bei Zimmertemperatur gehalten. Schon nach wenigen Stunden kann man die ersten Keimhyphen sehen, die allerdings in vitro nicht weiterwachsen.

Ordnung: Auriculariales (Ohrlappenpilze)

Merkmale: Die Ohrlappenpilze sind **vorwiegend Saprophyten.** Nur wenige Arten leben als Pflanzenparasiten auf Blättern und Wurzeln oder, was selten vorkommt, als Insektenparasiten. Hinsichtlich der Fruchtkörperbildung gibt es eine Progression von Formen, deren Hymenium als lockeres Hyphengeflecht dem Substrat bzw. Wirt aufsitzt, zu solchen Formen, die ohrlappenartige Fruchtkörper bilden. Eine **vegetative Fortpflanzung** kann bei einigen Arten durch Konidien erfolgen, die sich in der kurzen Haplo-Phase bilden (Abb. 251). Die **sexuelle Fortpflanzung** ist durch einen haplo-dikaryotischen Entwicklungs-Zyklus mit einem somatogamen Befruchtungs-Modus bestimmt. Das monözische Fortpflanzungs-System kann durch meist bipolare Incompatibilität überlagert sein.

Klassifizierung: Die 16 Arten der 5 Gattungen (zusätzlich 10 synonyme Bezeichnungen) sind in der einzigen Familie der Auriculariaceae zusammengefaßt. Die bekannteste und sehr verbreitete Art, *Auricularia auricula-judae*, im Volksmund Judasohr genannt, lebt vorwiegend auf *Sambucus*-Arten (Holunder) und bildet auf älteren oder abgestorbenen Zweigen (Übergang zwischen Saprophytismus und Parasitismus!) ohrenartige Fruchtkörper (Abb. 250). *Heli-*

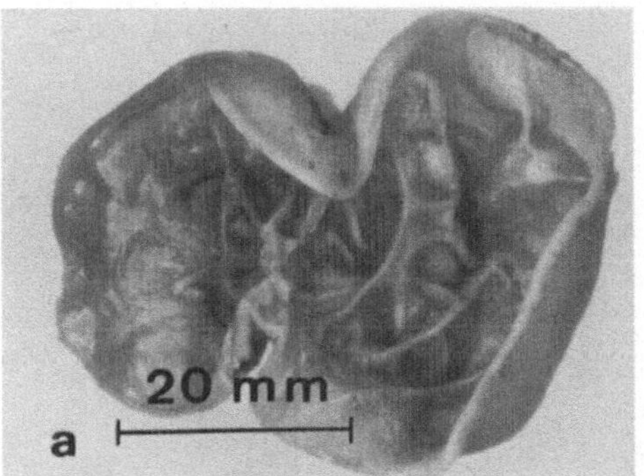

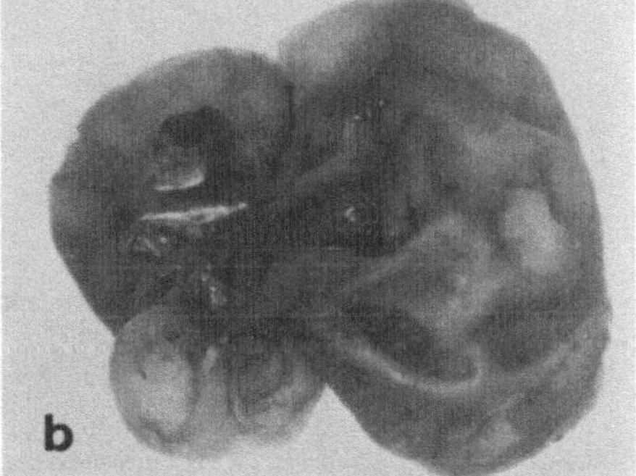

Abbildung 250 a, b. *Auricularia auricula-judae,* Fruchtkörper von einem Holunderzweig. a Oberseite mit Hymenium; b Unterseite mit stachelartigen Fortsätzen bedeckt

cobasidium purpureum ist der Erreger der violetten Wurzelfäule von Kultur-pflanzen und kommt auf Kartoffelknollen vor. Die *Septobasidium*-Arten para-sitieren auf Schildläusen, ohne diese jedoch abzutöten.

Leitart: *Auricularia auricula-judae*, die auch als Kursobjekt dient (Entwick-lungs-Zyklus in Abb. 251). Die bohnenförmigen Basidiosporen (1), die aktiv abgeschleudert werden, können entweder nach vorheriger einfacher Septie-rung zu einem haploiden monokaryotischen Myzel auskeimen oder nach mehrfacher Septierung einkernige Konidiosporen bilden, aus denen Myzelien entstehen (2–5). Die durch Somatogamie eingeleitete Dikaryotisierung (6) erfolgt nur zwischen Hyphen mit konträrem Kreuzungstyp.

Da bei der Somatogamie ein Kernaustausch stattfindet, ist der Pilz entsprechend unserer Defini-tion (S. 12) als Monözist anzusehen. Die genetisch fixierte Existenz von zwei Kreuzungs-Typen ist daher durch bipolare Incompatibilität bestimmt. Man findet allerdings auch in der Literatur Angaben, daß die Incompatibilität durch einen tetrapolaren Mechanismus kontrolliert werde, wie er bei den Holobasidiomydetidae weit verbreitet ist (S. 479), doch ist dieses Fortpflanzungs-System bisher nicht endgültig bestätigt worden.

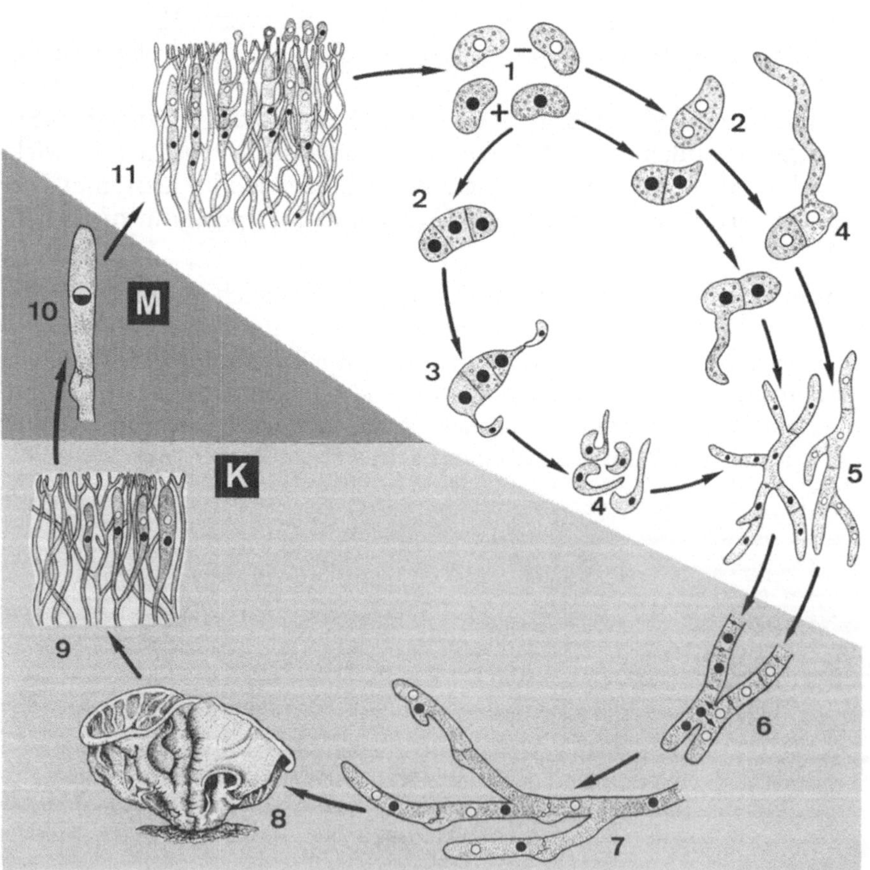

Das dikaryotische Schnallenmyzel (7) verflechtet sich zu einem gallertartigen Fruchtkörper (8), der von knorpelartigen „Stromaleisten" durchzogen ist,
die ihm seine Festigkeit verleihen. In dem Hymenium (9), das auf der „Innenseite des Ohres" entsteht, bilden die dikaryotischen Hyphenspitzen nach vorausgegangener Karyogamie (10) und unmittelbar darauf folgender Meiose die
Basidien. Durch die Bildung von drei Septen werden die vier Meiosiskerne
kompartimentiert (11). Aus jedem Kompartiment der quergeteilten Basidie
wächst ein ungewöhnlich langes Sterigma, an dessen Spitze eine Basidiospore
entsteht (1).

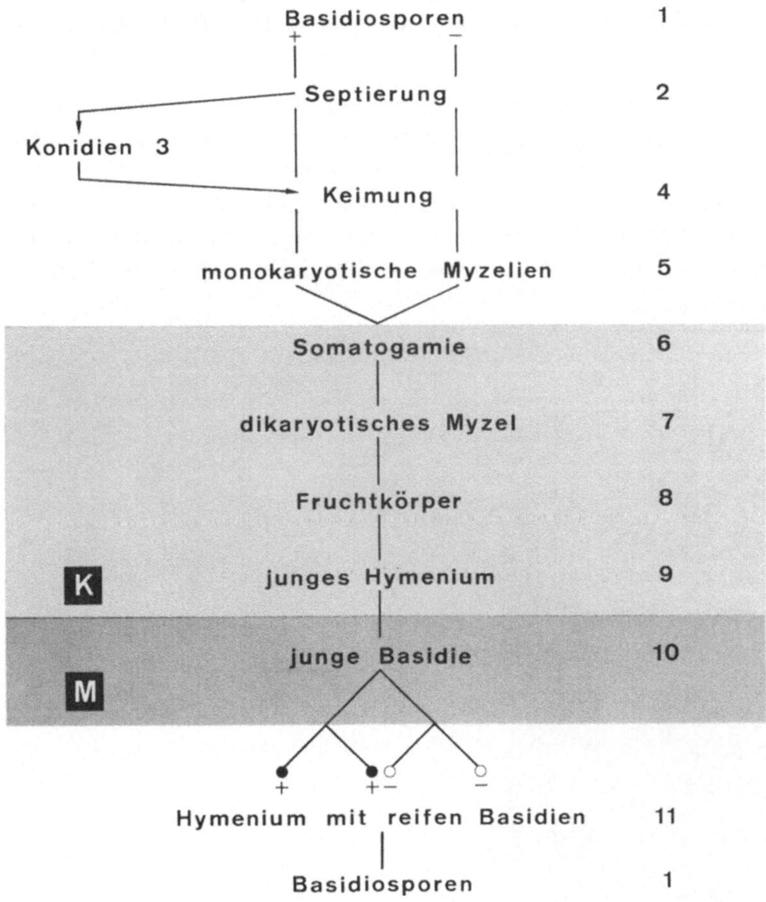

Abbildung 251. Entwicklungs-Zyklus von *Auricularia auricula-judae*, Haplo-Dikaryot mit vegetativer Fortpflanzung in der Haplophase durch Konidiosporen. Befruchtungs-Modus: Somatogamie; Fortpflanzungs-System: Monözie überlagert durch bipolare Incompatibilität. Nebenzyklus
nur für den + Kreuzungstyp eingezeichnet

Material: Fruchtkörper von *Auricularia auricula-judae* (Auriculariaceae) von Holunderbüschen sammeln. Man kann auch getrocknetes Herbarmaterial verwenden. Monokaryotische und dikaryotische Stämme bei CBS.

Präparation und Aufgabe: Da es mit großen Schwierigkeiten verbunden ist, *A. auricula-judae* auf Agarkulturen zur Fruchtkörperbildung zu bringen, wollen wir uns darauf beschränken, Hymeniumquerschnitte anzufertigen, um den Aufbau der Basidien zu sehen. Von frischem Material Handschnitte herstellen, und sie zur Darstellung der Kerne mit Karminessigsäure färben. Entsprechend Abb. 252 einen Ausschnitt aus dem Hymenium bei starker Vergrößerung zeichnen. Wenn nur Herbarmaterial zur Verfügung steht, das sehr spröde ist, wird dieses über Nacht in eine Feuchtkammer gebracht. Durch diese Behandlung quillt der Fruchtkörper wie ein ausgetrockneter Schwamm und schwillt stark an.

Beobachtungen: In einem dünnen Schnitt erkennt man an der Oberseite das sehr lockere dikaryotische Hyphengeflecht des Hymeniums. Die palisadenartig angeordneten Basidien sind in dünne verzweigte Paraphysen eingebettet (Abb. 252). Die Unterseite des Fruchtkörpers ist mit stachelartigen Fortsätzen bedeckt (s. Abb. 250 b). Manchmal kann man an nicht zu alten Fruchtkörpern, die in Wasser eingelegt wurden, nach mehreren Stunden ein Abschleudern der Basidiosporen beobachten.

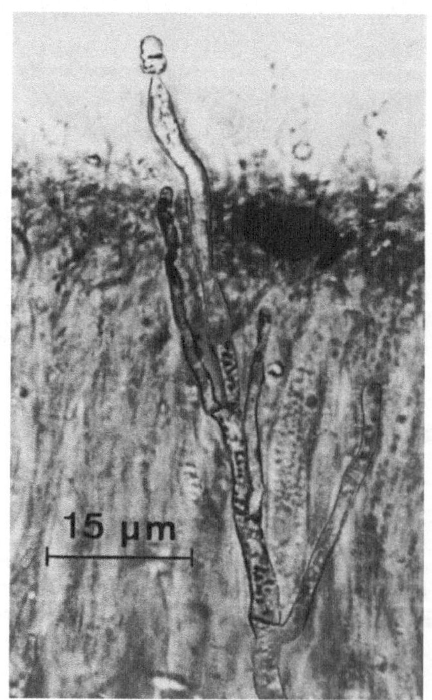

Abbildung 252. *Auricularia auricula-judae.* Querschnitt durch Hymenium mit verschiedenen Stadien der Basidienentwicklung und Paraphysen

Ordnung: Tremellales (Zitterpilze)

Merkmale: Die Zitterpilze sind **meist Saprophyten** und leben auf der Rinde und dem Holz abgestorbener Äste und auf Baumstümpfen. Sie sind häufig in unseren heimischen Wäldern zu finden und gehören zu den Weißfäulepilzen (S. 461), die durch den Abbau von Lignin und Zellulose das Holz in weißliche Fasern zerfallen lassen. Ihre gallertartigen Fruchtkörper weisen alle Übergänge von krustenartigen Hymenien bis zu stiel-, trichter- und hutförmigen Gebilden auf. Diese können gelb bis bräunlich oder schwarz gefärbt sein.

Sie haben den Trivialnamen „Zitterpilze" erhalten, weil sie sich bei Erschütterungen wie ein Gelatinepudding bewegen, denn sie haben keinerlei der Festigung dienende Stromata. Diesen Habitus haben die Zitterpilze aber nur in Perioden von großer Feuchtigkeit, bei Trockenheit schrumpfen ihre Fruchtkörper zu krustenartigen Gebilden zusammen, die allerdings nach Wasseraufnahme wieder ihre ursprüngliche Form annehmen (s. auch Auriculariales, S. 449 f.).

Eine **vegetative Fortpflanzung** kann durch Konidien erfolgen, die als meist zweikernige Sporen in den aus dikaryotischen Hyphen bestehenden Hymenien vor der Basidienbildung entstehen. Die **sexuelle Fortpflanzung** wird durch einen haplo-dikaryotischen Entwicklungs-Zyklus bestimmt, dessen Haplophase ähnlich wie bei *Auricularia* (Abb. 251) im wesentlichen nur aus Teilungsstadien bzw. konidienartiger Vermehrung der Basidosporen besteht. Der Befruchtungs-Modus ist durch Somatogamie und das Fortpflanzungs-System durch Monözie charakterisiert, die allerdings vielfach von bipolarer bzw. tetrapolarer Incompatibilität überlagert ist.

Klassifizierung: Die 45 Gattungen (zusätzlich 34 Synonyma) mit 256 Arten werden je nach Autor in bis zu 10 Familien unterteilt. Die wichtigsten sind die Tremellaceae (Basidie durch zwei gekreuzte Wände längsgeteilt, viersporig) und die Dacrymycetaceae (gabelförmige, ungeteilte Basidie mit nur zwei Sporen, Übergang zu den Holobasidiomycetidae).

Von einigen Autoren werden allerdings die Dacrymycetaceae und auch die anderen Familien als selbständige Ordnungen von der dann noch verbleibenden einzigen Familie der Tremellaceae abgetrennt.

Einheimische Vertreter: *Tremella mesenterica* (Zitterling) bildet blattartige gelappte, mehrere Zentimeter große Fruchtkörper, die makroskopisch deutlich an ihrer gelb- bis organgefarbenen Pigmentierung zu erkennen sind (Abb. 253 a); *Exidia glandulosa* (Hexenbutter) hat gummiartige, stark eingefaltete, dem Substrat anliegende, bis 10 cm große schwarze Fruchtkörper; *Dacrymyces deliquescenz* hat pustelartige, gelatinöse Fruchtkörper, die ähnlich wie bei dem Ascomyceten *Nectria cinnabarina* (Abb. 229) zunächst Konidienlager (orange gefärbt) und erst später Hymenien mit Basidiosporen (gelblich gefärbt) ausbilden. Während die beiden zu den Tremellaceae gehörenden Gattungen *Tremella* und *Exidia* auf Holz von Nadel- und Laubbäumen zu finden sind, kommt *Dacrymyces* (Dacrymycetaccae) vorwiegend auf Nadelholz vor.

Material: Fruchtkörper der Tremellales, z.B. *T. mesenterica* sammeln oder Herbarmaterial verwenden. Vom CBS werden verschiedene Arten von *Dacrymyces*, *Exidia* und *Tremella* angeboten.

Von *Tremella globospora* läßt sich der gesamte Entwicklungs-Zyklus im Labor darstellen. Einzelheiten der Kulturmethoden bei Brough, SG (1974) Canad J Bot 52:1853–1859.

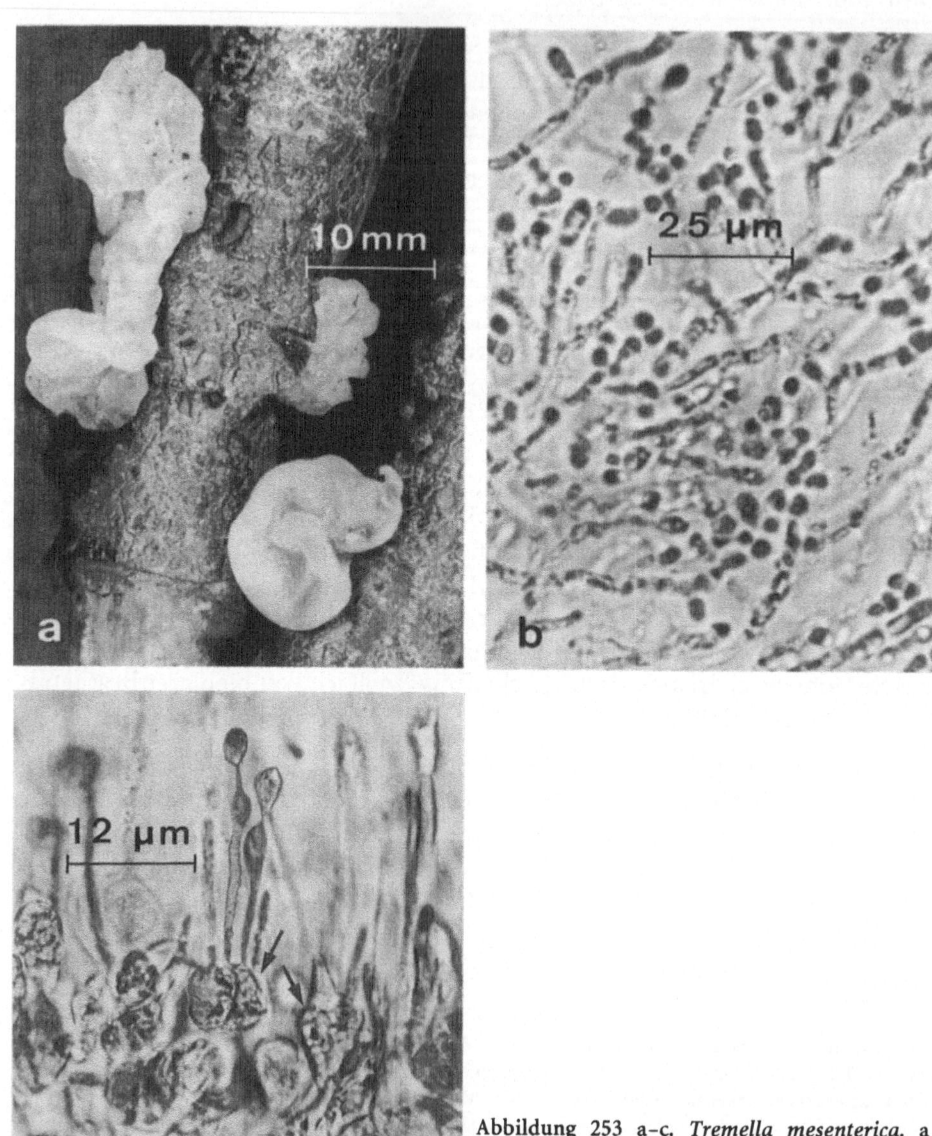

Abbildung 253 a–c. *Tremella mesenterica.* a Habitus reifer Fruchtkörper; b Längsschnitt durch jungen Fruchtkörper mit Lagern von Konidiosporen; c Längsschnitt durch reifen Fruchtkörper, Hymenium mit längsgeteilten Basidien (Pfeil)

Präparation und Aufgabe: Längsschnitte durch jüngere und ältere Fruchtkörper anfertigen und Deckglaspräparate unter Verwendung von Lactophenol oder Karminessigsäure herstellen. Herbarmaterial vor dem Schneiden „einweichen".

Beobachtungen: Die Oberfläche der jüngeren Fruchtkörper ist zunächst von Konidiosporen bedeckt, die an verzweigten oder unverzweigten Trägern kettenartig abgeschnürt werden (Abb. 253 b). Im Verlauf der weiteren Entwicklung, wenn die Konidien den Fruchtkörper verlassen haben, bilden sich die peripheren Zonen zum Hymenium um. Dies erkennt man an den kugeligen Probasidien. Während der Meiose erfolgt die Septierung der Basidie durch Ausbildung von Längswänden, die nach der ersten bzw. zweiten Meiose entstehen. Jede der vier Zellen bildet nur ein stielartiges Gebilde (Epibasidie), das die Gallertschicht der Oberfläche der Hymenien durchdringt. Gleichzeitig mit dem Einwandern der Kerne aus dem nun als Hypobasidie bezeichneten basalen Teil der Basidie in die Epibasidie schnüren sich an deren Spitze an kurzen Sterigmen die rundlichen Basidiosporen ab, die aktiv abgeschleudert werden. Paraphysen sind im Hymenium nicht vorhanden (Abb. 253 c).

II. Unterklasse: Homobasidiomycetidae

Da die Homobasidiomycetidae in ihrem Fortpflanzungsverhalten eine wesentlich einheitlichere Gruppe sind als die Heterobasidiomycetidae, werden vor der Besprechung der einzelnen Formen zwei allgemeine Gesichtspunkte herausgestellt.

I. Genetische Kontrolle des Fortpflanzungs-Systems

Die **Homobasidiomycetidae** sind ebenso wie die Heterobasidiomycetidae ausschließlich **Monözisten**, denn entsprechend unserer Definition (S. 11) kann jedes haploide homokaryotische Myzel als Kerndonor und als Kernakzeptor fungieren. Da keine Geschlechtsorgane gebildet werden, erfolgt der Kernaustausch durch Somatogamie (Abb. 1); die Bildung eines stabilen dikaryotischen Schnallenmyzels ist eingeleitet.[*]

Wie schon angedeutet (S. 429), wird bei etwa 90% aller Arten die Monözie durch Incompatibilität überlagert. Dies bedingt, daß der Kernaustausch nicht willkürlich zwischen den Keimhyphen beliebiger Basidioporen eines Fruchtkörpers erfolgen kann, sondern nur in bestimmten Kombinationen möglich ist.

Im einfachsten Falle liegt ein **bipolarer Mechanismus** vor, wie er bei den Ascomycetes ausführlich besprochen wurde (S. 358 f.).

Nur wenn die beiden Keimhyphen einen verschiedenen Kreuzungstyp haben, d.h. verschiedene Allele des Incompatibilitäts-Genes tragen, können sie nach Plasmogamie ihre Kerne austauschen. Keimhyphen mit gleichem Kreuzungstyp und demnach gleichen Incompatibilitäts-Allelen können dies nicht. Während es bei den Ascomycetes nur zwei mit + und – bezeichnete Kreuzungstypen gibt, hat man bei den Basidiomycetes mehr als zwei Allele des Incompatibilitätslocus gefunden, die jeweils verschiedene Kreuzungstypen bestimmen. Da es zu + und – keine weiteren Alternativen gibt, bezeichnet man die multiplen Allele mit a_1, a_2, a_3, a_4 .... a_n. Für das Kreuzungsverhalten gilt die gleiche Regel wie oben: genetisch gleiche Kreuzungstypen sind incompatibel (z.B. $a_1 \times a_1$; $a_j \times a_j$), verschiedene Kreuzungstypen sind compatibel (z.B. $a_1 \times a_2$; $a_3 \times a_7$). Dies hat zur Folge, daß jeder Kern des Dikaryon ein anderes Incompatibilitätsallel enthält, die in den vier Sporen einer Basidie im Verhältnis 2:2 aufspalten (z.B. $a_1 : a_2$ bzw. $a_3 : a_7$). Die vier Sporen einer Basidie können demnach paarweise miteinander sexuell reagieren.

---

[*] Die einzelnen Schritte der Dikaryotisierung werden später noch genauer beschrieben (Abb. 273).

Wir haben bisher immer von der Reaktion zwischen Keimhyphen gesprochen; dies ist der Vorgang, wie er meist in der Natur erfolgt, da die Sporen aus den Fruchtkörpern nur in ein begrenztes Areal ausgeschleudert werden (S. 491). Daher liegen compatible Sporen so nahe zusammen, daß sie miteinander reagieren können. Wenn man die Basidiosporen in ähnlicher Weise, wie wir das bei den Ascosporen gesehen haben, voneinander isoliert und getrennt zur Keimung bringt (S. 495), erhält man monokaryotische Myzelien, die niemals Schnallen bilden und die man als einzelne „Kreuzungstypen" (z.B. a_1 oder a_3) kultivieren kann. Erst wenn man compatible Myzelstücke zusammenwachsen läßt, tritt eine Dikaryotisierung ein. Für die Sexualreaktion ist es demnach unwesentlich, ob Keimhyphen oder Hyphen aus separat gehaltenen Kulturen in Kontakt gelangen.

Der bipolare Mechanismus wurde bisher in etwa 25% aller untersuchten Arten gefunden. Das Sexualverhalten der übrigen Arten wird durch einen komplizierten Mechanismus bestimmt, den man den tetrapolaren nennt. Dieser Ausdruck kommt daher, daß man nicht wie beim bipolaren Mechanismus unter den monokaryotischen Myzelien eines Fruchtkörpers nur zwei Kreuzungstypen findet, sondern stets vier Kreuzungstypen. Wie ist das zu verstehen?

Der **tetrapolare Mechanismus** wird durch **zwei Faktoren** bestimmt, die man als A und B und deren Allele als $A_1 A_2$ bzw. $B_1 B_2$ bezeichnet. Jeder Zellkern trägt sowohl einen A- als auch einen B-Faktor. Für das Kreuzungsverhalten gilt die gleiche Grundregel wie beim bipolaren Mechanismus: **Compatibilität**, d.h. Dikaryotisierung mit Schnallenbildung ist nur möglich, wenn die Kerne der Monokaryen **verschiedene A- und B-Faktoren** enthalten Man kann daher die beiden Monokaryen $A_1 B_1$ und $A_2 B_2$, miteinander kreuzen. Das aus dieser Kombination entstehende Dikaryon, das man als $(A_1 B_1 + A_2 B_2)$ schreibt, kann Fruchtkörper bilden. Nach Karyogamie und Meiose wird man unter den aus den haploiden Basidiosporen eines Fruchtkörpers entstandenen Monokaryen nicht nur die beiden Parentaltypen $A_1 B_1$ und $A_2 B_2$, sondern auch die Neukombination $A_1 B_2$ und $A_2 B_1$ (Rekombinationstypen) finden. Da die A- und B-Faktoren auf verschiedenen Chromosomen liegen und daher die Rekombinationsrate 50% beträgt, sind alle vier Kreuzungstypen $A_1 B_1$, $A_2 B_2$, $A_1 B_2$, $A_2 B_1$, zu jeweils 25%, in der Nachkommenschaft vertreten.

Die mögliche Kombination der vier Kreuzungstypen untereinander (Tabelle 10) bestätigt die Grundregel der Incompatibilität, denn neben der bereits besprochenen Compatibilität der Parentaltypen sind nur noch die beiden Rekombinationstypen miteinander verträglich. Alle anderen Kombinationen, in denen entweder der eine oder der andere Faktor gleich ist, sind nicht in der Lage, funktionsfähige Dikaryen zu bilden.

Diese sehr vereinfachte Darstellung des tetrapolaren Mechanismus, der in Wirklichkeit genetisch komplexer ist (S. 479), haben wir bewußt gewählt, um klar zu machen, daß dieses Phänomen nichts mit sexueller Differenzierung zu tun hat. **Das Sexualverhalten der Homobasidiomycetidae besteht in der Fähigkeit, im Verlauf der Somatogamie Kerne aufzunehmen oder abzugeben. Dieses Verhalten wird durch die Incompatibilitätsfaktoren lediglich kontrolliert, indem gleiche Faktoren eine Sexualreaktion nicht zulassen (Incompatibilität) und nur verschiedene Faktoren sie erlauben (Compatibilität).**

Tabelle 10. Die möglichen Kombinationen der vier Kreuzungstypen eines tetrapolaren Basidiomyceten. Es bedeutet: + Bildung eines dikaryotischen Schnallenmyzels; 0 es entsteht kein funktionsfähiges Dikaryon.

	A_1B_1	A_2B_2	A_1B_2	A_2B_1
A_1B_1	0	+	0	0
A_2B_2	+	0	0	0
A_1B_2	0	0	0	+
A_2B_1	0	0	+	0

Diese Beschreibung des tetrapolaren Incompatiblitäts-Mechanismus bedarf noch einer Ergänzung:

1) Multiple Allele von A- und B-Faktoren.

In ähnlicher Weise wie beim bipolaren Mechanismus gibt es auch von den A- und B-Faktoren zahlreiche allele Konfigurationen,[*] die man analog als A_1, A_2, A_3, .. A_n bzw. als B_1, B_2, B_3 .... B_n bezeichnet. Da jeder Kern nur je einen A-und je einen B-Faktor enthält, gibt es eine Vielzahl von fertilen Möglichkeiten der Kombination zwischen genetisch verschiedenen Monokaryen, z.B. $A_1 B_{12}$ X $A_7 B_{34}$ oder $A_{21} B_3$ X $A_{15} B_2$.

2) Genetische Struktur der Incompatibilitäts-Faktoren.

Es dürfte aufgefallen sein, daß wir bisher bei der Besprechung des tetrapolaren Mechanismus immer von A- und B-Faktoren und nicht von Genen gesprochen haben. Dies hat seinen Grund darin, daß die Faktoren komplexe genetische Einheiten sind und jeweils aus zwei meist eng gekoppelten Genen bestehen, die man mit α (alpha) und β (beta) bezeichnet. Die multiple Allelie der A- und B-Faktoren ist also letztlich auf eine multiple Allelie dieser Gene zurückzuführen. A und B sind daher als Funktionseinheiten anzusehen, denn die A_1-Spezifität kann sich schon z.B. nach A_{13} ändern, wenn nur das alpha-Gen mutiert ist. Die Befürchtung, nun nach Bekanntwerden der alpha- und beta-Gene von octopolarer Incompatibilität reden zu müssen, ist unbegründet. Man kann weiter von A- und B-Faktoren und tetrapolarer Incompatibilität sprechen, sollte aber dabei im Sinn haben, daß es sich nicht um Einzelgene, sondern um einen Genkomplex handelt.

Die in Lehrbüchern und auch hier notwendige Vereinfachung darf nicht dazu führen, daß man alle Homobasidiomycetidae unter dem Klischee bipolare oder tetrapolare Incompatibilität, Dikaryotisierung, Schnallenmyzel, Fruchtkörper sieht. Wie meist, gibt es auch hier einige Ausnahmen:

1) Die Bildung von Schnallen kann vereinzelt oder ganz an manchen Dikaryen ausbleiben (z.B. beim Wiesenchampignon *Agaricus bisporus*).
2) Basidiosporen können wie die Ascosporen von *Podospora* (S. 407 f.) zwei genetisch verschiedene Kerne enthalten und daher zu Dikaryen auskeimen (z.B. ebenfalls *Agaricus bisporus*).
3) Bei den 10% der Arten, die nicht incompatibel sind, werden von den aus einer Basidiospore entstehenden monokaryotischen Myzelien Fruchtkörper gebildet. Diese Monokaryen können dabei ohne erkennbaren Grund, d.h. ohne Befruchtung, nach einigen Kernteilungen dazu übergehen, dikaryotische Schnallenmyzelien zu bilden. In anderen Fällen entstehen keine Schnallen, und die Paarung von Kernen erfolgt erst in der Basidie.

---

[*] Für *Schizophyllum commune* (S. 479 f.) wurden bisher 288 A- und 81 B-Faktoren ermittelt.

II. Strukturmerkmale der Fruchtkörper

Innerhalb der Homobasidiomycetidae findet man die Mehrzahl der auch dem Laien wegen ihrer Größe und typischen Form ihrer Fruchtkörper unter vielen Trivialnamen (Hutpilze, Porlinge, Teuerlinge, Tintlinge, Stäublinge, Stinkmorcheln etc.) bekannten Pilze. Wie schon in der Übersicht (S. 432) erwähnt, lassen sich in der systematischen Unterteilung die einzelnen Ordnungen danach unterscheiden, ob das **Hymenium** schon bei der Differenzierung offen an der Oberfläche der Fruchtkörper liegt (**gymnokarp**) oder erst sekundär bei der Reife frei wird (**hemiangiokarp**) oder in den Fruchtkörpern eingeschlossen bleibt (**angiokarp**). Diese drei Typen sind stark vereinfacht in Abb. 254 dargestellt.

Die hemigangiokarpen Fruchtkörper der Agaricales sind während ihrer Entwicklung von einer Hülle, dem Velum, umschlossen. Je nachdem, ob das Velum nur den Hut oder wie eine Eierschale den gesamten Fruchtkörper umschließt, spricht man von einem **Velum partiale** bzw. von einem **Velum universale**.

Das Velum partiale reißt bei der Entfaltung des Hutes auf. Seine Reste umschließen ringartig (**Anulus**) den Stiel bzw. bleiben als zarter Schleier (**Cortina**) am Hutrand sichtbar. Bedingt durch die Streckung des Stieles, reißt das Velum universale. Seine Überbleibsel umgeben als becherartige **Volva** die Stielbasis

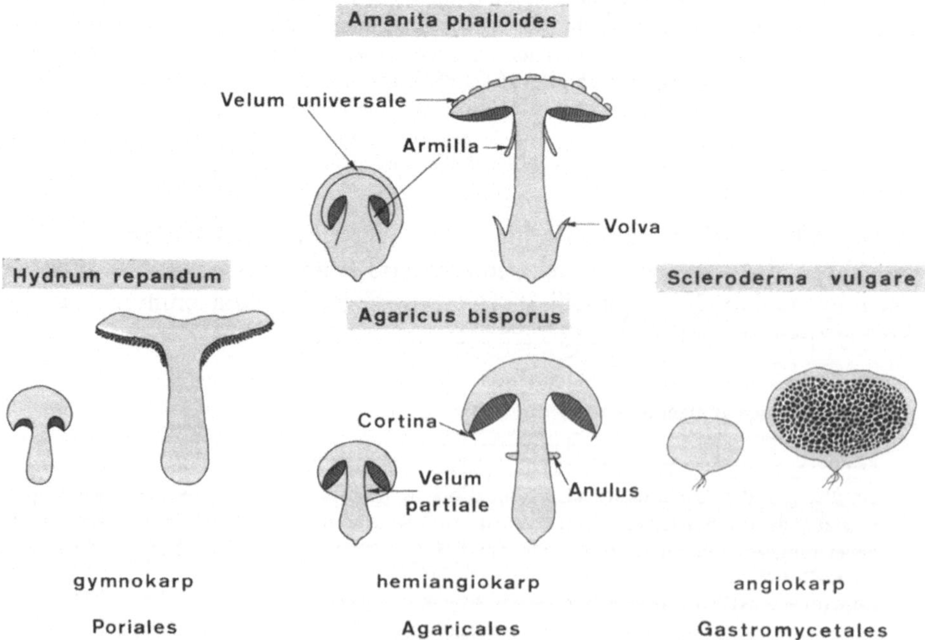

Abbildung 254. Schematische Darstellung der Unterschiede in der Hymenienanlage im Verlauf der Fruchtkörperbildung bei den Homobasidiomycetidae. (Erläuterungen s. Text)

bzw. bleiben als Schuppen auf der Hutoberfläche erhalten. Bei manchen Formen mit Velum universale ist zusätzlich noch eine dem Velum partiale vergleichbare Einhüllung der Lamellen vorhanden, die zugleich mit diesem aufreißt und als ringförmige Manschette (**Armilla**) unterhalb des Hutes am Stiel zu sehen ist.

Durch diese Differenz in der Struktur des Velum unterscheiden sich bekannte Pilzarten voneinander: Der eßbare Wiesenchampignon (*Agaricus bisporus*) hat ein Velum partiale; der giftige Knollenblätterpilz (*Amanita phalloides*) und der ebenfalls giftige Fliegenpilz (*Amanita muscaria*) haben ein Velum universale. Bei dem Letztgenannten kann man deutlich die weiß gefärbten Fetzen des Velum universale auf dem rot gefärbten Hut sehen.

1. (Über)ordnung: Porianae (Aphyllophoranae, Porenpilze)

A. Einführung

Merkmale: Diese kann man nur zusammen mit denen der auf sie folgenden Überordnung der **Agaricanae** definieren (s. auch Tabelle 8). Beide wurden früher in einem gemeinsamen Taxon, den **Hymenomycetes**, zusammengefaßt, denn ihre **Basidien** sind **in Hymenien** angeordnet, die sich auf typischen Fruchtkörpern befinden und bei der Reife der Fruchtkörper „offen" sind. Die Sporen werden aktiv abgeschleudert. Der **Unterschied** zwischen beiden Ordnungen kommt in den Bezeichnungen zum Ausdruck: **Aphyllophoranae** und **Phyllophoranae.** Dies bedeutet, daß man die Aphyllophoranae negativ definiert. Sie tragen ihre **Hymenien nicht auf Lamellen,** sondern auf anders strukturierten Teilen der Fruchtkörper. Dieses „anders strukturiert" bedeutet nun nicht, daß die Hymenien ausschließlich in Poren sind wie der Name Porianae sagt, sondern sie können auch auf glatter Oberfläche oder auf Stacheln, Leisten oder zahnartigen Gebilden stehen. Die Vielfalt in der Ausbildung der Hymenien entspricht einer ebenfalls großen Mannigfaltigkeit in der Form der Fruchtkörper. In Abb. 258 sind einige Fruchtkörper der Porianae dargestellt, die als Standardtypen aufgefaßt werden können, zwischen denen viele Übergänge vorhanden sind.

Ein weiteres wesentliches Unterscheidungsmerkmal zwischen den Porianae und den Agaricanae ist die gymnokarpe bzw. hemiangiokarpe Anlage des Hymeniums (Tabelle 9, Abb. 254). Bei den Porianae findet man in den Fruchtkörpern drei verschiedene Hyphentypen, bei den Agaricanae dagegen nur einen Typ (s. S. 463).

Fortpflanzungsverhalten: Es gibt keine wesentlichen Unterschiede zwischen den beiden Ordnungen. Deswegen verzichten wir auch bei der Besprechung der Porianae auf die Darstellung des Zyklus einer Leitart und verweisen auf die für die Agaricanae gewählte Leitart (*Coprinus cinereus*, Abb. 266) hinsichtlich Entwicklungs-Zyklus, Befruchtungs-Modus und Fortpflanzungs-System.

Klassifizierung: Die taxonomische Klassifizierung der Ordnungen: Poriales (4 Familien), Schizophyllales (2 Familien), Hymenochaetales (2 Familien), Thelephorales (2 Familien), Cantharellales (12 Familien) und Polyporales (18 Familien) mit insgesamt etwa 320 Gattungen und etwa 2600 Arten richtet sich in erster Linie nach dem **Habitus der Fruchtkörper** und der **Ausbildung und Struktur der Hymenien.**

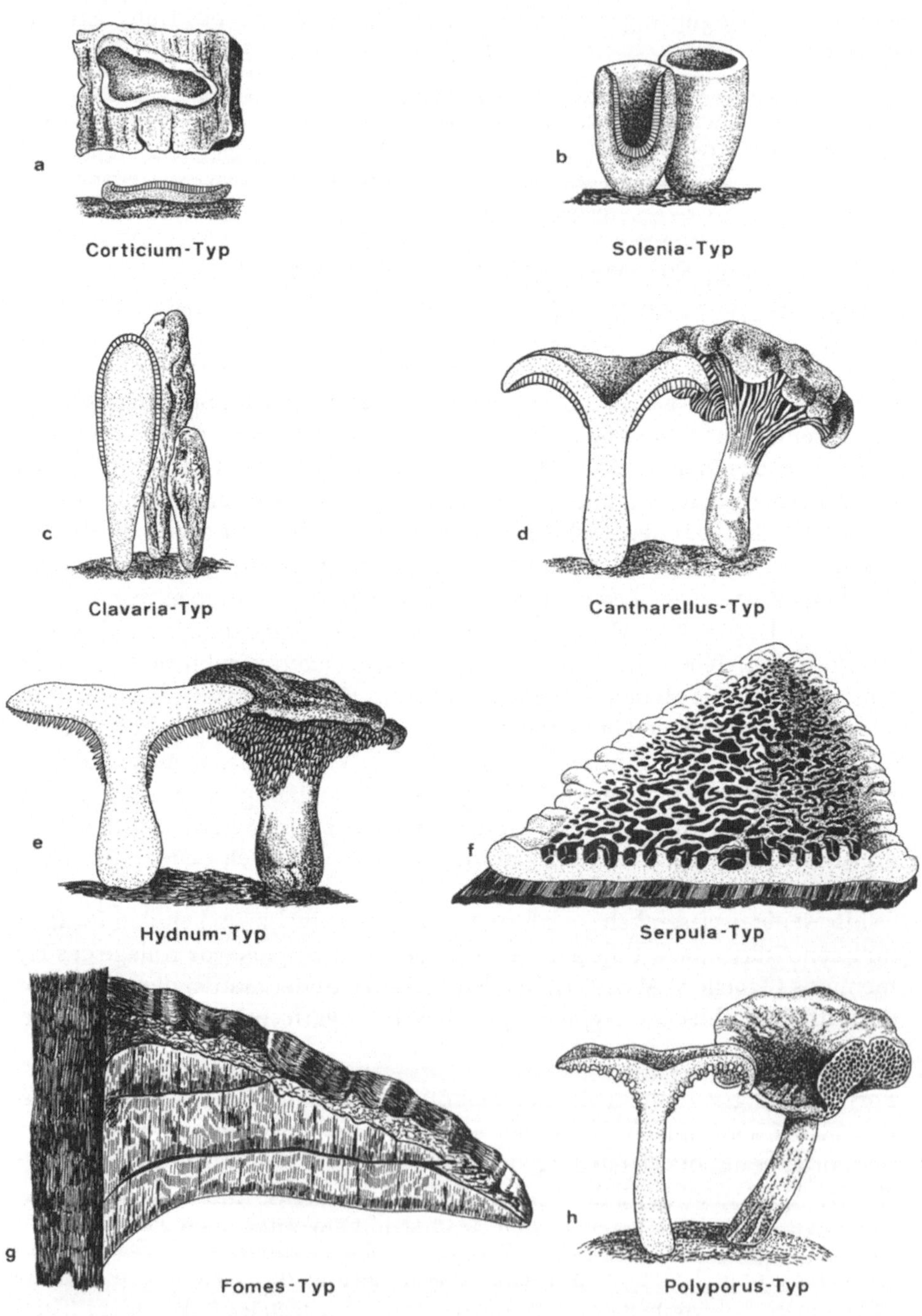

Abbildung 255 a–h. Fruchtkörpertypen der Porianae. Die einzelnen Formen sind Standardtypen, die im Text besprochen werden

Wirtschaftliche und praktische Bedeutung: Die Porianae stellen den **Hauptanteil der holzabbauenden Pilze.*** Neben saprophytischer Lebensweise auf Baumstümpfen und abgefallenen Holzzweigen können manche Arten auch auf lebendem Holz parasitieren und dieses zerstören. Je nach der Fähigkeit, verschiedene Bestandteile des Holzes abzubauen, unterscheidet man zwei Typen:

1) Die **Weißfäulepilze** können sowohl Zellulose als auch Lignin abbauen. Diese sogenannte **Korrosionsfäule** führt zu einer Bleichung und einem faserigen Zerfall (Abb. 256 a, oben). Im Zusammenhang mit dem Holzabbau scheiden die Weißfäulepilze in hohem Maße Oxydoreduktasen (Phenoloxydasen) aus, deren Funktion in diesem Zusammenhang noch nicht abgeklärt ist.

In gefärbten Schnitten** kann man erkennen, daß die Pilze mit sogenannten Bohrhyphen in die Holzsubstanz eindringen und diese abbauen (Abb. 256 b, c). **Vertreter:** *Fomes fomentarius, Trametes confragosa* (Coriolaceae), *Polyporus brumalis, Polyporus versicolor* (Polyporaceae), *Schizophyllum commune* (Schizophyllales) alle Poriales; *Phanerochaete chrysosporium* (Merulicaeae, Stereales).

2) Die **Braunfäulepilze** dagegen sind nur in der Lage, Zellulose abzubauen. Sie verursachen die sogenannte **Destruktionsfäule**, die das Holz in braune, würfelförmige Gebilde zerfallen läßt (Abb. 256 a unten).

Vertreter: *Laetiporus sulphureus, Piptoporus* (*Polyporus*) *betulinus* (Coriolaceae, Poriales), *Serpula* (*Merulius*) *lacrymans* (wird neuerdings in die Familie der Coniophoraceae, Boletales, Agaricanae eingeordnet).

Am Holzabbau sind neben den Porianae auch noch Vertreter der Tremelles (S. 453), Agaricanae (S. 470 f.) und einige Ascomycetes (S. 409) beteiligt.

Zu den **Porianae** gehört an **eßbaren Pilzen** nicht nur der allgemein bekannte saprophytisch auf dem Waldboden lebende Pfifferling (*Cantharellus cibarius*), sondern auch einige holzzerstörende Arten, wie z.B. der Schwefelporling (*Laetiporus* (syn. *Polyporus*) *sulphureus.*

B. Übungsanleitungen

Da die Porianae eine sehr große Mannigfaltigkeit hinsichtlich ihrer Fruchtkörperstruktur aufweisen, ist es Ziel des experimentellen Teiles, eine Übersicht

---

*   **Film:** C1594, Schaden an Waldbäumen durch holzerstörende Pilze.

** Methode zur Anfärbung von Pilzhyphen in Holz: Die Schnitte 0,5 bis 5 min mit Lösung A färben und danach mit fließendem Leitungswasser auswaschen. Anschließend mit Lösung B bedecken und vorsichtig erhitzen, bis die Flüssigkeit zu sieden beginnt. Die überschüssige Farblösung abgießen, den Schnitt nach dem Abkühlen mit Leitungswasser spülen. Nach Entwässerung in 70%igem Ethanol und abs. Alkohol kann in Kunstharz eingeschlossen werden.

Die Hyphen erscheinen im roten Holz deutlich blau, Kerne sind haufig als dunkle Punkte zu erkennen. Bereiche, in denen das Holz stark geschädigt ist, erscheinen bläulich; die Hyphen sind trotzdem deutlich differenziert.

Lösung A: 1 g Safranin in 100 ml aqua dest. lösen.

Lösung B: 2,5 g Anilinblau (wasserlöslich) in 25 ml aqua dest. lösen und mit 100 ml gesättigter, wässriger Pikrinsäurelösung versetzen.

über Habitus und Anatomie der verschiedenen Fruchtkörpertypen (Abb. 255) zu erhalten. Die Demonstration der tetrapolaren Incompatibilität und die Bearbeitung der mit ihr zusammenhängenden genetischen Fragestellungen wird bei den Agaricanae unter Einbeziehung von Vertretern der Porianae erfolgen.

Material: In den heimischen Laubwäldern findet man ohne große Mühe vor allem während der wärmeren Jahreszeit meist auf Holz zahlreiche Fruchtkörper der Poriales. Da die Basidiokarpien einiger Gattungen, wie z.B. die konsolenartigen Fruchtkörper der *Fomes*-Arten, mehrjährig sind und jährliche Zuwachszonen aufweisen, ist sogar im Winter die Materialbeschaffung möglich.

In diesem Zusammenhang muß darauf hingewiesen werden, daß gerade bei den Poriales im Habitus der Fruchtkörper innerhalb einer Gattung oder sogar einer Art große Unterschiede auftreten können. Man findet sehr oft statt der erwarteten Form einfache flache (resupinate) Hymenien, die völlig atypisch sind. Dies kann entweder an ungünstigen Außenbedingungen liegen oder durch Spontanmutationen bedingt sein. Die Klassifizierung solcher „imperfekter Fruchtkörper" ist manchmal nur nach zeitraubender Untersuchung der Hyphen- und Hymenienmerkmale durchführbar.

Es ist zweckmäßig, für Kurszwecke eine Kollektion der einzelnen Typen der Fruchtkörper anzulegen. Diese werden nach Einfrieren in flüssigem Stickstoff gefriergetrocknet und können jahrelang aufbewahrt werden, wenn man sie vorher mit 0,01% iger Sublimatlösung besprüht hat.

Einige Arten der Poriales kann man auf Agarkulturen in wenigen Wochen zur Fruchtkörperbildung bringen wie zum Beispiel *Polyporus ciliatus* (tetrapolar incompatibel; verträgliche Kreuzungstypen beim CBS).

Präparation: Falls keine Dauerpräparate zur Verfügung stehen, werden von Längsschnitten durch die Hymenienregion Deckglaspräparate hergestellt und mit Lactophenol gefärbt. Um Fruchtkörper von *Polyporus ciliatus* zu erhalten, beimpft man eine mit Mais-Malz-Agar gefüllte Petrischale in der Mitte in einem Abstand von 1 cm mit Myzelstückchen compatibler Monokaryen, z.B. A_1B_1 und A_2B_2. Wenn die Kulturen bei 27 °C gehalten werden, entstehen die ersten Fruchtkörperanlagen schon nach 10 d am Rande der mittlerweile dikaryotischen Kulturen. Reife, für Kurszwecke verwendbare Fruchtkörper, erhält man nach etwa 14 d.

Aufgabe: Mit Hilfe der Schemata der Abb. 255 und der unten gegebenen Fotos des Habitus von Standardtypen der einzelnen Familien versuche man eine grobe Zuordnung der gesammelten Fruchtkörper. Dies kann natürlich nur Anhaltspunkte liefern, aber in keiner Weise die genaue Klassifizierung mit Hilfe der einschlägigen Bestimmungsbücher ersetzen. Es ist nicht notwendig, Habitusbilder anzufertigen, sondern man sollte sich darauf beschränken, von ein oder zwei Typen Lage (Übersicht) und Aufbau (Ausschnitt) des Hymeniums entsprechend Abb. 265 mit verschiedenen, am Aufbau der Fruchtkörper beteiligten Hyphentypen, zu zeichnen.

Beobachtungen: Wenn man die Schnitte durch die Fruchtkörper genau betrachtet, findet man, daß sich die Hyphen nicht „lehrbuchkonform" verhalten, d.h. sie tragen nicht alle Schnallen. Darüber hinaus unterscheiden sie sich auch noch in der Art der Verzweigung, der Wandstärke und dem Grad der Vakuoli-

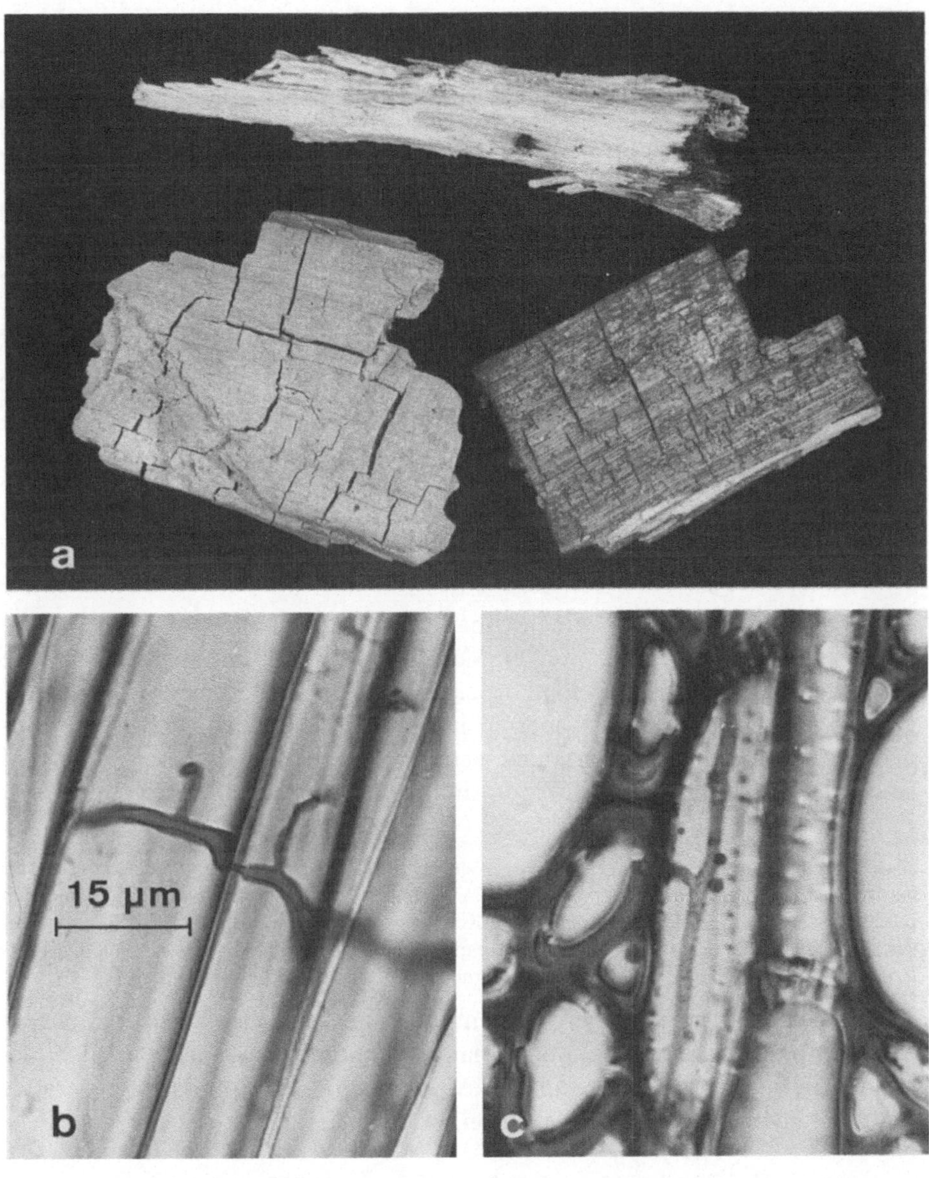

Abbildung 256 a–c. Wirkungsweise holzabbauender Pilze. a Holzproben, die den unterschiedlichen Modus des Holzabbaus zeigen; oben: Weißfäule = Korrosionsfäule; unten: Braunfäule = Destruktionsfäule; **b, c** Längs- bzw. Querschnitte durch Holz, das von einem Weißfäulepilz befallen ist. (Fotos b, c: P Hoffmann)

sierung. Man kann drei Typen unterscheiden: (1) die **generativen Hyphen** besitzen **Schnallen,** haben dünne Zellwände und sind sehr plasmareich. An ihren Enden entstehen die Basidien. Die beiden anderen Hyphentypen, die im Verlauf der Fruchtkörperbildung aus diesen typischen dikaryotischen Hyphen

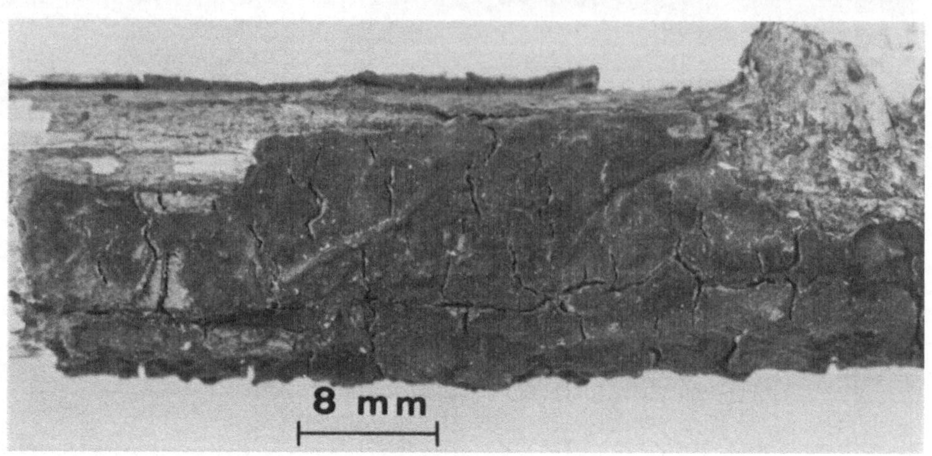

Abbildung 257. *Corticium caeruleum* (Corticiaceae, Poriales). Habitus der Fruchtkörper auf Holz

hervorgehen, haben meist **keine Schnallen.** Es handelt sich dabei (2) um die dickwandigen, meist unverzweigten **Skelett- oder Festigungshyphen,** die, wie schon der Name sagt, den Fruchtkörpern die notwendige Konsistenz verleihen, und (3) um die sehr dünnen, aber auch dickwandigen, reich verzweigten **Bindehyphen,** welche den Hauptanteil des Fruchtkörper-"Fleisches" bilden. Die beiden letztgenannten Hyphentypen sind jedoch nicht in allen Fruchtkörpern zu finden.

Die Differenzierung in generative Hyphen, in denen durch Schnallenbildung ein Transport der beiden Kerne bis zum Ort der Karyogamie sichergestellt ist, und in vegetative Hyphen, in denen infolge des Fehlens von Schnallen die beiden Kernarten durchaus in unterschiedlichen Mengenverhältnissen vorhanden sein können, kann man als eine Konvergenz ansehen, die bei den Plektenchymen in Analogie zur funktionellen Differenzierung der echten Gewebe auftritt.

Die Beteiligung dieser drei **Hyphentypen** am Aufbau der Fruchtkörper ist ein **taxonomisches Merkmal** der Porianae: Monomitisch (nur generative Hyphen); dimitisch (generative und Skeletthyphen); amphimitisch (generative und Bindehyphen); trimitisch (alle drei Hyphenarten).

I. Krustenartige Fruchtkörper, *Corticium*-Typ (Abb. 255 a)

Die Fruchtkörper enthalten nur generative Hyphen und liegen flach auf dem Substrat. Sie bestehen aus einer basalen Plektenchymschicht mit aufgelagertem Hymenium (Abb. 257).

II. Becherförmige Fruchtkörper, *Solenia*-Typ (Abb. 255 b)

Die Fruchtkörper von *Solenia* (Thelephoraceae, Thelephorales) erinnern an die Apothezien der Ascomycetes. Das aus generativen Hyphen bestehende Plektenchym umschließt becherartig ein ungegliedertes Hymenium und trägt nur an der Außenseite Skeletthyphen (Abb. 258).

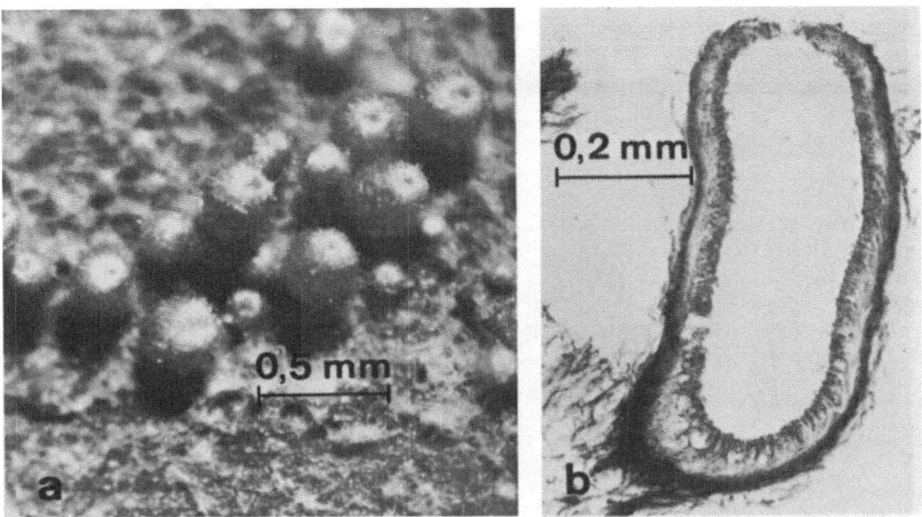

Abbildung 258 a, b. *Solenia crocea.* a Habitus der Fruchtkörper auf *Matteuccia struthiopteris* (Straußenfarn); b Längsschnitt durch Fruchtkörper

III. Keulenförmige Fruchtkörper, *Clavaria*-Typ (Abb. 255 c)

Die mehrere Zentimeter großen gelblichen, weißlichen oder auch violetten, pfriemförmgen bis keulenförmigen Fruchtkörper der zahlreichen *Clavaria*-Arten (Clavariaceae, Cantharellales) findet man im Spätsommer und Herbst in Vielzahl auf humusreichen Waldböden (Abb. 259).

IV. Hutförmige Fruchtkörper, *Cantharellus*-Typ (Abb. 255 d)

Die Fruchtkörper des bekannten Speisepilzes *Cantharellus cibarius* (Pfifferling, Cantharellaceae, Cantharellales) tragen das Hymenium auf der Unterseite auf

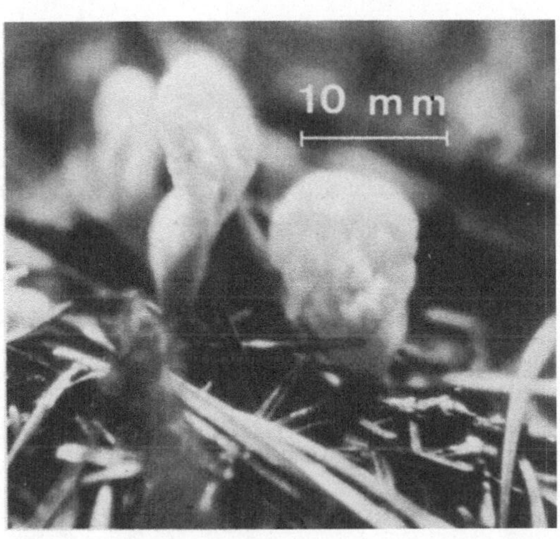

Abbildung 259. *Clavaria ligula* (Zungenkeule). Fruchtkörper auf Humusboden im Nadelwald

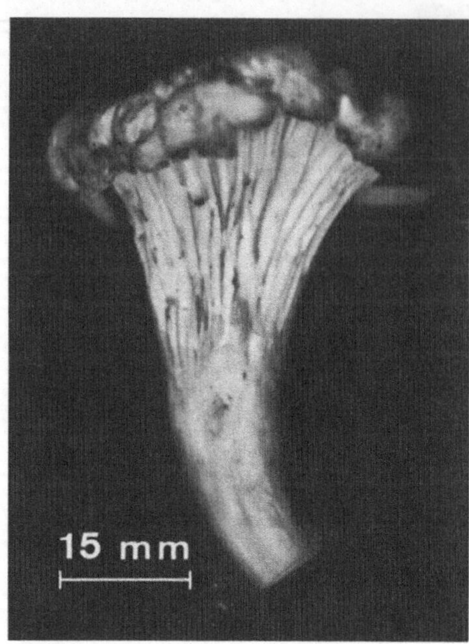

Abbildung 260. *Cantharellus cibarius.* Habitus des Fruchtkörpers

leistenartigen Vorwölbungen, die Lamellen ähnlich sehen (Abb. 260). Daher wird diese Familie auch manchmal zu den Agaricales gerechnet.

V. Hutförmige Fruchtkörper, *Hydnum*-Typ (Abb. 255 e)

Die an Champignons erinnernden, zentral gestielten Fruchtkörper von *Sarcodon imbricatus* (Habichtspilz, Hydnaceae, Cantharellales) sind ausschließlich aus generativen Hyphen aufgebaut. Das Hymenium sitzt auf stachelartigen Ausstülpungen an der Hutunterseite (Abb. 261).

VI. Schwammförmige Fruchtkörper, *Serpula*-Typ (Abb. 255 f)

Der Hausschwamm *Serpula lacrymans* (Coniophoraceae, Boletales, Agaricanae) ist einer der gefährlichsten Holzschädlinge. Man findet ihn fast ausschließlich im Holz von Gebäuden und selten im Wald. Da er dank der seit Jahren verwendeten Holzbeize weitgehend ausgestorben ist, wird man Frischmaterial von Fruchtkörpern nicht beschaffen können. Der Pilz befällt meist nur feuchtes Bauholz und wird oft in Gebäuden jahrelang nicht entdeckt, bis seine Myzelien (Braunfäule) das Holz völlig zersetzt haben und die betreffenden Teile, wie z.B. Deckenbalken, einfallen. Seinen Namen lacrymans hat er erhalten, weil er beim Holzabbau tropfenartig Wasser ausscheidet. Seine bis 5 mm dicken rhizomorphen Myzelstränge können auch den Mörtel durchdringen und daher an oder in Ziegelwänden weiterwachsen und auch nach Entfernung befallener Holzteile Neuinfektionen hervorrufen. Seine Fruchtkörper, die wir hier nur der Vollständigkeit halber erwähnen (Abb. 262), können bis zu 1 m Durchmesser haben. Sie bestehen ausschließlich aus generativen Hyphen. Das Hymenium befindet sich auf der Oberseite und kleidet die honigwabenartigen Vertiefungen aus. Zur Zeit der Reife ist der Fruchtkörper mit rostroten Basidiosporen bedeckt.

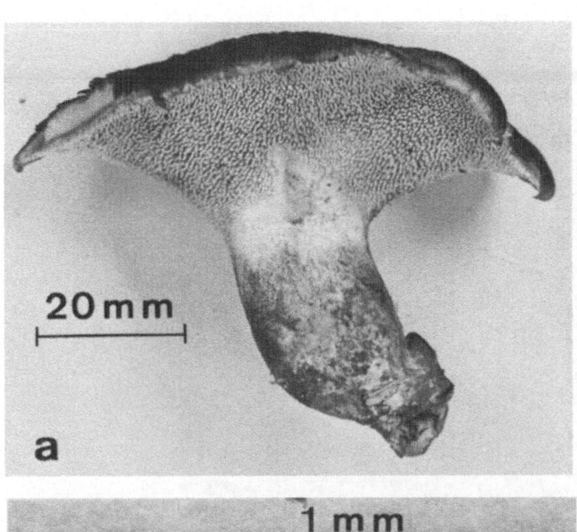

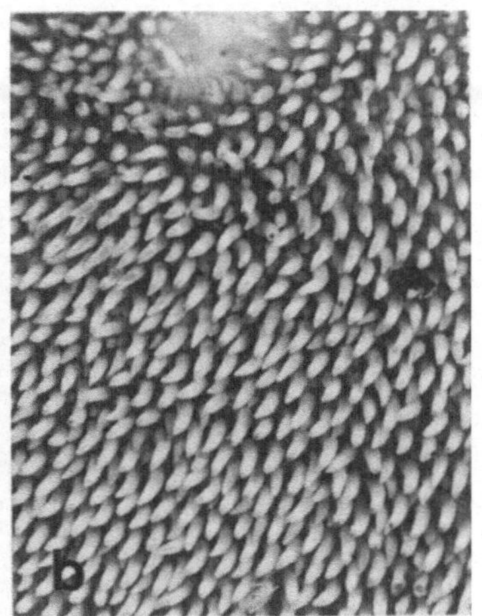

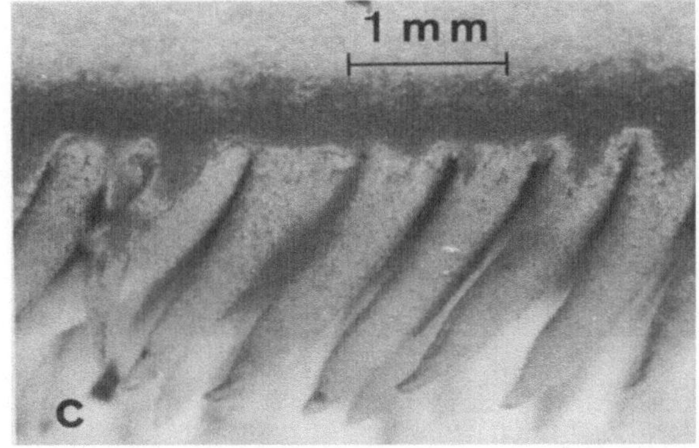

Abbildung 261 a–c. *Sarcodon imbricatus.* a Fruchtkörper; b Ausschnitt mit stachelartigen Hymeniumträgern; c Hymenium auf der Oberseite stachelartiger Ausstülpungen

VII. Konsolenförmige Fruchtkörper, *Fomes*-Typ (Abb. 255 g)

Die Polyporaceae haben der Ordnung der Poriales den Namen gegeben, denn bei ihnen wird meist die Oberflächenvergrößerung des Hymeniums durch Ausbildung zahlreicher röhrenartiger Vertiefungen an der Unterseite der Fruchtkörper erreicht. Viele Vertreter dieser Familie bilden konsolenartige Fruchtkörper an Holz, wie z.B. *Polyporus* (syn. *Coriolus, Polystictus*) *versicolor* oder *Trametes gibbosa* (Abb. 263 a, b). *T. gibbosa* ist ein Beispiel für den fließenden Übergang zwischen porenartigem und lamellenartigem Hymenium (Abb. 263 b). Im Querschnitt durch das Basidiokarp erkennt man mit dem bloßen Auge, daß unter der verkrusteten Oberschicht eine fleischige Zwischenschicht liegt, die das Hymenium trägt (Abb. 263 c).

Manche Polyporaceae, z.B. *Fomes fomentarius* (Zunderschwamm, auf Buche), bilden mehrjährige Fruchtkörper, die bis zu 1 m groß werden können. In jedem Frühjahr bildet sich an der Basis des vorjährigen Fruchtkörpers ein neuer aus, der an ihm entlang wächst und mit ihm fest verbunden bleibt

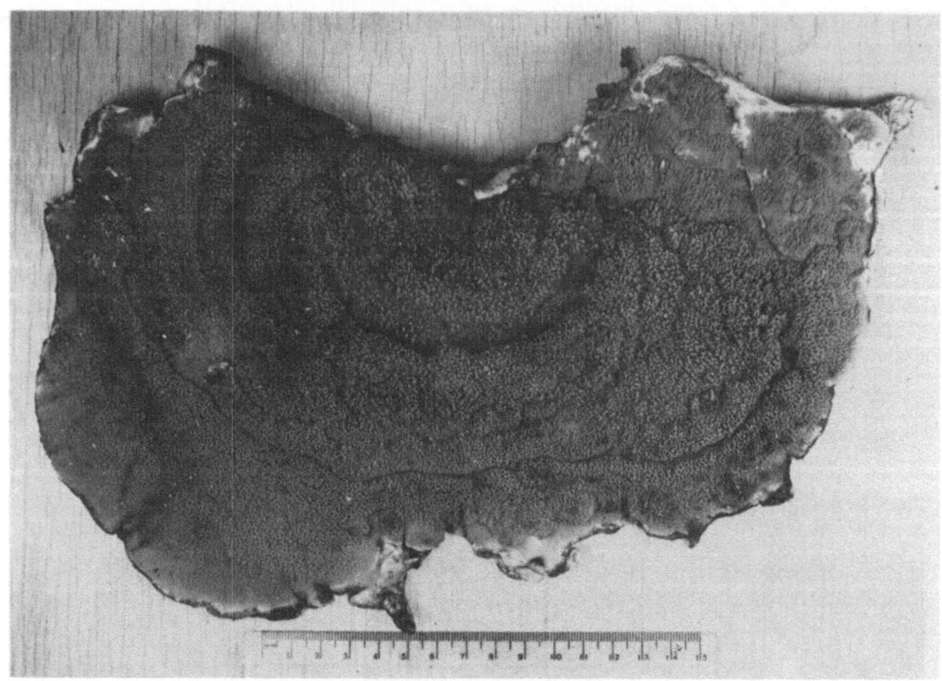

Abbildung 262. *Serpula lacrymans*, Fruchtkörper. (Foto: J Webster)

(Abb. 264); auf diese Weise wird der Fruchtkörper jährlich mit einer neuen sporentragenden Schicht unterlegt. Ähnlich wie bei den Jahresringen der Bäume, kann man das Alter der Fruchtkörper an den jährlichen Zuwachszonen der Oberseite ablesen.

F. fomentarius wurde früher zur Herstellung von Zunder verwendet, und zwar nahm man dazu die Zwischenschicht, die nach Kochen, Trocknen, Klopfen und Behandlung mit Natriumnitrat nicht nur als „Feuerschwamm", sondern auch zur Bekleidung (Hadern) verwendet wurde.

VIII. Gestielte Fruchtkörper, *Polyporus*-Typ (Abb. 255 h)

Die Entwicklung zu dem den Agaricales ähnlichem gestieltem Fruchtkörper ist in den verschiedenen Familien konvergent verlaufen. *Polyporus ciliatus* (Polyporaceae, Poriales) ist hierfür ein Beispiel (Abb. 265). Bei diesem Objekt kann man die drei Hyphenarten sehen. Die Oberschicht besteht vorwiegend aus Skeletthyphen; die Zwischenschicht enthält neben generativen Hyphen auch Bindehyphen. In der Röhrenschicht überwiegen die generativen Hyphen des Hymeniums, in der subhymenialen Schicht findet man auch Skeletthyphen. Allerdings ist es nicht immer leicht, in Handschnittpräparaten die unverzweigten Skeletthyphen von den verzweigten Bindehyphen zu unterscheiden (S. 464). Man kann die einzelnen Hyphentypen auch in Zupfpräparaten erkennen: Von der nachwachsenden Randzone eines Fruchtkörpers ein 2–3 cm dikkes Scheibchen abschneiden und auf einem Deckglas in einen Tropfen 4%ige

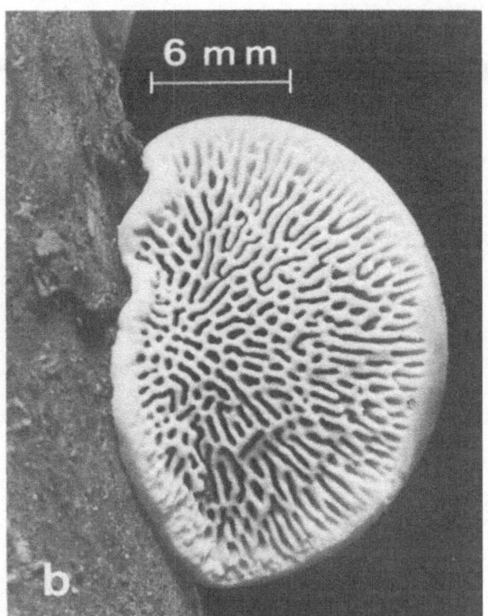
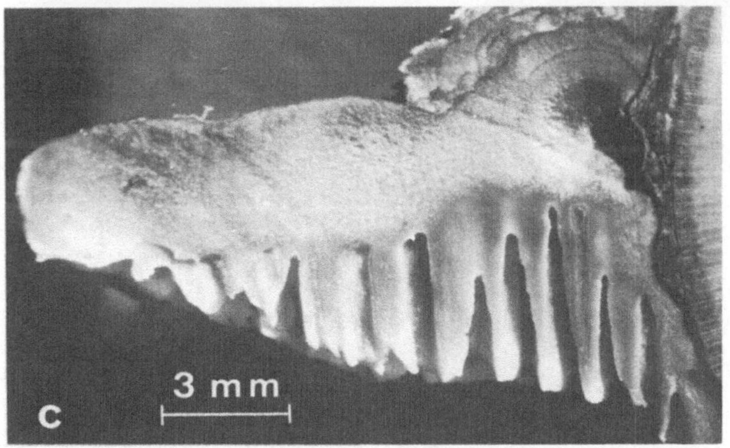

Abbildung 263 a–c. a *Polyporus versicolor,* Fruchtkörper, Oberseite; **b, c** *Trametes gibbosa;* **b** Fruchtkörper, Unterseite; **c** Längsschnitt durch Fruchtkörper

KOH legen. Unter dem Präpariermikroskop mit Präpariernadeln die Hyphen auseinanderzupfen. Nach Zugabe eines Tropfens einer 1%igen wässerigen Lösung von Phloxin färben sich die generativen Hyphen rosa. Vor Beobachtung Deckglas auflegen.

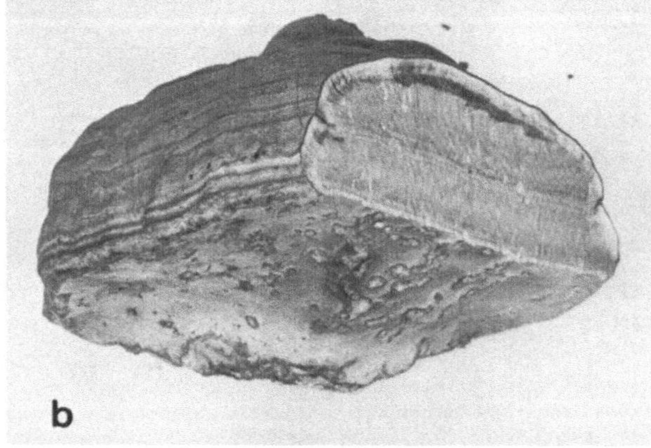

Abbildung 264 a, b. *Fomes fomentarius.* Mehrjähriger Fruchtkörper, an der Abschnittsstelle sind die „Jahresringe" zu sehen; a von der Oberseite und b von der Unterseite her fotografiert

2. (Über)ordnung: Agaricanae (Phyllophoranae, Lamellenpilze)

A. EINFÜHRUNG

In diesem Taxon werden im wesentlichen die Pilze zusammengefaßt, die der Laie meint, wenn er deren typische gestielte, hutförmige Fruchtkörper sehr vereinfachend als Pilze oder Schwämme bezeichnet.

Merkmale: Diese sind im vorigen Abschnitt zusammen mit denen der Porianae schon beprochen worden (S. 459), so daß hier nur noch einige Stichworte angebracht sind: **Typische Dikaryoten, meist bi- oder tetrapolar incompatibel, Fruchtkörper meist gestielt, vorwiegend hemiangiokarpe Entwicklung der radial angeordneten hymeniumtragenden Lamellen.**

Abbildung 265 a–d. *Polyporus ciliatus.* a Fruchtkörper auf Petrischale nach Kreuzung von zwei compatiblen Monokaryen; b Querschnitt durch den Hut des Fruchtkörpers; c Längsschnitt durch den Hut des Fruchtkörpers; d Ausschnitt aus (c) mit Bindehyphen

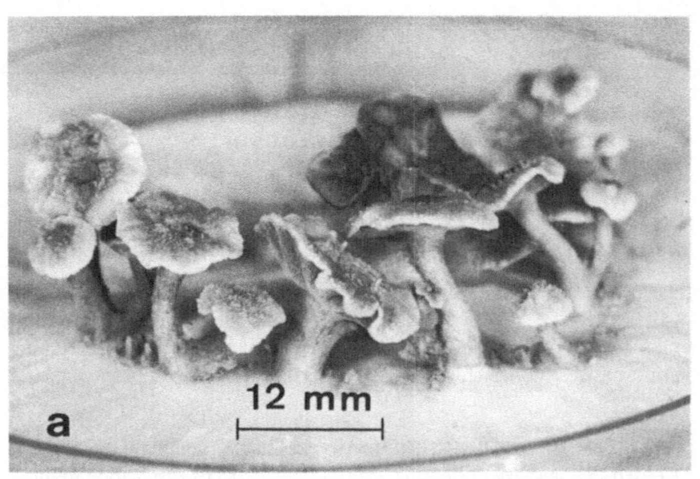
12 mm
a

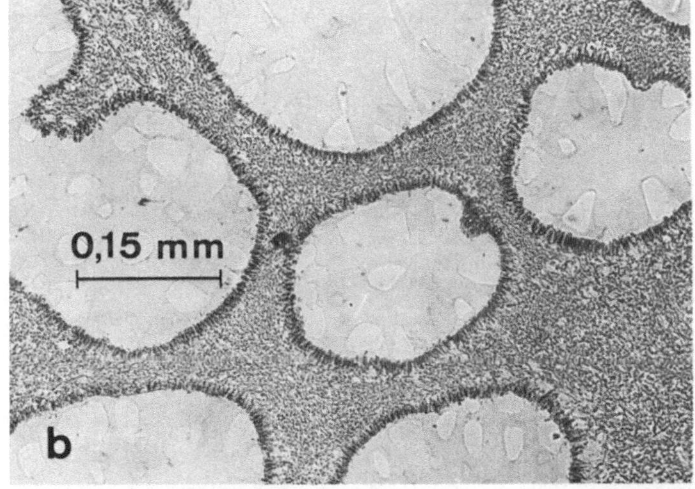
0,15 mm
b

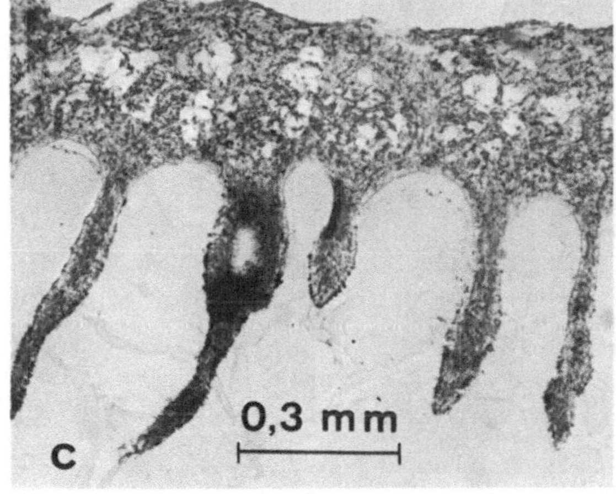
0,3 mm
c

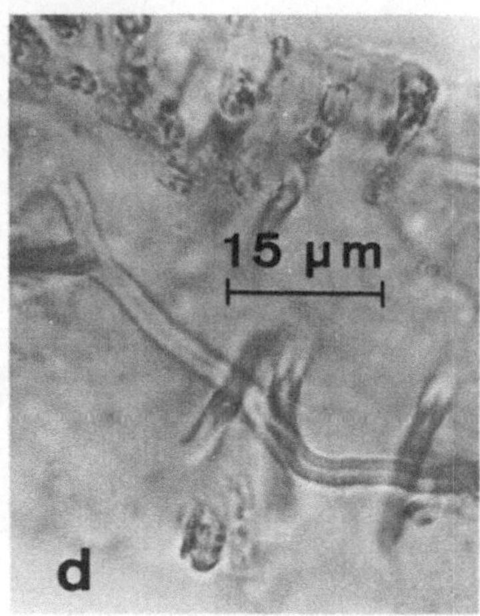
15 µm
d

B. KLASSIFIZIERUNG:

Ordnung: Agaricales (15 Familien, 297 Gattungen, 6000 Arten)

In diese Ordnung gehören die typischen Blätterpilze, deren Merkmale oben besprochen wurden.

Ordnung: Russulales (2 Familien, 10 Gattungen, 484 Arten)

In dieses kleine Taxon gehören Milchlinge (*Lactaria*-Arten), die in ihren Fruchtkörpern latexbildende Hyphen haben, aus denen bei Verletzung ein gelblicher Milchsaft austritt und die Täublinge (*Russula*-Arten) die durch ihre gelb, rot oder violett gefärbten Fruchtkörper auffallen.

Ordnung: Boletales (11 Familien, 70 Gattungen, 727 Arten)

Sie tragen ihr Hymenium in durch eine „Vernetzung" der Lamellen entstandenen Röhren und haben gymnokarpe Fruchtkörper. Sie können als Übergangsform zu den Poriales verstanden werden, von denen sie sich durch weiche fleischige Fruchtkörper und die stets zentral gestielten Hüte unterscheiden.

Wirtschaftliche und praktische Bedeutung: In diesem Zusammenhang können nur einige Beispiele genannt werden. **Speisepilze:** Wiesenchampignon (*Agaricus bisporus*), Steinpilz (*Boletus edulis*); *Austernseitling (Pleurotus ostreatus)*, Stockschwämmchen (*Kuehneromyces mutabilis*), Hallimasch (*Armillaria mellea*). In Ostasien werden kultiviert der Shii-Take *Pilz (Len-*

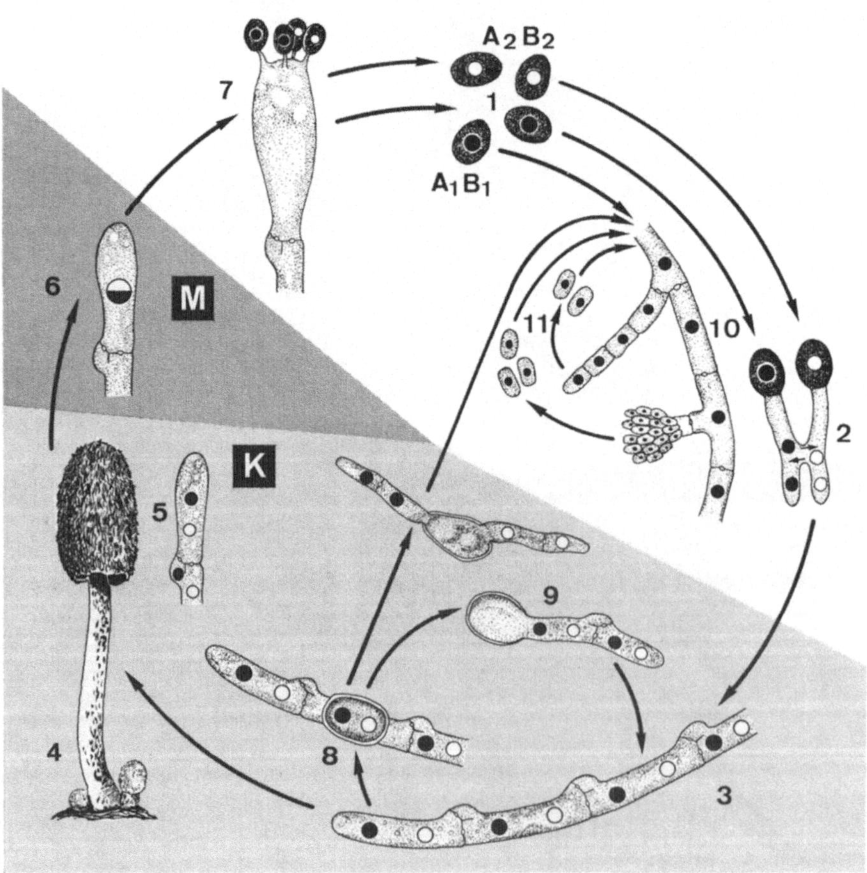

tinus edodes) und der Reisstrohpilz (*Volvariella volvacea*). **Giftpilze:** Der Fliegenpilz (*Amanita muscaria*), der Knollenblätterpilz (*Amanita phalloides*). Die in diesen Pilzen enthaltenen Amatoxine (cyclische Octapeptide verbunden mit einem Sulfoxidrest) wirken schon in geringen Dosen für den Menschen letal. *Psilocybe*-Arten bilden Indolderivate, die Halluzinationen auslösen.

Neben zahlreichen **Mykorrhizapilzen** darf der Hallimasch (*Armillaria mellea*) nicht unerwähnt bleiben. Er lebt als Wurzelparasit in Bäumen und richtet in den heimischen Wäldern einen beträchtlichen Schaden an.

Ein weiterer interessanter Pilz ist der Feldschwindling (*Marasmius oreades*). Er wächst in Grasböden. Da sich seine Fruchtkörper immer an der Peripherie des kreisförmig wachsenden Myzeliums entwickeln, und die Myzelien nach einigen Jahren von der Mitte her abzusterben beginnen, entstehen ringförmige Fruktifikationszonen. Der Umfang dieser sogenannten „**Hexenringe**" nimmt von Jahr zu Jahr zu. Da die Myzelien einige Jahrzehnte alt werden können, entstehen mit der Zeit Hexenringe mit einem Durchmesser von einigen Dekametern. Die mystische Naturdeutung früherer Jahrhunderte hat ihnen den Namen „Hexentanzplatz" gegeben. Die Engländer waren da poetischer, sie sprechen nicht von Hexenringen, sondern von „fairy rings", was sinngemäß zu dem Begriff „Elfentanzplatz" führt.

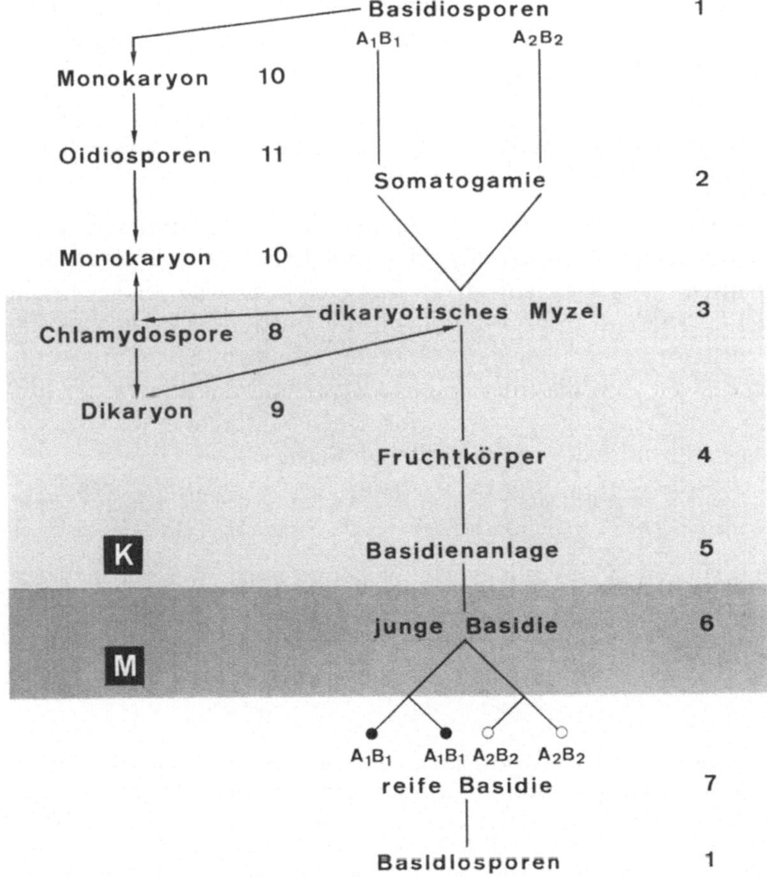

Abbildung 266. Entwicklungs-Zyklus von *Coprinus cinereus*, Dikaryot mit vegetativer Fortpflanzung durch Oidiosporen und Chlamydosporen. Befruchtungs-Modus: Somatogamie; Fortpflanzungs-System: Monözie, überlagert durch tetrapolare Incompatibilität. Nebenzyklen nur für den A₁B₁ Kreuzungstyp eingezeichnet

Zahlreiche Agaricanae dienen als Objekte für die **Grundlagenforschung**. Die bekanntesten sind einige *Coprinus*-Arten und *Schizophyllum commune* (Gemeines Spaltblatt), die neuerdings wegen ihrer Lamellenstruktur bei den Porianae eingeordnet wird (S. 461). Da dieser Pilz eines der Standardobjekte für die Erforschung der tetrapolaren Incompatbilität ist, hat diese taxonomische Diskrepanz für die praktischen Übungen keine Bedeutung.

In den letzten Jahren wurden auch vielfach Vertreter der Agaricanae in der **Biotechnologie** zur Produktion von Naturstoffen eingesetzt (Anti-Tumor-Substanzen, Geschmacks- und Aromastoffe).

Entwicklungs-Zyklus von *Coprinus cinereus* (syn. *C. lagopus*) als Leitart der Agaricanae (Abb. 266)

Film: C 1083, Entwicklungs-Zyklus von *Flammulina velutipes*

Den zu den Tintlingen gehörenden *C. cinereus* haben wir aus mehreren Gründen als Leitart gewählt: Einmal handelt es sich um einen Ubiquisten, der ganzjährig auf Herbivorendung zu finden ist, sich leicht im Labor kultivieren läßt und deshalb gut untersucht ist. Ferner besitzt er Nebenzyklen und ist ein beliebtes genetisches Versuchsobjekt. Nicht zuletzt, weil *Schizophyllum commune*, die in den meisten Büchern als Leitart besprochen wird, gegenwärtig zu den Porianae gerechnet wird.

Der Trivialname Tintling für die Gattung *Coprinus* rührt daher, daß bei der Reife die Lamellen des Fruchtkörpers infolge von Autolyse zerfallen. Dabei tropft von ihnen eine braun-schwarz gefärbte Flüssigkeit herab, die im Mittelalter als Tinte verwendet wurde.

Die **Basidiosporen** (1) des tetrapolar incompatiblen Pilzes keimen ohne Ruhephase. Zwischen compatiblen Keimhyphen erfolgt sofort eine Plasmogamie und Kernaustausch (2).* Das auf diese Weise entstandene dikaryotische Schnallenmyzel (3) kann so lange wachsen, bis die äußeren Bedingungen eine Bildung der Fruchtkörper ermöglichen (4). In den Basidien (5) kommt es unmittelbar nach der Karyogamie (6) zu einer Meiose und damit zu einer Aufspaltung der für den Kreuzungstyp verantwortlichen Faktoren. In jede der vier Basidiosporen gelangt einer der postmeiotischen Kerne (7).

Im Verlauf der Sporenreife kann sich dieser Kern mehrfach teilen, so daß die reife Spore mehrkernig ist. Dies ist allerdings hier aus Gründen der besseren Übersichtlichkeit nicht eingezeichnet.

Neben diesem sexuellen Zyklus gibt es bei *C. cinereus* noch zwei Nebenzyklen. Der erste, der zur Bildung von **Chlamydosporen** führt, kann regelmäßig in der dikaryotischen Phase beobachtet werden. Die Chlamydosporen (8) sind dikaryotisch und variieren in ihrer Form. Die rundlichen Sporen keimen meist

---

* Wenn die Somatogamie zwischen Hyphenspitzen stattfindet, die schon eine oder mehrere Querwände gebildet haben, erfolgt nach dem Kernaustausch auch eine Dikaryotisierung der Zellen, die der Fusionsstelle benachbart sind. Infolge einer physiologischen Kooperation der beiden verträglichen Kerne löst sich nämlich der Doliporus auf. Der neu hinzugekommene Kern teilt sich mitotisch und wandert durch das nun einfach gewordene Septum in die Nachbarzelle. Dieser Vorgang kann sich mehrfach wiederholen, so daß nach einer einzigen Plasmogamie sukzessiv alle Kompartimente der beiden an der Somatogamie beteiligten Hyphen dikaryotisch werden. Als Folge dieses Vorganges bildet nicht nur die Spitzenzelle dikaryotische Schnallenhyphen, sondern auch die aus den subapikalen Zellen (die durch Kernwanderung dikaryotisiert wurden) entstehenden seitlichen Verzweigungen.

an einem Ende zu einem neuen Dikaryon aus (9). An den birnenförmigen Sporen dagegen entstehen simultan an beiden Enden monokaryotische Keimhyphen, in die jeweils der eine oder der andere Kern eingewandert ist. Wenn jedoch die beiden Hyphen nicht voneinander getrennt werden, bildet sich schon nach kurzer Zeit wieder ein Dikaryon.

Vereinzelt wurde beobachtet, daß einkernige Chlamydosporen auch von Monokaryen aus frisch isolierten Wildstämmen gebildet wurden.

Der zweite Nebenzyklus, der zur Bildung von **Oidiosporen** führt, tritt auf, wenn man durch rechtzeitige Trennung der Basidiosporen die Dikaryotisierung verhindert und monokaryotische Myzelien kultiviert. Die Oidiosporen entstehen in Büscheln oder auf kurzen Seitenhyphen (11). Sie können nicht nur zu einem neuen Monokaryon auskeimen, sondern auch durch Fusion mit einem compatiblen Monokaryon dieses dikaryotisieren. Nach Lichtinduktion können sich allerdings auch am Dikaryon einkernige Oidiosporen bilden.

Bei den anderen für den Kurs empfohlenen Objekten (*Agrocybe aegerita*, *Schizophyllum commune* und *Agaricus bisporus*) werden im allgemeinen keine Mitosporen gebildet. Der Entwicklungs-Zyklus von *A. aegerita* und von *S. commune* stimmt in den übrigen Schritten mit dem von *C. cinereus* überein. Bei *Agaricus bisporus* dagegen gibt es einige morphologische Abweichungen von der Leitart, auf die später im einzelnen eingegangen wird (S. 491).

C. Übungsanleitungen

Wie auch bei den Porianae werden wir nicht auf die Besonderheiten der einzelnen Ordnungen eingehen, sondern in einem Überblick Strukturmerkmale und Fortpflanzung der Agaricanae an einigen Beispielen behandeln.

Material: Von *Coprinus cinereus* (Hasenpfote, Coprinaceae, Agaricales) findet man regelmäßig Fruchtkörper auf der Dungschale (S. 312), und zwar dann, wenn das Myzel der Mucoraceae völlig zusammengefallen ist und die zahlreichen Perithezien der Ascomycetes ihre Sporen auszuschleudern beginnen.

Schizophyllum commune (Gemeines Spaltblatt, Schizophyllaceae, Schizophylales, Porianae): die 2–3 cm großen muschelartigen Fruchtkörper (s. Abb. 276) dieses Weißfäulepilzes findet man sehr häufig auf abgefallenem Astwerk, besonders in den Tropen.

Agrocybe aegerita (südlicher Schüppling, Bolbitiaceae, Agaricales): die 7–10 cm großen Fruchtkörper dieses Weißfäulepilzes können im Spätsommer vorwiegend auf Pappelholz gefunden werden, und zwar in Regionen südlich der Mainlinie. In Laborkulturen auf Petrischalen erreichen die Fruchtkörper nur einen Durchmesser von 2–3 cm (Abb. 274 d).

Da es mit zu großem Aufwand verbunden ist, von den drei Arten aus den Fruchtkörpern Sporen zu isolieren und selbst monokaryotische Myzelien heranzuziehen, ist es zweckmäßig, die verschiedenen Kreuzungstypen aus einer Mykothek zu beschaffen (CBS oder DSM). Dies trifft ebenfalls zu für *Pleurotus cystidiosus* (syn. *P. corticatus*, Lentinaceae, Agaricales), einen in Mitteleuropa nicht heimischen Weißfäulepilz und für die als Wurzelparasit auf Waldbäumen lebende *Armillaria mellea* (Hallimasch, Tricholomataceae, Agaricales, s. auch S. 473) und für *Polyporus ciliatus* (Polyporaceae, Poriales , Porianae).

Obwohl Stämme von *Agaricus bisporus* (Wiesenchampignon Agaricaceae, Agaricales) von CBS angeboten werden, kauft man im Handel für die bei diesem Pilz zu bearbeitenden Fragestellungen junge Fruchtkörper mit noch unbeschädigtem Velum und alte Fruchtkörper, bei denen schon die durch die Sporen schwarz gefärbten Lamellen deutlich zu sehen sind.

I. Bildung von Rhizomorphen bei *Armillaria mellea*

Versuchsansatz und Aufgabe: Anzucht der Myzelien erfolgt in mit Maisagar gefüllten Schrägagarröhrchen bei 25 °C. Der Pilz wächst sehr langsam, Rhizomorphen treten erst nach 2–3 Wochen auf (Abb. 267). Man entnimmt mit einer Pinzette eine Rhizomorphe und fertigt entweder nach Zerzupfen oder von einem Handschnitt ein Deckglaspräparat an.

Beobachtungen: Die Hyphen sind zu einem dichten, wurzelartig geformten Plektenchym verflochten. Besonders auffallend ist, daß die dikaryotischen Hyphen des Hallimasch keine Schnallen ausbilden (s. Skelett und Bindehyphen der Porianae, S. 464). Dagegen können zahlreiche Anastomosen festgestellt werden.

II. Vegetative Fortpflanzung

1. Oidiosporen und Chlamydosporen bei *Coprinus cinereus*

Versuchsansatz und Aufgabe: An monokaryotischen Myzelien bilden sich schon nach kurzer Zeit reichlich Oidien. Da diese aber ähnlich wie die Spermogonien bei *Podospora* (S. 398) sich in einem dichten Lufthyphengeflecht

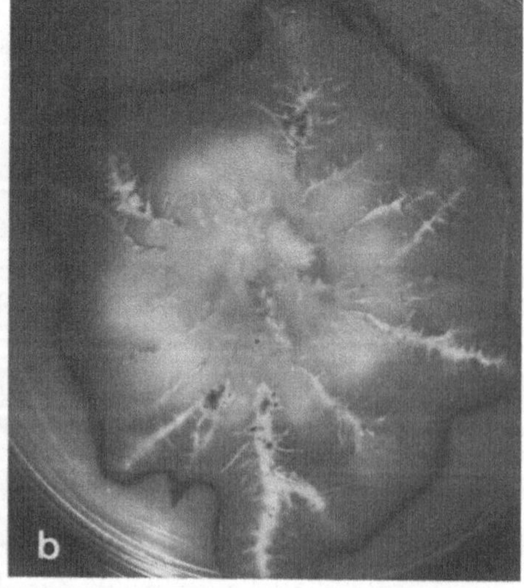

Abbildung 267 a, b. *Armillaria mellea.* a Habitus der Rhizomorphen; b Myzel mit Rhizomorphen

befinden, kann man von den üblichen Agarkulturen in Petrischalen sehr schlecht geeignete Präparate herstellen. Wir benutzen daher die auf S. 269 für *Achlya* beschriebene Methode der Kultur auf Zellophan. Als Nährmedium wird Maisagar und als Inoculum ein Myzelstück eines Monokaryons (z.B. A_1B_1) verwendet. Die Kulturen bei 37 °C halten, nach 2–4 d kleine Zellophanstücke ausschneiden, diese auf einen Objektträger bringen, zunächst ohne Deckglas beobachten, dann einen Tropfen Lactophenol oder Wasser aufbringen und Deckglas auflegen.

Chlamydosporen kann man in Dikaryen z.B. (A_1B_1 + A_2B_2) finden, die bei 37 °C etwa 7 d in Petrischalen auf Maisagar gewachsen sind. Sie entstehen unter der Oberfläche der Kulturen, und zwar meist in dunkel pigmentierten Zonen. Diese sind leicht mit Durchlicht unter dem Präpariermikroskop oder auch schon makroskopisch zu sehen, wenn man die Schalen gegen das Licht hält und von der Unterseite her betrachtet. Mit Hilfe einer Präparierfeder kleine Agarstücke entnehmen, auf einen Objektträger bringen, unter dem Präpariermikroskop vom überflüssigen Agar befreien und nach Zugabe von einem Tropfen Lactophenol ein Deckglas auflegen. Um die Keimung der beiden Typen von Mitosporen zu beobachten, gibt man entweder eine Oidiensuspension (mit sterilem Wasser von den Monokaryen abspülen) bzw. isolierte Chlamydosporen (Präparierfeder) auf Maisagar und bebrütet bei 37 °C. Während die Chlamydosporen schon nach 1 d keimen, ist dies bei den Oidiosporen nach 3–5 Tagen der Fall, und zwar nur mit einer Keimrate von circa 25%.

Beobachtungen:

Oidiosporen: Auf den Monokaryen sieht man an kurzen, meist nach oben wachsenden Seitenhyphen kleine Tröpfchen (Abb. 268 c). Es handelt sich dabei um die in Form von Büscheln entstandenen Oidien, die in eine Hülle von Kondenswasser eingebettet sind. Vorsicht, nicht mit den zahlreichen Tröpfchen von Kondenswasser verwechseln, die an allen Hyphen haften! In den Deckglaspräparaten erkennt man unter der Ölimmersion deutlich die rhombenartigen farblosen Sporen (2 × 5 µm) (Abb. 268 d).

Chlamydosporen: Die dickwandigen Sporen können schon im Präpariermikroskop erkannt werden, da sie mit Größen zwischen 15 und 40 µm in der Größenordnung der *Podospora*-Sporen (S. 333) liegen. Unter den keimenden Sporen kann man, wie schon bei der Besprechung des Entwicklungs-Zyklus erwähnt, solche sehen, die mit einem Keimschlauch als Dikaryon und solche, die mit zwei jeweils monokaryotischen Keimschläuchen wachsen (Abb. 268 a, b). Zwischen den letzteren findet man gelegentlich auch Anastomosen, welche die Dikaryotisierung einleiten.

Monokaryotische und dikaryotische Hyphen unterscheiden sich nicht nur durch die Schnallenbildung, die im nächsten Abschnitt studiert wird, sondern auch durch ihren Durchmesser, der im ersten Fall nur 3 µm und im zweiten Fall 7 µm beträgt. Dies fällt bei der normalen Betrachtung meist nicht auf. Man kann diesen Unterschied um einen Faktor von etwa zwei feststellen, wenn man mit Hilfe eines Okularmikrometers Messungen vornimmt.

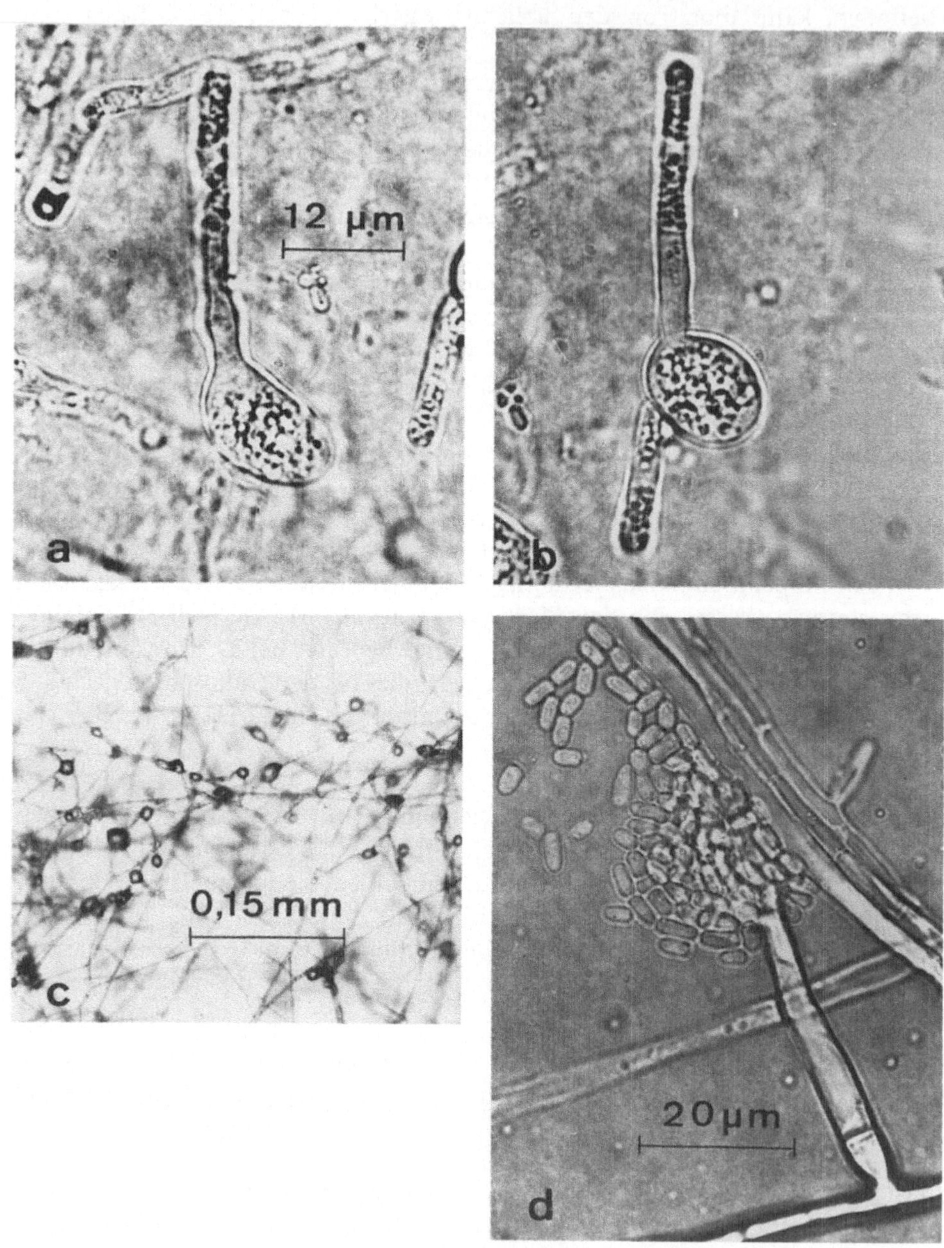

Abbildung 268 a–d. *Coprinus cinereus*, Chlamydosporen. **a** Mit einer Keimhyphe; **b** mit zwei Keimhyphen; **c, d** Oidienbüschel, **c** in der Aufsicht ohne Deckglas; **d** nach Auflegen des Deckglases

2. Koremienbildung bei *Pleurotus cystidiosus*

Versuchsansatz und Aufgabe: Eine mit Mais-Malz-Agar gefüllte Petrischale wird in der Mitte mit einem dikaryotischen Myzelstück von *P. cystidiosus* beimpft und bei 25 °C kultiviert. Nach etwa 5 d beginnt die Koremienbildung.

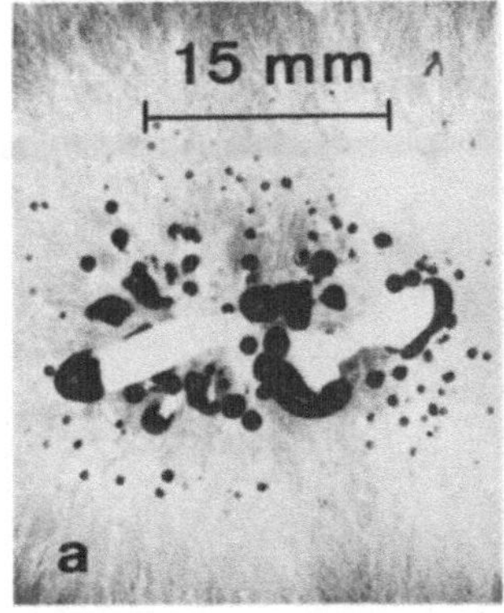

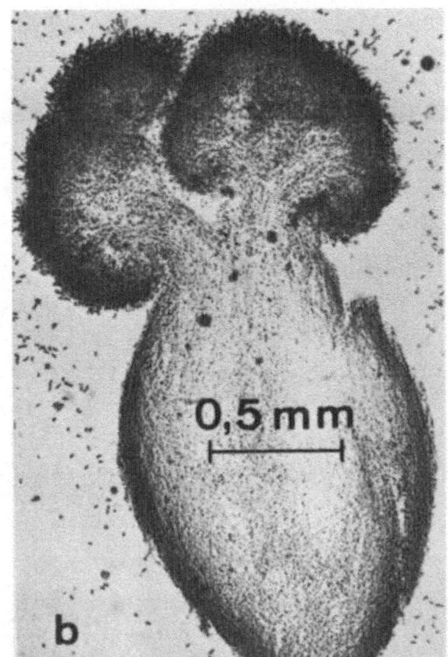

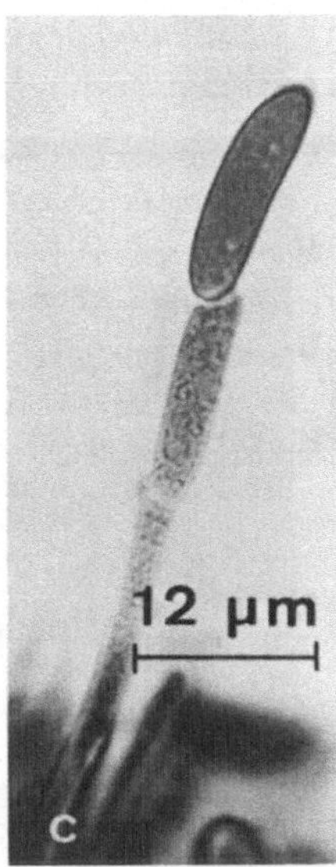

Abbildung 269 a–c. *Pleurotus cystidiosus.* a Myzel mit Koremien; b Längsschnitt durch Koremium; c Metula und Phialide mit anhaftender Kondiospore

Im Verlauf der nächsten Tage entwickeln sich die Koremien bis zu 1 cm langen gestielten Gebilden, die an ihrer Spitze die Konidiosporen in einem schwarz gefärbten „Köpfchen" (bis 4 mm Durchm.) tragen (Abb. 269 a). Unter dem Präpariermikroskop ein Koremium betrachten und von einem Längsschnitt ein Deckglaspräparat anfertigen.

Beobachtungen: Der Stiel des Koremiums besteht aus einem Plektenchym von parallel verlaufenden Schnallenhyphen. An seiner Spitze ist das Koremium kappenartig mit einer großen Menge von Konidiosporen bedeckt. Diese einzelligen Konidien sind oval, messen 5–8 × 10–18 µm, haben dunkle Zellwände und befinden sich in einer farblosen gallertartigen Flüssigkeit. Angehäuft bilden sie das glänzende schwarze Koremiumköpfchen (Abb. 269 b). Im Längsschnitt erkennt man, daß die Konidiosporen kettenartig von einer mit Schnallen versehenen Phialide abgeschnürt werden, unter der noch 1–2 Metulae, die ebenfalls Schnallen tragen, zu sehen sind (Abb.269 c).

III. Sexuelle Fortpflanzung

1. Tetrapolarer Incompatibilitäts-Mechanismus bei *Schizophyllum commune* bzw. *Polyporus ciliatus*

Versuchsansatz und Aufgabe: Agarschalen werden mit Monokaryen der vier Kreuzungstypen A_1B_1, A_2B_2, A_1B_2 und A_2B_1 in den folgenden Kombinationen beimpft, und zwar werden kleine Myzelstücke, die den Stammkulturen entnommen werden, jeweils in der Schalenmitte in unmittelbarer Nachbarschaft aufgesetzt. Für *Schizophyllum* verwendet man Hefe-Pepton-Medium (S. 31) und für *Polyporus* Mais-Malz-Medium (S. 28). Diese Schalen werden bei 25 °C gehalten und nach 20 d makroskopisch ausgewertet. Man erhält dann:

Dikaryon, verschiedene A- und B-Faktoren:
$(A_1B_1 + A_2B_2)$ oder $(A_1B_2 + A_2B_1)$ = compatibel; abgekürzt: A≠B≠.

Heterokaryon mit gemeinsamen A-Faktoren:
$(A_1B_1 + A_1B_2)$ oder $(A_2B_1 + A_2B_2)$ = hemicompatibel-A; abgekürzt: A=B≠.

Heterokaryon mit gemeinsamen B-Faktoren:
$(A_1B_1 + A_2B_1)$ oder $(A_1B_2 + A_2B_2)$ = hemicompatibel-B; abgekürzt: A≠B=.

Homokaryon, gleiche A- und B-Faktoren: z.B.
$(A_1B_1 + A_1B_1)$ = incompatibel; abgekürzt: A=B=.

Bei der mikroskopischen Analyse (Ölimmersion) kommt es darauf an, die Unterschiede in der Hyphenmorphologie zwischen den einzelnen Kombina-

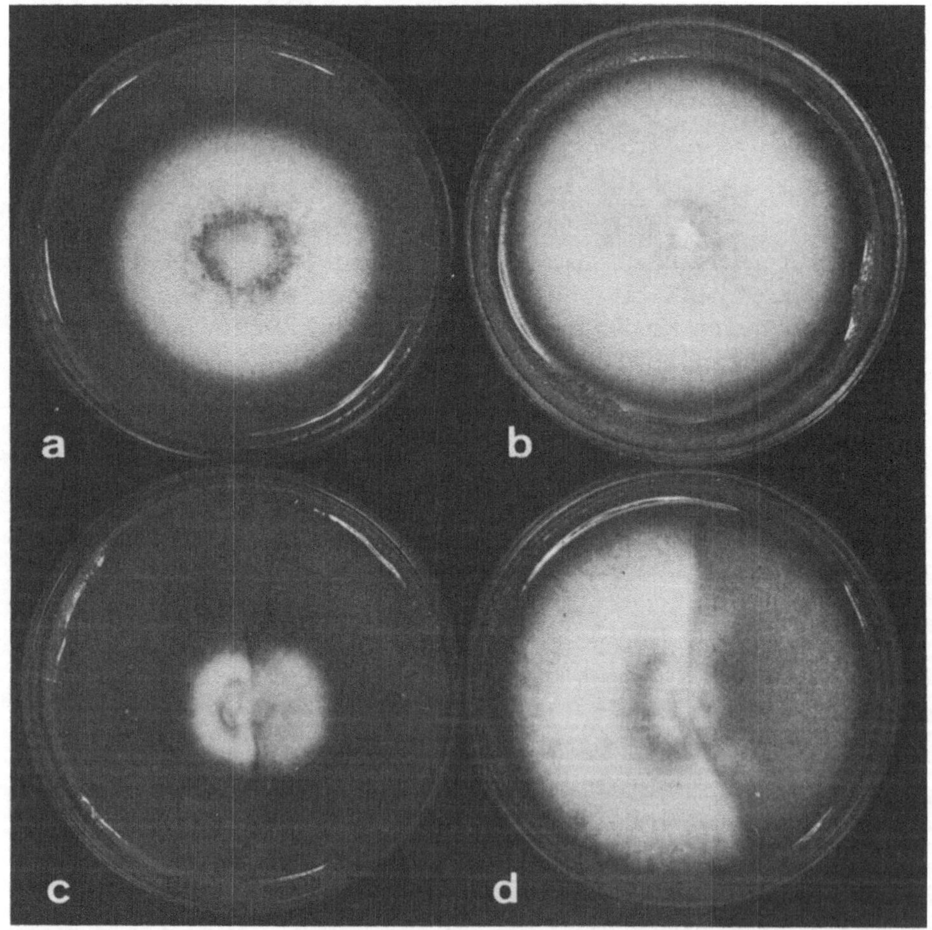

Abbildung 270 a–d. *Schizophyllum commune,* **Myzelmerkmale verschiedener Kombinationen der A- und B-Incompatibilitäts-Faktoren. a** Monokaryon; **b** Dikaryon; **c** hemi-compatibel-A; **d** hemicompatibel-B. (Erläuterungen s. Text)

tionen (Abb. 271) und im Dikaryon die Stadien der Schnallenbildung (Abb. 272) zu erkennen.

Parallel dazu für die mikroskopische Analyse die gleichen Kombinationen ansetzen, indem man die Zellophan-Agartechnik (S. 269) benutzt. Nach 3–4 d aus den Randzonen dieser Kulturen kleine Zellophanstücke herausschneiden und davon unter Zugabe von Karminessigsäure Deckglaspräparate herstellen.

Beobachtungen:

a) Incompatibel, A=B= (Abb. 270 a, 271 a). Die Monokaryen bilden ein üppig wachsendes Myzelium, das ein dichtes Geflecht von Lufthyphen aufweist. Fruchtkörper entstehen nicht. Die septierten Hyphen bilden **keine Schnallen** aus. Ihre Kompartimente enthalten meist nur einen Zellkern.

b) Compatibel, A≠B≠ (Abb. 270 b, 271 b). Das Dikaryon zeigt ebenfalls einen üppigen Myzelwuchs. Es bilden sich über die gesamte Oberfläche verteilt zahlreiche Fruchtkörper. Diese werden später noch genauer untersucht (s. Abb. 282). Die septierten Hyphen bilden vor jeder neuen Querwandbildung **Schnallen** aus. Die Hyphenkompartimente enthalten meist zwei Zellkerne. Die innerhalb der gesamten Kultur feststellbaren Schnallen beweisen, daß das **gesamte Myzel dikaryotisch** geworden ist. Die einzelnen Stadien der Schnallenbildung findet man in Abb. 272 (vergl. mit dem Schema der Abb. 240).

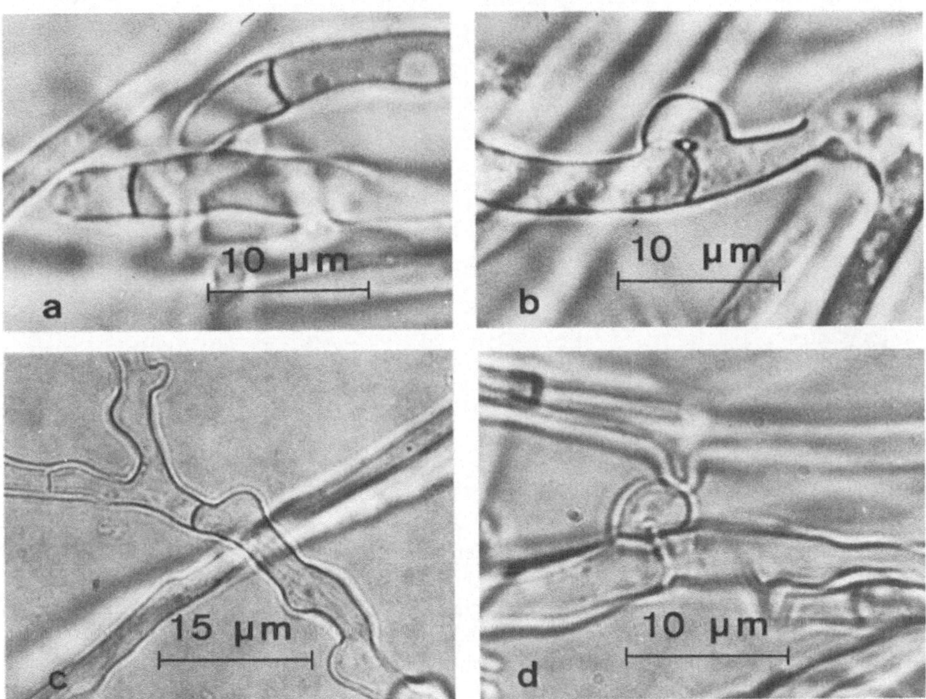

Abbildung 271 a–d. *Schizophyllum commune.* Hyphenmerkmale verschiedener Kombinationen der A- und B-Incompatibilitäts-Faktoren. **a–d** wie in Abb. 270

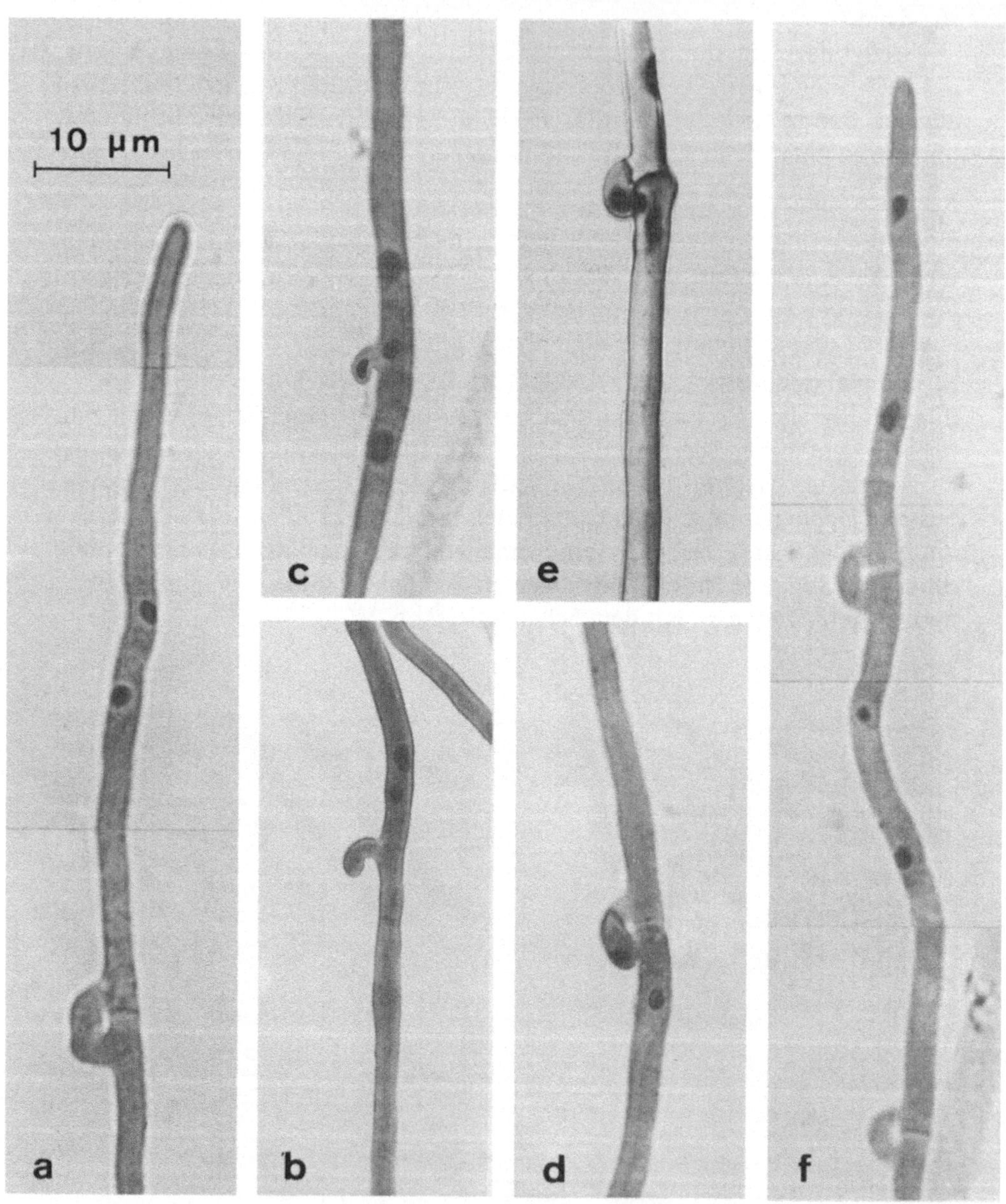

Abbildung 272 a–f. *Polyporus ciliatus,* Stadien der Schnallenbildung (vergl. mit Abb. 240). a Dikaryotische Hyphenspitze; b Beginn der Schnallenbildung durch laterale Ausstülpung einer nach rückwärts gerichteten Hyphenspitze; c gleichzeitig synchrone Teilung der beiden Kerne; d Abschnürung der Hyphenspitze durch Wandbildung in der Hyphe und in der Basis der Schnalle; e Fusion der Schnallenspitze mit der Hyphenbasis; f Ende der Schnallenbildung, beide Zellen enthalten jeweils zwei Kerne

c) **Hemicompatibel-A, A=B≠** (Abb. 270 c, 271 c). Das Heterokaryon zeigt einen sehr geringen, anomalen Wuchs und kein Luftmyzel. Dies kommt auch im Habitus der Hyphen zum Ausdruck. Die einzelnen Kompartimente besitzen eine unterschiedliche Kernzahl (von 0–25). Synchrone Kernteilung oder Schnallenbildung ist nicht festzustellen. Viele Hyphen vakuolisieren sich und sterben vorzeitig ab. Der für den Beginn der Dikaryophase notwendige **Kernaustausch ist offenbar erfolgt, eine Bildung von Schnallen ist unterblieben.**

d) **Hemicompatibel-B, A≠B=** (Abb. 270 d, 271 d). Auch dieses Heterokaryon wächst sehr schlecht und bildet nur wenige Lufthyphen. Die Hyphen enthalten nur in der unmittelbaren Kontaktzone der beiden Partner mehrere Zellkerne und bilden zum Teil unvollständige Schnallen. In den Randzonen dagegen sind die Hyphen meist einkernig. Bei diesem Heterokaryon ist augenscheinlich der **Kernaustausch gestört**, während die folgenden Schritte der **Dikaryotisierung, konjugierten Kernteilung und Schnallenbildung möglich** sind.

Diese Versuche haben gezeigt, daß die unter dem Einfluß der A-B-Faktoren stattfindende Differenzierung eines Monokaryons, das nur Septen bildet, in ein Dikaryon mit Schnallen aus einer Reihe von Einzelschritten besteht. Diese sind in Abb. 273 zusammengefaßt:

1) Die **Plasmogamie wird nicht von den A-B-Faktoren gesteuert.**
2) Die **B-Faktoren kontrollieren den Kernaustausch.** Ferner ermöglichen sie durch die von ihnen induzierte Auflösung der Dolipori eine Kernwanderung und damit eine Dikaryotisierung benachbarter Zellkompartimente. Sie haben jedoch keinen weiteren Einfluß auf die übrigen Differenzierungsschritte, die in A=B≠-Heterokaryen unterbleiben.
3) Die **A-Faktoren** dagegen können die Kernwanderung nicht in Gang setzen, **kontrollieren die übrigen Schritte bis kurz vor dem Abschluß der Schnallenbildung.** In den A≠B=-Kombinationen entstehen an den wenigen Stellen Schnallen, wo ein Kernaustausch erfolgt ist.
4) Die **Incompatibilitäts-Faktoren A und B** haben demnach eine **Schaltfunktion.** Sie setzen nur dann die **sexuelle Differenzierung** in Gang, wenn beide eine **unterschiedliche genetische Konstitution** aufweisen und somit unterschiedliche Genprodukte bilden.

Die Regulierung dieser morphologischen Entwicklung konnte seit dem Einsatz von **Methoden der molekularen Genetik*** in den letzten Jahren besser verstanden werden: Bei beiden für diese Untersuchungen verwendeten Objekten (*Schizophyllum* und *Coprinus*) kennt man die **Feinstruktur des A-Faktors,** d.h. Einzelheiten der Gensequenz des alpha- und beta-Lokus, die eng gekoppelt sind, und die Spezifität des A-Faktors bestimmen (s. S. 456). Aus diesen Daten kann man schließen, daß es zwei Faktor-spezische-Proteine gibt (HD Transcriptions-Faktoren), welche die physiologische Reaktion des Faktors bestimmen. Der B-Faktor codiert für Pheromone und Pheromonrezeptoren.

---

* Einzelheiten in den Literaturübersichten: Casselton LA, Olesnicky NS (1998) Microbiol Mol Biol Rev 62:55–70; Hiscock SJ, Kües U (1999) Int Rev Cytol 193: 165–273

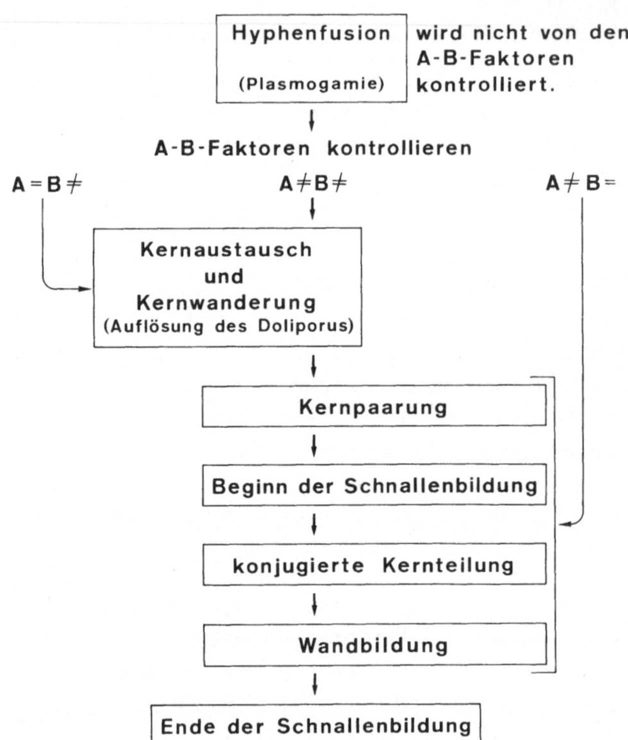

Abbildung. 273. Schematische Darstellung der für die Differenzierung vom Monokaryon zum Dikaryon von den Incompatibilitäts-Faktoren A und B ausgehenden Wirkungen

Interessant ist in diesem Zusammenhang, daß ähnliche Gensequenzen auch bei der Hefe *Saccharomyces cerevisiae* in den für das Sexualverhalten verantwortlichen Allelen a und α vorhanden sind. Dies läßt auf eine Konservierung im Verlauf der Evolution schließen. Es bleibt abzuwarten, ob eine Weiterführung dieser Versuche dazu führen wird, den Modus der physiologischen Vorgänge zu verstehen, welche die mit der Compatibilität verbundene Differenzierung auslösen.

2. Genetische Kontrolle der Fruchtkörperbildung bei *Agrocybe aegerita*

Versuchszweck: Die **Differenzierung der Fruchtkörper** ist ein Prozeß von allgemeinem biologischem Interesse, denn es handelt sich bei dem **plötzlichen Übergang von ungerichtet wachsenden Myzelien zu typischen Plektenchymstrukturen** um ein **morphologisches Grundphänomen**, das auch eine biotechnologische Bedeutung hat, da viele Sekundärmetaboliten nicht im Myzel, sondern erst im Fruchtkörper gebildet werden (z.B. die Toxine bei der Gattung *Amanita*).

Die **Bildung der Fruchtkörper wird von einer Gensequenz kontrolliert**, wie am Beispiel von *Agrocybe aegerita* dargestellt ist. Wie aus Abb. 274 hervorgeht, haben die Incompatibilitäts-Faktoren A und B keinen Einfluß auf den Beginn der Differenzierung. Dieser Vorgang wird von einem „**Schwellengen**" eingeleitet. Dieses *su*[+] (**Suppressor**) genannte Gen ermöglicht die Fruchtkörperbildung nur, wenn mindestens einer der beiden Kerne des Dikaryons das inaktive Allel (su) besitzt. Wenn beide Kerne das aktive Allel su$^+$ tragen, kommt es meist nicht zur Fruktifikation.

Für die **Morphologie der Fruchtkörper** sind weitere Gene verantwortlich, die ebenfalls in mindestens einfacher Dosis vorliegen müssen: Das **Gen fi^+** (fruit body initials) kontrolliert die **Ausbildung der Fruchtkörperanlagen.** Diese entwickeln sich nur dann weiter zu **Fruchtkörpern,** wenn zusätzlich das **Gen fb^+** (fruitbody) vorhanden ist. Fehlt dessen Wirkung, dh. ist nur sein Allel fb anwesend, sistiert die Morphogenese der Fruchtkörper auf dem Stadium der Anlagenbildung.

Diese Erbfaktoren wurden auf einem Umweg entdeckt, nämlich über das sogenannte **monokaryotische Fruchten** (Abbildung 274) , eine Erscheinung, die bei vielen Pilzen (39 Arten aus 21 Gattungen) oft beobachtet, aber erstaunlicherweise von Genetikern kaum beachtet wurde. Dabei handelt es sich um die Fähigkeit von Monokaryen, mehr oder minder normal aussehende Fruchtkörperstrukturen zu bilden, die wesentlich kleiner sind als die der Dikaryen. Obwohl weder Karyogamie noch Meiose stattfindet, entstehen an manchen dieser Fruchtkörper Basidien, die nur zwei Sporen tragen. In der Natur findet man niemals monokaryotische Fruchtkörper, da dort unmittelbar nach der Sporenkeimung die Dikaryotisierung einsetzt.

Eine vergleichbare Korrelation zwischen Mono- und dikaryotischem Fruchten konnte auch bei Vertretern von zwei anderen Gattungen, nämlich *Polyporus ciliatus, Polyporus brumalis* und bei *Schizophyllum commune* nachgewiesen und auf nahezu identische Genmechanismen zurückgeführt werden.* Die Tatsache, daß eine derartige genetische Kontrolle der Morphogenese bisher bei drei nicht nahe verwandten Gattungen vorliegt, erlaubt die Annahme, daß dieser Genmechanismus, wie er oben am Beispiel von *Agrocybe aegerita* erläutert wurde, Allgemeingültigkeit hat.

Man kann daher annehmen, daß bei **höheren Basidiomyceten** die **Morphogenese der Fruchtkörper unabhängig vom Sexualzyklus ist.** Sie ist einmal abhängig von der **Abwesenheit** eines **Suppressor-Gens,** das die Differenzierung vom Myzelwuchs zum Plektenchymwuchs kontrolliert, und zum anderen von der Wirkung **morphogenetischer Gene.** Der **Sexualvorgang** (Karyogamie und Meiose) **erfordert** allerdings die **Dikaryonbildung,** für die bei incompatiblen Pilzen eine Ungleichheit der A–B-Faktoren notwendig ist.

Versuchsansatz und Aufgabe: Dikaryen und Monokaryen werden auf Mais-Malz-Agar bei 25 °C herangezogen. Nach 14 d werden die Kulturen zur Auslösung der Fruktifikation bei 18 °C und Dauerlicht gehalten. Die Fruchtkörperinitialen treten bei Dikaryen nach 2–5 d auf. Die Fruchtkörperbildung ist nach 25 d abgeschlossen. Bei Monokaryen verschiebt sich der morphogenetische Prozeß um etwa 14 d.

Von den Fruchtkörpern mit der Pinzette kleine Lamellenstücke entnehmen, auf Objektträger in Lactophenol legen, das Deckglas leicht andrücken. Zu einer Demonstration der allgemeinen Verbreitung des monokaryotischen Fruchtens kann man Basidiosporen anderer Arten (z.B. *Schizophyllum commune, Polypo-*

---

* Literatur in: Esser K (1996) Progress in Botany 58:1–38.

rus-Arten) aussäen (Methodik s. S. 496) und die Monokaryen entsprechend kultivieren. Für *Schizophyllum* Hefe-Pepton-Agar (S. 31) und für *Polyporus* Malz-Mais-Agar (S. 28) verwenden. Beide Arten fruktifizieren bei 25 °C und Dauerlicht nach weniger als 10 d (*Schizophyllum*) bzw. 20–23 d (*Polyporus*).

Beobachtungen: Abgesehen von dem Zeitunterschied, der für dikaryotisches und monokaryotisches Fruchten gegeben ist, unterscheiden sich auch die Fruchtkörper deutlich durch den Durchmesser des Hutes (*Agrocybe*, Abb. 274 c, d). Dagegen sind bei den Anlagen der Fruchtkörper (Abb. 274 b) keine morphologischen Unterschiede vorhanden. In den Hymenien-Präparaten sind deutlich die zweisporigen Basidien zu erkennen (Abb. 274 e). Die monokaryotischen Fruchtkörper haben nicht bei allen Arten den gleichen Habitus wie die dikaryotischen, z.B. zeigen die monokaryotischen Fruchtkörper von *Schizophyllum* nicht mehr Muschel-, sondern Rosettenform (vergl. Abb. 274 f mit Abb. 276), und bei *Polyporus* ist der Hut verkümmert (Abb. 271 g).

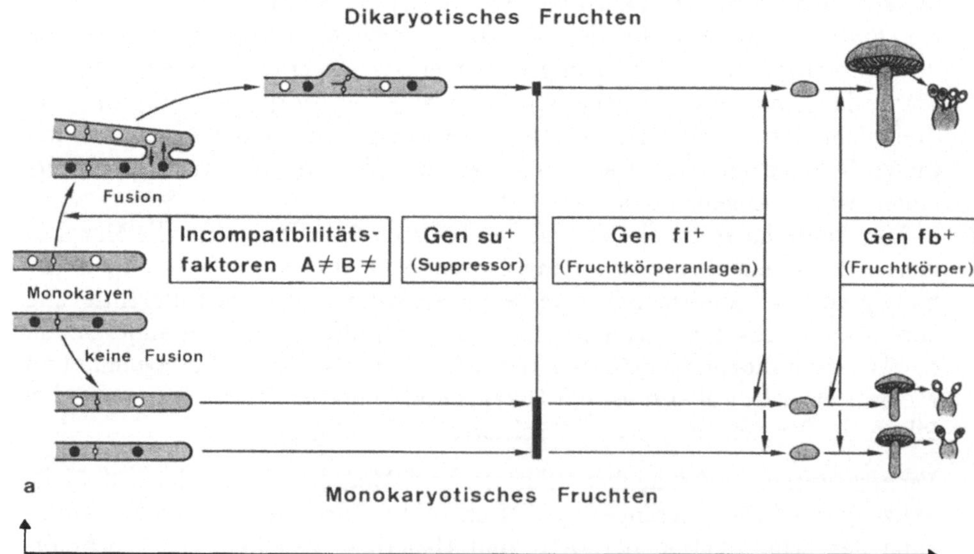

Abbildung 274 a–g. a–e Genetische Kontrolle der Fruchtkörperbildung bei dem Basidiomyceten *Agrocybe aegerita.* **a** Schema der Wirkung der morphogenetisch wirksamen Gene *su, fi⁺* und *fb⁺* beim monokaryotischen Fruchten und ihre Kooperation mit den Incompatibilitäts-Faktoren beim dikaryotischen Fruchten; **b** Monokaryon mit Fruchtkörperanlagen (Genotyp: *fi⁺ fb*); **c** Monokaryon mit Fruchtkörpern (Genotyp: *fi⁺ fb⁺*); **d** Dikaryon mit Fruchtkörpern (genetische Voraussetzung: verschiedene A–B-Faktoren, mindestens eine Dosis *fi⁺* und *fb⁺*; **e** Hymenium aus einem monokaryotischen Fruchtkörper, Basidien mit nur zwei Sporen. **f** Monokaryotische Fruchtköper von *Schizophyllum commune;* **g** monokaryotische Fruchtkörper von *Polyporus ciliatus.* (Fotos: a Esser und Meinhardt; b–e Esser, Smerdziewa und Stahl; g Stahl und Esser)

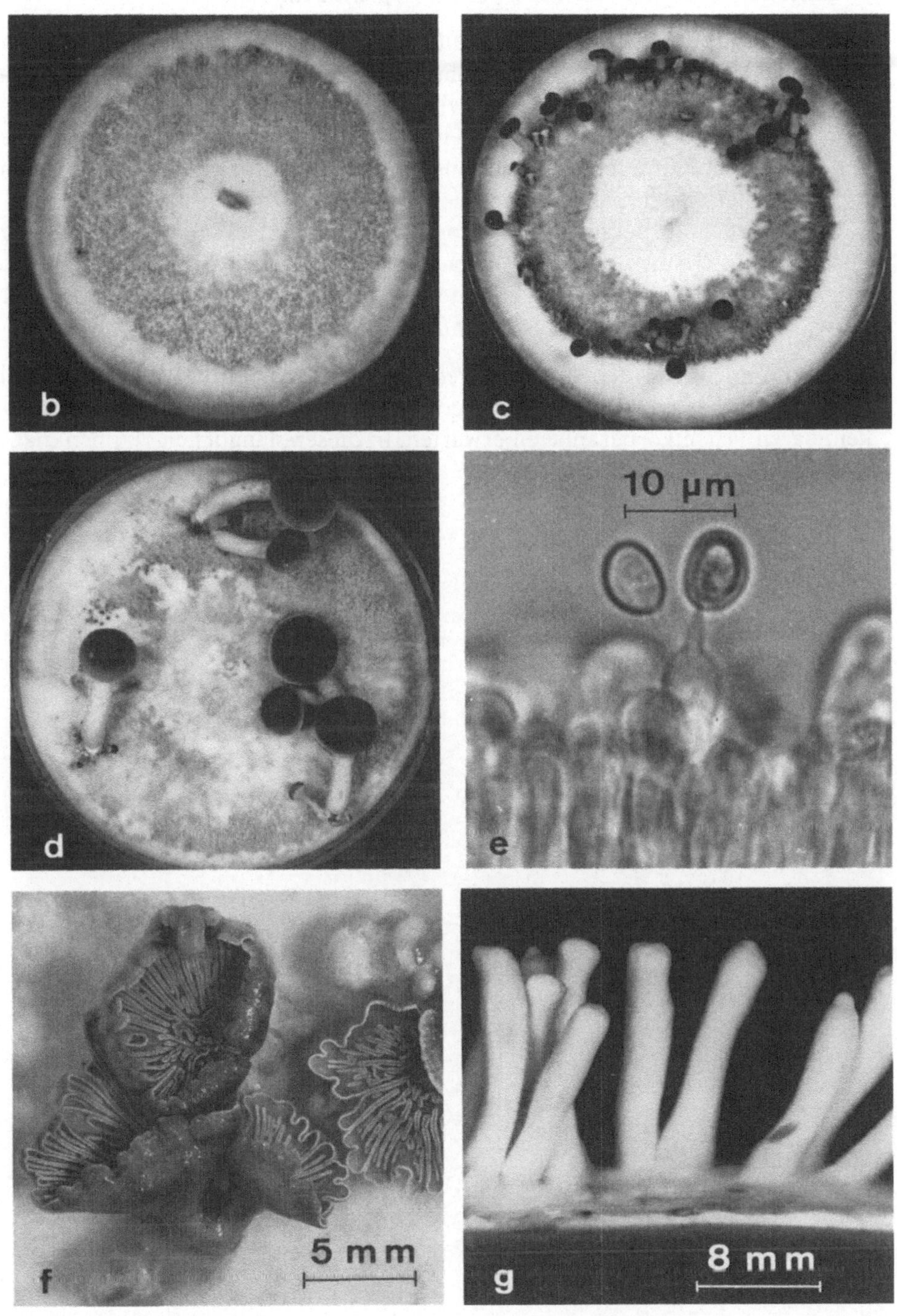
10 µm
5 mm
8 mm

3. Differenzierung der Fruchtkörper bei *Coprinus cinereus*

Versuchsansatz und Aufgabe: Als Kulturgefäße dienen entweder Glasschalen mit Deckel (Durchm. etwa 10 cm, Höhe 10–12 cm) oder Weithals-Erlenmeyer-Kolben (250 ml). Als Nährmedium wird Pferdedung (S. 28) oder Hefe-Malz-Agar (S. 31) verwendet, und zwar in einer Schichtdicke von etwa 2 cm. Gefäße aus der Stammkultur eines Dikaryons beimpfen, Kulturen zunächst 2 d bei 37 °C inkubieren, dann bei 28 °C im Licht halten.

Sobald Fruchtkörperanlagen makroskopisch erkennbar sind, diese mit einer Pinzette entnehmen und unter dem Präpariermikroskop betrachten. Wenn eine Differenzierung des Hutes zu sehen ist, von Längsschnitten verschiedener Entwicklungs-Stadien Deckglas- oder Dauerpräparate herstellen.

Beobachtungen: Auf den Agarkulturen kann man nach 5 d, wenn das Myzel einen Durchmesser von etwa 5 cm erreicht hat, die ersten, mit der Lupe erkennbaren Fruchtkörperanlagen erwarten. In diesem länglichen Hyphenknäuel ist der gesamte Fruchtkörper schon angelegt (Abb. 275 a).

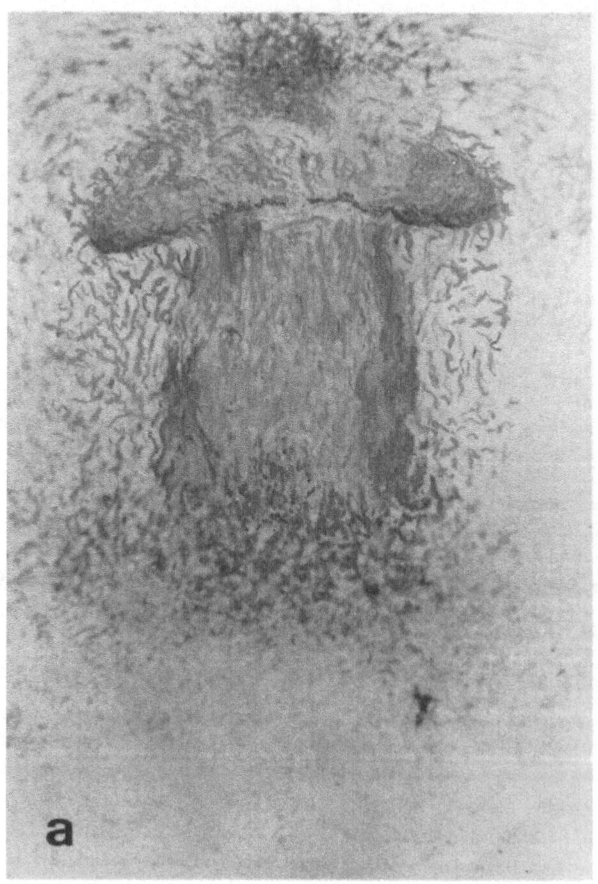

Abbildung. 275 a. *Coprinus cinereus,* **Fruchtkörperentwicklung.** Medianer Längsschnitt durch eine Fruchtkörperanlage, die erst einen Durchmesser von 1 mm erreicht hat. (Foto: TR Matthews und DJ Niederpruem)

Einen Tag später, nach 6 d (s. auch Abb. 275 b), sieht man eine deutliche Einschnürung in der Gürtellinie der Anlagen, die Hut und Stiel abgrenzt. Zu diesem Zeitpunkt beginnt im Hut die Differenzierung der Lamellen mit Basidien und Paraphysen. Nach weiteren 12 h gehen die Basidien zur Sporenbildung über, die nach 4 h abgeschlossen ist. Im Verlauf der nächsten beiden Stunden beginnt der von dem immer noch gestauchten Stiel abgegrenzte Hut sich gleichzeitig mit der Pigmentbildung in den Basidiosporen braun-schwarz zu färben. Nach Aufreißen des Velum universale und einer glockenartigen Entfaltung des Hutes streckt sich der Stiel (etwa 1 cm/h).

Die Reste des Velums umhüllen als Volva die Stielbasis bzw. sind auf dem Hut als schindelartige Schuppen zu sehen. Wenn man phantasiebegabt ist, kann man aus dem typischen Habitus des Hutes den Trivialnamen „Hasenpfote" für *C. cinereus* ableiten.

Wenn der Stiel die Hälfte seiner Länge (etwa 5 cm) erreicht, werden schon die ersten Basidiosporen ausgeschleudert (etwa 7 d nach Ansetzen der Kultur). Diese Sporen stammen von den stielnahen Zonen der Lamellen. Die restliche Entwicklung erfolgt ebenfalls sehr rasch und ist nach 5 h abgeschlossen: Parallel zu einer weiteren Streckung des Stieles werden auch die Sporen aus den Randzonen der Lamellen ausgeschleudert.

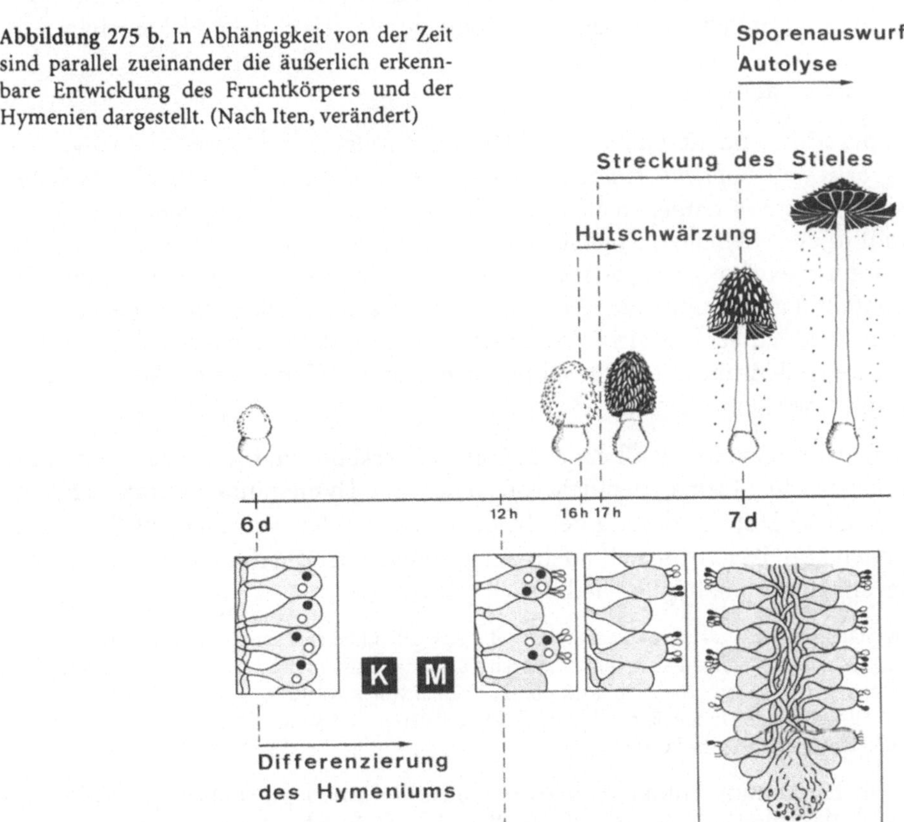

Abbildung 275 b. In Abhängigkeit von der Zeit sind parallel zueinander die äußerlich erkennbare Entwicklung des Fruchtkörpers und der Hymenien dargestellt. (Nach Iten, verändert)

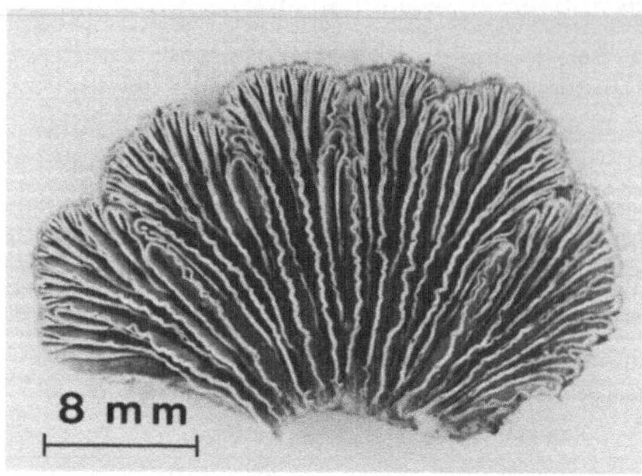

Abbildung 276. *Schizophyllum commune.* Fruchtkörper von der Unterseite

Die Autolyse des Hymeniums setzt gleichzeitig mit dem Abschleudern der Sporen ein und verläuft ebenfalls von innen nach außen, so daß die später reifenden Sporen vielfach nicht ausgeschleudert werden, sondern zusammen mit den flüssigen Zellinhaltsstoffen als „Tinte" abtropfen. Nach Sporulation und Autolyse der Lamellen ist der Hut des nun 10–12 cm langen Fruchtkörpers schirmartig entfaltet und besteht aus einem mehrschichtigen Plektenchym.

4. Struktur der Lamellen

Präparation und Aufgabe: Durch die Hüte reifer Fruchtkörper von *Agaricus bisporus* und *Coprinus cinereus* tangentiale Längsschnitte machen, in welchen mindestens 3–4 Lamellen im Querschnitt getroffen sein müssen. Es wird sowohl in der stielnahen Zone als auch in der randnahen Zone geschnitten. Bei den muschelförmigen Fruchtkörpern von *Schizophyllum commune* (Abb. 276) ebenfalls Lamellenquerschnitte anfertigen. Da das Plektenchym der Fruchtkörper jedoch sehr „weich" ist, außer Deckglaspräparaten auch Dauerpräparate herstellen und diese zur Differenzierung der Hyphen bzw. Kerne mit Safranin bzw. Giemsa färben.

Beobachtungen: In der Übersicht (Abb. 277) erkennt man, daß die Hyphen der Innenschicht (Trama) deutlich von denen des Hymeniums zu unterscheiden sind. Diese Differenzierung beruht nicht wie bei den Porianae auf der Anwesenheit von Skelett- oder Bindehyphen, sondern ist durch eine starke Vakuolisierung der Tramahyphen bedingt.

Die Stabilität der Agaricales-Fruchtkörper, die ausschließlich nur generative Hyphen (zum Teil ohne Schnallen) enthalten, kommt dadurch zustande, daß im Verlauf der rasch erfolgenden Streckung der Fruchtkörper sich nicht nur die Tramahyphen, sondern auch alle übrigen Hyphen – mit Ausnahme der hymenialen Hyphen – vakuolisieren und somit durch den Turgor sich wie „aufgeblasene Schläuche" verhalten.

Im Hymenium findet man neben Basidien auch plasmareiche sterile Hyphen (Paraphysen) und vor allem die sehr stark vakuolisierten Cystidien. Die letzteren heben sich deutlich über das Hymenium hinaus und wachsen bis zur benachbarten Lamelle. Sie verhindern damit, daß die Lamellen verkleben und der interhymeniale Raum für das Ausschleudern der Sporen frei bleibt (Abb. 280).

Die drei Objekte bieten Beispiele für verschiedene Lamellentypen. Die **aequihymeniale Lamelle** kommt bei den meisten Agaricales vor. Bei diesem Typ verläuft die Entwicklung des Hymeniums gleichmäßig auf allen Lamellen, wie z.B. bei *A. bisporus* (Abb. 277 a, b).

Sukzedan entstehen die Hymenien beim **inaequihymenialen Typ**, und zwar von innen nach außen, wie schon oben für *C. cinereus* erwähnt wurde (Abb. 277 c–f). Die Lamellen verlaufen parallel und besitzen große Cystidien. Dies sind hochgradig vakuolisierte Zellen, welche sich wie Keile zwischen die Lamellen geschoben haben. Auf diese Weise verhindern sie eine Blockierung des interlamellaren Raumes durch Aneinanderkleben der Lamellen. Damit wird der notwendige Raum für das Sporenausschleudern sichergestellt (Abb. 280).

Der dritte Lamellentyp ist ein Sonderfall. Es handelt sich dabei um die **Spaltlamelle** von *Schizophyllum commune*, die auch dieser Gattung den Namen gab. Die Lamellen sind von der Unterseite her spaltartig eingeschnitten und teilweise an ihren Enden eingerollt (Abb. 277 g–i).

Eine vergleichende Betrachtung der Basidien läßt auch die unterschiedliche Größe der Basidiosporen erkennen (s. Abb. 178). Während die Sporen von *C. cinereus* (Durchm. 10 μm) und *A. bisporus* (Durchm. 5x 10 μm) relativ groß sind und als Einzelsporen bei einiger Übung noch mit der Hand isoliert werden können, ist dies bei den sehr kleinen Sporen von *S. commune* (Durchm. 6 μm) nicht möglich.

Abschließend einige Bemerkungen über die **Entwicklungsgeschichte der zweisporigen Basidien von *A. bisporus***. Hier handelt es sich um einen vergleichbaren Fall wie bei dem Ascomyceten *Podospora anserina* (S. 107 f.), denn die Basidiosporen von *A. bisporus* enthalten ebenfalls zwei Initialkerne. Nach der Meiose bilden sich an der Basidie anstelle der sonst üblichen vier Sterigmen nur zwei, in die je zwei Kerne einwandern. Da das Fortpflanzungsverhalten von *A. bisporus* durch bipolare Incompatibilität bestimmt wird und die Verteilung dieser Kerne auf die beiden Sporen zufällig erfolgt, enthalten 2/3 aller Sporen Kerne beider Kreuzungstypen und keimen zu Dikaryen aus. Jeweils 1/6 der Sporen enthalten Kerne des gleichen Kreuzungstyps und keimen zu Monokaryen aus. Gelegentlich findet man auch Basidien mit drei und sehr selten sogar vier Sporen. Die genetische und cytologische Analyse hat ergeben, daß es sich dabei um zwei einkernige und eine zweikernige (Größenunterschiede!) bzw. vier kleinere einkernige Sporen handelt.

Infolge dieses speziellen Mechanismus der Kernverteilung und auch auf Grund der Tatsache, daß man bei *A. bisporus* niemals eine Schnallenbildung findet, hat man diesen Pilz sehr lange als selbstcompatibel angesehen. Die Maskierung der Incompatibilität durch die überwiegende Ausrüstung der Sporen mit zwei compatiblen Kernen nennt man **Pseudocompatibilität**.

5. Schleudermechanismus der Basidiosporen

Filme: C 1993, Abschuß Ballistosporen bei Basidiomyceten
             C 1545, Sporenverbreitung bei Basidiomycetes

Versuchsansatz: Bei einem reifen Fruchtkörper von *Agaricus bisporus* (erkenntlich an den schwarz gefärbten Lamellen), die Stielbasis mit einer Rasierklinge abschneiden, Fruchtkörper mit der Schnittfläche auf einen weißen Bogen Papier aufkleben und bei Zimmertemperatur für etwa 2–4 d aufbewahren.

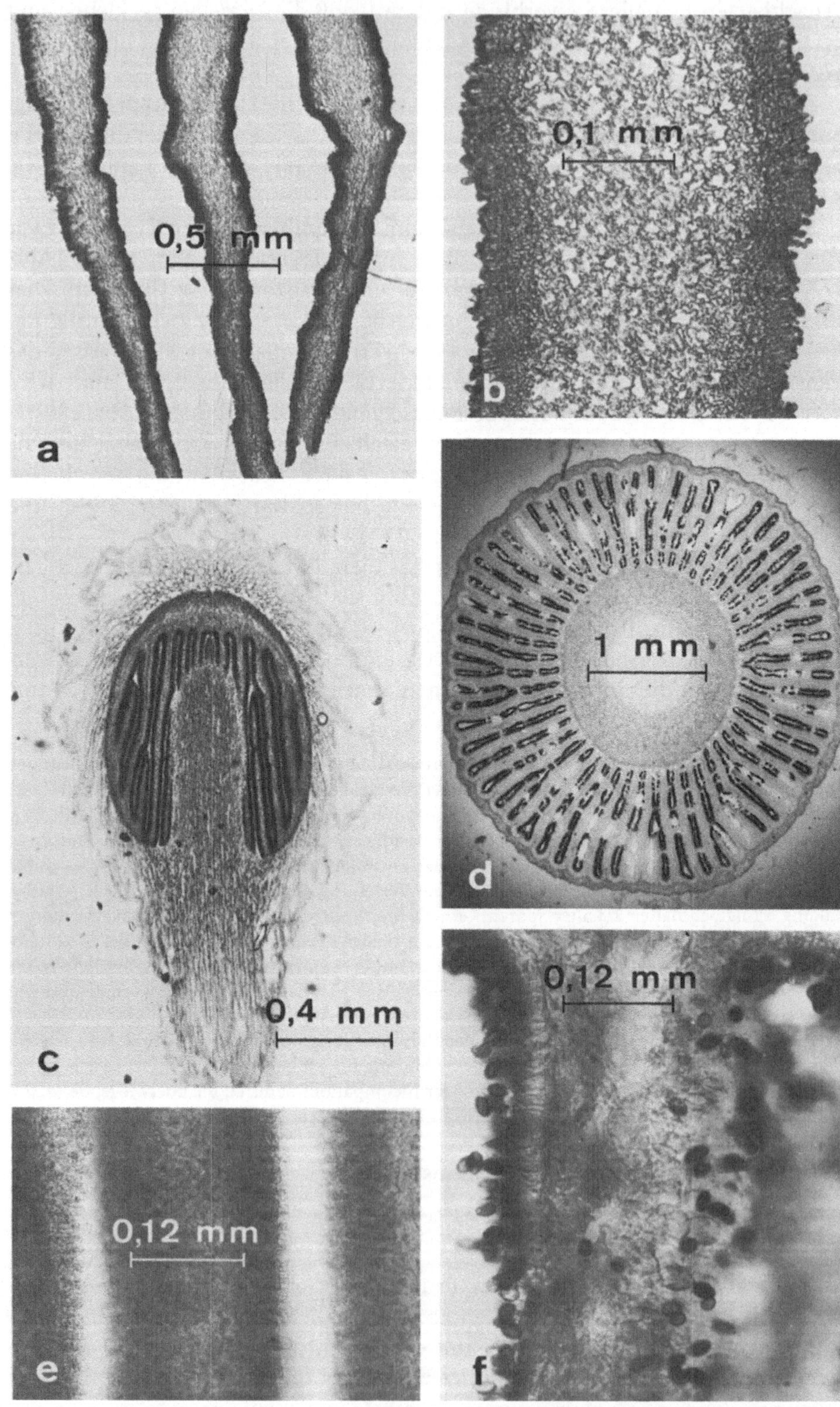
0,5 mm
a
0,1 mm
b
0,4 mm
c
1 mm
d
0,12 mm
e
0,12 mm
f

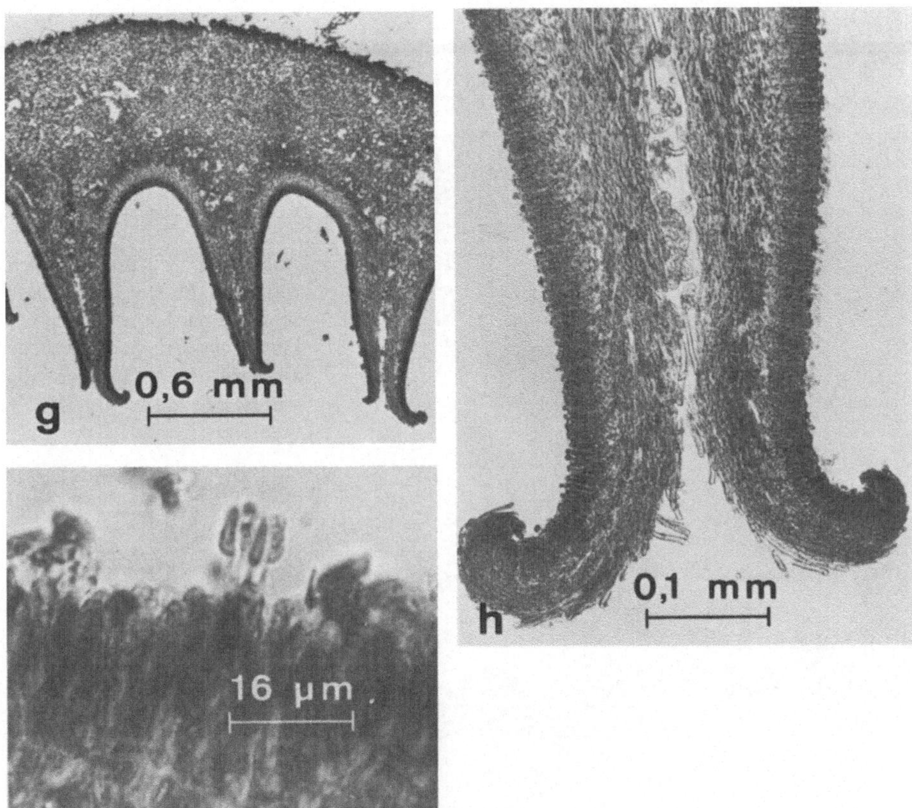

Abbildung 277 a–i. Querschnitt durch Lamellen von höheren Basidiomyceten. a, b *Agaricus bisporus,* tangentialer Längsschnitt durch den Hut. a Übersicht; b Ausschnittsvergrößerung. c–f *Coprinus cinereus.* c Längsschnitt durch jungen Fruchtkörper. Ausdifferenzierter Fruchtkörper; d Querschnitt; e Ausschnitt aus der Randzone; f Ausschnitt aus der stielnahen Zone. g–i *Schizophyllum commune,* Längsschnitt durch denFruchtkörper. g Übersicht; h Ausschnitt; i Hymenium mit Basidiosporen

Präparation: Handschnitte oder Dauerpräparate von Querschnitten des Hymeniums von *A. bisporus* und *C. cinereus,* wie sie im vorigen Abschnitt verwendet wurden.

Beobachtungen: Der *Agaricus*-Fruchtkörper hat zahlreiche dunkelgefärbte Basidiosporen ausgeschleudert, die auf dem Papier ein negatives Muster der Lamellen ergeben (Abb. 278). Die Musterbildung der ausgeschleuderten Sporen wird verständlich, wenn man Abb. 280 betrachtet. Da die Sporen nur 0,1–0,2 mm horizontal ausgeschleudert werden, gelangen sie durch eigene Kraft nur in die Mitte des interlamellaren Raumes, fallen dann infolge ihrer Schwerkraft senkrecht zu Boden und markieren dort die Lamellenanordnung.

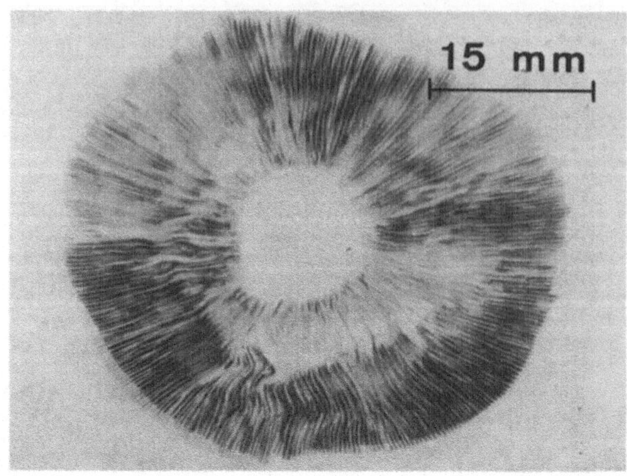

Abbildung 278. *Agaricus bisporus.* Muster der ausgeschleuderten Sporen unter dem Hut eines Fruchtkörpers, der auf einem Blatt Papier befestigt wurde.

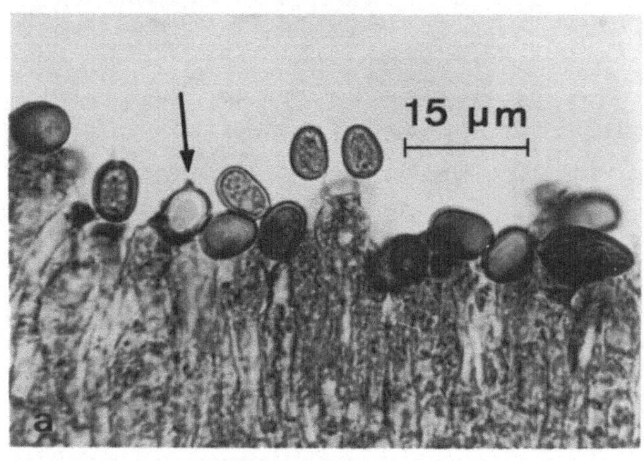

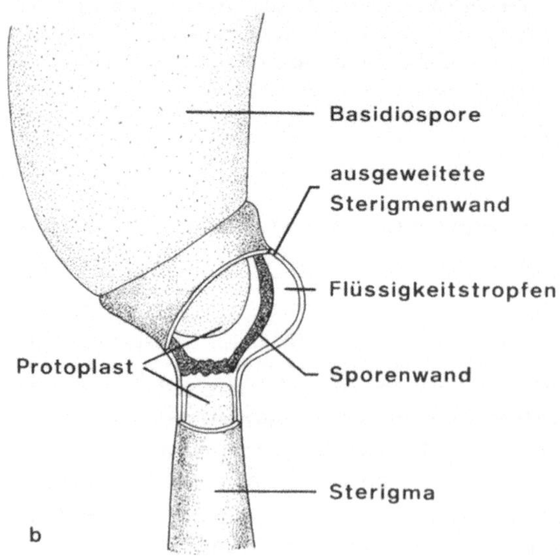

Abbildung 279 a, b. Morphologie der Basidiosporen. a Reife Basidiosporen von *Agaricus bisporus,* Ausstülpung an einer abgelösten Spore (Pfeil); b Rekonstruktion der Übergangsteile zwischen der Basis der Basidiospore und dem Sterigma bei *Schizophyllum commune,* Wand des Sterigmas teilweise entfernt. (Nach einem elektronenmikroskopischen Bild von Wells)

Ein Fruchtkörper von *A. bisporus* bildet insgesamt etwa 16 Millionen Sporen, die im Verlauf von 6 d abgeschleudert werden, pro Tag werden demnach 2,6 Millionen Sporen von einem Fruchtkörper ausgeworfen.

In den Präparaten kann man mit Hilfe der Ölimmersion sehen, daß die bohnenförmigen Basidiosporen dem Sterigma seitlich ansitzen und an ihrer Basis eine Ausstülpung haben (Abb. 279 a). Wie aus Abb. 279 b hervorgeht, handelt es sich bei der adaxialen Anschwellung an der Sporenbasis um eine Ausstülpung der Sterigmenwand, die Flüssigkeit enthält. Dies ist gleichzeitig die präformierte Bruchstelle. Kurz vor Abschleudern der Spore schwillt die Blase an, ihr Inhalt bleibt als Flüssigkeitstropfen nach Abschleudern an der Spore haften. Für Einzelheiten wird auf den oben genannten Film C1993 verwiesen.

6. Aufspaltung und Neukombination der A-B-Incompatibilitäts-Faktoren bei *Schizophyllum commune*

Versuchszweck: Dieser Versuch soll zeigen, wie man von den Sporen eines Fruchtkörper der Basidiomycetes monokaryotische Kulturen anlegt und deren Kreuzungstyp bestimmt.

Versuchsansatz: Ein reifer Fruchtkörper von *S. commune* [z.B. aus dem Dikaryon (A_1B_1, + A_2B_2) in Versuch b, S. 479] wird mit der Pinzette vom Myzel

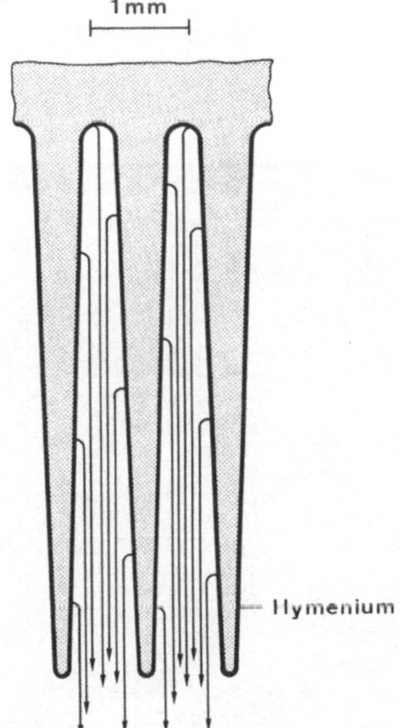

Abbildung 280. *Agaricus bisporus.* Schema eines Lamellenquerschnittes, in dem der Weg der ausgeschleuderten Basidiosporen durch Pfeile markiert ist

abgenommen und in die Innenseite des Deckels einer sterilen Petrischale geklebt, und zwar so, daß die muschelförmige Innenseite mit den Lamellen nach unten zeigt. Die Schale bei Zimmertemperatur aufbewahren, je nach dem Reifungsgrad des Fruchtkörpers sind nach 1–4 h zahlreiche Sporen abgeschleudert worden. Nach Entfernen des Deckels die am Boden der Schale befindlichen Sporen in 5 ml sterilem Leitungswasser suspendieren, mit Hilfe einer Zählkammer die Konzentration der Sporen bestimmen, je 1 ml der Suspension, in der nicht mehr als 30 Sporen enthalten sind, in mit Hefe-Pepton-Agar (S. 31) gefüllte Petrischalen plattieren, diese bei 25 °C bebrüten und täglich beobachten.

Sobald die gekeimten Myzelien einen Durchmesser von etwa 5 mm erreicht haben (Abb. 281), mit einer Impfnadel oder der Präparierfeder von jedem Myzel 5 kleine Stücke entnehmen. Vier davon werden in der Mitte je einer mit Hefe-Pepton-Agar gefüllten Petrischale aufgesetzt. Dann impft man jeweils neben das zu testende Myzelstück als Tester einen der vier Kreuzungstypen $A_1 B_1$, $A_2 B_2$, $A_1 B_2$ bzw. $A_2 B_1$, die man der Stammkollektion entnimmt, Kulturen bei 25 °C halten. Die Petrischalen können makroskopisch nach 14 d ausgewertet werden, sobald die ersten Fruchtkörper sichtbar sind. Das 5. Myzelstück wird in ein Schrägagarröhrchen übertragen und dient als Stammkultur für weitere Versuche (Aufbewahrung im Kühlschrank bei 5–7 °C).

Es kann vorkommen, daß in der Sporensuspension Basidiosporen beim Plattieren nicht voneinander getrennt werden. Dies erkennt man meist daran, daß die Kulturen auf der Aussaatschale nicht kreisrund sind. Auch wenn Sporen nur wenige mm voneinander entfernt liegen, können sie schon kurz nach der Keimung ineinanderwachsen (s. auch Abb. 281). Um Versuchsfehler zu vermeiden, daher nur solche Kulturen verwenden, die kreisrund und noch nicht mit der Nachbarkultur zusammengewachsen sind.

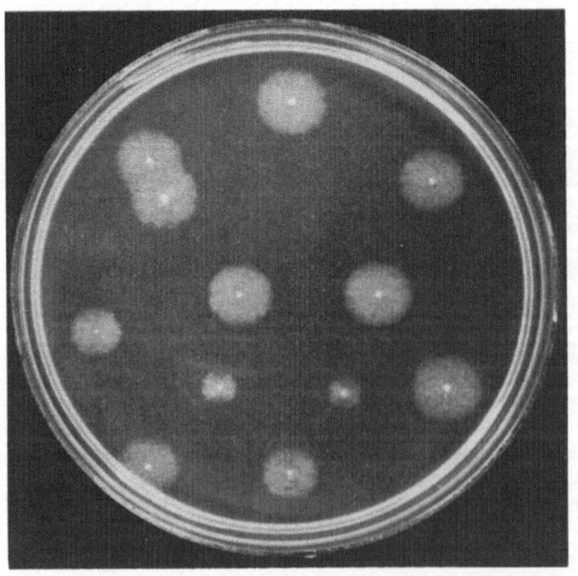

Abbildung 281 *Schizophyllum commune.* Petrischale mit monokaryotischen Myzelien, die sich aus isolierten Basidiosporen entwickkelt haben. Links oben erkennt man, daß zwei Monokaryen infolge ungenügender Trennung der Basidiosporen ineinandergewachsen sind

Auswertung: Die Auswertung der Teste erfolgt unter Zuhilfenahme der Abb. 270. Zunächst stellt man lediglich fest, mit welchen der vier Kreuzungstypen der zu testende Stamm Fruchtkörper gebildet hat. Von diesem unterscheidet er sich demnach für beide Incompatibilitäts-Faktoren, z.B. bei Fruchtkörperbildung mit dem Tester $A_1 B_2$ hat das analysierte Monokaryon den Kreuzungstyp $A_2 B_1$. Dieses Ergebnis wird mit Hilfe der anderen Tester überprüft, denn im genannten Fall sollte keinerlei Reaktion mit dem gleichen Kreuzungstyp $A_2 B_1$, auftreten. In den beiden anderen Tests mit $A_1 B_1$ bzw. $A_2 B_2$ dagegen

a

	1	2	3	4	5	6	7	8	9	10
1	O	+	O	O	O	O	O	O	+	O
2		O	+	O	+	O	O	O	O	O
3			O	O	O	O	O	O	+	O
4				O	O	O	+	+	O	O
5					O	O	O	O	+	O
6						O	+	+	O	O
7							O	O	O	+
8								O	O	+
9									O	O
10										O

c

	1	3	5	2	9	4	6	10	7	8
1	O	O	O	+	+	O	O	O	O	O
3	O	O	O	+	+	O	O	O	O	O
5	O	O	O	+	+	O	O	O	O	O
2	+	+	+	O	O	O	O	O	O	O
9	+	+	+	O	O	O	O	O	O	O
4	O	O	O	O	O	O	O	O	+	+
6	O	O	O	O	O	O	O	O	+	+
10	O	O	O	O	O	O	O	O	+	+
7	O	O	O	O	O	+	+	+	O	O
8	O	O	O	O	O	+	+	+	O	O

b

	1	2	3	4	5	6	7	8	9	10
1	O	+	O	O	O	O	O	O	+	O
2	+	O	+	O	+	O	O	O	O	O
3	O	+	O	O	O	O	O	O	+	O
4	O	O	O	O	O	O	+	+	O	O
5	O	+	O	O	O	O	O	O	+	O
6	O	O	O	O	O	O	+	+	O	O
7	O	O	O	+	O	+	O	O	O	+
8	O	O	O	+	O	+	O	O	O	+
9	+	O	+	O	+	O	O	O	O	O
10	O	O	O	O	O	O	+	+	O	O

d

	$A_1 B_1$ 1,3,5	$A_2 B_2$ 2,9	$A_1 B_2$ 4,6,10	$A_2 B_1$ 7,8
$A_1 B_1$ 1,3,5	O	+	O	O
$A_2 B_2$ 2,9	+	O	O	O
$A_1 B_2$ 4,6,10	O	O	O	+
$A_2 B_1$ 7,8	O	O	+	O

Abbildung 282 a–d. Schema zur Versuchsauswertung der Kreuzungstyp-Bestimmung bei einem tetrapolaren Basidiomyceten. **a** Tabellarische Auswertung des Versuchs, die Nummern geben die Monokaryen an in der Reihenfolge, wie sie isoliert und getestet wurden. Es bedeutet hier und in den folgenden Tabellen: + Dikaryonbildung (nachgewiesen durch Schnallenmyzel oder Fruchtkörper), O kein funktionsfähiges Dikaryon (fehlende Schnallen, teils gehemmter Wuchs); **b** Spiegelbildliche Ergänzung von (a) als Vorbereitung für eine Vereinfachung der Auswertung; **c** Umzeichnung von (b), Stämme mit gleicher Reaktion werden zusammengefaßt; **d** Vereinfachung von (c) und Zuordnung der Kreuzungstypen

entsteht die typische Wuchshemmung durch die hemi-compatiblen Reaktionen. Wenn man auf diese Weise den Kreuzungstyp von ca. 50 Myzelien festgestellt hat, kann man die postulierte 1:1:1:1 Verteilung der vier Kreuzungstypen mit einem statistischen Test (z.B. chi^2-Test) überprüfen.

Falls man Fruchtkörper aus der Natur isoliert und keine Tester zur Verfügung hat oder z.B. andere Arten als *Schizophyllum* verwendet, kreuzt man zur Ermittlung des Kreuzungstyps entsprechend Tabelle 10 (S. 450) alle erhaltenen Stämme in den möglichen Kombinationen untereinander.

Wenn in diesen Tests keine Fruchtkörper entstehen, was bei manchen Arten durchaus der Fall sein wird, muß man mikroskopisch nach Schnallenbildung suchen und diese als Kriterium benutzen. Bei den meisten anderen Basidiomycetes ist die starke Wuchsverminderung in den hemi-compatiblen Kreuzungen, die für *S. commune* typisch ist, ebenfalls nicht vorhanden.

Aus diesen Daten kann man durch entsprechende Umordnung das tetrapolare Schema rekonstruieren. Ein Beispiel ist in Abb. 282 angegeben. Bei diesem Versuch muß man allerdings zunächst einen Kreuzungstyp willkürlich festlegen, und die anderen danach bestimmen. Das kann natürlich dazu führen, daß man bei einem späteren Vergleich mit schon bekannten Kreuzungstypen der gleichen Art eventuell eine Umbenennung vornehmen muß.

3. (Über)ordnung: Lycoperdanae (Bauchpilze)

Film: C 1545, Sporenverbreitung bei den Basidiomycetes

A. Einführung:

Merkmale: Die **Lycoperdanae** sind vorwiegend **coprophile** oder **lignophile Saprophyten** mit unterirdisch wachsenden Myzelien und **zum Teil auch Mykorrhizapilze**. Die **angiokarpen** knollen- oder keulenförmigen, fleischigen **Fruchtkörper** entstehen entweder **hypo-** oder **epigäisch**. Sie erreichen eine Größe von mehreren bis vielen Zentimetern. Eine ein- bis mehrschichtige derbe **Peridie umhüllt** die sporenbildende Innenschicht (**Gleba**). Die zahlreichen Höhlungen oder Kammern der Gleba sind mit dem Hymenium ausgekleidet. Die Basidien tragen an extrem kurzen Sterigmen meist vier Sporen. Diese sind im Gegensatz zu den bohnenförmigen Basidiosporen der Agaricanae kugelrund und haben oft eine stachelige Wand. Die **Sporen** werden entweder **passiv** nach Zerfall der Fruchtkörper (hypogäische Formen) oder Aufreißen der Peridie (epigäische Formen) **freigesetzt** oder die **Gleba** wird als Ganzes oder in Teilen (**Peridiolen) abgeschleudert**.

Da die Lycoperdanae (abgesehen von einigen Ausnahmen) unter Laborbedingungen keine Fruchtkörper bilden, ist ihr **Fortpflanzungsverhalten** bisher wenig bearbeitet worden. Soweit bekannt, gibt es keine wesentlichen Unterschiede gegenüber den Porianae und Agaricanae, so daß für die Lycoperdanae die gleichen Kriterien wie bei diesen Taxa gelten: Dikaryoten mit somatogamem Befruchtungs-Modus, Monözie als Fortpflanzungs-System, das, soweit bekannt (*Cyathus*-Arten), durch tetrapolare Incompatibilität überlagert werden kann. Über eine vegetative Fortpflanzung durch Sporen ist nichts Genaues bekannt.

Daher erübrigt sich die Besprechung des Entwicklungs-Zyklus einer Leitart. Im experimentellen Teil werden wir uns daher mit der Morphologie und Anatomie der Fruchtkörper einiger ubiquitärer Formen befassen.

Klassifizierung: Die im Taxon der Lycoperdanae zusammengefaßten Pilze haben einen polyphyletischen Ursprung. Daher ist auch die Unterteilung in Ordnungen und Familien uneinheitlich.* Man findet z.B., daß das gleiche Taxon bei einem Autor den Rang einer Ordnung hat und beim anderen als Familie eingestuft ist. Einige Gattungen werden auch verschiedenen Ordnungen der Agaricanae zugeordnet. Im Strasburger werden in der Überordnung der Lycopodanae die folgenden Ordnungen zusammengefaßt:

Lycoperdales (Stäublinge, Boviste): Gleba zerfällt bei der Reife staubartig, Sporen werden durch Perforation der Gleba frei.

Geastrales (Erdsterne): Bei der Reife werden die Sporen durch ein sternförmiges Aufreißen der Peridie frei.

Nidulariales (Teuerlinge, Vogelnestpilze): Fruchtkörper öffnet sich bei der Reife trichterförmig; Gleba wird als Ganzes oder in Teilen (Peridiolen) abgeschleudert.

B. Übungsanleitungen

I. Fruchtkörper mit staubartig zerfallender Gleba (Lycoperdales, Geastrales)

Material: Fruchtkörper von Bovisten (= Stäublingen) findet man im warmen Spätsommer nach kürzeren Regenperioden in den heimischen Wäldern auf verfaulendem Holz, auf Humus, aber auch auf Rasenflächen. Sie entstehen zunächst unterirdisch an strunkartigen Hyphenverflechtungen (Rhizomorphen, Definition S. 223) und brechen schon in relativ jungen Entwicklungsstadien zur Erdoberfläche durch. Die *Lycoperdon*-Arten (Lycoperdaceae) haben keulige Fruchtkörper und können eine Größe bis zu 10 cm erreichen (Abb. 283 a). Der Kartoffelbovist (*Scleroderma*, Sclerodermataceae) bildet knollenartige Fruchtkörper mit einer derben Peridie (Abb. 283 b). Nicht zu übersehen ist der Riesenbovist (*Calvatia gigantea*, Lycoperdaceae), dessen Fruchtkörper einen Durchmesser von 50 cm und mehr erreichen können (Abb. 283c). Die wesentlich kleineren Erdsterne (Durchm. 1–2 cm) sind seltener zu finden, sie gehören zur Gattung *Geastrum* (Geastraceae, Geastrales) (Abb. 283 d).

Präparation und Aufgabe: Junge Fruchtkörper mit der Rasierklinge entlang der Längsachse halbieren und bei stärkster Vergrößerung unter dem Präpariermikroskop betrachten. Um die Struktur von Peridie und Gleba zu erkennen, werden Handschnitte angefertigt. Dies ist allerdings mit großen Schwierigkeiten verbunden, da in jungen Fruchtkörpern die Gleba sehr weich ist und in reifen Fruchtkörpern zerfällt. Deswegen sollte man besser Dauerpräparate verwenden.

---

* In „Ainsworth und Bisby´s Dictionary of the Fungi" gehören die 164 Gattungen (1.169 Arten) zu 56 Familien der Klasse der Gastromycetes.

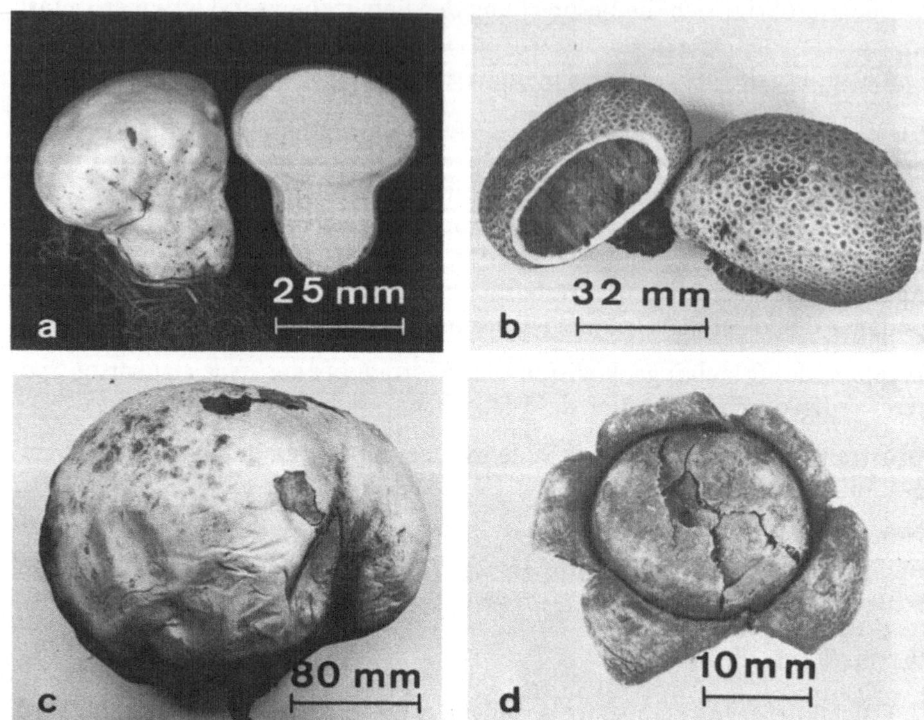

Abbildung 283 a–d. Fruchtkörper verschiedener Lycoperdanae. a *Lycoperdon* spec. (echter Bovist); b *Scleroderma* spec. (Kartoffelbovist); c *Calvatia gigantea* (Riesenbovist); d *Geastrum* spec. (Erdstern)

Wenn man die Fruchtkörper vorsichtig beim Substrat entfernt, kann man auch die Rhizomorphen (s. Abb. 267) mikroskopieren, von denen Schnitt- oder Zupfpräparate hergestellt werden (mit Karminessigsäure färben, S. 47). Die Rhizomorphen enthalten zwar in jedem Kompartiment zwei Zellkerne, aber die Schnallen fehlen meist.

Beobachtungen: Alle genannten Objekte bilden eine zweischichtige Peridie, die jedoch bei der Reife auf unterschiedliche Weise zerreißt:

Lycoperdon: Im Schnittpräparat (Abb. 284 a) erkennt man unter der zarten, aus Pseudoparenchym bestehenden äußeren Peridienschicht eine derbere plektenchymatische innere Peridienschicht. In der Gleba sieht man labyrinthartige Kammern, die mit Hymenium ausgekleidet sind (Abb. 284 b). In der stielartigen Basis des Fruchtkörpers (Subgleba) wird kein Hymenium angelegt. Die sehr kleinen Basidiosporen kann man in dünnen Schnitten sehen (Ölimmersion) (Abb. 284 b). Die Sterigmen zeigen unterschiedliche Länge, die Sporen sind kugelrund. Bei reifen Sporen ist die Wand durch nadelartige Warzen verstärkt. Die subhymeniale Schicht (Trama) ist von dickwandigen Hyphen durchsetzt, die nach Zerfall der Fruchtkörper die Funktion eines Capillitiums übernehmen. Bei der Reife zerplatzt die äußere Peridienschicht und bleibt in Fetzen am Fruchtkörper haften. Die Gleba zerfällt ebenfalls, mit Aus-

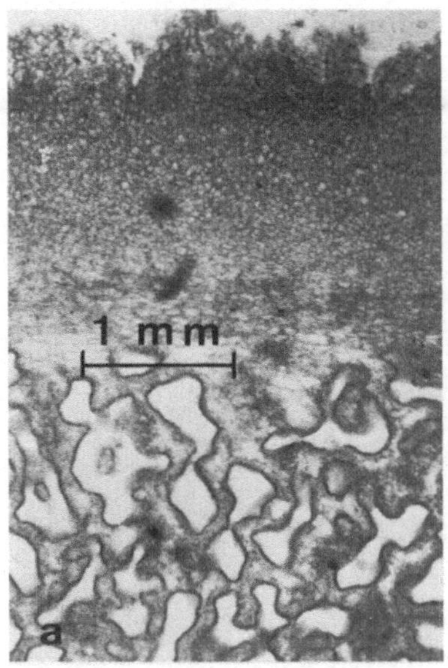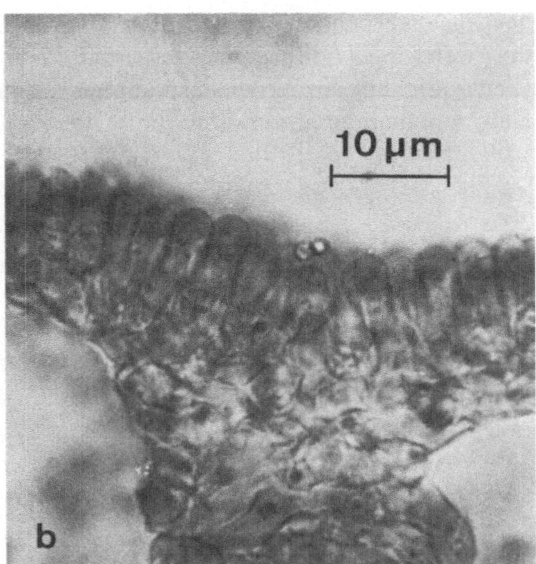

Abbildung 284 a, b. *Lycoperdon* **spec.** a Längsschnitt durch Peridie und benachbarte Glebazone eines jungen Fruchtkörpers; b Ausschnitt aus (a), Hymenium mit Tramaschicht

nahme des Capillitiums, das der Stabilitätserhaltung dient, und besteht praktisch aus einer staubartigen Masse von Sporen, die durch Druck durch einen apikalen Porus der inneren Peridie ausstauben (daher Stäublinge). Vielfach genügt schon ein Regentropfen, um einen Bovisten „stauben" zu lassen.

Scleroderma: Bei diesem Pilz ist auch die äußere Peridie aus derbem Plektenchym. In der Gleba, die sehr klein gekammert ist, kann man auch in jungen Fruchtkörpern kein Hymenium erkennen. Die Peridie ist bei der Reife bräunlich wie eine Kartoffelknolle und die Gleba dunkelviolett gefärbt. Ein Capillitium ist nicht vorhanden. Bei der Reife zerfallen beide Schichten der Peridie und die gesamte Sporenmasse wird frei.

Calvatia: Wie bei *Scleroderma* reißen bei der Reife beide Peridien auf und die braune Sporenmasse der Gleba liegt offen.

Geastrum: Die äußere Peridie öffnet sich sternartig. Die innere Peridie, die zunächst noch die Gleba bedeckt, zerreißt danach unregelmäßig.

Bei der immensen Sporenproduktion der Boviste (der Riesenbovist hat etwa 10^{13} Sporen) muß man sich fragen, warum es nicht mehr dieser Pilze gibt. Dies mag wohl daran liegen, daß die Keimrate der Sporen sehr gering ist (unter Laborbedingungen 10^{-3}) und die Sporen bis zur Keimung eine Ruhephase von mehreren Wochen haben.

II. Fruchtkörper, deren Gleba in Form einer oder mehrerer Peridiolen abgeschleudert wird (Nidulariaceae und Sphaerobolaceae, Nidulariales)

Material: Die Nidulariaceae und Sphaerobolaceae bilden trichter- oder kugelförmige Fruchtkörper. In reifem Zustand erkennt man auf dem Grunde der geöffneten Fruchtkörper eine oder mehrere **Peridiolen,** die aktiv abgeschleudert werden. Es handelt sich dabei um die von einer dünnen Peridie umhüllte Gleba oder um einzelne Glebakammern, die sich im Verlauf der Differenzierung voneinander getrennt und mit eigenen Peridien eingehüllt haben.

Da die Fruchtkörper mit einiger Phantasie wie Vogelnester aussehen, nennt man die Nidulariaceae auch Vogelnestpilze. Der ebenfalls für die Familie gebräuchliche Name Teuerlinge soll daher kommen, daß man im Mittelalter die Peridiolen mit Geldmünzen verglichen hat und in der stark mystisch geprägten Denkart dieser Zeit annahm, daß nach Auftreten dieser Pilze (regenreiche Sommer, schlechte Getreideernte!) eine Teuerung eintreten würde.

Für uns von Interesse sind die *Cyathus-* und *Sphaerobolus-*Arten, einerseits weil man sie mit einiger Erfahrung in der Natur findet und andererseits, weil sie sich auch in Laborkulturen zur Fruchtkörperbildung bringen lassen.

Die trichterförmigen Fruchtkörper von *Cyathus* (Nidulariaceae) (Abb. 285 a) haben einen Durchmesser bis zu 1 cm und enthalten zahlreiche linsenförmige Peridiolen. Sie sind daher makroskopisch gut zu erkennen. Die jungen Fruchtkörper sind zunächst noch durch eine dünne Hyphenschicht (Epiphragma) verschlossen, die bei der Reife aufreißt und deren Reste am „Trichterrand" zu erkennen sind.

Cyathus striatus (Gestielter Teuerling), kenntlich an den Längsstreifen an der Innenseite des „Trichters", wächst auf Baumstümpfen und faulendem Holz.

C. stercoreus (Dünger-Teuerling) und *C. olla* (Topf-Teuerling) können auf tierischen Fäkalien bzw. Stoppelfeldern gefunden werden. Vor allem *C. stercoreus* ist mehrfach genetisch bearbeitet worden. Ihr Fortpflanzungsverhalten wird durch tetrapolare Incompatibilität bestimmt.

Die kugeligen Fruchtkörper des „Kugelwerfers" *Sphaerobolus stellatus* (Abb. 285 b) haben einen Durchmesser von nur 2 mm. Sie öffnen sich durch ein sternförmiges Aufreißen der Peridie und lassen eine einzige Peridiole (1 mm Durchm.) erkennen. Um sie auf faulendem Holz, pflanzlichem Kompost oder älterem Herbivorendung (Pferd, Kaninchen) zu sehen, bedarf es einer Lupe.

Cyathus- und *Sphaerobolus-*Arten können vom CBS bezogen werden.

Kulturmethoden:[*]

Cyathus: Die Oberfläche von einigen Peridiolen durch kurzes Eintauchen (2–3 min) in 0,1 %ige $HgCl_2$ -Lösung keimfrei machen, mit sterilem aqua dest. abspülen, mit einem sterilen Skalpell die Peridiolen in zwei Hälften teilen, mit den Innenseiten auf Mais-Malz-Agar (S. 28) legen und bei 25 °C bebrüten. Nach einigen Tagen erkennt man ein braunes Myzel, das Schnallen ausbildet. Dann Myzelstücke in einen weithalsigen Erlenmeyerkolben übertragen, der mit sterilisierten, kleingeschnittenen Strohhalmen zu 1/3 gefüllt ist. Vor der Sterilisation 10 ml Wasser und als Stickstoffquelle etwas getrockneten Pflanzenfresserdung zugeben. Nach etwa 2–3 Wochen ist das Stroh bei 25 °C völlig von Myzel durchwuchert. Zur Induktion der Fruchtkörperbildung wird es in ein Becherglas oder einen Blumentopf gebracht, dessen Boden mit einer etwa

---

[*] J Webster, persönliche Mitteilung.

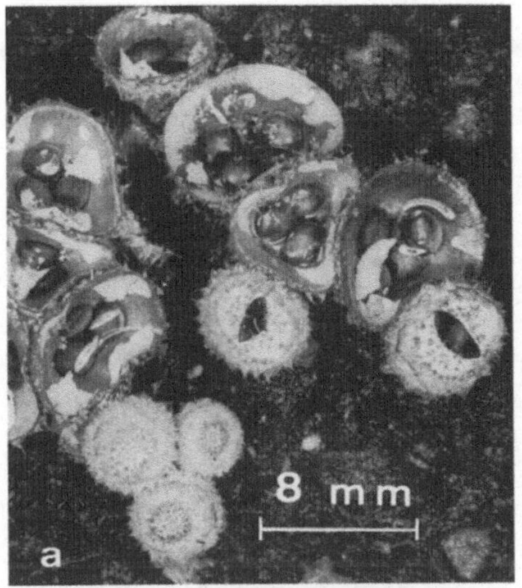
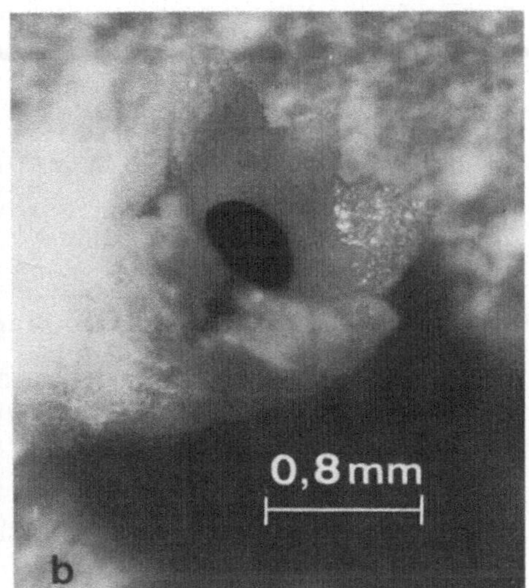
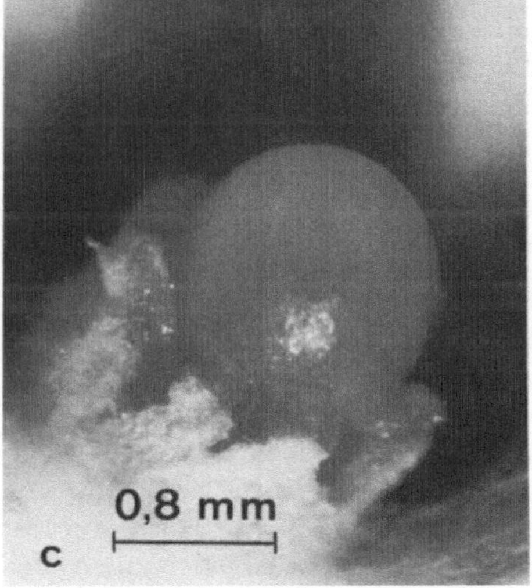

Abbildung 285 a–c. a *Cyathus stercoreus*, Unreife und reife Fruchtkörper in Aufsicht; b, c *Sphaerobulus stellatus.* b Reife Fruchtköper in Aufsicht; c Fruchtkörper nach Ausschleudern der Peridiole

2 cm hohen Sandschicht bedeckt ist. Abschließend die Strohschicht mit 2 cm Gartenerde abdecken. Die Gefäße werden bei Tageslicht (z.B. Gewächshaus, Fensterbank) gehalten und um ein Austrocknen zu verhindern, gelegentlich mit Wasser gegossen. Nach etwa 1–2 Wochen treten die ersten Fruchtkörper auf. Besondere Sterilisationsmaßnahmen brauchen bei den Schalenkulturen nicht mehr getroffen zu werden.

Falls man mit dieser Methodik einmal Fruchtkörper erhalten hat, genügt es, die Peridiolen trokken aufzubewahren (gut verschlossenes Reagenzglas) und bei Bedarf wieder „auszusäen". Die Sporen behalten ihre Keimfähigkeit bis zu zwei Jahren.

Sphaerobolus: Mit einer Präparierfeder unter dem Präpariermikroskop aus einem Fruchtkörper die Gleba entnehmen und in eine Petrischale bringen, die bis kurz unter den Rand mit Haferflockenagar (S. 32) gefüllt ist. Schon nach wenigen Tagen bildet sich ein dichtes Myzel. Fruchtkörper entstehen nach etwa 30 d nur, wenn die Kultur bei Temperaturen unterhalb von 22 °C gehalten wird. Für den Lichtbedarf genügt Fensternähe. Man erhält meist nur Fruchtkörper, wenn man von einer „Glebaaussaat", d.h. von Basidiosporen ausgeht und nicht von Myzelstücken.

Auch bei diesem Pilz kann man, ebenso wie für *Cyathus* beschrieben, die reifen Fruchtkörper in trockenem Zustand länger aufbewahren, ohne daß die Sporen ihre Keimfähigkeit verlieren.

Präparation und Aufgabe: Junge Fruchtkörper von ***Cyathus*** mit noch vorhandenem Epiphragma durch Längsschnitt in zwei Hälften teilen, auf Objektträger bringen und ohne Wasserzugabe oder Deckglas mit der Übersichtsvergrößerung betrachten; bei einem reifen Fruchtkörper unter dem Präpariermikroskop die trichterförmige Hülle längs aufschneiden und zurückklappen und die Anordnung der reifen Peridiolen beobachten; eine reife Peridiole entnehmen, auf Objektträger in Wassertropfen bringen, mit der Präparierfeder den hohlen Stiel längs aufschneiden und den Funicularstrang herauspräparieren.

Sphaerobolus: Längsschnitt durch fast reifen, aber noch nicht geöffneten Fruchtkörper, Deckglaspräparat herstellen und bei starker Vergrößerung Aufbau der Wandschichten zeichnen.

Beobachtungen:

1) Anatomie der Fruchtkörper und Peridiolen von *Cyathus*. Schon im jungen Fruchtkörper erkennt man die zahlreichen gestielten Peridiolen, die in der unteren Hälfte inseriert sind (Abb. 286 a). Die reifen linsenförmigen Peridiolen bestehen aus einem dunkelgrau bis schwarz gefärbten Kopf, der die Glebateile enthält, und dem in einer scheidenartigen Vorwölbung der Fruchtkörperwand festsitzenden Stiel (Abb. 286 b). Die zweischichtige Peridie besteht aus einer Tunica mit lockeren und einer Cortex mit dichtem Hyphengeflecht (Abb. 289 d). In dem Stiel befindet sich der geknäuelte Funiculus, der eine Länge von 15–20 mm erreichen kann. Er ist apikal mit der Peridiolenbasis verbunden und läuft basal in ein Hyphenknäuel (Hapteron) aus (Abb. 286 c, d).

2) Demonstration des Schleudermechanismus der Peridiolen von *Cyathus*. In der Natur wird das Ausschleudern der Peridiolen meist durch einen Regentropfen ausgelöst, der mit einer Endgeschwindigkeit von etwa 6 m/s in den geöffneten Fruchtkörper fällt. Durch den Aufprall des Tropfens wird der Anstoß gegeben, daß der Stiel aus der Scheide reißt und die Peridiole durch die Elastizität des Stiels bis zu 1 m abgeschleudert wird. Dabei tritt der Funiculus aus der Scheide und kann sich mit Hilfe der klebrigen Hyphen des Hapterons an einem Substrat festheften.

Unter geeigneten Bedingungen können sich dann nach Aufreißen der Peridie und Auskeimen der Basidiosporen Schnallenmyzelien entwickeln. Wenn die Peridiolen an Pflanzenteile gelangen, besteht aber auch die Möglichkeit, daß sie ähnlich wie die Sporen von *Pilobolus* (S. 322) oder von

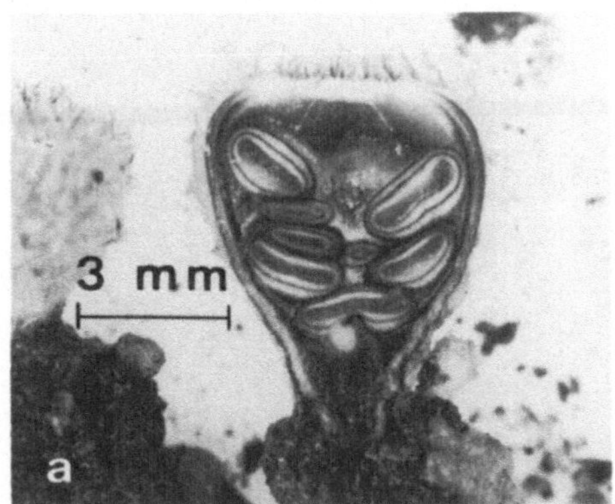

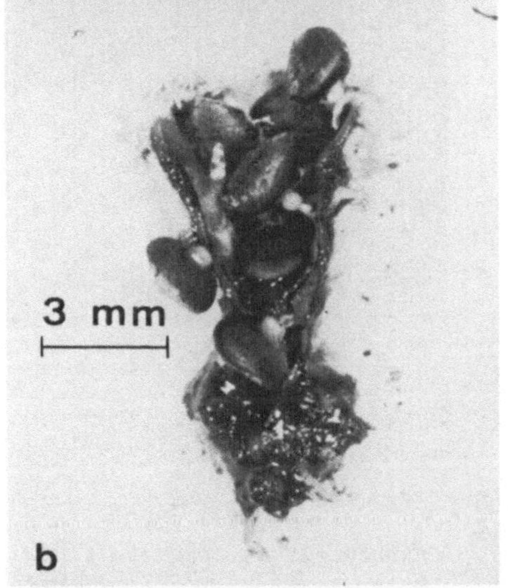

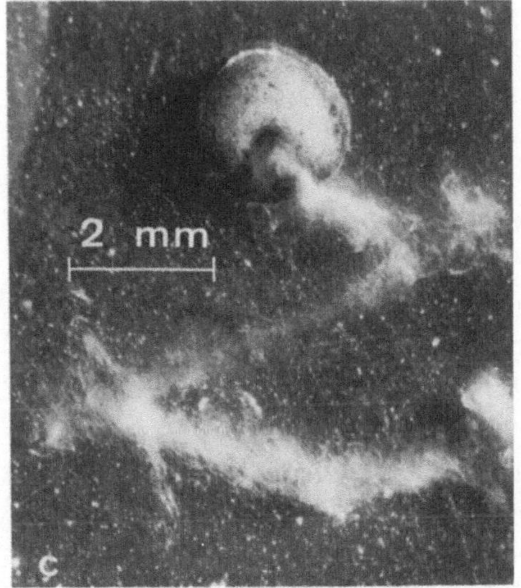

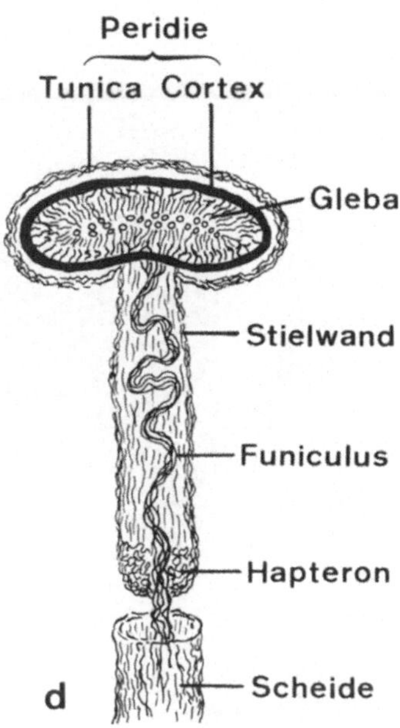

Abbildung 286 a–d. *Cyathus stercoreus.* **a** Längsschnitt durch unreifen Fruchtkörper; **b** reifer Fruchtkörper aufpräpariert; **c** Peridiole mit präpariertem Stiel und herausgezogenem Funiculus; **d** Schema der Anatomie einer Peridiole. (d nach Müller-Loeffler, verändert)

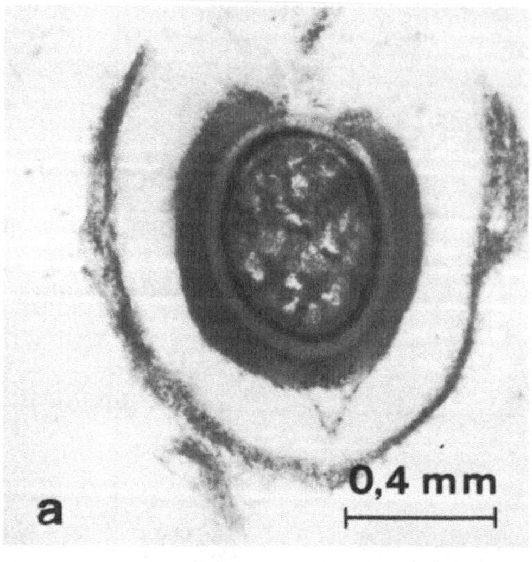
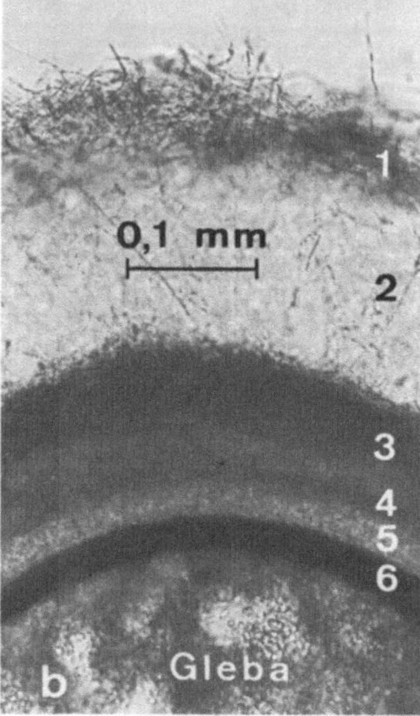
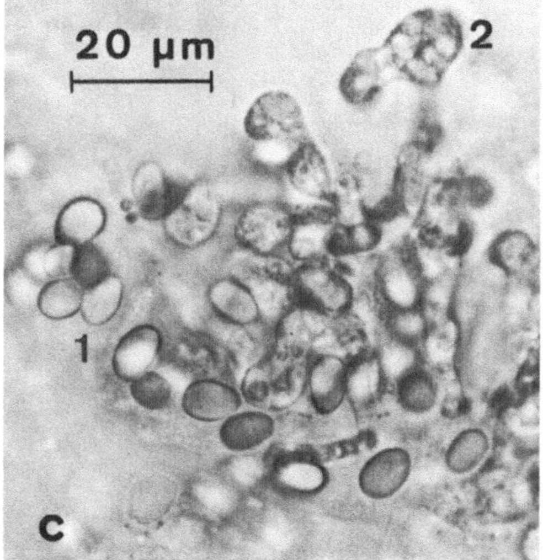

Abbildung 287 a–c. *Sphaerobolus stella-tus.* a Längsschnitt durch Fruchtkörper kurz vor Aufreißen der Peridie; b Schichtenstruktur der Peridie, Erläuterungen s. Text; c Ausschnitt aus der Gleba mit Basidiosporen (1) und Gemmen (2)

coprophilen Ascomycetes den Verdauungstrakt von Pflanzenfressern passieren und dann erst auf deren Fäkalien auskeimen. Letzteres ist vorwiegend bei *C. stercoreus* der Fall.

Den Schleudervorgang kann man auch in reifen Laborkulturen auslösen, wenn man mit einer Pipette (0,1 ml) einen Wassertropfen in den Fruchtkörper spritzt oder diesen durch einen leichten mechanischen Reiz (Impfnadel) zum Abschleudern seiner Peridiolen veranlaßt.

3) Anatomie der Fruchtkörper von *Sphaerobolus.* In dem Schnitt durch einen Fruchtkörper erkennt man, daß die Gleba von einer sechsschichtigen Wand umgeben ist (Abb. 287 a, b). Unter der dünnen prosoplektenchymatischen Außenschicht (1) befindet sich eine lockere Hyphenschicht mit Schleimeinlagerungen (2), auf diese folgt ein festes Paraplektenchym (3). An diese drei Schichten der äußeren Hülle, die sich auch im Übersichtsbild deutlich abhebt, schließt sich die innere Hülle an, die aus einem faserigen Prosoplektenchym (4), einer radial angeordneten Palisadenschicht (5) und einer dünnen paraplektenchymatischen Schicht (6) besteht, die sich vor Ausschleudern der Gleba auflöst. In der Gleba erkennt man neben 4 bis 6sporigen dickwandigen Basidien zahlreiche dünnwandige Gemmen und in den äußeren Regionen rundliche Zellen (Cystidien!) unbekannter Funktion.

4) Demonstration des Schleudermechanismus der Peridiole von *Sphaerobolus*. Nicht nur zur Bildung der Fruchtkörper, sondern auch zur Induktion des Schleudermechanismus wird Licht benötigt. Um den Schleudervorgang zu demonstrieren, hält man die reifen Petrischalenkulturen, die man vorher halbseitig mit schwarzem Papier beklebt, über Nacht im Dunkeln. Schon nach kurzer Lichtexponierung erkennt man an der nicht verdunkelten Wand zahlreiche Peridiolen. Da auch die Schleuderrichtung durch Licht festgelegt wird, liegt eine Phototropie vor (s. auch *Pilobolus*, S. 322 und coprophile Ascomycetes z.B. S. 396.) Die Peridiolen werden wesentlich weiter abgeschleudert als bei *Cyathus*. In horizontaler Richtung können sie Entfernungen bis zu 4 m und in vertikaler Richtung bis zu 2 m erreichen.

4. Ordnung: Phallales

Merkmale: Junge Fruchtkörper sind von einem Velum universale umgeben, daß bei der Reife von einer gestielten Gleba durchbrochen wird, die verschleimt. Verbreitung der Sporen erfolgt durch Insekten.

Klassifizierung: Die 32 Gattungen (137 Arten) gehören zu 6 Familien.

Material: Die Fruchtkörper des bekanntesten Vertreters dieser Gruppe, der Stinkmorchel (*Phallus impudicus,* Phallaceae, Myzel bei CBS), findet man im Spätsommer nach kurzen Regenperioden im Wald auf Humusböden. Sie werden, ebenso wie die Fruchtkörper der Boviste, an unterirdischen Rhizomorphen angelegt. Wenn sie die Erdoberfläche durchbrechen, haben sie die Größe von Hühnereiern erreicht (Abb. 288 , links). Die weitere Differenzierung erfolgt sehr rasch. Schon im Verlauf eines Tages durchbricht der mit einem Hut versehene axiale Stiel die Peridie der Fruchtkörperanlage und streckt sich bis zu einer Höhe von 10–15 cm (Abb. 288, rechts). Die schon im Verlauf der Stieldifferenzierung verschleimte Gleba enthält Substanzen, die einen starken Aasgeruch ausströmen, der bis zu 10 und mehr Metern wahrnehmbar ist und nicht nur zahlreiche Aasinsekten anlockt, sondern auch die Suche nach der Stinkmorchel erleichtert.

Der Name Morchel rührt von einer gewissen Ähnlichkeit des Fruchtkörperhutes mit der zu den Ascomycetes gehörenden echten Morchel her. Da die jungen Fruchtkörper nicht diesen penetranten Geruch ausströmen, wird verständlich, warum sie der Volksmund „Hexen"- oder „Teufelseier" nennt. Der wissenschaftliche Name *Phallus impudicus* läßt erkennen, daß die alten Mykologen ein völlig natürliches Verhältnis zur Sexualität hatten. Es bleibt noch zu erwähnen, daß noch bis vor 100 Jahren Fruchtkörperextrakte als Aphrodisiakum verwendet wurden, ob mit Erfolg, ist unbekannt.

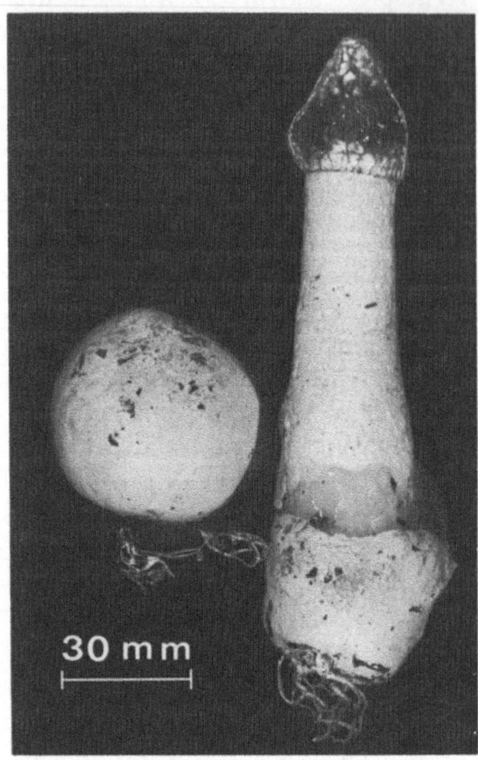

Abbildung 288. *Phallus impudicus.* Links: unreifer Fruchtkörper (Hexenei); rechts: reifer Fruchtkörper

Präparation und Aufgabe: Junge und ausdifferenzierte Fruchtkörper werden mit einem scharfen Messer längs in zwei Hälften geteilt und unter dem Präpariermikroskop betrachtet. Da meist der intensive Aasgeruch sehr störend wirkt, wird empfohlen, fixiertes Material zu verwenden, das sich außerdem leichter schneiden läßt. Um die Basidien zu sehen, wird von einem Glebaabstrich des frischen, jungen Fruchtkörpers ein Deckglaspräparat hergestellt.

Beobachtungen: Das „Hexenei" (Abb. 289 a) ist mit einer dreischichtigen Peridie umgeben, die äußere und die innere sind dünn und papierartig, die mittlere ist weich und gallertartig. Darunter erkennt man, daß in jungen Stadien der Fruchtkörper schon vollständig angelegt ist. Der hohle Stiel wird von einem wabenförmigen Rezeptakulum bedeckt, auf dessen Oberseite die Gleba angelegt ist. In jungen Teufelseiern entdeckt man, daß die Gleba von Höhlungen durchzogen ist, in denen die Basidien entstehen (Abb. 290), die meist acht Sporen ausbilden (zusätzliche Kernteilung nach der Meiose!). Gleichzeitig mit der Streckung des Stiels, der die Peridie apikal durchbricht, erfolgt eine Verschleimung der inneren Peridienschicht. Die Reste der Peridie umschließen die Stielbasis als deutlich erkennbare Volva (Abb. 289 b).

Schon während der Streckung des Stiels ist die Verschleimung der Gleba so weit fortgeschritten, daß die Basidiosporen vom Hut „abtropfen". Das Rezeptakulum ist in wenigen Stunden völlig frei von Sporen.

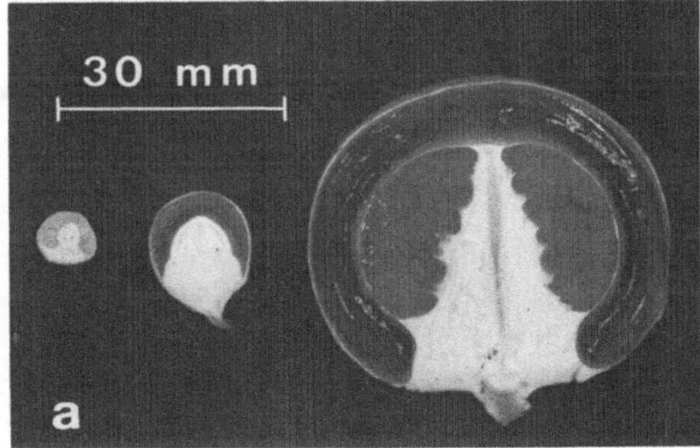

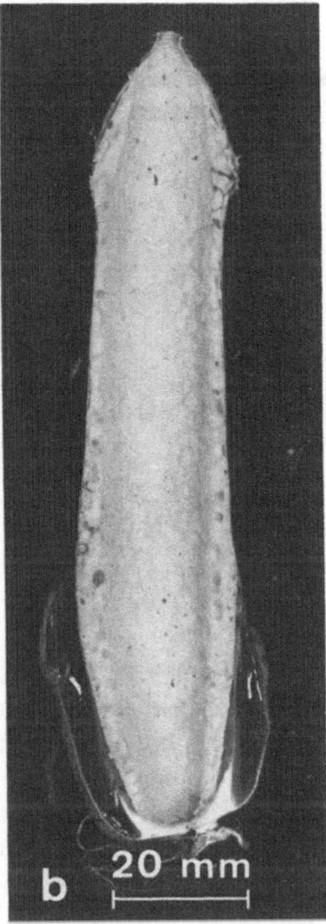

Abbildung 289 a, b. *Phallus impudicus.* a Längsschnitt durch
junge und b durch ausdifferenzierten Fruchtkörper

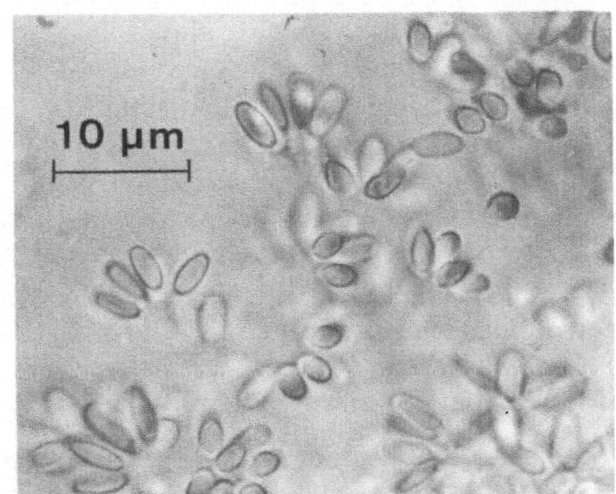

Abbildung 290. *Phallus impudicus.*
Basidien mit Sporen aus der Gleba
eines jungen Fruchtkörpers

Klasse: Deuteromycetes (Fungi imperfecti)

A. EINFÜHRUNG

I. MERKMALE

Mit Ausnahme von wenigen **hefeähnlichen Einzellern** bilden die Deuteromycetes **Myzelien** mit **einfachen Septen** mit einem zentralen Porus, **seltener** mit **doliporen Septen** aus. Neben Saprophyten gibt es auch parasitäre Formen. Zu den letzteren gehören auch die unter dem Sammelbegriff Dermatophyten zusammengefaßten Erreger von Hautkrankheiten (Dermatomykosen) beim Menschen.

II. FORTPFLANZUNG

Wie schon erwähnt (S. 262), ist das Merkmal, welches zur Aufstellung dieses Taxons geführt hat, das Fehlen von Hauptfruchtformen, wie bei den telomorphen Pilzen vorhanden. Die **Deuteromycetes (anamorphe Pilze)** pflanzen sich durch **Nebenfruchtformen (Mitosporen)** fort. Eine Ausnahme bilden die sogenannten **Mycelia sterilia**, die keinerlei Fortpflanzungsorgane bzw. -zellen bilden.

Häufig ist die Frage diskutiert worden, ob die Deuteromycetes ursprünglich sind oder ob sie die Fähigkeit zur sexuellen Fortpflanzung sekundär infolge von Verlustmutationen eingebüßt haben. Man wird diese Alternative nie endgültig entscheiden können, obwohl, wie der unten beschriebene Versuch Nr. 1 (S. 512) zeigt, wahrscheinlich in den meisten Fällen Defektmutationen zum imperfekten Status geführt haben. Sicher ist, daß ein Teil der Deuteromycetes nur in dieses Taxon eingeordnet wurde, weil es bisher noch nicht gelungen ist, Isolate aus der Natur im Labor zur Fruchtkörperbildung zu bringen. Darauf wurde mehrfach, vor allem bei parasitischen Formen, hingewiesen.

Im Zusammenhang mit der fehlenden sexuellen Fortpflanzung der Deuteromycetes ergibt sich noch eine Frage, die bereits in der Einleitung gestellt wurde (S. 11). Wie kommt es, daß die imperfekten Pilze dem harten Leistungsdruck der Evolution so lange standgehalten haben, da sie nicht durch den steten Wechsel von Karyogamie und Meiose ihr genetisches Material kontinuierlich rekombinieren können und somit nicht die Gelegenheit zu einer evolutiven Fortentwicklung haben? Diese Nichtbeteiligung am Evolutionsgeschehen ist jedoch nur eine scheinbare, da die Natur bei den Pilzen den Ausweg einer mitotischen Rekombination im Verlauf eines parasexuellen Zyklus gefunden hat (S. 10). Dieser durch eine Heterokaryose eingeleitete Mechanismus, der wesentlich seltener als die meiotische Rekombination stattfindet, ist offenbar ausreichend, um die Deuteromycetes an der Evolution teilhaben zu lassen.

III. KLASSIFIZIERUNG

Die taxonomische Einteilung der Deuteromycetes ist eine künstliche. Sie richtet sich nach der **Beschaffenheit der Mitosporen, ihrer Behälter bzw. Träger.** Natürliche Verwandtschaftsverhältnisse können demgemäß nicht erfaßt werden.

Um die anamorphen Deuteromycetes von den telemorphen Pilzen abzugrenzen wird von einigen Autoren das Wort „Form" als Präfix dem Namen des Taxons zugefügt: z.B Form-Ordnung, Form-Familie, Form-Gattung und Form-Art.

Eine große Konfusion ist in der Benennung der Deuteromycetes dadurch entstanden, daß man früher einen imperfekten Pilz oft nach seinem Wirt benannt hat. Wurde ein ähnlicher Pilz auf einem anderen Wirt gefunden, erhielt er dessen Namen als Artbezeichnung, ohne zu prüfen, ob es sich um die gleichen Myzelien handelte. Ferner erhielten imperfekte Arten einer Gattung einen anderen Gattungsnamen als die perfekten Arten der gleichen Gattung. Daher ist die in den Lehrbüchern zu findende Angabe, daß 30% aller Pilze imperfekt seien oder daß 15 000 Arten der Deuteromycetes existieren, die man in 2600 Gattungen (+ 1.500 syn.) zusammenfaßt, mit Vorbehalt aufzunehmen.

Eine Gewißheit gibt es jedoch in diesem Wirrwarr der Klassifizierung: die meisten Deuteromycetes sind mit den Ascomycetes verwandt. Dies geht nicht nur aus dem Vorhandensein von einfachen Septen hervor, sondern auch aus biochemischen Kriterien (soweit geprüft) und vor allem aus der Morphologie der Sporen und Sporenträger. Ein eklatantes Beispiel sind die imperfekten Formen von *Aspergillus* und *Penicillium,* die auf Grund ihrer typischen Konidienträger eindeutig zu den Ascomycetes gezählt werden können.

Der folgende Einteilung in Ordnungen ist daher als ein Beispiel zu verstehen:

1. **Sphaeropsidales:** Konidien werden in Pyknidien gebildet.
2. **Melaconiales:** Konidien entstehen in stromatischen Lagern (Acervuli).
3. **Moniliales:** Konidien entstehen nicht in Pyknidien oder Acervuli, sondern an Trägern, an Koremien oder in Gallertlagern (Sporodochien).
4. **Blastomycetales:** keine Konidien, Vermehrung durch hefeartige Sprossung.
5. **Mycelia sterilia:** Keine Fortpflanzungsstrukturen bekannt.

B. ÜBUNGSANLEITUNGEN

Bedingt durch die oben erwähnte Problematik einer Klassifizierung werden nicht, wie bisher geschehen, Leitarten einzelner Taxa besprochen, sondern einzelne Schwerpunkte behandelt.

1) An einem Beispiel wird gezeigt, wie leicht es ist, ohne Einwirkung von mutagenen Agentien nur auf dem Wege einer Selektion aus einer perfekten Art imperfekte Formen in einem Laborversuch zu erhalten.
2) Einige Vertreter der Dermatophyten werden besprochen, wegen ihrer praktischen Bedeutung als Humanpathogene.
3) Mit typischen Vertretern werden drei ökologische Gruppen vorgestellt, in die sich die meisten Imperfekten einordnen lassen: Imperfekte Wasserpilze, tierfangende imperfekte Pilze und Imperfekte, die auf Samen vorkommen. Einzelheiten zu diesem Abschnitt wurden teilweise aus der umfassenden Darstellung von Webster (1983) mit dessen Genehmigung übernommen.

I. Selektion von imperfekten Formen im Verlauf der vegetativen Fortpflanzung

Versuchsprinzip: Es ist eine Erfahrungstatsache, daß die meisten Pilze nach längerer vegetativer Vermehrung im Labor die Fähigkeit zur sexuellen Fortpflanzung verlieren. Mit diesem Phänomen sind vor allem die Mykotheken konfrontiert, die aus arbeitstechnischen Gründen ihre Pilzstämme durch eine kontinuierliche vegetative Fortpflanzung konservieren. Ein weiterer empirischer Befund ist, daß man dieser Tendenz zum imperfekten Stadium nur durch regelmäßige sexuelle Fortpflanzung und ständige Auslese von perfekten Formen Einhalt gebieten kann. Wie ist dieses Phänomen zu deuten? Man weiß seit langer Zeit,* daß für die Differenzierung der Geschlechtsorgane eine Vielzahl von Genen verantwortlich sind, welche – ähnlich wie bei der Synthese von Stoffwechselprodukten – die Sequenz des Entwicklungsablaufes steuern. Wenn eines dieser Gene spontan mutiert, ist die gesamte Entwicklung von dieser Stelle ab blockiert und der Stamm wird weiblich bzw. männlich steril. Da durch solche Mutationen die Lebensfähigkeit der Myzelien nicht beeinträchtigt ist, gibt es keine negative Selektion. Im Gegensatz zu auxotrophen Mutanten, die auf Minimalmedium nicht mehr weiterwachsen, überleben die sterilen Stämme in Laborkulturen. Diese durch spontane Verlustmutationen ausgelöste Sterilität, welche den Pilz imperfekt machen, kann man im Laborversuch demonstrieren.

Material: *Podospora anserina* (Sordariaceae, Ascomycetes), Wildstamm (Kreuzungstyp +) und Mutante t_1 (Kreuzungstyp –); Charakteristika und Bezugsquelle S. 394, 396.

Versuchsansatz und Aufgabe: Zwei Maisagarschalen werden zentral mit einem Myzelstück (Kreuzungstyp +) des Wildstammes von *Podospora anserina* beimpft und bei 25 °C oder Zimmertemperatur 3–4 Wochen gehalten. Dabei ist darauf zu achten, daß der Agar nicht austrocknet (Rundfilter in Deckel legen, Methodik S. 37).

Man markiert bei den beimpften Schalen an der Seite die Höhe der Agarschicht. Sobald diese auf die Hälfte geschrumpft ist, werden der Kultur mit Hilfe einer Präparierfeder etwa 50 kleine Myzelstücke entnommen und zu je 4 in eine frische Petrischale mit Maisagar an den Schalenrand entsprechend den vier Himmelsrichtungen übertragen. Bei manchen Petrischalen wird man auf dem gealterten, dunkelgefärbten Myzel helle Flecken oder helle Sektoren sehen. Von diesen Stellen sollte man zusätzlich Myzelstücke nehmen. In die Mitte jeder Schale wird als Tester die Mutante t_1 (Kreuzungstyp –) geimpft. Die Schalen werden dann bei 25 °C so lange inkubiert, bis man makroskopisch eine Fruchtkörperbildung erkennen kann (nach etwa 12–14 d).

Der Grund, warum die Mutante t_1 – als Tester benutzt wird, ist folgender: Da Mutanten mit Defekten im sexuellen Zyklus selektioniert werden sollen, müssen diese auf ihre Fähigkeit zur Fruchtkörperbildung überprüft werden. Dazu ist es einmal notwendig, daß der Tester einen anderen Kreuzungstyp hat als

---

* Esser K, Straub J (1958) Z Vererbungsl 89:729–746 und Abb. 277

der Wildstamm, um überhaupt eine Perithezienbildung zu erhalten. Zum anderen muß festgestellt werden, ob der zu testende Stamm noch in der Lage ist zu fruktifizieren. Beiden Erfordernissen wird durch die Verwendung von t_1 Rechnung getragen, denn zusätzlich zum unterschiedlichen Kreuzungstyp gegenüber dem Wildstamm, gibt es zwischen beiden Myzelien noch eine pigmentfreie Trennungszone,* welche eine eindeutige Unterscheidung zwischen den Fruchtkörpern erlaubt, die aus Wildstamm und Mutante entstanden sind (Abb. 291).

Beobachtungen und Auswertung: Wenn man eine genügend große Anzahl von Myzelstücken testet, findet man bei *Podospora* mit ziemlicher Regelmäßigkeit Stämme, welche partiell oder total weiblich steril geworden sind.

Dies liegt daran, daß bei diesem Pilz etwa 15–20 Gene für die gesamte Differenzierung vom Ascogon bis zum reifen Perithezium verantwortlich sind. Somit ist die Chance für eine Spontanmutation an einem dieser Genorte relativ groß. Männlich sterile Stämme treten spontan äußerst selten auf, da nur wenige Gene für die Ausbildung der Spermatien kodieren.

Äußerlich sind die weiblich sterilen Stämme daran zu erkennen, daß ihre Pigmentproduktion deutlich geringer ist als die des Wildstammes, dessen Myzelien durch Einlagerung von Melanin grün-schwarz gefärbt sind. Der eigentliche Beweis für den Verlust der weiblichen Fertilität kann aber erst aus dem Test abgelesen werden, wenn sich auf der Seite des zu testenden Stammes kleine Fruchtkörper bilden (Abb. 291).

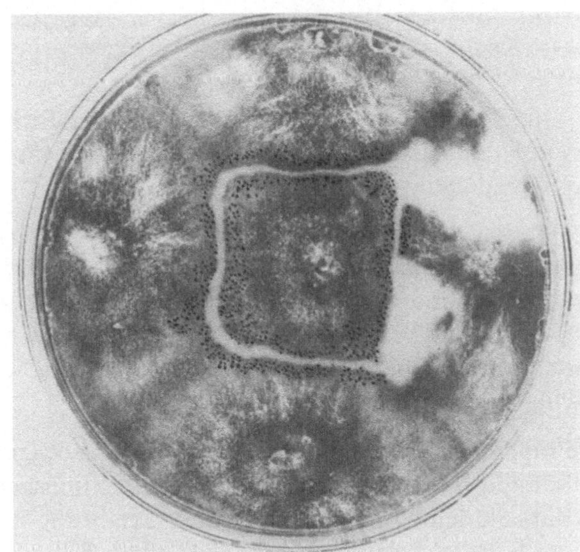

Abbildung 291. *Podospora anserina.* Testanordnung für die Selektion von Mutanten mit Sexualdefekten. (Näheres s. Text)

---

* Dies als Barragebildung bezeichnete Phänomen ist zwischen Pilzen verschiedener Rassen weit verbreitet.

Da es sich um Spontanmutationen handelt, die nur einzelne Zellkerne betreffen, kann man natürlich nicht erwarten, daß die aus dem Wildstamm entnommenen Myzelstücke sich einheitlich verhalten. Es bilden sich Sektoren. Man muß daher bei der Auswertung darauf achten, ob die Perithezien zum Tester t_1 eine ununterbrochene Linie bilden oder von Stellen ohne Fruchtkörper unterbrochen sind. Ebenfalls bedingt durch die Spontaneität der Mutationen, kann man keine Abschätzung über die Häufigkeit der Verlustmutationen machen. Dies ist bei diesem Versuch nicht notwendig. Es soll nämlich nur **demonstriert werden, wie leicht** weiblich sterile und damit **imperfekte Stämme entstehen**, denn zwei weibliche sterile + und – Stämme bilden miteinander keine Perithezien.

II. Morphologie von Dermatophyten

Mit der Darstellung von einigen Dermatophyten, wird der Zweck verfolgt, vor allem dem zukünftigen Lehrer eine Handhabe für die Behandlung dieser für den Menschen bedeutsamen Pilze im Unterricht zu geben. Abgesehen davon, daß Mykosen nicht nur Hauterkrankungen sind, sondern auch die unter der Haut liegenden Gewebepartien angreifen (tiefe Mykosen durch Aspergillaceae und Hefen z.B in der Genitalregion und den Mammarfalten), sollte man auf die Gefahren aufmerksam machen, die bei Mykosen gegeben sind, wenn diese nicht rechtzeitig erkannt und bekämpft werden.

Als Hilfsmittel für den Unterricht sind neben den einschlägigen Lehrbüchern der Dermatologie auch die Druckschriften zu verwenden, welche die pharmazeutischen Firmen für Ärzte herausgeben (z.B. Bayer, Leverkusen; Chemie Grünenthal, Stolberg; Ichthyol-Gesellschaft, Hamburg; Merck, Darmstadt). Dort findet man nicht nur eine genaue Beschreibung der Mykosen, sondern auch Anleitungen zur Isolation von Dermatophyten und eine Zusammenstellung der weiterführenden Literatur.

Im Rahmen unseres Kurses werden lediglich die drei wichtigsten Erreger von Fußmykosen (medizinischer Name: *Tinea pedum*) vorgestellt, die in unseren Regionen vorkommen.

Material: *Epidermophyton floccosum, Trichophyton mentagrophytes, Trichophyton rubrum.* Alle drei Arten gehören zur Ordnung Moniliales, Familie Moniliaceae, und können vom CBS bezogen werden. Wie schon oben erwähnt (S. 356), sind von manchen Dermatophyten auch die perfekten Formen gefunden worden, die in die Familie der Gymnoascaceae (Eurotiales, Ascomycetes) eingeordnet werden können.

Präparation und Aufgabe: Zunächst eine **Warnung!** Da alle Dermatophyten Konidien bilden, besteht eine große Infektionsgefahr, vor allem dann, wenn im Kurs Studenten mit ungenügender Erfahrung im sterilen Arbeiten diese Pilze in die Hand bekommen. Es bleibt dann oft nicht aus, daß Sporen in der Luft verbreitet werden. Diese können schon bei geringfügiger Beschädigung der Haut (z.B. in den feuchten Regionen der Interdigitalräume) Infektionen auslösen.

Alle drei Arten wachsen am besten auf Sabouraud-Medium (S. 32). Sie können auch auf Mais-Medium kultiviert werden. Für Kurszwecke werden Petrischalen zentral mit einem Myzelstück beimpft und 1–2 Wochen bei 25 °C bebrütet. Da die Myzelien sehr langsam wachsen, haben dann die Kulturen eine typische Form erreicht, die ein Kriterium für die klinische Diagnose ist. Mit der Präparierfeder kleine Myzelstücke entnehmen und unter Verwendung von Lactophenol Deckglaspräparate herstellen und mit Nagellack umranden.

Wegen der oben erwähnten Infektionsgefahr im Kurs die Präparate verteilen und die Kulturen nur in versiegelten Petrischalen demonstrieren. Nach Gebrauch werden sowohl die Petrischalen als auch die Präparate autoklaviert, um ein vollständiges Abtöten der Myzelien zu gewährleisten.

Der Habitus der Konidien tragenden Myzelien wird bei starker Vergrößerung gezeichnet (s. Abb. 292–294).

Beobachtungen: *Epidermophyton floccosum* bildet weiße Myzelien mit zahlreichen Lufthyphen (Abb. 295 a), die fast ausschließlich aus keulenförmigen mehrzelligen Makrokonidien bestehen. Diese sind sehr dünnwandig und stehen einzeln oder in Gruppen. Mikrokonidien werden nicht ausgebildet. In den Hyphen findet man jedoch zahlreiche derbwandige Chlamydosporen (Abb. 293).

Die beiden *Trichophyton*-Arten (Abb. 292 b, c) können vom Nichtfachmann im wesentlichen nur am Myzelhabitus unterschieden werden. *T. rubrum* bildet rote Zonen in den Randregionen der jungen Hyphen. Im mikroskopischen Bild

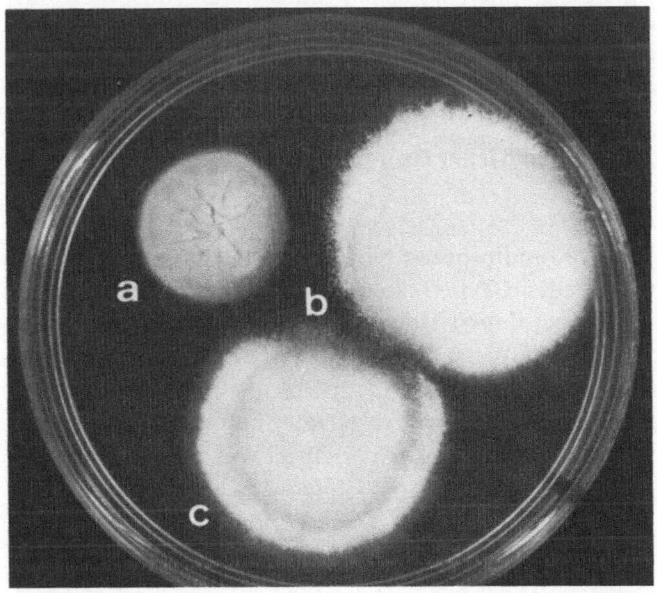

Abbildung 292 a–c. Wuchsformen der Dermatophyten. a *Epidermophyton floccosum*; **b** *Trichophyton rubrum*; **c** *Trichophyton mentagrophytes*

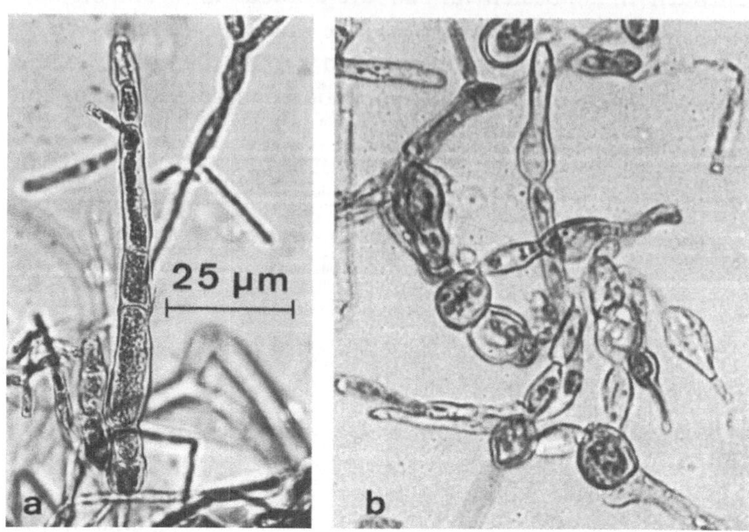

Abbildung 293 a, b. *Epidermatophyton floccosum.* a Mehrzellige Makrokonidie; b Chlamydosporen

(Abb. 294) ist der Unterschied nur sehr gering. Beide Arten haben neben langgestreckten, mehrzelligen, dünnwandigen Makrokonidien auch einzellige kugelige Mikrokonidien, die bei *T. rubrum* einzeln und bei *T. mentagrophytes* traubenförmig lateral an den Hyphen zu sehen sind. Chlamydosporen sind vorhanden, aber weitaus seltener als bei *E. floccosum.* Ein gutes Diagnosemerkmal sind die Spiralhyphen, die man in den Kulturen von *T. mentagrophytes* finden kann (Abb. 294 g).

III. Vertreter verschiedener ökologischer Gruppen

1. Imperfekte Wasserpilze

Hinsichtlich der Bildung von Konidiosporen gibt es bei den submers lebenden Deuteromycetes zwei verschiedene Typen, solche, bei denen die Sporulation submers erfolgt, und solche, bei denen trotz eines submersen Myzelwuchses sich die Sporen nur oberhalb der Wassergrenze bilden. Beide Sporulationstypen eignen sich auch dazu, noch einmal auf die unterschiedlichen Formen der Entwicklung von Konidiosporen einzugehen, die früher bereits kurz angesprochen und durch das Schema der Abbildung 175 erläutert wurden.

Filme: Konidienentwicklung bei den Fungi imperfecti.
          C 1303, Enteroblastische Konidien
          C 1304, Holoblastische Konidien und Porokonidien

Material: Im Herbst Laubblätter aus rasch fließenden Gewässern entnehmen und in Petrischalen in einer dünnen Wasserschicht bei 10–15 °C inkubieren. Parallel dazu Zweige und Blätter aus der Schlammoberfläche der Randzone

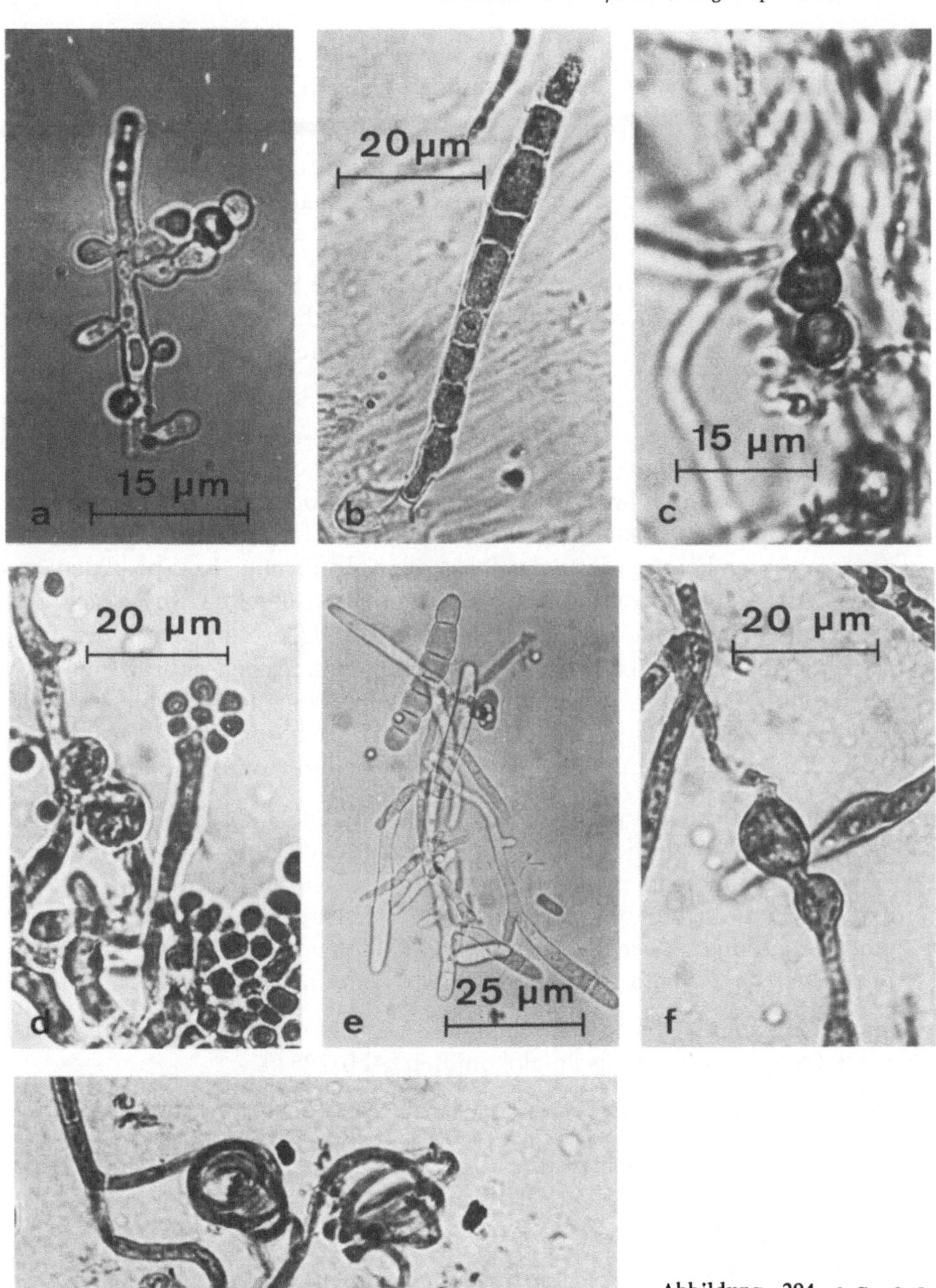

Abbildung 294 a–g. a–c *Trichophton rubrum*. a Myzel mit einzelligen Mikrokonidien; b mehrzellige Makrokonidie; c Kette von Chlamydosporen. **d–g *Trichophyton mentragrophytes*.** d einzellige Mikrokonidien; e Makrokonidie; f Chlamydosporen; g Spiralhyphen

stehender oder langsam fließender Gewässer entnehmen und in der Feuchtkammer bei Zimmertemperatur halten (Stämme bei ATTC oder CBS).

Aufgabe und Präparation: Die submersen bzw. an der Luft gehaltenen Proben
von faulenden Pflanzen werden täglich mikroskopisch überprüft. Sobald die
Bildung von Konidiosporen einsetzt, Deckglaspräparate anfertigen und bei
verschiedenen Vergrößerungen beobachten.

Beobachtungen: In den Präparaten erkennt man eine Fülle von morphologisch
unterschiedlichen Typen von Konidiosporen, die sich unter Zuhilfenahme eines Bestimmungsbuches (z.B. Kendrick und Carmichel, 1973) identifizieren
lassen.

a. Submerse Sporulation

- **Tetraradiäre Konidien** werden entweder blastisch oder an Phialiden gebildet
  (Abb. 175 b, d). Im ersten Falle wachsen aus den faulenden Blättern kleine
  Konidiophoren heraus, die an der Spitze eine topfförmige Knospe bilden, an
  deren Spitze drei Verzweigungen entstehen. Nach der Reife lösen sich die
  mehr oder minder stark ausgeprägten vierstrahligen Gebilde von der Trägerzelle (Abb. 295 a). Im zweiten Fall bei der phialidischen Entwicklung tragen die Konidiophoren an der Spitze ein bis drei Phialiden (295 b), an denen
  sich jeweils vierstrahlige Sporen bilden (295 c). Nach Ablösung einer solchen
  tetraradiären Spore kann die Phialide erneut weitere Konidien bilden.

- **Verzweigte Konidien** entstehen meist blastisch, indem an der Konidiophore
  nach Septierung (ähnlich wie bei den Ustilaginales, Abb. 244, 245) aus den
  einzelnen Kompartimenten Verzweigungen auswachsen. Nach Ablösung von
  der Trägerzelle erfolgt bei einzelnen Formen noch eine „sekundäre Verzweigung". Allerdings ist der Übergang zwischen diesen Verzweigungen und dem
  Auskeimen der Konidiospore fließend (Abb. 298 d).

- **Sigmoide Konidien** entstehen ebenfalls submers, und zwar entweder blastisch (Abb. 295 e) oder als Phialokonidien (Abb. 295 f).

Obwohl die Mehrheit der submers entstehenden Konidiosporen sich in diese drei Typen einordnen läßt, gibt es andere Formen (kugelig mit oder ohne konische Auswüchse), die ebenfalls entweder blastisch oder phialidisch entstehen können.

b. Sporulation an der Luft

Die außerhalb des Wassers entstehenden Konidien haben ein gemeinsames
Merkmal: Sie sind mehrzellig und enthalten mit Luft gefüllte Hohlräume. Diese
entstehen entweder, indem während der Sporenbildung sich die Hyphenspitzen spiralig einrollen (Abb. 296 a, b), oder indem kurzzellige Verzweigungen
eine Hohlkugel mit einer golfballartigen, gerasterten, durchlöcherten Oberfläche (Abb. 296 c) bilden.

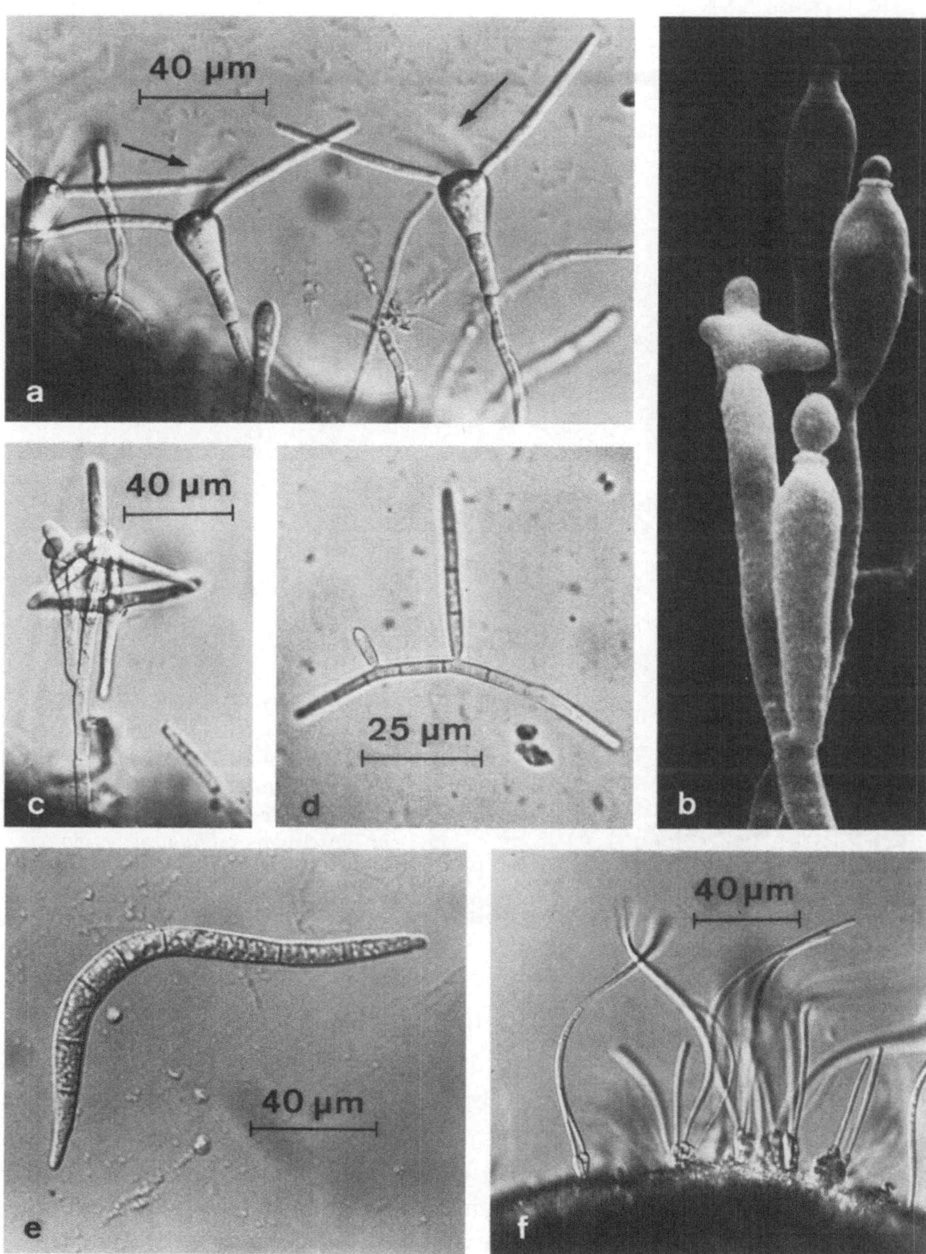

Abbildung 295 a–f. Habitus der Konidiosporen von submers sporulierenden imperfekten Wasserpilzen. A–c Tetraradiäre Konidien: a blastische Entwicklung bei *Clavariopsis aquaticae,* die dritte Verzweigung der Sporen (Pfeile) liegt außerhalb der Bildebene; Phialidische Entwicklung bei *Lemmoniera aquatica,* auf der EM-Aufnahme erkennt man das Auswachsen der Sporen aus den Phialiden; c *Lemmoniera terrestris,* Aufsicht auf die tetraradiären Sporen. d Verzweigte Konidien von *Varicosporium* elodeae. e, f Sigmoide Konidien: e *Anguillospora crassa,* blastisch entstandene Konidie; f *Flagellospora curcula,* Lager von Phialokonidien. (Fotos a, c, e, f: J Webster; Foto b: P Sanders; Foto d: F Meinhardt)

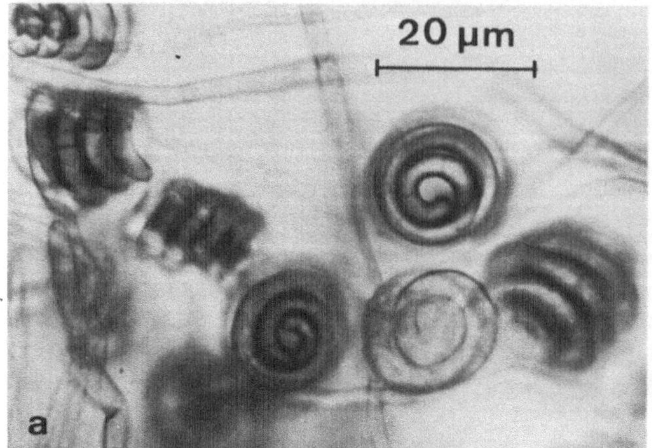

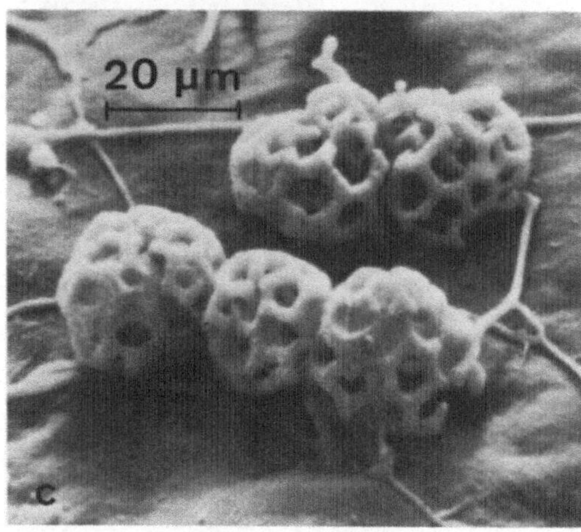

Abbildung 296 a–c. Habitus von Konidiosporen von imperfekten Wasserpilzen, die an der Luft sporulieren. a *Helicodendron tubulosum,* Übersicht; b *Helicoon richonis,* EM-Aufnahme einer Einzelspore; c *Clathosphaerina zalewski,* EM-Aufnahme einer Einzelspore. (Fotos a, b: J Webster; Foto c: PF Sanders)

2. Tierfangende Pilze*

Filme: C 1873, Befall von Nematoden durch Myzel- und Konidienfallen der Gattung *Nematoctonus;* C 1304, Nematophage Pilze

Carnivorie ist nicht nur auf die imperfekten Pilze beschränkt. Man findet die Fähigkeit, lebende Nematoden einzufangen und zu „verzehren" auch bei einigen perfekten Formen der Chytridiales, Oomycetales und Zygomycetales und auch bei den Agaricales.** Das Einfangen der Nematoden erfolgt durch spezifische Tierfallen, an denen die Würmer haften bleiben oder in die sie sich ver-

---

* Barron GL (1977) The Nematode-destroying Fungi. Guelpli, Ontario, Canadian Biol Publ Ltd
Kerry BR , Jaffee BA (1997) The Mycota, Vol. IV: 203-218
** Thorn RG, Barron GL (1984) Science 2 24: 76-78

stricken. Erst dann dringen Assimilations-Hyphen* in das Tier ein, die seine Körpersubstanz aufnehmen.

Neben diesen „Raub-Pilzen", deren Myzelien im Erdboden leben, gibt es auch Endoparasiten, von denen nur die Sporen nach Zerstörung des Wirtsorganismus im Boden zu finden sind. Diese werden vom Wurm mit der Nahrung aufgenommen und ihre Myzelien wachsen ausschließlich in der Nematode. Sie können identifiziert werden an den aus abgetöteten Würmern auswachsenden Konidien (Abb. 297f). Da es relativ schwierig ist, diese Endoparasiten zu ködern, wird man im Normalfall auf deren Beobachtung verzichten müssen, zumal sich die Myzelien dieser Parasiten nicht in axenischen Kulturen halten lassen.

Material, Aufgabe und Präparation: Um tierfangende Pilze zu ködern, eine Erdprobe auf ein etwa 3 cm im Durchm. großes Areal in der Mitte einer mit Maisagar oder Wasseragar gefüllten Petrischale geben und einige Wochen bei Zimmertemperatur inkubieren. Die im Boden ubiquitären Nematoden kriechen auf die Agaroberfläche und suchen dort nach Nahrung (z.B. Bakterien). Wenn die Probe verpilzt ist, wachsen die Myzelien ebenfalls in den Agar und bilden dort, angeregt durch ein von den Würmern ausgehendes induktives Prinzip, innerhalb weniger Tage ihre typischen Wurmfallen. Anhand von abgestorbenen Nematoden, die mit dem Präpariermikroskop zu erkennen sind, kann man auf das Vorhandensein von Tierfallen schließen. Dann mit der Präparierfeder kleine Agarstücke ausstechen und Deckglaspräparate anfertigen. Wenn der Agar dünn genug, und nicht allzu sehr von Bakterien oder Hefen infiziert ist, kann eine direkte mikroskopische Beobachtung erfolgen (Stämme bei CBS).

Die Morphogenese der Tierfallen kann auch durch Zugabe eines Tropfens von Hefeextrakt, Peptiden oder Aminosäuren zum Nährmedium ausgelöst werden. Das wirksame induktive Prinzip wurde Nemin genannt und wird als niedermolekulares Peptid angesehen (Pramer D, Stoll NR (1959) Science 129: 966–967. Den gleichen Zweck erfüllt auch Pferdeserum.

Beobachtungen: Die morphologisch unterschiedlichen Fangorgane der Nematoden fangenden Imperfekten lassen sich verschiedenen Typen zuordnen:

- **Knopfartige Verdickungen,** die entweder an der Haupthyphe oder an kurzen Verzweigungen ausgebildet werden, scheiden klebrige Sekrete aus, an denen der Wurm haften bleibt (Abb. 297 a).
- **Netze** als Fangorgane sind relativ häufig zu finden. Sie bestehen aus reich verzweigten kurzen Knäueln von Lufthyphen, deren Oberfläche mit einer klebrigen Substanz bedeckt ist, die wahrscheinlich ein Toxin enthält. Man kann nämlich sehen, daß der Wurm schon nach kurzer Zeit unbeweglich wird, wenn er bei der Suchbewegung nach Nahrung zufällig an diese Netze stößt (Abb. 297 b).
- **Schlingen** als Fangorgane können passiv oder aktiv die Nematoden einfangen. Im ersten Fall verstrickt sich der Wurm wie in einer Reuse in den meist dreizelligen Schlingen, die an der Spitze von Seitenzweigen entstehen. Auch

---

* Im Gegensatz zu Haustorien, die nach Eindringen in die lebenden Wirtszellen noch von deren Plasmalemma umschlossen werden, sind die Assimilations-Hyphen „Saugorgane", die in tote Zellen eindringen.

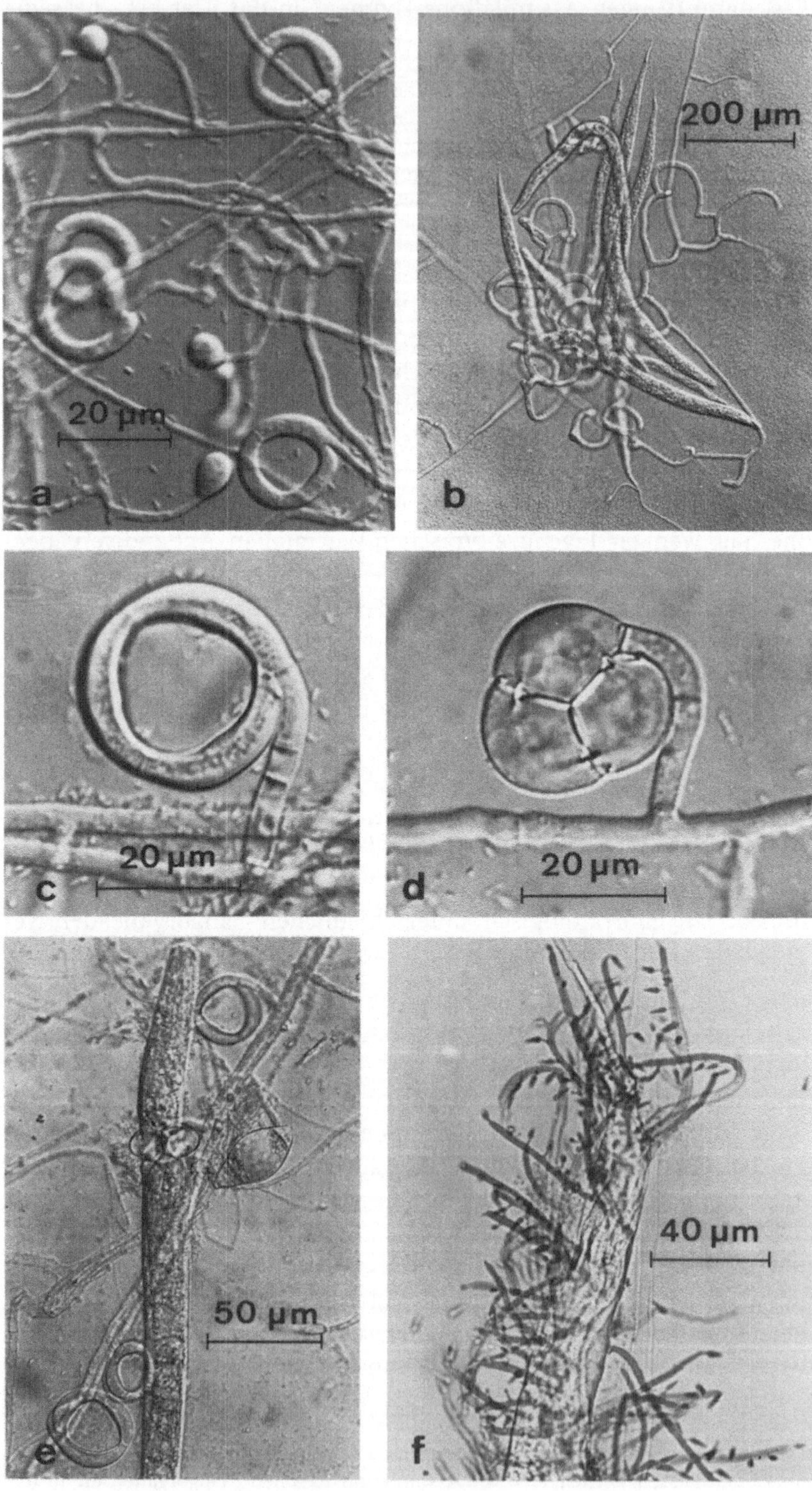

wenn es ihm gelingt, diese Schlingen vom Myzel abzureißen, sind diese trotzdem noch in der Lage, mit Assimilations-Hyphen in das Tier einzudringen und es zu töten (Abb. 297 a). Im zweiten Fall schwellen in Bruchteilen von Sekunden die Zellen der Schlinge an, sobald ihre innere Oberfläche Kontakt mit der Nematode hat. Auf diese Weise wird das Tier stark zusammengeschnürt und anschließend durch Eindringen von Assimilations-Hyphen abgetötet (Abb. 297 c–e).

Die Schließbewegung der Hyphenschlinge kann man auch unter dem Mikromanipulator mit einer Glasnadel auslösen. Sie ist nämlich durch einen mechanischen Reiz induzierbar, analog der seismonastischen Blattbewegung der tierfangenden Pflanze *Dionea muscipula*, deren spezifische „Reizhaare" auf jeden Berührungsreiz reagieren.

3. Imperfekte Pilze, die auf Samen vorkommen*

Auf den Samen vieler Pflanzen bildet sich, wenn diese feucht gelagert werden oder bei der Samenkeimung, eine üppige Pilzflora. Diese besteht vorwiegend aus Deuteromycetes, und zwar findet man nicht nur Vertreter der Moniliales, sondern auch der an ihren typischen Pyknidien und Acervuli erkennbaren Sphaeropsidales bzw. Melanconiales (S. 511). Die Infektion der Samen kann oberflächlich erfolgt sein, z.B. Besiedelung von Blütenteilen während der Samenentwicklung durch Saprophyten (wie *Aspergillus, Penicillium, Alternaria*), deren Sporen durch die Luft verbreitet werden. Die Myzelien dieser Pilze können die Entwicklung der pflanzenpathogenen Pilze überdecken, deren Myzelien in tieferen Regionen des Samens wachsen und als Krankheitserreger auf diese Weise mehrere Generationen überdauern.

Material, Aufgabe, Präparation: Samenproben in einer sterilen Feuchtkammer inkubieren oder direkt auf Maisagar bringen und bei Zimmertemperatur halten. Bei beiden Bebrütungsmethoden ist mit Infektionen durch Hefen oder Bakterien zu rechnen. Parallel dazu zusätzlich die Samen vor der Inkubation zunächst durch kurzes Eintauchen in eine antiseptische Lösung (z.B. wässerige Lösung von 10%igem Natriumhypochlorid) von oberflächlich anhaftenden Keimen befreien und mit sterilem Filterpapier trocknen. Mit dieser Behandlung wird auch die Myzelbildung der in tieferen Regionen der Samen befindlichen Pflanzenpathogenen begünstigt.

Abbildung 297 a–f. Fangeinrichtungen von imperfekten Pilzen, die Nematoden einfangen. a *Dactylaria candida,* knopfartige Verdickungen und Schlingen, die sich nicht zusammenziehen; **b** *Arthrobotrys oligospora,* netzartige Fanghyphen; **c, d** *Monacrosporium doedycoides,* Schlingen, die sich auf einen äußeren Reiz hin zusammenziehen (vergl. c und d); **e** Nematode von Schlinge umschlossen, man erkennt deutlich die Einschnürung des Wurmes, daneben noch geöffnete Schlingen. **f** Endoparasitische, nematodenfressende Imperfekte: *Meria conispora,* tote Nematode mit herausragenden an Trägern gebildeten Konidiosporen. (Fotos: J Webster)

---

* Allgemeine Information bei: Neergard P (1983) Seed Pathology, 2 vols, Rev. Edition. Macmillan, London and Basingstoke.

Kulturen täglich unter dem Präpariermikroskop beobachten. Nach Sporenbildung bzw. Entstehung von Pyknidien und Acervuli Deckglaspräparate herstellen und an Hand der Morphologie der Konidien eine Klassifizierung vornehmen, z.B. nach Kendrick und Carmichel (1973) (Hyphomycetes) bzw. Sutton (1980) (Coelomycetes).

Um die Bildung von Pyknidien und Acervuli auszulösen, Kulturen mit Licht aus dem UV-nahen Bereich bestrahlen. Viele dieser Imperfekten werden auch von Mykotheken wie DSM und CBS angeboten.

Beobachtungen: Die Zusammensetzung der sich bildenden Pilzflora hängt weitgehend davon ab, welche Samen man nimmt und aus welchen Regionen sie stammen. Im folgenden werden relativ häufig vorkommende ubiquitäre Pilze vorgestellt, die zugleich als Beispiele für typische Konidienformen bzw. für die Bildung von Pyknidien und Acervuli, („Konidienfruchtkörper") dienen.

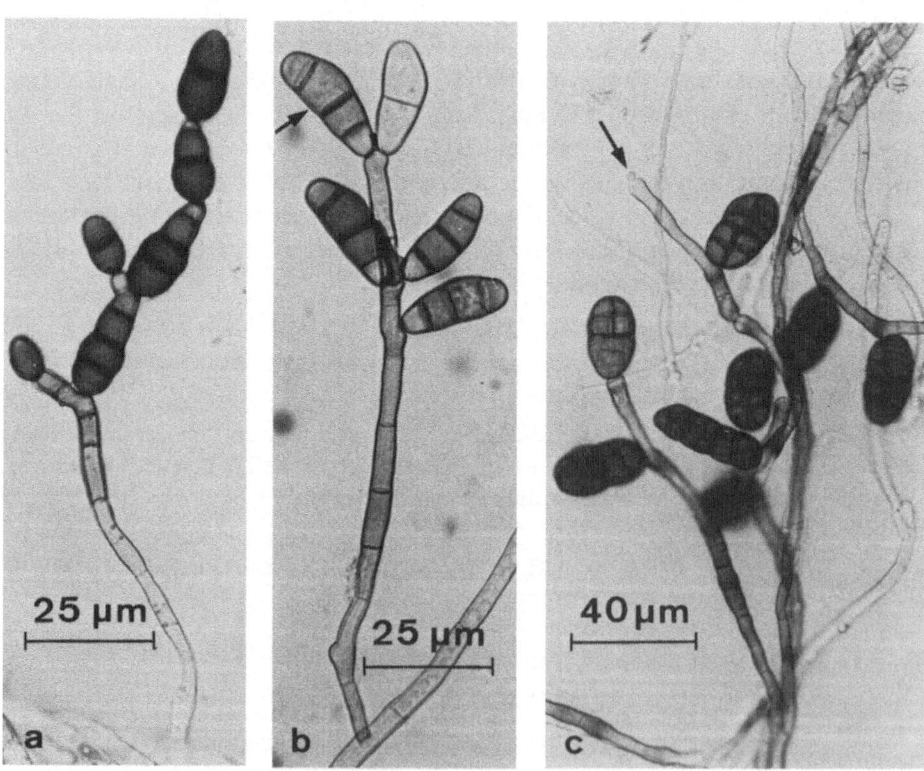

Abbildung 298 a–c. Konidienformen von auf Samen wachsenden Deuteromycetes. a *Alternaria brassicola;* **b** *Curvularia lunata,* der Pfeil weist auf die in typischer Form vergrößerte dritte Zelle der Spore hin; **c** *Stemphylium vesicarium,* der Pfeil weist auf eine sich holoblastisch entwickelnde Konidiospore hin. (Fotos a, b: F Meinhardt; Foto e: J Webster)

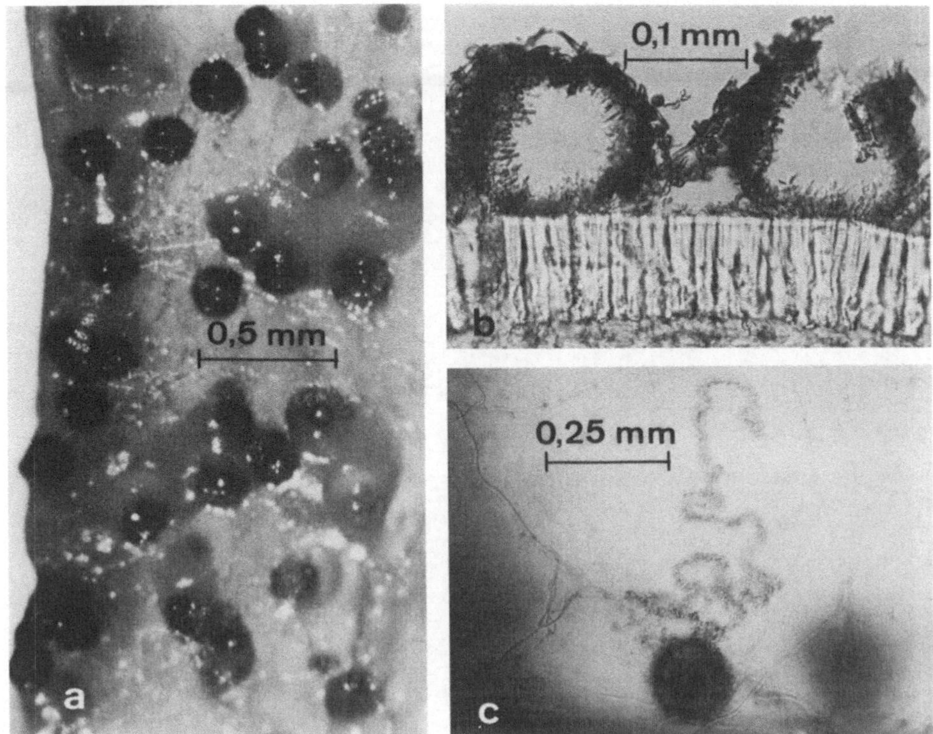

Abbildung 299 a–c. Pyknidien von auf Samen wachsenden Deuteromycetes, *Ascochyta pisi*. a Pyknidien auf Samen der Erbse; b Querschnitt durch Pyknidien; c Entleerung der Pyknidien, die Konidiosporen werden durch Schleim zusammengehalten. (Fotos: J Webster)

a. Ordnung Moniliales, Konidiosporen nicht in „Fruchtkörpern"

Alternaria (Dematiaceae)

Die Gattung *Alternaria* umfaßt bis zu 50 Arten. Ihre Sporen stellen einen wesentlichen Bestandteil der Sporenflora in der Luft dar. Sie können beim Menschen Allergien hervorrufen. Ihre Myzelien wachsen nicht nur im Samen, sondern je nach Art auch in den übrigen Pflanzenteilen. Auf ihre perfekten „Verwandten", die zu den Dothideales gehören, wurde bereits eingegangen (S. 421).

Typisch für *Alternaria*-Arten sind die gelblich-braunen, schnabelförmigen, mehrzelligen Konidiosporen (Längs- und Quersepten). Sie entstehen durch apikale Sprossung aus Konidiosporen oder durch erneute Sprossung an der Spitze einer bereits ausdifferenzierten Spore. In diesen Fällen erfolgt dann meist eine Verzweigung, in dem basale Myzelkompartimente ebenfalls sporulieren (Abb. 298 a, s. auch Abb. 236 f).

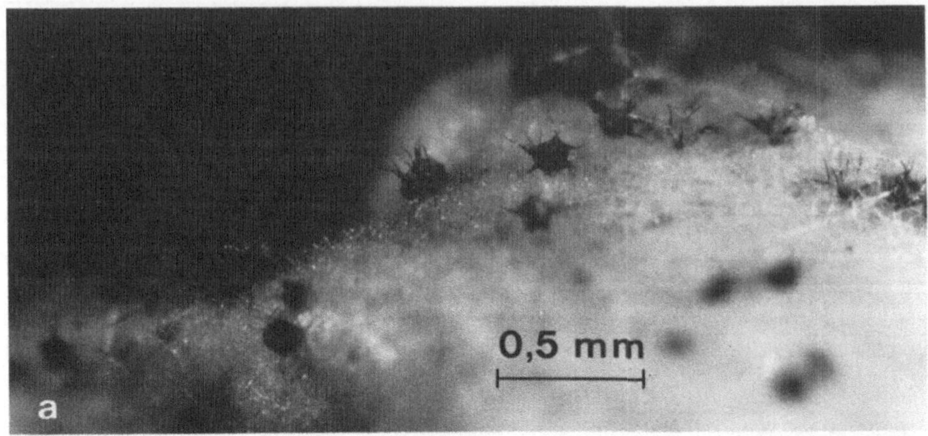

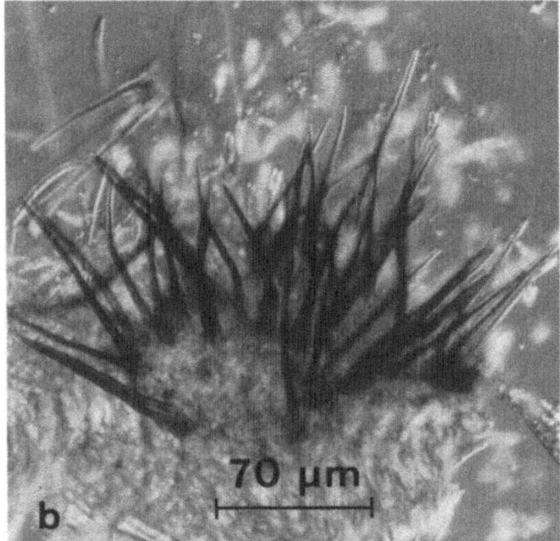

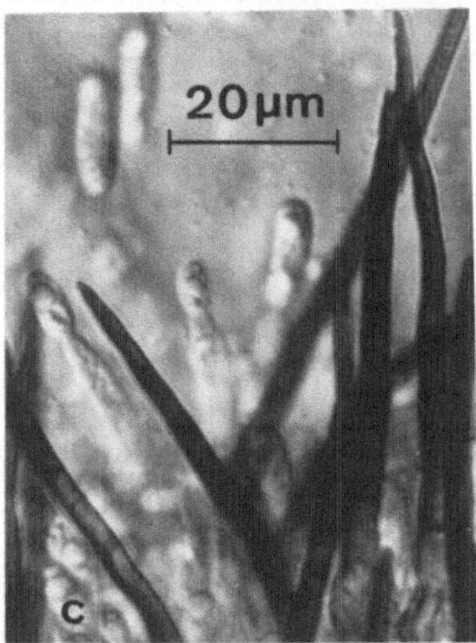

Abbildung 300 a–c. Acervuli von auf Samen wachsenden Deuteromycetes. *Colletotrichum lindemuthianum,* Acervuli auf Samen der Bohne. a Übersicht; b einzelner Acervulus; c in der Ausschnittsvergrößerung erkennt man, leicht verdeckt von den schwarzen unverzweigten Haaren, die Konidiosporen (Phialosporen). (Fotos: J Webster)

Curvularia (Dematiaceae)

Diese Gattung umfaßt über 30 Arten, die nicht alle Samenparasiten sind. Ihre perfekten Formen werden als Gattung *Cochliobolus* den Dothideales zugerechnet (S. 421).

Die mehrzelligen (nur Quersepten!), meist gebogenen Konidiosporen sind dunkelbraun gefärbt und werden spiralig oder wirtelartig an aufrechten Konidiophoren gebildet. Bei *Curvularia lunata* ist die dritte Zelle der meist vierzelligen Konidiospore deutlich größer (Abb. 298 b). Die perfekte Form ist *Cochliobolus lunatus.*

Die mehrzelligen Konidien der Gattung *Stemphylium* besitzen Quer- und Längssepten (Abb. 298 c). Die perfekten Formen gehören zur Gattung *Pleospora* (Dothideae, S. 346).

b. Ordnung Sphaeropsidales, Konidiosporen in Pyknidien

Die Zusammenfassung von zahlreichen Konidiophoren in Pyknidien wurde bereits bei der Besprechung der Uredinales (S. 442 ff.) ausführlich behandelt.

Die Gattung *Ascochyta,* von der hier *Ascochyta pisi* (Erreger der Brennfleckenkrankheit der Erbse) besprochen werden soll, umfaßt bis zu 500 Arten. Allerdings, wie dies bei hochspezialisierten Pflanzenparasiten häufig der Fall ist, gibt es viele Synonyma. Die zweizelligen, hyalinen Konidiosporen bleiben bei der Entleerung aneinander haften und werden als schleimige wurstförmige Masse aus den Pyknidien gedrückt (Abb. 299).

c. Ordnung Melanconiales, Konidiosporen in Acervuli*

Die Gattung *Colletotrichum* umfaßt 11 Arten. Sehr bekannt ist *Colletotrichum lindemuthianum,* der Erreger der Anthraknose bei Bohnen (*Phaseolus*). Die untertassenförmigen Acervuli sind von einzelligen schwarzen Haaren umsäumt. Die an palisadenartig angeordneten Phialiden gebildeten Konidien haften bei hoher Luftfeuchtigkeit aneinander und sind in ihrer Gesamtheit als glänzende Pusteln zu erkennen (Abb. 300).

---

* Acervuli wurden bereits *bei Rhytisma acerinum* besprochen (S. 386 f.).

Organisationstyp: Flechten (Lichenes)

A. Einführung

I. Merkmale

Eine **Flechte** ist kein einzelnes Individuum im strengen Sinne, sondern ein **Konsortium** (Lebensgemeinschaft), **in dem eine Alge und ein Pilz eine morphologisch-physiologische Einheit bilden.** Durch das symbiontische Zusammenleben der beiden Organismen erhält der **Flechtenthallus** sowohl **anatomisch-morphologische** als auch **physiologische Merkmale, die weder Alge noch Pilz in Einzelkultur aufweisen.** Dies sind einerseits typische, manchmal blatt- und strauchartige Differenzierungen und andererseits ein breites Spektrum von sekundären Stoffwechselprodukten, die unter dem allgemeinen Namen „Flechtenstoffe" zusammengefaßt werden.

Die Flechtenstoffe sind spezifisch, denn sie konnten bisher bei anderen Pflanzen nicht nachgewiesen werden. Kürzlich wurde allerdings gezeigt, daß auch „Flechtenpilze" in Einzelkultur Flechtenstoffe bilden können, und zwar in Abhängigkeit vom Kohlenhydratangebot. Im Gegensatz zu den zahlreichen sekundären Stoffen, die in meist geringer Konzentration in einer höheren Pflanze gefunden werden, gibt es in einer Flechte nur wenige, dafür aber hochkonzentrierte Flechtenstoffe. Die etwa 200 Verbindungen, deren Konstitution bisher aufgeklärt wurde, entstehen auf drei Synthesewegen, und zwar über Acetat-Polymalonat, Shikimisäure und Mevalonsäure.

Bei dem **Phycobionten** (Algenkomponente) handelt es sich fast immer um einzellige oder trichale Vertreter der **Cyanobakterien** oder **Chlorophyceae.** Der **Mycobiont** (Pilzkomponente) wird fast ausschließlich von den **Ascomycetes** und nur in wenigen **Ausnahmen** von den **Basidiomycetes** gestellt.

Innerhalb der Ascomycetes dominieren Formen, welche Apothezien bilden, deren Asci eine porenförmige Öffnung haben (Ordnung: Lecanorales, S. 390). Seltener sind an der Flechtenbildung Arten beteiligt, die Perithezien (Ordnung: Sphaeriales, S. 390) oder Pseudothezien (Ordnung: Dothideales, S. 421) bilden. Von den Basidiomycetes wurden in Flechten Vertreter der Poriales und Agaricales gefunden.

In dieser Lebensgemeinschaft ist der **Phycobiont** in erster Linie **photosynthetisch** tätig und wird daher auch **Photobiont** genannt. Abgesehen von einigen Ausnahmen (S. 529), **bestimmt der Mycobiont den Habitus des Vegetationskörpers.** Der Kontakt zwischen beiden Organismen erfolgt im allgemeinen durch Umhüllung der Algen mit Hyphen oder durch Haustorien, welche die Pilzhyphen in die Algen entsenden. Er kann jedoch auch durch Appressorien ermöglicht werden, wenn sich die Hyphen zwar eng an die Algenzellen anlegen, aber nicht in diese eindringen.

Als **Ausnahme** gibt es auch **Flechten, die zwei Phycobionten haben.** Es handelt sich dabei um heteromere Formen, die zusätzlich zu ihrem Primärphycobionten (Grünalge) im Verlauf ihrer Entwicklung ein Cyanobakterium als Sekundärphycobiont (meist *Nostoc*, aber auch *Scytonema* oder *Stigonema*) aufnehmen. Je nachdem ob die Nester des sekundären Phycobionten, die **Cephalodien** genannt werden, dem Thallus von außen aufliegen oder in ihm eingeschlossen sind, spricht man von externen bzw. internen Cephalodien.

Die Lebensgemeinschaft der Flechten ist nicht in jedem Fall eine Symbiose im strengen Sinne mit gegenseitigem Nutzen der beiden Partner, es gibt auch Zwischenformen, in denen die Pilze mehr oder minder parasitisch auf den Algen leben und diese mitunter teilweise abtöten.

Wie aus der unten folgenden schematischen Übersicht hervorgeht, unterscheidet man in Bezug auf Anatomie und Morphologie zwei Haupttypen des Thallus, die sich wiederum in bestimmte Wuchsformen unterteilen lassen. Diese Einteilung ist eine künstliche und läßt keinerlei Rückschlüsse auf Verwandtschaftsverhältnisse zu.

Sie ist daher neuerdings bei den Lichenologen umstritten. Da sie sich aber wegen ihrer Übersichtlichkeit als „Lernhilfe" eignet, wollen wir sie den Übungen zugrundelegen.

Homöomerer Thallus: Der Thallus ist ungeschichtet, die Algen sind nicht in einer Zone konzentriert. Der Phycobiont (vorwiegend Cyanobacteria) bestimmt weitgehend den Wuchs.

Gallertflechten: Da die Pilzhyphen nur in den Gallerthüllen der Algen wachsen, wird keine typische Wuchsform ausgebildet, sondern der Thallus besteht aus blattartigen Gallertklümpchen.

Faden- oder Haarflechten: Die Pilzhyphen umspannen die Thalli von meist verzweigten, fädigen Algen. Flechten dieses Typs sind daher nur mikroskopisch als solche zu erkennen, da ihr Habitus dem Algenthallus entspricht.

Heteromerer Thallus: Der Thallus ist geschichtet und die Algen (meist Chlorophyceae) liegen in einer bestimmten Zone. Gestalt und Wuchs werden ausschließlich vom Mycobionten bestimmt.

Krustenflechten: Ihr Thallus ist fest mit dem Substrat verwachsen, die Algenzellen sind vielfach noch regellos im Thallus „verstreut", eine Differenzierung in einzelne Loben (Thalluslappen) ist selten.

Blatt- oder Laubflechten: Die meist kreisrunden, dorsiventralen Thalli, die aus blattartigen Loben bestehen, sind mit Hyphensträngen (= Rhizinen) an der Unterlage befestigt.

Strauchflechten: Die bandförmigen oder drehrunden, meist radiären Loben sind reichlich verzweigt und an der Unterlage entweder mit Rhizoiden oder einem im Zentrum des Thallus ausgebildeten „Zentralstrang", der eine Haftscheibe besitzt, befestigt. Von manchen Autoren werden die letzteren als Nabelflechten und die Strauchflechten mit fädigen Loben als Bartflechten bezeichnet.

Die Zuwachsrate eines Flechtenthallus ist sehr gering, sie beträgt nur ein bis wenige Millimeter pro Jahr. So ist es auch zu verstehen, daß die Flechten bisher nur in geringem Umfang zu Laborversuchen und schon gar nicht zu genetischen Experimenten verwendet wurden.

II. FORTPFLANZUNG

Die **vegetative Fortpflanzung** der Flechten als Doppelorganismus kann entweder durch Regeneration von Thallusbruchstücken oder durch besondere Organe, die **Soredien** und **Isidien,** erfolgen.

Soredien sind „Pakete" von Algenzellen, die von Pilzhyphen umsponnen sind. Ihre Bildung wird durch Wucherungen in der Algenschicht ausgelöst. Bei Trockenheit reißt die obere Rindenschicht auf und die Soredien werden durch den Wind verbreitet. Die häufig in sehr charakteristischer Weise angeordneten Soredienlager heißen **Sorale.**

Isidien entstehen als kleine Ausstülpungen der Rinde, denen Teile der Algenschicht anhaften. Auch sie lösen sich bei Trockenheit ab und werden durch den Wind verbreitet.

Eine sexuelle Fortpflanzung gibt es **nur bei den Mycobionten,** die entsprechend ihrer taxonomischen Herkunft Apothezien, Perithezien oder Pseudothezien bilden.

In diesem Zusammenhang muß noch der Terminus **Podetium** eingeführt werden. Hierbei handelt es sich um **stiel- oder trichterförmige Differenzierungen** an manchen Strauchflechten, die **apikal ein oder mehrere Apothezien** tragen. Hinsichtlich ihrer Ontogenese sind die Podetien als Bestandteil der Fruchtkörper anzusehen. Es gibt auch Arten, die ähnliche „Langstiele" bilden, die entweder steril sind oder nur Soredien hervorbringen. Diese werden in bezug auf ihre Entwicklungsgeschichte als Teile des Thallus angesehen und heißen **Pseudopodetien.**

Abgesehen davon, daß die meisten Phycobionten, wie z.B. die Cyanobakterien und die *Chlorella*-ähnlichen Grünalgen imperfekt sind, ist auch bisher eine **sexuelle Vermehrung von perfekten Phycobionten im Flechtenthallus noch nicht festgestellt** worden.

Allerdings hat man mehrfach eine vegetative Vermehrung von Phycobionten durch Mitoplanosporen beobachtet. Dies ist sogar bei einigen einzelligen Phycobionten, wie *Trebouxia* oder *Chlorella,* ausschließlich der Fall. Auch die Mycobionten können sich vegetativ durch Pyknosporen fortpflanzen, die in Pyknidien entstehen. Man nimmt an, daß die Pyknosporen ähnlich wie bei den Uredinales (S. 442) als männliche Gameten fungieren und daher als Spermatien anzusehen sind.

In jedem Fall erfolgt bei getrennter Fortpflanzung von Phyco- und Mycobiont die Bildung eines neuen Flechtenthallus erst nach erneuter Verbindung von Alge und Pilz zu einem Konsortium. Dies gelang vor einiger Zeit in Laborversuchen mit Phyco- und Mycobionten von *Cladonia cristatella.* Die Regenerate entsprachen auch in ihren Syntheseleistungen den Ausgangspflanzen.[*]

Nach künstlicher Isolation von Phyco- und Mycobiont sind beide nicht mehr in der Lage, die nach ihrer taxonomischen Klassifizierung zu erwartenden Thalli auszubilden. Dies ist wahrscheinlich darauf zurückzuführen, daß infolge des langen Zusammenlebens im Flechtenkonsortium zahlreiche Verlustmutationen eingetreten sind, die nur in der Flechte komplementiert werden.

---

[*] Ahmadjian V, Jacobs JB (1981) Nature 289: 169–172.

III. KLASSIFIZIERUNG

Bei der systematischen Unterteilung innerhalb der Flechten wird der **Mycobiont** als **Richtschnur** genommen. Man unterscheidet **zwei Klassen, die Ascolichenes** und die **Basidiolichenes.** Diese werden von einigen Autoren auch als lichenisierte Ascomycetes bzw. Basidiomycetes bezeichnet. Nach der Struktur der Fruchtkörper werden die etwa 20 000 Arten (400 Gattungen) der beiden Klassen in 7 bzw. 2 Ordnungen unterteilt, die mit speziellen Namen versehen sind, welche sich zum Teil an die Namen der Pilztaxa anlehnen.

Wie üblich in der Taxonomie, herrscht auch hinsichtlich einer Klassifizierung der Flechten keine einheitliche Auffassung, und zwar vor allem deswegen, weil die Flechten Doppelorganismen sind. Sie werden deswegen von manchen Autoren nicht als selbständiges Taxon geführt, sondern als lichenisierte Pilze an entsprechenden Stelle in die Mycota integriert.

In der Literatur findet man auch diese Klassifizierung der Flechten:

Ascolichenes: Ascohymeniales:
  Apothezien mit gymnokarper oder hemiangiokarper Entwicklung
 Lecanorales:
  Perithezien mit angiokarper Entwicklung, Sphaeriales
 Ascoloculares:
  Pseudothezien mit angiokarper Entwicklung, Dothideales

Basidiolichenes: Fruchtkörper der Poriales oder typische, lamellenbildende Fruchtkörper der Agaricales

Da wir im Rahmen unseres Kurses die Flechten nur im Hinblick auf ihren anatomisch-morphologischen Aufbau behandeln wollen, erübrigt sich ein weiteres Eingehen auf diese Systematik. Wir verweisen auf die einschlägige Literatur.

IV. VORKOMMEN UND PRAKTISCHE BEDEUTUNG

Die **Flechten sind Ubiquisten.** Zwar können sie infolge ihrer geringen Wuchsrate unter Normalbedingungen nicht mit den übrigen Kryptogamen und vor allem nicht mit den höheren Pflanzen konkurrieren. An extremen Standorten (z.B. Erstbesiedlung von Felsen, aber auch auf Abfällen wie Glas, Papier etc.) und unter extremen klimatischen Bedingungen (Kälte, Hitze, lange Trockenheit) sind sie diesen überlegen. Hinzu kommt noch das zeitlich nahezu unbegrenzte Wachstum des Flechtenthallus. Man findet daher Flechten in allen Klimazonen der Erde, sogar in der Antarktis. Allerdings sind die meisten Flechten extrem empfindlich gegen Luftverunreinigungen (Rauch, Abgase), vor allem gegen SO_2. Sie dienen daher in der Umweltschutzforschung als Indikatoren für Luftverunreinigungen.

Eine wirtschaftliche Bedeutung haben: *Cladonia rangiferina* (Rentierflechte), die vor allem im Winter in den Tundren den Rentieren als meist einzige Futterquelle dient; *Lecanora esculenta* (Mannaflechte) und *Cetraria islandica* (Isländisch Moos) wurden beide im Orient und Nordafrika bzw. in den nördlichen Tundren wegen ihres hohen Gehalts an Kohlenhydraten gelegentlich zur menschlichen Ernährung (Flechtenbrot) verwendet, aber auch als Pro-

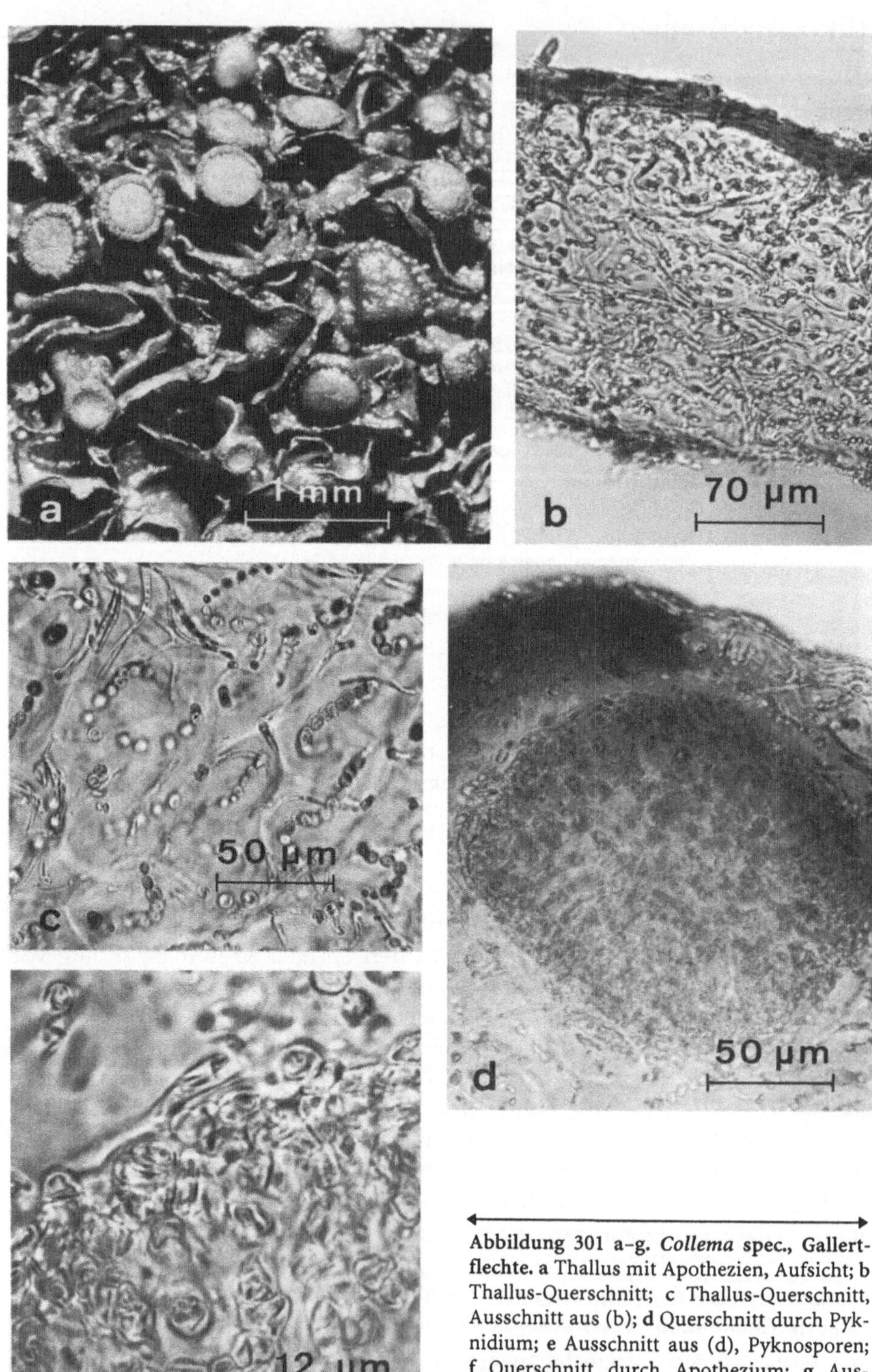

Abbildung 301 a–g. *Collema* spec., Gallert-
flechte. a Thallus mit Apothezien, Aufsicht; b
Thallus-Querschnitt; c Thallus-Querschnitt,
Ausschnitt aus (b); d Querschnitt durch Pyknidium; e Ausschnitt aus (d), Pyknosporen;
f Querschnitt durch Apothezium; g Ausschnitt aus (f), Hymenium mit Asci

dukt für die Alkoholherstellung. Die bei verschiedenen Arten vorkommende Usninsäure wird als Antibiotikum zur Bekämpfung von Hautkrankheiten benutzt. *Cladonia stellaris* wird von Gärtnern häufig als Grundmaterial für Blumenarrangements verwendet.

Bevor es zu Beginn dieses Jahrhunderts gelang, die meisten Farbstoffe synthetisch herzustellen, dienten vielfach Flechten (z.B. *Rocella*-Arten) als Ausgangsmaterial für die Herstellung von Tuchfarben: so wurden z.B. Orseille, Orcein und Lackmus aus den Flechtenstoffen hergestellt.

B. Übungsanleitungen

Beim Studium der Flechten gehen wir von den auf S. 529. angegebenen morphologischen Kriterien aus und nicht von einer systematischen Unterteilung, da diese nur für den Spezialisten von Bedeutung ist. Desgleichen soll auch der Schwerpunkt auf den Aufbau des Thallus gelegt werden und nicht auf die einzelnen Fruchtkörpertypen, da diese bereits ausführlich bei den Ascomycetes behandelt wurden.

Die Erfahrung hat gezeigt, daß Handschnitte nicht immer befriedigende Präparate ergeben. Es erscheint daher günstiger, Dauerpräparate zur Verfügung zu haben, die man leicht mit dem Gefriermikrotom herstellen kann (S. 45).

I. Homöomere Thalli

1. Gallertflechten

Material: *Collema* spec. und andere Vertreter der Familie der Collemataceae (Lecanorales) wachsen in feuchten Regionen auf Erde, Gestein (vorzugsweise Kalkgestein), aber auch auf Baumrinde und in Moosteppichen. Die grünbraunen Gallert-Thalli erreichen einen Durchmesser von mehreren Zentimetern und sind mit Rhizoidhyphen oder Rhizinen am Substrat befestigt (Abb. 301 a). Der Phycobiont ist stets *Nostoc*. Manche Formen bilden zahlreiche Apothezien aus, bei anderen sind Fruchtkörper seltener. Soredien bzw. Sorale sind nicht vorhanden.

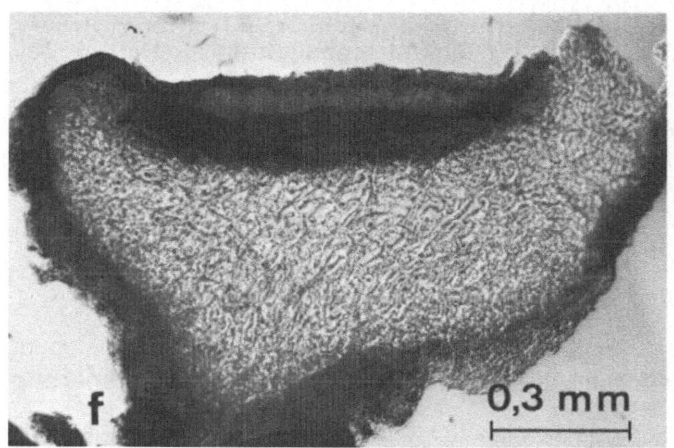

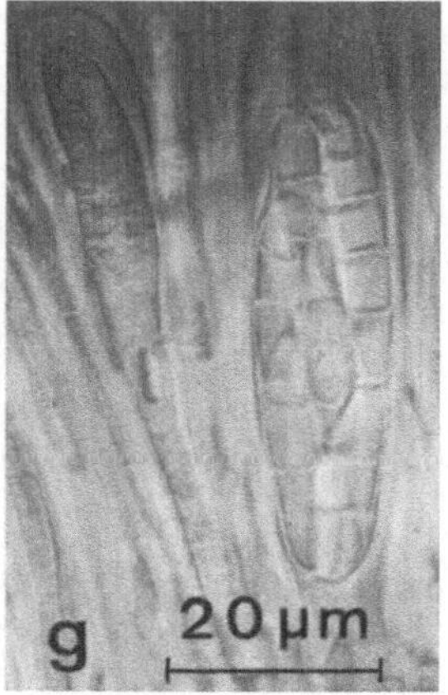

Präparation und Aufgabe: Die Gallertflechten können etwa auf die zehnfache Menge ihres Trockengewichtes an Wasser aufnehmen, dagegen speichern die übrigen Flechten nur das drei- bis vierfache an Wasser. Getrocknetes Material der Gallertflechten muß daher kurz in Wasser eingeweicht werden, bevor man Schnitte anfertigt. Für die Herstellung von Handschnitten ist es allerdings günstiger, die Flechten in einer der auf S. 22 f. angegebenen Konservierungsflüssigkeiten aufzubewahren, da die Thalli dadurch gehärtet werden und sich einfacher schneiden lassen. Schnitt durch den Thallus anfertigen, möglichst durch ein Apothezium.

Beobachtungen: Im Thallusquerschnitt (Abb. 301 b, c) sieht man, daß die typischen Trichome von *Nostoc* den Habitus bestimmen. Man erkennt die zahlreichen Heterozysten (vergl. mit Abb. 16). Die Pilzhyphen wachsen in den stark verquollenen Gallertscheiden der Coenobien. Nur an der Oberfläche des Thallus bilden sie eine *Nostoc*-freie plektenchymatische Rindenschicht. An der Unterseite des Thallus ist keine ausgeprägte Rinde vorhanden, wenn man von den zahlreichen Rhizoidhyphen und Haftfaserbüscheln absieht, die vom Mycobionten gebildet werden.

Bei dieser primitiven Flechte sind die Pyknidien (Abb. 301 d) mit den Ascogonen vergesellschaftet. Beide sind jedoch in ungefärbten Handschnitten wegen ihrer Kleinheit meist nicht zu erkennen. Die einzelligen Pyknosporen (Abb. 301 e), welche den Spermatien der Ascomycetes entsprechen (S. 394), haben je nach Art einen Durchmesser von 1–5 µm. Bei manchen Arten wurden auch mehrzellige septierte Pyknosporen gefunden. Die becher- oder schüsselförmigen Apothezien sind von einem Exipulum umgeben (Abb. 301 f) und enthalten neben zahlreichen Paraphysen achtsporige unitunicate Asci (Abb. 301 g). Sie entstehen hemiangiokarp, d.h. sie werden im Inneren des Thallus angelegt und erst bei der Reife aus dem Thallus hervorgehoben.

2. Fadenflechten

Material: Vertreter der Familie der Lichiniaceae (Lecanorales) sind Ubiquisten mit großer ökologischer Anpassungsfähigkeit. Als Erstbesiedler von der Arktis bis in Wüstenregionen besiedeln sie Gestein, feuchte Felsen (Tintenstriche in den Gebirgen) oder wachsen als Epiphyten auf Bäumen und Moosen. Wegen der Kleinheit ihrer braunen bis schwärzlichen, mannigfaltig geformten Thalli werden sie leicht übersehen. Soredien und Isidien werden nicht ausgebildet, dagegen sollen Pyknidien vorhanden sein. Fruchtkörper sind äußerst selten zu finden. Die Phycobionten sind Cyanobakterien.

Ein typischer Vertreter ist die Gattung *Ephebe*, die in Mitteleuropa zu finden ist. Der Phycobiont bei *E. lanata* ist *Stigonema* (syn. *Fischerella*, S. 67), der Mycobiont kann verschiedenen Gattungen der Lecanorales angehören.

Präparation und Aufgabe: Wenn keine Dauerpräparate zur Verfügung stehen, von Thallusstücken Zupfpräparate herstellen und bei starker Vergrößerung Habitusbild anfertigen.

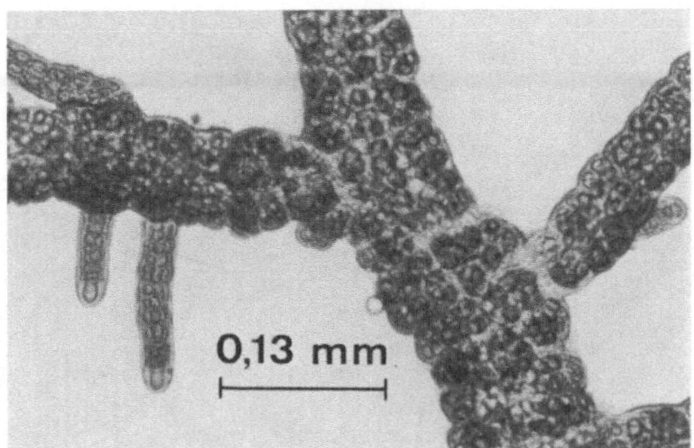

Abbildung 302. *Ephebe lanata,* **Fadenflechte.** Habitus des Thallus

Beobachtungen: In den Gallertscheiden der Trichome von *Stigonema* wachsen die Pilzhyphen. Sie umhüllen den mehrreihigen Thallus der Cyanobakterien, der echte Verzweigungen aufweist, mantelartig (Abb. 302). Bedingt durch die Bildung von Flechtenstoffen, ist die dunkelgrüne Färbung von *Stigonema* durch braune Pigmente überlagert.

II. Heteromere Thalli

1. Krustenflechten

Material: *Lecanora* spec. (Lecanoraceae, Lecanorales). Von den 1100 beschriebenen Arten findet man die hellen gefelderten (aerolierten) Thalli von *L. muralis* (Abb. 303 a) häufig auf Kalkmauern, sogar in Städten. Die gymnokarpen Apothezien sind leicht vom Thallus abgehoben und anstelle eines besonderen Exipulums vom Thallus umrandet. Da *Lecanora*-Arten fest mit dem Substrat verwachsen sind, muß man zum Ablösen ein scharfes Messer verwenden und darauf achten, daß nicht die untere Schicht des Thallus am Substrat haften bleibt.

Präparation und Aufgabe: Thalli soweit wie möglich von anhaftenden Substratteilen säubern und nach Einweichen in Wasser Handquerschnitte herstellen und Deckglaspräparate anfertigen. Da es bei diesem Präparat darauf ankommt, den Thallusbau einer typischen Krustenflechte zu studieren, ist es nicht erforderlich, die Schnitte durch eventuell vorhandene Apothezien zu legen.

Beobachtungen: *L. muralis* ist eine relativ hochentwickelte Krustenflechte, denn der Thallus ist deutlich geschichtet. Unter der plektenchymatischen oberen Rinde liegen, in ein lockeres Hyphengeflecht eingebettet, die coccalen Grünalgen. Darunter folgt eine etwas festere Hyphenschicht, die allerdings ohne Ausbildung einer unteren Rindenschicht unmittelbar am Substrat anliegt und in Unebenheiten des Substrates eindringt. Besondere Haftorgane sind nicht zu erkennen (Abb. 303 b).

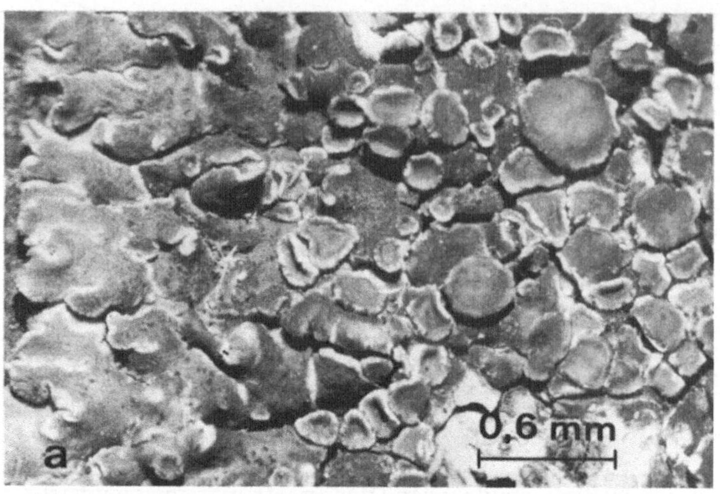

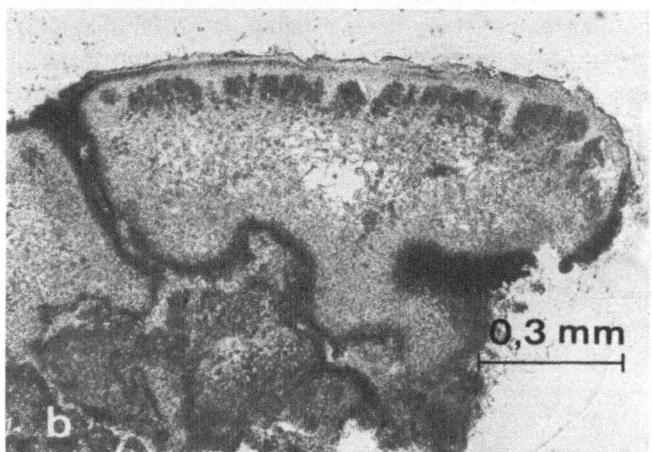

Abbildung 303 a, b. *Lecanora muralis.* **a** Habitus; **b** Querschnitt durch den Thallus

2. Blattflechten

Bei diesem Typus sollen nicht nur die Thallusanatomie, sondern auch exemplarisch die Organe der vegetativen Fortpflanzung und die Fruchtkörper studiert werden.

Material: *Parmelia* spec. (Parmeliaceae, Lecanorales). Die etwa 600 Arten dieser Gattung haben einen deutlich differenzierten blattartigen Thallus und sind mit Rhizinen am Substrat befestigt. Vertreter dieser Gattung sind in allen Klimazonen der Erde zu finden.

P. sulcata (Abb. 304 a) bildet Sorale und *P. saxatilis* (Abb. 304 e) bildet Isidien aus. Beide Arten kommen in unseren Regionen häufig auf Gestein und Rinden vor. Da erfahrungsgemäß sorediöse Arten selten fruktifizieren, wird man auf *P. sulcata* keine Fruchtkörper finden.

Dermatocarpon miniatum (Verrucariaceae, Verrucariales) (Abb. 305 a) hat einen ausgeprägten blattartigen Thallus, der mit Haftscheiben am Substrat (kahle Felsen) befestigt ist. Unter den Ansatzstellen der Rhizine befindet sich an der Oberseite eine kleine Eindellung („Nabelflechten"!). Schon mit dem unbewaffneten Auge sind die zahlreichen nadelstichartigen Öffnungen der in den Thallus eingesenkten Perithezien wahrzunehmen.

Xanthoria parietina (Teloschistaceae, Lecanorales) findet man in Mitteleuropa sehr häufig, und zwar vorwiegend auf Straßenbäumen, aber auch auf Gestein im Verbund mit Moosen. Die lappigen Thalli sind gelb gefärbt. Sie fallen vor allem auf durch die zahlreichen orangefarbenen Apothezien, die einen Durchmesser von 2–3 mm haben und die Oberfläche der älteren Thallusteile fast überdecken (Abb. 306 a).

Physcia stellaris (Physciaceae, Lecanorales) (Abb. 307 a) bildet blattartige hellgraue Thalli und ist auf Baumrinden zu finden. Ähnlich wie die nahe verwandte *X. parietina* ist der Thallus meist von Apothezien bedeckt. Daneben gibt es bei dieser Art auch zahlreiche Pyknidien.

Präparation und Aufgabe: Von allen Objekten sind Handquerschnitte und Deckglaspräparate herzustellen. Für das Studium des typischen Thallusaufbaus einer Blattflechte genügt ein Objekt, im vorliegenden Fall haben wir dazu *Parmelia* genommen, ähnliche Ergebnisse wird man jedoch auch mit jeder anderen Art erhalten; hierzu reichen Handschnitte aus. Zur Darstellung der Fortpflanzungsorgane und Einzelheiten der Fruchtkörper sollte man allerdings Mikrotomschnitte benutzen.

Beobachtungen:

1) *Parmelia* **spec., Anatomie des Thallus** (Abb. 304 c). Neben einer Oberrinde aus relativ kleinzelligen Hyphen hat der Thallus eine großzellige, dunkel pigmentierte Unterrinde, aus deren weitlumigen Hyphen zahlreiche Rhizoidhyphen und Rhizine hervorgehen. Die coccalen Grünalgen befinden sich in einer dichten Schicht in den oberen Zonen der aus lockerem Hyphengeflecht bestehenden Markschicht.

2) *Parmelia sulcata,* **Soredien und Sorale**

Sorale entstehen durch Aufreißen des Thallus, sie können mannigfaltige, aber stets für die Art charakteristische Formen haben. Neben rundlichen oder flachen Vertiefungen, die unregelmäßig (z.B. nur Randzonen) über den Thallus verteilt sind, gibt es auch andere Formen.

Eine dieser typischen Formen findet man bei *P. sulcata,* deren Sorale langgestreckt und zum Teil verzweigt sind und in Rissen des Thallus entstehen. In der Thallusaufsicht (Abb. 304 a) erkennt man mit der Lupe die Sorale. Vor allem bei trockenem Material genügt ein leichtes blasen, um die Soredien ausstäuben zu lassen.

Im Querschnitt (Abb. 304 d) ist zwar der größte Teil der Soredien im Verlauf der zur Herstellung des Präparates notwendigen Manipulation herausgeschwemmt, aber trotzdem sind noch die typischen kompakten „Soredien-Pakete" zu sehen, die aus mehreren, fest von Hyphen umsponnenen Algen bestehen.

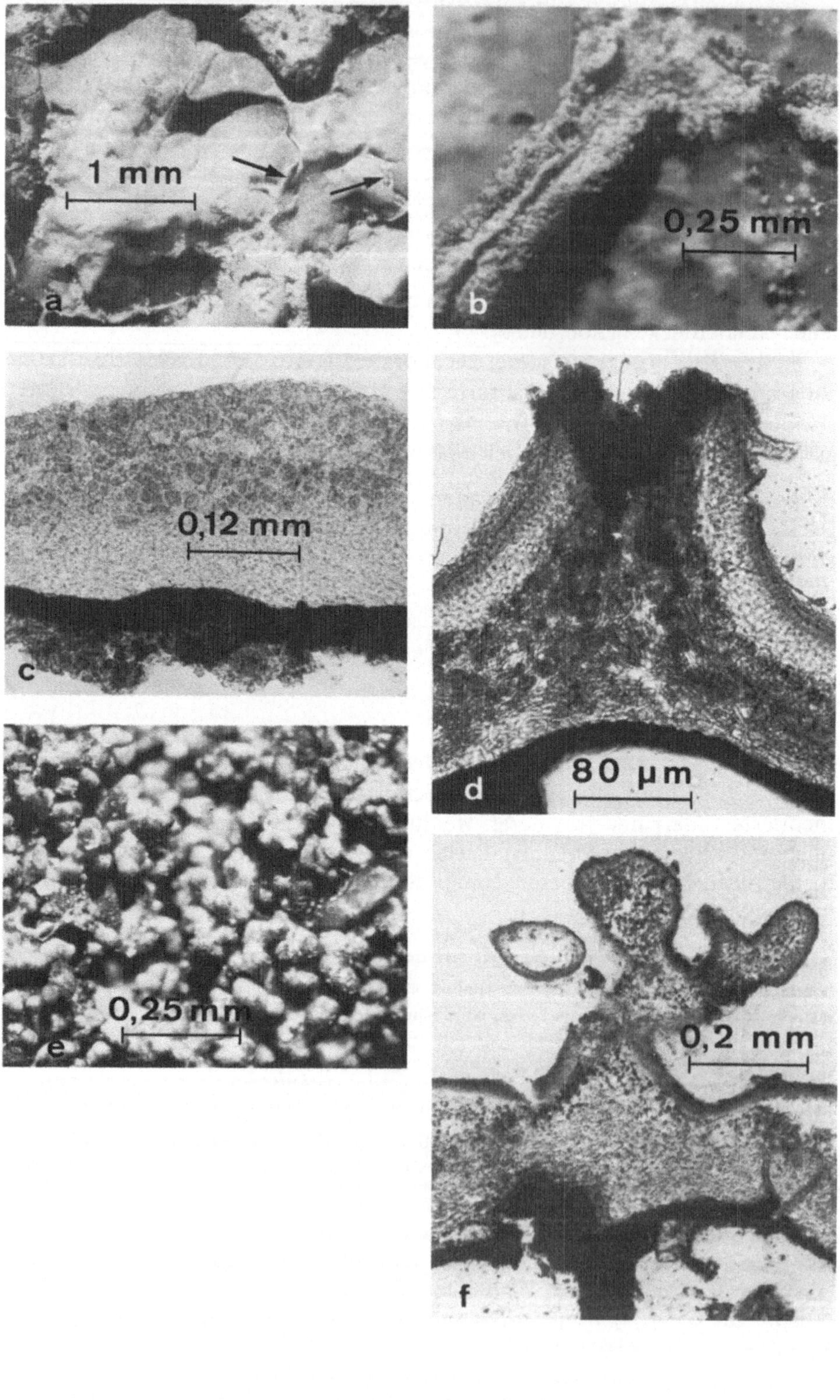
1 mm
a
0,25 mm
b
0,12 mm
c
80 µm
d
0,25 mm
e
0,2 mm
f

3) *Parmelia saxatilis*, Isidien. Zwar sind die Isidien als Abschnürungen von Thallusauswüchsen im Prinzip anatomisch gleich gebaut, sie haben jedoch einen artspezifischen Habitus (z.B. kugelig, schuppenförmig, korallenartig) und sind daher vielfach nur unter Schwierigkeiten von normalen Thallusauswüchsen zu unterscheiden. Die korallenartig verzweigten Isidien unseres Objektes dagegen, die zudem noch in ausgedehnten Arealen auf der Oberfläche entstehen, kann man schon mit der Lupe erkennen (Abb. 304e).

Im Querschnitt (Abb. 304f) ist zu sehen, daß sie als Ausstülpungen der Markschicht entstehen und die Rindenschicht durchbrechen. Bei anderen Arten entstehen die Isidien als Ausstülpungen der Rindenschicht mit anhaftenden algenhaltigen Teilen der Markschicht. *P. saxatilis* eignet sich auch zur Demonstration von Rhizinen (Abb. 304h).

4) *Dermatocarpon miniatum*, Perithezien (Abb. 305 b). In den Handschnitten sind die typischen Perithezien zu sehen, wie wir sie bereits von den Sphaeriales (S. 395) her kennen. Sie sind von einem dichten Plektenchym umgeben, an dessen Aufbau die Hyphen der oberen Rinde und der Markschicht beteiligt sind. In reifem Zustand erreichen sie eine Ausdehnung, die größer als der Thallusquerschnitt ist. Dies führt zu entsprechenden Ausstülpungen an der Thallusunterseite. Die Perithezien enthalten achtsporige Asci und zahlreiche Paraphysen.

Um die Entwicklung der Perithezien zu verfolgen, benötigt man Mikrotomschnitte durch die Randzone der Thalli. In der Algenschicht entstehen Ascogone, deren Trichogyne die Rindenschicht durchdringen. Man nimmt an, daß nach Fusion mit Pyknosporen (Spermatien) und nach-

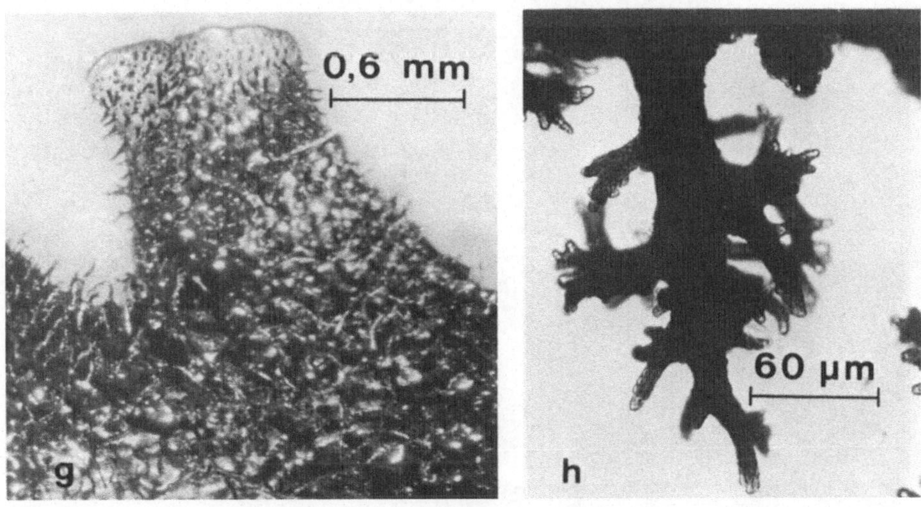

Abbildung 304 a–h. a–d *Parmelia sulcata*. a Thallus in Aufsicht mit Soralen (Pfeile); **b** Ausschnitt aus (a); **c** Thallusquerschnitt; **d** Querschnitte durch ein Soral mit Soredien. **e–h *Parmelia saxatilis*. e** Thallus in Aufsicht mit Lagern von Isidien; **f** Thallusquerschnitt mit einzelnen Isidien; **g** Thallusaufsicht, Unterseite mit Rhizinen; **h** verzweigtes Rhizin

dem die Spermatienkerne in die Ascogone eingewandert sind, gleichzeitig die Ausbildung der Perithezienwand und die Differenzierung von ascogenen Hyphen und Asci erfolgt.

5) *Xanthoria parietina*, Apothezien. Schon mit der Übersichtsvergrößerung (Abb. 306 b) erkennt man in Handschnitten die typischen Strukturmerkmale der Apothezien, wie sie in Abb. 203 schematisch dargestellt sind. Das gymnokarp angelegte Hymenium ist von einem Exipulum umgeben, das vom Thallusrand eingefaßt wird, wie man aus dem Verlauf der Algenschicht (*Trebouxia*) erkennt. Auf diese Weise wird außerdem deutlich, daß die Apothezien als Ausstülpungen des Thallus entstanden sind.

Bei stärkerer Vergrößerung (Abb. 306 c) sieht man, daß die Paraphysen eine bis mehrere köpfchenartige Endzellen haben. Die unitunicaten Asci sind an

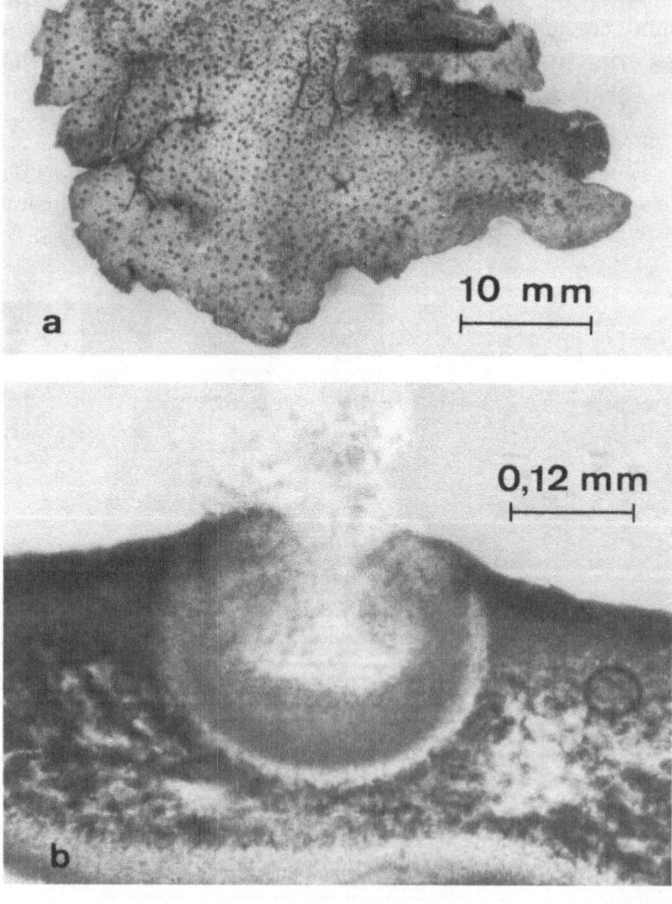

Abbildung 305 a, b. *Dermatocarpon miniatum.* a Habitus; b Thallusquerschnitt mit Perithezium

ihrer Spitze topfartig mit einer Amyloidkappe (Blaufärbung mit Lugolscher Lösung) überdeckt, die im optischen Schnitt hufeisenförmig ist. Die Protoplasten der acht farblosen Ascosporen sind durch eine septenartige Verdickung der Innenwand diaboloartig eingeschnürt.

6) *Physcia stellaris,* **Pyknidien** (Abb. 307). Die Apothezien sind mit bloßem Auge auch schon in jüngeren Entwicklungsstadien zu sehen (Abb. 307 a). Die Pyknidien erkennt man in der Aufsicht als dunkle Punkte an ihren vorgewölbten Öffnungen. Dazu benötigt man allerdings eine Lupe (Abb. 307 b). Im Thallusquerschnitt erscheinen die Pyknidien als krugförmige Einsenkungen, die fast die untere Rindenschicht erreichen (Abb. 307 c). Die Sporen werden in den Pyknidien von ungegliederten Trägerzellen abgeschnürt (Abb. 307 d), die den Phialiden der Plectascales entsprechen.

Die Bezeichnung der Sporen ist uneinheitlich. Manche Autoren nennen sie entsprechend dem Entstehungsort Pyknosporen, andere dagegen sprechen von Konidiosporen im Hinblick auf den Modus ihrer Bildung.

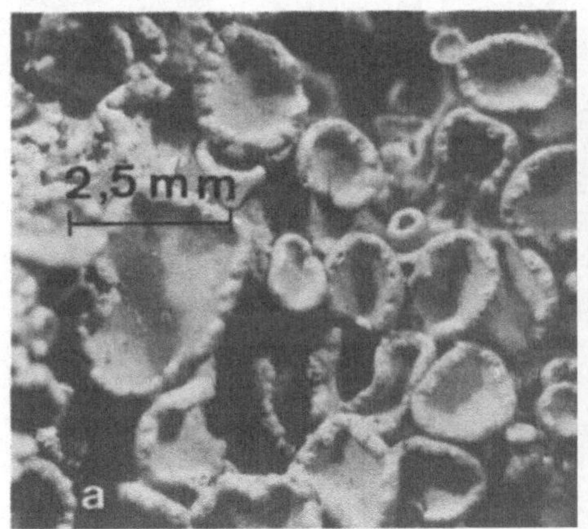

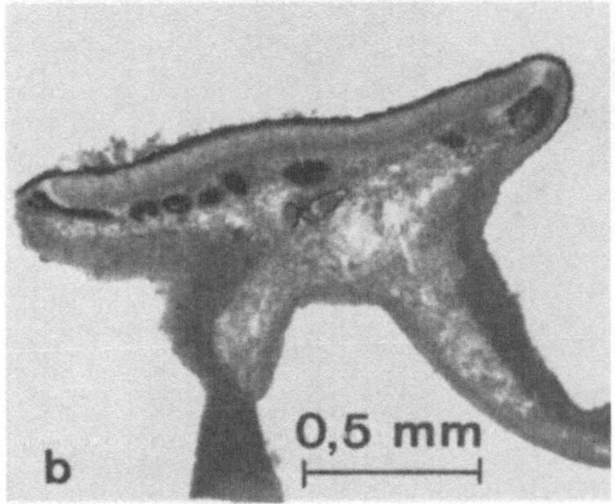

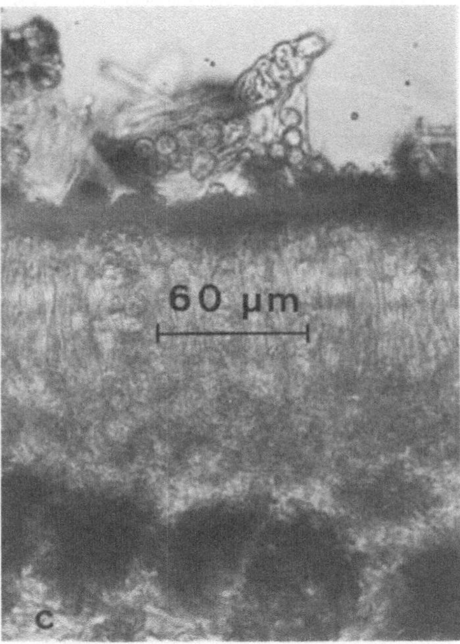

Abbildung 306 a–c. *Xanthoria parietina.* a Thallus mit Apothezien in Aufsicht; b Apothezium, quer; c Ausschnitt aus dem Hymenium eines Apotheziums

3. Strauchflechten

Material: *Cladonia* spec. (Cladoniaceae, Lecanorales) (Abb. 308 a). Die zahlreichen Vertreter dieser Gattung wachsen zwar auch auf Gestein und Holzresten, sind aber vorwiegend Erdbewohner und können vor allem in nördlichen Zonen rasenartig große Areale überwuchern, wie z.B. die Rentierflechten. Die *Cladonia*-Arten sind sehr leicht an ihren heteromorphen Thalli zu erkennen. An dem mit Rhizinen am Substrat befestigten, schuppigen oder blattförmigen Horizontal-Thallus entstehen stiel- bis trichterförmige Vertikal-Thalli, welche vor allem in älteren Lagern dominieren. Diese Podetien können an ihrer Spitze in Ein- oder Mehrzahl die meistens deutlich rot gefärbten Apothezien tragen. Bei einigen Arten (z.B. *C. pyxidata*) werden jedoch nur Soredien tragende Pseudopodetien ausgebildet.

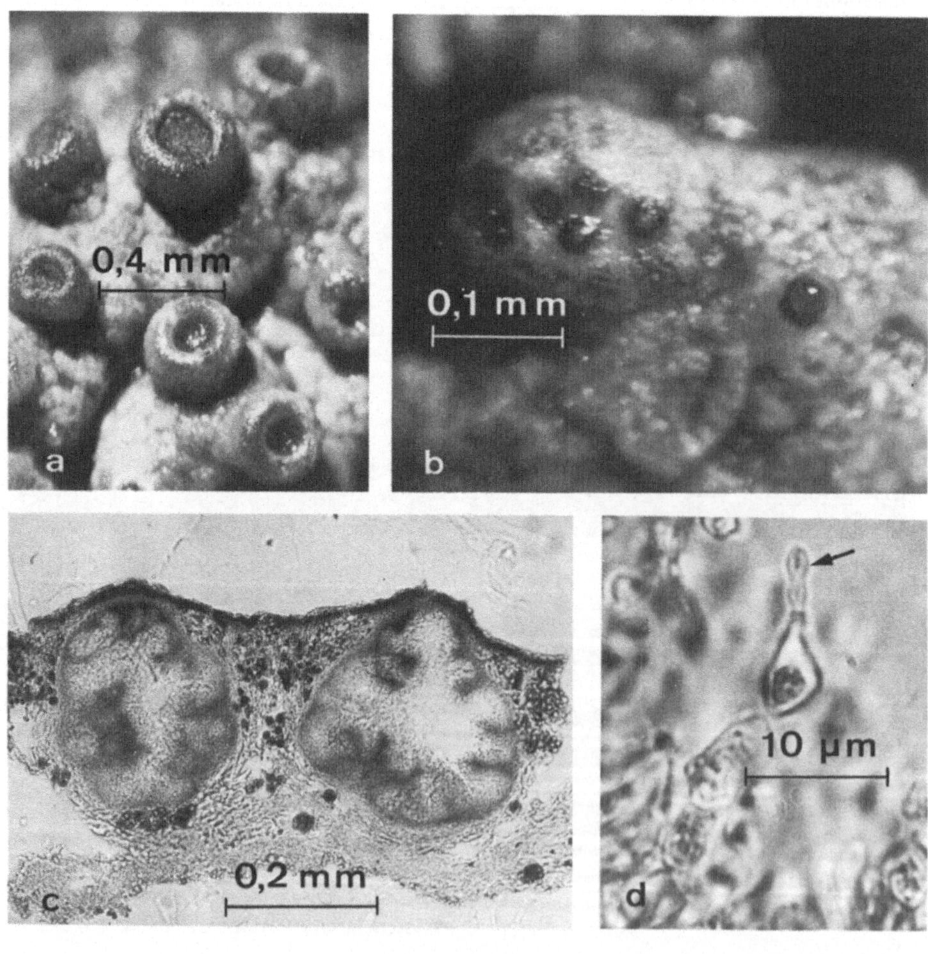

Abbildung 307 a–d. *Physcia stellaris.* **a** Thallus mit jungen Apothezien in Aufsicht; **b** Thallusaufsicht mit Pyknidien; **c** Thallusquerschnitt, Pyknidien; **d** Ausschnitt aus (c), ungegliederte Trägerzelle mit Sporen (Pfeil)

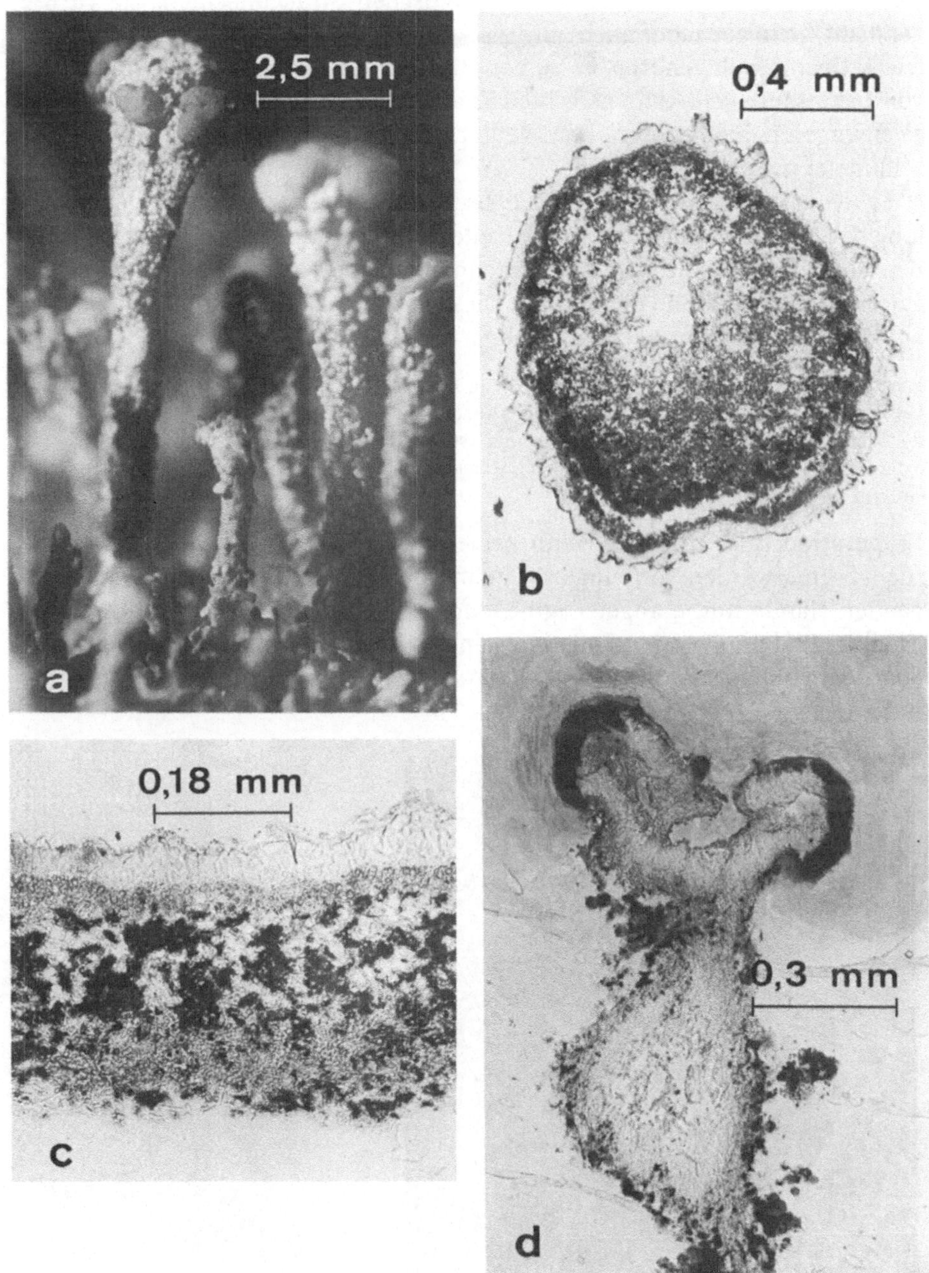

Abb. 308 a–d. *Cladonia* **spec. a** Habitus des heteromorphen Thallus; von einem blattartigen Horizontal-Thallus heben sich die an ihrer Spitze mit Apothezien besetzten Podetien ab (Vertikal-Thallus); **b** Querschnitt durch den basalen Teil des Podetiums (Vertikal-Thallus); **c** Querschnitt durch Horizontal-Thallus; **d** Längsschnitt durch die Spitze eines Podetiums mit Apothezien

Usnea spec. (Parmeliaceae, Lecanorales) (Abb. 309 a). Die sehr artenreiche *Usnea* stellt den Hauptanteil der epiphytischen Strauchflechten, die vorwiegend auf Gehölzen, aber auch auf Fels wachsen. Wegen ihrer sehr dünnen, fast haarartigen Thalli gehören sie zu den Bartflechten. An den durch Einlagerung von Usninsäure gelb-grün gefärbten Thalli, deren zentrale Fäden dünnere Verzweigungen haben, erkennt man deutlich die plattenförmigen hellen, mehrere Millimeter großen Apothezien.

Peltigera aphthosa (Peltigeraceae, Lecanorales) verwenden wir zur Darstellung der Cephalodien. Auf der Oberseite der blattartigen Thalli, die mit Rhizinen am Substrat befestigt sind, erkennt man die wenige Millimeter großen externen Cephalodien (Abb. 310 a). Diese Flechten findet man in Mitteleuropa auf Erde, Gestein oder auch auf Rinden.

Wenn dieses Objekt nicht zur Verfügung steht, kann man auch *Solorina crocea* (Peltigeraceae, Lecanorales) nehmen, die im alpinen Raum (z.B. Silikatgestein der Hochalpen) vorkommt und an der safranroten Thallusunterseite zu erkennen ist. Bei dieser Flechte sind die Cephalodien nicht extern angelegt, sondern sie befinden sich im Thallus und sind nur in Querschnitten zu erkennen (interne Cephalodien).

Präparation und Aufgabe: Wenn keine entsprechenden Dauerpräparate verfügbar sind, werden von eingeweichtem oder konserviertem Material die folgenden Handschnitte angefertigt: *Cladonia*, Horizontal-Thallus und Vertikal-Thallus (Podetium) quer, Podetium längs; *Usnea*, Thallus quer, *Peltigera* bzw. *Solorina*, Thallus quer mit Cephalodien.

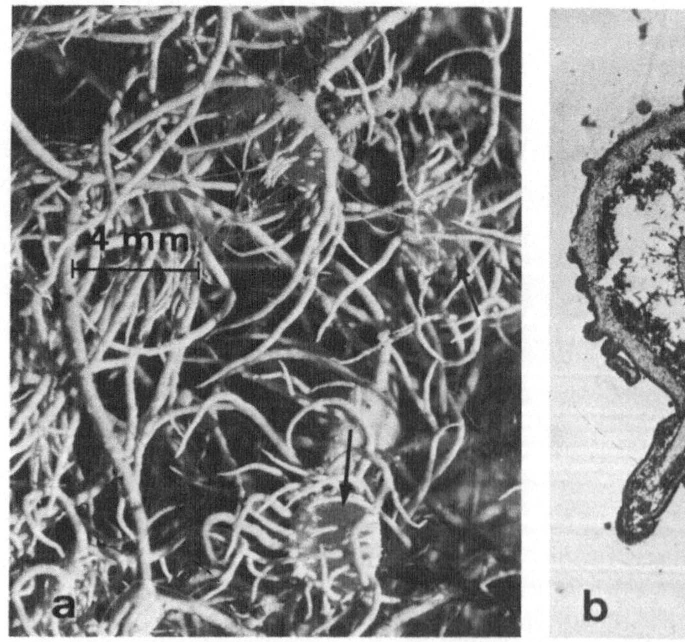
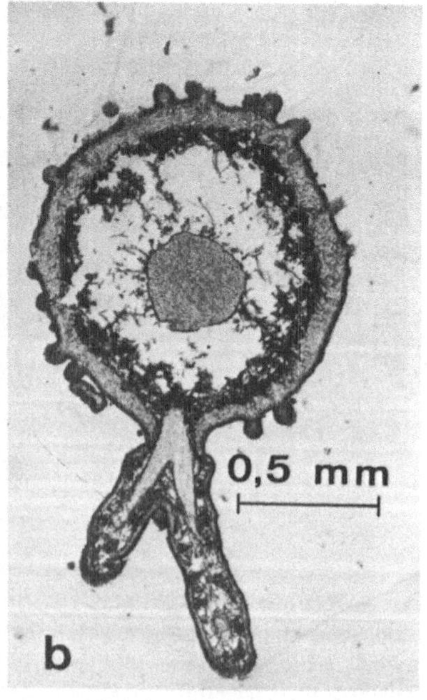

Abbildung 309 a, b. *Usnea* spec. a Habitus des Thallus mit Apothezien (Pfeile); b Querschnitt durch den haarartigen Thallus

Beobachtungen:

1) **Anatomie des Thallus:** Bei den Strauchflechten gibt es zwei Typen der Thallusanatomie. Die Stabilität kann einmal durch eine den Thallus ringförmig umgebende Stützschicht und zum anderen durch einen zentralen plektenchymatischen Markstrang verwirklicht sein. Wie man aus dem Querschnitt durch die Podetien von *Cladonia* spec. (Abb. 308 b) erkennt, kann die Flechte als ein Beispiel für den ersten Typ gewertet werden. Der zweite Typ ist in den langgestreckten Thalli von *Usnea* spec. verwirklicht (Abb. 309 b).
Dagegen weisen die Horizontal-Thalli von *Cladonia* nur sehr geringe Differenzierungen auf, Hier ist die untere Rinde unvollständig ausgebildet bzw. fehlt ganz (Abb. 308 c).

2) **Apothezien:** Bei *Cladonia* (Abb. 308 d) sind diese weder von einem deutlich erkennbaren Exipulum noch von einem Thallusrand umgeben. Ihre Asci, die eine amyloide Apikalstruktur tragen (S. 541), enthalten acht Sporen. Vielfach kann man in der Hymeniumschicht vor allem in den Paraphysen Farbstoff-

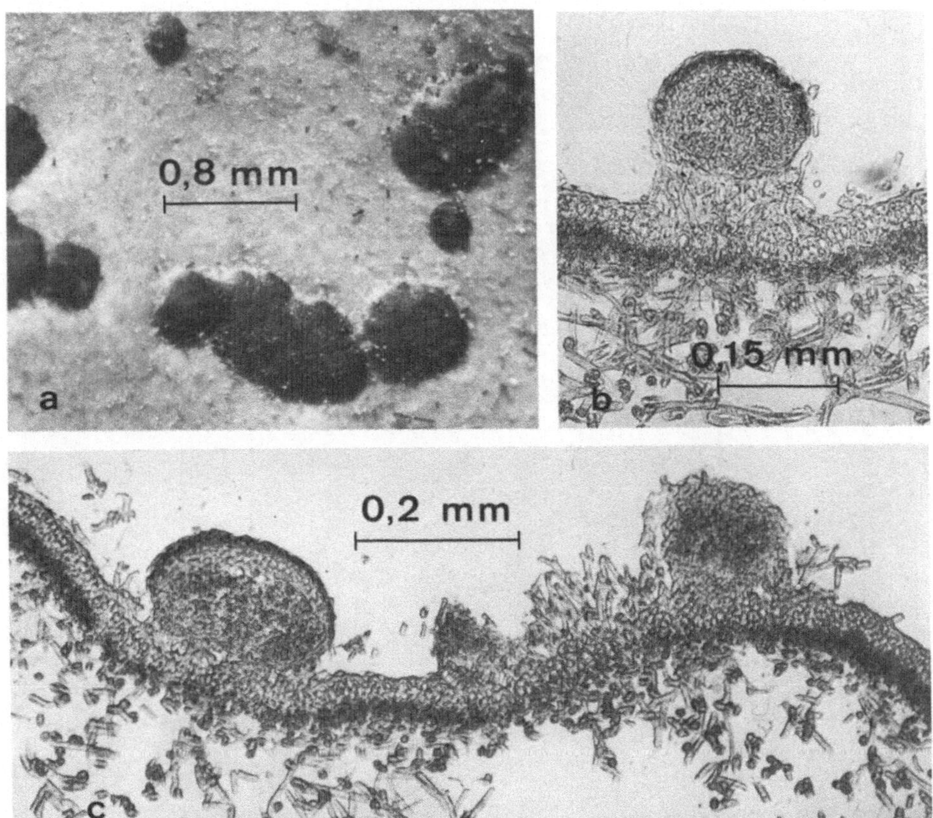

Abb. 310 a–c. *Peltigera aphthosa.* a Thallusaufsicht mit externen Cephalodien; b junges Cephalodium; c Thallusquerschnitt mit verschiedenen Stadien der Cephalodienbildung

kristalle sehen, die für die rote Farbe des Fruchtkörpers verantwortlich sind. Bei manchen *Cladonia*-Arten findet man auch Pyknidien, die auf beiden Thallustypen vorkommen, und zusätzlich verzweigte oder unverzweigte Konidiophoren mit terminal angelegten Konidiosporen.

3) Cephalodien: *Peltigera aphthosa* ist das günstigste Objekt zur Demonstration von Cephalodien (Abb. 310 a). Der Thallus dieser Flechte besteht nur aus einer oberen Rindenschicht und einer Markschicht, an deren Oberseite man Grünalgen als primären Phycobionten erkennt. Auf die Markschicht folgt zum Substrat hin keine distinkte untere Rindenschicht. Der sekundäre Phycobiont (*Nostoc*) wird in den Randzonen der Thalli „eingefangen". Zwischen haarartigen Hyphen, welche die Rinde bedecken, sammeln sich einzelne *Nostoc*-Coenobien und werden von dieser umwachsen. Im Verlauf der weiteren Entwicklung bildet sich um die sich teilenden *Nostoc*-Zellverbände eine Rinde, die mit der Rindenschicht des übrigen Thallus verwächst (Abb. 310 b). Gleichzeitig löst sich die Rindenschicht unter den nun warzenförmigen „externen" Cephalodien auf, so daß diese im Endzustand fest mit dem Thallus verbunden sind (Abb. 310 c).

Anhang

I. Adressenliste für die Materialbeschaffung

1. Sammlungen, die lebendes Material anbieten

Im Text sind die unten aufgeführten Bezugsquellen durch ihre Abkürzungen zitiert.

Mikroorganismen

ATCC **American Type Culture Collection,** Products & Services Orders: ATCC, P.O. Box 1549, **Manassas, VA 20108-1549 -USA,** T: +1 (703) 365-2700, F: +1 (703) 365-2701, http://www.atcc.org/atccmove.html (Algen, Bakterien, Bakteriophagen, Pilze, Protozoen)

DSM **DSMZ,** Deutsche Sammlung von Mikroorganismen und Zellkulturen GmbH, Mascheroder Weg 1b, **D-38124 Braunschweig,** F: +49 (531) 2616-336, F: +49 (531) 2616-444, E: dsmz@gbf.de, http://www.gbf-braunschweig.de/DSMZ/dsmzhome.html (Bakterien, Viren und Pilze)

Algen

BAH **Meeresstation der Biologischen Anstalt Helgoland (AWI),** Postfach 180, **D-27483 Helgoland,** T: +49 (4725) 819(0)-212, F: +49 (4725) 819-283, E: Fbuchholz@awi-bremerhaven.de, Anfragen können auch gerichtet werden an: **Prof. Dr. Klaus Lüning, Wattenmeerstation Sylt,** Hafenstr. 43, **D-25992 List/Sylt,** T: +49 (4651) 956(0)142, F: +49 (4651) 956200, E: Kluening@awi-bremerhaven.de

CCA **Culture Collection of Algae,** Department of Biology, Indiana University, Jordan Hall, **Bloomington, IN 47405 - USA,** T: +1 (812) 855-7323, F: +1 (812) 855-6705, http://www.bio.indiana.edu/

GÖT **Sammlung von Algenkulturen,** Nikolausberger Weg 18, **D-37073 Göttingen,** T: +49 (551) 397870, F: +49 (551) 397871, E: uschloe1@gwdg.de, http://www.gwdg.de/~botanik/avhi.html

ROS **Centre d'Etudes d'Océanologie et de Biologie Marine,** CNRS UPR 9042, „Service d'expédition de matériel biologique", Place Georges Teissier, **F-29682 Roscoff cedex,** F: +33 2 98 29 23 23, F: +33 2 98 29 29 24, E: vaulot@sb-roscoff.fr, http://www.sb-roscoff.fr/Algues/algue-intro.html

UTEX **The Culture Collection of Algae,** Department of Botany, The University of Texas at Austin, **Austin, TX 78713-7640 USA,** T: +1 (512) 471-4019, F: +1 (512) 471-0354, E: jeff_n_judy@mail.utexas.edu, http://www.botany.utexas.edu/infores/utex/

Pilze

ABB **Allgemeine und molekulare Botanik,** Ruhr-Universität, **D-44780 Bochum,**
T: +49-234-7002612, F: +49-234-7094184, E: ulrich.kueck@ruhr-uni-bochum.de

CAB **CAB INTERNATIONAL, Wallingford, Oxon, OX10 8DE - UK,** T: +44 (1491) 832111,
F: +44 (1491) 826090, E: marketing@cabi.org, http://www.cabi.org/catalog/catalog.htm

CBS **Centraalbureau voor Schimmelcultures,** P.O. Box 273, **NL-3740 AG Baarn,**
T: +31 (35) 5481211, F: +31 (35) 5416142, E: library@cbs.knaw.nl, http://www.cbs.knaw.nl/

FGSC **Fungal Genetics Stock Center,** Dept. of Microbiology, University of Kansas, Medical Center,
Kansas City, KS 66160-7420 - USA, T: +1 (913) 588-7044, F: +1 (913) 588-7295,
E: fgsc@kuhub.cc.ukans.edu, http://www.kumc.edu/research/fgsc/main.html

CCF **Culture Collection of Fungi,** Department of Botany, Faculty of Natural Sciences,
Charles University, Benatska 2, **128 01 Praha - CZECH REPUBLIC,** T: +420 2 21953135,
21953136, 21953137, F: +420 2 21953125, E: kubatova@prfdec.natur.cuni.cz, vanova@
prfdec.natur.cuni.cz, http://www.bdt.org.br/bdt/msdn/ccf/intro

LGM **Prof. Dr. Jacques Labarère,** Laboratoire de Génétique Moleculaire, et d'Amelioration des
Champignons Cultivés, INRA-Universite Victor Segalen Bordeaux 2, CRA de Bordeaux,
BP 81, **F-33883 Villeneuve d'Ornon Cedex,** T: +33 5 56 84 31 69, F: +33 5 56 84 31 79,
labarere@bordeaux.inra.fr http://compact.jouy.inra.fr:8888/compact/consulter98/external/
unites/ecrans/841

MUCL **Mycotheque de l'Université Catholique de Louvain,** Place Croix du Sud 3,
B-1348 Louvain-la-Neuve, T: +32-10-47 37 42, F: +32-10-45 15 01, E: bccm.mucl@
mbla.ucl.ac.be, http://www.belspo.be/bccm/

YGSC **Yeast Genetic Stock Center,** Department of Molecular and Cell Biology,
229 Stanley Hall #3206, University of California, **Berkeley, CA 94720-3206 - USA,**
T: +1 (510) 642-0815, F: +1 (510) 642-8589, E: ygsc305@violet.berkeley.edu,
http://www.phys.ksu.edu/gene/strains.html

2. Firmen, die konserviertes Material bzw. Unterrichtszubehör anbieten

Blades Biological, Hartfield Road Cowden, **Edenbridge, Kent TN8 7DX - UK,** T: +44 (1342) 850242,
F: +44 (1342) 850924, E: sales@espmodels.co.uk, http://www.espmodels.co.uk,
(Biologisches Material aller Art, lebende und konservierte Tiere, besonders Wasserorga-
nismen)

Lehrmittelverlag Wilhelm Hagemann, Karlstraße 20, **D-40210 Düsseldorf,** T: +49 (211) 1792700,
F: +49 (211) 17927070, E: aktuell@hagemann.de, http://www.hagemann.de
(Tafeln, Dias, Transparente)

Johannes Lieder, Laboratorium für Mikroskopische Präparate, Verlag für Diapositive und
Transparente, Postfach 724, **D-71607 Ludwigsburg,** T: +49 (7141) 921919,
F: +49 (7141) 9o2707, E: Lieder@Lieder.de

Philip Harris International, Lynn Lane Shenstone, **Lichfield, Staffordhsire WS124 0EE - UK,**
T: +44 (1543) 480077, F: +44 (1543) 480068, E: exportsales@philipharris.co.uk
(Biologisches Material aller Art)

Phywe Systeme GmbH, Robert-Bosch-Breite 10, **D-37079 Göttingen - Germany,** T: +49 (551) 6040,
F: +49 (551) 604115 (Mikropräparate, Mikrodias, Fossilien; biologisches Lehrmaterial).

Dr. G. Schuchardt Lehrmittel, Weidenbreite 12, **D-37085 Göttingen - Germany,** T: +49 (551) 794919,
F: +49 (551) 7906200 (Mikropräparate, Mikrodias, Fossilien; biologisches Lehrmaterial;
Mikroskope, Modelle, Laborgeräte)

Ward's Natural Science Establishment, Corporate Headquarters, PO Box 92912, **Rochester,**
New York 14692-9012 – **USA,** T: +1 (716) 359-2502, F: +1 (716) 334-6174,
E: customer_service@wardsci.com, http://www.wardsci.com/CustServ.htm
(Biologisches Material aller Art).

II. Audiovisuelle Hilfsmittel für den Unterricht

IWF   **Institut für den Wissenschaftlichen Film,** Nonnenstieg 72, **D-37075 Göttingen,**
     T: +49 (551) 50240, F: +49 (551) 5024400, E: hans-j.schulz@iwf.gwdg.de

Wie schon in den Vorbemerkungen zum Praktischen Teil erwähnt (S. 57) gibt es Filme, Videos
und auch CD´s, die man beim IWF ausleihen oder kaufen kann, um sie in der Vorbesprechung
zum Praktium zu verwenden.

In der folgenden Liste sind die Filme entsprechend der taxonomischen Gliederung des Buches
aufgeführt. Einzelheiten über den Inhalt sind den ausführlichen Begleittexten der Filme zu entnehmen. Wir geben daher außer dem Filmtitel nur die Text-Seite an, auf der der Film im Buch
erwähnt ist, die Bestellnummer des IWF und die Dauer des Films. Wenn nicht anders vermerkt
handelt es sich um Tonfilme mit deutschen oder englischem Begleittext (De bzw. En). Zur weiteren Information kann man vom IWF einen Katalog anfordern, aus dem auch hervorgeht ob der
Film nur ausgeliehen oder ob er auch gekauft werden kann. Ferner ist dort vermerkt ob der Film
auch als Video oder CD vorhanden ist.

Zur Ergänzung dieser Unterrichtsfilme (Kenn-Nr. C) gibt es zu einigen Themen auch noch
weitere Filme, in denen Forschungsergebnisse ausführlich dargestellt werden (Kenn-Nummern B
und E). Diese eignen sich jedoch nur abschnittsweise für den Unterricht, da die in ihnen behandelten Fragestellungen für Kurszwecke meist zu speziell sind.

Text Seite	Verfasser, Titel, Jahr der Herstellung / der Veröffentlichung des Begleittexts, Sprache	Bestell-Nr.	Vorführ- dauer in min
	Algen (Phycophyten)		
	5. Abteilung: Dinophyta		
88	Uhlig G: **Entwicklung von** *Noctiluca miliaris* 1964/1965 De	C 897	15
	7. Abteilung: Heterokontophyta **Bacillariophyceae**		
106	Drebes G: **Ungeschlechtliche Fortpflanzung Kieselalge** *Stephanopyxis turris* **(Centrales)** 1967/1969, De/En	C 982	7,5
106	Drebes G: **Geschlechtliche Fortpflanzung der Kieselalge** *Stephanopyxis turris* **(Centrales)** 1967/1969, De/En	C 983	10,5
106	Drebes G: *Bacilliaria paradoxe* **(Pennales)** – **Bewegung** 1968/1970, stumm	E 1568	6,5
108	Drebes G: *Coscinodiscus granii* **(Centrales)** – **Vegetative Vermehrung** 1971/1975, stumm	E 1840	5,5
	7. Abteilung:. Heterokontophyta **Phaeophyceae**		
123	Müller DG: **Entwicklung von** *Ectocarpus siliculosus* **(Phaeophyta)** 1977/78, De/En	C 1308	12

Text Seite	Verfasser, Titel, Jahr der Herstellung / der Veröffentlichung des Begleittexts, Sprache	Bestell-Nr.	Vorführ- dauer in min
123	Müller DG: **Pheromonwirkung bei der Befruchtung von Braunalgen** 1981/1982 , De/En	C 1424	9
132	Lüning K: **Entwicklung von *Laminaria* (Phaeophyta).** 1972/1974, De/En	C 1145	10,5
141	Müller DG: **Befruchtungsbiologie bei *Fucus* (Phaeophyceae), Diözie und Monözie** 1989/1991, De	C 1747	14,5

8. Abteilung: Rhodophyta

Text Seite	Verfasser, Titel	Bestell-Nr.	Vorführ- dauer in min
165	Gakken Co: **Asacusa nori (seaweed). Entwicklungs- Zyklus von *Porphyra*** En. Erhältlich bei: Gakken Company, Gakken Building, 4/40/5, Kami-ikedai, POBox 97,Ohta-ku, Tokyo/Japan	–	25

9. Abteilung: Chlorophyta

Chlorophyceae

Text Seite	Verfasser, Titel	Bestell-Nr.	Vorführ- dauer in min
173	Schlösser U: ***Chlamydomonas reinhardtii* (Volvocales) - Asexuelle Fortpflanzung** 1972 stumm	E 1318	9,5
180	Grell KG: **Morphologie und Fortpflanzung der Phytomonadinen** [*Chlamydomonas, Haematococcus, Stephanosphaera, Gonium,Eudorina, Pleodorina, Volvox*(Volvocales)] 1963/1964, De	C 883	13,5
180	Grell KG: ***Gonium pectorale* (Phytomonadina), ungeschlechtliche Fortpflanzung** 1963/1964, stumm	E 656	4,5
180	Grell KG: ***Pleodorina californica* (Phytomonadina), ungeschlechtliche Fortpflanzung** 1963/1964, stumm	E 657	4,5
183	Starr RC, Flaten CM: ***Volvox*: Structure, reproduction and differentiation in *Volvox carteri*** 1970, Farbe, En,	W 1225	24,5
187	Lorenzen H, Kuhl A: ***Chlorella pyrenoidosa* (Chlorococcales), Vermehrung durch Autosporen** 1969/1978, stumm	E 1677	6,5
189	Smoliner CH, Url WG: ***Pediastrum duplex* (Hydrodictyaceae), Coenobienbildung bei der ungschlechtlichen Fortpflanzung** 1982/1984, De	E 2792	6,5
189	Pirson A: **Ungeschlechtliche Fortpflanzung der Grünalge *Hydrodictyon reticulatum*** 1968/1970, De	C 1042	7,5
204	Pirson A: **Geschlechtliche Fortpflanzung der Grünalge *Hydrodictyon reticulatum*** 1968/1970, De/ En .	C 1043	12

Text Seite	Verfasser, Titel, Jahr der Herstellung / der Veröffentlichung des Begleittexts, Sprache	Bestell-Nr.	Vorführ- dauer in min
	Dasycladophyceae		
213	Koop HU: **Entwicklung von** *Acetabularia* **(Dasycladales)** 1978/1979, De/En	C 1298	15,5
	Zygnematophyceae		
222	Kiermayer O: **Differenzierung und Wachstum** **von** *Micrasterias denticulata* **(Conjugatae)** 1964/1967, De, En	C 924	10,5
222	Kies L: **Geschlechtliche Fortpflanzung von** *Micrasterias papillifera* **(Conjugatophyceae)** 1968/1971, De/En	C 1064	10
222	Url WG, Kusel-Fetzmann EL: **Desmidiaceae –** **Fortbewegung durch Schleimausscheidung** 1971/1973, De, Farbe	E 1913	4
225	Schlösser G, Renkert U: **Wachstum und** **Fragmentation von** *Zygnema circumcarinatum* 1989/1992, De/En	C 1170	9,5
225	Hard T: **Chloroplastenbewegung, Mougeotia spec.** 1979, Stumm	K 102	2,7
	Charophyceae		
230	Url WG, Kiermayer O: *Chara* **spec., Freilassung** **und Bewegung der Spermatozoiden** 1981/1984, stumm	E 2798	4

Schleimpilze

	10. Abteilung: Acrasiomycota		
241	Gerisch G: **Entwicklung von** *Dictyostelium* 1963/1963 De, En	C 876	14,5
241	Higushi Bioscience Laboratory, 11212 Kitami Setagaya-ku, Tokyo, Japan, Fax: 0081-3-3417-2365: **Behavior and Differentiation of cellular slime molds,** **a clarified Mode of Life on Soils**		
	11. Abteilung: Myxomycota		
246	Alexopoulos CJ, Porter TR: **Slime Moulds I: Life Cycle** 1961, En	W 637	25,5
246	Gutes S, Gutes E, Rusch HP: *Physarum polycephalum* 1960, stumm	W 1154	15,5
246	Haskins EF: *Stemonitis flavogenita* **(Myxomycetes)** **plasmodial phase (Aphanoplasmodium)** 1972/974, stumm	E 2000	14
246	Holt CE, Hüttermann A: **Genetic determination** **of plasmodium formation in** *Physarum polyce-* *phalum* **(Myxomycetes)** 1979, En, Farbe	B 1337	13
246	Hüttermann A, Holt, CE: **Zellbiologische Studien** **an** *Physarum polycephalum* **– Genetische Regulation** **von Differenzierungen** 1979/1980. De/En, Farbe	C 1378	11

Text Seite	Verfasser, Titel, Jahr der Herstellung / der Veröffentlichung des Begleittexts, Sprache	Bestell-Nr.	Vorführdauer in min
246	Oberwinkler F: **Schleimpilze in ihrem Lebensraum** 1968–1979/1988, De/En	D 1677	11,5

12. Abteilung: Plasmodiophoromycota

256	Keskin B, Fuchs WH: *Polymyxa betae* (Plasmodiophoraceae) - **Vegetative Vermehrung im Wurzelhaar der Zuckerrübe** H: 1964;V: 1965	E 1001	11

Pilze (Mycophyten)

Gesamte Mykologie

260	Webster J: **Mycology I, Lower Fungi** 1990/1993, De/En	C 1755	69,5
260	Webster J: **Mycology II, Higher Fungi** 1958–1994/1995 De/En	C 1870	73,5

13. Abteilung: Oomycota

267	Gaertner A: **Sporulation bei Thraustochytriaceae** 1970/1971, De	B 1078	8
267	Gaertner A: *Thraustochytrium kinnei* (Thraustochytriaceae) – **Vegetative Entwicklung** 1970/1971, stumm	E 1664	10,5
268	Gaertner A: **Asexuelle Vermehrung von** *Saprolegnia mixta* (Saprolegniaceae) 1961–1970/1971, De/En	C 1080	8,5
268	Gaertner A: **Sexuelle Fortpflanzung von** *Saprolegnia mixta* (Saprolegniaceae) 1961–1970/1971, De/En	C 1079	7
273	Schwinn FJ: *Phytophtora infestans* **als Erreger der Kraut- und Knollenfäule** 1982, De/En/F	C 1465	16

14. Abteilung: Eumycota

Chytridiomycetes

299	Hard T: **Fortpflanzung und Entwicklung von** *Blastocladiella emersonii* 1996, De/En, nur Video	C 1959	17
299	Hard T: **Generationswechsel,** *Allomyces macrogynus* **Chytridiomycetes)** 1998, De, nur Video	C 2002	8

Zygomycetes

306	Delbrück M, Galle K: *Phycomyces blakesleeanus* (Mucorales), **vegetative life cycle** 1978, SW, stumm	E 2159	12
306	Delbrück M, Galle K: *Phycomyces blakesleeanus* (Mucorales), **sexual life cycle** 1978, SW stumm	E 2334	5,5

Text Seite	Verfasser, Titel, Jahr der Herstellung / der Veröffentlichung des Begleittexts, Sprache	Bestell-Nr.	Vorführdauer in min
309	Thielke Ch: *Basidiobolus ranarum* **(Entomophthoraceae) - Bildung der Zygoten** 1978, SW, stumm	E 2446	7
319	Rui z-Herera JI: **Dimorphism in** *Mucor rouxii* 1996, De/En/Sp	C 1943	13,5
322	Hard T: **Der koprophile Pilz** *Pilobolus* 1999, De, nur Video	C 2026	12
325	Thielke Ch: *Basidiobolus ranarum* **(Entomophthoraceae) – Propagation durch Konidien** 1978, SW, stumm	E 2448	4,5
	Ascomycetes		
338	Cole G: **Konidienentwicklung bei den Fungi Imperfecti - Thallische Konidien** 1978, De/En	C 1302	3,5
344	Gründlinger R, Messner K: *Schizosaccharomyces octosporus* **(Endomycetaceae) Haplobiontischer Generationswechsel** 1987, De	E 2941	7,5
345	Gründlinger R, Messner K: *Saccharomyces cerevisiae* **Hansen (Saccharomycetacae). Diplobiontischer Generationswechsel** 1987, De	E 2940	6,5
353	Hock B: **Haken und Ascusbildung** (Zeichentrick) 1984, De	K 146	2,5
353	Webster J, Hock B: **Ascus-und Fruchtkörperentwicklung bei Ascomyceten** 1986, Dc/En	C 1586	17
359	Rieth H: **Aspergillaceae – Asexuelle Vermehrung bei** *Aspergillus fumigatus* 1963, SW, stumm	E 475	5,5
361	Hock B, Höhne I: **Haken- und Ascusbildung bei** *Byssochlamys nivea* **(Plectascales)** 1982, De/En, (Farbfilm; Ton: deutsch oder englisch)	C 1423	12
367	Mendgen K, Keller G, Kuhn Ch: **Infektion und Wirtsreaktion beim Gerstenmehltau** 1987, De	C 1642	12
371	Bahnweg G: **Fruchtkörpertypen und Sporenverbreitung bei Discomycetes (Ascomyceten)** 1985, De	C 1593	8
390	Hard T: **Lebenszyklus des roten Brotschimmels** *Neurospora crassa* 1996, De/En, auch Video	C 1954	12
390	Hock B, Bahn M: *Sordaria macrospora* **(Ascomycetes), Entwicklungs-Zyklus** 1976, De/En	E 2359	8

Text Seite	Verfasser, Titel, Jahr der Herstellung / der Veröffentlichung des Begleittexts, Sprache	Bestell-Nr.	Vorführdauer in min
	Basidiomycetes		
442	National Film Board of Canada: **Weizenrost** FWV München. 1965, De	FT 764	15
442	Webster J: **Der Lebenszyklus des Rostpilzes** *Puccinia graminis* 1995, De/En	C 1900	26
461	Bahnweg G: **Schaden an Waldbäumen durch holzzerstörende Pilz** 1985, De	C 1594	6,5
474	Eger G: **Lebenszyklus von** *Flammulina velutipes* **(Agaricales)** 1973, De/En	C 1083	10,5
491	Hard T: **Abschuß von Ballistosporen bei Basidiomyceten** 1996, De/En, nur Video	C 1993	10,5
491/498	Bahnweg G: **Sporenverbreitung bei Basidiomyceten** 1985, De/En	C 1545	15
	Fungi Imperfecti		
516	Cole G: **Konidienentwicklung bei den Fungi Imperfecti - Enteroblastische Konidien** 1978, De/En	C 1303	6
516	Cole G: **Konidienentwicklung bei den Fungi Imperfecti - Holoblastische Konidien und Porokonidien** 1978, De/En	C 1304	8,5
520	Webster J, Poloczek E: **Befall von Nematoden durch Myzel- und Konidienfallen der Gattung** *Nematoctonus* 1994, De/En	C 1873	8,5
520	Nordbring-Hertz B, Jansson HB, Person Y, Friman E, Dackman C:**Nematophage Pilze** 1993, De/En	C 1851	24

FWU   Institut für Film und Bild GmbH, Bavariafilmplatz 3, D-82031 Grünwald,
T: +49 (89) 6497-444, F: +49 (89) 6497-240, E: info-fwu@t-online.de, http://www.fwu.de

Das FWU bietet ein breites Spektrum von Videos aus allen Wissensbereichen, unter anderem auch aus der Biologie, zum Kauf an. Die Filme sind sehr allgemeinverständlich und können auch bei den Landes-, Kreis- und Stadtbildstellen ausgeliehen werden.

Literatur

Bei der Auswahl der Literatur wurde soweit als möglich der neueste Stand berücksichtigt. Ich habe aber nicht darauf verzichtet, auch ältere Lehrbücher, Monographien und Floren aufzuführen, von denen es keine neuen Auflagen gibt, denn diese haben sich seit Jahrzehnten wegen ihrer detaillierten Angaben und graphischen Darstellungen als Referenz- und Nachschlagewerke im akademischen Unterricht bewährt.

Theoretischer Teil

In den meisten Lehrbüchern der Botanik werden die hier angesprochenen Fragestellungen nur am Rande erwähnt. Eine genauere Information kann aus den folgenden Arbeiten entnommen werden:

Boos CJ (1996) Somatic recombination. In: Boos CJ (ed) Fungal Genetics. Marcel Dekker, New York

Esser K (1971) Breeding systems in fungi and their significance for genetic recombination. Mol Gen Genet 110:86–100

Esser K, Kuenen R (1967) Genetik der Pilze. Springer, Berlin Heidelberg New York

Esser K, Lemke P (Serial eds) (1994) The Mycota (Wessels JHG, Meinhardt F (eds) Vol I: Growth and differentiation. Springer, Berlin Heidelberg New York

Technisch-methodischer Teil

Booth C (1971) Methods in Microbiology. In: Norris JR, Ribbons DW, (eds) Vol 4 Academic Press, London

Burck HC (1988) Histologische Technik 6. Aufl Thieme, Stuttgart

Collins CH (ed) (1967) Progress in Microbiological Techniques. Butterworths, London

Dickscheit R (1971) Handbuch der mikrobiologischen Laboratoriumstechnik 3. Aufl Steinkopff, Dresden

Drews G (1983) Mikrobiologisches Praktikum 4. Aufl Springer, Berlin Heidelberg New York

Gerlach D (1984) Botanische Mikrotechnik. Eine Einführung, 3. Aufl Thieme, Stuttgart

King RC (ed.) (1974) Handbook of Genetics, Vol 1: Bacteria, Bacteriophages and Fungi. Plenum Press, New York

Praktischer Teil – Allgemeine Literatur

Hier werden nur Druckwerke angegeben, die das gesamte Gebiet der Kryptogamen oder zumindest mehrere Abteilungen umfassen. Monographien, Bestimmungsbücher, die sich nur mit einer Gruppe befassen, werden zusammen mit den Unterrichtsfilmen jeweils hinter den einleitenden Bemerkungen zu den einzelnen Abteilungen zitiert.

Lehrbücher

Engler A (1976) A. Engler's Syllabus der Pflanzenfamlien, Bd 1: Allgemeiner Teil. Bakterien bis Gymnospermen, 12. Aufl Borntraeger, Berlin

Rehm HJ (1980) Einführung in die industrielle Mikrobiologie, 2. Aufl Springer, Berlin Heidelberg New York

Sitte P, Ziegler H, Ehrendorfer F, Bresinsky A (1998) Lehrbuch der Botanik für Hochschulen (begründet von E. Strasburger), 34. Aufl Fischer, Stuttgart

Throm G (1997) Biologie der Kryptogamen, Bde1, 2. Haag und Herchen, Frankfurt

Troll W (1973) Allgemeine Botanik, 4. Aufl Enke, Stuttgart

Weberling F, Schwantes HO (1992) Pflanzensystematik, Einführung in die systematische Botanik, Grundzüge des Pflanzensystems, 6. Aufl Ulmer, Stuttgart

Wettstein R (1962) Handbuch der systematischen Botanik, 4. Aufl 1935. Reprint Asher, Amsterdam

Urania Pflanzenreich (1991), Bd 1: Viren, Bakterien, Algen, Pilze. Urania, Leipzig

Monographien

Alexopoulos CJ, Bold HC (1967) Algae and Fungi. MacMillan, New York

Huber-Pestalozzi G (1938–1962) Das Phytoplankton des Süßwassers. Systematik und Biologie, Teil 1-5. Schweizerbart, Stuttgart. (Nachdrucke 1962-1976)

Kniep H (1928) Die Sexualität der niederen Pflanzen. Fischer, Jena

Floren und Bestimmungsbücher

Gams H (Hrsg) (1957–1974) Kleine Kryptogamenflora, Bd 1-4, versch. Aufl Fischer, Stuttgart

Lindau G (Hrsg) (1971) Kryptogamenflora für Anfänger, Bd 1-6. Nachdruck Koeltz, Königstein/ Taunus

Pankow H (1976) Algenflora der Ostsee. 1. Benthos, 2. Plankton. Fischer, Stuttgart

Pascher A (Begr) (1913–1936) Die Süßwasser-Flora Mitteleuropas Fischer, Jena Ausg. u.d.T. Die Süßwasserflora Deutschlands, Österreichs und der Schweiz

Rabenhorst L (1884–1930) Kryptogamen-Flora von Deutschland, Österreich und der Schweiz, 2. Aufl vollst neu bearb von A Grunow, F Hauck ua Bd 1, Abt 1–10; Bd 4, Abt. 1–3, und Erg Bd; Bd 7 Abt l; Kummer, Leipzig. Nachdruck d. 2. Aufl Cramer, Weinheim 1962 –1966

Streble H, Krauter D (1982) Das Leben im Wassertropfen. Mikroflora und Mikrofauna des Süß- wassers 6. Aufl Franckh, Stuttgart

Praktikumsanleitungen

Booth C (1971) Methods in Microbiology, Vol 4 In: Norris JR, Ribbons DW (eds). Academic Press, London

Braune W, Leman A, Taubert H (1990) Pflanzenanatomisches Praktikum 11, 3. überarb Aufl Fischer, Jena

Drews G (1983) Mikrobiologisches Praktikum für Naturwissenschaftler, 4. Aufl Springer, Berlin Heidelberg New York

Eschrich W (Hrsg) (1976) Strasburger's Kleines Botanisches Praktikum, 17. Aufl Fischer, Stuttgart

Gerlach D (1984) Botanische Mikrotechnik, eine Einführung, 3. Aufl Thieme, Stuttgart

Nultsch W (1995) Mikroskopisch-botanisches Praktikum für Anfänger, 10. Aufl Thieme, Stuttgart

Schömmer F (1949) Kryptogamen-Praktikum. Franckh, Stuttgart

Stevens RB (ed) (1981) Mycology Guidebook, 2. Aufl Univ of Washington Press, Seattle

Nachschlagewerke

Abercrombie M, Hickman CJ, Johnson ML (1971) Taschenlexikon der Biologie. Übersetzt nach der 6. engl Aufl von J Querner. Fischer, Heidelberg

Hawksworth DL, Kirck PM, Sutton BC, Pegler DN (1995) Ainsworth & Bisby's Dictionary of the Fungi, 8th ed. CAB International, Wallingford UK

Berger K (1980) Mykologisches Wörterbuch. 3200 Begriffe in 8 Sprachen. Fischer, Stuttgart

Dietrich G, Stöcker FW (1980) ABC Biologie. Ein alphabetisches Nachschlagewerk für Wissenschaftler und Naturfreunde 3. Aufl Deutsch, Frankfurt/M.

Müller G (Hrsg) (1980) Wörterbücher der Biologie – Mikrobiologie. Fischer, Stuttgart

Rieger R, Michaelis A, Green MM (1976) A Glossary of genetics and cytogenetics. Classical Molecular, 4. ed. Springer, Berlin Heidelberg New York

Schubert R, Wagner G (1993) Pflanzennamen und botanische Fachwörter, 11. Aufl Neumann, Radebeul

Singleton P, Sainsbury D (1978) Dictionary of Microbiology. Wiley, Chichester

Vogellehner D (1983) Botanische Terminologie und Nomenklatur, 2. Aufl Fischer, Stuttgart

Praktischer Teil – Spezielle Literatur

Cyanobakterien

Monographien

Es gibt nur wenige Monographien, die sich ausschließlich mit den Cyanobakterien befassen, denn diese Abteilung wird oft im Zusammenhang mit den Algen behandelt. Das gleiche trifft auch für die Bestimmungsbücher zu. Es wird deswegen auf die Literaturzusammenstellung für Algen verwiesen.

Bryant DA (ed) (1994) The Molecular Biology of Cyanobacteria. Kluwer, Dordrecht

Carr NG, Witton BA (eds)(1982) The Biology of Cyanobacteria. Blackwell, Oxford

Fogg GE, Stewart WDP, Fay P, Walsby AE (1973) The Blue-green Algae. Academic Press, London

Geitler L (1960) Schizophyceen. In: Linsbauer K (Begr) Handbuch der Pflanzenanatomie, Bd IV, Teil 1, 2. Aufl Borntraeger, Berlin-Nikolassee

Komarek J, Anagnostidis K (1998) Cyanophyceae. In: Ettl H, Gärtner G, Heynig H, Mollenhauer D (eds) Süßwasserflora von Mitteleuropa, Bd 19. Fischer, Stuttgart

Wolk CP (1973) Physiology and cytological chemistry of blue-green algae. Bact Review 37:32–101

Algen

Monographien aus dem Bereich der gesamten Algenkunde

Chapman VJ (1983) The Algae, 2 ed, repr. Macmillan, London

Coleman AW, Goff LJ, Stein-Taylor JR (ed) (1989) Algae as experimental systems. Plant Biology Vol 7. Alan R Liss Inc, New York

Ettl H (1980) Grundriß der allgemeinen Algologie. Fischer, Stuttgart

Fott B (1971) Algenkunde, 2. Aufl Fischer, Stuttgart

Hoek van den, C, Jahn HM, Mann DG (1993) Algen 3. Aufl Thieme, Stuttgart

Lee RE (1989) Phycology, 2nd ed. CUP, Cambridge

Lewin RA (1976) The genetics of algae. Blackwell, Oxford

Oltmanns F (1974) Morphologie und Biologie der Algen Bd 1–3, Neudruck. Asher, Amsterdam

Prescott GW (1984) The Algae: A Review, repr. Koeltz, Königstein, Taunus

Round FE (1975) Biologie der Algen, 2. Aufl Thieme, Stuttgart

Sommer U (1994) Planktologie. Springer, Berlin Heidelberg New York

Sommer U (1998) Biologische Meereskunde. Springer, Berlin Heidelberg New York

Monographien über einzelne Algengruppen

Berger S, Kaever MJ (1992) Dasycladales. An illustrated monograph of a fascinating algal order. Thieme, Stuttgart

Drebes G (1974) Marines Phytoplankton. Eine Auswahl der Helgoländer Planktonalgen (Diatomeen, Peridineen). Thieme, Stuttgart

Harris EH (1989) The *Chlamydomonas* source book, a comprehensive guide to biology and laboratory use. Academic Press, New York
Huber-Pestalozzi G (Hrsg) (1962–1984) Die Binnengewässer, Bd XVI: Das Phytoplankton des Süßwassers, Teil 1–9. Schweizerbart, Stuttgart
Hustedt F (1973) Kieselalgen (Diatomeen), 5. Aufl Franckh, Stuttgart
Klotter HE (1975) Grünalgen (Chlorophyceen), 5. Aufl Franckh, Stuttgart
Kornmann P, Sahling PH (1977) Meeresalgen von Helgoland. In: Kinne O, Bulnheim HP (ed) Helgoländer wissenschaftliche Meeresuntersuchungen 29:1–289. (1983) Ergänzung: ibd 36:1–65
Krammer K, Lange-Bertalot H (1988) Süßwasserflora Mitteleuropas, Bd 2: Bacillariophyceae. Fischer, Stuttgart
Lüning K (1990) Seaweeds. Their enviroment, biogeography and ecophysiology. Wiley, New York
Pringsheim EG (1963) Farblose Algen. Fischer, Stuttgart
Rieth A (1961) Jochalgen (Konjugaten). Franckh, Stuttgart
Starmach K (1985) Süsswasserflora von Mitteleuropa, Bd 1: Haptophyceae. Fischer, Stuttgart
Taylor FJR (ed) (1987) The biology of Dinoflagellatae. Blackwell, Oxford
Werner D (ed) (1977) The biology of diatoms. Blackwell, Oxford

Bestimmungsbücher

Hier werden nur die speziellen Bestimmungsbücher aufgeführt, welche nicht die gesamten Kryptogamen umfassen

Gayral P (1982) Les algues des cotes francaises (manche et atlantique), reimpr. Koeltz, Königstein, Taunus
Kremer P (1975) Meeresalgen. Ziemsen Verlag, Wittenberg
Pankow H (1971, 1976) Algenflora der Ostsee. 1. Benthos, 2. Plankton. Fischer, Jena
Prescott GW (1978) How to know the freshwater algae, 3. ed. Brown Company, Dubuque

Übungsanleitungen

Eckert F, Lindauer R (1934) Präparations-Technik der Süßwasser-Algen. Wegner, Winnenden-Stuttgart
Fogg GE (1987) Algal cultures and phytoplankton ecology, 3. ed. Univ Wisconsin Press, Madison
Lobban CS, Chapman DJ, Kremer BP (ed) (1988) Experimental phycology. CUP, Cambridge
Pringsheim EG (1954) Algenreinkulturen, ihre Herstellung und Erhaltung. Fischer, Jena
Stein JR (1979) Handbook of phycological methods: culture methods and growth measurements, repr. CUP, Cambridge

Pilze

Handbücher

Ainsworth GC, Sparrow FK, Sussman AS (eds) (1965–1973) The Fungi, Vol I–IV. Academic Press, New York
Arora DK, Elander RP, Mukerji KG (eds) (1992) Handbook of Applied Mycology, Vol 4: Fungal Biotechnology. Marcel Dekker, New York
Arora DK, Mukerji KG, Marth EH (eds) (1992) Handbook of Applied Mycology, Vol 3 Foods and Feeds. Marcel Dekker, New York
Bhatnagar D, Lillehoj EB, Arora DK (eds) (19??) Handbook of Applied Mycology, Vol 5: Mycotoxins in Ecological Systems. Marcel Dekker, New York
Esser K, Lemke PA (†), Bennett J (eds) (1994–2002) The Mycota, Vols I–XII. Springer, Berlin Heidelberg New York Tokyo

Monographien aus dem Bereich der gesamten Mykologie

Alexopoulos CJ, Mims CW, Blackwell M (1996) Introductory Mycology, 4th ed John Wiley and Sons Inc, New York
Arx von JA (1981) The genera of fungi sporulating in pure culture, 3rd rev ed. Cramer, Vaduz
Arx von JA (1976) Pilzkunde, 3. teilw neu bearb Aufl Lehre: Cramer, Vaduz
Bessey EA (1971) Morphology and taxonomy of fungi, repr. Hafner, New York
Burnett JH (1976) Fundamentals of mycology, 2. ed. Arnold, London
Frisvad JC, Bridge PD, Arora DK (eds) (1998) Chemical fungal taxonomy. Marcel Dekker, New York
Gäumann E (1964) Die Pilze, 2. Aufl Birkhäuser, Basel
Hawker LE (1974) Fungi. An Introduction, 2nd. ed. Hutchison, London
Ingold CT (1996) The biology of fungi, 6th. ed. Chapman & Hall, London
Kreisel H (1969) Grundzüge eines natürlichen System der Pilze. Cramer, Vaduz
Müller E, Loeffler W (1992) Mykologie, 5. Aufl Thieme, Stuttgart
Reiß J (1998) Schimmelpilze, 2. Aufl Springer, Berlin Heidelberg New York Tokyo
Snell WH, Dick EA (1971) A glossary of mycology, 2nd ed. Harvard University Press, Cambridge MA
Viola S (1977) Die Pilze, 2. Aufl Hirmer, München
Weber H (1993) Allgemeine Mykologie. Jena, Fischer
Webster J (1983) Pilze, eine Einführung. Springer, Berlin Heidelberg New York Tokyo

Monographien über einzelne Pilzgruppen

Aldrich HC, Daniel JW (eds) (1982) Cell biology of *Physarum* and *Didymium*. Vol 2: Differentiation, metabolism and methology. Academic Press, New York
Ashworth JM, Dee J (1975) The biology of slime moulds. Arnold, London
Bavendamm W (1969) Der Hausschwamm und andere Bauholzpilze. Fischer, Stuttgart
Bedlan G (1988) Phytopathogene Pilze unserer Kulturpflanzen. Jugend und Volk Verlag, Wien
Bonner JT (1967) The cellular slime molds, 2nd ed. Princeton Univ Pr, Princeton
Cole GT, Samson RA (1979) Patterns of development in conidial fungi. Pitman, London
Domsch KH, Gams W (1970) Pilze aus Agrarböden. Fischer, Stuttgart
Frey D, Oldfield RJ, Bridger RC ((1985) Farbatlas pathogener Pilze. Schlüter, Hannover
Gray WD, Alexopoulos CJ (1968) Biology of the Myxomycetes. Ronald Press, New York
Harley JL (1971) The biology of mycorrhiza, 2nd ed. Hill, London
Heim R (1963) Les champignons toxiques et hallucinogènes. Boubée et Cie, Paris
Kreisel H (1961) Die phytopathogenen Großpilze Deutschlands. Fischer, Jena
Lodder J (1971) The yeasts. A taxonomic study, 2nd ed. North-Holland, Amsterdam-Oxford
Lohwag H (1941) Anatomie der Asco- und Basidiomyceten. In: Linsbauer, K (Begr) Handbuch der Pflanzenanatomie, 2. Aufl, Bd VI, Teil 8 Nachdruck 1965. Borntraeger, Berlin-Nikolassee
Martin GW, Alexopoulos CJ (1983) The Myxomycetes. UIP, Iowa City
Mix AJ (1969) A monograph of the genus *Taphrina*. Reprint der Aufl von 1949. Lehre: Cramer, Vaduz
Nilsson S (ed) (1983) Atlas of airborne fungal spores. Springer, Berlin Heidelberg New York Tokyo
Pegler DN, Young TWK (1971) Basidiospore morphology in the Agaricales. Lehre: Cramer, Vaduz
Petersen RH (ed) (1971) Evolution in the higher Basidiomycetes. University of Tennessee Press, Knoxville
Prell HH (1996) Interaktionen von Pflanzen und phytopathogenen Pilzen. Fischer, Jena
Raper KB, Fennell DI (1965) The genus *Aspergillus*. William & Wilkins, Baltimore
Rehm HJ (1971) Einführung in die industrielle Mikrobiologie. Springer, Berlin Heidelberg New York
Rheinheimer G (1991) Mikrobiologie der Gewässer, 5. Aufl Fischer, Stuttgart
Rose AH, Harrison JS (eds.) (1989) The yeasts, Vol 1: Biology of yeasts, 2nd ed. Academic Press, London
Rose AH, Harrison JS (eds) (1989) The yeasts, Vol 2: Yeast and environment. Academic Press, London

Rose AH, Harrison JS (eds) (1989) The yeasts, Vol 3: Metabolism and physiology of yeasts. Academic Press, London
Rose AH, Harrison JS (eds) (1991) The yeasts. Vol 4: Yeast organelles. Academic Press, London
Rypácek V (1966) Biologie holzzerstörender Pilze. Fischer, Jena
Scheloske HW (1969) Beiträge zur Biologie, Ökologie und Systematik der Laboulbeniales (Ascomycetes) unter besonderer Berücksichtigung des Wirt-Parasit-Verhältnisses. In: Eichler W, Sprehn CEW, Stammer HJ (Hrsg) Parasitologische Schriftenreihe, Heft 19. Fischer, Jena
Scott KJ, Chakravorty AK (eds.) (1982) The rust fungi. Academic Press, New York
Smith G (1981) Smith's introduction to industrial mycology, 7th ed. Arnold, London
Sparrow FK (1960) Aquatic Phycomycetes, 2. ed. Ann Arbor: The University of Michigan Press,
Spencer DM (1978) The Powdery Mildews, Academic Press, London
Stosch von HA (1965) Wachstums- und Entwicklungsphysiologie der Myxomyceten. In: Ruhland W. (ed) Handbuch der Pflanzenphysiologie, Bd XV/1. Springer, Berlin Heidelberg New York
Subranianian CV (1982) Hyphomycetes: Taxonomy and biology. Academic Press, New York
Tavares I (1985) Laboulbeniales. Cramer, Braunschweig
Thaxter R (1971) Contributions towards a monograph of the Laboulbeniales. In: Cramer, J (Hrsg) Bibliotheka Mycologica, Bd. 30. Lehre: Cramer. Reprint Wheldon & Wesly, Codicort, Herts (UK), Stechert-Hafner, New York, NY (USA)
Thom C, Raper KB (1945) A manual of the Aspergilli. Williams & Wilkins, Baltimore
Varma A (1998) Mycorrhiza Manual. Springer, Berlin Heidelberg New York Tokyo
Varma A, Hock B (eds) (1998) Mycorrhiza, 2nd ed. Springer, Berlin Heidelberg New York Tokyo
Vidhyasekaran P (1998) Fungal pathogenesis in plants and crops. Marcel Dekker, New York

Physiologie der Pilze

Cochrane VW (1963) Physiology of fungi, 2nd pr. Wiley, New York
Hawker LE (1968) Physiology of fungi, repr der Aufl von 1950. Lehre: Cramer
Klebs G (1973) Zur Physiologie der Fortpflanzung einiger Pilze, repr der Abhandlungen aus den Jahren 1898–1900. Lehre: Cramer
Lilly VG, Barnett HL (1951) Physiology of the fungi. McGraw-Hill, New York
Smith JE, Berry DR (1976) An introduction to biochemistry of fungal development, 2nd pr. Academic Press, London
Turner WB (1977) Fungal metabolites, 2nd pr. Academic Press, London

Genetik und Biotechnologie der Pilze

Bos CJ (ed) (1996) Fungal genetics. Marcel Dekker Inc, New York
Burnett JH (1975) Mycogenetics. Wiley, London
Day PR (1974) Genetics of host-parasite interaction. Freeman, San Francisco
Esser K, Kuenen R (1967) Genetik der Pilze. Springer, Berlin Heidelberg New York
Fincham JRS, Day PR, Radford A (1979) Fungal genetics. Univ California Press, Berkely
Raper JR (1966) Genetics of sexuality in higher fungi. Ronald Press, New York
Stahl U, Tudzynski P (ed) (1992) Molecular biology of filamentous fungi.VCH, Weinheim
Wainwright M (ed) (1995) Biotechnologie mit Pilzen. Springer, Berlin Heidelberg New York Tokyo

Newsletters

Über die Fortschritte der Forschung, vorwiegend auf dem Gebiet der Genetik, informieren laufend die folgenden „Newsletters". Diese gelten nicht als Veröffentlichungen und haben nur den Zweck einer möglichst raschen Information. Sie können von den jeweils verzeichneten Herausgebern auf Anfrage bezogen werden.

Fungal Genetics Newsletter. Fungal Genetics Stock Center. Dept. of Microbiology, Unversity of Kansas Medical Center, Kansas City, KS 66160-7420 (USA)

Microbial Genetics Bulletin. Donald H. Dean. The Ohio State University, Department of Microbiology. 484 West 12th Avenue. Columbus Ohio 43210 (USA)
Mycological Society of America Newsletter. D.H. Pfister & G.C. Kaye. Farlow Herbarium. Harvard University, 20 Divinity Avenue. Cambridge/Mass. 02138 (USA)

Übungsanleitungen

Alexopoulos CJ, Beneke ES (1964) Laboratory manual for introductory mycology, 2nd pr. Burgess Publ, Mineapolis
Both C (ed) (1971) Methods in microbiology, Vol 4. Academic Press, London
Cooke WB (1963) A laboratory guide to fungi in polluted waters, sewage, and sewage treatment systems. US Department of Health, Education, and Welfare, Cincinnati
Dade HA, Gunnell J (1969) Class work with fungi. 2nd ed. Commonwealth Mycological Institute, Kew (UK)
Fuller MS, Jaworski A (ed) (1987) Zoosporic fungi in teaching and research. South Eastern Publ Corp, Athens (USA)
Kendrick WB, Carmichel JW (1973) Hyphomycetes. In: Ainsworth GC, Sparrow FK and Sussman AS (eds)The Fungi. An Advanced Treatise., Vol IVA, pp 323–509, Academic Press, New York
King RC (ed.) (1974) Handbook of genetics. Vol 1. Penum, New York
Koch WJ (1972) Fungi in the laboratory, a manual and text, 2nd ed. Student Stores, Carolina
Koneman EW, Roberts GD, Wright SF (1978) Practical laboratory mycology, 2nd ed. William & Wilkins, Baltimore (USA)
Stevens RB (ed) (1981) Mycology guidebook, 2nd pr. Univ of Washington Press, Seattle

Floren und Bestimmungsbücher

Arx, von JA (1974) The genera of fungi sporulating in pure culture. 2nd ed. Lehre: Cramer, Vaduz
Barnett HL, Hunter BB (1998) Illustrated genera of imperfect fungi, 4th ed. APS Press, St. Paul, USA
Bourdot H, Galzin A (1969) Hymenomycetes de France, repr der Aufl von 1927. Lehre: Cramer, Vaduz
Brandenburger W (1963) Vademecum zum Sammeln parasitischer Pilze. Ulmer, Stuttgart
Cummins GB, Hiratsuka Y (1983) Illustrated genera of rust fungi. APS Press, St.Paul, USA
Ellis MB, Ellis JP (1997) Microfungi on land plants. An identification handbook, new engl ed. Richmond, Slough (UK)
Fergus CL (1963) Illustrated genera of wood decay fungi, 2nd pr. Burgess,
Gäumann E (1959) Die Rostpilze Mitteleuropas. In: Beiträge zur Kryptogamenflora der Schweiz, Bd XII. Büchler, Bern
Hanlin RT (1998) Combined keys toIllustrated genera of Ascomycetes I & II. APS Press, St. Paul, USA
Jahn H (1976) Mitteleuropäische Porlinge (Polyporaceae s. lato) und ihr Vorkommen in Westfalen, 2. Reprint. Cramer, Vaduz
Kendrick WB, Carmichel JW (1973) Hyphomycetes. In: Ainsworth GC, Sparrow FK, Sussman AS (eds)The Fungi. An advanced treatise, Vol IVA, pp 323–509. Academic Press, New York
Lange JE, Lange M (1977) Pilze, 7. Aufl Bayerischer Landwirtschaftsverlag, München
Michael E, Henning B (1964–1975) Handbuch für Pilzfreunde, Bd 1–6. Fischer, Jena
Rebell G, Taplin D (1979) Dermatophytes. Their recognition and identification, 4th pr. University of Miami Press, Coral Gables (USA)
Richardson MJ, Watling R (1971) Keys to fungi on dung. Brit Mycol Soc, Bury St. Edmunds
Ricken A (1969) Vademecum für Pilzfreunde, repr Aufl 1920. Lehre: Cramer, Vaduz
Rossmann AY, Palm ME, Spielman MJ (1987) A literature guide for the identificazion of plant pathogenic fungi. APS Press, St. Paul, USA
Sutton BC (1980) The Coleomycetes. Fungi Imperfecti with pycnidia, acervuli and stromata. Commonwealth Mycological Institute, Kew, Surrey (UK)
Tubaki K (1970) The Hyphomycetes. Cramer, Vaduz

562   Literatur

Viola S (1977) Die Pilze, 2. Aufl Hirmer, München
Watling R (1973) Identification of the larger fungi. Hulton, Amersham
Zycha H, Siepmann R, Linnemann G (1969) Mucorales: Eine Beschreibung aller Gattungen und
    Arten dieser Pilzgruppe. Lehre: Cramer, Vaduz

Flechten

Monographien

Ahmadjian V (1967) A guide to the algae occuring as lichen symbionts: Isolation, culture, cultural
    physiology and identification. Phycologia 6:127–160
Ahmadjian V, Hale ME (eds) (1973) The Lichens. Academic Press, New York
Brown DH, Hawksworth DL, Bailey RH (1976) Lichenology: Progress and problems. Academic
    Press, London
Henssen A, Jahns HM (1974) Lichenes. Thieme, Stuttgart
Herzig R, Urach M (1991) Flechten als Bioindikatoren. Cramer, Berlin
Kirschbaum U, Wirth V (1995). Flechten erkennen, Luftgüte bestimmen. Ulmer, Stuttgart
Krempelhuber von A. (1867–1872) Geschichte der Literatur der Lichenologie von den ältesten
    Zeiten bis zum Schlusse des Jahres 1865 (resp. 1870), 3 Bände. Selbstverlag, München
Lehmann R (1972) Kleine Flechtenkunde. Aulis, Köln
Lindau G, Sydow P (1957–1970) Thesaurus literatuae mycologicae et lichenologicae: Supplemen-
    tum 1911–1930, Lindau G, Sydow P (Bearb.) R. Ciferri, 4 Bde. Cortina, Papia
Masuch G (1993) Biologie der Flechten. Quelle und Meyer, Heidelberg
Nienburg W (1963) Anatomie der Flechten. In: Linsbauer K Handbuch der Pflanzenanatomie Bd.
    VI/l, 2. Aufl bearb von Ozenda P, Borntraeger, Berlin
Scott GD (1974) Plant symbiosis. Studies in Biology repr 2. Aufl Arnold, London
Smith DC (1974) The lichen symbiosis repr. OUP, London
Tobler F (1925) Biologie der Flechten. Borntraeger, Berlin
Tobler F (1934) Die Flechten. Fischer, Jena
Zahlbruckner A (1922–1940) Catalogus lichenum universaes, 10 Bde. Borntraeger, Leipzig; Nach-
    druck: Johnson, New York, 1951

Floren und Bestimmungsbücher

(Sehe auch bei der allgemeinen Literatur, S. 555)

Anders J (1929) Die Strauch- und Laubflechten Mitteleuropas, Neudruck. Asher, Amsterdam 1974
Bertsch K (1972) Flechtenflora von Südwestdeutschland, Nachdruck der 2. Aufl Ulmer, Stuttgart
Erichsen CFE(1957) Flechtenflora von Nordwestdeutschland. Fischer, Stuttgart
Frey E (1969) Flechten, unbekannte Pflanzenwelt. Hallwag-Taschenbücher, Bd. 89. Hallwag, Bern
Jahns HM (1987) Farne, Moose, Flechten Mittel- Nord- und Westeuropas, 3. Aufl BLV Verlagsge-
    sellschaft, München
Poelt J (1974) Bestimmungsschlüssel europäischer Flechten, 2. Aufl Cramer, Vaduz
Wirth, V (1995) Flechtenflora, 2. Aufl Ulmer, Stuttgart

Anleitung für Laborkulturen

Richardson DHS (1971) Lichens. In: Booth C (ed) Methods in microbiology 4:267–293. Academic
    Press, London

Sachverzeichnis

Fettdruck einer Seitenzahl bedeutet, daß auf dieser Seite der Begriff definiert ist oder erläutert wird.

Namensverzeichnis

In diesem Register sind nur Gattungs-, Art- und Trivialnamen zusammengestellt. Seitenangaben in Fettdruck weisen auf Abbildungen der betreffenden Objekte hin. Ebenfalls in Fettdruck gesetzt sind die Namen der Objekte, deren Entwicklungszyklus durch Abbildungen erläutert wird.